식물보호

기사·산업기사

필기+실기

컬러사진 판독자료 영상 무료 제공

예문사

PREFACE

식물보호는 환경보전과 농업, 생태계의 건강을 지키는 중요한 분야입니다.
수험생들은 식물보호 분야에서 훌륭한 전문가로서 역할을 하기 위해 다음과 같은 내용을 숙지하시면 공부에 도움이 되실 것입니다.

1. 식물 생태와 해충/식물 병원체 이해

식물보호의 기본은 식물 생태와 해충 또는 병원체에 대한 이해입니다. 수험자들은 식물의 생육과정, 해충/식물 병원체의 생태학, 생물학적 특성을 숙지해야 합니다. 이를 통해 어떤 해충이나 병원체가 식물에 어떤 영향을 미치는지 이해하고 대응할 수 있게 됩니다.

2. 방제 기술과 전략

식물보호기사로서 중요한 역할은 해충 및 병원체로부터 식물을 보호하는 방법을 찾는 것입니다. 다양한 방제 기술과 방법, 화학적 및 생물학적 방제방법을 이해하고 활용할 수 있어야 합니다. 특정 상황에 맞는 최적의 방제전략을 개발하는 능력이 요구됩니다.

3. 농약 사용과 안전성

화학적인 방제방법을 사용할 경우, 농약의 종류와 사용방법, 안전한 사용법을 반드시 알아야 합니다. 농약 사용에 따른 환경오염과 인체 건강 영향을 고려하여 적절한 농약 사용 및 관리 지침을 준수해야 합니다.

4. 생태학적 균형 유지

방제 과정에서 생태학적 균형을 유지하고 생태계를 보호하는 것이 중요합니다. 너무 강력한 방제로 인해 자연 생태계에 해를 끼치지 않도록 주의해야 하며, 생태계의 조화를 유지하면서 방제를 진행하는 방법을 익혀야 합니다.

5. 필요한 허가 및 규제 준수

농약이나 방제 관련 활동은 국가 및 지역의 규제와 허가절차를 준수해야 합니다. 수험자들은 관련 법규와 규정을 숙지하고 허가절차를 따르는 방법을 익혀야 합니다.

6. 기술과 지식의 업데이트

식물보호 분야는 지속적으로 발전하고 변화합니다. 수험자들은 최신 연구 동향, 기술 발전, 새로운 방제방법에 대한 정보를 지속적으로 습득하고 업데이트해야 합니다.

7. 협력과 소통

식물보호 분야에서는 다양한 이해관계자들과의 협력과 소통이 필수적입니다. 농민, 연구자, 정부기관, 환경단체 등과의 원활한 소통과 협업 능력이 중요합니다.

8. 윤리와 책임

식물보호는 환경과 농작물, 생태계의 건강을 보호하는 일입니다. 이에 따라 윤리적인 책임을 가지고 일하며, 환경오염이나 인체 건강 위험을 최소화하려는 의식을 가져야 합니다.

9. 지속 가능성과 미래

식물보호는 장기적인 관점에서 지속 가능한 농업과 환경 보호를 목표로 합니다. 수험자들은 이 분야가 미래 세대와 환경에 어떤 영향을 미칠지를 고려하며 업무에 임해야 합니다.

이 책은 자격시험 준비를 위한 한국산업인력공단의 출제기준을 준수하여 집필하였고, 각 섹션마다 관련된 기출문제를 정리하였으며, 필답형을 따로 공부하지 않고도 필기공부와 병행하여 시험 대비를 충분히 할 수 있도록 구성되어 있습니다. 또한 기사 5개년, 산업기사 3개년 필기 기출문제와 CBT 모의고사, 실기 필답형 기출문제를 실어 실제 시험을 경험할 수 있도록 하였습니다.

끝으로 이 책을 쓰기까지 많은 도움을 주신 충청남도농업기술원 농업해충팀, 국립원예특작과학원 관계자 그리고 주경야독과 예문사에 감사의 마음을 전합니다.

모든 수험생들의 합격을 기원합니다.

감사합니다.

2025년 1월

저자 서윤경

〈일러두기〉

이 책의 병해충 사진은 수험생들의 이해를 돕기 위해 "농촌진흥청 국립원예특작과학원"에 허락을 받고 "국가농작물병해충 관리시스템(NCPMS)"의 자료를 활용하여 제작되었음을 알려드립니다.

INFORMATION

기사 필기 출제기준

직무 분야	농림어업	중직무 분야	임업	자격 종목	식물보호기사	적용 기간	2023.7.1.~2027.12.31

• 직무내용 : 식물보호에 관한 기술이론 및 지식을 가지고 식물 피해의 진단과 방제 등의 업무를 수행하기 위하여 식물에 발생하는 생물적(병, 해충, 잡초 등) 및 비생물적(기상, 영양불균형 등) 피해의 발생 원인을 파악 · 분석하여 적절한 방제 방법을 선정하며, 식물의 생육에 적합한 환경 개선에 의한 식물 생육의 최적 조건을 만드는 직무이다.

필기검정방법	객관식	문제수	100	시험시간	2시간 30분

필기 과목명	문제수	주요항목	세부항목	세세항목
식물 병리학	20	1. 식물병리 일반	1. 식물병리 일반	1. 식물병리의 개념 2. 식물병의 피해와 중요성
		2. 식물병의 원인	1. 병원의 종류	1. 비생물성 병원 2. 바이러스성 병원 및 생물성 병원 등
			2. 병원체의 분류 및 동정	1. 분류의 기준 2. 분류학적 위치 3. 병원체의 동정
		3. 식물병의 발생	1. 식물병의 병환	1. 월동(휴면)과 전염원의 의의 및 종류 2. 전반 3. 접종 및 침입 4. 감염 및 잠복 5. 병원체의 증식
			2. 발병환경	1. 생물적 환경 2. 비생물적 환경
			3. 병원성과 저항성	1. 병원성의 의미와 기작 2. 저항성의 의미와 기작
		4. 식물병의 진단	1. 진단 방법 및 특징	1. 진단 방법의 종류 2. 진단 방법의 특징
		5. 식물병의 방제	1. 식물병의 방제법	1. 법적 방제법(식물검역관련 법규 등) 2. 생태적(경종적) 방제법 3. 물리적 · 기계적 방제법 4. 화학적 방제법 5. 생물적 방제법 6. 종합적 관리
		6. 식물병 각론	1. 주요 식물병	1. 균류에 의한 식물병 2. 세균에 의한 식물병 3. 바이러스에 의한 식물병 4. 기타 병원체에 의한 식물병 5. 생리장애

필기 과목명	문제수	주요항목	세부항목	세세항목
농림 해충학	20	1. 곤충 일반	1. 곤충 일반	1. 곤충학의 개념 2. 곤충의 특성
		2. 곤충의 분류	1. 곤충의 분류	1. 종개념 및 명명규약 2. 곤충의 분류 및 형태 특성
		3. 곤충의 생태	1. 곤충의 생활사	1. 곤충의 생활사 2. 생활사 단계별 특징
			2. 곤충의 행동 습성	1. 행동 유형 2. 행동의 제어 3. 행동의 기능
			3. 개체군의 생태	1. 개체군의 특징 및 발생수준 2. 개체군의 동태
		4. 곤충의 형태	1. 외부형태	1. 구조, 형태 및 기능
			2. 내부기관	1. 구조, 형태 및 기능
		5. 곤충의 생리	1. 발육생리	1. 발육생리 및 생식
		6. 곤충과 환경	1. 환경요인	1. 비생물적 환경 2. 생물적 환경
		7. 해충 각론	1. 주요 해충의 생태	1. 주요 해충의 생활사 2. 주요 해충의 가해 형태
		8. 해충의 방제	1. 해충의 방제 방법	1. 법적 방제법(식물검역관련 법규 등) 2. 생태적(경종적) 방제법 3. 물리적 · 기계적 방제법 4. 화학적 방제법 5. 생물적 방제법 6. 종합적 관리
재배원론	20	1. 재배의 기원과 현황	1. 재배작물의 기원과 세계 재배의 발달	1. 석기시대의 생활과 원시재배 2. 농경법 발견의 계기 3. 농경의 발상지 4. 식물영양 5. 작물의 개량 6. 작물보호 7. 잡초방제 8. 식물의 생육조절 9. 농기구 및 농자재 10. 작부방식
			2. 작물의 분류	1. 작물의 종류 2. 작물의 종수 3. 용도에 따른 분류 4. 생태적 분류 5. 재배 · 이용에 따른 분류
			3. 재배의 현황	1. 토지의 이용 2. 농업인구 3. 주요작물의 생산

INFORMATION

필기 과목명	문제수	주요항목	세부항목	세세항목	
		2. 재배환경	1. 토양	1. 지력 3. 토양구조 및 토층 5. 토양유기물 7. 토양공기 9. 토양반응과 산성토양 11. 논토양과 밭토양 13. 토양미생물	2. 토성 4. 토양 중의 무기성분 6. 토양 수분 8. 토양오염 10. 개간지와 사구지 12. 토양보호 14. 기타 토양과 관련된 사항
			2. 수분	1. 작물의 흡수관련 사항 3. 대기 중의 수분과 강수 5. 관개 7. 배수 9. 수질오염	2. 작물의 요수량 4. 한해 6. 습해 8. 수해 10. 기타 수분과 관련된 사항
			3. 공기	1. 대기의 조성과 작물생육 2. 바람 3. 대기오염 4. 기타 공기와 관련된 사항	
			4. 온도	1. 유효온도 3. 열해 5. 한해	2. 온도의 변화 4. 냉해
			5. 광	1. 광과 작물의 생리작용 2. 광합성과 태양에너지의 이용 3. 보상점과 광포화점 4. 포장광합성 5. 생육단계와 일사 6. 수광과 그 밖의 재배적 문제	
			6. 상적 발육과 환경	1. 상적 발육의 개념 3. 일장효과	2. 버널리제이션 4. 품종의 기상생태형
		3. 작물의 내적균형과 식물호르몬 및 방사선 이용	1. C/N율, T/R율, G-D 균형	1. 작물의 내적 균형의 특징 2. C/N율 3. T/R율 4. G-D 균형	
			2. 식물생장조절제	1. 식물생장조절제 정의 3. 지베렐린 5. ABA 7. 생장억제물질	2. 옥신류 4. 시토키닌 6. 에틸렌 8. 기타 호르몬
			3. 방사선 이용	1. 추적자로서의 이용 2. 방사선 조사 3. 육종적 이용	

필기 과목명	문제수	주요항목	세부항목	세세항목
		4. 재배 기술	1. 작부체계	1. 작부체계의 뜻과 중요성 2. 작부체계의 변천 및 발달 3. 연작과 기지 4. 윤작 5. 답전윤환 6. 혼파 7. 그 밖의 작부체계 8. 우리나라 작부체계의 변천 및 발전방향
			2. 영양번식	1. 영양번식의 뜻과 이점 2. 영양번식의 종류 3. 접목육묘 4. 조직배양
			3. 육묘	1. 육묘의 필요성 2. 묘상의 종류 3. 묘상의 구조와 설비 4. 기계이앙용 상자육묘 5. 상토
			4. 정지	1. 경운 2. 쇄토 3. 작휴 4. 진압
			5. 파종	1. 파종시기 2. 파종양식 3. 파종량 4. 파종절차
			6. 이식	1. 가식과 정식 2. 이식시기 3. 이식양식 4. 이식방법 5. 벼의 이앙양식
			7. 생력재배	1. 생력재배의 정의 2. 생력재배의 효과 3. 생력기계화재배의 전제조건 4. 기계화 적응 재배 5. 기타 생력재배에 관한 사항
			8. 재배관리	1. 시비 2. 보식 3. 중경 4. 제초 5. 멀칭 6. 답압 7. 정지 8. 개화결실 9. 기타 재배관리에 관한 사항
			9. 병해충방제	1. 병해 2. 해충 3. 작물보호 4. 농약(작물보호제) 5. 기타 병해충 방제 사항
			10. 환경친화형재배	1. 개념 2. 발전과정 3. 정밀농업 4. 유기농업

INFORMATION

필기 과목명	문제수	주요항목	세부항목	세세항목	
		5. 각종 재해	1. 저온해와 냉해	1. 저온해	2. 냉해
			2. 습해, 수해 및 가뭄해	1. 습해 3. 가뭄해	2. 수해
			3. 동해와 상해	1. 동해	2. 상해
			4. 도복과 풍해	1. 도복	2. 풍해
			5. 기타 재해	1. 기타 재해	
		6. 수확, 건조 및 저장과 도정	1. 수확	1. 수확시기 결정	2. 수확방법
			2. 건조	1. 목적	2. 원리와 방법
			3. 탈곡 및 조제	1. 탈곡	2. 조제
			4. 저장	1. 저장 중 품질의 변화 2. 큐어링과 예냉 3. 안전저장 조건	
			5. 도정	1. 원리 2. 과정 3. 도정단계와 도정율	
			6. 포장	1. 포장재의 종류와 방법 2. 포장재의 품질	
			7. 수량구성요소 및 수량 사정	1. 수량구성요소 2. 수량구성요소의 변이계수 3. 수량의 사정	
농약학	20	1. 농약의 정의와 중요성	1. 농약의 정의 및 명칭	1. 농약의 정의 2. 농약의 명칭	
			2. 농약의 중요성	1. 농약의 유해성과 유익성 2. 농약의 일반적인 중요성 3. 농약관리법 이해	
		2. 농약의 분류	1. 농약의 종류	1. 살균제 3. 살선충제 5. 제초제 7. 기타	2. 살충제 4. 살비제 6. 식물생장조정제 등
			2. 농약의 작용기작	1. 생합성 저해제 2. 에너지대사 저해제 3. 신경기능 저해제 4. 광합성 저해제 5. 호르몬 작용교란제 등 6. 기타	

필기 과목명	문제수	주요항목	세부항목	세세항목
		3. 농약의 제제 형태 및 특성	1. 농약제제의 분류	1. 액상제의 종류 및 특성 2. 고상제의 종류 및 특성 3. 훈증제 종류 및 특성 4. 기타 종류 및 특성
			2. 농약제제의 물리적 성질	1. 액상제의 물리적 성질 2. 고상제의 물리적 성질
			3. 농약제제의 보조제	1. 계면활성제, 용제, 증량제의 종류 및 기능 2. 기타 보조제의 종류 및 기능
		4. 농약의 독성 및 잔류성	1. 농약의 독성	1. 급성 독성의 의미 및 증상 2. 만성 독성의 의미 및 증상
			2. 농약의 잔류와 안전사용	1. 잔류농약의 의미 및 피해 대책 2. 잔류성 농약의 종류 및 의미 3. 농약의 잔류허용기준 4. 농약의 안전사용기준 등
		5. 농약의 사용 방법, 약해 및 약효	1. 농약의 사용 방법	1. 조제 방법 2. 혼용가부 3. 농약사용 전후의 주의사항 4. 농약처리 방법 및 기구
			2. 농약의 약효 · 약해	1. 약효 2. 약해
		6. 농약의 이화학적 특성	1. 살균제	1. 정의와 분류 2. 작용기작 3. 작용특성 4. 약제저항성
			2. 살충제	1. 정의와 분류 2. 작용기작 3. 작용특성 4. 약제저항성
			3. 살선충제	1. 정의와 분류 2. 작용기작 3. 작용특성 4. 약제저항성
			4. 살비제	1. 정의와 분류 2. 작용기작 3. 작용특성 4. 약제저항성
			5. 제초제	1. 정의와 분류 2. 작용기작 3. 작용특성 4. 약제저항성
			6. 식물생장조정제	1. 식물생장조정제의 작용기작 2. 식물생장조정제의 종류 및 특성

INFORMATION

필기 과목명	문제수	주요항목	세부항목	세세항목
잡초방제학	20	1. 잡초의 분류 및 분포	1. 잡초의 분류	1. 식물분류학적 분류 2. 생활형에 따른 분류 3. 형태적 분류 4. 기타 분류
			2. 잡초의 분포	1. 발생 장소별 분포
		2. 잡초의 생리 생태	1. 잡초 종자의 특성	1. 종자의 휴면 2. 종자의 수명 3. 발아와 출현
			2. 잡초의 번식 및 전파	1. 종자 및 지하경 번식법 2. 잡초의 전파
			3. 잡초의 생육 특성	1. 잡초 군락형성과 식생천이
		3. 경합	1. 경합의 종류	1. 종간경합 2. 종내경합
			2. 경합의 양상 및 진단	1. 경합의 주요 요인 2. 경합의 한계기간 및 밀도 3. 작물에 대한 잡초의 경합
			3. 잡초의 군락과 천이	1. 식생천이에 관여하는 요인
		4. 잡초방제	1. 잡초방제 일반	1. 잡초방제의 개념 및 의의
			2 잡초방제의 원리	1. 잡초에 의한 피해수준
			3. 잡초의 방제법	1. 법적 방제법(식물검역관련 법규 등) 2. 생태적(경종적) 방제법 3. 물리적 · 기계적 방제법 4. 화학적 방제법 5. 생물적 방제법 6. 종합적 관리
			4. 제초제	1. 제초제 사용의 필요성 2. 제초제의 분류 3. 제초제의 작용기작 4. 제초제의 종류 및 특성

☑ 기사 실기 출제기준

직무 분야	농림어업	중직무 분야	임업	자격 종목	식물보호기사	적용 기간	2023.7.1.~ 2027.12.31

- 직무내용 : 식물보호에 관한 기술이론 및 지식을 가지고 식물 피해의 진단과 방제 등의 업무를 수행할 수 있어야 하며, 식물에 발생하는 생물적(병, 해충, 잡초 등) 및 비생물적(기상, 영양불균형 등) 피해의 발생 원인을 파악하고 적절한 방제 방법을 선정하여 식물 생육의 최적 조건을 만드는 직무이다.
- 수행준거 : 1. 기주별 병 · 해충의 피해를 진단하고 동정할 수 있다.
  2. 잡초를 동정할 수 있다.
  3. 화학적 방제를 할 수 있다.
  4. 물리적 · 기계적 방제를 할 수 있다.
  5. 생태적(경종적) 방제를 할 수 있다.
  6. 생물적 방제를 할 수 있다.
  7. 종합적 관리를 할 수 있다.
  8. 재배환경, 기술, 재해를 관리할 수 있다.
  9. 식물보호관련 법규에 따른 법을 적용할 수 있다.

실기검정방법	필답형	시험시간	2시간 30분

실기 과목명	주요항목	세부항목	세세항목
식물보호 실무	1. 피해의 원인 파악	1. 피해증상 조사하기	1. 피해사진 또는 유해생물의 사진을 보고 병원체, 해충, 잡초 등을 진단할 수 있다. 2. 비생물적 피해의 종류를 파악하고 원인 및 피해정도를 조사할 수 있다.
		2. 피해진단 결과 증명하기	1. 피해개체 및 조직으로부터 병원 및 해충을 분리할 수 있다. 2. 병원체, 해충, 잡초 등을 동정할 수 있다. 3. 다양한 진단장비를 활용할 수 있다.
	2. 방제	1. 생태적(경종적) 방제 방법 적용하기	1. 주로 발생하는 병해충 · 잡초의 생리 · 생태를 고려하여 적절한 방제 방법을 결정할 수 있다. 2. 동일한 작물의 연속재배를 피하고 윤작 및 답전윤환을 실시할 수 있다. 3. 저항성 품종을 선택할 수 있다. 4. 주위에 병해충의 중간기주가 될 수 있는 식물을 파악하고 제거할 수 있다.
		2. 물리적 · 기계적 방제 방법 적용하기	1. 인위적인 열 또는 태양열에 의한 토양소독을 실시할 수 있다. 2. 유아등 등을 이용하여 해충을 방제할 수 있다.

실기 과목명	주요항목	세부항목	세세항목
		3. 화학적 방제 방법 적용하기	1. 기주 및 적용 대상(병, 해충, 잡초)에 따라 적절한 약제를 선택하여 방제할 수 있다. 2. 사용목적, 사용형태, 화학적 조성에 따라 농약을 구분할 수 있다. 3. 병해충 · 잡초에 따라 농약의 종류 및 농도를 달리하여 사용여부를 결정할 수 있다. 4. 살포량, 살포회수 및 살포시기를 계획할 수 있다. 5. 배액 조제 방법 등을 적용하여 살포제를 희석할 수 있다. 6. 농약 살포 시 중독사고를 예방하기 위하여 사전에 주위환경을 고려한 보호장비 등을 준비할 수 있다.
		4. 생물적 방제 방법 적용하기	1. 식물 병해충의 방제에 미생물, 천적 등을 사용할 수 있다.
		5. 영양불균형 개선하기	1. 재배지의 토양 시료를 채취할 수 있다. 2. 토양의 pH 및 EC를 측정할 수 있다. 3. 토양의 다량원소 및 미량원소 함량을 측정할 수 있다. 4. 토양의 물리성을 분석할 수 있다. 5. 부족한 양분은 비료로 공급할 수 있다. 6. 토양으로부터 양분을 흡수하기 어려운 상태일 경우 엽면살포할 수 있다. 7. 토양의 물리성이 불량할 경우 객토, 배수, 토양개량제 등을 통하여 개량할 수 있다.
	3. 재배	1. 환경관리하기	1. 토양 관리를 할 수 있다. 2. 수분 관리를 할 수 있다. 3. 대기 관리를 할 수 있다. 4. 온도 관리를 할 수 있다. 5. 광 관리를 할 수 있다.
		2. 재배기술 이해하기	1. 재배 관리를 할 수 있다.
		3. 재해관리하기	1. 기온재해에 대한 대처를 할 수 있다. 2. 습해에 대한 대처를 할 수 있다. 3. 동해에 대한 대처를 할 수 있다. 4. 풍해에 대한 대처를 할 수 있다. 5. 상해에 대한 대처를 할 수 있다. 6. 기타 재해에 대한 대처를 할 수 있다.
	4. 식물보호관련법규	1. 식물보호관련법 이해하기	1. 농약관리법을 이해할 수 있다. 2. 식물방역법을 이해할 수 있다.

☑ 산업기사 필기 출제기준

직무 분야	농림어업	중직무 분야	임업	자격 종목	식물보호산업기사	적용 기간	2023.1.1.~2027.12.31

• 직무내용 : 식물보호에 관한 기술이론 및 지식을 가지고 식물 피해의 기초적인 진단과 방제 등의 업무를 수행할 수 있어야 하며, 식물에 발생하는 생물적(병, 해충, 잡초 등) 및 비생물적(기상, 영양불균형 등) 피해의 발생 원인을 파악하고 적절한 방제 방법을 선정하여 식물 생육의 최적 조건을 만드는 직무이다.

필기검정방법	객관식	문제수	80	시험시간	2시간

필기 과목명	문제수	주요항목	세부항목	세세항목
식물 병리학	20	1. 식물병리 일반	1. 식물병리 일반	1. 식물병리의 개념 2. 식물병의 피해와 중요성
		2. 식물병의 원인	1. 병원의 종류	1. 비생물성 병원 2. 바이러스성 병원 및 생물성 병원 등
			2. 병원체의 분류 및 동정	1. 분류의 기준 2. 분류학적 위치 3. 병원체의 동정
		3. 식물병의 발생	1. 식물병의 병환	1. 월동(휴면)과 전염원의 의의 및 종류 2. 전반 3. 접종 및 침입 4. 감염 및 잠복 5. 병원체의 증식
			2. 발병환경	1. 생물적 환경 2. 비생물적 환경
			3. 병원성과 저항성	1. 병원성의 의미와 기작 2. 저항성의 의미와 기작
		4. 식물병의 진단	1. 진단 방법 및 특징	1. 진단 방법의 종류 2. 진단 방법의 특징
		5. 식물병의 방제	1. 식물병의 방제 방법	1. 법적 방제법(식물검역관련 법규 등) 2. 생태적(경종적) 방제법 3. 물리적 · 기계적 방제법 4. 화학적 방제법 5. 생물적 방제법 6. 종합적 관리
		6. 식물병 각론	1. 주요 식물병	1. 균류에 의한 식물병 2. 세균에 의한 식물병 3. 바이러스에 의한 식물병 4. 기타 병원체에 의한 식물병 5. 생리장애

INFORMATION

필기 과목명	문제수	주요항목	세부항목	세세항목
농림 해충학	20	1. 곤충 일반	1. 곤충 일반	1. 곤충학의 개념 2. 곤충의 특성
		2. 곤충의 분류	1. 곤충의 분류	1. 종개념 및 명명규약 2. 곤충의 분류 및 형태 특성
		3. 곤충의 생태	1. 곤충의 생활사	1. 곤충의 생활사 2. 생활사 단계별 특징
			2. 곤충의 행동 습성	1. 행동 유형 2. 행동의 제어 3. 행동의 기능
			3. 개체군의 생태	1. 개체군의 특징 및 발생수준 2. 개체군의 동태
		4. 곤충의 형태	1. 외부형태	1. 구조, 형태 및 기능
			2. 내부기관	1. 구조, 형태 및 기능
		5. 곤충의 생리	1. 발육생리	1. 발육생리 및 생식
		6. 곤충과 환경	1. 환경요인	1. 비생물적 환경 2. 생물적 환경
		7. 해충 각론	1. 주요 해충의 생태	1. 주요 해충의 생활사 2. 주요 해충의 가해 형태
		8. 해충의 방제	1. 해충의 방제 방법	1. 법적 방제법(식물검역관련 법규 등) 2. 생태적(경종적) 방제법 3. 물리적 · 기계적 방제법 4. 화학적 방제법 5. 생물적 방제법 6. 종합적 관리
농약학	20	1. 농약의 정의와 중요성	1. 농약의 정의 및 명칭	1. 농약의 정의 2. 농약의 명칭
			2. 농약의 중요성	1. 농약의 유해성과 유익성 2. 농약의 일반적인 중요성 3. 농약관리법 이해
		2. 농약의 분류	1. 농약의 종류	1. 살균제 2. 살충제 3. 살선충제 4. 살비제 5. 제초제 6. 식물생장조정제 7. 기타
			2. 농약의 작용기작	1. 생합성 저해제 2. 에너지대사 저해제 3. 신경기능 저해제 4. 광합성 저해제 5. 호르몬 작용교란제 6. 기타
		3. 농약의 제제 형태 및 특성	1. 농약제제의 분류	1. 액상제의 종류 및 특성 2. 고상제의 종류 및 특성 3. 훈증제 종류 및 특성 4. 기타 종류 및 특성
			2. 농약제제의 보조제	1. 계면활성제, 용제, 증량제의 종류 및 기능 2. 기타 보조제의 종류 및 기능
		4. 농약의 독성 및 잔류성	1. 농약의 독성	1. 급성 독성의 의미 및 증상 2. 만성 독성의 의미 및 증상
			2. 농약의 잔류와 안전 사용	1. 잔류농약의 의미 및 피해 대책 2. 잔류성 농약의 종류 및 의미 3. 농약의 잔류허용기준 4. 농약의 안전사용기준 등

필기 과목명	문제수	주요항목	세부항목	세세항목
		5. 농약의 사용 방법, 약해 및 약효	1. 농약의 사용 방법	1. 조제 방법 2. 혼용가부 3. 농약사용 전후의 주의사항 4. 농약처리 방법 및 기구
			2. 농약의 약효 · 약해	1. 약효 2. 약해
		6. 농약의 이화학적 특성	1. 살균제	1. 정의와 분류 2. 작용기작 3. 작용특성 4. 약제저항성
			2. 살충제	1. 정의와 분류 2. 작용기작 3. 작용특성 4. 약제저항성
			3. 살선충제	1. 정의와 분류 2. 작용기작 3. 작용특성 4. 약제저항성
			4. 살비제	1. 정의와 분류 2. 작용기작 3. 작용특성 4. 약제저항성
			5. 제초제	1. 정의와 분류 2. 작용기작 3. 작용특성 4. 약제저항성
			6. 식물생장조정제	1. 식물생장조정제의 작용기작 2. 식물생장조정제의 종류 및 특성
잡초방제학	20	1. 잡초의 분류 및 분포	1. 잡초의 분류	1. 식물분류학적 분류 2. 생활형에 따른 분류 3. 형태적 분류 4. 기타 분류
			2. 잡초의 분포	1. 발생 장소별 분포
		2. 잡초의 생리 생태	1. 잡초 종자의 특성	1. 종자의 휴면 2. 종자의 수명 3. 발아와 출현
			2. 잡초의 번식 및 전파	1. 종자 및 지하경 번식법 2. 잡초의 전파
			3. 잡초의 생육 특성	1. 잡초 군락형성과 식생천이
		3. 경합	1. 경합의 종류	1. 종간경합 2. 종내경합
			2. 경합의 양상 및 진단	1. 경합의 주요 요인 2. 경합의 한계기간 및 밀도 3. 작물에 대한 잡초의 경합
			3. 잡초의 군락과 천이	1. 식생천이에 관여하는 요인
		4. 잡초방제	1. 잡초방제 일반	1. 잡초방제의 개념 및 의의
			2 잡초방제의 원리	1. 잡초에 의한 피해수준
			3. 잡초의 방제 방법	1. 법적 방제법(식물검역관련 법규 등) 2. 생태적(경종적) 방제법 3. 물리적 · 기계적 방제법 4. 화학적 방제법 5. 생물적 방제법 6. 종합적 관리
			3. 제초제	1. 제초제 사용의 필요성 2. 제초제의 분류 3. 제초제의 작용기작 4. 제초제의 종류 및 특성

산업기사 실기 출제기준

직무 분야	농림어업	중직무 분야	임업	자격 종목	식물보호산업기사	적용 기간	2023.1.1.~2027.12.31

• 직무내용 : 식물보호에 관한 기술이론 및 지식을 가지고 식물 피해의 기초적인 진단과 방제 등의 업무를 수행할 수 있어야 하며, 식물에 발생하는 생물적(병, 해충, 잡초 등) 및 비생물적(기상, 영양불균형 등) 피해의 발생 원인을 파악하고 적절한 방제 방법을 선정하여 식물 생육의 최적 조건을 만드는 직무이다.

• 수행준거 : 1. 기주별 병 · 해충의 피해를 진단하고 동정할 수 있다.
2. 잡초를 동정할 수 있다.
3. 화학적 방제를 할 수 있다.
4. 물리적 · 기계적 방제를 할 수 있다.
5. 생태적(경종적) 방제를 할 수 있다.
6. 생물적 방제를 할 수 있다.
7. 종합적 관리를 할 수 있다.
8. 재배, 환경, 기술, 재해 관리를 할 수 있다.

실기검정방법	필답형	시험시간	2시간

실기 과목명	주요항목	세부항목	세세항목
식물보호 실무	1. 피해의 원인 파악	1. 피해증상 조사하기	1. 피해사진 또는 유해생물의 사진을 보고 병원체, 해충 등을 진단할 수 있다. 2. 비생물적 피해의 종류를 파악하고 원인 및 피해정도를 조사할 수 있다.
		2. 피해진단 결과 증명하기	1. 피해개체 및 조직으로부터 병원 및 해충을 분리할 수 있다. 2. 분리된 병원체 및 해충을 동정할 수 있다.
	2. 방제	1. 방제 방법 적용하기	1. 주로 발생하는 병해충의 생태를 고려하여 적절한 방제 방법을 결정할 수 있다. 2. 동일한 작물 및 수목의 연속재배를 가급적 피하고 윤작을 실시할 수 있다. 3. 저항성 품종을 선택할 수 있다. 4. 주위에 병해충의 중간기주가 될 수 있는 식물을 파악하고 제거할 수 있다.
		2. 물리적 · 기계적 방제 방법 적용하기	1. 유아등 등을 이용하여 해충을 방제할 수 있다. 2. 다양한 방법을 사용하여 치료할 수 있다.
		3. 화학적 방제 방법 적용하기	1. 기주 및 적용 대상(병, 해충)에 따라 적절한 약제를 선택하여 방제할 수 있다. 2. 사용목적, 사용형태, 화학적 조성에 따라 농약을 구분할 수 있다. 3. 병해충에 따라 농약의 종류 및 농도를 달리하여 사용여부를 결정힐 수 있다. 4. 살포량, 살포회수 및 살포시기를 계획할 수 있다.

실기 과목명	주요항목	세부항목	세세항목
			5. 배액 조제 방법 등을 적용하여 살포제를 희석할 수 있다. 6. 농약 살포 시 중독 사고를 예방하기 위하여 사전에 주위환경을 고려한 보호장비 등을 준비할 수 있다.
		4. 생물적 방제 방법 적용하기	1. 병원균이나 해충에 기생하는 병원성 미생물이나 포식성 곤충 또는 동물을 활용할 수 있다. 2. 병해충의 방제에 미생물, 천적 등을 사용할 수 있다.
	3. 재배관리	1. 환경관리하기	1. 토양 관리를 할 수 있다. 2. 수분 관리를 할 수 있다. 3. 대기 관리를 할 수 있다. 4. 온도 관리를 할 수 있다. 5. 광 관리를 할 수 있다.
		2. 재해관리하기	1. 기온재해에 대한 대처를 할 수 있다. 2. 습해에 대한 대처를 할 수 있다. 3. 동해에 대한 대처를 할 수 있다. 4. 풍해에 대한 대처를 할 수 있다. 5. 상해에 대한 대처를 할 수 있다. 6. 기타재해에 대한 대처를 할 수 있다.
		3. 재배기술 이해하기	1. 재배 관리를 할 수 있다.

NCPMS 활용법

① 국가농작물병해충 관리시스템(ncpms.rda.go.kr) 접속 ➜ 병해충 도감 ➜ 식량자원

② 작물별 도감정보 ➜ 식량작물 ➜ 감자

③ 감자 ➜ 피해사진

④ 작목별 상세 ➜ 감자 ➜ 가루더뎅이병

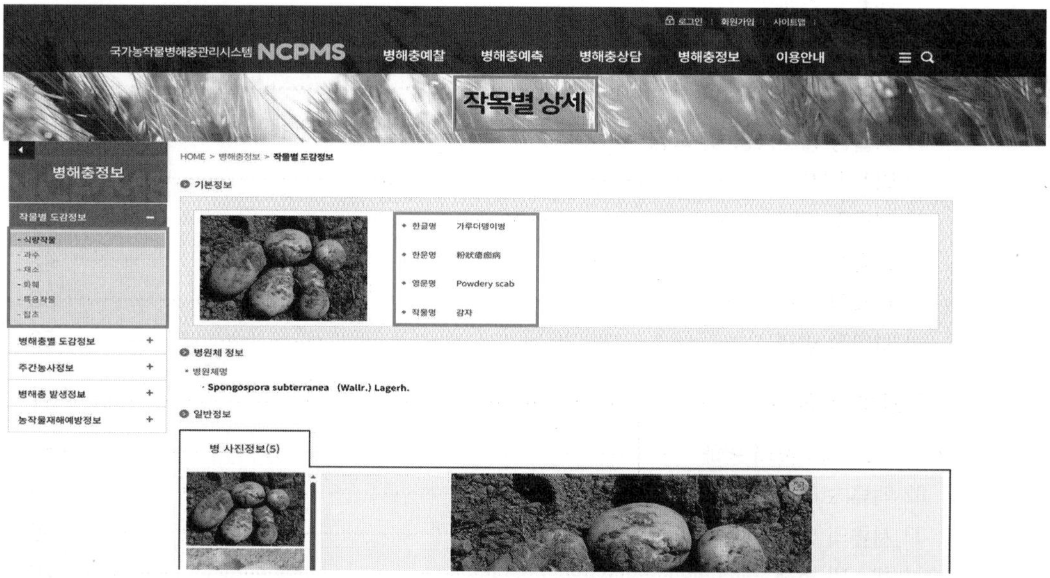

CONTENTS

1편 식물병리학

2편 농림해충학

CONTENTS

CONTENTS

CONTENTS

6편 과년도 기출문제

CONTENTS

PART 01

식물병리학

Plant Protection

CHAPTER 01

식물병의 개념

Key Word

식물병리학 / 식물병의 일반 / 식물병리학의 역사 및 학자

기출 21년 기사 2회 54번

큰 강의 유역은 주기적으로 강이 범람해서 비옥해져 농사짓기에 유리하므로 원시농경의 발상지였을 것으로 추정한 사람은?

① Vavilov
② Dettweier
③ De Candolle
④ Liebig

답 ③

01 식물병의 개념

1. 식물병

① 식물은 물질대사와 에너지대사를 통해 생명을 유지한다. 이때 어떤 원인(병원균의 침입)으로 세포의 대사에 이상이 생겨 생리적 변화와 형태적 변화에 의해 변색, 변질 등 장애를 입게 되고 고사하게 되는데, 이 과정을 식물병(Plant Disease)이라 한다.

② 식물병은 식물이 무성하게 자라지 않을 경우 이용가치가 하락되어 경제적 손실을 가져오게 된다.

2. 식물병리학의 역사 및 학자

1) 식물병리학의 역사

① 식물병리학의 실질적인 식물병의 원인과 그에 따른 병원체의 연구는 현미경이 발명 이후부터 시작된 일이라 할 수 있다.

② 현미경(Microscope)은 안경과 같은 단렌즈로 예센(J. Hans D.)에 의해 1590년에 처음 사용되었으나, 1665년 영국 로버트 훅(Robert Hooke)에 의해 정식으로 발명되었다.

2) 식물병리학자

① 1774년 스웨덴의 식물학자 린네(Linnaeus, C.)의 제자 파브리시우스(Fabricius, J. C.)에 의해 식물병의 미생물 발생설이 제창되었으나, 자연발생설을 믿고 있는 시점에서는 인정받지 못하였다. 그러다 1861년 프랑스의 파스퇴르(Pasteur, L.)에 의해 생물은 생물에서 유래한다는 생물 발생설을 실증하면서부터 식물에 전염병이 기생하는 미생물에 의한 것임을 알아내고 미생물 병원설을 확립하게 되었다.

② 그 외 식물병리학자 및 그들의 주요 업적에 대한 내용은 [표 1 – 1]과 같다.

[표 1－1] 식물병리학자와 주요 업적

구분	국적	주요 업적
프레보스트 (Prevost)	프랑스	비린깜부기병의 원인 증명
디브레이 (deBary)	독일	• 식물병원학의 개조 • 깜부기병이 식물에 기생함을 밝힘(1853년) • 감자 역병균의 병원체가 곰팡이임을 밝힘(1861년) • 맥류 줄기녹병균의 기주교대를 밝힘
쿠훈 (Kuhn)	독일	• 작물의 병과 그 원인 및 방제법을 저술함(1861년) • 최초의 병리학 관련 책을 저술
밀라데트 (Millardet)	프랑스	포도나무 노균병 예방에 사용되는 보르도액(황산구리수화제 : 석회＋황산동)을 개발함(1885년)
버릴 (Burrill)	미국	사과 화상병(불마름병)의 원인이 세균임을 주장함(1878～1884년)
듀이 (Doi)	일본	• 마이크로플라스마 유사미생물 발견 • 뽕나무 오갈병, 대추나무 빗자루병의 원인균을 밝힘(1967년)
스미스 (Smith)	영국	병이 세균에 의해 일어남을 밝혀 식물세균병학의 기초를 세움(1885년)

02 식물병의 피해와 중요성

1. 식물병의 역사적 피해 사례

식물병의 가장 큰 시초는 1846년 영국의 버켈레이(Berkeley, M. J.)가 아일랜드에 대발생한 감자 역병의 병원체가 진균임을 발표한 것이다.

식물병의 역사적 피해 사례에 대한 내용은 [표 1－2]와 같다.

[표 1－2] 식물병의 역사적 피해 사례

구분	특징
감자 역병	• 시기 : 1845～1860년까지 대발생 • 특징 : 아일랜드에 대흉년이 발생하여 100만 명이 사망하고 미 신대륙으로 150만 명이 기근을 피해 이주함
맥각중독병	• 기주 : 귀리, 밀, 호밀, 보리 등 • 시기 : 11～13세기까지 발생 • 특징 : 아플라톡신(Aflatoxin)은 *Aspergillus flavus*가 생산하는 균독소에 의해 발생하고, 부적절한 환경시설에 다발생 • 증상 : 섭취할 경우 사람은 구토 · 설사 · 경련 등, 가축은 출혈을 동반하는 피해를 일으킴

기출 21년 기사 1회 17번

식물병으로 인한 피해에 대한 설명으로 옳지 않은 것은?

① 20세기 스리랑카는 바나나 시들음병으로 인하여 관련 산업이 황폐화되었다.
② 19세기 아일랜드 지방에 감자 역병이 크게 발생하여 100만 명 이상이 굶어 죽었다.
③ 20세기 미국 동부지방 주요 수종인 밤나무는 밤나무 줄기마름병으로 큰 피해를 입었다.
④ 20세기 미국 전역에서 옥수수 깨씨무늬병이 크게 발생하여 관련 제품 생산에 큰 차질을 가져왔다.

답 ①

기출 19년 기사 2회 12번

동양에서 미국으로 옮겨가 큰 피해를 끼친 식물병은?

① 벼 도열병
② 배나무 화상병
③ 포도나무 노균병
④ 밤나무 줄기마름병

답 ④

구분	특징
벼 깨씨무늬병	• 발생지역 : 인도 벵갈(Bengal) 지방 • 시기 : 1942년도 • 특징 : 인도에 벼로 인한 대 흉년으로 200만 명이 굶어 죽음
커피 녹병	• 발생지역 : 스리랑카(Sri Lanka) • 시기 : 1869년도 • 특징 : 스리랑카의 커피 생산지가 남아메리카(브라질, 중남미)로 이동됨 (커피를 구할 수 없어 홍차를 생산하게 된 계기)
밤나무 줄기마름병	• 발생지역 : 동아시아(중국) → 미국 • 특징 : 미국의 주요 수종 밤나무에 동양에서 옮겨온 병원균이 전파되어 피해를 준 사건(법적 방제의 필요성이 대두됨)
수박 덩굴쪼김병	• 발생지역 : 미국 아이오와(Iowa)주 • 특징 : 미국의 수박 재배 면적 급감

2. 식물병의 중요성

① 식물병은 주요 농작물을 비롯한 식물에 피해를 주어 농산물의 생산성과 안전성, 그리고 품질 저하를 통해 생산량의 감소로 이어져 식량 부족을 초래할 수 있다.
② 병해충의 상습 발생으로 방제작업에 따른 경제적 손실이 초래된다.
③ 식물병 독소로 인해 인축에 위험성이 높다.

CHAPTER 02

식물병의 원인

Key Word

병원과 병원성 / 병원의 원인 / 생물성 병원 / 비생물성 병원

01 식물병의 성립 및 발병 환경

1. 병원과 병원성

① 병원은 식물에게 병을 발생시키는 원인이 되는 것으로 병의 발생 원인이 복합적으로 작용하여 병을 일으킨 경우 주된 원인, 즉 병원체, 병원균 등을 주인(主因)이라고 하며, 환경조건 및 상처 등으로 생긴, 즉 병을 도와서 병을 촉진시킨 것을 유인(誘因)이라고 한다. 이때 주인이 병을 일으키는 원인이 되는 성질을 병원성이라 한다.

② 식물병의 방제를 위한 병원의 판단(진단)은 매우 중요하며 식물병은 크게 생물성 병원(전염성 병원), 비생물성 병원(비전염성 병원)으로 나누어진다.

TIP

병원과 병원성 구분

병원	식물에게 병을 일으키는 원인 • 병원체 : 병원이 생물 또는 바이러스일 때 • 병원균 : 특히 병원이 세균이나 진균일 때
병원성	병원체가 기주식물에 대해 기생체로서 병을 일으킬 수 있는 능력(침략적 및 발병력을 가진 병원체의 상태)

2. 병원의 원인

1) 생물성 병원

생물성 병원은 전염성을 가지며 기생성 병을 의미한다. 지금까지 알려진 식물병을 일으키는 병원균에는 진균(곰팡이), 세균, 바이러스, 수백 종의 선충, 기성성 종자식물 등이 있다.

(1) 균류

생물 구성 기본단위인 세포는 핵의 존재 여부에 따라 진핵세포(Eucaryoticcell)와 원시핵세포(Procaryotic Cell)로 나뉜다. 그중 진핵생물은 동물, 식물, 원생생물(Protista) 및 균류로 나뉜다. 균류는 진핵생물 중 가장 하등의 생물로서 색소체와 광합성 색소를 가지고 있지 않아 무기물 합성을 하지 못하기 때문에 종속영양을 통한 유기물을 섭취해야 한다. 균류의 분류에는 진균과 유사균류가 포함된다.

① 진균(곰팡이균 = 사상균 + 효모, 버섯)의 특징

㉠ 균사(菌絲) : 균류의 몸을 이루는 가는 실모양의 다세포 섬유로, 균사의 덩어리를 균사체(菌絲體)라 한다. 균사는 격막이 있는 것(유격균사)과 없는 것(무격균사)이 있고, 대부분 세포벽으로 둘러싸여 있으며 주 성분은 키틴(kitin)으로 되어 있지만 섬유소(Cellulose)로 된 것도 있다.

㉡ 균사체는 개체 유지를 위한 영양체와 종족 보존을 위한 번식체로 구분된다.

기출 20년 기사 1 · 2회 05번

다음 중 비전염성인 병은?

① 선충에 의한 병
② 세균에 의한 병
③ 바이러스에 의한 병
④ 무기원소 결핍에 의한 병

답 ④

기출 22년 기사 1회 2번

다음 중 균류의 영양기관은?

① 왁스층
② 포자낭
③ 분생포자
④ 균사체

답 ④

용어설명

- 균사, 균사속(영양기관) : 진균의 영양기관, 병든 부위의 표피와 주변, 수피 밑에 분포, 가는 실모양을 띰
- 균사막(영양기관) : 지표 부분의 줄기와 뿌리의 표피, 수피 밑에 형성된 백색~담황색~자갈색을 띤 막상
- 근상균사속(영양기관) : 주로 지표 부분 줄기의 표피와 수피 밑 병든 뿌리 주변의 땅속에서 형성되는 병원균
- 균핵(영양기관) : 병든 수피 또는 표피 등에 발생하는 균사 덩어리로 회색, 자색, 흑색 및 색이 없는 것도 있음
- 자좌(영양기관) : 병환부의 병든 조직에 밀착하여 발생하는 균사 덩어리로, 외형적으로 뚜렷하게 나타나지는 않음(균핵과 다름)
- 포자(생식기관) : 병환부의 표피에 노출되어 나타나고 각종 자실체의 내외부에 형성됨(가루, 점괴, 각, 돌기 모양 등)
- 자실체(생식기관) : 포자 생성 기관으로 병원균의 종류에 따라 색, 모양, 크기는 다양함(대부분 병환부에 밀착하여 생성)

[표 2－1] 영양체와 번식체의 특징

구분	특징
영양체(영양기관) ＝균사	절대기생균으로 기주에 침입 시 부착기를 형성하고 균사의 끝이 특수한 모양의 흡기(吸器)를 이용하여 세포 안에 박아 영양을 섭취하는 타급영양을 한다.
번식체(번식기관) ＝포자	영양체 발육 후 담자체(膽子體)가 생성되고 그곳에 포자(胞子)가 형성되어 번식을 하게 된다.

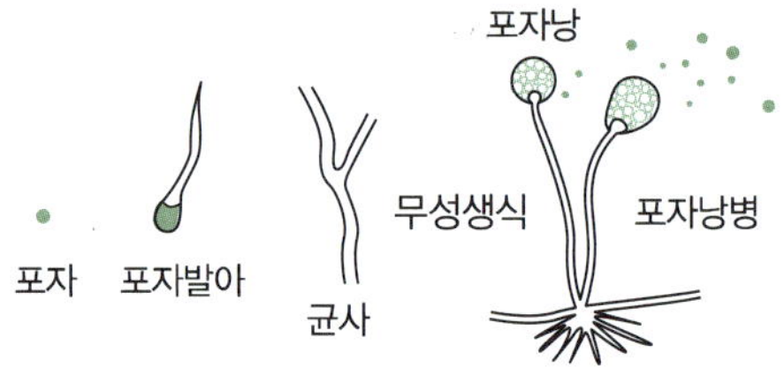

[그림 2－1] 무성생식을 통한 무성포자

㉢ 진균의 생식수단인 포자의 형태는 [표 2－2]와 같이 무성포자와 유성포자로 나뉘며, 진균의 특성은 [표 2－3]과 같다.

[표 2－2] 무성포자와 유성포자

구분	형성방식	특징	포자 종류
무성포자	무성생식 (불완전세대), 2차 전염원	• 수많은 개체를 되풀이 하여 형성 • 식물병이 급번짐	분생포자 유주포자 (녹)병포자 후막포자
유성포자	유성생식 (완전세대), 1차 전염원	• 수정에 의해 발생 • 진균의 월동, 유전 등 종족의 유지	난포자 자낭포자 담자포자 접합포자

[표 2－3] 진균의 특징

구분	특징
진균 (곰팡이균, 사상균)	• 실모양의 균사가 발달된 균사체로 구성 • 균사는 격막이 있는 것과 없는 것으로 구분 • 균사 외부에 세포벽 존재(키틴으로 구성) • 대부분은 다세포체 • 세포벽 안에 원형질막과 핵, 핵막이 존재하는 진핵생물 • 미토콘드리아, 리보솜, 소포체, 액포, 인지질이 있음

② 진균의 종류

균사의 격막 유무 및 포자의 종류와 생성방법에 따라 병꼴균문, 접합균류, 자낭균류, 담자균류, 불완전균류로 나뉜다.

[표 2-4] 진균의 종류별 특징

구분	격막 유무	특징
병꼴균문	없음	• 무성번식체로 포자낭 안에 세포질이 갈라져 1개의 편모를 가진 유주자를 다수 형성함 • 유성번식은 운동성을 가진 배우자의 결합에 의해 생성 • 세포벽은 글루칸과 키틴으로 구성
접합균류	없음	• 하등균류 • 대부분 격막(격벽)이 없고 다핵, 세포벽은 키틴과 키토산을 가짐 • 유성생식 : 접합포자 • 무성생식 : 포자낭에서 부동포자
자낭균류	있음	• 균조직으로 균핵과 자좌 형성 • 유성생식(완전세대) : 자낭 속에 8개의 자낭포자 생성 → 1차 전염원 • 무성생식(불완전세대) : 분생포자 → 2차 전염원 • 자낭 형태
담자균류	있음	• 유성생식을 함 • 담자기라는 포자 생성기관에 유성포자인 담자포자를 만드는 균 • 깜부기병균, 녹병균은 겨울포자가 발아하여 전균사(담자기)를 내고 4개의 단핵 소생자(담자포자) 형성 • 녹병균 겨울포자, 여름포자, 녹병포자, 녹포자, 담자포자로 기주교대를 함
불완전균류	있음	• 유성세대가 알려져 있지 않음 • 무성생식(분생포자)만으로 세대를 이루는 균류 • 병자각, 분생자좌, 분생자층, 분생자병속

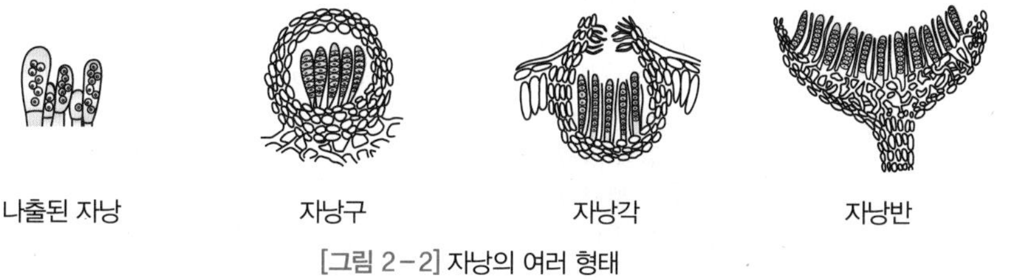

[그림 2-2] 자낭의 여러 형태

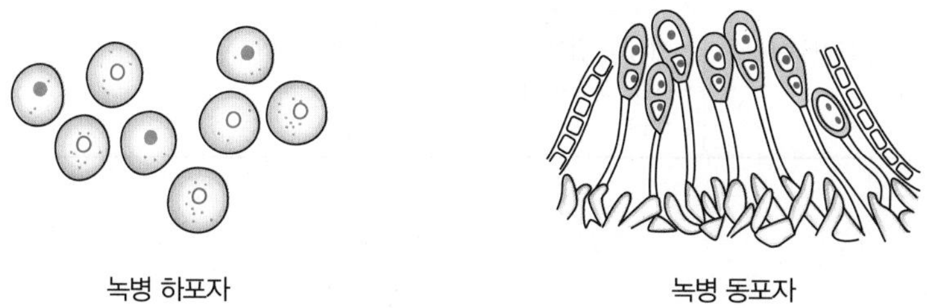

[그림 2-3] 담자균류의 녹병포자 형태

③ 진균에 의해 발생되는 병의 종류

각 진균에 의해 발생되는 식물병의 종류는 [표 2－5]와 같다.

[표 2－5] 진균 종류별 발생 식물병

<table>
<tr><th>구분</th><th colspan="2">식물병 종류</th></tr>
<tr><td>병꼴균문</td><td colspan="2">• 양배추 마름병
• 잠두 물집병(Warty scab)
• 옥수수 점무늬병
• 감자 무사마귀혹병(Potato wart disease)
• 알팔파 근두암종병</td></tr>
<tr><td rowspan="2">조균류</td><td>유주자균</td><td>• 역병(Phytophthora)
• 모잘록병(Pythium)
• 노균병(Pseudoperonospra)</td></tr>
<tr><td>접합균류</td><td>고구마 무름병(Rhizopus)</td></tr>
<tr><td>자낭균류</td><td colspan="2">• 겹무늬썩음병(Botryosphaeria dothidea)
• 부란병(Valsa ceratosperma)
• 사과 탄저병(Glomerella cingulata)
• 꽃 썩음병(Monilinia mali)
• 검은별무늬병(venturia spp.)
• 감귤 점무늬병(Diaporthe citri)
• 포도 새눈무늬병(Elsinoe fawcetii)
• 잿빛무늬병(Monilinia fructicona)
• 흰날개무늬병(Roselinaia necatrix)
• 흰가루병 • 흑성병
• 깨씨무늬병 • 복숭아나무 잎오갈병
• 벚나무 빗자루병 • 맥류 붉은곰팡이병
• 균핵병 • 고구마 검은무늬병
• 벼 키다리병 • 소나무 잎떨림병 등</td></tr>
<tr><td>담자균류</td><td colspan="2">• 붉은별무늬병(Gymnosporangium spp.)
• 녹병(Phakopsora ampelopsidis)
• 흰비단병(Athelia rolfsii)
• 자주날개무늬병(Helicobasidium mompa)
• 고약병(Septobasidium spp.)
• 모잘록병(Rhizoctonia)
• 과수 뿌리썩음병
• 깜부기병(맥류 겉깜부기병, 속깜부기병, 비린깜부기병 등)</td></tr>
<tr><td>불완전균류</td><td colspan="2">• 갈색무늬병(Marssonia mali)
• 점무늬낙엽병(Alternaria mali)
• 배나무 검은무늬병(Alternaria kikuchiana)
• 포도 잿빛곰팡이병(Botrytis cinerea)
• 토마토 잎곰팡이병</td></tr>
</table>

기출 19년 기사 4회 19번

보리 붉은곰팡이균은 진균의 어떤 균류에 속하는가?

① 불완전균류
② 접합균류
③ 자낭균류
④ 담자균류

답 ③

④ 유사균의 분류

유사균은 끈적균류(점균류)와 난균류로 분류되며, 그 특징은 [표 2－6]과 같다.

[표 2－6] 유사균의 분류

구분	특징
점균류	• 끈적균 또는 변형균 • 동물과 식물의 특징을 모두 가짐 • 영양체는 세포벽이 없는 원형질, 잎파랑이(엽록소)가 없음 • 포자에 의해 증식, 발아하면서 유주자 형성
난균류	• 균사가 발달하여 분지가 많음 • 균사에 격막(격벽)이 없으며 다핵 • 주로 무성포자인 유주자(유주포자)에 의해 번식 • 유성포자인 난포자에 의해 번식하기도 함 • 유주자는 운동성이 있는 편모를 이용해 무성생식을 함 • 셀룰로오스(섬유소)로 구성

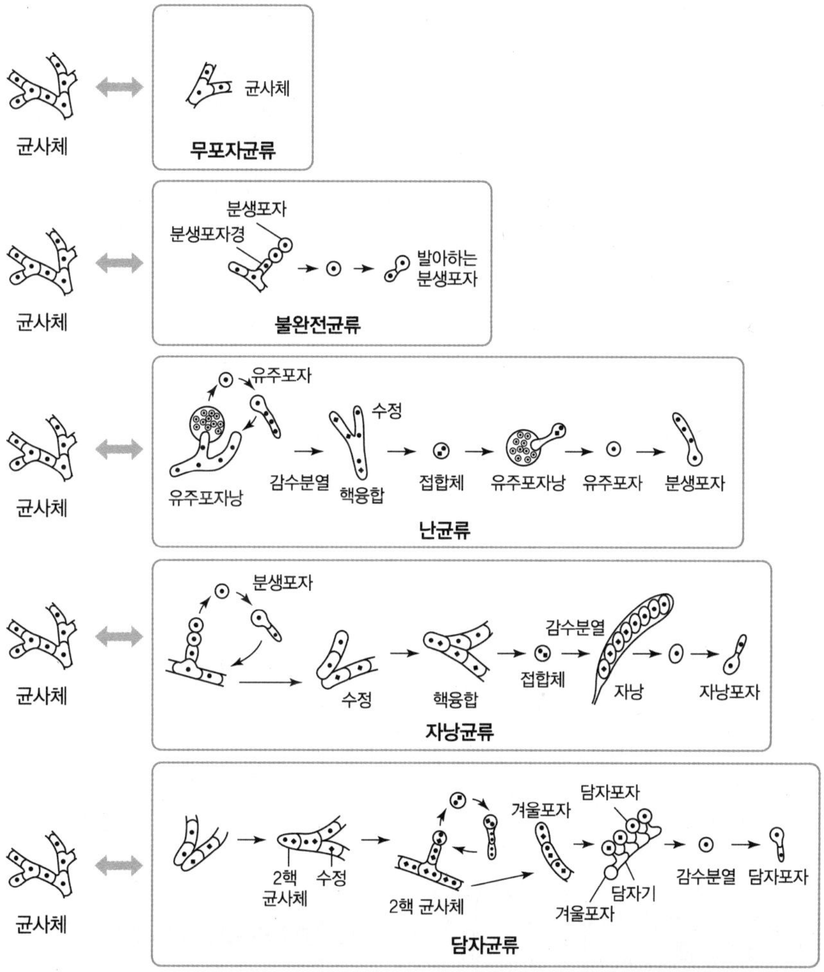

[그림 2－4] 난균류와 식물병원균류의 생활사

기출 19년 기사 2회 11번

난균문의 특징에 대한 설명으로 옳은 것은?

① 다핵균사이다.
② 균사는 격벽이 없다.
③ 세포벽에는 키틴 성분이 없다.
④ 무성번식은 1개의 편모가 있는 유주자로 한다.

답 전항정답

(2) 세균(Bacteria, 박테리아)

세균은 세포의 단순한 구조를 가지고 있는 원핵세포로 구성되어 있고, 핵막이 존재하지 않으며 하나의 세포벽으로 구성되어 있고 이분법으로 증식한다. 현재 약 1,600종의 세균이 알려져 있으며 그중 약 180개는 인공배지에 배양 및 증식이 가능하다. 운동성이 있는 운동기관 편모를 가지고 있어 편모의 유무 및 개수, 편모의 부착위치에 따라 분류된다.

[표 2-7] 세균의 특징

<table>
<tr><th>구분</th><th>특징</th></tr>
<tr><td>세균
(Bacteria)</td><td>
• 가장 원시적인 원핵생물
• 하나의 세포벽을 가지고 있으며 이분법으로 증식
• 크기는 0.6~3.5μm이며 직경은 0.3~1.0μm
• 형태가 단순한 단세포 미생물
• 간균(막대기 모양), 구균(원통 모양), 나선균(나사 모양), 사상균(실모양)
• 광학현미경으로 관찰 가능
• 편모의 유무(유 : 간균, 나선균)
〈세균의 형태와 편모의 종류〉
<table>
<tr><td rowspan="2">세균 형태</td><td colspan="2">간균(막대기 모양), 구균(원통 모양), 나선균(나사 모양), 사상균(실모양 : Streptomyces)</td></tr>
<tr><td colspan="2">대부분의 식물 병원 세균은 짧은 막대기 모양의 간균</td></tr>
<tr><td rowspan="3">편모 종류</td><td>종류</td><td>단극모(한쪽), 양극모(양쪽), 속생모(한쪽 또는 양쪽에 여러 개), 주생모(균체 주위에 생긴 것)</td></tr>
<tr><td>편모(유)</td><td>간균, 나선균</td></tr>
<tr><td>편모(무)</td><td>구균</td></tr>
</table>
• 인공배지에서 배양 및 증식이 가능한 임의 부생체
• 상처 또는 자연개구부(기공, 수공, 피목, 밀선) 등을 통해 침입
</td></tr>
</table>

[표 2-8] 식물병원세균의 종류

<table>
<tr><th>종류</th><th>세균속</th><th>편모</th><th>병명</th><th>그람반응</th></tr>
<tr><td>Pseudomonas
(슈도모나스)</td><td>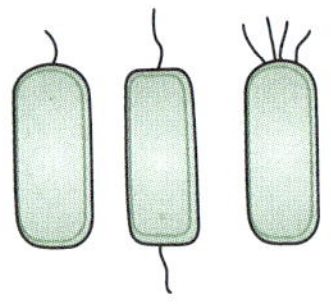</td><td>단극모</td><td>• 콩 세균성 점무늬병
• 가지과 작물 풋마름병
• 담배 불마름병</td><td rowspan="3">그람음성
세균
(분홍색)</td></tr>
<tr><td>Xanthomonas
(크산토모나스)</td><td>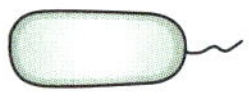</td><td>단극모</td><td>• 벼흰잎마름병
• 감귤궤양병
• 복숭아나무세균성구멍병</td></tr>
<tr><td>Agrobacterium
(아그로박테리움)</td><td>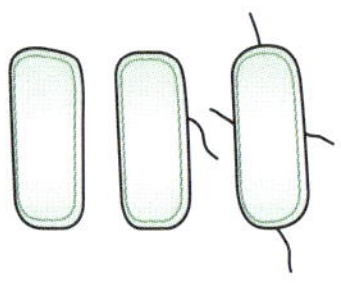</td><td>단극모</td><td>과수근두암종병(뿌리혹병)</td></tr>
</table>

TIP

<table>
<tr><th>그람
반응</th><th>식물병원세균 속</th></tr>
<tr><td>음성</td><td>• Acidovorax : 악시보도락스
• Agrobacterium : 아그로박테리움
• Erwinia : 에르위니아
• Pantoea : 판토에아
• Pseudomonas : 슈도모나스
• Xanthomonas : 크산토모나스</td></tr>
<tr><td>양성</td><td>• Bacillus : 바실러스
• Clavibacter : 클라비박터
• Clostridium : 클루스트리듐
• Streptomyces : 스트렙토마이세스</td></tr>
</table>

종류	세균속	편모	병명	그람반응
Erwinia (에르위니아)	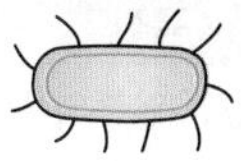	주생모	• 채소 세균성무름병 • 배나무 화상병 • 시들음병	그람음성 세균 (분홍색)
Strepotomyces (스트렙토마이시스)	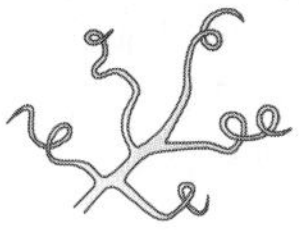	주생모	감자 더뎅이병	그람양성 세균 (보라색)
Clavibacter (클라비박터)	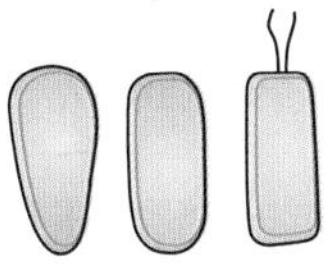	운동성 없음	• 감자 둘레썩음병 • 토마토 궤양병	

(3) 바이러스(Virus)

① 바이러스는 진균병 및 세균병과 함께 식물에서 많이 발생하는 병원 중 하나이다. 바이러스 병을 일으키는 병원체는 핵단백질의 거대분자이며 바이러스의 주요 특징으로는 인공배지에 배양이 되지 않고 생물에 기생하여 병을 일으키는데, 생세포(살아 있는 세포)에서만 증식이 일어나며, 특히 전자현미경으로만 확인이 될 정도로 크기가 매우 작다.

② 바이러스의 구조를 보면 핵단백질로 바이러스 입자는 핵산과 단백질 껍질인 캡시드(Capsid)로 구성되어 있다.

③ 바이러스의 화학적 성분은 핵산이 RNA인 것(RNA Virus)과 DAN인 것(DNA Virus)으로 나뉜다. 대부분의 식물바이러스는 외가닥 RNA를 핵산으로 가지고 있는 경우가 많다.

④ 식물병에 발생하는 바이러스의 종류는 약 800종에 이르며, 우리나라에서도 150종의 바이러스가 알려져 있고 그 수는 매년 증가하고 있다.

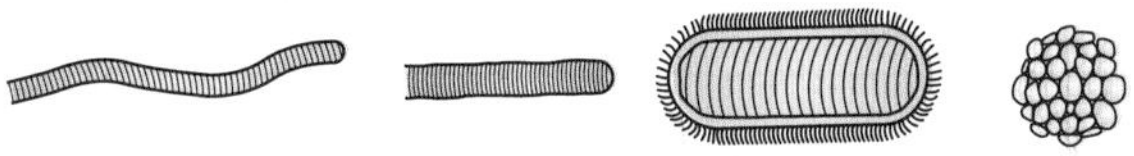

[그림 2-5] 바이러스의 여러 형태

기출 21년 기사 4회 13번

식물병원 세균 중 육즙한천배양기상에서 황색 균총을 형성하는 것은?

① *Pseudomonas*
② *Xanthomonas*
③ *Agrobacterium*
④ *Pectobacterium*

답 ②

기출 21년 기사 2회 13번

식물바이러스의 분류 기준이 되는 특성이 아닌 것은?

① 세포벽의 구조
② 핵산의 종류
③ 매개체의 종류
④ 입자의 형태적 특성

답 ①

[표 2-9] 바이러스의 특징

구분	특징
바이러스 (Virus)	• 병원체 : 핵산과 단백질로 구성된 일종의 핵단백질 • 세포벽이 없으며, 핵산의 대부분이 RNA(리보핵산) • 구형, 타원형, 막대형, 실모양으로 크게 구분 • 크기가 매우 작아(nm) 전자현미경으로 관찰 가능 • 봉입체는 광학현미경으로도 관찰 가능 • 인공배양이나 증식이 안 됨 • 살아 있는 세포 내에서만 증식(순활물기생체) • 미개 생물, 상처 부위를 통해서만 감염 가능 • 화학적 방제가 어려움 • 재배적이고 경종적인 방법이나 물리적인 방법 이용

기출 19년 기사 4회 1번

다음 중 세포벽을 가지고 있지 않은 식물병원균은?

① *Xanthomonas* 속
② *Phytoplasma* 속
③ *Phytophthora* 속
④ Xyrella 속

답 ②

TIP

스피로플라스마(Spiroplasma)
세포벽이 없는 나선형 미생물로 인공배양 가능. 감귤 오갈병의 병원체

(4) 파이토플라스마(Phytoplasma)

파이토플라스마는 주로 식물에 황화, 위축, 총생 및 소엽 등의 전신병징을 나타낸다. 현재 전 세계적으로 98종과 약 600여 종의 식물에 발생하는 것으로 알려져 있으며, 우리나라는 대추나무 빗자루병을 비롯한 20여 종이 보고되어 있다.

[표 2-10] 파이토플라스마의 특징

구분	특징
파이토플라스마 (Phytoplasma)	• 바이러스와 세균의 중간에 위치한 미생물로, 크기는 70nm~900nm 정도 됨 • 세포벽이 없으며, 일정치 않은 여러 형태의 원형질막으로 싸여 있는 원핵생물 • 감염식물의 체관부에서만 존재하므로, 식물의 체관부를 흡즙하는 곤충류에 의해 매개 ※ 대추나무 빗자루병(매개충 : 마름무늬매미충), 오동나무 빗자루병(매개충 : 담배장님 노린재), 뽕나무 오갈병(매개충 : 마름무늬매미충)의 병원체 • 인공배양 안 됨 • 방제가 많이 어려우나 (옥시)테트라사이클린 수화제로 4~5월경, 7~8월경 수간주사함

기출 20년 기사 3회 9번

다음 중 크기가 가장 작은 식물 병원체는?

① 세균
② 진균
③ 바이러스
④ 바이로이드

답 ④

(5) 바이로이드(Viroid)

① 단백질 껍질을 가지고 있지 않은 저분자 RNA로서 스스로 복제하며 현존하는 가장 작은 병원체이다. '바이로이드'라는 용어는 식물병리학자인 디너(Theodor O. Diener)가 감자 갈쭉병(Potato Spindle Tuber Disease)의 병원체를 발견하면서 명명되었다.

② 바이로이드는 현재까지 15종이 알려져 있으며, 그중 염기서열이 결정되어 서로 다른 분자로 밝혀진 것은 8종이다.

[표 2-11] 바이로이드 특징

구분	특징
바이로이드 (Viroid)	• 식물병원체 중 가장 작은 병원체 - 외부단백질이 없는 핵산(RNA)만의 형태 • 전자현미경으로도 관찰이 쉽지 않음 • 인공배지에 배양이 불가능함 • 바이러스와 비슷한 전염 특성 • 접목, 전정 시 감염된 대목이나 접수, 손, 작업기구 등에 의해 접촉전염됨 • 식물에게만 병원성을 지님 • 감자 갈쭉병 : 바이로이드 병원체

TIP

병원체의 크기
바이로이드<바이러스<세균<진균

TIP

병원체 크기 비교

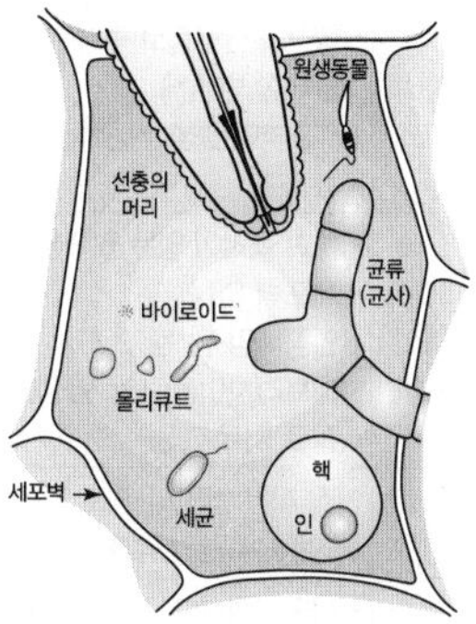

(6) 선충

① 선충은 선형동물문에 속하는 실처럼 가늘고 긴 동물로 곤충 다음으로 큰 동물군에 속한다. 현재 2만여 종이 알려져 있고 대부분 자유로이 생활하는 부식성이며, 종류는 동물기생선충과 식물기생선충으로 나뉜다.

② 식물기생선충은 식물체 밖에서 생활하면서 구침을 식물 조직에 박고 가해하는 외부기생과 식물조직 내부로 들어가 생활하여 가해하는 내부기생 그리고 머리 부위만 식물조직 속에 삽입하여 영양분을 취하는 반내부기생이다.

[표 2-12] 선충의 특징

구분	특징
선충	• 식물에 기생하여 전염병을 일으키는 동물성 병원체 • 몸 길이는 0.5~1.5mm 정도인 주머니 모양(암컷), 길고 가느다란 실 같은 모양(수컷)을 하고 있음 • 식물기생선충의 특징인 머리 부분의 구침으로 식물의 조직을 뚫어 즙액을 흡즙 • 성처가 난 조직은 병원성 곰팡이나 세균에 의해 2차 감염이 일어나 부패(국부감염) • 뿌리를 해쳐서 뿌리에 혹을 만들거나, 뿌리를 썩게 하며, 잎에 반점을 만들거나, 종자를 해침 • 스스로 이동능력이 떨어지므로 물, 농기구, 묘목 뿌리 등에 의해 전파

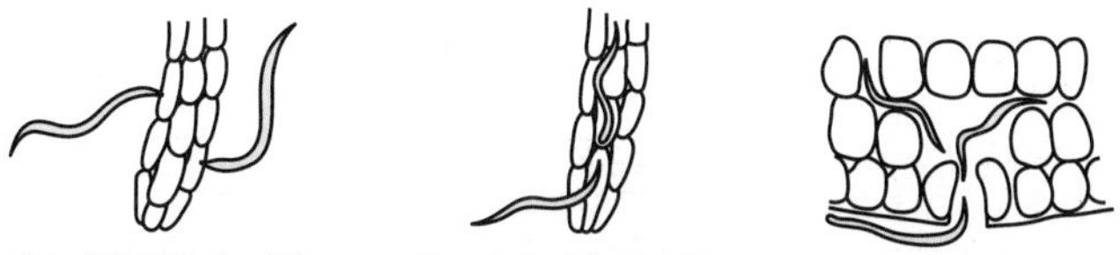

[그림 2-6] 선충이 식물 내부로 침입하는 방법

TIP

생물성 병원 총정리

구분	특징
진균	진핵생물, 사상균 & 곰팡이, 키틴 세포벽
세균	• 핵과 핵막이 없는 원핵생물 • 대부분 간균, 배양 가능 • 상처를 통해 침입
바이러스	• 핵산과 단백질로 구성된 핵단백질 병원체 • 세포벽이 없음. 인공배양 안 됨
파이토플라스마	• 핵과 핵막이 없는 원핵생물 • 세포벽 없음 • 인공배양 안 됨 • 테트라사이클린계 항생물질로 치료 가능
바이로이드	가장 작은 병원체, 세포 없음, 핵산(RNA)만의 형태
선충	• 식물기생성충, 구침으로 식물 조직을 뚫어 침입 • 이동능력이 좋지 못해 물, 농기계, 묘목 뿌리로 전파
기생식물	겨우살이과의 겨우살이, 메꽃과의 새삼, 열당과의 오리나무더부살이

기출 19년 기사 4회 5번

다음 중 *Phytophthora* 속 균의 전형적인 전반방법은?

① 종자에 의한 전반
② 곤충에 의한 전반
③ 씨감자에 의한 전반
④ 비바람에 의한 전반

답 ④

(7) 기생성 종자식물

기생식물은 주로 국부적 이상비대와 기주로부터 양분과 수분을 탈취하며, 저장물질의 변화를 통한 생장 둔화를 가져오는 것이 특징이다. 다른 식물에 기생하여 생활하며, 모두 쌍떡잎식물에 속한다.

[표 2-13] 기생하는 위치에 따른 기생성 종자식물의 분류

기생 위치	분류	종류
줄기 기생	겨우살이과	겨우살이, 붉은겨우살이, 꼬리겨우살이, 참나무 겨우살이, 동백나무 겨우살이, 소나무 겨우살이, 미국활엽수 겨우살이
	메꽃과	새삼
뿌리 기생	열당과	오리나무 더부살이

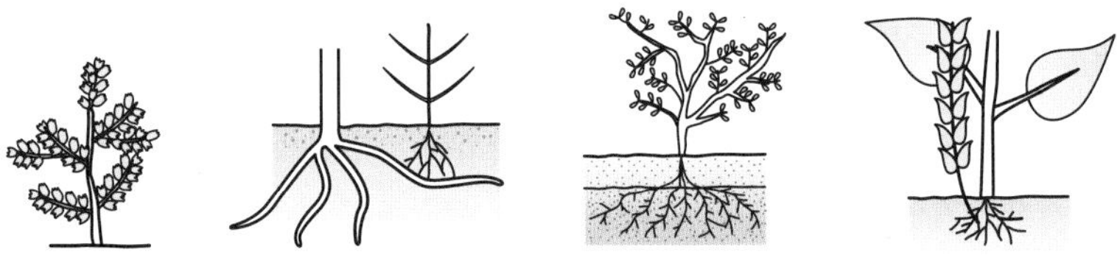

[그림 2-7] 기생성 종자식물의 종류

2) 비생물성 병원

비생물성(비기생성, 비전염성) 병원에는 부적절한 토양과 기상조건, 양 · 수분의 과잉 또는 결핍, 화학물질에 의한 오염 및 농작업과 영양장해 등이 있다.

[표 2-14] 비생물성(비전염성, 비기생성) 병원의 종류

구분	특징
부적절한 토양환경	• 토양 내 수분 부족 및 과습 등 • 토양 보수력, 보비력, 통기성 등의 물리적 구조의 문제
부적절한 기상환경	저온다습, 고온건조, 비바람, 일조량 부족 등
화학물질에 의한 오염	연기, 가스 등의 오염물질 등
양 · 수분 결핍 또는 과잉의 불균형	**칼륨 결핍**: 벼 적고병, 보리 흰무늬병 **칼슘 결핍**: 토마토 배꼽썩음병, 셀러리 검은썩음병 **마그네슘 결핍**: 감귤 대황병, 보리 흰깁병 **망간 과잉**: 사과나무 조피병(적진병) **망간 결핍**: 감귤류 위황병 **붕소 결핍**: 무 · 배추 속썩음병, 갈색속썩음병, 사과 축과병
농작업에 의한 오염	농약의 약해 및 농작업의 상해 등
저장 · 운송에 의한 오염	운송 및 저장 시에 발생하는 유해물질 등

CHAPTER 03

식물병의 진단 및 동정

Key Word

식물병의 진단 / 식물병의 병징 및 표징 / 코흐(Koch)의 원칙 / 병원체의 분류 및 동정 / 진단방법

01 병원의 종류 및 형태

1. 식물병의 발생 3요소

식물병은 부적당한 환경요인에 기인하여 병원과 기주가 서로 작용을 함으로써 일어나는 상호반응을 의미한다. 식물병을 통해 식물의 생리적 · 형태적으로 지속적 장애가 발생하고 그 과정에서 만성적 장애를 갖게 되며, 급성적으로는 고사를 하여 생산성과 이용의 가치 하락을 초래하게 된다.

식물병 발생에 필요한 3대 요인으로는 병원체, 기주(식물), 부적당한 환경요인이 있다.

TIP

식물병의 삼각형(발생 3요소)

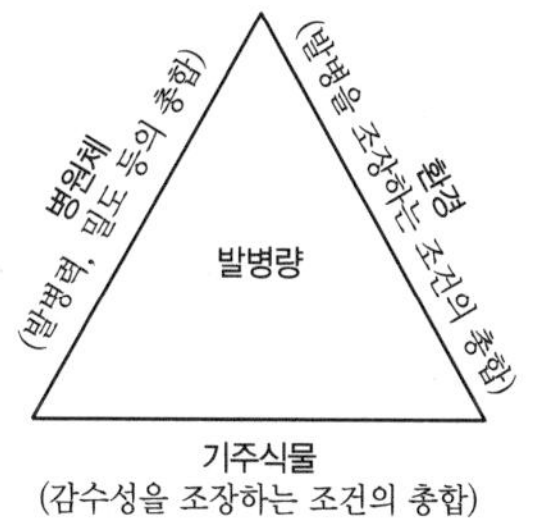

기출 22년 기사 1회 3번

식물병 발생에 필요한 3대 요인에 속하지 않는 것은?

① 기주 ② 병원체
③ 매개충 ④ 환경요인

답 ③

2. 식물병의 병징 및 표징

1) 병징

① 병징(炳徵, Symptom)은 식물이 어떤 원인에 의해 병에 걸리면 세포, 조직, 기관에 이상이 생기게 되며 이로 인해 외부형태에 변화를 나타내는 현상을 의미한다.

[표 3-1] 병징의 기본형태

구분		특징
병징	괴사	세포나 조직이 썩거나 죽는 것
	감생	발육이 불충분한 것
	비대	발육이 지나친 것
전신병징	식물의 전체에 병징이 나타나는 경우	바이러스병, 시들음병, 오갈병, 황화병 등
국부병징	병징이 일부기관에 한정되어 나타나는 경우	점무늬, 썩음, 구멍 등

② 시들음병에 걸린 경우 초기 병원균의 침입 시에는 뿌리의 갈변(1차 병징)이 나타나고, 병이 진전됨에 따른 뿌리 및 도관의 침입으로 시들음 증상(2차 병징)이 나타난다.

(1) 세균병의 병징

세균병의 병징	병원성 세균이 식물에 병을 일으키는 과정은 보통 상처와 자연개구부(밀선) 등 이곳을 통해 병원균이 발병하여 병징을 나타내게 된다.			
	종류	무름병	• 병균이 펙티나아제(Pectinase) 효소 분비 • 기주세포는 삼투압 변화로 원형질이 분리되어 고사 • 물이 많은 조직에서 부패 및 악취의 무름현상 발생	채소류 무름병

세균병의 병징	종류	점무늬병	• 기공 침입한 세균이 인접 유조직 세포 파괴 • 여러 모양의 점무늬 발생	콩 세균성 점무늬병
		시들음병	세균이 유관 속 조직의 도관부를 침입하여 증식 후 기관이 말라 고사함	벼 흰잎마름병
		세균성 혹병	• 세균이 물관에 증식, 수분 상승 저해 • 병징이 복합적으로 나타나기도 함	토마토 풋마름병
		잎마름병	세균이 기주세포 자극하여 병환부의 이상 증식	사과 근두암종병

(2) 바이러스의 병징

바이러스의 병징	• 전신병징으로 식물 전체가 왜소 및 축소를 보인다. • 글루티노사 담배(Nicotiana gultinosa) → 담배 모자이크 • 바이러스(TMV)를 접종하면 접종한 잎에만 국부반점(국부병징) 생성	
	외부병징	모자이크 등의 색소체 이상과 기관 발육 이상
	내부병징	건전한 식물세포에서 볼 수 없는 특이한 구조물인 봉입체 생성
	병징은폐	어떤 한계 온도 이상 또는 이하에서는 바이러스를 지니고 있음에도 병징이 나타나지 않고 은폐됨

(3) 파이토플라스마의 병징

파이토플라스마의 병징	전신(식물 전체 병징)	오갈, 왜화	감염된 병원이 식물 전체에 퍼져 세포에 증식하므로 식물체의 생육이 극도로 나빠지며 오갈 또는 왜화 현상이 발생함
		총생, 빗자루	감염된 부위의 분얼이나 곁눈의 생장이 왕성하게 되어 빗자루 모양이 됨
	잎과 줄기	잎색의 변화 및 잎말림(오갈증상)	병든 잎의 색이 퇴색되거나, 건전한 잎에 비해 작거나 좁아져 오그라진 형태를 띰
		괴사	식물의 세포 조직이 괴사되어 점무늬 형태와 줄무늬 형태를 보임
	꽃과 열매	엽화	꽃, 꽃받침, 암술, 수술이 잎처럼 변하는 현상

병징의 종류

구분	병명
생육이상 및 외형의 변화	모잘록병(묘입고병), 시들음병(위조병), 오갈병(위축병), 빗자루병(천구소병), 혹병(암종병), 구멍병(천공병), 잎말림병(권엽병), 잎오갈병(축엽병), 궤양병
잎의 색 변화	누렁이병(황위병), 모자이크병(모자이크병), 점무늬병(반점병), 줄무늬병(조반병), 무늬마름병(문고병)
잎의 색 변화 및 외형의 변화	역병, 잎마름병(엽고병), 불마름병(엽소병), 가지마름병(지고병), 줄기마름병(동고병), 탄저병, 더뎅이병(창가병), 미라병

2) **표징**

표징(Sign)은 병원체가 병든 식물의 병환부(병변부)에 나타나 병원체의 존재 여부를 눈으로 확인할 수 있는 경우를 의미하며, 표징의 특징은 다음과 같다.

① 표징은 병원균의 번식기관에 의한 것과 영양기관에 의한 것으로 구분된다.

[표 3-2] 표징의 병원체

구분	종류
병원체의 영양기관	균사체, 균사속, 균사막, 근상균사속, 선상균사, 균핵, 자좌 등
병원체의 번식기관	포자, 분생포자, 분생자퇴, 분생자좌, 포자퇴, 포자낭, 병자각, 자낭각, 자낭구, 자낭반, 세균점괴, 포자각, 버섯 등

② 바이러스, 파이토플라스마, 바이로이드와 같은 경우는 육안으로 병원체나 식물의 조직 내부의 증식이 드러나지 않아 표징을 기대하기는 어렵다. 세균과 균류에 일반적으로 표징이 잘 나타난다.

③ 표징은 병이 어느 정도 진행된 후에 나타는 것이 일반적이므로 조기진단의 어려움이 있다.

④ 표징은 병의 종류를 진단하는 데 중요한 역할을 한다.

[표 3-3] 표징의 형태에 따른 병징

형태	병징
가루	병원균이 포자의 형태(여름포자, 분생포자) 예 흰가루병, 녹병, 깜부기병 등
곰팡이	병환부 표면의 균사, 분생자경, 포자 집단의 형태 예 잎곰팡이병, 벼 모썩음병, 고구마 무름병, 노균병, 덩굴쪼김병 잿빛곰팡이병 등
작은 검은점	병든 환부의 자낭균류에 의한 자낭각, 자낭반, 병자각 분생자층이 표면에 나타나 검은 점이 생김 예 맥류 붉은곰팡이병, 낙엽송 잎떨림병, 사과나무 부란병, 맥류 줄기녹병 등
균핵	병환부 내외부에 균사가 모여 덩어리 형태(균핵 : 갈색 또는 검은색) 예 균핵병, 벼 잎집무늬마름병 등
돌기	병환부의 돌출된 돌기 형태 예 삼나무 페스타로치아병, 배나무 붉은별무늬병, 고구마 검은무늬병 등
버섯	병든 식물체의 뿌리쪽 부분에 버섯을 형성 예 활엽수 목재썩음병, 과수 및 소나무류 뿌리썩음병
끈끈한 물질	병환부에 끈끈한 점액 물질 및 덩어리 형성(병의 종류와 기주에 따라 다름) 예 밤나무 줄기마름병, 감자 무름병 등

표징에 따른 병명

병명	표징
자줏빛날개무늬병	뿌리나 줄기의 땅과 표면에 자주색 실이나 그물 모양의 막을 생성
흰날개무늬병	뿌리가 썩으며 그 표면에 회백색 실이나 깃털 모양의 것들이 엉켜 붙음
그을음병	잎, 가지, 열매 등의 표면이 그을린 것처럼 보임
맥각병	볏과 작물의 꽃에 자흑색, 뿔(바나나) 모양의 단단한 덩어리 생성
균핵병	말라 죽은 조직 속 또는 표면에 검은 쥐똥 같은 덩어리 생성
노균병	잎 뒷면에 흰 서리, 가루 모양의 곰팡이가 생기고 표면은 약간 누렇게 됨
잿빛곰팡이병	열매, 꽃, 잎이 무르고, 그 표면에 쥐털 같은 곰팡이가 생김
흰가루병	잎, 어린 가지 등의 표면에 흰가루를 뿌린 듯 보임
녹병	여름포자 세대에는 잎에 황색, 적갈색 등의 가루 같은 병반 생성
깜부기병	대체로 이삭에 발생, 환부에는 검은 가루가 날림

02 식물병의 진단 및 동정

1. 식물병의 진단과 동정

① 식물병의 진단이란 이병식물의 병환부를 해부하여 병원체의 존재 여부를 확인 하고 병원체와 기주의 상호반응을 분석 및 세포 내 형성물질을 통해 정확한 병명을 결정하는 것을 진단(Diagnosis)이라고 한다.

② 식물병 진단을 위해서는 기주식물의 발생 환경, 식물의 품종, 재배환경, 발생 상황 등을 파악하여야 한다.

③ 진단에 있어서 기주식물의 식물병이 전염성이 있는지의 여부를 판단하고 전염성 병인 경우 병원체 동정(병원체의 규명을 위해 순수 분리 배양과 접종 시험을 통해 종명(種名)을 정확히 결정하는 것)을 통해 병명을 정확히 진단한다.

[표 3-4] 코흐(Koch)의 병원체 동정을 위한 원칙

코흐(Koch)의 4대 원칙	1. 병원체는 반드시 병환부에 존재할 것 2. 병원체는 배지 상에서 순수 배양되어야 할 것 3. 병원체를 건전 기주에 접종해서 동일한 병을 발생시킬 것 4. 접종한 기주로부터 같은 병원체를 다시 분리(재분리)할 수 있을 것

TIP

코흐(Koch)의 원칙
- 병원체의 진단과 동정에 이용되는 원칙(병의 원인 증명)
- 식물병뿐만 아니라 동물병도 적용 가능
- 모든 식물 병원체에 다 적용할 수 있는 것은 아니다.
  예 순활물 기생균, 바이러스 파이토플라스마, 흰가루병, 녹병균, 노균병균은 절대 기생체(배지배양 안 됨) → 코흐의 2번 원칙이 적용되지 않음

2. 포장진단

① 식물병을 진단하는 데 있어 가장 기본이 되는 것은 직접 병이 발생한 포장에서 조사하고 진단하는 방법이다.

② 발생된 병의 포장 내에 환경 및 재배 형태, 재배 작물의 품종이나 농작업에 사용되었던 여러 자재 등을 직접 보고 식물병을 진단하게 된다.

3. 병원균의 동정을 통한 진단

식물병으로부터 보호하기 위해 먼저 병의 원인이 무엇인지를 밝혀내는 것이 중요하며, 이를 위해 일반적으로 많이 활용되는 것이 육안 및 해부학적 진단이다. 하지만 병원체를 규명하기 위해서는 순수 분리 및 배양 그리고 형태와 생화학적 특성을 조사하는 동정을 거쳐 정확한 병원체를 찾아내야 한다. 이를 위해 병원균인 세균, 바이러스, 파이토플라스마의 진단방법은 다음과 같다.

[표 3-5] 세균병의 진단방법

직접 진단법	• 특유의 병징 또는 표징 조사 • 병원 세균의 분리, 동정 및 병원성 검정에 의한 조사 • 현미경 관찰에 의한 형태적 특성 조사
간접진단법	• 현미경, 항혈청이나 핵산을 이용한 조사 • 유출검사법(우즈테스트) →줄기를 잘라 물에 넣었을 때 단면에서 스며 나오는 분비물(우즈)로 세균병 진단

[표 3-6] 바이로이드와 바이러스 진단방법

바이로이드 진단방법	지표식물검정법, PCR법
바이러스병 진단방법	지표식물검정법, 즙액접종법, 괴경지표법, 항혈청검사법, 한천겔이중확산법, 형광항체법, ELISA법, PCR법, 봉입체관찰

[표 3-7] 식물 파이토플라스마의 진단방법

파이토플라스마의 진단방법	• 전자현미경으로 사부 내의 세포를 관찰하는 것 • 이병 절편을 딘즈(Dienes)염색하여 광학현미경으로 관찰함 • 이병 조직의 사부를 DAPI나 형광색소 등으로 염색하여 형광현미경으로 관찰

TIP

딘즈 염색
파이토플라스마의 감염 유무 및 감염부위의 확인 가능

4. 식물병 진단법

1) 병원체 직접 진단(육안적 진단)

- 육안으로 병징과 표징을 직접 진단하는 방법으로 가장 보편적인 방법이다. 광학현미경을 이용하여 직접 검경하여 병원체를 확인한다.
- 균사 및 세균에 의한 병은 도관을 절단하여 현미경으로 관찰 후 세균의 유무를 파악한다.

[표 3-8] 병징과 표징에 의한 진단

병징에 의한 진단	모잘록병, 토마토 시들음병, 대추나무 · 오동나무 빗자루병, 근두암종병, 복숭아 구멍병, 오이 · 무 · 배추 모자이크병
표징에 의한 진단	사과 자줏빛날개무늬병, 감귤 그을음병, 양배추 균핵병, 오이 · 포도 노균병, 오이 잿빛곰팡이균, 보리 흰가루병, 향나무 · 포플러 녹병, 보리 깜부기병
습실 처리에 의한 진단	포화상태의 습도를 유지하면 병원균이 식물체의 표면에 노출 → 진균병의 진단에 많이 이용

2) 해부학적(현미경적) 진단

기주식물의 병환부를 해부하여 병원체의 침입 및 기주식물의 세포 내 감염과 기관의 변화 등을 관찰하여 병원체의 존재 여부를 현미경을 통해 확인한다. 또한 병원체와 기주식물의 상호반응을 보며 세포 내에 형성되는 물질의 특성을 관찰하여 식물병을 진단하는 방법을 해부학적 진단이라고 한다.

① 잎말림병(Potato leafroll luteovirus)은 감자 잎에 초생사부에 괴사가 나타나므로 해부하여 관찰이 가능하다.

② 바이러스 감염 식물은 병든 조직 세포 내에 봉입체(Cytoplasmic inclusions)라는 것이 생성된다. 이 봉입체 중 비결정성의 것을 X체(X body)라 하고 이 X체나 봉입체는 핵 근처의 세포질에서 관찰된다. 이런 X체나 결정성 봉입체는 모든 바이러스와 기주에 생성되는 것이 아닌 특수한 경우 맥류 오갈병 및 담배 모자이크병에만 나타나는 특징이 있다.

③ 그람염색법(Gram staining)은 세균병을 진단하는 방법으로 그람염색법을 통해 그람음성인지, 그람양성 병원균인지를 진단하는 방법이다.

④ 침지법(DN : Direct Negative Staining Method)은 바이러스 감염 여부를 판별하기 위해 활용하는데 기주식물의 감염된 잎의 조직을 슬라이드 글라스 위에 놓고 염색하여 관찰하는 방법으로 바이러스 감염 여부만 판정할 수 있다.

⑤ 초박절편법(TEM : Transmission Electron Microscopy)은 바이러스 감염 여부를 판별하기 위해 활용되는 것으로 기주식물의 감염된 잎의 조직을 고정, 초박절편한 후 세포 내 바이러스의 입자 및 봉입체 존재 여부를 전자현미경으로 관찰하여 바이러스 동정에 활용하는 방법이다.

⑥ 면역전자현미경법(ISEM : Immunosorbent Electron Microscopy)은 기주식물 병원체의 형태 및 혈청반응을 전자현미경을 통해 관찰하는 방법으로, 특이한 병원체의 연구용 진단에 활용하고 있다.

3) 이화학적 진단

기주식물의 병환부를 물리적 또는 화학적인 방법으로 검사하여 진단하는 방법으로 병원체나 병원체와 기주 사이의 반응을 조사하는 간접적인 진단방법이다.

① 감자둘레썩음병(Ring rot, *Clavibacter michiganensis subsp. sepedonicus*)은 감자에 루미플라빈(Rumiflavin, 리보플라빈의 전구물질)에 의해 감염부위가 형광색을 나타내게 되는데, 이렇게 자외선의 반응을 통해 씨감자의 감염 여부를 진단할 수 있다.

② 감자 바이러스병은 감염된 즙액에 황산구리(황산동법, Copper sulphate reaction)를 첨가하여 감염 여부를 확인한다. 즉, 병든 감자 괴경은 건전한 것에 비해 단백질 양이 증가하고 환원당은 감소하는데 이때 황산동과 수산화카리를 처리하면 병든 즙액에 자줏빛으로 건전한 즙액은 붉은색을 띠므로 투명도와 착색도를 검사하여 바이러스의 감염 여부를 진단할 수 있다.

4) 혈청학적(면역학적) 진단

혈청학적 진단방법은 항혈청을 이용하여 진단하는 방법이며, 바이러스나 세균의 진단에 많이 활용되고 있다. 항혈청과 기주식물의 즙액을 직접 슬라이드 글라스 위에 반응시켜 병을 진단하는 것으로서 항원(Antigen)에 대해서 특이성이 높다.

① **한천겔 내 확산법**(Agar gel diffusion test) : 한천(Agar)의 겔(Gell)에 항원과 항체를 확산시켜 만들어진 침강반응을 관찰하는 방법으로 혈청반응에 의한 간이 검출 진단에 활용되고 있다. 요즘엔 라텍스 응집 반응법(Latex flocculation, Latex agglutination) 또는 젤라틴 입자 응집 반응법(GA법 : Gellation particle Agglutination test, GA법)을 활용하고 있다.

② **항원항체반응법**

- 효소표식항체법(효소결합항체법, ELISA법 : Enzyme Linked Immuno Sorbent Assay) : 1차 항체와 이에 특이성을 나타난 효소를 결합시킨 효소결합항체를 항원에 처리한 후 형성된 색소의 발색 정도를 분광광도계로 측정하여 조사하는 방법이다. 바이러스의 감염 여부 및 감염량을 판단할 수 있고 대량 시료를 빠른 시간에 처리할 수 있어 경제적인 장점이 있다.
- 형광항체반응법(Fluorescent antibody technique) : 형광색소를 함유한 항체를 항원과 결합시켜 형광 현미경으로 혈청 반응을 조사하는 방법이다. 종자 표면의 바이러스 및 매개충 내의 바이러스, 토양 세균 검출에 활용된다.
- 바이러스(파지) 중화반응법(Neutralization of bacteriophage) : 세균바이러스(Bacteriophage)를 세균파지와 혼합하여 그 파지의 감염성을 중화시켜 활성화를 없앰으로써 파지의 종류를 동정할 때 활용된다.

5) 생물학적 진단

① **지표식물진단법**

병원체 중에 고도의 감수성이거나 특이한 병징을 나타내는 식물병을 진단할 때 이용되는 것으로 이때 활용되는 식물을 지표식물(Indicator plant)이라고 한다.

바이러스병 진단 시 바이러스에 특이한 병징을 나타내는 지표식물을 활용하여 바이러스의 종류를 판별하는데 식물 바이러스병에는 담배, 명아주, 나팔꽃, 천일홍, 순무, 완두, 잠두, 오이, 호박, 강낭콩 등이 있으며, 바이로이드 및 뿌리혹 선충의 유무도 지표식물진단법을 활용한다.

② **최아법(괴경단위 식재법 또는 괴경지표법)**

감자의 싹을 띄워 병징을 발현시킨 후 감자의 눈(嫩 : 어릴 눈)을 통해 바이러스병의 유무를 진단할 때 활용한다.

③ 즙액접종법

바이러스 즙액을 이용하여 여러 지표식물에 즙액접종을 한 후 특이적인 병징을 발견함으로써 바이러스의 감염 여부를 진단한다. 이 방법은 오이 노균병과 세균성 점무늬병 등의 진단에 활용된다.

④ 박테리오파지(Bacteriophage)법

기주에 대한 특이성이 매우 높은 세균을 기주로 하는 바이러스를 말하며, 이러한 기주 특이성을 이용하여 특정 세균의 유무 및 월동장소를 알아보는 진단방법이다. 이 방법은 벼 흰잎마름병균의 진단에 활용된다.

⑤ 유전자에 의한 진단

병원균이 가지고 있는 균의 유전적 차이를 이용하는 방법이다.

6) 분자생물학적 진단

① 역전사 중합효소 연쇄반응법(RT－PCR, Reverse Transcription－Polymerase Chain Reaction)은 DNA를 증폭시키기 위해 고안된 방법으로 PCR 방법과 RNA로부터 cDNA를 만들기 위해 역전사 반응을 연결 개발한 방법으로, 상대적으로 간단하면서 극소량의 바이러스도 쉽게 검정이 된다는 장점이 있다.

② RAGE 분석법은 바이러스에 감염된 기주식물이 함유하는 ds－RNA의 종류(수량, 크기, 강도, 복잡성 등)에 따라 다르므로 ds－RNA를 분석 후 바이러스 종류를 진단하는 데 활용된다.

TIP

PCR법

두 종류의 DNA 단편(Primer)의 배열을 복제효소(DNA polymerase)로 특이적 DNA 합성을 반복하여 수십만 배로 증폭시켜 검출한다. 식물 RNA 바이러스의 검출 또는 동정에 이용하는 것은 RT－PCR법이다.

CHAPTER 04

식물병의 발병

Key Word

병원체의 월동 / 전염원의 종류 / 전반 / 접종 및 침입 / 감염과 잠복 / 병원체 증식

01 식물병의 병환

1. 병환과 전염원

1) 병환

① 식물에 병원체가 침입 한 후 계속해서 감염을 일으켜 병이 되풀이되는 과정을 병환(Disease Cycle)이라고 한다.

② 병환은 기주식물과 병원균의 생활사에 밀접한 연관성을 가지며 병원균은 병든 죽은 기주식물이나 매개충에 의해 전염되는 경우도 많다.

2) 전염원

① 기주식물에게 병을 일으키게 만드는 병원체를 전염원(Infection Source)이라 한다.

② 부적절한 환경조건에서 병원균은 특정한 장소에서 조직과 기관을 형성한 후 휴면을 한다. 보통 겨울에 휴면, 즉 월동을 한다.

③ 병원체는 봄에 활동을 시작하는데 식물에게 전염되는 시기에 따라 1차 전염원(Primary Inoculum)과 2차 전염원(Secondary Inoculum)으로 나뉜다.

[표 4-1] 병 발생 시기에 따른 전염원

구분	특징	
1차 전염원	• 병원체가 가장 먼저 만들어진 전염원 • 병든 식물 및 잔사 또는 토양 속에서 월동한 후 환경조건이 갖춰진 시기에 기주를 침입하게 됨(1차 감염) • 1차 전염에 의해 1차 감염이 됨 • 기주식물에 병징 또는 표징 생성 • 월동한 균핵과 난포자, 휴면상태의 균사 등	〈1차 전염만 하는 병〉 밀 비린깜부기병, 보리 겉깜부기병, 복숭아나무 잎오갈병
2차 전염원	• 1차 감염이 되어 생성된 병징과 표징이 발병 환부에 형성되어 일어나는 감염(2차 감염) • 감염된 기주식물로부터 다른 식물로 퍼져나가 병을 일으키는 전염원 • 매개요소 : 물, 비, 바람, 매개곤충	

④ 전염된 식물체 내에서의 병원체는 다양한 형태로 1차 전염원이 된다.

TIP

병환(Disease Cycle)의 발생 단계
이병식물의 잔사에서 월동 → 전염원에 의한 전파(전염 or 전반) → 감수체 기주식물에 침입 → 정착 → 감염 → 증식 → 이병식물 → 월동(잠복기)

용어설명

감수성(이병성)
병을 받아들이는 성질

[표 4-2] 전염원의 월동 형태에 따른 분류

구분			종류
지난 해 병든 식물 잔사	볏짚, 병든 볍씨(종자) 전염		• 벼 도열병 • 벼 흰잎마름병균
	병든 가지 및 열매 전염	병든 가지	• 배나무 검은별무늬병균 • 복숭아 탄저병균 • 잎오갈병균 • 세균성 구멍병균
		병든 열매	감귤 궤양병균
병든 종자(괴경, 구근)의 전염	종자	종자	• 맥류 줄무늬 모자이크병균 • 박과 오이녹반 모자이크 바이러스 • 담배 모자이크 바이러스
		종자의 배 또는 배유조직 전염	맥류 겉깜부기병균
		종자 표면	• 벼 도열병균 • 벼 깨씨무늬병균 • 보리 속깜부기병균 • 밀 부리깜부기병균
	괴경/구근 전염		• 마늘 줄무늬 모자이크병 • 감자 바이러스병 • 튤립 모자이크병
	감자 표면 및 조직 내부 전염		• 감자 역병균 • 감자 둘레썩음병균
	묘목 전염		• 과수 자주빛날개무늬병균 • 과수 근두암종병균
토양 전염	휴면포자(유주자)		• 유채 · 배추 무사마귀병균 • 감자 더뎅이병균
	후막포자		• 밀 비린깜부기병균 • 고구마 덩굴쪼김병균
	균사, 균핵, 분생자		• 맥류 줄무늬마름병균 • 고구마 자주날개무늬병균 • 보리 마름병균
잡초(중간기주) 및 곤충 전염	잡초 또는 중간기주 전염		• 벼 누른오갈병균(둑새풀) • 벼 흰잎마름병균(겨풀뿌리) • 배나무 붉은별무늬병균(향나무) • 오이 모자이크바이러스(가지과 외 39과 117종 기생) • 채소류의 무름병균(쇠비름, 명아주)
	곤충 전염		• 벼 오갈 바이러스(끝동매미충의 약충 체내 월동) • 벼 줄무늬잎마름병균(애멸구 체내 – 경란전염) • 대추나무 빗자루병 및 뽕나무 오갈병균(매미충 – 보독충 : 경란전염 ×) • 오이류 풋마름병균(오이 잎벌레 성충 체내)

기출 19년 기사 2회 5번

노지에서 고추 역병이 가장 잘 발병하는 요인은?

① 건조 ② 고온
③ 침수 ④ 사질토양

답 ③

기출 21년 기사 4회 17번

1차 전염원에 대한 설명으로 가장 옳은 것은?

① 가벼운 증상을 일으키는 전염원
② 병반으로부터 가장 먼저 분리되는 전염원
③ 월동한 병원체로부터 새로운 생육기에 들어 가장 먼저 만들어진 전염원
④ 작물 재배를 시작한 첫 해에 나오는 전염원

답 ③

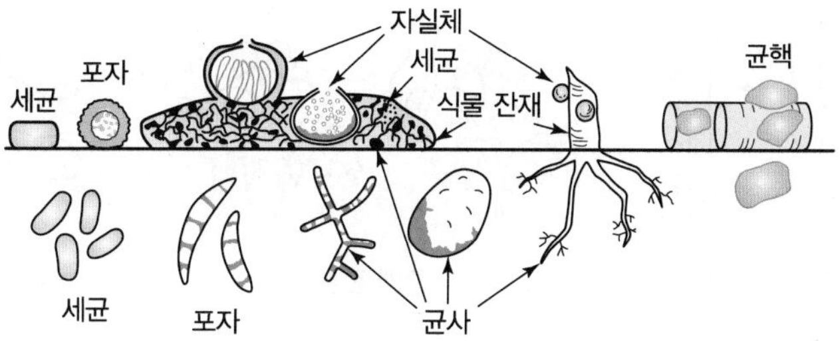

[그림 4－1] 전염원(병원균)의 월동장소 및 형태

⑤ 바이러스의 전염은 보통 매개충(곤충)의 상처를 통해서 발생하며 공기나 물로는 전반되지 않는다.

[표 4－3] 바이러스병의 전염 경로

구분	특징	
충매 전염	매개충(곤충)에 의한 전염원(가장 주요 전염원)	
	영속성	• 매개충의 체내에 들어간 바이러스가 곤충 체내에서 증식하여 전염 • 전염력이 지속적 • 주요 해충 : 매미충 및 멸구류 예 벼 오갈바이러스 : 끝동매미충
	비영속성	• 기주식물에서 얻은 바이러스가 곤충의 구침에 머문 상태로 전염을 일으킴 • 전염력이 일시적 • 주로 진딧물에 의한 전염 예 －오이 · 배추 · 순무 모자이크바이러스 －코모바이러스(Comovirus)는 잎벌레 －파바바이러스(Fabavirus)는 진딧물 －네포바이러스(Nepovirus)는 토양 선충
종자 전염	콩 줄무늬모자이크병(주로 콩과 식물이 많음)	
토양 전염	담배 둥근무늬바이러스	
즙액 전염	기주식물의 즙액(접촉)을 통해 전염됨 예 토마토 담배 모자이크 바이러스, 감자 X 바이러스	
접목 전염	사과 고접병	
영양번식 기관 전염	• 영양번식기관(괴경, 구근, 접수 등)을 통해 전염 • 영속적으로 전염 예 감자 마늘 바이러스병	

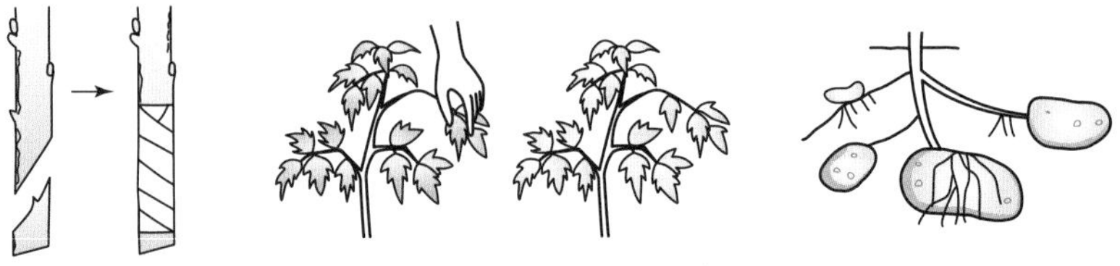

[그림 4-2] 식물병의 전염 유형

기출 20년 기사 4회 18번

하우스 내의 습도가 높을 때 채소에 가장 많이 발생하는 공기 전염성 식물병은?

① 흰가루병
② 뿌리혹병
③ 시들음병
④ 잿빛곰팡이병

답 ④

⑥ 식물병(채소류)의 전염은 풍매 전염, 종자 전염, 토양 전염으로 나누어진다.

[표 4-4] 식물병의 전염

구분	특징
풍매 전염	• 기주식물의 포자가 바람에 의해 이동되어 전염되는 것 • 노균병, 탄저병, 흰가루병, 세균성 점무늬병, 잿빛곰팡이병
토양 전염	• 식물체의 병원균이 토양 속에 긴 시간 생존하여 전염되는 것 • 잘록병, 무름병, 풋마름병, 검은썩음병, 역병, 시들음병, 균핵병
종자 전염	• 종자의 내외표피, 배, 배유 속에 병원균이 전염되는 것 • 세균성 점무늬병, 덩굴쪼김병, 잎무늬병, 탄저병, 노균병, 시들음병

⑦ 식물병원체가 기주에 병을 일으키기 위해 기주식물로 옮겨져 이동하는 것을 병원체의 전파(전반)라고 한다. 병원체가 직접 침입할 수 없기 때문에 다양한 수단을 통해서 전반이 이루어진다.

[표 4-5] 병원체의 전파(전반) 경로

전파 경로	특징
진균 중 유주자	운동성을 가진 편모에 의해서 능동적으로 운동하여 기주식물에 전파됨(능동전반)
균류	포자, 균사, 균핵의 형태로 다른 수단에 의해 전반
경란 전염	일부 바이러스는 매개충(보독충)의 알(경란)을 통해 다음 세대에 연속으로 전파됨 • 벼 오갈병 : 끝동매미충 • 벼 줄무늬마름병 : 애멸구

⑧ 대부분의 병원체는 수동적인 전파(전반), 즉 물, 바람, 곤충, 토양, 종자 및 영양기관, 인간 및 기타 생물에 의해 전파된다.

[표 4-6] 병원체의 전파방법

<table>
<tr><th>전파방법</th><th>특징</th><th colspan="2">식물병원균의 종류</th></tr>
<tr><td>물
(수매 전파)</td><td>지표수 및 관개수에 의한 전파
(빗물과 흐르는 물로 이동)</td><td colspan="2">• 노균병균, 역병균 : 유주자나 병포자가 빗물이나 물방울에 의해 전파
• 배나무 화상병균 : 토양 또는 병든 잎, 줄기 등의 작물 물방울에 의해 전파
• 탄저병균 : 점질의 포자괴 형성으로 식물체 작물 물방울을 통해 비산됨
• 밤나무 줄기마름병균, 사과나무 부란병균</td></tr>
<tr><td>바람
(풍매 전파)</td><td>가벼운 진균의 포자 이동 시 바람에 의해 전파</td><td colspan="2">도열병균, 맥류 겉깜부기병균, 벼 키다리병균, 감자 역병균, 밀 줄기녹병균, 배나무 붉은별무늬병균, 잣나무 털녹병균, 밤나무 줄기마름병균, 밤나무 흰가루병균</td></tr>
<tr><td>곤충
(충매 전파)</td><td>매개충의 표피 조직에 부착되거나 체내 보균하여 침입</td><td colspan="2">• 사과, 배 화상병균 : 월동 후 1차 전염(꽃이 썩음), 곤충에 의한 2차 전염이 이루어짐
• 벼 오갈병균(끝동매미충, 번개매미충)
• 벼 검은줄오갈병균 · 벼 줄무늬잎마름병균(애멸구)
• 참나무 시들음병(광릉긴나무좀)
• 오동나무 빗자루병(담배장님노린재)
• 대추나무 빗자루병, 뽕나무 오갈병(마름무늬매미충)</td></tr>
<tr><td>토양 전파</td><td>토양 전염성 병</td><td colspan="2">묘목의 잘록병균(모잘록병), 근두암종병균(뿌리혹병), 자주빛날개무늬병균</td></tr>
<tr><td rowspan="4">종자 및 영양기관 전파</td><td>종자 전파(병든 종자)</td><td colspan="2">콩 자주무늬병, 맥류 겉깜부기병, 콩 모자이크병, 보리 줄무늬 모자이크병</td></tr>
<tr><td rowspan="3">영양번식기관(묘목, 구근, 인경, 괴경, 괴근)</td><td>괴경 표면</td><td>감자역병</td></tr>
<tr><td>괴경 유관속</td><td>풋마름병균, 감자 둘레썩음병균</td></tr>
<tr><td>묘목</td><td>밤나무 근두암종병균, 잣나무 털녹병균, 포플러 모자이크병균</td></tr>
<tr><td>기타</td><td>사람 및 선충에 의한 전파</td><td colspan="2">• 사람, 오염된 토양, 오염된 농기구(바이러스병의 80%는 즙액전염)
• 선충(시들음병균, 토마토 둥근무늬 바이러스)
• 작업도구(감자 둘레썩음병)</td></tr>
</table>

⑨ 식물병은 병원체의 침입을 통해 발생한다. 이때 병원체는 기주식물로부터 영양분을 공급받게 되는데 각각 특징적인 침입방법에 의해 기주에 침입하게 된다.

기출 20년 기사 1 · 2회 18번

다음 중 벼의 병에서 물에 의해 가장 많이 전파되는 것은?

① 흰잎마름병
② 키다리병
③ 키아즈마병
④ 오갈병

답 ①

기출 22년 기사 2회 12번

토양 전반에 의해 발생하는 토양 전염병은?

① 벼 도열병
② 팥 흰가루병
③ 오이 모잘록병
④ 배나무 갈색무늬병

답 ③

기출 19년 기사 4회 9번

벼 흰잎마름병의 주요 제1차 전염원이 되는 식물로 가장 적절한 것은?

① 흰명아주 ② 돌피
③ 여뀌 ④ 겨풀

답 ④

[표 4-7] 식물병을 일으키는 병원체의 침입경로

침입 경로	식물병		
자연개구부 침입	수공침입		• 양배추 검은썩음병균(십자화과 식물의 검은썩음병균) • 벼 흰잎마름병균, 배나무 화상병균, 오이 세균성 점무늬병균 등
	기공침입		밀 줄기녹병, 토마토 잎곰팡병균, 사탕무 갈색무늬병균, 세균성 점무늬병 등
	피목침입		감자 더뎅이병균, 사과 푸른곰팡이병균, 감자 역병균, 뽕나무 줄기마름병균, 감자 무름병균, 과수 챗빛무늬병균, 포플러 줄기마름병균 등
	밀선침입		사과나무 화상병균, 밀 맥각병균 등
각피로 침입	• 각피는 세포벽의 가장 바깥쪽에 위치하며 식물체의 수분 증산이나 이물질 침입을 보호하는 역할을 함 • 각피나 뿌리의 표피를 직접 뚫고 침입하는 경우 • 역병균, 노균병균, 복숭아 잿빛무늬병균, 벼 도열병균, 깨씨무늬병균, 감귤 검은썩음병균, 흰가루병균, 깜부기병균, 녹병균 등		
상처를 통한 침입	• 곤충 및 다양한 상황의 상처로 비교적 쉽게 병원체가 침입함 • 바이러스 : 상처를 통해서만 침입(기계적 전염, 즙액 전염) • 벼 흰잎마름병균, 채소의 무름병(고구마 무름병균), 가지과 작물 풋마름병, 수목의 썩음병, 사과 부란병균, 밤나무 줄기마름병균, 은행나무 잎마름병균		
특수기관을 통한 침입	모종 감염		보리 속깜부기병균, 밀 비린깜부기병균 → 꽃 필 때 발병
	꽃 감염	직접감염	배 · 사과 화상병균
		간접감염	밀 · 보리 겉깜부기병균
	뿌리(토양) 감염		• 무 · 배추 무사마귀병, 시들음병균 : 줄기 도관에 감염이 일어남 • 토마토 풋마름병균
	눈 감염		잣나무 털녹병, 감자 암종병균, 벚나무 빗자루병균

⑩ 기주식물이 병원체를 지니고 있지만 병이 발생되지 않을 때를 보균자(Carrier)라 하며, 외부로 병징은 보이지 않지만 기주식물 내에 병원체가 있는 경우를 보균식물이라 한다.

⑪ 감수성인 기주식물에 병원체가 침입 후 정착하여 식물의 다양한 영양을 공급받는데, 이를 '감염'이라고 한다.

TIP

병원균의 잠복기

기주식물 체내로 침입하여 감염되어 병이 발생하는, 즉 병징 또는 표징이 나타날 때까지의 소요시간

- 농작물의 잠복기 : 1~2주 소요
- 오이 흰가루병 : 5~6일 소요
- 담배 모자이크바이러스 : 1~2일 소요
- 소나무 혹녹병 : 혹을 형성하는 데 9~10개월 소요
- 잣나무 털녹병균 : 2~4년 소요

02 기주교대 및 식물병의 발병 환경

1. 기주교대

1) 이종기생균

- 생활사(생물이 발생하여 자연적으로 고사할 때 까지의 모든 과정)를 완성하기 위해 전혀 다른 두 종류의 기주식물을 옮겨가며(기주교대) 생활하는 병원균을 의미한다.
- 이종기생균의 생활사를 완성하기 위해 기주교대(기주윤회)를 하는데 그 두 종류의 기주식물 중 경제적 가치가 적은 쪽을 중간기주라 한다.
- 녹병균은 순활물기생균으로 살아있는 생물체에만 기생하며 기주식물에서 녹병포자 또는 녹포자 세대를 거쳐 중간기주로 넘어가 여름·겨울포자를 만들어 낸다.

(1) 녹병균의 생활사 특징

① 녹병균의 생활사

㉠ 다섯 가지 포자형태 : 녹병포자 → 녹포자 → 여름(하)포자 → 겨울(동)포자 → 담자포자(소생자) 예 밀 줄기녹병균, 붉은녹병균

㉡ 녹병균의 특징

- 순활물기생균(=절대기생체)
- 인공배양이 어려움
- 풍매 전반
- 기주교대
- 진균 중 담자균에 속함

② 밀 줄기녹병균의 생활사

〈생활사 완성 과정 : 5가지 포자형태〉

- 6월경 녹가루 모양의 여름포자층의 여름포자를 생성한다.
- 밀의 기공을 통해 밀잎에 기생 후 계속적으로 여름포자를 생성한다.
- 밀 수확시기쯤 줄기나 잎에 겨울포자층과 겨울포자가 생성된다.
- 겨울포자에서 담자포자(소생자)를 생성한다.
- 소생자가 비산하여 중간기주인 매자나무(매발톱나무)의 잎에 침해한다.
- 매자나무에서 녹병자각이 형성되고 잎 뒷면에 녹포자층이 형성되어 녹포자를 만든다.
- 녹포자가 비산 후 다시 밀잎을 침해하여, 여름포자를 생성한다.

③ 배나무 붉은별무늬병균의 생활사

〈생활사 완성 과정 : 4가지 포자형태(여름포자 없음)〉

- 붉은별무늬병균은 여름포자 시대가 없으며 배나무에서 녹병포자와 녹포자를 생성한다.
- 중간기주인 향나무에서 겨울포자를 생성한다.

기출 19년 기사 4회 11번

식물병원균이 이종기생을 하는 경우에 생활환을 완성하기 위하여 기주식물을 바꾸어 생활하는 것을 무엇이라 하는가?

① 기생 ② 감염
③ 기주교대 ④ 발병

답 ③

기출 20년 기사 4회 15번

밀 줄기녹병균의 중간기주로 가장 옳은 것은?

① 낙엽송 ② 까치밥나무
③ 향나무 ④ 매자나무

답 ④

- 4~5월경 비가 오면 한천 모양으로 부푼 형태로 발아하여 전균사를 만들고 그 위에 소생자를 생성한다.
- 소생자는 비산하여 배나무 잎으로 날아가 침해 후 녹병포자(정자)와 녹포자를 생성한다.
- 다시 녹포자가 비산하여 향나무 잎으로 가서 균사 형태로 월동하여 다음 해 봄에 겨울포자를 생성한다.
- 겨울포자가 발아 후 소생자를 생성하고, 배나무를 침해해서 녹병포자와 녹포자를 생성한다.

※ 배나무밭 주위의 2km 내외에는 향나무 식재를 하면 안 된다.

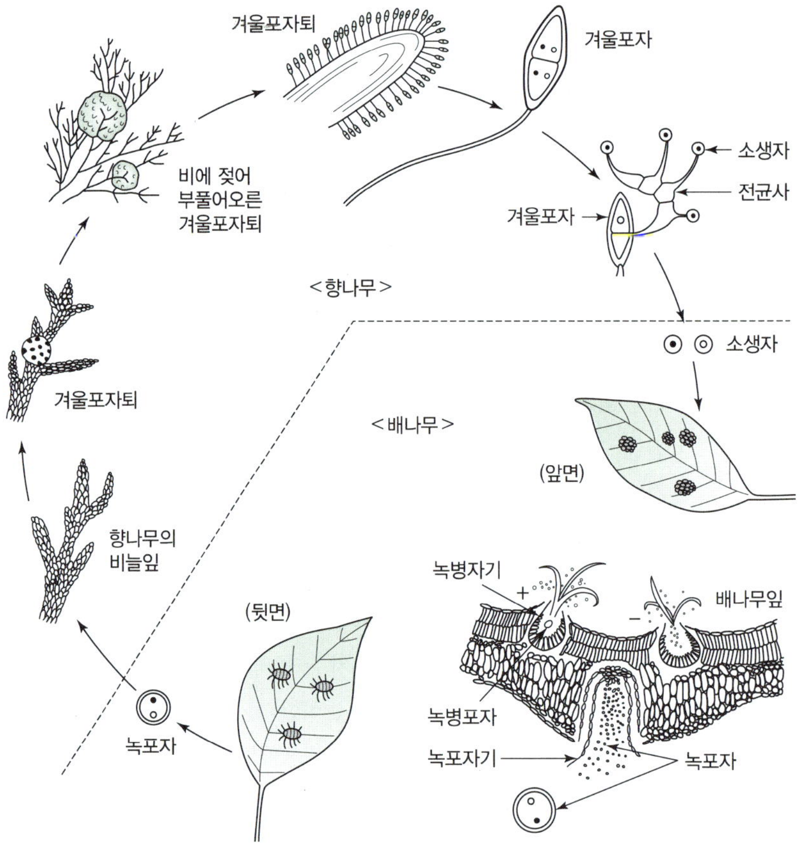

[그림 4-3] 배나무 붉은별무늬병균의 생활사

(2) 이종기생을 하는 녹병균의 종류

- 감수성 식물에 칩입된 병원체는 내부에서 잠복기를 거쳐 정착을 하게 되고 식물체 안에서 다양한 영양섭취가 이루어지는데 이것을 '감염'이라고 한다. 감염된 부위가 확산이 되고 이를 통해 변형, 변색, 기형이 되면 이것을 '병이 발병되었다'라고 말할 수 있다.

기출 21년 기사 4회 5번

병원균이 기주교대를 하는 이종기생균은?

① 배나무 불마름병
② 사과나무 흰가루병
③ 배나무 붉은별무늬병
④ 사과나무 검은별무늬병

답 ③

기출 19년 산업기사 2회 14번

녹병의 표징으로 옳은 것은?

① 잎의 황화
② 뿌리에 생긴 혹
③ 녹아비린 엽육 세포
④ 잎 표면의 적갈색 가루

답 ④

• 이종기생녹병균은 독특한 생활사를 통해 기주를 옮겨 다니면서 병원체가 병을 일으키는데 이종기생을 하는 녹병균은 다음과 같다.

[표 4-8] 이종기생을 하는 녹병균의 종류

식물병	기주식물	중간기주식물
	녹병포자 · 녹포자	여름포자 · 겨울포자
배나무 붉은별무늬병	배나무, 모과나무	향나무(여름포자 없음)
사과나무 붉은별무늬병	사과나무	
잣나무 털녹병	잣나무	송이풀, 까치밥나무
잣나무 잎녹병	잣나무	등골나무
소나무 잎녹병	소나무	황벽나무, 참취(잔대)
소나무 혹병	소나무	졸참나무, 신갈나무
포플러 잎녹병	낙엽송, 현호색(중간기주식물)	포플러(기주식물)
맥류 줄기녹병	매자나무(중간기주식물)	맥류(기주식물)
밀 붉은녹병	좀꿩의다리(중간기주)	밀(기주식물)

2. 병원체의 기생성

① 균류, 즉 병원체는 엽록소를 가지고 있지 않기 때문에 생장을 위해 외부로부터 영양원을 섭취하지 않으면 안 된다. 이처럼 기주로부터 서식(기생)하면서 영양분을 취득하는 경우 이를 '기생체'라고 한다. 종류로는 '진균, 세균, 바이러스' 등이 있다.

② 기생성(기주로부터 기생체가 영양분을 습득하는 행위)은 병원성과 관련이 깊은데, 기생체가 기주를 침입하고 정착하는 과정이 병을 일으키는 초기 원인이 되기 때문이다.

③ 기주가 기생체에 영양분을 빼앗김과 동시에 기생체에서 분비하는 효소, 독소 등의 물질이 기주에 큰 피해를 주기 때문에 병과의 상관관계가 깊다고 할 수 있다.

④ 세균과 균류의 대부분은 식물병원균이 아닌 완전한 부생균으로 동 · 식물의 사체, 즉 죽은 조직의 유기물에 영양분을 취득하며 생활한다.

3. 병원체의 영양 섭취법에 따른 분류

병원체가 기생성(즉, 영양분을 취득하는 방법)에 따라 절대기생체(순활물기생체), 임의부생체(조건부생체), 임의기생체(조건기생체), 절대기생체(순사물기생체)로 나눈다. 각각의 특징은 [표 4-9]와 같다.

기출 19년 기사 4회 5번

다음 중 *Phytophthora* 속 균의 전형적인 전반방법은?

① 종자에 의한 전반
② 곤충에 의한 전반
③ 씨감자에 의한 전반
④ 비바람에 의한 전반

답 ④

기출 20년 기사 3회 3번

다음 중 순활물기생체에 해당하는 것은?

① 보리 흰가루병균
② 감자 역병균
③ 벼 깜부기병균
④ 고구마 무름병균

답 ①

기출 19년 기사 4회 16번

세균에 의한 병이 아닌 것은?

① 토마토 풋마름병
② 사과 뿌리혹병
③ 감자 더뎅이병
④ 배추 무사마귀병

답 ④

기출 20년 기사 3회 3번

다음 중 순활물기생체에 해당하는 것은?

① 보리 흰가루병균
② 감자 역병균
③ 벼 깜부기병균
④ 고구마 무름병균

답 ①

TIP

식물병 삼각형

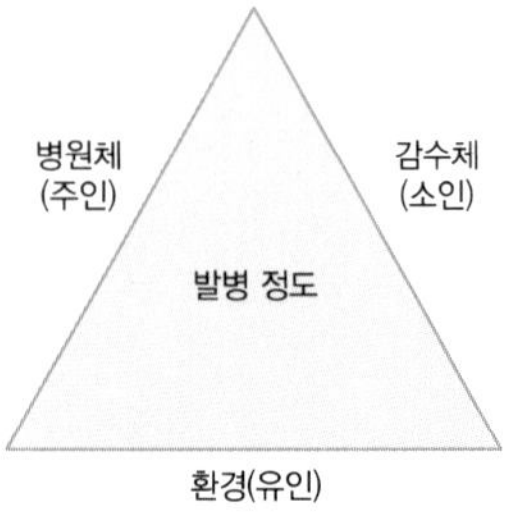

TIP

- 병원성 : 병을 일으키는 성질
- 이병성(감수성) : 기주가 병에 걸리기 쉬운 성질
- 저항성 : 병에 걸리기 어려운 성질
- 병원체(주인) : 병을 일으키는 주된 요인
- 감수체(소인) : 식물체가 처음부터 가지고 있는 병에 걸리기 쉬운 성질로, 종족소인과 개체소인으로 나뉨
  - 종족소인 : 어느 종 또는 품종 등이 병에 걸리기 쉬운 유전적 성질을 의미함
  - 개체소인 : 같은 종 또는 품종 간에 병에 걸리는 발병 정도가 다른 성질을 의미함

[표 4-9] 병원체의 영양 섭취

분류	특징	식물 병원균
절대기생체 (순활물기생체)	• 살아 있는 조직 내에서만 생활 가능(죽은 생물 또는 무기물에 번식하지 않음) • 바이로이드, 바이러스, 파이토플라스마, 선충, 일부 세균이 속함	녹병균, 흰가루병균, 노균병균, 무・배추 무사마귀병균, 배나무 붉은별무늬병균
임의부생체 (조건부생체)	기생이 원칙이나 때로는 죽은 유기물에서도 영양 섭취	감자 역병균, 깜부기병균, 배나무 검은별무늬병균
임의기생체 (조건기생체)	부생이 원칙이나 노쇠 변질된 살아있는 조직을 침해	고구마 무름병균, 채소류 잿빛곰팡이병균, 모잘록병균
절대부생체 (순사물기생체)	죽은 유기물에서만 영양 섭취 → 순사물기생체	목재 심부썩음병균

4. 병원의 증명

병을 일으키는 병원체가 병의 원인인가, 아닌가를 결정하기 위해 코흐의 원칙(Koch's rules or postulates)이 적용된다. 코흐(Robert koch)는 19세기 말 독일의 미생물학자로 동물 탄저병의 병원을 밝히면서 이 과정을 논리화시켰는데 내용은 제3장을 참조한다. 흰가루병과 같이 순활물기생균 또는 바이러스, 파이토플라스마, 선충은 인공배양이 불가능하여 코흐의 원칙을 적용시키기가 힘들다. 하지만 대부분의 균류 및 세균병의 병원균은 인공배양이 가능하므로 진단하는 병이 새로운 병이면 위 원칙을 반드시 적용시킬 수 있는지 확인해야 한다.

5. 식물병의 발병과 환경

1) 식물병의 발병

① 병원체와 식물체가 접촉이 되어도 병을 일으키는 환경요건이 부적합하면 식물체에 병원균이 침입하지 못해 병은 일어나지 않고, 식물체 또한 병원체의 침입에 저항하게 되어도 식물병은 발생하지 않는다.

② 식물병균의 발생에 있어 특히 기생성 병의 발생은 환경조건(온도, 수분, 일광, 비료, 토양반응, 이웃 미생물, 시설재배의 환경 등)과 관계가 있다.

③ 식물병의 3요소는 기주식물(이병성 또는 감수성 식물)과 병원(병원체, 병원균), 병원균이 침입하기 좋은 최적의 환경조건으로, 이 조건이 갖춰질 때 식물병은 발생한다.

2) 식물병이 발생하기 좋은 환경조건

식물병균이 발생하기 좋은 환경조건에는 온도, 수분, 습도, 일광, 영양분, 토양산도, 토양환경과 재배환경 등이 관여한다. 각각의 내용은 다음과 같다.

(1) 온도

① 저온에서 자주 발병하는 식물병

- 벼 도열병균(8～20℃ 이하)
- 벼 모썩음병균(10℃ 이하)
- 복숭아나무 잎오갈병균
- 보리밀 줄녹병균
- 감자 모자이크병균(저온에 발병 심화, 고온에 병징 은폐)
- 옥수수 붉은곰팡이병균

② 고온에서 자주 발병하는 식물병

- 토마토 풋마름병(품종 저항성이 고온에서 떨어짐)
- 무 뿌리혹병(30℃ 이상 : 발근 억제)
- 감자 역병(19～20℃ 이상)
- 밀 붉은곰팡이병(저온성 식물)
- 사과나무 탄저병
- 가지과 풋마름병

(2) 수분 및 습도

① 특징

- 대부분의 병원균은 높은 습도에서 발병이 확산된다.
- 일반적으로 100%에 가까운 관계습도일 때 진균의 포자가 발아하여 침입한다.
- 유주자 형성(벼 모썩음병, 모잘록병, 역병, 노균병) 시 토양 수분이 높을 때 잘 발생한다.
- 수분 및 관계습도는 병원성 세균의 잎 표면 생존시간과 전파에 영향을 준다.
- 수분은 병원균의 발아, 생장, 자실체의 형성에 꼭 필요한 요건이다.
- 토양 내 습도는 세균 분산, 근권미생물의 활동, 뿌리의 감염에 영향을 준다.

② 수분 및 습도에 의한 식물병의 종류

- 채소류 잿빛곰팡이병 : 비가 자주 내리는 경우, 배수 불량, 습도가 높은 경우
- 배나무 붉은별무늬병 : 비로 인한 소생자의 발아
- 맥류 곰팡이병 : 유숙기에 비가 자주 오면 다발생

(3) 일광

① 특징

- 식물은 광합성을 통해 유기화합물을 생성하여 생명 유지활동을 한다.
- 일광이 부족하면 광합성작용이 억제되어 병 저항성이 떨어져 병 발생이 쉬워진다.

기출 22년 기사 1회 3번

식물병 발생에 필요한 3대 요인에 속하지 않는 것은?

① 기주　② 병원체
③ 매개충　④ 환경요인

답 ③

기출 21년 기사 4회 14번

하우스 재배하는 채소에서 과습과 저온에 많이 발생하는 병은?

① 고추 탄저병
② 오이 덩굴쪼김병
③ 토마토 풋마름병
④ 딸기 잿빛곰팡이병

답 ④

② 일광에 의한 식물병의 종류
- 벼도열병균 : 일광 부족 시에 발생
- 인삼 탄저병균 : 일광 과다 시에 발생

(4) 영양분
- 식물에게 필요한 영양분이 고르게 공급되면 병에 대한 저항성은 높아진다.
- 특히 질소(N), 인산(P), 칼륨(K) 등의 균형 시비는 식물체의 건전한 생육을 도와준다.
- 질소비료 과다 시비 시 식물체가 연약하고 웃자라게 되며 발육 및 저항성에 악영향을 미친다.

① 질소(N)

㉠ 과다
- 식물체가 연약하고 웃자라며, 발육이 저하된다.
- 병에 대한 저항성이 약해져 병 발생이 쉽다.
- 걸리기 쉬운 병 : 벼 도열병, 맥류 붉은곰팡이병, 녹병, 흰가루병, 오이 탄저병, 도마도 역병, 도마도 무름병, 벼 흰잎마름병 등
  - 벼 흰잎마름병 : 칼륨(K)의 양은 일정하고 질소(N)의 양이 증가하면 병 발생이 심하다.
  - 배 화상병 : 칼륨(K)의 양은 적고 질소(N)의 양이 증가하면 발생이 더욱 심해진다.

㉡ 부족
- 식물체의 생장 및 발육이 잘 되지 못하고 저항성이 약화되어 병에 걸리기 쉽다.
- 걸리기 쉬운 병 : 토마토 시들음병, 가지과 겹둥근무늬병, 사탕무 균핵병, 작물의 모잘록병, 가지과 풋마름병 등

② 인산(P)

㉠ 인산(P)은 식물체의 신장과 개화 결실에 영향을 준다.

㉡ 적절한 인산 시비는 잎의 표면에 규질화 세포를 형성하여 벼 도열병균의 침입에 저항한다.

㉢ 담배 모자이크병과 시금치 모자이크병은 인산에 의해 병의 발생이 증가한다.

③ 칼륨(K)
- 식물체 내의 주요 물질대사에 관여한다.
- 식물체의 생장발육 및 병 저항성에 영향을 준다.

(5) 토양산도

① 특징

㉠ 토양반응(pH) : 토양 내 산성, 중성, 알칼리성 등의 성질

기출 19년 기사 1회 2번

포도나무 새눈무늬병균의 월동 형태는?

① 균핵 ② 균사
③ 담자포자 ④ 후막포자

답 ②

기출 21년 기사 1회 19번

토마토 풋마름병에 대한 설명으로 옳은 것은?

① 토마토에만 감염된다.
② 담자균에 의한 병이다.
③ 병원균은 주로 병든 식물체에서 월동한다.
④ 병원균이 뿌리로 침입하면 뿌리가 흰색으로 변한다.

답 ③

㉡ pH 1～14의 수치로 표현하고, pH 7(중성)을 기준으로 이하는 산성, 이상은 알칼리성으로 구분함

㉢ pH는 식물체와 병원체의 생육에 영향을 주므로 병 발생과 관련성이 깊음

㉣ 토양의 pH가 한계를 벗어나면 기주가 약해지고, 양분 흡수가 불량하여 발병이 심해짐

② 발병 pH

㉠ 산성

- 무 · 배추 무사마귀병(석회물질 및 유기물로 개량 가능)
- 목화 시들음병
- 토마토 시들음병

㉡ 알칼리성 : 목화 뿌리썩음병

㉢ 중～알칼리성 : 감자 더뎅이병(pH 5.2～8.0)

(6) 토양생물 및 재배환경

① 토양생물

㉠ 토양 내 다양한 생물은 작물 생육 및 병원균 생육에 상당한 영향을 줌

㉡ 토양미생물 : 세균, 사상균, 방선균, 선충 및 원생동물(길항작용)

② 재배환경 관계

㉠ 시설인 경우 외부 전염원의 차단으로 노지보다 병이 덜 발생함

㉡ 작물의 연작은 병원균의 축적을 조장하여 계속적인 병 발생이 일어남

㉢ 시설의 약제 사용 시 약효의 지속성은 있으나 병저항성 및 약해의 우려가 있음

㉣ 저온병해 : 잿빛곰팡이병, 균핵병(저온다습), 노균병

㉤ 고온병해 : 탄저병, 덩굴쪼김병, 시들음병, 풋마름병

기출 21년 기사 4회 1번

십자화과 작물에 발생하는 배추 · 무 사마귀병에 대한 설명으로 옳지 않은 것은?

① 알칼리성 토양에서 발병이 잘 된다.
② 배수가 불량한 토양에서 발생이 많다.
③ 순활물기생균으로 인공배양이 되지 않는다.
④ 유주자가 뿌리털 속을 침입하여 변형체가 된다.

답 ①

용어설명

길항현상
상반된 2가지 요인이 동시에 작용하여 그 효과가 상쇄되는 작용

CHAPTER 05

식물병의 병원성과 저항성

Key Word

병원균의 레이스 / 병원성의 유전 및 효소 / 방원성과 독소 / 비기주 저항성 / 감염 전 저항성 / 감염 후 저항성 / 저항성 기작

기출 19년 기사 1회 18번

식물병을 일으키는 병원체 중 핵산으로만 구성되어 있으며 크기가 가장 작은 것은?

① 바이러스
② 바이로이드
③ 파이토플라스마
④ 스피로플라스마

답 ②

01 식물병의 병원성과 저항성

1. 식물병 병원균의 생리적 분화

① 생물도 진화를 하며 다양한 품종을 만들어내듯 병원균도 자연적 또는 생리적 변화에 의해 변종이 만들어진다.

② 병원균의 생리적 분화는 형태적으로는 같은 종이지만 병원균의 기생성 및 기타 성질이 다른 현상을 의미한다.

③ 분화형(Forma specialis, F. sp.)이란 분류학적으로는 같은 종인데 병원균 중에 종이 다른 식물을 침해하는 것을 의미한다. 즉, 기주 범위가 다른 것을 다른 한 병원균의 분화형이라고 하며, 분화형 또는 변종 중 품종에 대한 생리적 특성 및 기생성이 다른 것을 생리품종(생리형, Physiological Race) 또는 생태품종(Biological Race)이라 한다. 분화형의 예시는 [표 5－1]과 같다.

[표 5－1] 분화형의 예시

구분	특징
맥류 줄기녹병균 (Puccinia Graminis)	㉠ 기주의 범위가 다른 것 ㉡ 같은 종이면서 기주 병원균의 기생성의 차이에 따라 다음과 같이 9개의 변종(분화형)으로 나뉨 • P. *graminis var. tritici* • P. *graminis var. hordei* • P. *graminis var. avanae* • P. *graminis var. secaris* • P. *graminis var. phleiplatensis* • P. *graminis var. agrostidis* • P. *graminis var. broni* • P. *graminis var. poae* • P. *graminis var. airae*

④ 레이스(Race)란 병원균의 한 종 또는 한 분화형 또는 변종 중에서 기주의 품종에 대한 기생성이 다른 것을 의미한다. 병원균의 레이스 예시는 [표 5-2]와 같다.

[표 5-2] 레이스의 예시

구분	레이스 품종
벼 도열병균	우리나라 도열병균의 레이스 판정은, T품종군 3개(인도벼계) C품종군 3개(중국벼계) N품종군 6개(일본벼계) → 12개 품종 사용
감자 역병균	R1, R2, R3 ··· R16 → 16개
밀 줄기녹병균	약 300여 개

2. 식물병 병원성의 구성인자

- 병원성은 병원체가 기주에 침입하여 정착하고 병을 일으키는 성질을 의미하며, 식물에 병원성을 나타내기 위해서는 3가지 성질이 요구된다. 즉, 1) 기주가 침입하는 성질, 2) 기주의 방어반응을 억제하는 성질, 3) 기주를 가해하여 발병시키는 성질이다.
- 병원균이 분비하는 물질들은 병원성에 관여하는데 이러한 물질에는 효소, 독소, 식물 호르몬, 저항성 억제인자(Suppressor) 등이 있다.

1) 효소

① 식물병원균이 생성하는 효소는 기주식물에 침입, 정착하는 병원성과 병원력을 가지는데 이 효소는 식물세포 내 세포벽을 분해하거나, 세포 내 물질을 병원균이 활용하도록 하기도 한다.

② 식물의 세포벽은 3층으로 구성되어 있는데 그중 중층은 세포와 세포의 결합부로서 펙틴질로 구성되어 있다. 또 제1차 벽은 생육 초기에 만들어지는 층으로 헤미셀룰로오스와 펙틴질의 성분이 많이 함유되어 있고, 제2차 벽은 세포 생장이 끝난 후 만들어지는 층으로 셀룰로오스(Cellulose)가 많이 함유되어 있다.

③ 표피의 세포벽은 펙틴질 중층 위에 큐티클층과 왁스가 있고, 큐티클층은 큐틴과 왁스로 구성되어 친수성인 셀룰로오스와 펙틴은 함유하지 않고 있다.

④ 식물 세포를 분해하는 효소로는 큐틴분해효소, 펙틴분해효소, 셀룰로오스 분해효소, 헤미셀룰로오스 분해효소 등이 있으며, 세포벽 물질을 분해하는 효소를 식물병원균이 생성하게 된다.

용어설명

판별품종(Differential Varieties)
레이스를 구별할 때 활용되는 기준 품종

기출 19년 기사 4회 7번

다음 중 기주체에 침입할 때 병원균이 분비하는 효소로 가장 적절한 것은?

① Victorin
② Fusaric acid
③ Cutinase
④ Tabtoxin

답 ③

TIP

식물 세포벽의 구조

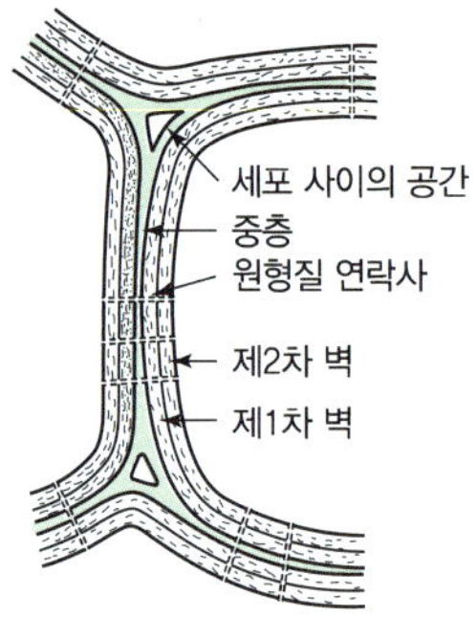

[표 5-3] 세포벽 물질의 분해효소

분해효소		특징
큐틴 분해효소	큐틴네이즈 (Cutinase)	• 큐틴(Cutin)은 각피의 주요성분으로 큐틴을 분해하는 효소 • 도열병균 및 완두의 시들음병 발생
펙틴 분해효소	펙틴네이즈 (Pectinase)	• 세포벽의 제일 밖에 위치하는 펙틴질을 분해하는 효소 • 식물 조직의 무름 증상 및 위조 증상 발생
셀룰로오스 분해효소	셀룰로오스 (Cellulose)	세포벽의 주성분인 셀룰로오스를 분해하는 효소
헤미셀룰로스 분해효소	헤미셀룰로스 (Hemicellulose)	다당류 중합체의 복잡한 혼합체로 식물에 따라 다양하게 작용하는 효소
리그닌 분해효소	리그닌 (Lignin)	목재썩음병균 중 백색썩음병을 일으키는 병원균

2) 독소

① 식물의 병은 병원균이 생성하는 유독대사물질의 작용에 의한 것이 많다. 병원체가 병원성을 발휘하게 될 때 침해력과 병원력이 중요한데, 식물에 대한 독소나 분해효소 또는 저항성 억제인자가 이러한 침해력과 병원력에 관여한다.

② 독소는 기주식물에 병원체가 생성하거나, 병원체의 상호반응에 의해 만들어지는 물질로, 보통 적은 농도에도 식물의 조직에 유해한 물질을 '식물독소'라고 한다. 이런 독소에는 기주특이적 독소와 비기주특이적 독소가 있다.

[표 5-4] 기주특이적 독소와 비기주특이적 독소

<table>
<tr><th colspan="2">구분</th><th>설명</th></tr>
<tr><td rowspan="2">기주 특이적 독소</td><td>특징</td><td>• 병원독소가 기주식물에만 작용하는 독소로서, 병원성이 있는 균주만이 분비하는 독소
• 기주품종의 저항성과 독소의 반응은 병원성과 완전히 일치함</td></tr>
<tr><td>종류</td><td>
<table>
<tr><th>병원균</th><th>기주식물</th><th>독소</th></tr>
<tr><td>사과나무 점무늬낙엽병균</td><td>사과나무</td><td>AM-독소</td></tr>
<tr><td>귤 검은썩음병균</td><td>탠저린 (Tangerine)</td><td>AC-독소</td></tr>
<tr><td>배나무 검은무늬병균</td><td>배나무</td><td>AK 중 알테닌(Altenine)</td></tr>
<tr><td>딸기 검은무늬병균</td><td>딸기</td><td>AF-독소</td></tr>
<tr><td>토마토 겹둥근무늬병균</td><td>토마토</td><td>AL-독소</td></tr>
<tr><td>담배 붉은별무늬병균</td><td>담배</td><td>AT-독소</td></tr>
<tr><td>옥수수 반점무늬병</td><td>옥수수</td><td>HC-독소</td></tr>
<tr><td>옥수수 깨씨무늬병</td><td>옥수수</td><td>HMT-독소</td></tr>
<tr><td>귀리 마름병균 Helminthosporium Victorias</td><td>귀리</td><td>빅토린(Victorin)</td></tr>
</table>
</td></tr>
</table>

기출 22년 기사 2회 1번

기주식물이 병원균의 침입에 자극을 받아 방어를 목적으로 생성하는 물질은?

① 파이토톡신
② 펙티나아제
③ 지베렐린
④ 파이토알렉신

답 ④

구분		설명	
비기주 특이적 독소	특징	병원독소가 기주식물 이외 식물에도 독성을 일으키는 독소	
	종류	점무늬병을 일으키는 균 독소	• 깨씨무늬병균이 분비(Ophiobolin, 오피오보린) • 감자 · 토마토 겹무늬병균이 분비 (Alternaric acid, 알터나르산) • 벼 도열병이 분비(Pyriculiol, 피리큐롤) • 담배 들불병균이 분비(Tabtoxinine, 타브톡시닌)
		물관병을 일으키는 균 독소	• 각종 시들음병균과 벼 키다리병균이 분비 (Fusaric acid, 푸사린산) • 토마토 시들음병균이 분비 (Lycomarasmin, 라이코마라스민)

3. 병원성의 유전(변이기작)

1) 병원성의 변이기작

① 병원체도 타 생물과 같이 유전적 조성이 달라지며 그중 저항성이었던 품종을 침해하는 병원성의 변화는 레이스 분화의 시발점이 된다.

② 병원균의 새로운 레이스 출현으로 어떤 작물 품종의 병저항성이 이병성으로 역전되기도 한다.

[표 5-5] 병원체의 변이기작

종류	특징	식물병
돌연변이	돌연변이로 인해 새로운 레이스가 생겨 저항성이 감수성으로 변함	감자 역병균, 토마토 잎곰팡이병균, 옥수수 깨씨무늬병균
교잡	교잡으로 인한 새로운 레이스가 생김	녹병균, 깜부기병균, 사과나무 검은별무늬병균
이핵	• 균사 또는 포자의 한 세포 내에 유전적으로 다른 핵을 갖는 현상(불완전균류의 변이균 생성) • 병원균을 비롯한 여러 특성의 변이를 일으킴	–
준유성 교환	유성세대가 불완전한 불완전균의 균사에서 마치 유성생식과 같은 유전적인 재조합이 일어나는 현상	완두 시들음병균, 알팔파 줄기마름병균, 보리 점무늬병균

기출 20년 산업기사 1 · 2회 17번

다음 중 병원균의 병원성 변이와 가장 관련이 없는 것은?

① 돌연변이
② 교잡
③ 준유성 교환
④ 항생

답 ④

기출 19년 기사 1회 8번

세균의 변이기작이 아닌 것은?

① 접합
② 형질 전환
③ 형질 도입
④ 이핵현상

답 ④

2) 병원성과 효소

식물병원균이 분비하는 물질로서 직·간접적으로 병원성에 관여하는 물질, 즉 효소, 독소, 호르몬이 여기에 해당된다.

[표 5-6] 병원성에 관여하는 물질

구분	설명	식물병
병든 조직	페놀의 축적과 페놀 옥시데이즈(Phenol Oxidase), 페놐시데이즈(Peroxidase) 등의 산화효소가 활성화	벼 깨씨무늬병균, 감자역병균의 침입부위에는 폴리페놀(Polyphenol)이 축척
헤미셀룰로오스 분해효소	헤미셀룰레이즈(Hemicellulase)	채소·콩 균핵병균과 과수 빛무늬병균
리그닌 분해효소	리그니네이즈(Ligninase)	목재 흰썩음병

※ 페놀 : 식물체가 병원균에 저항하기 위해 분비하는 물질

3) 병원성과 독소

독소(Toxin)는 병원균이 분비하여 기주식물에 병을 일으키는 길항대사물질로 기주와 기생체의 상호작용으로 기주 측에 만들어지는 항균성 물질(Phytoalexin, 파이토알렉신)도 독소에 포함된다.

02 저항성과 작용기작

1. 저항성

① 저항성이란 식물이 병원균의 침입으로부터 피해를 적게 받는 성질, 즉 병에 걸리기 어려운 성질을 말한다. 이것은 감수성(이병성)과는 반대되는 개념이다.

② 저항성의 요인은 정적 저항성과 동적 저항성으로 구별된다.

- 정적 저항성 : 식물체가 병원체 접촉 전부터 가지고 있는 저항성
- 동적 저항성 : 병원체의 접촉에 식물세포나 조직이 반응하여 병원체의 침입을 방지하려는 방어반응에 의한 저항성

2. 저항성에 관한 유전적 차이

1) 수직저항성(진정저항성)

① 같은 종은 병원균의 특정 레이스에 침해되지만 다른 품종은 그 레이스에 침해되지 않는 것을 의미한다. 즉, 같은 기주의 품종 간에는 병원균에 감수성이지만 다른 기주의 품종 간에는 저항성을 나타내는 것을 수직저항성이라고 한다.

② 수직저항성을 가진 품종은 레이스의 변이에 감수성을 갖기 쉽다.

기출 19년 기사 4회 7번

다음 중 기주체에 침입할 때 병원균이 분비하는 효소로 가장 적절한 것은?

① Victorin
② Fusaric acid
③ Cutinase
④ Tabtoxin

답 ③

기출 22년 기사 2회 7번

도열병균의 특정 레이스를 어떤 벼 품종에 접종하였더니 병반 형성이 전혀 없거나 과민성 반응이 나타났다면 이 품종의 저항성으로 옳은 것은?

① 수평 저항성
② 수직 저항성
③ 포장 저항성
④ 레이스 비특이적 저항성

답 ②

TIP

수직저항성의 특징

- 특정한 레이스의 병균에만 효과적인 저항성 → 다른 레이스에는 작용하지 않음
- 특정 레이스에 대한 고도의 저항성으로, 과민성 반응 등 병징이 뚜렷함
- 외부환경 요인에 영향을 받지 않음
- 새로운 레이스에 저항성이 무너짐이 단점
- 품종과 레이스 사이에 특별한 유전자 대 유전자의 상호작용이 존재하는 저항성
- 품종 고유의 소수 주동유전자에 의하여 발현되어 재배환경 등의 영향을 받기 어려운 저항성

2) 수평저항성(포장저항성)

① 기주의 품종과 병원균의 레이스 사이에 특이적 관계가 없는 저항성, 즉 환경변화에 따른 감수성이 일시적인 저항성을 의미한다.

② 수평저항성은 식물체 성분의 종류, 함량, pH, 형태학적 성질 등이 병원체 감염에 영향을 미치게 된다.

3. 기주에 대한 병원체 감염 경로

1) 침입저항성

① 병원체가 기주에 침입할 때 기주식물이 병원균을 방어하는 기주식물의 성질을 의미한다.

② 기주식물의 표피 경도, 두께, 구조 및 성질 등이 침입에 저항한다. 예 벼의 규질화

2) 확대저항성

① 기주 조직에 병원체가 감염 후 증식 및 퍼지는 것을 억제하는 저항성을 확대저항성이라 한다.

② 기주에 함유된 항균물질, 감염 후 페놀성 물질 증가 및 세포벽의 리그닌화, 파이토알렉신(Phytoalexin)의 생성, PR－단백질 등의 생합성에 관여한다.

4. 병 저항성의 기작

1) 감염 전 저항성(정적 저항성, 수동적 저항성)

식물이 감염 전부터 가지고 있는 저항성을 의미하며, 식물 자체의 생리적 또는 신체적 구조가 병원체의 침입을 억제하는 것을 의미한다.

[표 5－7] 감염 전 저항성(정적, 수동적 저항성) 기작

구분	특징
각피 및 표피의 두께	• 각피 및 표피는 두껍고 단단할수록 저항성이 큼 • 표피에 규산이 축적된 규질화(규화) 세포가 많은 품종은 벼 도열병균에 저항성이 큼(표피세포막의 규질화)
기공의 수와 개폐 정도	기공의 수가 적고, 크기는 작을수록 저항성이 큼 → 감귤 궤양병균은 기공이 좁은 만다리 품종에 저항성이 큼
병원균이 침입하기 전부터 형성된 물질	• 프로토카테큐산과 카테콜 : 양파 탄저병의 포자 발아 억제 • 페놀류 : 밀 줄기녹병균, 감자 더뎅이병균, 벼 도열병균 등에 저항성이 큼 • 그 외 사포닌, 탄닌산, 왁스, 큐틴산 등이 저항성과 밀접한 관계가 있음

TIP

수평저항성의 특징
- 모든 레이스에 균일하게 작용하는 저항성
- 여러 종류의 병원균에 대해 균일하게 저항성을 갖는 것
- 수직저항성보다 효과가 크지 않음
- 발병에 알맞은 환경에서 저항이 무너지는 것이 단점

용어설명

- 감수성 : 병에 걸리기 쉬운 성질(이병성)
- 저항성 : 병원체의 작용을 억제하는 성질
- 면역성 : 전혀 어떤 병에도 걸리지 않는 성질
- 회피성 : 적극적 · 소극적 병원체의 활동기를 피하여 병에 걸리지 않는 성질
- 내병성 : 감염되어도 피해를 적게 받는 성질

기출 21년 기사 2회 4번

병원균이 기주식물에 침입을 하면 병원균에 저항하는 기주식물의 반응으로 항균물질 및 페놀성 물질 증가 등의 작용을 하는데, 이를 무엇이라 하는가?

① 침입저항성
② 감염저항성
③ 확대저항성
④ 수평저항성

답 ③

2) 감염 후 저항성(동적 저항성, 능동적 저항성)

병원체가 기주에 침입한 후 양자 상호작용이 일어나는 저항성을 의미한다.

[표 5-8] 감염 후 저항성(동적, 능동적 저항성) 기작

특징
• 과민성 반응 : 1차 방어기작 • 파이토알렉신 • 감염특이적 단백질(PR-protein) • 병원체의 생육 지연

[표 5-9] 파이토알렉신의 특징과 종류

구분	설명	
특징	• 병원체가 기주식물에 침입한 후 상호반응하여 기주에 생성되는 병원체의 발육을 억제하는 항균물질 • 기주가 생성하는 발병을 억제하는 항균물질	
종류	피사틴(Pisatin)	완두에서 생성되는 항균물질
	이포메아마론(Ipomeamarone)	고구마에서 생성되는 항균물질
	리시틴(Rishitin)	감자에서 생성되는 항균물질

3) 과민성 반응

① 병원체 침입 시 기주세포가 급격히 반응하여 죽고, 이로 인해 양분 겹핍으로 침입균의 생육을 저지하거나 불활성화시키는 현상을 의미한다.

② 과민성 반응의 결과 괴사 병반이 나타난다.

4) 감염특이적 단백질(PR-Protein)

① 병원균에 의한 감염이 일어난 기주세포에 과민반응이 일어나면서 나타난 감염부위의 괴사병반이나, 새롭게 형성된 유도단백질을 의미한다.

② 이런 단백질은 바이러스, 바이로이드, 세균, 균류 등에 의해 기주식물에 넓게 유도 생성된다.

TIP

조직의 변화

코르크, 이층, 전충체, 검, 칼로스 돌기, HRGP

기출 22년 기사 2회 1번

기주식물이 병원균의 침입에 자극을 받아 방어를 목적으로 생성하는 물질은?

① 파이토톡신
② 펙티나아제
③ 지베렐린
④ 파이토알렌신

답 ①

5) 저항성 기작(조직의 변화)

기주식물에 병원체가 침입하게 되면 그로 인한 저항반응으로써 조직의 변화로 기계적인 방어벽이 형성된다.

[표 5-10] 저항성 기작(조직의 변화)의 종류

종류	특징
코르크 형성	병원균 침입 부위의 코르크화로 발병의 진전 억제
이층 형성	감염된 조직 경계부에 이층이 형성되어 발병 저지
전충체(Tylose) 형성	유조직이 커지면서 목부, 도관부를 막아 병을 차단
검(Gum) 형성	병원균의 침입 부위에 보호조직(수지, 고무)이 형성되어 발병 억제 → 수박 덩굴쪼김병에 대해 호박이나 박의 저항성이 큼
칼로스 돌기(Callose papille) 형성	병원균 침입 균사 주위에 칼로스 돌기와 페놀화합물이 덮여 조직을 보호 → 달리아 세포벽에 파필레(papille) 형성
HRGP	세포벽 내에 셀룰로오스를 집적하여 물리적 장벽 형성 (Hydroxyproline-Rich glycoprotein)

6) 병원체의 생육지연

저항성 품종은 병원균이 빨리 자라지 못하도록 하여 정상적인 발병이 어렵다.

예 귀리 겉깜부기병, 토마토 시들음병 등

7) 저항성 유전 원리

저항성은 유전학적 법칙에 따라 우성인자 또는 열성인자로 유전된다는 원리이다. 병저항성은 단일우성인자로 지배되는 경우가 많고, 단일열성인자로 지배되는 경우도 있다.

[표 5-11] 저항성 유전의 원리

구분	종류
단일우성인자	벼 도열병, 상추 노균병, 오이 검은별무늬병, 완두 · 토마토 시들음병, 양배추 위황병
단일열성인자	완두 흰가루병, 콩 세균성 점무늬병

CHAPTER 06

식물병 방제

Key Word

법적 방제 / 생태학적(경종적) 방제법 / 물리적(기계적) 방제법 / 화학적 방제법 / 생물학적 방제법 / 종합적 방제법

01 식물병 방제방법 및 특징

1. 방제방법의 종류 및 특징

① 식물병을 가장 효과적으로 방제하는 방법은 식물이 병에 걸리지 않도록 적절한 환경을 조성하고 기주 병원체의 감염을 예방하는 것이다.

② 과학적 원리의 방제방법

- 병의 종류를 정확하게 파악한다.
- 병원체의 변이성, 생활사 및 환경의 영향을 고려하고, 환경이 기주에 미치는 영향을 분석하며, 기주의 저항성 및 유전과 저항에 미치는 관계를 파악하고 방제를 하는 방법이다.

③ 종합적 방제(경종적 방제, 생물적 방제, 화학적 방제)를 통해 적절한 방제법을 찾고 적절한 시기에 활용하는 것이 중요하다.

2. 병의 발생 예찰

① 발생 예찰이란 식물병이 언제, 어디서, 어떤 원인으로, 어떤 병이 어느 정도 발생했는지를 추정하여 피해를 파악하고 예찰하는 방법이다.

② 예찰 대상으로는 벼 도열병, 벼 잎집무늬마름병, 맥류 깜부기병, 맥류 붉은곰팡이병 등이 있다.

02 법적 방제

1. 특징

① 식물병을 효율적·효과적으로 방어하기 위한 활동 중 법률이나 행정규례로 정한 것을 말한다.

② 우리나라는 1961년에 제정, 공포되었으며 이후 개정을 통해 「식물방역법」을 지정하게 되었고, 농림부가 식물방역을 주관하고 있다.

③ 주로 유통되는 농산물의 검사 및 확산을 방지하는 기능을 담당하고 있다.

2. 국제검역

① 농산물 개방에 따른 수입 농산물에 발생하는 새로운 식물병이 잠입되지 않도록 하기 위해 관리하는 기관이다.

② 식물을 수출, 수입할 때 「식물방역법」에 명시된 수입식물검사 및 수출식물검사규정에 의거하여 국립식물검역소에 검사 신고해야 하며, 소정의 검사에 합격해야 한다.

[표 6-1] 식물검역과 「식물방역법」의 목적

구분	설명
식물검역의 목적	• 식물병의 전파 및 유입되는 것을 막기 위해 • 식물성 산물에 대한 병해충 부착 유무 검사를 위해 • 우리 농산물의 피해 방지, 자연보호
식물방역법의 목적	• 수출입 식물과 국내 식물을 검역 • 식물에 해를 끼치는 동 · 식물의 방제에 관한 필요사항 규정 • 농 · 임업 생산의 안전과 증진에 목적

> 기출 22년 기사 2회 16번
>
> 식물 검역에 대한 설명으로 옳은 것은?
>
> ① 식물에 면역작용이 생기게 하여 병을 방제하는 것
> ② 농약 등을 사용하여 화학적으로 방제하는 것
> ③ 열처리 등에 의해 병원균을 박멸하는 것
> ④ 병원균의 유입을 차단하고자 사전에 검사하여 병을 예방하는 것
>
> 답 ④

3. 국내 방역 활동

① 국내 방역은 우리나라에 처음 침입되었거나, 일부 지역에 침입된 병해충의 확산을 막고 완전 구제를 하는 데 목적이 있다.

② 발생지역을 최소한 차단하기 위한 긴급행정명령을 동원하고 손해가 우려될 경우 「식물방역법」에 의거 시 · 도지사로 하여금 관할구역 안에 공동방제를 실시하도록 한다.

③ 현재 농촌진흥청에서 업무를 담당하고 있고, 중요한 병해충의 발생 예찰을 위한 전국적인 조직 및 많은 기술을 개발하고 있다.

03 생물적 방제

1. 특징

① 저항성 품종을 이용하여 병해를 줄여 방제하는 방법으로, 종류로는 식물에 약독의 바이러스를 통해 방제하는 교차보호를 이용하는 방법과 길항미생물, 근권미생물 등을 생물적 방제에 활용하고 있다.

② 생물적 방제방법으로는 약독바이러스를 활용하거나, 길항미생물을 이용한 방제방법, 근권미생물을 이용한 방제방법 등이 있다.

> 기출 20년 산업기사 1 · 2회 7번
>
> 다음 설명에 해당하는 것은?
>
> | |
> |---|
> | 약독계통 바이러스를 이용하여 강독계통 바이러스의 감염을 저지하는 현상 |
>
> ① 기주교대 ② 교차보호
> ③ 포장위생 ④ 준유성 교환
>
> 답 ②

2. 종류

1) 식물 약독바이러스(교차보호 방제)

약독 계통 바이러스를 미리 감염시켜 식물체를 강독바이러스로부터 보호하는 것으로, 기주식물의 면역 또는 저항성을 높이기 위한 방제방법이다.

① 식물 약독바이러스를 이용하여 강독바이러스를 방제한다.
② 토마토의 담배 모자이크바이러스(TMV), 박과 작물의 오이녹반 모자이크 바이러스, 감귤 트리스테자 바이러스 등의 방제에 이용한다.
③ 새로운 바이러스 계통에 의해 저항성이 쉽게 무너질 수 있다.

2) 길항미생물 방제

병원균의 생육을 억제하거나 저지시키는 능력을 갖는 길항미생물을 이용한 생물학적 방제이다.

(1) 작용

용균작용, 항생작용, 기생작용, 경쟁작용, 유도저항성 작용 등을 인위적으로 조절 및 활용한다.

(2) 종류

① 세균
- *Agrobacterium*(아그로박테리움)
- *Bacillus*(바실러스)
- *Pseudomonas*(슈도모나스)
- *Streptomyces*(스트렙토마이세스)

② 진균
- *Ampelomyces*(암펠로마이세스)
- *Candida*(칸디다)
- *Coniothyrium*(코니오티리움)
- *Gliocladium*(글리오클라디움)
- *Trichoderma*(트리코더마)

③ 기생성 미생물
- *Rhizoctonia*(라이족토니아) 속에 기생하는 *Trichoderma*(트리코더마)와 *Gliocladium*(글리오클라디움)
- *Sclerotinia*(스클레로티니아)에 기생하는 *Sporidesium*(스포리데시움)

(3) 식물병 방제에 활용되는 길항미생물

① **뿌리혹병균** : *Agrobacterium radiobacter* K84(아그로박테리움 라디오박터 K84)의 항생물질인 Agrocin(아그로신) 84 생산

② **흰가루병균**
- *Paenibacillus polymixa*(페니바실러스 폴리믹사)
- *Ampelomyces quisqualis*(암페로마이세스 퀴스콸리스)
- *Streptomyces*(스트렙토마이세스)

기출 19년 기사 2회 16번

식물병의 생물적 방제에 대한 설명으로 옳은 것은?

① 신속하고 정확한 효과를 기대할 수 있다.
② 천적미생물은 대부분 잎이나 줄기에서 얻는다.
③ 넓은 지역에 광범위하게 사용하는 데 가장 효과적이다.
④ 미생물의 길항작용, 기생, 상호경쟁 또는 병저항성 유도를 이용하여 병을 억제한다.

답 ④

③ 잿빛곰팡이병

- *Cladosporium herbarum*(클라도스포륨 허바움)
- *Penicillium* sp(페니실륨 sp)

④ 균핵병균 : *Bacillus subtilis*(바실러스 섭틸리스)

⑤ 토양전염성 병원균

- *Coniothyrium minitants*(크리오티륨 미니탄츠)
- *GliocladiumVirens*(글리오클라디움 비렌스)
- *Trichoderma harzianum*(트리코더마 하지아늄)
- *Streptomyces*(스트렙토마이세스)
- *Bacillus*(바실러스)

기출 19년 산업기사 1회 8번

식물병의 생태학적 방제방법에 해당하는 것은?

① 토양소독
② 살균제 살포
③ 미생물 이용
④ 재식밀도 조절

답 ④

3) 근권미생물 방제

식물근권에 살아가는 유용한 미생물을 이용한 생물학적 방제이다.

(1) 작용

근권미생물은 식물의 생육은 촉진하고, 병원균의 생육은 억제한다.

(2) 특징

① 근권미생물은 불용성 인산의 가용화, 질소고정 등으로 식물 생육을 촉진한다.

② 항생물질인 LPS, HCN, 사이드로포어(Siderophore) 등을 분비하여 병원균의 생육을 억제한다.

③ 생육촉진근권세균(PGPR), 즉 특정 식물의 유도저항성 기작을 활성화시킬 수 있는 세균을 가지고 있다.

용어설명

사이드로포어(Siderophore)
철이 부족한 환경에서 철과 킬레이트 결합(Chelate bond)하여 병원균에 철 결핍을 일으키는 물질

04 경종적 방제

1. 특징

① 재배시기를 조절하여 작물의 병을 적절하게 방제하는 방법으로 소극적 방법에 해당된다. 병의 방제 수준이 경제적 피해 수준 이하로 발병을 억제하여 환경을 보존하는 데 활용되고 있는 방법이다.

② 경종적 방제방법에는 윤작 또는 혼작에 의한 방제, 위생적 포장에 의한 방제, 건전한 종묘 사용에 의한 방제, 접목에 의한 방제(특히 덩굴쪼김병 예방), 재배시기 조절, 수분 조절, 토양의 비배관리에 의한 방제 등이 있다.

기출 19년 기사 4회 13번

식물병을 방제하기 위한 경종적 방법과 가장 거리가 먼 것은?

① 윤작
② 번식기관의 온탕 처리
③ 무병종묘 사용
④ 저항성 품종 재배

답 ②

2. 종류

1) 윤작

서로 다른 종류의 작물을 순차적으로 조합 배열하는 방식의 작부체계

(1) 특징

① 동일한 작물을 계속 연작하면 병원균의 밀도가 증가하여 병 발생이 심해진다.

② 작물은 윤작을 통하여 양분을 공급받고, 토양전염성 병해가 방지되어 생육과 수량이 안정된다.

③ 작물을 섞어 심는 혼작을 통해서도 방제가 가능하다.

(2) 윤작의 비실용적 식물병

① 기주범위가 넓고 기주식물 없이도 땅속에서 생존이 가능하다.

② 종류

- 무 · 배추 무사마귀병
- 모잘록병
- 자주빛날개무늬병
- 흰비단병

(3) 윤작의 실용적 식물병

① 연작에 의한 토양전염성 병은 윤작으로 전염원 제거가 가능하다.

② 비기주식물을 2~3년간 윤작하여 전염원을 제거한다.

③ 종류 : 탄저병, 점무늬병

2) 포장위생

① 병든 식물 제거를 통해 포장을 위생적으로 관리하여 방제한다.

② 종류

- 전염원의 제거(병든 식물 제거)
- 중간기주의 제거

3) 토양조건 개선

① 병원체가 생육하기 좋은 토양조건을 유기물 사용이나 객토 및 심경 등 물리성을 개선하여 방제한다.

② 토양조건에 의한 식물병

- 감자 더뎅이병
- 알칼리성 토양
- 무 · 배추 무사마귀병
- 산성 토양
- 자주빛날개무늬병

③ 미분해유기물이 많은 토양 : 석회 시용으로 분해

4) 영양조건 개선

① 식물의 영양상태를 개선하여 저항성을 키우는 방법이다.
② 질소, 인산, 칼륨의 3요소를 적절히 균형 시비로 방제한다.
③ 칼륨 성분이 적거나 질소 성분이 많아도 병에 대한 저항력이 약화된다.
④ **질소질 비료 과용 시** : 식물체가 약해져 각종 병해충 및 기상재해를 받기 쉽다. 특히, 벼 도열병, 벼 잎집무늬마름병, 맥류 녹병, 모잘록병, 흰가루병 등이 발생한다.
⑤ **질소질 비료 부족 시** : 벼 깨씨무늬병 등이 발생한다.

5) 저항성 품종 이용

(1) 특징

① 병에 대한 저항성 품종을 이용하는 방제법이다.
② 가장 이상적인 방제법이다.
③ 경제적 · 환경적 측면에서 병해충을 효과적으로 방제한다.

(2) 장점

① 특별한 경비나 자재가 들지 않는다.
② 농약의 잔류독성 등의 문제가 없다.
③ 작물의 생산성이 향상된다.
④ 재배의 안전성 유지에 도움이 된다.
⑤ 농약 사용이 절감된다.

(3) 단점

저항성 품종도 감수성으로 변하여 병에 걸리게 되는 이병화 현상이 발생한다.

6) 재배적 조치

① 오이, 수박 등을 내병성 호박 종류의 대목에 접목 재배한다.
② 딸기, 감자 등은 생장점을 배양한다(무병주 생산).
③ 각 작물의 재배에 알맞은 입지조건 선정이 필요하다.

기출 22년 기사 2회 5번

생물적 방제방법의 가장 큰 장점은?

① 친환경적이다.
② 비용이 많이 들지 않는다.
③ 속효성이다.
④ 잔효성이 길다.

답 ①

TIP

벼 병해의 종자전염
- 도열병
- 깨씨무늬병
- 키다리병
- 세균성 잎마름병

05 물리적 방제

방제방법 중 가장 오랜 역사를 가진 것으로 작물의 병을 물리적으로 방제하는 것, 즉 태양열을 이용하여 토양을 소독하거나 전기 쇼크, 초음파 등을 활용하여 토양 살균을 하는 등 다양한 방법을 활용하고 있다.

[표 6-2] 물리적 방제의 종류

종류	특징
종자의 소독	• 벼의 경우 볍씨 소독은 병해를 1차적으로 막기 위한 방법 • 도열병, 모썩음병, 깨씨무늬병, 키다리병 등 방제 • 냉수온탕침법(물리적 방법) : 키다리병, 세균성 벼알마름병, 잎마름선충병 등의 방제에 효과적
열에 의한 토양소독	• 가장 간단한 방법은 고온 · 고압방법 • 토양에 증기소독과 가열소독은 공해 약해 걱정이 없음 • 고온기의 태양열 소독을 많이 활용
기타	• 저온과 고온, 습도, 방사선, 고주파 등 이용 • 간단한 기계나 기구를 이용한 포살, 유살, 차단 등 • 토양 담수, 열매에 봉지 씌우기, 비가림 재배 등

06 화학적 방제

농약을 활용하여 정확하고 신속하게 병을 방제하고 효과를 크게 볼 수 있다는 장점은 있지만, 농약의 오남용 및 환경 보존의 차원에서는 아직도 해결해야 할 것이 많이 남아 있다.

① **종자소독제** : 종자에 의해 전염되는 경우 종자소독제를 활용하여 간편하고, 시간과 인력을 절감할 수 있다.

② **경엽처리제** : 농가에서 가장 많이 활용하는 것으로 수화제, 액제, 유제, 분제 등을 경엽에 처리하는 방법으로 이때는 올바른 약제의 사용법을 숙지하고 활용하는 것이 중요하다.

③ **토양처리제** : 토양병을 방지하기 위해 미리 작물을 심기 전에 살포하는 것으로, 보통 뿌리거나 훈증하는 방법으로 활용한다.

④ **훈연제** : 연무기를 활용하여 농약 성분이 시설하우스에 고르고 빠르게 퍼질 수 있도록 연무살포하는 방법이다.

CHAPTER 07

식물병 각론

Key Word

벼 모잘록병 / 벼 키다리병 / 벼 도열병 / 벼 흰잎마름병 / 벼 잎집무늬마름병 / 벼 깨씨무늬병 / 벼 모썩음병 / 벼 줄무늬잎마름병 / 벼 검은줄무늬오갈병 / 벼 오갈병 / 벼 이삭누룩병 / 벼 세균성알마름병

01 주요 농작물의 병해

1. 벼의 병해

1) 벼 모잘록병

구분	특징
병원	*Pythium debaryanum, Rhizoctonia solani, Fusarium* 속의 진균 및 난균
주요 병징	• 종자가 발아하지 않거나, 발아해도 땅 위로 올라오지 못하고 고사 • 병에 걸린 모는 지제부가 갈색(암갈색)으로 변하여 끊어지면서 쉽게 뽑힘
병환	• 병원균은 난포자의 상태로 병든 조직 또는 토양에서 월동 • (직접 발아) 유주자를 형성하여 어린 각피를 뚫고 침입 → 어린 묘에 피해를 주는 식물병 • 병원균은 토양에 존재하는 토양전염성이나 반수생균으로 관개수로도 오염됨
발생 환경	• 고온다습한 조건에서 병 발생이 많음(저온에서도 발생) • 토양온도가 10℃ 이상 되면 활동을 시작 • 알칼리성 토양 • 질소질 비료 과용 • 일찍 파종한 못자리 등에 발생 • 보온 절충 웃자리나 상자육묘(기계 이앙)에 많이 발생
방제법	• 배수를 철저히 하고 포장이 침수되지 않도록 주의 • 건전한 종자와 무병상토 사용(pH 4.5～5.5) • 밤낮의 온도차가 심하지 않도록 못자리 관리 • 전문약제 살포

2) 벼 키다리병

<table>
<tr><th>구분</th><th colspan="2">특징</th></tr>
<tr><td>병원</td><td>• 완전세대 : Gibberella Fujikuroi, 진균(자낭균류)
• 무성세대 : Fusarium Fujikuroi J. Sheld.
• 불완전세대 : Fusarium Moniliforme</td><td rowspan="2">
〈잎의 병징〉</td></tr>
<tr><td>주요 병징</td><td>• 육묘기에 키가 정상보다 1.5배 이상 웃자라는 증상을 보인 후 1～2주 이내에 위축되면서 말라 죽음
• 병원균이 심하게 감염된 종자의 경우에는 못자리에서 위축 증상을 보이면서 고사
• 성장한 벼는 분얼이 적고, 키가 큼
• 잎집에는 분생포자와 자낭각 발생
• 심하게 감염된 종자 : 발아 시 고사
• 중간 정도 감염된 종자 : 병원균이 분비하는 지베렐린(Gibberellin)의 작용에 의해 키다리 증상(도장)이 나타남</td></tr>
</table>

기출 21년 기사 4회 19번

벼 키다리병의 병징 형성 원인으로 병원균이 분비하는 주요 호르몬은?

① 옥신 ② 에틸렌
③ 지베렐린 ④ 사이토키닌

답 ③

기출 20년 기사 1 · 2회 16번

벼를 기주로 하여 곰팡이에 의해 발병하는 것은?

① 오갈병
② 도열병
③ 흰잎마름병
④ 줄무늬잎마름병

답 ②

기출 19년 기사 2회 10번

여름의 저온 및 장마 조건에서 가장 발병하기 쉬운 것은?

① 벼 도열병
② 벼 키다리병
③ 벼 이삭누룩병
④ 벼 잎집무늬마름병

답 ①

TIP

벼의 구조

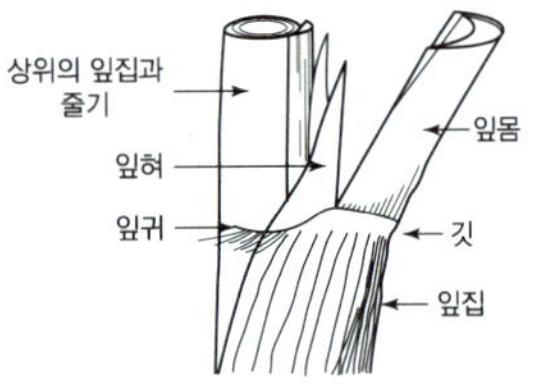

기출 21년 기사 2회 5번

도열병이 다발하는 조건으로 가장 적합한 것은?

① 여러 가지 벼 품종을 섞어서 심었을 때
② 가뭄이 계속되고 기온이 30℃ 이상일 때
③ 덧거름을 원래 일정보다 일찍 주었을 때
④ 비가 자주 오고 일조가 부족하며 다습할 때

답 ④

용어설명

중만생종
같은 종류의 작물 중 상대적으로 생육기간이 길어 수확시간이 더 오래 걸리는 작물

구분	특징
병환	• 초승달 모양의 대형 분생포자와 자낭각 형성 • 분생포자의 형태로 종자 표면에서 월동 → 다음 해 1차 전염 • 종자에 붙어서 2년간 생존 가능 • 벼의 개화기에 날아온 분생포자는 상처를 통해 벼알 안에 침입
발생 환경	고온에서 쉽게 발생, 종자를 통해 감염
방제법	• 파종전 종자를 염수선하여(비중 1.13, 물 1L, 소금 2.5kg) 우량종자를 골라 심음 • 저항 품종 선택 • 건전한 종자(무병종자)를 채종하여 사용 • 종자 소독 : 60℃ 10분간 온탕 소독 직후 찬물에 담가 파종 • 병에 걸린 포기는 못자리나 본논에서 즉시 뽑아 소각 처리

3) 벼 도열병

구분		특징
병원		*Pyricularia Oryzae*, 진균(불완전균류)
주요 병징		• 잎에 발생하며 초기에는 암녹색의 작은 반점, 점차 방추형이 되고, 서로 합쳐져서 불규칙한 병반이 됨. 심하면 포기 전체가 붉은색으로 자라지 못함 • 잎에 암녹갈색의 짧은 다이아몬드형, 긴 방추형 무늬 형성 • 잎, 잎자루, 잎혀, 마디, 이삭목, 이삭가지, 볍씨 등에 발생 • 침입부위에 따라 : 모 도열병, 잎 도열병, 이삭 도열병, 마디 도열병 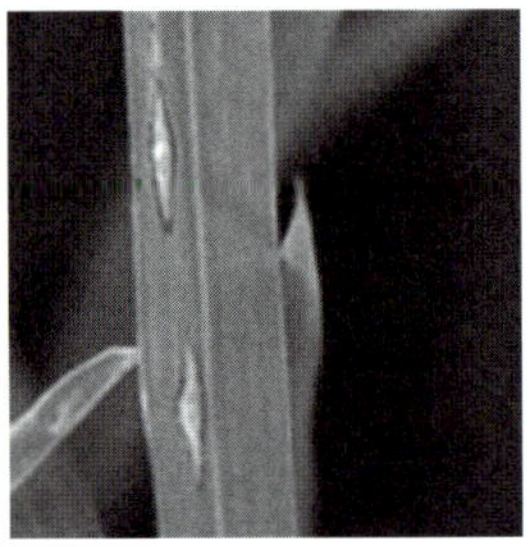 〈잎의 병징〉
병환		• 병원균이 종자나 병든 잔재물에서 겨울을 지나 1차 전염원이 됨 • 병반상에 형성된 분생포자가 바람에 날려 공기 전염(2차 전염원) • 분생 포자는 수분이 있으면 발아관과 부착기를 형성하여 표피를 직접 뚫고 각피 또는 기공 침입 • 레이스를 판별하기 위한 판별품종 : 인디카(Indica)형 Tetep, 통일형 태백벼, 통일벼, 유신벼, 자포니카(Japonica)형, 관동 51벼, 농백벼, 진흥벼, 낙동벼(8종)
발생 환경		• 비가 자주 오고 일조가 부족하여 냉랭하고 습도가 높을 때(저온다습) • 특히 냉해가 오면 심하게 발생(벼 수확량에 치명적 영향을 줌) • 토양 온도가 낮고(20℃) 토양 수분이 적을 때 • 질소질 비료를 과잉시비할 때 • 모내기가 늦었을 때
발생 부위별 구분	모 도열병	• 모의 기부나 중앙 부위에 갈색의 병반이 나타남 • 심할 경우 고사
	잎 도열병	• 잎에 암녹갈색의 작은 무늬 형성 → 긴 방추형 → 불규칙한 병반 • 심하면 잎 전체가 결변되고 고사
	이삭 도열병	• 이삭목에 암갈색의 병무늬 발생 → 이삭이 여물지 못해 흰 이삭 발생 → 이삭의 반이 병들어 충실치 못함 • 이삭이 나올 때 비가 자주 오면 이삭목에 병원균이 침입하여 발생 • 8월 하순에 강우가 많으면 중만생종에 병의 발생 우려
	마디 도열병	• 줄기 사이의 마디에 병원균이 침입 • 회색 병무늬가 생김 → 흑색으로 변함 → 부러짐

구분	특징
방제법	• 파종 전 종자를 염수선하여(메벼기준 비중 1.13, 물 18L, 소금 4.5kg) 우량종자를 골라 심음 • 파종기나 본답 이앙시기가 지연되지 않도록 하고 생육기 찬물이 유입되지 않도록 관리 • 병원균의 레이스 분포를 고려하여 저항성 품종을 심음 • 냉수는 물을 돌려 대어 수온을 높임 • 논바닥이 마르지 않도록 함 • 질소질 비료의 편용을 피함(특히 계분, 돈분 등의 가축분 퇴비의 과용을 삼가함) • 규소(규산질) 비료 시비 • 등록되어 있는 약제의 특성에 맞추어 파종 전 종자를 소독

4) 벼 흰잎마름병

구분	특징
병원	*Xanthomonas oryzae*, 세균성 도관병
주요 병징	• 주로 엽신 및 엽초에 나타나며, 때에 따라서는 벼알에서도 나타남 • 처음에는 잎 끝 또는 가장자리가 담황색, 회백색 → 하얗게 건조되고 급속히 잎이 말라 죽음 • 잎의 가장자리나 잎 끝에 좁쌀보다 작은 점괴가 보임  〈잎의 병징〉
병환	• 단극모를 가진 그람음성 세균(간균) • 3~4일 정도면 균이나 영양배지에서 노란색을 띤 둥글고 매끄러운 집락(콜로니)을 형성 • 잡초(겨풀뿌리)나 벼의 그루터기에서 월동 → 다음 해 1차 전염 • 주로 수공이나 상처를 통해서 침입한 세균은 물관(도관)에서 증식하여 전신병으로 발전함 • 벼흰잎마름병 균은 5~10℃에서도 생육이 가능하나 최적 생육온도는 26~30℃ • 현재 우리나라의 벼 흰잎마름병 판별품종 → K1, K2, K3, K4, K5의 레이스로 구분 → 이 중 K1이 70% 이상 차지함
발생 환경	• 배수가 나쁘고 저습지 또는 습지에 병발생이 많음 • 여름의 낮은 기온, 지온의 급격한 변동으로 많이 발생(7월 평균 기온 22~24℃일 때) • 태풍과 침수가 일어날 때 많이 발병 • 심한 바람(강풍), 물에 의해 운반된 세균이 상처를 통해 침입(수매전반) • 질소질 비료의 과용은 병의 진전을 촉진
방제법	• 작물 재식 전 논둑 및 수로의 기주 잡초 제거, 배수로 정비 등 포장 관리를 철저히 해야 함 • 매년 발생하는 상습발생지 또는 발생이 우려되는 지역에서는 저항성 품종 재배 • 질소질 비료 과용 금지 및 규산질, 칼륨 비료 시비 • 기주식물(줄풀, 겨풀) 제거 • 세균병은 대부분 물에 의해 전염되므로 저지대나 홍수 시 침수되지 않도록 하고 침수되어도 되도록 빠른 시일 내에 배수 • 장마기간 중 침관수 피해를 입기 전 전문약제로 방제

기출 19년 기사 4회 9번

벼 흰잎마름병의 주요 제1차 전염원이 되는 식물로 가장 적절한 것은?

① 흰명아주 ② 돌피
③ 여뀌 ④ 겨풀

답 ④

기출 20년 기사 1 · 2회 14번

벼 잎집얼룩병(잎집무늬마름병)의 표징으로 가장 적절한 것은?

① 자낭반 ② 균사속
③ 포자퇴 ④ 균핵

답 ④

용어설명

조생종
같은 품종보다 일찍 개화하고 실과를 맺는 품종

기출 22년 기사 1회 10번

자낭균이며 표징이 잘 나타나지 않는 것은?

① 보리 겉깜부기병
② 벼 잎집무늬마름병
③ 밀 줄기녹병
④ 벼 깨씨무늬병

답 ④

5) 벼 잎집무늬마름병

구분	특징
병원	*Pellicularia sasaki*, 진균(담자균류)
주요 병징	• 물에 데친 것처럼 수침상의 타원형에서 암녹색으로 확대되면서 병반 주위가 연한 갈색으로 변함 • 대부분 균핵을 형성하며 벼가 자라면서 병반이 점차 위로 올라감 • 균핵은 균사의 덩어리로 크기와 모양은 일정치 않으나 대개 1~2mm 내외의 갈색 원형이 많음 • 2차 전염은 잎집에 형성된 병반에서 나오는 균사에 의해 옆 줄기나 포기, 잎에 새로운 병반 형성 • 타원형 → 장타원형으로 확대됨 • 주변은 갈색, 내부는 암갈색 → 점차 회백색으로 변함(균핵 형성)
병환	• 병원균은 7월 하순~8월 상순 균핵과 담포자 형성 • 균핵 상태로 땅 위에서 월동 • 월동한 균핵이 써레질 후 봄에 물 위에 떠서 잎집에 닿아 감염 → 1차 전염 • 최적온도(30~32℃)의 더운 날 새로운 병반에서 균사에 의해 전염 → 2차 전염
발생 환경	• 분얼기 이후 고온다습한 8~9월이 발병 최성기(최적온도 30~32℃) • 조기(파) · 조식재배 시 • 질소질 비료 과용으로 벼가 왕성하게 자라면 키가 커지고 분얼수가 많아 포기 사이가 빽빽하여 통풍이 불량하여 발생 • 조생종 재배 시 • 월동 균핵이 많고 발아율이 높을 때 발병 조장
방제법	• 모내기 전 써레질 후 논 구석에 균핵을 수거하여 소각 • 통풍을 좋게 하고 조기이앙을 피함 • 볏집을 추비로 사용 시 충분히 부식(썩힌 후)시켜서 이용 • 폴리옥신디(Polyoxin D) 수화제 등의 약제로 방제 • 만생종 재배 • 질소질 비료 과용 금지 → 칼륨질 비료 증시

〈잎의 병징〉

6) 벼 깨씨무늬병

구분	특징
병원	*Cochliobolus Miyabeanus*, 진균(자낭균류)
주요 병징	• 잎에 초기에는 병반이 암갈색 타원형 괴사부의 주위에 황색의 띠를 가짐 → 시간이 지나면 원형의 대형 병반으로 윤문이 생김 • 줄기에는 흑갈색의 미세한 무늬가 기본이고 후에 확대하여 합쳐지면 줄기 전체가 담갈색으로 변함 • 벼알에는 암갈색의 반점이 형성된 후 회백색 붕괴부를 형성(벼알 전체가 갈변하기도 함) • 도열병처럼 백수가 되지 않음

〈잎의 병징〉

구분	특징
병환	• 포자, 균사의 형태로 병든 볏짚, 볍씨에서 월동 → 다음 해 1차 전염 • 분생포자로 바람에 의해 각피, 기공으로 침입 → 2차 전염 • 잎이나 벼알에 병반 형성
발생 환경	• 조기 조식재배와 재식 본수가 많을 경우 다발생 • 양분 유실이 쉬운 사질토, 유기물 부족 논, 질소, 인산, 가리, 마그네슘, 망간, 철 등이 용탈한 노후화답, 산성토양에 심하게 발생 • 벼의 전생육기를 통해 발생하지만, 특히 유수형성기 이후에 갑자기 발병이 늘어나 출수기 이후 피해가 커짐 • 추락의 원인이 되기도 함 • 7월 하순~8월 상순에 고온다습할 때 발생 심화
방제법	• 저항성 품종 재배 • 종자 소독 • 유기물이 풍부한 토양과 중성토양을 만듦 • 전문약제 사용

7) 벼 모썩음병

구분	특징
병원	*Achlya* spp, 유사균(난균류)
주요 병징	• 볍씨가 발아할 때 발생 • 젤라틴 같은 흰 점액질의 교질물과 백색의 균사가 생겨 썩음 • 병반의 균사가 퍼져 둥그런 균사덩이가 형성(2차 감염) → 종자 주면의 토양 표면이 검은색이 됨 • 모에는 볍씨가 붙어있는 부분에 다발 모양의 흰색의 면모가 생기며 때로는 모가 부패
병환	• 난포자로 토양에서 월동 • 유주자가 볍씨의 상처를 통해서 침입
발생 환경	• 파종 후 논물의 온도가 18℃ 이하일 때 발병이 심해짐(특히 볍씨의 발아 최저온도(13℃)에서 가장 잘 볍씨를 침해) • 파종시기에 일교차가 심한 지역, 기온이 낮은 중부지방의 산간 재배지역에 담수직파재배의 유묘기에 발생 쉬움 • 파종기에 저온 및 발아까지 일수 지연과 산소 부족의 경우 • 미숙퇴비, 발효성 유기질 비료를 사용할 경우 • 기계적 상처를 입은 볍씨 파종 시 발생
방제법	• 상처 난 볍씨 및 미숙퇴비, 발효성 유기질 비료의 사용을 금함 • 너무 일찍 조기파종을 하면 저온으로 인한 발병으로 병을 조장함 • 햇빛이 잘 들고 수온이 높은 곳에 모판 설치 • 전문약제 사용

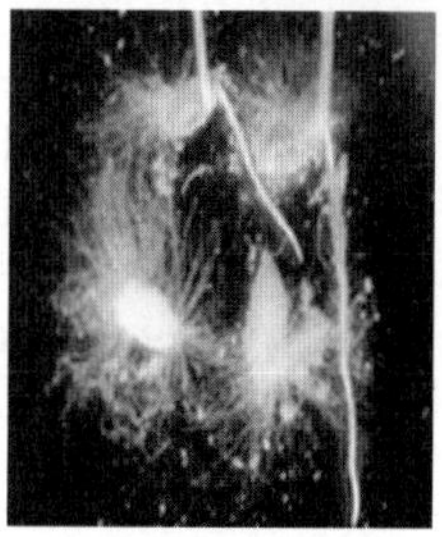

〈볍씨의 병징〉

기출 20년 기사 3회 2번

매개충에 의해 경란 전염하는 바이러스 병은?

① 담배 흑병
② 감자 더뎅이병
③ 벼 줄무늬잎마름병
④ 고구마 뿌리혹병

답 ③

8) 벼 줄무늬잎마름병

구분	특징
병원	*Rice stripe virus*, 바이러스
주요 병징	• 어린 벼는 새잎이 나올 때 속잎이 노랗게 되어 전개되지 못하고 말리거나 뒤틀리면서 늘어짐 • 잎에 황록색의 줄이 세로로 나타남 • 이삭은 출수되지 않거나 되어도 종자 형성이 불량  〈벼 잎에 붙은 애멸구〉
병환	• 매개충인 애멸구(보독충)에 의해 전염 • 성충이 보독충이면 그 유충도 바이러스를 가지고 있으며 경란전염(1차 전염원)을 함 • 애멸구가 약충태로 겨울을 지나 1년에 5세대 발생 • 보독충은 논두렁이나 제방의 잡초, 밀밭 등에서 유충으로 월동 • 보독 애멸구가 건전한 벼의 양분을 흡즙하면서 전파
발생 환경	애멸구가 다음해 봄 성충(제1회 성충)으로 3~4월경 겨울을 지낸 장소의 식물인 맥류, 잡초 등 다른 기주식물에 기생한 후, 제2회 성충이 5~6월에 본답 초기 벼에 착생하여 본격적으로 선넘
방제법	• 병든 식물은 발견 즉시 제거 • 약제 살포에 의한 직접방제 불가능 • 매개충인 애멸구를 방제하여 병 전파를 막는 방제법(화학적 방제) • 논둑, 수로변, 제방 등의 잡초 제거를 통해 매개충의 서식처 줄임(월동 애멸구 구제) • 발병상습지에서는 보리, 밀 등의 재배를 금함 • 저항성 품종 재배 • 질소질 비료 과용 금지, 균형시비

9) 벼 검은줄무늬오갈병

구분	특징
병원	*Rice black-streaked dwarf virus*, 바이러스
주요 병징	• 초기에는 잎이 진한 색으로 변하고 키가 현저히 짧아져 정상 벼와 차이가 남(백색 반점이 없음) • 이삭이 나오기 시작하면 잎 뒷면의 잎맥과 줄기에 흰 돌기가 보이고 점점 증상이 심해지면 검거나 갈색으로 변함(벼가 초기에 감염되면 이삭이 거의 안 생김)  〈잎과 줄기의 병징〉
병환	• 애멸구에 의해 매개(경란전염은 하지 않음) • 애멸구의 유충에서 월동하고 보독충이 건전한 모를 흡즙하여 매개 • 애멸구가 병에 걸린 모에서 다시 바이러스 획득 후 전염시킴 • 보독충은 잡초 밀밭, 자운영밭에서 약충의 형태로 월동
발생 환경	• 애멸구에 의해 영속적으로 매개 • 벼 외에 옥수수, 보리, 밀, 호밀, 둑새풀, 바랭이 등 볏과 잡초류에 발생

구분	특징
방제법	• 저항성 품종 재배 • 논에 잡초를 제거(월동하는 매개충 구제) • 늦은 모내기 및 질소질 과용은 피함 • 병든 식물체 즉시 제거

10) 벼 오갈병

구분	특징	
병원	*Rice dwarf virus*, 바이러스	 〈잎의 병징〉
주요 병징	• 잎 전체가 진한 녹색으로 변하고 상위 엽에 많은 흰색 반점이 생김 • 식물체의 생육 상태는 위축되고 감염된 벼는 비정상적으로 많은 분얼을 함 • 병든 벼는 진한 녹색 혹은 옅은 녹색으로 수확기까지 살지만 이삭을 형성하지 못해 낟알수가 적음 • 낟알은 짙은 갈색으로 얼룩짐, 현미는 암갈색 반점이 생김	
병환	• 끝동매미충이 주로 매개하나 번개매미충이 전염시킴 • 성충이 보독충이면서 경란전염을 함 • 벼의 바이러스 감염은 대부분 분얼 말기인 7월 말경 발병이 되지만, 조기재배의 경우에는 출수기에 발병하기도 함 • 보독충은 잡초, 밀밭, 자운영밭에 유충이나 성충의 형태로 월동	
발생 환경	• 끝동매미충에 의해 매개된 바이러스병으로 남부지방에 많이 발생 • 일반적으로 이앙 후 본답에서 발생	
방제법	• 논에 잡초를 철저히 제거(맥류, 자운영) • 벼 오갈병이 매년 발생하는 지역에서는 밀, 보리 재배를 피함 • 저항성 품종 재배 • 병든 식물체 즉시 제거 • 매개곤충 구제 • 질소질 비료 과용 금지	

11) 벼 이삭누룩병

구분	특징	
병원	*Ustilaginoidea virens*, 진균(자낭균류)	 〈초기 병징〉  〈후기 병징〉
주요 병징	• 벼알에만 발생 • 벼알의 표면에 황록색의 누룩 형성(육안으로 쉽게 구분) • 벼 껍질이 약간 열리고 황록색의 돌출물이 보이며, 표면에 가루 모양의 후막포자가 형성되면 검은색으로 변함	

기출 21년 기사 2회 18번

벼 오갈병의 주요 매개충은?

① 애멸구 ② 진딧물
③ 딱정벌레 ④ 끝동매미충

답 ④

구분	특징
병환	• 병원균은 균사, 후막포자, 분생자, 분생자병, 자실체로 구분 • 균핵 또는 후막포자 상태로 토양에서 월동 → 다음 해 1차 전염 • 균핵은 7~8월경 발아하여 자실체를 형성 후 자낭포자가 바람에 의해 벼 꽃을 통해 벼알(종자)로 침입
발생 환경	• 질소질 비료 과다 시용 상태에서 벼 출수기에 강우일수가 유난히 많고 일조시간이 매우 적은 경우 피해가 큼 → 저온다습 • 금남벼, 화명벼에 많이 발생 • 벼의 작황이 좋을 때 발생(일명 : 풍년병)
방제법	• 건전 종자를 채종 • 질소비료나 유기질 비료의 과용을 피함 • 규산질 비료의 시용은 도움이 됨 • 피해받은 이삭을 뽑고, 발병 포장의 볍씨는 종자 사용 금지 • 저항성 품종 선택 • 등록약제를 적기에 처리함

12) 벼 세균성 알마름병

구분	특징	
병원	*Burkholderia glumae*, 세균	
주요 병징	• 주로 벼알에 발생하나 엽초에도 병징이 나타남 • 벼알은 기부부터 황백색으로 변색되며 점점 확대되어 벼알 전체가 변색됨 • 일찍 감염된 경우 이삭은 전체가 옅은 붉은색을 띠고, 꼿꼿이 서있으며, 벼알은 배의 발육이 정지되고 쭉정이가 됨 • 감염된 종자 파종 시 발아하지 못하거나 부패되며, 감염이 덜 한 경우라도 엽초가 갈변되며 생장이 불량해 고사하게 됨	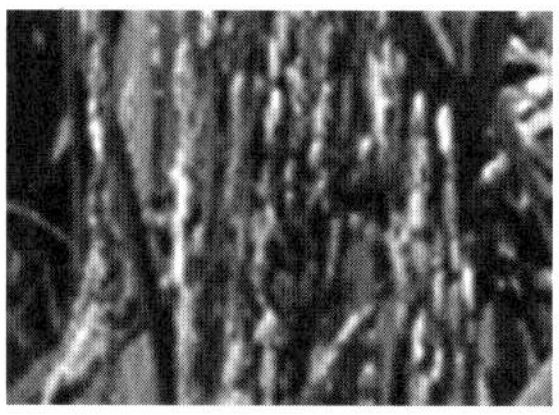 〈벼알의 전형적인 병징〉
병환	• 2~4개의 단극모를 가진 호기성 그람음성 간균 • 한천배지 위에 황록색의 원형 콜로니를 형성 • 최적 생장온도 30~35℃ 정도(비교적 고온에서 자람) • 유묘 부패 증상과 벼 알마름 증상을 일으킴 • 종자에 월동하여 침종 시 건전 종자로 전염	
발생 환경	• 벼 출수 후 1주일간 고온(30~50℃) 다습 환경에서 많이 발생 • 모판에서도 고온다습할 때 병든 종자 주위로 유묘 부패 현상이 발생함 • 외관상은 건강해 보이나, 병원균이 엽초에 잠복하다 출수기에 벼알로 침입함 • 침종 시 이병종자로부터 나온 병원균이 건전종자로 옮겨감(종자전염)	
방제법	• 건전한 종자 채종 후 사용 • 종자를 염수선 • 출수기 전후 2회에 전문약제로 소독 • 고온다습을 피함 • 질소질 비료 과용 금지 • 발생 포장은 수확 후 볏짚을 모두 태움	

TIP

벼 병해 총정리(병원균에 따른 분류)

병원균	식물병
난균	벼 모썩음병
진균(자낭균)	벼 깨씨무늬병, 벼 키다리병, 벼 이삭누룩병
진균(담자균)	벼 잎집마름병
진균(불완전균)	벼 도열병, 벼 모잘록병
세균	벼 흰잎마름병, 벼 세균성 알마름병
바이러스	벼 줄무늬잎마름병, 벼 오갈병, 벼 검은줄무늬오갈병

용어설명

염수선
소금물에 종자를 넣고 비중에 따라 선별하는 방식(볍씨나 조리 종자개 활용)

02 맥류(보리) 및 기타 작물의 병해

Key Word

맥류 흰가루병 / 맥류 붉은곰팡이병 / 호밀 맥각병 / 맥류 줄기녹병 / 보리 · 밀 겉깜부기병 / 보리 속깜부기병 / 콩 세균성 점무늬병 / 콩 자줏무늬병 / 콩 탄저병 / 담배 역병 / 담배 불마름병 / 담배 모자이크병

1) 맥류 흰가루병

구분	특징	
병원	진균(자낭균류)	 〈잎의 병징〉
주요 병징	• 주로 잎에 발생하나 간혹 줄기, 과실에도 발생 • 잎에서는 처음 하얀 흰가루가 점점이 나타나고, 심하면 잎 전체를 덮어버림 • 병환부는 흰점이 생긴 후 → 원형 → 타원형으로 확대 → 흰 밀가루를 뿌려놓은 것 같음 • 나중에 담갈색 → 검은색의 자낭각 형성	
병환	• 분생포자 또는 균사의 형태로 월동 → 다음 해 1차 전염 • 바람에 날린 분생포자(흰가루)가 직접 각피로 침입 → 2차 전염 • 포자 비산에 의하여 계속해서 병이 발생함 • 발병 적온은 28℃ 내외이며, 50~80%의 낮은 습도에서 피해가 큼	
발생 환경	• 시설재배 포장에서 심하게 발생함(노지포장은 심하지 않음) • 보통 4~5월경부터 시작하며 수확기에 심하게 발생 • 통풍이 불량하고 습도가 높을 때 • 질소질 비료 과용 시 • 여름철 날씨가 서늘하고 흐리면 많이 발생	
방제법	• 병든 잎은 일찍 제거하여 초기 전염원을 제거함 • 다소 건조하고 서늘한 조건에서 온도와 습도를 높여줌 • 질소질 비료의 과용 삼가(균형시비) • 통풍은 좋게, 그늘지고 습한 포장은 피함 • 배수 철저히, 발병 초기에 전문약제 살포	

기출 20년 기사 4회 4번

다음 중 인공배양이 가장 불가능한 것은?

① 사과 탄저병
② 벼 도열병
③ 보리 흰가루병
④ 딸기 잿빛곰팡이병

답 ③

2) 맥류 붉은곰팡이병

구분	특징	
병원	진균(자낭균류)	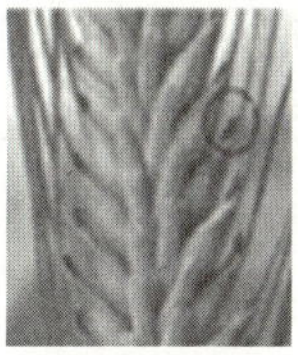 〈맥주보리아 추출 시〉 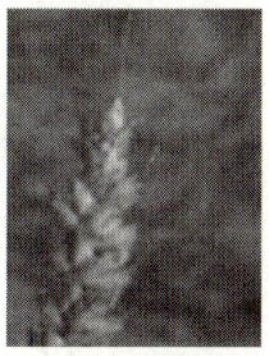 〈이삭의 병징〉
주요 병징	• 이삭과 이삭 사이는 흰 균사가 발생하기도 하며 오래된 병환부에는 흑색소립(자낭각)이 산생하기도 함 • 줄기에 발생하면 잎집의 부착 부위가 갈색으로 변함 • 어린 묘에 발생 시 주전체가 말라 죽음 • 이삭이 갈색으로 변하고, 껍질에 홍색 곰팡이 발생 • 곰팡이 독소 제랄레논(Zearalenone)으로 인해 병든 보리나 밀을 사람이나 가축이 먹을 경우 중독증상 발생	

기출 19년 기사 4회 19번

보리 붉은곰팡이균은 진균의 어떤 균류에 속하는가?

① 불완전균류
② 접합균류
③ 자낭균류
④ 담자균류

답 ③

기출 20년 기사 1 · 2회 19번

병든 부분에 나타난 자낭각을 보고 진단할 수 있는 식물병으로 가장 적절한 것은?

① 옥수수 깜부기병
② 밀 줄기녹병
③ 고추 역병
④ 보리 붉은곰팡이병

답 ④

구분	특징
병환	• 병든 종자 또는 밀짚 등에서 포자의 형태(분생포자, 균사, 자낭포자 형태)로 월동 → 다음 해 1차 전염 • 봄(10℃ 이상)에 흑색의 자낭각을 형성하고 수분 흡수 후 자낭포자가 (비나 바람) 기공 또는 꽃밥을 침해하여 보균종자가 됨
발생 환경	• 출수기~개화기 쯤 잦은 비로 인해 습도가 높을 경우 발생이 증가 • 강수일수가 많아 습도 95% 이상인 경우, 상대습도가 3~5일 이상 유지할 경우 병 발생이 급격히 증가함 • 온난다습한 곳에서 발생 • 강우 시 분생포자가 계속 빗물에 튀거나 바람에 날려 전파
방제법	• 물 관리를 철저히 하여 습해를 받지 않도록 함 • 수확 즉시 건조시켜 병든 종자의 확산을 막음 • 수확 또는 건조 시 풍속을 최대로 하여 가능한 한 병든 종자를 많이 제거시킴(이병종자 제거) • 무병지에서 채종하고 종자 소독

3) 호밀 맥각병

기출 19년 기사 2회 14번

호밀 맥각병에서 이삭에 생기는 자흑색 바나나 모양의 맥각덩이의 정체는?

① 자낭 ② 균핵
③ 자낭포자 ④ 후막포자

답 ②

구분	특징
병원	*Claviceps purpurea*, 진균(자낭균류)
주요 병징	• 이삭에 분생포자가 들어 있는 황색의 끈끈한 단물을 분비 → 건조되면 암갈색으로 됨 • 씨방이 균사에 의해 커져 자흑색 바나나(뿔) 모양의 균핵(맥각덩이) 형성 → 종자전염 • 이 균핵을 먹으면 중독증상이 생김
병환	• 균핵이 기생식물의 이삭에서 형성된 후 땅에 떨어져 월동 → 다음 해 봄 자실체 형성 • 자낭포자가 바람에 의해 기주식물의 꽃에 닿아 자방을 침해 → 1차 감염 • 분생포자가 곤충에 묻어 다른 꽃으로 이동 → 2차 감염 • 균핵 속에 들어 있는 알칼로이드는 맥각독으로 불리는 에르고타민(Ergotamine), 에르고톡신(Ergotoxine)
발생 환경	• 화분과 식물의 개화기에 전염, 수확기에 발생 • 맥각은 인축에 유독한 알칼로이드 생성 • 밀, 보리, 귀리에도 발병
방제법	• 무병지에서 채종 • 염수선 등으로 종자의 균핵 제거 • 심경, 비곡류 작물과 윤작

〈바나나 모양의 균핵〉

4) 맥류 줄기녹병

구분	특징	
병원	*Puccinia graminis*, 진균(담자균류)	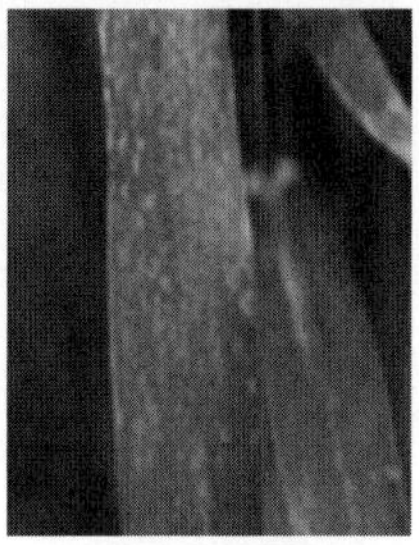 〈잎의 병징〉
주요 병징	• 잎, 잎집, 줄기, 이삭 등에 발생하며 붉은 벽돌색의 물집 모양의 농포가 생성됨 • 주로 잎 아랫면에 발생하나 윗면에도 생기며, 성숙하여 표피가 찢어지면서 녹색의 여름포자(붉은 벽돌색 가루의 표징)가 노출됨	
병환	• 대표적 특징 : 포자퇴(겨울포자퇴, 여름포자퇴) 형성 • 이종기생 녹병균으로 겨울포자는 마른 밀짚에서 월동 → 다음 해 봄에 발아하여 소생자 형성 • 바람에 날려 매자나무(매발톱나무, 중간기주) 잎에서 녹병포자와 녹포자 형성 • 녹포자가 바람에 날려 밀을 침해 → 하포자, 동포자를 형성	
발생 환경	• 6월 중하순경이 최성기(맥류 녹병 중 늦은 편) • 조생종보다 만생종에 많이 발생	
방제법	• 저항성 품종 재배 • 질소질 비료의 과용 금지 • 전문약제 살포	

5) 보리 · 밀 겉깜부기병

구분	특징		
병원	*Uatilago nuda*(보리), *Ustilago tritici*(밀), 진균(담자균류)	 〈초기 병징〉	 〈후기 병징〉
주요 병징	• 병원균은 종자의 배에서 휴면 균사체로 생존함 • 감염된 종자가 발아하면 병원균도 함께 발아하여 종자에 침입함 • 감염된 모든 이삭조직은 후막포자로 바뀜 • 후막포자는 보리 개화 시 바람에 비산하여 꽃의 주두와 자방벽에 전반됨 • 세포 사이로 균사체가 퍼져 주로 배반조직에 존재함		
병환	• 깜부기병 : 속깜부기병과 겉깜부기병 두 종류가 있음 • 겉깜부기병은 출수 직후 볍씨(씨알)에 발생(화기전염) • 출수기~성숙기 사이에 발병 • 초기 발병된 이삭은 검게 되어 건전 이삭과 차이가 남 • 증상이 심해지면 이삭은 건전한 이삭보다 다소 빨리 출수하는 경향이 있음 • 병에 걸린 볍씨(씨알)는 초기에 회색의 얇은 피막을 형성 • 피막이 찢어지면서 속에 후막포자가 비산하여 수일 내 이삭의 축만 남음		
발생 환경	• 꽃이 필 무렵 상대습도가 높고 온도가 16~22℃가 되면 균 포자의 발아촉진 • 개화기간을 늘리게 되면 포자가 화기조직 접촉을 최대화하여 균 침입이 쉬워짐		
방제법	종자 소독(등록약제로 종자에 분의 처리)		

기출 19년 기사 4회 12번

다음 중 밀 줄기녹병의 중간기주로 가장 적절한 것은?

① 매발톱나무
② 개나리
③ 향나무
④ 사시나무

답 ①

용어설명

만생종
같은 작물이지만 다른 것보다 늦게 성숙하는 품종

TIP

수병명	중간기주	기주식물
	녹병포자 · 녹포자 세대	여름포자 · 겨울포자 세대
포플러 잎녹병	낙엽송, 현호색	포플러
맥류 줄기녹병	매자나무	맥류
밀 붉은녹병	좀꿩의 다리	밀

기출 20년 기사 1 · 2회 9번

다음 중 꽃감염(花器感染)을 하는 것으로 가장 적절한 것은?

① 감자 암종병
② 보리 겉깜부기병
③ 벚나무 빗자루병
④ 고추 탄저병

답 ②

기출 22년 기사 2회 13번

담자균류에 의한 깜부기병에 대한 설명으로 옳지 않은 것은?

① 보리 겉깜부기병은 화기감염으로 발병한다.
② 보리 속깜부기병은 유묘감염으로 발병한다.
③ 옥수수 깜부기병은 성묘감염으로 발병한다.
④ 밀 비린깜부기병은 화기감염으로 발병한다.

답 ④

6) 보리 · 밀 속깜부기병

구분	특징
병원	*Ustilago hordei*, 진균(담자균류)
주요 병징	속깜부기병균의 후막포자는 거의 구형에 갈색임  〈씨알의 병징〉
병환	• 발아하면 담자기(전균사)를 형성하고 그 위에 다시 소생자가 열림 • 병원균은 후막포자(동포자) 형태로 종자에 존재하거나 토양 속에 월동함 • 종자가 발아와 동시에 포자도 발아하여 소생자가 생기고 잎의 자엽초(떡잎집)를 침입한 후 생장점 아래에 도달함 • 꽃의 형성기에 균은 씨방 조직으로 침입하여 균 덩어리를 형성함 • 전체 이삭을 둘러싸는 막 내에 후막포자가 존재하다가 수확기에 방출됨
발생 환경	• 속깜부기병은 겉깜부기병보다 피해가 적음 • 속깜부기병에 걸린 보리는 다소 늦게 출수하거나 많은 경우에는 잎집에 싸서 출수하지 못함 • 후막포자(암갈색~흑색) 덩어리가 씨알에 발생하며 백색의 피막에 싸여 있으므로 흑색 후막포자가 비산하지 않음 • 간혹 엽신에 긴 띠의 포자층이 생성됨
방제법	종자 소독(등록약제로 종자에 분의 처리)

7) 콩 세균성 점무늬병

구분	특징
병원	*Pseudomonas glycines*, 세균
주요 병징	• 주로 잎에 발생, 자엽, 잎자루, 줄기, 꼬투리에도 병반 형성 • 잎에 작은 수침상의 점무늬가 형성된 후 점점 흑갈색으로 변함(병반주위에 노란색 띠가 형성됨) • 병든 종자 발아 시 유묘는 생육이 억제되고 말라 죽음 • 병환부 주위에 달무리가 생기고 심할 때는 병반 뒷면에 흰 점액물질이 나옴 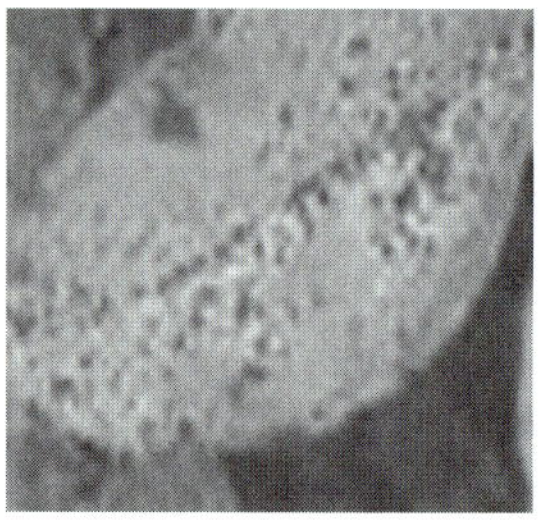 〈잎의 병징〉
병환	• 그람 음성으로 막대 모양의 호기성 세균 • 한쪽 끝에 1~4개의 편모를 가지고 있음 • 한천배지에 둥글고 가운데가 볼록한 흰색 점질의 집락 형성(병원균이 7개월 이상 식물체에 존재함) • 병은 잎, 줄기, 종자에서 월동 → 다음 해 1차 전염 • 병원균은 식물체의 기공을 통해 침입 • 포장에서는 비, 바람, 농기구, 사람 등에 의해 전반

구분	특징
발생 환경	• 저온다습한 기후의 어린 잎에 많이 발생 • 종자 전염
방제법	• 저항성 품종 선택 • 무병지에서 종자 채종 • 발생 포장은 연작을 피하고 옥수수, 수수, 맥류는 2년 이상 윤작함 • 병든 잔재물 제거, 잎이 젖은 경우 작업을 하지 않음

8) 콩 자줏무늬병

구분	특징
병원	*Cercospora kikuchii*, 진균(불완전균류)
주요 병징	• 종피에 자줏빛 병반이 형성되며 쭈글쭈글해짐 → 종자의 외관이 나빠짐(종자전염) • 잎에는 자흑색, 줄기와 꼬투리에는 적갈색 병반 형성 • 가장 어린잎에서 나타나는 황화와 마름 증상 ※ 꽃에는 병징이 나타나지 않음 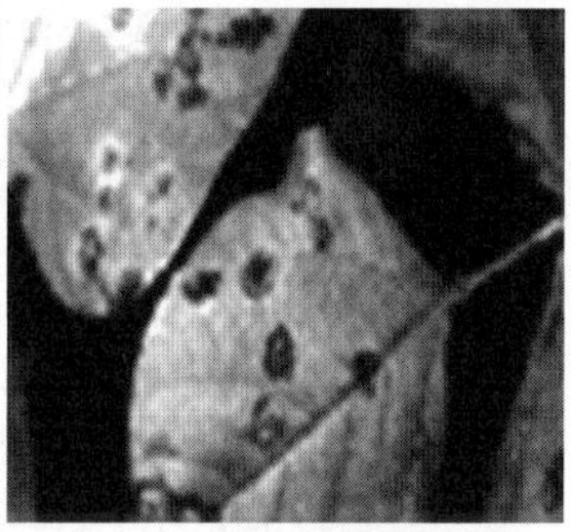 〈잎의 병징〉
병환	• 병원균은 이병 식물 및 종자에서 균사의 형태로 월동 → 1차 전염 • 종자 감염 시 분홍~연자색~진자색으로 변색됨 • 심하면 종자는 파열되고, 거칠고, 종자의 색이 탁해짐
발생 환경	• 감염된 종자를 심으면 균은 종피에서 자라 유묘를 감염하여 포자는 바람에 의해 전반됨 • 종자감염은 개화기 이후 발생 • 재배기간 동안 따뜻하고 습하면 병이 증가함 • 감염된 조직에 형성된 포자가 바람과 빗방울에 의해 전반되어 떡잎을 침해 • 전 세계적으로 분포된 병(가장 흔함)
방제법	• 무병지 채종 종자 사용 • 전문약제로 종자 소독 • 이병잔재물 제거 • 연작 금지

9) 콩 탄저병

구분	특징
병원	*Colletotrichum truncatum*, 진균(자낭균)
주요 병징	• 주로 줄기와 꼬투리, 잎자루 및 잎에 불규칙한 갈색 병반 발생 • 병이 진전되면 감염된 조직이 흑색 소립(부생자층)으로 덮임
병환	• 병원균은 균사의 형태로 병든 종자에서 월동 → 1차 전염 • 잎에 암갈색 부정형 병반이 형성되다 심하면 말라 죽음
발생 환경	• 수확기에 많이 발생 • 여름~겨울까지 고온다습할 경우 심하게 발생
방제법	• 무병지 채종 종자 사용 • 전문약제로 종자 소독 • 밀식을 피하고 통풍을 좋게 함 • 발병 식물체 소각 • 연작 금지

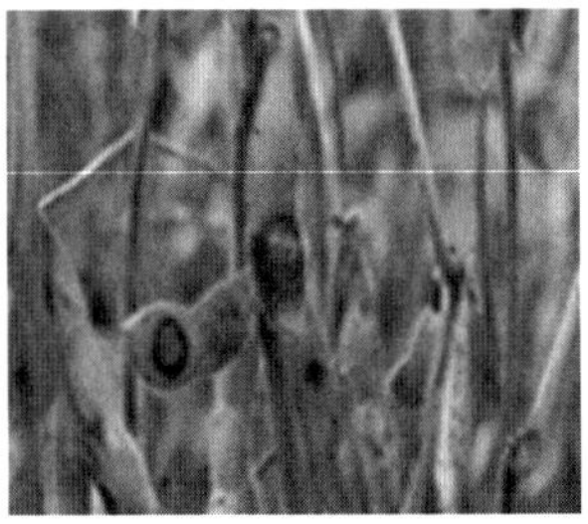

〈열매의 병징〉

10) 담배 역병

구분	특징
병원	*Phytophthora parasitica*, 유사균(난균류)
주요 병징	• 뿌리, 줄기, 잎, 가지, 과실 등 모든 부위에서 발생 • 뿌리나 지재부 주변 줄기에 발생되면 포기 전체가 시들어 고사함 • 굵은 뿌리는 수침상으로 썩고, 지제부의 줄기 내부는 갈색으로 변함
병환	• 전 생육기에 발생되며, 시설재배 시 연중 발생 • 8~9월 발생이 심하며, 노지에서는 장마기에 주로 전반됨 • 땅속에서 난포자 형태로 월동 → 다음 해에 분생포자 형성
발생 환경	• 토양이 장기간 과습한 장마 때 특히 배수가 불량하고 포장이 침수되면 병 발생이 심함(연작지에서 병 발생이 심함) • 토양전염병으로 관수 유입에 의해 발생됨 • 병원균이 빗물에 튀어 올라 과실을 침해하며 상처 없이도 기주체에 침입 • 30℃ 내외로 고온다습 시 많이 발생
방제법	• 배수가 잘 되도록 함 • 저항성 품종 선택 • 토양 소독 • 이병식물 제거

11) 담배 불마름병

구분	특징
병원	*Pseudomonas tabaci*, 세균
주요 병징	• 발생 초기에 수침상이 없으며 돌기가 형성되는 것이 특징 • 대부분 잎에 발생 • 처음에는 옅은 녹색의 작은 점무늬가 생성 • 진전 시 병반의 크기가 1~2mm로 커지면서 담갈색 또는 갈색으로 변하며 황색의 달무리가 생김(주변이 노랗게 됨) • 병이 진전되면 많은 병반이 서로 합쳐져 괴사되거나 구멍이 생기며 심할 경우 일찍 낙엽이 짐
병환	• 그람음성의 짧은 막대 모양의 호기성 세균으로 한 개의 단극모로 구성 • 한천배지에 배양하면 둥글고 가운데가 볼록하며 광택이 있는 점질의 노란색 집락을 형성 • 독소 생성 • 병든 식물의 잎, 토양, 종자에서 월동 → 1차 전염 • 비바람, 물방울, 농작업 등에 의한 상처를 통해 건전한 식물체로 전염됨
발생 환경	• 5~6월경부터 발생하여 7~8월에 고온다습할 때 심하게 발생, 수확기까지 계속 발생함(특히 장마 및 폭풍우 후에 심해짐)
방제법	• 건전한 종자를 적기에 파종함 • 이병식물 제거 • 저항성 품종 선택 • 윤작 • 초기에 세균성 약제를 활용하면 효과 있음 • 수확 후 잔재물 제거 및 포장 청결

12) 담배 모자이크병

구분	특징
병원	*Tobacco mosaic virus*(TMV), 바이러스
주요 병징	• 병든 잎에는 모자이크 녹색 병반 무늬가 나타남 • 새로 나온 잎이 황색으로 되기도 하며 보통 생육이 왕성한 시기에는 병징이 잘 나타나지 않고, 잎, 잎자루, 줄기 등에 갈색 반점으로 나타남 • 심하면 잎과 꽃눈이 떨어지고, 잔가지가 고사됨 • 오그라들고 기형
병환	• TMV는 Tobamovirus군에 속함 • 입자의 모양은 간상(桿狀)형 • 내보존성이 높아 병든 즙액 중 실온에서 1개월 이상 병원성을 갖고 있음 • 건조된 병든 잎도 수십 년 감염력을 지님 • 토양 내의 병든 잔재 또는 종자 표면에서 월동
발생 환경	• 매개곤충에 의한 전염 아님 • 즙액전염 : 이식, 약제 살포, 순 자르기, 사람의 손

〈잎의 병징〉

TIP

맥류 및 기타 작물 병해 총정리(병원균에 따른 분류)

병원균	식물병
난균	담배 역병
진균(자낭균)	맥류 흰가루병, 맥류 붉은곰팡이병, 호밀 맥각병, 콩 탄저병
진균(담자균)	보리밀 겉깜부기병, 보리 속깜부기병, 맥류 줄기녹병
진균(불완전균)	콩 자줏빛무늬병
세균	콩 세균성 점무늬병, 담배 불마름병
바이러스	담배 모자이크병

구분	특징
방제법	• 종자 소독 후 파종 • 연작 금지(고추, 토마토 등) • 오염 토양, 옷, 손, 농기구들의 오염물을 제거함 • 특히 적아, 이식, 수확 시 작업을 통해 전염되므로 손 소독 • 저항성 품종 선택 ※ 즙액전염이므로 살충제는 사용할 필요가 없음

03 서류의 병해

Key Word

감자 둘레썩음병 / 감자 역병 / 감자 잎말림바이러스병 / 감자 더뎅이병 / 고구마 무름병 / 고구마 검은무늬병

1) 감자 둘레썩음병

구분	특징	
병원	*Clavibacter michiganense*, 세균	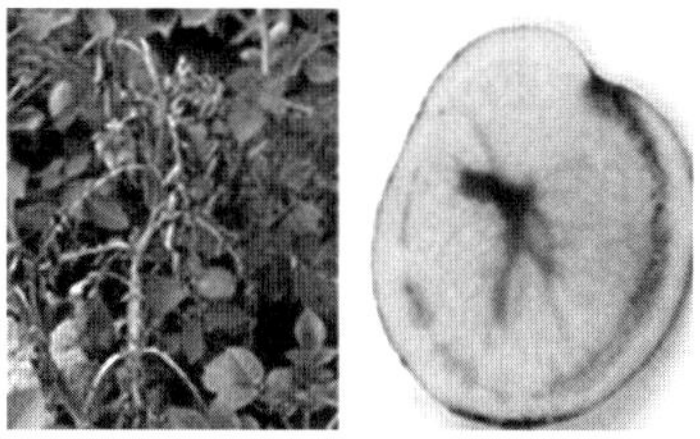 〈줄기와 괴경의 병징〉
주요 병징	• 생육 후기에 잎과 줄기가 시들다 엽육이 퇴색되고 잎 가장자리 위쪽으로 말리며 고사함(전신병) • 줄기의 지제부를 절단하면 유관속 부분이 황갈색으로 변해 있음 • 약간 물렁거리며 손으로 누르면 즙액이 나옴(유황색 분비물)	
병환	• 대표적인 그람양성 간균 • 병든 덩이 줄기에서 월동 → 1차 전염원 • 주로 씨감자나 농기구 등을 통해 전염(곤충의 흡즙에도 전염됨)	
발생 환경	• 기온이 낮은 초여름에 많이 발생 • 추운 지방에는 병든 감자가 땅속에 남아서 발생 • 더운 지방에는 저장 중 발생	
방제법	• 건전한 씨감자 사용 • 병 발생 포장의 감자는 모두 폐기 • 저장고, 저장용기 및 농기구를 철저히 소독 • 토양 습도 높게 유지 • 토양을 산성으로 개량 • 윤작	

2) 감자 역병

구분	특징	
병원	*Phytophthora Infestans*, 유사균(난균류)	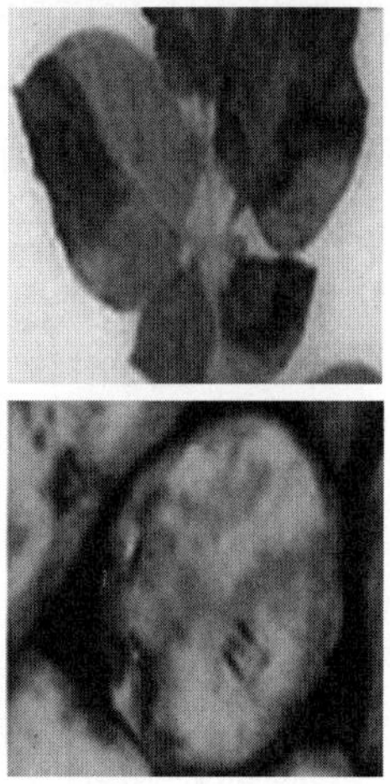 〈잎과 괴근의 병징〉
주요 병징	• 병 초기에는 잎에 연녹색이나 진한 녹색의 부정형의 작은 반점 생김 • 적당한 환경조건이 되면 순식간에 병이 발생하는데 적갈색의 큰 괴저 병반이 처음 잎에 나타나며, 후에 잎줄기와 줄기로 번져 포기 전체가 결국 말라 죽음 • 수침상의 부정형 병반이 생성되는데 병반 주변 연녹색 혹은 노란 윤문이 가끔 발생하며 병원균 포자가 하얗게 형성되기도 함 • 감자는 불규칙한 암갈색의 병반이 표면에 나타나며, 속을 갈라보면 적갈색으로 썩어 있으나 비교적 단단함 • 병반 뒷면에 서리 모양의 곰팡이 생성	
병환	• 병원균은 균사로 흙 속의 병든 감자나 씨감자에서 월동 → 1차 전염 • 병든 씨감자를 심으면 병원균이 지상부에 나타남 → 2차 전염 • 온도가 낮으면 병원균이 유주자를 형성(무성포자인 유주자에 의해 번식) • 온도가 높으면 직접 발아하여 기공 또는 각피에 직접 침입 • 관개수, 씨감자 등에 의해 전염 • 우리나라에는 11개의 레이스가 있음	
발생 환경	• 전국의 재배지에서 발생되며 괴경 및 감자의 모든 지상 부위를 침해함 • 기온이 서늘(16~20℃)한 초봄 및 가을에 많이 발생하며, 다습한 조건에서 발생이 심함(저온다습) • 격발할 때는 자극성 냄새 발산	
방제법	• 건전한 씨감자 선발(무병 종자) • 저항성 품종 선택 • 병든 감자는 불에 태우거나 땅속 깊이 묻음 • 환기에 신경쓰며 저장고 과습을 피함 • 포장에는 배수가 잘 되도록 하며 절대 침수되지 않도록 주의함 • 개화기에 전문약제 살포	

기출 19년 산업기사 4회 17번

균의 종류에 따른 세포벽 구성성분에 대한 설명으로 가장 옳은 것은?

① 고구마 무름병균은 키틴 성분이 없고 다량의 섬유소를 갖고 있다.
② 감자 역병균은 키틴이 없고 소량의 섬유소를 갖고 있다.
③ 벼 도열병균은 키틴이 없고 소량의 섬유소를 갖고 있다.
④ 벼 흰잎마름병균은 키틴과 다량의 섬유소를 갖고 있다.

답 ②

TIP

감자 역병
1845~1860년 아일랜드에 대흉년으로 100만 명 사망 및 150만 명 신대륙으로 이주 → 식물병리학의 시초

3) 감자 잎말림바이러스병

구분	특징	
병원	*Potato Leaf Roll Virus*(PLRV), 바이러스	 〈잎의 병징〉
주요 병징	• 잎은 딱딱하고 두꺼워짐 • 잎의 아래에서부터 위로 말림(노랗게 변색) • 줄기와 잎자루의 체관부는 괴저 또는 왜소해짐	

기출 20년 기사 1 · 2회 12번

감자 잎말림병을 일으키는 병원체로 가장 적절한 것은?

① 바이러스
② 세균
③ 진균(곰팡이)
④ 선충

답 ①

구분	특징
병환	• 병원바이러스는 괴경에서 월동 • 복숭아혹진딧물과 감자수염진딧물에 의해 전염(매개충) → 즙액전염이 일어나지 않음
발생 환경	매개충에 의해 전염되는 반영속성 바이러스병
방제법	• 저항성 품종재배 • 건전한 씨감자 사용 • 전문약제로 진딧물 방제

4) 감자 더뎅이병

구분	특징
병원	*Streptomyces scabies*, 세균
주요 병징	• 주로 괴경(감자)에 코르크층을 형성 • 감자의 수량 감소보다는 상품 가치를 떨어뜨림 • 융기형 병반, 평상형 병반, 함몰형 병반 등이 나타남
병환	• 나선형 균사와 회색포자를 생성하며 멜라닌 색소 분비 • 균사의 굵기는 1μm이며, 격막은 거의 없고 가지를 치며 나선형으로 자람 • 포자는 한두 개의 발아관이 형성되어 균사로 생성됨 • 분지성 사상체를 가진 그람양성 사상균 • 병든 씨감자와 흙 속에서 월동 • 바람, 물, 오염된 흙으로 전염 • 피목, 기공, 상처 등 각피를 직접 뚫고 침입 • 감염된 씨감자를 통해 토양으로 유입
발생 환경	• 토양 또는 병든 식물의 조직 내에서 월동 • 봄에 환경조건이 맞으면 영양균사 생장 후 격막의 발달로 포자 생성 • 포자는 발아관을 형성하여 기공이나 상처 또는 직접 괴경에 침입 • 토양 속 물 또는 감염된 감자 괴경에 포자가 묻어서 전반됨 • 상처가 피목, 기공 등을 통해 조직 내로 침입(어린 조직에 직접 침입) • pH 5.2~8.0(알칼리성 토양)의 건조한 지역에서 많이 발생 • 발병 적온은 30℃
방제법	• 건전한 씨감자 사용 • 경작 시 6주간 관수를 통해 토양 습도 유지 • 토양의 산도 조절(pH 5.2 이하로 낮춤) • 윤작 • 미숙퇴비 사용 금지

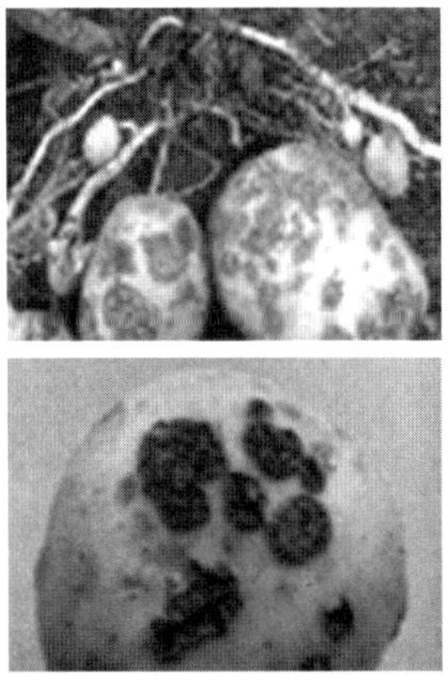
〈괴근의 병징〉

5) 고구마 무름병

구분	특징
병원	*Rhizopus stolonifer*, 진균(접합균류)
주요 병징	• 괴근 상처에서 발생 • 병환부가 암색으로 변하며, 물기가 많아짐 • 괴근 내부는 연하게 썩고 표피에 황색의 즙액, 알코올 냄새 발생 • 백색의 털 같은 균사 밀생[그 위에 흑색 곰팡이(포자낭)] 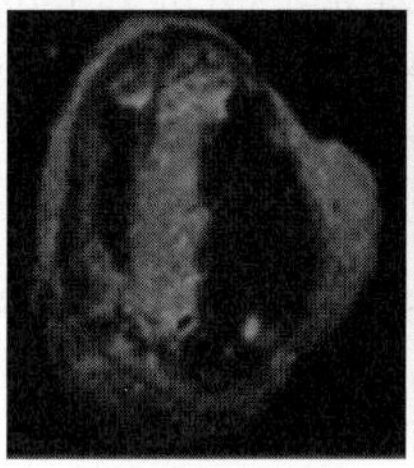 〈괴근의 병징〉 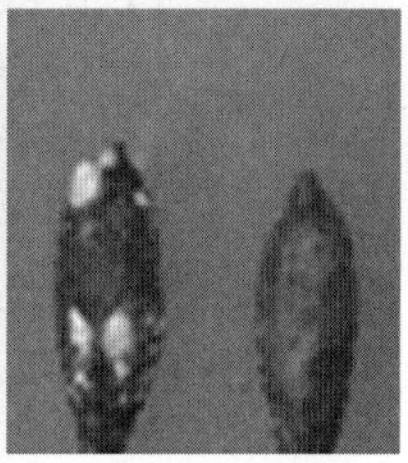 〈흰 곰팡이가 발생한 괴근의 외부〉
병환	• 포자낭포자와 때로는 접합포자를 형성하는 반부생균 • 공기, 토양, 저장고에 존재 • 상처를 통해 씨고구마에 침입하여 펙틴질 분해효소 분해(조직을 부패시킴)
발생 환경	저장 중 냉해를 입거나, 상처가 있는 고구마에 큰 피해 발생
방제법	• 고구마에 상처가 나지 않도록 큐어링 처리(30~33℃, 습도 90%, 5일간) • 큐어링 처리 후 12~14℃ 저장

6) 고구마 검은무늬병

구분	특징
병원	*Ceratostomella fimbriata*, 진균(자낭균류)
주요 병징	• 주로 묘, 줄기 및 괴근에 발생 • 묘는 어린 줄기의 지상부에서 검은 반점이 생김 • 줄기에서는 주로 지하부의 끝 부분 발병(지상부 발생은 드물다) • 괴근은 수확기와 저장 중에 2~3cm의 흑색 원형 내지 부정형 병반으로 생성되며, 병반 부위를 잘라보면 괴근 내부까지 검게 변해 썩어 있음(마른 상태로 썩음) • 괴근은 매우 쓴맛이 나고, 가축 사료 사용 시 식욕감퇴, 호흡장애, 눈의 충혈, 설사 등의 중독증세가 생김(중독 위험) 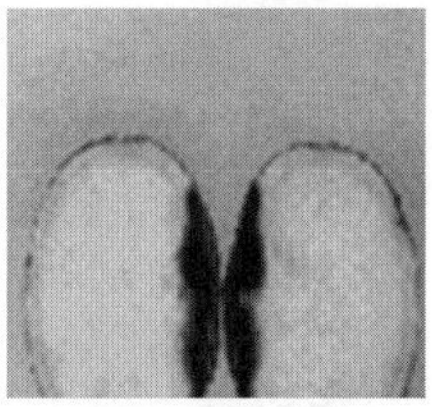 〈괴근 내부의 병징〉 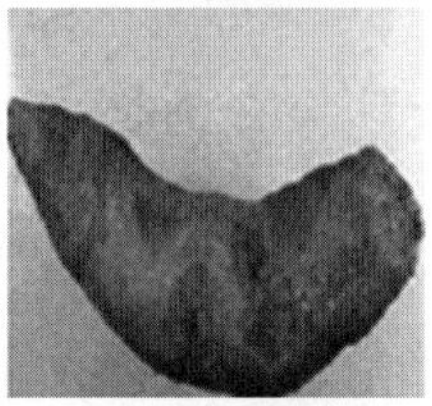 〈뿌리의 병징〉
병환	• 병든 부위의 조직 내에서 주로 균사상태로 월동 • 이듬해 봄에 자낭포자 및 분생포자를 형성 → 1차 전염원 • 괴근에서 묘로, 묘에서 본포로 전반됨 • 토양 주변의 거세미 유충, 풍뎅이 등의 곤충, 동물이 갉아 먹은 부위에서 발병 • 병 발생 최적온도는 23~27℃
발생 환경	• 묘상부터 발생 • 저장 중 씨고구마 피해가 큼 • 15~30℃에서 감염

TIP

서류의 병해 총정리(병원균에 따른 분류)

병원균	식물병
난균	감자 역병
진균(접합균)	고구마 무름병
진균(자낭균)	고구마 검은무늬병
세균	감자 더뎅이병, 감자 둘레 썩음병
바이러스	감자 잎말림병

기출 19년 산업기사 1회 9번

고구마 검은무늬병의 방제방법으로 가장 효과적인 것은?

① 씨고구마를 노천매장한다.
② 씨고구마를 냉동고에 저장한다.
③ 씨고구마를 큐어링 처리한 후에 저장한다.
④ 씨고구마를 소독제를 살포한 후에 저장한다.

답 ③

구분	특징
방제법	• 저항성 품종 재배, 건전한 씨고구마 선별(큐어링 처리) • 3년 이상 재배하지 않은 고구마 포장에서 육묘함(건전 종자 선별) • 무병종자 파종 및 건전 묘 이식 • 병든 작물은 빨리 제거함 • 사용 농기구 소독 후 보관 • 윤작

> **TIP**
> 큐어링(Curing) 처리
> 수확 직후 온도 30~35℃, 습도 90%의 이상의 조건에서 2~3일간 큐어링 처리 후 저장하면 병 발생률 감소

04 채소의 병해

Key Word

토마토 시들음병 / 고추 · 사과 탄저병 / 고추 역병 / 가지과 풋마름병 / 오이류 풋마름병 / 채소 세균성 무름병 / 수박 탄저병 / 무 · 배추 노균병 / 오이류 노균병 / 오이류 덩굴쪼김병 / 무 · 배추 무사마귀병(뿌리혹병) / 채소류 및 딸기의 잿빛곰팡이병 / 균 핵병 / 오이류 흰가루병 / 토마토 잎곰팡이병

1) 토마토 시들음병

> **TIP**
> 풋마름병과 시들음병의 차이 → 세균 점액질 유출 여부

구분	특징
병원	*Fusarium oxysporum*, 진균(불완전균)
기주 식물	토마토
주요 병징	• 지재부 줄기에 괴저증상이 발생(줄기 전 둘레가 썩음) • 줄기의 물관부가 갈변되는 형태는 풋마름병과 비슷하나 줄기에서 고름 같은 점액이 배출되지 않음 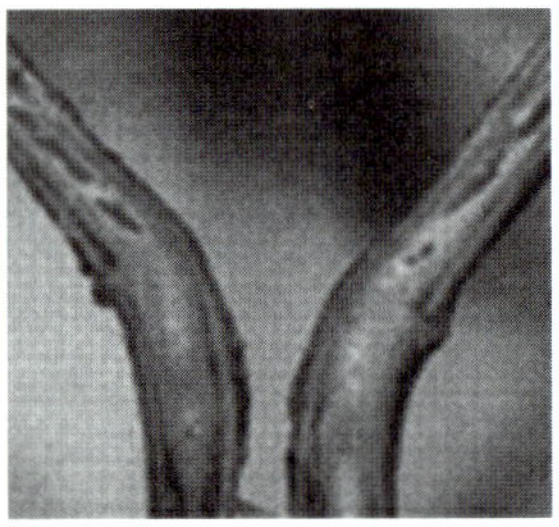 〈줄기의 병징〉
병환	• 토양전염성 병원균으로 병든 식물체의 조직 속 주로 후막포자로 월동 • 균사나 포자로 뿌리 속 각피를 뚫고 침입하여 도관부를 침해함 → 토양과 종자로 전염 후 뿌리를 통해 침입 • 특히 농기구나 사람을 통해 이동됨 • 주로 가는 뿌리나 상처를 통해 침입, 포장 정식 직후에 감염이 많음 • 기온이 낮으면 병발생이 적고, 감염되었어도 증상이 거의 없다가 기온이 올라가면 병증상이 나타남 • 후막포자는 기주 없이 토양 내에서 수년간 생존 가능(방제가 매우 어려움)
발생 환경	• 시설재배 시 연작 등으로 피해가 큼(재배지에 많이 발생) • 산성토양(pH 4.5~5.5)과 사질양토에서 많이 발생
방제법	• 저항성 품종 재배, 종자 소독 • 5년 이상의 윤작 및 토양 소독(토양 담수 및 태양열 소독) • 이병식물 소각 • 석회시용으로 토양 산토를 높임(pH 6.5~7.0) • 토양선충 및 토양 미소동물에 의해 뿌리에 상처가 안나도록 방제 • 미숙퇴비 시용을 금하며 토양 내 염류 농도에 주의

2) 고추 · 사과 탄저병

구분	특징
병원	*Glomerella cingulate*, 진균(자낭균류)
기주 식물	고추, 사과, 포도 등
주요 병징	• 주로 과실에 발생하며 과실 표면에 수침상의 약간 움푹 들어간 원형반점 형성(동심윤문) • 진전되면 병반이 원형 내지 부정형으로 겹무늬 증상이 확대됨 • 병반 부위에 담황색 또는 황갈색의 포자덩어리 형성(심하면 미라현상으로 말라 죽음) • 병든 열매(사과)는 쓴맛이 남 • 수확 후 건조하는 과정에서 병 증상이 나타나기도 함
병환	• 균사, 분생포자, 자낭각의 형태로 병든 열매, 나뭇가지에서 월동 → 1차 전염원 • 빗물이나 바람(비바람) 등에 의해 옮겨진 점액질의 분생포자가 직접 각피로 침입 → 2차 전염 • 주로 열매에서 발생(풋고추는 7월 초부터 발생 시작하여 수확기까지 계속 발생)
발생 환경	• 비가 많이 오고, 고온다습할 때 발생 • 성숙기와 저장기에 발생
방제법	• 무병종자(종자소독) 사용 및 건전묘를 이식 • 저항성 품종 선택 • 등록약제 살포 방제

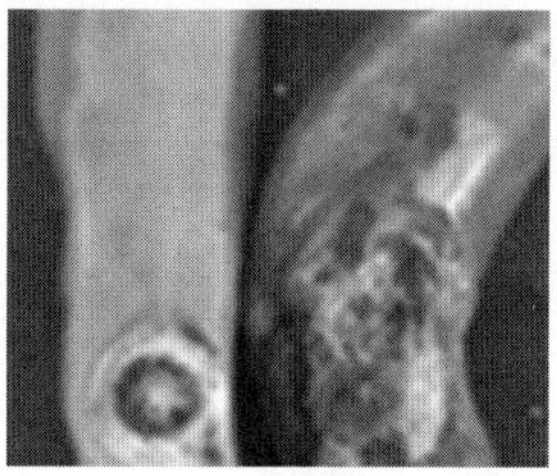
〈열매의 병징〉

3) 고추 역병

구분	특징
병원	*Phytophthora capsici*, 유사균(난균류)
기주 식물	고추, 토마토, 가지, 호박, 멜론, 수박 등
주요 병징	• 주로 지제부(뿌리쪽) 부분에서 발생하지만, 빗물에 튀어 잎, 열매, 가지에도 생김 • 유묘기에 감염 시 전체적으로 고사함 • 생육 후기에는 시들다 적황색으로 변해 고사함 • 병든 식물의 지제부쪽 줄기 및 뿌리 부분을 벗겨보면 줄기 부분에 연한 갈색, 암갈색으로 썩어 있음 • 감염 부위에는 포자 덩어리가 생김
병환	• 균사나 난포자로 토양에서 월동 → 다음 해에 분생포자로 공기를 통해 전파(1차 전염원) • 유주자로 기주 침입
발생 환경	• 육묘상에서부터 전 생육기에 발생(시설재배에는 연중 발생) • 보통 6월 초에 발생하여 장마에 전반되고 8~9월에 심해짐 • 토양의 과습, 배수불량, 침수 시 다발생(주로 물에 의해 전염) • 매년 이어짓기(연작)하는 밭, 물빠짐이 좋지 않은 밭에 발생 → 모래땅은 적게 발생

〈고추 역병이 퍼진 고추밭의 모습〉

기출 19년 산업기사 2회 9번

사과나무 탄저병에 대한 설명으로 옳지 않은 것은?

① 가지나 잎에도 발병한다.
② 병든 과실은 쓴맛이 난다.
③ 성숙한 과실은 상처를 통해서만 감염된다.
④ 과실에서는 주로 성숙기 가까이에 발병한다.

답 ③

기출 22년 기사 1회 8번

다음 중 유주자낭을 형성하는 병원균은?

① 오이 흰가루병균
② 딸기 시들음병균
③ 고추 역병균
④ 토마토 잿빛곰팡이병균

답 ③

기출 22년 기사 1회 18번

노지에서 고추 역병이 가장 잘 발병하는 요인은?

① 사질토양 ② 고온
③ 건조 ④ 침수

답 ④

구분	특징
방제법	• 건전 육묘 사용 • 토양 과습 피함(습도를 낮춤), 철저한 배수, 토양 소독 • 저항성 품종 재배 • 병든 포기는 뿌리 주변 흙과 함께 제거 후 등록약제 사용 • 3년 이상 윤작(비기주식물로 돌려짓기)

4) 가지과 풋마름병

구분	특징	
병원	*Ralstonia solanacearum*, 세균	 〈지상부 병징〉 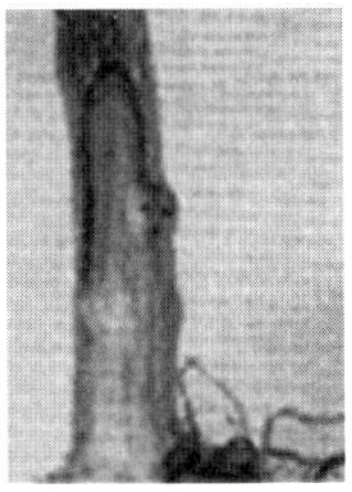 〈지제부 병징〉
기주 식물	토마토, 감자, 가지, 담배, 고추 등 28과 150여 종	
주요 병징	• 식물의 지상부가 푸른 상태로 전체적으로 시듦 증상을 보임(회복이 안 됨) • 병든 식물의 줄기, 지제부의 내부는 갈색으로 변함 • 줄기는 물관부가 갈변(병반이 외부에 나타나지 않음) • 절단 부위에서 누런 세균점액이 나옴	
병환	• 수 개의 편모와 한 개의 단극모를 가진 그람음성 간균 • 생육적온은 34℃ • 한천배지에 백색 원형 콜로니 형성 • 병든 식물 잔재에서 수년간 살아남음(월동) • 주로 식물 지하부 뿌리의 상처를 통해 침입 및 감염(지상부 상처로도 침입) • 포장에 사용된 농기구, 곤충 및 인축(人畜)에 의한 전반	
발생 환경	• 토양 전염성 세균병 • 고온다습한 여름철의 산성 토양에서 많이 발생	
방제법	• 저항성 품종 재배 • 농작업 후 농기구는 반드시 소독함 • 가지과 외의 타 작물을 4~5년간 돌려짓기(윤작) → 토양 속의 세균의 밀도를 낮추게 되어 병 발생을 줄임 • 논 벼를 재배하면 병원균을 제거할 수 있음 • 토양의 철저한 소독 • 토양산도 조절	

[참고] 토마토 풋마름병과 감자 풋마름병의 비교

토마토 풋마름병	감자 풋마름병
• 침입한 세균이 물관에서 증식 • 수분 상승 저해 • 유관속 폐색이 일어나 물관 갈변 • 세균 점액이 흘러나옴 • 시듦 현상(위조) • 저항성 대목 사용 • 유기물 시비	• 어린 잎은 청동색으로 변함 • 주름이 잡혀 고사

기출 20년 기사 1 · 2회 10번

가지과 풋마름병(청고병)의 병징에 대한 설명으로 가장 적절한 것은?

① 매우 느리게 주위의 다른 포기로 병이 전파된다.
② 뿌리는 갈변되지 않는다.
③ 잎에 무수히 많은 반점이 생긴다.
④ 경엽 전체가 녹색으로 시드는 경우도 있다.

답 ④

TIP

토마토 줄기에서 자란 세균 덩어리

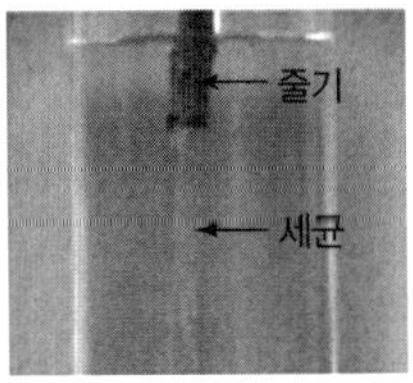

5) 오이류 풋마름병

구분	특징	
병원	*Erwinia tracheiphila*, 세균	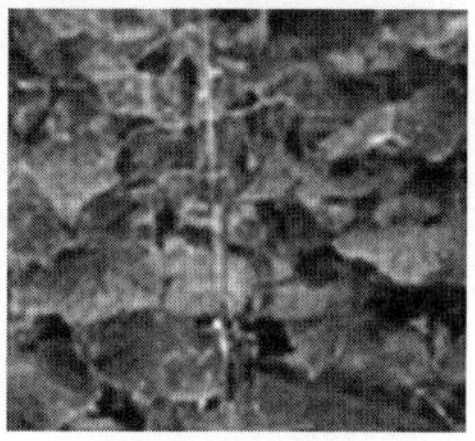 〈오이의 병징〉
기주 식물	오이, 멜론, 호박(수박은 해당 안 됨 : 저항성이 강함)	
주요 병징	• 잎이 처지며 급격히 시듦 • 줄기가 마르면 줄기 절단면에서 세균 누출	
병환	• 주생모를 가진 그람음성 간균(백색의 원형 콜로니 형성) • 오이 잎벌레 성충의 체내 월동 • 오이 잎벌레가 가해한 상처를 통해 침입(매개충 감염)	
발생 환경	• 매개충의 발생 상황에 따른 차이가 있음 • 오이가 가장 피해를 많이 받음	
방제법	전문약제로 매개충 구제	

💡 TIP

실험 중 세균을 분출하는 모습

6) 채소 세균성 무름병

구분	특징		
병원	*Erwinia carotovora*, 세균	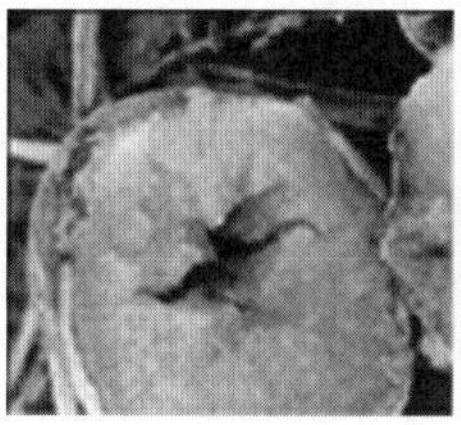 〈뿌리 내부의 병징〉	 〈지상부의 병징〉
기주 식물	고추, 무, 배추, 토마토, 마늘, 참외 등		
주요 병징	• 과실에 주로 나타남 • 처음 식물 조직 위에 수침상의 반점 발생 • 과실이 물러서 썩고 심한 악취 발생		
병환	• 그람 음성 간상 세균으로 4~5개의 주모(周毛)를 가지고 있음 • 고체배지상에서 불규칙한 형태의 회백색 집락(Colony)을 형성 • 생육 최적온도는 32~35℃이고, 50℃에서 10분이면 사멸함 • 이병식물의 잔재 또는 토양(토양 속 곤충의 번데기에서 월동) • 병원세균은 상처나 피목을 통해 침입 • 펙틴분해효소를 분비하여 무름증상 발생		
발생 환경	비가 자주 오는 고온다습한 8월 전후(무더운 여름)		
방제법	• 벼과나 콩과 작물로 윤작 • 토양의 배수와 통풍 관리 • 이병식물 잔재 제거 • 세균을 옮기는 해충(담배나방 유충) 구제 • 예방 전문약제 사용		

💡 TIP

침입한 세균에서 펙틴분해효소를 분비하여 세포벽 중엽(中葉)의 펙틴질을 분해하고, 또한 섬유소 분해효소로 세포벽 섬유소를 분해하여, 세포 사이로 이동하면서 인접한 세포를 파괴함으로써 무름증상이 나타남

> **TIP**
> 수박 탄저병으로 병든 과실
>
> 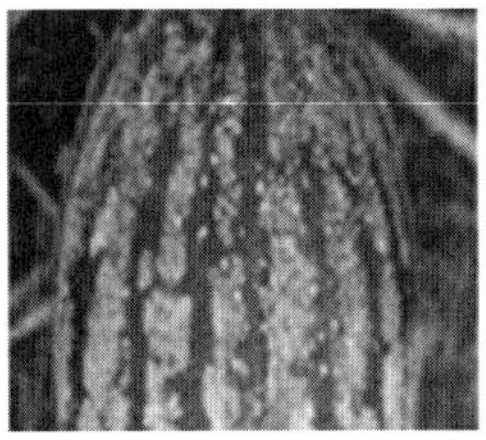

7) 수박 탄저병

구분	특징
병원	*Colletotrichum lagenarium*, 진균(불완전균류)
기주식물	수박, 참외, 오이, 멜론 등
주요 병징	• 잎, 잎자루, 줄기, 과실, 과경에 발생 • 처음에 갈색 부정형 반점 생성, 진행되면 암갈색의 겹무늬 반점으로 확대 • 반점이 합쳐져 병반이 커지면 회흑색으로 변해 고사함 • 과실은 움푹 들어간 작은 반점 생성, 진전되면 원형 내지 부정형으로 확대 • 병반의 중앙 부위는 흑색의 소립점이 생성되고 암갈색의 타원형 병반이 나타나며 담황색의 분생포자 덩어리가 많아짐(잎은 갈색 둥근 겹무늬 형성) • 열매에 흑갈색 점무늬 형성, 담홍색 끈끈한 물질 분비
병환	• 포자층에서 분생포자와 강모(剛毛)를 형성 • 균의 생육온도는 6~32℃이고, 생육적온은 22~24℃ • 병원균은 균사 또는 분생포자의 형태로 병든 부분(열매, 줄기, 잎)이나 종자로 월동 → 다음 해 1차 전염원 • 빗물, 바람, 곤충에 의해 분생포자가 직접 각피 침입 → 2차 전염
발생환경	• 비가 많이 내리는 6월경, 고온다습한 환경 • 난지 또는 촉성재배 지역에서 큰 피해 발생
방제법	• 건전종자(종자소독) 사용 및 건전한 묘를 이식 • 저항성 품종 선택 • 초기 등록약제 활용

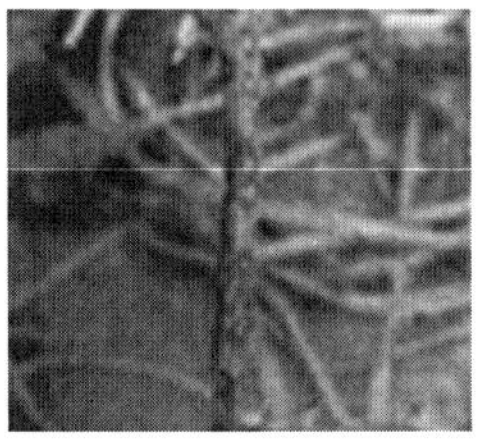

〈줄기의 병징〉

〈잎의 병징〉

8) 무 · 배추 노균병

구분	특징
병원	*Hyaloperonospora parasitica*, 유사균(난균류)
기주식물	무, 배추 등 십자화과 식물
주요 병징	• 주로 잎에 발생(줄기, 꼬투리, 뿌리에도 발생) • 아래쪽 잎부터 다각형 형태의 담갈색 병반 발생 → 뒷면은 흰색 곰팡이 발생 • 잎에 초기에는 부정형 병반이 연한 황색으로 형성됨 • 생육 후기에 병 발생 잎은 작은 병반이 합쳐져 황록색 또는 황갈색으로 잎 전체에 발생
병환	• 병원균은 병든 식물체의 조직 속에서 균사 또는 난포자 상태 월동 → 이듬 해 기주를 침입 후 잎 뒷면에서 다량의 포자낭을 형식 • 발아한 분생포자가 공기 중에 퍼져 기공 침입(10~25℃ 최적온도)

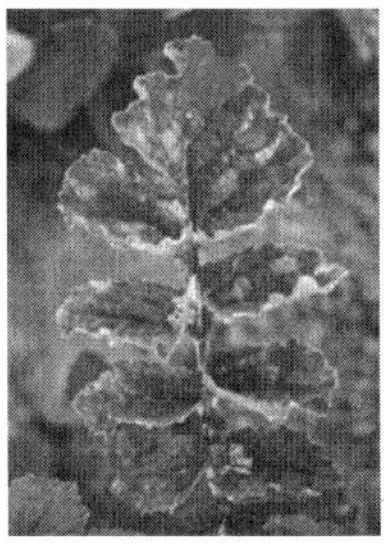

〈잎의 병징〉

구분	특징
발생 환경	• 저온다습 환경에서 많이 발생 • 물빠짐이 나쁘거나, 통풍 불량 시 • 생육 후기에 비료기가 없는 포장 중심으로 발생
방제법	• 이병식물은 소각 또는 땅에 묻음 • 토양이 과습하지 않도록 또한 포장 내 물방울이 생기지 않도록 환기 • 등록약제를 통한 방제

9) 오이류 노균병

구분	특징
병원	*Pseudopero nospora cubensis*, 유사균(난균류)
기주 식물	오이, 참외, 호박, 수박 등 박과 작물
주요 병징	• 병징이 잎에만 나타나고 아랫잎부터 발생 • 처음에는 잎의 앞면에 황색의 부정형 생김(아랫잎에 먼저 발생하여 위로 번짐) • 병반이 합쳐져 병반이 커지고 잎이 말라 죽음 • 잎 뒷면에 다량의 흰색 및 회색 곰팡이(분생포자)가 생성
병환	• 난균류의 절대기생균으로 인공배양이 되지 않음(살아 있는 기주식물체에만 기생) • 분생자병 위에 담갈색의 분생포자 생성 • 발아할 때 2개의 편모를 가진 유주자(유주포자) 형성 • 유성세대인 난포자는 환경이 불량해지면 병든 식물체 내에서 생성 • 분생포자가 발아하여 유주자로 바람에 의해 기공 침입 • 유주자는 빗물이나 관계수에 의해 이동
발생 환경	• 박과 작물, 특히 오이의 병해 중 가장 큰 피해 • 5월 하순부터 발생, 특히 습한 장마철에 발병이 심함 • 물과 관련성 깊음(저온다습 조건에서 많이 발생) • 시설재배의 경우 천장의 물방울이 떨어져 전파(시설재배 피해가 큼)
방제법	• 저항성 품종 선택 • 지표면에 짚을 깔아 아랫잎에 물이 튀지 않도록 함 • 윤작 • 이병식물 제거 • 야간 시 보온관리 • 통풍 주의

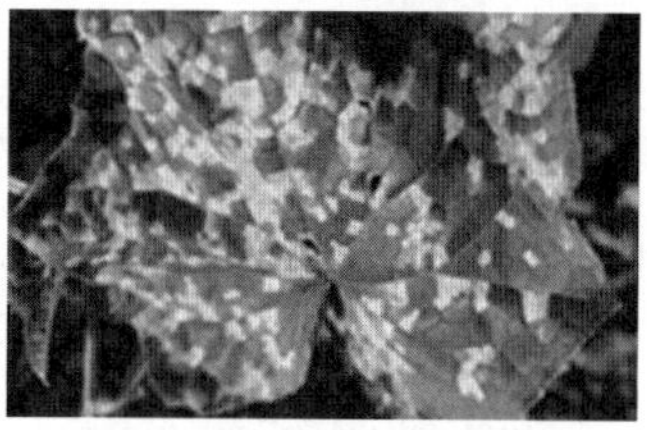

〈잎의 병징〉

기출 18년 기사 1회 5번

오이 노균병에 대한 설명으로 옳지 않은 것은?

① 잎과 줄기에 발생한다.
② 발병이 심하면 병환부가 말라 죽고 잘 찢어진다.
③ 습기가 많으면 병무늬 뒷면에 가루 모양의 회색 곰팡이가 생긴다.
④ 병무늬의 가장자리가 잎맥으로 포위되는 다각형의 담갈색 무늬를 나타낸다.

답 ①

10) 오이류 덩굴쪼김병

구분	특징
병원	*Fusarium oxysporum*, 진균(불완전균)
기주 식물	수박, 오이, 참외, 수세미 등
주요 병징	• 시설재배 연작 시에 피해가 심함(전생육기에 발생) • 줄기나 뿌리에 발생 • 초기 : 낮에는 시들고, 밤에는 다시 회복

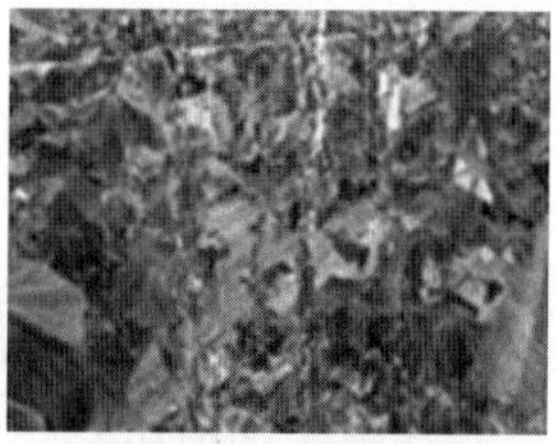

〈줄기의 병징〉

기출 22년 기사 2회 17번

수박 덩굴쪼김병균이 월동하는 곳은?

① 매개곤충의 알
② 토양
③ 저장고
④ 중간기주

답 ②

구분	특징
병환	• 토양전염성 병원균으로 병든 식물체의 조직 속 주로 후막포자로 월동 • 균사나 포자로 뿌리 속 각피를 뚫고 침입하여 도관부를 침해함 • 특히 농기구나 사람을 통해 이동됨 • 주로 가는 뿌리나 상처를 통해 침입, 포장 정식 직후에 감염이 많음 • 기온이 낮으면 병발생이 적고, 감염되었어도 증상이 거의 없다가 기온이 올라가면 병증상이 나타남 • 후막포자는 기주없이 토양 내에서 수년간 생존가능(방제가 매우 어려움)
발생 환경	• 과실 착과 시 많이 발생 → 오이류를 연작하면 안 됨 • 건조한 토양에서 잘 발생함 • 산성토양(pH 4.5~5.5)과 사질양토에서 많이 발생
방제법	• 저항성 대목으로 접목재배(호박 대목으로 활용) • 미숙퇴비 사용을 금지하고 토양 내 염류 농도가 높지 않게 주의 • 토양 소독(토양을 오랜 기간 물가두기 또는 태양열 소독)

11) 무 · 배추 무사마귀병(뿌리혹병)

구분	특징
병원	*Plasmodiophora brassicae*, 유사균(점균류)
기주 식물	무, 배추, 양배추 등
주요 병징	• 뿌리에는 작은 혹이 발생하고 점점 비대해짐 • 이병식물의 잎은 초기엔 약간 시들다가 병이 진전되면 잎 전체가 푸르른 상태로 전체가 시듦 → 전신병 • 이병식물을 외관상으로는 구별하기 어렵고 지하부을 뽑아보면 뿌리가 기형이며 여러 형태의 혹들이 생기고, 생육이 부진함 • 혹 부위의 표면은 거친 모양의 돌기가 많이 형성되거나 균열이 생기기도 함
병환	• 절대기생균으로서 휴면포자, 변형체, 유주자를 형성함 • 일생을 뿌리 세포 내에서 생활하며 휴면포자로 토양에서 월동 • 유주자가 뿌리에 침입, 증식 → 뿌리 감염 • 빗물, 관개수, 토양, 농기구를 통해 전반 • 침해받은 세포는 거대세포로 발달
발생 환경	• 준고랭지(표고 400m)의 일찍 심은 배추밭에서 많이 발생 • 토양습도 80%이상 과습한 토양에서 발생 • 기온이 20~25℃이고, 토양산도가 6.0 이하의 산성 토양에서 많이 발생
방제법	• 저항성 품종 • 오염되지 않은 토양에서 재배 • 토양이 과습하지 않도록 배수가 잘 되게 함 • 토양의 산도 조절을 통해 pH를 높임(석회 시용) • 이병식물은 뽑아 뿌리혹 소각 • 토양에서 6~7년 생존하므로 발생토양에서 5년 이상 십자화과 작물을 재배하지 말 것 • 타 작물로 윤작(십자화과 제외)

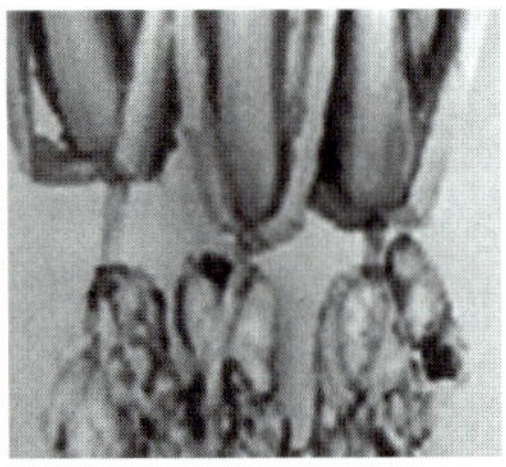

〈지하부의 병징〉

TIP

접목 육묘
- 토양전염병인 덩굴쪼김병(호박 대목 활용)
- 장점
  - 덩굴쪼김병 예방
  - 양 · 수분의 흡수력 증대
  - 저온신장성을 강화하고, 이식성을 향상시키기 위해 실시
  - 오이, 토마토, 수박, 멜론 등에 사용
- 대목의 조건 : 내병성, 내서성, 저온신장성, 내습성과 친화력이 좋은 것

기출 21년 기사 4회 1번

십자화과 작물에 발생하는 배추 · 무 사마귀병에 대한 설명으로 옳지 않은 것은?

① 알칼리성 토양에서 발병이 잘 된다.
② 배수가 불량한 토양에서 발생이 많다.
③ 순활물기생균으로 인공배양이 되지 않는다.
④ 유주자가 뿌리털 속을 침입하여 변형체가 된다.

답 ①

12) 채소류 및 딸기의 잿빛곰팡이병

구분	특징	
병원	*Botrytis cinerea*, 진균(불완전균류)	
기주 식물	딸기, 토마토, 오이, 고추, 사과, 포도 등	
주요 병징	• 꽃, 잎, 줄기, 열매에 발생하는 다범성 병(개화 때부터 피해) • 꽃이 달린 부위부터 회색으로 물러 썩고 후에는 열매의 안쪽까지 썩어 들어감(꽃과 열매 침해) • 상처 부위, 꽃잎이 떨어진 자리를 중심으로 병반 형성이 되며 진행이 되면 줄기와 가지에 병반이 확산됨(줄기 고사) • 과실은 부패하고, 잿빛곰팡이(분생포자)로 덮임	 〈열매의 병징〉  〈잎의 병징〉
병환	• 진균계의 불완전균이며, 분생자경과 분생포자, 균핵을 형성 • 균핵이나 분생포자로 병든 식물이나 흙에서 월동 → 다음 해 1차 전염원 • 가지의 끝부분에는 작은 돌기가 형성되고, 이 끝에서 분생포자가 형성 • 분생포자는 바람에 의해, 균핵은 병든 식물이나 흙을 통해 전파	
발생 환경	• 기온 20℃ 내외의 저온다습 조건에서 발생 • 시설(시설재배지) 내에서는 연중 발생 • 노지재배는 여름철 장마기 때 주로 발생	
방제법	• 시설 내 온도를 높이고, 습도를 낮게 관리(환기) • 실내의 온도와 습도 관리 및 포장 청결에 주의함 • 이병식물 및 열매는 즉시 제거 • 시설재배 시 통풍과 투광이 좋아야 함 • 초기 방제가 매우 중요(빠르게 번짐) • 병원균의 약제 내성이 매우 빠르게 나타남(교호 살포) • 밀식하거나 과다 시비 금지 • 자외선 차단 비닐 사용	

13) 균핵병

구분	특징	
병원	*Sclerotinia sclerotiorum*, 진균(자낭균류)	
기주식물	오이, 유채, 감자, 배추, 토마토, 콩 등	
주요 병징	• 줄기와 가지에서 시작되어 잎, 줄기, 열매 등으로 번짐 • 잎의 병반이 담갈색으로 변해 썩고 흰 곰팡이가 생김 • 줄기는 내부의 속까지 썩고 후에 흰 곰팡이(균사)와 검은 균핵 형성 • 과실은 꽃이 달렸던 자리부터 썩고 흰 곰팡이(균사)가 생기며 검은 균핵 형성	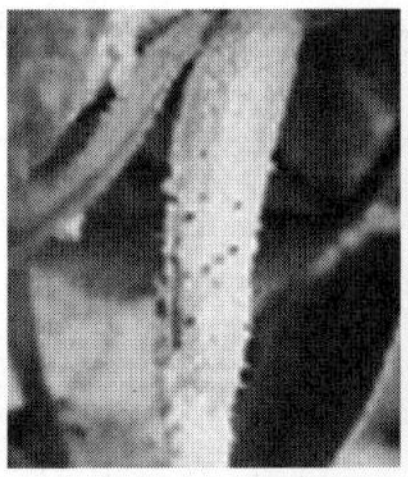 〈열매의 병징〉 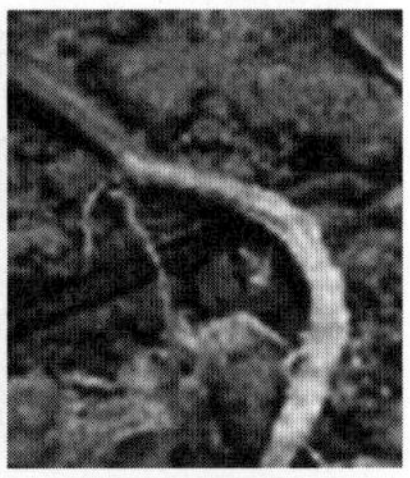 〈줄기의 병징〉

기출 21년 기사 4회 14번

하우스 재배하는 채소에서 과습과 저온에 많이 발생하는 병은?

① 고추 탄저병
② 오이 덩굴쪼김병
③ 토마토 풋마름병
④ 딸기 잿빛곰팡이병

답 ④

기출 21년 기사 1회 16번

국내에 발생하는 채소류의 균핵병에 대한 설명으로 옳지 않은 것은?

① 잎, 줄기, 열매 등에 발생한다.
② 자낭포자나 균핵에서 발아한 균사로 침입한다.
③ 발병 후기에는 발병 조직에 백색 균사가 나타난다.
④ 균핵이 땅속에 묻혀 있다가 25℃ 이상의 고온이 되면 발아한다.

답 ④

구분	특징
병환	• 균핵의 형태로 병든 식물이나 토양에서 월동 → 다음 해 봄에 발아하여 자낭반과 자낭포자 형성 • 자낭포자는 잎, 줄기, 꽃잎 등 식물체의 약한 부위로 침입 • 균사를 통해 식물체에 직접 침해
발생 환경	• 시설재배 특유의 다범성 병 • 기온 15~25℃의 저온다습한 환경에서 발생 • 질소질 비료 과잉 시 작물체가 연약하여 병 발생 증가
방제법	• 이병식물 소각 • 일정한 보온 유지(시설 내 20℃ 이상 온도 유지) • 과습을 피하고 적절한 환기 실시 • 전문약제 살포

14) 오이류 흰가루병

구분	특징
병원	*Sphaerotheca fuliginea*, 진균(자낭균)
기주 식물	오이, 호박, 참외, 필 등
주요 병징	• 주로 잎에 발생하며 처음에는 잎의 표면에 소량의 흰 가루가 밀생 후 진전되면 잎 전체가 흰 가루로 덮임 • 오래된 병반에는 흰 가루에서 회백색으로 변하며, 흑색의 소립점(자낭각) 형성 후 고사함 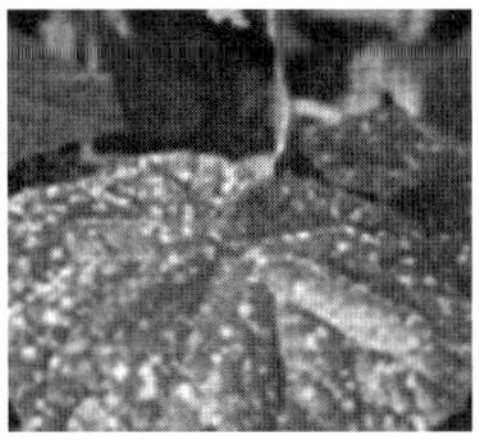 〈초기 증상〉 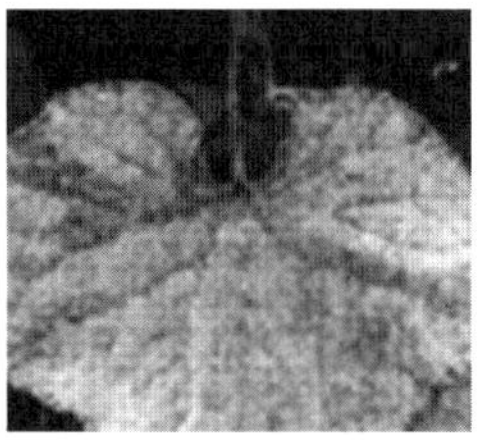 〈후기 증상〉
병환	• 진균계의 자낭균문에 속하는 순활물기생균(인공배양 안 됨) • 자낭구(유성포자)의 형태로 병든 조직에서 월동 → 다음 해 1차 전염 • 시설재배 내에서는 분생포자가 바람에 날려 공기 전염되어 발생 → 2차 전염
발생 환경	• 일반적으로 15~28℃에서 많이 발생(32℃ 이상의 고온에서는 병 발생이 억제) • 특히 일조가 부족하고, 밤낮의 온도차가 심할 때 발생 • 생육 말기에 발생 증가 • 통풍 불량, 질소질 비료의 과잉으로 발생 증가
방제법	• 이병식물 소각 • 전문약제 살포 • 과도한 밀식 삼가, 통풍에 주의 • 질소질 비료 과용 금지

기출 20년 기사 4회 19번

맥류 흰가루병의 2차 전염은 어떤 포자의 비산에 의하여 이루어지는가?

① 분생포자 ② 자낭포자
③ 수포자 ④ 난포자

답 ①

15) 토마토 잎곰팡이병

구분	특징	
병원	*Fulvia fulva*, 진균(불완전균류)	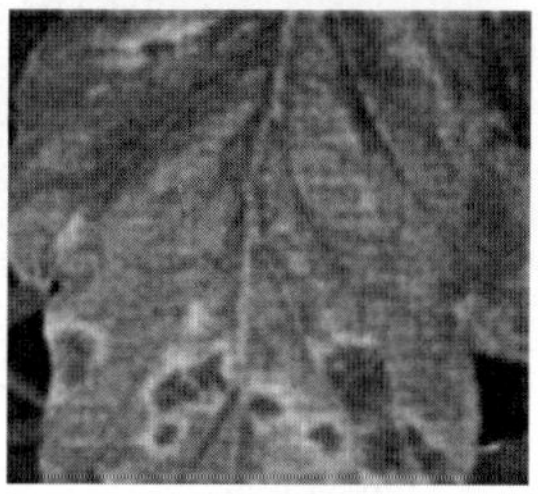 〈잎의 병징〉
기주식물	토마토	
주요 병징	• 처음 잎에 발생하여 잎의 표면에 흰색 또는 담회색의 반점이 생기다 진전되면 황갈색 병반으로 확대됨 • 아랫잎부터 발생하여 상위 잎으로 퍼져 나감 • 잎 뒷면에 담갈색의 병반 형성. 갈색의 곰팡이가 융단처럼 밀생되어 있는 것을 볼 수 있음(분생포자) → 심해지면 연한 자주색으로 변함 • 심하면 아랫잎 전체가 누렇게 되어 말라 죽음	
병환	• 균사 덩이의 형태로 종자 표면에 부착 또는 기생하여 월동 → 1차 전염 • 온실 내 병든 잎에 포자 덩이, 균사 및 분생포자의 형태로 존재(수시로 기공을 통해 침입)	
발생 환경	• 시설재배 내 과습하고 환기 불량, 온도가 20~25℃ 정도일 때 • 시설재배에서는 사용된 농자재에 붙어 월동 후 감염 • 밀식 및 통풍 불량, 다습 시 많이 발생	
방제법	• 이병식물 즉시 제거 • 통풍, 환기가 잘 되도록 함 • 질소질 비료의 과용 금지 • 습도가 너무 높지 않도록 함(상대습도 90% 이상) • 종자 소독 후 사용, 농자재 소독	

TIP

기타 채소류의 병해(병원균에 따른 분류)

병원균	식물병
유사균(난균)	고추 역병, 오이류 노균병, 무·배추 노균병
유사균(점균)	무·배추 무사마귀병
진균(자낭균)	고추·사과 탄저병, 균핵병, 오이류 흰가루병
진균(불완전균)	수박 탄저병, 오이류 덩굴쪼김병, 토마토 시들음병, 잿빛곰팡이병, 토마토 잎곰팡이병
세균	가지과 풋마름병, 오이류 풋마름병, 채소 세균성 무름병
바이러스	오이 모자이크병

05 과수의 병해

Key Word

사과나무·배나무 붉은별무늬병(향나무 녹병) / 사과나무 검은별무늬병 / 배나무 화상병(불마름병) / 사과나무 부란병 / 사과나무 갈색무늬병 / 배나무 검은무늬병 / 포도나무 새눈무늬병 / 복숭아나무 세균성 구멍병 / 복숭아나무 잎오갈병

1) 사과나무·배나무 붉은별무늬병(향나무 녹병)

구분	특징	
병원	*Gymrosporangium haraeanum*, 진균(담자균류)	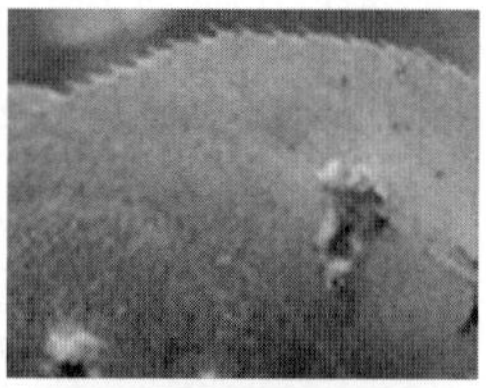 〈잎의 뒷면〉 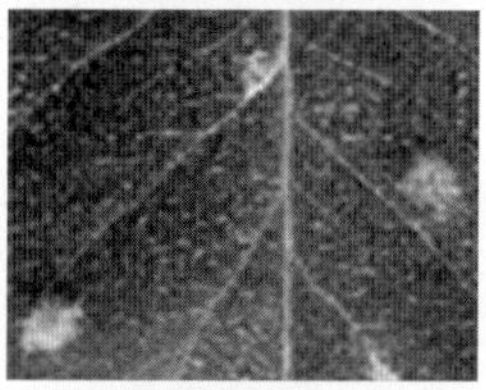 〈잎의 앞면〉
기주 식물	사과나무, 배나무	
주요 병징	• 처음 발병 시에는 잎에 등황색의 작은 반점 형성, 증상이 확대되면서 병반 뒤에는 담황색의 긴 모상체(수자강)가 생성 • 병이 심하면 잎 전체가 붉게 됨(과실 및 새가지도 비슷한 증상이 나타남) • 향나무는 3월 상순에 잎 일부가 황변(겨울포자퇴 형성과 함께 고사)	

기출 20년 기사 1·2회 7번

사과나무 붉은별무늬병균은 진균 중 어느 균류에 속하는가?

① 불완전균류
② 자낭균류
③ 접합균류
④ 담자균류

답 ④

<table>
<tr><th>구분</th><th>특징</th></tr>
<tr><td>병환</td><td><table><tr><th>구분</th><th>수종</th><th>포자 형태</th></tr><tr><td>기주식물</td><td>배나무, 사과나무, 모과나무</td><td>녹병포자, 녹포자</td></tr><tr><td>중간기주</td><td>향나무</td><td>겨울포자, 담자포자</td></tr></table>• 병원균은 4～6월 배나무, 6월 이후는 향나무에 기생
• 향나무에서 균사의 형태로 월동함</td></tr>
<tr><td>발생 환경</td><td>• 초봄 비가 내리면 향나무에 균사의 겨울포자퇴는 겨울포자를 발아하여 소생자를 생성함
• 소생자가 바람에 날려 배나무로 가면 어린 잎, 햇가지, 과실의 각피 또는 기공으로 침입해 잠복기(8～9일)를 거친 후 균사집합체를 형성 녹병자기를 생성
• 5～6월 녹포자기에 감염된 배나무에서 녹포자를 생성하고 이것이 바람에 날려 향나무로 옮겨감
• 향나무에 생긴 겨울포자퇴는 다음해 4월경 비를 맞아 부풀어 겨울 포자가 발아하고 이것이 반복되어 6년 이상 전염원이 됨</td></tr>
<tr><td>방제법</td><td>• 재배지역 주변에는 향나무 식재를 피함(식재 시 적어도 1km 이상 격리)
• 병 발생초기에 등록약제 살포</td></tr>
</table>

2) 사과나무 검은별무늬병

<table>
<tr><th>구분</th><th colspan="2">특징</th></tr>
<tr><td>병원</td><td>Venturia inaepaualis, 진균(자낭균류)</td><td rowspan="3">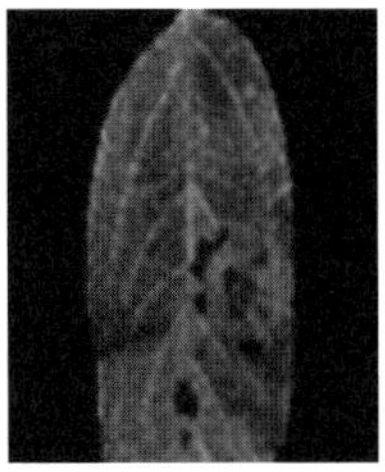
〈잎의 병징〉
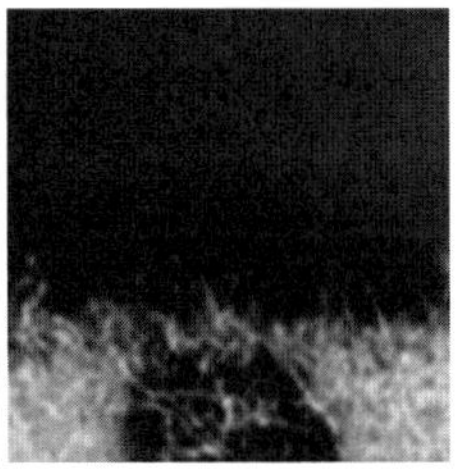
〈잎의 병징(병무늬 확대)〉</td></tr>
<tr><td>기주 식물</td><td>사과나무, 배나무</td></tr>
<tr><td>주요 병징</td><td>• 잎, 햇가지, 열매, 열매 꼭지에 발생
• 잎에 처음 발생하며 잎 앞면에는 갈색 또는 녹갈색의 반점 생성, 잎 뒷면에는 흑녹색의 포자가 생김
• 과실에는 검은색의 부정형 병무늬 발생 후 코르크화되어 틈이 생김
• 열매 꼭지가 병들면 열매는 일찍 떨어짐</td></tr>
<tr><td>병환</td><td colspan="2">• 병든 잎 또는 과실에서 자낭각 형태로 월동함
• 자낭이 빗물을 통해 팽창하여 자낭포자를 만들고 바람에 비산 → 1차 전염원
• 균이 생성되어 병반에서 분생자격, 분생포자를 생성 → 2차 전염원
• 발병적온 : 20℃(28℃ 이상이면 분생포자 발아를 안 함)</td></tr>
<tr><td>발생 환경</td><td colspan="2">• 온도가 낮은 냉랭한 5～6월경, 무성한 과수원에서 많이 발생함
• 5～6월경에 분생포자로 인해 발생하고, 가을 눈이 발생되어 10월까지 계속적으로 번짐</td></tr>
<tr><td>방제법</td><td colspan="2">• 습도유지와 배수관리 중요
• 병든 잎과 과실은 소각 또는 땅에 묻음
• 1차 방제 : 감염시기인 봄철(4～5월 중순) 등록약제 살포
• 과실에 봉지 씌우기
• 질소질 비료 과잉 피하기</td></tr>
</table>

TIP

사과나무 검은별무늬병으로 인해 과실에 검은색 부정형 병무늬가 발생한 모습

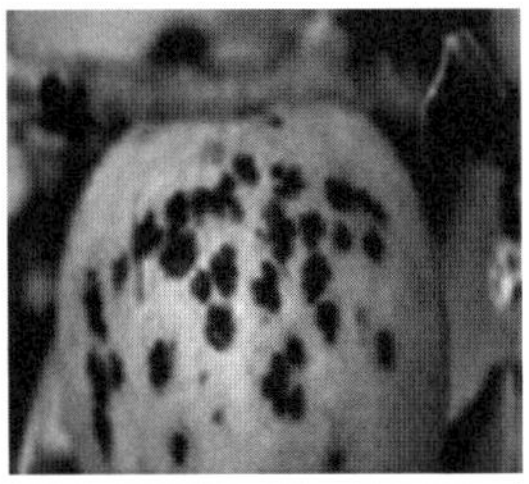

3) 배나무 화상병(불마름병)

구분	특징
병원	*Erwinia amylovora*, 세균
기주 식물	배나무, 사과나무
주요 병징	• 잎이 시들고 검은색으로 마르면서 고사(마치 불에 타 죽은 것 같음) • 감염이 다른 꽃, 가지, 잎으로 번지면서 심해지면 새로운 가지와 줄기도 궤양 형성 • 꽃도 전체가 시들고 흑색으로 변함
병환	• 주생모를 가진 그람음성 간균 • 백색 원형 콜로니 형성 • 오래된 궤양의 주변에서 월동
발생 환경	• 습한 기후가 되면 궤양에서 분출되는 세균이 다른 나무나 가지로 이동하는 곤충(벌, 진딧물, 개미, 파리)에 의해 꽃으로 옮겨짐 • 세균은 꽃의 밀선 침입 또는 잎의 기공과 상처를 통해 전염됨 • 여름철 이후에는 거의 발생하지 않음
방제법	• 병든 과원 전체 기주식물 이동 금지 • 병든 가지 제거 후 소각 • 대목을 이용한 저항성 품종 선택 • 매개곤충 구제(진딧물, 개미, 파리) • 웃자란 가지 제거, 인산 및 칼륨질 비료를 충분히 시비 • 옥시테트라사이클린계 항생제 살포

〈잎의 병징〉

기출 21년 기사 2회 7번

배나무 검은별무늬병에 대한 설명으로 옳지 않은 것은?

① 잎에서 처음에 황백색의 병무늬가 나타난다.
② 배나무 인근에 향나무가 많은 경우 발병하기 쉽다.
③ 배나무의 잎, 잎자루, 열매, 열매자루, 햇가지 등에 발생한다.
④ 낙엽을 모아 태우거나 땅속에 묻어 발병을 예방할 수 있다.

답 ②

4) 사과나무 부란병

구분	특징
병원	*Valse ceratosperma*, 진균(자낭균류)
기주 식물	사과나무
주요 병징	• 줄기나 나뭇가지 등에 발생 • 초기에는 껍질이 갈색으로 부풀어 쉽게 벗겨짐 • 알코올 냄새 발생 • 병이 진전되면 노란 실모양의 포자퇴가 나옴 • 병든 부위는 움푹하게 들어감 • 그 위에 검은 소립(병자각) 밀생

〈줄기의 병징(포자퇴)〉

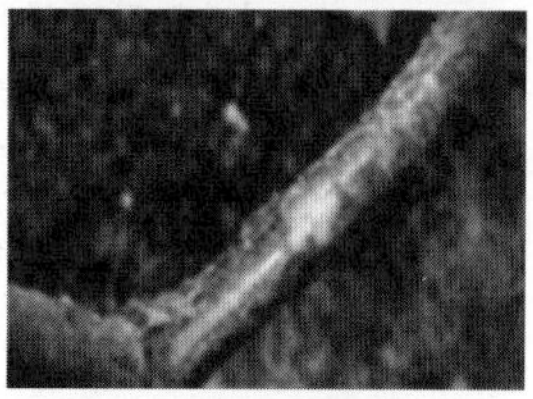
〈가지의 병징〉

기출 21년 기사 2회 3번

사과나무 부란병에 대한 설명으로 옳지 않은 것은?

① 자낭포자와 병포자를 형성한다.
② 강한 전정작업을 하지 말아야 한다.
③ 사과나무의 가지에 감염되면 사마귀가 형성된다.
④ 병원균이 수피의 조직 내에 침입해 있어 방제가 어렵다.

답 ③

TIP

사과나무 부란병으로 인해 줄기가 함몰된 모습

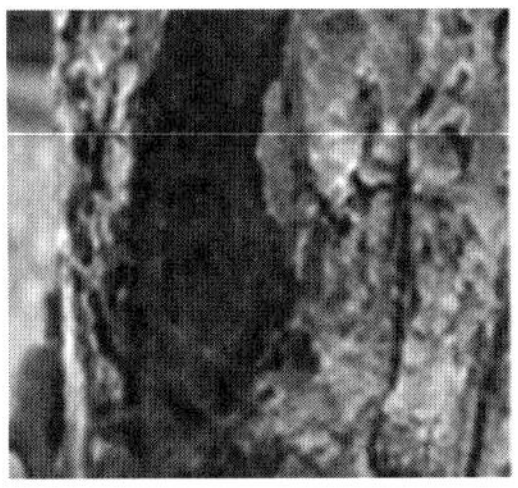

구분	특징
병환	• 병반상에서 형성된 자낭포자와 병포자가 병든 가지나 줄기에서 월동 후 전염(우리나라는 병포자가 원인) • 병포자는 빗물에 의해 전반되어 상처 부위에서 발아로 전염됨 • 반드시 죽은 조직을 통해 전염됨 • 감염 최성수기 12월~4월(전정, 전지 시기)
발생 환경	• 월동기간 중 동해 및 세력이 약할 때 • 전정이나 일소 등의 상처로 발생(죽은 조직을 통해 감염)
방제법	• 비배 관리에 주의 • 전정은 이른 봄에 진행하며 전정 부위나 동해 입은 부위에서 감염이 시작되므로 등록약제로 도포함 • 병이 걸린 가지는 모아 소각함

5) 사과나무 갈색무늬병

구분	특징	
병원	*Diplocarpon mali*, 진균(자낭균류)	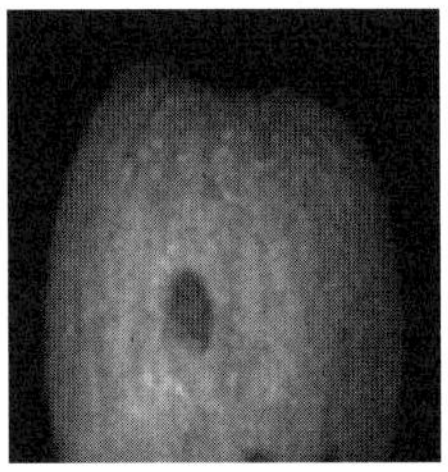 〈과실의 병징〉 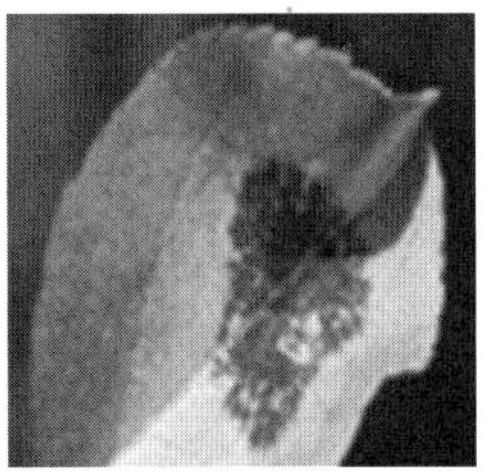 〈잎의 병징〉
기주 식물	사과나무	
주요 병징	• 초기에는 잎에 자색 또는 흑갈색의 작은 반점 형성, 점차 확대되면 갈색 또는 흑갈색의 대형 병반 형성 • 병반 주변에 진한 녹색의 얼룩무늬 생성 • 병무늬 위에 검은색 포자층 형성 • 황색으로 변한 잎은 조기낙엽	
병환	• 자낭균에 속하며, 자낭포자와 분생포자를 형성 • 균사 또는 자낭포자의 형태로 병든 잎에서 월동 → 1차 전염원 • 병반의 분생포자가 바람에 전파 → 2차 전염원 • 각피를 뚫고 병원균 침입	
발생 환경	• 저온다우(비가 많이 오고, 기온이 낮은) 환경 • 배수 불량, 밀식, 영양 부족 • 사과나무의 조기낙엽을 가장 심하게 일으키는 병	
방제법	• 관수 및 배수 관리 유의 • 전정을 통해 통풍과 통광이 잘 되도록 함 • 병에 걸린 낙엽을 모아 소각 또는 땅속 깊이 묻어 전염원을 제거 • 포자가 비산하는 6~7월에 전문약제 살포	

6) 배나무 검은무늬병

구분	특징	
병원	*Alternaria kikchiana*, 진균(불완전균류)	 〈과실의 병징〉
기주 식물	배나무	
주요 병징	• 잎 · 가지 · 열매 등에 발생함 • 잎에는 작은 원형 또는 부정형의 흑색 점무늬가 생긴 후 확대되며 나중에는 흑갈색 겹무늬가 생김 • 열매는 원형으로 흑갈색 병반이 생긴 후 중앙부에 흑색 곰팡이가 발생함	
병환	• 균사의 형태로 병든 잎이나 가지에 월동 후 4월 중순~5월 중순 어린잎, 꽃잎에 1차 감염 • 5월 하순 경부터 과실에 병반 형성, 6~7월에 비가 내리면 급격히 심해짐 • 비가 내려 습도가 높아지면 병반 위 분생포자 형성되어 바람에 날려 잎, 새가지에 전염됨 (습한 기후에 대발생) • 봉지를 씌워도 빗물에 타고 감염이 됨 • 각피, 기공, 피목 등 침입 • 기주 특이적 독소는 AK 독소를 분비하여 병을 일으킴	
발생 환경	• 배수 불량 및 습한 기후 • 질소 과용 시 • 품종 : 20세기, 신수 품종에서 많이 나타남	
방제법	• 저항성 품종 재배 • 병든 가지나 잎의 제거 및 소각 • 과실 봉지 씌우기 • 개화기 이후부터 비오기 전 등록약제로 예방	

7) 포도나무 새눈무늬병

구분	특징	
병원	*Elsinoe ampeline*, 진균(자낭균류)	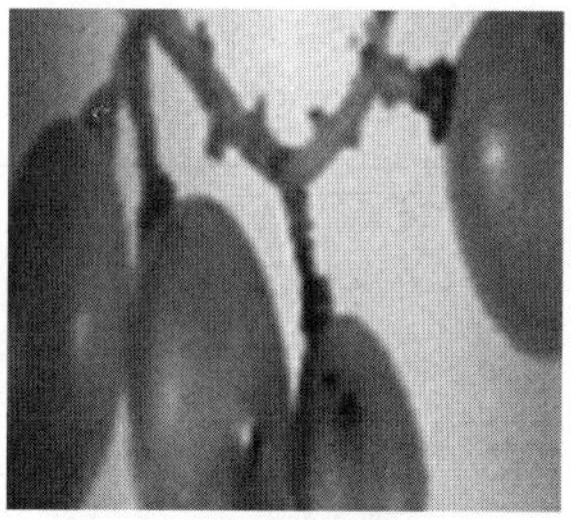 〈과실의 병징〉
기주 식물	포도나무	
주요 병징	• 잎, 과실, 줄기, 덩굴손 등에 발생 • 과실은 작고 둥근 무늬 발생 • 병반이 약간 움푹 들어감 • 안쪽은 회백색 내지 흑자색으로 변해 새 눈처럼 보임 • 병든 과실은 딱딱하고 신맛이 남 • 잎의 작은 반점이 흑색 반점으로 확대 • 구멍이 뚫리기도 하며, 잎 생장이 멈추거나 기형화 발생	
병환	• 병원균은 균사로 병든 덩굴 또는 과실에서 월동 • 분생포자는 비바람에 의해 전파 • 신초, 어린 잎 및 꽃밥 등의 각피를 뚫고 침입	
발생 환경	• 5~6월에 기온이 낮고 비가 많이 와서 연약할 때 • 장마철 이후에는 발생이 적어짐	

구분	특징
방제법	• 병든 식물체 제거 • 질소질 비료 과용 금지 • 비가림 재배로 비산되는 병원균을 줄임 • 발아 전 석회유황합제를 살포

8) 복숭아나무 세균성 구멍병

구분	특징
병원	*Xanthomonas campestris*, 세균
기주 식물	복숭아나무, 살구나무, 자두나무
주요 병징	• 잎, 나뭇가지, 과실에 발생 • 잎에 수침상의 작은 무늬가 확대되어 갈변 후 말라서 구멍 발생 • 과실도 수침상의 반점 후 짙은 흑갈색으로 변화, 병반 주위는 녹황색 • 과실은 중심이 움푹 파이고 액을 분출
병환	• 한 개의 단극모를 가진 그람음성 간균(황색의 원형 콜로니) • 나뭇가지의 병환부에서 월동 • 비바람에 의해 전파되어 상처나 기공을 통해 침입
발생 환경	• 병든 조직에서 월동한 후 봄에 온도와 습도가 맞으면 분출되어 바람 또는 빗물을 통해 전염됨 • 4~7월이 발병 최성기이며 장마 후 발병된 경우 다음 해 전염원이 됨
방제법	• 비, 바람을 막을 수 있는 방풍구 설치 • 전염된 가지 제거 • 질소질 비료 과잉 금지 • 전문약제 살포(항생제 계통)

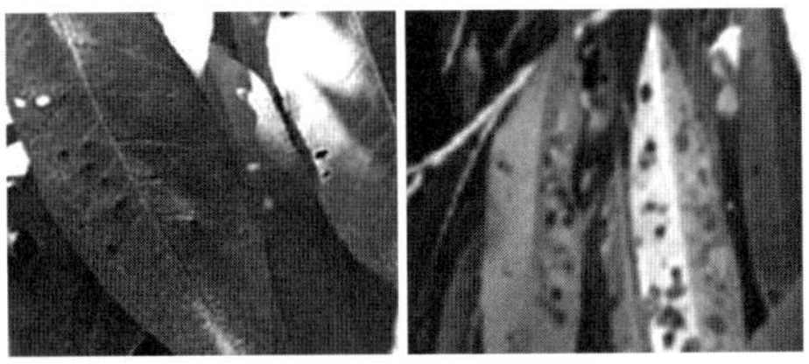

〈잎의 병징〉

9) 복숭아나무 잎오갈병

구분	특징
병원	*Taphrina deformans*, 진균(자낭균류)
기주 식물	복숭아나무
주요 병징	• 잎, 꽃, 새 가지, 과실 등에 발생(주로 잎에 많이 발생) • 아랫잎에 적색의 혹 또는 종기가 생겨 점차 두꺼워짐 • 주름살이 생기며 오그라듦 • 병든 잎 표면과 뒷면은 흰가루(자낭)로 덮임 • 오래되면 갈색에서 흑색으로 변하며 낙엽이 됨 • 병원균이 세포 내 증식 후 효소 분비 → 세포 이상비대

〈잎의 병징〉

TIP

과수류의 병해(병원균에 따른 분류)

병원균	식물병
진균(자낭균)	사과나무 갈색무늬병, 사과나무 부란병, 사과나무 검은별무늬병, 복숭아나무 잎오갈병, 포도나무 새눈무늬병, 사과나무 겹무늬썩음병
진균(담자균)	사과나무 · 배나무 붉은별무늬병(향나무 녹병)
진균(불완전균)	배나무 검은무늬병
세균	배나무 화상병(불마름병), 복숭아나무 세균성구멍병

기출 20년 기사 3회 4번

다음 중 복숭아나무 잎오갈병의 전형적인 병징은?

① 도장 ② 천공
③ 이상 비후 ④ 기공 계폐

답 ③

구분	특징
병환	• 자낭각 없이 자낭이 노출되어 그 안에 8개 자낭포자 형성 • 자낭포자는 분생포자의 형태로 나무줄기나 눈 위에서 월동 • 어린 잎의 각피를 뚫고 직접 침입
발생 환경	• 이른 봄의 한랭하고 비가 자주 오는 지역(저온다습) • 20℃ 이상의 온도에는 발병이 어려움
방제법	• 병든 잎 소각 • 과습 주의 • 동해 금지 • 잎 나오기 직전 전문약제 살포

06 수목의 병해

Key Word

뿌리혹병(근두암종병) / 뿌리썩이선충병 / 모잘록병 / 밤나무 줄기마름병 / 소나무 재선충병(소나무 시들음병) / 소나무 잎떨림병 / 소나무 잎마름병 / 소나무 잎녹병 / 잣나무 털녹병 / 포플러 잎녹병 / 푸사리움 가지마름병 / 낙엽송 가지끝마름병 / 호두나무 탄저병 / 벚나무 빗자루병 / 참나무 시들음병 / 대나무 · 오동나무 빗자루병 / 뽕나무 오갈병

1) 뿌리혹병(근두암종병)

구분	특징
병원	*Agrobacterium trumefaciens*, 세균(토양 서식 세균)
기주 식물	밤나무, 감나무, 포도나무, 사과나무, 포플러나무 등 93속의 식물에서 발생(주로 과수류에 발생)
주요 병징	• 병원균에 의해 뿌리 또는 줄기에 혹을 형성 • 뿌리나 지제부 부근의 줄기에 상처를 통해 발병 • 초기에는 백색을 띠다 점점 암갈색을 띰
병환	• 그람음성 간균으로 6개의 주모를 가지고 있어 운동성이 있고, Rhizobiaceae과에 속함 • 병환부에서 월동하고 땅속에서 다년간 생존 • 지하부의 접목 부위, 삽목의 하단부, 뿌리의 절단면 등 상처를 통해 침입
발생 환경	• 병원균은 토양에서 빗물, 농기구, 바람, 곤충, 동물 및 묘목 등에 의해 쉽게 전파 • 고온다습한 알칼리성 토양에서 많이 발생
방제법	• 이병 묘목 제거 및 스트렙토마이신 등의 항생제로 침지 • 묘목에 상처가 나지 않게 함 • 이병식물은 즉시 소각 후 토양 훈증소독 • 비기주식물을 통한 윤작 • 지표식물을 식재 후 병원세균이 없는 곳에 식재함 ※ 근두암종병의 지표식물 : 밤나무, 감나무, 벚나무, 사과나무 • 비병원성 세균(길항미생물) 이용 → *Agrobacterium radiobacter* K84 이용

기출 20년 기사 3회 6번

식물체에 암종을 형성하며, 유전공학 연구에 많이 쓰이는 식물병원 세균은?

① *Brassica campestris var*
② *Agrobacterium tumefaciens*
③ *Clavibacter michiganensis*
④ *Xanthomonas campestris*

답 ②

2) 뿌리썩이선충병

구분	특징
병원	*Pratylenchus penetrans*, 선충
기주식물	소나무류, 낙엽송, 가문비나무, 분비나무류, 삼나무, 편백나무, 화백나무, 벚나무 등
주요 병징	• 병원선충은 유근을 통해 침입 • 가는 뿌리 속을 이동하면서 조직 파괴 • 병든 묘목의 세균은 점점 썩어 없어짐 • 근계는 기형이 됨
병환	• 이동성 내부기생선충으로 뿌리 조직 내에서 월동 • 묘목의 이동을 통해 전반
발생 환경	• 묘목, 모잘록병과 함께 발생 • 뿌리의 양이 적은 삽목묘에 피해 • 병든 묘목은 생장 불량 또는 정지
방제법	• 육묘 관리를 철저히 함 • 한 임지에 같은 수종 연작을 피함 • 발생 묘포지에 살선충제로 토양 소독

3) 모잘록병

<table>
<tr><th>구분</th><th>특징</th></tr>
<tr><td>병원</td><td>난균류, 불완전균류
<table>
<tr><td rowspan="2">난균류</td><td>Pythium debaryanum</td></tr>
<tr><td>Phytophthora cactorum</td></tr>
<tr><td rowspan="3">불완전균류</td><td>Rhizoctonia solani</td></tr>
<tr><td>Fusarium oxysporum</td></tr>
<tr><td>Cylindrocladium scoparium</td></tr>
</table></td></tr>
<tr><td>기주 식물</td><td>• 침엽수 : 소나무류와 낙엽송
• 활엽수 : 참나무류, 자작나무류, 가시나무류</td></tr>
<tr><td>주요 병징</td><td>• 땅속부패형, 도복형(倒伏型), 수부형(首腐型), 뿌리썩음형, 줄기썩음형의 5가지
• 종자 발아가 되지 않거나, 발아 후 어린 묘가 잘록한 증상을 보이다 시듦
• 장기간 과습 또는 침수되면 뿌리 및 아래줄기가 썩거나 검게 변함</td></tr>
<tr><td>병환</td><td>• 난포자로 병든 조직 또는 토양에서 월동(토양 전염)
• 수년간 관개수로 오염되기도 함
• 4~5월 중순 파종상에 발생하며 5~8월까지 반복감염</td></tr>
<tr><td>발생 환경</td><td>
<table>
<tr><td>Rhizoctonia 속, Pythium 속의 균</td><td>비교적 습한 토양에서 잘 발생</td></tr>
<tr><td>Fusarium 속의 균</td><td>비교적 건조한 토양에서 잘 발생</td></tr>
</table>
• 배수 불량과 수분이 많은 토양에서 많이 발생
• 토양 온도가 10℃ 이상이면 활동이 시작되고 고온다습한 조건에서 병 발생이 심함</td></tr>
<tr><td>방제법</td><td>• 장기간 토양 과습되지 않도록 배수 주의
• 건전 종자(종자소독)를 사용하고 육묘관리
• 인산질 비료와 완숙퇴비 사용
• 병든 묘목 발견 시 즉시 제거 및 소각</td></tr>
</table>

4) 밤나무 줄기마름병

구분	특징
병원	*Cryphonectria parasitica*, 진균(자낭균류)
기주식물	밤나무, 참나무, 단풍나무
주요 병징	• 전형적인 병징 : 부란(줄기에 생기고 갈색으로 변해 부풀어 오르는 증상) • 초기에는 수피가 적갈색으로 변함 • 6~7월경 수피를 뚫고 소립자가 밀생(융푹 파인 궤양) • 비가 오면 황갈색 포자 덩어리인 포자각이 분출됨 • 건조하면 수피가 거칠게 갈라져서 터짐 • 수피를 떼어내면 황색의 두툼한 균사층이 부채 모양으로 나타남
병환	• 균사나 포자의 형태로 병환부에 월동 • 다음 해 봄 비바람에 전반, 곤충 · 새에 의해 나뭇가지 및 줄기 등의 상처로 침입
발생 환경	• 동양의 풍토병 • 과거에는 미국의 밤나무를 전멸시킴(밤나무의 가장 무서운 병) • 우리나라 밤나무는 저항성이므로 피해가 크지 않음 • 배수불량지 및 쇠약목에 피해가 심함
방제법	• 상처 부위에 도포제(백색 페인트) 처리 • 적기에 시비, 질소질 비료의 과잉 사용을 피함 • 습도가 높지 않도록 배수를 철저히 함 • 해충 구제

〈줄기의 병징〉

5) 소나무 재선충병(소나무 시들음병)

구분	특징
병원	*Bursaphelenchus xylophilus*, 선충
기주 식물	소나무, 잣나무, 해송, 히말라야시다, 독일가문비, 잣나무, 낙엽송
주요 병징	• 재선충이 나무 조직의 수분과 양분의 이동 통로를 막아 잎이 급속하게 고사 • 우산살 모양으로 아래로 처지면서 잎 전체가 적갈색으로 변함 • 수지 유출의 감소 및 정지 → 증산량 감소 → 목질부의 건조 → 침엽의 변색(황색 → 갈색)
병환	• 감염 시 3~5개월 내에 고사함 • 매개곤충에 의해 전파 : 솔수염하늘소, 북방수염하늘소 －솔수염하늘소 : 소나무 속에 유충으로 월동 후 성충으로 우화 －북방수염하늘소 : 잣나무림에 재선충병 패해를 일으킴
발생 환경	• 소나무의 에이즈(AIDS) • 감염된 나무는 급속히 시들고 이듬해 봄 거의 100% 고사
방제법	• 고사목은 매탐소듐 액제를 뿌린 후 비닐 덮고 훈증 및 제거 • 매개충(솔수염하늘소)를 구제 • 전문약제를 항공살포

〈소나무의 전반적인 병징〉

TIP

소나무에 기생하는 선충

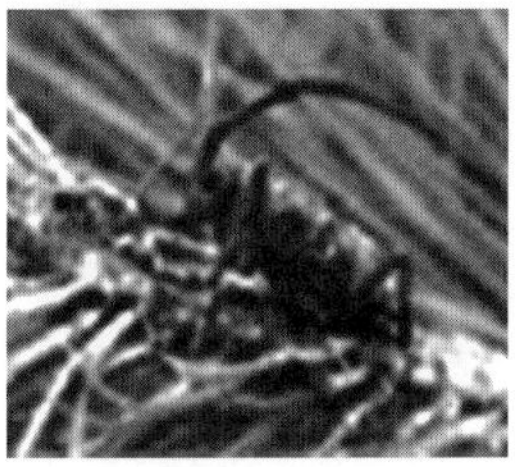

TIP

식물병과 매개충

식물병	매개충
벼 검은무늬 오갈병	애멸구
벼 줄무늬 잎마름병	
소나무 재선충병	솔수염하늘소, 북방수염하늘소
참나무 시들음병	광릉긴나무좀
대추나무 빗자루병	마름무늬매미충
뽕나무 오갈병	
오동나무 빗자루병	담배장님노린재

6) 소나무 잎떨림병

구분	특징	
병원	*Lophodermium pinastri*, 진균(자낭균류)	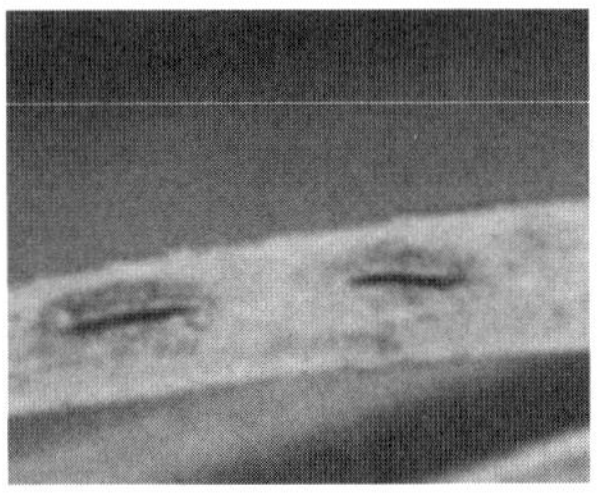
기주 식물	소나무, 곰솔, 잣나무, 리기다소나무	
주요 병징	• 주로 어린 나무에 피해가 많으며 3~5월 새잎 나오기 전 묵은 잎이 갈변하면서 떨어져 죽은 나무처럼 보임(성숙하면 낙엽) • 가을부터 초봄까지 처음에는 황색반점을 형성하다 갈색으로 변하면서 노란띠를 형성하고 이 반점들이 합쳐져 적갈색으로 변하면서 일찍 잎이 낙엽짐	〈잎의 병징〉
병환	• 병에 걸린 나무는 서서히 생장이 둔화되고 수세가 나빠짐 • 자낭포자의 형태로 땅 위에 떨어진 병든 잎에서 월동 • 서늘하면서 습기가 많으면(5~7월경) 자낭반과 자낭포자를 형성 → 1차 전염원 • 병원균(자낭포자)이 바람에 의해 잎의 기공 침입 → 2차 전염원	
발생 환경	• 5~7월 다습(비가 많이 옴)한 환경에서 피해가 큼 • 주로 15년 이하 소나무류(잣나무, 곰솔 등)에서 발생	
방제법	• 병든 낙엽 소각 및 매장 • 전문약제(베노밀 수화제, 만코제브 수화제) 살포	

7) 소나무 잎마름병

구분	특징
병원	*Pseudocercospora pini-densiflorae*, 진균(불완전균류)
기주 식물	소나무, 해송, 곰솔, 적송 등
주요 병징	• 침엽에 띠 모양의 황색 반점이 생긴 후 갈색으로 변함 • 잎의 병환부에는 검은색의 작은 균퇴가 형성
병환	• 균사의 형태로 병든 낙엽에서 월동 후 다음 해에 분생포자 형성 → 1차 전염원 • 침해 받은 잎에 분생포자 형성 후 반복전염
발생 환경	• 7~8월 고온다습 시 • 배수가 불량한 경우 • 칼슘 부족 등의 원인으로 해송에 많이 발생
방제법	• 4~10월까지 보르도액 활용 • 통풍 및 과습 방지

8) 소나무 잎녹병

<table>
<tr><th>구분</th><th colspan="2">특징</th></tr>
<tr><td>병원</td><td>Coleosporium phellodendri, 진균(담자균류)</td><td rowspan="3">
〈잎의 병징〉</td></tr>
<tr><td>기주 식물</td><td>소나무</td></tr>
<tr><td>주요 병징</td><td>• 침엽에 황색 또는 황백색의 작은 주머니(수포자퇴) 형성
• 녹포자기가 터져 노란 가루(녹포자) 비산
• 병든 잎은 부분적 퇴색하여 말라 죽음</td></tr>
<tr><td>병환</td><td colspan="2">• 주로 조림지의 어린 소나무류에 많이 발생함
• 병에 걸리면 생장이 억제되고, 병세가 심해 묘목과 어린 나무는 말라 죽음
• 병원균이 소나무에서 기생할 때 녹병포자와 녹포자 형성
• 중간기주에서 기생할 때 잎에서 겨울포자퇴 형성
• 겨울포자가 발아하여 담자포자(소생자) 형성
• 담자포자가 바람에 의해 소나무 잎으로 날아가 월동</td></tr>
<tr><td>발생 환경</td><td colspan="2"><table><tr><th>구분</th><th>포자 형태</th><th>수종</th></tr><tr><td>기주</td><td>녹병포자, 녹포자</td><td>소나무</td></tr><tr><td>중간기주</td><td>여름포자, 겨울포자, 담자포자</td><td>황벽나무, 참취, 잔대</td></tr></table>녹병 생활환 : 녹병포자 → 녹포자 → 여름포자 → 겨울포자 → 담자포자(소생자)</td></tr>
<tr><td>방제법</td><td colspan="2">• 제초작업 및 중간기주식물 제거
• 겨울포자가 발아하기 전에 전문약제(만코제브 수화제, 트리아디메폰 수화제) 살포</td></tr>
</table>

9) 잣나무 털녹병

<table>
<tr><th>구분</th><th colspan="2">특징</th></tr>
<tr><td>병원</td><td>Cronartium ribicola, 진균(담자균류)</td><td rowspan="3">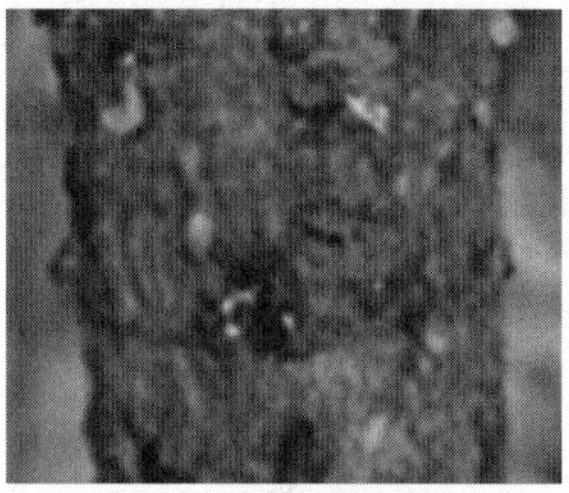
〈줄기의 병징〉</td></tr>
<tr><td>기주 식물</td><td>잣나무, 스트로브잣나무</td></tr>
<tr><td>주요 병징</td><td>• 병든 가지나 줄기는 황색으로 변해 부풀고 표면이 거칠어지고 송진이 흐름
• 줄기에 병징이 나타남
• 어린 나무는 나무 줄기의 형성층이 파괴되어 당년에 고사, 큰 나무는 병든 부위가 부풀면서 전체적으로 말라 죽음</td></tr>
<tr><td>병환</td><td colspan="2">• 균사로 잣나무의 수피조직 내에서 월동
• 다음 해 4~5월경 수피가 터지면서 황색 가루의 녹포자가 중간기주(송이풀, 까치밥나무)로 이동
• 녹포자는 중간기주의 잎 뒷면에 여름포자를 형성하고 반복전염
• 겨울포자 형성, 발아하여 소생자 형성
• 소생자가 바람에 의해 잣나무 잎의 기공으로 침입
• 소생자가 침입한 2~3년 후 황색의 녹포자기 형성</td></tr>
<tr><td>발생 환경</td><td colspan="2">주로 5~20년생의 잣나무에서 발생</td></tr>
</table>

구분	특징
방제법	• 병든 나무의 중간기주(송이풀, 까치밥나무)의 지속적 제거 • 수고의 1/3까지 미리 가치치기를 하여 감염경로 차단 • 피해목은 다른 지역으로 반출 금지 • 녹포자가 발생한 나무는 발생부위를 비닐로 감싸 제거함 • 잣나무 묘포에 8월 하순부터 보르도액 살포(소생자의 잣나무 침입을 막음)

10) 포플러 잎녹병

구분	특징
병원	*Melampsora larici-populina*, 진균(담자균류)
기주식물	포플러나무
주요병징	• 중간기주인 낙엽송, 현오색, 줄꽃 주머니 잎 뒷면에 황색 작은 돌기(여름포자) 발생 • 초가을이 되면 황색 가루가 없어지고, 잎 양면에 암갈색의 편평한 작은 돌기(겨울포자) 형성 • 중간기주인 낙엽송의 잎은 5~6월경 노란 점(녹포자)이 생김
병환	• 병원균은 겨울포자의 형태로 병든 낙엽에서 월동 ※ 우리나라는 여름포자 형태로 월동 가능 → 포플러로 직접전염 • 다음 해 봄 소생자를 형성 • 소생자는 중간기주(낙엽송)로 날아가 잎에 녹포자 형성 • 늦은 봄~초여름 다시 포플러로 날아가 여름포자 생성 • 여름포자는 반복전염하다 겨울포자 생성
발생환경	• 병원균이 침입하면 정상 잎보다 일찍 낙엽화됨 • 나무 생장이 크게 감소
방제법	• 가을에 병든 낙엽 소각 • 주변 중간기주식물 관리 • 저항성 개량 포플러(이태리포플러 1, 2호) 식재 • 보르도액 또는 만코제브 수화제 살포

〈잎의 병징(뒷면)〉

11) 푸사리움 가지마름병

구분	특징
병원	*Fusarium circinatum*, 진균(불완전균류)
기주식물	리기다소나무, 리기테다소나무, 테다소나무, 해송 등
주요병징	• 많은 양의 송진이 흐르면서 어린 가지 고사 → 점점 확대 • 결국 나무 전체가 말라 죽음 • 줄기, 새가지, 구과, 토출된 뿌리 등에서 궤양이 형성 • 궤양 부위에 수지가 흘러 아래의 목질부는 수지(송진)에 젖어 있음 • 새가지에 궤양이 형성되면 수관 상부가 마르면서 조직이 완전히 파괴. 노란색에서 적갈색 나중엔 암갈색으로 변해 고사함 • 최종적으로는 나무 전체가 말라 죽는 무서운 병

〈가지의 병징〉

구분	특징
병환	• 병원균은 주로 병든 가지에 분생포자 형태로 월동 후 이듬해 분생포자 형성 → 1차 전염원 • 분생포자가 바람, 곤충, 빗물 등에 의해 어린 가지로 전파되어 상처를 통해 전염 → 2차 전염원
발생 환경	• 포자는 바람 또는 바구미류 및 나무좀류 등의 매개충에 의해 다른 나무로 전파 • 종피 및 종자 내부에도 감염될 수 있음 → 종자전염
방제법	• 병든 가지는 소각 및 제거 • 수세가 약할 때 병이 발생하기 쉬우므로 비배 관리에 신경 씀 • 종자소독을 철저히 함 • 천공성 해충(소나무좀, 바구미, 나방류 등)을 방제함

12) 낙엽송 가지끝마름병

구분	특징
병원	*Guignardia laricina*, 진균(자낭균류)
기주식물	낙엽송
주요 병징	• 병든 나무 새순 끝이 낚싯바늘 모양으로 굽은 증상 • 감염부위에 수지(송진) 생성 • 매년 피해를 받은 수목은 죽은 가지가 많아 빗자루 모양이 되어 말라 죽음
병환	• 미숙한 자낭각의 형태로 병든 가지에 월동 • 다음 해 자낭포자 형성 → 1차 전염원 • 자낭포자가 가지에 침입 후 병포자를 생성함
발생 환경	• 10년 내외의 유령림에 잘 나타남 • 당년에 자란 새순이나 잎을 침해 • 기존의 줄기나 가지에는 발생하지 않음
방제법	• 병든 묘목 소각 • 맞바람이 부는 장소의 조림은 피함 • 전문약제로 항공방제함

13) 호두나무 탄저병

구분	특징
병원	*Glomerella cingulata*, 진균(자낭균류)
기주식물	호두나무
주요 병징	• 잎과 과실에 많이 발생 • 암갈색의 반점(초기), 검게 변해 고사(후기) • 과실엔 불규칙한 갈색 병반이 움푹 파인 형태로 암갈색을 띰
병환	• 자낭각의 형태로 병든 가지나 낙엽에서 월동 • 분생포자는 병반 위에 형성되고 무색, 단세포 원통형
발생 환경	• 호두나무에 문제되는 병 • 토양 과습, 배수 불량의 점질 토양 • 따듯하고 비가 자주 오는 고온다습한 환경

구분	특징
방제법	• 병든 잎, 과실은 소각 • 전문약제(베노밀 수화제) 살포 • 나무에 상처가 나지 않도록 주의하며 해충(매미충류, 박쥐나방) 구제

14) 벚나무 빗자루병

구분	특징
병원	*Taphrina wiesneri*, 진균(자낭균류)
기주 식물	벚나무
주요 병징	• 가지의 일부분이 혹모양으로 부풀고, 잔가지가 빗자루 모양으로 총생 • 병든 가지에는 꽃이 피지 않음 • 특히 왕벚꽃나무에 피해가 심함
병환	• 균사로 병든 가지에서 월동 • 다음 해 포자를 형성 후 감염
방제법	• 부푼 부분을 잘라 소각 후 도포제 처리 • 꽃이 진 후 전문약제 살포(보르도액 또는 만코제프 수화제)

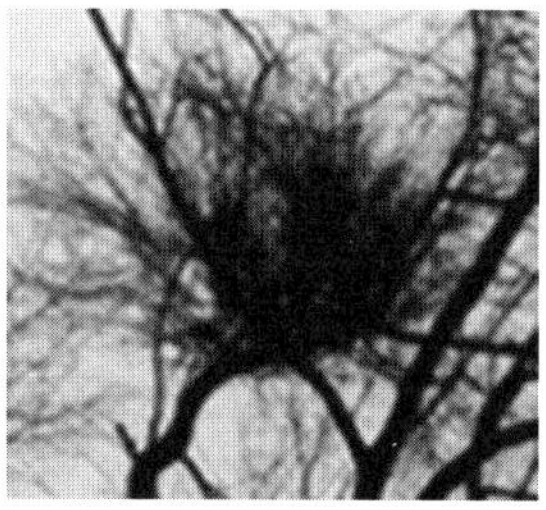

〈잔가지의 병징〉

15) 참나무 시들음병

구분	특징
병원	*Raffaelea* Spp., 진균(국내 미기록 레펠리아속 신종 곰팡이)
기주 식물	참나무류(신갈나무가 가장 피해가 큼), 서어나무 등
주요 병징	• 7월 말경부터 빠르게 시들면서 빨갛게 말라 죽음 • 고사목은 겨울에도 잎이 지지 않음(낙엽이 안 됨) • 참나무에 매개충(광릉긴나무좀)이 침입한 구멍이 있고 땅가에 목재 배출물이 나와 있음 • 변색부는 병원균에 의해 변색되고 알코올 냄새가 남
병환	• 국내 미기록인 레펠리아속의 신종 곰팡이 • 매개충 : 광릉긴나무좀(5령의 노숙유충으로 월동) • 매개충의 암컷 등판에 곰팡이를 넣는 균낭이 있어 참나무에 병원균을 감염시킴 • 매개충이 변재부에 곰팡이를 감염시키면 침입갱도를 따라 퍼지고 도관을 막아 시들어 고사 • 참나무 에이즈
발생 환경	• 주로 신갈나무가 피해 • 다른 참나무(졸참나무, 갈참나무, 굴참나무, 상수리나무)에도 발병 • 해발 100～600m 범위의 활엽수림 지역에 발생 • 가슴높이 지름 20cm 이상의 큰 나무에 피해
방제법	• 피해 줄기 및 가지를 벌채 후 훈증(소각) • 매개해충 구제 약제 사용

TIP

나무 줄기의 구조

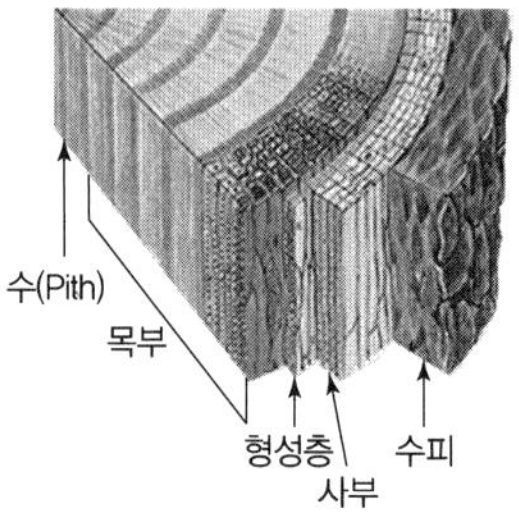

TIP

광릉긴나무좀
- 성충 : 암갈색
- 암컷 등판에 5～11개의 곰팡이를 넣는 균낭이 있는 것이 특징
- 암컷이 터널 속으로 들어와 균낭 속에 있는 곰팡이를 전염시킨 후 산란(평균 8마리 정도)
- 유충이 갱도 주위에 퍼져 있는 곰팡이를 먹고 자람
- 대부분 5령의 노숙유충이 월동
- 매개충이 변재부에 곰팡이를 감염시키면 침입갱도를 따라 퍼지고 도관(수분과 양분의 상승을 막음)을 막아 시들어 고사

16) 대추나무 · 오동나무 빗자루병

구분	특징
병원	*Phytoplasma*
기주 식물	대추나무, 오동나무
주요 병징	• 황록색의 극히 작은 잎이 달려 있는 가느다란 가지가 빗자루 모양으로 총생 • 꽃눈이 잎으로 변하여 개화 결실이 안 됨 • 외부로 보이는 표징은 없음
병환	• 병원체가 나무 전체에 분포하는 전신병 • 병든 모수로부터 접수(삽수, 분주 등)를 채취하여 심으면 감염 • 대추나무 빗자루병의 매개충 : 마름무늬매미충 • 오동나무 빗자루병의 매개충 : 담배장님노린재 • 어린 나무에 발병 시 2~3년 내에 고사 • 큰 나무도 열매를 맺지 않고 수년 내에 고사
방제법	• 병든 나무에 옥시테트라사이클린계(Oxytetracycline－HCL) 항생제를 융고 직경에 수간주입함 • 분주(포기나누기)묘는 감염되지 않은 나무에서만 채취 • 땅속 전염이 우려되므로 밀식을 피함 • 6월 중순~10월 중순 : 마름무늬매미충 • 7월 상순~9월 하순 : 담배장님노린재 → 매기충이 가장 많이 서식하는 시기에 살충제 살포

〈잎의 병징(오른쪽)〉

17) 뽕나무 오갈병

구분	특징
병원	*Phytoplasma*
기주 식물	뽕나무
주요 병징	• 병든 수목의 잎은 작아지고 쭈글쭈글(담록색~담황색)해짐 • 잎에 결각이 없어지며 둥글어지고 잎맥의 분포가 작아짐 • 가지의 발육이 약해지고 마디가 짧아지며, 잔가지가 많이 나와 빗자루 모양이 됨
병환	• 마름무늬매미충 → 매개곤충에 의한 전염 • 접목으로 전염(종자, 토양, 즙액 전염은 없음) • 뽕나무의 무서운 병 • 감염되면 회복이 어렵고 결국 고사 • 병든 잎은 사료 가치가 떨어짐
방제법	• 이병식물 소각 • 저항성 품종 식재 • 질소질 비료 과용을 피함 • 매개충 전문약제 사용

TIP

수목병의 병해 총정리(병원균에 따른 분류)

병원균	식물병
난균	모잘록병
진균	참나무 시들음병
진균(자낭균)	소나무 잎떨림병, 잣나무 잎떨림병, 벚나무 빗자루병, 호두나무 탄저병, 밤나무 줄기마름병, 흰가루병, 낙엽송 가지끝마름병, 그을음병
진균(담자균)	소나무 잎녹병, 잣나무 털녹병, 포플러 잎녹병, 아밀라리아 뿌리썩음병
진균(불완전균)	모잘록병, 푸사리움 가지마름병, 소나무 잎마름병
세균	뿌리혹병(근두암종병)
파이토플라스마	대추나무 빗자루병, 오동나무 빗자루병, 뽕나무 오갈병
선충	뿌리썩이선충병, 소나무 재선충병(소나무 시들음병)

07 기생성 종자식물의 병해

Key Word

겨우살이 / 새삼(기생성 덩굴식물)

1) 겨우살이

구분	특징	
병원	*Loranthus yadoriki* 등	 〈기주식물에서 발아한 겨우살이〉
기주식물	참나무 등 활엽수류(오리나무, 버드나무, 팽나무 등), 소나무, 전나무	
주요병징	• 기주식물의 가지 위에서 발아 • 기생근이 생겨 기주체의 피층을 관통하여 침입하여 수목의 양분, 수분 흡수 • 수목의 가지에 기생 • 기생부위가 이상비대하고 병든 윗부분은 위축되면서 말라 죽음 • 참나무류에 가장 피해가 심함	

2) 새삼(기생성 덩굴식물)

구분	특징	
병원	*Cuscuta japonia*	 〈다른 식물을 감고 자라는 모습〉
기주식물	초본 콩과 식물	
주요병징	• 일년초, 철사와 같고 황적색 • 흰꽃은 8~9월에 피어 흰 덩어리와 같음 • 기주식물의 조직 속에 흡근을 박고 양분을 섭취 • 줄기 기생 : 겨우살이, 새삼 • 뿌리 기생 : 오리나무 더부살이	
방제법	• 포장에 채종한 공씨를 채로 쳐서 실새삼의 종자가 혼입되지 않도록 함 • 잡초에도 기생하므로 피해를 입은 잡초를 제거	

PART 02

농림해충학

P l a n t P r o t e c t i o n

CHAPTER 01

곤충 일반

Key Word

곤충의 번성 원인 / 곤충의 구조

01 곤충의 진화 및 번성

기출 20년 기사 1 · 2회 28번

다음 중 곤충강으로 분류되지 않는 것은?

① 먹줄왕잠자리
② 벼물바구미
③ 꿀벌
④ 지네

답 ④

1. 곤충의 출현 및 진화

① 지구상 곤충 출현은 약 4억 년 전이며, 날개가 없는 무시류 곤충에서 날개가 진화된 유시류로 변화되면서 날개로 인해 분산능력이 강화되고 새로운 환경에 적응이 쉬워져 선점의 기회가 많아지게 되었고 다양한 종이 형성되었다.

② 초기 날개에서 신시류의 날개(접을 수 있는 날개)로 인해 날개를 보호하고 좁은 공간에 몸을 숨길 수 있게 되었으며, 이때부터 다양한 목들이 나타나게 되었다.

2. 곤충의 번성 원인

① 키틴질의 외골격이 발달하여 몸을 보호한다.
② 소형이며 날개가 발달하여 생존 및 종족의 분산에 유리하다.
③ 세대가 짧고 산란수가 많다.
④ 몸의 구조적인 적응력이 좋다. 특히, 불리한 환경에 적응하기 위해 휴면(또는 변태)을 한다.
⑤ 몸의 크기가 작아 소량의 먹이로 활동이 가능하다.
⑥ 종의 증가가 유리하다.

3. 곤충의 산업적 이용과 가치

1) 이로운 익충으로의 이용

① 기능식품 : 곤충이 생산하는 꿀, 로열젤리, 프로폴리스 등이 있다.
② 옷감 : 누에나방을 활용해 실을 뽑아 생산한 실크는 옷감으로 활용된다.
③ 의료약품 : 키틴은 곤충의 외골격 구성 성분으로 상처 치료제 및 의료약품을 만드는 데 활용된다.

2) 식용 곤충으로의 이용

밀웜, 메뚜기, 동충하초, 식용 누에 번데기 등의 곤충을 식용으로 활용해 다양한 영양분 섭취를 돕고 있다.

02 곤충의 구조적 특징 및 기능

1. 몸의 구조 및 일반적 특징

① 곤충은 동물학상 절족 동물문의 곤충강에 속한다.

② 곤충 몸의 구조

- 머리, 가슴, 배의 3마디로 구성
- 머리 : 입틀(구기), 1쌍의 겹눈, 1～3개의 홑눈, 1쌍의 촉각(더듬이)
- 가슴 : 앞가슴, 가운데가슴, 뒷가슴의 3부분과 날개, 다리, 기문 등의 부속기로 구성

날개	가운데가슴, 뒷가슴에 1쌍씩 총 2쌍
다리	앞가슴, 가운데가슴, 뒷가슴에 각각 1쌍씩 총 3쌍(보통 5마디)

- 배 : 보통 10개 내외의 마디로 되어 있으며 기문, 항문, 생식기 등의 부속기관이 있음

③ 내부 순환계는 소화계, 순환계, 호흡계, 신경계 등이 있다.

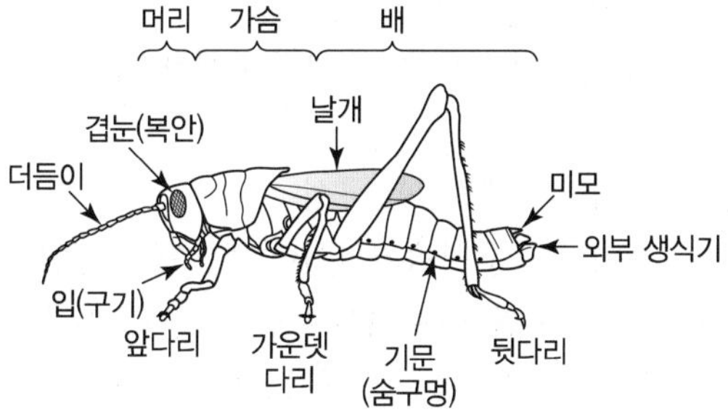

[그림 1-1] 곤충의 외부 구조

2. 외피(체벽)의 구조

① 외피는 곤충의 뼈와 같은 역할을 하며, 이를 외골격이라고 한다.

② 외피(체벽)의 기능

- 외부 충격 및 병원균으로부터 몸을 보호한다.
- 작은 크기의 곤충은 체표면적이 작아 건조에 쉽게 수분을 잃을 수 있으므로 외피(체벽)는 탈수를 방지해 주는 기능을 한다.
- 센털(강모) 등에 의해 외부로부터의 자극을 내부로 전달하는 기능을 한다.
- 외피(체벽)는 단단한 부분과 부드러운 부분을 동시에 갖고 있어 유연한 움직임을 할 수 있도록 도와준다.

1) 표피(큐티클)

① 곤충의 체벽 중 표피(큐티클)는 몇 개의 층으로 구성되어 있으며, 기능으로는 수분의 탈수를 방지하고, 탈피를 통해 성장을 하게 된다.

기출 20년 기사 3회 39번

다음 중 체내 수분 증산을 억제하는 표피층 구조로 가장 옳은 것은?

① 원표피층 ② 외원표피층
③ 외표피층 ④ 내원표피층

답 ③

② 표피(큐티클)는 날개 및 체벽을 구성하는 주요 요소이며 기관지, 소화계(전장, 후장), 내돌기 및 일부 분비샘을 구성한다.

㉠ 표피층

- 상표피(외표피, 상큐티클) : 가장 바깥쪽에 위치한 층으로 시멘트층과 왁스층이 함께 존재하며 지질과 단백질로 구성되어 있다. 건조 시 탈수 방지 및 빗방울이 떨어질 수 있도록 하는 역할을 함
- 원표피 : 단백질과 키틴으로 구성되어 있으며 상표피 아래에 위치한 표피층
  - 외원표피층(외큐티클) : 색소(색소 함유) 침착이 생겨 진한 색을 띠게 하는데 비수용성
  - 내원표피층(내큐티클) : 미세섬유의 배열로 구성된 박막층 구조이며, 원표피 안에 형성된 표피로 외원표피보다 두꺼우며, 색은 없고, 탈피 과정 시 재활용 가능

㉡ 진피층(표피세포) : 내원표피 아래에 위치하며 단층세포로 구성되어 있다. 진피는 큐티클층을 구성하는 중요한 역할을 하며, 탈피 과정 내 내원표피를 재흡수하여 일부를 재사용하는 역할을 한다.

- 상피세포 : 피부 구성 물질로, 단백질과 분해효소를 분비, 표피 조직의 재생 역할을 함
- 피부선 : 외표피의 시멘트층을 구성
- 특수세포 : 표피의 각종 부속기관이나 체표 돌기에 관여함

㉢ 기저막 : 진피 아래에 위치하는 얇은 막으로, 외골격과 체강을 구분시켜 준다. 혈구에서 분비하는 점액다당류와 콜라겐으로 구성되어 있으며, 물질의 투과에 관여하지 않는다.

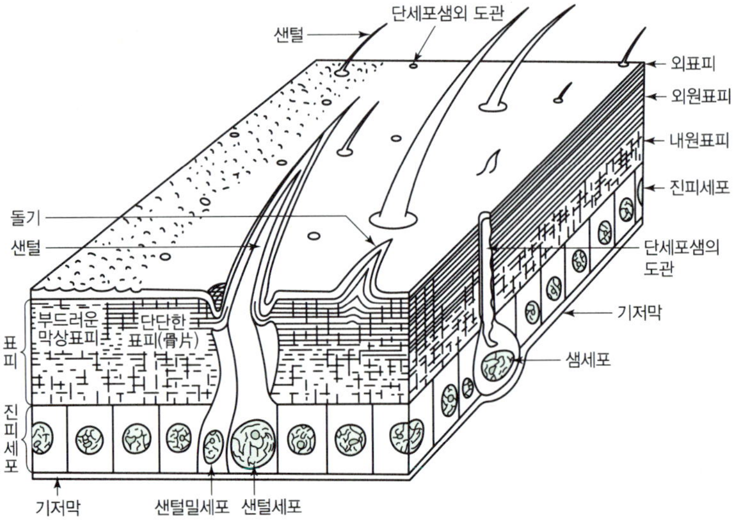

[그림 1-2] 곤충의 표피

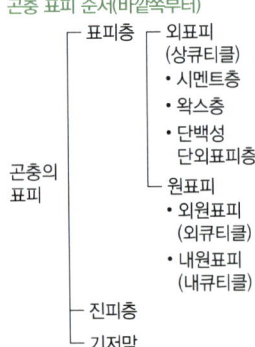

기출 19년 기사 2회 27번

곤충의 표피 중 가장 바깥쪽에 있는 것은?

① 왁스층 ② 원표피
③ 기저막 ④ 시멘트층

답 ④

TIP

곤충 표피 순서(바깥쪽부터)

- 곤충의 표피
  - 표피층
    - 외표피 (상큐티클)
      - 시멘트층
      - 왁스층
      - 단백성 단외표피층
    - 원표피
      - 외원표피 (외큐티클)
      - 내원표피 (내큐티클)
  - 진피층
  - 기저막

2) 키틴(Chitin)

큐티클의 주 화학성분으로 절지동물의 외골격과 진균류의 세포막 형성 시 사용되는 물질이다. 상표피와 외원표피의 단백질이 퀴논과 반응하여 경화 과정을 거쳐 큐티클의 강도가 더욱 강해진다. 경화 과정에는 멜라닌 색소 침전으로 외원표피의 색이 주로 짙은 갈색을 띠게 된다.

3. 체절(몸마디)

곤충의 체절은 여러 마디로 구성되어 있는데 분절을 통해 부드러운 관절간막으로 연결되어 유연하게 활동하게 된다. 곤충은 머리, 가슴, 배로 나뉘게 되며, 각각의 다양한 기관으로 연결되어 있다.

4. 머리

곤충의 머리는 단단하게 경화되어 있으며, 겉에는 시각과 촉각 등을 느낄 수 있는 감각기관이 있고, 안쪽에는 뇌와 신경계를 가지고 있다.

1) 더듬이

① 촉각을 통한 감각구조로 머리 앞쪽 또는 위쪽에 한 쌍씩 있으며 감각모를 통해 페로몬, 냄새, 풍속, 풍향, 진동, 습도 등을 감지하게 된다.

② 더듬이는 3마디, 즉 밑마디(Scape), 흔들마디(Pedicel), 채찍마디(Flagellum)가 있고, 채찍마디는 여러 개의 마디로 구성되어 있다.

- 밑마디(제1절 : 기절) : 머리로부터 더듬이를 외부로 연결시켜 주는 첫 마디
- 흔들마디(제2절 : 경절) : 대부분 곤충은 존스턴 기관(소리감지기관)을 가지고 있음
- 채찍마디(제3절 : 편절) : 냄새를 감지하는 기관이 발달함

③ 더듬이는 종에 따라 모양이 다양하며 종류는 다음 표와 같다.

[표 1－1] 더듬이와 해당 곤충의 종류

더듬이 종류	형태	곤충 종류
사상		바퀴목, 강도래목, 흰개미붙이목, 노린재, 집게벌레목 등
		잠자리목, 매미목, 하루살이목 등
염주상		민벌레목, 흰개미목, 벌목(잎벌과) 등
곤봉상		나비 등

용어설명

존스턴 기관(Johnston's organ)
- 청각기관
- 수컷이 암컷의 날개소리를 듣도록 잘 발달되어 있음
- 더듬이의 팔굽마디에 존재
- 모기나 파리 등의 수컷에 발달

TIP

나비와 나방의 차이점
더듬이가 곤봉상이면 나비, 그렇지 않으면 나방으로 구별된다.

2) 눈의 구성

눈은 성충으로 갈수록 퇴화된 경우가 있지만 보통 낱눈이 모여 겹눈(복안)을 형성하고 일반적으로 한 쌍씩 가지고 있으며, 홑눈(단안)을 몇 개 가지고 있는 경우도 있다. 겹눈(복안)에 해당하는 낱눈은 곤충에 따라 가지고 있는 수가 다양하며, 홑눈(단안)은 보통 2~3개이지만 없는 종도 있다.

[표 1-2] 홑눈과 겹눈

구분	특징
홑눈	빛 또는 움직임을 감지하며 수정체가 없고 원시적 구조를 가짐
겹눈	'복합눈'이라고 하며 렌즈와 수정체를 가진 작은 홑눈이 모여서 자외선, 색을 감지함

3) 입

입은 섭취하는 방법에 따라 크게 저작구형(씹어 먹는 형태), 흡기구형(빨아먹는 형태)으로 나뉘며, 서식환경에 영향을 받는다.

① **저작구형(씹는 형)** : 큰턱, 작은턱, 윗입술, 아랫입술로 구성되어 있다.
- 큰턱 : 식물 조직을 자르거나 뜯어 씹어 먹으며, 경우에 따라서는 공격 및 방어의 기능을 함
- 작은턱 : 음식을 잘게 부수고, 입 안으로 넣는 기능을 함
- 윗입술 및 아랫입술 : 입틀을 감싸는 기능을 함
- 침샘 : 아랫입술과 혀 사이에 있으며 소화효소를 분비하는 기능을 함
- 혀 : 보통 입틀 속에 있음

② **흡기구형(빠는 형)** : 식물 조직 속의 즙액을 빨아먹는 형태의 입틀이다.

[표 1-3] 입틀의 형태에 따른 곤충의 종류

형태	특징	곤충 종류
저작구형	• 씹어 먹는 형 • 큰턱이 잘 발달되어 자르고 부수는 기능을 함 • 농림해충상 주요 해충이 많이 속함	나비류 유충, 풍뎅이, 메뚜기 등
저작 핥는 형	• 씹고 핥는 형 • 먹이를 자르기 쉽고 편리하게 되어 있는 큰턱이 잘 발달된 경우 • 긴 주둥이 모양의 작은턱과 아랫입술	꿀벌, 말벌 등
흡취형	• 핥아먹는 형 • 침으로 녹일 만한 음식이나 액체를 주로 섭취	집파리 등
여과구형	• 여과를 통해 영양을 섭취하는 형 • 물속에 있는 미생물을 여과시키는 형태	수서곤충 등
절단흡취형	잘라서 빨아먹는 형	모기, 벼룩, 등애 등 (위생해충)

형태	특징	곤충 종류
자흡구형	• 식물의 즙액을 흡즙하는 특징으로 윗입술, 큰턱, 작은턱이 하나의 바늘모양으로 변형된 형태 • 농림해충상 주요 해충이 많이 속함	멸구류, 진딧물류, 깍지벌레류, 매미충류 등
흡관구형	작은턱의 바깥조직이 긴 관(빨대주둥이, 코일주둥이)을 가지고 있으며 사용하지 않는 경우에는 말려 있음	나비, 나방 등

5. 가슴

가슴은 모두 세 개의 마디로 구성되어 있으며 앞가슴(전흉), 가운데가슴(중흉), 뒷가슴(후흉)으로 되어 있다. 앞가슴에는 앞다리, 가운데가슴에는 가운데다리, 뒷가슴에는 뒷다리가 각각 한 쌍씩 있으며, 가운데가슴과 뒷가슴에 각각 한 쌍씩(앞날개, 뒷날개) 날개가 있다. 원시적 곤충에는 날개가 없지만 진화된 곤충에는 있는데 일부는 퇴화되기도 했다.

1) 다리

곤충의 다리는 성충, 약충, 유충 모두 가슴 마디마다 한 쌍씩 모두 6개가 존재하나 퇴화된 종도 있다. 애벌레 중에서 배다리를 갖고 있어 다리의 역할을 하는 경우도 있다. 하지만 응애와 같이 거미류는 다리가 8개(4쌍) 존재하는데 유충 시기에는 6개(3쌍)의 다리를 가지고 있는 경우도 있다.

① **다리의 위치** : 각 가슴마다 한 쌍씩 모두 6개(3쌍)

② **다리의 기본구조(몸부터 시작)** : 밑마디(기절) → 도래 마디(전절) → 넓적 마디(퇴절) → 종아리 마디(경절) → 발마디(부절)

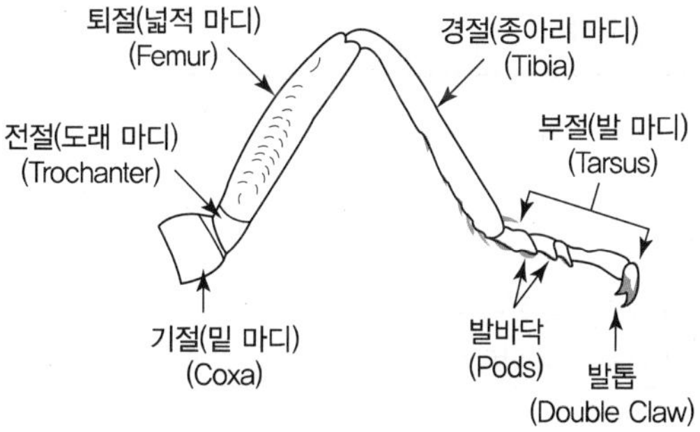

[그림 1-3] 곤충의 다리 구조

기출 21년 기사 2회 38번

곤충의 다리는 5마디로 구성된다. 몸통에서부터 순서가 올바르게 나열된 것은?

① 밑마디 – 도래마디 – 넓적마디 – 종아리마디 – 발마디
② 밑마디 – 넓적마디 – 발마디 – 종아리마디 – 도래마디
③ 밑마디 – 발마디 – 종아리마디 – 도래마디 – 넓적마디
④ 밑마디 – 종아리마디 – 발마디 – 넓적마디 – 도래마디

답 ①

[표 1-4] 곤충 다리의 형태별 특징

다리 형태	특징
보행형	• 걷는 데 사용되는 다리 • 주로 가늘고 긴 형태
도약형	• 뒷다리가 점프하기 좋게 발달된 형태 • 넓적다리 마디가 굵음 예 메뚜기
경주형	• 달리기 용이하도록 되어 있음 • 근육이 발달되어 있음
포획형	앞다리가 먹이를 잡기 용이하도록 되어 있음 예 사마귀
파악형	종아리마디와 발목마디를 활용하여 잡기 용이하도록 되어 있음 예 동물에 붙어 있는 "이"
굴착형	앞다리가 땅을 파기 용이하도록 되어 있음 예 땅강아지
유영형	물속에서 헤엄치기 용이하도록 되어 있음
흡반형	• 앞다리에 동그란 흡착형 고무판들이 여러 개 있음 • 매끄러운 부분에 흡착이 잘 되어 암컷 교미 시 활용 예 물방개
화분수집형	뒷다리에 꽃가루주머니의 센털이 나 있어 꽃가루 수집하기에 용이함 예 꿀벌

2) 날개

곤충의 날개는 기본적으로 비행을 위해 만들어졌으며 앞가슴에는 날개가 없고, 가운데가슴에 한 쌍의 앞날개, 뒷가슴에 한 쌍의 뒷날개가 있다.

[표 1-5] 날개의 종류별 특징

종류	특징
굳은 날개	• 딱지날개(시초) • 딱정벌레 앞날개처럼 경화된 단단한 형태 • 뒷날개를 보호하는 역할을 함
반굳은 날개	• 노린재의 앞날개(반시초) • 기부 쪽이 단단하지만 정단부 쪽은 막질로 부드러운 날개
두텁날개	• 가죽날개(혁시) • 메뚜기, 바퀴, 사마귀 등의 앞날개 • 주로 뒷날개 보호의 기능 • 가죽처럼 두터운 날개로 잘 찢어지거나 부서지지 않음

기출 21년 기사 2회 30번

곤충 날개가 두 쌍인 경우 날개의 부착 위치는?

① 앞가슴에 한 쌍, 가운데가슴에 한 쌍이 붙어 있다.
② 가운데가슴에 한 쌍, 뒷가슴에 한 쌍이 붙어 있다.
③ 앞가슴에 한 쌍, 뒷가슴에 한 쌍이 붙어 있다.
④ 가운데가슴에만 붙어 있다.

답 ②

종류	특징	
기타	파리류 평균곤	뒷날개가 퇴화된 형태, 몸의 균형을 잡는 데 활용
	부채벌레 평균곤	앞날개가 퇴화된 형태
	딱정벌레류, 집게벌레류	앞날개가 경화(시초)되어 있음
	나비, 나방류 날개	센털(인편)로 변형되어 날개를 덮고 있음 → 다양한 색 또는 무늬를 내며, 종 간 경고색 및 보호색 기능을 함
	기생성 곤충	벼룩과 이는 날개가 2차적으로 퇴화됨
	날개가 없는 곤충	하등곤충

6. 배

곤충의 배는 7~11마디로 구성되어 있으며 배 뒤쪽은 교미와 산란에 사용되고, 항문을 통해 배설한다. 곤충의 종류에 따라 배 끝에 미모(꼬리털, 꼬리돌기)가 존재하는 것도 있으며, 애벌레는 배다리가 있다.

1) 생식기

11번째 마디의 경판은 항문으로 구성되어 있지만 항문 주변에 경판으로 항문위판(항문상판), 항문옆판(항문측판)으로 되어 있는데, 이 부분에 생식기가 위치하여 교미를 하게 된다.

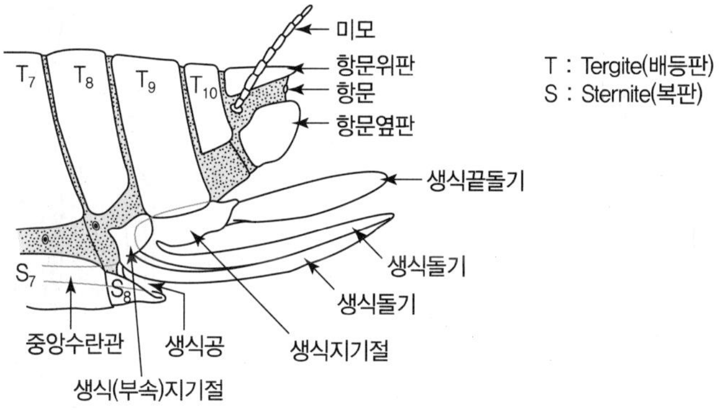

[그림 1-4] 곤충 생식기의 구조

2) 부속지

곤충의 부속지에는 배다리, 미모(촉각의 역할, 방어 및 교미를 돕는 역할), 도약기(톡토기목에서 발견)와 뿔관(방어물질을 내는 부분) 등 특별한 부속지가 있다.

7. 곤충강과 거미강의 특징 비교

곤충과 거미는 다른 구조적 특징을 가지고 있기 때문에 엄연히 구별된다. 그 구조적 특징은 [표 1-6]과 같다.

기출 22년 기사 1회 22번

거미와 비교한 곤충의 특징으로 가장 거리가 먼 것은?

① 겹눈과 홑눈이 있다.
② 변태를 하는 종이 있다.
③ 4쌍의 다리를 가지고 있다.
④ 몸이 머리, 가슴, 배 3부분으로 되어 있다.

답 ③

기출 19년 기사 1회 28번

거미와 비교한 곤충의 일반적인 특징이 아닌 것은?

① 머리에는 입틀, 더듬이, 겹눈이 있다.
② 배마디에는 3쌍의 다리와 2쌍의 날개가 있다.
③ 곤충은 머리, 가슴, 배의 3부분으로 구성되어 있다.
④ 곤충은 동물 중에 가장 종류가 많으며, 곤충강에 속하는 절지동물을 말한다.

답 ②

[표 1-6] 곤충강과 거미강의 구조적 특징

구분	곤충강	거미강
몸의 구조	머리, 가슴, 배(3부분)	머리가슴, 배(2부분)
더듬이	1쌍	없음
눈	겹눈과 홑눈	홑눈(겹눈이 없음)
마디	가슴과 배에 마디가 있음	보통 마디가 없음
다리	5마디, 3쌍	6마디, 4쌍
날개	보통 2쌍	없음
생식기	배 끝에 있음	배 앞부분에 있음
호흡기	몸 옆(기관, 숨문이 위치함)	배 아래쪽(기관, 허파가 위치함)
독선	있는 경우 배 끝에 있음	큰턱 또는 머리가슴
변태	대부분 탈피(변태)를 함	하지 않음

03 곤충의 내부구조 및 기능

1. 곤충의 내부구조

곤충 내부는 각 기능에 따라 감각계와 신경계, 소화계, 기관계, 순환계, 생식계, 내분비계 등으로 분류된다.

1) 감각계와 신경계

(1) 감각계

곤충의 감각계는 물리적(기계적) 감각, 화학적 감각, 시각적 감각, 온도 및 열에 대한 감각으로 나뉜다.

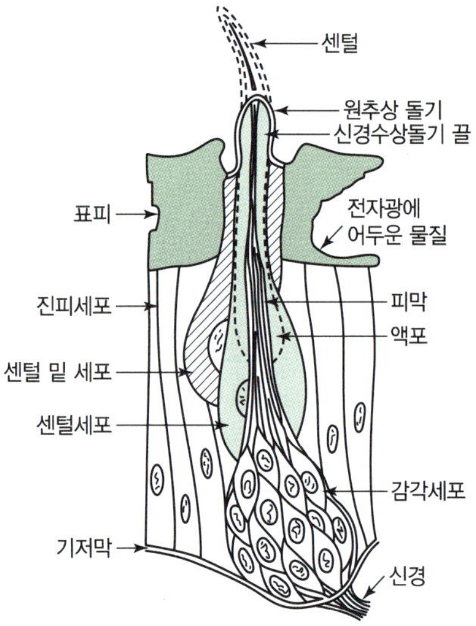

[그림 1-5] 감각계의 구조

① **물리적 감각** : 촉각 및 중력, 압력, 위치변화, 소리, 진동 등의 감각 수용을 의미하는데, 그 예로 존스턴 기관 및 고막 등이 있다.

② **화학적 감각** : 곤충의 화학적 신호의 대표적인 것이 페로몬(Pheromone)인데 종류로는 카이로몬(Kairomone), 알로몬(Allomone), 시노몬(Synomone) 등이 있고, 이것을 총칭하여 '신호물질'이라고 한다.

③ **시각적 감각** : 시각적 자극은 눈을 통해 받아들여지는데, 곤충의 낱눈에는 색소세포, 광수용기, 간상체, 등이 역할을 하여 상을 구성해 신경을 통해 뇌로 전달한다.

④ **열감각** : 적외선, 즉 열이 발생하는 파장을 감지하는 것으로 다리, 더듬이, 몸통에서 온도를 파악한다.

⑤ **감각기관**

- 곤충의 감각기관은 중추신경에 의해 지배를 받는다.
- 접촉과 관련된 감각수용기로는 모감각기(Trichoid sensillum)가 대표적이다.
- 위치를 감지하는 감각기로는 종상감각기 등 몇 가지 유형의 감각수용기가 있다.
- 공기나 물의 진동을 감지하는 자기수용기로는 현음감각기(막대감각기, Scolopidium)들로 구성된 현음기관이 있으며, 대표적으로 존스턴 기관(Johnston's organ), 고막(Tympanum) 등이 있다.

(2) 신경계

- 신경계를 구성하는 뉴런(Neuron)은 수상돌기(Dendrite)와 축삭돌기(Axon)로 되어 있고 감각뉴런, 연합뉴런, 운동뉴런, 신경분비세포로 구성된다.
- 외부자극을 감각뉴런이 받아들여 반응하고 신호를 전달하면 운동뉴런에 의해 운동정보가 전달되는데 이 사이에 뉴런과 뉴런을 잇는 연합뉴런이 존재한다. 또한 신경분비세포는 여러 곳에서 신경호르몬을 분비해 신경자극을 화학물질로 변경시켜준다.
- 곤충의 신경계는 중앙신경계, 내장신경계, 주변신경계로 나뉜다.

① **중앙신경계(중추신경계)**

- 신경의 중심부로서 신경절과 신경선으로 구성되는데 신경절은 몸의 마디마다 한 쌍씩 있고, 그 사이를 한 쌍의 신경선(신경색)이 이어주고 있다. 머리부터 배끝까지 이어져 있고, 뇌는 신경절이 모여서 구성된다.
- 뇌는 전대뇌, 중대뇌, 후대뇌로 되어 있다.

[표 1-7] 뇌의 구성

구분	특징
전대뇌	겹눈과 홑눈의 시신경을 통해 광를 받아들이는 역할을 함
중대뇌	더듬이로부터 감각과 운동축색을 받아들임(촉감각 담당)
후대뇌	• 내장 신경계와 뇌를 연결해 줌 • 윗입술과 전위를 담당

② **내장신경계(교감신경계)**

내장신경계는 장, 내분비기관, 생식, 호흡계를 담당하며 구성으로는 곤충의 윗부분부터 전위신경계(위장신경계), 복부교감신경계(복면내장신경계), 꼬리교감신경계(미부내장신경계)로 되어 있다.

③ **주변신경계(말초신경계)**

중앙신경계와 내장신경계의 신경절에서 뻗은 여러 개의 신경들로 구성되어 있다.

기출 20년 기사 1 · 2회 33번

곤충의 뇌는 전대뇌, 중대뇌, 후대뇌의 3개의 신경절로 되어 있다. 후대뇌의 역할로 가장 옳은 것은?

① 시감각에 관여
② 청감각에 관여
③ 소화기 운동에 관여
④ 촉감각에 관여

답 ③

기출 22년 기사 1회 30번

식도하신경절에 의해 운동신경과 감각신경의 지배를 받지 않는 기관은?

① 큰턱 ② 작은턱
③ 더듬이 ④ 아랫입술

답 ③

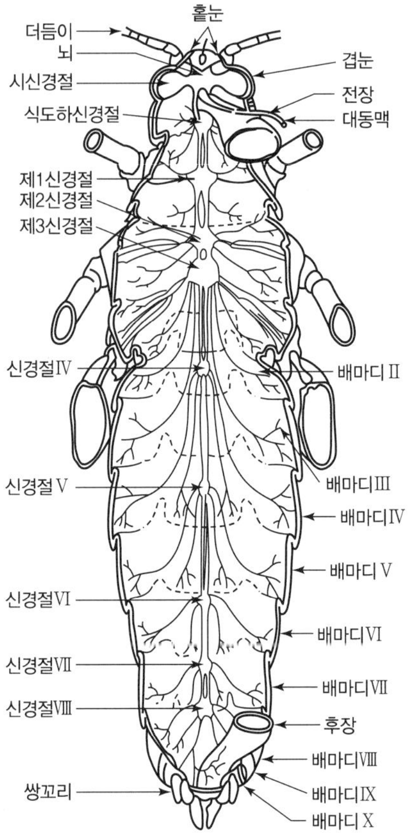

[그림 1-6] 해충의 신경계

기출 20년 기사 1 · 2회 36번

곤충이 탈피할 때 새로운 표피로 대체(代替)되지 않는 기관은?

① 식도 ② 전소장
③ 직장 ④ 맹장

답 ④

2) 소화계 : 소화기관(장)

소화를 담당하는 장은 크게 전장(전위), 중장(중위), 후장으로 구성된다. 보통 전장은 음식 섭취 후 임시보관 또는 음식을 중장으로 넘겨주며, 중장은 소화, 흡수를 담당한다. 후장은 음식찌꺼기와 말피기소관을 통해 재흡수 및 배출을 하게 된다.

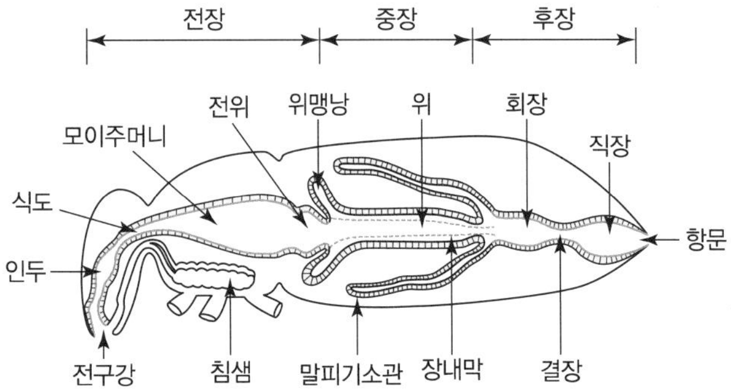

[그림 1-7] 소화기의 구조

[표 1-8] 장의 위치별 특징

구분	특징	
전장(전위)	• 입을 통해 들어간 음식물을 인두로 삼켜 식도로 보낸 후 모이주머니(소장)에서 일시 저장한 후 전위에서 잘게 부순 후 중장으로 넘어감 • 전장에는 많은 선세포가 발달되어 있음 • 전위는 전장과 중장 사이에 역류를 막아 주며, 단단한 이빨돌기가 형성되어 있어 분쇄 기능과 함께 역류를 막아주는 역할을 함 • 분문판 : 중장에 들어온 음식물의 역류를 막는 역할을 함	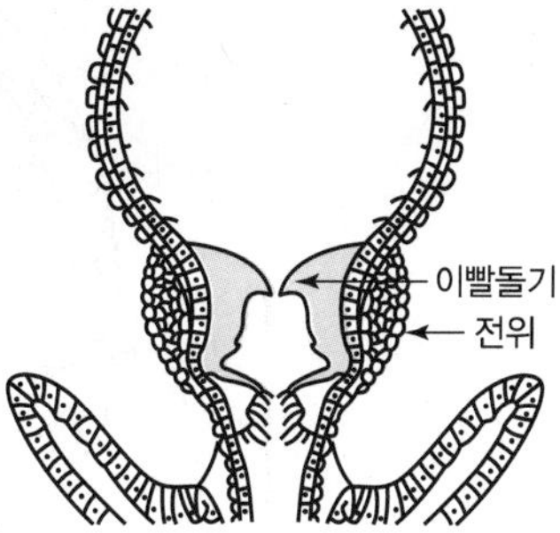
중장(중위)	• 소화효소를 분비하여 음식물의 소화가 일어나는 곳 • 영양분을 분해하고 흡수하는 기능을 담당함	
후장	• 소화관의 가장 끝에 위치하며 물이나 염 등의 물질을 흡수하고 찌꺼기를 배설하는 기관(배설기관) • 전소장과 직장, 항문으로 구성됨 • 윤문판(윤문벨트) : 음식물의 반입을 조절하며 중장과 후장 사이에 위치함 • 요산, 암모니아, 요소의 형태로 배설함	
	말피기소관 (말피기세관, 말피기관)	• 곤충 체간 내에 비틀림 운동을 함 • pH 또는 무기이온 농도를 조절 • 배설작용을 돕는 기관 • 곤충의 중장과 후장 사이에 위치한 소화계 • 주로 질소대사산물을 물에 녹지 않는 요산의 형태로 배출 • 말피기관이 없는 곤충도 있음 • 물과 무기이온을 재흡수하여 조직 내의 삼투압 조절(말피기관 말부)

주 1) 곤충의 소화기관
- 전장, 중장, 후장 → 소화관
- 타액선(침샘), 말피기관 → 부속선

2) 탈피 시 기관 형성
- 전장과 후장은 외배엽의 함몰에 의해 발생
- 내면에 표피(큐티클)가 있고, 탈피 시 새로운 표피로 대체됨
- 중장은 내배엽에 기원하여 발생하고 표피가 없음

3) 타액선(唾液腺)
- 타액을 분비하는 곳으로 식도 · 인두 및 구강 내에 존재함
- 나비목과 벌목의 유충은 이곳에서 견사(絹絲)를 분비하여 유충의 집(巢)을 만듦
- 흡혈성인 파리목의 곤충은 피를 빨 때 혈액의 응고를 막는 액을 분비함

3) 기관계(호흡계)

곤충의 호흡을 담당하는 곳을 기관계라고 하며, 곤충의 호흡은 가슴과 배마디 양쪽에 있는 기문을 통해 바깥쪽 공기가 안으로 들어와 온몸에 있는 기관지를 통해 세포까지 전달되는 수동적 호흡으로 이루어진다.

기출 20년 기사 1 · 2회 34번

곤충의 중장과 후장 사이에 분포하여 배설작용을 하는 기관은?

① 타액선 ② 말피기씨관
③ 직장 ④ 소장

답 ②

기출 22년 기사 1회 37번

곤충의 배설계에 대한 설명으로 옳지 않은 것은?

① 말피기관의 끝은 막혀 있다.
② 지상곤충은 주로 질소대사산물을 암모니아 형태로 배설한다.
③ 말피기관은 중장과 후장의 접속부분에서 후장에 연결되어 있다.
④ 말피기관 밑부와 직장은 물과 무기이온을 재흡수하여 조직 내의 삼투압을 조절한다.

답 ②

기출 19년 기사 4회 40번

곤충 체내조직에 산소를 운반하는 곳으로 가장 적절한 것은?

① 폐쇄 혈관계
② 개방 혈관계
③ 기관계
④ 혈구

답 ③

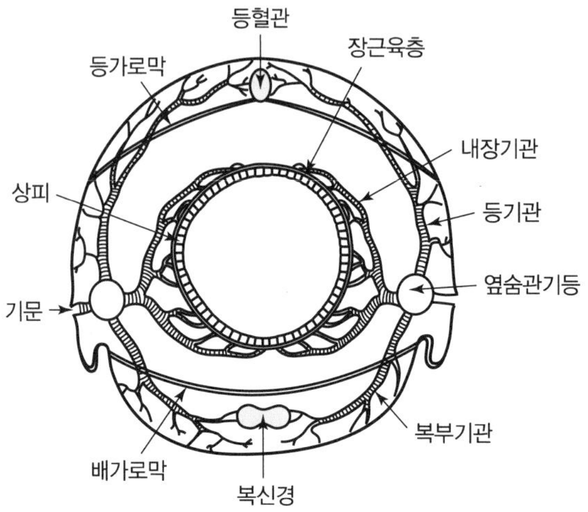

[그림 1-8] 기관계의 구조

[표 1-9] 기관계의 구성

구분	특징
기문	• 개방기관계를 가지고 있음 • 가운데가슴과 뒷가슴에 각각 1쌍씩(2쌍), 배에 8쌍으로 최대 10쌍이 있음 • 수서곤충은 하나의 기문만 가지고 있는 것도 있음 • 모기붙이류의 유충은 기문이 없음
기관(기낭)	• 공기주머니 • 몸의 양쪽 옆에 세로 기관을 가지고 있음
기관소지	끝이 막힌 형태이며 산소를 근육 등으로 보내는 역할을 함

기출 21년 기사 1회 31번

일반적으로 곤충의 가운데가슴 마디에 있는 기문(Spiracle) 수는?

① 1쌍 ② 5쌍
③ 8쌍 ④ 12쌍

답 ①

[표 1-10] 기능에 따른 기문의 분류

구분	특징
개구식	• 기문이 열린 형태 • 종류 : 기문식(파리목 유충), 전기문식(파리목 번데기), 후기문식(모기 유충)
폐쇄식	• 기문이 없는 형태[무기문식(無氣門式)] • 종류 : 물방개, 강도래, 실잠자리, 기생벌 등

4) 순환계

(1) 특징

① 곤충은 체강(Body cavity), 즉 혈강을 가지고 있어 체액과 함께 순환하는 방식의 개방순환계를 가지고 있다. 따라서, 기관이나 진피의 얇은 기저막을 통해 혈액과 물질교환이 일어난다.

② 등혈관(위쪽혈관, 상혈관)은 뒤쪽(등쪽)에 심장이 위치하며 앞쪽이 대혈관으로 심장은 심문의 작은 구멍이 좌우에 있으며 이 구멍을 통해 혈액(체액)이 통과하고 심장 박동에 의해 대혈관 쪽으로 밀어낸다.

③ 혈액(체액)은 머리 안 위쪽에서 시작하여 더듬이, 다리, 날개 등으로 이동하여 전체적으로 돌아 심장의 심문으로 들어오게 된다.

(2) 혈액(혈구와 혈장)

① 혈구와 혈장으로 구성된 혈액은 산소를 운반하지 않아 보통 헤모글로빈이 없어 투명한 색을 갖고 있지만 간혹 초록, 파랑, 빨강, 노랑 등의 색을 나타내기도 한다.

② 혈액은 영양분과 호르몬의 교환 및 전달의 기능을 하며 노폐물 배출, 간혹 산소 운반을 하기도 한다. 또한 호흡에 의한 공기순환 조절 및 체온 조절과 혈장의 수분, 지질, 당, 아미노산, 유기산, 무기염 등을 보관하는 기능도 한다.

[표 1-11] 혈액의 종류와 기능

구분	기능
혈구(혈구세포)	식균작용, 피낭 형성, 응고작용(상처 치유), 영양분의 저장과 배분(해독작용)
혈장(혈장세포)	수분 보존, 영양분 저장 등

기출 19년 기사 1회 24번

다음 중 곤충의 생식기관이 아닌 것은?

① 심문 ② 저장낭
③ 부속샘 ④ 송이체

답 ①

5) 생식계

① 곤충의 생식은 암수 교미에 의한 유성생식과 교미와 수정 없이 새끼를 낳는 단위생식(단성생식, 처녀생식), 그리고 애벌레 상태에서도 조숙한 생식기관을 갖고 있어 알을 낳는 유생생식 등이 있다.

② 곤충은 교미에 의해 수컷 정자가 암컷의 몸 안에 들어간 후 저장낭에 저장되고 난자가 성숙하면 몸 안에서 수정시킨 후 산란을 하는데 이것을 '체내수정'이라고 한다.

[표 1-12] 곤충의 알 낳는 방식

구분	특징
난생	새끼를 낳지 않고 미성숙한 알을 낳는 것
난태생	곤충의 출생방식으로 알이 몸 안에서 부화되어 애벌레 상태로 밖으로 나오는 것
태생	알 없이 모체 안에서 발육하여 애벌레로 나오는 것

③ 곤충의 생식계는 자성 생식계(암컷의 생식계), 웅성 생식계(수컷의 생식계)로 나뉜다.

TIP

파악기(把握器)
복부 음경 옆에 있으며 수컷이 교미 시 암컷을 잡을 수 있는 기관

[표 1-13] 곤충의 생식계

자성(雌性) 생식계 (암컷의 생식기관)	난소(알집), 수란관, 수정낭	
	난소	미수정란의 알 생산, 몸의 좌우에 1개씩 위치
	수정낭	수컷의 정자를 보관하는 곳
웅성(雄性) 생식계 (수컷의 생식기관)	고환(정집), 수정관, 사정관	
	고환	정자 생산
	저정낭	수정관의 일부가 커져 정액을 저장하는 곳

기출 20년 기사 4회 32번

다음 중 암컷의 생식계에 해당하는 것은?

① 수정낭 ② 정소
③ 수정관 ④ 적응

답 ①

6) 근육계

① 곤충의 몸 마디마디를 연결하는 근육에 의해서 움직인다.

② 곤충은 내장근육, 환절근육, 부속지근육으로 나눌 수 있다.

③ 곤충 근육을 기능에 따라 종주근, 배복근, 측근, 익근 등으로 나뉜다.

7) 분비계

곤충의 분비선은 크게 내분비계와 외분비계로 나뉘며, 체벽의 종류물질과 체내 대사를 위해 혈액을 통해 분비되고 있다.

(1) 내분비계(내분비선)

① 호르몬이란 체내 분비 물질로 곤충의 다양한 생리작용에 관여하며, 적은 양이지만 큰 영향을 주는 물질이다.

② 내분비계의 주축은 신경분비세포, 카디아카체, 알라타체이다. 이들로부터 분비되는 호르몬으로 특히 성장과 생식에 중요한 것으로는 엑디스테로이드류, 유충호르몬 또는 유약호르몬, 신경호르몬이 있다.

[표 1－14] 곤충의 내분비계

구분	특징
신경분비세포	• 신경계의 여러 곳에 분포하지만, 특히 뇌쪽에 많이 모여 있음 • 대부분의 호르몬들이 이곳에서 분비됨 • 신경호르몬은 작은 단백질로, 신경펩타이드라고도 하며 유충호르몬과 엑디손의 분비를 비롯하여 곤충 성장, 항상성 대사 및 생식 등을 총괄하는 주 조절자 역할을 함 －경화호르몬 : 탈피 후 경화에 관여 －이뇨호르몬 : 삼투압 조절에 관여 －알라타체 자극호르몬
카디아카체	• 전흉선자극호르몬, 앞가슴샘자극호르몬을 저장, 분비함 －전흉선자극호르몬은 전흉선으로 이동하여 전흉선의 분비작용을 자극하고, 자극받은 전흉선은 탈피호르몬인 엑디손 같은 엑디스테로이드를 분비함 －난소에서 분비되는 엑디스테로이드는 난항의 축적을 도움
알라타체	• 유충호르몬(JH : Juvenile Hormone)을 분비하는데, 이 호르몬은 변태와 생식을 조절함 －JH 농도가 높으면 유충의 형태적 특징을 유지하면서 변태를 막음 －JH 농도가 낮아지면 그 반대 현상이 생기며 성충에서 JH는 알에서의 난항 축적, 부속샘의 활동 조절, 페로몬 생성 등에 관여함

(2) 외분비계

① 외분비계는 외배엽성 기원으로 분비물을 체외 또는 내장에 보내고 곤충 체표면에 널리 퍼지는데 이것은 곤충의 몸 밖으로 분비하는 종 내 또는 종 간의 신호물질, 즉 화학통신물질을 의미한다.

기출 21년 기사 2회 25번

유약호르몬이 분비되는 기관은?

① 앞가슴샘 ② 외기관지샘
③ 알라타체 ④ 카디아카체

답 ③

기출 20년 기사 1 · 2회 31번

곤충의 알라타체에서 분비되는 호르몬은?

① 유약호르몬
② 뇌호르몬
③ 카디아카체
④ 탈피호르몬

답 ①

기출 22년 기사 2회 27번

누에의 휴면호르몬이 합성되는 곳은?

① 신경분비세포
② 카디아카체
③ 알레로파시
④ 알라타체

답 ①

② 페로몬은 같은 종 안에 통신수단으로 사용되는 신호물질이고, 타감물질은 다른 종에게 신호를 보내는 물질이다. 페로몬은 개체 간의 행동 유발을 하기 위한 수단이므로 무해하여 환경에 영향을 주지 않고 유용한 곤충에게 안전하다.

③ 페로몬은 행동반응에 따라 성페로몬, 집합페로몬, 분산(간격)페로몬, 길잡이페로몬, 경보페로몬, 계급페로몬 등이 있다.

[표 1-15] 곤충 페로몬의 종류

구분	특징
성페로몬	• 종에 따라 이성을 유인할 때 암컷 또는 수컷이 내는 분비물질 • 멀리 있는 개체는 성유인페로몬 분비 • 가까이 있는 경우 교미페로몬(구애페로몬) 분비 • 곤충 자체가 생성하기도 하지만 흡즙식물의 성분에서 얻기도 함
집합페로몬	• 암수 특이성은 없으며, 개체들이 모이고 교미상대를 찾기 위해 분비함 • 적으로는 방어, 기주식물의 먹이 공유에 활용, 사회성 유지 등에 쓰임
분산(간격)페로몬	• 많은 개체가 모인 경우에 분비, 개체가 다른 곳으로 가도록 유도 • 종에 따라 산란 시에 활용
길잡이페로몬	개미가 길을 이동 시 도움을 주기 위해 분비
경보페로몬	• 적으로부터 방어를 목적으로 분비 • 사회성 곤충 등에서 많이 쓰임 • 방향성 물질로 매우 쉽게 퍼짐
계급페로몬	계급 유지를 위한 사회성 곤충에 많이 나타남(꿀벌)

④ 타감물질은 어떤 기체가 하나 이상의 생화학적 물질을 내어 다른 종의 개체 성장, 생존, 번식 등에 영향을 주는 생물학적 현상인 타감작용을 일으키는 물질을 말한다. 타감물질은 한 종의 페로몬이 다른 종에게 타감물질로 작용하기도 하며, 분비자와 감지자에게 주는 영향에 따라 표 [1-15]와 같이 구분한다.

[표 1-16] 타감물질

구분	특징
카이로몬(Kairomone)	신호물질을 분비한 개체에는 대체로 불리하고 이를 감지한 개체는 이로운 결과를 낳음 예 포식자와 먹잇감이 내는 페로몬 등의 화학성분
알로몬(Allomone)	분비자에게는 도움이 되지만 감지자에게는 손해가 됨 예 식식성 곤충에 저항하기 위해 식물이 분비하는 방어물질
시노몬(Synomone)	분비자와 감지자 모두에게 도움이 되는 결과를 낳음 예 식식성 곤충에 저항하기 위해 분비한 물질이 포식기생충(천적)을 유인하는 경우의 물질로, 식식성 곤충에게는 알로몬, 포식성 곤충에게는 시노몬으로 작용

기출 21년 기사 4회 33번

페로몬의 역할이 아닌 것은?

① 상대 성의 개체를 유인한다.
② 음식의 위치를 알려준다.
③ 다른 곤충 간의 통신으로 냄새나 독성을 이용하여 자신을 보호한다.
④ 사회생활을 하거나 집단을 이루는 곤충류에서 천적의 침입 등 위험을 알려준다.

답 ③

기출 21년 기사 4회 40번

복숭아심식나방의 발생예찰에 이용되는 페로몬은?

① 성페로몬
② 분산페로몬
③ 길잡이페로몬
④ 경보페로몬

답 ①

기출 20년 기사 4회 23번

곤충의 방어물질에 대한 설명으로 틀린 것은?

① 곤충의 방어물질을 총칭 카이로몬이라고 한다.
② 사회성 곤충에서는 독샘에서 분비하는 방어물질들이 대부분 효소들이다.
③ 곤충의 방어샘에서 동정된 화합물로는 알칼로이드, 테르페노이드, 퀴논, 페놀 등이 있다.
④ 비사회성 곤충에서는 방어물질 중 개미들의 경보페로몬과 같거나 비슷한 구조의 화합물도 있다.

답 ①

기출 19년 기사 1회 35번

카이로몬에 의한 곤충의 행태로 옳은 것은?

① 개미 군집에서 계급을 분화하여 생활
② 배추흰나비가 유채과 식물을 찾아 섭식
③ 노린재가 분비하는 고약한 냄새물질에 대한 포식자 회피
④ 수컷 나방이 멀리 떨어져 있는 암컷 나방을 찾아가는 행동

답 ②

8) 특수조직

① **지방체(脂肪體)** : 곤충의 체내기관(체강 내)에 둘러싸여 있는 백색 조직으로 노숙유충에 많이 분포하며 곤충의 중간대사에 나타나는 지방세포의 주조직으로 영양분 축척, 해독작용, 단백질 합성, 배설작용을 한다.

② **편도세포(扁桃細胞)** : 곤충의 가슴과 복부에 있으며, 외배엽 기원의 대형 세포이다. 노폐물 축척, 세포를 붕괴하는 효소 물질, 지질 단백질 합성 등에 관여한다.

CHAPTER 02

곤충의 분류

Key Word

곤충목의 특징 / 변태 / 탈피

01 곤충의 분류

곤충은 동정을 통해 어떤 종인지 구분하고 판단하며, 종의 특징을 기록하고, 진화적 계통체계에 맞춰 그룹을 정해 분류를 한다.

1. 분류의 단위

① 생물학적 분류체계 중 분류학상의 기본단위는 종(種)이며, 분류계급에 따라 계(界, Kingdom), 문(門, Order diptera) 강(綱, Class), 목(目, Order), 과(科, Family), 속(屬, Genus), 종(種, Species), 아종(亞種), 변종(變種)으로 분류된다.

② **곤충의 명명법** : 생물 분류의 기준은 국제동물명명규약(ICZN)에 의해 규정되어 있으며, 린네(Linnaeus, Linne)가 1758년 〈자연의 체계(Systema Naturae)〉 학술지에 제안하여 이명법을 창안하게 되었고, 이명법은 속명과 종명으로 통일하여 사용되고 있다. 그 목적은 동물의 학명을 세계적으로 통일시킴으로써 동물 학명의 안전성과 보편성을 증진시키고, 유일성과 독특성을 보장하는 데 있다.

기출 20년 기사 3회 36번

곤충의 분류 시 이용되는 기본 분류단위로 가장 옳은 것은?

① Biotype(생태형)
② Species(종)
③ Variety(변종)
④ Subspecies(아종)

답 ②

2. 곤충의 분류학적 체계

육각아문에 해당하는 곤충강은 머리, 가슴, 배로 구성되며 머리에는 한 쌍의 더듬이와 겹눈이 있고, 가슴에는 두 쌍의 날개와 세 쌍의 다리가 있는 그룹으로 크게 무시아강(無翅亞綱)과 유시아강(有翅亞綱)으로 나뉘었으나, 현재는 무시아강에 속했던 돌좀목과 좀목을 각각 돌좀아강과 이관절구아강으로 분류하면서 무시아강은 삭제되었다.

> **TIP**
> 무시류나 고시류와 달리, 유시류나 신시류는 단계통성, 즉 하나의 조상에서 나온 분류군을 묶은 그룹이기 때문에 각각 유시아강, 신시하강이라는 분류군으로 불린다.

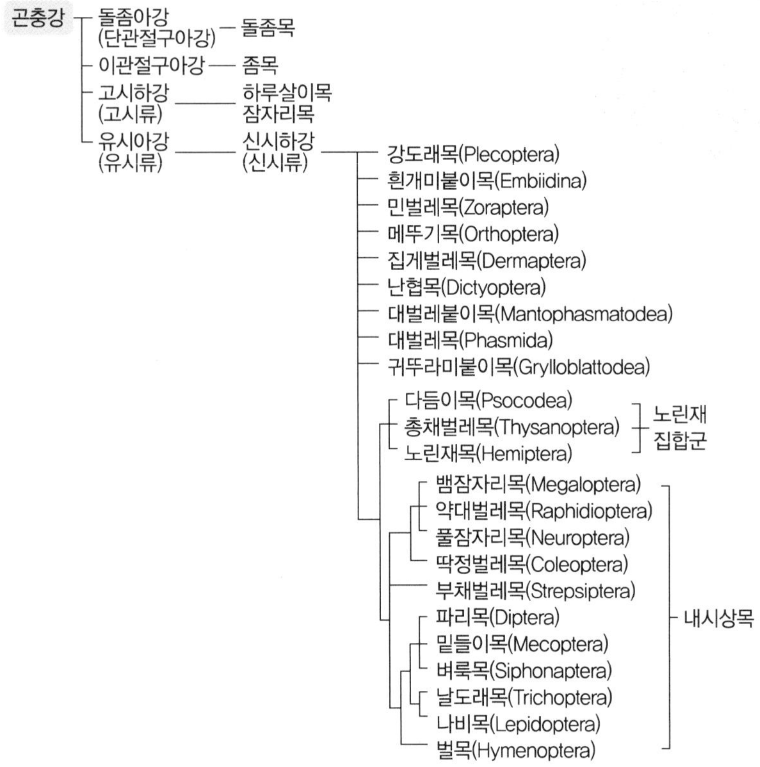

[그림 2-1] 곤충강의 분류계통 체계

02 곤충목의 특성

1. 내구상강

1) 낫발이강(원미강, Protura)

① 몸이 작고(2~3mm) 길쭉하며, 전체적으로 흰색을 띠며, 내구형의 빠는 입과 눈, 더듬이가 있고, 날개는 없다.

② 앞다리의 감각털이 더듬이 역할을 한다.

③ 무변태에 속하기도 하나 애벌레 시기에 탈피 후 배마디 증가가 있어 증절변태(增節變態)를 한다.

④ 유기물이 많은 산림토양, 즉 이끼가 많고, 낙엽, 돌 밑 등 습한 곳에서 서식하며 부식물인 유기물을 섭식한다.

> **TIP**
> 곤충강은 최근 외구상강(외구형 구기)에 속하는 분류체계를 가지며, 내구상강(내구형 구기)에 속하는 낫발이강, 톡토기강, 좀붙이강은 엄밀히 따지면 곤충이 아니다.

2) 톡토기강(점관강, Collembora)

① 작은 몸과 원통형이거나 배마디가 연합된 구형으로 배마디는 여섯 개로 연결되어 있다.

② 날개가 없으며, 입은 내구형의 씹는 입이고, 눈은 일반적인 겹눈이 아닌 옆홑눈(측단안)이 몇 개 있다.
③ 다리는 종아리마디와 발목마디가 합해진 종아리발목마디를 가지고 있다.
④ 배쪽 넷째 마디에 도약기(跳躍器)를 가지고 있어 바닥을 차며 점프를 한다.
⑤ 배 제1마디에 복관이 존재하여 수분 흡수에 도움을 준다.
⑥ 주로 습한 토양에 살며 유기물 및 버섯의 포자를 먹기도 한다.

TIP
복관
수면 부유 시 몸을 지탱하고, 수분 조절 및 호흡을 담당한다.

3) 좀붙이강(쌍미강, Diplura)

① 대체로 작으나 5cm 정도의 중간 크기도 있다.
② 입은 내구형의 씹는 입이며, 눈이 없고 더듬이가 길게 발달해 있다.
③ 날개가 없고, 배끝에 미모가 발달, 배에는 침이 있으며, 습한 곳에서 산다.

TIP
내구형 육각아문
낫발이강, 톡토기강, 좀붙이강

2. 외구상강

1) 돌좀아강 – 돌좀목(Archaeognatha)

① 몸에 인편이 있고, 외구형 입을 가지며, 위의 세 목과 마찬가지로 큰턱을 지지해 주는 관절이 하나뿐인 단구관절형이라는 점에서 원시적이다.
② 겹눈이 발달해 있고 더듬이가 길며 날개는 없다.
③ 배마디에는 침이 발달해 있고 배끝에는 미모와 함께 중앙미모도 발달해 있다. 이끼, 조류, 부식식물을 섭식한다.

2) 이관절구아강 – 좀목(Zygentoma)

① 등이 휘지 않고 위아래로 납작하며 꼬리 쪽으로 몸이 가늘어지고 인편으로 싸여 있다.
② 저작형의 외구형 입을 가지고 있으며, 큰턱의 관절이 2개(이구관절형)로 구성되어 있다.
③ 특징이 대부분 돌좀목과 유사하다.
④ 습한 곳에 살고 주로 전분을 먹고 살며 빨리 기어다닌다.

3) 유시아강

(1) 고시하강 – 고시류

① 하루살이목(Ephemeroptera)

- 몸은 작거나 중간 크기이고, 약충은 저작 형태의 입이지만 성충은 퇴화된다.
- 겹눈이 발달하고 홑눈은 3개이며, 더듬이는 짧다.
- 날개는 두 쌍의 막질로 되어 있고, 앞날개가 더 크며, 앞날개만 있는 종도 있다.
- 약충은 배 양쪽 측면 4~7개의 배마디에 아가미를 마디마다 가지고 있어 수중 생활을 한다.
- 약충기에 2~3개의 꼬리털이 있으며, 꼬리털은 1개의 마디로 되어 있다.
- 약충이 물 밖으로 나와 1차 성충으로 우화하나 이때는 생식기가 발달되어 있지 않다. 수시간 또는 수일 후 다시 한 번 더 우화한 성충이 발달된 생식기를 가

TIP
하루살이목과 잠자리목은 고시하강에 속하며 날개를 접지 못하는 원시적인 날개 형태를 가진다.

지고 있으며, 먹이활동보다는 번식을 위한 행동을 주로 한다.
- 교미를 마친 후 암컷는 물속에 산란을 하고 죽는다.

② 잠자리목
- 몸은 중간 크기부터 큰 종류로 다양하며 길다. 약충은 씹는 입을 가지며, 신장성 파악형 아랫입술을 가지고 있어 포식성이다.
- 큰 겹눈과 3개의 홑눈이 있고 짧은 더듬이가 있다.
- 교미 전 수컷은 미리 자신의 정자를 배마디 낭에 저정해 두었다가 암컷이 정자를 받아가도록 한다.
- 날개는 2쌍이며 크기가 거의 같고 그물맥의 날개를 가지고 있다.
- 불완전변태를 하며 약충은 수중 생활을 한다.

기출 21년 기사 2회 36번

고시류(Paleoptera) 곤충에 속하는 것은?

① 밀잠자리
② 담배나방
③ 분홍날개대벌레
④ 밤애기잎말이나방

답 ①

(2) 신시하강 – 신시류

① 강도래목(Plecoptera)
- 몸은 작은 크기부터 중간 크기이며, 길고 납작하다.
- 저작형의 입이지만 성충이 되면 퇴화된다.
- 더듬이는 실모양이고, 막질의 날개가 2쌍이며, 뒷날개를 접듯 주름 잡아 배 위에 접어 두고 뒷날개를 포갠다. 날개맥이 많고, 배끝에는 마디가 많은 미모를 가지고 있다.
- 약충은 물속에 살며 수질오염의 지표종이고, 아가미가 가슴에 달려 있다.
- 불완전변태를 하며 암컷은 산란관이 없고, 쌍꼬리는 길고 다수의 마디로 되어 있다.

TIP

아가미

하루살이는 배마디에 아가미가 있으나 강도래는 가슴 부위에 있다. 두 종 모두 지표종이다.

② 흰개미붙이목(Embioptera)
- 몸은 작거나 매우 작고, 노란색이나 밤색을 띠며, 저작형(씹는 입)의 입을 가졌고 겹눈은 있으나 홑눈은 없다.
- 실모양의 더듬이가 있으며 암컷과 일부 수컷은 날개가 없다.
- 앞다리 발목마디의 첫 마디가 크게 발달해 실을 뽑아 집을 짓는 데 쓰인다. 암수 모두와 약충도 실을 뽑아 낼 수 있다.
- 부식물 또는 이끼를 먹으며 암컷은 알을 보호하려는 모성이 강하다.

③ 흰개미목(Isoptera)
- 몸은 매우 작은 것부터 큰 것까지 다양하고, 저작형 입(씹는 입)을 가지고 있으며, 앞뒤 날개의 형태와 크기가 비슷하다. 겹눈은 퇴화한 경우가 많고 겹눈이 있다면 변형되었다. 홑눈은 없거나 또는 2개이다.
- 여왕 흰개미는 혼인비행 후 집을 구하면 날개를 떼어 내며 많은 종에서 머리 중앙에 특징적인 홈인 전두공을 가진다. 많은 개체가 땅속에서 집단생활을 하고 있으며, 암컷은 변태하지 않고, 수컷은 불완전변태한다.
- 더듬이는 짧고 염주상 또는 사상이다.

④ 민벌레목

- 몸은 매우 작고, 저작형 입(씹는 입)과 연한 몸을 가진다.
- 날개가 있는 종은 겹눈과 홑눈을 모두 가지며, 날개가 없는 종은 눈이 없다.
- 더듬이는 보통 염주형이며, 뒷다리와 넓적다리 마디가 발달하였으며, 경화된 가시가 있는데 종 특이성을 보인다.
- 주로 곰팡이, 죽은 곤충을 섭식하나, 살아 있는 작은 곤충류나 선충을 먹기도 한다.

⑤ 메뚜기목(Orthoptera)

- 메뚜기목은 메뚜기아목과 여치아목으로 나뉜다. 몸은 매우 작은 것부터 큰 것까지 다양하고, 저작형의 입을 가졌고, 겹눈이 있으며, 홑눈은 없거나 또는 2개 있다.
- 날개는 두 쌍으로 퇴화된 것도 있으며, 앞날개는 혁질(두꺼운 가죽 같은)로 되어 있고 뒷날개는 막질의 부채형이다.
- 실모양의 더듬이는 속하는 그룹에 따라 가늘고 길거나 굵고 짧으며, 암컷의 산란관이 잘 발달되어 있고 미모는 다양하다.
- 쌍꼬리는 짧고 마디도 없으며 발음기관과 청각기관이 발달해 있다.

⑥ 집게벌레목(Dermaptera)

- 몸은 작은 크기부터 중간 크기이고 길쭉한 형태이며 저작형의 입을 가지고 있다. 일부 종은 눈이 퇴화하였으나 대부분 겹눈이 존재하고, 홑눈은 없다.
- 앞날개는 짧고, 두껍고, 뭉뚝하며, 날개맥이 없고, 뒷날개는 반원형의 부채처럼 접을 수 있고, 날개맥이 방사형이다(날개가 없는 종이 많음).
- 배 끝에 집게와 같은 미모가 있으며, 먹이를 잡거나 자신을 방어할 때 날개를 펼치거나 접을 때, 교미할 때 사용한다.
- 보통 야행성, 잡식성으로 습한 곳에서 살아 있거나 죽은 작은 곤충, 썩은 부식물, 살아 있는 식물의 부드러운 부분을 먹으며, 흙 속에 알을 낳는다.

⑦ 바퀴목(Blattaria)

- 몸은 소형부터 초대형까지 다양하며, 더듬이는 길고 실모양이고 저작형의 입을 가졌다.
- 겹눈이 있으며, 어떤 종류는 2개의 홑눈을 가지기도 하지만 뇌신경과 연결된 얇은 막구조(명반)를 가지고 있으며, 앞날개는 혁질, 뒷날개는 막질이며, 앞날개보다 넓고 둔편이 크다(방사형).
- 3마디의 발목마디와 한 쌍의 꼬리털은 집게로 변형되어 있고, 다리의 밑마디가 잘 발달되어 납작하게 눌려도 잘 견딘다.
- 난생인 경우 주로 알주머니 또는 난협(卵莢)을 배끝에 달고 다닌다.

⑧ 사마귀목(Mantodea)

- 몸은 소형부터 극대형까지 다양하며, 대부분 긴 원통형이다.
- 긴 앞가슴을 가지고 있고, 앞다리는 퇴절과 경절 사이에 가시돌기가 있는 포획지(捕獲肢)로 되어 있다.
- 저작형(씹는 입) 하구식 입이 있고, 겹눈이 크게 발달되어 있으며, 홑눈은 없거나 또는 3개가 있다.
- 더듬이는 실모양이다.
- 날개는 수컷은 있고, 암컷은 없거나 작게 있다.
- 날개는 발달한 경우 날개맥이 있으며, 앞날개가 두껍고 뒷날개는 얇아 날 때 사용한다.
- 육식성으로 산란 시 난협을 형성하여 나뭇가지 또는 돌에 붙여 둔다. 일부 종은 무성생식을 한다.

⑨ 대벌레붙이목

- 2002년 처음으로 화석이 아닌 살아 있는 종이 아프리카에서 발견되면서 발표된 목이다.
- 몸은 2～3cm이고, 더듬이는 실모양이며, 육식성이다.
- 큰턱이 잘 발달되어 있고, 발목 마디는 5마디이며, 미모는 짧고 1마디로 되어 있다.

⑩ 대벌레목(Phasmida)

- 몸이 길고 막대기나 나뭇가지와 비슷하게 생겼으며, 앞가슴은 짧고, 가운데가슴과 뒷가슴은 길다.
- 저작형의 입을 가졌으며, 날개가 있는 것도 없는 것도 있으며, 앞날개는 혁질날개이고 뒷날개는 기부가 딱딱한 막질형이다.
- 3쌍의 다리에 발목마디는 5마디이다.
- 식식성이고 느리며 독립생활을 하고, 약충은 위기 상황에서 다리가 저절로 떨어지는 자동절단이 가능하며 다음 탈피 때 떨어져 나간 다리가 재생된다.

⑪ 귀뚜라미붙이목

- '갈루아벌레목'으로 불리기도 하였다.
- 몸은 길고 가는 편이며, 중간 이상의 크기로서 연한 밤색 또는 회색이다.
- 동굴 같은 어둡고 낮은 온도 환경에서 서식한다.
- 눈은 작거나 없고, 날개도 없으나 28～50마디의 긴 실모양 더듬이가 발달되어 있다.
- 칼 모양의 산란관과 미모가 발달해 있다.

⑫ 다듬이벌레목(Psocoptera)

- 최근 이목, 털이목, 다듬이벌레목이 함께 다듬이목으로 편제되고 있다.
- 몸은 극소형이며, 몸에 비해 머리가 크다.
- 저작형의 입으로 육식성이며 큰턱이 잘 발달되어 있다.
- 여러 마디의 더듬이와 발목마디는 2～3마디이며, 날개는 있는 것도 있고 없는 것도 있다.

⑬ 털이목(Mallophaga)

- 최근 다듬이목의 한 아목 중 일부 분류군으로 편제되고 있다.
- 포유류에 기생하는 해충으로 몸 길이가 극소에서 소형이며, 위아래로 납작하다. 머리는 삼각형이며, 가슴폭보다 넓다.
- 저작형 입을 가지고 있고, 겹눈은 작고 홑눈은 없으며, 더듬이는 실모양 또는 구간상이며 머리에 숨겨져 잘 보이지 않는다.
- 날개는 2차적으로 퇴화되어 없고, 다리의 발목마디는 기생하는 조류나 포유류 털을 잡을 수 있도록 변형되어 있다.
- 불완전변태를 하며 발목마디의 수는 1～2마디, 배에는 미모가 없다.

⑭ 이목(Anoplura)

- 최근 다듬이목의 한 아목 중 일부 분류군으로 편제되고 있다.
- 포유류에 발생하는 해충으로 몸 길이가 극소형에서 소형에 이르고, 위아래로 납작하다.
- 머리는 가슴보다 폭이 좁다.
- 뚫어 빠는 입(자흡구형)을 가졌으며, 쓰지 않을 때는 머리 안으로 들어가 있어 보이지 않는다.
- 겹눈은 작고, 없는 경우도 많으며, 홑눈도 없다.
- 더듬이는 짧고 3～5마디로 날개도 없다.
- 다리는 짧고 굵으며 발톱(부절발톱)이 있어 털을 잡기 좋게 되어 있다.
- 이목류는 모두 흡혈성으로 3번의 약충을 갖는다.
- 발진티푸스, 회귀열 등의 병을 옮긴다.

⑮ 총채벌레목(Thysanoptera)

- 몸 길이가 극소형에서 소형(몸 길이 0.6～12mm가량 – 미소곤충)에 이르기까지 다양하며 입은 특이하게 줄쓸어 빠는 비대칭 입틀(왼쪽 큰턱이 한 개만 발달)을 가지고 있다.
- 겹눈은 작고, 홑눈은 유시형은 3개, 무시형은 없다.
- 더듬이는 짧고 6～10마디로 되어 있다.
- 두 쌍의 날개가 가늘게 있고 날개맥은 없으며, 가장자리술 또는 연모가 나 있다.
- 총채는 산란관 유무로 총채벌레아목과 관총채벌레아목으로 나뉜다. 총채벌레

기출 21년 기사 2회 29번

총채벌레목에 대한 설명으로 옳지 않은 것은?

① 단위생식도 한다.
② 입틀의 좌우가 같다.
③ 불완전변태군에 속한다.
④ 산란관이 잘 발달하여 식물의 조직 안에 알을 낳는다.

답 ②

기출 20년 기사 1 · 2회 23번

날개가 있는 것은 날개맥이 없는 가늘고 긴 날개를 가지고 있고, 그 가장자리에 긴 털이 규칙적으로 나 있으며 좌우 대칭이 아닌 입틀을 가지고 있는 곤충군은?

① 총채벌레목
② 나비목
③ 노린재목
④ 매미목

답 ①

아목은 산란관이 발달되어 식물 조직 안에 알을 낳고, 관총채벌레아목은 산란관이 없거나 발달되지 않아 암수 모두 배 끝마디가 관모양을 하고 있고 산란은 틈을 찾아 한다. 단위생식을 흔히 한다.

- 불완전변태군이지만 완전변태군과 유사하다. 약충은 2령까지 완전변태처럼 날개가 없지만 후에는 날개가 일부 발달하며 불완전변태성를 갖게 되고, 다시 약충 말에는 번데기처럼 움직임이 없게 되어 완전변태성을 갖춘다.
- 관총채벌레는 몇 종류에서 진딧물을 잡아먹기도 하지만 보통 총채벌레과와 관총채벌레과는 식물을 가해하는 해충이 많고 식물 바이러스 병도 매개한다.

⑯ 노린재목(Hemiptera)

- 과거 분리된 매미목과 노린재목은 최근 노린재목의 하위 분류군으로 재편되었다.
- 몸이 극소에서 극대까지 있으며 뚫어 빠는 입(자흡구형)이고 미모는 없다. 노린재군은 전구식이며 매미군은 하구식이다. 아랫입술이 발달하고 그 속에 큰 턱과 작은턱이 겹쳐진 형태이다.
- 더듬이는 4~5마디이며 대체로 길다.
- 눈은 겹눈은 잘 발달하고, 홑눈은 없거나 2개 또는 3개(매미류)가 있다.

[표 2-1] 노린재목의 형태적 특징

노린재목	형태적 특징
노린재군	• 머리는 앞쪽에서 출발하는 전구식이다. • 더듬이는 4~5마디이다. • 날개는 배 뒤로 수평으로 접으며, 반굳은 날개는 앞날개의 기부 쪽에 있다. 반은 단단한 혁질이며, 끝쪽 반은 막질이다. • 앞날개 기부 사이의 가운데가슴에 삼각형의 작은 팡패판이 특징이다. • 발목 마디는 대개 2~3마디이다.
매미군	• 입이 머리 뒤쪽으로 출발하는 하구식이며, 더듬이는 짧은 실모양이다. • 날개는 2쌍 모두 막질이며, 설 때는 지붕 모양으로 접는다. 어떤 종은 날개가 없다. • 다리의 발목 마디는 1~3마디이다.

- 노린재는 뒷가슴 밑마디 근처에서 방어용 냄새를 분비하고, 진딧물을 뿔관에서 내기도 한다.
- 매미류는 모두 육서생활을 하나 노린재류는 일부 수서 또는 반수서생활을 한다.

[표 2-2] 노린재군의 분류

구분	종류
육서군	대부분의 노린재
반육서군	소금쟁이, 실소금쟁이 등 물 위에서 사는 곤충
진수서군	물장군, 장구애비, 송장헤엄치게와 같은 육식성 곤충

[표 2-3] 매미군의 분류

구분	특징
경문군(매미아목)	• 더듬이가 짧음 예 매미, 꽃매미, 거품벌레, 날개매미충, 멸구 등
복문군(진딧물아목)	• 노린재목의 가장 원시적인 그룹 • 더듬이는 길 예 진딧물, 가루이, 뿌리혹벌레, 깍지벌레 등

(3) 내시류 – 완전변태류

① 뱀잠자리목(Megaloptera)

- 몸은 대형으로 성충과 번데기는 육지에서 생활한다.
- 성충은 큰턱이 잘 발달되어 있는 저작형 입(씹는 입)을 가지고 있으며 더듬이가 길고, 6개의 작은 눈으로 된 겹눈이 있으며, 다리가 발달해 있다.
- 두 쌍의 날개는 날개맥이 많으며 뒷날개가 앞날개보다 기부에서 조금 더 넓다. 유충은 저작형 입틀을 가지고 있고 육식성이며 물속에 사는 수서형이다.
- 배는 가늘고 긴 감각필라멘트가 있으며 배끝에 한쌍의 배다리 또는 1개의 꼬리 같은 부속지가 있다.
- 물 밖에서 번데기가 되고 번데기는 활동을 하지만 큰턱을 움직여 위험에 대처한다.
- 성충이 되기까지 수년이 걸리지만 성충이 되면 며칠밖에 살지 못한다.

② 약대벌레목(Raphidiodea)

- 길게 발달한 앞가슴이 특징이나 앞다리는 포획형이 아니다. 다리는 발달되어 있으나 붙어 있는 위치가 사마귀처럼 앞쪽이 아닌 뒤쪽이다.
- 두 쌍의 날개는 투명하고 날개맥이 많으며, 목이 매우 길다.
- 입은 저작형(씹는 입)이며 겹눈이 발달되어 있다. 배는 10마디로 이루어져 있고 미모는 없다.
- 유충은 육지생활을 하고 더듬이와 겹눈이 있으며, 배다리는 없다.
- 암컷은 긴 산란관이 있어 수피, 썩은 나무 틈에 알을 낳는다.

③ 풀잠자리목(Neuroptera)

- 뒷날개가 앞날개와 비슷한 크기이며 둔편주름(부채주름)은 없다.
- 입은 저작형(씹는 입)이면서 강한 큰턱을 갖고 있으며 유충은 길게 발달한 큰턱이 있어 자흡구형(뚫어 빠는 입)을 갖는다.
- 대부분 육서생활을 하며 생물적 방제에 많이 이용된다.
- 특정 기주 없이 산란한다.

TIP

풀잠자리목, 뱀잠자리목, 약대벌레목은 편시아목, 광시아목, 약대벌레아목에서 승격된 목으로 풀잠자리목이 가장 큰 목이다.

기출 19년 기사 2회 24번

풀잠자리목의 특징으로 옳지 않은 것은?

① 완전변태를 한다.
② 생물적 방제에 많이 이용된다.
③ 더듬이는 길고 홑눈이 3개이다.
④ 유충과 성충은 대부분 포식성이다.

답 ③

기출 20년 기사 3회 38번

다음 중 완전변태를 하는 곤충 목은?

① 풀잠자리목 ② 메뚜기목
③ 노린재목 ④ 총채벌레목

답 ①

④ 딱정벌레목(Coleoptera)

- 약 40%를 차지하며 곤충강 중 가장 큰 목에 속한다.
- 몸이 극소부터 극대까지 다양하고 단단한 외골격을 가지고 있다. 날개는 2쌍으로 앞날개는 경화된 딱지날개(초시)가 있으며, 날개가 있는 것도 있고 없는 것도 있다. 겹눈이 있거나 없고, 홑눈은 주로 없다.
- 유충 유형은 좀붙이형, 굼벵이형, 구더기형, 딱정벌레유충형 등으로 다양한 형태로 구분되며, 다리가 6개이거나 일부 종은 없기도 하다.
- 완전변태를 하고 번데기의 부속지는 몸에 떨어져 있으며 나용이 어떤 것은 고치 속에 있는 것도 있다.
- 대개 초식성 또는 육식성이나 일부는 부식성 또는 균식성이다. 극히 일부는 기생성이다.

> TIP
> 딱정벌레목의 아목
> 원시아목과 점식아목은 미미하고, 육식아목과 다식아목이 대표적이다.

> TIP
> '피용'과 '나용'에 대한 설명은 [표 3-8] 참조

⑤ 부채벌레목(Strepsiptera)

- 몸은 아주 작고 입틀은 퇴화되거나 없으며, 입은 저작형(씹는 입)이다. 기생성과 비기생성이 있는데 대부분 기생성이 많고 기생성 암컷은 기생을 위해 많은 부분이 퇴화되어 다리, 더듬이, 날개, 눈 등이 없다.
- 수컷은 성충이 되면 날개가 생기고 앞날개는 평균곤(몽둥이) 모양(가평균곤)으로 퇴화되었으며 뒷날개는 막질로 되어 있고 큰 부채 모양을 하고 있다. 수컷이 오면 암컷은 기생상태에서 교미를 하고 알을 몸 안에 부화시킨 후 밖으로 보낸다. 유충은 과변태(過變態)를 하는데 번데기처럼 쉬는 시기를 말한다.
- 대부분의 곤충, 특히 벌과 노린재류 등의 배마디 사이에서 체액을 빨아먹는 내부기생을 한다.

⑥ 파리목(Diptera)

- 파리, 모기, 각다귀 등이 속하고 성충은 빠는 입을 가지고 있으며, 유충은 저작형 입(씹는 입)을 가지고 있다. 번데기는 주로 비저작형 나용이다. 겹눈과 3개의 홑눈이 있으며 종에 따라 홑눈이 없는 것도 있다.
- 날개는 한 쌍이며 뒷날개는 퇴화되었으나 비행 시 균형을 잡는 용도로 사용되는 평균곤으로 변형되어 있다. 종에 따라 앞날개도 퇴화된 것이 있다.
- 가운데가슴이 발달했고 앞가슴은 작으며, 다리는 발목마디가 5마디이고 배는 미모가 있거나 없다.
- 유충은 다리가 없는 구데기로, 머리는 퇴화되었으며 번데기는 마지막 유충의 껍질(유각) 속에 들어 있어 위용(Puparium)이라 한다.

> TIP
> 파리 평균곤의 역할
> 곤봉처럼 생겼으며 비행 시 몸의 균형을 잡기 위한 보조기구로 사용된다.

기출 21년 기사 2회 35번

다음 중 충영을 형성하는 해충으로 가장 적절한 것은?

① 참나무겨울가지나방
② 어스렝이나방
③ 독나방
④ 솔잎혹파리

답 ④

⑦ 밑들이목(Mecoptera)

- 몸은 소형에서 중형 정도이며 유충은 나비유충형이고 번데기는 나용형이다. 저작형의 입(씹는 입)을 가졌으며 대개 부리주둥이(부리돌기, Rostrum) 모양으로 입이 길쭉하다.
- 큰 겹눈이 있으며 홑눈은 0~3개이고, 긴 실모양의 더듬이가 있다.
- 날개는 막질로 무늬를 가지고 있고, 일부 종은 날개가 작거나 퇴화되었다.
- 다리의 발목마디는 5마디이며, 배는 길고 가늘며 배끝에 짧은 미모가 있다.
- 수컷은 배끝에 교미기(전갈의 독침모양)가 있으며 생식기가 발달되어 있고 배끝 마디를 올리고 있어 '밑들이'라는 이름이 붙었다.
- 유충은 흙 속에 살고 8쌍의 배다리가 있으며 육서생활을 한다.

⑧ 벼룩목(Siphonaptera)

- 몸은 극소형에서 소형에 이르며, 입은 자흡구형이며 날개가 없고, 겹눈이 없으며 홑눈은 2개이다. 더듬이는 짧다.
- 성충은 좌우가 납작하고 가시털이 뒤로 나 있어 숙주의 털 사이를 이동하기 쉽다.
- 유충은 눈과 다리가 없는 구데기 모양으로 머리가 퇴화되었고 번데기는 나용이며 고치를 짓는다.
- 날개는 2차적으로 퇴화되고 날개 근육은 다리의 밑마디 근육과 함께 점프를 잘 하도록 돕는다.
- 더듬이는 긴 실모양이고, 겹눈은 주로 없으며, 홑눈은 없거나 2개이다.
- 정온동물에 외부기생하며, 산란을 위해 피가 꼭 필요하고, 유충은 성충의 변을 주로 먹고 산다.

⑨ 날도래목(Trichoptera)

- 몸은 소형에서 중형의 크기이고, 주로 어두운 갈색을 띠지만 일부 종은 색깔이 화려하다.
- 날개에 털이 있는 것으로 나비목과 구별하며, 퇴화된 저작형 입을 가지고 있고 큰턱은 없다.
- 특이사항은 유충과 번데기까지 물속에서 생활한다. 유충은 물속 작은 모래나 나뭇잎, 가지 등을 이용하여 실을 토해 집을 짓고 사는데 이동성이 있다. 호흡은 배아가미로 한다. 물고기의 주식이자, 수서환경의 지표종으로 이용된다.
- 유충은 나비유충형이며 저작형 입(씹는 입)을 가졌고 번데기는 나용이다. 성충의 일부는 먹지 않으며 입은 빠는 형이다.

기출 20년 기사 1 · 2회 37번

다음 중 나비목 유충이 견사(絹絲)를 분비하는 곳으로 가장 적절한 것은?

① 전위 ② 맹장
③ 침샘 ④ 말피기씨관

답 ③

기출 22년 기사 2회 39번

분류학적으로 개미가 속하는 곤충목은?

① 딱정벌레목
② 총채벌레목
③ 노린재목
④ 벌목

답 ④

⑩ 나비목(Lepidoptera)

- 몸은 매우 다양한 크기가 있고, 대부분 인편으로 덮여 있다.
- 성충의 입은 작은턱이 길게 발달한 관형태(코일주둥이)로 말려 있다. 겹눈이 발달하고 홑눈은 없거나 2개 있다. 더듬이가 있고 두 쌍의 날개는 막질로 되어 있으며 인편으로 덮여 있다.
- 앞날개가 뒷날개보다 크며 앞뒤 날개 사이에 비상시 서로 연결시키기 위한 특수장치가 있다. 다리의 발목마디는 5마디이다.
- 유충은 씹는 입을 가지고 있으며 나비유충형이고 번데기는 피용(被蛹)이다. 여러 개의 낱눈군, 즉 옆홑눈군으로 되어 있고 유충의 다리는 가슴다리 외에 배다리(복지, 腹肢)가 보통 2~5쌍 정도 있다. 유충은 고치를 만들고 번데기가 된다. 번데기의 부속지는 몸에 꼭 붙어 있는 피용이다.
- 딱정벌레 다음으로 종수가 많은 나비목은 우리나라 수목해충에 가장 많이 속해 있다.

⑪ 벌목(Hymenoptera)

- 몸이 극소부터 극대까지 다양하며, 입은 저작형 또는 핥는형 입틀을 겸한다. 잎벌 종류를 제외한 나비유충형의 유충은 다리와 배다리가 있다. 번데기는 나용(裸蛹)으로 대부분 고치를 짓는다.
- 입은 씹는 형태와 핥는 형태이고, 겹눈이 발달되었으며, 홑눈은 주로 3개 또는 없는 것도 있다.
- 더듬이는 긴 실모양 또는 개미처럼 슬상(팔굽 모양)이다.
- 뒷날개가 앞날개보다 작으며, 많은 종이 아예 날개가 없다. 다리의 발목마디는 5마디이다.
- 완전변태하며 가장 진화된 그룹으로 사회성을 띠고 있다. 처녀생식(단위생식)을 하며, 일벌은 산란에 대한 역할과 방어를 위해 독침과 독샘이 있다. 꿀벌의 수컷은 무수정란에서 나오고 암컷은 수정란에서 나오며, 암컷이 일벌이고 자매간 유전 정보를 3/4 공유하고 있기 때문에 사회성을 유지한다는 가설이 있다.

CHAPTER 03

곤충의 생태 및 생리

Key Word

환경요인 / 휴면 / 곤충의 발육 / 곤충의 생식

01 곤충의 생활사

① 알에서 부화하여 유충(약충)과 번데기 과정을 거친 후 성충이 되고 다시 알을 낳아 번식하는 과정의 반복을 '세대' 또는 '생활사'라고 한다.

② 곤충의 연간 발생은 곤충의 종류별 특성과 곤충의 먹이, 기상조건(온도, 광) 등에 좌우되며 보통 추운지방보다 더운지방이 곤충의 세대수가 많다.

③ 곤충의 세대는 1년에 1세대를 경과하는 일화성(一化性)과, 1년에 많은 세대를 경과하는 다화성(多化性)으로 나뉜다.

TIP
곤충의 세대수가 많다는 것은 생활환이 짧음을 의미한다.

TIP
목과진딧물은 30여 세대, 사과면충은 10세대를 지낸다.

02 환경요인

1. 온도

① 곤충은 기본적으로 냉혈동물이나 외부환경의 기온과 항상 같은 것은 아니다. 곤충이 활동할 수 있는 온도범위는 종에 따라 다르며, 그 이상 또는 이하의 온도가 될 때 살 수 없게 된다.

② 곤충이 생존 가능한 온도의 허용범위는 열대곤충보다 온대곤충이, 수서곤충보다 육서곤충이 더 넓다.

③ 온도에 있어서 정상적인 활동을 하기 어려운 시기에는 휴지 또는 휴면에 들어간다.

④ 휴지상태는 환경이 좋아지면 곧 정상적으로 활동하지만, 휴면상태에서는 정상적으로 돌아오는 데 시간이 걸린다.

⑤ 겨울을 나는 곤충은 영하의 상태에서 세포 내 빙핵 형성을 막아 얼어 죽지 않게 하기 위하여 글리코겐을 분해하여 글리세롤 등으로 변환하면서 체내빙결점을 낮춘다. 갑작스런 추위는 곤충의 생존을 어렵게 한다.

⑥ 너무 높은 온도는 성충의 산란력뿐만 아니라 알, 애벌레, 번데기의 발육속도가 빨라져 대사율을 증가시켜 생존율을 떨어뜨린다.

TIP
휴면과 휴지
발육 자체를 멈추고 좋은 환경이 다시 올 때까지 휴면상태를 유지한는 것을 '휴면'이라 하고, 좋지 않은 환경에 맞추어 대사율을 떨어뜨리는 것을 '휴지'라고 한다.

2. 수분

① 곤충의 몸에서 수분이 차지하는 비율은 절반 이상(많게는 90%)에 이른다.
② 체구가 작아 체내에 보관할 수 있는 수분량은 체표면적에 비해 작기 때문에 외골격의 방수성을 통해 수분 손실을 최소화한다.
③ 습도가 너무 높으면 병원균에 쉽게 감염된다.
④ 수분이 부족할 때는 은폐휴면 상태에 들어가 이를 이겨낸다.

3. 빛

① 빛 자체가 곤충의 생명에 영향을 주기보다는 광주기가 계절을 반영해 주며 이를 통해 발육과 휴면에 영향을 준다(먹이 찾기, 교미, 산란 시점, 우화 시점 등).
② 빛의 파장과 편광각은 곤충의 이동, 비행경로, 먹이식물 탐색의 기준이 된다.

03 곤충의 휴면

휴면과 휴지는 곤충이 불리한 환경 조건에서 살아남기 위한 방법으로 활용된다.

[표 3-1] 곤충의 휴면과 휴지

<table>
<tr><th colspan="2">구분</th><th>특징</th></tr>
<tr><td colspan="2">휴면</td><td>• 불리한 환경일 경우 미리 예측하여 발육을 일시적으로 정지하는 현상
• 내분비 기관에서 휴면호르몬을 분비하여 발생
• 휴면 유발 원인 : 일장, 온도, 먹이 등</td></tr>
<tr><td rowspan="2">휴면 종류</td><td>절대휴면
(필수휴면)</td><td>발육 단계에서 꼭 필요한 휴면</td></tr>
<tr><td>일시휴면
(조건휴면)</td><td>부적절한 환경에 처할 경우의 휴면</td></tr>
<tr><td colspan="2">휴지</td><td>불리한 환경에서 대사율을 떨어뜨려 활동을 일시 정지하는 것으로 다시 좋아지면 즉시 종료됨</td></tr>
</table>

04 곤충의 식성

곤충은 먹이사슬의 주체가 되는 경우가 많다. 서식 습성, 먹이 식성(가해 습성)에 따른 분류는 다음과 같다.

1. 서식의 습성

① 곤충은 서식장소에 따라 육상생활을 하는 육서(陸棲)형과 물속에서 생활하는 수서(水棲)형으로 나뉜다.

[표 3-2] 곤충의 서식 장소에 따른 분류

구분	특징
육서(陸棲)형	공중을 나는 것, 땅 위를 기는 것, 땅속에서 사는 것, 다른 곤충의 체내에서 사는 것 등
수서(水棲)형	물 위와 물속에서 사는 것 등

② 곤충은 알, 유충, 번데기, 성충 등의 서식 장소가 각기 다른 경우가 많다.

2. 먹이 식성(가해 습성)

많은 곤충들은 식물질(食物質)을 먹지만 동물질(動物質)과 부패한 것을 먹기도 한다.

[표 3-3] 곤충의 먹이 식성에 따른 분류

구분	특징
부식성	썩은 물질을 먹는 것
균식성	버섯, 곰팡이를 먹는 것
초식성	식물성 먹이를 먹는 것
육식성	동물성 먹이를 먹는 것
목식성	나무의 목질 부분만 먹는 것
여과섭식(걸러 먹기)	물속의 다양한 플랑크톤 및 유기물을 걸러 먹는 것

3. 생태계 내 곤충의 역할

① 분해자 역할을 한다. 나무나 나뭇잎 등을 분해하고, 동물의 사체 내 배설물을 분해한다.
② 흙을 갈아 엎어주면서 영양분의 재활용을 돕는다.
③ 식물의 수분 매개자 역할을 한다.
④ 씨앗을 퍼뜨리는 역할을 한다.
⑤ 식물을 가해하여 식물군의 구성 및 구조를 유지시켜 준다.
⑥ 새, 포유류, 양서류 및 파충류, 어류 등의 먹이가 됨으로써 동물에게 도움을 준다.

기출 20년 기사 3회 22번

곤충을 잡아먹는 포식성 곤충류로 가장 거리가 먼 것은?

① 무당벌레류
② 진딧물류
③ 파리류
④ 사마귀류

답 ②

[표 3-4] 식물질(食物質)과 동물질(動物質)의 식성 분류

구분		특징
식물질(食物質)	균식성(菌食性)	균을 먹는 것(예 노란뒷박벌레, 버섯파리과, 버섯벌레과 등)
	식식성(植食性)	식물을 먹는 것(예 곤충 대부분)
	미식성(微食性)	미생물을 먹는 것(예 구더기)
	단식종(單食種)	계통이 가까운 식물만 먹는 종(예 누에 : 뽕나무, 솔나방 : 소나무속, 배추좀나방 : 십자화과 식물)
	다식종(多食種)	계통과 관계없이 유연관계가 먼 식물을 먹는 종(예 쐐기나방, 집시나방, 파밤나방, 미국흰불나방, 메뚜기 등)
동물질(動物質)	포식성(捕食性)	살아 있는 곤충을 잡아 먹는 것(예 박벌레류 : 깍지벌레류 · 진딧물류 포식, 꽃등애 유충 : 진딧물 포식, 기타 말벌류, 사마귀류 등)
	기생성(寄生性)	다른 곤충에 기생생활을 하는 것(예 기생벌, 기생파리)
	시식성(屍食性)	다른 동물을 직접 먹는 것(예 물방개류, 물무당류)
	육식성(肉食性)	다른 동물의 시체를 먹는 것(예 딱정벌레목, 송장벌레과, 풍뎅이붙이과, 반날개과)

05 곤충의 발육 및 변태

1. 성결정과 생식

1) 성결정

곤충도 사람처럼 상염색체와 성염색체가 있으며 암수를 결정지을 요인이 되지만, 수컷의 성향을 갖게 되는 것은 상염색체, 암컷의 성향은 X염색체에 있어서 상염색체와 X염색체의 균형이 암수를 결정짓는 요인이 된다.

2) 생식

① **단위생식** : 암컷이 혼자서 교미 없이 새끼를 낳는 처녀생식을 의미한다. 미수정란이 수컷으로 되는 수컷생산 단위생식과 미수정란이 암컷이 되는 암컷생산 단위생식이 있다.

② **자웅동성** : '간성'이라고도 하며 자웅동체처럼 암수의 두 가지 성향과 특징을 함께 섞어서 가지고 있는 경우를 말한다. 초파리의 XXY성은 자웅혼성이며 불임이 된다.

③ **자웅양형** : 좌우 어느 한쪽은 암컷인데, 다른 한쪽은 수컷인 경우이다. 드물게 발견되는 돌연변이는 벌목 또는 나비목에서 나타나며, 왼쪽 날개는 암컷인데 다른 한쪽 날개는 수컷의 형태를 띠는 경우가 그러하다.

기출 21년 기사 1회 34번

진딧물이 교미 없이 암컷 혼자 번식하는 것은?

① 단위생식 ② 다배발생
③ 기주전환 ④ 완전변태

답 ①

기출 19년 기사 1회 31번

다음 중 단위생식이 가능한 것은?

① 밤나무혹벌
② 배추흰나비
③ 송충알좀벌
④ 잣나무넓적잎벌

답 ①

[표 3-5] 곤충의 생식방법

구분	특징
양성생식(兩性生殖)	암컷과 수컷이 교미하는 것 예 대부분의 곤충
단위생식(單爲生殖)	• 암수 간 교미에 의한 수정 없이도 암컷 혼자 새끼를 낳는 경우(=처녀생식, 단성생식) • 종류 : 수컷생산단위생식(미수정란의 반수체 배아가 수컷이 되는 것) 암컷생산단위생식(배수체가 암컷이 되는 것) 예 밤나무순혹벌, 민다듬이벌레, 벼물바구미, 수벌, 무화과깍지벌레, 여름철의 진딧물류 등
다배생식(多胚生殖)	난핵이 분열하여 다수의 개체를 만드는 것 예 벼룩좀벌과, 고치벌과
유생생식(幼生生殖)	유충은 성숙한 난자를 갖고 있으며 난자는 단위생식에 의해 발생함 예 일부 혹파리과
자웅동체(雌雄同體)	생식기의 외부에서 난자가 생기고 안쪽에서 정자가 생김 예 이세리아깍지벌레(Icerya purchasi)

3) 알

① 배자(胚子)가 일정기간 후 알껍질을 깨고 밖으로 나오는 현상을 '부화(孵化)'라고 한다. 곤충의 알은 자라면서 세포분열을 거듭하고 포배기 시기를 거쳐 낭배기 때 배대를 형성하고, 이때 배대가 분열을 하면서 외배엽, 중배엽, 내배엽을 형성한다.

[표 3-6] 배엽의 구성

구분	구성하는 기관
외배엽	체벽, 신경계, 소화계(전장, 후장의 말피기소관 포함), 기관계 등을 생성
중배엽	근육, 혈액, 순환계, 내분비샘, 지방체, 정소와 난소
내배엽	소화계의 중장

② 알의 부화(孵化) 형태에는 난생, 난태생, 태생이 있다.

[표 3-7] 알의 부화 형태

구분	특징
난생	알을 낳아 증식하는 형태(곤충의 출생방식)
난태생	성충 몸 안에 알을 품고 있다가 부화되어 애벌레 상태로 나온 형태
태생	처음부터 애벌레를 몸 안에서 키워 완전히 큰 애벌레가 몸 밖으로 나온 형태

③ **부화방법** : 껍질을 씹어 자르는 방법, 알의 약한 부위로 몸을 움직이거나 공기를 들이마셔 내압을 높여 파괴하는 방법, 머리에 위치한 난각파쇄기(난치) 같은 작은 난파기로 절단하는 방법이 있다.

④ **다배발생** : 하나의 알에서 여러 마리가 나오는 경우

2. 유충(탈피)

① 탈피는 유충의 몸은 자라지만 몸을 덮고 있는 키틴질의 표피는 늘어나지 않으므로 묵은 표피를 벗어야 하는 현상으로, 크게 표피층 분리와 탈피(허물벗기기)로 나누어진다.

② 탈피 과정은 다음과 같다.

탈피 과정

1. 표피층이 분리(진피로부터 외골격의 분리)됨
2. 진피로부터 불활성 상태로 탈피액이 분비됨
3. 새로운 외골격 위에 큐티클린층이 형성됨
4. 탈피액이 활성화됨
5. 탈피액에 의해 내원표피의 소화 및 흡수가 일어남
6. 진피로부터 새로운 원표피가 분리됨
7. 옛 외원표피와 상표피가 벗겨짐(탈피)
8. 새로운 체벽이 팽창됨
9. 새로운 외원표피의 경화와 색소침착이 일어남

③ 영(齡)은 부화유충이 탈피할 때까지의 기간, 즉 탈피한 후 다음 탈피할 때까지의 기간을 말하며 마지막으로 탈피하여 번데기가 될 때까지의 기간을 의미한다. 알에서 부화 후 1회 탈피할 때까지를 1령이라 하고 이후 탈피할 때마다 2령으로 넘어간다.

3. 곤충의 변태

1) 변태

알에서 부화한 유충의 경우 형태가 성충과 다른 경우가 많다. 이유는 곤충의 형태가 바뀌는 탈피, 즉 변태(變態)를 하기 때문이다. 변태의 종류는 다음과 같다.

[표 3-8] 변태의 종류

종류		과정	종류
완전변태		알 → 유충 → 번데기 → 성충	고등곤충류인 나비목, 딱정벌레목, 파리목, 벌목 등
불완전 변태	반변태	• 알 → 유충 → 성충 • 유충과 성충의 모양이 다름	잠자리목, 하루살이목 등
	점변태	• 알 → 유충(약충) → 성충 • 유충과 성충의 모양이 비슷함 • 탈피 과정이 진행될수록 복부의 배마디가 증가함 : 전약충 → 제2약충 → 제3약충	메뚜기목, 총채벌레목, 노린재목 등
	증절변태	부화유충과 성충의 모습이 크게 달라지지 않음	낫발이목
	무변태	부화유충과 성충이 같은 모양임	톡토기목
과변태		• 알 → 유충 → 의용 → 용 → 성충 • 유충과 번데기 사이 의용의 시기	딱정벌레목의 가뢰과

TIP

애벌레의 종류(형태적 특징에 의한 구분)

- 좀붙이형 : 입이 전구식이고 몸이 뒤로 가늘어지며 전체적으로 납작하고 다리가 긴 편이다.
- 딱정벌레유충형 : 좀붙이형과 유사하나 다리가 더 짧고 몸이 납작하며, 배 끝 미모가 짧거나 없다.
  예 딱정벌레목 딱정벌레과
- 방아벌레유충형 : 몸이 길고 단면이 둥글며, 다리가 매우 짧다.
  예 방아벌레목 방아벌레과
- 판형 : 몸이 매우 납작하여 몸이 바위에 납작하게 붙는 특징을 가진다.
  예 딱정벌레목 물삿갓벌레과
- 굼벵이형 : 뚱뚱한 원통형의 부드러운 몸을 가지며 느리게 움직이고 옆에서 볼 때 몸이 C자형으로 휘어진다.
  예 딱정벌레목 개나무좀과
- 구더기형 : 머리가 발달하지 않고 다리도 없는 형태이다.
  예 파리목 취파리과

기출 19년 기사 1회 25번

다음 중 과변태를 하는 것은?

① 가뢰과 곤충
② 파리과 곤충
③ 풍뎅이과 곤충
④ 날도래과 곤충

답 ①

2) 용화

번데기(용, 蛹)의 종류는 몸에 붙어 있는 다리나 큰턱과 같은 부속지가 움질일 수 있는지, 없는지에 따라 구분된다.

[표 3-9] 형태에 따른 번데기의 분류

구분	특징
나용(裸蛹)	번데기가 되면서 생긴 부속지가 몸으로부터 떨어진 상태에서 움직일 수 있도록 되어 있는 경우로 가장 많은 종류가 여기 속한다. → 저작형 나용(밑들이목, 뱀잠자리목), 비저작형 나용(저작형 나용과 나비목, 파리목을 제외한 나머지 목)
피용(被蛹)	번데기가 되면서 부속지가 몸에 붙어 있는 상태에서 다리나 큰턱을 따로 움직일 수 없는 번데기를 말한다. → 대부분의 나비목, 모기와 같은 일부 파리목
위용(圍蛹)	근본적으로는 나용에 해당되나 탈피 시 번데기가 될 때 유충의 외피를 벗어버리지 않고 그 속에 번데기가 되는 것을 말한다. 애벌레 껍질을 고치처럼 활용한다. → 고등한 파리류
전용(前蛹)	번데기가 유충의 탈피각 안에 들어 있는 경우를 말하며 유충의 표피가 진피층에서 떨어지고 잠시 동안 발육 중인 번데기가 유충의 표피 안에 그대로 들어 있는 경우이다.

3) 우화

① 번데기 또는 번데기 과정에 해당하는 약충이 탈피하여 성충이 되는 현상을 '우화(羽化)'라고 한다.

② 우화 직후 성충의 몸은 연약한 상태이고 날개는 축소되어 있지만 시간이 지날수록 본 모습을 갖게 된다.

기출 20년 기사 1 · 2회 32번

다음 중 번데기 또는 마지막 영기의 약충이 탈피하여 성충이 되는 현상을 무엇이라고 하는가?

① 우화 ② 부화
③ 용화 ④ 세대

답 ①

4) 교미

① 구애활동을 통해 수컷이 암컷을 찾아 교미를 하게 되는데, 많은 경우 암컷의 관심을 끌어 허락을 받는 구애행동을 하게 된다.

② 수컷은 암컷의 생식기 속에 정액을 주입하고 암컷은 수정낭에 정충을 보관하면서 산란을 조절한다. 이런 행동을 '교미(交尾)'라고 한다.

5) 산란

① 산란(産卵)이란 암컷과 수컷의 교미에 의해 수정된 알을 낳는 현상을 의미하며 보통 알을 낳을 때 분비액을 함께 사용하여 알을 붙여 놓는다.

② 곤충의 종류에 따라 산란을 통한 알의 수, 산란 장소, 산란 상태 등이 다르다.

4. 곤충의 행동

곤충은 다양한 환경의 변화에 따라 살아남기 위한 방법으로 행동이 진화한다. 특히 짝짓기 및 먹이를 구하는 방법, 또는 적을 피하는 방법 등이 그러하다.

1) 곤충 행동의 유형

행동이란 생명체가 그 환경에 적응하면서 반응하는 것을 의미하며 선천적 행동과 학습적 행동으로 나눈다.

TIP

곤충의 선천적 행동은 곤충을 유인하여 포살하는 트랩을 개발하는 데 활용된다.

(1) 선천적 행동

① 운동성에 있어 무정위운동성은 동물이 자각의 세기 및 변화에 반응하지만 일정성이 없는 경우를 의미하며, 정위는 일정한 방향과 각도로 움직임을 가지는데 이것이 일정성을 가지는 것을 의미한다.

② 주성(走性)은 생물이 외부의 자극에 대해 일으키는 방향성 있는 행동을 의미하며 다음과 같은 다양한 종류가 있다.

[표 3-10] 곤충의 주성(走性)

구분	정의
주광성(走光性)	빛에 대한 주성
주화성(走化性)	화학물질에 의한 자극에 대한 주성
주지성(走地性)	중력에 대한 주성
주촉성(走觸性)	접촉자극에 의한 몸 전체의 반응
주온성(走溫性)	온도에 대한 주성
주류성(走流性)	물고기처럼 물이 흐르는 방향으로 머리를 향하는 주성
주음성(走音性)	음성에 대한 주성
주풍성(走風性)	바람에 대한 주성

(2) 학습적 행동

곤충의 학습적 행동은 관습화를 통해 반복된 자극이 무디어지는 현상과 조건화를 통해 자극과 함께 주어진 다른 추가 자극이 반복되었을 때 추가 자극만 반응하는 경우 그리고 잠재학습을 통해 주어진 환경요인을 학습 인지하는 것으로 나눈다.

2) 짝짓기

곤충은 짝짓는 방법이 다양한데 귀뚜라미처럼 소리를 통해 구애를 하기도 하고 어떤 곤충은 페로몬을 분비하여 화학적 신호를 보내기도 한다.

(1) 구애행동

① 수컷이 암컷과 교미에 들어갈 경우 보통 암컷의 관심을 끌고자 수컷은 구애(행동)를 하게 된다. 구애 행동은 시각적 표현(춤 또는 행동), 촉각적 자극(소리, 냄새) 또는 짝짓기 선물 등을 한다.

② 짝짓기 선물을 통해 구애하는 예로는 밑들이목 각다귀붙이과로 수컷은 페로몬으로 암컷을 유인한 후 암컷에게 먹이 선물을 잡아 나뭇가지 등에 매달고 암컷을 기다리는데 먹이가 마음에 든 암컷은 먹이를 먹고 그 동안 수컷은 교미에 들어간다. 교미 후 정자의 전달이 끝나면 먹이의 상태 크기에 따라 교미시간이 결정되며 시간을 충분히 갖게 되면 정자 전달 성공률은 높아지게 된다.

③ 시미귀류는 포식을 통해 진행되는데 교미 중 암컷의 눈에 띈 수컷의 머리부터 잡아먹고 머리가 없는 수컷은 교미억제 식도하신경절의 역할이 제거됨으로써 교미의 활성이 더 높아지게 된다.

(2) 정자들의 경쟁

① 정자는 암컷의 몸에 들어가 암컷 저정낭에 보관되는데 보통 수년간도 영양공급을 받으며 살아남기도 한다. 보통 난자 하나에 다량의 정자가 필요하기 때문에 정자를 확보 후 저장하여 수정 시 사용하게 된다.

② 수컷은 정자우선권을 갖기 위해 암컷의 몸에 남은 다른 수컷의 정자를 저정낭의 맨 뒤로 밀고 그 앞에 자신의 정자를 넣어 수정 시작 시 자신의 정자가 우위에 사용되도록 하기도 한다.

③ 또한 모시나비는 자신의 교미 후 다른 수컷의 교미를 막기 위해 교미마개(교미덮개)를 부착하기도 하고 잠자리류는 교미 후 다른 수컷이 채가지 못하도록 알을 낳을 때 까지 암컷을 붙잡고 있거나 주변을 살핀다.

3) 먹이탐색

먹이탐색은 에너지 효율을 극대화하기 위해 기다리는 방법과 함정을 만들거나, 먹이 찾는 시간을 최소화하기 위한 능동적 찾기 등이 있다.

> **TIP**
>
> 먹이탐색
> - 수동적 방법 : 기다리는 방법으로는 은폐, 위장 등을 사용하여 움직이지 않거나 천천히 움직여 먹이를 잡는 방법이 있다.
> - 능동적 방법 : 무당벌레나 꽃등에의 애벌레가 있으며 방향성 없이 다니거나, 냄새의 유인으로 움직이는 경우도 있다.

4) 방어

주변의 환경에서 자신을 보호하고자 하는 방법으로 숨기, 2차 방어기작, 모방 등의 다양한 방법이 있다.

(1) 숨기

주변의 색, 즉 유사색으로 위장하는 것과 다른 것의 모양을 흉내내는 의태가 있다.

(2) 2차 방어기작

숨거나 속이는 방법이 실패하면 곤충은 2차적 방어기작을 일으키는데, 딱정벌레는 갑자기 죽은 체를 하거나, 때로는 성종의 날개나 애벌레의 머리 쪽에 있는 눈같은 모습을 드러내며 방어한다.

> **TIP**
>
> 2차적 방어기작
> - 물리적 방어기작 : 날도래 유충 및 달팽이집과 같이 이동성 집을 만들어 활용하는 방법
> - 화학적 방어기작 : 곤충의 경고 형태로 색깔이나 냄새, 소리를 이용하는 것으로 벌의 노란색, 무당벌레의 붉은색, 모나크왕나방의 카데놀리드 성분, 개미의 개미산(포름산, Formic acid) 등이 해당된다.

(3) 모방

대상이 3가지, 즉 모델, 모방자, 관찰자로 분류된다. 모델은 경고색을 가지고 있고, 실제 체내에 독성을 가지고 있어 공격 시 활용하며, 관찰자는 새와 같은 곤충을 잡아먹는 동물이다. 또한 모방자는 체내에 독성은 없지만 모델의 형태적 흉내를 내는 곤충이다.

5. 세계 곤충상(昆蟲相)

① 곤충상을 통해 지구상에 흩어진 곤충의 분포를 알 수 있다.

② 곤충의 생존은 종족번식을 유지하고, 자신을 보호하기 위해 분산, 이동, 자신보행, 바람, 물의 흐름, 교통기관 등의 방법을 활용한다.

③ **곤충 분포에 영향을 주는 조건** : 환경 기상(온도 및 습도), 먹이 등

④ 곤충상을 분류하는 이유는 해충의 구제를 위해 필요하기 때문이다.

CHAPTER 04

해충의 발생예찰

Key Word

해충 / 익충 / 경제적 개념 / 해충의 범주 / 적산온도 / 방제 여부 의사결정

01 해충과 익충

지구상에서 알려진 곤충의 종수는 약 86만 종으로 동물계의 70%를 차지하고 있으나 인간에게 직접 또는 간접적으로 이해관계가 뚜렷이 알려져 있는 곤충은 일부에 불과하며, 이들을 크게 해충과 익충으로 구별한다. 하지만 이러한 구별은 인간의 입장, 시기 및 시대에 따라 변할 수 있어 상대적이다.

1. 해충

인간에게 직접 또는 간접적으로 해를 끼치는 곤충

- 위생곤충 : 모기, 벼룩, 이 등과 같이 인간에게 직접적 해를 끼치는 곤충
- 농업해충 및 가축해충 : 농작물 또는 가축을 가해하여 인간에게 간접적으로 해를 주는 해충

2. 익충

인간에게 직접 또는 간접적으로 이익을 주는 곤충

- 산업곤충 : 누에, 꿀벌 등과 같이 직접적으로 이익을 주는 곤충
- 천적곤충 : 해충에 기생하거나 포식하여 이들을 죽이는 기생벌, 기생파리 같이 간접적으로 이익을 주는 곤충

기출 19년 기사 1회 34번

해충의 밀도와 농작물 피해에 대한 설명으로 옳지 않은 것은?

① 경제적 피해허용수준은 어느 경우에나 일반평형밀도보다 높다.
② 경제적 피해수준은 경제적 피해허용수준보다 높게 관리해야 한다.
③ 일반적인 환경 조건에서 형성된 해충의 평균밀도를 일반평형밀도라고 한다.
④ 경제적 손실이 나타나는 해충의 최저밀도를 경제적 피해수준이라고 한다.

답 ①

02 해충의 생태 및 경제적 구분

1. 해충밀도의 경제적 개념

해충이 작물에 피해를 주는 방식은 해충마다 다르다. 즉, 과실을 직접 가해하는 해충은 경제적 피해가 큰 반면, 잎만 가해하는 해충은 상대적으로 경제적 피해가 작을 수 있다. 따라서 병해충 발생량은 경제적 손실의 크기로 비교해서 방제대책을 수립해야 한다. 해충을 경제적 중요성 및 방제 의사결정 측면에서 정의하는 데 필요한 개념은 [표 4－1]과 같다.

[표 4－1] 해충 밀도의 경제적 개념

해충의 밀도수준	특징
경제적 피해수준 (EIL : Econonic Injury Level)	• 경제적 손실이 나타나는 해충의 최저밀도 • 해충에 의한 피해액과 방제비가 같은 수준의 밀도 • 직접적 피해를 주는 해충은 경제적 피해수준이 낮고 간접적으로 피해를 주는 해충은 경제적 피해수준이 높음
경제적 피해허용수준 (ET : Economic Threshold)	• 해충의 밀도가 경제적 피해수준에 도달하는 것을 억제하기 위하여 방제수단을 써야 하는 밀도수준 • 항상 경제적 피해수준보다는 낮은 특징이 있음 • 실질적으로는 방제수단 동원에 필요한 시간적 여유를 나타냄 • 요방제수준(CT : Control Threhold)이라고도 함
일반평형밀도 (GEP : General Equilibrium Position)	• 일반적인 환경조건에서 약제방제 등 해충방제의 일시적인 간섭으로부터 영향을 받지 않는 장기간에 걸쳐 형성된 해충 개체군의 평균밀도 • 기생자, 포식자, 병원균 등 천적의 영향으로 현재 형성되어 있는 밀도로서 이 발생수준을 중심으로 발생량이 변화함

2. 해충의 범주

해충의 발생 정도는 지역적 · 계절적 또는 해에 따라 다른 경우가 많은데, 매년 다발생하여 피해를 주는 종류가 있는 반면 간헐적으로 다발생하여 피해를 주는 해충이 있다. 현재의 해충 발생상은 경제적 피해 크기와 관련하여 [표 4－2]와 같은 범주로 나누어 볼 수 있다.

[표 4－2] 해충의 범주

구분	특징
비경제해충	• 농작물을 가해하지 않거나 가해하더라도 그 피해가 경미하여 방제의 필요성이 없는 해충으로, 생태계를 구성하는 곤충류 중 가장 많은 종류가 여기에 속함 • 해충이라 볼 수 없는 곤충
잠재해충 (Potential pest) =2차 해충	• 일반평형밀도(GEP)가 항상 경제적 피해수준보다 훨씬 아래에 있어서 방제대상이 되지 않는 해충 • 환경조건이 바뀌어 밀도가 증가하면 경제적으로 중요한 해충이 될 수 있음 • 무분별한 화학약제의 사용으로 천적이 제거된 후 2차 해충이 되어 경제적 피해를 주는 해충으로 변화되기 때문에 '인조해충'이라고도 부름
간헐해충 (Occasional pest) =돌발해충	• 밀도가 가끔 경제적 피해수준을 넘는 해충 • 어느 해에는 발생하지 않다가 기상 등 환경조건에 따라 다발생되는 해충
수시해충 (Frequent pest) =주요 해충	일반평균밀도가 경제적 피해수준 바로 아래에 형성되어 있어서 경제적 피해를 유발하는 빈도가 잦고 정도도 커서 항상 경계가 필요한 해충
상시해충 (Constant pest) =주요 해충	• 일반평균밀도가 경제적 피해수준 이상 또는 그 근처에서 형성되어 피해 정도가 가장 높고 항상 문제가 되는 해충 • 직접 피해를 주는 해충으로 대부분 과실을 직접 가해하는 해충이 이에 속하며, '관건해충', '1차 해충'이라고도 부름

기출 21년 기사 4회 38번

종합적 해충방제에서 방제를 실시해야 되는 해충의 밀도수준은?

① 경제적 소득수준
② 경제적 피해허용수준
③ 물리적 피해수준
④ 해충 밀도수준

답 ②

TIP

경제적 피해수준이 낮다는 것은 그만큼 피해가 클 수 있는 해충을 의미한다.

TIP

해충 밀도의 경제적 개념

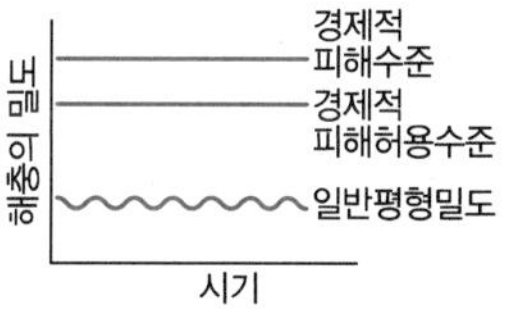

03 해충 발생예찰

1. 발생시기 및 발생량 예찰

1) 곤충의 발육과 온도의 관계

곤충의 발육에 영향을 주는 요인에는 온도, 습도, 광, 기주식물 등이 있지만, 이들 중 가장 중요한 요인은 온도이다. 온도에 따라 발육기간이 짧거나 길게 결정되며 습도 등은 생존 및 서식지의 분포를 결정하는 데 작용하는 경우가 많다.

곤충의 발육기간은 온도가 증가함에 따라 감소하고 최적온도 이후에는 다소 증가한다. 발육속도는 발육기간의 역수를 취하며 온도와 곤충의 발육속도(발육률) 곡선은 온도영역에 따라 다음과 같이 나눌 수 있다.

기출 21년 기사 2회 21번

다음 중 곤충이 휴면하는 데 가장 큰 영향을 주는 주요 요인은?

① 빛 ② 수분
③ 온도 ④ 바람

답 ③

[표 4-3] 발육속도 곡선에서 온도영역

구분	특징
저온영역	발육하한한계 부분에서 발육률이 "0"에 근접하여 곤충은 매우 느린 발육 또는 발육정지 상태로 되어 오랜 기간 동안 생존할 수 있는 영역
적온영역	저온한계온도를 지나 온도가 증가함에 따라 온도와 발육률은 선형관계를 보이는 영역
고온영역	발육률이 최고점에 도달한 후 온도의 증가에 따라 발육률이 급격히 감소되어 곤충의 치사온도에 이르는 영역

2) 선형식을 이용한 적산온도 모형

적온영역에 속한 자료만을 이용하여 모형식(회귀직선)을 추정한다. 직선회귀식은 다음과 같다.

$$r(T) = aT + b$$

여기서, $r(T)$: 발육률(1/발육기간), a : 회귀계수(기울기), T : 온도, b : 절편

위의 직선회귀식으로부터 발육률이 0이 되는 온도를 추정하여 발육영점온도(T_L)를 추정하고($T_L = -b/a$), 발육 완료에 필요한 온량(적산온도, DD)은 추정된 회귀식 기울기의 역수값($1/a$)이 된다.

TIP

기상자료를 이용한 적산온도 계산법

- 일유효온도 = 일평균기온 − 발육영점온도
  이때 일평균온도가 발육영점온도 이하이면 일유효온도는 "0"
- 일유효온도 누적

3) 발육률 적산을 이용한 발육단계 전이모형

발육단계 전이모형은 어떤 발육단계 상태에 있는 집단 중에서 다음 발육단계로 전이되는 개체수들의 비율을 추정하는 것으로, 발육모형과 발육완료시기 분포모형을 이용하여 각 발육단계 전이모형을 작성할 수 있다.

[표 4-4] 발육단계 전이모형의 구분

구분	특징
비선형 발육모형	• 발육영점온도를 직선회귀식에 의하여 경험적으로 추정하여 적용하기 때문에 저온영역에서는 곤충 발육을 과소평가하고 고온영역에서는 과대평가하는 단점을 보완하기 위한 모형 • 곤충의 발육률과 온도 간의 관계를 비선형식을 이용하여 표현함
발육완료시기 분포모형	• 곤충 발육모형은 단지 곤충의 평균발육률만을 추정함 • 포장상태에서 온도자료를 이용하여 발육률을 계산하고 이를 누적하여 "1, 0"이 되었을 때 그 곤충의 발육이 완료되었다고 판단하나 월동하고 있는 개체군은 어느날 모두 깨어나는 것이 아니라 동일한 온도조건이 있다고 하더라도 일찍 깨어나는 개체들도 있고 늦게 깨어나는 개체들도 있는 등 변이가 존재함 • 이 변이를 설명하는 모형을 발육완료기간 분포모형이라 함 • 실내 항온조건에서 얻은 실험자료를 이용하며 각 처리온도에서 나타나는 변이를 표준화시켜 얻음. 웨이블(Weibull) 모형이 폭넓게 이용됨

4) 곤충의 산란모형

곤충의 산란모형(생식모형)은 온도별 총산란수, 연령별 산란율 그리고 연령별 생존율의 3가지 온도 의존적 요소로써 표현할 수 있다.

5) 컴퓨터를 이용한 예찰법

많은 변수를 지니는 통계적 처리나 발생시기, 발생량의 예측을 위한 시뮬레이션 모형의 작성, 피해량, 요방제밀도의 추정을 위한 크로스 모형의 작성 등 복잡한 모형이 개발되고 있다.

6) 통계적 모형

곤충의 발육과 온도의 생리적 관계를 이용한 방법은 실험적 예찰법의 일종이라 할 수 있는 반면, 통계적 예찰법은 해충 발생과 환경요인(온도, 강우 등), 수년 동안의 경험적 자료를 바탕으로 작성된다.

7) 기타 생명표 이용

생명표는 인구학에서 발달된 것이지만 동물개체군의 연구에도 응용되며, 생명표로부터 종의 여러 사망요인의 변동과 법칙성을 찾아내어 해충 발생량의 예찰에 이론적 근거를 제공할 수 있다.

2. 방제 여부 의사결정 기술

방제 여부 의사결정 기술은 축차조사법, 이항조사법, 이항축차조사법으로 나뉜다.

기출 21년 기사 1회 21번

해충의 발생 예찰방법이 아닌 것은?

① 통계적 예찰법
② 피해사정 예찰법
③ 시뮬레이션 예찰법
④ 야외조사 및 관찰 예찰법

답 ②

[표 4-5] 방제 여부 의사결정 기술의 구분

구분	특징
축차조사법	• 해충의 밀도를 순차적으로 조사 누적하면서 경제적 피해수준에 근거하여 방제 여부를 판단하는 방법 • 누적자료를 이용하여 방제 하한선 및 상한선에 따라 약제 미살포, 계속조사, 약제 살포 여부를 판단함 • 신속하게 의사결정이 가능하여 노동력과 조사비용을 절감할 수 있음
이항조사법	해충 서식처에서 어떤 해충의 발생 여부만을 판단하여 발생밀도를 추정하는 방법 예 감귤 귤응애 발생밀도를 잎에서 일일이 세지 않고 잎에 응애의 존재 여부만을 판단하여 "응애가 발견되는 잎이 약 60%이면 응애의 잎당 발생밀도는 3마리이다"라고 판단하는 원리
이항축차조사법	해충의 발생밀도 조사는 이항조사법과 동일하게 실시하고, 방제 여부의 판단은 축차조사법의 원리를 따르는 방식

3. 피해량 예찰

해충의 발생 수와 작물 피해의 관계는 의외로 복잡하다. 일반적으로 해충의 발생 수가 증가함에 따라 피해량도 증가하지만, 피해는 해충의 종류, 발생시기, 작물의 생육시기 또는 품종 등에 따라 변동한다.

1) 피해사정식

① 무피해주와 피해주의 수량차를 감수율로 하여 피해지표와의 관계식, 피해지표와 수량의 관계를 조사함으로써 피해량을 예측할 수 있다.

② 경제적 피해수준을 추정할 때 유용하게 쓰일 수 있다.

2) 해충 밀도와 수량 간의 관계

포스톤(Poston) 등은 해충의 밀도와 수량 간의 관계를 세 가지 유형으로 분류하였다.

> **TIP**
> 포스톤의 해충 밀도와 수량 간의 관계가 아닌 것을 고르는 문제가 자주 출제된다.

① **감수성 반응** : 해충 밀도의 증가에 따라 수량이 서서히 감소함

② **내성적 반응** : 처음에는 수량 감소가 없다가 밀도가 어느 정도 도달함에 따라 수량이 감소함

③ **보상적 반응** : 낮은 밀도에서는 오히려 수량이 증가하다가 어느 밀도 이상 되면 비로소 수량이 감소함

4. 발생예찰을 위한 조사

1) 포장조사

포장조사의 종류는 다음 표와 같다.

[표 4-6] 포장조사의 종류

구분	특징
정점조사	발생특성해석포장, 발생소장조사포장, 조기발견포장 등의 정기적 조사로서, 발생소장의 평년비교, 조기발견, 방제 여부, 방제 적기의 결정 등에 활용한다.
순회조사	해충 발생의 지역적 변동실태 파악 및 정점조사를 보완하여 관내 지역의 발생을 예찰하며 조기발견, 방제범위 설정 등을 목적으로 조사한다.

2) 해충발생밀도 조사법

해충의 종류나 목적에 따른 해충발생밀도 조사법의 종류는 다음 표와 같다.

[표 4-7] 해충발생밀도 조사법의 구분

구분	특징
예찰등	• 주광성 해충 예찰에 사용 • 해충의 발생시기, 발생량, 발생소장 등을 조사 • 방제 여부 판정, 방제시기 및 다음 세대의 발생시기, 발생량 예측을 위하여 정해진 규격에 따라 예찰등을 설치 • 예찰등은 100W 백색등 또는 청광등, 흑광등을 사용
수반	• 물을 담은 수반에 날아 들어오는 해충을 조사하고 발생상황을 추정하는 방법 • 수반 내면은 황색이며 이 색깔에 유인되는 성질을 이용한 것으로 전착제와 살충제를 섞어 빠진 곤충의 도망을 방지함
공중포충망	• 공중에 망을 설치해 놓고 그 안에 들어오는 곤충을 조사 • 주로 멸구, 매미충류 등 비래해충 조사에 이용 (비래해충 : 외국으로부터로 국내로 비산하여 날아 들어오는 해충)
페로몬	• 합성페로몬을 이용하여 해충의 발생상황을 추정하는 방법 • 집합페로몬과 성페로몬을 사용
먹이유살	• 미끼에 끌리는 성질을 이용한 방법 • 고자리(양파), 멸강나방(당밀+술)
포충망	• 포충망으로 해충을 잡아 밀도를 추정하는 방법 • 발생예찰 사업 : 구경 37cm 포충망, 25회 왕복조사의 경우 면적은 $33m^2$가 됨 • 벼에서 멸구, 매미충류, 줄기굴파리 등에 사용
털어 잡기	• 해충을 작물에서 수면 위에 떨어뜨리거나 사각접시, 면포 등에 떨어지는 해충 수를 조사하는 방법 • 멸구, 매미충류, 콩해충 등에 많이 사용
동력흡충기	공기 흡입력을 이용하여 해충을 잡는 방법으로 연구, 조사 시에 많이 사용됨

TIP

페로몬 트랩

집합페로몬은 노린재, 성페로몬은 주로 나방/나비류 유인에 사용된다.

3) 해충가해조사법

해충의 가해상황 파악은 다음 세대의 발생예찰에 중요하며, 발생예찰 정보의 적부 판정이나 예찰방법의 개선, 방제계획의 입안 등에 있어서도 중요하기 때문에 가해상황(가해시기, 가해 정도)을 정확하게 조사해 두는 것이 좋다.

해충의 발생밀도로써 발생을 예측하는 것보다 가해상황으로 예측하는 것이 정확하거나 효율적인 경우에는 피해엽수, 피해엽률 등으로 표기하기도 한다.

4) 발생면적조사법

해충의 발생 정도나 피해실태를 지역별로 파악하며 발생정보의 적부를 판정하거나 방제계획 입안의 기초자료로 활용하기 위해서는 발생 정도별로 조사할 필요가 있다.

해충별 발생밀도와 피해 정도를 심, 다, 중, 소, 무의 5단계로 구분하고 단계별 포장출현 비율을 계산하여 각 비율에 재배면적을 곱함으로써 발생 정도별 면적을 계산한다.

5) 환경조사

해충의 발생시기나 발생량은 환경조건과 깊은 관련이 있기 때문에 발생예찰 사업의 일환으로 주로 기상관측, 경종방법, 농작물의 생육상황 등의 각종 조사가 이루어져야 한다.

CHAPTER

05 해충 각론

Key Word

해충별 형태 / 피해양상 / 발생경과 / 방제법

01 식용작물 해충

1. 벼의 해충

주요 해충
이화명나방, 멸강나방, 벼잎벌레, 혹명나방, 벼줄기굴파리, 벼애잎굴파리, 벼멸구, 흰등멸구, 애멸구, 끝동매미충, 먹노린재, 벼물바구미

1) 이화명나방

<table>
<tr><th>분류</th><td colspan="3">나비목 명나방과</td></tr>
<tr><th>형태</th><td colspan="2">
〈성충〉
• 머리, 가슴, 앞날개가 회갈색 나방
• 뒷날개는 회백색
• 앞날개의 외연에 7개의 검은 점이 있음
• 수컷은 암컷에 비해 약간 작고, 빛깔은 짙음</td><td>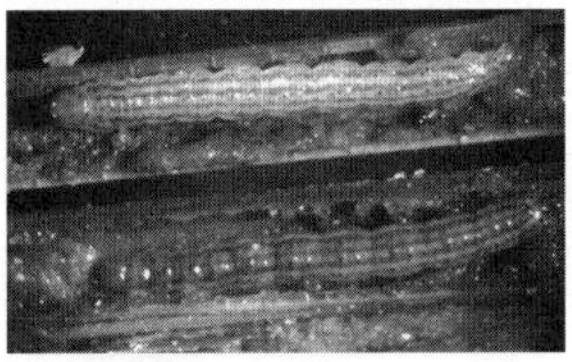
〈유충〉
• 황갈색으로 등에 다섯 개의 세로줄이 있음</td></tr>
<tr><th rowspan="3">피해양상</th><td colspan="2">• 유충이 벼 줄기 속 가해
• 새잎이나 이삭이 말라 죽도록 하는 벼 줄기 가해 해충</td><td rowspan="3">
〈벼 줄기의 피해〉</td></tr>
<tr><td>1화기</td><td>줄기를 가해하여 줄기가 말라 심고경 현상 발생</td></tr>
<tr><td>2화기</td><td>• 이삭 패기 전에 줄기가 고사
• 출수 후에는 백수 현상(이삭이 하얗게 말라죽는 현상) 발생
• 수량에 직접적인 영향을 줌</td></tr>
<tr><th>발생경과</th><td colspan="3">• 1년에 2회 발생(그래서 1화기, 2화기로 나뉨. 화기는 성충의 의미)
• 노숙유충(번데기 직전의 유충)의 형태로 볏짚 속이나 벼그루터기에서 월동</td></tr>
<tr><th>방제법</th><td colspan="3">유아등으로 예찰 후 전문 약제살포</td></tr>
</table>

기출 22년 기사 2회 34번

벼 줄기 속을 가해하여 새로 나온 잎이나 이삭이 말라 죽도록 하는 해충은?

① 진딧물
② 혹명나방
③ 이화명나방
④ 끝동매미충

답 ③

기출 21년 기사 4회 36번

우리나라에서 발생하는 해충 중 외래종이 아닌 것은?

① 섬서구메뚜기
② 꽃매미
③ 갈색날개매미충
④ 열대거세미나방

답 ①

TIP

벼 저온성 해충
벼물가파리, 벼애잎굴파리, 벼먹노린재, 벼잎벌레

2) 멸강나방

분류	나비목 밤나방과
형태	 〈성충〉 • 앞날개는 회황색, 연갈색 점이 3개 있음 • 수컷은 무늬가 선명하고, 암컷은 선명하지 않음 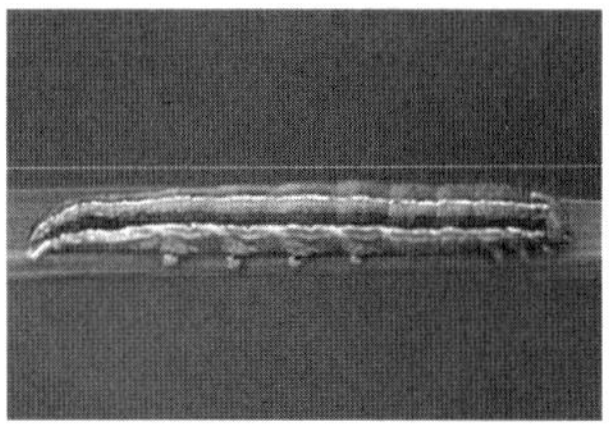 〈유충〉 • 유충은 체색의 변이가 심하나 등은 녹색에 암색 띠, 배는 담황색 • 머리에 팔(八)자 모양의 검은 띠가 있음
피해양상	• 유충이 잎, 줄기 등을 폭식(섭식량이 많음) • 1~3령까지는 엽육만 가해하다가 4령 이후 섭식량이 급격히 증가하여 낮에 숨어 있다가 밤에 주로 잎, 줄기, 이삭까지 폭식 • 논, 옥수수밭 등 화본과 재배포장과 목초지 등에 주로 발생
발생경과	• 국내에서 월동 불가(국내에서 월동을 못하면서 외국에서 날아드는 해충을 비래해충이라 함) • 중국 비래해충(저기압, 기류를 타고 이동)
방제법	유충에 대한 초기 방제 중요, 전문약제 처리

3) 벼잎벌레

분류	딱정벌레목 잎벌레과
형태	 〈성충〉 • 푸른색의 딱정벌레 • 가슴 부분만 황갈색 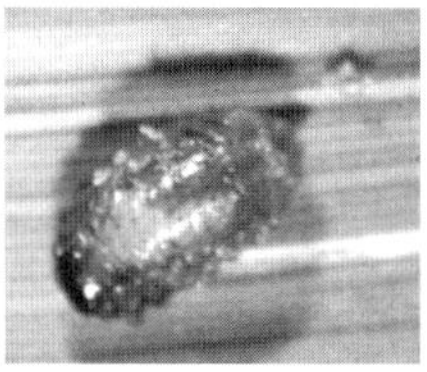 〈유충〉 • 노숙 유충은 방추형으로 등쪽에 배설물을 얹고 다니며 가해(작은 흙덩어리처럼 보임)
피해양상	• 6월 초에 발생하는 저온성 해충 • 성충 및 유충이 벼잎을 식해(식엽성) • 유충은 잎의 표면에서 엽맥 사이의 엽육을 갉아먹어 피해엽은 잎뒷면의 표피만 남고 백색선상의 식흔 발생(엽육가해 해충의 대표적 특징) • 무효분얼이 증가, 출수가 늦어짐  〈논 피해〉
발생경과	• 1년에 1회 발생(1세대 발생) • 성충의 형태로 논둑 잡초 사이에서 월동 • 유충은 습도가 높은 곳을 좋아하며 건조하면 밀도 감소
방제법	부화유충이 많은 6월 중하순이 방제 적기, 전문약제 처리

4) 혹명나방

분류	나비목 명나방과
형태	 〈성충〉 • 성충은 담황갈색으로 앞날개의 전면은 암갈색, 암갈색보다 짙은 선 2줄 • 외연은 색이 짙음
	 〈유충〉 • 유충의 머리부는 담갈색, 몸은 황록색 → 노숙하면 담황색이 됨 • 가슴과 등면에 6개의 검은 반원점이 있음
피해양상	• 유충이 한 개의 벼 잎을 한 개씩 세로로 말고 몇 곳을 철한 다음 그 속에서 엽육 식해 → 벼 잎을 말고 가해(권엽성) • 벼 잎을 갈아 먹어 광합성 저해 : 벼의 등숙률을 좌우하는 잎은 최종 3엽(이것이 피해를 받으면 등숙률 저하) • 쌀의 수량 감소와 품질 저하  〈벼 잎의 피해〉
발생경과	• 국내 월동 불가 • 매년 비래하는 비래해충
방제법	• 유아등에 잘 유인되지 않으므로 피해 잎이 1～2개 보이는 유충 발생 초기에 방제 • 비래량에 따라서 방제량 고려

5) 벼줄기굴파리

분류	파리목 노랑굴파리과
형태	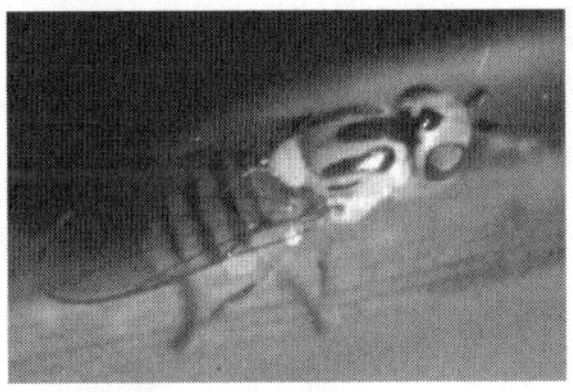 〈성충〉 • 성충은 황색(그래서 노랑굴파리과) • 가슴의 등쪽에 굵고 검은 줄 3개
	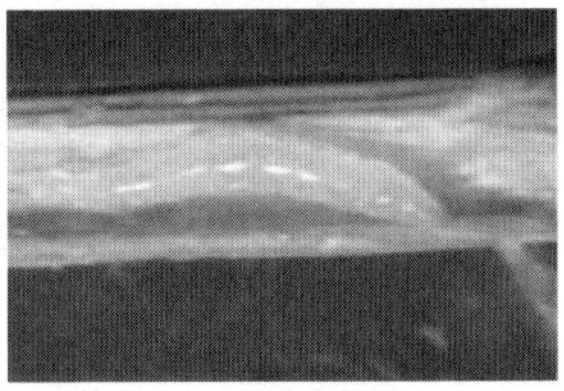 〈유충〉 • 유충은 백색 구더기 모양
피해양상	• 이삭의 길이, 이삭당 잎 수 감소 • 벼의 조기재배로 인해 등장한 해충(잠엽성) : 저온성 해충
	1화기 : 부화유충이 줄기 속을 파고 들어가 생장점 부근의 어린 잎 가해(1화기에는 이삭이 없으니 잎만 가해)  〈벼 잎의 피해〉

기출 19년 기사 4회 29번

다음 중 우리나라에서 겨울 동안 월동을 하지 못하는 해충으로 가장 적절한 것은?

① 이화명나방
② 혹명나방
③ 벼물바구미
④ 담배나방

답 ②

TIP

비래해충
벼멸구, 흰등멸구, 멸강나방, 혹명나방, 애멸구(애멸구는 국내에서 월동하면서 비래도 하는 해충), 열대거세미나방(최근 신종보고된 해충)

기출 19년 기사 4회 35번

다음 중 벼 재배 시 기온이 낮은 해에 발생하여 피해를 주는 저온성 해충으로 가장 적절한 것은?

① 이화명나방
② 끝동매미충
③ 흰등멸구
④ 벼애잎굴파리

답 ④

피해양상	2화기	벼의 줄기 속을 파고 들어가 어린 이삭 가해(2화기에는 이삭이 존재하여 이삭 가해) → 출수 후 벼 이삭에 쭉정이가 생김  〈벼 이삭의 피해〉
발생경과		• 1년에 3회 발생 • 유충의 형태로 독새풀이나 볏과 잡초의 줄기 속에서 월동
방제법		• 1화기는 입제농약으로 이앙 전 육묘상 처리 또는 본답 수면처리 • 2화기는 본답 수면처리 또는 희석제 농약으로 경엽처리

6) 벼멸구

분류	매미목 멸구과
형태	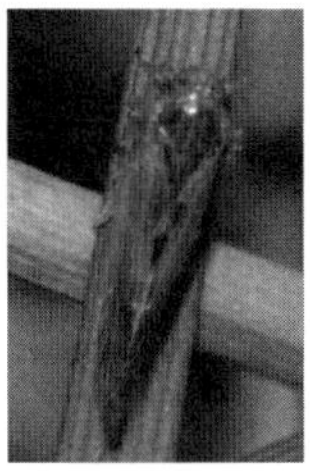 〈수컷 성충〉 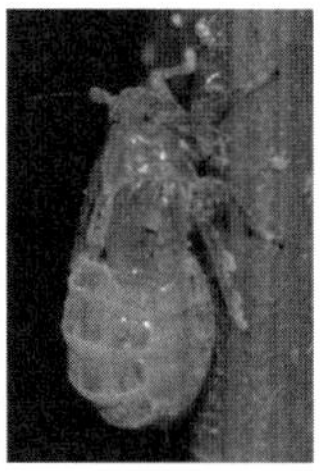 〈암컷 성충〉 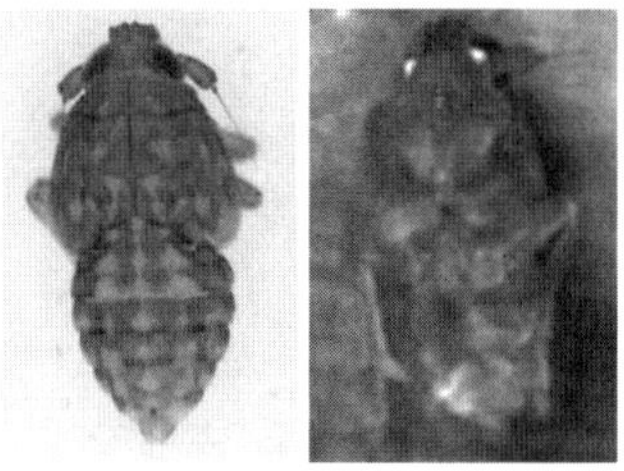 〈약충〉 • 성충은 날개가 긴 장시형과 짧은 단시형으로 구분(장시형이 비래에 유리하여 국내로 비래하고 정착하면 단시형으로 변하며 출수기가 되면 다시 장시형으로 변함) • 앞날개는 담갈색, 뒷날개는 투명 • 광택이 나고 약충은 성충의 형태와 유사 • 눈 아래 밀납 분비로 발광(다른 종과 구분되는 특징) • 뒷다리 가동거 존재(멸구와 매미충의 분류기준) • 알은 유백색 밥알 모양이며 볏짚 속에 낳음
피해양상	• 약충과 성충 모두 벼 포기의 아랫부분 가해(주로 수면 위 10cm 부위) 후 서식, 흡즙 • 분산하지 않고 군집하여 피해를 주기 때문에 논에서 멍석 모양으로 벼가 좌지되는 현상 발생(Hopper burn) • 벼포기가 쉽게 도복, 벼의 하엽부터 황색으로 변함 • 피해 크기 – 조생종 < 만생종 – 척박한 토양 < 비옥지 – 비료를 적게 준 곳 < 많이 준 곳 – 건답 < 습답  〈Hopper burn〉

기출 21년 기사 4회 29번

다음 해충 중 기주 범위가 가장 좁은 것은?

① 벼멸구 ② 흰등멸구
③ 애멸구 ④ 끝동매미충

답 ①

TIP

벼멸구의 알

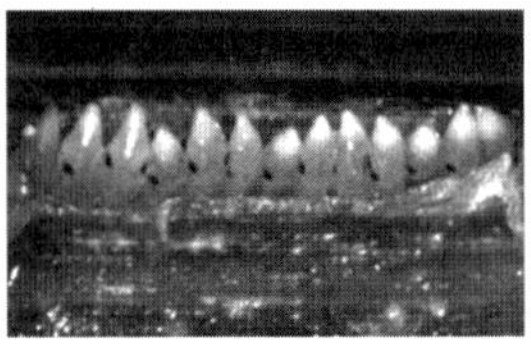

발생경과	• 국내 월동이 불가 • 6~7월(장마철)에 중국 남부지역에서 남서풍을 타고 비래(돌발해충) • 비래종은 모두 장시형이나 다음 세대부터는 단시형이 많이 나타남(먹을 것이 많아서 이동이 필요 없기 때문에 날개 퇴화)
방제법	비래시기, 비래량, 비래횟수, 주 비래시기 등을 정확히 파악하여 방제 적기에 전문약제 처리

7) 흰등멸구

<table>
<tr><th>분류</th><td colspan="2">매미목 멸구과</td></tr>
<tr><th rowspan="2">형태</th><td>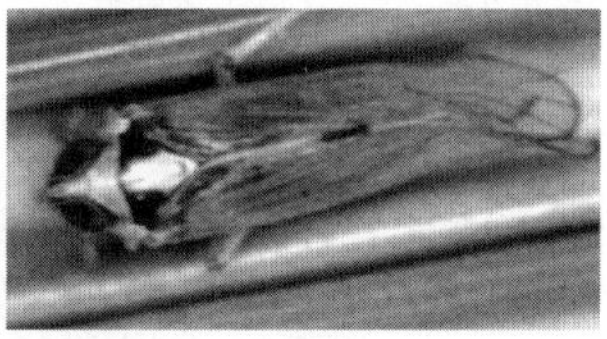
〈성충〉</td><td>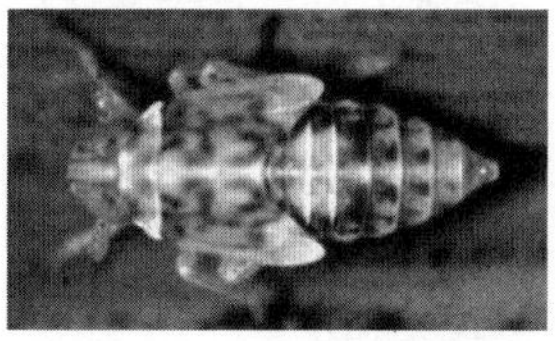
〈약충〉</td></tr>
<tr><td>• 성충의 몸은 담황색(어두운 반점 산재)
• 소순판 중앙부에 백색의 마름모꼴 존재</td><td>• 약충은 몸 전체가 흰빛으로 담황갈색 또는 암흑갈색으로 얼룩져 있어 벼멸구 및 애멸구의 약충과 구별됨</td></tr>
<tr><th>피해양상</th><td colspan="2">• 성충과 약충이 직접 볏대 흡즙
• 주로 볏대의 아랫부분을 흡즙하나 출수기에는 상부를 집중적으로 흡즙하여 반점미 형성
• 흰등멸구는 포장 내 균일하게 분포(벼멸구와 다른 특징으로, 벼멸구는 집중분포)
• 벼멸구보다 기주범위가 넓고, 비래량이 많음(10배 이상)</td></tr>
<tr><th>발생경과</th><td colspan="2">• 국내 월동 불가
• 중국에서 6~7월에 남서풍을 타고 비래하는 비래해충
• 우리나라에서 3~4세대 증식
• 비래 후 제1세대 유충의 밀도가 가장 높음
• 일찍 이앙된 논에서 비래시기가 빠를수록 초기 밀도가 높음</td></tr>
<tr><th>방제법</th><td colspan="2">• 비래시기, 비래량, 비래횟수, 주 비래시기 등을 정확히 파악하여 방제 적기에 전문약제 활용
• 유아등으로 발생 예찰
• 벼멸구에 비해 감수성이 커서 방제효과가 좋음</td></tr>
</table>

TIP

비래해충은 장마전선 기류가 형성되는 6~7월에 주로 비래(특히 멸구류, 혹명나방, 멸강나방)

기출 19년 기사 4회 23번

본답 초기에 벼를 흡즙 가해하며, 줄무늬잎마름병과 검은줄무늬오갈병의 바이러스를 매개하는 해충으로 가장 적절한 것은?

① 애멸구 ② 흰등멸구
③ 벼멸구 ④ 끝동매미충

답 ①

8) 애멸구

분류	매미목 멸구과
형태	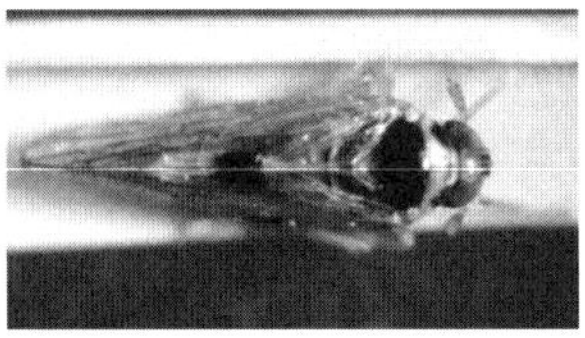 〈장시형 성충〉 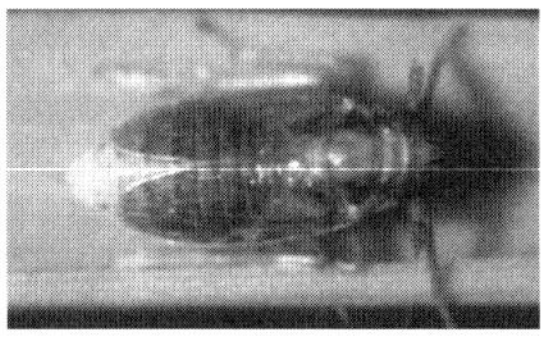 〈단시형 성충〉 • 성충은 장시형과 단시형(장시형으로 비래 후 날개 퇴화)으로 구분 • 머리의 돌출부가 거의 장방형이고 날개는 연한 황갈색 • 암컷 소순판은 담황색, 수컷 소순판은 흑갈색
	• 어린 약충은 연노랑, 노령 약충은 담황색 • 배 등쪽으로 짙은 갈색 무늬가 있고 측면으로 강함  〈약충〉
피해양상	• 약충과 성충이 모두 벼를 흡즙 • 흡즙에 의해 각종 바이러스 매개 • 벼멸구보다 기주 범위가 넓음 **벼 줄무늬잎마름병**:  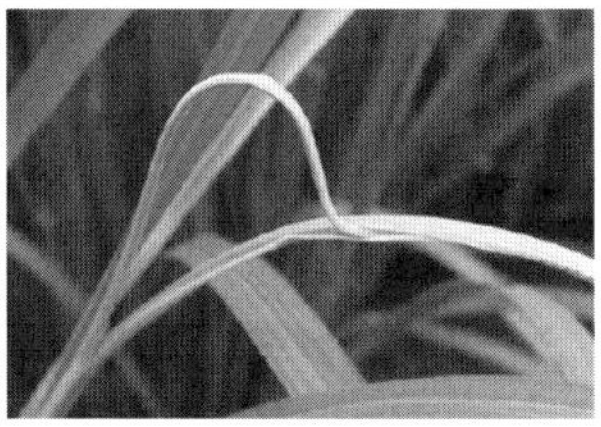 • 애멸구의 체내에서 바이러스 증식, 영속적인 경란전염(그래서 더 중요) • 잎에 흰줄이 가면서 새잎이 완전히 나오지 못 한 채로 말라 죽음 **벼 검은줄오갈병**:   • 경란전염하지 않음 • 잎이 기형이 되며 위축되고 자라지 못함
발생경과	• 1년에 5회 발생(4령 약충의 형태로 논둑, 잡초, 보리밭에서 월동) • 2화기 성충이 본답으로 이동하여 바이러스 매개 • 과거에는 비래하지 않는 충으로 알려져 있었으나 최근 비래해충으로 확인됨
방제법	• 내충성 품종 재배 • 2화기 성충과 약충을 대상으로 전문약제 치리

용어설명

- 유충 : 나비처럼 유충, 번데기, 성충의 모양이 완전히 다른 완전변태의 어린 벌레
- 약충 : 멸구류처럼 번데기 단계가 없고 유충, 성충의 모양이 완전히 다른 불완전변태의 어린 벌레

[참고] 멸구류 형태 비교

구분		애멸구	흰등멸구	벼멸구
암컷	소순판	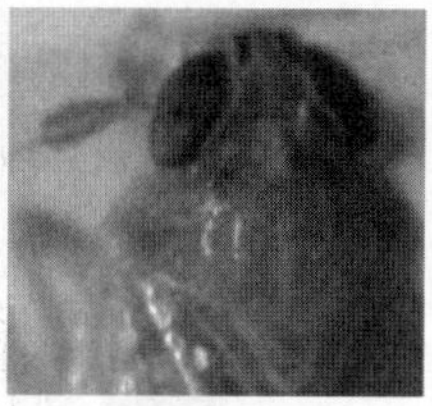	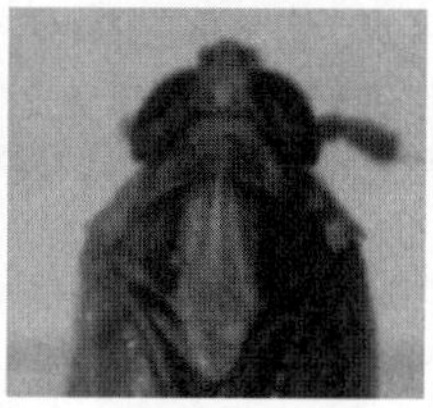	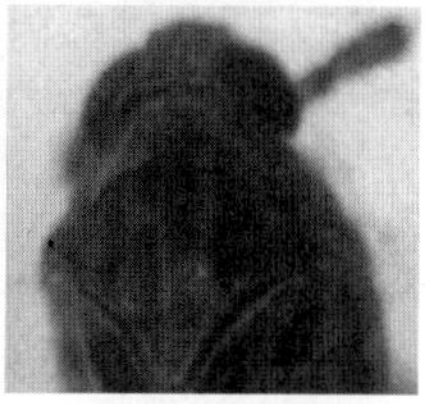
		담황색	흰색 마름모꼴	짙은 담황색
	이마	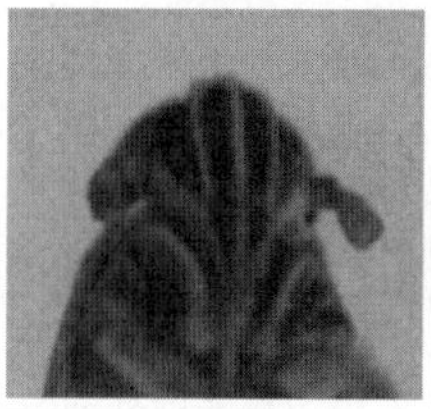	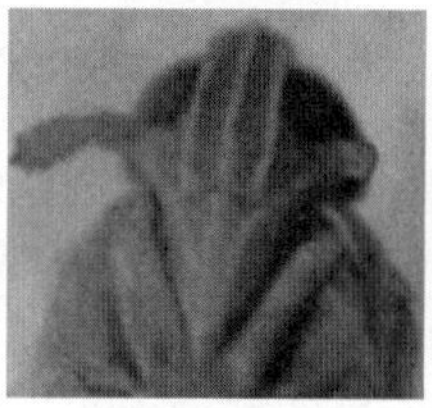	
		검은색 바탕에 흰 줄 3	담황색 바탕에 흰 줄 3	짙은 담황색 (이마의 줄무늬 불분명)
수컷	소순판	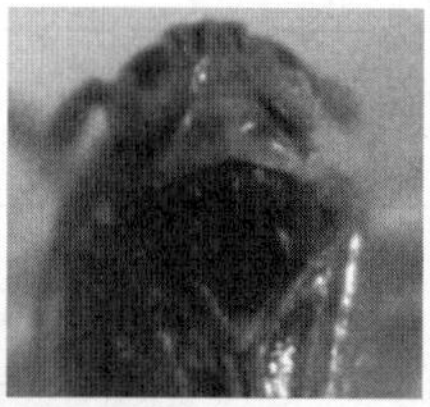		
		검은색	흰색 마름모꼴	담황색보다 짙은 담갈색
	이마		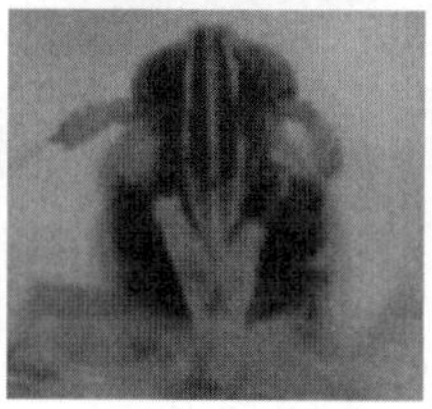	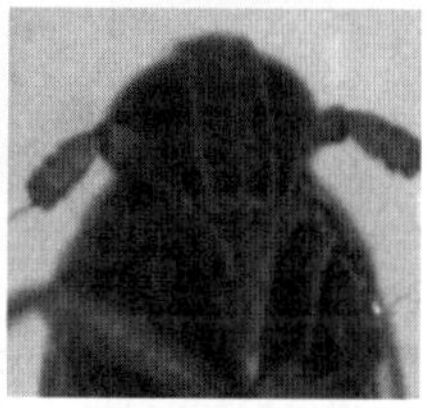
		검은색 바탕에 흰 줄 3	검은색 바탕에 흰 줄 3	짙은 담갈색 (이마의 줄무늬 불분명)

9) 끝동매미충

분류	매미목 매미충과
형태	• 성충의 몸은 황록색~담녹색 • 암컷은 날개 끝과 배, 다리가 담갈색 • 수컷은 날개 끝과 배, 다리가 흑색 (그래서 끝동매미충) • 약충은 체색의 변화가 심하나 대체적으로 연녹색 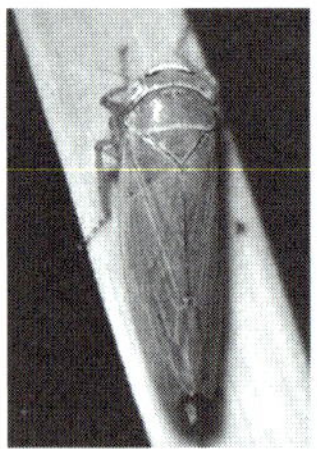 〈암컷 성충〉  〈수컷 성충〉
피해양상	• 성충과 약충이 기주식물의 줄기와 이삭을 흡즙 → 임실률 저하 • 배설물에 의한 그을음병 유발 및 벼 오갈병의 매개 → 경란전염(벼 오갈병 : 끝동매미충)
발생경과	• 1년에 4~5회 발생 • 4령 약충의 형태로 논둑이나 잡초, 벼 그루 등에서 월동
방제법	• 월동처 소각 • 유충을 구제하고 멸구류 전문약제 처리

10) 먹노린재

분류	매미목 노린재과	
형태	 〈성충〉 • 성충의 몸은 진흑색(그래서 먹노린재) • 암컷이 수컷보다 조금 큼	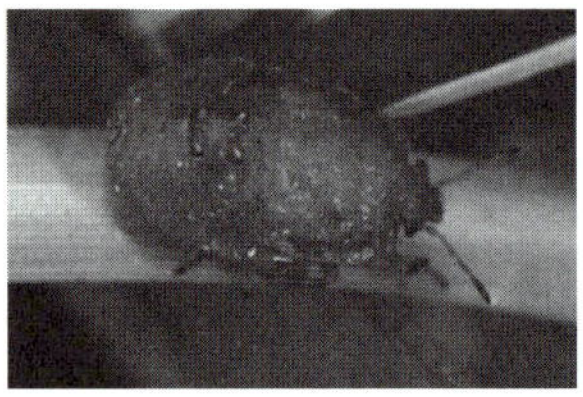 〈약충〉 • 약충의 몸은 적갈색 내지 회갈색
피해양상	• 노린재류는 흡즙성 입틀을 가진 해충 • 벼 출수 전에는 줄기와 잎 흡즙(잎을 가로로 흡즙하여 잎이 부러지고 위가 말라 고사) • 출수 후에는 벼이삭 흡즙 • 개화 직후 쭉정이 또는 반쭉정이가 됨 • 특히 등숙기에 벼 알의 배유 흡즙 시 → 찌른 곳을 중심으로 누런 반점미가 발생 • 벼를 가해하여 반점미를 유발하는 노린재류 → 가시점둥글노린재, 배둥글노린재, 붉은잡초노린재, 흑다리잡초노린재, 미디표주박긴노린재, 흑다리긴노린재(대부분의 노린재가 종실이 생기는 시기에 종실 가해)  〈벼 잎의 피해〉	
발생경과	• 1년에 1회 발생 • 성충의 형태로 낙엽 밑이나 고사한 잡초 속에서 월동	
방제법	약충기에 논의 물을 빼고 전문약제 처리	

기출 20년 기사 3회 37번

끝동매미충은 국내에서 연간 4세대를 경과하는데, 이 중 벼오갈병은 주로 몇 세대 약충이 매개하는가?

① 1세대 ② 2세대
③ 3세대 ④ 4세대

답 ②

TIP

끝동매미충의 알

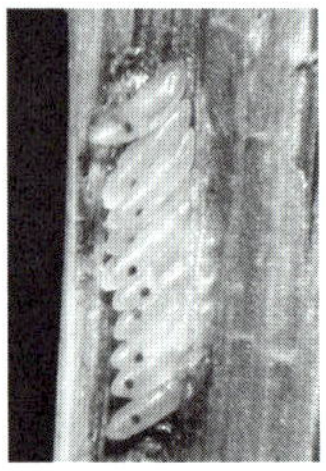

TIP

곤충의 암수 구분
- 암컷이 수컷보다 큼
- 수컷은 무늬가 화려하고 선명하며 암컷은 화려하지 않고 흐릿함

TIP

- 경란전염성 바이러스 : 애멸구(줄무늬잎마름병), 끝동매미충(오갈병)
- 비경란전염성 바이러스 : 애멸구(검은줄오갈병)
  "줄" 글자가 포함된 병명은 애멸구가 매개. 그중 애멸구가 매개하는 오갈병은 비경란전염이며, 끝동매미충이 매개하는 오갈병은 경란전염

TIP

- 노린재의 알은 뚜껑이 있어서 다른 알들과 구분이 쉬움
- 노린재와 매미의 구분 : 모두 흡즙성 해충

구분	노린재	매미
소순판	삼각형	삼각형 모양이 없음
구기	배쪽으로 접을 수 없음	배쪽으로 접을 수 있음

- 최근 곤충분류학상 노린재목은 사라지고 매미목 노린재과로 분류됨

11) 벼물바구미

<table>
<tr><th>분류</th><td colspan="2">딱정벌레목 바구미과</td></tr>
<tr><th>형태</th><td>
〈성충〉
• 성충은 몸 길이 3mm 내외의 회갈색
• 등 중앙에 흑색 반점이 있음
• 단위생식 및 수서생활을 함</td><td>
〈유충〉
• 유충은 유백색 2~7배마디의 기문이 등위로 돌출
• 유분이 많아 벼 뿌리를 물에 씻으면 물위로 유충이 뜸</td></tr>
<tr><th>피해양상</th><td colspan="2">• 성충은 본답으로 이동하여 이앙 직후 어린 벼의 엽육을 가해하여 벼잎에 가는 각이 진 흰색의 선이 생김(긴 직사각형으로 다른 잎벌레의 피해와 구별됨)
• 부화된 유충은 땅속 뿌리로 내려가 벼의 뿌리를 가해
→ 분얼 수 감소, 양분 흡수장애, 지상부 생육 지연, 출수 지연, 수량 감소

〈벼잎의 피해〉
• 성충보다 유충의 섭식량이 많음(유충의 피해가 큼)</td></tr>
<tr><th>발생경과</th><td colspan="2">• 1년에 1회 발생
• 성충의 형태로 잡초 및 낙엽 밑에 월동
• 월동성충은 5월부터 벼의 물속 잎집에 알을 낳음
→ 부화한 유충은 벼의 뿌리를 가해
→ 6월 중하순부터 성충이 되어 잎을 가해
→ 성충은 8월 하순에 월동처로 이동</td></tr>
<tr><th>방제법</th><td colspan="2">• 기계이앙 당일 상자에 입제농약 살포
• 이앙 후 10~25일경 본논에 전문약제 처리</td></tr>
</table>

TIP

벼물바구미의 번데기

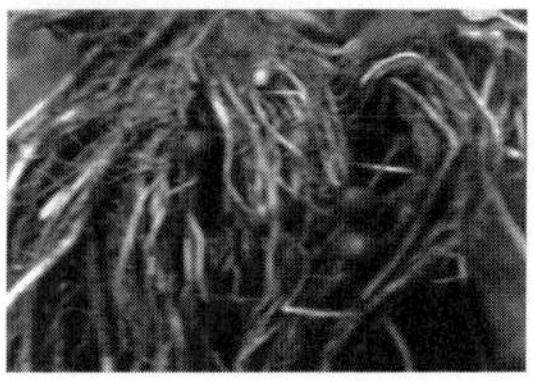

TIP

이앙 시기가 빨라지면 해충의 발생량이 많음(특히 저온성 해충의 발생이 많아짐)

기출 19년 기사 4회 33번

벼물바구미에 대한 설명으로 가장 거리가 먼 것은?

① 성충은 잎을 가해하고, 유충은 뿌리를 가해한다.
② 단위생식을 한다.
③ 외래해충이다.
④ 유충으로 월동한다.

답 ④

12) 흑다리긴노린재

분류	매미목 노린재과	
형태	 〈성충〉 • 성충은 길죽하며 연한 황갈색 • 머리는 가늘고 길며 칠흑색이고 금백색 광택의 짧은 털로 덮여 있음	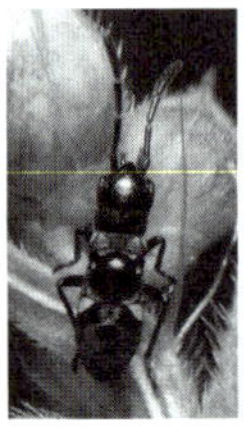 〈약충〉 • 약충은 5령을 경과하며, 1령은 배 부분이 주황색을 띠나 영기가 경과함에 따라 검은색으로 변하고 복부의 날개 딱지 부분에서 흰색이 뚜렷해짐
피해양상	• 약충과 성충은 벼 이삭을 직접 흡즙하여 반점미 및 동할미를 만들어 수량과 상품성을 떨어뜨림 • 벼 출수기에 논으로 이동해 와서 새로 나온 벼이삭을 흡즙 • 구침으로 벼알에 효소를 분비하여 전분을 녹여 흡즙	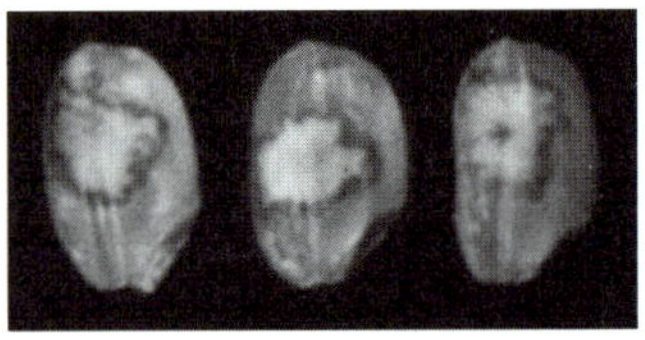 〈벼알의 피해〉
발생경과	• 1년에 3회 발생 • 화본과 잡초의 기부에서 성충의 형태로 월동 • 1세대 월동성충은 5월경 피에서 서식 → 2세대는 산조풀에서 서식 → 2~3세대가 벼에서 서식하면서 피해 유발	
방제법	출수기에 적용약제 살포	

[총정리] 식용작물의 해충

분류		해충명
벼의 해충	식엽성 해충	벼잎벌레(성충 유충), 혹명나방(유충), 벼애나방(유충), 멸강나방(유충), 벼물바구미(성충), 줄점팔랑나방(유충), 벼메뚜기
	잠엽성 해충	벼잎굴파리(유충), 벼애잎굴파리(유충)
	줄기 가해 해충	이화명나방(유충), 벼밤나방(유충)
	흡즙성 해충	벼멸구, 흰등멸구, 끝동매미충, 애멸구, 먹노린재
	이삭 가해 해충	노린재류, 끝동매미충
	뿌리 가해 해충	벼뿌리바구미, 벼물바구미(유충), 벼뿌리선충
	바이러스 매개충	애멸구, 끝동매미충

TIP

흑다리긴노린재의 알

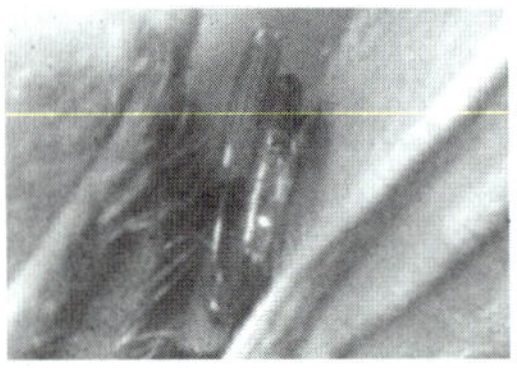

TIP

흑다리긴노린재는 서해안 지역에서 문제가 많았다.

02 맥류 및 기타 작물의 해충

1. 맥류 및 기타 작물 해충

> **주요 해충**
> 보리굴파리, 보리수염진딧물, 조명나방, 콩잎말이명나방, 콩나방, 콩시스트선충, 왕뒷박벌레, 감자나방, 방아벌레

1) 보리굴파리

분류	파리목 잎굴파리과	
형태	 〈성충〉 • 성충의 몸은 흑색 • 알은 긴 타원형 • 번데기는 흑갈색의 방추형 → 땅속에 있음	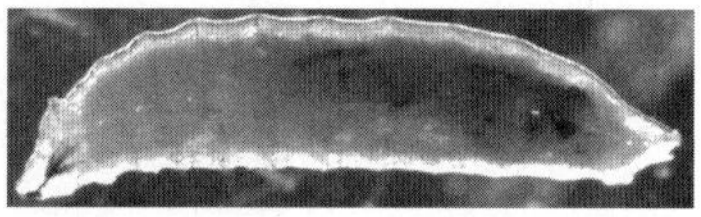 〈유충〉 • 유충은 담황색의 구더기 모양(대부분의 파리의 특징) • 구기가 식물을 가해하는 구조
피해양상	 〈맥류 잎의 피해〉 • 유충이 잎 끝(선단)에서 아래쪽으로 잠입 • 표피만 남겨 놓고 엽육을 불규칙하게 식해 • 잎이 처음엔 백색, 나중엔 갈변하여 죽음	
발생경과	• 1년에 3회 발생 • 땅속 번데기로 월동	
방제법	성충의 발생 최성기에 전문약제 처리	

2) 보리수염진딧물

분류	매미목 진딧물과
형태	• 성충에는 유시충과 무시충이 있음 (모든 진딧물의 특징) • 배끝 위쪽으로 뿔관이 있는 것이 특징이며 구기는 식물체 조직에 꽂고 흡즙하는 구심형임 • 성충은 단위생식을 주로 하며, 월동 전 교미를 통해 알을 낳는 양성생식을 함  〈유시성충〉

기출 18년 기사 4회 21번

번데기로 월동하는 것은?
① 조명나방
② 이화명나방
③ 보리굴파리
④ 섬서구메뚜기

답 ③

TIP

진딧물의 공통적 생태적 특징
알로 월동하며 부화한 알이 봄에 1차 기주에서 날개가 있는 유시성충이 되어 2차 기주로 날아드는 특징이 있음

피해양상	• 초기에는 보리 유묘의 윗부분에 기생 후 흡즙 • 출수 이후 보리의 이삭과 이삭목을 흡즙 • 임실이 저하되고 심하면 이삭이 말라 죽음
발생경과	• 1년에 수회 발생 • 알의 형태로 보리 밑부분에서 월동
방제법	진딧물 전문약제 처리, 천적 활용

3) 조명나방

TIP

조명나방의 난괴(알집)

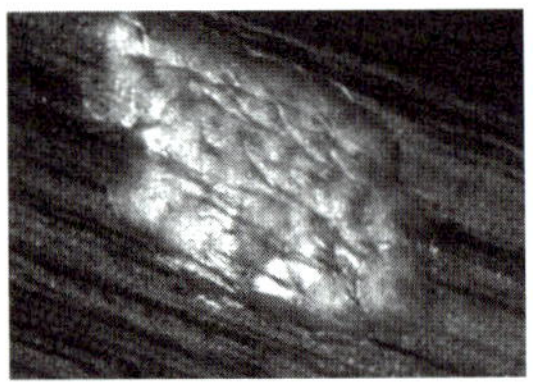

분류	나비목 명나방과
형태	 〈성충〉 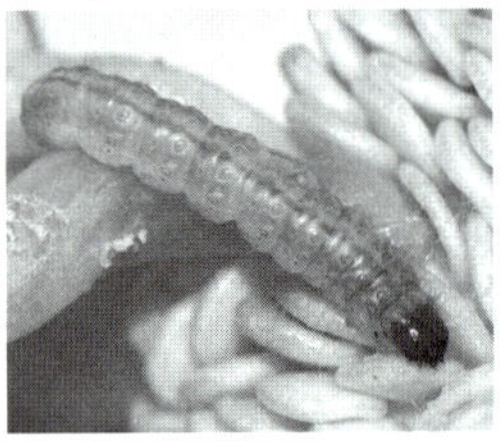 〈유충〉 • 기주에 따라 형태를 달리함 • 수컷은 암컷에 비해 색이 짙음 • 암컷은 옥수수잎 뒷면에 난괴(알집)로 알을 낳음
피해양상	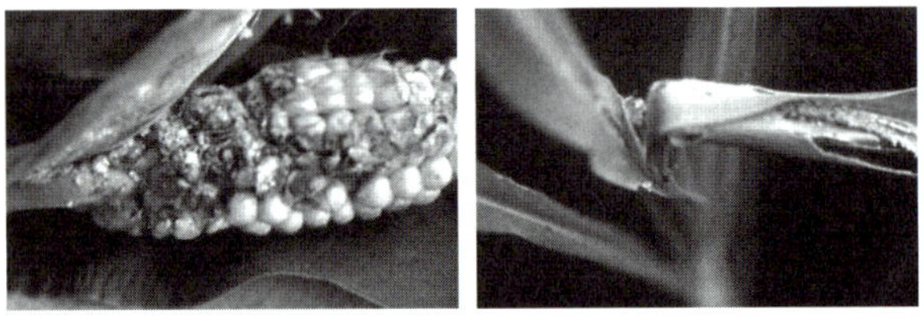 〈옥수수의 피해〉 • 유충은 잡식성, 옥수수 섭식 → 변 배출 • 부화유충은 잎 가해 • 2~3령 이후 줄기 속을 파고들어 식해 • 기주범위가 넓은 해충 : 옥수수, 수수, 조 등
발생경과	• 1년에 2~3회 발생 • 유충의 형태로 기주 줄기 속에 월동
방제법	수확 후 잔재 소각, 유충 월동처 제거, 전문약제 살포, 성충 등화유살

4) 콩잎말이명나방

분류	나비목 명나방과	
형태	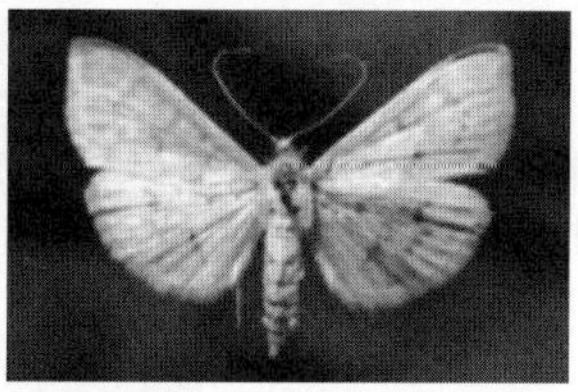 〈성충〉 • 성충의 몸은 황갈색, 날개에 횡선 있음	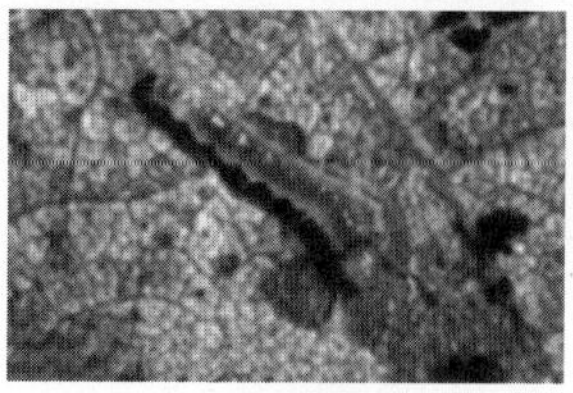 〈유충〉 • 유충의 마디에 작은 융기
피해양상	 〈콩잎의 피해〉 • 유충은 부화 직후 잎 뒷면 가해 • 자라면서 잎을 세로로 말아 그 안에서 식해(권엽성) • 질소를 과용하고 통풍이 좋지 않은 밭에 피해 심함	
발생경과	• 1년 2~3회 발생 • 유충의 형태로 월동 • 성충은 밤에 콩잎 뒷면 엽맥에 알을 낳음 • 제1화기에 가장 피해 심함	
방제법	알 부화 전 전문약제 처리	

5) 콩나방

분류	나비목 애기잎말이나방과	
형태	• 성충은 암회색의 작은 나방, 날개에 반점 • 유충은 주황색으로 콩 꼬투리 속에 서식 • 번데기는 유충이 땅에 떨어져 고치 형성	 〈성충〉
피해양상	• 유충이 꼬투리를 먹어 들어가 여물지 않은 종실을 갉아 먹음 • 노숙한 유충은 꼬투리에 둥근 구멍을 내어 탈출	 〈유충에 의한 콩 꼬투리의 피해〉
발생경과	• 1년에 1회 발생 • 노숙유충의 형태로 땅에 떨어져 고치를 만들고 월동	
방제법	• 윤작이나 만생종을 재배하여 피해를 회피 • 전문약제 처리	

용어설명

시스트
- '낭종'이라는 뜻으로 서양배 모양이며 암컷의 형태를 의미함
- 암컷의 몸이 부풀면서 생기고 그 속에 알과 유충이 존재
- 뿌리혹선충은 뿌리에 생긴 혹 속에 시스트(암컷) 서식

TIP

'왕됫박벌레'는 공식명칭이 아님

6) 콩시스트선충

분류	선충류 혹선충과
형태	• 암컷은 표주박 또는 서양배 모양 • 수컷은 전형적인 긴 선충 모양 • 유충은 백색 → 황색 → 갈색으로 변함 • 시스트(암컷 성충의 모양)가 되면 뿌리에서 떨어지기 쉬움 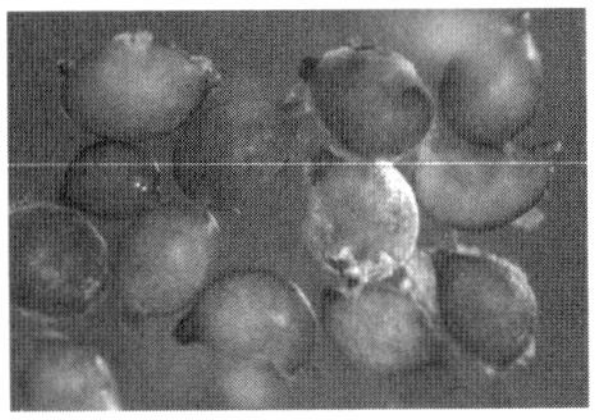 〈성충〉
피해양상	• 선충의 구침으로 피층 세포 파괴 • 효소를 분비하여 출입구를 만들고 뿌리 속 침투 • 선충 기생으로 뿌리혹박테리아의 착생이 적어 생육 불량
발생경과	• 시스트 내에서 알 또는 유충으로 월동 • 콩의 생육기간 중 3~4대 경과
방제법	• 고온, 저온, 건조, 약제 등에 저항성 강함 • 저항성 품종 재배, 윤작, 토양훈증제 살포

7) 큰이십팔점박이무당벌레

분류	딱정벌레목 무당벌레과
형태	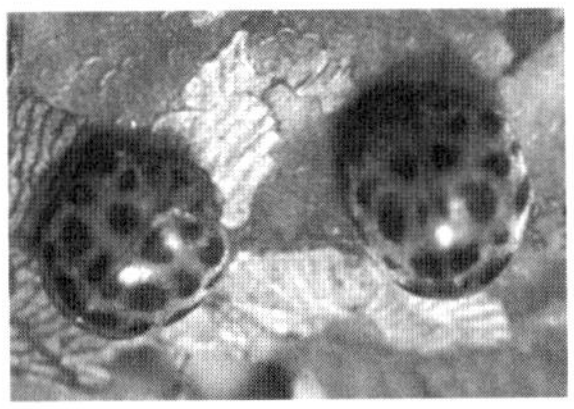 〈성충〉 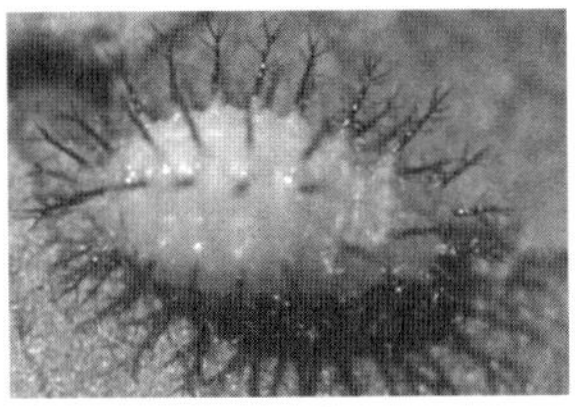 〈유충〉 • 성충은 적갈색 반구형의 무당벌레 모양 • 날개에 28개의 점(대칭구조)이 있음 • 큰이십팔점박이 무당벌레
피해양상	 〈성충으로 인한 피해〉 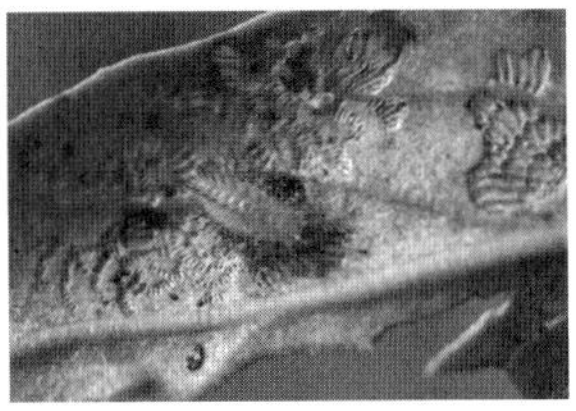 〈유충으로 인한 피해〉 • 성충과 유충이 감자 등 가지과 식물의 잎 가해 • 잎 뒷면의 엽육을 갉아 먹고 표피한 남김(차곡차곡 갉아 먹은 흔적이 남고 잎맥만 남아 그물 모양) • 피해엽은 잎맥만 그물처럼 남음
발생경과	• 1년 3회 발생 • 성충의 형태로 월동
방제법	전문약제 살포

8) 감자뿔나방

분류	나비목 뿔나방과
형태	• 외래해충 • 성충은 담갈색의 나방 • 유충은 황백색, 담황색, 분홍색을 띰 • 날개 좌우로 대칭형 흑갈색의 점무늬가 존재함 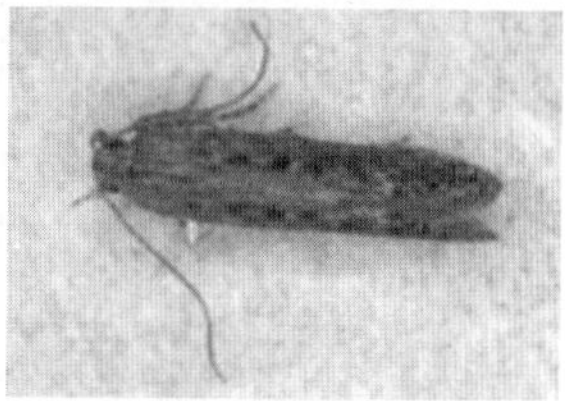 〈성충〉
피해양상	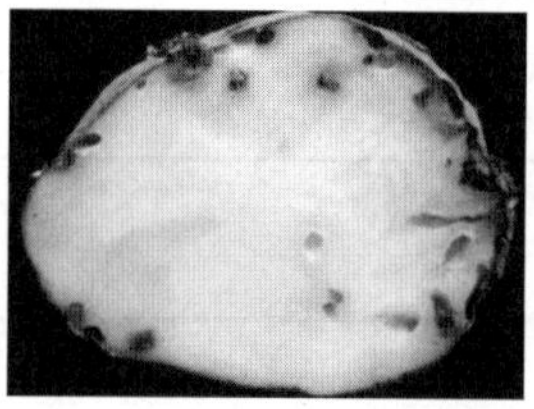  〈유충에 의한 감자와 잎의 피해〉 • 감자의 생장점에 잠입, 잎의 표피를 파고들어 엽육을 식해 • 성충이 주로 감자의 눈 주위에 산란 • 부화유충은 괴경을 파먹음(그을음 같은 변 배출)
발생경과	• 1년에 6~8회 발생 • 유충 또는 번데기 형태 : 감자, 기주 잔재물에 월동 • 성충은 주로 밤에 산란, 부화유충은 실을 토해 이동, 행동이 매우 빠름 • 기온이 따뜻해지면서 남부지방에서 북부지방으로 이동 추세
방제법	해충의 월동처 소각, 전문약제 처리

TIP

• '감자나방'은 공식명칭이 아님
• 엽육을 식해하는 해충은 엽맥을 남기고 가해함
• 감자뿔나방은 성충과 피해사진이 함께 시험에 출제될 확률이 높은 해충

기출 20년 기사 3회 33번

감자나방의 피해 특징으로 가장 거리가 먼 것은?

① 담배의 뿌리를 가해하고, 밖으로 배설물을 배출한다.
② 감자에 배설물이 나와 있다.
③ 어린감자의 생장점을 파고 들어간다.
④ 감자 잎의 표피를 뚫고 들어가 앞뒤 표피만 남긴다.

답 ①

9) 청동방아벌레

분류	딱정벌레목 방아벌레과
형태	• 성충은 흑갈색, 짧은 털이 많이 나 있음 • 유충은 몸이 길어 '철사벌레'로 불림 • 청동색의 광택이 나는 딱딱한 표피를 가짐 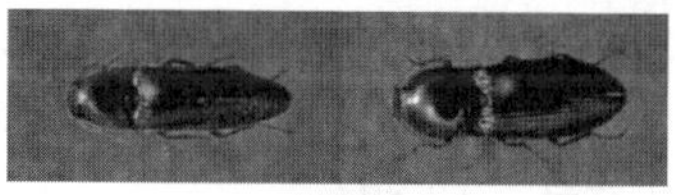 〈성충〉
피해양상	• 유충이 감자의 괴경에 철사로 뚫은 듯한 구멍을 냄 → 상품성 저하 • 상처에 토양병원균 침입으로 부패 • 유충은 땅속에서 2~3년 동안 활동하며, 땅속에서 번데기가 되고, 가을철 성충이 되어 월동 후 이듬해 봄에 활동  〈유충에 의한 감자의 피해〉
발생경과	• 1세대 경과하는 데 3년이 걸림 • 유충 또는 번데기 형태로 땅속 월동 • 성충은 6~7월 뿌리 부근에 산란
방제법	심한 곳은 전문약제(토양살충제) 처리

TIP

방아벌레는 가슴마디와 배마디를 꺾었다가 필 때 '딱' 소리를 내면서 튀어올라 방아벌레로 불림

[참고] 월동충태에 따른 식용작물 해충의 분류

분류		해충명	비고
월동충태에 따른 분류	알	보리수염진딧물	대부분의 진딧물이 알로 월동
	유충	조명나방, 콩잎말이명나방	대부분의 나방류가 유충 또는 번데기로 월동
	4령 약충	콩나방	
	노숙유충	보리굴파리	
	성충	왕뒷박벌레붙이	잎벌레류가 대부분 성충으로 월동
	알 또는 유충	콩시스트선충	
	유충 또는 번데기	감자나방, 방아벌레	

[총정리] 식용작물의 해충

분류		해충명
맥류 해충	식엽성 해충	보리잎벌
	잠엽성 해충	보리굴파리
	흡즙성 해충	보리수염진딧물
	식근성 해충	아이노각다귀, 애우단풍뎅이
옥수수 해충	줄기 가해 해충	조명나방, 벼밤나방
	식엽성 해충	멸강나방
	흡즙 및 바이러스 매개충	옥수수테두리진딧물, 애멸구

03 원예작물의 해충 중 채소류의 해충

1. 잎을 먹는 해충

주요 해충
배추흰나비, 도둑나방, 배추좀나방, 배추순나방, 배추벼룩잎벌레, 무잎벌레, 담배거시미나방, 오이잎벌레, 아메리카잎굴파리

1) 배추흰나비

<table>
<tr><td>분류</td><td colspan="2">나비목 흰나비과</td></tr>
<tr><td>가해기주</td><td colspan="2">무, 배추, 양배추 등 십자화과 채소</td></tr>
<tr><td>형태</td><td>
〈성충〉
• 성충은 흰색의 나비
• 날개 안쪽에 두 개의 검은 점이 있음</td><td>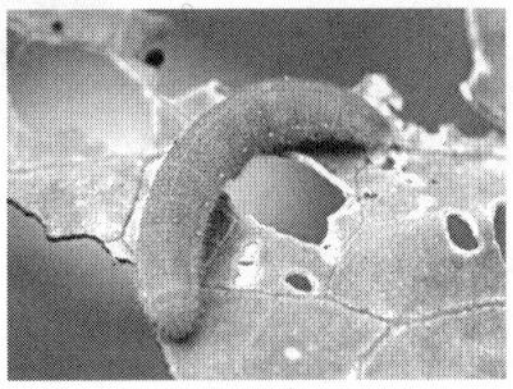
〈유충〉
• 유충의 몸은 녹색(머리부터 발끝까지), 미세한 털이 있음
• 입틀 : 코일 모양의 흡관구형(말아놓은 빨대모양)</td></tr>
<tr><td>피해양상</td><td colspan="2">• 유충이 십자화과 채소의 잎을 갉아 먹음
• 봄부터 가을까지 피해를 줌
• 피해 배추와 양배추는 결구가 안 됨

〈잎의 피해〉</td></tr>
<tr><td>발생경과</td><td colspan="2">• 1년에 4~5회 발생
• 번데기의 형태로 월동
• 주로 십자화과 채소에만 산란</td></tr>
<tr><td>방제법</td><td colspan="2">유충에 살충제를 사용하여 방제</td></tr>
</table>

2) 도둑나방

<table>
<tr><td>분류</td><td colspan="2">나비목 밤나방과</td></tr>
<tr><td>가해기주</td><td colspan="2">오이, 당근, 양배추, 양파 등 기주범위 넓음</td></tr>
<tr><td>형태</td><td>
〈성충〉
• 성충은 암갈색 나방, 앞날개는 흑백의 복잡한 무늬가 존재</td><td>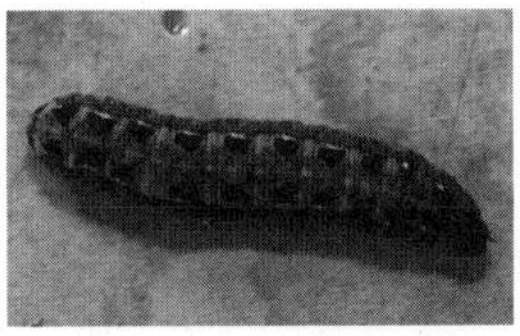
〈유충〉
• 유충은 색채 변화가 심하고 녹색 또는 흑녹색, 번데기는 적갈색</td></tr>
</table>

TIP

도둑나방의 난괴(알집)

피해양상	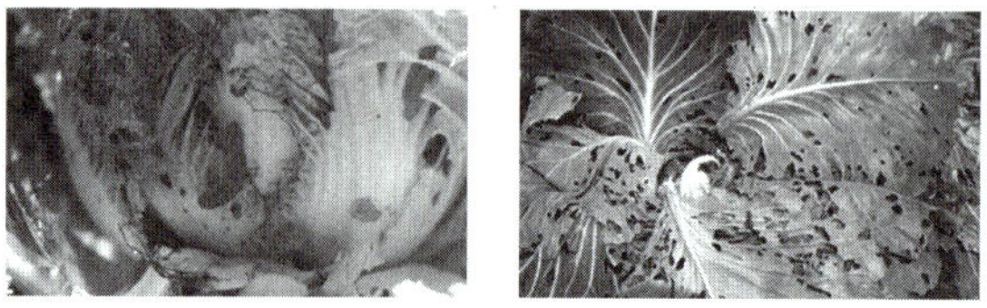 〈잎의 피해〉 • 유충이 기주식물의 잎을 입맥만 남기고 식해(폭식성) • 전멸시킴 • 극히 잡식성으로 기주범위 넓음
발생경과	• 1년에 2회 발생 • 번데기로 땅속에서 월동 • 잎 뒷면에 난괴로 산란
방제법	유충이 커지면 살충제에 대한 저항력이 커지므로 유충 발생 초기 전문약제 처리

3) 배추좀나방

분류	나비목 좀나방과	
가해기주	무, 배추, 양배추 등 십자화과 채소	
형태	 〈성충〉 • 성충의 날개는 회흑색~회황색이며, 날개를 접었을 때 중앙에 황백색의 다이아몬드형 무늬가 있음	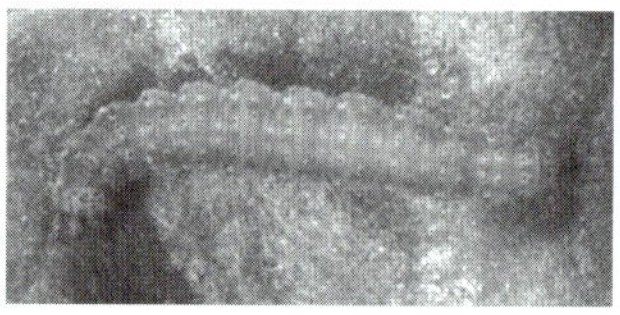 〈유충〉 • 유충은 원통형, 담황갈색 → 녹색 → 선녹색을 띰
피해양상	 〈잎의 피해〉 • 유충이 십자화과 채소의 잎을 가해 • 부화유충은 엽맥을 따라 엽육만 식해 • 결구 속을 가해 • 표피 밑에 머리를 박고 엽육을 먹으나 완전 잠엽성은 아님	
발생경과	• 1년에 수회 발생 • 성충, 유충, 번데기 형태로 월동(0℃ 이상 되는 남부지방에서 월동) • 유충은 실을 토하면서 낙하함(낙하산벌레) • 발생 횟수가 많아 여름에서 가을 사이 중복되어 발생	
방제법	유충이 커지면 살충제에 대한 저항력이 커지므로 유충 발생 초기에 전문약제 처리	

기출 19년 기사 4회 25번

도둑나방의 피해 증상으로 가장 거리가 먼 것은?

① 부화유충이 떼를 지어 잎뒷면의 잎살을 먹는다.
② 배추, 양배추의 결구 속으로 파고 들어가 먹는다.
③ 배추 뿌리가 지제부(지접부)에서 잘린다.
④ 잎이 불규칙한 그물 모양으로 된다.

답 ③

기출 22년 기사 2회 29번

배추좀나방에 대한 설명으로 옳지 않은 것은?

① 겨울철에도 월평균기온이 영상 이상이면 발육과 성장이 가능하다.
② 일부 지역에서는 낙하산 벌레라고도 한다.
③ 십자화과 채소류를 주로 가해한다.
④ 세대기간이 길어 번식속도가 느리다.

답 ④

기출 18년 산업기사 4회 40번

가해하는 기주의 종류가 가장 적은 해충은?

① 차응애
② 파밤나방
③ 배추좀나방
④ 미국흰불나방

답 ③

4) 배추순나방

분류	나비목 명나방과	
가해기주	무, 배추, 담배 등	
형태	 〈성충〉 • 성충은 회갈색 나방, 앞날개를 2등분하여 2개의 백색 횡선이 있음	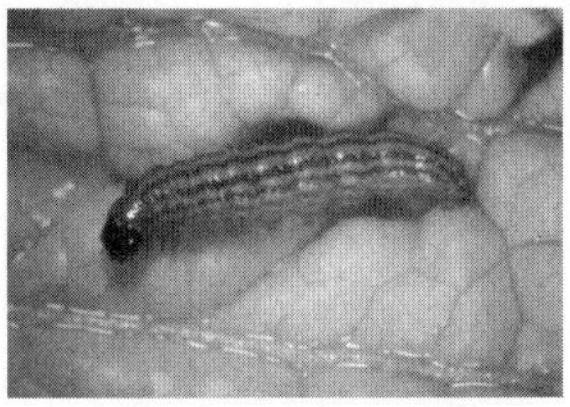 〈유충〉 • 유충의 머리는 흑갈색, 몸은 담황갈색
피해양상	  〈잎의 피해〉 • 유충이 생장점 부근 가해(피해가 치명적 → 순나방) • 김장용 채소에 문제 발생	
발생경과	• 1년에 2~3회 발생 • 번데기 형태로 월동	
방제법	발생이 심한 곳은 전문약제 처리	

5) 벼룩잎벌레

분류	딱정벌레목 잎벌레과	
가해기주	무, 배추, 오이과 작물 등	
형태	 〈성충〉 • 성충의 몸은 흑색, 앞날개는 황백색 • 벼룩과 같이 톡톡 튐(그래서 벼룩잎벌레)	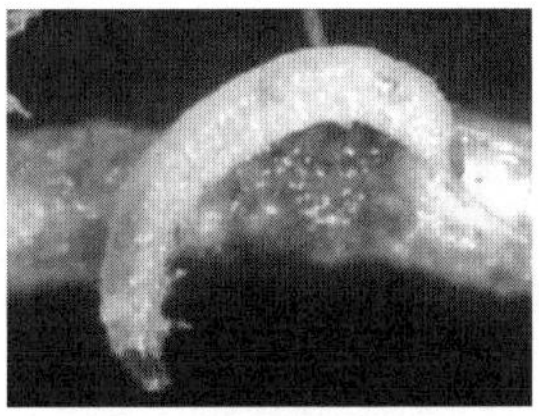 〈유충〉 • 유충은 가늘고 긴 유백색이고 머리는 갈색 • 땅속의 흙집 속에서 번데기 형성

TIP

'배추벼룩잎벌레'는 공식명칭이 아님

기출 19년 기사 1회 26번

벼룩잎벌레에 대한 설명으로 옳은 것은?

① 번데기로 월동한다.
② 성충은 주로 열매를 가해한다.
③ 고추에 주로 발생하는 해충이다.
④ 일반적으로 작물이 어린 시기에 피해가 많다.

답 ④

피해양상	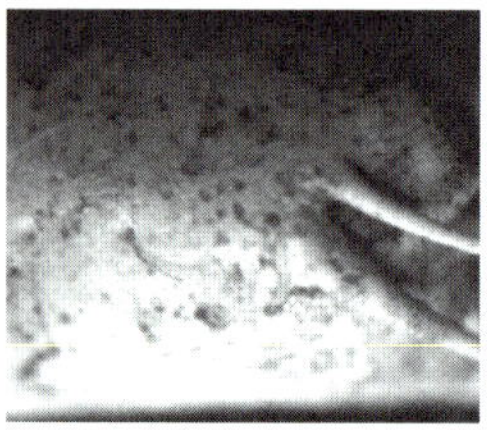  〈잎의 피해〉 • 성충은 기주식물의 잎을 가해 • 피해 잎은 잔 구멍 발생 • 유충은 뿌리를 가해, 근채류의 상품가치 저하 • 어린 작물에 피해가 심함 • 늦봄~초여름에 많이 발생
발생경과	• 1년에 4~5회 발생 • 잡초나 얕은 땅에서 성충으로 월동
방제법	생육 초기에 전문약제 처리

6) 무잎벌레

분류	딱정벌레목 잎벌레과	
가해기주	무, 배추 등 십자화과 채소	
형태	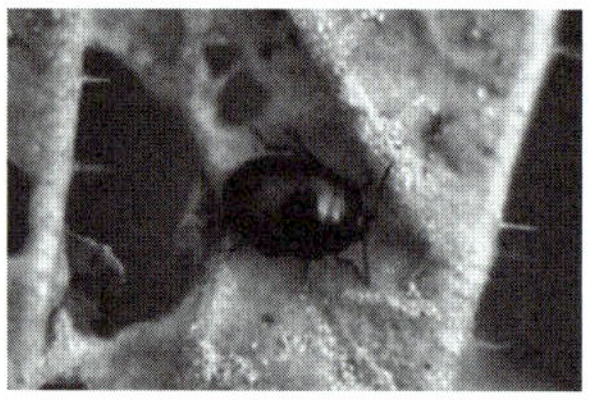 〈성충〉 • 성충의 몸은 남흑색의 타원형 • 앞날개에 12개의 점선이 있음 • 성충은 날개가 있으나 날지 못하고 기어 다님 • 자극을 주면 땅에 떨어지는 습성이 있음	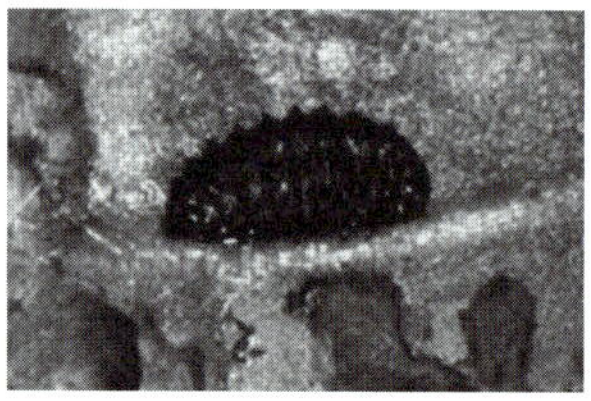 〈유충〉 • 알에서 깨어난 직후 노란색을 띠지만 점차 검은색으로 변함
피해양상	• 성충과 유충이 기주식물의 잎을 엽맥만 남기고 가해	 〈무잎의 피해〉
발생경과	• 1년 2~3회 발생 • 성충의 형태로 잡초 등에 월동	
방제법	• 성충 방제를 위해 전문약제 살포 • 유충 방제를 위해 토양살충제 살포	

기출 19년 기사 1회 27번

성충과 유충이 모두 잎을 가해하는 해충은?

① 박쥐나방
② 솔잎혹파리
③ 미국흰불나방
④ 오리나무잎벌레

답 ④

TIP

오리나무잎벌레와 무잎벌레를 형태적으로 오인할 수 있다.

㉠ 오리나무잎벌레 성충
- 남흑색 타원형
- 앞가슴 등판에 작은 점무늬
- 딱지날개가 뒤로 갈수록 없어져 통통해 보이며 점무늬가 촘촘히 있음

㉡ 무잎벌레 성충
- 남흑색 타원형
- 딱지날개(앞날개)에 12개의 점선이 있고, 뒤로 갈수록 통통하지 않음

7) 무잎벌

<table>
<tr><td>분류</td><td colspan="2">벌목 잎벌과</td></tr>
<tr><td>가해기주</td><td colspan="2">무, 배추 등 십자화과 채소</td></tr>
<tr><td>형태</td><td>
〈성충〉
• 성충 머리는 흑색, 가슴의 배부분은 등황색, 날개는 약간 검은 회색</td><td>
〈유충〉
• 유충은 전체가 자흑색에 가는 가로주름이 많고 검은 벨벳의 광택, 가슴이 약간 부풀어 있는 것이 특징</td></tr>
<tr><td>피해양상</td><td colspan="2">유충이 십자화과 식물 등의 큰 잎줄기만 남기고 잎을 가해하며, 가장자리부터 갉아 먹는 점이 다른 해충의 피해와 구별됨</td></tr>
<tr><td>발생경과</td><td colspan="2">• 1년 2~3회 발생
• 유충이 땅속에서 고치를 만들고 월동</td></tr>
<tr><td>방제법</td><td colspan="2">유충 방제용 적용약제 살포</td></tr>
</table>

TIP
• 무잎벌레 : 딱정벌레목
• 무잎벌 : 벌목

8) 담배거세미나방

<table>
<tr><td>분류</td><td colspan="2">나비목 밤나방과</td></tr>
<tr><td>가해기주</td><td colspan="2">무, 배추, 토마토, 고추, 오이, 양파 등 기주범위가 넓음(다식성)</td></tr>
<tr><td>형태</td><td>
〈성충〉
• 성충의 앞날개는 갈색 또는 회갈색으로 매우 복잡한 무늬가 있고, 뒷날개는 회백색이고 투명함</td><td>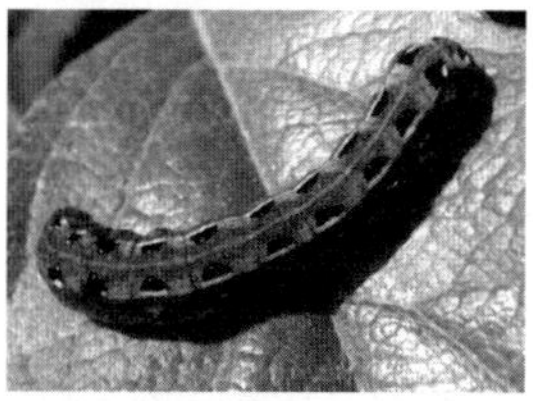
〈유충〉
• 유충의 몸 색깔은 흑갈색~회색까지 어둡고 다양하며, 몸통 각 마디 등면에 삼각형의 검은 무늬가 양옆으로 있고 가슴둘째 마디 등면에 두 개의 노란 점이 있음</td></tr>
</table>

TIP
담배거세미나방의 난괴(알집)

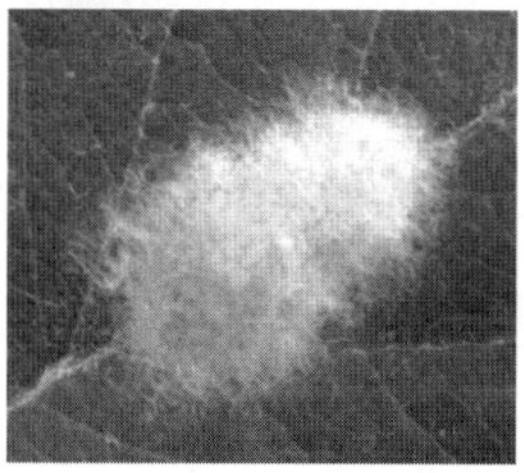

피해양상	 〈꽃봉오리의 피해〉  〈잎의 피해〉 • 유충이 기주식물의 줄기와 잎을 가해하여 표피만 남기고 식해(갉아 먹을 게 없을 때 줄기 가해) • 과실과 꽃봉오리는 구멍을 뚫고 가해
발생경과	• 1년에 4~5회 발생 • 유충 및 번데기로 월동
방제법	청색 형광등으로 발생 최성기 예찰 후 전문약제 처리

기출 21년 기사 1회 32번

오이잎벌레는 어느 목에 속하는가?

① 잠자리목
② 벌목
③ 딱정벌레목
④ 노린재목

답 ③

9) 오이잎벌레/검정오이잎벌레

분류	딱정벌레목 잎벌레과
가해기주	오이, 참외, 호박, 수박 등
형태	• 성충은 주황색으로 촉각은 실모양이고 11절로 되어 있음 • 오이잎벌레와 검은오이잎벌레는 머리와 가슴이 노란색이나 앞날개가 노랗고 검은 것이 서로 다름  〈오이잎벌레〉  〈검정오이잎벌레〉
피해양상	• 성충은 기주식물의 잎 가해 • 유충은 대개 땅속 뿌리 가해 • 성충은 둥근 고리 모양으로 잎을 가해하고, 유충은 땅속에서 뿌리를 갉아 먹어 식물체를 시들게 함 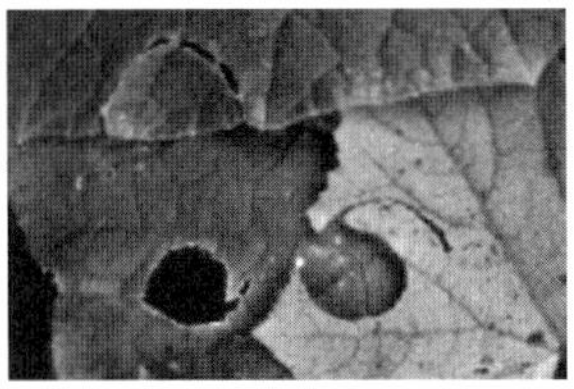 〈잎의 피해〉
발생경과	• 1년에 1회 발생 • 성충의 형태로 따뜻한 곳에 집단 월동
방제법	• 성충 방제를 위해 전문약제 살포 • 유충 방제를 위해 토양살충제 살포

10) 아메리카잎굴파리

분류	파리목 굴파리과	
가해기주	수박, 참외, 오이, 배추, 무, 감자, 토마토, 거베라 등 시설재배 작물	
형태	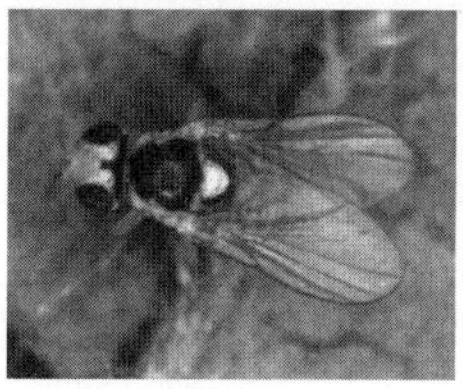 〈성충〉 • 성충은 2mm 정도로 머리, 가슴 측판, 다리는 대부분 황색, 그 외는 광택의 검은색	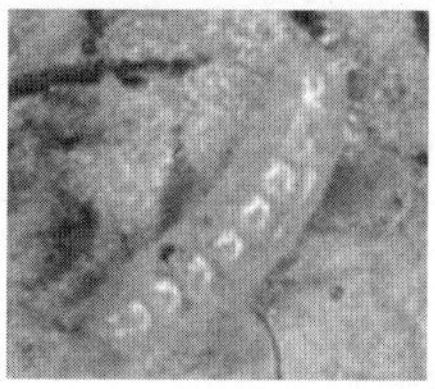 〈유충〉 • 유충은 황색 또는 담황색의 구더기 모양
피해양상	• 외래해충(화훼류 수입 시 침입한 해충) • 유충과 성충이 모두 가해 • 유충이 잎 조직에 굴(갱도)을 파고 식해(그래서 굴파리) • 완전히 자라면 잎을 뚫고 나와 땅속에서 번데기가 됨 • 성충은 산란관으로 잎 표면에 상처를 내고 흡즙 • 유충 : 식엽성(잠엽성), 성충 : 흡즙성	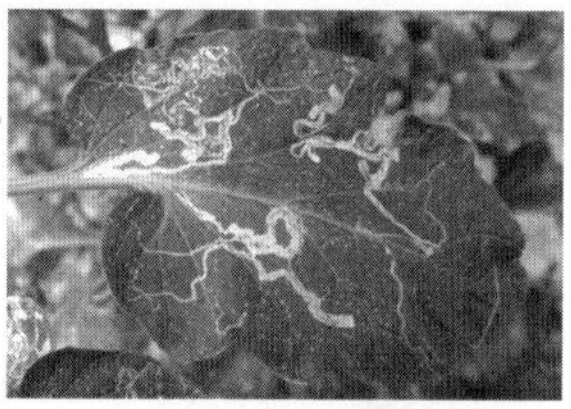 〈잎의 피해〉
발생경과	• 온실에서 1년에 15회 이상 발생 • 성충은 잎 조직 내에 산란관을 삽입 후 산란	
방제법	• 시설재배 시 한랭사 설치(한랭사는 성충이 통과해서는 안 됨) • 발생 초기 전문약제 살포	

[참고] 월동충태에 따른 채소류 해충의 분류

분류		해충명
월동충태에 따른 분류	알	복숭아혹진딧물, 목화진딧물
	유충	숫검은밤나방, 거세미나방
	번데기	배추흰나비, 도둑나방, 배추순나방, 아메리카잎굴파리, 고자리파리, 담배나방
	성충	배추벼룩잎벌레, 무잎벌레, 오이잎벌레
	유충 또는 번데기	담배거세미나방
	알 또는 유충	뿌리혹선충류
	성충 또는 약충	땅강아지, 뿌리응애

TIP

아메리카잎굴파리의 유충이 잎 조직에 굴을 파고 식해하는 모습

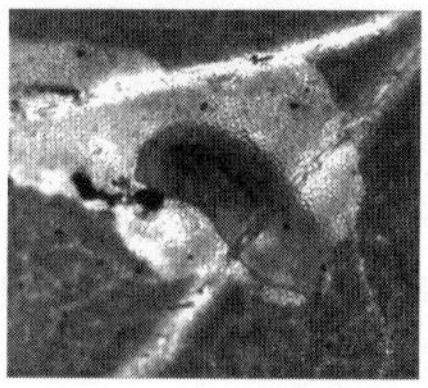

기출 18년 산업기사 4회 39번

아메리카잎굴파리에 대한 설명으로 옳지 않은 것은?

① 약제 저항성이 늦게 발달하는 해충이다.
② 거베라, 국화, 토마토, 수박 등에 피해를 준다.
③ 유충은 잎조직 속에서 굴을 파고 다니면서 섭식한다.
④ 성충이 기주식물의 잎에 작은 구멍을 내고 산란한다.

답 ①

2. 흡즙 및 바이러스 매개충

주요 해충
복숭아혹진딧물, 목화진딧물, 온실가루이, 담배가루이

1) 복숭아혹진딧물

분류	매미목 진딧물과	
가해기주	여름기주	무, 배추, 고추, 오이, 수박 등(대부분 농작물)
	겨울기주	복숭아나무, 살구나무, 자두나무, 벚나무 등(대부분 수목류)
형태	무시충과 유시충이 존재(모든 진딧물의 특징)	
	무시충	 〈담홍색, 겨울형〉  〈담녹색, 여름형〉 • 암컷은 난형으로 담녹색(여름형)과 담홍색(겨울형) • 기온이 낮을 때는 담홍색이 많음
	유시충	• 암컷은 머리와 가슴이 흑색이고 배의 등쪽에 흑색 반점 • 촉각은 몸보다 짧음 • 환경이 불량하거나 월동세대 알을 낳기 위해 유시충 발생  〈유시충〉
피해양상	• 부화한 약충은 겨울기주 어린 잎의 즙액을 흡즙하여 시듦 • 약충과 성충의 배설물(감로)로 인해 그을음병 유발 • 신초도 가해(신초를 좋아함) • 5월부터 유시충이 나타나 여름기주로 옮겨가 피해(겨울기주 수목류, 여름기주 농작물) • 감자 잎말이병 등 각종 바이러스의 매개 역할  〈신초의 피해〉	
발생경과	• 빠른 것은 1년에 23회, 늦은 것은 1년에 9회 발생(9~23회) • 온실에서는 연중 발생 • 겨울기주인 복숭아나무 등의 겨울눈에서 알로 월동 • 월동란은 4월 봄 상순에 부화하여 간모(날개 없는 암컷)가 됨 • 간모는 여름 내내 단위생식 → 무시충으로 태생 • 5월경 유시충이 나타나 여름기주로 이동	
방제법	• 천적을 이용 • 진딧물 전문약제 처리	

기출 19년 기사 4회 34번

기주식물에 바이러스병을 매개하는 해충으로 가장 옳은 것은?
① 콩잎말이명나방
② 독나방
③ 아메리카잎굴파리
④ 복숭아혹진딧물

답 ④

TIP
복숭아혹진딧물의 배설로 인한 그을음병

2) 목화진딧물

분류	매미목 진딧물과	
가해기주	여름기주	고추, 오이, 수박, 토마토, 딸기 등
	겨울기주	무궁화나무, 석류나무 등(대부분 수목류)
형태	무시충과 유시충이 존재	
	무시충	• 머리와 눈은 거의 검게 보임 • 몸의 색은 계절에 따라 다름 • 주로 연노랑에서 진녹색 
	유시충	• 머리와 눈은 검음, 촉각은 검고, 가슴은 흑녹색 • 몸이 전체적을 검게 보이나 배는 진녹색 
피해양상	• 성충과 약충이 기주식물의 잎 뒷면이나 어린 눈, 꽃봉오리, 꽃, 과실 등에 기생(흡즙성) • 여름철 가뭄이 계속되면 많이 발생(건조할 때 많이 발생) • 배설물에 의한 그을음병 유발, 흡즙에 의한 시듦 발생(진딧물류의 공통적 특징) • 바이러스의 매개충  〈잎의 피해〉	
발생경과	• 빠른 것은 1년에 33회 정도 발생 • 알의 형태로 겨울기주에서 월동	
방제법	• 천적을 이용 • 진딧물 전문약제 처리	

TIP

- 진딧물의 대부분은 여름기주와 겨울기주를 달리하면서 기주교대를 하며, 겨울기주는 대부분 수목류로 늦가을에 이동하여 수목류의 꽃눈 부위에 산란하고 알로 월동함
- 건조할 때 많이 발생하는 해충 : 진딧물류, 응애류, 가루이류

3) 온실가루이

분류	매미목 가루이과
가해기주	오이, 토마토, 딸기, 화훼류 등 수백 종의 시설재배 작물
형태	 〈성충〉 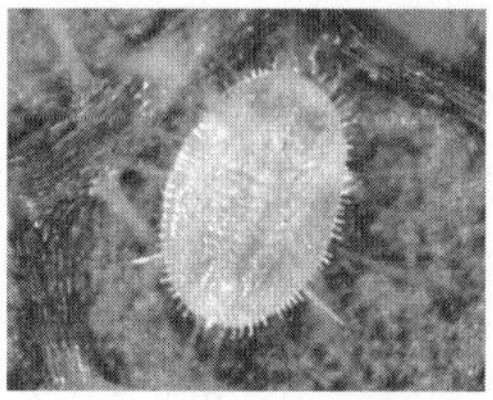 〈약충〉 • 외래해충 • 성충은 몸 길이가 1.4mm 정도 • 수컷은 암컷보다 작으며 흰색 • 약충은 흰색, 연황색으로 제2령 이후 고착생활(납작한 원통형)

TIP

매미목 해충

- 진딧물류, 가루이류
- 대부분 잎 뒷면에서 흡즙하고 바이러스 매개충이면서 그을음 증상 유발

<table>
<tr><td>피해양상</td><td>
〈잎의 피해〉

〈과실의 피해〉
• 약충과 성충이 기주식물의 잎 뒷면에서 즙액을 빨아 먹음
• 새순의 성장 저해, 심하면 말라 죽음
• 배설물은 그을음병 유발(진딧물류와 동일)
• 바이러스의 매개충</td></tr>
<tr><td>발생경과</td><td>• 시설 내에 1년에 10회 이상 발생
• 노지 월동 불가능
• 시설 내에서 불규칙한 형태로 월동</td></tr>
<tr><td>방제법</td><td>• 천적 이용
• 전문약제 처리</td></tr>
</table>

4) 담배가루이

<table>
<tr><td>분류</td><td colspan="2">매미목 가루이과</td></tr>
<tr><td>가해기주</td><td colspan="2">토마토, 파프리카 등 수백 종의 시설재배 작물</td></tr>
<tr><td>형태</td><td>
〈성충〉
• 온실가루이와 유사함
– 온실가루이는 날개를 펴고 앉아 있어서 날개와 날개 사이가 떨어지지 않고 삼각형 모양을 이룸
– 담배가루이는 날개를 접고 앉아 있어서 날개와 날개 사이가 떨어져 있고 일자형을 이룸
• 성충의 몸 길이는 약 1.5mm 정도
• 몸은 황색, 날개는 흰색</td><td>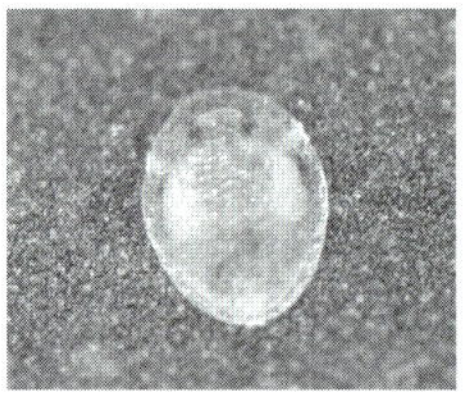
〈유충〉
• 유충은 납작한 반원형이며 노랗고 털이 없음
• 눈은 빨간색</td></tr>
<tr><td>피해양상</td><td colspan="2">• 시설재배 장미에서 처음 발생(외래해충)
• 약충과 성충이 기주식물의 잎 뒷면에서 즙액을 빨아 먹음
• 생육 억제 및 잎의 퇴색, 수량 감소
• 배설물은 그을음병 유발
• 바이러스 매개충(TYLCV, 황황잎말림바이러스)
• 식물 전체에 분포(온실가루이와 차이)
• 생육적온도가 높은 편임(고온성 해충)

〈TYLCV로 인한 잎말림〉</td></tr>
</table>

TIP

매미충과 노린재는 흡즙형 구기를 가지고 있어서 식물체의 즙액을 빨아 먹음

기출 22년 기사 2회 26번

온실 재배 토마토에 바이러스병을 매개하는 해충으로 가장 피해를 많이 주는 것은?

① 외줄면충
② 갈색여치
③ 담배가루이
④ 목화진딧물

답 ③

발생경과	• 노지에서는 1년에 3~4회 • 시설에서는 1년에 10회 이상 발생 • 시설 내에서 불규칙한 형태로 월동(야외에서는 월동 불가)
방제법	• 수확 후 잔재물 소각(전염원 차단) • 약제 저항성이 있으므로 천적 이용 • 전문약제 처리

3. 토양해충

주요 해충
숫검은밤나방, 거세미나방, 검거세미나방, 땅강아지, 고자리파리, 작은뿌리파리, 뿌리응애, 뿌리혹선충류

1) 숫검은밤나방, 거세미나방, 검거세미나방

분류	나비목 밤나방과
가해기주	고추, 토마토, 가지, 담배 등 대부분의 밭작물
형태	 〈숫검은밤나방〉 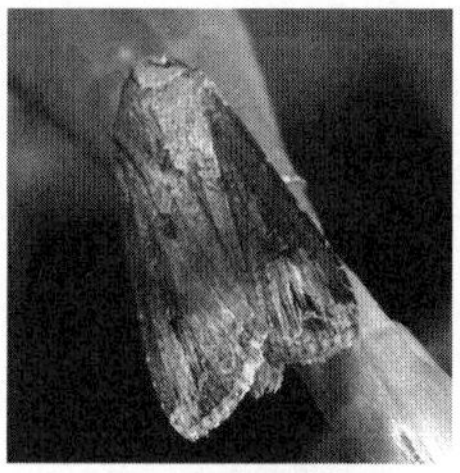 〈거세미나방〉  〈검거세미나방〉 • 성충은 회갈색 나방 • 유충의 형태는 비슷하여 구분이 쉽지 않음
피해양상	• 땅속에 사는 유충이 생육 초기 고추, 토마토 등 지제부(토양의 표면과 접한 부위)를 자르고 가해 • 어둡고 어스름한 시기에 활동하고 유충의 변이가 심함  〈지제부의 피해〉
발생경과	• 1년 2회 발생 • 3~4령 유충의 형태로 지표에 붙은 잎 뒷면에서 월동 • 대부분 월동 유충의 피해
방제법	월동 유충을 대상으로 토양살충제 처리

기출 19년 기사 2회 29번

거세미나방의 형태에 대한 설명으로 옳지 않은 것은?

① 유충은 길이가 40mm 정도이다.
② 성충의 머리와 가슴이 적갈색이다.
③ 알은 반구형이고 방사상의 줄이 있다.
④ 성충의 날개를 편 전체 좌우 길이는 40mm 정도이다.

답 ②

기출 19년 기사 4회 31번

땅강아지는 다음 중 어느 목에 속하는 해충인가?

① 딱정벌레목
② 강도래목
③ 잠자리목
④ 메뚜기목

답 ④

TIP

- 파리의 유충을 '구더기'라 하고 형태는 모든 파리가 비슷함. 작은뿌리파리 같은 검정날개버섯파리과에 속하는 파리는 예외적으로 머리가 까맣고 몸은 유백색인 특징이 있음
- 일년생 식물의 조직 속을 파고들어가는 곤충들은 식물이 사라지면 죽기 때문에 번데기로 월동함(생존을 위한 진화)

TIP

파 근경부 유충

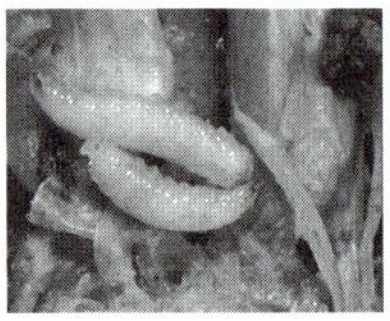

기출 19년 기사 1회 22번

생육 중인 마늘이 하엽부터 고사하기 시작하여 포기의 인경을 파내어 보았더니 구더기 같은 회백색의 유충이 발견되었다면 어느 해충의 피해인가?

① 파밤나방
② 고자리파리
③ 담배거세미나방
④ 아메리카잎굴파리

답 ②

2) 땅강아지

분류	메뚜기목 땅강아지과
가해기주	채소류, 맥류, 파류 등
형태	• 성충은 황갈색 내지 흑갈색 • 앞다리가 짧고 튼튼함 • 달걀형의 머리는 땅속의 터널을 드나들기 좋게 발달되어 있음 • 청각기관이 없고 암컷의 산란관은 퇴화됨  〈성충〉
피해양상	• 성충과 약충이 지표 밑 작물 지하부 가해 • 월동 약충이 뿌리를 가해하거나 지표 통로를 만듦
발생경과	• 1년에 1회 발생 • 땅속에서 성충 또는 약충으로 월동
방제법	토양살충제 처리

3) 고자리파리

분류	파리목 꽃파리과
가해기주	파, 양파, 마늘, 부추 등
형태	 〈성충〉 • 성충은 회갈색, 날개는 남황색 • 가슴 등쪽 중앙부에 불규칙한 털이 있음 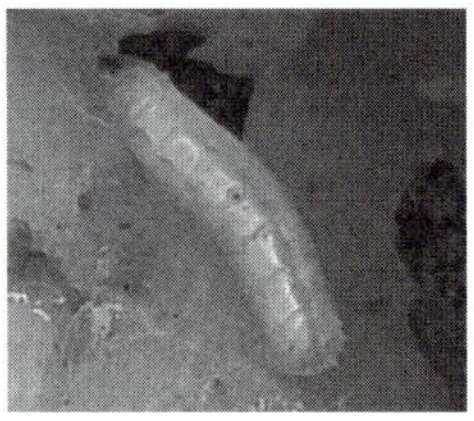 〈유충〉 • 유충은 구더기이며 황색을 띰(마늘, 양파가 썩으면 황색을 띰으로써 유충도 황색)
피해양상	 〈파 지상부 피해〉 • 유충이 마늘, 파 등의 뿌리부분에서 먹고 들어가 줄기까지 가해 • 유충이 작물의 지하부를 가해하여 잎의 황변 및 고사
발생경과	• 1년에 3회 발생 • 땅속에서 번데기로 월동
방제법	• 땅속 유충 방제를 위해 토양살충제 처리 • 천적 이용 : 고자리혹벌

4) 작은뿌리파리

분류	파리목 검정날개버섯파리과
가해기주	오이, 토마토, 고추, 파프리카 등 시설재배 작물
형태	 〈성충〉 • 성충은 머리와 눈은 회갈색, 더듬이는 갈색 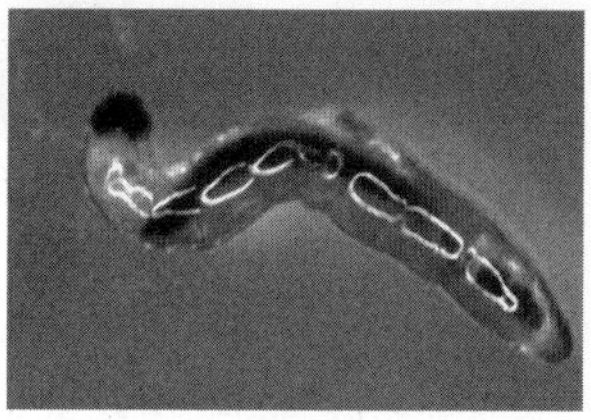 〈유충〉 • 유충은 햇빛을 기피, 수분이 많은 곳 선호 • 검정날개버섯파리과에 속하는 작은뿌리파리는 일반 파리류 유충인 구더기 모양과 다름 • 머리가 검고 몸은 유백색으로 긺
피해양상	• 유충이 기주식물의 지제부 및 뿌리를 가해 • 양·수분 이동 저해, 생장 불량 • 지상부 시듦 증상과 갈변이 나타남 • 성충은 유기물이 다양 시용된 곳에 산란(부숙퇴비) 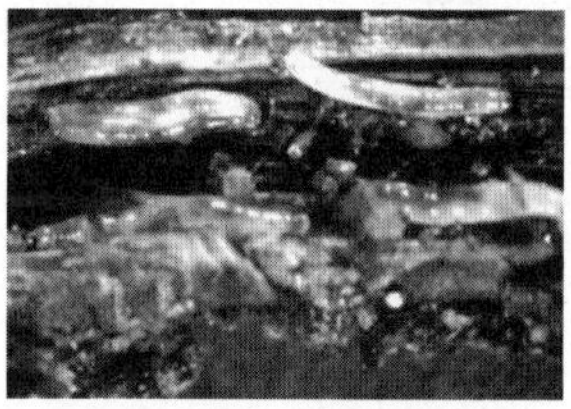 〈뿌리의 피해〉
발생경과	• 시설 내 연중 발생 • 알에서 성충까지 약 4주 정도
방제법	• 유충은 감자 절편에 잘 유인 • 성충은 황색 끈끈이 트랩 이용(황색에 유인이 잘 됨 → 예찰) • 천적이나 전문약제 처리

5) 뿌리응애

분류	거미강 응애목 진응애과
가해기주	양파, 마늘, 파, 구근화훼류 등(주로 구근류 작물에 피해가 심함)
형태	• 성충은 유백색, 서양배 모양으로 4쌍의 다리가 있음 • 약충은 3쌍의 다리 • 몸에 긴 털이 나 있음 • 입틀과 다리는 갈색이며 성충의 크기는 0.7mm, 알은 0.2mm 정도임  〈성충과 약충〉
피해양상	• 성충과 약충이 기주식물의 뿌리와 지하부 가해 • 구근의 경우 내부까지 침해하여 부패 • 수확 후에도 피해를 주는 해충(농작물 저장 중에도 피해)

TIP

- 곤충의 다리는 3쌍, 거미의 다리는 4쌍이므로 거미는 곤충이 아님
- 응애는 거미강에 속하는 거미 종류

기출 18년 기사 1회 28번

마늘 수확 후 저장 과정에서 피해를 주는 것은?

① 파굴파리 ② 뿌리응애
③ 파좀나방 ④ 고자리파리

답 ②

피해양상	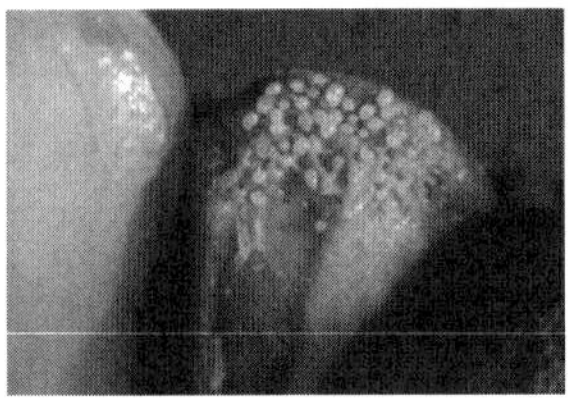 〈구근의 피해〉  〈고사한 작물〉
발생경과	• 1년에 10회 정도 발생 • 성충이나 약충의 형태로 구근 속이나 땅속에서 월동 • 고온다습한 환경에서 번식 왕성 • 연작지나 유기질이 풍부한 산성의 모래땅에서 피해 심함
방제법	연작을 피함, 토양살충제 살포

기출 21년 기사 1회 33번

정주성 내부기생선충으로 2령 유충만이 식물을 침입할 수 있는 감염기의 선충이 되는 것은?

① 침선충
② 잎선충
③ 뿌리혹선충
④ 뿌리썩이선충

답 ③

6) 뿌리혹선충류

분류	• 선충류 혹선충과 • 고구마뿌리혹선충, 당근뿌리혹선충 등
가해기주	당근, 수박, 토마토, 고추, 가지 등의 약 300여 종 작물
형태	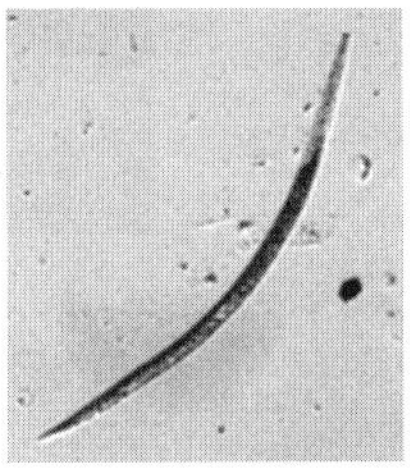 〈수컷 성충〉  〈암컷 성충〉 • 성충은 암수에 따라 모양 다름 • 암컷은 표주박, 서양배 모양 • 수컷은 가늘고 긴 전형적인 선충 모양
피해양상	• 각종 채소류의 뿌리에 혹을 만들어 수분과 양분의 흡수를 저하시켜 뿌리 생장 장애로 생육을 저하시키고 작물이 고사함 • 뿌리혹 속에 암컷 난낭이 존재 • 유충이 구침으로 작물체 뿌리의 표피를 뚫고 침입함  〈뿌리에 형성된 혹〉
발생경과	• 사질토양에서 많이 발생 • 알 또는 유충으로 알주머니(난낭)에서 월동 • 2령 유충이 뿌리 속으로 침해하고 3회 탈피 후 성충
방제법	토양소독 및 토양살충제 살포

4. 과실해충

주요 해충
담배나방, 왕담배나방, 파밤나방

1) 담배나방, 왕담배나방

분류	나비목 밤나방과
가해기주	고추, 담배, 토마토 등
형태	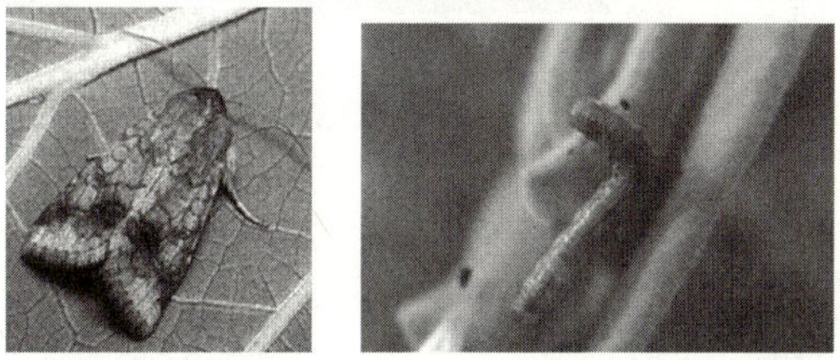 〈담배나방의 성충과 유충〉 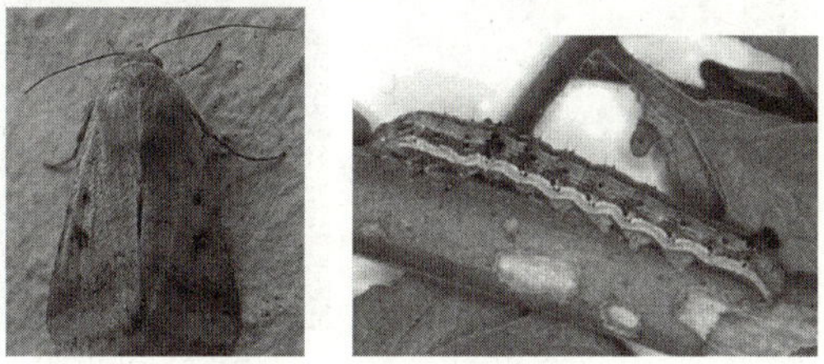 〈왕담배나방의 성충과 유충〉 • 성충은 앞날개는 황색깔, 뒷날개는 담갈색 바탕에 두꺼운 검은 띠 – 왕담배나방과 담배나방의 구분이 쉽지 않음 • 유충은 연한 녹색이며 등과 숨구멍 주위에 백색 무늬와 회흑색의 반점
피해양상	 〈토마토의 피해〉  〈유충이 성장한 모습〉 • 고추, 토마토, 가지에 가장 많은 피해를 주는 해충 • 부화유충은 밤낮을 가리지 않고 새잎, 꽃봉오리, 과실에 구멍을 내며 가해 • 유충이 성장하면 과실 밖으로 튀어나와 번데기 형성
발생경과	• 1년에 3회 발생 • 번데기 형태로 땅속에서 월동 • 3령 이후부터 성충까지 낮에는 잎 뒷면에 숨어 있다가 밤에 작물 가해
방제법	생물학적 방제법, 전문약제 처리

기출 19년 기사 2회 38번

고추의 과실에 구멍을 뚫고 들어가 가해하는 해충은?
① 담배나방
② 파총채벌레
③ 좁은가슴잎벌레
④ 아메리카잎굴파리

답 ①

TIP

산란을 잎, 꽃, 과일에 낱개로 낳고 부화한 유충은 곧바로 과실이나 꽃봉오리 속으로 파고 들어가 구멍을 찾기 힘드나 유충이 다른 곳으로 이동하거나 번데기가 되기 위해 나온 구멍은 커서 관찰이 쉽다. 따라서 구멍이 큰 꽃봉오리나 열매 속에는 유충이 없다.

2) 파밤나방

분류	나비목 밤나방과
가해기주	파, 양파, 수박, 참외, 배추, 감자, 고추, 토마토 등
형태	 〈성충〉 • 성충의 앞날개는 회갈색으로 중앙부에 황색 점이 있음 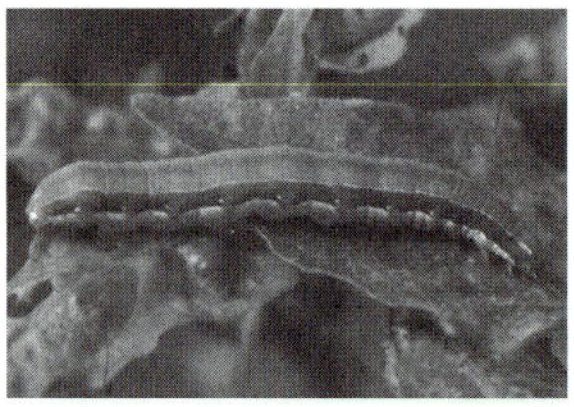 〈유충〉 • 유충은 몸 색깔 변이가 심하여 황록색~흑갈색이고, 보통은 녹색인 것이 많음 • 녹색형은 기문 주변에 주홍색의 고리를 가지고 있고, 때때로 각 마디 등면에 검은 막대형 무늬가 있음
피해양상	 〈고추 피해〉 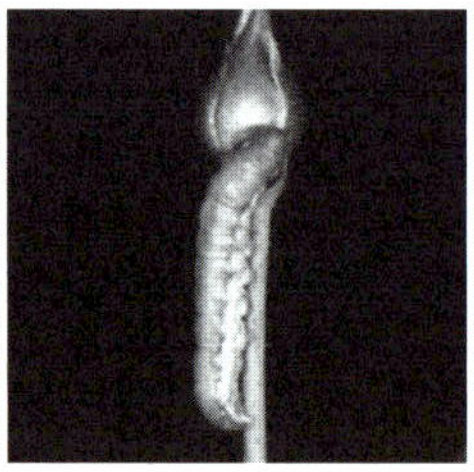 〈꽃봉오리 피해〉  〈파 피해〉 • 부화유충이 기주의 표피를 씹어 먹음(저작구형) • 과실에 구멍을 뚫으며 폭식함(잡식성 해충) • 유충이 성장하면 과실 속으로 파고 들어가 가해 • 고추에 많은 피해를 줌
발생경과	• 1년에 4~5회 발생 • 중부지방은 월동 불가, 남부지방에서 월동, 월동세대는 불분명 • 고온성 해충 • 시설 내에서 연중 발생
방제법	• 약제 저항성 해충 • 유충 초기에 전문약제 처리

[총정리] 식용작물의 해충

분류		해충명
콩 해충	식엽성 해충	콩은무늬밤나방, 애풍뎅이
	권엽성 해충	콩잎말이명나방
	줄기 가해 해충	콩줄기굴파리, 콩줄기혹파리
	흡즙 및 바이러스 매개충	콩줄기굴파리, 싸리수염진딧물
	꼬투리 및 종실 해충	공나방, 팥알락명나방, 노린재
	뿌리 가해 해충	콩뿌리굴파리, 콩시스트선충

분류		해충명
감자 해충	식엽성 해충	큰이십팔점박이무당벌레, 뒷박벌레붙이
	잠엽성 해충	감자나방
	흡즙 및 바이러스 매개충	복숭아혹진딧물, 감자수염진딧물, 목화진딧물
	토양해충	검거세미나방, 방아벌레, 썩이선충
저장곡물의 해충		줄알락명나방, 화랑곡나방, 보리나방, 쌀바구미

04 과수의 해충

1. 잎을 가해하는 해충

주요 해충
사과잎말이나방, 사과무늬잎말이나방, 사과애모무늬잎말이나방, 복숭아순나방, 복숭아심식나방, 사과굴나방, 은무늬굴나방

1) 사과잎말이나방, 사과무늬잎말이나방, 사과애모무늬잎말이나방

분류	나비목 잎말이나방과
가해기주	사과나무, 배나무, 자두나무 등
형태	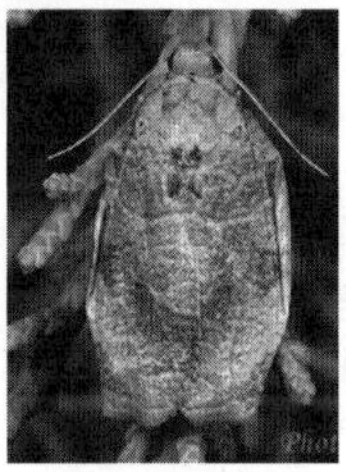 〈사과잎말이나방〉 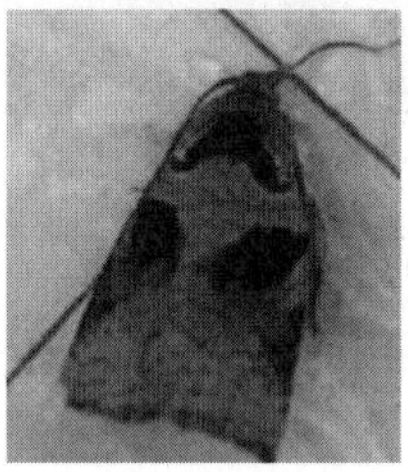 〈사과무늬잎말이나방〉  〈사과애모무늬잎말이나방〉 • 성충의 앞날개는 황갈색, 짙은 갈색 띠무늬가 서로 다르게 존재 • 성충은 알을 무더기로 낳음
	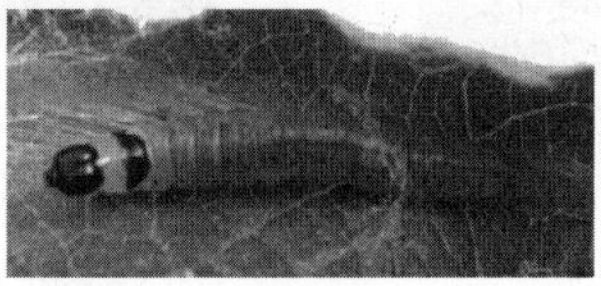 〈유충〉 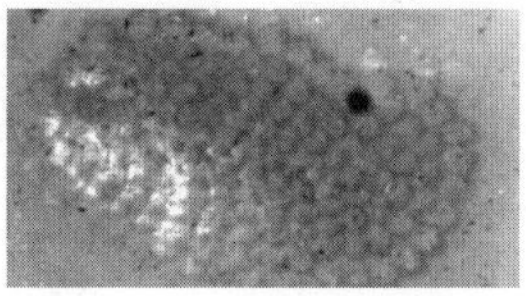 〈알〉 • 유충은 형태가 비슷하며 머리는 갈색이고 몸은 담황색~담녹색 • 번데기는 머리에 1쌍의 가시가 있고 배 끝에 규칙적인 갈고리가 원형으로 나 있음

TIP

과수 6종 나방
복숭아순나방, 복숭아심식나방, 사과무늬잎말이나방, 사과애모무늬잎말이나방, 사과굴나방, 은무늬굴나방

기출 21년 기사 4회 28번

사과잎말이나방에 대한 설명으로 옳지 않은 것은?

① 1년에 1회 발생한다.
② 유충으로 월동한다.
③ 유충의 머리는 녹색을 띤 황갈색이다.
④ 유충의 홑눈은 3개이다.

답 ①

피해양상	 〈사과열매의 피해〉  〈사과잎의 피해〉 • 1화기 유충이 기주식물의 잎을 말고 엽육을 가해하여 엽맥만 남음 • 2화기 유충은 잎뿐만 아니라 과실의 표면도 핥듯 갉아서 가해하고, 과실을 파먹음 (과실이 생기는 시기이기 때문에)
발생경과	• 1년에 3회 발생 • 어린 유충의 형태로 오래된 잎이나 나무껍질 속에서 월동
방제법	• 월동충 제거 및 개화 전 전문약제 처리 • 성페로몬을 활용하여 예찰 방제

2) 사과순나방, 복숭아순나방

분류	나비목 애기잎말이나방과
가해기주	사과나무, 배나무 등 기주범위가 넓음
형태	 〈사과순나방〉  〈복숭아순나방〉 • 성충은 두 종 모두 비슷하여 구분이 쉽지 않으며 모두 암회색의 나방 • 촉각은 회색, 앞날개는 삼각형, 암색 반점이 있음 • 어린 유충은 머리가 크고 흑갈색이며, 가슴과 배는 유백색 • 노숙유충은 황색이며 머리는 담갈색이고 몸 주변은 암갈색 얼룩무늬가 일렬로 나 있음
피해양상	 〈복숭아순의 피해〉 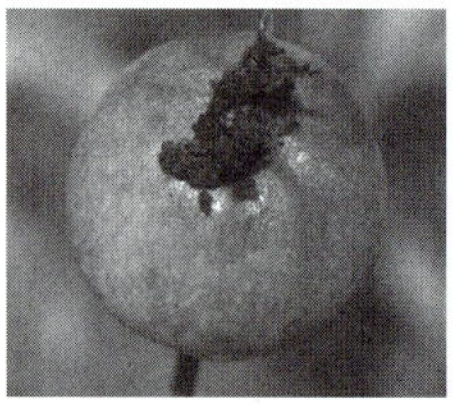 〈복숭아 열매의 피해〉 • 유충이 신초의 선단부를 가해하여 파고 들어가 피해를 받은 신초는 선단부의 신초가 꺾여 말라 죽으며 진물과 변 배출 • 과실도 가해하며, 어린 과실의 경우는 보통 꽃받침 부분으로 침입하여 과심부를 식해하고, 완전히 큰 과실에서는 꽃받침 또는 과경 부근에서 과피 바로 아래의 과육을 식해하는 경우가 많고, 겉에 변을 배출하는 점에서 복숭아심식나방과 구별할 수 있음

발생경과	• 1년에 2회 발생 • 노숙유충으로 거친 껍질 틈이나 남아 있는 봉지 등에 고치를 짓고 월동
방제법	• 월동처 제거 및 전문약제 처리 • 성페로몬을 활용하여 예찰 방제

3) 사과굴나방

<table>
<tr><td>분류</td><td colspan="2">나비목 가는나방과</td></tr>
<tr><td>가해기주</td><td colspan="2">사과나무, 자두나무, 벚나무, 배나무, 복숭아나무 등</td></tr>
<tr><td>형태</td><td>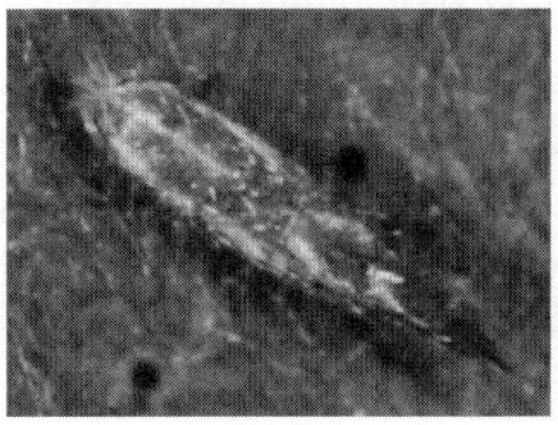
〈성충〉
• 성충은 몸이 대체로 은빛을 띠며, 앞날개는 금빛이고 중앙부에 은빛 줄무늬가 선명하며 아주 작음
• 머리, 가슴에 금빛과 은빛의 줄이 있음</td><td>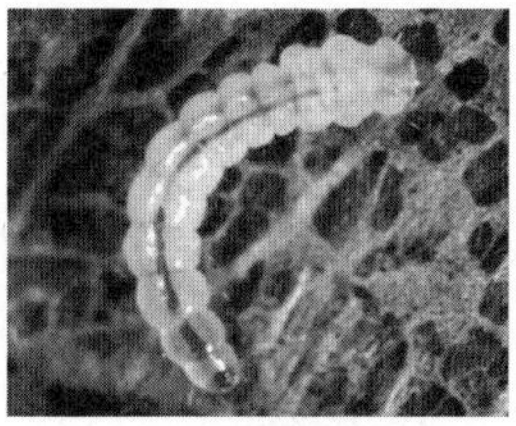
〈유충〉
• 어린 유충은 다리가 없으나, 3령 유충부터 다리가 생기고 몸이 담황색</td></tr>
<tr><td>피해양상</td><td colspan="2"> ➜ 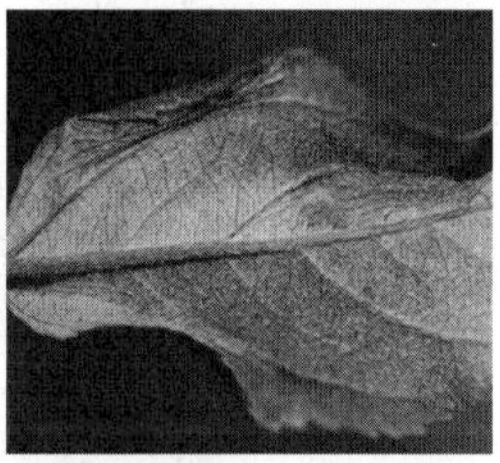
〈사과잎 앞면의 피해〉
 ➜ 
〈사과잎 뒷면의 피해〉
• 유충이 잎의 엽육 안으로 파먹으면서 엽육 속에 유충이 존재(→ 굴나방으로 불림)
• 잎의 앞면과 뒷면 표피 사이에 공간이 생겨 회갈색으로 변함(가해 잎이 뒤로 말림)</td></tr>
<tr><td>발생경과</td><td colspan="2">• 1년에 5~6회 발생
• 번데기 형태로 피해 잎에 월동</td></tr>
<tr><td>방제법</td><td colspan="2">• 월동처인 낙엽 소각
• 전문약제 처리(성페로몬 트랩 활용)</td></tr>
</table>

기출 22년 기사 1회 23번

사과굴나방에 대한 설명으로 옳지 않은 것은?

① 알로 잎 속에서 월동한다.
② 피해 입은 잎이 뒷면으로 말린다.
③ 잎 뒷면에 성충이 우화하여 나간 구멍이 있다.
④ 사과나무, 배나무, 복숭아나무의 잎을 가해한다.

답 ①

TIP

잎을 가해하는 곤충은 잎이 겨울에 마르면 죽기 때문에 대부분 번데기 또는 성충으로 월동하도록 진화된다.

> **TIP**
> 복숭아굴나방과 은무늬굴나방의 번데기
>
> 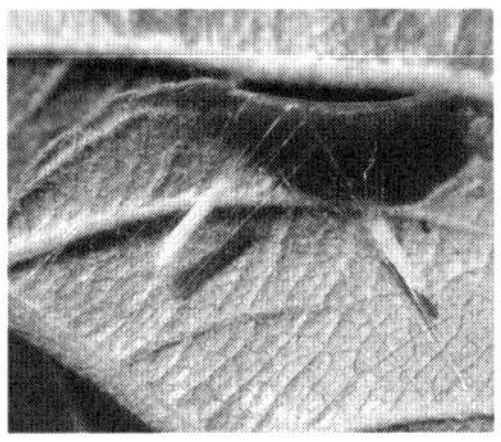

4) 복숭아굴나방, 은무늬굴나방

분류	나비목 굴나방과
가해기주	복숭아나무, 벚나무
형태	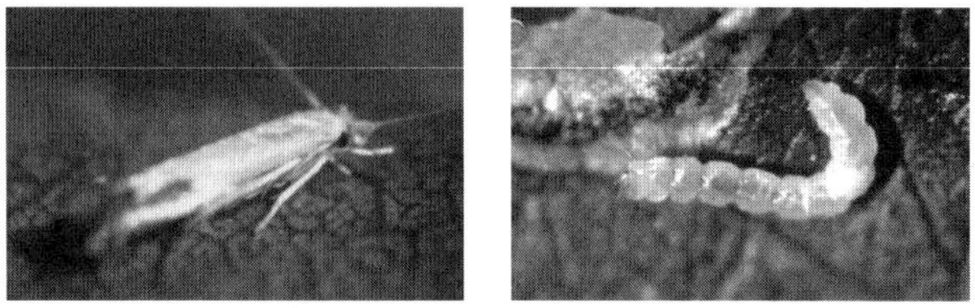 〈복숭아굴나방의 성충과 유충〉 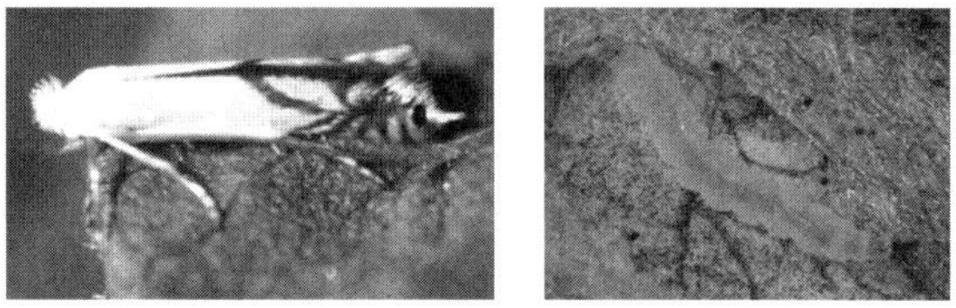 〈은무늬굴나방의 성충과 유충〉 • 성충은 작은 나방으로 날개는 가늘고 백색 • 여름형은 몸 전체가 광택이 나는 백색이고 날개 끝부분에 황색 또는 오렌지색 무늬가 있으며 바깥가두리에 흑색의 큰 점이 있음 • 가을형은 전체적으로 갈색이 섞여 있음 • 번데기 형태는 두 종이 유사하며, 거미줄 모양으로 만들어진 흰색의 고치 속에 들어 있음
피해양상	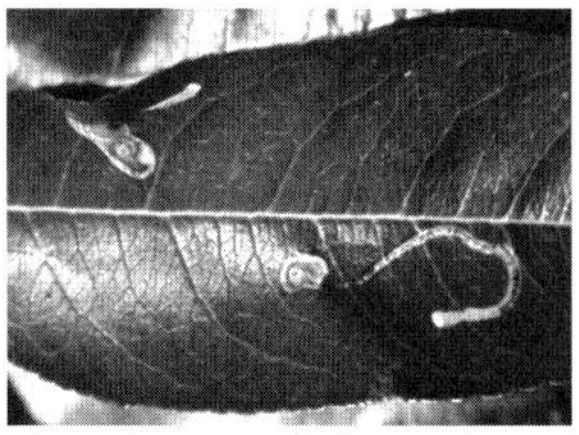 〈복숭아굴나방으로 인한 피해〉  〈은무늬굴나방으로 인한 피해〉 • 유충이 잎으로 잠입하여 엽육을 먹음 • 선의 중앙부에 검은 줄무늬의 변을 남김 • 복숭아굴나방 유충은 굴파리처럼 잎에 가는 굴을 파고 잎 속에서 엽육을 섭식하다가 최종적으로 번데기가 되기 위해 빠져나오는 위치에서 세균성 구멍병 같은 형태의 갈변 반점이 형성되고 구멍이 생기기도 함(세균성 구멍병으로 오인) • 은무늬굴나방 유충은 신초의 어린 잎만을 가해하며 피해받은 어린 잎은 처음에는 적갈색 선상의 피해가 나타나지만 점차 반점 모양으로 불규칙한 원형 또는 얼룩무늬 모양을 이루거나, 넓고 크게 잎의 표면이 연하게 쭈글어들면서 마름
발생경과	• 1년에 7회 발생 • 성충의 형태로 지피물에 숨어 월동 • 기주식물에 잎이 나면 성충이 표피 밑에 알을 낳음
방제법	유충이 잎을 잠입하기 전 전문약제 처리

2. 흡즙성 해충

주요 해충
사과혹진딧물, 사과응애, 점박이응애, 꼬마배나무이

1) 사과혹진딧물

분류	매미목 진딧물과
가해기주	사과나무 등
형태	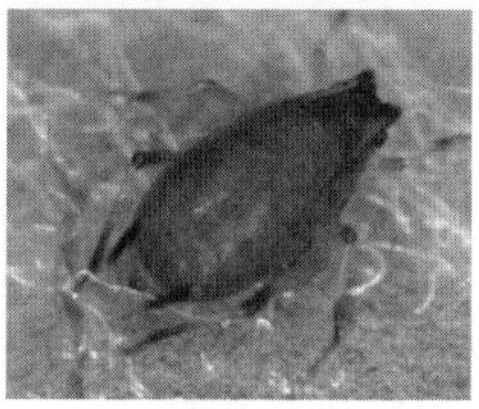 〈무시자충〉 • 몸은 흑녹색이고 머리의 앞쪽은 대체로 검은색 • 이마혹이 뚜렷함  〈유시자충〉 • 몸은 진한 녹색(담녹색), 이마혹 뚜렷, 경절과 퇴절 끝이 검은색 • 뿔관도 검은색
피해양상	  〈잎과 과실의 피해〉 • 사과의 잎이 트기 시작할 때 흡즙 • 피해받은 잎은 뒤쪽으로 향하여 세로로 말림(가장 큰 특징) • 심하면 가지와 과실이 정상 생육을 못함
발생경과	• 1년에 10회 정도 발생 • 알의 형태로 가지 끝이나 겨울눈에 월동(진딧물의 대표적인 특징) • 알은 4월에 부화하여 무시의 간모가 됨 • 단위생식으로 무시태생자충(날개 없는 암컷 중 알을 낳지 않고 바로 유충을 태생하는 것)을 낳음(진딧물의 일반적 특징)
방제법	피해 심한 5월 상순~7월 하순 전문약제 처리

TIP

진딧물의 공통적 특징
- 유시충과 무시충이 존재함. 유시충은 교미 후 월동알을 수목류의 겨울눈 주변이나 수간에 낳음
- 단위생식하는 무시충의 암컷(무시태생자충)만 난생이 아닌 태생으로 낳음

2) 사과응애

기출 19년 기사 2회 26번

사과응애에 대한 설명으로 옳지 않은 것은?

① 흡즙성 해충이다.
② 약충으로 월동한다.
③ 1년에 7~8회 발생한다.
④ 사과나무가 꽃 필 무렵 알에서 부화하여 꽃 주위의 어린 잎을 가해한다.

답 ②

분류	거미강 응애목 응애과
가해기주	사과나무, 배나무 등
형태	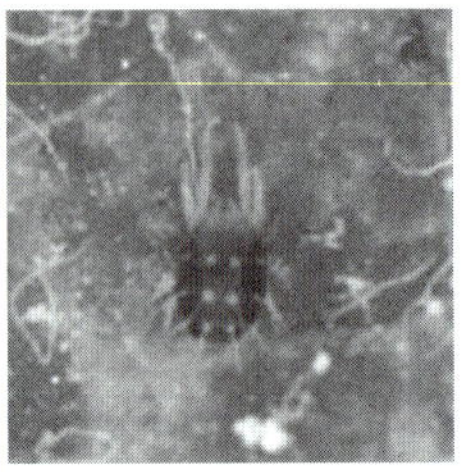 〈성충〉 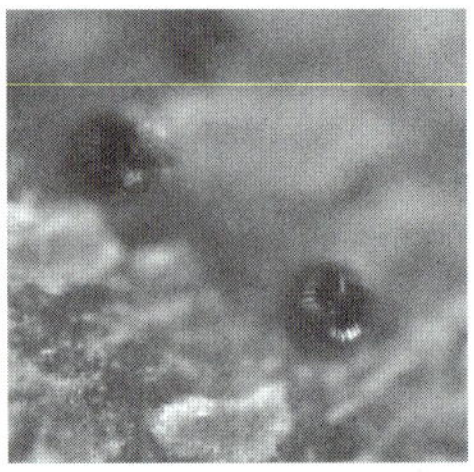 〈알〉  〈월동 성충〉 • 성충은 암적색의 몸통에 흰 반문이 나 있으며 몸의 등면에 횡선이 나 있고, 등면에 난 털은 길고 굵음 • 수컷은 황적색이며 암컷보다 몸이 작고, 다리가 긴 편임 • 알은 둥글고 적색으로 끝에 자루가 붙어 있음 • 월동성충은 모두 주황색임(등정색)
피해양상	 〈잎의 피해〉 • 잎 뒤쪽에서 즙액과 엽록소를 흡즙(응애 피해의 일반현상) • 잎 표면에 불규칙한 백색 반점이 생김(응애 피해의 전형적 형태) • 고온건조 시 심하게 발생
발생경과	• 1년에 7~8회 정도 발생 • 알의 형태로 겨울눈이나 수간에서 월동
방제법	• 기계유 유제 : 월동란 방제 • 천적 이용, 전문약제 처리

3) 점박이응애

기출 20년 기사 3회 25번

다음 설명에 해당하는 해충은?

> • 1년에 5~10회 이상 발생한다.
> • 고온건조 시 피해가 심하다.

① 가루깍지벌레
② 점박이응애
③ 밤나무혹벌
④ 땅강아지

답 ②

분류	거미강 응애목 응애과
가해기주	사과나무, 배나무, 복숭아나무, 토마토, 딸기, 기주범위가 넓음
형태	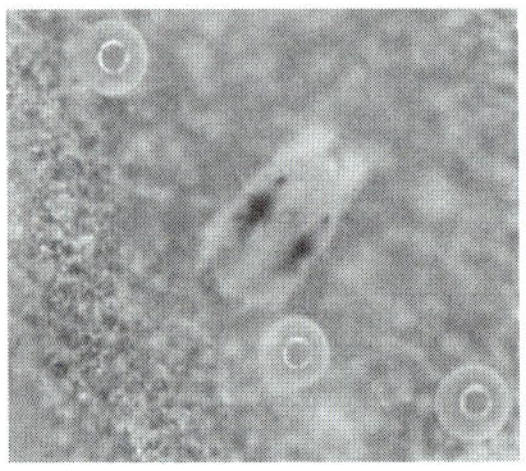 〈약충〉  〈월동 성충〉

형태	• 암컷은 황록색 또는 적색의 달걀 모양 • 몸 등쪽 양면에 담흑색의 두 점(엄밀히 따지면 점이 아닌 몸체 속 내용물) → 과거 '두점박이응애'라 부른 이유 • 수컷은 암컷보다 작고 납작함 • 월동 성충은 모두 주황색(등적색)
피해양상	  〈사과잎의 피해〉 • 잎 뒤쪽에서 즙액과 엽록소를 흡즙 • 잎 표면에 불규칙한 백색 반점이 생김 • 고온건조 시 심하게 발생 • 잎 뒷면이 황갈색으로 변함 → 위 특징이 잎을 가해하는 잎응애류의 공통점
발생경과	• 1년에 10회 정도 발생 • 나무껍질, 낙엽, 잡초 등에 성충으로 월동
방제법	• 월동처 소각, 천적 이용 • 약제 저항성을 막기 위해 연용 금지

4) 꼬마배나무이

<table>
<tr><td>분류</td><td colspan="3">매미목 나무이과</td></tr>
<tr><td>가해기주</td><td colspan="3">배나무, 사과나무 등</td></tr>
<tr><td rowspan="3">형태</td><td></td><td>여름형</td><td>겨울형</td></tr>
<tr><td>성충</td><td>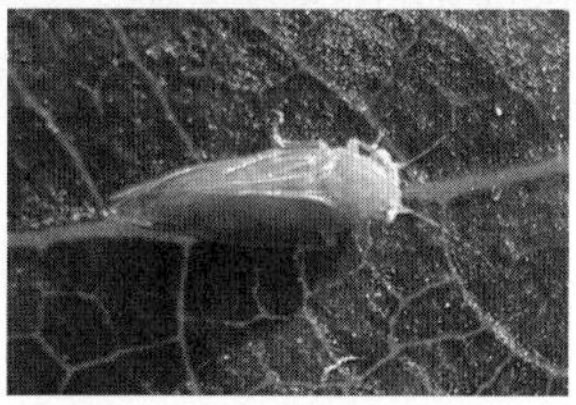
• 매미충 모양, 녹색을 띰
• 날개 부분이 엷은 적갈색</td><td>
• 몸은 흑갈색
• 여름형보다 조금 큼
• 날개맥이 검고 뚜렷함</td></tr>
<tr><td>약충</td><td>• 어린 약충의 몸은 황색이며, 자랄 수록 녹색이 됨
• 5경 약충은 날개 돌기가 적갈색임</td><td></td></tr>
</table>

기출 19년 산업기사 2회 40번

분류학상 곤충강에 속하지 않는 것은?

① 독나방
② 점박이응애
③ 목화진딧물
④ 가루깍지벌레

답 ②

기출 21년 기사 1회 38번

배나무이의 분류학적 위치는?

① 나비목 ② 노린재목
③ 사마귀목 ④ 딱정벌레목

답 ②

TIP

꼬마배나무이로 인한 잎그을음 증상

피해양상	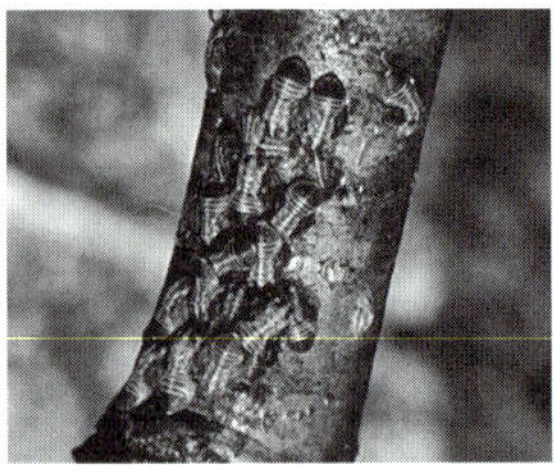 〈줄기의 피해〉  〈잎의 피해〉 • 외래해충 • 성충과 약충이 배나무의 어린 잎과 꽃봉오리, 과실을 흡즙 • 감로 분비로 가지, 잎, 열매 등에 그을음병 발생(광합성 저해) • 잎이 오글거림 • 상품가치 하락, 저장성 저하
발생경과	• 1년에 5회 발생 • 월동형 성충의 형태로 거친 껍질 속에 집단적으로 월동
방제법	• 기계유 유제 살포 • 개화 전 꽃이 떨어진 후 발생, 전문약제 처리

3. 줄기, 가지를 가해하는 해충

주요 해충
사과하늘소, 샌호제깍지벌레, 포도호랑하늘소

1) 사과하늘소

분류	딱정벌레목 하늘소과
가해기주	사과나무, 배나무, 복숭아나무, 자두나무 등
형태	• 촉각과 머리는 흑색이고, 다리와 앞가슴등판은 주홍색 • 딱지날개의 바깥 가장자리는 짙은 흑청색이고 등면은 회황색인데, 작은 흑색 점무늬가 많음 • 딱지날개의 가운데 부분이 가늘어져 전체적으로 길어 보임 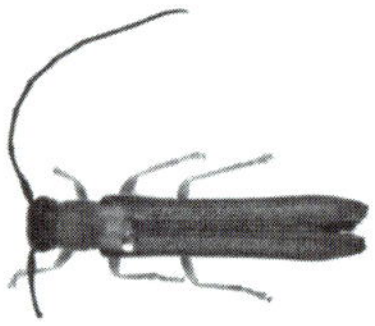 〈성충〉
피해양상	• 유충이 기주나무 주간부 또는 가지 목질부에 굴을 뚫어 가해하고 변을 배출 • 피해목은 부러지거나 수세가 약해지며, 구멍에서 수액이 흘러나와 그을음병 발생 → 하늘소 유충의 가해 특징  〈줄기(가지)의 피해〉
발생경과	• 2년에 1회 발생 • 유충의 형태로 월동(목질부 가해충의 일반적 특징)
방제법	• 산란 부위를 조사하여 알 제거 • 전문약제 처리

2) 샌호제깍지벌레

분류	매미목 깍지벌레과
가해기주	배나무, 복숭아나무, 사과나무, 살구남, 감귤나무 등
형태	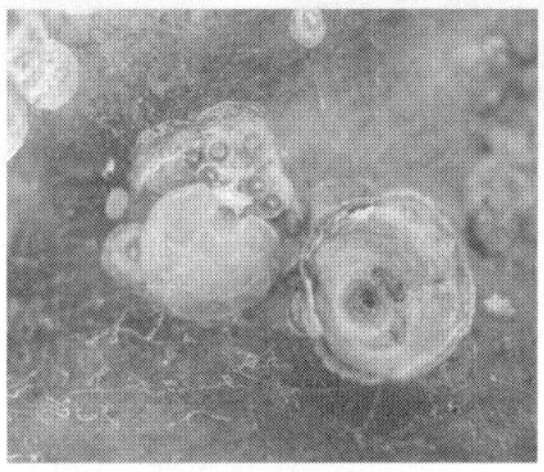  〈성충〉 〈유충〉 • 암컷 성충의 깍지는 납작한 원형이고, 황색을 띰 • 수컷 성충의 깍지는 길쭉하며 흑색, 몸은 암컷보다 작고, 홍색을 띰
피해양상	 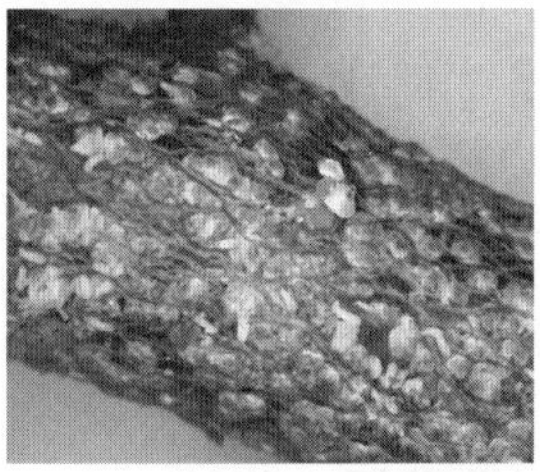 〈사과 열매의 피해〉 〈가지의 피해〉 • 성충과 약충이 가지와 줄기에 기생하여 흡즙 → 진딧물처럼 매미목 해충의 일반적 특징 • 점차 깍지벌레로 뒤덮여 쇠약해져 죽음 • 과실은 기형 유발
발생경과	• 1년에 3회 발생 • 암컷 성충 또는 약충의 형태로 기주의 가지와 줄기에 월동 • 태생이며, 새끼는 잠시 모체에 머물다 몸이 굳어지면 정착(깍지벌레의 공통된 특징)
방제법	모체에서 이동하는 시기에 전문약제 처리

3) 포도호랑하늘소

분류	딱정벌레목 하늘소과	
가해기주	포도나무	
형태	 〈성충〉 • 성충의 몸 색깔은 흑색이나 머리는 적갈색. 날개에 3개의 황색 띠가 있어 구별됨	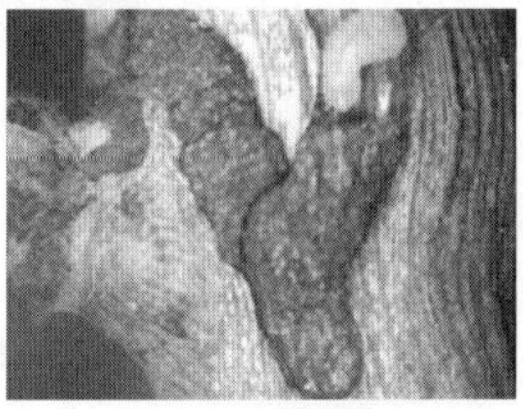 〈월동 유충〉 • 유충은 머리 부분이 뭉뚝하며 황백색(하늘소 유충의 일반적 특징)

피해양상	  〈가지의 피해〉 〈잎의 피해〉 • 유충이 포도나무 목질부에 구멍을 뚫고 가해 • 피해받은 부위의 잎과 가지가 말라 죽음
발생경과	• 1년에 1회 발생 • 어린 유충의 형태로 포도나무 가지 밑의 얕은 곳에서 월동 • 배설물을 줄기에 넣어 배출하지 않음(외관상 관찰이 어려움)
방제법	병든 가지 제거 및 전문약제 처리

4. 과실을 가해하는 해충

주요 해충
복숭아심식나방, 복숭아순나방, 복숭아명나방, 콩가루벌레, 가루깍지벌레, 꽃노랑총채벌레

1) 복숭아심식나방

분류	나비목 심식나방과
가해기주	복숭아나무, 사과나무, 배나무, 자두나무, 살구나무 등
형태	 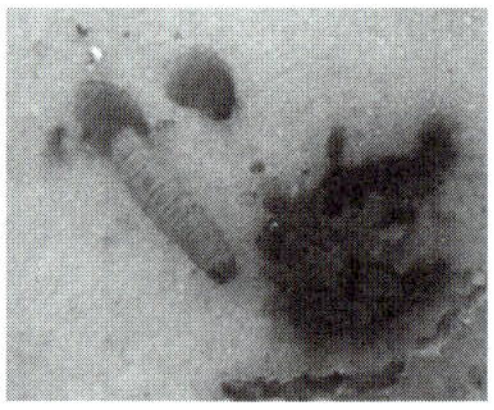 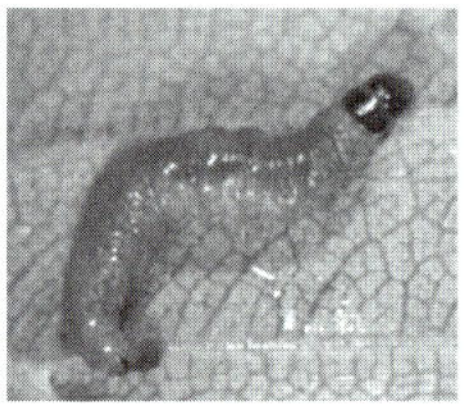 〈성충〉 〈복숭아 가해 유충〉 〈배 가해 유충〉 • 성충은 암갈색 나방(앞날개는 회백색) • 유충의 뒷머리는 황회색, 몸은 주황색, 각 마디의 작은 반점 위의 미세한 털 • 복숭아 가해 유충은 몸의 색이 진하고 사과, 배 가해 유충은 색이 연함
피해양상	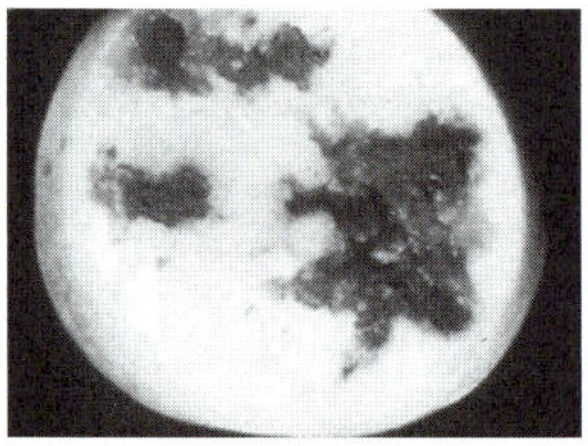 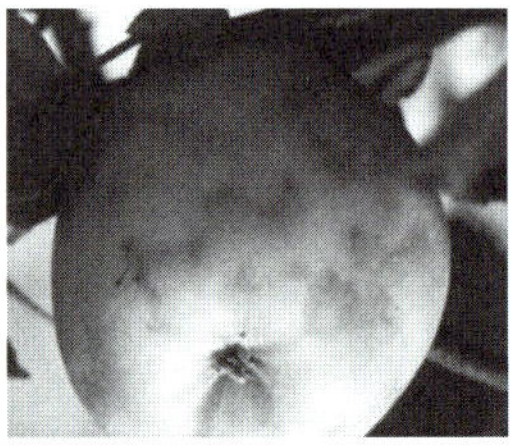 〈사과 열매의 피해〉 • 유충이 과실 내부를 뚫고 들어가 여러 곳 가해 • 요철의 기형과가 됨 • 과실에 찌른 듯한 흔적 발생(탈출구가 더 큼)

기출 21년 기사 4회 40번

복숭아심식나방의 발생예찰에 이용되는 페로몬은?

① 성페로몬
② 분산페로몬
③ 길잡이페로몬
④ 경보페로몬

답 ①

기출 19년 기사 1회 29번

유충이 열매 속으로 뚫고 들어가 가해하는 해충은?

① 사과혹진딧물
② 포도유리나방
③ 복숭아심식나방
④ 배나무방패벌레

답 ③

TIP

• 복숭아를 먹을 때 깜깜한 곳에서 먹으라는 말은 이 해충의 피해가 심하여 열매 속에 유충이 들어가 있을 확률이 높기 때문임
• 사과, 배, 복숭아를 모두 가해하나 특히 복숭아를 선호

발생경과	• 1년에 2회 발생 • 노숙유충의 형태로 땅속 고치 속에 월동 • 유충은 월동형 고치인 편원형과 번데기가 될 때까지는 방추형의 두 가지 고치를 만듦 • 성충은 주광성과 주화성이 극히 낮음
방제법	• 첫 산란시기인 6월 중순 이전 봉지 씌워 재배 • 유충 과실 침입 전 전문약제 및 성페로몬 트랩 방제

2) 복숭아순나방

분류	나비목 애기잎말이나방과
가해기주	배나무, 사과나무, 복숭아나무 등
형태	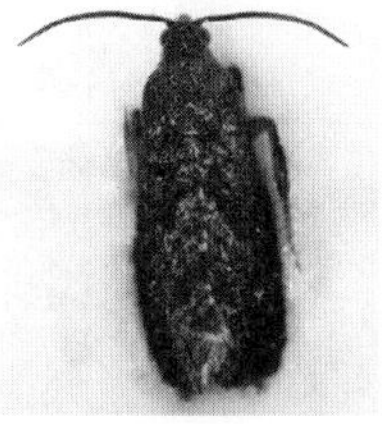 〈성충〉 • 성충은 소형 나방 • 머리와 배는 암회색, 가슴은 암색 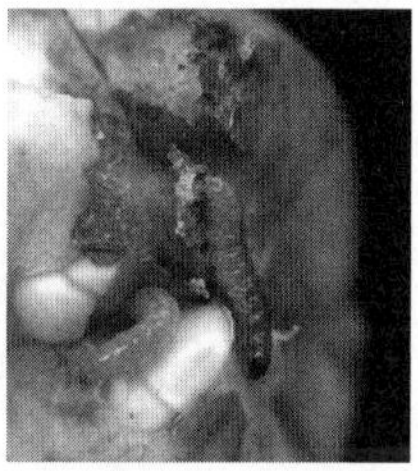 〈유충〉 • 부화유충은 머리가 크고 검은색, 가슴과 배는 유백색 • 노숙유충은 황색이며 머리는 담갈색이고 몸 주변은 암갈색 얼룩무늬가 일렬로 나 있음
피해양상	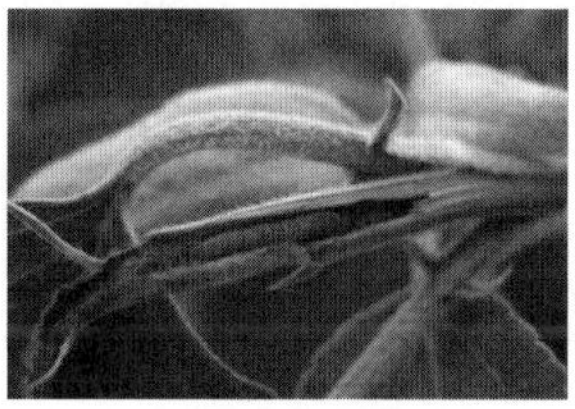 〈줄기의 피해〉  〈과실의 피해〉 • 부화유충이 복숭아나무 신초의 선단부에 구멍을 뚫고 가해 • 피해 신초는 잎이 시들고 황화 • 주변에서 배설물 발견 • 3~4화기 유충이 꽃받침 부분으로 침입 • 과실을 직접 가해하여 변 배출(복숭아심식나방과의 차이점)
발생경과	• 1년에 4회 발생 • 유충의 형태로 주변에 고치를 짓고 월동 • 1, 2화기 성충은 주로 복숭아나무 등의 신초에 산란하여 부화유충이 가해 • 3, 4화기 성충은 사과, 배 등의 과실에 산란하여 부화유충이 가해
방제법	• 유충 월동처 소각 • 피해 신초 제거 • 과실에 산란하는 시기에 전문약제 살포

기출 21년 기사 1회 27번

복숭아심식나방에 대한 설명으로 옳지 않은 것은?

① 유충이 과실 속에 있을 때에는 황백색이다.
② 월동 고치는 방추형이다.
③ 1년에 2회 발생하지만 일정하지는 않다.
④ 피해 과일에는 배설물이 배출되지 않는다.

답 ②

3) 복숭아명나방

분류	나비목 명나방과
가해기주	복숭아나무, 사과나무, 자두나무, 감나무, 밤나무
형태	 〈성충〉 • 성충은 황갈색 나방 • 날개에 검은 점이 있음 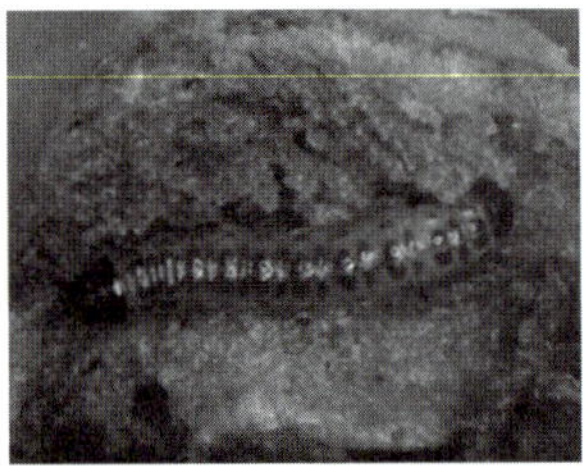 〈유충〉 • 유충은 각 몸마디마다 흑색 점과 긴 털이 나 있음 • 노숙유충은 흑갈색
피해양상	 〈밤 열매의 피해〉  〈복숭아 열매의 피해〉 • 유충이 기주식물의 과실을 가해 • 침입한 큰 구멍에 적갈색 굵은 변과 즙액 배출
발생경과	• 1년에 2회 발생 • 노숙유충의 형태로 지피물이나 수피의 고치 속 월동 • 1화기 유충은 자두, 복숭아 등 가해 • 2화기 유충은 밤, 감 등 가해
방제법	• 봉지 씌우기 • 유충이 과육 식해 전 방제

TIP

복숭아명나방 유충이 과실에 큰 구멍을 내어 가해한 모습

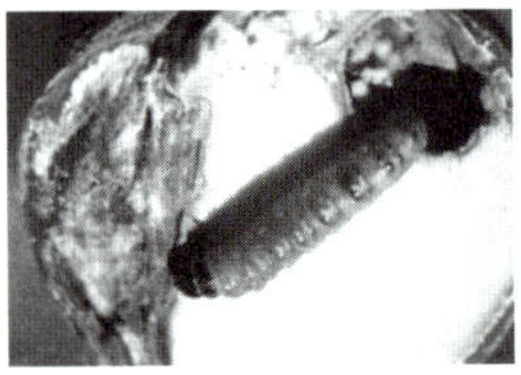

4) 콩가루벌레

<table>
<tr><th>분류</th><td>매미목 뿌리혹벌레과</td></tr>
<tr><th>가해기주</th><td>배나무</td></tr>
<tr><th>형태</th><td>
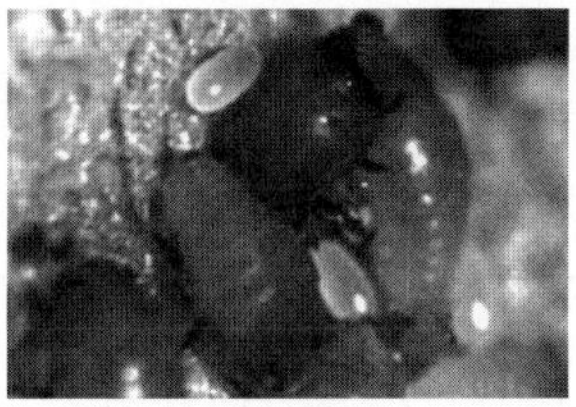
〈성충〉
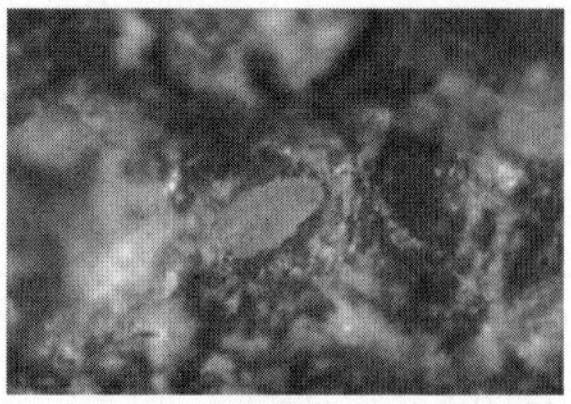
〈약충〉

• 성충
<table>
<tr><th>형태</th><th>특징</th></tr>
<tr><td>간모형</td><td>• 길이가 0.8mm 정도로 등황색이고 서양배 모양
• 이른봄, 월동난에서 부화</td></tr>
<tr><td>보통형</td><td>• 길이가 0.75mm 정도로 담황색
• 늦여름에 이르기까지 몇 차례 발생
• 단위생식을 하나 새끼를 낳는 진딧물과 다르게 알을 낳음</td></tr>
<tr><td>산성형</td><td>• 길이가 0.7mm 정도로 선황색의 서양 배모양
• 암수가 될 알을 낳음</td></tr>
<tr><td>유성형</td><td>• 길이가 0.4mm 정도로 등확색의 타원형
• 체내에 알을 가짐</td></tr>
</table>

• 약충
<table>
<tr><th>형태</th><th>특징</th></tr>
<tr><td>간모형</td><td>• 알에서 부화한 약충은 담황색을 띠며, 타원형
• 주둥이는 길고, 다리는 3쌍인데 거의 같은 크기임</td></tr>
<tr><td>보통형</td><td>• 성충과 유사한 원통형
• 이 시기에 배 봉지 속으로 이동</td></tr>
<tr><td>산성형</td><td>• 보통형보다 크고 주둥이도 김</td></tr>
<tr><td>유성형</td><td>• 담황색으로 주둥이도 거의 퇴화</td></tr>
</table>
</td></tr>
<tr><th>피해양상</th><td>

〈배 과실의 피해〉

• 성충과 약충이 주로 봉지 씌운 배를 가해
• 피해를 받은 과실은 균열이 생기고 상품가치 하락
• 햇빛을 싫어하여 그늘에서 살다가 봉지 속으로 침투
• 과실 표면 즙액을 먹고 번식
</td></tr>
</table>

TIP

콩가루벌레는 빛을 싫어해서 배 봉지 속에서 주로 번식하며, 산성형 성충이 크기가 다른 2가지 알을 낳는데 큰 알이 암컷, 작은 알이 수컷이 된다.

발생경과	• 1년에 6~10회 발생 • 주로 알로 수간의 나무 껍질 밑에서 월동(진딧물과 유사) • 단위생식(큰 알은 암컷, 작은 알은 수컷)
방제법	• 수간의 나무껍질 모아 소각 • 기계유제 방제

5) 가루깍지벌레

분류	매미목 가루깍지벌레
가해기주	사과나무, 배나무, 복숭아나무, 감나무, 감귤나무 등
형태	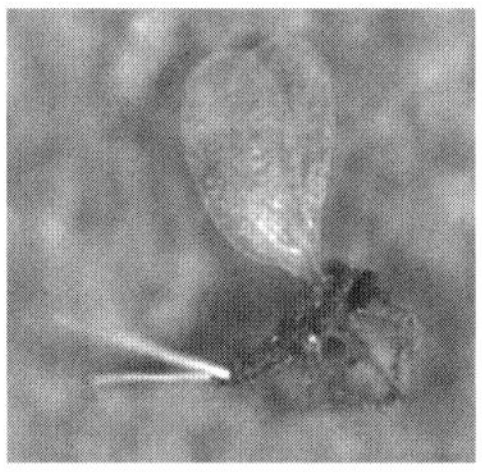 〈수컷 성충〉 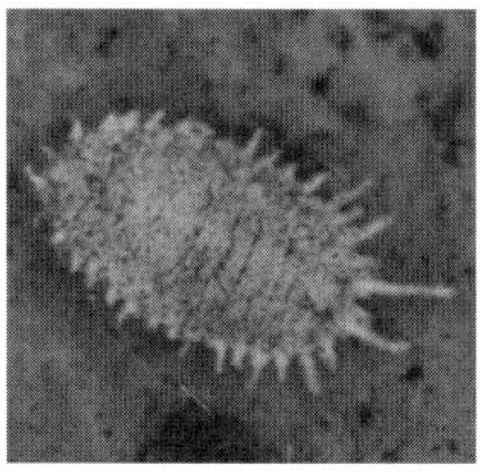 〈암컷 성충〉 • 깍지가 없고 자유롭게 운동함 • 성충은 황갈색 흰가루로 덮여 있음 • 수컷 성충은 무시충 유시충 모두 배 끝에 긴 꼬리가 있으며 암컷은 없음
피해양상	 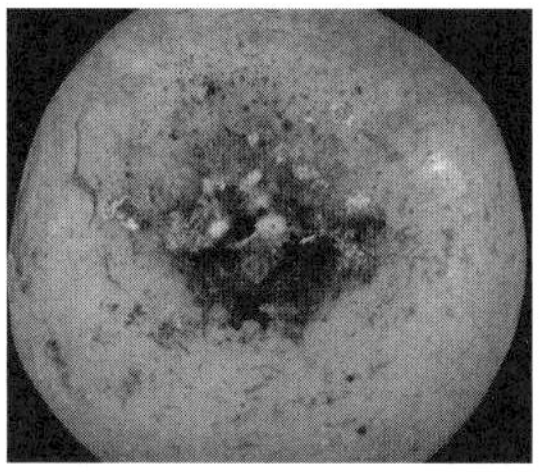 〈과실의 피해〉 • 부화약충이 과실의 즙액을 흡즙 • 배설물로 그을음병이 유발되어 과실 상품 가치 저하 → 매미목 해충들의 공통적 특징(진딧물, 콩가루벌레, 깍지벌레, 가루이류, 매미충류)
발생경과	• 1년 3회 발생 • 보통 알덩어리의 형태로 거친 껍질 밑에 월동
방제법	• 수간의 나무껍질을 모아 소각 • 월동충 방제 • 기계유제 방제

TIP

가루깍지벌레는 주로 수목류에 피해를 주며 조피와 틈바구니에서 월동하고 서식하여 방제가 쉽지 않다.

TIP

버들가루깍지벌레는 땅속에서 월동한다.

6) 꽃노랑총채벌레

구분	내용
분류	총채벌레목 총채벌레과
가해기주	화훼작물 및 감귤나무, 복숭아나무, 멜론, 딸기 등의 원예작물
형태	 〈성충〉 • 미소곤충 • 왼쪽 큰턱이 한 개만 발달 → 입틀의 좌우가 같지 않음(비대칭 입틀로 총채벌레의 공통된 특징) • 성충은 담황색 • 막대기 모양의 긴 날개에 긴 털이 규칙적으로 붙어 있는 형태 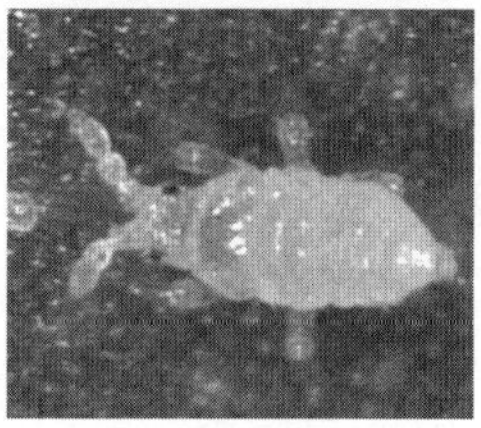 〈약충〉 • 약충은 유백색 또는 황색, 날개 없음
피해양상	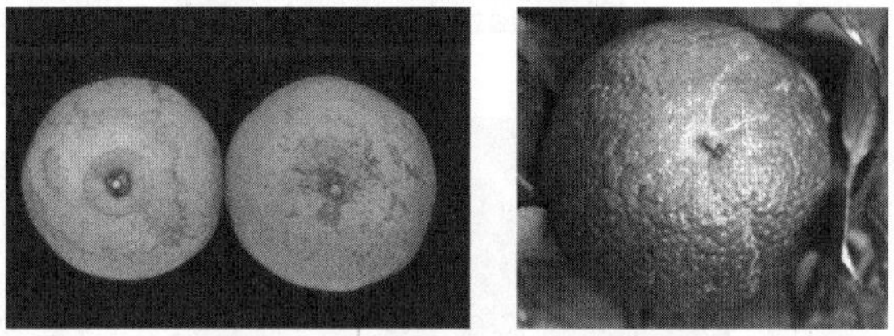 〈감귤나무 과실의 피해〉 • 꽃을 선호함 • 약충과 성충이 어린 잎이나 꽃, 과피의 즙액을 흡즙(꽃이 피면 꽃으로 몰림) • 피해를 받은 잎은 기형, 생육 위축, 과실은 백색 반점 형성 후 갈변되어 상품가치 하락 • 채소류에서는 TSWV 바이러스 매개
발생경과	• 1년에 5~6회 발생 • 성충 형태로 지표면이나 나무껍질에서 월동 • 암컷 성충이 식물 조직에 산란관을 박고 산란 • 부화약충은 흡즙 후 성장 • 2령이 경과한 후 노숙유충이 되어 제1, 2번데기 기간을 경과한 후 성충 우화 • 알을 식물체 조직 속에 낳고 부화한 약충이 피해를 일으키다가 토양 속에서 이동이 가능한 번데기가 되고 성충으로 우화하여 다시 지상부의 식물체 조직에 알을 낳음
방제법	• 약제 저항성이 있음 • 천적의 생물학적 방법 병행 활용

기출 20년 기사 1 · 2회 26번

다음 중 씹는 형의 입틀을 갖지 않은 곤충으로 가장 적절한 것은?

① 이질바퀴
② 꽃노랑총채벌레
③ 벼메뚜기
④ 장수풍뎅이

답 ②

TIP

꽃이나 꽃자루에 기생하여 과실의 기형을 유발하는 꽃노랑총채벌레의 성충

5. 기타 해충

주요 해충
흡수나방류, 뽕나무하늘소, 사과면충(솜벌레), 포도유리나방, 포도뿌리혹벌레, 포도쌍점매미벌레, 귤녹응애

1) 흡즙나방류

형태	• 성충이 직접 사과, 배, 복숭아 등의 과실 가해 • 과실 표면에 직접 구기를 찔러 흡즙(나방은 유충이 식물체를 갉아 먹는 피해를 주나 이 흡즙성 나방류들은 성충이 직접 과실을 흡즙하여 피해를 주는 특이한 종) • 1차 가해종(직접가해)과 상처 난 과실의 즙액을 흡즙하는 2차 가해종(간접가해)이 있음 → 1차 가해종이 중요함
1차 가해종	 〈으름밤나방〉  〈작은갈고리밤나방〉  〈무궁화밤나방〉 금빛우묵밤나방, 으름밤나방, 작은갈고리밤나방, 무궁화밤나방 (금빛우묵밤나방과 작은갈고리밤나방은 같은 종)
2차 가해종	배저녁나방(배칼무늬밤나방), 쌍띠밤나방, 태극나방, 까마귀밤나방

2) 뽕나무하늘소

형태	유충이 사과나무, 배, 뽕 등의 가지 속을 가해  〈성충〉 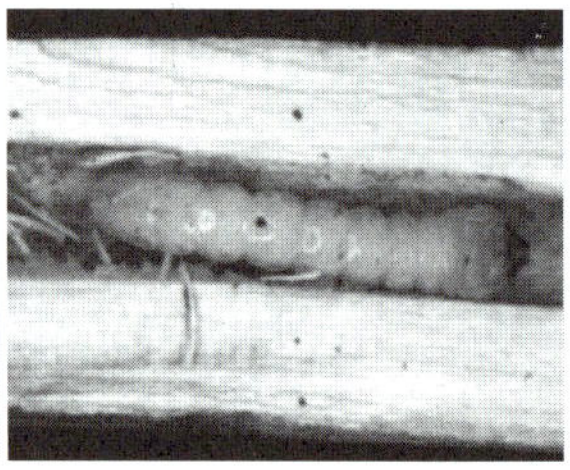 〈유충〉
피해양상 및 방제법	• 톱밥 같은 변 배설 • 피해가 심하면 수세기 약해지고 그을음병 발생 • 2년에 1회 발생 • 나무에 약제 주입

기출 22년 기사 2회 32번

다음 중 성충이 과실을 직접 가해하는 해충은?

① 복숭아명나방
② 배명나방
③ 으름밤나방
④ 포도유리나방

답 ③

TIP

흡즙나방류의 공통적 특징
날개를 접으면 나뭇잎 모양이거나 수목의 조피색과 유사하여 몸을 보호하거나 은닉하기 좋은 형태를 띰

3) 사과면충

<table>
<tr><td>형태</td><td>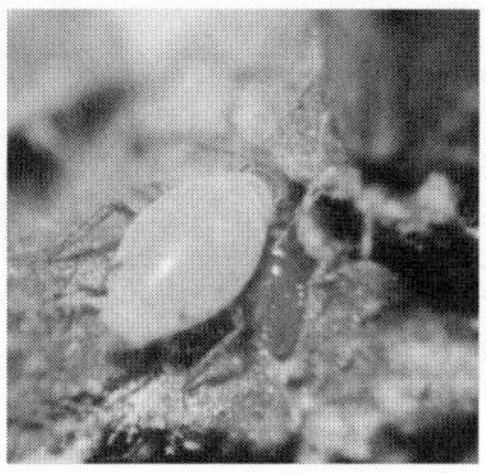 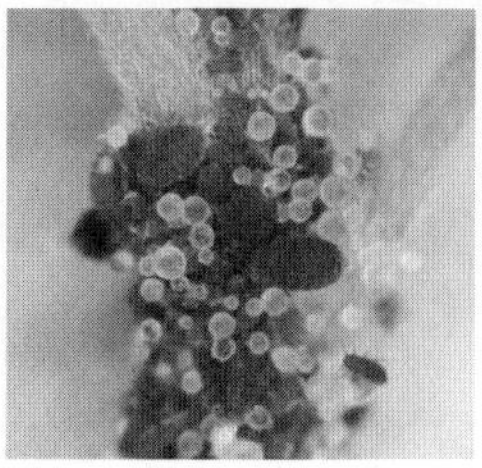
〈성충〉
• 진딧물과 비슷함
• 적갈색이며 흰색 솜털로 덮여 있음</td></tr>
<tr><td>피해양상 및 방제법</td><td> 〈뿌리의 피해〉
 〈새순의 피해〉
 〈가지, 열매의 피해〉
• 새순, 줄기, 뿌리, 열매 등에 기생하여 흡즙
• 저항성 대목 사용
• 약제를 살포</td></tr>
</table>

4) 포도유리나방

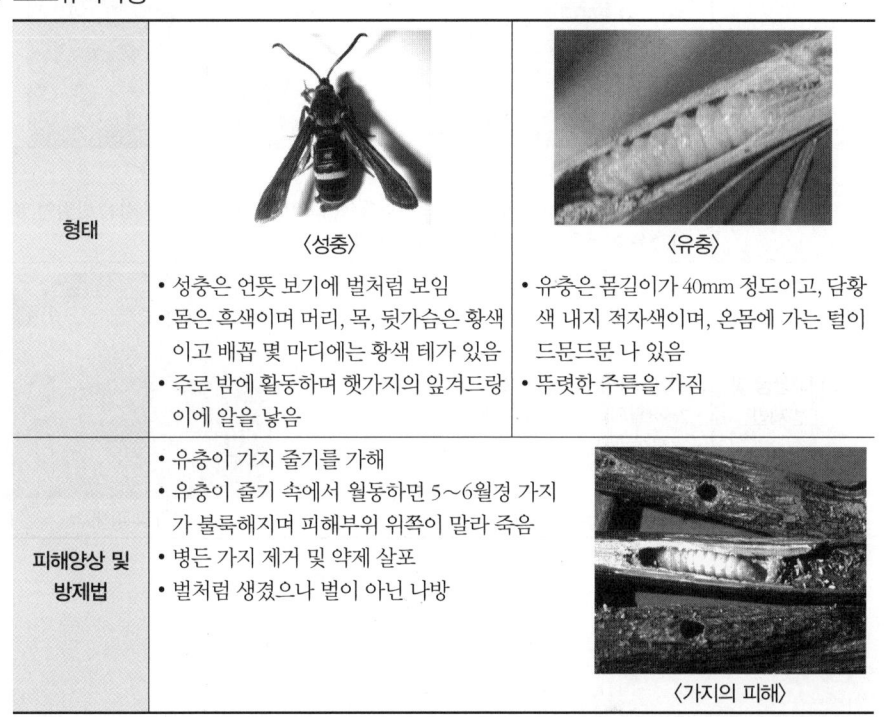

<table>
<tr><td>형태</td><td>
〈성충〉
• 성충은 언뜻 보기에 벌처럼 보임
• 몸은 흑색이며 머리, 목, 뒷가슴은 황색이고 배꼽 몇 마디에는 황색 테가 있음
• 주로 밤에 활동하며 햇가지의 잎겨드랑이에 알을 낳음</td><td>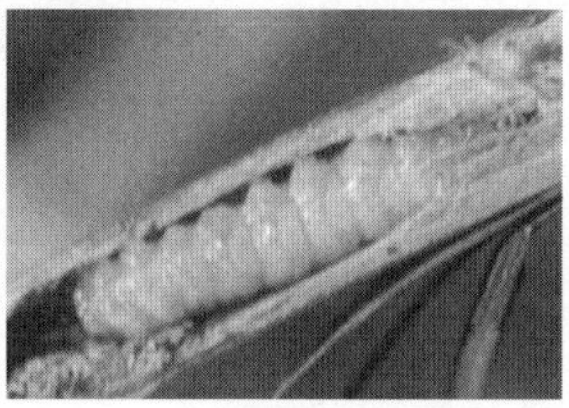
〈유충〉
• 유충은 몸길이가 40mm 정도이고, 담황색 내지 적자색이며, 온몸에 가는 털이 드문드문 나 있음
• 뚜렷한 주름을 가짐</td></tr>
<tr><td>피해양상 및 방제법</td><td colspan="2">• 유충이 가지 줄기를 가해
• 유충이 줄기 속에서 월동하면 5~6월경 가지가 불룩해지며 피해부위 위쪽이 말라 죽음
• 병든 가지 제거 및 약제 살포
• 벌처럼 생겼으나 벌이 아닌 나방

〈가지의 피해〉</td></tr>
</table>

기출 18년 기사 4회 40번

사과면충이 분류학적으로 속하는 것은?

① 벌목
② 노린재목
③ 딱정벌레목
④ 집게벌레목

답 ②

기출 18년 산업기사 1회 22번

주요 가해 부위가 나머지 셋과 다른 해충은?

① 박쥐나방
② 측백하늘소
③ 포도유리나방
④ 복숭아명나방

답 ④

기출 20년 기사 3회 40번

식물체에 혹을 만들어 피해를 주는 해충으로 가장 거리가 먼 것은?

① 솔잎혹파리
② 밤나무혹벌
③ 포도뿌리혹벌레
④ 복숭아 혹진딧물

답 ④

5) 포도뿌리혹벌레

형태	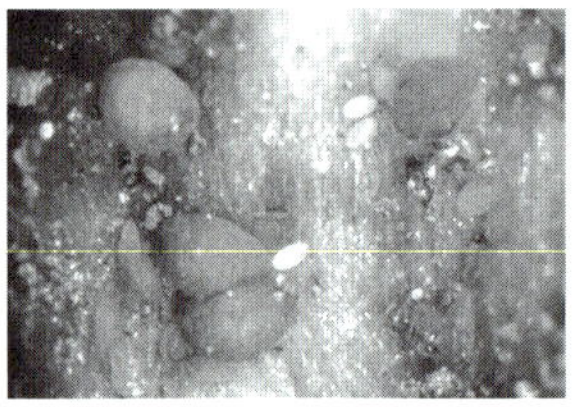 〈성충〉 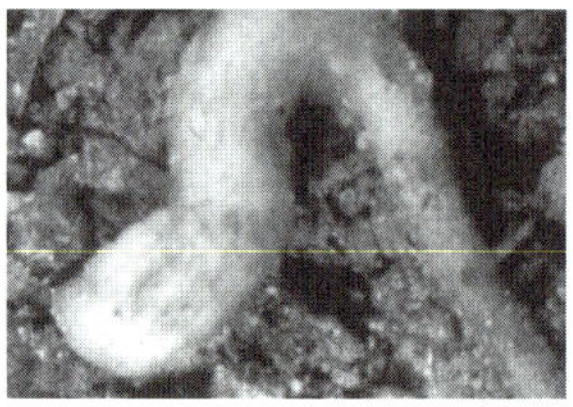 〈뿌리혹〉 • 성충은 난형이고, 암황색이며 녹색을 띠기도 함 • 알은 담황색이고 광택이 있음 • 약충은 타원형이나 제2약충 이후에는 난원형
피해양상 및 방제법	• 포도나무의 뿌리나 잎에 붙어 수액을 흡즙하고 혹이 생김 • 미국이 원산지 • 저항성 대목으로 방제 가능  〈뿌리의 피해〉

6) 포도쌍점애매미충

형태	 〈성충〉 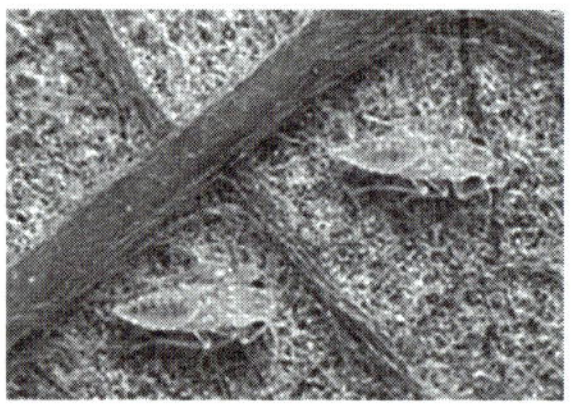 〈약충〉 • 성충의 몸길이는 3.7mm 정도이며 황록색이고 머리 좌우로 2개의 검은 반점이 있음 • 약충은 어두운 노란색이고 몸길이는 약 2mm임
피해양상 및 방제법	• 연 3회 발생하며 성충으로 낙엽 속 또는 풀밭에서 월동함 • 성충과 유충이 잎의 수액을 빨아먹어 잎이 퇴색 → 광합성 기능 저하 • 7~8월의 고온기에 피해가 심함 • 전문약제 살포 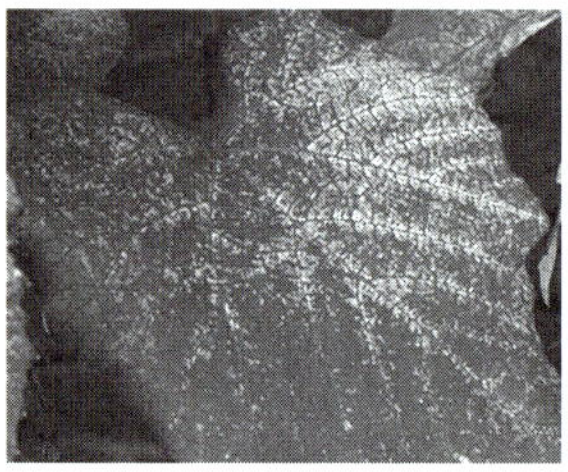 〈잎의 피해〉

7) 귤녹응애

형태	• 알은 반구형으로 직경이 0.4mm 정도이고 황록색을 띰 • 유충은 4개의 다리를 가진 당황색의 쐐기형 • 성충은 약충과 같은 모양으로 크기는 체장 0.12mm 정도임  〈성충〉
피해양상 및 방제법	• 잎, 가지, 과실에 피해 • 잎이 심하게 피해를 받으면 기형이 되고 표면이 딱딱해지며 녹슨 색을 띰 • 과실은 변색(녹슨 색) • 봄철의 기온이 높고 비가 적은 해에 많이 발생(응애는 대부분 고온건조에서 대발생) • 전문약제 살포  〈과실의 피해〉

[총정리] 과수 가해 부위별 해충

분류		해충명
사과나무 해충	잎	사과혹진딧물, 사과응애, 점박이응애, 잎말이나방류, 은무늬가는나방, 흰불나방, 사과진딧물
	과실	복숭아순나방, 복숭아심식나방
	가지, 줄기	말매미, 사과하늘소, 샌호제깍지벌레, 사과굴깍지벌
배나무 해충	잎	배나무방패벌레, 꼬마배나무이, 잎말이나방류
	과실	콩가루벌레, 가루깍지벌레, 배명나방
	가지, 줄기	배나무굴깍지벌레, 샌호제깍지벌레, 배굴나방
복숭아나무 해충	잎	복숭아혹진딧물, 복숭아가루진딧물, 복숭아굴나방
	과실	복숭아명나방, 복숭아심식나방
	가지, 줄기	뽕나무깍지벌레, 복숭아유리나방
포도나무 해충	잎	포도쌍점매미충
	줄기	포도유리나방, 박쥐나방, 포도호랑하늘소
감나무 해충	잎	흰불나방, 차잎말이나방
	과실	감꼭지나방
	가지, 줄기	감주머니깍지벌레
감귤나무 해충	잎	귤굴나방, 귤응애, 화살깍지벌레
	과실	꽃노랑총채벌레, 귤녹응애
	가지, 줄기	이세리아깍지벌레, 뿔밀깍지벌레, 알락하늘소

기출 19년 기사 4회 27번

포도나무 줄기를 가해하는 해충으로만 나열된 것은?

① 박쥐나방, 포도유리나방
② 포도쌍점매미충, 포도호랑하늘소
③ 포도금빛잎벌레, 포도뿌리혹벌레
④ 으름나방, 무궁화밤나방

답 ①

05 수목의 해충

1. 잎을 가해하는 해충

주요 해충
솔나방, 집시나방(매미나방), 미국흰불나방, 텐트나방(천막벌레나방), 오리나무잎벌레, 잣나무넓적잎벌, 버즘나무방패벌레, 진달래방패벌레

1) 솔나방

분류	나비목, 솔나방과	
가해기주	소나무, 해송, 리기다소나무	
형태	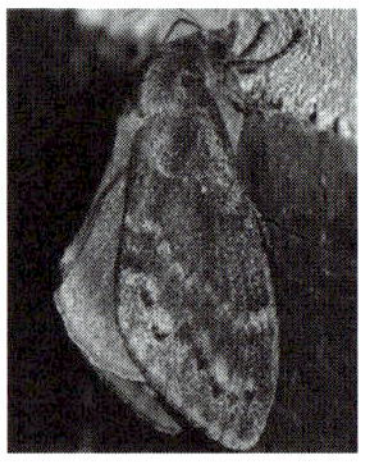 〈성충〉 • 성충 암컷 40mm, 수컷 30mm 정도 • 성충의 색은 개체에 따라 변이가 심함	 〈유충〉 • 어린 유충은 담회황색, 등에 검은 털이 많음 • 번데기는 방추형, 갈색 • 고치는 긴 타원형, 황갈색
피해양상	• 솔나방의 유충 → 송충이 • 유충이 잎을 갉아먹음(피해가 심하면 고사함) • 유충은 당년 가을과 다음 해 봄 두 차례 가해 • 전년도 10월경의 유충 밀도가 금년도 봄의 발생밀도 결정	 〈소나무의 피해〉
발생경과	• 1년에 1회 발생 • 5령 유충 형태로 지피물이나 나무껍질에서 월동 • 8령충이 고치를 만들어 번데기가 됨 • 8월의 강우가 다음 해 발생량에 관여함	
방제법	• 유충을 포살 • 접촉성 살충제인 약제 살포 • 성충은 유아등으로 유살 • 잠복소를 설치하여 월동 유충 방제 • 천적 이용 – 알 : 송충알좀벌이 – 유충, 번데기 : 고치벌, 맵시벌	

기출 19년 기사 2회 34번

솔나방에 대한 설명으로 옳지 않은 것은?

① 주로 월동 후의 유충기에 식해한다.
② 연 1회 발생하고 5령충으로 월동한다.
③ 새로 난 잎을 식해하는 것이 보통이나 밀도가 높으면 묵은 잎도 식해한다.
④ 유충이 소나무의 잎을 식해하며 심한 피해를 받은 나무는 고사하기도 한다.

답 ③

2) 매미나방(집시나방)

분류	나비목 독나방과
가해기주	낙엽송, 적송, 참나무, 밤나무 등 기주범위 넓음
형태	 〈암컷 성충〉 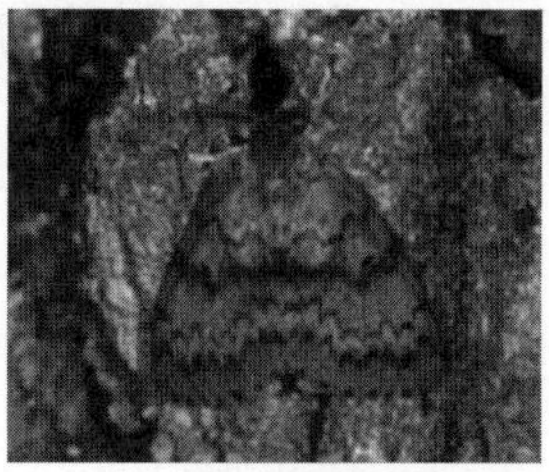 〈수컷 성충〉 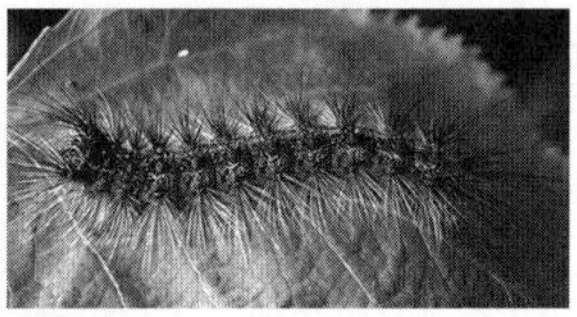 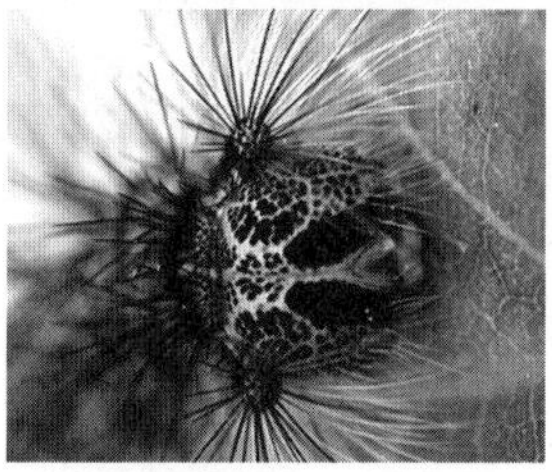 〈유충〉 • 성충 암컷은 황백색, 수컷은 회갈색 • 암컷은 멀리 날지 못하나, 수컷은 밤낮으로 잘 날아다녀 집시나방이라 불림 • 알은 나무 줄기에 덩어리(난괴)의 형태로 낳음
피해양상	• 씹어 먹는 입틀을 가진 잡식성 해충 → 저작구 • 유충이 침엽수와 활엽수의 잎 식해 → 식엽성  〈잎의 피해〉
발생경과	• 1년에 1회 발생 • 나무줄기에 알로 월동
방제법	나무줄기의 알덩어리(난괴) 소각 후 전문약제 살포

기출 20년 기사 1 · 2회 24번

다음 중 수간에 황색 털로 덮여 있는 난괴(알덩어리)는 어떤 해충의 난괴인가?

① 미국흰불나방
② 천막벌레나방
③ 매미나방
④ 복숭아유리나방

답 ③

TIP

매미나방의 난괴(알집)

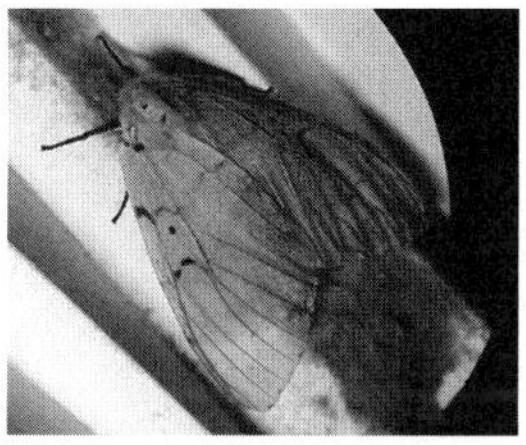

3) 미국흰불나방

분류	나비목 불나방과	
가해기주	포플러, 버즘나무, 벚나무, 단풍나무 등	
형태	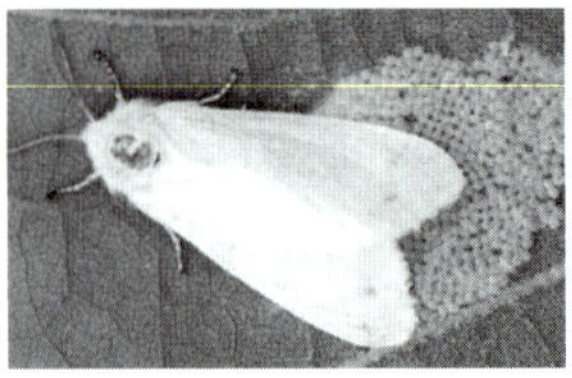 〈성충〉 • 성충은 암컷 14mm, 수컷 10mm 정도 • 1화기 성충은 백색바탕에 검은 점 존재 • 2, 3화기 성충은 백색 • 암컷은 무더기로 알을 낳음	 〈유충〉 • 유충은 색 변화가 심함
피해양상	• 북미 원산 • 활엽수 160여 종을 가해하는 잡식성 해충 • 유충이 잎을 식해 • 도로 주변의 가로수나 정원수에 특히 피해가 심함(가로등과 차량 불빛에 성충이 유인되기 때문)	 〈잎의 피해〉
발생경과	• 1년에 2회 발생 • 번데기의 형태로 나무껍질 사이에서 월동 • 1화기보다 2화기의 피해가 더 심함 • 부화유충은 실을 토해 거미줄을 치고 그 속에 모여서 잎 식해	
방제법	• 가해 초기에 피해 잎 채취 및 소각 • 유충 가해기인 5월 하순~10월에 트리클로르폰 수화제, Bt 수화제 방제 • 천적 이용	

4) 천막벌레나방(텐트나방)

분류	나비목 솔나방과	
가해기주	참나무류, 벚나무, 장미, 살구, 포플러류 등 활엽수 다수	
형태	 〈성충〉 • 성충의 수컷은 황갈색, 암컷은 엷은 주황색 • 가지나 줄기에 일정하게 무더기로 알을 낳음	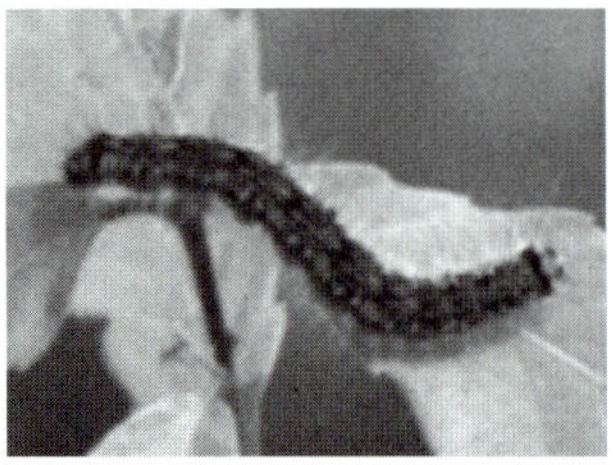 〈유충〉 • 유충은 몸에 긴 털이 나 있고, 흑색 점이 있음

TIP

가지를 감싸듯 무더기로 알을 낳는 천막벌레나방

피해양상	• 유충이 실을 토해 천막을 치고 무리지어 생활 • 밤에 나와서 잎을 식해 • 대발생한 경우 한 나무를 모두 식해하면 다른 나무로 이동함 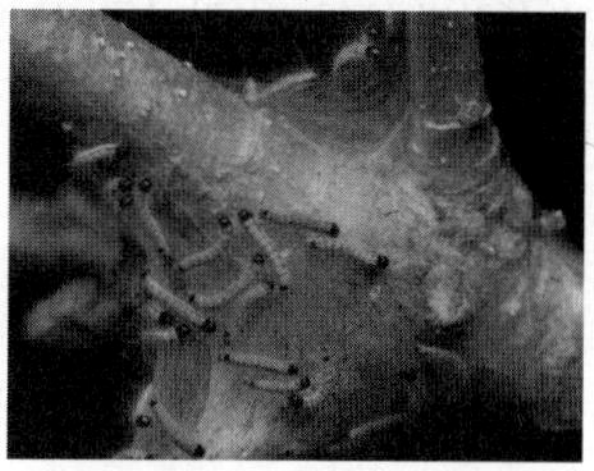 〈유충 군집으로 인한 가지의 피해〉
발생경과	• 1년에 1회 발생 • 알의 형태로 월동 • 부화유충은 실을 토해 천막 모양의 집을 만들고 그 속에서 4령까지 모여 살며, 5령부터 분산하여 가해 • 6월 하순 우화하여 주로 밤에 가지에 반지 모양의 200~300개의 알을 낳음
방제법	• 알 덩어리(난괴)를 채취하여 소각 • 유충 초기에 벌레집을 솜불방망이로 태워 죽임 • 약제 살포

5) 오리나무잎벌레

분류	딱정벌레목 잎벌레과	
가해기주	오리나무, 박달나무, 밤나무, 피나무, 사과나무 외 다수	
형태	 〈성충〉 • 성충은 광택이 있는 남색의 달걀형 • 검은색 실모양의 더듬이가 있음 • 종아리 마디 끝에는 작은 돌기가 있음	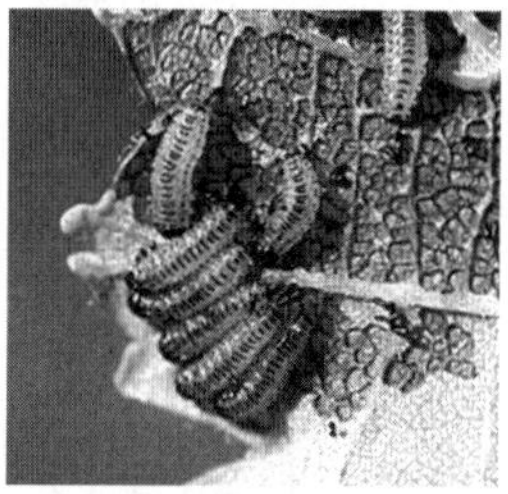 〈유충〉 • 유충은 회갈색~담갈색으로 흑색 반점이 있음
피해양상	• 성충과 유충이 동시에 오리나무잎 식해 • 유충은 엽맥을 남기고 엽육만 식해 → 가해 부분은 붉은색으로 변함 • 잎 뒷면에 난괴의 형태로 산란함  〈잎의 피해〉	
발생경과	• 1년에 1회 발생 • 지피물 또는 흙속에서 성충으로 월동	
방제법	• 유충 가해시기에 전문약제 살포 • 월동 성충 포살 • 천적인 무당벌레 이용	

기출 19년 기사 1회 27번

성충과 유충이 모두 잎을 가해하는 해충은?

① 박쥐나방
② 솔잎혹파리
③ 미국흰불나방
④ 오리나무잎벌레

답 ④

6) 잣나무별납작잎벌(잣나무넓적잎벌)

분류	벌목 납작잎벌과
가해기주	잣나무
형태	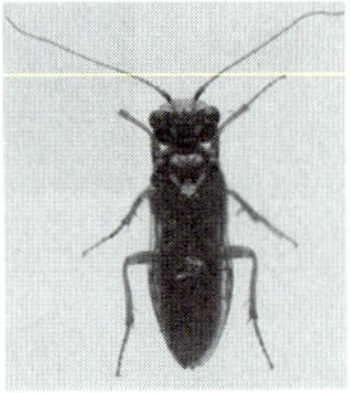 〈성충〉 • 성충의 몸 길이는 14 mm 정도이고 흑색이며 머리와 가슴에는 황색 무늬(별무늬)가 있음 • 배와 다리는 황갈색이고 배에는 흑갈색의 무늬가 있음 • 날개는 투명하며 연한 황색을 띰 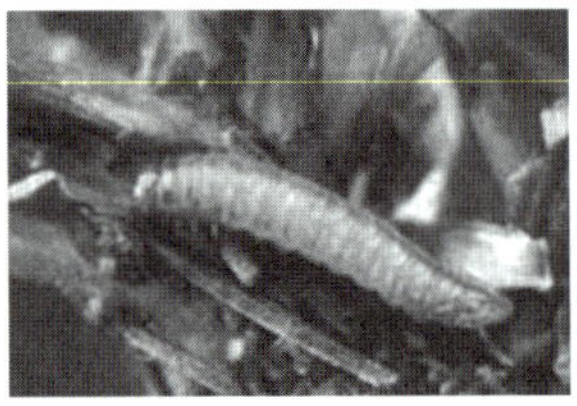 〈유충〉 • 유충은 25mm 내외로 담황색을 띰
피해양상	• 부화 직후 유충은 잎 기부에 실을 토하여 잎을 묶어 집을 짓고 그 속에서 잎을 절단하여 끌어 당기면서 먹음 • 대부분 수관 상부에서부터 가지가 앙상해지기 시작 • 주로 20년생 이상 된 밀생임분에서 발생 • 잣 생산의 막대한 손실을 가져오는 해충  〈잎의 피해〉
발생경과	• 1년에 1회 또는 2년에 1회 발생 • 땅속에서 노숙유충으로 월동
방제법	• 유충기에 방제 약제 사용 • 땅속 유충은 굴취하여 소각함

TIP

성충 머리의 확대 모습

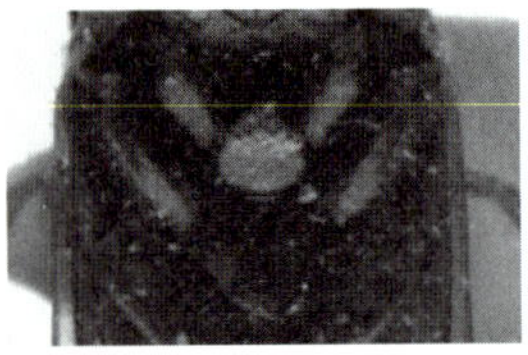

7) 버즘나무방패벌레

분류	노린재목 방패벌레과	
가해기주	버즘나무류, 물푸레나무류, 닥나무	
형태	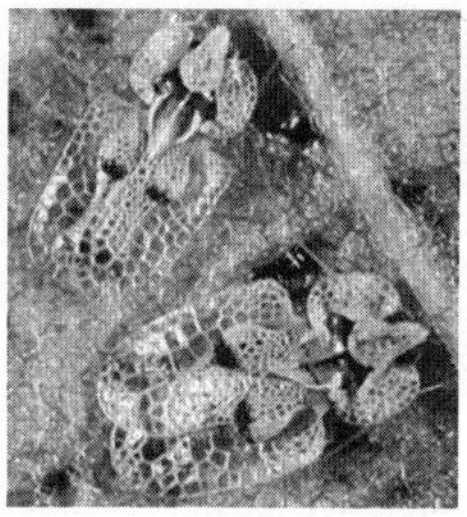 〈성충〉 • 성충이 아랫면은 흑갈색 또는 흑색 바탕을 띠고, 가슴의 등면과 날개는 유백색을 띰 • 머리는 원뿔 모양의 그물구조를 이루고 등쪽으로 현저히 볼록함 • 앞가슴 등판은 옆가장자리가 그물눈 모양을 이루고, 넓게 확장되었음 • 앞날개는 어깨가 현저히 돌출하였고 부채처럼 넓고 편평하며, 그물눈 모양의 크고 작은 방들을 구성함	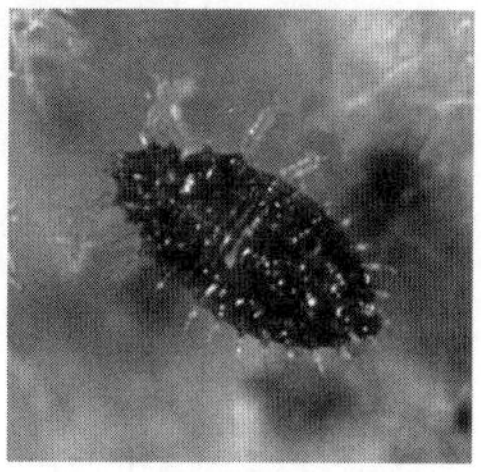 〈약충〉 • 약충은 몸 길이가 0.45~2.25mm로 1~2령은 갈색, 3령 이후는 암갈색을 띰
피해양상	 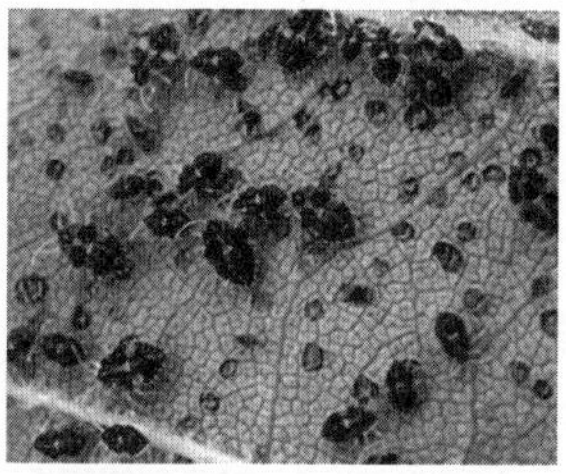 〈잎의 피해〉 • 외래해충 • 약충이 플라타너스의 잎 뒷면에 모여 흡즙 및 가해 • 잎의 황화로 경관을 해치는 흡즙성 해충 • 잎 뒷면에 검은 배설물과 탈피각이 붙어 있음 • 장마 후에 피해가 심함 • 잎의 앞면이 황백색으로 변색(탈색)	
발생경과	• 1년에 2~3회 발생 • 수피 틈에서 성충으로 월동	
방제법	7월에 침투이행성 살충제 수간 주사	

기출 21년 기사 1회 29번

완전변태를 하지 않는 것은?

① 버들잎벌레
② 솔수염하늘소
③ 복숭아명나방
④ 진달래방패벌레

답 ④

8) 진달래방패벌레

분류	노린재목 방패벌레과
가해기주	진달래, 철쭉
형태	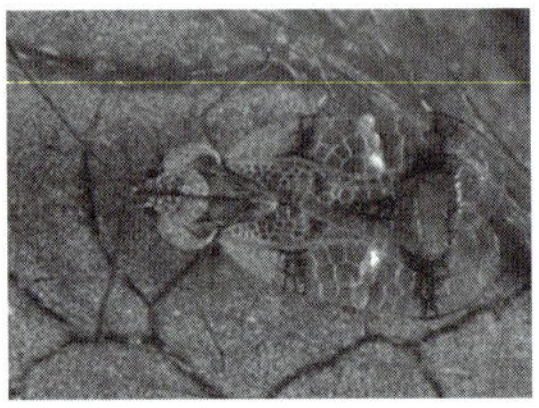 〈성충〉 • 성충의 몸빛깔은 검은색이지만 등면은 대개 회색으로 보이고 희미한 광택이 있음 • 몸은 전체적으로 등쪽에서 보면 방패 모양(방패벌레의 특징) • 날개는 투명한 그물 모양으로 중앙에 X자 모양의 검은 무늬가 있음 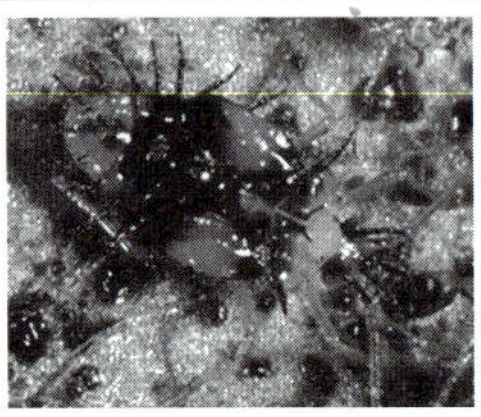 〈약충〉 • 약충은 광택이 있는 흑갈색을 띰 • 배마디 등면에 가시돌기가 있음
피해양상	• 철쭉, 진달래, 영산홍의 잎 뒷면을 흡즙 및 가해 • 장마 후에 많이 발생 • 수세가 약해지고 잎 퇴색 및 황화 현상 발생  〈잎의 피해〉
발생경과	• 1년에 4~5회 발생 • 낙엽 사이나 지피물 밑에서 성충으로 월동
방제법	전문약제 사용

2. 줄기 및 가지를 흡즙하는 해충

주요 해충
솔껍질깍지벌레

1) 솔껍질깍지벌레

분류	매미목 이세리아깍지벌레과
가해기주	해송(곰솔), 소나무, 적송
형태	 〈암컷 성충〉  〈수컷 성충〉  〈약충〉  〈후약충〉 • 암컷 성충은 장타원형으로 황갈색을 띰. 더듬이는 몸과 같은 색으로 육질이며 9마디로 되어 있음 • 수컷 성충은 날개가 1쌍이며, 작은 파리 모양이고, 흰 꼬리를 가지고 있음 • 부화 약충은 타원형으로 담황갈색이며 더듬이는 6마디로 되어 있음 • 후약충은 공 모양으로 체피는 경화되어 있으며, 다갈색이고 다리 및 더듬이는 완전히 퇴화되고 없음
피해양상	• 부화유충이 바람에 날려 정착 후 가늘고 긴 입을 나무에 꽂고 수액을 흡즙하여 가해(흡즙성 해충) • 피해수목은 대부분 아래 가지부터 적갈색이 됨 • 바람이 많이 부는 해안지역이 확산속도가 빠름(부화약충의 이동 때문) • 우리나라의 전남북 및 경남 남부 해안지방의 해송에 지중적 피해 발생  〈소나무의 피해〉
발생경과	• 1년에 1회 발생, 후약충으로 월동(후약충은 일종의 번데기) • 약충이 바람에 날려 이동, 피해지역 확산 • 정착약충(전약충)이 나무껍질 틈에 정착, 긴 입을 나무에 꽂고 가해 • 겨울에 후약충의 월동으로 인해 피해를 가장 많이 받음
방제법	• 침투성 살충제인 포스파미돈 액제(50%)의 수간주사 • 수피 밑에 완전 정착한 시기에는 피해목 벌채

용어설명

후약충 단계
번데기 과정이 없는 불완전변태의 곤충들 중 번데기 형태의 약충 단계를 거치는 경우가 있는데, 이 단계를 후약충 단계라 함

3. 충영을 만드는 해충

주요 해충
솔잎혹파리, 밤나무혹벌

1) 솔잎혹파리

분류	파리목 혹파리과
가해기주	소나무, 해송(곰솔)
형태	 〈성충〉 • 성충은 엷은 황색, 머리는 황갈색, 가슴은 암색을 띠고, 평균곤에 털이 있음 • 암컷 성충은 2～2.5mm, 수컷 성충은 1.5～1.9mm이며, 몸 색깔은 등황색으로 모기와 비슷함 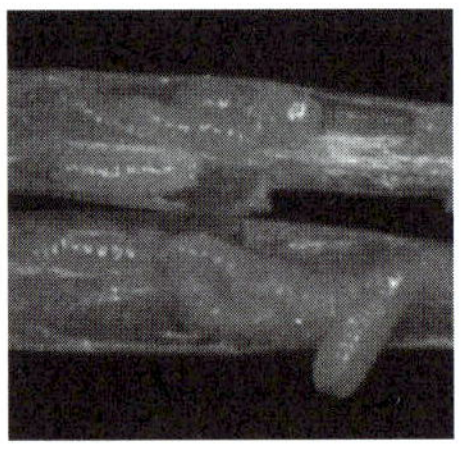 〈유충〉 • 유충은 몸 길이가 1.8～2.8mm로 황백색을 띰
피해양상	• 유충이 솔잎 밑부분에 벌레혹(충영)을 만들고 그 속에서 즙액을 흡즙하는 해충 • 피해 잎은 생장 중지, 변색되어 낙엽이 됨 • 피해 반복 시 나무 고사 • 피해목의 직경생장은 피해 당년에, 수고생장은 다음 해에 각각 감소  〈소나무의 피해〉
발생경과	• 1년에 1회 발생 • 유충의 형태로 지피물 밑이나 땅속 월동 → 유충은 주로 비가 올 때 땅으로 떨어져 잠복하고 지피물 밑이나 땅속에서 월동 • 5월 중순～7월 상순 성충이 우화하여 솔잎 사이에 평균 6개씩 총 110개 정도의 알을 낳고 1～2일 만에 죽음(수명이 짧음) • 6월 상순이 우화 최성기
방제법	• 유충은 건조에 약하므로 임지 건조 • 피해목 벌목하여 잎 소각, 성충 우화기에 약제 살포 • 우화 최성수기 : 침투성 살충제인 포스파미돈(Phosphamidon) 액제(50%)의 수간주사 • 천적 기생벌 이용 : 솔잎혹파리먹좀벌, 혹파리살이먹좀벌, 혹파리등뿔먹좀벌

기출 21년 기사 2회 35번

다음 중 충영을 형성하는 해충으로 가장 적절한 것은?

① 참나무겨울가지나방
② 어스렝이나방
③ 독나방
④ 솔잎혹파리

답 ④

기출 19년 기사 2회 37번

우리나라에서 솔잎혹파리가 주로 가해하는 수종은?

① 곰솔
② 잣나무
③ 리기다소나무
④ 일본잎갈나무

답 ①

2) 밤나무혹벌

분류	벌목 혹벌과
형태	 〈성충〉 • 성충은 몸길이가 약 3mm로 광택이 있는 흑갈색이고 날개는 투명함 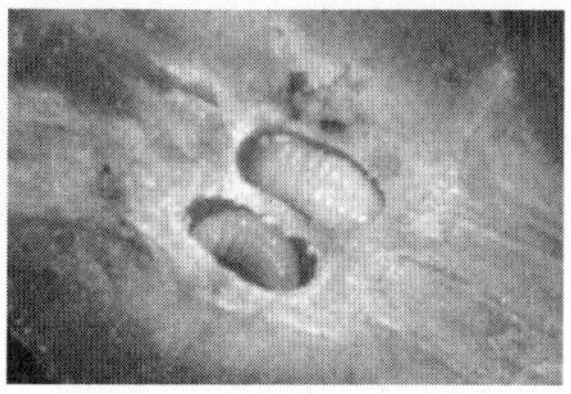 〈유충〉 • 유충은 몸 길이가 약 2.5mm로 유백색 또는 반투명한 회백색
피해양상	• 밤나무 잎눈에 기생하여 벌레혹 형성(충영성) • 개화 결실이 되지 않음 • 벌레혹이 형성된 부위에 작은 잎이 무리지어 생기며, 정상적으로 자라지 못함 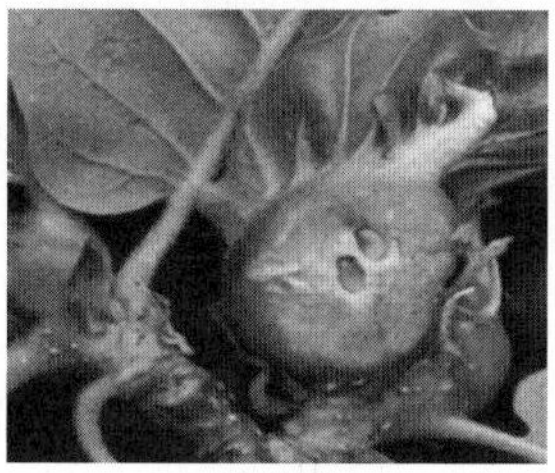 〈벌레혹〉
발생경과	• 1년에 1회 발생 • 유충으로 잎눈의 조직 내에 충영을 만들고 월동 • 암컷만으로 번식하는 단성생식(단위생식)
방제법	• 내충성 품종 식재 • 쇠약한 가지를 겨울에 전정(월동 유충 제거) • 천적 활용 : 중국긴꼬리좀벌

기출 19년 기사 1회 31번

다음 중 단위생식이 가능한 것은?

① 밤나무혹벌
② 배추흰나비
③ 송충알좀벌
④ 잣나무넓적잎벌

답 ①

4. 분열조직을 가해하는 해충

주요 해충
소나무좀, 박쥐나방, 향나무하늘소(측백하늘소)

1) 소나무좀

분류	딱정벌레목 나무좀과
기주식물	소나무, 해송, 리기다소나무, 잣나무
형태	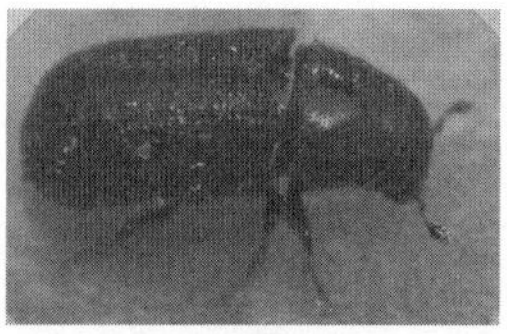 〈성충〉  〈유충〉 • 성충은 광택이 있는 암갈색 내지 흑색이며 회색의 털이 촘촘이 나 있음 • 촉각의 끝이 알 모양이고 네 마디로 되어 있음

피해양상	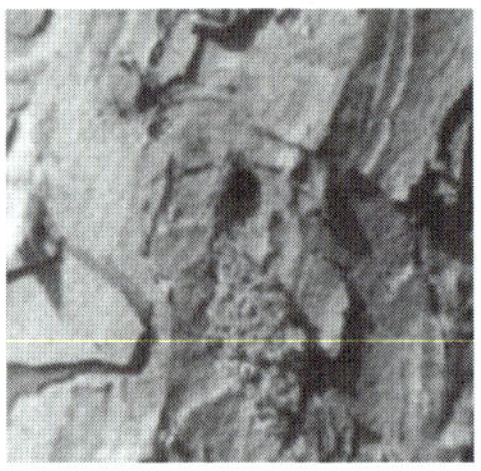 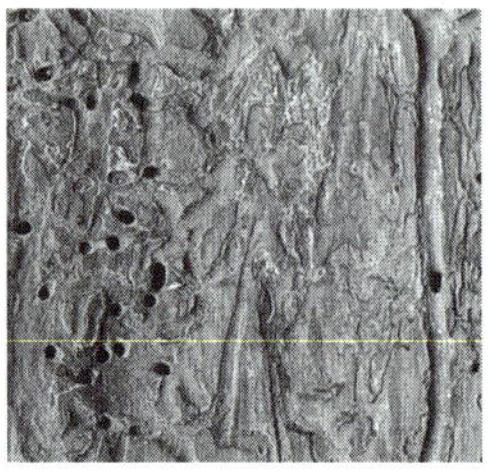 〈갱도, 가지의 피해〉 • 월동성충이 쇠약한 나무의 나무줄기나 가지의 껍질 밑 형성층에 구멍을 뚫고 침입하여 수직갱도를 파고 산란 • 부화한 유충이 어미가 파놓은 수직갱도와 직각으로 굴을 파고 수피 밑(인피부)을 식해(전식피해) • 수목의 양분과 수분의 이동을 단절시켜 임목 고사 • 6월 초부터 신성충이 우화하여 소나무 새순 가해 → 후식 피해를 줌 • 소나무좀은 2차 해충
발생경과	• 1년에 1회 발생 • 수간의 지제부나 뿌리 근처의 수피 틈에서 성충으로 월동 • 유충과 성충이 봄, 가을로 두 번 가해
방제법	• 쇠약목, 피해목, 고사목 등은 제거 • 3～4월에 약제 살포(유충 구제) • 먹이나무(이목) 유살 • 월동성충이 산란하게 한 후 5월에 박피하여 소각

2) 박쥐나방

분류	나비목 박쥐나방과	
기주식물	버드나무, 미루나무, 단풍나무, 참나무 등	
형태	 〈성충〉 • 성충은 담갈색으로 앞날개 중앙에 황갈색의 삼각형 무늬가 있고, 기부에 검은 띠가 있음	 〈유충〉 • 유충은 흑갈색이며 각 마디마다 등면에 황갈색의 큰 경피판을 가지고 있음 • 알은 산란 직후 유백색을 띠나 점차 갈색에서 검은색으로 짙어짐

피해양상	• 부화유충은 초본류의 줄기 속을 식해하다가, 나무로 이동하여 줄기를 환상으로 식해하며 변을 배출, 실을 토함 • 거미줄을 토해 식해 부위에 철해 놓아 쉽게 발견 • 가해 부위가 바람에 부러지기 쉬움  〈가지의 피해〉
발생경과	• 1년에 1회 발생, 알로 월동 • 8~10월에 성충이 우화하여 공중을 날면서 알을 떨어뜨림 • 박쥐처럼 저녁에 활발하게 활동
방제법	유충이 기생하는 초본류 제거

3) 향나무하늘소(측백하늘소)

분류	딱정벌레목 하늘소과	
기주식물	향나무, 편백, 측백나무 등	
형태	 〈성충〉 • 성충의 몸은 검고 머리와 가슴에 긴 털이 나 있음 • 날개는 담황색이며 중앙과 끝에 흑색의 넓은 띠가 있고 기부에는 황갈색의 띠가 있으며 앞가슴 등쪽에 3개의 돌기가 있음	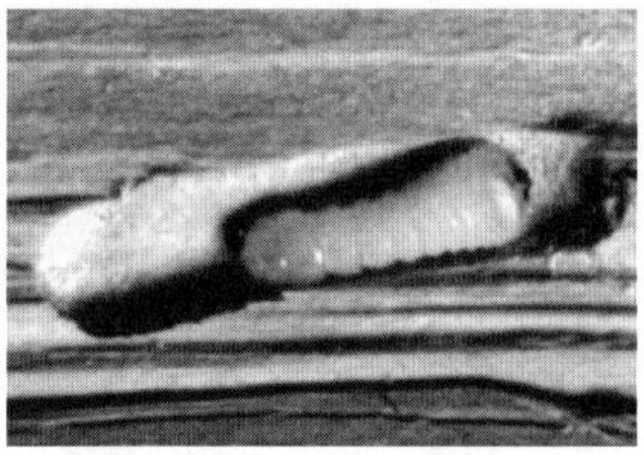 〈유충〉 • 유충은 45mm, 유백색, 머리는 갈색
피해양상	• 유충이 줄기와 가지 수피 밑의 형성층을 불규칙하고 평편하게 식해 • 배설물을 밖으로 내보내지 않고 갱도에 쌓아 놓아 피해 발견이 어려움 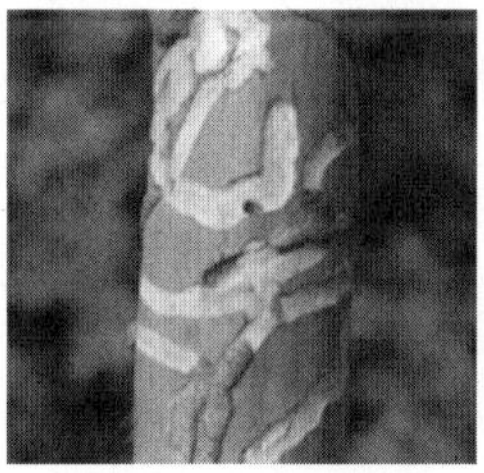 〈수피, 가지의 피해〉	
발생경과	• 1년에 1회 발생 • 피해목에서 성충으로 월동	
방제법	• 피해 가지나 줄기 소각 • 전문약제 살포	

기출 19년 기사 1회 36번

톱밥 같은 배설물을 밖으로 내보내지 않고 수피 속의 갱도에 쌓아 놓아 피해를 발견하기가 어려운 해충은?

① 알락하늘소
② 미끈이하늘소
③ 향나무하늘소
④ 털두꺼비하늘소

답 ③

5. 종실을 가해하는 해충

주요 해충
밤바구미, 솔알락명나방, 도토리거위벌레

1) 밤바구미

<table>
<tr><th>분류</th><td colspan="2">딱정벌레목 바구미과</td></tr>
<tr><th>기주식물</th><td colspan="2">밤나무, 참나무류의 종실</td></tr>
<tr><th>형태</th><td>
〈성충〉
• 성충은 몸과 딱지날개의 바탕은 흑갈색이며, 회황색 비늘털이 빽빽하게 나 있음
• 주둥이가 길(바구미의 특징)</td><td>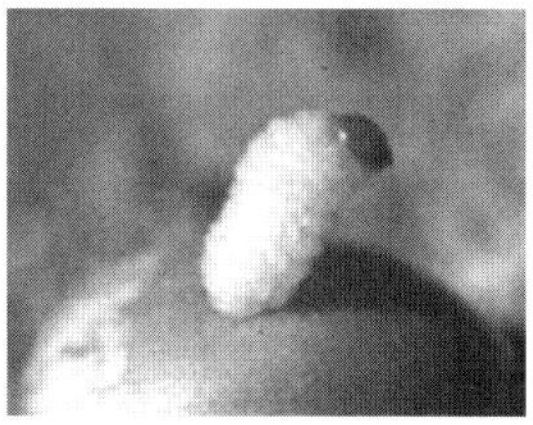
〈노숙 유충〉
• 노숙 유충 머리는 갈색이며 몸은 유백색(일반적 바구미 유충의 특징)</td></tr>
<tr><th>피해양상</th><td colspan="2">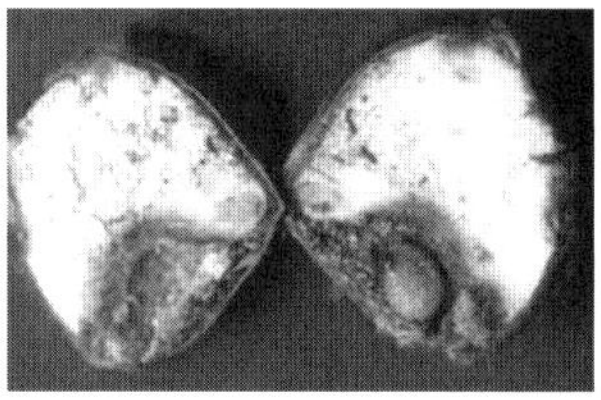 
〈밤 열매의 피해〉
• 성충은 긴 주둥이로 밤송이에 구멍을 내고 산란
• 부화유충이 과실 내부의 과육 식해
• 변을 외부로 배출하지 않아 피해과실을 구별하기 어려움</td></tr>
<tr><th>발생경과</th><td colspan="2">• 1년에 1회 발생
• 땅속에서 노숙유충으로 월동</td></tr>
<tr><th>방제법</th><td colspan="2">• 펜토에이트(Phenthoate) 유제 살포
• 피해 밤은 인화늄 정제 훈증</td></tr>
</table>

2) 솔알락명나방

분류	나비목 명나방과	
기주식물	잣나무나 소나무류의 구과	
형태	 〈성충〉 • 성충 바탕은 회색빛 도는 갈색이며, 외횡선은 톱니 모양으로 요철이 심함(솔알락명나방 종류를 구분하는 중요한 분류키)	 〈유충〉 • 유충의 머리는 다갈색이며 몸은 황갈색
피해양상	 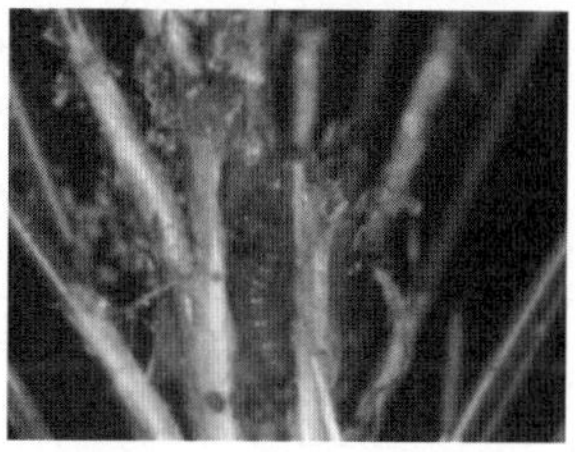 〈잣송이 및 줄기의 피해〉 • 잣송이를 가해하여 수확량 감소 • 구과 속을 가해하여 변을 채워넣고 외부로 변을 배출(구과 표면에 붙여 놓음)	
발생경과	• 1년에 1회 발생 • 노숙유충 형태로 땅속 월동 • 알, 어린 유충의 형태로 구과에 월동	
방제법	• 우화기나 산란기인 6~8월에 트리플루뮤론(Triflumuron) 수화제 살포 • 클로르플루아주론(Chlorfluazuron) 유제 살포	

3) 도토리거위벌레

분류	딱정벌레목 거위벌레과	
기주식물	참나무류 구과	
형태	 〈성충〉 • 성충의 몸 길이는 약 9mm이며 체색은 흑색 내지 암갈색이고 광택이 남 • 날개에 회황색의 털이 밀생해 있고 흑색의 털도 드문드문 나 있으며 날개의 길이와 비슷할 정도로 긴 주둥이(거위벌레특징)를 가지고 있음	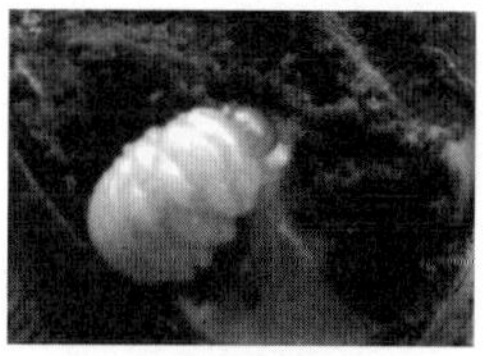 〈노숙 유충〉 • 노숙 유충의 몸 길이는 7~11mm로 체색은 유백색이고 항문에 삼각형으로 배열된 3쌍의 강모가 있음

피해양상	• 도토리에 주둥이로 구멍을 뚫고 산란 후 도토리가 달린 참나무류 가지를 주둥이로 잘라 땅위에 떨어뜨림(야생동물로부터의 방어적 행동일 것으로 추정) • 알에서 부화한 유충이 과육 식해	 〈도토리 열매의 피해〉
발생경과	• 1년에 1～2회 발생 • 노숙유충의 형태로 땅속에 흙집을 짓고 월동	
방제법	전문 약제 살포	

[총정리] 가해 부위별 수목 해충

분류		해충명
잎 가해	식엽성	솔나방, 집시나방(매미나방), 미국흰불나방, 텐트나방(천막벌레나방), 오리나무잎벌레, 잣나무넓적잎벌, 어스렝이나방
	흡즙성	버즘나무방패벌레, 진달레방패벌레
줄기흡즙		솔껍질깍지벌레
충영성		솔잎혹파리(잎), 밤나무혹벌(눈)
종실 가해		밤바구미, 솔알락명나방, 도토리거위벌레, 복숭아명나방
분열조직(목질부) 가해, 천공성		소나무좀, 박쥐나방, 향나무하늘소(측백하늘소)

[참고] 월동충태에 따른 수목 해충의 분류

분류	해충명
알	집시나방(매미나방), 텐트나방(천막벌레나방), 박쥐나방
유충	솔나방(5령유충), 잣나무넓적잎벌, 솔껍질깍지벌레(후약충), 솔잎혹파리, 밤나무혹벌, 밤바구미, 도토리거위벌레
번데기	미국흰불나방
성충	오리나무잎벌레, 버즘나무방패벌레, 진달래방패벌레, 소나무좀, 향나무하늘소(측백하늘소)

기출 19년 기사 4회 37번

다음 중 천공성 해충으로 가장 적절하지 않은 것은?

① 소나무좀
② 왕소나무좀
③ 어스렝이나방
④ 박쥐나방

답 ③

기출 20년 기사 1·2회 22번

다음 중 성충의 피해가 문제되는 것은?

① 소나무좀
② 뽕나무하늘소
③ 밤나무순혹벌
④ 솔나방

답 ①, ②

06 최근 이슈 해충

주요 해충
열대거세미나방, 미국선녀벌레, 갈색날개매미충, 꽃매미

1) 열대거세미나방

분류	나비목, 밤나방과
기주식물	옥수수, 수수, 사탕수수 등 80여 종
형태	 〈수컷 성충〉  〈암컷 성충〉 • 성충은 서로 모양이 다른 암수이형, 수컷의 앞날개 외연에는 선명한 흰색의 줄무늬 존재, 암컷에 비하여 날개무늬가 선명 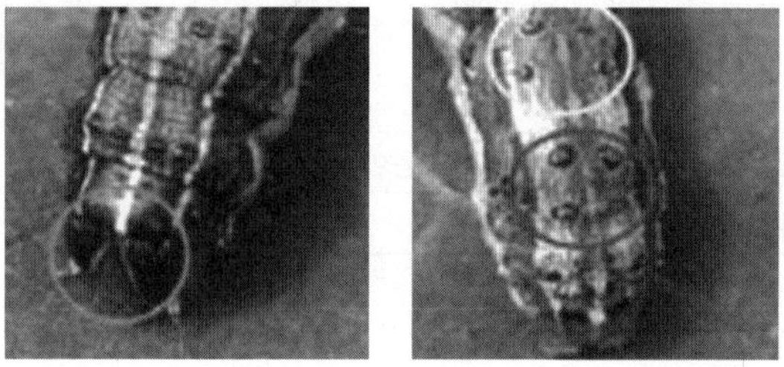 〈유충〉 • 유충은 머리는 검고, 뒤집힌 Y자 모양의 옅은 선이 있으며, 몸은 마디마디 4개의 볼록한 점무늬 존재
피해양상	• 80여 종 이상의 식물 가해, 특히 옥수수, 수수, 사탕수수를 선호, 광식성 폭식해충 • 피해받은 잎은 해지게 되고, 축축한 톱밥 같은 배설물이 통로와 잎 위에서 발견되어 다른 나방류 피해와 유사하나 깊게 파먹고 생장점까지 손상시킴  〈줄기의 피해〉
발생경과	• 국내 월동 불가능 • 중국 남부에서 비래(중국 남부의 발생상황에 따라 국내 영향)
방제법	전문약제 살포

기출 19년 기사 4회 21번

미국선녀벌레의 가해 양상에 대한 설명으로 가장 적절한 것은?

① 잎을 갉아 먹는다.
② 과일에 구멍을 내며 피해를 준다.
③ 줄기에 구멍을 뚫고 가해한다.
④ 잎, 줄기를 흡즙한다.

답 ④

2) 미국선녀벌레

분류	매미목 선녀벌레과
기주식물	대부분의 수목류, 과수류, 콩, 인삼, 들깨, 참깨 등
형태	• 성충 초기에는 흰색이며 이후에는 갈색~회색으로 다양하고, 노란색의 눈을 가짐 • 성충은 측면에서 보면 앞날개 모든 부분에 흰색의 점이 많이 있으며 앞부분에는 검은색 점이 삼각형 모양으로 세 개 있음 • 약충은 흰색~밝은 녹색임. 약충은 배 끝부분이 흰색 왁스로 형성된 다발모양(공작꼬리)으로 이루어져 있고, 왁스를 배출하므로 약충이 있는 곳은 흰색의 솜 같은 것이 있어서 지저분해 보임  〈성충〉 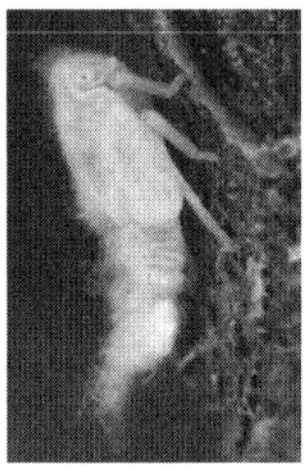 〈약충〉
피해양상	• 약충과 성충이 식물체의 즙액을 흡즙하고 진딧물처럼 감로를 배설하여 그을음병 유발 • 심할 경우 식물체가 시들고 고사 • 알은 조직의 표면 안쪽에 낳기 때문에 알에 의한 피해는 없음(갈색날개매미충은 알에 의한 피해 존재)  〈잎, 줄기의 피해〉
발생경과	알로 식물체의 조피 틈이나 털조직 속에서 월동
방제법	전문약제 살포

3) 갈색날개매미충

분류	매미목 선녀벌레과	
기주식물	대부분의 수목류, 과수류, 콩, 인삼, 들깨, 참깨 등	
형태	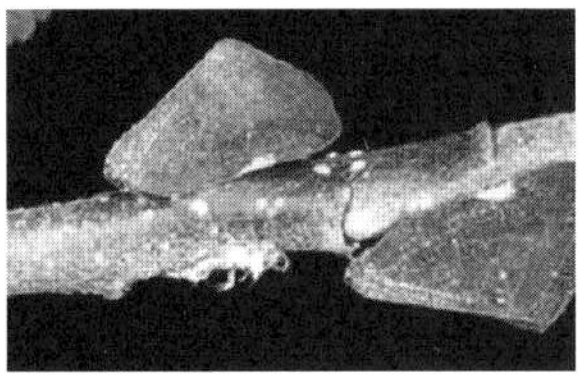 〈성충〉 • 성충의 몸 길이는 암컷은 8.5~9mm, 수컷은 8~8.3mm이며, 수컷은 배 끝이 뾰족하고 암컷은 둥긂 • 성충의 몸 색은 잿빛이며, 날개를 접었을 때 삼각형 무늬를 이루고 날개 주맥에 흰색 점이 있음 • 알은 유백색의 밥알 형태이며 길이는 1mm 이하 • 가지 속에 알을 난괴 형태로 낳는데, 난괴의 길이는 약 1.5~2.3cm이고 하나의 난괴에 15~30개 정도의 알이 두 줄로 있음	 〈약충〉 • 약충은 5령까지 있는데 각 영기별 크기는 1.0, 2.1, 3.2, 6.5, 7.1mm • 3령과 4령의 크기는 차이가 많이 나고, 4령과 5령은 크기가 비슷하지만 일반적으로 4령은 노란색, 5령은 희색을 띠며, 4~5령은 가슴 뒷부분에 3쌍의 검은색 반점이 있음 • 약충은 미국선녀벌레와 마찬가지로 배 끝부분에 공작모양의 꼬리를 가지고 있으나 미국선녀벌레보다 풍성하며 흰색 또는 옅은 노란색을 띰

TIP

갈색날개매미충의 알

피해양상	• 약충과 성충이 식물체의 즙액을 흡즙하고 진딧물처럼 감로를 배설하여 그을음병 유발 • 심할 경우 식물체가 시들고 고사 • 알을 일년생 가지의 조직 속에 낳기 때문에 도관을 막아 가지가 말라 죽음 • 과수의 결과지 감소로 수확량 감소를 일으킬 수 있음  〈산란된 가지의 피해〉
발생경과	• 알로 일년생 가지 속에서 월동함 • 알을 흰색을 밀납으로 덮어 보호함
방제법	전문약제 살포

4) 꽃매미

분류	매미목 꽃매미과
기주식물	가중나무 종류, 포도
형태	  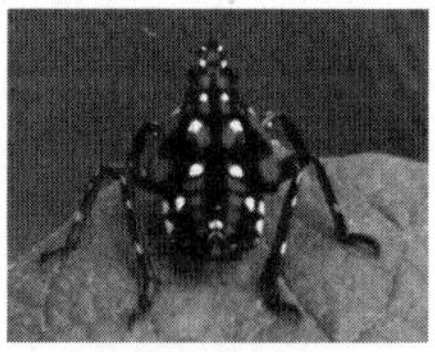 〈성충〉 〈1~3령 약충〉 〈4령 약충〉 • 암컷 성충은 복부에 빨간 무늬가 있고 앞날개와 뒷날개는 불투명하고 밝은 회색 바탕이며, 검은 점무늬는 날개의 안쪽 2/3에만 발달함 • 뒷날개 안쪽은 주홍 또는 적색에 가까움 • 1~3령 약충은 몸이 검은색이며 다리에는 흰색 점이 있고, 4령 약충은 몸이 붉은색이며 날개판이 뚜렷하게 형성되어 있음 • 약충의 몸과 다리에는 흰색의 점이 많이 나 있음 • 알은 길쭉하며 낱알들이 촘촘하게 붙어 있고 보호물질로 피복되어 있음
피해양상	• 약충과 성충이 식물체의 즙액을 흡즙하고 진딧물처럼 감로를 배설하여 그을음병 유발 • 심할 경우 식물체가 시들고 고사 • 알은 수목류의 줄기 표면에 낳고 밀납으로 덮어 보호하므로 식물에 피해를 일으키지 않음  〈포도 열매의 그을음 피해〉
발생경과	알로 월동하며, 알을 잿빛의 밀납으로 덮어 보호함
방제법	전문약제 살포

TIP

꽃매미의 난괴(알집)

CHAPTER 06

해충방제법

Key Word

법적 방제 / 물리적 방제 / 기계적 방제 / 천적 역할설 / 자원집중설 / 생태적 방제 / 화학적 방제 / 생물적 방제

01 법적 방제

법령에 의한 방제로서 식물검역을 의미한다. 식물검역의 중요성은 외래병해충의 국내 침입을 사전에 방지하여 사회·경제적 비용을 절감하는 데 있다.
식물검역은 식물에 피해를 주는 외국의 병해충이 국내로 들어오는 것을 방지하기 위하여 수입되는 식물과 그 식물성 산물이 병해충에 감염되어 있는지를 검사하여, 규제 병해충에 감염되었을 경우에는 소독하거나 폐기(소각, 반송 등) 처분하여 국내 유입을 차단하는 일이라고 할 수 있다.

1. 국내검역과 국제검역

① **국내검역** : 특정 식물에 대하여 국내에서 지역 간 이동을 제한하거나 특정 병해충을 대상으로 그것의 만연을 방지하고, 나아가서는 완전한 제거를 위한 조치를 취하는 활동을 말한다. 예 「소나무재선충병 방제특별법」

② **국제검역** : 새로운 해충의 침입을 방지하기 위하여 법으로 정하여 수출입 식물 및 흙을 검사·처리함으로써 국제 간의 병해충 이동을 예방하는 활동을 말한다.

2. 식물검역의 국제협정

1995년 보호무역 완화를 위한 세계무역기구(WTO)의 출범과 더불어 동식물 위생협정(SPS)이 수립되어 이 체제하에서 검역병해충에 의한 수입제한 조치는 과학적 근거를 제시하여야 한다. 우리나라는 SPS에 부합되는 「식물방역법」을 2019년에 제정·공포하였다.

3. 우리나라의 외래병해충 관리체계

우리나라는 WTO/SPS 협정과의 조화를 고려하여 위험도에 따라 외래병해충의 관리등급을 다음과 같이 정하여 검역을 실시하고 있다.

[표 6-1] 외래병해충 관리체계

<table>
<tr><th>관리등급</th><th colspan="2">특징</th></tr>
<tr><td rowspan="4">규제병해충</td><td colspan="2">병해충 중 소독 · 폐기 등의 조치를 취하지 않을 경우 식물에 해를 끼치는 정도가 크다고 인정되는 병해충

① 검역병해충 : 국내 유입 시 잠재적으로 큰 피해를 줄 우려가 있는 등 중요성이 있고, 국내에 존재하지 않거나 국내의 일부 지역에 분포되어 있지만 발생예찰사업, 기타 방제에 관한 조치를 취하고 있는 병해충</td></tr>
<tr><td>금지병해충</td><td>국내에 유입될 경우 폐기 또는 반송조치를 하지 않으면 식물에 해를 끼치는 정도가 크다고 인정하여 해당 병해충이 분포 국가로부터 기주식물 수입을 금지하는 병해충</td></tr>
<tr><td>관리병해충</td><td>국내에 유입될 경우 소독처리를 하지 않으면 식물에 해를 끼치는 정도가 크다고 인정되는 병해충</td></tr>
<tr><td colspan="2">② 규제비검역병해충 : 재식용 식물에 경제적으로 수용할 수 없는 정도의 해를 끼쳐 국내에서 규제되는 비검역병해충</td></tr>
<tr><td>잠정규제병해충</td><td colspan="2">수입식물검역에서 처음 발견되었거나 병해충위험분석을 실시 중인 병해충으로서 규제병해충에 준하여 잠정적으로 소독 · 폐기 등의 조치를 취하는 병해충</td></tr>
<tr><td>비검역병해충</td><td colspan="2">국내에 널리 분포하여 수입농산물에 부착되어 있을 경우에도 소독 등 검역적 조치를 취하지 않는 병해충</td></tr>
</table>

4. 수입식물(농산물) 검역

공식적인 경로로 수입되는 경우는 위험도분석 및 처리방안이 수립되어 수행되며 일반적으로 실행되는 검역내용은 다음과 같다.

[표 6-2] 수입식물 검역내용

구분	특징
침입저지	• 수입금지 : 금지병해충으로 지정된 종에 대하여 분포국가로부터 기주식물의 수입을 금지한다. • 수입항 검사 : 농산물이 통관되는 국제항, 국제공항, 국제우체국, 주요 도로의 검문소 등에서 수입되는 농산물의 표본을 채취하여 병해충 감염 여부를 검사한다. • 수출지 검사 : 수입농산물의 출발지에서 병해충 감염 여부를 미리 조사하여 감염 위험성을 제거한다. • 재배지 검사 : 외국으로 가서 수입대상 농산물 재배지에서 직접 병해충의 발생상황을 조사한다.
검역처리	• 관리병해충에 대해서는 검역처리 후 수입이 허용된다. • 검역처리는 소독 · 살충 처리를 의미하며 메틸브로마이드, 청산가스 등 다양한 약제가 이용된다.
격리재배	종묘나 종자, 묘목 등 번식물 농산물을 수입해 오는 경우 어떠한 병해충에 감염되었는지에 대해 표본조사만으로는 확인할 수 없는 경우 국내 도입 후 일정기간 격리상태에서 재배하면서 병해충의 감염 여부를 확인하는 방법이다.
식물위생증명서	우리나라에 농산물을 수출하려는 국가는 우리 정부의 식물검역 규격에 맞는 식물위생증명서를 제출해야 농산물이 통관될 수 있다.

기출 21년 기사 4회 39번

수입식물 검역 과정에서 금지병해충이 발견되었을 경우 취하는 조치로 맞는 것은?

① 소독
② 폐기 또는 반송 조치
③ 시료 분석
④ 전문가 회의

답 ②

5. 침입병해충에 대한 검역

외래 침입병해충이 확인되고 방역조치가 필요하다고 판단되면 구제 및 분포저지 조치에 들어간다.

[표 6-3] 침입병해충 구제방법

구분	특징
완전구제	침입된 지역에서 대상 병해충을 완전히 제거하는 행위를 말한다.
분포확대 저지	침입병해충의 완전구제가 실질적으로 불가능한 경우 잠재적인 분포지역으로 확대되지 못하도록 분포확대 저지 조치에 들어간다. 보통 분포 가능한 지역으로 농산물의 이동을 제한하거나 경계지역에 대하여 방제조치를 취한다.
세력 억제	외래 침입병해충 또는 돌발 대발생 병해충 등 개인적으로 대처하기 힘든 병해충 발생에 대하여 국가 차원에서 방제사업을 실행하여 병해충의 대발생을 억제시키는 작업이다.

6. 우리나라 수출 농산물의 검역

우리나라 농산물의 수출품에 대해서는 상대국과 맺은 검역조건에 따라 재배지 또는 선과장에서 검역대상 병해충을 검사하여 합격품에는 식물위생증명서를 발급하고, 불합격품은 수출에서 제외시킨다.

02 물리 · 기계적 방제

작물을 해충의 공격으로부터 차단하거나, 기계적으로 해충을 포살, 제거하는 등의 방법으로 빛, 소리, 열, 색깔, 방사선, 압력 등의 물리적 환경을 방제에 이용한다.

1. 물리적 방제법

광선, 물, 고온 및 저온, 고압전기, 음파, 감압, 방사선 등의 물리적 환경이나 조건을 이용하여 해충을 직접 죽이거나 유인 또는 기피하게 하는 방제방법이다.

[표 6-4] 물리적 방제법

<table>
<tr><th>방제법</th><th>특징</th></tr>
<tr><td>온도처리</td><td>
곤충류는 생존온도 범위를 벗어나는 고온 또는 저온에 접할 경우 생리작용에 관여하는 효소류의 기능이나 세포막의 투과성에 변화가 일어나 생리적 기능의 파괴, 단백질 변성, 유독성 물질의 생성 등 생존에 불리한 변화가 일어나 결국 치사하게 된다.

① 고온 : 곤충류는 일반적으로 60~66℃에서는 짧은 시간 내에 사멸하며, 52~55℃에서도 3~4시간이면 사멸하게 된다.
<table>
<tr><td>환경조절 열처리</td><td>• 높은 농도의 이산화탄소와 낮은 농도의 산소 조건에서 고온처리를 하여 방역효과를 극대화한 기술
• 다양한 과실 해충에 대한 수확 후 소독처리방법으로 제시되고 있음</td></tr>
<tr><td>태양열법</td><td>• 열대지방에서 효과적이나 우리나라와 같은 곳에서는 햇볕에 5~6일 동안 쬐면 내부의 유충을 사멸시킬 수 있음
• 곡물 내부 바구미 방제, 한여름 휴한기 비닐하우스 밀폐로 지표나 땅속 선충, 총채벌레 번데기, 잎굴파리 밀도 억제 등에 태양열을 이용할 수 있음</td></tr>
<tr><td>온탕침지법</td><td>• 벼심고선충 방제를 위하여 볍씨를 온탕에 침지함
• 잠두콩바구미(70℃ 3분 또는 60℃ 5분), 단감(48℃ 10분, 응애, 톡토기, 주머니깍지벌레 방제), 사과(44℃ 35분, 잎말이나방류 방제)</td></tr>
<tr><td>증기열법</td><td>• 훈증법보다 간단하고 경비가 적게 드는 특징이 있으며, 의류에 부착하는 위생해충의 구제에도 응용할 수 있는 장점이 있음
• 식품공장, 제분공장에서 스팀시설을 이용할 수 있는데, 예를 들어 수확 후 당근을 증기열로 처리한 후 냉수냉각함으로써 당근의 질을 높이고 균핵병 내성도 키울 수 있음</td></tr>
<tr><td>화열법</td><td>예로서 미국에서는 토양 중의 해충 구제를 위하여 화염으로 토양소독을 함</td></tr>
</table>
② 저온
생물의 분포나 밀도는 보통 저온에 의하여 좌우된다. 날씨를 인간의 의도대로 변화시킬 수는 없지만 저온이 지속되면 해충의 번식과 발육이 지연된다. 이를 이용하여 저온 → 고온 → 저온 식으로 처리하여 해충의 사망률을 높이는 방법이다.
• 오이총채벌레나 꽃노랑총채벌레처럼 야외에서 월동하지 못하는 곤충은 시설재배 내의 초기온도를 낮춰 초기세대의 발육을 지연시킬 수 있다.
• 가을갈이를 하여 토양 속의 해충을 외부로 노출시키는 것도 저온처리의 한 방법이다.
</td></tr>
<tr><td>습도처리</td><td>
① 곤충류는 체중에 대한 체표면적의 비율이 높아서 공중습도의 영향을 크게 받는다. 따라서 상대습도를 감소시켜 사충률을 증가시킬 수 있다.
② 반대로 습도를 높이면 곤충병원균의 감염률을 높일 수 있다. 특히 백강균은 온실해충과 응애의 생물학적 방제로 사용이 가능한데, 온실 내 상대습도가 90% 이상이면 감염률이 높아진다.
③ 침수법도 중요한 습도 처리방법이다. 수입 원목을 물속에 저장하거나 계속 물을 뿌려주어 목질부를 가해하는 나무좀류나 하늘소류의 가해를 막을 수 있다.
④ 농작물 해충 중 벼를 가해하는 이화명나방 유충이나 채소작물의 굼벵이, 거세미나방 등의 피해가 심할 때는 논 또는 밭을 담수시키는 방법도 있다.
</td></tr>
</table>

기출 19년 기사 4회 22번

유아등에 해충을 모이게 하여 잡아 죽이는 방제방법은?

① 재배적 방제
② 생태적 방제
③ 물리적 방제
④ 화학적 방제

답 ③

방제법	특징
빛, 색깔 이용	① 유살등 : 곤충의 주광성은 해충의 존재 여부나 밀도를 조사하는 데 이용하는 경우와 실제로 방제를 목적으로 이용하는 경우가 있다. 곤충류가 가장 예민한 반응을 일으키는 빛의 파장은 3,000~4,000Å 범위로 사람의 가시광선 범위보다 짧은 파장의 빛인 자외선등에 잘 유인된다. ② 기피등 : 일반적으로 야행성 곤충은 황색을 싫어하므로 가로등이나 건물의 야외 조명등을 황색으로 설치한다. 긴 파장은 곤충 겹눈의 색소립 이동을 억제하여 암적응을 방해하게 되며 화실 흡수나방류의 야간활동 억제에 이용한다. 가축의 피를 빨아먹는 등애류 기피에는 주홍등이 효과적이다. ③ 색깔의 이용 : 진딧물이나 멸구는 황색계에 반응하여 황색수반을 사용할 수 있고 진딧물은 백색이나 은색의 멀칭을 기피하나 배추흰나비나 배추좀나방의 산란은 증가하여 주의해야 한다. 온실가루이나 담배가루이는 황색을 선호하여 황색끈끈이트랩을 이용할 수 있고, 오이총채벌레는 백색이나 청색을 선호하여 청색끈끈이트랩을 이용할 수 있다. 아메리카잎굴파리는 황색을 선호하며 대만총채벌레는 파란색을 선호한다. ④ LED 이용 : 갈색여치는 500nm 이하인 청색과 백색 LED를 선호한다. 고구마바구미는 자외선등에 잘 유인되지만 황색, 녹색, 청색 LED에도 주광성이다. LED는 단위소자당 조도가 약하여 훨씬 많은 등을 설치해야 하는 단점이 있는 반면 전기소모량이 적고 수명이 길다는 장점이 있다. ⑤ 기타 빛의 이용 : 곤충류에 적외선, 가시광선 또는 자외선을 순간적으로 쪼여주면 정상적인 생리현상에 이상이 생겨 불임화하거나 휴면을 일으키지 않게 되는 경우가 있다. 배추흰나비를 10시간 조명하에서 사육하면서 암기에 매일 소등 3~5시간 후 5분간 섬광을 쬐면 비휴면 번데기가 된다. 자외선 흡수 특수필름은 작물의 광합성을 도와 생장을 촉진하며 어떤 종류의 병해충에 대해서는 발생억제 효과가 있다. 오이총채벌레가 대표적이다.
방사선 및 음파의 이용	① 방사선 : 일정량 이상의 방사선을 조사받은 생물은 죽거나 생식력을 상실하게 되는데, 같은 종류의 곤충이라도 생육단계에 따라 치사선량에는 차이가 크다. 주로 저곡해충류에 시도되며 일부 목재 재질부 가해충이나 과실 내부 해충에 사용된다. 점박이응애와 사과응애에 감마선 처리를 하면 조사선량에 비례하여 사충률이 증가하는데 3kGy에 처리한 후 17일이 되면 100% 사멸한다. 전자빔은 방사선 조사보다 안전하며, 일반적으로 박멸보다는 암컷의 불임화를 통해 번식하지 못하도록 유도하는 방법으로 이용된다. ② 음파 : 고음에 의하여 치사하게 하거나 음파에 대한 기피성을 이용하거나 또는 해충이 내는 음을 모방하여 행동을 교란하는 방법이 있다. 누에 번데기에 초음파를 쪼이면 누에기생파리 유충이 누에 기문에서 몸속 깊은 곳으로 들어가 질식하게 된다. 모기의 암컷이 내는 소리를 녹음하여 방출하면 수컷이 스피커 주변으로 모이게 하여 수정란율을 낮출 수 있다. 박쥐가 내는 음파와 같은 음을 내는 청각 장벽을 만들어 날아드는 밤나방을 막을 수 있다.
감압법	① 해충이 잠입해 있는 피해물을 일정한 용기에 넣고 진공펌프로 기압을 낮추어 해충을 죽이는 방법으로 수은주를 10mm 이하로 하여 일정 시간 동안 처리하면 충체의 내압으로 말미암아 팽창된 조직세포가 회복할 수 없게 되어 죽게 된다. ② 주로 저장곡물 해충, 의복 해충, 서류 및 골동품 해충 방제에 응용할 수 있지만 실용적인 효과는 거두지 못하고 있다.

2. 기계적 방제법

손이나 간단한 기구를 사용하여 해충을 직접 포살하는 방법과 해충의 이동을 차단하는 방법을 포함한다.

[표 6-5] 기계적 방제법

구분	특징
침입 차단	• 식당, 병원, 가정, 창고 등에 설치된 방충망이 대표적이며 이곳에 전기를 통하게 하는 방법도 있다. • 하우스 시설재배에서는 천장, 측창을 한랭사 등으로 덮어 나방, 총채벌레, 진딧물 침입을 방제하는 것도 중요한 방제작업이다. • 사과, 배, 포도 재배 시 과실을 신문지, 하드론지 또는 파라핀지로 된 봉지를 씌워 심식나방류, 바구미류 피해를 방제한다. • 토마토황화잎말림바이러스(TYLCV)를 매개하는 담배가루이 방제를 위하여 외국에서는 곤충 차단망이 상업적으로 널리 쓰이고 있다.
포살	• 해충의 알, 유충, 번데기, 성충 등을 맨손이나 간단한 기구를 사용하여 직접 잡아 죽이는 방법을 말한다. 정원이나 소규모 포장에서는 이용이 가능하다. • 직접 보이는 대로 잡아 죽이는 방법, 파리채를 이용하는 방법, 철사를 침입한 구멍에 찔러 넣어 죽이는 방법, 산란된 가지를 제거하는 방법, 저장곡물의 경우 체로 치거나 바람에 날려 가려내는 방법 등이 사용된다.

03 생태적 방제

해충의 생물적, 생태적 특성과 행동적 특성을 바탕으로 접근하는 방식으로, 해충은 생존을 위해 먹이, 섭식장소, 교미장소, 산란장소, 극단적 기상 및 천적으로부터의 보호처 등을 필수조건으로 하기 때문에 이러한 생존에 요구되는 필수조건을 변경 또는 교란시켜 해충의 밀도를 감소시키는 방법이다. 재배적 방법도 해충과 작물, 그리고 주변 환경과 상호작용하는 원리를 이용하는 방제법이기 때문에 생태적 방제법에 포함되며 생태적 방제와 재배적 방제를 동일시하는 경향이다.

생태적 방제의 성공을 위해서는 무엇보다 해충의 생리 및 생태, 행동 등에 대한 지식이 필요하다. 화학적 방제와는 달리 완전한 방제보다는 해충발생 예찰 및 피해 감소에 중점을 두고 있으며 유기농업과 같은 친환경농업에서 중요성이 더욱 부각되고 있다. 생태적 또는 재배적 방제는 절지동물 해충관리의 단계적 전략인 [그림 6-1]의 1단계와 2단계에 적용된다.

기출 21년 기사 2회 34번

생물적 방제에 대한 설명으로 옳지 않은 것은?

① 효과 발현까지는 시간이 걸린다.
② 인축, 야생동물, 천적 등에 위험성이 적다.
③ 생물상의 평형을 유지하여 해충밀도를 조절한다.
④ 거의 모든 해충에 유효하며, 특히 대발생을 속효적으로 억제하는 데 더욱 효과가 크다.

답 ④

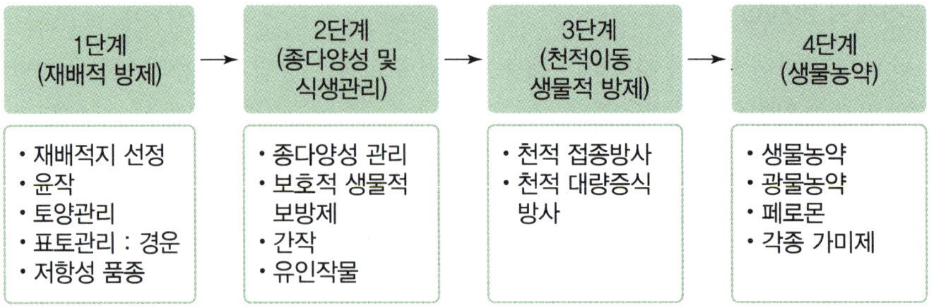

[그림 6-1] 절지동물 해충 관리의 단계적 전략

1. 이론적 기초

1) 작물생태계의 다양성과 해충 발생의 관계

생물종 다양성이 증가하면 생태계의 안정성이 증가하는 것으로 알려져 있다. 농업 생태계에서 안정성이란 장기간 해충개체군이 심한 변동 없이 유지되는 상태, 즉 경제적 피해허용수준 아래로 해충의 밀도 변동이 유지되는 상태을 의미한다. 작물 생태계의 다양성 증가는 단작지대에 다른 식물을 도입하는 재배방식인 혼작, 간작과 작물지대에 잡초의 성장을 허용하는 초생재배법 등을 통하여 달성될 수 있다. 작물생태계의 다양성 증가는 해충의 발생을 감소시키는데, 이는 천적역할설과 자원집중설로 설명될 수 있다.

[표 6-6] 작물생태계의 다양성 증가가 해충 밀도를 감소시키는 원인

구분	내용
천적역할설	• 작물생태계의 다양성 증가는 니체(생태적 지위, Ecological niche) 증가를 이끌고 다양한 천적의 서식환경을 제공함으로 인하여 해충의 밀도 조절이 천적활동의 증가로 달성된다는 주장이다. • 천적역할설은 일년생 작물보다는 생태적으로 안정된 연년생(과수원) 작물생태계에서 효과적이다.
자원집중설	• 다양화된 농업생태계의 해충 밀도 조절 기작은 자원의 이질적 분포에 따른 해충의 정착 방해 때문에 나타난다는 주장이다. 자원집중설은 단식성 해충에게는 효과적으로 작용하지만, 잡식성 해충의 경우에는 오히려 발생이 증가할 수 있다. • 해충이 기주식물을 찾을 때 기주식물 고유의 형태적 특징 및 화학적 유인물질을 이용하는데, 식생이 복잡하고 다양해지면 인접된 식물(잡초)에서 발산되는 유인물질이 기주식물 고유의 유인물질과 혼합되어 기주탐색 행동이 교란되므로 해충이 기주식물을 발견할 확률이 낮아져 해충의 정착을 방해한다는 이론이다.

2) 생태계 내 시간 및 공간적 연속성의 파괴

해충이 생활사를 완성하기 위해서는 생활계 내에 먹이자원이 시간 및 공간적으로 연속되어야 하는데, 이 중 한 부분이라도 단절되면 생활사를 완성할 수 없어 사망할 수밖에 없다.

[표 6-7] 생태계 내 시공간적 연속성 파괴

구분	특징
공간적 연속성 파괴	동일한 시간에 공간적인 작물의 배치를 달리하여 해충 생활사의 연속성을 파괴하는 방법이다. 동일한 공간 내에 대한 작물재배 전략을 두 가지 측면에서 접근할 수 있다. ① 동일 작물의 재식간격 조절 : 동일한 시기에 한 작물을 재배하는 경우 작물재배지대가 연속되어 있으면 해충은 충분한 먹이공간을 활용할 수 있게 되므로 대발생할 수 있기 때문에 일정 면적단위로 간격을 두게 되면 재배공간 간의 이동을 억제하여 해충이 급속도로 증가하는 것을 방지할 수 있다. ② 상이한 기주식물 배치 : 동일한 공간에 해충의 상이한 기주식물을 배치하여 공간적 연속성을 파괴하는 방법이다. 이때 재배하고자 하는 작물 중 근접배치 작물들은 방제대상 해충의 동일한 기주식물이 되어서는 안 된다.
시간적 연속성 파괴	동일한 공간에서 시간적으로 다른 작물을 재식하여 해충이 연속적으로 증식하지 못하게 하는 방법으로 윤작체계가 대표적이다. 다음 작기에 뒷작물로 앞작물과 전혀 다른 성격의 기주식물이 재식되면 앞작물의 해충은 생존하지 못하고 사멸된다. ① 휴경은 일반적으로 생산량을 조절하기 위하여 사용하는 방법이나 해충 기주식물의 시간적 연속성을 파괴하는 방법 중 하나이다. 휴경을 하면 해당 작물을 먹이로 하여 생존하고 있던 해충은 먹이, 서식처 등을 잃게 되어 더이상 증식할 수 없게 된다. ② 작물과 해충의 동시성 교란은 재배시기 조절을 의미하는데, 해충의 주 발생시기를 피해 작물을 재배하거나 또는 해충이 발생하기 이전에 조기 수확하는 방법으로 해충 피해를 방지한다. 해충의 생활사는 고정되어 있으나 작물의 재배시기를 유동적으로 계획하여 해충 피해를 회피하는 전략이다.

3) 생태공학의 원리

생태공학이란 '천연자원을 주 에너지로 하여 작동되고 있는 시스템(생태계)을 조절하기 위하여 적은 양의 보조 에너지를 이용한 인위적 환경조작'(Odum, 1962)이며 '환경과 인간 양자의 이익을 구현하기 위한 자연환경과 함께하는 인간사회의 설계'(Mitch & Jorgensen, 1989), '생태적 원리와 조화되는 방식으로 지속 가능한 생활계의 개선, 관리 또는 설계'(Parrott, 2002)로도 정의된다.

농업생태계에서 생태공학의 개념은 보호적 생물적 방제(Conservation biological control, CBC)와 서식처 조작(Habitat manipulation)에서 찾을 수 있다.

[표 6-8] 농업생태계에서 생태공학적 개념

구분	내용
보호적 생물적 방제	• 천적역할설에 기초하여 천적의 보호 및 활동을 증진시킴으로써 기존 재배법 또는 환경을 개변시키는 것이라 할 수 있다. • 고독성 농약의 사용을 지양하거나 천적의 효과 및 적응력을 개선하기 위한 서식처 조작의 형태로 실현되며 천적을 위한 재배기술이라고 할 수 있다.
환경개변 (서식처 조작)	해충이 서식하는 곳의 환경조건을 번식 및 활동에 부적당한 환경조건으로 변경하여 목적한 해충의 발생 및 가해를 억제하는 데 그 목적이 있다. 즉, 서식처 조작을 의미한다.

2. 생태적 방제의 종류

1) 재배환경의 변경

재배하고자 하는 농작물의 주변 환경을 개선하여 해충의 밀도를 줄이는 방법이다.

[표 6-9] 방제를 위한 재배환경의 변경

구분	특징
포장위생	• 해충의 잠복처가 되는 작물 또는 농자재 잔재물 등을 미리 제거하여 해충 발생을 줄이는 방법이다. • 대체기주 제거도 포장위생의 한 가지 방법이다. • 복숭아혹진딧물은 월동기주로 핵과류에서 봄철 증식하고 여름철에 고추, 배추 등의 채소작물로 이동하여 가해하다가 가을철에 다시 월동기주인 핵과류 나무로 돌아와 월동알을 낳는다. 대부분의 진딧물이 이렇게 기주교대를 한다. 애무늬고리장님노린재는 포도, 차, 벚나무와 박과작물을 기주교대한다.
경운	• 1차적으로 잡초 방제 및 파종을 위한 이랑을 만들기 위하여 실시하는 농작업의 한 형태로서 경운을 통하여 식물 잔재물 및 해충 대체 서식처가 제거된다. • 경운은 물리적 환경의 개변으로 토양서식 곤충에 나쁜 영향을 미칠 수 있으나 동시에 천적의 서식처도 파괴하여 생물적 방제에 나쁜 영향을 미치므로 어느 방법이 유리한지에 대하여 판단하는 지혜가 필요하다.
미기상의 개변	• 해충이 서식하고 있는 포장 내의 미기상을 개변함으로써 서식밀도를 낮추고 활동력을 저하시키는 방법이다. • 벼굴파리는 저온성 해충으로 우회수로를 설치하여 관개수온을 높이면 논의 기온이 증가하여 이 벌레의 발생을 억제할 수 있다.
잠복소의 제공	• 해충이 월동처로 이동할 때 월동할 수 있는 잠복처를 제공해 주는 방법이다. • 짚이나 그 밖의 것으로 만든 20~30cm가량의 거적을 나무줄기에 감아 놓아 수관부의 해충류가 월동처를 찾아 밑으로 내려와서 잠복하게 한 다음, 이것을 모아 태우는 등의 방법으로 방제한다.
수분관리 및 토성 개량	• 침수법은 채소 및 옥수수와 같은 작물에게 토양해충인 방아벌레 유충을 방제하기 위하여 자주 사용하는 방제법이다. 특히, 논에 박과류(참외 등)를 재배한 후 뒷작물로 벼를 재배하여 침수시키면 박과류에 문제가 되는 뿌리혹선충을 완벽하게 방제할 수 있다. • 토성의 개량은 주로 토양곤충(굼벵이류, 고자리파리)의 방제를 목적으로 한다.

2) 재배법 변경

재배하고자 하는 농작물의 재배방법을 개선하여 해충의 밀도를 줄이는 방법으로, [표 6-10]과 같은 종류가 있다.

[표 6-10] 방제를 위한 재배법의 변경

구분	특징
윤작	서로 다른 작물을 시차를 두고 재배하는 것을 윤작이라 한다. 방아벌레와 같이 토양곤충에 대해서는 윤작을 하는 것이 가장 적당한 방법이며, 대상해충의 식성을 고려하여 해충의 먹이가 될 수 없는 작물을 심어야 한다.
혼작 및 간작	• 서로 다른 작물을 같은 포장에서 동시에 재배하는 것을 혼작이라 한다. 무 사이에 밭벼를 혼작하면 배추순나방, 진딧물류의 피해를 예방할 수 있다. • 간작은 주 작물 사이에 보조작물을 재식하는 방법이라면 혼작은 두 작물이 동등한 입장에서 재배되는 경우이나 구분 없이 사용하는 경우가 많다.
재식밀도의 조절	밀식할 때보다 소식할 때 해충이 적게 발생한다. 채소의 해충인 배추잎벌은 밀식한 밭에서 많이 발생하지만, 벼굴파리(묘판시기)와 같은 것은 반대로 박파하였을 때 심하게 발생한다. 이는 재식밀도에 따라 미기생이 달라지기 때문이다.
재배시기의 조절	식물의 재식시기를 조절하면 해충의 발생 최성기를 회피할 수 있다. 재식시기를 변경하더라도 해충의 발생 수가 감소하지 않고 피해식물의 내충성이 증대되지는 않으나 양자의 접촉기회를 감소시킬 수 있어 피해를 경감시킬 수 있다. 고자리파리는 10월 하순에 월동에 들어가는데, 이 시기 이후에 마늘을 파종하면 피해를 회피할 수 있다.

3) 유인작물

잠복소 제공과 유사한 개념으로 이 방법은 재배작물 둘레 또는 주변에 해충이 선호하는 식물을 재식하여 여기로 유인된 해충을 방제하는 방법이다. 유인해충 방제를 위해 살충제를 살포하거나 유인식물을 수확하여 제거한다. 뿐만 아니라 유인작물에 있는 해충이 천적의 먹이자원으로 제공되도록 제거하지 않고 유지시킬 수도 있다.

4) 공영작물

공영작물이란 목적작물과 같이 재배하였을 때(간작, 혼작 등) 기피작용으로 인하여 주 작물로 해충의 유인을 차단하는 효과, 유용곤충(천적)을 유인하여 주 작물에 발생하는 해충에 대한 공격의 유도, 해충을 혼란시키는 물질을 분비하여 주 작물에서의 정착 방해, 천적에 먹이 제공(화밀) 등의 역할을 하는 식물로, 병해충 밀도를 감소시키거나, 기타 수량 및 품질을 높여주는 식물을 뜻한다.

5) 내충성 품종

식물은 진화 과정을 통하여 초식곤충에 대한 방어능력을 획득한다. 이렇게 획득된 해충 저항성 작물을 '내충성 품종'이라 부른다. 내충성 이용은 작물의 품종에 따라 해충의 피해 정도에 차이가 있으므로 해충피해를 경감하기 위하여 저항성이 있는 내충성 품종을 재식하는 것이다.

TIP

내충성 품종의 생태형

저항성 품종이라 하더라도 영원히 해충에 저항성을 유지하지 못하는 경우가 많다. 장기간 연속 재배하게 되면 해충이 식물의 저항성을 극복하여 적응하는 생태형이 출현한다.
생태형이란 동일 종이 서로 다른 환경조건에 적응하여 분화한 형질이 유전적으로 고정되어 생긴 현상을 말한다.

TIP

프랑스의 포도뿌리혹벌레는 포도산업이 거의 폐망에 이르게 하는 단계까지 심각한 피해를 주었는데 이에 대한 저항성 포도묘를 미국으로부터 도입하였다.

기출 21년 기사 1회 26번

식물의 선천적 내충성과 관계가 없는 것은?

① 내성 ② 회귀성
③ 항생성 ④ 비선호성

답 ②

기출 19년 기사 4회 38번

다음 설명에 해당하는 것은?

> 해충의 생장이나 생존에 불리한 영향을 미쳐 해충의 발육이나 번식을 억제하는 것

① 비선호성 ② 항충성
③ 내성 ④ 회피성

답 ②

[표 6-11] 내충성의 범주

구분	특징
항객성 품종	• 비선호성을 의미한다. 식물이 곤충의 행동에 영향을 미치는 성질로서 곤충의 정착, 섭식, 산란을 방해하는 결과를 초래하는데, 주로 센털, 털, 침상체, 경피조직 등 식물의 형태적 특징이 원인이 되어 나타날 수 있고, 후각적 기피물질, 섭식 방해 또는 저해물질 등 화학적 특성으로 인하여 나타날 수도 있다. • 항객성을 지닌 내충성 품종은 감수성 품종과 비교하여 해충의 초기 정착밀도가 낮아지기 때문에 피해가 경감된다.
항생성 품종	• 식물이 곤충의 생리에 영향을 미치는 것으로 곤충의 생존, 생식, 발육을 저해하는 화학적 또는 형태적 특성을 지니고 있는 경우이다. • 화학적 요인으로는 식물이 가지고 있는 독소(2차 대사산물), 생장저해물질, 영향물질 부족 등이 관여한다. 형태적 요인으로는 식물체의 과민생장, 털 및 센털 등이 관여한다. • 항생성을 지닌 내충성 품종은 감수성 품종과 비교하여 해충의 직접적 사망 또는 해충의 개체군 성장속도를 지연시키기 때문에 피해가 경감된다. • 저항성 품종의 독작용 물질의 예는 다음과 같다. 토마토 — 토마틴(Tomatine) 가지과 — 알칼로이드계 화합물 감자 등 솔라니움(Solanum)속 — 솔라닌(Solanine) 싸리풀 등 히오시아무스(Hyoscyamus)속 — 히오시아민(Hyoscyamine) 담배 등 니코티아나(Nicotiana)속 — 니코틴(Nicotine)
내성	• 내성은 항생성 및 항객성과 근본적으로 다른 기작이다. 항생성, 항객성은 식물에 대한 곤충의 반응이며 근본적으로 저항성 유전자에 의하여 발현되는 유전적 반응이지만, 내성은 곤충에 대한 식물의 반응이며 재배환경과 관련되는 경우가 많다. • 식물이 해충 피해에 대하여 회복 또는 저항능력을 보이는 경우로, 식물 자체의 보상작용으로 나타날 수 있으며 계절적 회피 등과 연관될 수 있다. 시비 및 관수 등 재배관리를 적절히 잘 하면 식물을 건전하게 자라도록 하여 해충에 대한 저항 또는 보상능력을 높일 수 있는데, 이러한 경우를 내충성의 강화라고 부른다.

[표 6-12] 내충성 품종의 장단점

구분	설명
장점	• 해충별로 차이가 뚜렷하다. 예를 들어, A해충에는 저항성이 있으나 다른 해충 종에는 효과가 없다. • 효과가 누적적이다. 해충이 한번에 없어지는 것이 아니라 차츰 밀도가 낮아진다. • 효과가 오래 지속된다. 생태형이 발생하지 않는 한 영원히 계속된다. • 환경에 미치는 일체의 부작용이 없다. • 이용하는 데 아무런 어려움이 없다. • 다른 방제방법들과 같이 이용하기 쉬우며 다른 방제방법의 효과에 별로 영향을 끼치지 않는다. • 해충이 거의 작물의 생육기간 전반에 걸쳐서 계속 발생하여 실제로 다른 방제방법을 효과적으로 사용하기 어려울 때 효과적이다. • 작물의 경제적 가치가 낮아서 실제로 다른 방법을 사용하기 어려울 때에도 효과적이다.

구분	설명
단점	• 새로운 저항성 품종을 육성하는 데 오랜 시간이 필요하다. • 유전자원이 제한되어 있다. • 저항성 형질을 다른 우량형질들과 한 품종 안에 공존시키기 어렵다. • 생태형이 출현할 가능성이 있다. • 저항성 특성이 상반된 반응을 나타내는 경우가 있다. • 하나의 작물 품종이 모든 해충에 대해 저항성을 다 지니고 있을 수는 없다. • 식물의 생육시기 및 재배환경에 따라 저항성 정도가 바뀔 수 있다. • 식물의 생육이 나쁠 때 저항성 정도가 낮아질 수 있다. • 내충성 품종에서는 진딧물의 구침 꽂는 횟수가 증가하게 되므로 오히려 바이러스의 감염률을 높일 수 있다.

3. 생태적 방제법의 장단점

생태적 방제법은 원래 예방적 성질을 가진 방제방법이므로 해충방제를 전적으로 이 방법에만 의존할 수는 없다. 산림해충과 같은 것은 이 방법에 많은 기대를 할 수 있으며 농업해충과 위생해충에 있어서도 효과를 거둔 실례가 많이 있다.

생태계는 복잡하게 서로 얽혀 있어 어느 한 구석에 변화가 있으면 생태계 전체에 반드시 크고 작은 영향을 끼친다. 생태적 방제법은 해충의 종류, 생활사, 가해식물 등에 대한 깊은 지식을 필요로 한다.

내충성 품종의 이용은 모든 해충에 대하여 내충성이 강한 것이란 있을 수 없으며 동일 종의 해충을 대상으로 하는 경우에도 산란 선호성과 유충의 생육에 대한 내충성이 일치되지 않는 경우도 있으므로 충분한 연구 후에 실시되어야 하며, 해충이 환경이나 내충성 품종에 순화되어 점차 방제효과가 감소되는 점도 이 방제법의 단점 중 하나라 할 수 있다.

> 기출 21년 기사 1회 40번
>
> **작물의 재배시기를 조절하여 해충의 피해를 줄이는 방법은?**
>
> ① 화학적 방제법
> ② 경종적 방제법
> ③ 기계적 방제법
> ④ 물리적 방제법
>
> 답 ②

04 화학적 방제

인류가 해충을 방제하는 약제를 합성하고 본격적으로 실용화한 것은 1940년대 이후이다. 자이들러(Zeidler, 1874)에 의해 합성된 DDT가 탁월한 살충력이 있음이 발견되면서 유기합성살충제의 개발에 중요한 전기가 마련되었다.

1. 살충제의 분류

1) 화학적 분류

살충제는 크게 무기화합물과 유기합성화합물로 나눌 수 있다. 유기합성화합물은 천연유기살충제와 유기합성살충제로 나뉜다. 일반 재배작물에 사용되고 있는 살충제의 대부분은 유기합성살충제로서 주로 사용되는 계통은 유기인계, 카바메이트(Carbarmate)계, 피레트로이드(Pyrethroid)계 및 우레아(Urea)계로 나눌 수 있다.

- 무기살충제 : 무기황제, 비소제, 불소제 등
- 유기살충제 : 천연유기살충제와 유기합성살충제

(1) 천연유기살충제

식물의 구성성분 중 살충성분을 이용한 것으로서 제충국의 피레트린(Pyrethrin), 담배의 니코틴(Nicotine), 데리스의 로테논(Rotenone) 등이 있다.

(2) 유기합성살충제

구분	특징
유기인계 〈대표약제〉 Acephate, Diazinon, Dichlorvos, Fenithrothion, Malathion, Parathion, Monocrotophos, Pirimiphos – methyl	• Organophosphorous insecticide • 인(P)을 중심으로 이중결합을 가진 O나 S가 결합 • Ar기에는 NO_2, Cl, F, SCN, Phenol, Enol 등과 같은 무기 또는 유기산의 잔기가 결합 • R에는 Alkoxyl, Alkyl, Amide 등이 결합 • 식독, 접촉독, 호흡독으로 살충작용
카바메이트계 〈대표약제〉 Bendiocarb, Carbaryl, Carbofuran, Carbosulfan, Methomyl, Pirimicarb	• Carbamate insecticide • 카밤산(Carbamic acid)의 골격을 가진 화합물(COO－) • X는 메틸기(CH_3), Phenyl유도체, Pyrazolyl기 등 • R_1은 H, R_2는 CH_3가 일반적이다. • 유기인계와 같이 AChE 저해제로 접촉독으로 작용한다. • 속효성과 침투이행성이 좋으나 잔효력이 길지 않다.
합성피레트로이드계 〈대표약제〉 Acrinathrin, Bifenthrin, Cyfluthrin, Cyhalothrin, Cypermethrin, Deltamethrin, Fenvalerate, Fenpropathrin, Fluvalinate	• Pyrethroid inseicticide • 제충국의 살충성분인 Cinerin의 합성 성공과 동시에 Allethrin을 합성하게 되었다. • 인축에 저독성이고 살충력이 높으나 빛에 약하고 빨리 분해되기 때문에 옥내 위생해충과 저곡해충 방제용으로 사용된다. • 농업용으로 개발된 것은 1973년 영국 Rthameted에 의해 빛에 안전한 Permethrin 합성이 처음이다. • 작용기작은 DDT와 같아 신경축색에 작용하여 반복흥분을 유발함으로서 녹다운(Knockdown) 효과를 나타낸다. • 고온보다 저온 상태에서 약효발현이 잘 되는 것이 특징이다.
우레아(Urea)계 〈대표약제〉 Diflubenzuron, Triflumuron, Flufenoxuron, Chlorfluazuron, Novaluron, Lufenuron, Bistrifluron	• Urea계 제초제의 개발 과정에서 Benzoylphenylurea계 화합물은 나비목 성충에는 효과가 없으나, 특이적으로 유충에 작용하여 탈피를 교란시키는 현상이 확인되었다. 진딧물과 같이 흡즙성 곤충에는 살충효과가 없다. Diflubenzuron이 처음 개발되었다. • 곤충 표피의 키틴생합성을 저해하여 살충효과를 나타낸다. • 곤충성장조절제(IGR : Insect Growth Regulator)라 부른다. • 인축에 독성이 낮고, 환경오염이 적으며, 곤충과 동물 간에 선택독성이 높아 많은 약제들이 개발되었다.
네레이스톡신(Nereistoxin)계 〈대표약제〉 Nereistoxin, Cartap, Bensultap	• 바다 갯지렁이에서 추출한 천연 살충물질인 Nereistoxin 구조를 기본골격으로 하고 있다. • 일본의 Takeda 회사는 Nereistoxin 유도체에서 Cartap과 Bensultap을 개발하였다. • 접촉독 및 소화중독제로 작용하며, 식물체에 침투력과 잔효력이 있어 나비목 해충에 특히 효과가 높다. • 곤충 신경계의 시냅스 후막에 ACh의 전달을 저해한다.

기출 20년 기사 4회 30번

다음 설명에 해당하는 살충제는?

- 접촉독, 식독작용 및 흡입독 작용을 가진다.
- 살충력이 극히 강하고 작용 범위도 넓으나 포유류에 대한 독성이 매우 강하여 현재 국내에서는 사용이 금지된 농약이다.
- 일부 외국에서는 사용되고 있어 식품 중 잔류허용기준이 고시된 농약이다.

① 니코틴 ② 피레트린
③ 파라티온 ④ 지베렐린

답 ③

구분	특징
니코틴계 〈대표약제〉 Acetamiprid, Clothianidin, Thiamethoxam	• 담배 잎에 함유되어 있는 살충성분으로 섭식이나 식독작용을 나타낸다. • 포유동물에 대한 독성이 강하고 잘 분해되어 잔효성이 짧다. • 니코틴계 살충제의 충체 내 침투력에 문제가 있어 사용이 제한되었으나 그 단점을 보완하여 새로운 니코티노이드계 살충제인 Imidacloprid가 개발되었다. • 흡즙성 해충에 대하여 살충효과가 우수하다.
기타	• 유기염소계 살충제(Organochloride insecticide) • 유기황계 살충제(Organosulfur insecticide)

2) 체내 침입경로에 따른 분류

(1) 소화중독제

식독제 라고도 하며 약제가 해충의 구기를 통하여 소화관 내에 들어가 중독작용을 일으켜 살충작용을 나타낸다.

씹는 입이나 핥아먹는 입을 가진 나비목 유충, 딱정벌레목, 메뚜기목 등의 해충에 주로 사용된다. 대부분의 유기인계나 Bt가 이에 속한다.

> **용어설명**
> Bt(*Bacillus thuringiensis*)
> 단배질성 내독소(Endotoxin)를 생산하여 나비목 유충을 죽게 한다.

(2) 접촉제

해충의 체표면에 직접 또는 간접적으로 약제를 접촉시켜 기공이나 체표를 통하여 충체 내로 침입시키거나 기문이나 기관을 막히도록 하여 사망하게 한다.

제충국제, 니코틴제, 알칼리제, 기계유제를 비롯하여 DDT 등의 유기염소계, 페니트로티온(Fenitrothion), 펜티온(Fenthion) 등의 유기인계, 카바릴(Carbaryl), 페노뷰카뷰(Fenobucarb) 등의 카바메이트계, 델타메트린(Deltamethrin), 퍼메트린(Permethrin) 등의 합성피레트로이드계가 이에 속한다.

① 약효의 시간적 차이에 따른 분류

- 속효성 살충제 : 제충국제, 니코틴제와 같이 약효가 빨리 나타남
- 지효성 살충제 : 펜티온과 같이 약효가 비교적 늦게 나타남

② 약효의 접촉 정도에 따른 분류

- 직접접촉제 : 광선이나 열 등에 불안정하여 해충의 몸에 직접 닿았을 때에만 효과가 나타나는 제충국제, 니코틴제 등
- 잔효성 살충제 : 유기염소계와 같이 잔효성이 길어서 약제 살포 시 약제가 직접 충체 내에 부착되지 않아도 식물체 상에 남아 있다가 접촉하여 체표를 통하여 침투한 후 치사효과를 나타냄

(3) 훈증제

약제의 분자량이 작아 기화시킨 약제를 해충의 기문을 통하여 호흡기로 빠르게 침투시켜 해충을 죽게 하는 약제이다.

사용 시에는 반드시 밀폐된 용기, 실내, 창고, 텐트 등의 제한공간을 만들어 훈증시킨

다. 토양 훈증 시에는 땅에 구멍을 뚫고 약제를 주입한 후 비닐로 덮어 주어야 한냄. 저곡해충이나 목질부 내에 깊숙이 숨어 있는 가해해충의 방제에도 적용된다.

훈증제로는 클로로피크린, 메틸브로마이드(MB : Methyl Bromide), 이황화탄소, 에틸포메이트(Ethyl formate), 포스파인(Phosphine), 이산화탄소(CO_2), 플루오르화설퍼릴(SF : Sulfuryl Fluoride), EDN, 이오이딘화메틸(MI : Methyl Iodide), 메틸아이소티오사이아네이트(MITC : Methyl Isothiocyanate) 등이 있다. MB는 오존층 파괴 물질로 2015년 전세계 농업용 사용의 전면 감축뿐만 아니라 검역용 감축 권고안이 채택되었다. 다른 훈증제들도 독성이 강해 사용 시 주의를 요한다.

(4) 침투성 살충제

작물의 뿌리, 경엽, 나무의 수간 등 특정 부위에 약제를 스며들게 하여 작물체 전체로 이동시킴으로써 약제를 처리하지 않는 부분에서도 작물을 가해하는 해충이 섭식하여 사망케 하는 약제이다.

살충작용은 소화중독이 중요한 역할을 한다. 침투성 살충제는 동물성인 천적에 직접적인 영향이 거의 없으므로 천적을 보호할 수 있는 장점이 있으며, 작물의 줄기나 잎의 내부에 기생하는 해충인 잎굴파리, 혹파리류, 선충류에도 유효하다.

대표적인 약제로 카보퓨란(Carbofuran), 이미다클로프리드(Imidacloprid) 등이 있다.

(5) 보조제

살충제의 효력을 충분히 발휘하기 위하여 첨가하는 보조물질을 총칭한다. 주제의 물리적 성질을 개선하는 것이 목적이다. 보조제의 분류는 다음과 같다.

[표 6-13] 보조제의 분류

구분	특징
용제 (Solvent)	약제의 용해에 쓰이는 것으로 벤젠(Benzene), 크실렌(Xylene), 디메틸프탈레인(Dimethyl phthalein), 나프타(Naphtha) 등이 있다.
유화제 (Emulsifier)	약제를 물에 혼합하였을 때 기름 입자가 균일하게 수중에 분산되어 큰 입자로 모이거나 층을 만드는 것을 방지하기 위한 것으로 비누, 황산화유, 비이온성 계면활성제 등이 있다.
희석제(Diluents) 또는 증량제(Carrier)	약제의 주성분의 농도를 낮추기 위하여 쓰이는 것으로 탈크(Talc), 벤토나이트(Bentonite), 규조토, 카올린(Kaolin) 등이 있다.
전착제 (Spreader)	약제에 현수성, 확전성, 고착성 등을 높이기 위하여 쓰이는 것으로 농약용 비누, 비이온성 계면활성제 등이 있다.
협력제 (Synergist)	자체만으로는 살충력이 없으나 혼용되는 살충제의 살충효과를 증진시켜 주는 작용을 한다. Piperonyl butoxide, Sulfoxide, Sesamin, Sesamolin 등이 있다.

(6) 유인제 및 기피제

유인제(Attractant)는 해충을 독먹이나 포충기 쪽으로 유인하는 약제로서, 휘발성 물질이나 성유인제를 사용하여 방제에 이용한다. 메틸 유제놀(Methyl eugenol)은 광대파리류의 수컷을 유인하므로 살충제와 혼합하여 방제한다.

기피제(Repellent)는 농작물이나 인축에 접근하지 못하게 하는 약제를 말하며 의류 해충에 대해서는 나프탈렌이 오래전부터 이용되어 왔고 DEET 성분인 디에틸톨루아마이드(Diethyltoluamide)는 모기 기피제로 널리 알려져 있다.

(7) 화학불임제

곤충 생식기관의 발육을 저해하거나 생식세포의 발육 또는 생리에 저해를 일으켜 생식능력을 잃게 하는 약제를 말한다.

수컷성 불임제, 암컷성 불임제, 양성 불임제로 나뉘며 작용기작에 따라 알킬화제로는 아포레이트(Apholate), 메테파(Metepa), 테파(Tepa) 등이 있고, 항대사물질로는 아미노프테린(Aminopterin), 티오우라실(Thiouracil), 메토트렉세이트(Methotrexate) 등이 있다.

2. 살충제의 제형과 사용법

살충제의 유효성분량은 처리면적에 비하여 아주 소량이므로 유효성분 자체를 균일하게 처리하여 방제효과를 높이기에는 어려움이 있다. 따라서, 보조제를 첨가하여 처리를 쉽게 할 뿐만 아니라 방제효과를 높이고 약해를 감소시키며, 사용자에 대한 안전성을 높이는 것도 중요하다.

살충제의 제형은 직접살포제(고형시용제)와 희석살포제(액체시용제) 등으로 나눌 수 있다.

1) 분무법

유제, 수화제, 수용제 등의 약제를 물에 희석하여 분무기로 약액을 뿜어내어 살포하는 방법이다. 분무법에 있어서 중요한 것은 분출되는 살충액의 입자를 작게 하는 것이며 그러기 위해 분출구를 작게 하고 압력을 높여야 한다. 분출되는 입자 크기가 크면 국부적으로 많은 양의 약액이 부착되어 약효 저하 및 약해 발생의 원인이 된다.

2) 분제살포법

액제살포와 같이 약제를 물에 타는 일이 없어 물이 부족한 산지나 과수원에서 많이 이용된다. 분제는 액제보다 운반 등이 편리하고 물에 타는 시간을 절약할 수 있으나 액제에 비하여 고착성이 떨어지고 약값이 비싸며 농도가 높아 투하되는 약량이 많아진다. 바람이 없는 아침이나 저녁 때 살포를 실시한다. 분제살포에 있어서 가장 큰 문제는 표류에 의한 환경문제이다.

3) 입제살포법

입제는 분제의 일종으로 분제의 단점인 비산성을 줄이고 특별한 살포기 없이 맨손으로도 살포할 수 있어 사용에 편리하다. 입자가 크고 땅에 떨어져 유효성분이 토양 중 물에 녹아 작물체에 흡수되어 해충이 가해하는 부위까지 침투 이행되어야 하기 때문에 제약을 받는다. 이러한 입제의 단점을 보완하고 비산을 적게 만드는 입제가 미립제이며 입제에 비하여 작물의 줄기나 잎에 부착하기가 비교적 용이하고 땅에 떨어진 것도 침투이행성인 살충제에서는 분제와 같은 효과를 나타낸다.

4) 미스트법

분무법은 많은 양의 물로 살포액을 조제하여 단위면적당 살포액이 많아지나, 미스트법은 30~60μm의 미립자로 살포한다. 따라서 미스트법은 분무법에 비하여 살포량을 1/5~1/3로 줄여 살포할 수 있으며 부착물에 골고루 부착시킬 수 있는 장점이 있다.

5) 연무법

살포액 입자를 연무질(2~20μm 이하)로 하여 살포하는 것으로 미립자가 오랫동안 공중에 머물게 한다. 이른 아침이나 저녁에 상승기류가 없을 때 사용하며 작물체의 좁은 공간까지 잘 스며들어 표면에 흡착된다.

6) 훈증법

휘발하기 쉬운 물질을 밀폐된 공간이나 토양 속에 넣어 기체를 발생시켜 해충을 죽이는 방법으로 보통 밀폐할 수 있는 창고에서 이용된다.

7) 주입법

나무주사법이라고도 하며 나무줄기에 구멍을 뚫고 침투성 살충제를 주입하는 방법이다. 천적에 대한 영향이 적고 환경오염을 유발하지 않는 처리법으로 산림해충 방제에 많이 이용된다.

8) 도포법

점착제나 페이스트제에 약제를 혼합하여 나무줄기에 바르는 방법으로, 나무줄기에 약액을 처리하여 이동하는 해충을 방제하는 방법이다.

9) 분의법

종자를 소독하기 위하여 미리 물에 담가 적신 다음 약제를 묻혀서 뿌리는 방법이다.

10) 침지법

묘목이나 종자를 소독하기 위하여 사용하는 방법으로 약액에 담가 표면이나 내부에 있는 해충을 죽이는 방법이다.

11) 항공살포법

액상의 살충제를 원액과 같은 농도로 하여 소량 살포하는 방법으로 과거에는 30~50배 정도로 희석하여 사용하였으나 최근에는 희석하지 않고 원액 그대로 살포하는 경우도 있다.

3. 살충제의 합리적인 사용

1) 살충제의 구비조건

- 소량으로도 확실한 효과를 나타낼 것
- 작물 및 인축에 안전할 것
- 물리성이 양호할 것
- 품질이 균일할 것
- 다른 약제와의 혼용이 가능할 것
- 사용이 간편할 것
- 가격이 저렴할 것
- 장기간 보관이 가능할 것
- 대량생산이 가능할 것

2) 합리적 사용방안

살충제는 농업 생산의 증대뿐만 아니라 위생해충 방제에도 큰 공헌을 하였으나 저항성 증대, 잠재해충의 해충화, 인축독성 및 자연생태계의 파괴 등 많은 부작용도 야기하였다. 따라서 꼭 필요한 때에 한하여 가장 효과적인 살충제를 선택하여 사용해야 한다.

4. 살충제의 작용기작

살충제가 어떠한 화학반응을 통하여 곤충에 작용하여 치사에 이르게 하는지가 작용기작이다. 살충제의 작용기작은 주로 신경전달 저해와 대사 저해로 나누어지며 대사저해는 에너지대사 저해와 생합성저해로 나뉜다.

작용기작에 따른 살충제의 분류는 [표 6−14]와 같다.

[표 6−14] 작용기작에 따른 살충제의 분류

작용기작	작용점		살충제
신경계통 저해	흥분성 막		피레트로이드, DDT
	시냅스	시냅스 전막	$r-$BHC
		시냅스 후막	니코틴, Carbaryl
	자극전달물질 분해효소	아세틸콜린에스터레이즈	유기인계, 카바메이트계
	막이온 매개효소	막−Na, K, 활성화	DDT, $r-$BHC
대사 저해	에너지대사	호흡전자전달계	Derris제(Rotenon), 청산가스, Phosphine
	약물대사효소	마이크로솜, 약물산화효소	유기인계, 카바메이트계, Piperonyl butoxide
		글루타티온 S−트란스퍼레이스	유기인계
		가수분해효소	유기인계, 카바메이트계

TIP

살충제의 개발방향과 올바른 사용법
- 저독성, 선택성 및 분해가 쉬운 살충제 개발
- 적기 방제로 살포횟수 감소
- 잔효성으로 천적에 영향이 없을 것
- 협력제, 섭식기피제 사용, 미생물과의 혼용 등으로 사용농도를 낮출 것
- 최소 한도로 사용하고, 보조적으로 사용할 것

TIP

살충제 사용 시 고려사항
- 약제저항성 방지
  살충제의 사용을 줄여 선발의 정도나 그 강도를 줄이고 천적류, 내충성 작물 등과 같은 다른 방제수단을 통해 살충제의 사용량을 줄여 저항성 발달을 지연시킨다.
- 반전현상 방지
  방제 후 해충의 밀도 회복속도가 빨라지고 그 밀도가 전보다 높아지거나 현재까지 문제가 되지 않던 2차 해충의 피해가 증대하는 현상이 반전현상이다. 살충제에 의한 천적류나 경쟁자의 제거가 가장 중요하게 작용하며 살아남은 개체의 산란수 증가, 사망률 감소를 들 수 있으나 아직까지 명확한 설명은 없다. 가급적 목적하는 해충만을 죽일 수 있고 인축 독성이나 환경오염을 극소화할 수 있는 살충제의 선택이 필수적이다.

작용기작	작용점	살충제
대사 저해	키틴생합성 저해	Urea계(Bistrifluron, Diflubenzuron 등)
	호르몬균형 교란	Juvenile hormone mimic제 (Methoprene 등)
호흡기관 질식		Methyl bromide, Phosphine
피부 부식 및 기계적 호흡 저해		기계유

1) 곤충의 신경기능 저해

신경계에서의 자극전달 교란은 그 기작에 따라 신경섬유에 자극전도 저해, 시냅스 전막에서의 ACh 방출 촉진, 시냅스 후막의 ACh 수용기 자극 또는 자극 차단, AChE 불활성화로 나눌 수 있다.

[표 6-15] 신경기능 저해제

구분	특징
유기인계, 카바메이트계	콜린에스테라아제(Cholinesterase)를 저해하여 시냅스에 ACh를 축적시켜 신경전달 이상으로 치사시킨다.
피레트로이드계	축산전도를 저해한다.
BHC	시냅스 전막에 작용하여 ACh의 분비를 촉진한다.
니코틴	시냅스 후막의 ACh 수용체에 결합하여 신경전달을 저해한다.

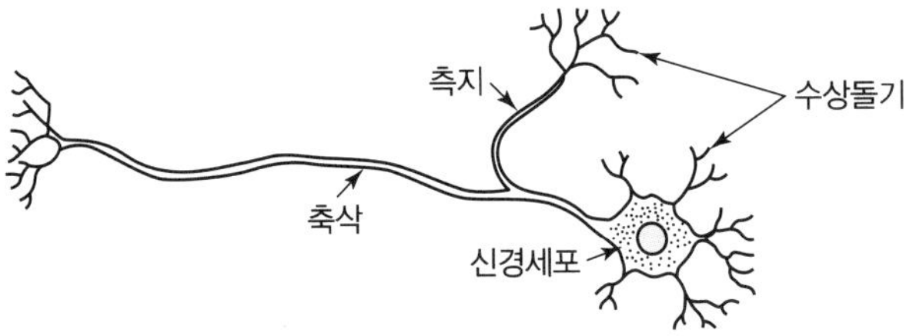

[그림 6-2] 곤충의 신경세포

2) 곤충성장 저해

유충의 탈피와 변태라는 곤충 특유의 성장 과정을 저해하는 화학물질을 총칭하여 곤충성장저해제(IGR : Insect Growth Regulator)라 부르며 현재 JH(Juvenile Hormone, 유약호르몬) 활성물질, 탈피호르몬활성물질, 키틴(Chitin) 생합성저해제, 탈피 · 변태저해제 등이 실용화되어 있다. IGR은 포유류에는 없는 곤충 특유의 성장 과정에 작용하기 때문에 아주 저독성이며, 선택성이 높은 살충제이다.

[표 6-16] 곤충의 성장기능 저해의 종류

구분	특징
곤충호르몬 기능의 교란	• 메토프렌(Methoprene)은 최초로 실용화된 JH 활성물질이며 보다 더 안전하고 높은 활성을 나타내는 피리프록시펜(Pyriproxyfen)은 모기, 파리뿐만 아니라 온실가루이, 깍지벌레, 꽃노랑총채벌레 등에 효과적이다. • 테부페노자이드(Tebufenozide)는 나비목 곤충에 탁월하다.
키틴 생합성 저해	• 곤충의 표피는 키틴, 단백질, 지질 등으로 구성되어 있다. • 벤조일페닐우레아(Benzoylphenylurea)계 화합물인 비스트리플루론(Bistrifluron), 디플루벤주론(Diflubenzuron)은 유충에 처리하면 체벽형성에 이상을 일으켜 정상탈피가 되지 않는다. 또한 성충은 죽이지 못하나 알 부화율이 억제되는 효과도 확인되었다.

5. 살충제의 선택 독성

1) 살충효과의 발현 과정

- 살포된 살충제가 곤충체의 작용점에 도달하기까지는 두 단계로 나뉠 수 있다. 1단계는 살포에서 곤충 체표까지, 2단계는 체표에서 체내로 들어가 작용점에 도달하기까지로 구별된다.
- 체표에서 체내로 침투하는 경로는 경피, 경구, 기문 세 가지이며, 체내에 침입해서 작용점에 도달하기까지는 살충제의 종류에 따라 다양하게 일어난다.
- 살충작용은 약제의 물리화학적 성질, 해충의 대사생리기능(활성화와 축적, 해독과 배설) 등에 의하여 크게 영향을 받는다.
- 약제에 대한 곤충의 방어기작은 피부저항, 체내저항, 작용점저항의 세 가지가 있다.

[표 6-17] 곤충의 방어기작

구분	특징
피부저항	약제라는 이물질에 대하여 외골격이라는 장벽으로 피부 투과를 저지한다.
체내저항	체내에 침입한 이물질에 대하여 분해해독, 축적 또는 배설로써 처리한다.
작용점저항	작용점에 도달한다 해도 해독과 배설은 계속 일어난다.

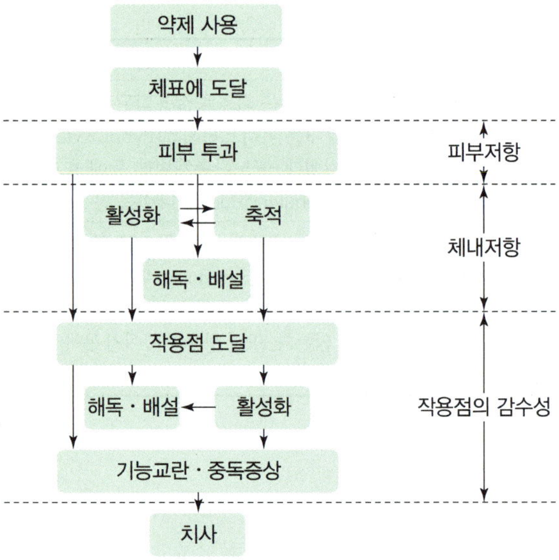

[그림 6-3] 접촉제의 독작용

출처 : Yamasaki & Narahashi(1958).

2) 살충제의 활성화와 분해

작용점에 도달한 살충제는 독성을 발휘하게 되는데, 말라티온(Malathion)은 곤충 체내에 들어가면 지방체와 중장에서 산화효소에 의하여 말라옥손(Malaoxon)으로 활성화되며, 신경 자극전달물질인 아세틸콜린(Acetylcholine)을 분해하는 아세틸콜린에스터레이즈(Acetylcholinesterase)의 기능을 저해하여 곤충을 죽게 한다. 하지만 말라티온(Malathion)과 옥손(Oxon)은 곤충 체내에서 효소에 의하여 분해, 해독되는데, 그 효소 활성의 차이가 선택독성에 영향을 미친다. 말라옥손이 포유동물과 곤충 간에 높은 선택독성을 나타내는 것은 가수분해효소인 카르복실에스테레이즈(Carboxylesterase) 활성이 포유동물에서는 커서 작용점에 도달하기 전에 해독되기 때문이다.

6. 살충제의 생물검정

살충제의 생리활성을 조사하기 위하여 생물을 이용하여 검정하는 것을 '생물검정'이라 한다.

[표 6-18] 생물검정법의 종류

구분	특징
국소시용법	아세톤(Aceton), 알코올(Alcohol) 등의 용매로 희석한 약액의 소정량을 미량주사기(0.1~10μl)로 곤충 체표면에 부착시켜 생리활성을 관찰하는 방법으로, 일정한 사충률을 요하는 약량을 구할 수 있기 때문에 곤충개체군의 감수성 검정, 종 간 선택성 조사 등에 유효한 방법이다.
주사법	미량주사기로 약액을 곤충 체내에 직접 주입하는 방법이다. 국소시용법과 같이 일정량의 약제를 확실히 시용할 수 있다.
드라이필름법	용매로 희석한 약액을 유리용기에 적당량 넣고, 용매를 증발시켜 용기 내 벽면에 약액을 얇게 부착시킨 후 시험곤충을 일정시간 접촉시켜 살충작용을 조사하는 방법이다. 신규 화학물질의 1차 선발에 이용된다.
여지법	여지에 용매로 희석한 약액을 처리하고 건조시킨 후 용기에 넣고 시험곤충을 일정시간 접촉시키는 방법이다. 그 밖의 실험법은 드라이필름법에 준한다.
침지법	물에 소정 농도로 희석한 약액에 시험곤충을 침지하고 처리 후 관찰용기 내에 옮겨 반응상황을 관찰하는 조사법이다. 조작이 간편하고 조건 설정이 용이하여 재현성이 높다.
분무법	살포기를 사용하여 직접 충체에 분무하는 방법이다.
섭식법	약액을 잎에 균일하게 처리하고 이것을 섭식시키는 방법으로 주사기로 시험곤충의 잎에 주입하는 방법과 파라필름막을 통해서 흡즙, 섭식시키는 방법도 있다.
침투성 검정법	약제를 식물체에 침투시켜 진딧물처럼 흡즙성 곤충의 살충작용을 조사하는 방법이다. 잎에 처리하는 엽면 침투이행성 시험과 뿌리에 처리하는 근부침투이행성 시험이 있다.
훈증법	밀폐된 용기에 시험곤충을 넣고 훈증제를 기화시켜서 일정시간 처리 후 살충작용을 조사하는 방법이다.

1) 애보트(Abbott)의 보정식

일정 시간 후 사망률을 측정하고, 무처리에서 10% 이내의 사망률이 발생하면 애보트(Abbott, 1925)의 보정식을 이용하여 보정하고, 약량(시간)과 사망률 간의 관계를 비교하여 효력을 판정한다.

$$\text{애보트의 보정식} = \frac{X-Y}{X} \times 100\%$$

여기서, X : 무처리구의 생존충률, Y : 처리구의 생존충률

2) 유효농도 LD_{50}과 LC_{50}

약량과 사망률의 관계는 일반적으로 S자형 곡선을 그린다. 피니(Finney, 1971)의 프로빗분석법은 사망률을 피로빗(y)에, 약량을 대수($\log x$)로 하여 직선식을 표현한 것으로 이를 활용하여 반수치사약량(LD_{50})을 나타낼 수 있다. 값이 작은 것일수록 낮은 농도에서 사충률이 높은 것이므로 살충력이 강한 것이 된다.

TIP

LD_{50}과 LC_{50} 모두 단위는 ppm으로 표시한다.

[표 6-19] LD_{50}과 LC_{50}

구분	특징
반수치사약량(LD_{50})	농약을 경구나 경피 등으로 투여할 경우 독성시험에 사용된 동물의 반수(50%)를 치사에 이르게 할 수 있는 화학물질의 양(mg/kg, ppm)으로, 중앙치사약량이라고도 한다.
반수치사농도(LC_{50})	농약을 흡입 등으로 투여할 경우 독성시험에 사용된 동물의 반수(50%)를 치사에 이르게 할 수 있는 화학물질의 농도(mg/m^3 또는 mg/L 공기)로 중앙치사농도라 하기도 한다.

7. 살충제 저항성

같은 살충제로 지속적으로 해충을 방제하면 그 해충은 해당 살충제에 저항성이 발달하여 살아남을 가능성이 높아진다. 세계보건기구는 "곤충의 정상적인 집단에서 대다수를 죽일 수 있는 약량으로부터 견디어 낼 수 있는 능력이 발달한 곤충의 계통"으로 정의하고 있다. 내성이란 살충제에 대해 개체들이 살아남을 수 있는 능력으로 생존을 위한 기초적인 능력을 의미하지는 않는다.

곤충 체내의 여러 가지 약제에 대한 방어반응은 곤충의 종류에 따라 다르며 방어기작의 질적, 양적 차이는 약제에 대한 감수성의 차이라고 할 수 있다. 결국 방어기작의 차이는 종 간에 일어날 수 있는 약제의 선택독성이며, 동일 종 내에서도 저항성이 다를 수 있다.

해충의 약제저항성 기작은 다음 [표 6-20]과 같다.

기출 19년 기사 2회 28번

곤충이 갖는 살충제 저항성 기작의 원인이 아닌 것은?

① 표피층 두께 증가
② 해독효소 활성 감소
③ 빠른 배설 생리기작
④ 농약으로부터 기피하는 행동

답 ②

[표 6-20] 해충의 약제 저항성 기작

요인	방어기작
생태적 요인(행동적 요인)	기피행동, 습성의 변화
생리·화학적 요인	• 피부 투과성의 저하(피부저항) • 해독대사 활성의 증대(체내저항) -가수분해효소 -산화효소 -전이효소 • 작용점의 약제 감수성 저하(작용점 저하) -AChE의 감수성 저하 -ACh 수용체의 성질 변화 -신경막의 감수성 저하

1) 살충제 저항성 발달과 유형

약제저항성은 곤충의 발육단계에 있어서 특정 단계에만 영향을 주는 것이 아니라 거의 모든 단계에 영향을 주지만, 약제감수성 정도는 발육단계에 따라 다르기 때문에 약제의 발육단계에 맞는 약제의 선발이 중요하다.

[표 6-21] 살충제의 저항성 유형

구분	특징
교차저항성	1종의 살충제로 곤충을 누대선발하였을 때 2종 이상의 살충제에 대해 저항성이 나타나는 현상이다. 예 비페나제이트(Bifenazate)에 노출된 점박이응애 알과 성충의 경우, 성충은 아세퀴노실(Acequinocyl)에 저항성을 보이고, 알은 피리다벤(Pyridaben)에 저항성을 보였다.
복합저항성	2종 이상의 살충제로 곤충을 누대 선발하였을 때 이들 살충제는 물론 그 밖의 여러 가지 살충제에 대하여 저항성이 나타나는 현상을 말한다.
역상관 교차저항성	A 살충제에 대하여 곤충의 저항성이 발달함에 따라 B 살충제는 역으로 감수성이 증대하는 현상을 말한다. 예 DDT에 저항성이 있는 노랑초파리에 대하여 페닐티오우레아(Phenylthiourea)의 살충력이 감수성 계통보다 높게 나나타는 현상이다.

2) 저항성 해충의 방제대책

저항성의 특징과 배경을 잘 살펴보고 각각에 대하여 대책을 강구하는 것이 매우 중요하다.

(1) 살충제의 이용전략

- 새로운 작용기작을 갖는 살충제 개발
- 역상관교차저항성을 나타내는 약제 선발
- 협력제 이용
- 살충제 혼용
- 살충제 교호사용

(2) 저항성 해충의 관리

- 저항성 모니터링
- 감수성 개체 도입
- 저항성 유전자의 이용
- 종합적 저항성 해충 관리

8. 화학적 방제의 장단점

장점	단점
• 해충에 대한 적용범위가 넓다. • 결과가 빠르다. • 단독 또는 합제로 수동해충의 동시 방제가 가능하다. • 소유지 방제가 가능하다. • 사용이 간편하다. • 새로운 해충이 발생해도 기존 살충제로 방제가 가능하다. • 가격이 저렴하다.	• 유용천적 등 비표적 생물에 유해하다. • 잠재해충은 해충화가 일어나기 쉽다. • 수시 방제로 매회 비용이 발생한다. • 저항성 해충 출현 가능성이 높다. • 해충의 밀도 회복속도가 빠르게 나타날 수 있다. • 과용과 오용으로 인축 및 환경에 잔류독성을 일으킬 가능성이 높다.

05 생물적 방제

1. 생물적 방제의 기본 개념

1) 정의와 범위

생물적 방제란 해충을 방제하기 위하여 생물적 요인을 도입하는 것으로 de Bach(1964)는 "기생자와 포식자 그리고 병원균의 활동을 통해서 해충 밀도를 자연상태보다 낮은 밀도로 유지시키는 것이다"라고 정의하였다.

생물적 방제를 성공적으로 수행하기 위해서는 해충과 천적 개체군 및 군집에 대한 정확한 이해와 함께 개체수의 자연적 조절능력을 파악하고 일들을 적절하게 응용하고 적용시켜야 한다.

> 기출 21년 기사 4회 27번
>
> 해충 방제에 사용되는 천적의 특성에 대한 설명으로 가장 거리가 먼 것은?
>
> ① 포식범위가 넓은 것
> ② 분산력이 강한 것
> ③ 포식성이 높은 것
> ④ 번식력이 왕성한 것
>
> 답 ①

2) 생물적 방제의 역사

① **생물적 방제를 도입하여 성공한 사례** : 1888년 미국 캘리포니아주 귤 재배지역에서 이세리아깍지벌레를 대상으로 원산지인 오스트레일리아에서 배달리아무당벌레 도입에 성공

② **인위적으로 천적을 대량 증식하여 성공한 사례** : 1920년 영국 토마토에 발생하는 온실가루이를 천적인 온실가루이좀벌을 이용하여 방제에 성공

3) 생물적 방제의 국내 사례

① **생물적 방제에 대한 국내 최초 기록** : 1930년 제주도 감귤에 발생하는 이세리아깍지벌레 방제를 위하여 베달리아무당벌레를 도입 방사

② **천적을 이용한 침입해충 방제 사례** : 1934년 사과면충 방제를 위하여 일본에서 사과면충좀벌이 기생하고 있는 사과나무 가지를 가져와 대구와 수원에서 증식시켜 증식된 사과면충좀벌을 8년 동안 전국 153개 사과원에 방사하여 방제

③ 제주도 감귤 재배면적 확대로 루비깍지벌레가 발생하면서 1975년 일본에서 루비붉은좀벌을 도입하여 방제에 성공

> 기출 20년 기사 3회 34번
>
> 다음 중 일본으로부터 천적을 수입하여 제주 감귤원의 해충 방제에 성공한 사례로서 기록된 해충으로 가장 옳은 것은?
>
> ① 가루깍지벌레
> ② 이세리아깍지벌레
> ③ 화살깍지벌레
> ④ 루비깍지벌레
>
> 답 ④

2. 천적 이용

곤충을 먹이로 하는 생명체들이 매우 다양하고 그들이 곤충을 먹는 양도 많지만, 이 모든 것을 해충의 생물적 방제에 이용하는 데에는 많은 무리가 따른다. 따라서 우리가 조절할 수 있고 기주특이성이 높은 하등 생명체들이 우리가 목적하는 생물적 방제를 성공시킬 가능성이 더 높다.

1) 천적의 종류

해충의 밀도를 낮추는 천적의 종류는 크게 포식성 천적(포식곤충, 거미류 등), 기생성 천적, 미생물 천적으로 나눌 수 있다.

(1) 포식성 천적

① 포식성 천적이 먹이를 포획하는 방법은 기다리거나 쫓아가거나 또는 정지된 상태에 있는 먹이를 공격하는 것이다.

② 포식성 천적은 잡식성(녹색풀잠자리), 협식성(무당벌레, 꽃등에), 단식성(배달리아무당벌레)이 있다. 이들 포식성 곤충들은 암컷이 알을 먹이 주변에 산란한다.

③ 대표적인 포식성 천적으로는 무당벌레, 꼬마남생이무당벌레, 으뜸애꽃노린재, 미끌애꽃노린재, 진디혹파리, 깍지무당벌레, 꼬마무당벌레, 칠레이리응애, 오이이리응애, 지중해이리응애, 사막이리응애, 가는뿔다리좀응애 등이 있다.

[표 6－22] 포식성 천적과 먹이곤충

천적	대상해충	천적	대상해충
칠레이리응애	점박이응애	칠성풀잠자리, 어리줄풀잠자리	진딧물, 깍지벌레
무당벌레	진딧물, 깍지벌레	오이이리응애	총채벌레
애꽃노린재	총채벌레	진디혹파리	진딧물

(2) 기생성 천적

다른 곤충에 기생하여 결국에는 그 기주를 죽이는 천적을 포식기생자라고 한다. 기생성 곤충은 주로 벌목, 딸정벌레목, 부채벌레목에 속한다.

[표 6－23] 기생성 천적과 먹이곤충

천적	대상해충	천적	대상해충
콜레마니진디벌	진딧물	굴파리좀벌, 잎굴파리고치벌	잎굴파리
온실가루이좀벌	온실가루이	황온좀벌	담배가루이

2) 천적의 도입

어느 지역에 예상하지 못한 해충이 발생하여 피해를 입게 되면 해충 방제를 위한 여러 가지 노력을 하는데, 그중 하나인 고전적 생물방제는 천적을 외부에서 도입하여 해충을 방제하는 방법이다. 천적을 이용할 때 먼저 대상해충을 동정하고, 해충이 토착종인지, 외래종인지를 확인한 다음, 외래종일 경우에는 해외탐사와 검역 및 수입 과정, 천적의 대량사육, 천적의 야외 무리군 형성, 해충 개체군에 대한 천적의 평가 등을 확인해야 한다.

(1) 침입해충의 동정과 원산지 확인

갑자기 해충이 대발생하는 이유는 침입해충, 기후변화 또는 살충제 사용에 따른 토착천적의 감소로 인한 잠재해충의 해충화가 그 원인이다. 따라서 대상 해충이 토착종인지, 외래 침입해충인지 정확한 동정이 필요하며, 그 해충의 원산지를 확인하여야 한다. 원산지에는 천적이 서식할 가능성이 높기 때문에 필요한 과정이다.

TIP

천적유지식물(Banker plants)

천적이 해충을 모두 공격한 후 더 이상 기생할 기주가 없어지면 죽거나 다른 곳으로 이동하게 되는데, 그 이전에 천적의 먹이를 준비해 두어 천적을 계속 유지시켜 줄 필요가 있다. 천적유지식물은 이와 같이 천적을 유지, 증식시킬 수 있는 식물을 뜻한다. 식물에서 초식자가 증식을 하게 되고, 그 초식자를 먹이로 하여 포식자나 기생자가 증식을 하게 된다. 다만, 천적유지식물에 있는 초식자는 기주전환을 못하여 작물에 해를 주지 않아야 한다.

기출 20년 기사 3회 22번

곤충을 잡아먹는 포식성 곤충류로 가장 거리가 먼 것은?

① 무당벌레류
② 진딧물류
③ 파리류
④ 사마귀류

답 ②

(2) 천적의 채집과 배송

해외 탐사작업은 최소한 기주 종의 전체 활동을 살펴볼 수 있는 기간과 지역을 선택해야 한다. 천적상이 매우 복잡하거나 종간 변이가 다양한 경우에는 종에 따라 생물 기후학상으로 적당한 서식처를 알아내어 해외 채집기간을 단축하는 것이 중요하다.

채집한 천적의 배송은 비활성 단계나 활력이 가장 적은 단계인 번데기라든가 휴면 유충, 기생 당한 기주 안에서 발육하고 있는 유충상태에서 선적하는 것이 일반적이다.

> **TIP**
> 우리나라는 외국에서 천적을 수입하는 것을 허용하고 있으며 이는 '생물학적 방제용 등 유용동물의 위험분석 및 수입검사방법에 관한 요령'에 고시되어 있다.

(3) 검역 통관

생물적 방제를 목적으로 외국에서 들여오는 천적 도입경로에는 잠재적인 위험이 도사리고 있기 때문에 특별히 설계된 검역실이 필요하며, 외부로부터 곤충의 유입이나 내부로부터 곤충의 유출을 막을 수 있도록 설계되어야 한다.

(4) 대량사육

도입한 외래천적을 새로운 지역에 적은 수로 방사하더라도 그 후에 정착하여 무리군을 형성하기도 한다. 천적의 정착은 한번으로 형성되기 어렵고, 여러 번 반복하여 무리군이 형성되는데, 천적 방사를 위한 대량 사육 과정에서 관심을 가져야 할 점은 다음과 같다.

① 천적을 사육하기 위한 충분한 기주체를 공급해야 한다.

② 천적의 최대 생식활동 및 최적의 발육조건을 충족시키기 위한 기술을 개발해야 하다.

③ 대량사육 시 고려해야 할 점

- 가장 일반적으로 사용하는 방법들이 선택되어야 한다.
- 여러 가지 기후적 상황을 고려해야 한다.
- 해충이 발생하는 장소에서 해충의 개체군 동태나 생활사를 조사해야 한다.
- 천적이 공격할 수 있는 해충의 발육단계에 이르렀을 때 활동력이 강한 천적을 방사해야 한다.

(5) 효과 평가

천적도입으로 대상해충을 효과적으로 방제하였는지에 대한 평가방법에는 천적축출법을 통하여 확인하는 방법과 생명표를 사용하여 분석하는 방법이 있다.

[표 6-24] 천적추출법

구분	특징
기계적 장벽 설치	망사, 상자, 철망 또는 이와 비슷한 장비들을 해충에 감염되지 않은 식물이나 가지, 나무껍질, 포장의 한 구역에 씌우고, 일정한 수의 침입해충을 넣는다. 비교구는 천적의 활동이 제한받지 않는 곳을 선택하여 해충의 밀도 차이를 비교하고 천적을 투입하여 그 효과를 조사한다.
화학적 배제	해충에 대해서는 독성의 영향이 적고, 천적에는 독성이 있는 선택성 살충제를 사용하면 해충의 성장에는 영향을 주지 않으면서 천적을 제거하거나 억제할 수 있다. 선택성 살충제가 처리되지 않은 시험구역과 처리된 곳에서의 해충 개체군의 성장을 비교하면 천적의 효과를 알 수 있다.
생물적 대조	어떤 특정한 상황에서만 응용될 수 있는 방법이다. 깍지벌레와 진딧물에서 분비되는 감로를 먹는 개미들은 천적으로부터 이들을 보호하기 때문에 개미를 제거한다면 해충 개체군은 천적의 공격에 노출되어 해충 개체군이 감소하게 된다.
인력 제거	해충의 정착력이 강하면 분산력이 약해져 식물의 특정 부위에 제한적으로 분포하기도 하는데, 이 경우에는 연구자가 직접 수작업으로 천적을 제거한다.

(6) 야외 무리군 형성

선정한 천적이 원하는 지역에서 무리군을 형성하지 못하면 헛수고가 된다. 따라서 천적이 정착할 수 있도록 다음과 같은 점에 유의하여 노력해야 한다.

① 천적이 정착할 지역에서 천적에게 최적의 환경을 만들어주어야 한다.
② 방사할 때 충분한 수의 천적을 사용해야 한다.
③ 여러 장소에서 연속적으로 이루어져야 한다.
④ 침입해충의 지리적, 생태적 활동범위 내에서 무리군을 형성할 수 있게 한다.

3. 미생물적 방제

해충 개체군의 관리를 위해 곤충병원성 미생물이나 선충을 이용하는 방법이다. 미생물적 방제를 성공적으로 수행하기 위해서는 곤충병원균의 인공배양이 필수적이며 여러 형태로 배양기구를 개발하고 있다. 효과적인 미생물 방제를 위한 병원균의 활력을 증대시키기 위한 연구도 계속되어야 한다.

1) 미생물적 방제의 역사

① **미생물을 이용한 최초의 해충방제 포장적용** : 1886년 러시아의 Krassilstschik는 사탕무바구미(Sugar beet curculio) 유충 방제를 위하여 진균 *Metarrhizium anisopliae*를 이용하여 50~80% 방제에 성공하였다.

② 오늘날 미생물 방제에 가장 널리 이용되고 있는 곤충병원균은 Bt제(*Bacillus thuringiensis*)이다. 1920년대 프랑스에서 포장실험을 통하여 처음으로 상업적 유망 방제인자임을 증명하였다.

③ 1940년대 초 미국 농무성에서 *Bacillus poppilia*라는 진균으로 왜콩풍뎅이 방제 및 상업화에 성공하여 오늘날에도 이용되고 있다.

2) 미생물살충제의 장단점

(1) 장점

- 해충에 대하여 기주 특이적으로 작용한다.
- 환경변화에 대하여 비교적 안정성을 지니고 있다.
- 침입해충에 대하여 종종 높은 독성을 지니고 있다.
- 화학적 방제 또는 천적과 함께 사용할 수 있다.
- 일부 바이러스는 자연자원으로부터 수집하여 이용이 가능하고, 자연상태로 발생하는 병을 유발시킬 수 있다.

(2) 단점

- 근연종의 해충이 혼재하여 발생한 경우에는 종에 대한 기주 특이성이 크게 작용하여 한 종류에만 감염되고 다른 종에는 감염되지 않을 수도 있다.
- 특정 해충에 제한하여 사용하기 때문에 방제비가 높다.
- 방제제를 생산하고 적용하는 데 기술과 관리상의 문제가 있다.
- 비전매품이다(즉, 화학적 살충제와 같이 특허를 가질 수 없다).
- 자외선과 pH, 열 등과 같은 물리적 요소에 민감하게 반응한다.

Bt제(*Bacillus thuringiensis*)

- 1911년 독일의 Berliner가 누에의 병사체에서 분리하였으며, Bt제는 결정형 독소를 생산하는 것이 특징이다.
- Bt제가 생산하는 독소는 4종류가 있으나 이 중 살충활성이 높은 것은 β – 외독소와 δ – 내독소이다.

β – 외독소	살충활성이 광범위하며, 특히 파리 유충에 강한 살충활성을 나타내어 '플라이 톡신(Fly toxin)'이라고 불린다. 내열성이 강하고 수용성이며 저분자 물질로서 독소를 접종한 유충은 유충기에 사망하고 접종량이 적으면 번데기의 기형, 성충기의 우화 억제 등의 변태 저해가 생긴다.
δ – 내독소	단백효소로서 Bt제가 생산하는 결정형 물질 중에 함유되어 있다. 결정형 독소라고 불리는 이 독소는 섭식한 곤충의 소화액에 의하여 분해되어 독소가 활성화되고, 유충 소화관의 중장 상피세포에 특이적으로 작용하여 상피세포가 팽윤 파괴된다.

- 1960년 미국에서 Bt제가 상품으로 나온 이래, 미생물살충제 중에서 화학살충제에 가장 가까운 성상을 갖고 있다.
- Bt제는 바이러스나 진균처럼 유행병을 일으키지 않기 때문에 화학살충제와 함께 살포할 수 있다.

3) 천적미생물의 종류

천적미생물의 종류별 특징은 다음과 같다.

[표 6-25] 천적미생물의 종류

구분	특징
바이러스	• 1982년 독일에서 독나방의 일종인 *Lymantria monacha* 방제에 핵다각체바이러스(NPVs : Nuclear Polyhedrosis Viruses)를 이용한 것이 최초 시도이다. • 1940년 Steinhaus에 의하여 곤충병리학이 체계화되면서 본격적 연구가 시작되었다. • 핵다각체병바이러스(NPVs), 과립병바이러스(GVs : Granulosis Viruses) 등은 베큘로바이러스(Baculovirus)가 중심이고, 그 밖에 세포질다각체병바이러스(CPVs : Cytoplamic Polyhedrosis Viruses), 곤충폭스바이러스(EPVs : Entomopoxviruses)가 있다. • 곤충병원 바이러스에 대한 기주곤충의 감수성은 발육시기, 유전계통, 밀도, 바이러스의 계통 및 접종량 등의 내적 요인에 따라 차이가 있다. • 곤충병원 바이러스의 활성은 저온에서 비교적 장기간 유지되나 자외선이나 60℃ 이상 고온에서는 급격히 감소한다. • 곤충병원 바이러스는 진균이나 세균처럼 인공배지에서 증식시킬 수 없고, 기주곤충 또는 곤충배양세포에서만 증식시켜야 하므로 이용하는 데 어려움이 많다.
세균	• *Bacillus popilliae*는 천적미생물을 재료로 한 미생물살충제 중 가장 먼저 제제화한 것으로 풍뎅이 유충 방제제로 이용되었다. • 1960년대 *B. thuringiensis*가 그 다음이다. • *B. thuringiensis*, *B. popilliae*, *B. moritai* 외에도 *Serratia*, *Streptococcus* 등이 보고되었다. • 세균이 곤충에 병원성을 나타내는 데에는 두 가지 형태가 있다. 하나는 세균이 생산하는 독소에 의한 것이고 다른 하나는 세균이 곤충의 체내에서 증식하여 패혈증을 일으키는 것이다.
진균	• 진균은 곤충기생균이 주체가 되지만, 진균이 생산하는 독성물질 또는 살충성 물질이 주체가 되기도 한다. 그 밖에 선충 포식균이나 선충 기생균이 있다. • 진균은 감수성 기주와의 접촉에 의하여 경피를 감염시키는데, 각종 균의 일반적인 발육적온은 25℃, 상대습도는 90% 이상이지만, 비교적 공기가 건조하더라도 식물체 상의 특정 부위나 곤충의 체절 간 막질부에서는 높은 습도가 유지되고 있어 감염을 일으킬 수 있다.
원생동물	• 매우 제한적인 잠재력을 갖고 있다. • 원생동물은 살아 있는 기주에서만 가능하여 생산비용이 매우 높다는 단점이 있으나 원생동물로 인한 상처 또는 감염이 일어난 해충을 제어할 수 있는 능력이 있다. • 미국 일리노이주에서 옥수수조명나방(European corn borer) 방제를 위하여 *Glugea pyraustae*를 성공적으로 도입하였고, 프랑스에서는 *Common cockchafer*의 유충 방제를 위하여 *Nosema melolontha*를 살포하여 방제에 성공하였다.
선충	• 곤충병원성 선충은 광범위한 기주에 대하여 불임 유발, 생식력 감소, 기주행동의 변화, 치사능력, 장기간의 보관력, 포유류와 유용식물에 대한 안전성, 대량증식 가능성 등으로 환경친화적 방제자로서 많은 관심을 받고 있다. • 농약 살포용 기구로 사용할 수 있는 이점과 화학농약이나 나비세균 등과 함께 혼용함으로써 시너지 효과를 나타낼 수도 있는 중요한 천적이다. • 벼멸구선충(*Agamermis unka*)은 벼멸구와 흰등멸구에 50~70%의 기생률을 나타내며, *Steinernema* 속의 60여 종과 *Heterorhabditis* 속의 15여 종은 각각 공생세균인 *Xenorhabdus* 또는 *Photorhabdus*와 작용하여 기주에 패혈증을 일으킨다. 24~48시간이라는 짧은 시간 내에 기주를 치사시킬 수 있다. • 치료적 방제보다는 초기 발생단계에서 예방적 방제에 적합하다.

06 행동적 방제

곤충행동학이란 곤충행동의 원인을 진화적, 생물학적 측면에 기초하여 연구하는 학문이다. 곤충을 포함한 동물들은 환경에 대한 정보를 얻고 그것에 반응한다. 이때 정보를 얻는 것을 '감각수용'이라 하고 다양한 감각기관을 통하여 얻은 정보는 중추신경계에 전달되거나 많은 감각신경 내에서 통합되며 근육활동으로 전달되고 행동으로 나타나게 된다.

감각기 형태는 특정한 에너지나 자극을 탐지할 수 있도록 발달되었으며 접촉이나 압력, 진동과 같은 물리적 힘에 반응하는 기계적 감각기, 화학적 에너지를 탐지하는 화학적 감각기, 열을 탐지하는 열감각기, 빛을 탐지하거나 전자기적인 에너지를 탐지하는 광감각기가 있다.

곤충은 감각작용을 통하여 개체 간 또는 집단 간 통신을 한다. 곤충의 통신방법은 주로 접촉, 시각, 청각, 화학적 방법을 사용한다. 예를 들면, 특정한 냄새나 소리로 상대 성을 모이게 하여 교미를 하거나, 아주 근접한 거리에서는 시각적 신호나 식별에 의하여 구애행동 또는 짝짓기를 한다. 짝짓기를 할 때 암컷은 휘발성 최음제(일명 성페로몬 물질)를 발산하거나 또는 수컷이 암컷에 접촉하여 흥분시켜 유인한다. 이와 같은 곤충은 한 가지 이상의 통신방법을 사용하기 때문에 한 가지 방법만을 해충 방제에 응용하는 것은 한계가 있을 수 있다.

1. 화학감각작용의 이용

화학감각작용은 화학자극을 탐지하여 해롭거나 이로운 물질을 구별하기 때문에 매우 중요한 능력이다. 화학감각작용을 통하여 생식행동, 곤충과 기주의 상호관계, 서식처의 위치와 선택, 전 사회적 행동 등을 조절한다. 곤충의 화학통신에는 환경에 존재하고 있는 화학물질을 감지하는 방법과 정보를 전달하는 것이 포함되며, 특히 곤충이 생산하는 화합물인 페로몬이 중요한 역할을 한다.

[표 6-26] 곤충의 정보통신 화합물

구분	특징
호르몬	체내 분비선에서 생성되며 개체 내에서 생리적이고 행동적인 과정을 조정한다.
페로몬	개체들 사이의 생리적 · 행동적인 활동을 조절하는데, 개체에서 발산되는 단일 또는 혼합 화합물로서 같은 종의 다른 개체가 반응을 한다.
알로몬	방출된 화학물질에 다른 종의 개체가 반응하고 방출자에게 방어 역할을 한다.
카이로몬	페로몬과 비슷하나 다른 종의 개체가 이 화합물을 좋아하기 때문에 대부분 기주가 유인하는 작용을 한다.

곤충 페로몬은 행동의 종류나 활동에 따라 다양한 그룹으로 나누어질 수 있는데, 정보물질(신호물질)에 작용하는 기작에 따라 다음과 같이 나눌 수 있다.

[표 6-27] 정보물질에 작용하는 기작

구분	특징
이동자극제	무정위 운동성의 원인이 되는 화합물로서, 방향신호가 없는 곳으로 이동속도를 증진시켜 곤충을 분산시키거나 회귀에 영향을 준다.
이동저지제	무정위 운동성의 원인이 되는 화합물로서, 방향신호가 없는 곳으로 이동속도를 저하시켜 곤충을 화합물 근원지 주위에 모여들게 한다.
유인제	곤충의 이동을 화합물의 근원지로 유도한다. 곤충이 분비하는 정보통신화합물을 포함하며 곤충이 좋아하는 식물 또는 먹이에서 유래된 화합물이나 추출물 등이 재료로 이용된다. 이러한 성질을 이용하여 해충을 유인하여 포획하거나 살충시킬 수 있어 해충 예찰이나 방제에 이용된다.
기피제	유인제의 반대 개념이다. 곤충이 화합물 근원지로부터 멀리 이동하게 하는 화합물로 모기, 개미, 바퀴벌레 퇴치를 위하여 이용되지만 농업이나 산림 해충의 방제에는 효과가 적다.
섭식, 교미 또는 산란 자극제	곤충의 먹이활동이나 교미 또는 산란 중 한 가지 행동을 유도해 내는 화합물로서 가장 많이 활용되며, 이 자극은 양성으로 유인효과를 나타낸다.
섭식, 교미 또는 산란 저해제	동물들의 먹이활동이나 교미 또는 산란 중 한 가지 행동을 방해하는 화합물로서, 사회성 또는 전 사회성 곤충의 무리를 조절하기 위해 주로 이용된다. 이 자극은 음성으로 기피행동을 나타낸다.

2. 페로몬의 이용

우리나라에서는 미국흰불나방과 이화명나방 등 농림해충을 중심으로 페로몬의 연구가 활발히 진행되었다. 성페로몬으로 개체군의 밀도 변화와 이동분산 등에 관한 예찰을 통하여 위험도를 평가한 후 방제 여부 및 시기, 적절한 방제수단 등을 결정하는 데 이용하며, 식물검역원과 같은 통관검역소에서는 주요 외래 침입해충을 조사하는 데 이용한다.

1) 성페로몬 트랩

해충의 발생예찰을 위하여 사용하는 성페로몬 트랩은 성페로몬 물질을 담은 유인제 방출기와 유인된 해충을 한곳에 모아 두는 트랩 자재로 구분할 수 있다.

[표 6-28] 성페로몬 트랩의 구조와 활용법

구분	특징
페로몬 방출기	• 페로몬을 담아 놓고 이를 천천히 방출하는 장치로 휘발성 정도의 차이가 심한 페로몬이 알맞은 방출기 속에 있지 않으면 너무 빨리 또는 천천히 휘발되어 효과를 볼 수 없다. • 탈지면 심지, 고무격막, 폴리에틸렌 용기, 라미네이터, 유공 섬유, 맴브레인, 폴리메릭시스템 등이 방출기 재료로 사용된다. • 방출기는 성페로몬을 4~8주 정도 방출하고, 성페로몬이 자외선에 의하여 분해되거나 공기 중에서 산화되는 것을 방지하는 역할을 한다. • 성페로몬의 방출농도에 따라 해충 유인거리가 달라질 수 있고 페로몬의 농도는 원하는 면적 내의 대상해충만 유인될 수 있도록 조절되어야 한다.

구분	특징
트랩	• 공기 중에 퍼진 성페로몬 성분에 의하여 유인된 해충은 트랩 안으로 유살될 수 있도록 대상 해충의 행동적 특성이 고려되어 트랩이 설계되어야 한다. • 트랩의 종류에는 끈끈이트랩, 수반형 트랩, 포획형 트랩이 있으며 해충은 색깔에 민감하게 반응하므로 알맞은 색깔을 사용해야 한다. –끈끈이트랩의 끈끈이 종류에는 탱글풋, 폴리부텐 등이 있다. –수반형 트랩은 수반에 물을 담아 중성세제 등을 첨가하여 빠진 해충을 유살시키는 방법이다. –포획형 트랩은 트랩 안에 들어온 해충이 탈출할 수 없도록 하여 유살시키는 방법으로서, 주로 플라스틱 재질을 이용하며 원통형으로 만든다.
트랩 설치	• 트랩 설치 높이와 설치 개수는 작물의 종류에 따라 다르게 해야 한다. • 트랩의 높이는 대상해충이 주로 분포하는 위치가 좋고, 작물이 자람에 따라 높이를 조절해야 한다. 또한 바람의 방향을 고려하고 대상작물 위에 트랩을 설치하여 성페로몬이 퍼지면서 띠를 형성할 수 있도록 하는 것이 좋다. • 트랩의 개수는 적절히 설치해야 하며 너무 적으면 얻어진 결과에 대한 신뢰성이 떨어지고 너무 많으면 트랩 간 간섭에 의해 또한 신뢰성이 떨어진다.
트랩 포획 수 해석	• 성페로몬에 반응하는 해충은 성충뿐이기 때문에 트랩에는 성충만 잡히고 알 · 애벌레 · 번데기는 잡히지 않는다. • 트랩에 잡힌 대상해충의 생태가 잘 알려진 경우에는 효율적으로 해석할 수 있다. 즉 수컷이 유인 포획된 경우, 암컷과 수컷의 우화방식을 알면 포획 수에 근거하여 농약 살포 적기를 결정할 수 있다. • 개체군 밀도는 개체군으로부터 조사되는 해충의 비율에 따라 영향을 받기 때문에 포장 내 미교미 암컷과 합성 성페로몬 트랩이 경쟁하게 되고, 연 수회 발생하는 해충의 경우 발생횟수가 경과할수록 그들의 밀도는 증가하며 트랩에 유인되는 개체가 차지하는 비율은 감소하게 된다.

2) 교미교란

교미교란이란 교미교란제를 이용한 방제방법으로, 합성 성페로몬을 방출기에 넣어 해충이 발생하는 곳에 설치하면 수컷 성충이 진짜 암컷 성충을 발견하지 못하도록 하여 교미를 저해하고 수정률을 떨어뜨려서 방제하는 것이다.

교미교란이 방제효과를 나타내는 원리는 다음과 같다.

① 성페로몬이 계속 방출되면 곤충의 페로몬을 감지하는 감각신경세포의 순응화로 인하여 점차 더 높은 농도의 페로몬 성분에 반응하게 되어 수컷이 실제 암컷에서 나오는 페로몬을 감지할 수 있는 능력이 감소하게 된다.

② 실제 암컷과 합성페로몬의 방출체계가 서로 달라서 합성페로몬에 적응된 수컷은 암컷이 내는 페로몬을 잘 탐지하지 못하게 된다.

③ 합성페로몬을 많이 설치하여 페로몬이 사방에 방출되면 수컷은 방향성을 상실하여 암컷을 찾기 어렵게 된다.

TIP

교미교란제를 이용한 해충방제법의 장점

- 성페로몬에 특이적인 대상해충의 교미를 연속적으로 저해하여 해충의 발생률을 억제할 수 있다.
- 살충제에 저항성이 발달한 해충에도 적용할 수 있다.
- 천적에 대한 영향이 적으며, 인축에도 해가 없다.
- 살충제 살포횟수를 줄일 수 있어 농생태계를 보호할 수 있다.
- 살충제 잔류로 인한 식품오염의 염려가 없다.

07 유전적 방제

유전적 방제법은 생물적 방제의 일환으로서, 대상해충의 비정상적인 유전형질을 야생 개체군에 유입시켜 차세대의 개체군 밀도를 억제시키는 방법이다.

1926년 뮐러(Muller)의 초파리를 이용한 X선 조사실험에서 유전형질이 방사선 조사에 의하여 변이된다는 사실이 밝혀진 이후 해충 방제를 위한 유전적 기술은 1950년대 살충제의 과다 사용에 대한 화학적 방제법의 문제점 해결을 위한 대체방법으로 개발하기 위하여 발달하기 시작했다.

1950년대 초 미국 레이몬드(Raymond)와 니플링(Knipling)은 X선 조사를 통하여 검정파리류 불임 수컷을 대량생산 후 방사하여 심각한 가축해충인 검정파리류를 성공적으로 방제하였다.

1. 치사유전자 도입

1) 잡종불임성

진화학적으로 볼 때 지리적 또는 기주식물의 차이에 의하여 종 내 또는 근친종 간에 생식이 불가능한 생식적 격리현상이 나타난다. 이를 이용하여 불임 교잡계통 개발이 시도되었다.

2) 세포질 불화합성

곤충을 포함한 대부분의 절지동물에 존재하는 세포 내 공생균의 유무에 따라 곤충의 생식작용이 조절될 수 있다. 올바키아(*Wolbachia* sp.) 공생균은 세포질 불화합성, 단위생식, 자성화, 수컷 치사 등과 같은 비정상적인 생식현상을 일으킨다.

3) 조건적 치사 돌연변이

조건적 치사 돌연변이 계통은 실험실 조건에서는 살 수 있지만, 자연환경에서는 살 수 없는 형질을 가지고 있다. 다양한 생리적 · 행동적 기작이 결핍된 돌연변이 계통들은 자연환경의 변화에 적응하며 살 수 없다.

2. 유해유전자 도입

전이인자를 이용한 초파리의 유전적 형질전환과 같은 성공적인 분자유전기술을 통해 다른 해충의 방제에 적용할 수 있는 가능성은 높다. 하지만 이러한 형질전환체의 개발 및 이들을 자연계에 방사하는 것은 자연계의 적합성뿐만 아니라 환경 위해성에 대한 염려로 인하여 실용화에 어려움이 존재한다.

3. 치환형 경쟁유전자 도입

곤충의 여러 가지 행동의 비정상적인 변화는 자연상태에서 생존력을 떨어뜨린다. 즉, 다화성인 곤충이 일화성으로 변하면 해충의 피해를 크게 감소시킬 수 있다. 유전적으로 결핍된 행동을 나타내는 새로운 계통을 피해지역에 방사함으로써 개체군을 조절할 수 있게 된다. 주로 열성치사돌연변이 형질로서 눈 색깔의 변화, 몸 색깔의 변화, 촉각 · 다리 및 날개의 변형 등이 그 예이다.

4. 염색체의 전좌

방사선 조사에 의하여 염색체의 변이가 유도된 개체들을 방사하여 기존 개체군에 불임인자를 전이시키는 방법이다. 이 방법으로 불임을 지연시키거나, F_1 세대의 불임 또는 부분적인 불임을 유도할 수 있다.

5. 수컷불임법

불임화는 대량사육한 개체군을 방사선 조사를 하여 불임 수컷을 선별한 뒤에 피해지역에 방사함으로써 야생의 암컷과 교미하게 되지만 차세대의 발생이 억제되어 궁극적으로 개체군을 감소시키는 기술이다.

1) 방사선의 작용

방사선은 생명체를 구성하는 생체분자 및 물과 반응하여 구조적 변형을 초래한다. 유전물질인 DNA도 방사선 조사에 의하여 DNA 사슬 절단, 교차결합, 당과 염기성분의 변형, 염기치환 및 탈락 등과 같은 손상을 입게 된다. 이러한 현상으로 인해 세포 및 조직의 기능이 저하되거나 변하게 되며, 생식세포에서 이러한 변형이 나타날 때 유전적 형질의 변이 현상이 나타나게 된다.

2) 화학적 불임화

방사선 이외에 화학물질(Apholate, Metapa, Tepa 등)을 이용하여 불임을 유도할 수 있는데, 이 경우에는 해충으로 하여금 무정자 또는 비정상적인 생식세포를 생산하게 한다. 화학적 불임법은 방사선 불임법에서 필요한 대량사육이 불가능하거나 아주 큰 개체군 방제를 위하여 사용할 수 있다. 불임유도 화학물질은 돌연변이를 유발하는 물질로서 다른 동물 및 인간에게 해가 될 수 있기 때문에 해충방제에 적용하기는 어렵다. 다만, 안전한 화학불임제로서 곤충의 호르몬작용을 조절하는 효과가 있는 곤충성장조절제(IGR) 또는 키틴생합성 억제제 등을 활용할 수 있다.

3) 실용화 조건

불임화 기술의 성공적인 실용화를 위하여 다음과 같은 몇 가지 선행조건이 필요하다.

① 대상해충의 대량사육 기술 및 시설이 있어야 한다.
② 해충을 대량으로 불임할 수 있는 기술 개발, 즉 불임유도 적정 방사선량을 결정해야 한다.
③ 야생 개체군에 비하여 경쟁력이 강한 불임 개체군을 생산해야 한다.
④ 방제대상 야생 개체군이 격리되어 있어야 한다.

⑤ 불임해충 방사에 의한 개체군 변동의 정확한 진단기술이 있어야 한다.
⑥ 불임 방사해충에 의한 피해가 없어야 한다.

08 해충종합관리(IPM)

해충종합관리(IPM : Integrated Pest Management)의 개념 및 정의에 앞서 용어에 대한 정리가 필요하다.

1. 'Intergration'이란 여러 가지 다른 유해생물에 대한 영향을 감안하여 유해생물의 방제에 복수의 방제수단을 상호 모순 없이 조화롭게 사용하는 것을 뜻한다.
2. 'Pest'란 인간에게 유해한 무척추동물, 척추동물, 병원미생물, 잡초 등의 생물을 말한다.
3. 'Management'란 생태학적 원리와 사회 · 경제적 측면을 고려한 행위를 포괄한다.

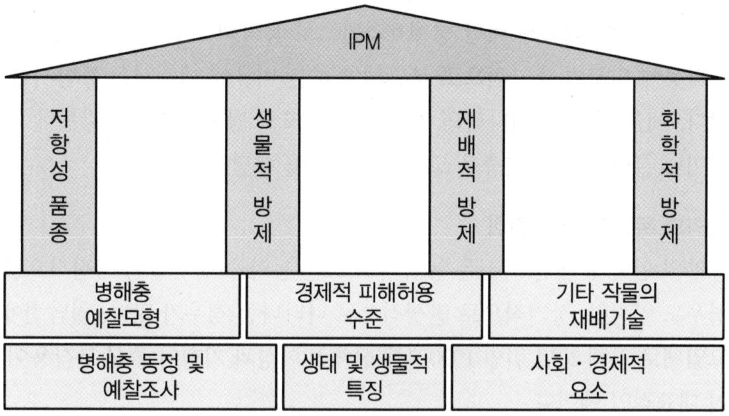

[그림 6-4] IPM의 구조

출처 : Beers 등(1993).

'Pest'는 '해충' 또는'유해생물'로 쓰이며, 포괄적으로 절지동물 해충, 식물병, 잡초, 식물 유해 포유동물, 위생해충 등 인간에 피해를 미치는 모든 생물을 가리키는 용어이다. 보통 해충이란 용어로 쓰이는 경우에는 절지동물류인 곤충강 및 거미강에 한정되어 사용되지만 유해생물로 쓰이는 경우에는 인간에게 피해를 주는 모든 생물을 가리키는 의미로 사용된다.

'Control'은 '방제' 또는 '조절'이라는 의미로 쓰이는데, 방제로 쓰이는 경우는 인간의 우위적 능력을 바탕으로 해충을 사멸시키는 의미로 사용한다. 조절로 쓰이는 경우는 인간의 행위와 관계없이 자연 생태계에 내재하고 있는 생물적 밀도 조절자의 작용으로 해충 개체군이 조절되는 의미로 사용한다.

Control과 상대되는 용어인 'Management'는 '관리'로 해석되는데 Control을 조절의 의미로 쓰는 경우 상대 용어인 관리는 인간이 자연 생태계에 관여하여 인간의 이익에 맞도록 자연을 지혜롭게 꾸미는 의미로 사용되는 반면, 방제와 상대 개념으로 사용하는 경우는 '해충문제 해결'이라는 목적을 달성하기 위하여 여러 가지 수단을 조화롭게 이용하는 것으로, 해충을 죽여 없애는 것이 아니라 해충이 작물에 미치는 영향을 감소시켜 피해를 감소시키는 의미로 사용된다.

1. IPM의 기본개념 및 발전

1) IPM의 탄생 배경

(1) 기존 약제방제체계의 붕괴

약제방제체계는 병해충 피해를 극소화시키며 안정적인 농산물 생산을 달성하였다는 측면에서는 성공적이나 저항성 해충의 출현 증가, 천적 제거에 의한 비해충의 해충화, 약제방제 후 해충의 신속한 밀도 회복 등은 보다 많은 횟수와 많은 양의 약제 사용을 유발시켰다는 점에서 실패적 측면이 있다.

(2) 농약 부작용에 의한 환경부담비용 증가

지금까지는 병해충에 대한 방제효과만으로 농약의 효과를 평가하여, 농약 사용의 부작용에 의하여 추가적으로 부담해야 하는 비용에 대해서는 등한시한 경우가 많았다. 예를 들면, 우리나라의 경우 약제 살포로 방화곤충이 경감됨에 따라 인공수분이나 꿀벌 등 방화곤충을 도입하는 비용을 부담하고 있다.

(3) 농약의 독성과 규제 강화

농약의 인축에 대한 독성은 농약사고 또는 농약중독과 같이 직접적으로 나타나는 경우도 있지만, 장기적으로 만성적으로 나타나는 경우가 많다. 월남전에 사용했던 고엽제로 인해 20년 뒤인 1990년에 신체적 이상과 기형아 출산 부작용이 나타난 것이 대표적인 예이다.

최근 일부 농약이 척추동물의 생식능력 저해나 각종 질병(암) 유발 등 환경호르몬으로 작용한다는 사실이 밝혀지면서 정부에서는 농약잔류검사 등 농약사용규제를 더욱 강화하고 있다.

2) IPM 개념의 발달과 역사

- 과거에는 윤작, 경작, 포장위생, 재배시기 조절, 시비관리 등 자연적으로 해충 발생을 감소시킬 수 있는 재배적 방제가 수행되어 왔다.
- 제2차 세계대전 전후 출현한 유기합성살충제는 강력하고 광범위한 살충작용, 긴 잔효성, 공업적 대량생산에 기인한 저렴한 가격, 사용의 편리성 등에 힘입어 기존의 재배적 방제법을 대체하여 해충방제법으로 일원화되었다.
- 유기합성살충제의 부작용에 대한 인식이 높아지면서 해충에 대한 보다 많은 생물학적 지식을 토대로 해야 한다는 목소리가 1950년대에 거론되기 시작했다.
- 수정 방제력, 상호보완적 방제, 상호협력적 방제, 조화적 방제 등의 용어를 사용하였

으며 '종합적 방제'란 말을 처음 사용한 학자는 미국의 바틀렛(Bartlett) 교수이다.

- 해충관리란 말은 가이어(Geier)와 클락(Clark)이 유해생물의 생물학적 특성을 감안하여 그에 알맞은 방제수단을 적용하는 보호적 해충개체군 관리란 의미로 사용하였다.
- 해충종합관리란 말은 1972년 닉슨(Nixon) 대통령의 환경보호와 관련된 연두교서에서 처음으로 사용하였다.
- 1970년대 초반 IPM에 대한 개념이 정립되었다.

[표 6-29] 미국 매사추세츠대학 프로코피(Prokopy, 1994)의 IPM 실용화 과정

구분	특징
1단계 IPM	절지동물(곤충, 응애) 해충, 병해, 잡초, 척추동물 등 작물에 피해를 입히는 유해생물 범주 중 한 그룹에 대하여 화학적 방제와 생물적 방제를 조합하여 종합관리를 수행하는 방법이다.
2단계 IPM	절지동물 · 병해 · 잡초 · 척추동물 등 모두를 통틀어 화학적 및 생물적 방제뿐만 아니라 이용 가능한 모든 방제수단을 조합하여 IPM을 수행한다.
3단계 IPM	작물 재배방식과 IPM이 통합되는 단계로서, 전체 작물생산체계 속에서 IPM이 이루어진다.
4단계 IPM	사회적, 문화적, 그리고 정치적 영역을 포함한다. 즉 작물 재배자, 연구자, 농업지도사, 산업업자, 유통업자, 환경론자, 정부 등 모든 구성원의 공동 관심사 속에서 뿌리를 내리는 것이다.

2. 국내 IPM 적용

우리나라에서의 IPM 정의는 이용 가능한 모든 방제수단을 서로 모순되지 않도록 이용하여 병해충 밀도를 경제적 손실을 피할 수 있는 정도로 억제 · 유지시키고, 결과적으로 환경에 대한 부작용을 최소화하는 방제수단(관리수단)으로 기술한 바 있다.
이러한 취지하에 해충종합관리 수행 시 기본적인 실천사항은 다음과 같다.

① 전혀 농약을 사용하지 않고 경작을 하는 것이 아니라 꼭 필요한 때만 농약을 사용하며, 될 수 있는 한 이로운 동물이나 천적에 영향이 적은 선택적 농약을 사용한다.
② 해충을 멸종 또는 박멸하는 것이 아니라 자연 생태계의 일원으로 또는 천적의 먹이로서 우리 인간에게 경제적 피해를 주지 않는 수준 이하로 억제한다.
③ 어떠한 방제수단도 각각 장단점이 있으므로 발생시기, 발생량에 따라 방제수단을 강구하고, 농약은 재배적인 관리나 천적을 고려하여 최후의 수단으로 사용한다.
④ 문제되고 있는 특정 해충만 주목하지 말고 작물이 생장하고 있는 전체 변적에서 살고 있는 천적이나 문제되지 않는 곤충 및 생물의 영향도 고려하여 방제체계를 수립한다.
⑤ 단위면적당 최대수량에 목표를 두지 않고 부가가치를 최대로 높이는 최적수량을 목표로 한다.

PART 03

재배원론

Plant Protection

CHAPTER 01

작물 재배의 정의와 이론

Key Word

작물의 개념 / 작물 수량 삼각형 / 기원과 전파 / 작물 원산지 / 작물의 분화 / 식물학적 분류 / 농업적 분류 / 작물의 품종

01 작물의 기원과 전파

1. 재배의 개념

① 식물(작물) 재배는 야생식물을 기르는 일부터 시작되었다.

② 인간이 경지를 이용하여 작물을 기르고 수확을 올리는 경제적 행위를 '재배' 또는 '경종(耕種)'이라고 한다. 동물을 생산하는 분야는 '축산(양축)'이라고 한다.

③ 작물(作物)은 인간에게 필요한 물료를 해결하기 위해 재배하는 대상으로 이용성과 경제성이 높은 식물에 한정되며, 사람의 재배대상이 되는 식물을 의미한다. 또한 경지에 재배되는 다양한 종자, 줄기, 꽃, 뿌리 등을 활용한다.

④ 재배식물은 식물 중 인간에 의해 지배되고 있는 식물, 다른 의미로는 '기형식물(畸形植物)'을 뜻하며, 일정한 시점부터는 제한을 받게 되어 수확량이 감소하는 '수확체감의 법칙'이 적용된다.

⑤ 재배작물의 최종 목적은 일정한 토지에 작물의 수량을 늘려 소득을 증대시키는 데 있기 때문에 최적의 환경조건 조성 및 알맞은 재배기술이 필요하게 된다.

⑥ 작물의 수량은 재배기술, 환경조건, 유전성의 3면으로 하여 삼각형 면적으로 표현할 수 있다. 삼각형 면적은 생산량을 표시하는 것으로 '최소율의 법칙'이 적용된다.

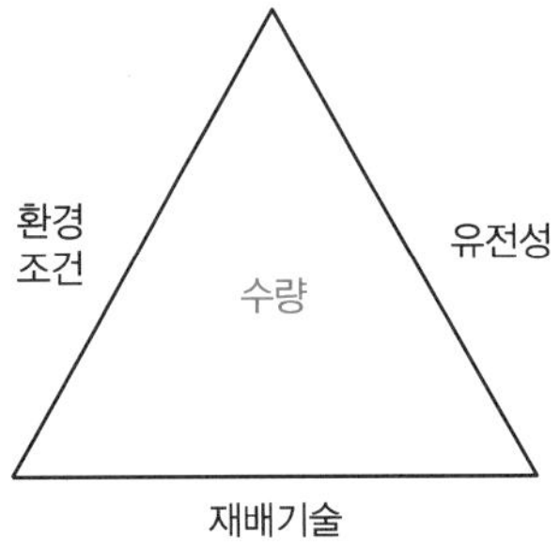

[그림 1－1] 작물 수량의 삼각형

기출 21년 기사 1회 54번

다음 중 작물의 생산성을 극대화하기 위한 3요소로 가장 옳은 것은?

① 유전성, 환경조건, 생산자본
② 유전성, 환경조건, 재배기술
③ 유전성, 지대, 생산자본
④ 환경조건, 재배기술, 토지자본

답 ②

2. 재배작물의 기원 – 식량작물

① 인류가 정주(정착)생활을 시작하면서 재배가 시작되었는데 처음에는 생육기간의 시기를 두고 생육장소를 관리하는 정도의 반재배 형태를 보이다 차츰 재배가 정착되었다. 특히 인간의 관리에 순응하면서 순화와 진화가 이루어져 재배형의 작물이 발달하였다.

② 식물은 자연적인 유전 변이에 의해 발생하여 새로운 형태의 유전형이 만들어지기도 하고 생존에 도태되어 사라지기도 하면서 오래 생육하는 형태로 순화된다.

[표 1-1] 작물의 개념

학자명	개념
캉돌 (A. P. de Candolle)	• 작물들의 야생종 분포를 광범위하게 연구함 • 유물, 유적, 전설 등에 나타난 사실을 기초로 고고학, 역사학, 언어학적 고찰을 통해 재배식물의 조상형이 자생하는 지역을 기원지로 추정하였음 • 1883년 『재배식물의 기원』을 저술함
피조 (H. J. E. Peake)	채취해 온 자연식물의 종자가 잘못하여 집 근처에 흩어진 것이 싹이 터서 자라는 것을 보고 재배의 관념을 배웠을 것으로 추정됨
알렌 (G. Allen)	묘소에 공물로 바친 열매가 싹이 터서 자라는 것을 보고 재배의 관념을 배웠을 것으로 추정됨

③ 재배 식물의 기원 중 6대 식물자원으로는 벼, 옥수수, 감자, 밀, 고구마, 콩 등이 있다.

[표 1-2] 주요 식량작물의 기원과 전파

작물	기원과 전파
벼	• 원산지 : 인도의 동북부 아삼지방으로부터 미얀마, 라오스의 북부를 거쳐, 중국의 운남성에 이르기까지 광범위한 지역에서 재배 • 아시아 재배벼 : *Oryza sativa* L. • 아프리카 재배벼 : *Oryza glabberima Steud.*
밀	• 쌀과 함께 세계인이 가장 많이 이용하는 식량자원이며, 재배면적이 가장 넓음 • 원산지 : 아프가니스탄 북구에서 카스피해 남부에 이르는 근동지방, 1만 년 전부터 재배된 것으로 추정됨 • 우리나라는 중국을 거쳐 전파된 것으로 추정됨
옥수수	• 멕시코의 남부와 남미, 안데스산맥 고원지를 기원으로 함 • 7,000~8,000년 전부터 재배되기 시작함 • 우리나라는 고려 말엽 원나라 군대에 의해 전파된 것으로 추정됨
콩	• 기원지 : 중국의 동북부 지역과 한반도를 포함한 인근 지역 • 우리나라는 기원전 1,500~2,000년경의 청동기시대부터로 추정됨

기출 21년 기사 2회 54번

큰 강의 유역은 주기적으로 강이 범람해서 비옥해져 농사짓기에 유리하므로 원시농경의 발상지였을 것으로 추정한 사람은?

① Vavilov
② Dettweier
③ De Candolle
④ Liebig

답 ③

기출 20년 기사 3회 49번

작물의 기원지를 알아내는 방법으로 가장 거리가 먼 것은?

① 식물지리학적 방법
② 계통분리법
③ 유전자분석법
④ 고고학적 방법

답 ②

기출 22년 기사 1회 60번

재배의 기원지가 중앙아시아에 해당하는 것은?

① 양배추 ② 대추
③ 양파 ④ 고추

답 ③

3. 작물의 원산지

1) 바빌로프(Vavilov, 1887~1943)의 연구

① 전 세계의 식물 분포를 조사한 학자로, 농작물과 그들의 근연식물들을 수집하여 지리적 미분법으로 연구하고 우성 유전자중심설을 제안한 학자이다.

② 유전자중심설은 유전적 변이가 풍부한 지역이 1차 중심지로서 1차 중심지는 우성형질이 많고, 2차 중심지는 열성형질이 많다고 주장했다.

③ 바빌로프는 주요 작물의 재배기원 중심지를 8지구로 나누었다.

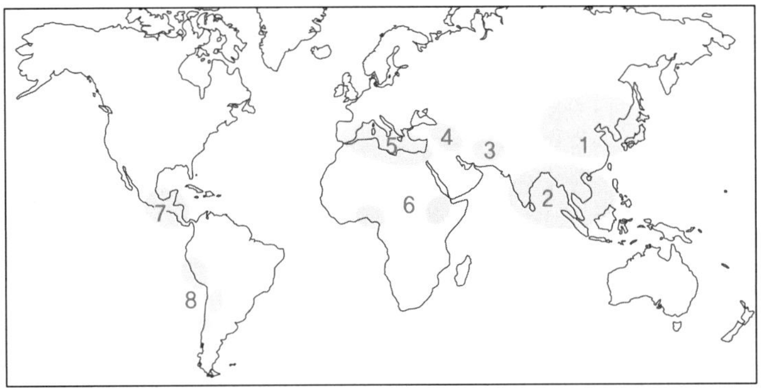

[그림 1-2] 작물의 기원중심지

[표 1-3] 작물의 원산지(바빌로프의 연구)

지역	작물 종류
1. 중국 지구	조, 메밀, 콩, 팥, 마, 인삼 등
2. 인도 · 동남아 지구	벼, 참깨, 사탕수수, 왕골, 오이 등
3. 중앙아시아 지구	밀, 완두, 마늘 등
4. 근동 지구 (코카서스, 중동지역)	빵밀, 보리, 귀리, 유채, 사과, 배 등
5. 지중해 연안 지구	완두, 유채, 사탕무, 양귀비 등
6. 에티오피아 지구 (중앙아프리카)	진주조, 수수, 수박, 참외 등
7. 멕시코, 중앙아메리카 지구	옥수수, 고구마, 과수, 두류, 후추 등
8. 남아메리카 지구	감자, 토마토, 고추, 담배, 호박 등

4. 작물의 분화

① 작물이 원래의 것과 다른 여러 갈래로 형성되어 갈라지는 현상을 '분화'라고 한다.

② 작물의 분화는 유전적 변이 → 도태와 적응 → 고립(격절 : 다른 특성을 만듦) → 품종의 단계를 거쳐 이루어진다.

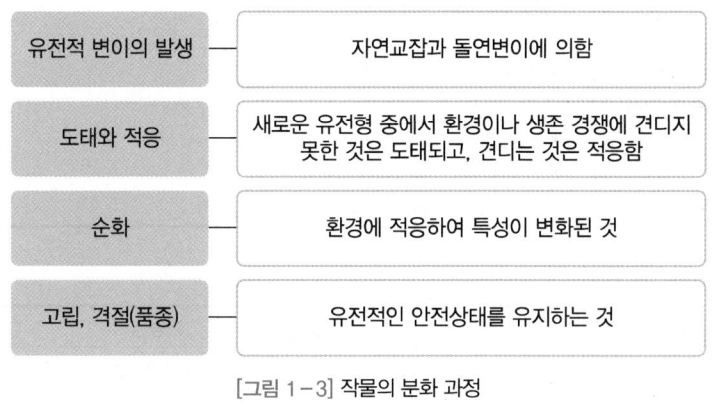

유전적 변이의 발생	자연교잡과 돌연변이에 의함
도태와 적응	새로운 유전형 중에서 환경이나 생존 경쟁에 견디지 못한 것은 도태되고, 견디는 것은 적응함
순화	환경에 적응하여 특성이 변화된 것
고립, 격절(품종)	유전적인 안전상태를 유지하는 것

[그림 1－3] 작물의 분화 과정

용어설명

- 분화 : 작물이 원래의 것과 다른 형태의 여러 갈래로 갈라지는 것
- 진화 : 분화로 인해 한층 높은 단계로 변화하고 발전하는 것
- 분화의 과정 : 자연교잡과 돌연변이를 통한 유전적 변이 발생 → 도태와 적응 → 순화 → 적응(고립, 격절) → 품종

02 작물의 분류와 품종

1. 식물학적 분류

① 지구상에 존재하는 작물의 종류는 2,500종으로, 그중 식용작물은 888종, 과채류나 과실류, 원예작물을 별도로 하면 식량작물은 약 169종이 있다.

- 작물의 종류 : 총 2,500종
- 식용작물 : 888종
- 조미료작물 : 186종
- 사료작물 : 327종
- 기호료작물 : 70종
- 채소작물 : 342종

※ 시대에 따라, 이용을 어떻게 하느냐에 따라 재배상 종류는 달라질 수 있음

② 작물은 볏과 식물, 콩과 식물, 배추과 식물, 국화과 식물, 가지과 식물 등으로 분류한다. 하지만 재배할 작물은 이용가치, 경제성, 재배성에 중심을 두고 분류해야 한다.

③ 식물학적 분류에 있어 린네(Carl von Linne)의 이명법을 따르며, 학명의 구성은 다음과 같다.

[표 1-4] 이명법에 따른 학명의 구성

구분	특징
이명법	㉠ 린네(Carl von Linne)가 1753년 출판한 『식물의 종』에서 제창한 것 ㉡ 속과 종의 이름을 붙여 명명한 것 ㉢ 작물은 식물학적인 분류와 다른 분류법을 조합하여 분류하는 것이 보통임
학명의 구성	㉠ 속명(屬名)과 종명(種名) • 속명 : 라틴어의 명사로서 첫 글자는 반드시 대문자로 표기 • 종명 : 소문자의 라틴어로 표기 ㉡ 종(種) 이하 • 아종(亞種) : subsp. 또는 ssp.(subspecies) • 변종(變種) : var.(varietus) • 품종(品種) : forma(=form., =f.)로 표기

[표 1-5] 식물 학명의 예

국명	속명	종명	변종명	명명자명
벼	*Oryza*	*sativa*	해당 안 됨	L.
소나무	*Pinus*	*densiflora*	해당 안 됨	SIEB ET ZUCC

2. 농업적 분류

① 용도에 따른 분류는 가장 보편적으로 사용되는 작물의 분류법에 해당된다.

② 농업적으로는 크게 용도, 생태적 특징, 재배이용에 따라 분류되는데 각각의 내용은 다음과 같다.

[표 1-6] 농업상 용도에 따른 분류

용도	생태적 특징	재배이용
• 식용작물 • 공예작물(특용작물) • 사료작물 • 녹비작물 • 원예작물	• 생존연한 • 생육계절 • 온도반응 • 생육형 • 저항성	• 작부방식 • 토양보호 • 경영 • 녹비, 사료 작물용도

1) 농업상 용도에 따른 분류 예

① 식용작물

구분	종류
곡식류	• 화곡류 : 쌀 등 • 맥류 : 보리, 밀, 귀리, 호밀 등 • 잡곡류 : 조, 옥수수, 수수, 기장, 피 등 • 두류 : 콩, 팥, 녹두, 완두, 땅콩 등
서류	• 감자, 고구마 등

② 공예작물(특용작물)

구분	종류
섬유작물	목화, 삼, 모시, 아마, 양마, 왕골, 수세미, 닥나무 등
유료작물	참깨, 들깨, 아주까리, 유채, 해바라기, 땅콩, 콩 등
당료작물	사탕수수, 단수수 등
약용작물	제충국, 인삼, 박하, 호프 등
전분작물	옥수수, 감자, 고구마 등
기호작물	차, 담배 등

③ 사료작물

구분	종류
볏과	옥수수, 귀리, 티머시, 오처드그라스, 라이그라스 등
콩과(두류)	알팔파, 화이트크로버 등
기타과	순무, 비트, 해바라기, 뚱딴지 등

④ 녹비작물

구분	종류
화복과	귀리, 호밀 등
콩과(두류)	자운영, 베치 등

⑤ 원예작물

구분		종류
과수	인과류	배, 사과, 비파 등
	핵과류	복숭아, 자두, 살구, 앵두 등
	장과류	포도, 딸기, 무화과 등
	건과류	밤, 호두 등
	준인과류	감, 귤 등
채소	과채류	오이, 호박, 참외, 수박, 토마토 등
	협채류	완두, 강낭콩, 동부 등
	근채류	무, 당근, 우엉, 토란, 연근 등
	경엽채류	배추, 양배추, 갓, 상추, 샐러리, 시금치, 미나리, 파 등
화훼 및 관상식물	초본류	국화, 코스모스, 달리아, 난초 등
	목본류	철쭉, 동백, 유도화, 고무나무 등

기출 20년 기사 1 · 2회 통합 45번

다음 중 협채류에 속하는 작물은?

① 동부 ② 토란
③ 우엉 ④ 미나리

답 ①

2) 생태적 특성에 따른 분류 예

구분		종류
생존 연한에 따른 분류	일년생 작물	벼, 옥수수, 대두 등
	월년생 작물	가을밀, 가을보리 등
	다년생 작물	호프, 아스파라거스 등
	이년생 작물	무, 사탕무 등
생육 계절에 따른 분류	하작물(夏作物)	대두, 옥수수 등
	동작물(冬作物)	가을보리, 가을밀 등
온도 반응에 따른 분류	저온작물	맥류, 감자 등
	고온작물	벼, 콩, 옥수수 등
생육형에 따른 분류	주형 작물	벼, 맥류 등
	포복형 작물	고구마 등
저항성에 따른 분류	내산성 작물	감자 등
	내건성 작물	수수 등
	내습성 작물	밭벼 등
	내염성 작물	사탕무, 목화 등

용어설명

- 동반작물 : 하나의 작물이 다른 작물에 어떠한 이익을 주는 조합 식물
- 청예작물 : 풋베기하여 주로 생초를 먹일 때 사용하는 작물

3) 재배이용에 따른 분류 예

구분		종류
작부방식에 따른 분류	대파작물	조, 메밀, 채소 등
	구황작물	조, 피, 기장, 메밀, 고구마, 감자 등
	흡작작물	옥수수, 수수, 알팔파, 스위트클로버 등
토양보호에 따른 분류	토양보호작물	피복작물 등
	토양조성작물	콩과 목초, 녹비작물 등
경영에 따른 분류	동반작물	금잔화 ↔ 토마토(해충을 막아줌)
	자급작물	쌀, 보리 등
	경제작물	담배, 아스파라거스, 촉성재배채소 등
녹비, 사료작물에 따른 분류	청예작물	청예보리, 청예호밀
	건초작물	티머시, 알팔파 등
	사일리지작물	옥수수, 수수, 풋베기콩 등
	종실사료작물	맥류, 옥수수 등

3. 작물의 품종

1) 품종의 개념과 구비 조건

① '품종'이란 작물 각각의 종류를 그 특성으로 다시 작게 나눈 단위의 명칭을 의미한다.

② 품종의 구비조건으로는 유전적으로 구별되는 구별성(Distinctiness)을 가지며, 실용상 지장이 없는 균일성(Uniformity)과 안전성(Stability)을 갖춘 개체군 또는 상업적 생산을 위해 재생 가능한 집단이어야 한다.

③ 품종 보호 요건으로는 신규성, 구별성, 균일성, 안정성, 고유한 품종 명칭 등이 있다.

④ 우량품종은 품종 중에서 재배적 특성이 우수한 것을 의미하며, 국가품종목록에 등재 및 생산, 판매할 수 있는 것을 말한다.

2) 계통의 개념

① 품종을 육성하기 위해 혼형 또는 혼계의 집단에서 유전형질이 서로 같은 집단을 다시 가려내는 것을 '계통'이라고 하며, 변이체의 자손을 말한다.

② 순계는 계통 중에 유전적으로 고정된 것(동형접합체)으로 우량순계를 골라 신품종으로 육성한다.

3) 변이의 종류

변이란 개체들 사이에서 형질의 특성이 다른 것으로 크게 유전변이와 환경변이가 있다.

① **유전변이** : 다음 세대 유전으로 유전변이가 크다는 것은 유전자형이 다양함을 의미한다.

② **환경변이** : 환경에 의한 환경변이는 유전되지 않는 것을 의미한다.

4) 불연속변이

꽃 색깔이 붉은 것과 흰 것으로 뚜렷이 구별되는 것으로 쉽게 선발되며 '질적 형질'이라고 한다.

5) 연속변이

① 키가 작은 것부터 큰 것에 이르기까지 여러 등급을 나타나는 것으로 '양적 형질'이라고 한다.

② 평균, 분산, 회귀, 유전력 등의 통계적 방법에 의해 유전분석을 하여 그 결과를 선발에 이용하게 된다.

6) 변이의 작성

① 작물을 육종하는 데 있어 형질을 개량하기 위해서 자연변이를 이용하거나 또는 인위적 변이를 일으켜 원하는 유전자형의 개체를 선발하여 품종을 육성한다.

② 변이의 작성에는 인공교배, 돌연변이 유발, 염색체 조작, 유전자 전환 등이 있다.

용어설명

동형접합체
상동염색체의 한 좌우에 존재하는 대립유전자가 서로 같은 경우를 의미한다.

기출 20년 기사 1 · 2회 55번

작물의 유전변이에 대한 설명으로 옳은 것은?

① 환경변이는 다음 세대에 유전한다.
② 연속변이를 하는 형질을 질적 형질이라고 한다.
③ 불연속변이를 하는 형질을 양적 형질이라고 한다.
④ 꽃 색깔이 붉은 것과 흰 것으로 구별되는 것은 불연속변이이다.

답 ④

CHAPTER 02

작물의 유전성

Key Word

생식의 의의 / 체세포분열 / 감수분열 / 화기구조 / 멘델의 법칙 / 유전자의 상호작용 / 유전자 재조합

01 작물의 유전

1. 생식의 의의와 특징

1) 생식의 의의

생물이 자신과 속성이 같은 새로운 개체를 만들어 내는 과정을 '생식'이라고 한다. 생명을 이어나가는 과정에는 영속성, 다양성, 적응성 등이 있다.

2) 생식의 과정

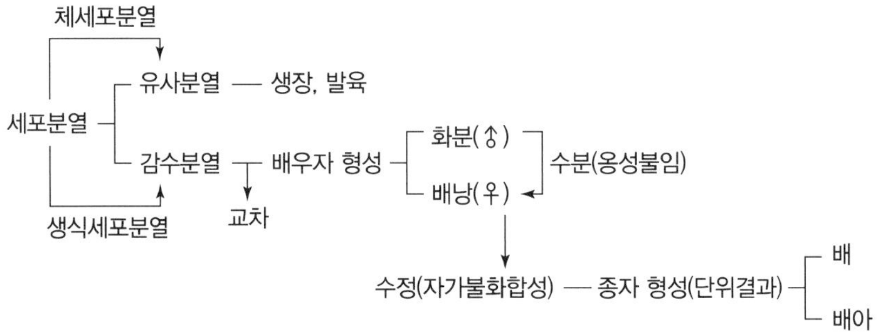

[그림 2-1] 생식의 과정

3) 생식의 이용

① 생식은 종자, 영양기관을 통해 이용된다. 또한 육종은 자식성 작물과 타식성 작물을 통해 개발되며 교배기술, 유전구성 등의 육종체제와 실내육종기술 개발 및 불임성과 단위결과에 이용된다.

② 유성생식을 하는 종자 번식작물은 주로 자식에 의해 번식하는 자식성 작물과 타식으로 번식하는 타식성 작물로 구분된다.

[표 2-1] 자식성 작물과 타식성 작물의 비교

자식성 작물	타식성 작물	자식과 타식을 겸하는 작물
자가 수정 (같은 개체에 암, 수 배우자의 수정)	타가 수정 (다른 개체에 생긴 암, 수 배우자 간의 수정)	대부분 자가 수정
자연교잡률 4% 이하	자식률 5% 정도	자연교잡률이 높음
화기의 구조적 원인	화분과 주두의 숙기 차이	화분의 특성
화기의 열개	자가불임	꿀샘
화분의 비산	이형예 현상	–
주두의 신장	자웅이주	–
벼, 보리, 콩, 완두, 밀 등	옥수수, 호밀, 딸기, 양파, 마늘 등	목화, 수수 등

기출 22년 기사 2회 42번

다음 중 자연교잡률이 가장 낮은 것은?

① 수수 ② 밀
③ 아마 ④ 보리

답 ④

2. 체세포분열과 감수분열의 차이

1) 체세포분열(유사분열)

① 복제된 염색분체가 분열하여 하나의 세포가 2개의 딸세포로 변화되는 과정으로 일정한 세포주기를 가지고 반복적으로 일어난다.

② 체세포분열은 전기, 중기, 후기, 말기로 구별되며 각 시기별 특징은 [표 2-2]와 같다.

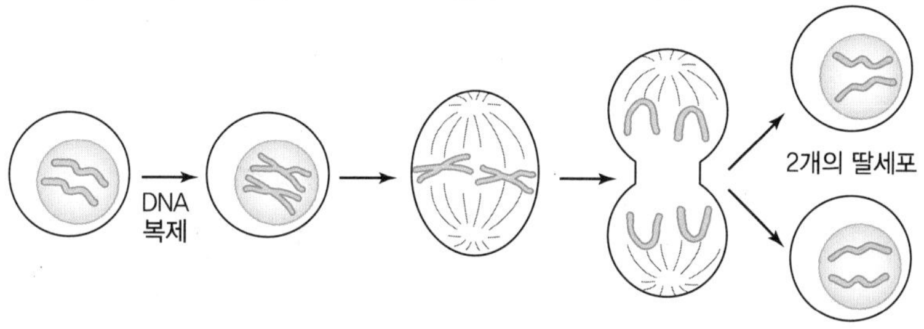

[그림 2-2] 체세포분열 모식도

[표 2-2] 체세포분열

구분	특징
전기(Prophase)	• 나선사가 꼬임으로써 염색체의 형태가 뚜렷이 보임 • 각 염색체는 2개의 염색분체(Chromatid)로 됨 • 전기가 끝날 때쯤 인(仁)과 핵막이 사라짐
중기(Metaphase)	• 방추사가 나타남 • 방추사는 염색체의 동원체(Centromere) 부위에 부착됨 • 염색분체들은 적도판에 평면으로 배열됨
후기(Anaphase)	• 각 염색체의 동원체가 분열됨 • 한 염색체에 있던 2개의 염색분체가 서로 분리됨 • 분리된 각각의 염색분체가 분열된 동원체에 부착됨 • 분리된 염색분체는 방추사에 의해 양극으로 끌려감

구분	특징
말기(Telophase)	• 염색분체의 이용이 끝난 후 복제된 동일한 두 염색체가 분리되어 한 세포 내에 ero의 동일 염색체군이 생성됨 • 각 염색체군 주위에 핵이 형성됨 • 인(仁)이 다시 생성됨 • 방추사는 사라짐 • 염색체는 꼬인 상태로 풀게 되며 중간기(Interphase)로 들어감 • 세포질이 분리되는 세포질분열이 일어남

2) 감수분열

감수분열은 반수체인 배우자를 만드는 특수한 세포분열로 생식기관의 생식모세포에 의해 이루어지며 연속적인 두 번의 분열을 거쳐 완성된다.

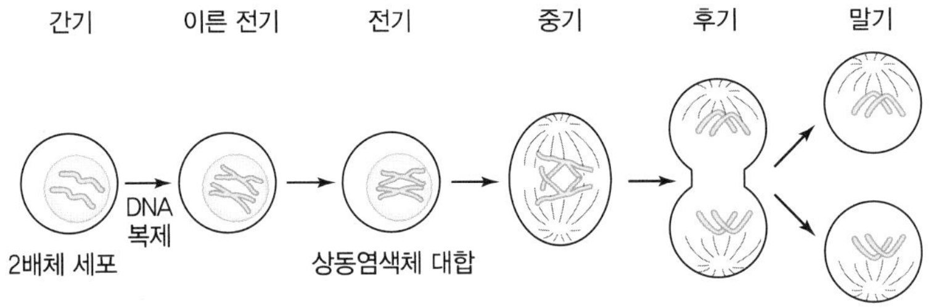

[그림 2-3] 감수분열의 모식도와 제1감수분열 전기

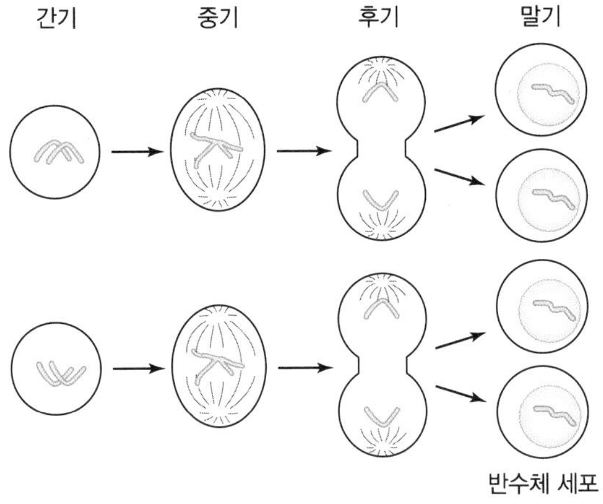

[그림 2-4] 제2감수분열의 모식도

3) 체세포분열과 감수분열의 비교

체세포분열과 감수분열의 주요 특징은 다음과 같이 비교할 수 있다.

[표 2-3] 체세포분열과 감수분열의 비교

체세포분열	감수분열
1회 분열 : 동수분열	2회 분열 : 감수분열 → 동수분열
낭세포의 염색체 수는 모세포와 동일함	모세포의 1/2
낭세포의 유전물질 함량은 모세포와 동일함	모세포의 1/2
접합이 일어나지 않음	접합이 일어남 → 키아즈마타(Chiasmata) 형성 → 유전 변이
접합자로부터 일생 동안 계속 분열됨	성숙한 후 1회 분열함
모든 체세포에서 분열	생식세포에서만 분열
유전물질의 균등분배가 이루어지고, 유전질의 영속성이 일어남	유전적 재조합 및 변이(다양성)와 적응성이 만들어짐

용어설명

키아즈마타(Chiasmata)
감수분열 중에 일어나는 염색분체(Chromatid) 간의 결합을 의미한다.

4) 아포믹시스

아포믹시스(Apomixis)란 mix가 없는 생식으로 유성생식 또는 거기에 부수되는 조직세포가 수정 과정을 거치지 않고 배가 만들어져 종자를 형성하는 생식방법으로, 무수정 종자 형성이라 한다.

① **부정배 형성** : 배낭을 만들지 않고 포자체(주심 또는 배주 껍질 등)의 조직세포가 직접 배를 형성한다.
② **무포자 생식** : 배낭를 만들지만 배낭의 조직세포가 배를 형성한다.
③ **복상포자 생식** : 배낭모세포가 감수분열을 하지 못하거나, 비정상적인 분열을 하여 배를 만든다.
④ **위수정 생식** : 수분의 자극을 받아 난세포가 배로 발달한다.

3. 화기 구조와 수분 · 수정 과정

식물의 생식기관은 크게 암술과 수술이 있고 여기서 생식모세포의 감수분열을 통해 배우자를 형성한다. 화기의 구조와 식물의 수분 및 중복수정 과정은 다음과 같다.

1) 화기의 구조

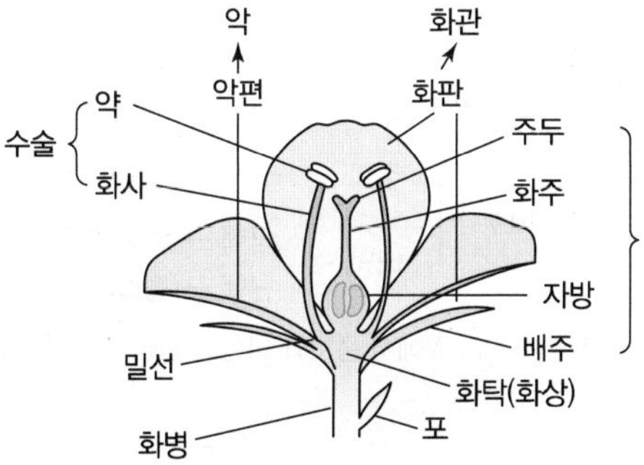

[그림 2-5] 화기의 구조

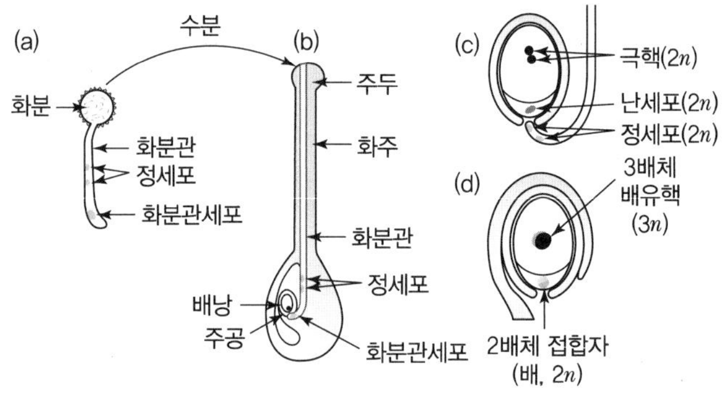

[그림 2-6] 피자식물의 수분과 중복수정 과정

2) 식물의 수분

수분은 성숙한 화분이 꽃밥에서 터져나와 직 · 간접적(물, 바람, 곤충 등의 매개체)으로 암술 머리로 옮겨가는 과정을 의미한다.

① **자가수분** : 한 개체의 화분과 암술 사이에 수분이 이루어지는 것

② **타가수분** : 서로 다른 개체 간에 수분이 이루어지는 것

3) 중복수정

수정은 수분된 암술 머리 위에 있는 화분이 발달하여 화분관을 내고 화분관을 따라 2개의 정세포가 배낭 안으로 들어가 수정을 하게 되는데, 이때 속씨식물은 2개의 정세포 중 하나의 난세포와 결합하여 접합자($2n$)를 만들고 다른 하나는 극핵과 만나 배유핵($3n$)을 만들게 된다. 이 과정을 '중복수정'이라고 한다.

4) 종자와 과실이 형성되는 과정

꽃의 각 부분에서 종자와 과실이 형성되는 과정을 정리하면 다음과 같다.

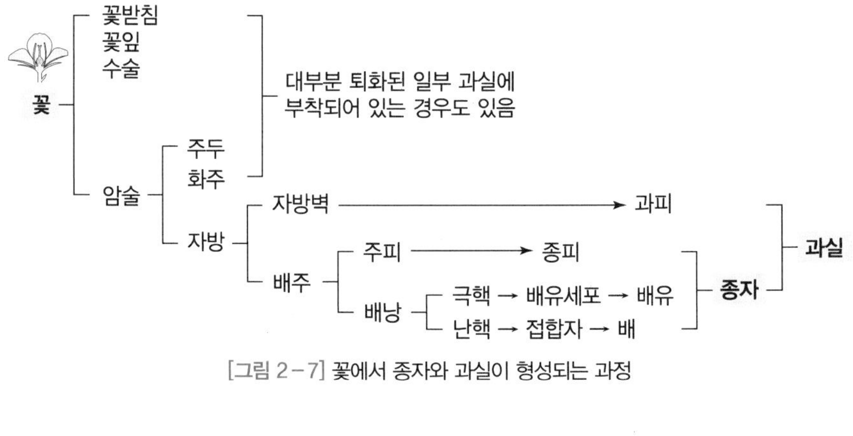

[그림 2-7] 꽃에서 종자와 과실이 형성되는 과정

5) 염색체의 구조와 수적 변이

생물을 구성하는 기본단위로는 세포가 있고 모든 세포에는 염색체가 존재한다. 염색체는 DNA와 단백질로 구성되고, DNA는 유전물질로 되어 있다.

① 염색체는 DNA를 포함하는 구조로서 체세포의 염색체 수는 두 세트($2n$)로, 염색체 수는 일정하다.

• 보리, 밀=14	• 옥수수=20	• 참깨=26	• 벼=24
• 밀=42	• 감자, 담배=48	• 고구마=90	

② 보리의 체세포 염색체 수는 14개($2n=14$)이며, 생식세포(배우자)에는 그 절반인 7개($n=7$)가 있다. 보리의 생존을 위한 염색체 수는 배우자에 있는 7개이며, 이 염색체 세트를 '게놈(Genome)'이라고 한다.

• 보리 : 7	• 벼=12	• 옥수수=10

6) 이형유성 생식

단위생식을 하는 경우에는 다음의 4가지 형태로 진행된다.

① **무배생식** : 난세포 이외의 핵(반족세포나 조세포의 핵)이 발달하여 배를 형성하는 경우

② **단성생식** : 수정되지 않은 난세포가 단독적으로 배를 형성하는 경우

③ **무핵란생식** : 핵을 잃은 난세포의 세포질 속에 웅핵이 들어가 단독으로 발육하여 배가 되는 경우

④ **위수정** : 종 간 또는 속 간 교배를 할 때 수정이 제대로 되지 않았지만 이종화분의 자극을 받아 난세포의 발육이 촉진되어 배가 형성되는 경우, 즉 수정이 안 되어도 수정의 효과를 나타내는 경우

7) 자가불화합성과 웅성불임성

생식 과정에서 작물은 환경적 또는 유전적 원인에 따라 개화와 결실을 이루지 못하는 경우가 있는데, 이것을 '불임성'이라고 한다.

(1) 불임의 형태

① **환경적 불임** : 영양, 광선, 온도, 병해충, 수분 등 환경에 의한 불임

② **유전적 불임**

- 자가불화합성, 타가부화합성 등에 의한 불임
- 교잡에 의한 불임 : 종내잡종(Japonica, Indica)
  종외잡종(밀, 호밀)

(2) 유전적 불임의 원인

유전적 원인에 의한 불임은 원인에 따라 3가지로 나뉜다.

① 생식기관에 의한 불임

- 자성불임
- 웅성불임
  - 세포질유전자적 웅성불임
  - 세포질적 웅성불임
  - 유전자적 웅성불임

② 불화합성에 의한 불임

- 타가불화합성
- 자가불화합성
  - (a) 배우자 자가불화합성
  - (b) 접합자 자가불화합성
    - 동형예 접합자 자가불화합성
    - 이형예 접합자 자가불화합성

③ 교잡에 의한 불임

- 종내잡종불임성
- 종외잡종불임성

4. 유전자의 상호작용

1) 대립유전자

① **완전우성** : 이형접합체에서 우성형질만 나타남(F_2는 3 : 1로 분리됨)

② **불완전우성** : 이형접합체가 양친의 중간형질(F_2는 1 : 2 : 1로 분리됨)

③ **공우성** : 이형접합체에 두 대립유전자의 특성이 모두 나타남(F_2는 1 : 2 : 1로 분리됨)

2) 복대립유전자

부모 양쪽으로부터 하나씩 2개의 대립유전자만을 받지만 하나의 유전자 좌우에는 많은 대립유전자가 있다. 한 개체군이 특정 유전자에 대해 2개 이상의 대립유전자를 가질 경우 한 개체는 하나의 유전자에 대해 오직 2개의 대립유전자만 갖는다.

3) 비대립유전자

비상동염색체에 있는 유전자에 의해 표현되는 형질은 서로 독립적으로 유전한다. 2쌍 이상의 유전자가 1개의 형질에 관여할 때 형질이 발현되는 생리적 상호작용이 일어나는데 정상적인 분리비와는 다른 분리가 일어나게 된다.

① **보족유전자** : F_2가 9 : 7로 분리됨

② **중복유전자** : F_2가 15 : 1로 분리됨

③ 복수유전자, 억제유전자, 피복유전자, 조건유전자, 주동유전자, 변경유전자 등이 있음

02 작물의 육종

1. 육종의 기본과정

작물에 있어서 육종의 목표는 목표형질의 유전 변이를 만들고, 우량한 유전자형을 선발하여 신품종을 육성하고, 이를 증식 및 보급하는 과정의 기술이다. 육종 과정에서는 육종 목표를 설정한 후 신품종의 보급까지 다음의 단계를 거친다.

육종 목표 설정
↓
육종재료 및 육종방법 결정
↓
변이 작성
↓
우량계통 육성
↓
생산력 검정
↓
지역적응성 검정/신품종 결정 및 등록
↓
종자 증식/신품종 보급

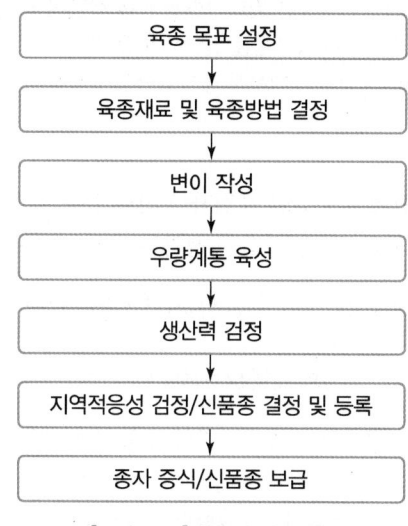

[그림 2-8] 육종의 기본과정

2. 자식성 작물의 육종

1) 자식성 작물 집단의 유전적 특성

① 이형집합체(F_1, Aa)를 자식하면 F_2의 유전자형은 동형접합체와 이형접합체가 1/2씩 존재한다.

Aa × Aa (F_1)
↓
AA, Aa, Aa, aa(동형 1/4 AA, 1/4 aa) → 1/2
(이형 Aa) → 1/2

② 이때 모두 자식하면 동형집합체는 똑같은 유전자형을 생산하게 된다.

③ 이형집합체는 다시 분리되어 → 1/2(1/2 Aa) = 1/4(Aa)로 되어 F_2보다 1/2 감소 → 이후 세대도 자식에 의해 1/2씩 감소한다.

- 자식성 작물은 자식에 의해 집단 내에 이형접합체가 감소한다.
- 잡종집단에서 우량유전자형을 선발하는 과정 중 하나이다.

2) 자식성 작물의 육종방법

(1) 순계선발

① 분리육종

재래종 집단에서 우량한 유전자를 분리하여 품종으로 육성하는 것을 의미한다.

분리육종의 주요 특징
- 자식성 작물의 분리육종은 개체선발을 통해 순계를 육성한다.
- 타식성 작물의 분리육종은 집단선발을 통해 집단개량을 한다.
- 영양번식작물의 경우 영양계를 선발하여 증식한다.
- 자식성 작물의 재래종은 대부분 동형집합체가 증가하게 된다.

② 교배육종

㉠ 재래종 집단에서 우량한 유전자를 선발할 수 없을 때 인공교배로 새로운 유전 변이를 만들어 신품종을 육성하는 것을 의미한다.

- 조합육종 : 서로 다른 품종이 별도로 가지고 있는 우량형질을 교배를 통해 한 개체 속에 조합하는 것을 말한다.
- 초월육종 : 같은 형질에 대해 양친보다 더 우수한 특성이 나타나는 것을 말한다.

㉡ 잡종세대를 취급하는 방법 : 계통육종, 파생계통육종, 집단육종, 1개체 1계통 육종

- 계통육종법 : 잡종의 분리세대인 제2대(F_2) 이후 개체선발과 선발개체별 계통재배를 계속하여 계통간의 우열을 판단 후 선발과 고정의 과정을 거쳐 순계를 만드는 육종방법이다.

계통육종법의 활용
- 자가수분 작물의 분리 개체군에서 원하는 형질의 작물을 선발하여 활용하는 데 쓰인다.
- 새로운 우수 재조합형 선발육종에 활용된다.
- 선발된 품종의 특정 약정을 수정할 때 사용한다.
- 질병저항성 및 숙기 조절 등의 특정한 부분을 향상시키기 위해 활용된다.

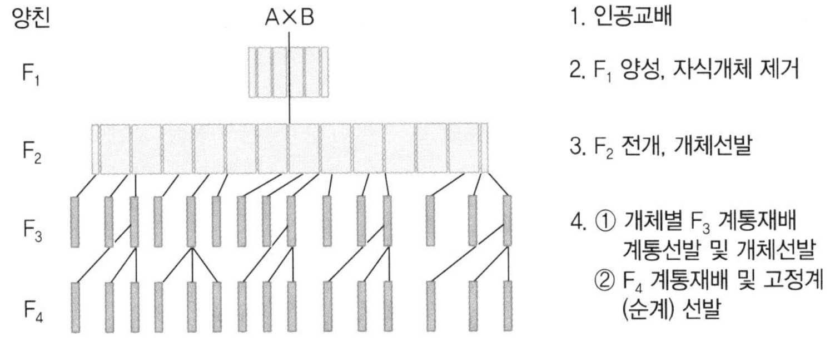

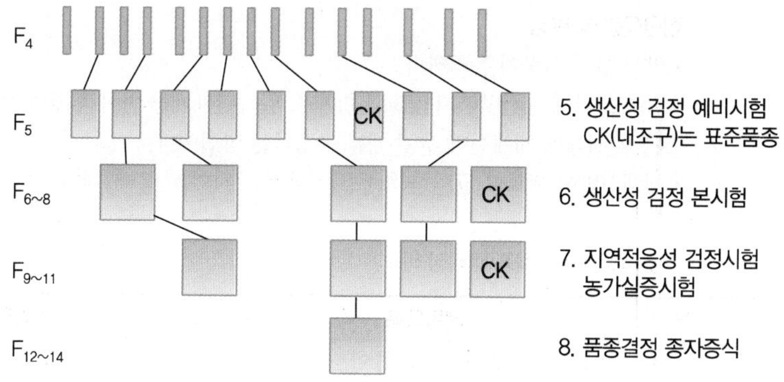

[그림 2-9] 계통유종법의 과정

출처 : 박준직 외(2002). 재배식물육종학. 한국방송통신대학교 출판부

• 집단육종법 : 형질이 고정된 순계 라인을 선발하는 과정, 즉 자식성 식물의 양적 형질을 개량 이용하는 육종방법이다. 교잡으로 만든 잡종을 선발하지 않고 혼합채종과 집단재배를 반복하여 집단의 동형접합성을 높인 후 후대 원하는 특성을 갖추고 개체를 선발하여 순계를 만드는 육종방법이다.

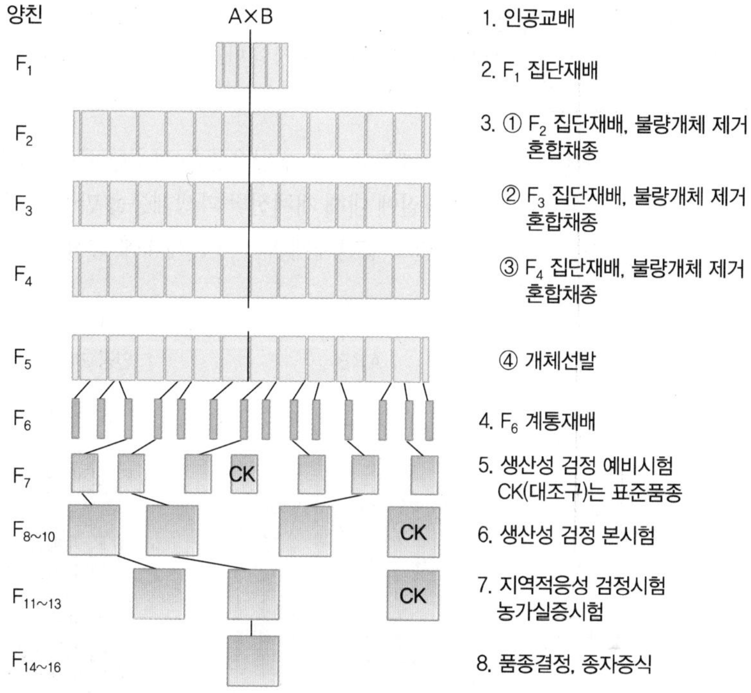

[그림 2-10] 집단육종법 과정

출처 : 박준직 외(2002). 재배식물육종학. 한국방송통신대학교 출판부

집단육종의 특징
- 양적 형질 개량에 유리하다.
- 잡종 초기에는 선발하지 않고 혼합채종 후 집단재배를 반복 후 동형집합체가 80%가 된 후 세대에 개체선발 후 순계를 육성하는 방법이다.
- 개체선발이 빠르고 균일한 육종을 진행하는 시기는 F_5~F_6세대이다.

[표 2-4] 계통육종과 집단육종의 특징 비교

구분	계통육종	집단육종
선발효과	• 유용유전자 상실 우려가 있으므로 초기 육종에 선발해야 한다. • 유전자 수가 적은 질적 형질의 개량에 효율적이다. • 세대 선발을 F_2세대부터 시작하므로 출수기, 줄기 길이, 내병성 등 육안으로 특성 검정이 용이한 형질의 선발에 효과적이다.	• 동형집합형이 후기세대로 갈수록 증가하므로 유전자형과 표현형의 식별이 편리하다. • 잡종 초기 세대에 선발하지 않고, 집단재배하기 때문에 유용유전자의 상실이 적다. • 같은 수량의 양적 형질의 개량에 유리하다.
육종 및 연한	• F_2세대 이후 개체선발과 계통선발에 특성검정에 많은 시간과 노력이 소요된다. • 육종전문가의 능력에 따라 선발의 정확도가 달라진다. • F_3, F_4 세대의 계통 수에 따라 포장의 면적이 달라질 수 있다.	• 자연선택은 F_2부터 이용 가능하다. • 시설재배 시 세대 촉진이 유리하다. • 집단재배 시기가 필요하므로 육종 규모 및 육종 연한은 길어진다.

TIP

계통육종과 집단육종의 비교 정리

계통육종	집단육종
질적 형질	양적 형질
유용유전자 X	유용유전자 O
관리, 선발에 많은 노력과 시간, 경비 발생	별도의 관리 및 선발의 노력이 필요 없음
육종규모, 육종연한이 짧음	육종규모, 육종연한이 길
유종효과가 빠름	잡종집단
육종 간의 안목	선발안목 중요

- 파생계통육종법 : 계통육종과 집단육종을 절충한 육종방법이다. 즉, F_2(또는 F_3)에서 질적 형질에 대해 개체선발 파생계통을 만들고 집단재배를 하는 것으로 파생계통별로 집단재배 후 F_5~F_6세대에 양적 형질에 대해 개체선발을 한다.

TIP

파생계통육종법의 특징

개체선발과 파생계통 선발로 계통육종의 장점을 살리면서 또한 파생계통의 집단재배에 의해 집단육종의 장점을 겸하고자 하는 육종방법

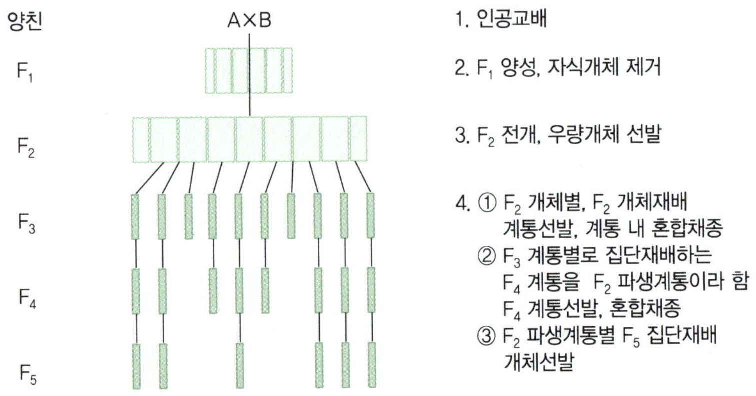
양친
A×B
F1
F2
F3
F4
F5
1. 인공교배
2. F1 양성, 자식개체 제거
3. F2 전개, 우량개체 선발
4. ① F2 개체별, F2 개체재배 계통선발, 계통 내 혼합채종
② F3 계통별로 집단재배하는 F4 계통을 F2 파생계통이라 함 F4 계통선발, 혼합채종
③ F2 파생계통별 F5 집단재배 개체선발

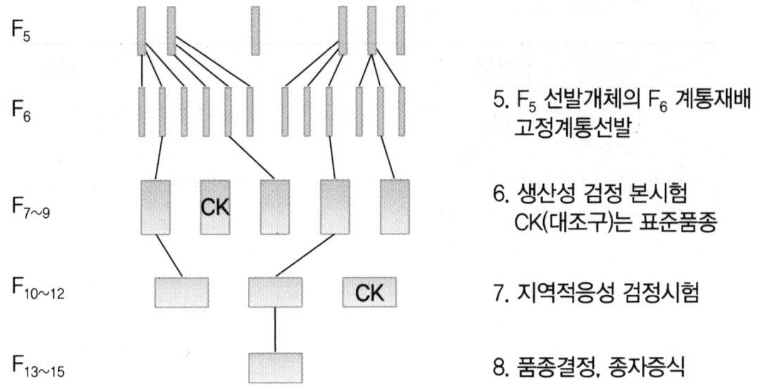

[그림 2-11] 파생계통의 육종 과정

출처 : 박준직 외(2002). 재배식물육종학. 한국방송통신대학교 출판부

- 1개체 1계통 육종 : F_2~F_4에 세대마다 모든 개체로부터 1립씩 채종한 후 집단 재배하고, F_4 각 개체별로 F_5 계통재배를 실시한다. 그러므로 F_5 각 계통은 F_2 각 개체로부터 유래했다고 보면 된다. 1개체 1계통 육종은 집단육종과 계통육종을 절충한 육종방법으로, 온실과 같은 시설에서 활용하기에 유용하다.

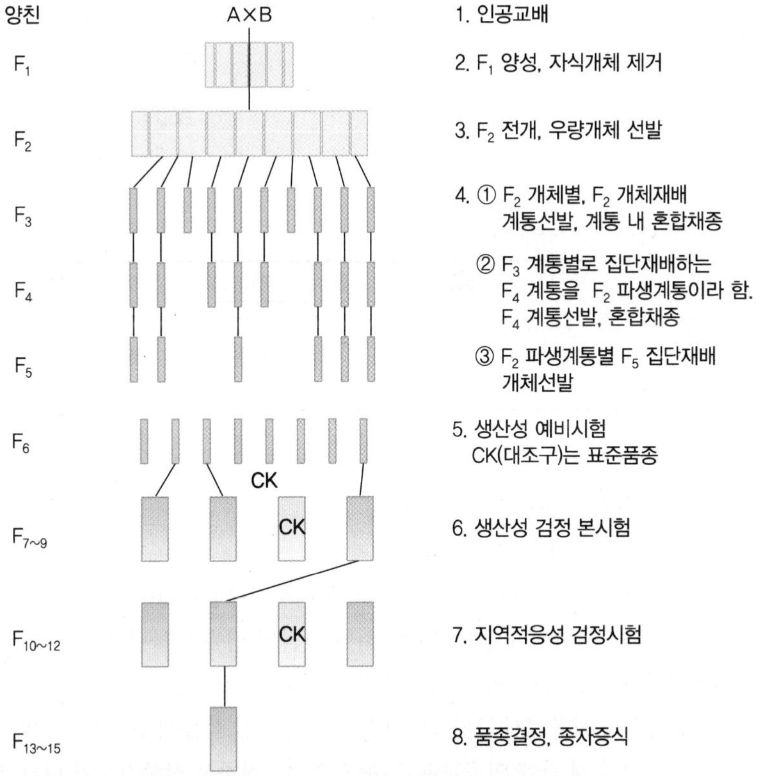

[그림 2-12] 1개체 1계통 육종 과정

출처 : 박준직 외(2002). 재배식물육종학. 한국방송통신대학교 출판부

[표 2-5] 1개체 1계통 육종의 장단점

장점	단점
• 1개체 1립의 채종으로 면적이 적게 들고 많은 조합을 얻을 수 있음 • 잡종집단 내 모든 개체가 유지되므로 유용한 유전자를 잃어버릴 걱정이 없음 • 유전적으로 강한 형질의 개체 선발이 가능함 • 잡종 후기 선발 시 동형집합체의 경우가 많아져 고정된 개체 선발에 용이함	• 폴리진(형질 발현에 관계하는 유전자) 유전자나 유전력이 낮은 형질은 선발할 수 없음 • 밀식재배로 경쟁력이 약한 유전자형은 없어지기 쉬움

TIP

여교배육종의 조건
- 만족할 반복친이 있어야 함
- 형질의 특성이 변하지 않아야 함
- 여러 번 교배에도 반복친의 성격을 갖고 있어야 함

- 여교배육종법 : 여교배육종은 양친 A와 B를 교배한 F_1을 양친 중 하나와 재교배하는 것으로 우량품종의 약점을 개선하기 위해 활용하는 육종방법이다. 여교배를 여러 번 할 때 처음 단교배에 한번만 사용한 교배친을 '1회친'이라 하고 반복해서 사용하는 교배친을 '반복친'이라고 한다. 우리나라의 벼품종 '통일찰'벼는 이 방법으로 육성되었다.

A × B
F_1 × A
↓
BC_1F_1 × A
↓
BC_2F_1 × A
⋮
BC_6F_1

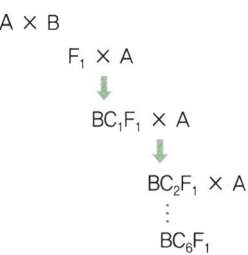

[그림 2-13] 여교배육종법의 과정

기출 20년 기사 4회 51번

[(A×B)×B]×B로 나타내는 육종법은?

① 다계교잡법
② 여교잡법
③ 파생계통육종법
④ 집단육종법

답 ②

[표 2-6] 여교배육종법의 장단점

장점	단점
• 계속적인 교배를 통해 원하는 형질만 선발하므로 육종의 효과가 큼 • 여러 형질의 특성검정을 하지 않아도 됨	반복친으로 연속교배하므로 목표형질 외에 다른 형질의 개량은 어려움

3. 타식성 작물의 육종

1) 타식성 작물 집단의 유전적 특성

타식성 작물은 주로 타가수분을 하기 때문에 이형집합체이며 이런 타식성 작물을 인위적으로 자식시키거나 근친교배를 하면 작물의 생육이 불량해지고 생산성이 떨어지는데 이것을 '근교약세' 또는 '자식약세'라고 한다.

이런 타식성 식물에서 근친교배 또는 자식약세한 식물체 간에 인공교배를 하거나 자식성 식물의 순계 간에 인공교배를 하면 그 1대 잡종은 잡종강세가 나타난다.

자식이나 근친교배를 하여 동형집합체 비율이 높아지면 집단의 적응도가 떨어지기 때문에 타가수분을 통해 적응에 유리한 이형집합체를 확보한다.

용어설명

이형집합체
어떤 특정한 특성형질을 나타내는 대립유전자가 서로 다른 경우를 의미한다.

[표 2-7] 타식성 작물 집단의 유전적 특성

구분	특성	
자식약세 (근교약세)	타식성 작물을 인위적으로 자식시키거나 근친교배를 하면 작물체의 생육이 불량해지고 생산성이 떨어지는 것	
	원인	• 이형접합체가 동형접합체로 된다. • 이형접합체의 열성유전자가 분리된다.
잡종강세	• 근친교배로 약세화한 작물체 또는 빈약한 자식계통끼리 교배하면 그 F_1은 양친보다 왕성한 생육을 나타내는 것 • 타식성 작물이 자식성 작물보다 더 많음 • 유전거리 멀수록 잡종강세 큼	
	원인	• 우성성 : F_1에 집적된 우성유전자들의 상호작용에 의하여 잡종강세가 나타나는 것 • 초우성성 : 잡종강세유전자가 이형접합체로 되면 공우성이나 유전자 연관에 의하여 잡종강세가 발현

TIP

타식성 작물
- 근친교배
- 근교약세
- 자식약세
- 잡종강세

TIP

잡종강세의 원인
- 우성설 : F_1에 집적된 우성 유전자들의 상호작용을 통해 잡종강세가 나타난다.
- 초우성설 : 잡종강세유전자가 이형집합체(F_1)가 되면 공우성이나 유전자 연관 등으로 잡종강세가 발현한다.

2) 타식성 작물의 육종방법

타식성 작물의 육종방법에는 집단선발과 순환선발, 합성품종 등이 있다.

[표 2-8] 타식성 작물의 육종방법

종류	특징
집단선발	• 순계선발을 하지 않고 집단선발 또는 계통 집단선발을 한다. • 기본집단에서 우량개체를 선발, 혼합채종하여 집단재배하고, 집단 내의 우량개체 간에 타가수분을 유도함으로써 품종을 개량한다. • 다른 품종(집단)의 화분이 수분되는 것을 방지하기 위해 격리가 필요하다.
계통집단선발	• 기본집단에서 선발한 우량개체를 계통재배하고, 거기서 선발한 우량계통을 혼합채종하여 집단(품종)을 개량하는 방법이다. • 집단선발보다 육종효과가 확실하다.
순환선발	우량개체를 선발하고 그들 간에 상호교배를 함으로써 집단 내에 우량유전자의 빈도를 높인다. ㉠ 단순순환선발 기본집단에서 선발한 우량개체를 자가수분하고, 동시에 검정친과 교배한다. • 일반조합능력을 개량한다. • 3년 주기 ㉡ 상호순환선발 • 두 집단 A, B를 동시에 개량하는 방법이다. • 서로 다른 대립유전자가 많을 때 효과적이다. • 일반조합능력, 특정조합능력을 함께 개량한다. • 3년 주기
합성품종	• 여러 개의 우량계통(5~6개의 자식계통)을 격리포장에서 자연수분 또는 인공수분으로 다계교배(여러 개의 품종이나 계통을 교배하는 것)시켜 육성한 품종을 의미한다. • 여러 계통이 관여된 것으로 세대가 진전되어도 비교적 높은 잡종강세이다. • 유전적 폭이 넓기 때문에 환경 변동에 대한 안정성이 높다. • 자연수분에 의하여 유지와 채종노력과 경비가 절감된다. • 영양번식이 가능한 타식성 사료작물에 널리 이용된다.
성군집단선발	특성에 차이가 있는 몇 가지 군으로 나누어서 선발하는 분리육종 방법이다.

4. 영양번식작물의 육종

1) 영양번식작물의 유전적 특성

① 배수체가 많으며 감수분열 때 다가염색체를 형성하기 때문에 불임률이 높다.

② 영양계에서는 이형접합성이 높다. 즉, 1대 잡종의 유전자형을 유지한 채 영양번식에 의하여 증식되므로 잡종강세를 나타낸다.

③ 실생묘(영양번식작물로부터 얻은 종자가 발아한 어린 작물체)는 유전자형이 분리된다.

2) 영양번식작물의 육종방법

① 동형접합체, 이형접합체는 영양번식에 의하여 영양계의 유전자형을 그대로 유지한다.

② 영양계선발 조건

- 교배나 돌연변이에 의한 유전변이 또는 실생묘 중에서 우량한 것을 선발한다.
- 삽목이나 접목으로 증식하여 신품종을 육성한다.
- 바이러스무병 개체를 얻기 위해 생장점을 무균배양한다.

5. 1대 잡종품종의 이점과 육성방법

기출 20년 기사 3회 51번

작물 품종의 잡종강세에 대한 설명으로 옳은 것은?

① 양친 식물보다 자식 식물의 생육이 약하다.
② 양친 식물보다 자식 식물의 생육이 왕성하다.
③ 양친 식물과 자식 식물의 생육이 같다.
④ 벼와 같은 작물에서 많이 발생한다.

답 ②

1) 1대 잡종 육종

잡종강세가 큰 교배조합의 1대 잡종(F_1)을 품종으로 육성하는 육종방법으로, 장점 및 특징은 다음과 같다.

[표 2-9] 1대 잡종 육종 장점 및 특징

장점	특징
• 균일한 품질의 종자 및 수량을 증대시킬 수 있으며, 우성 유전자를 활용하기 유리함 • 새로운 F_1 종자를 파종하므로 종자산업에 도움이 됨	• 타식성 작물인 옥수수, 배추, 무 등에 이용되기 시작하다 박과나 가지과 채소의 재배에 널리 이용되고 있음 • 최근에는 자식성 작물인 벼, 밀의 웅성불임성 등을 이용하여 1대 잡종품종을 육성하고 있음 • 잡종강세가 큰 교배조합 선발과 F_1 종자를 대량생산할 수 있는 채종기술이 중요함 • 경제성이 있는 F_1 종자의 채종을 위해 자가불화합성과 웅성불임 등을 활용함

2) 1대 잡종육성(=자연수분품종)방법

1대 잡종강세 육종방법은 조합능력, 품종 간 교배, 자식계통 간 교배로 구분한다.

(1) 조합능력

조합능력	1대 잡종(F_1)에서 잡종강세를 나타내는 교배친의 상대적 능력
일반 조합능력	어떤 자식계통이 다른 많은 검정계통과 교배되어 나타나는 1대 잡종의 평균 잡종강세
특정 조합능력	특정한 검정친과 교배된 1대 잡종에서만 나타나는 잡종 강세

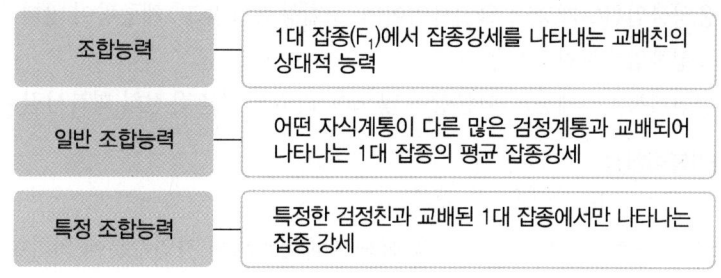

[그림 2-14] 조합능력의 구분

(2) 품종 간 교배

1대 잡종품종 육성은 자연수분품종 간에 교배 또는 자식계통(동형접합체 또는 같은 유전자형으로부터 유래한 계통) 간에 교배를 하거나, 여러 자식계통으로 합성품종을 만드는 방법이다.

[표 2-10] 자식계통 간의 교배

단교배	3원교배	복교배
A × B 1대 잡종품종 (특징 : 채종량이 적고, 종자가 비쌈)	A × B F_1 × C 1대 잡종품종	A × B　　C × D □　　　□ F_1　×　F_1 □ 1대 잡종품종

(3) 자식계통 간 교배

이형접합성이 높을 때 크게 나타나는데 동형접합체인 자식계통을 육성하여 교배친으로 이용한다.

- 자식계통 육성, 즉 자식, 형매교배로써 단교배, 3원교배, 복교배가 있다.
- 단교배는 잡종강세가 가장 크며, 채종량은 적고, 종자가격이 비싸다.
- 3원 교배, 복교배는 사료작물에서 이용된다.

3) 1대 잡종(F_1) 종자의 채종

1대 잡종(F_1) 종자는 채종 시 인공교배, 식물의 웅성불임성, 자가불화합성 등을 활용한다.

인공교배	웅성불임성 이용	자가불화합성 이용
오이, 수박, 호박, 멜론, 참외, 토마토, 가지, 피망 등	당근, 상추, 고추, 쑥갓, 파, 양파, 옥수수, 벼, 밀 등	무, 양배추, 배추, 브로콜리, 순무 등

[그림 2-15] 1대 잡종(F_1) 종자의 채종방법

기출 20년 기사 1 · 2회 통합 57번

1대 잡종 품종에서 잡종강세가 가장 크게 나타나는 것은?

① 단교배 종자
② 3원교배 종자
③ 복교배 종자
④ 합성품종 종자

답 ①

기출 20년 기사 1 · 2회 50번

자가불화합성을 이용하는 작물로만 나열된 것은?

① 벼, 고추　② 밀, 옥수수
③ 배추, 무　④ 감자, 상추

답 ③

(1) 웅성불임성

- 웅성불임친(A계통) : 완전불임이며, 조합능력이 높고, 채종량이 많다.
- 웅성불임유지친(B계통)
- 임성회복친(C계통) : 화분량이 많으며, F_1의 임성을 온전히 회복시킬 수 있다.

(2) 자가불화합성

- 무, 순무, 배추, 양배추, 브로콜리
- S유전자형이 다른 자식계통을 함께 재배함으로써 자연수분에 의하여 자방친과 화분친 모두 F_1 종자를 채종한다.
- 뇌수분
- 꽃봉오리 때 수분하는 것
- 3~10%의 이산화탄소
- 전기자극, 노화수분, 지연수분

5. 배수성 육종, 돌연변이 육종

1) 배수성 육종

배수성 육종은 배수체의 특성을 이용한 신품종 육성방법이다. 배수성 육종은 3배체 이상의 배수체는 2배체에 비해 세포와 기관이 크기 때문에 병해충에 대한 저항성이 커지고 함유성분이 증가하는 등 형질 변화가 일어나게 된다.

기출 21년 기사 2회 43번

작물의 배수성 육종 시 염색체를 배가시키는 데 가장 효과적으로 이용되는 것은?

① Colchicine
② Auxin
③ Kinetin
④ Ethylene

답 ①

TIP

콜히친의 작용
분열 중인 세포의 방추체 형성, 동원체 분할, 방추사 등의 발달을 방해하는 역할을 한다.

[표 2-11] 배수성 육종의 특징

콜히친의 작용	동질배수체	이질배수체	반수체
• 방추체 형성 안 함 • 동원체 분할 안 됨 • 방추사의 발달하지 않음 • 복제된 염색체가 양극으로 분리되지 못하여 4배성 세포생성	• 3배체와 4배체를 육성 • 종자가 맺히지 않음 • 사료작물 → 이탈리안 라이그래스, 퍼레니얼 라이그래스, 레드클로버 • 화훼류 → 피튜니아, 플록스, 금어초	• 동질4배체로 만들어 교배 • 이종게놈의 양친을 교배한 F_1의 염색체를 배가함 • 체세포를 융합 • 트리티케일(밀X호밀, 최초의 속간잡종) • 하쿠란(배추X양배추, 최초의 종간잡종)	• 생육이 불량함 • 완전불임 → 실용성이 없음 • 반수체의 염색체를 배가하면 곧바로 동형접합체를 얻음 • 상동게놈이 1개뿐이므로 열성형질을 선발하기 쉬움 • 화성벼 → 반수체육종(화분배양)에 의하여 육성된 최초의 품종

2) 종속 간 교배육종법

(1) 종속 간 교배육종법

- 게놈이 서로 다른 종속 간 인공교배를 하여 얻은 잡종을 말하며 다른 종의 우량유전자를 도입할 수 있고, 양친에는 없는 아주 새로운 형질의 발현을 기대할 수 있다.
- 종속 간 교배육종에서 야생종의 세포질에 목표형질이 있을 경우 야생종(재래종)을 모본으로 사용이 가능하다.

(2) 종속 간 교배의 특징

- 교잡하기가 어려우며 잡종식물의 높은 불임성을 가지고 있다. 특히 양친 간 게놈의 차이 때문에 감수분열이 제대로 이루어지지 않아 잡종식물의 불임률이 높다.
- 위잡종이 생기기 쉽고, 양친 게놈의 부조화, 잡종배와 주변세포의 부조화로 진정잡종종자를 얻기 어렵고, 진정잡종이 생기더라도 종자립이 매우 잘아서 발아하기 곤란하다.
- 도입하려는 우량유전자가 불량유전자가 되기 쉽다.

(3) 활용방법

- 아직 수분되지 않은 자방으로부터 배주를 분리하여 시험관의 배양배지에 치상하고, 직접 화분을 수분시킨 다음 기내배양하는 기내 수분 방법을 활용한다.
- 수정된 배가 퇴화하기 전에 분리하여 기내배양시키는 방법인 배배양, 배주배양(자방배양)을 활용한다.

3) 돌연변이 육종

(1) 돌연변이 육종의 특징

- 식물체 또는 기존 품종 종자의 돌연변이 유발원(방사선 또는 화학물질 등으로 처리)을 처리 후 변이를 일으켜 특정한 형질만 변화시키거나 또는 새로운 형질의 변이체를 골라 신품종에 활용하는 방법이다.
- 돌연변이율이 낮고 열성 돌연변이가 많으면 돌연변이 유발장소를 제거할 수 없다.
- 교배육종이 어려운 영양번식작물에 유리한 육종법이다.

(2) 돌연변이 육종의 장점

- 단일유전자만 변화시킬 수 있으며 방사선을 처리하면 불화합성이던 것을 화합성으로 변하게 할 수 있다.
- 처리하여 염색체를 절단하면 연관군 내의 유전자들을 분리시킬 수 있어 새로운 유전자를 만들어 낼 수 있다.
- 인위적인 방법을 통해 영양번식작물도 유전적 변이를 일으킬 수 있다.

(3) 영양번식작물의 돌연변이 육종

- 돌연변이육종은 교배육종이 어려운 영양번식작물에 유리하며, 특히 이형접합성이 높은 영양번식작물은 돌연변이를 일으키면 즉시 동형접합성 세포가 생성된다.
- 체세포돌연변이를 쉽게 얻을 수 있다.

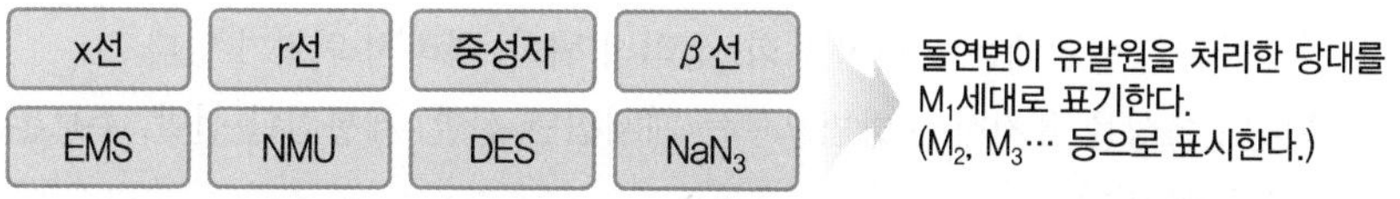

[그림 2-16] 돌연변이 유발원

기출 20년 기사 4회 52번

우량품종 종자 갱신의 채종체계는?

① 원종포 → 원원종포 → 채종포 → 기본식물포
② 기본식물포→ 원원종포 → 원종포 → 채종포
③ 채종포 → 원원종포 → 원종포 → 기본식물포
④ 기본식물포 → 원종포 → 원원종포 → 채종포

답 ②

6. 신품종의 유지 · 증식 · 보급 · 품종 퇴화

신품종 보호요건에는 신규성, 균일성, 안정성, 구별성, 고유한 품종 명칭이 있으며 그 중 구별성, 균일성, 안정성은 신품종의 3대 구비조건이다.

① 신품종의 종자증식 체계

신품종이 육성되면 일정한 종자증식 단계를 거쳐 지정된 장소에서 종자를 증식하는데, 이것은 우량종자를 생산하기 위함이다.

우리나라 종자증식 단계는 기본식물 → 원원종 → 원종 → 보급종의 단계를 거친다.

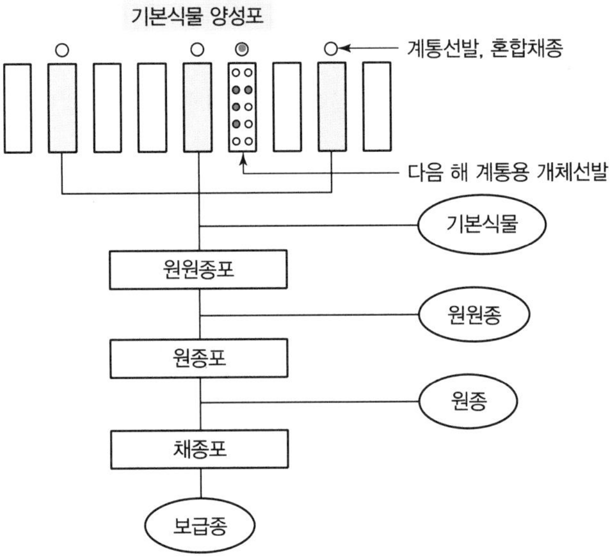

- 기본식물 : 신품종의 증식의 기존이 되는 종자(육종가가 직접 생산, 관리함)
- 원원종포 : 기본식물을 증식하여 생산한 종자
- 원종 : 원원종을 재배하여 채종한 종자
- 보급종 : 농가 보급을 위한 종자(원종을 증식한 종자)
- 원원종 · 원종 · 보급종을 우량종자라고 함

[그림 2-17] 우리나라 자식성 작물의 종자증식 체계

② 신품종 보급

신품종을 농가에 보급하는 종자보급 또한 단계가 있다. 신품종을 보급할 때 적지, 적품종 등에 대해 검토 후 각종 재해에 대한 위험분산, 시장성, (재배)안전성 등을 고려하여 보급해야 한다.

③ 품종퇴화의 원인에는 유전적 퇴화, 생리적 퇴화, 병리적 퇴화가 있다.

④ 품종의 특성을 유지하는 방법으로는 개체집단 선발, 계통집단 선발, 주보존, 격리재배 등이 있다.

⑤ **종자 갱신** : 자식성 작물(벼, 보리, 콩)은 4년 1기로, 옥수수, 채소류 등의 1대 잡종은 매년 새로운 종자를 생산하게 된다.

CHAPTER 03

재배와 토양환경

Key Word

지력 / 지력 향상 / 토양의 기계적 조성 / 토양 구조 / 토양 토층 / 토양 수분 / 수분항수 / 토양 공기 / 토양의 유기물 / 토양반응과 작물 / 토양미생물 / 논토양과 밭토양 / 간척지 토양 / 토양오염

01 농업생태계

① 전체적으로 환경이 불안정하다.
② 생물종 및 유전자의 다양성과 안전성이 낮다.
③ 영양물질 순환과 상호관계는 개방적이다.
④ 물질의 생산성은 단기간으로 높은 편이다.

02 토양

1. 지력의 정의과 지력향상

1) 지력의 정의

지력이란 작물이 생육하는 데 큰 영향을 미치는 토양의 조건으로 물리적, 화학적, 생물적 조건이 해당된다. 특히 물리, 화학적인 지력 조건을 토양비옥도라고 한다.

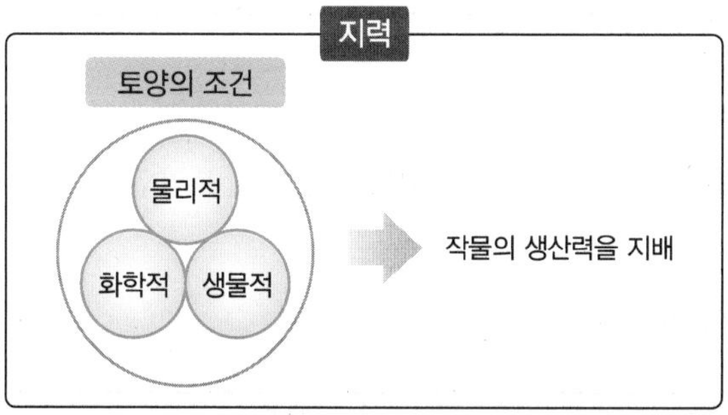

[그림 3-1] 지력의 요소

2) 지력 향상 조건

지력 향상에 영향을 미치는 요소에는 토성, 토양 구조, 토층 등이 해당되며, 각각의 특징은 다음 표와 같다.

[표 3-1] 지력에 영향을 미치는 요소

구분	특징
토성	(토양의 입경분포) 사양토부터 식양토의 범위 안에 토양의 수분, 공기, 비료 성분의 종합적 조건에 알맞음
토양 구조	입단구조 형성 시 토양의 수분과 공기 상태가 좋아짐
토층	토양의 심토까지 투수성과 투기성이 좋아지기 위해 객토, 심경을 하거나 토양개량제를 활용함
토양 반응	강산성과 알칼리성은 작물 생장을 억제함(중성~약산성이 작물 생장에 알맞음)
유기물 및 무기물	• 유기물 함량은 증가할수록 지력은 상승함 • 무기성분은 균형있게 함유되어 있을 경우 지력은 상승함
토양수분과 공기	• 토양수분은 부족하면 한해를, 과다하면 습해 및 수해를 발생시킴 • 토양 내에 유해가스가 많으면 작물 뿌리 생육 및 기능을 나쁘게 함

03 토양의 기계적 조성

1. 토양의 3상 조성

토양의 조성은 아래와 같다.

TIP
토양 3상의 비율
- 고상 약 50%(유기물 5%, 무기물 45%)
- 액상 30~35%
- 기상 15~20%

[표 3-2] 토양의 조성

구분	특징
공극	공기 혹은 물이 존재하는 공간
토양의 3상	고체(고상), 액체(액상), 기체(기상)

2. 토양 입자의 크기에 따른 구분

토양의 크기는 다양한 입자들로 구성되어 있으며, 토양입자는 입경에 따라 다음과 같이 구분된다.

[표 3-3] 토양의 입자 구분(입경)

(단위 : mm)

구분	미농무성법	국제토양학회법
자갈	>2.00	>2.00
거친 모래(조사)	1.00~0.50	2.0~0.2
가는 모래(세사)	0.25~0.10	0.2~0.02
미사	0.05~0.002	0.02~0.002
점토	0.002 이하	0.002 이하

① **자갈** : 암석이 풍화되어 가장 처음 생긴 굵은 입자, 보비력, 보수력은 적다.

② **모래** : 석영을 많이 함유한 암석으로 기계적으로 부서져 발생한다.

③ **점토** : 토양 중 가장 미세한 입자로 구성되어 있고, 화학적 · 기질적 작용을 통해 물과 양분을 흡착하는 능력이 우수하다. 단, 투기 및 투수성은 나쁘다.

- 점토 : 입자가 미세하고 입경이 0.002mm 이하인 것
- 교질입자 : 음이온을 띠고 있고 양이온, 비료를 잘 흡착함

④ **교질** : 0.1μm 이하의 입자로서 양이온 흡착을 하며, 교질입자가 많다는 것은 치환성 양이온을 흡착하는 힘이 크다는 것을 의미한다.

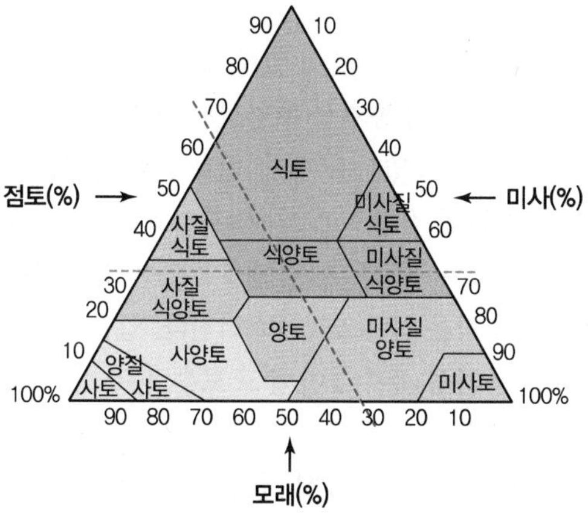

[그림 3-2] 토양 삼각도표

⑤ 양이온치환용량(CEC) 또는 염기치환용량(BEC)

토양 100g이 보유하는 치환성 양이온의 총량을 Mg당 양으로 표시한 것으로, 점토 부식이 증가하면 함께 증가한다.

⑥ 토양의 CEC가 커지면 NH^{4+}, Ca^2, K^+, Mg^{2+} 등의 비료 성분은 흡착, 보유하는 힘이 커지기 때문에 비료를 다량 시비하여도 작물이 비료를 한꺼번에 많이 흡수할 수 없게 막는다. 또한 비료 성분의 용탈이 감소하여 비료가 오래 남는다. 즉, 토양의 완충능이 커지게 된다.

3. 토성

토양의 입경분포, 즉 토양의 종류를 '토성'이라고 한다.

[표 3-4] 토성의 종류별 특징

사토		식토	
모래 함량이 70% 이상인 토양		점토 함량이 40% 이상인 토양	
장점	점착성이 낮으나 통기와 투수력 우수	장점	물과 양분의 보수력 우수
단점	지온의 상승이 빠르나 물과 양분의 보수력은 불량함	단점	지온의 상승이 느리고 투수와 통기가 불량함

04 토양의 구조와 토층

1. 토양의 구조

토양의 구조는 입자들이 모여 있는 상태이며, 토양의 구조는 토양 입자의 모양, 크기, 발달 정도에 따라 아래와 같이 나뉜다.

입상 (구상, 분상) | 판상 | 괴상 | 주상

[그림 3-3] 토양구조의 분류

① **단립구조** : 토양 입자들이 서로 붙어 있지 않고 독립적으로 이루어진 형태로, 대공극이 많고 소공극이 적으며 통기성(투기성)이 좋고 물이 잘 빠지는 성질인 투수성이 좋으며, 물을 잘 가지고 있는 보수력, 비료를 잘 가지고 있는 보비력이 적다.

② **입단구조** : 단일입자들의 결합으로 2차 입자가 되고 다시 3차, 4차 등의 집합이 되는 입단을 구성하고 있는 구조이다. 입단을 누르면 몇 개의 작은 입단으로 부스러지고 또 다시 누르면 더 작은 입단으로 부스러진다. 입단구조는 표토층에 해당되며 유기물, 석회가 많아 통기성, 투수성이 좋고 보수력, 보비력이 좋아 작물 생육이 적합하다.

③ 입단구조는 소공극과 대공극이 균형 있게 발달을 한다.
- 소공극 : 모세관 현상에 의해 지하수의 상승이 이루어짐
- 대공극 : 모세관 현상이 이루어지지 않음

④ 모관공극의 발달은 토양통기가 좋아지고 빗물의 지층 침투가 많아지며, 지하수의 불필요한 증발도 억제된다.

[표 3-5] 입단의 형성 및 파괴 요소

입단의 형성 요소	입단의 파괴 요소
유기물과 석회의 사용 콩과 작물의 재배 토양개량제의 사용 토양의 피복	경운 입단의 팽창 및 수축의 반복 비와 바람 나트륨이온(Na^+)첨가

2. 토층

토양이 수직적으로 분화된 층위를 '토층'이라고 하며, 토양학상 토층은 세 가지로 분류한다.

① **표층** : 부식이 많고 흙이 검고 입단 형성이 좋아 식물이 잘 자란다.

② **심층** : 경운되는 보습 밑층으로 작토보다 부식이 적으며 중요한 역할을 한다.

③ **기층** : 부식이 극히 적고 구조가 치밀하다.

기출 21년 기사 4회 42번

토양 구조에 대한 설명으로 옳지 않은 것은?

① 단립(單粒)구조는 토양 통기와 투수성이 불량하다.
② 입단(粒團)구조는 유기물과 석회가 많은 표층토에서 많이 보인다.
③ 이상(泥狀)구조는 과습한 식질 토양에서 많이 보인다.
④ 단립(單粒)구조는 대공극이 많고 소공극이 적다.

답 ①

기출 19년 기사 2회 49번

토양의 입단 형성과 발달을 돕는 방법은?

① 유기물과 석회의 시용
② 지속적인 경운
③ 입단의 팽창과 수축의 반복
④ 나트륨 이온(Na^+)의 첨가

답 ①

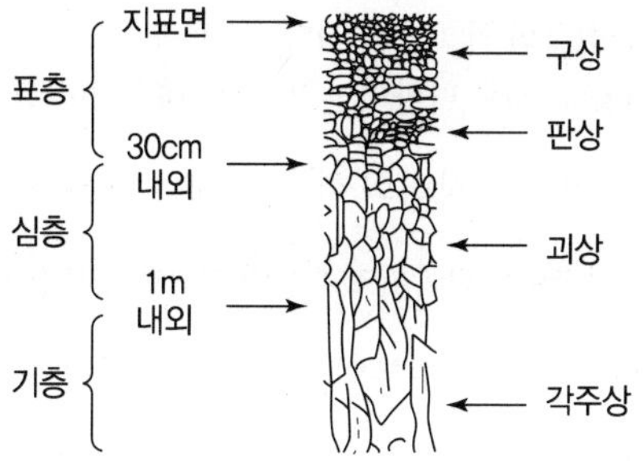

[그림 3-4] 토층 단면 및 토층 분화의 특징

3. 토성과 작물의 생육

품질이 우수한 작물을 대량 생산하기 위해서는 알맞은 토성을 선택할 필요가 있다.

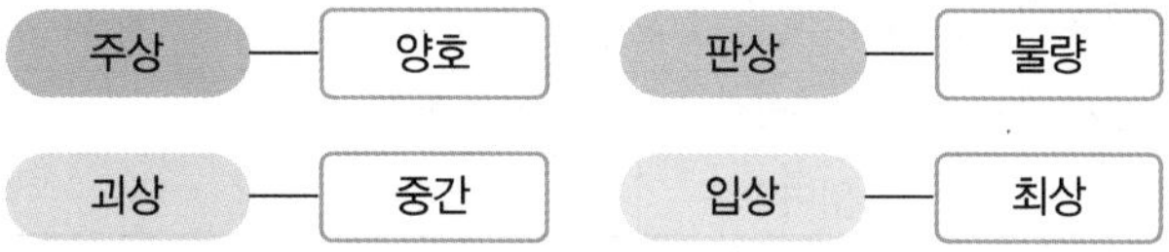

[그림 3-5] 토성에 따른 배수관리

05 토양 수분

1. 토양 수분함량 표시법

토양에 있어 수분함량은 작물의 생육과 생산량에 밀접한 관계가 있다. 토양과 작물 내의 수분상태를 수분퍼텐셜(Water potential)이라고 하며, 토양 중 수분퍼텐셜이 높고 낮은 수분의 공간 분포 편차에 따라 물은 이용하게 된다. 즉, 토양 수분이 식물에 흡착되어 증산작용을 통해 공기 중으로 분산되는 과정은 수분퍼텐셜 편차로 생겨난다.

① 토양 수분함량은 건토에 대한 수분의 중량비로 표시하며, 이것을 '토양 수분장력'이라고 한다. 즉, 토양에서 알갱이 입자와 수분의 장력을 의미한다.

② 수분장력은 토양이 수분을 지니는 것, 즉 토양 내 물분자와 토양입자 사이에 작용하는 인력에 의해 토양이 수분을 보유하는 것을 말한다.

③ 토양 수분장력의 단위는 다음과 같다.

> • 임의의 수분함량의 토양에서 수분을 제거하는 데 소요되는 단위면적당 힘을 의미한다.
> • 수주 높이는 pF(potential force)로 나타낸다.
> (pH=logH, H는 수주의 높이)

④ 토양 수분장력이 1기압(mmHg)일 때는 다음과 같다.

- 수주의 높이를 환산하면 약 1천 cm이다.
- 수주의 높이를 log(로그)로 나타내면 3이므로 pF는 3이 된다.

⑤ 토양 수분함량과 토양 수분장력의 함수 관계는 다음과 같다.

- 수분이 많으면 수분장력은 작아지고 수분이 적으면 수분장력은 커지는 관계가 유지된다.

⑥ pF 척도를 기준으로 한 토양 수분의 특성표는 다음과 같다.

[표 3-6] 토양 수분 일람표

pF		0	1	2	3	4	5	6	7
수분장력	수주의 높이	1	10	10^2	10^3	10^4	10^5	10^6	10^7
	기압	10^{-3}	10^{-2}	10^{-1}	1	10	10^2	10^3	10^4
수분항수		최대용수량		포장용수량	수분당량	위조계수	흡습계수		건토
토양 수분의 종류		중력수		모관수		흡습수			
		잉여수분		유효수분		무효수분			

⑦ 형태에 따른 토양 수분의 종류로는 결합수, 흡습수, 모관수, 중력수가 있다.

[표 3-7] 형태에 따른 토양 수분의 종류

구분	특징
결합수	토양 점토광물에 고체 분자로 되어 분리시킬 수 없는 수분(pF 7.0 이상)
흡습수	토양 입자 표면에 피막되어 흡착된 수분, 작물이 활용되지 못함(pF 4.5~7)
모관수	• 표면장력으로 인해 토양공극 내 중력의 저항으로 유지되는 수분 • 작물이 활용하는 수분(pF 4.5~7)
중력수	중력에 의해 토양 속으로 빠져나간 수분(pF 0~2.7)

기출 21년 기사 4회 54번

다음 중 작물이 주로 이용하는 토양수분은?

① 모관수 ② 결합수
③ 중력수 ④ 흡착수

답 ①

2. 토양의 수분항수

① 토양 수분의 상태는 토양의 물리적 성질에 따라 유기적으로 변화된다. 작물 생육에 영향을 주는 특수한 수분상태를 '수분항수'라고 한다.

[표 3-8] 토양의 주요 수분항수

구분	특징
최대용수량	토양의 모든 공극이 물로 차 있는(포화된) 상태, 즉 모관수가 최대로 포함된 상태 (pF=0)
포장용수량	토양의 포화된 수분 상태에서 중력수를 완전히 배제하고 남은 수분 상태 (pF 2.5~2.7)
초기위조점	작물 생육이 정지되고 하엽이 위조되기 시작하는 토양의 수분 상태(pF 약 3.9)
영구위조점	식물이 시든 상태에서 포화습도 공기 중에 24시간 방치해도 회복하지 못하는 토양 내 수분 상태(pF 4.2)

구분	특징
흡습계수	상대습도가 높은(98%, 25℃) 공기 중에서 건조토양이 흡수하는 수분 상태(pF=4.5)
풍건 및 건조상태	• 토양의 풍건상태 : pF≒6 • 토양의 건조상태 : pF≒7

② 토양 수분함량과 식물의 생장속도를 비교해 보면 다음과 같다.

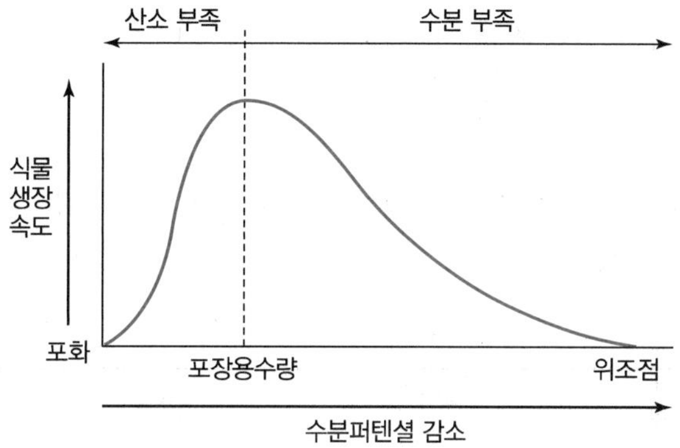

[그림 3-6] 토양 수분함량과 식물 생장속도의 관계

3. 토양의 유효수분

① 초기 위조점 이하의 수분은 작물의 생육을 돕지 못한다.
② 최적함량수는 작물에 따라 차이가 있으나 최대용량의 60~80%의 범위에 있다.
③ 토성별 유효수분함량은 양토일 경우가 수분을 간직하는 힘이 가장 높고, 사토일 경우가 가장 낮다.
④ 보수력은 식토에서 가장 높게 나타나며, 작물 생육에는 불리하다.
⑤ 사토는 유효수분 및 보비력이 가장 작으므로 식물 생육에 부적합하다.

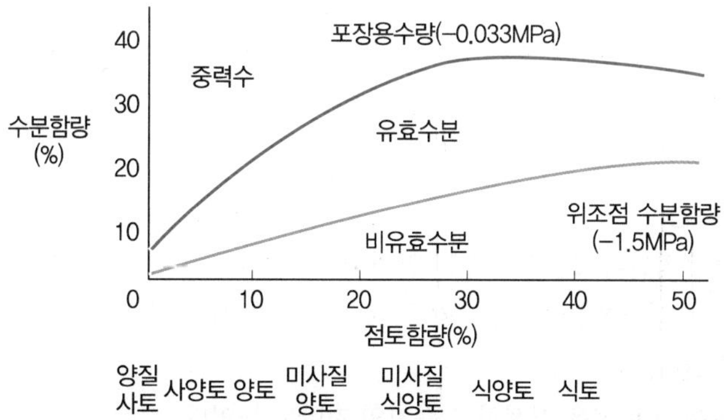

[그림 3-7] 토양의 유효수분(토성에 따른 유효수분 변화)

기출 20년 기사 4회 47번

다음 중 최적용기량이 가장 낮은 작물은?

① 강낭콩 ② 보리
③ 양파 ④ 양배추

답 ③

TIP

작물별 최적용기량

- 벼, 양파, 이탈리안라이그라스 : 10%
- 귀리, 수수 : 15%
- 보리, 순무, 오이, 밀 : 20%
- 강낭콩, 양배추 : 24%

06 토양 공기

1. 토양의 용기량

① 토양의 용기량은 토양 안에 공기로 차 있는 공극량을 말하며, 토양의 용적에 대한 공기로 차 있는 공극의 용적비율로 표시한다. 보통 모관공극에는 수분이 차 있고, 비모관공극에는 공기가 차 있기 때문에 용기량은 비모관공극량과 비슷하다.

② 최소용기량은 토양 수분이 최대용수량일 때의 용기량을 의미한다.

③ 작물이 자랄 수 있는 최적용기량은 보통 10~25%이다.

2. 대기와 토양의 공기 조성 비율

대기와 토양의 공기 조성 비율은 [표 3-9]와 같으며, 토양의 깊이가 깊을수록 이산화탄소가 많고, 산소는 줄어든다.

[표 3-9] 대기와 토양의 공기 조성 비율 비교

종류	질소	산소	이산화탄소
대기	79.01	20.93	0.03
토양	75~80	10~21	0.1~10

3. 토양 공기의 조성 요인

① **토성** : 토양 용기량 증대는 산소의 농도를 증가시킨다.

② **토양구조** : 입단 형성은 식질토양에서 촉진되며, 비모관공극 증대로 용기량은 증가한다.

③ **경운** : 경운은 깊은 땅속까지 용기량을 증대시킨다.

④ **토양 수분** : 토양 함수량이 증대되면 용기량은 적어지고, 산소 농도는 낮아진다(이산화탄소 농도는 증가함).

⑤ **유기물** : 미숙유기물 활용 시 산소 농도는 낮아지고, 이산화탄소 농도는 증가한다.

⑥ **식생** : 식물의 뿌리도 호흡을 하므로 실내와 실외의 이산화탄소 농도는 달라진다.

4. 토양 통기를 개선하는 방법

1) 토양 처리방법

① 배수에 유의한다. 예 명거배수, 암거배수

② 토양 입단을 조성한다. 예 유기물, 토양개량제, 석회 시용

③ 심경을 한다.

④ 객토를 통해 토성을 개선하고 습지의 지반도 높인다.

2) 재배적 방법

① 답전윤환재배를 활용한다.

② 답리작, 답전작을 한다.

③ 중습답에서는 휴립재배를 한다.

④ 물걸러대기를 통해 벼농사를 한다.

⑤ 토양 과습 시 휴립휴파를 한다.

⑥ 중경을 한다.

⑦ 파종 시 미숙 퇴비를 덮지 않는다.

07 토양 중 무기성분과 작물생리

1. 토양의 무기성분

① 작물 생육 시 꼭 필요한 필수원소는 16원소로, 여기에는 C(탄소), O(산소), H(수소), N(질소), P(인), K(칼륨), Ca(칼슘), Mg(마그네슘), S(황), Fe(철), Mn(망간), Cu(구리), Zn(아연), B(붕소), Mo(몰리브덴), Cl(염소)이 해당된다.

② 16원소 중 탄소, 산소, 수소는 이산화탄소와 물에서 공급되며, 이 세 가지를 제외한 13가지 원소를 필수무기원소라고 한다.

③ 다량원소는 질소, 칼륨, 인, 칼슘, 마그네슘, 황의 6원소이고, 미량원소는 철, 망간, 구리, 아연, 붕소, 몰리브덴, 염소의 7원소이다.

④ 다량원소에서 비료의 3요소는 질소, 인, 칼륨이 해당되며, 비료의 4요소에는 질소, 인, 칼륨, 칼슘이 해당된다.

⑤ 비필수원소는 Si(규소), Co(코발트), Na(나트륨) 등이 있다.

필수원소 : 16원소(C, O, H를 제외한 원소 13개 : 필수무기원소)

C, O, H, N, P, K, Ca, Mg, S, Fe, Mn, Cu, Zn, B, Mo, Cl

다량원소 – 6원소

N, P, K, Ca, Mg, S — 비료의 3요소 : N, P, K / 비료의 4요소 : N, P, K, Ca

미량원소 – 7원소	비필수원소
Fe, Mn, Cu, Zn, B, Mo, Cl	Si, Co, Na

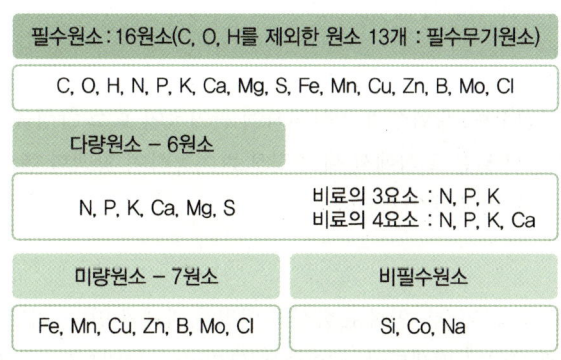

[그림 3-8] 토양에 함유된 무기성분의 구분

기출 21년 기사 4회 41번

다음 중 작물 생육 필수원소에서 다량으로 소요되는 원소가 아닌 것은?

① 칼슘 ② 칼륨
③ 질소 ④ 니켈

답 ④

2. 필수원소의 생리작용

1) 질소(N)

엽록소, 단백질효소 등 여러 조직의 구성성분이다. 질소의 결핍 시 생장·발육이 저해되고, 담녹색을 띠게 된다. 또한 작물의 늙은 잎부터 증상이 나타나며 상처, 저온, 해충, 병해충 등의 저항성이 약해진다.

2) 인(P)

세포핵, 분열조직효소 등의 구성성분이다. 많은 양이 어린 조직이나 종자에 함유되어 있으며, 광합성 및 에너지 전달을 위한 호흡작용, 무기양분 합성·분해 및 질소동화 등에 관여한다. 결핍 시 생육 초기 뿌리의 생육이 저해되고 잎이 암녹색이 된다.

3) 칼륨(K)

이온화가 쉬운 형태로 잎, 생장점 및 뿌리 선단부 등에 많이 분포하고 있다. 광합성에 관여하고 탄소화물, 단백질을 형성, 세포 사이에 수분을 공급하고 증산으로 수분조절과 함께 팽압을 유지하는 기능을 한다. 결핍 시 작물의 생장점이 말라 죽고 황갈색으로 잎이 변하며 조기낙엽이 진다.

기출 20년 기사 3회 54번

세포막 중 중간막의 주성분이며, 체내에서 이동이 어려운 것은?

① Mg ② P
③ K ④ Ca

답 ④

4) 칼슘(Ca)

세포막 중간막의 주성분으로, 잎에 많이 분포하고, 체내 이동성이 낮다. 세포막 중간막에 칼슘이 결핍되면 분열조직 뿌리 끝과 생장점, 저장조직에 문제가 생겨 생장점이 붉게 변해 죽는다. 토양에 석회 과다가 발생하여 망간(Mn), 아연(Zn), 붕소(B), 마그네슘(Mg), 철(Fe)의 흡수가 저해된다.

5) 황(S)

단백질과 아미노산 효소의 구성성분으로 백합과, 십자화과, 마늘과 파에 많이 나타난다. 또한 체내 이동성이 매우 낮아 새 조직부터 결핍증상이 나타나며 양배추, 양파, 마늘, 파, 아스파라거스 등에 함량이 높다.

6) 마그네슘(Mg)

엽록소의 구성원소로, 광합성과 인산대사에 관여하여 효소 활성을 높인다. 체내 이동성이 높아 결핍 시 늙은 조직에서 새 조직으로 이동하여 황백화 현상이 일어나고 줄기나 뿌리의 생장점 발육이 억제된다.

7) 철(Fe)

호흡효소의 구성성분으로, 엽록소 합성과 밀접한 관계가 있다. 결핍 시 어린 잎부터 황백화하여 엽맥 사이가 퇴색된다. 니켈(Ni), 구리(Cu), 코발트(Co), 망간(Mn), 칼슘(Ca) 등의 과잉은 철의 흡수를 방해하여 결핍증상이 생긴다. 과잉 시 잎에 갈색 반점이 나타나고, 점차 확대되어 잎의 끝부터 흑변한다. 또한 pH가 높거나 인산 및 칼슘의 농도가 높으면 그 흡수가 억제된다.

8) 망간(Mn)

마그네슘과 생화학적 기능이 비슷하다. 여러 가지 효소 활성을 높여 동화물질 합성 및 분해, 호흡 등의 엽록소 생성에 관여한다. 체내 이동성이 낮아 새잎부터 결핍 증상이 나타난다.

9) 붕소(B)

촉매 또는 반응조절물질로 작용하며, 생장점 부근에서 함량이 높고, 채내 이동성이 낮아 생장점이나 저장기관에 결핍증상이 잘 나타난다. 붕소 결핍 시 채종재배에서 수정, 결실이 불량하고, 콩과 작물의 질소 고정 및 근류 형성을 저해한다.

붕소 결핍으로 발생하는 병에는 사과 축과병, 사탕무 속썩음병, 순무 갈색속썩음병, 셀러리 줄기 쪼김병 등이 있다.

10) 아연(Zn)

촉매 및 반응조절물질로 작용하고, 엽록소 형성에도 관여하며, 결핍 시 황백화, 괴사, 조기낙화한다.

11) 구리(Cu)

구리단백으로 효소작용을 하고, 광합성, 호흡 및 엽록소 생성에 관여한다. 결핍 시 황백화, 괴사, 낙엽이 발생하며, 과잉 시에는 뿌리 신장이 나빠진다.

12) 몰리브덴(Mo)

질소를 고정하는 질산환원효소의 구성성분이다. 질소대사에 도움을 주며 콩과 작물에서 함량이 높고, 결핍 시 황백화, 모자이크병과 비슷한 증상이 발생한다.

13) 염소(Cl)

광화학반응에 망간과 함께 촉매 역할을 한다. 결핍 시 어린 잎이 황백화되며 전체적으로 위조된다. 섬유조직에는 유효하나, 전분작물 및 담배에는 불리하다.

14) 규소(Si)

화본과 작물에는 함량이 높은 편이다. 벼의 잎몸 기동세포 안에 침적되어 규질화 세포를 형성하고 엽면 증산을 억제하는 역할을 한다. 또한 규질화가 되면 해충과 도열병에 저항하고 내성이 생긴다.

15) 코발트(Co)

코발트 결핍 토양의 목초를 가축이 먹으면 코발트 결핍증상이 나타난다.

16) 나트륨(Na)

필수원소는 아니지만 셀러리, 순무, 근대, 양배추 등에 사용이 인정되며, 제한적이나 칼륨(K)의 기능을 대신하기도 한다.

기출 20년 기사 1 · 2회 47번

사탕무의 속썩음병, 순무의 갈색속썩음병, 담배의 끝마름병 등과 관련 있는 필수원소는?

① 망간 ② 붕소
③ 아연 ④ 몰리브덴

답 ②

기출 19년 기사 4회 45번

다음 중 붕소의 생리작용에 대한 설명으로 가장 옳지 않은 것은?

① 체내 이동성이 용이하다.
② 결핍증은 저장기관에 나타나기 쉽다.
③ 결핍 시 수정, 결실이 나빠진다.
④ 촉매 또는 반응조정물질로 작용한다.

답 ①

기출 22년 기사 1회 57번

질산 환원 효소의 구성 성분으로 콩과 작물의 질소고정에 필요한 무기성분은?

① 철 ② 염소
③ 몰리브덴 ④ 규소

답 ③

[표 3-10] 식물 무기원소의 이온 형태 및 주요 기능

원소명	이온형태	주요 기능
질소	NO_3^-, NH_4^+	단백질 효소 및 엽록소 · 핵산 구성요소, 작물의 생장, 발육에 관여함
인	$H_2PO_4^-$, HPO_4^{2-}	핵산의 구성성분, 에너지 전달에 도움을 줌
칼륨	K^+	광합성을 촉진하고, 효소 반응의 활성을 도와줌(광합성, 탄수화물, 단백질 형성, 세포 수분 공급, 수분상실 제어 등)
칼슘	Ca^{2+}	세포벽의 주성분, 세포막의 투과성, 세포분열에 관여함
마그네슘	Mg^{2+}	엽록소 구성성분, 효소 활성에 관여함
황	SO_4^{2-}	원형질과 식물체 구성성분(단백질, 아마노산, 비타민의 구성분), 효소 생리성에 관여함
철	Fe^{2+}	엽록소의 합성에 관여함(호흡, 광합성, 질소고정 등의 효소의 구성성분)
아연	Zn^{2+}	효소활성에 관여함(핵산 합성, 옥산대사 관여 등)
망간	Mn^{2+}	광합성, 효소 활성에 관여함
구리	Cu^{2+}	산화효소의 구성원소
붕소	$H_2BO_3^-$	탄수화물 이동에 관여함
몰리브덴	MoO_4^{2-}	질소 고정 및 질소 대사에 관여, 효소단백질복합체를 이룸
염소	Cl^-	광합성 작용과 물의 광분해시 촉매 역할을 함. 삼투압 조절에 관여
규소	Si	화본과 식물의 필수 구성원, 규질화를 통한 도복 피해를 줄임

3. 토양 반응

1) 토양 반응

① 표시법 : 수소이온(H^+) 농도와 수산이온(OH^-) 농도의 비율로 결정되며, 보통 pH 1~14로 표기한다. pH 7은 중성, 이하는 산성, 이상은 알칼리성이다.

② 강산성에서 가급도가 감소하는 성분으로는 인(P), 칼슘(Ca), 마그네슘(Mg), 붕소(B), 몰리브덴(Mo)이 있다.

③ 강알카리성에서 용해도가 감소하는 성분으로는 붕소(B), 철(Fe), 망간(Mn)이 있다.

[표 3-11] 산성 토양에 정도에 따른 작물의 구분

구분	작물명
극히 강한 것	벼, 귀리, 밭벼, 아마, 토란, 루핀, 기장, 땅콩, 감자, 봄무, 수박, 호밀 등
강한 것	옥수수, 당근, 메밀, 오이, 수수, 포도, 호박, 딸기, 토마토, 배추, 담배, 고구마, 조, 밀 등
약간 강한 것	파, 무, 유채 등
약한 것	클로버, 보리, 양배추, 근대, 가지, 삼, 겨자, 고추, 완두, 상추 등
가장 약한 것	알팔파, 자운영, 콩, 팥, 사탕무, 셀러리, 시금치, 부추, 양파 등

용어설명

가급도
식물이 영양분을 흡수 및 이용할 수 있는 유효도

기출 21년 기사 4회 47번

강산성 토양에서 가급도가 감소하여 작물 생육에 부족하기 쉬운 원소가 아닌 것은?

① 마그네슘 ② 칼슘
③ 망간 ④ 인

답 ③

기출 20년 기사 3회 55번

다음 중 산성 토양에 대해 적응성이 가장 약한 것은?

① 아마 ② 기장
③ 팥 ④ 감자

답 ③

2) 산성 토양의 종류

① **활산성** : 토양 용액 속에 들어 있는 수소이온(H^+)에 따른 것

② **잠산성** : 토양 교질물에 흡착된 염화칼륨(KCl)과 같은 중성염을 더해 주면 더 많은 수소이온이 발생하는데 이때 나타나는 산성

③ 양토나 식토는 잠산성이 높기 때문에 pH가 같아도 중화 시 더 많은 석회가 요구된다.

3) 토양 산성화의 원인

토양 콜로이드가 Ca^{2+}, Mg^{2+}, K^+, Na^+ 등으로 포화된 것을 포화교질이라하며, H^+도 함게 흡착된 것을 미포화교질이라고 한다. 토양 내 산성화의 원인은 다음과 같다.

TIP
토양 콜로이드
지름 1μm 이하인 토양

① 토양 내에 미포화교질(H^+ : 수소)이 많은 경우 중성염을 더해 주면 산성이 나타난다.

② 토양 중에 탄산, 유기산은 그 자체가 산성화의 원인이 된다.

③ 강우가 많을 때나 관개할 때 산성화가 된다.

④ 치환염기성(Ca^{2+}, Mg^{2+}, K^+)이 이탈(용탈)되면서 산성화된다.

4) 산성 토양의 개량

산성 토양을 작물이 자랄 수 있는 재배환경으로 바꿔주기 위해서는 다음과 같은 방법을 활용한다.

① 산성 토양에 석회와 유기물을 충분히 넣으면 토양 구조의 개선에 도움이 된다.

② 산성 토양에 심을 작물을 선택 시 산성에 강한 작물을 선택하는 것이 안전하며, 산성 비료의 시비는 하지 않는다.

③ 용성인비는 구용성 인산을 함유하고 있고, 마그네슘 함량도 높으므로 산성 토양 개량에 도움이 된다.

④ 붕소는 10a당 0.5~1.5kg을 활용하면 효과적이다.

08 다양한 토양환경

1. 논토양과 밭토양

1) 논토양의 특성

(1) 질소의 순환

① **질산화 작용** : 암모니아태 질소를 산화층에 주면 질산화 작용으로 인해 질산으로 된다.

$$(NH_4 \rightarrow NO_2 \rightarrow NO_3)$$

② **탈질작용** : 질산은 토양 입자에 흡작하지 못하고 아래 환원층으로 내려가 탈질균의 작용으로 환원되어 가스태질소로 바뀌고, 이것이 대기 중으로 나가는 것을 탈질작용이라 한다.

$$(NO_3 \rightarrow NO \rightarrow N_2O \rightarrow N_2)$$

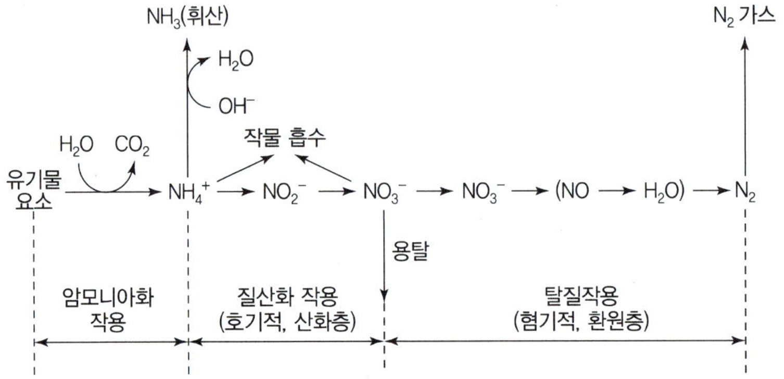

[그림 3-9] 논토양의 질소 순환 과정

2) 논토양과 밭토양의 차이

① 양분 형성의 차이

원소명	논토양	밭토양
	환원	산화
C	CH_4 유기산물	CO_2
N	N_2, NH_4^+	NO_3^-
Mn	Mn^{2+}	Mn^{4+}, Mn^{3+}
Fe	Fe^{2+}	Fe^{3+}
S	H_2S, S	SO_4^{2-}
P	$Fe(H_2PO_4)_2$, $Ca(H_2PO_4)_2$	H_2PO_4, $AlPO_4$
En	낮음	높음

② 양분의 유실과 천연공급

③ 산화율과 환원율의 존재

④ 토양 색깔

⑤ 토양 pH

⑥ 산화 · 환원 정도

기출 21년 기사 2회 60번

탈질현상을 경감시키는 데 가장 효과적인 시비법은?

① 질산태질소 비료를 논의 산화층에 시비
② 질산태질소 비료를 논의 환원층에 시비
③ 암모늄태질소 비료를 논의 산화층에 시비
④ 암모늄태질소 비료를 논의 환원층에 시비

답 ④

기출 19년 기사 2회 58번

논토양의 일반적 특성으로 가장 옳지 않은 것은?

① 토층분화가 나타나며 산화층은 적갈색을 띤다.
② 암모니아태질소를 환원층에 시비하면 탈질 현상이 나타난다.
③ 논에서는 질산태질소를 주로 사용하지 않는다.
④ 탈질작용은 질화균과 탈질균이 작용한다.

답 ②

기출 20년 기사 1 · 2회 통합 43번

논토양의 환원상태에서 원소별 존재 형태를 바르게 나타낸 것은?

① $C \rightarrow CO_2$
② $N \rightarrow NO_3^-$
③ $Fe \rightarrow Fe^{+2}$
④ $S \rightarrow SO_4^{-2}$

답 ③

2. 노후답

① 토양의 노후화와 추락

- 노후답 : 철(Fe), 망간(Mn), 칼륨(K), 칼슘(Ca), 마그네슘(Mg), 황(S), 납(P)이 작토 시 용탈되어 결핍된 논토양
- 추락현상(하락현상) : 늦여름~초가을부터 벼의 잎이 아래에서 위로 마르고, 깨씨무늬병이 많이 발생하고 수량이 감소하는 현상

② 노후답의 원인

- 인은 누수가 심한 양분의 보수력이 적은 시질답이나 역질답
- 습답에서 유기물이 과다집적될 때

3. 간척지 토양

1) 간척지 토양의 특징

암석 풍화성분이 퇴적되어 토양이 비옥하지만 점토가 과다하고 나트륨 이온(Na^+)이 많아 토양의 통기성과 투수성이 나빠지며, 작물의 뿌리 발달을 저해하므로 생육이 불량해지는 특징이 있다.

2) 간척지의 토양오염 및 중금속오염

토양의 오염은 대기오염을 통한 강하, 수질오염 물질의 침착 그리고 농약의 살포가 주된 원인이 된다. 또한 금속광산의 폐수, 정련소, 제련소의 분진 등이 농경지의 토양을 오염시키게 된다.

① 토양에 담수 및 환원물질의 사용은 황화물질을 발생시킨다.
② 유기물 시용은 유기금속염에 의해 불용화된다.
③ 석회질 비료를 사용할 경우 pH가 상승한다.
④ 인산물질을 사용할 경우 인산화물로 불용화된다.
⑤ 점토광물 중 제올라이트, 벤토나아트 등을 사용하면 불활성화된다.
⑥ 중금속 농도를 희석하기 위해 경운 및 쇄토를 한다.
⑦ 생물학적 방법으로 중금속류의 다량 흡수를 도와주는 식물을 재배하면 효과적이다.

3) 염류 집적과 피해대책

토양 내에 염류 농도가 증가하면 식물의 삼투압을 통한 수분과 양분의 흡수가 잘 이루어지지 못하고 유근(어린 뿌리)의 발달에 저해를 받아 생육장해가 발생하고 고사하게 된다. 이러한 염류 집적의 대책은 다음과 같다.

① 객토, 심경, 유기물 시용, 피복물 제거, 물 또는 흙의 교체, 담수 처리 등을 실시한다.
② 염류 집적의 다양한 물질를 흡수하는 흡비작물(청소작물)을 재배한다. 예 옥수수, 호밀, 수수, 수단그라스 등

기출 19년 기사 4회 48번

노후답의 재배대책으로 가장 거리가 먼 것은?

① 조기재배
② 황산근 비료의 시비
③ 덧거름 중점의 시비
④ 엽면시비

답 ②

TIP

노후답의 개량 및 재배대책

- 객토 : 양질의 점토와 규산, 철, 마그네슘, 망간 등을 보급하면 도움이 된다.
- 심경 : 심토층까지 심경을 함으로써 침적된 철분 등을 다시 작토층으로 가져올 수 있다.
- 함철자재의 시용 : 갈철광 분말, 비철토, 퇴비철 등을 활용하여 개량한다.
- 규산질 비료의 시용 : 규산석회, 규회석 등의 규산과 석회 등을 활용한다.
- 저항성 품종 활용 : 황화수소에 저항하는 품종을 선택한다.
- 조기재배 : 일찍 수확하면 추락을 늦출 수 있다.
- 무황산근 비료 활용 : 황화수소의 발생이 되는 황산근을 가진 비료는 사용하지 않는다.
- 덧거름 활용 : 후기 작물의 영양 보충을 위한 덧거름을 사용한다(완효성 비료, 입상, 고형비료 활용).

TIP

내염재배

- 내염성이 강한 작물과 품종을 선택 후 재배한다.
  예 사탕무, 유채, 양배추, 목화
- 내염성이 강한 벼품종을 선택한다.
  예 계화벼, 서해벼, 섬진벼, 영산벼 등
- 조기재배 및 휴립재배를 한다.
- 환수재배를 통해 논물을 말리지 않는다.
- 석회, 구산석회, 규회석 등을 충분히 시비한다.
- 황산가리(황산근) 비료를 활용하지 않는다.

4. 수식과 풍식

빗물에 의한 표토 유실 및 바람에 의한 표토 비산은 지력을 약화시키기 때문에 토양 침식의 원인이 된다.

① **수식(강우에 의한 침식)에 영향을 미치는 요소** : 강우, 토양의 성질, 지형, 식생 등
② **수식의 대책** : 조림, 단구식 재배, 초생재배, 대생재배 등
③ **풍식(바람에 의한 침식)의 대책** : 관계, 이랑을 풍향과 직각이 되도록 조성, 방풍물 조성, 피복식물 재배, 작물 높이 베기, 지표잔재물 남기기 등

09 토양 유기물과 미생물

1. 토양 유기물의 기능

① 암석의 분해 촉진
② 보수, 보비력의 증대
③ 양분의 공급
④ 완충능의 증가
⑤ 대기 중의 이산화탄소 공급
⑥ 생장 촉진 물질의 생성
⑦ 지온 상승
⑧ 입단 형성
⑨ 토양 보호
⑩ 미생물 번식 조장

2. 토양 미생물의 유익한 활동

1) 유기물 분해

미생물이 유기물을 분해함으로써 유기물 집적을 줄이고, 작물들이 활용할 수 있게 해준다.

2) 유리질소의 고정

유리상태의 분자질소를 활용하기 위해서는 반드시 암모니아와 같은 화합 형태를 형성해야 한다. 이 과정을 '분자질소의 고정'이라고 하며, 자연계 물질 순화에 질소의 공급 및 토양의 비옥도 향상에 매우 중요한 역할을 한다.

3) 질산화 작용

암모늄이온(NH_4^+)과 아질산(NO_2^-), 질산(NO_3^-)으로 산화되는 과정을 말하고, 암모니아(NH_4^+)를 질산으로 변하게 하여 밭에 도움을 준다.

유기물이 무기화되는 과정에서 생성되거나 비료를 통해 공급되는 NH_4-N의 산화는 다음과 같이 두 가지 형태로 진행된다.

$$NH_4^+ + \frac{3}{2}O_2 \rightarrow NO_2^- + H_2O + 2H^+(84kcal)$$

$$NO_2^- + \frac{1}{2}O_2 \rightarrow NO_3^-(17.8kcal)$$

4) 무기물의 산화

토양 내 암모늄화합물과 질산염은 단백질과 다른 질소화합물에 의해 생성된다. 암모니아와 질산은 식물이 흡수하여 이용하는 영양분인데 다른 무기성분 산화는 토양의 산화와 미생물의 활동으로 화학적인 형태가 바뀌어 인산 등의 용해도가 높아진다.

① **무기물 유실 경감** : 미생물을 활용함으로써 가용성 무기성분의 유실이 적어진다.
② **입단 형성** : 여러 균주 물질들이 입단 형성에 도움을 준다.
③ **길항작용** : 물질의 유해적인 부분을 줄여 주며, 토양전염성 병균의 활동을 억제한다.

3. 공중질소의 고정

유리질소가 토양 속에 있는 미생물에 의해 질소화합물이 되는 작용이다.

① **비공중질소고정** : 아조토박터, 클로스트리듐, 남조류
② **공중질소고정균** : 근류균

기출 21년 기사 2회 60번

탈질현상을 경감시키는 데 가장 효과적인 시비법은?

① 질산태질소 비료를 논의 산화층에 시비
② 질산태질소 비료를 논의 환원층에 시비
③ 암모늄태질소 비료를 논의 산화층에 시비
④ 암모늄태질소 비료를 논의 환원층에 시비

답 ④

TIP

- 질소 기아현상 : 탄소와 질소의 비율이 큰 유기물이 분해될 때 생기는 질소가 토양의 미생물의 증식을 위해 함유되어 질소가 식물에 흡수되지 않은 상태를 말함
- 탄질비(C/N) : 탄소(C)와 질소(N)의 물질 비율(질량비)로서 유기물 분해 시 탄소와 질소의 함량에 따라 달라짐

CHAPTER 04

재배와 수분환경

Key Word

물의 생리작용 / 요수량 / 공기 중 수분 / 관수 / 배수 / 습해 / 수해 / 한해

01 물의 생리작용 및 요수량

1. 물의 생리작용

물은 생체의 70% 이상을 차지하고 있으며, 생명을 유지하기 위해서 꼭 필요한 요소이다. 특히 원형질은 75%의 수분을 함유하고 있다. 또한 잎의 수분함량이 감소하면 기공이 개폐되고 그것이 물의 소비를 억제하며, 잎에 이산화탄소 흡수를 억제하게 된다. 따라서 광합성이 억제된다.

식물체의 생리작용에서 물의 역할은 다음과 같다.

① 식물체 구성물질의 성분이다.
② 원형질을 통한 식물의 형태를 유지한다.
③ 여러 물질 흡수 시 용매의 역할을 한다.
④ 식물체 내에 고르게 물질이 분포되도록 하는 역할을 한다.
⑤ 물질의 합성 및 분해의 매개 역할을 한다.
⑥ 세포의 팽압을 통해 식물 형태를 유지하게 한다.

2. 물의 흡수기구

식물의 뿌리(근계)를 통해 물이 흡수되는 것은 모세관 현상에 의해 유효수분이 이동하는 것으로 모관 조정작용이라고 한다.

식물이 물을 흡수하는 기구 및 원리는 [표 4-1]과 같다.

[표 4-1] 물의 흡수 기구 및 원리

기구 · 원리	특징
식물의 세포 원형질막	인지질로 된 반투막으로 구성
삼투	외액의 수분이 반투성인 원형질막을 통해 세포로 확산되는 것
삼투압	내외 간의 농도차로 인해 삼투를 일으키는 압력 • 팽압 : 식물 세포내 물을 흡수하여 세포벽을 키우려는 압력 (식물 형태 유지) • 막압 : 팽압의 반대로 안쪽으로 수축하려는 압력
흡수압(DPD, 확산압차)	• 삼투압 : 식물세포 내로 수분이 들어가는 압력 • 막압 : 식물세포 외부로 수분을 배출하려는 압력 • 실제 흡수 : 삼투압이 막압보다 높을 때

기출 21년 기사 1회 50번

〈보기〉에서 (가), (나)에 알맞은 내용은?

〈보기〉
• 작물이 햇볕을 받으면 온도가 (가)하여 증산이 촉진된다.
• 광합성으로 동화물질이 축적되면 공변세포의 삼투압이 (나)져서 수분 흡수가 활발해짐과 아울러 기공이 열려 증산이 촉진된다.

① (가) : 하강, (나) : 높아
② (가) : 상승, (나) : 높아
③ (가) : 하강, (나) : 낮아
④ (가) : 상승, (나) : 낮아

답 ②

용어설명

일비현상
• 줄기를 절단 후 절구에 수분이 솟아 나오는 현상
• 뿌리세포의 흡수압(근압)에 의해 생기는 현상
예 수세미의 줄기를 절단하면 절구에서 수분이 흘러나오는 현상

일액현상
수분이 잎에 물방울 형태로 배출되는 현상

기구 · 원리	특징
SMS (Soil Moisture Stress, 작물의 수분 흡수)	• 토양의 수분보유력과 삼투압을 합친 것 DPD − SMS = $(a-m)-(t+a')$ a : 세포의 삼투압 m : 세포의 팽압(막압) t : 토양의 수분보유력 a' : 토양용액의 삼투압 • 실제 흡수력 = DPD − SMS
DPDD (Diffiusion Pressure Deficit Difference, 확산압차구배)	식물 내 조직의 세포들 사이에서 DPD의 차이
수동적 흡수	증산작용으로 물관 내의 부압에 의한 흡수
적극적 흡수	• 식물 세포 내의 삼투압에 기인하는 흡수 • 근압(뿌리세포 흡수압)에 의해 발생 • 대사에너지(ATP)를 소비하는 비삼투적 흡수

3. 작물의 요수량

① **요수량** : 일정 기간 안에 작물의 건물 1g을 생산하는 데 소비된 물의 양(수분량)을 의미한다.

② **증산계수** : 건물 1g을 생산하는 데 소비된 증산량을 의미한다.

③ **증산능률** : 요수량과 증산계수의 반대 개념으로 일정량의 수분을 증산하여 축적된 건물량을 의미한다.

[표 4−2] 작물의 요수량

작물명	요수량	조사자	
		A	B
호박	높음	834	−
알팔파	↑	831	835
클로버		799	759
완두		788	745
목화		646	−
감자		636	499
귀리		597	604
옥수수		368	361
보리		534	523
기장		310	274
밀		513	550
흰명아주	↓	(948)	
수수	낮음	322	287

TIP
• 요수량이 적은 작물 : 건조한 토양과 가뭄에 저항성이 강함
• 요수량이 큰 작물 : 관개를 하여 생육을 도와주어야 함

기출 20년 기사 4회 56번

다음 중 요수량(要水量)이 가장 적은 작물은?

① 오이 ② 호박
③ 클로버 ④ 옥수수

답 ④

02 공기 중의 수분

1. 습도

① 대기습도는 적당하게 건조할 때 식물체의 증발이 활발한데 공기습도가 포화상태가 되면 식물체의 기공은 거의 닫힌 상태가 되므로 가스가 유입되지 않는다.

② 공기가 과도하게 건조하면 증산을 크게 하여 한해(旱害)를 유발하고, 공기가 과습하면 증산이 줄어 병원균의 증식이 높아져 식물체의 조직이 연약해지고 병해 및 도복이 발생한다.

③ 공기의 과습은 작물의 개화수정에 장애를 초래한다.

> **TIP**
> 공기의 과습
> • 작물의 개화 수정에 장애를 초래함
> • 작물 도장으로 낙과 및 도복의 원인이 됨

2. 이슬

① 공기 중 수증기가 응결하여 물방울이 되고 이것이 지면의 지상물이나 식물의 잎에 부착된 물기를 '이슬'이라고 한다.

② 이슬은 기공을 막아 증산작용과 광합성을 저해하는 역할을 하므로 식물체가 연약하게 자라게 된다. 특히 병원균의 침입을 조장하기도 한다.

③ 결로는 야간의 복사냉각에 의해 이슬이 생기는 현상을 말한다.

3. 안개

① 수평시정(水平視程)이 1km 이하인 상태로 극히 작은 물방울이 대기 중에 떠다니는 현상을 말한다.

② 여름철 상습 안개발생지역에서 벼 재배 시 도열병이 많이 생긴다.

> **용어설명**
> 수평시정(水平視程)
> • 주간에 목적물을 육안으로 인식할 수 있는 최대거리를 의미한다.
> • 안개는 일광을 차단하여 지온 상승을 억제하고 공기를 과습하게 한다.
> • 안개로 인해 여름철 온도가 낮은 지역에서는 귀리, 풋베기목초(청예사료), 순무 등이 재배된다.

03 관개

1. 관개의 효과

1) 논의 담수관개 효과

① 식물 생장을 위해 필요한 수분을 공급한다.

② 담수를 통해 토양 온도 조절 기능을 하는데 저온기에 보온 효과, 혹서기에 과도한 지온을 낮추는 역할을 한다.

③ 담수를 통해 비료 성분 중 질소, 칼륨, 석회, 규산, 마그네슘 등을 공급한다.

④ 유해물질을 제거하는 효과가 있다.

⑤ 잡초의 발아를 막아 잡초 발생을 억제하고 그에 따라 병해충 발생을 경감시켜 준다.

⑥ 담수를 통해 토양이 부드러워짐으로써 농작업의 효율성을 높일 수 있다.

⑦ 관개 조절을 함으로써 벼의 생장에 알맞은 생육조건을 조절할 수 있다.

2) 밭 관개의 효과 및 유의사항

(1) 효과

① 식물 생장을 위해 필요한 수분을 공급한다.

② 관개가 가능한 작물을 유리하게 선택할 수 있고, 다비재배가 가능하여 재배 기술이 향상된다.

③ 관개를 통해 혹서기에 지온을 낮출 수 있고, 냉온기에는 지온을 높일 수 있다. 특히 목야지에서는 늦가을과 초봄의 생초 이용기간을 연장하는 효과를 볼 수 있다.

④ 비료 성분의 보급과 이용 효율이 높은데 관개수에 따라 점토, 칼리, 석회, 마그네슘, 규산 등이 보급되며, 가용성 알류미늄은 감소한다.

(2) 유의사항

① 가장 수익성이 높은 작물을 선택한다.

② 관개를 하면 비료의 이용효과가 높기 때문에 다비재배를 할 수 있다.

③ 다비재배 시 도복이 유발되므로 내도복성 작물을 활용한다.

④ 수분이 충분할 경우 재식밀도를 높여 수확량을 늘린다.

⑤ 다비재배 시에는 병해충 및 제초에 신경을 쓴다.

⑥ 비닐멀칭 등을 활용하여 관개수의 효율을 높이도록 한다.

2. 관개의 방법

1) 논(수도)의 용수량과 관개방법

용수량은 재배기간 중 소비되는 수분의 총량을 말하며, 다음의 용수량 산정식에 따라 논에 관개한다.

용수량 = (엽면증산량 + 수면증발량 + 지하침투량) − 유효우량

- 엽면증발량 : 같은 기간의 증발계 증발량의 1.2배 정도 됨
- 수면증발량 : 증발계 증발량과 거의 비슷함
- 지하침투량 : 토성에 따라 다르며 201～830mm, 평균 536mm 정도 됨
- 유효강우량 : 관개수에 더해지는 우량이며 강수량의 75% 정도 됨

2) 밭 관개방법

밭 관개 시에는 강우상태, 토성, 작물 종류 등을 고려하여 관개를 조절해야 한다.

(1) 지표관개

지표면에 물을 흘려보내 관개하는 방법으로 진면관개와 고랑관개가 있다.

[표 4-3] 전면관개와 고랑관개

구분		특징
전면관개	일류관개	등고선을 따라 수로를 만들어 임의의 장소로부터 월류하도록 하는 방법
	보더관계	포장을 완경사로 구획하고, 상단 수로로부터 전체 표면에 물을 흘려 퍼지게 하여 관개하는 방법
	수반법	포장을 수평으로 구획하고 관개하는 방법
고랑관개		포장에 이랑을 세운 후 고랑에 물을 관개하는 방법

(2) 살수관개

공중에 물을 뿌려 관개하는 방법이다.

① **다공관관개** : 파이프에 직접 작은 구멍을 여러 개 뚫어 살수하는 방법

② **스프링클러관개** : 스프링클러를 통해 살수하는 방법

③ **물방울관개(Trickle Irrigation)** : 낮은 압력으로 노즐에서 물방울이 천천히 떨어지도록 하여 관개하는 방법

(3) 지하관개

토양의 지하수로부터 물을 공급하는 방법이다.

① **개거법** : 개방된 상수로에 물을 대어 침투시키면 모관이 상승하여 뿌리영역에 공급되는 방법

② **암거법** : 지하에 토관, 목관, 콘크리트관, 플라스틱관 등을 비치하여 물을 대고 간극으로부터 스며 오르게 하는 방법

③ **압입법** : 물을 주입하거나 기계적으로 압입하는 방법

04 습해

1. 습해의 정의와 발생 원인

과습상태가 지속되는 토양은 산소가 부족하게 되는데 이때 작물은 수분과 무기양분이 필요하지만 토양의 과습으로 인해 작물의 뿌리는 상하게 되고 부패되며, 지상부는 황화 후 위조 또는 고사하는 것을 '습해'라고 한다.

2. 과습으로 인한 유해물질 생성

① 지온이 높을 때 과습하게 되면 토양 속 산소 부족으로 환원상태를 만들게 된다.

② 환원성인 철(Fe^{++}), 망간(Mn^{++}) 등도 많아져 유해하게 된다.

③ 계속적인 과습으로 인해 황화수소(H_2S)가 발생하면 피해가 더욱 심해진다.

④ 습해는 토양전염병해를 전파하게 되고 작물이 쇠약해져 있으므로 병충해 발생을 초래한다.

⑤ 습해는 생육 초기보다 생장 후기에 피해가 더 심하며 특히 환원성 유해물질이 생기게 되면 뿌리 발생이 쇠퇴되어 출수기까지 피해를 주게 된다.

3. 작물의 내습성

습한 토양에 대한 작물의 적응 정도를 '내습성'이라고 한다. 내습성에 관여하는 요인은 다음과 같다.

1) 뿌리조직의 목질화

조직이 목질화한 것은 환원성 유해물질의 침입을 막아 내습성이 강하다.

① **벼와 골풀** : 뿌리의 외피가 심히 목화된다.

② **맥류** : 내습성이 강하다.

③ **파** : 목질화가 생기기 때문에 내습성이 약하다.

2) 뿌리 발달의 습성

새 뿌리(부정근)의 발생이 용이하고 근계가 얕게 발달하면 내습성이 강해진다.

3) 잎에서 뿌리로 산소를 공급하는 능력

벼는 잎, 줄기, 뿌리에 통기조직이 잘 발달되어 있어 지상에서 뿌리로 산소를 공급할 수 있으며, 담수조건에서도 잘 생육한다.

4) 환원성 유해물질에 대한 저항성

뿌리가 황화수소와 아산화철 등에 대한 저항성이 큰 작물은 내습성이 강하다.

4. 습해의 대책

습해에 대한 피해를 예방하기 위해서는 [표 4－4]와 같은 대책이 필요하다.

[표 4－4] 습해의 예방대책

대책	특징
배수	과습으로 인한 습해를 근본적으로 조절할 수 있는 방법
정지	• 고휴(이랑을 높임)재배를 하면 과습을 막을 수 있음 • 밭에는 휴립휴파(畦立畦播), 습답은 휴립(畦立)재배함
토양개량	객토, 부식, 석회 및 토양개량제를 시용하면 토양의 입단구조를 좋게 하여 공극량이 극대화되므로 습해를 경감할 수 있음
작물 및 품종의 선택	• 작물의 내습성 : 골풀 · 미나리 · 택사 · 연 · 벼 > 밭벼 · ~~옥수수~~ · 율무 · 토란 · 고구마 > 보리 · 밀 > 감자 · 고추 > 토마토 · 메밀 > 파 · 양파 · 당근 · 자운영 순 • 채소의 내습성 : 양상추 · 양배추 · 토마토 · 가지 · 오이 > 시금치 · 우엉 · 무 > 당근 · 꽃양배추 · 멜론 · 피망 순 • 과실의 내습성 : 올리브 > 포도 > 밀감 > 배 > 밤 · 무화과 순

기출 19년 기사 4회 46번

다음 중 내습성이 가장 약한 작물로만 나열된 것은?

① 옥수수, 밭벼, 율무
② 택사, 벼, 미나리
③ 고추, 감자, 메밀
④ 당근, 양파, 파

답 ④

기출 21년 기사 2회 57번

다음 중 내습성이 가장 강한 과수류는?

① 무화과 ② 복숭아
③ 밀감 ④ 포도

답 ④

대책	특징
시비	습해 피해를 줄이기 위해서는 미숙유기물(퇴비) 및 황산근비료는 시용을 피하고 뿌리가 지상 가까이 생성되도록 표층시비함
과산화석회의 시용	과산화석회(CaO_2)는 토양에서 산소를 상당부분 방출하므로 일부 습한 토양에서 발아와 생육을 촉진시켜 줌

05 수해

1. 수해의 발생

수해란 비가 많이 내려 발생되는 피해를 의미하는데, 우리나라는 7~8월 우기에 국지적으로 수해가 발생한다. 또한 2~3일간 연속강우량이 100~150mm일 경우 저습지에 국부적인 수해가 발생된다.

2. 수해로 인한 피해

① 토양이 붕괴되어 산사태와 토양침식이 발생한다.
② 작물 재배 시 사용되는 유토에 의해 전답이 파괴되고 매몰이 발생한다.
③ 유수로 인한 농작물 복토 및 표토의 유실이 발생한다.
④ 침수에 의해 흙앙금이 생기고 생리적 피해가 발생한다.
⑤ 벼는 병해인 흰빛잎마름병, 도열병, 잎집무늬마름병이 수해를 통해 발생한다.

TIP

무기호흡
산소호흡에 비해 많은 에너지가 필요함

3. 관수해의 생리

식물체가 완전히 물에 잠기는 것을 '관수'라고 하며, 관수 시의 특징은 다음과 같다.

① 생명 유지를 위해 무기호흡이 필요하다.
② 벼의 잎이 도장하는 이상신장이 발생한다.
③ 관수상태에서는 병균의 전파 및 침입도 용이해진다.

기출 21년 기사 4회 56번

다음 중 벼의 수해를 크게 하는 조건으로 가장 알맞은 것은?
① 저수온, 청수, 유수
② 저수온, 탁수, 정체수
③ 고수온, 청수, 유수
④ 고수온, 탁수, 정체수

답 ④

4. 침수의 요인

작물은 침수에 강한 작물과 약한 작물로 구별된다.

[표 4-5] 관수해의 생리

구분	종류
침수에 강한 작물	피, 수수, 옥수수(화본과 및 목초) 등
침수에 약한 작물	채소 및 감자, 고구마, 메밀 등

1) 수온 · 수질

(1) 수온이 높으면

① 호흡 소모가 많아져서 피해가 크다.

② 벼가 관수해로 인한 피해가 크게 나타나는 기간 : 수온 20℃에서 10일 또는 40℃에서 2일

(2) 수질이 나쁘면

① 수해의 피해 정도는 다르다.

② 탁수는 청수보다, 정체수가 유수보다 수온이 높고, 물속 산소가 적기 때문에 피해가 크다.

[표 4-6] 수온과 수질에 따른 식물의 고사

청고(靑枯)	적고(赤枯)
수온이 높은 정체탁수(停滯濁水)의 경우에 발생	수온이 낮은 유동청수(流動淸水)의 경우 단백질도 소모되고, 갈변하여 죽음

2) 침수기간

관수가 4~5일 이상 지속되면 피해가 커지는데 벼의 관수피해는 생육단계가 진행될수록 커지며, 보통 분얼기에 3~4일 탁수로 관수되면 생산량이 30% 감소되고, 7일 관수되면 70% 감소된다.

3) 재배적 요인

질소질 비료를 과다시비하면 내병성이 약해 관수해가 크다. 특히 탄수화물 함량이 줄고 호흡작용이 왕성해진다.

[표 4-7] 수해대책

구분	특징
사전대책	• 산림 보전 및 하천 보수를 통해 치수를 잘 관리하는 것 • 경사지와 경작지의 토양 보호 • 경지 정리를 통한 배수로 확보 • 수해 상습지는 작물의 종류나 품종 선택에 유의함 • 파종기 또는 이식기 조절을 통해 수해 피해를 줄임 • 질소질 비료의 과다 시용을 피함
침수 시 대책	• 침수된 곳의 배수를 신속히 처리함 • 잎에 묻은 흙 앙금을 신속히 씻어줌 • 키가 큰 작물은 서로 결속하여 유수에 의한 도복을 방지함
사후대책	• 퇴수 후 청수(새로운 물)로 교체 • 김을 매어 땅 위의 통기를 좋게 해줌 • 표토 유실로 인한 영양분 손실이 있을 수 있으므로 덧거름을 줌

기출 21년 기사 4회 58번

침관수 피해에 대한 대책으로 옳지 않은 것은?

① 퇴수 후 새로운 물을 갈아 댄다.
② 김을 매어 지중 통기를 좋게 한다.
③ 침수 후에는 병충해의 발생이 줄어들기 때문에 방제가 필요 없다.
④ 피해가 심할 때에는 추파, 보식 등을 한다.

답 ③

06 한해

1. 한해의 발생

① 한해(旱害, 가뭄해)로 인한 위조 및 건조사는 작물의 부분 및 전체적인 생육장애를 일으키므로 수량과 품질에 영향을 준다.

② 강우와 관개 부족 시에 토양 수분이 결핍되면 작물체 내 수분 감소의 주원인이 된다.

2. 한해의 피해

① 작물의 세포가 공기 중에서 탈수될 때 원형질과 세포막이 부착된 채 수축이 일어나 쪼글거린다.

② 건조사의 주요 원인 중 하나로 건조에 의해 효소평형이 깨져서 작물이 위축 및 고사하게 된다.

3. 작물의 내건성

내건성이란 작물이 건조에 잘 견디는 성질을 의미하는데, 내건성이 강한 작물의 특징은 다음과 같다.

기출 21년 기사 1회 43번

내건성이 강한 작물의 형태적 특성이 아닌 것은?

① 잎맥과 울타리 조직이 발달한다.
② 체적에 대한 표면적의 비가 작다.
③ 지상부에 비해 근군의 발달이 좋다.
④ 기동세포가 발달하지 못하여 표면적이 축소되어 있다.

답 ④

[표 4-8] 내건성이 강한 작물의 특징

구분	특징
형태적 특징	• 표면적 및 체적의 비가 적은 왜소한 잎을 가진 작물 • 뿌리가 깊고 지상부에 비해 근군 발달이 좋은 작물 • 기공 크기가 작은 수은 작물 • 물을 보유하는 저수능력이 크고 다육화(수분을 조직에 담고 있는 성질)된 작물 • 기동세포의 발달로 탈수되면 잎이 말려 표면적이 축소되는 작물
세포적 특징	• 수분이 적을 경우 작물의 세포가 작아서 원형질 변형이 적은 작물 • 수분 보유력이 강한 작물 • 탈수될 때 원형질의 응집력이 적은 작물 • 원형질 막의 수분, 요소, 글리세린 등의 투과성이 큰 작물
물질대사적 특징	• 급수할 때 부분 흡수 기능이 좋은 작물 • 건조할 때 호흡을 적게 하고 광합성이 감퇴되는 정도가 낮은 작물 • 건조할 때 당분 또는 단백질 소실이 적은 작물

[표 4-9] 내건성이 강한 작물

구분	종류
화곡류	• 수수(가장 내건성이 강함) • 조, 피, 기장 등
두류	콩, 강낭콩, 완두, 알팔파, 클로버 등
서류	고구마, 감자, 뚱딴지 등

4. 생육시기와 한해

① **작물의 내건성** : 생식생장기에 가장 약하다(화곡류는 감수분열기에 가장 약하지만 분얼기에는 강함).

② **유숙기의 한발** : 천립중(쌀의 무게)을 크게 감소시키므로 피해가 심하다.

③ **경화(Hardening)** : 건조한 환경에서 자란 작물은 내건성이 증가한다.

5. 재배조건과 한해

① 재배 시 질소비료의 과용과 퇴비, 인산, 칼륨의 결핍은 심각한 한해 피해를 초래한다.

② 휴립휴파는 평휴(平畦)나 휴립구파(畦立溝播)보다 한발에 매우 약하다.

6. 한해의 대책

1) 관개

한해로 인한 토양 수분의 부족을 막기 위한 방법이 관개이다.

2) 밭의 재배적 대책

① 재식밀도를 엉성하게 하고, 뿌림골을 낮춰 재배한다.

② 질소 비료의 과용을 줄이고 퇴비, 칼리, 인산을 추가 시비한다.

③ 봄철 보리나 밀밭의 경우 건조할 때 답압을 한다.

3) 논의 재배적 대책

① 천수답지대(수리불안전답)는 생력재배를 겸한 건답직파로 재배한다.

② 남부의 천수답지대(수리불안전답)에서는 만식적응재배를 한다.

③ 손모내기는 밭못자리모와 박파모(듬성듬성 심음)가 만식적응이 강하다.

④ 모내기가 오래 지연되면 조, 기장, 채소 등을 대파한다.

⑤ 모의 과숙을 피하기 위해 모솎음과 못자리가식, 본답가식, 저묘 등을 한다.

[표 4-10] 한해의 예방대책(토양 수분의 보유력 증대 및 증발 억제방법)

구분	특징
토양입단의 조성	한해의 피해를 줄이는 방법으로 입단구조를 만듦
드라이파밍 (Dryfarming)	• 건조에 강한 농법 • 휴작기 : 땅을 갈아서 빗물을 지하에 저장함 • 작기 : 토양을 진압하여 지하수의 모관 상승을 낮춤
피복	피복제인 비닐, 풀, 퇴비를 지면에 깔아 증발을 억제함
중경제초	토양 증발산을 억제함
증발억제제 살포	OED 용액을 뿌리면 일시적으로 증산 및 증발이 억제됨

용어설명

답압
식물의 씨를 파종한 후 밟아주는 작업

CHAPTER 05

재배와 대기환경

Key Word

이산화탄소(CO_2) / 광합성 / 탄산시비 / 산소(O_2) / 질소(N_2) / 질산화 작용 및 탈질작용 / 지구온난화 / 온실가스

01 대기 조성

1. 대기의 조성분

1) 대기 중의 성분

① 대기는 질소, 산소, 이산화탄소 등으로 구성되어 있는데 질소는 약 79%, 산소는 약 21%, 이산화탄소는 약 0.03%(최근 0.036%)로 구성되어 있다.

② 그 밖에는 먼지, 연기 입자 및 수증기, 미생물, 아황산가스, 기타 오염물질 등으로 구성되어 있다.

③ 일반적으로 대기 중 가스 농도는 80km 고도까지 비슷한 비율로 존재한다.

[표 5-1] 공기의 조성 비율

성분	용적 백분율(%)
질소	79.1
산소	20.95
아르곤	0.93
이산화탄소	0.03

TIP

작물이 이용하는 대기 성분 중 가장 중요한 것은 질소이다.

02 대기 중 이산화탄소와 작물의 관계

1. 이산화탄소

① 대기 중 0.03%를 차지하는 이산화탄소는 생물권의 탄소 순환에 매우 중요한 역할을 한다.

② 작물 잎 주변 공기 중 이산화탄소 농도가 낮아지면 이산화탄소의 유출이 생기기도 한다.

③ 하지만 C_4 식물은 광호흡이 없어 예외이다.

2. 작물의 경지에 이산화탄소의 환경

① 작물의 광합성 활동 중 주기적(하루, 1년) 작용에 의해 변화가 많이 발생한다.

② 하루 중 800m 높이까지 이산화탄소 농도 변화가 영향을 미친다.

[표 5-2] 이산화탄소의 농도 변화

구분	변화
겨울	약 350ppm으로 높음
여름	약 310ppm으로 낮음
낮	군락이 가까우면 농도는 낮음
밤	군락 안일수록 농도는 높음

[표 5-3] 이산화탄소 농도와 호흡의 관계

이산화탄소 농도	호흡
대기 중 이산화탄소 농도가 높으면	보통 호흡 속도는 낮아짐
이산화탄소 농도가 10% → 80%까지 증가하면	점차 호흡이 저하됨(생명력을 잃어버림)

3. 광합성

- 광합성은 대기 중 이산화탄소를 흡수하고 광에너지를 이용하여 엽록소 내에서 탄소를 고정하여 화합물로 만드는 과정을 의미한다.
- 광합성은 광, 온도, 이산화탄소 농도 등의 환경 요인과 상관성이 있다.

1) 이산화탄소와 광합성의 관계

① 공기 중의 이산화탄소 농도를 기존에 갖고 있는 농도(0.03%) 이상으로 높이면 작물의 광합성은 증대된다.

② 이산화탄소 농도가 증가하면 광합성 속도도 증가한다.

③ 하지만 어느 농도까지 도달하면 이산화탄소 농도를 증가시키더라도 광합성 속도(효율)는 그 이상 증가하지 않는데, 그때의 이산화탄소 농도를 '이산화탄소 포화점'이라 한다.

2) 광합성 속도

작물의 최대 광합성은 이산화탄소 농도와 더불어 광의 강도도 영향을 준다.

[표 5-4] 이산화탄소와 광합성의 관계

구분	변화
광이 약할 때	이산화탄소 보상점이 높아짐
	이산화탄소 포화점이 낮아짐
광이 강할 때	이산화탄소 보상점이 낮아짐
	이산화탄소 포화점이 높아짐

기출 19년 기사 4회 57번

광보상점에 대한 설명으로 가장 옳은 것은?

① 음생식물에 비하여 양생식물의 광보상점이 낮다.
② 음생식물에 비하여 양생식물의 광보상점이 높다.
③ 음생식물과 양생식물의 광보상점은 동일하다.
④ 음생식물 및 양생식물은 광보상점이 없다.

답 ②

용어설명

광포화점
더이상 광합성 속도가 증가하지 않는 지점의 빛의 세기를 의미한다.

보상점
광합성으로 줄어든 이산화탄소의 양과 호흡으로 방출된 이산화탄소의 양이 같을 때

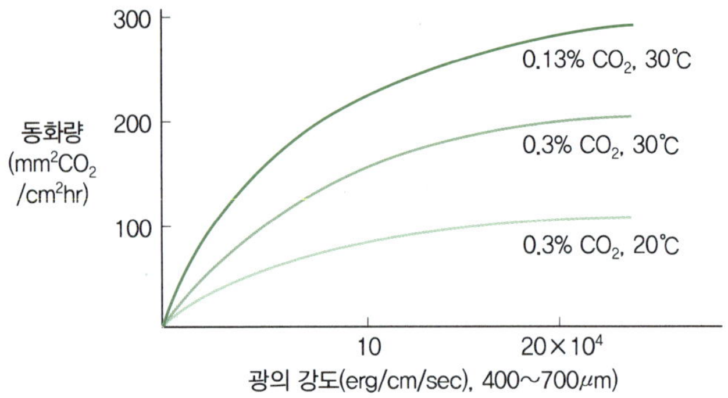

[그림 5-1] 광합성-이산화탄소 농도-온도의 관계

4. 탄산시비

탄산시비는 작물을 재배할 때 인위적으로 이산화탄소(CO_2) 농도를 높여 작물환경을 변화시키는 것을 의미한다.

1) 탄산시비를 하는 이유

① 작물은 살아가기 위해 필요한 에너지를 광합성으로부터 얻는다.

② 광합성은 광도와 이산화탄소의 영향을 많이 받는다.

③ **광합성에 의한 이산화탄소 포화점의 변화** : 이산화탄소 농도를 탄사시비를 통해 인위적으로 높이면 광포화점은 높아지고 작물의 생육을 크게 향상시킨다.

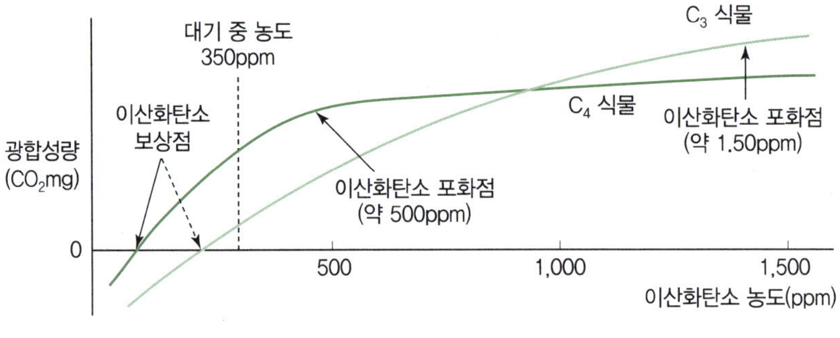

[그림 5-2] 탄산시비를 통한 이산화탄소 보상점과 이산화탄소 포화점

2) 탄산시비의 효과

① 열매채소인 오이, 멜론, 가지, 토마토, 고추과 등과 수량이 증대되는 잎채소인 셀러리, 상추, 부추, 그리고 뿌리채소에도 탄산시비 효과를 볼 수 있다.

② 작물의 개화기를 단축시키고 꽃잎의 수를 증가시키는 효과가 있다.

③ 화훼 상품인 국화, 카네이션 등은 수량 증대와 함께 품질 향상, 절화 수명 연장의 효과가 있다.

3) 탄산시비 방법

실내(즉, 시설 내)의 이산화탄소 농도는 보통 1,000～1,500ppm 정도인데 상황에 따라서는 2,000ppm까지 활용하기도 한다.

[표 5-5] 작물별 시설 내 이산화탄소의 적정 농도

구분	이산화탄소 사용의 적정 농도 범위(ppm)
엽채류	1,500～2,500
근채류	1,000～3,000
과채류	500～1,500
오이, 피망, 가지, 강낭콩	800～1,500
토마토, 멜론, 딸기	500～800

4) 이산화탄소가 작물에 미치는 영향

(1) 식생

① 식물의 잎이 무성해지면 뿌리 호흡이 왕성해지고, 식물 사이의 바람을 막아 지면에 가까운 공기층의 이산화탄소 농도가 높아지게 된다.

② 지표와 떨어진 공기층에서는 광합성이 왕성하게 되어 이산화탄소 농도가 낮아지게 된다.

(2) 계절

잎이 무성한 식물의 공기층은 여름철 광합성이 왕성하여 이산화탄소 농도는 낮아지고, 겨울철에는 반대로 이산화탄소 농도가 다시 높아진다.

(3) 바람

이산화탄소 농도의 불균형을 완화하는 기능을 한다.

(4) 지면과의 거리

지면으로부터 멀리 떨어지면 이산화탄소는 무거워 가라앉아 낮아지는 경향이 있다.

(5) 미숙유기물 사용

미숙퇴비 및 낙엽, 구비, 녹비를 시용함으로써 이산화탄소 발생을 증가시킬 수 있다.

03 대기 중 산소와 질소의 관계

1. 산소(O_2)

산소는 대기 중 약 21%를 차지하며, 식물이 광합성작용 및 호흡의 균형을 이루는 한 대기 중 이산화탄소와 산소의 농도는 균형을 유지하게 된다. 하지만 토양 및 물속 산소 농도는 낮은데 이때 다른 곳에서 바로 산소 공급이 이루어지지 않으면 산소 부족으로 인해 작물의 생장에 영향을 미치게 된다.

2. 질소(N_2)

① 질소는 대기 중 약 79%를 차지하며 대기는 질소의 가장 큰 저장소가 된다. 대부분의 식물은 암모니아를 그대로 흡수할 수 없다. 따라서 아질산(NO_2^-)이온 또는 질산(NO_3^-)이온 상태의 질소만을 흡수하게 된다.

② 콩과 작물의 뿌리혹박테리아 등은 대기 중에 약 79%의 질소가스를 고정하는데, 이들은 호기성 세균으로 토양 중 산소 공급을 원활하게 하고, 질소고정량을 증대시키는 기능을 한다.

③ 질소고정박테리아는 대기의 질소 기체(N_2)를 흡수해 암모늄이온(NH_4^+)으로 바꾸고, 암모늄이온은 아질산이온(NO_2^-)과 질산이온(NO_3^-)으로 바뀌게 되는데, 이를 '질산화(Nitrification) 작용'이라고 한다.

3. 질산화 작용과 탈질작용

① 비료나 유기물로부터 받아들인 암모늄이온(NH_4^+)은 질산화 작용을 통해 질산이온(NO_3^-)으로 전환되며 질산화 작용은 질산화 균에 의해 2단계의 산화반응이 생성된다. 이때 질산이온(NO_3^-)은 작물 또는 미생물이 이용하기도 하지만 음이온이므로 토양 이동이 매우 빨리 쉽게 용탈되어 탈질반응을 통해 손실된다.

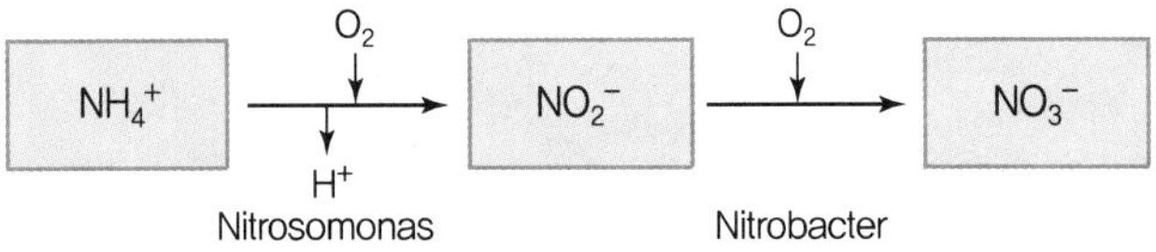

[그림 5-3] 질산화 과정

② 탈질작용(脫窒作俑)은 토양 내에 있는 탈질균(脫窒菌)에 의해 질산이온(NO_3^-)이 여러 가지 질소산화물을 거쳐 최종적으로 이질산(N_2)까지 전환되는 반응으로 배수가 불량한 토양이나 산소가 부족한 토양에서 일어나는 현상이다.

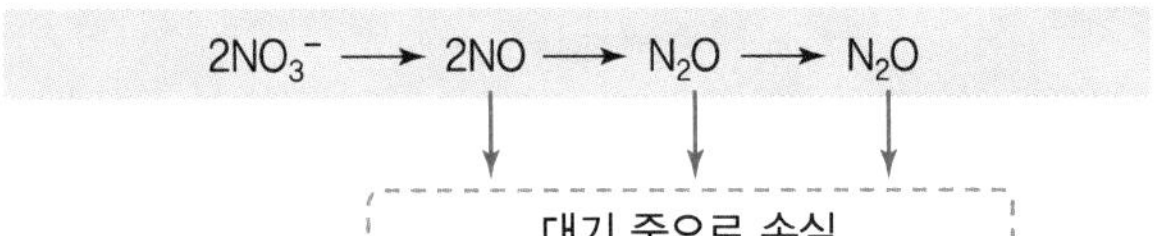

[그림 5-4] 탈질작용 과정

04 바람

1. 연풍

대기층의 기압차에 의해 생기는 공기의 지표면에 대한 상대적 움직임을 '바람'이라고 하며, 연풍은 시속 1.1~1.7m/s(풍속 4~6km/hr) 이하로 작물의 생육에 많은 영향을 미친다.

[표 5-6] 연풍으로 인한 효과 및 풍해 장해

구분	설명
효과	• 작물 주위의 습기를 빼앗아 증산작용을 조장하고 양분 흡수를 증대시킨다. • 그늘진 잎의 일사를 조장함으로써 광합성을 증대시킨다. • 광합성이 왕성하면 작물 주변의 이산화탄소 농도가 감소하게 되는데, 이때 바람을 통해 이산화탄소 농도의 저하를 감소시켜 광합성을 조장한다. • 풍매화의 수정과 결실을 촉진시킨다. • 한여름에는 기온과 지온을 낮춰 준다. • 봄과 가을에는 서리를 막아 준다. • 확물의 건조를 촉진시키는 역할을 한다.
풍해 장해	• 씨앗 및 병원균의 전파를 조장한다. • 냉풍은 냉해를 유발하기도 한다. • 바람이 강할 경우 작물에 상처(절손, 열상, 낙과, 도복, 탈립) 등을 초래하고 기계적 상처를 통해 2차적으로 병해, 부패가 발생한다. • 풍해는 풍속 10m/sec에 백수가 발생하지만, 습도가 80% 이상일 경우 20m/sec의 풍속에서도 백수는 발생하지 않는다. • 출수 후 3~4일경 풍해를 만날 때 가장 피해가 심하다. 〈직접적인 생리 장해〉 • 호흡 증대 • 광합성의 감퇴 • 작물체의 건조 • 작물체온의 저하 • 염풍의 피해

기출 22년 기사 2회 49번

풍해를 받았을 경우 작물체에 나타나는 생리적 장해로 가장 거리가 먼 것은?

① 광합성의 감퇴
② 호흡의 증대
③ 작물체온의 증가
④ 작물체의 건조

답 ③

TIP

풍해 대책
• 방풍림 설치
• 방풍울타리 설치
• 내품성 작물 선택(목초, 고구마 등 바람에 강한 작물 선택)
• 작기 이동
• 담수(논물을 깊이 대면 도복과 건조 피해가 예방됨)
• 배토 및 지주(도복을 방지함)
• 생육의 건실화(칼리질 비료 시비 및 질소질 비료 과잉은 피함)
• 낙과방지제의 살포(사과 수확 25~30일 전에 낙과방지제를 뿌림)

05 대기오염

1. 지구온난화

지구 표면에 나온 열을 흡수하는 대기 중에 있는 가스를 '온실가스'라고 하며 수증기, 이산화탄소, 메탄(CH_4)과 같이 자연에 존재하는 가스와 염화불화탄소(CFC) 같은 합성가스도 있다. 온실가스 농도가 높아짐에 따라 지구의 표면 온도도 올라가는데 이러한 상승세는 꾸준히 증가하여 지구온난화가 야기되고 있다.

2. 온실가스의 원인 및 대기가스 종류

온실가스에 있어 온실효과는 지구를 둘러싸고 있는 대기층에 존재하는 이산화탄소 및 여러 가지 가스가 태양복사 단파장인 지구복사열은 잘 투과시키지만, 지구에서 방출하는 장파장 복사열은 흡수, 차단함으로써 대기층에 열이 저장되어 열 평형을 이루지 못하고 지구의 온도가 상승하는 것을 의미한다.

① 이산화탄소(CO_2)

온실효과에 가장 문제가 되는 것으로 석탄, 석유 등의 화석연료 사용량의 증가로 인해 발생하며, 산림 파괴로 인해 48%의 이산화탄소가 대기 중에 축적되어 있다.

② 메탄가스(CH_4)

천연가스의 주성분으로 석탄층에서 뽑아내는 가스로, 자연에서도 미생물의 분해로 인해 만들어진다.

③ 아산화질소(N_2O)

농사에 사용하는 질소비료의 과다사용 시 아산화질소가 다량 발생하는데, 이것이 온실가스의 주범이 된다. 우리나라의 아산화질소 총 배출량의 62.8%가 농업분야에서 발생한다.

④ 염화불화탄소(=염화플루오린화 탄소, 프레온, CFCs)

냉방 및 냉장장치의 냉매제 및 합성수지 발포제, 스프레이 분사제로 사용되는 화학물질로 성층권의 오존층 파괴의 주범이 된다(세계적으로 사용 규제를 하고 있다).

[표 5-7] 주요 온실가스의 특징

가스	농도 (ppm)	연증가량 (%)	수명 (연)	온실효과 공헌도(%)	주요 발생원
이산화탄소(CO_2)	351.3	0.4	2~4	57	석탄, 석유, 천연가스, 산림벌채
염화불화탄소(CFCs)	0.000225	5	75~111	25	거품크림, 에어로졸, 냉장고, 용매
메탄(CH_4)	1.675	1	11	12	습지, 벼논, 축산, 화석연료
아산화질소(N_2O)	0.31	0.2	150	6	화석연료, 비료, 산림벌채

3. 지구온난화가 생태계에 미치는 영향

① 강우량의 변화로 농업대지에 필요한 수량을 충족시키기 힘들어 토양을 더욱 건조하게 만든다.

② 지구온난화로 평균기온이 상승하면 지구상의 많은 식물종이 멸종할 수 있다.

③ 생태계의 천이가 일어나며, 식물생태계에서 온대 수종은 생육범위가 확장되지만, 한대 수종은 기온 상승으로 급격히 줄어들 것으로 예상된다.

④ 먹이사슬의 변화로 자연의 혼란이 우려된다.

CHAPTER 06

재배와 온도환경

Key Word

온도 대사 / 온도에 따른 작물 생육 / 고온장해 / 저온장해

01 온도와 작물의 대사작용

1. 온도와 작물의 생리작용

작물에 영향을 미치는 주요 온도는 광합성, 호흡, 수분 · 양분 흡수, 동화물질의 전류, 증산 등의 생리작용에 따라 각각 다르다 .

1) 온도계수(Q_{10})

온도가 10℃ 상승하는 데 따른 이화학적 반응이나 생리작용의 증가 배수를 의미한다.

2) 광합성

① 광합성은 온도 상승에 따라 적온보다 높으면 둔화되는 반면, 호흡은 급격히 증가한다.

② 외견상광합성은 진정광합성보다 온도 상승에 따른 생장속도 증가가 고온까지 진행되기 어렵다.

③ 외견상광합성은 적온 이상에서는 급격히 감소하고, 온도 상승에 따라 생장속도는 적온까지 증가한다.

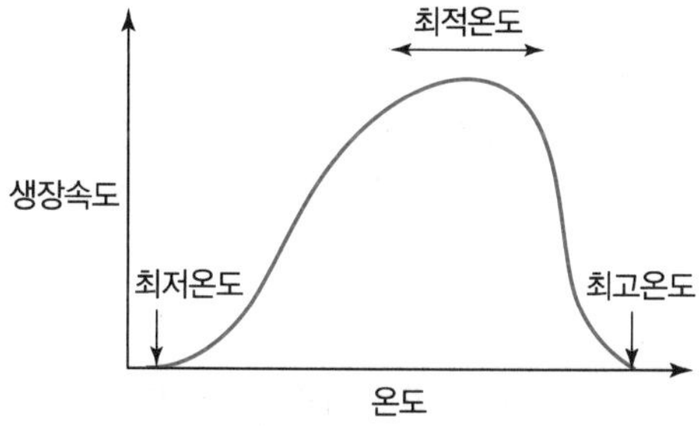

[그림 6-1] 온도에 따른 생장속도

용어설명

- 주요온도 : 최저, 최적, 최고의 3가지 온도
- 최저온도 : 작물 생육이 가능한 가장 낮은 온도
- 최적온도 : 생육이 가장 왕성한 온도
- 최고온도 : 작물 생육이 가능한 가장 높은 온도
- 유효온도 : 작물의 생육이 가능한 온도 범위

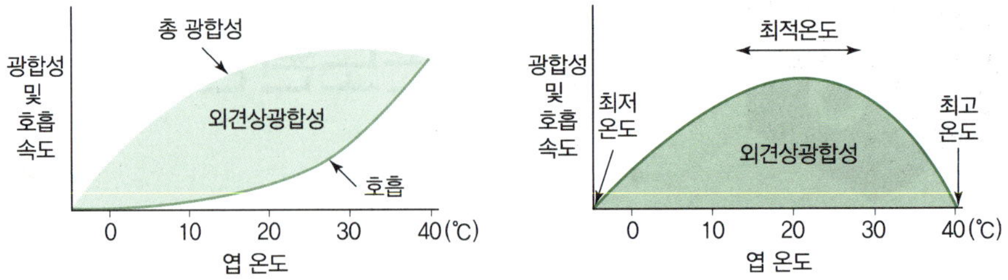

[그림 6-2] 온도차에 따른 광합성 및 호흡속도

3) 수분 및 양분 흡수 이행과 증산작용

① 온도의 상승과 함께 양분의 흡수 및 이행도 증가하나, 적온 이상으로 온도가 상승하면 오히려 양분의 흡수가 감소한다.

② 온도가 상승하면 수분의 흡수와 이동이 증대되며, 엽 내 수증기압이 상대적으로 증가한다.

③ 온도가 지나치게 높아서 식물체에 이상이 생기지 않는 한 증산량도 증가한다.

④ 생육 적온범위 안에서는 식물 생장이 잘 된다.

4) 동화물질의 전류

① 동화물질이 잎에 생장점 및 곡실로 전류되는 속도는 적온까지는 온도가 높을수록 빠르고 그보다 저온이나 고온이면 그 차이만큼 느려진다.

② 저온 시 뿌리의 당류 농도가 높아지기 때문에 잎으로부터 전류는 억제되고, 고온에서는 호흡작용이 왕성해서 뿌리나 잎의 당류가 급속히 소모되어 전류물질이 줄어든다.

2. 적산온도

작물이 발아해서 성숙하기까지의 생육기간 중 0℃ 이상의 일평균기온을 합산한 온도를 '적산온도'라 하며, 작물이 일생을 마치는 데까지 소요되는 온도의 총량을 '총온도량'이라고 한다.

여름작물	생육기간이 긴 벼(3,500~4,500℃), 담배(3,200~3,600℃), 메밀(1,000~1,200℃), 조(1,800~3,000℃)
겨울작물	추파맥류(1,700~2,300℃)
봄작물	아마(1,600~1,850℃), 봄보리(1,600~1,900℃)

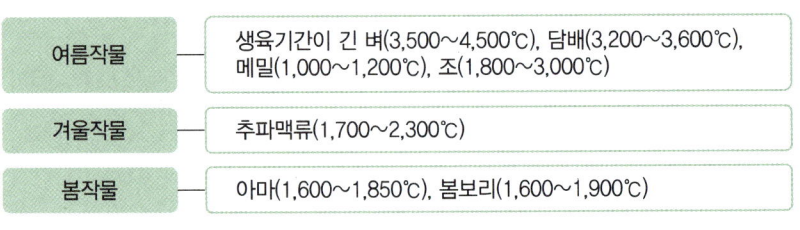

[그림 6-3] 계절 작물과 적산온도

기출 22년 기사 2회 50번

다음 중 작물의 적산온도가 가장 낮은 것은?

① 담배　② 벼
③ 메밀　④ 아마

답 ③

[표 6-1] 작물별 적산온도

작물	적산온도(℃)	작물	적산온도(℃)
목화	4,500~5,500	메밀	1,000~1,200
벼	3,500~4,500	추파맥류	2,100~2,800
담배	2,300~3,600	감자	1,300~3,000
수수, 콩	2,500~3,000	봄보리	1,600~1,900
옥수수	2,370~3,000	아마	1,600~1,850
조	1,800~3,000		

3. 유효적산온도

① 주요 온도에는 최고온도, 최저온도, 최적온도가 있으며, 유효온도는 이러한 작물의 생장과 생육이 효과적으로 이우러지는 온도를 의미한다. 가능한 한 최적온도에 가깝게 재배할 때 작물 생육이 좋아진다.

② 작물의 유효온도를 적산한 것을 '유효적산온도(GDD)'라고 하며, 계산식은 다음과 같다.

GDD(℃) = Σ{(일최고기온 + 일최저기온)/2 − 기본온도}

TIP
- GDD : 유효적산온도로, 'Growing Degree Days'의 약어
- 기본온도 : 여름작물 10℃, 월동작물과 과수는 5℃

02 온도와 작물생육

1. 지온, 수온, 작물체온의 변화

1) 수온

① 물은 비열이 크고 온도 변화가 적으며 수온이 높으면 호흡기질의 소모가 빨라 피해가 커진다. 벼가 관수될 때 피해가 크게 나타나는 기간은 수온 20℃에서 10일 정도 또는 40℃에서 2일 정도이다.

② 지하수는 12~17℃이므로 지하수를 직접 관수하면 작물이 냉해를 입을 수 있다.

③ 수온의 최고, 최저시간은 기온보다 2시간쯤 늦게 오게 된다.

2) 지온

① 토양의 빛깔이 신하면 지온이 높아지며, 함수량이 높으면 지온은 낮아지지만 변화의 폭이 적어진다.

② 지중심도가 깊을수록 지온의 변화는 적어지고, 남쪽으로 경사진 곳은 평지보다 지온이 높아진다.

3) 작물체온

① 작물체온은 흐린날 밤과 음지에서 낮게 나타난다.

② 여름철 고온기에 열사가 발생하는 이유는, 맑은 낮에는 작물체온이 기온보다 11~14℃ 높아지기 때문이다.

03 기온의 변화

> **TIP**
> 온도에 따른 작물 선택
> • 여름작물 : 생육가능기간
> • 북부지방 : 벼의 조생종
> • 남부지방 : 벼의 만생종

1. 연변화(계절적 변화)

① 우리나라의 기온은 8월이 가장 높고, 1월이 가장 낮다. 특히 최저기온은 작물의 월동을 지배한다.

② 무상기간(無霜期間)은 1년 중 지속적으로 서리가 내리지 않아 여름작물의 생육이 유리한 기간을 의미하며, 작물 선택에 중요한 요인이 된다.

2. 일변화(변온)

작물의 일교차는 작물 발아, 동화물질 축적, 생장, 개화, 결실 등의 생리작용에 큰 영향을 준다.

• 최저기온 : 오전 5시경
• 최고기온 : 오후 2~3시
• 일평균기온 : 오전 9시경

3. 변온이 작물 생육에 미치는 영향

① 야간 온도가 높거나 낮은 경우 무기성분의 흡수가 감소되어 작물 생육에 영향을 준다.

$K_2O > SiO_2 > NH_3 > N > MnO > P_2O_5$ 순으로 감퇴

② 작물이 변온에 크게 영향을 받으면 동화물질이 많이 축적된다.

③ 밤의 기온이 어느 정도 높아서 변온이 작을 때에는 대체로 생장이 빨라진다.

고구마	괴근 형성은 20~29℃의 변온에서 현저히 촉진됨
감자	야간온도 10~14℃의 변온이 덩이줄기의 발달에 이로움
콩	야간의 고온은 개화를 단축시키거나 낙화(落花)를 조장함
담배	주야 변온에서 개화가 촉진됨

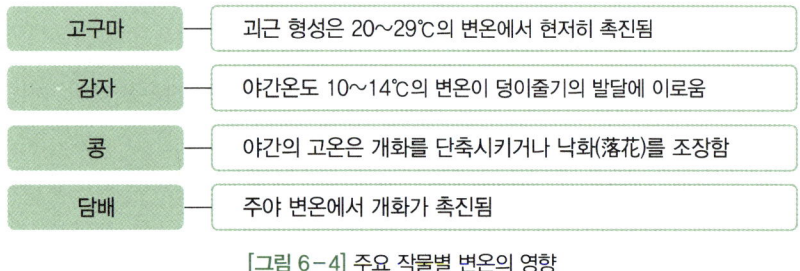

[그림 6-4] 주요 작물별 변온의 영향

변온의 예시

㉠ 발아
- 변온 시 작물 발아가 촉진됨
- 단, 변온 시 당근, 파슬리, 티머시그래스는 발아 촉진이 안 됨

㉡ 동화물질의 축적
- 변온 시 동아물질 축적이 증가해서 식물 신장에 도움이 됨
- 낮의 기온 상승은 광합성 및 합성물질의 전류를 촉진시킴

㉢ 덩이뿌리, 덩이줄기의 발달
- 고구마의 변온 : 항온(27℃)보다 변온(20~29℃)이 덩이뿌리의 발달을 촉진함
- 감자의 변온 : 변온이 밤기온(10~14℃)인 경우 덩이줄기의 발달을 촉진함

㉣ 생장
변온의 폭이 작을 때 생장은 빠름(즉, 무기성분의 흡수와 동화양분의 소모가 왕성하기 때문)

㉤ 개화
- 맥류 : 변온의 폭이 작은 경우 생장이 빨라 개화 및 출수가 촉진됨
- 일반작물 : 변온의 폭이 커야 동화물질의 전류와 축적이 활발해 개화가 촉진됨

㉥ 결실
- 변온의 경우 항온보다 결실이 촉진됨
- 토마토 : 저녁 기온이 20℃이면 과중이 최대가 됨
- 콩 : 저녁 기온이 20℃이면 결협률(총 개화 수에 대한 정상 꼬투리 수의 백분율)이 최대가 됨
- 벼
  - 저녁 기온이 초기 20℃에서 후기 16℃ 정도가 되면 등숙이 좋아짐
  - 산간지가 평야지보다 등숙이 좋음
  - 벼는 등숙기간의 평균기온이 21~25℃의 범위일 때 등숙이 좋음
  - 자포니카벼는 일평균기온이 21~23℃일 때 등숙이 좋아짐

④ 변온은 작물의 결실에도 영향을 주는데, 주야 온도교차가 큰 분지의 벼가 주야 온도교차가 낮은 해안지보다 등속이 빠르며, 야간의 저온이 청미를 적게 한다.

⑤ 등숙기의 기온차가 커서 21~23℃일 때 벼의 전류축적이 최대가 된다.

4. 수온 및 지온이 작물체온에 미치는 영향

1) 수온

① 수온은 기온보다 약 2시간 늦게 올라가거나, 내려간다.

② 수온의 변화 폭은 기온보다 작은 편이다.

③ 수온은 보온효과가 있어 냉해를 줄일 수 있다.

2) 지온

① 지온은 기온보다 약 2시간 늦게 올라가거나, 내려간다.

② 백토는 기온보다 최고온도가 낮으나, 흑토는 기온보다 최고온도가 높다.

3) 작물체온

① 밤과 그늘의 경우 흡열보다 방열이 우세해 기온보다 낮다.

② 여름과 낮은 병열보다 흡열이 우세해 기온보다 높다.

③ 특히 바람이 없으면서 습도가 높고 작물군락의 밀도가 높으면 작물체온은 상승하게 된다.

04 고온 · 저온장해

1. 고온장해

1) 열해

- 작물이 과도한 고온으로 피해를 입는 것을 '열해'라고 하며, '고온장해'라고도 한다.
- 보통 1시간 정도 짧은 시간에 받는 열해로 인해 고사하는 것을 '열사(Heat killing)'라고 하며, 열사를 일으키는 온도를 '열사온도' 또는 '열사점'이라고 한다.
- 열해로 인해 유기물의 과잉소모와 질소대사의 이상이 생기며, 철분이 침전하여 황백현상이 발생한다.

(1) 작물의 내열성

작물이 열해에 견디는 성질을 내열성이라고 하며 작물의 내열성에 관여하는 요인은 다음과 같다.

① 내건성이 큰 것은 내열성도 크다.

② 세포 내 결합수가 많고 유리수가 적으면 내열성이 커진다.

③ 세포의 점성, 염류 농도, 유지 함량, 단백질 함량, 당분 함량 등이 높으면 대부분 내열성이 증가한다.

④ 작물의 연령이 높으면 내열성이 증가한다.

⑤ 고온, 건조, 다조인 환경에서 오래 생육한 것이 경화되어 내열성이 증가한다.

(2) 열해의 대책

① 내열성 작물을 선택한다.

② 재배 시기의 조절을 통해 열해를 피한다.

③ 그늘을 만들어 준다.

④ 관개수로 온도를 낮춘다.

⑤ 피복에 의한 온도 상승을 억제한다.

⑥ 밀식, 질소 과용을 피한다.

기출 19년 기사 4회 58번

열해에 대한 대책으로 가장 거리가 먼 것은?

① 질소질 비료를 자주 시용한다.

② 관개를 통해 지온을 낮춘다.

③ 밀식을 피한다.

④ 환기를 통해 고온을 회피한다.

답 ①

2) 목초의 하고현상

내한성이 강한 다년생 한지형 목초는 여름철에 성장이 현저히 쇠퇴하거나 정지되고, 심하면 고사하는데, 이러한 현상을 '하고현상'이라고 한다. 여름철 기온이 높고 건조가 심할 경우 하고현상이 급증한다.

(1) 하고의 발생 원인

원인	특징
고온	• 18～24℃에는 생육이 감퇴됨 • 24℃ 이상이면 생육이 정지하며 하고현상은 심해짐
장일	장일식물이 초여름 장일조건에 놓이게 되면 생식생장으로 전환되어 하고를 조장함
건조	• 한지형 목초는 요수량이 큼 • 레드클로버, 스위트클로버, 브롬그래스, 알팔파 등
병해충	고온다습하면 식물병이 많이 발생하고, 고온건조하면 해충이 많이 발생함
잡초	잡초는 고온에서도 잘 자라며, 목초의 생육을 억제함

(2) 목초 하고의 대책

스프링플러시(Spring flush)의 억제, 관개, 하고현상이 경미한 우량초종의 선택 및 혼파, 방목과 채초(採草) 작업, 덧거름을 여름철에 주는 작업 등을 통해 하고현상을 경감시킨다.

2. 저온장해

1) 냉해

작물의 조직에 결빙이 생기지 않는 범위의 저온 피해를 받는 경우를 냉온장해라고 하며, 열대작물은 보통 20℃ 이하에서는 영양체에 냉해를 받는데 이처럼 여름작물이 저온을 만나 피해를 입는 것을 냉해라고 한다.

[표 6-2] 냉양상에 따른 냉해의 구분

구분	특징
지연형 냉해	• 생육 초기～출수기까지 여러 냉온을 만나게 되면 출수가 지연되고, 등숙도 지연됨 • 특히 생육 후기에 저온은 등숙 불량 등의 냉해 피해를 줌 예 벼 : 유수형성기에 냉온을 만나면 출수가 가장 지연됨
장해형 냉해	• 유수형성기～개화기까지, 특히 생식세포가 활발히 진행되는 감수분열기의 냉해는 벼의 생식기관의 형성에 문제가 되어 화분 방출, 수정 장해 등의 불임현상을 초래함 • 또한 융단조직이 비대해지고 화분이 불충실로 인한 꽃밥 형성 불량 등으로 불임을 초래함 ※ 낮 기온이 높으면 밤 기온이 조금 낮아져도 냉해 피해를 줄일 수 있음

TIP
- 하고의 피해가 큰 식물 : 티머시, 블루그래스, 레드클로버(디켄레) 등
- 하고의 피해가 적은 식물 : 오처드그래스, 라이그래스, 화이트클로버 등

기출 19년 기사 2회 53번

작물의 생태적 분류에 대한 설명으로 가장 옳지 않은 것은?

① 감자는 저온작물이다.
② 벼는 고온작물이다.
③ 하고현상은 난지형 목초에서 나타난다.
④ 사탕무는 이년생 작물이다.

답 ③

용어설명

스프링플러시
한지형 목초의 생육은 봄에 완성되므로 목초 생산이 집중되는 것

기출 19년 기사 4회 52번

벼의 작물 생육 초기부터 출수기에 걸쳐 냉온을 만나 출수가 늦어져 등숙 불량을 초래하는 냉해는?

① 지연형 냉해
② 장해형 냉해
③ 병해형 냉해
④ 혼합형 냉해

답 ①

구분	특징
병해형 냉해	• 벼의 증산이 감퇴되고 규산의 흡수가 불량하여 조직의 규질화가 충분하지 못해 도열병의 병원 침입이 쉬워짐 • 냉온의 경우 작물 생육이 부진하게 되면 벼의 질소대사 이상으로 유리아미노산이나 암모니아가 축적되어 병의 발생이 증가함
혼합형 냉해	지연형 냉해＋장해형 냉해＋병해형 냉해가 복합적으로 발생하여 수량의 감소를 초래하는 냉해

[표 6－3] 벼의 생육시기별 냉해의 피해 양상

생육시기	피해 양상
유묘기	• 13℃ 이하인 경우 발아 및 생육이 느려짐 • 통일형 벼품종은 냉해에 매우 약함 • 적고현상(잎이 적색으로 변하며 마르는 현상)이 나타남 • pH가 중성 이상인 토양에서는 유묘기에 냉해 시 모잘록병이 발생함
생장기	12～13℃ 이하에는 초장과 분얼이 감소함
유수발육 과정	• 냉해에 가장 민감한 시기 : 감수분열기 • 융단조직이 이상비대하므로 생식기관의 이상을 초래함
출수, 개화기	• 출수기 냉해 피해 : 출수 지연, 불완전출수, 출수 불능 • 개화의 냉해 피해 : 화분의 능력 저하로 수정이 불량해짐
등숙기	등숙 초기의 냉해는 배유 발달을 저해하여 결실이 불량하고 수량은 감소됨

기출 21년 기사 4회 48번

벼 생육기간 중 냉해에 가장 약한 시기는?

① 감수분열기
② 등숙기
③ 분얼기
④ 유묘기

답 ①

(1) 냉해의 증상

냉해 초기에는 세포막 손상을 수반하며, 시간이 지남에 따라 다음과 같은 현상이 나타난다.

- 광합성 능력 저하
- 양분의 흡수 장해
- 단백질 합성 및 효소활력 저하
- 양분의 전류 및 축적 장해
- 꽃밥 및 화분의 세포 이상 초래

(2) 냉해의 대책

① **관개 수온 상승** : 객토, 밑다짐, 온조수로 설치, OED(증발억제제, 수온상승제로 이용되는 약제) 살포

② **재배적 조치방법** : 보온육묘에 의한 조파, 조식, 인산 · 칼리규산 · 마그네슘 등의 충분한 공급 및 박파, 천식, 물을 깊이 댐

③ **냉해의 저항성 및 회피성 품종의 선택방법** : 통일계 품종보다 일반계 품종이 내냉성이 강하며, 찰벼와 유망종, 유색부, 수중형 품종이 내냉성이 강함

④ **육묘법의 개선** : 보온육묘로 못자리 때 냉해를 방지, 질소질 비료의 과잉은 피함

2) 한해(寒害)

작물 월동 중 겨울의 추위에 의해 피해를 받는 것을 '한해'라고 하며, 한해는 동해와 상해, 건조해, 습해, 설해 등과 관련이 있다.

(1) 발육단계

작물의 내동성은 생식생장단계보다 영양생장단계가 더 강하다.

(2) 형태적 요인

포복성, 관부가 깊어 생장점이 땅속 깊이 있는 것, 잎의 색이 진한 것 등이 내동성이 강하다.

(3) 생리적 요인

상해를 입었을 때 원형질 자신의 저항성을 증대하는 내적 조건 등이 식물체나 조직의 내동성을 증가시킨다.

3) 동해

① 온도가 지나치게 내려가 작물의 조직 내 결빙이 생겨 피해를 보는 것을 '동해'라고 하며 서리(주로 늦서리)로 인해 0~2℃ 정도에서 작물이 동사하는 것을 '상해'라고 한다. 동해와 상해를 합쳐 '동상해'라고 한다.

② 식물 조직 내에 결빙이 생기게 되는 경우는 즙액의 농도가 낮은 세포간극에서 먼저 얼음이 생기고, 세포 내로 물이 스며 나와 세포간극의 결빙은 점점 커지게 된다.

③ 세포 외 결빙이 생겼을 시에는 온도가 상승하게 되면 결빙이 급격히 융해되어 원형질이 물리적으로 파괴되어 죽게 된다.

- **세포 외 결빙** : 세포간극에 생성된 결빙
- **세포 내 결빙** : 세포 내 원형질이나 세포액이 얼게 되어 생성된 결빙

4) 작물의 내동성에 관여하는 요인

① 원형질의 수분투과성이 크므로 세포 내 결빙을 적게 하여 내동성이 증가한다.

② 원형질 단백질에 −SH기가 많을 경우 원형질의 파괴가 적고 내동성이 크다.

③ 원형질의 점도가 낮고, 연도가 높은 것이 내동성이 크다.

④ 지유(지방) 함량이 높을 경우 내동성이 강하다.

⑤ 원형질의 친수성 콜로이드가 많을 경우 원형질의 탈수저항이 커지며 세포의 결빙이 경감되어 내동성이 커지게 된다.

⑥ 당분 함량이 많고 전분 함량이 적을 때에도 내동성이 커진다.

⑦ 조직의 굴절률이 큰 경우에도 내동성이 커지는데 친수성 콜로이드가 많고 세포액의 농도가 높으면 광에 대한 굴절률이 커져 내동성이 커진다.

⑧ 세포의 수분 함량이 높아서 자유수가 많아지면 세포의 결빙을 조장하여 내동성이 저하된다.

용어설명

- 동해 : 결빙이 생겨서 작물이 받는 피해
- 상해 : 0~2℃ 정도의 서리로 인한 작물의 동사 피해
- 상주해[서릿발, 상주(霜柱)] : 토양에서 빙주가 다발로 솟아나는 것(맥류 등의 뿌리가 끊기고 실물체가 솟아올라 피해를 받는 현상)
- 동상 : 동결한 토양이 솟구쳐 오르는 것(적설량이 적으며 깊은 동결층 형성)

기출 19년 기사 2회 56번

맥류의 형태와 파종방법에 따른 내동성의 관계에 대한 설명으로 가장 거리가 먼 것은?

① 파종을 깊게 하면 내동성이 강하다.
② 엽색이 진한 것이 내동성이 강하다.
③ 중경(中莖)이 덜 발달하여 생장점이 깊게 놓이면 내동성이 강하다.
④ 직립성인 것이 포복성인 것보다 내동성이 강하다.

답 ④

기출 22년 기사 2회 47번

작물의 내동성에 대한 설명으로 옳은 것은?

① 포복성인 작물이 직립성보다 약하다.
② 세포 내의 당 함량이 높으면 내동성이 감소된다.
③ 원형질의 수분투과성이 크면 내동성이 증대된다.
④ 작물의 종류와 품종에 따른 차이는 경미하다.

답 ③

기출 19년 기사 1회 46번

작물의 내동성을 감소시키는 생리적 요인은?

① 전분 함량이 많다.
② 원형질의 수분투과성이 크다.
③ 원형질의 점도가 낮다.
④ 원형질의 친수성 콜로이드가 많다.

답 ①

⑨ 세포 내에 무기성분 중 칼슘이온(Ca^{++})은 세포 내 결빙을 억제하는 작용을 하며, 마그네슘이온(Mg^{++})은 억제작용을 한다.

5) 내동성의 계절적 변화

(1) 기온에 따른 내동성

기온이 내려감으로써 점차 증대되고 다시 기온이 높아지면 점차 감소한다.

(2) 경화(Hardening)

① 월동작물이 기온이 5℃ 이하의 저온에 계속 처하게 되면 내동성이 증가하는 현상을 의미한다.

② 내열성, 내건성이 증대된다.

> **용어설명**
> • 내열성 : 열을 견디고 발산하는 능력
> • 내건성 : 가뭄을 견디는 능력

(3) 경화상실(Dehardening)

경화된 월동작물이라도 다시 높은 온도에 처하면 내동성이 약해지는 것을 내동성 상실, 즉 '경화상실'이라고 한다.

(4) 휴면

휴면아는 내동성이 극히 강해 수목, 과수, 채소 등의 눈에 휴면아로 월동하기 때문에 추위에 견디게 된다. 가을철 저온, 단일 조건은 휴면을 유도하고, 겨울철 저온은 휴면을 타파하게 된다.

(5) 추파성

① 맥류의 추파성은 생식생장을 억제하는 성질로 저온 처리를 해서 추파성을 제거하면 생식생장이 빨리 유도되어 내동성이 약해진다.

② 추파성이 약한 작물은 조파해도 겨울에 위험하다.

6) 작물의 한해대책

(1) 입지조건의 예방대책

① 방풍시설 설치, 토질의 개선을 통해 서릿발의 발생 억제

② 작물 품종 선택 시 내동성이 강한 품종 선택

③ 재배적 대책

- 보온 재배
- 이랑을 세워 뿌리골을 깊게 함
- 칼리질 비료 증시
- 적기에 파종
- 한지에서 파종량 증대
- 과도하게 자랄 경우 서릿발이 설 때 답압(踏壓)

(2) 동상해 응급대책(서리를 막는 대책)

대책	특징
관개법	늦은 오후에 충분히 관개를 하여 지열의 발산을 막음
발연법	수증기가 많이 함유된 연기를 발산함으로써 지열의 발산을 경감
송풍법	• 기온의 역전현상 • 지상 10m 정도 높이의 방상팬 설치
피복법	비닐, 부직포, 거적, 폴리에틸렌 등을 덮어 피복함
연소법	• 불을 피워 열을 공급하여 동상해를 막음 • 소점화를 통해 점화수를 늘리면 균일하게 온도 유지가 되어 효과가 큼
살수결빙법	• 식물의 표면 빙결을 유지하여 동상해를 방지함 • 가장 균일하고 큰 보온효과를 기대할 수 있음

(3) 사후대책

① 피해가 가벼운 경우 : 속효성 비료의 추비와 요소의 엽면살포

② 피해가 심한 경우 : 대작(代作)을 함

③ 과수류에 피해가 발생한 경우 : 적화를 늦춤

④ 철저한 방제를 통해 병해충 피해를 줄임

CHAPTER 07

재배와 광환경

Key Word

탄소동화작용(광합성) / 증산작용 / 호흡작용 / 신장과 개화 / 굴광현상 / 광보상점 / 광포화점 / 음생식물 / 양생식물

01 광합성

1. 광합성(탄소동화작용)

① 광합성, 증산작용, 호흡작용, 광합성기작, 광보상점, 광포화점, 포장동화능력, 군락과 수광태세 식물이 광에너지를 받아 대기의 이산화탄소와 뿌리에서 흡수한 물을 활용하여 탄수화물을 합성하는 물질대사 과정을 '광합성'이라고 한다.

② 적색, 청색, 자외선 부분이 광합성에 가장 효과적이다.

2. 증산작용

① 작물이 광을 받아 온도가 상승하게 되면 증산작용은 촉진된다. 이때 광합성으로 동화물질이 축적되고 공변세포의 삼투압이 높아지게 되면 수분 흡수가 활발해지고 아울러 기공이 열려 증산작용이 촉진된다.

② 광은 광합성을 통해 호흡기질을 생성하여 호흡을 증대시킨다.

3. 호흡작용

① 광합성 과정을 통해 이산화탄소(CO_2)를 방출하는 현상이다.

② 호흡에 관여하는 엽록소, 미토콘드리아, 페록시좀의 협동작용을 통해 일어난다.

③ 강한 광(강광), 높은 온도(고온), 높은 산소(O_2), 낮은 이산화탄소(CO_2)는 광호흡을 높인다.

[표 7-1] 호흡작용이 작물 생산에 미치는 영향

CO_2 보상점	30~70	0~10	0~5
건물생산량	22±3.3	38±13.8	낮고 변화가 심함
증산율(요수량)	450~950	250~350	18~125

기출 21년 기사 1회 50번

〈보기〉에서 (가), (나)에 알맞은 내용은?

〈보기〉
- 작물이 햇볕을 받으면 온도가 (가)하여 증산이 촉진된다.
- 광합성으로 동화물질이 축적되면 공변세포의 삼투압이 (나)져서 수분 흡수가 활발해짐과 아울러 기공이 열려 증산이 촉진된다.

① (가) : 하강, (나) : 높아
② (가) : 상승, (나) : 높아
③ (가) : 하강, (나) : 낮아
④ (가) : 상승, (나) : 낮아

답 ②

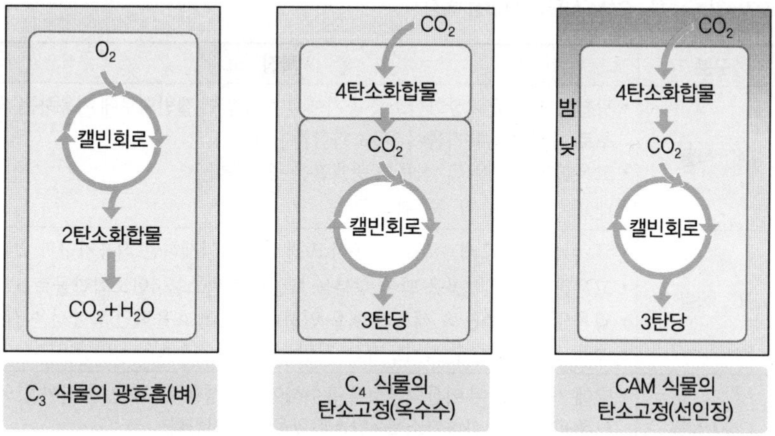

[그림 7-1] 작물의 광합성 기작

4. C_3, C_4, CAM 식물의 광합성 특징

C_3, C_4, CAM 식물의 광합성 조건 및 특징은 다음과 같다.

[표 7-2] 각 식물의 광합성 조건

특징	C_3 식물	C_4 식물	CAM 식물
CO_2 고정계	캘빈회로	C_4 회로+캘빈회로	C_4 회로+캘빈회로
잎조직 구조	• 엽육세포(해면상 또는 울타리 조직) : 엽록체가 많아 광합성이 이루어짐 • 유관속초세포 : 엽록체가 거의 없음	• 유관속초세포 : 다량의 엽록체 존재 • 엽육세포가 방사상으로 배열되어 광합성을 효율적으로 함	• 엽육세포 및 유관속세포는 C_3 식물과 유사함 • 잎조직 안쪽에 저수조직이 있음
최대광합성능력	15~40	35~80	1~4
광호흡	있음	유관속초세포에만 있음	정오 후 측정 가능
광포화점	최대일사의 1/4~1/2	강한 일사 조건에서도 광합성 효율이 높음	부정
광합성 적정 온도	13~30℃	30~47℃	30~35℃
내건성	약	강	극강

기출 20년 기사 4회 57번

C_3 식물과 C_4 식물의 광합성 특성에 대한 설명으로 틀린 것은?

① C_4 식물은 유관속초세포가 잘 발달하였다.
② C_4 식물은 크란츠(Kranz)구조가 잘 발달하였다.
③ C_3 식물은 유관속초세포가 발달하지 않거나 있어도 엽록체가 적고, C_4 식물은 유관속초세포에 다수의 엽록체가 있다.
④ C_3 식물은 엽육세포에서 합성한 유기산이 유관속초세포로 이동하여 그곳에서 분해되고 재고정되어 자당이나 전분으로 합성된다.

답 ④

기출 22년 기사 2회 54번

다음 중 CO_2 보상점이 가장 낮은 식물은?

① 밀 ② 보리
③ 벼 ④ 옥수수

답 ④

기출 20년 기사 3회 42번

C_3 식물과 C_4 식물의 형태와 생리적 특성으로 옳은 것은?

① C_4 식물은 크란츠(Kranz) 구조가 있다.
② C_3 식물은 C_4보다 내건성이 강하다.
③ C_3 식물의 CO_2 보상점은 C_4보다 낮다.
④ C_4 식물의 광포화점은 C_3보다 낮다.

답 ①

TIP

유관속초세포의 특징
- C_3 식물 : 엽록체가 적고 그 구조도 엽육세포와 유사함
- C_4 식물 : 다수의 엽록체가 함유되어 있으며, 엽육세포가 유관속초세포 주위에 방사형으로 배열되어 있음

[표 7-3] C_3, C_4, CAM 식물의 광합성 특징

구분	특징
C_3 식물	• 광합성 과정 중 이산화탄소를 공기에서 직접 얻어 캘빈회로에 이용하는 식물로 최초로 합성되는 유기물이 3탄소화합물이다. • 고온건조한 경우 C_3 식물의 광호흡은 증대된다. • 대표 식물 : 벼, 밀, 콩, 귀리 등
C_4 식물	• C_3 식물과 다르게 수분을 보존하고 광호흡을 억제하는 적용기구가 있다. • 고온건조 시에 기공을 닫아 수분을 보존하고 탄소를 4탄소화합물로 고정한다. • 엽육세포 및 유관 속 세포가 매우 인접하게 있어 효율적인 광합성을 진행한다. • 대표 식물 : 옥수수, 수수, 기장, 사탕수수 등
CAM 식물	• 밤에 기공을 열어 이산화탄소를 흡수하여 광합성을 유도하는 특징이 있으며, 수분 보존을 위해 이산화탄소를 4탄소화합물로 고정한다. • 대표 식물 : 선인장, 파인애플, 솔잎국화 같은 대부분의 다육식물

5. 광과 생리작용

1) 신장과 개화

① 단파장의 광(자외선)은 식물의 신장을 억제하는 기능이 있다.
② 자외선의 투과가 적은 그늘 조건에서는 도장이 쉽다.
③ 광 부족 및 자외선의 투과가 적은 환경에서는 웃자라기 쉽다.
④ 광조사가 좋으면 C/N율이 높아져 화성이 촉진된다.
⑤ 수수는 광이 없을 때 개화한다.

2) 굴광현상

① 굴광성에는 빛에 대한 방향성을 갖는 생장 호르몬인 옥신(Auxin)이 관여한다.
② 식물에 광을 한쪽으로 조사하면 조사된 쪽의 옥신 농도가 낮아지고, 반대쪽의 옥신 농도는 높아지게 되는데, 이것을 '향광성(굴광성)'이라고 한다.
③ 식물이 광조사의 방향으로 굴곡반응을 보이는 현상을 '굴광현상'이라고 하며 400~800nm(가시광선 부분), 특히 440~480nm(청색광), 620~680nm(적색광)이 주로 흡수한다. 단, 덩굴손의 감는 운동은 굴광성이라고 볼 수 없다.
④ 식물 줄기나 초엽에서는 형광성, 뿌리에서는 배광성(배일성, 굴지성)이 나타난다.

3) 착색

① 광이 없을 경우 엽록소의 형성이 저해되고, 에티올린(Etiolin) 색소가 형성되어 황백화 현상이 나타난다.

② 엽록소 형성에 효과적인 광파장은 청색광(440~480nm), 적색광(620~680nm)이다.

③ 안토시아닌[Anthocyan, 화청소(花靑素)]은 사과, 포도, 순무, 딸기의 착색에 관여한다.

④ 안토시아닌의 생성이 촉진되는 경우는 비교적 저온일 때, 자외선이나 자색광 파장일 때, 볕을 잘 쬘 때 등이다.

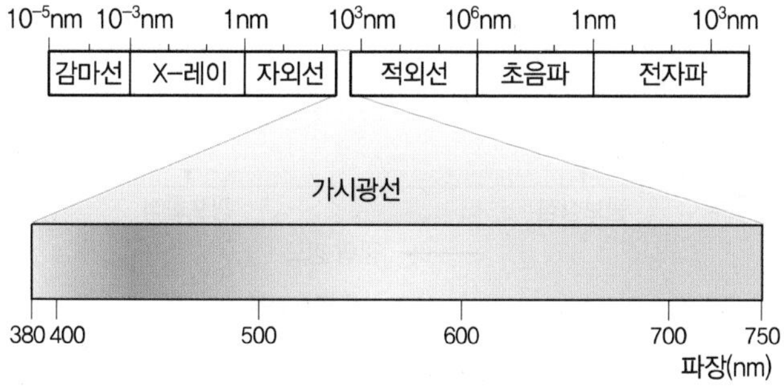

[그림 7-2] 전자기 스펙트럼

> **TIP**
> - 황백화 현상 : 광이 없을 때 엽록소의 형성이 저해됨
> - 에티올린 : 담황색 색소가 형성되는 것
> - 안토시아닌 : 식물 착색에 관여하는 저온 또는 자외선 및 자색광의 파장 시 촉진됨

> 기출 20년 기사 3회 50번
>
> **광과 식물 생육의 관계로 연결이 적절하지 않은 것은?**
>
> ① 적색광-엽록소 형성
> ② 청색광-굴광현상
> ③ 적외선-안토시안 생성
> ④ 자외선-신장억제
>
> 답 ③

02 광보상점과 광포화점

1. 광보상점과 광포화점의 관계

1) 진정광합성

식물은 광합성을 통해 이산화탄소를 흡수하고, 유기물을 합성하며, 동시에 호흡을 통해 유기물을 소모하고, 이산화탄소를 방출한다. 이때 호흡을 무시한 절대적인 광합성을 '진정광합성'이라고 한다.

2) 외견상광합성

호흡으로 소모된 유기물을 뺀 외견상으로 나타난 광합성을 '외견상광합성'이라고 한다.

3) 광보상점

외견상광합성 속도가 0이 되는 조사광량을 '보상점'이라고 하며, 암흑상태에서 광도를 점차 높여 이산화탄소 방출속도와 호흡속도가 같게 되었을 때의 광도를 '광보상점'이라고 한다.

4) 광포화점

광도를 더 증가시켜도 어느 한계에 이르면 더 이상 광합성량이 증가하지 않는 상태를 '광포화점'이라고 한다.

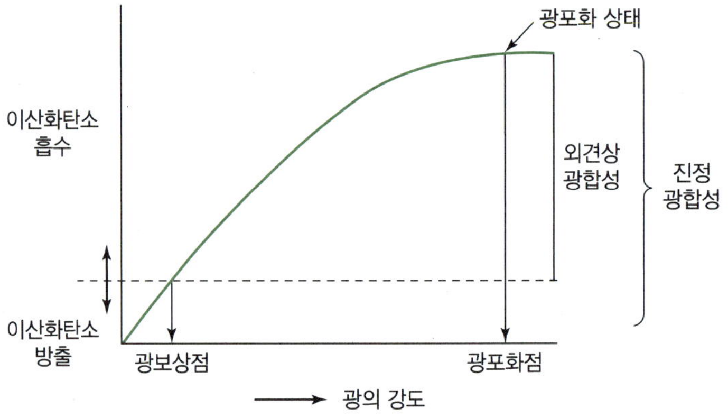

[그림 7-3] 광포화점

5) 고립상태에서의 광포화점

특정한 고립상태에서의 생육 초기에 각각의 잎이 직사광을 받을 경우 '고립상태'라고 한다. 생육 초기에는 여러 잎이 중첩되어 고립상태가 되지만 어느 정도 자라면 고립상태는 형성되지 않는다.

① 음생식물 : 내음성이 강하여 보상점이 낮아 음지에서 잘 자라는 식물
② 양생식물 : 보상점이 높아 광이 높은 환경에서도 잘 자라는 식물

[표 7-4] 광포화점에 따른 식물 종류

광포화점	식물 종류
10	음생식물
25	구약나물(곤약)
20~23	콩
30	귀리, 보리, 감자, 담배, 강낭콩
40~50	벼, 목화
50	밀, 알팔파
40~60	사과나무, 고구마, 무, 사탕무
80~100	옥수수

6) 군락의 광포화점

① 식물이 자라면서 잎이 서로 포개져서 많은 잎들이 직사광선을 받지 못하는 상태를 '군락상태'라고 한다.
② 군락이 우거져 그늘 잎이 많아지면 군락의 광포화점은 높아진다.

기출 19년 기사 4회 57번

광보상점에 대한 설명으로 가장 옳은 것은?

① 음생식물에 비하여 양생식물의 광보상점이 낮다.
② 음생식물에 비하여 양생식물의 광보상점이 높다.
③ 음생식물과 양생식물의 광보상점은 동일하다.
④ 음생식물 및 양생식물은 광보상점이 없다.

답 ②

03 작물의 수광과 재배조건

1. 포장상태에서의 광합성

1) 포장동화능력

① 포장상태에서의 단위면적당 동화능력을 의미한다.

② **포장동화능력(P) 표시** : 총엽면적(A)×수광능력(f)×평균동화능력(P_0)의 곱으로 나타낸다.

$$P = AfP_0$$

2) 최대엽면적

① 군락의 건물 생산을 최대로 할 수 있는 엽면적이 최적엽면적일 때의 엽면적지수(LAI)를 '최적엽면적지수'라 한다.

② 작물의 건물 생산은 진정광합성량과 호흡량의 차이, 즉 외견상광합성이 관여한다.

③ 작물의 건물 생산량은 군락의 엽면적이 커짐에 따라 증가는 하나, 그 이상 엽면적이 증가한 경우 오히려 감소하게 된다.

④ 엽면적지수는 군락의 엽면적을 토지면적에 대한 배수치(倍數値)로 표시한 것이다.

⑤ 군락의 건물 생산력을 크게 하여 수량을 증가시키는 경우 최적엽면적지수는 높아진다.

3) 군락의 수광태세

① 군락의 최적엽면적지수는 군락의 수광상태가 좋을 때 커지며 동일한 엽면적이라도 군락의 수광능률은 수광태세가 좋을 때 증가한다.

② 수광상태를 개선하는 이유는 광에너지의 이용도를 높이기 위함이며 군락의 수광상태를 개선하기 위해서는 재배법의 개선으로 군락의 잎 구성을 좋게 하고, 우수한 초형의 품종을 육성해야 한다.

[표 7-5] 우수한 초형의 개념

벼의 초형	콩의 초형	옥수수의 초형
• 잎이 얇지 않고 약간 좁으며, 상위엽이 직립한다. • 키가 너무 작거나 크지 않다. • 분얼 : 개산형(Gathered type)인 것이 좋다. • 잎의 공간이 균일하게 분포한다.	• 키가 크고, 도복이 안 되며, 가지를 적게 치고 가지가 짧은 것이 좋다. • 꼬투리가 원줄기에 많이 달리면서 밑까지 착생한 것이 좋다. • 잎자루가 짧고 일어난 것이 좋다. • 잎이 가늘고 작은 것이 좋다.	• 상위엽이 직립하고 아래로 갈수록 약간 기울어지며 하엽은 수평인 것이 좋다. • 수이삭이 작고 잎혀가 없다. • 암이삭은 2개인 것이 밀식에 더 잘 적응한다.

TIP
• 총엽면적 : 출수 전
• 수광능률 : 수광태세를 개선함
• 평균동화능력(단위동화능력) : 출수 후(시비, 물관리를 잘 하면 높아짐)

기출 20년 기사 1 · 2회 통합 51번

포장동화능력에 대한 설명으로 옳은 것은?
① 총 엽면적×수광능률×군락상태
② 총 엽면적×수광능률×평균동화능력
③ 총 엽면적×광 차광률×상대습도
④ 단위 엽면적×수분 포화율×평균동화능력

답 ②

TIP
최적엽면지수
• 직립엽>수평엽
• 군락의 건물 생산을 크게 하며 수량증대

기출 20년 기사 3회 53번

작물 군락의 수광태세에 대한 일반적인 설명으로 옳은 것은?
① 벼의 분얼은 개산형(開散型)인 것이 좋다.
② 옥수수는 수이삭이 큰 것이 밀식에 잘 적응한다.
③ 콩은 잎이 크고 넓은 것이 좋다.
④ 벼의 잎은 넓고 상위엽이 수평인 것이 좋다.

답 ①

용어설명
개산형
작물 포기가 넓게 퍼지는 현상(벼의 수광태세에 좋은 형)

용어설명

드릴파재배
골 너비와 골 사이를 좁게 하여 여러 줄로 사용하는 방법

기출 22년 기사 1회 52번

군락의 수광태세가 좋고 밀식 적응성이 높은 콩의 초형으로 틀린 것은?

① 잎이 크고 두껍다.
② 잎자루가 짧고 일어선다.
③ 꼬투리가 원줄기에 많이 달린다.
④ 가지를 적게 치고 가지가 짧다.

답 ①

기출 22년 기사 1회 58번

화곡류에서 규질화를 이루어 병에 대한 저항성을 높이고, 잎을 꼿꼿하게 세워 수광태세를 좋게 하는 것은?

① 철　② 칼륨
③ 니켈　④ 규산

답 ④

TIP

- 광합성은 건물을 생산하고 일조의 영향을 받음
- 호흡은 건물을 소모하고 온도의 영향을 받음

③ 재배법을 통한 수광상태 개선방법

- 벼 또는 콩에서 밀식 시에는 줄 사이(조간)를 넓히고, 포기 사이(주간)를 좁혀 군락 하부의 광투사를 원활하게 한다.
- 벼 재배 시 규산, 칼리를 충분히 시비하면 잎이 직립하며, 무효분얼기에 질소를 적게 주면 상위엽이 직립한다. 단, 질소를 과하게 시비하면 과번무하여 잎이 늘어진다.
- 어느 작물이든 비배와 재식밀도는 잘 관리되어야 한다.
- 맥류는 광파재배보다 드릴파재배를 하는 것이 지면증발량이 적어지면서 수광태세도 좋아진다.

2. 일사와 생육단계

① 작물의 생육단계는 일조 부족의 영향에 따라 차이가 나타날 수 있다.
② 영화(穎花)수가 작은 경우는 감수분열기에 차광을 함으로써 나타나며, 유숙기의 차광은 정조 천립중을 크게 감소시킨다.
③ 유숙기와 감수분열기에 일조가 부족하면 수량에 큰 영향을 주게 된다.
④ 생육단계에 있어 차광의 영향

수량 = 단위면적당 수수(이삭수) × 1수영화수 × 등숙비율 × 1립중

- 식물의 생육기간 중 차광이 되면 유수분화 초기에는 단위면적당 이삭수가 줄어든다.
- 감수분열기에는 영화 퇴화가 되어 1수영화수를 적게 하고, 영의 크기를 작게 하여 1립중을 감소시킨다.
- 유숙기에는 동화양분이 부족하여 등숙비율을 떨어트리게 되며 1립중도 작아진다. 수량감소는 감수분열기보다 유숙기에 더 심하게 영향을 받는다.

3. 재배조건

1) 작물의 광입지 조건

① **광이 많이 요구되는 작물** : 벼, 목화, 감자, 기장, 알팔파, 조 등
② **광이 많이 요구되지 않는 작물** : 강낭콩, 딸기, 목초, 당근, 순무 등

2) 작휴 및 파종 조건

① 이랑의 방향을 남북향으로 하는 것이 동서향으로 하는 것보다 대부분 수광량이 증가한다.
② 엽면적수 증대 및 최적엽면적수를 통한 단위동화능력을 높이기 위해서는 간작기간, 재배밀식, 시비와 관리방법을 잘 찾아서 활용해야 한다.
③ 증수재배를 위해서는 작물의 생육 초기에 엽면적을 증가시켜 포장동화능력을 증대시키고, 생육 후기에는 최적엽면적과 단위동화능력을 증가시켜 포장동화능력을 증대시킨다.

CHAPTER 08

상적 발육과 환경

Key Word

발육상 / 상적 발육 / 화성 유도 / 춘화처리(버널리제이션) / 생장조절제 / 일장효과 / 개화유도물질 / 식물의 일장형 / 기상생태형

01 상적 발육과 환경

1. 발육상과 상적 발육의 개념

작물 생육을 통해 키가 커지는 것을 '신장'이라고 하며, 여러 기관이 양적으로 커지는 것을 '생장'이라고 한다. 작물은 순차적인 발육상 단계를 거쳐 발육이 완성된다.

① **발육상** : 아생(芽生), 분얼(分蘖), 화성(花成), 등숙(登熟) 등의 과정을 거쳐 생장이 일어나는 단계적 과정을 의미한다.

② **화성** : 영양생장에서 생식생장으로 넘어가는 과정(이행)을 의미한다.

③ **상적 발육** : 작물의 생장은 순차적으로 여러 발육상을 거쳐 발육이 완성되는 것이다.

④ **상적 발육설**

- 생장은 발육과 다르다. 생장은 여러 기관의 양적 증가를 의미하지만 발육은 체내의 순차적인 '질적 재조정작용(質的 再調整作用)'을 의미한다.
- 일년생 종자식물의 발육상은 여러 단계로 구성된다.
- 각 단계는 서로 연결되어 성립되며, 앞의 발육상을 경과하지 못하면 다음 발육상이 일어나지 않는다.
- 한 개의 식물이 각 발육상을 경과하려면 발육상에 따라 서로 다른 특정 환경조건이 필요하다.

⑤ **작물의 발육상**

- 감온상 : 생육에 있어 특정 온도(저온)가 필요한 단계를 의미한다.
- 감광상 : 생육에 있어 특정 일장(장일)이 필요한 단계를 의미한다.
- 추파맥류는 감온상과 감광성이 모두 뚜렷하다.
- 자포니카 벼와 같은 만생종은 감광상이 뚜렷하다.
- 토마토는 감온상과 감광상을 뚜렷하게 구분짓기 어렵다.

2. 화성 유도의 주요 요인

화성 유도의 내적 요인으로는 영양상태(C/N율)와 식물호르몬(옥신, 지베렐린) 등이 있고, 외적 요인으로는 광조건에 따른 일장효과와 온도조건에 따른 버널리제이션 및 감온성 등이 있다.

기출 22년 기사 2회 45번

화성 유도 시 저온 · 장일이 필요한 식물의 저온이나 장일을 대신하는 가장 효과적인 식물 호르몬은?

① 지베렐린 ② CCC
③ MH ④ ABA

답 ①

기출 21년 기사 1회 56번

작물의 생육 과정에서 화성을 유발케 하는 요인으로 가장 옳지 않은 것은?

① C/N율
② N－Al율
③ 식물호르몬
④ 일장 효과

답 ②

1) 내적요인 : C/N율설, 호르몬

- C/N율(탄질률) : 식물체 내의 탄수화물(C)과 질소(N)의 비율이다.
- C/N율설 : C/N율이 식물의 생육, 화성 및 결실을 지배한다라는 견해이다.
- C/N율이 높은 조건의 예 : 고구마순을 나팔꽃에 접목 → 개화 및 결실
- 과수재배에서 환상박피, 각절 등은 C/N율과 관련이 있다.
- 식물호르몬인 옥신과 지베렐린의 체내 수준 관계

2) 외적 요인

온도조건(춘화처리) 및 광조건(일장효과)

02 춘화처리(버널리제이션)

1. 춘화처리의 개념

식물의 생육기간 중 일정 시기에 일정 온도를 지나게 되면 화성, 즉 꽃눈의 분화, 발육이 촉진(유도)된다. 이처럼 생육 초기 등의 일정 시기에 인위적인 저온을 주어 화성을 촉진, 유도하는 것을 버널리제이션(Vernalization, 춘화처리)이라고 한다.

2. 춘화처리의 구분

1) 처리온도에 따른 구분

① 저온춘화처리 : 월년생의 장일식물은 비교적 저온인 0～10℃의 처리가 유효하다.
② 고온춘화처리 : 단일식물은 비교적 고온인 10～30℃의 처리가 유효하다.

2) 처리시기에 따른 구분

① 종자춘화형 식물(종자버널리제이션) : 최아종자의 시기에 춘화처리를 하는 작물
예 추파맥류, 완두, 잠두, 봄무 등
② 녹식물춘화형 식물(녹체버널리제이션) : 녹체기 때부터 저온에 감응하는 작물
예 양배추, 히요스 등

3) 그 밖의 처리

① 단일춘화 : 녹체기(본엽 1매 정도)에 약 한 달 정도 단일처리를 하며 명기에 적외선광을 많이 조명하면 춘화처리와 같은 효과를 볼 수 있다.
② 화학적 춘화 : 화학물질, 즉 지베렐린 등을 처리해도 춘화처리와 같은 효과를 볼 수 있다.

3. 춘화처리의 방법 및 조건

춘화처리 시 그 효과를 높일 수 있는 방법 및 조건은 다음과 같다.

[표 8–1] 춘화처리 방법 및 조건

구분		특징
최아종자		최아종자는 병원균 감염이 쉬우므로 부패하거나 유근이 도장될 수 있어 종자를 소독하는 것이 좋다.
처리온도와 기간		• 겨울작물 : 저온 • 여름작물 : 고온 ※ 보통 작물과 품종의 유전성에 따라 다름
그 외 조건	산소	산소는 절대적으로 필요하며 춘화처리 시 산소가 부족하면 호흡이 불량해져 춘화처리 효과가 떨어진다.
	광선	저온 유지와 건조 방지를 위해 암 조건에서 보관한다.
	건조	처리 중 종자가 건조하면 처리 효과가 떨어진다.

4. 춘화의 감응부위와 종류

① 생장점은 춘화처리 시 자극의 감응부위가 된다.
② 이춘화는 밀에서 저온춘화처리를 실시한 후 다시 35℃의 고온처리를 하면 춘화처리 효과가 상실된다.
③ 재춘화는 가을호밀에서 이춘화 후 다시 저온 춘화처리를 하면 춘화처리가 되는 것을 의미한다.
④ 춘화, 이춘화, 재춘화 현상은 버널리제이션의 가역상(어떤 상태로 변화했다 다시 원상태로 되돌아가는 성질)을 표시한 것이다.

기출 19년 기사 1회 56번

저온 버널리제이션을 실시한 직후 고온 처리를 하면 버널리제이션 효과가 상실되는데, 이 현상을 무엇이라 하는가?

① 이춘화 ② 등숙기춘화
③ 종자춘화 ④ 재춘화

답 ①

5. 춘화처리의 농업적 이용

① 저온춘화와 고온춘화를 활용하여 꽃의 촉성재배를 한다.
② 육종상의 세대 단축을 위해 춘화처리를 활용한다.
③ 월동 작물을 봄에 심어 저온처리를 하면 출수, 개화를 통해 채종재배가 가능하다.
④ 추파성과 춘파성을 통해 파종기나 재배적기 등을 선택하는 등 재배상의 이용이 가능하다.
⑤ 추파성 정도가 낮은 품종은 월동 전 생식생장이 유도되므로 재배적 개선을 통해 만파하는 것이 비교적 안전한다.
⑥ 춘화처리를 통해 작물의 수량 증대 및 품종의 감정(품종 구분)에 활용된다.
⑦ 추파맥류는 동사하였을 때 춘화처리를 통해 봄에 대파할 수 있다.
⑧ 촉성재배를 통해 딸기는 여름철에 냉장하여 화아분화를 유도한다.

기출 20년 기사 1 · 2회 통합 53번

춘화처리의 농업적 이용과 가장 거리가 먼 것은?

① 대파할 수 있다.
② 성전환이 가능하다.
③ 채종에 이용될 수 있다.
④ 촉성재배가 가능하다.

답 ④

6. 생장조절제와 춘화처리의 관계

춘화처리에 식물생장조절제를 활용하면 다음과 같은 반응이 일어난다.

[표 8-2] 식물생장조절제에 따른 춘화처리 후 반응

식물생장조절제	춘화처리 후 반응
지베렐린	지베렐린을 국화과, 배추과, 볏과(저온요구식물) 등에 장일조건에서 처리하면 화성이 유도됨 예 밀, 호밀, 유채 등의 추파형은 춘파형보다 지베렐린의 함량이 낮은데 이것을 춘화처리(저온처리)하면 지베렐린 함량이 높아져 처리 후 춘파형과 같은 함량으로 됨
옥신	옥신처리와 저온처리를 진행하면 화아분화가 촉진됨 예 • 완두는 화성이 촉진됨 • 가을보리는 착화수가 증가함 • 시금치는 화아분화 및 추대, 개화가 당겨짐
화학적 춘화	지베렐린, IAA, IBA 등의 화학물질을 이용하여 춘화처리 시 버널리제이션의 효과가 크게 보강됨
이화학적 춘화	화학물질 처리에 의해 버널리제이션 효과가 감소하거나 소실됨 예 • 아마는 저온 처리 후 NAA, IBA를 처리하면 버널리제이션의 효과가 감소함 • 완두의 왜생종 및 잠두는 저온처리 후 지베렐린을 사용하면 버널리제이션 효과가 감소함

7. 분얼과 등숙 종자의 춘화처리

분얼과 등숙 종자에 춘화처리를 하면 다음과 같은 현상이 나타난다.

1) 분얼

① **한지형 목초** : 겨울철 저온을 경과한 분얼만 출수하며, 봄철 출현한 분얼은 출수를 못함

② **밀** : 한 번 춘화되면 분얼이 저온처리를 하지 않아도 춘화된 상태를 유지함

2) 등숙 종자

등숙 중 종자 저온처리를 하면 버널리제이션 효과가 있다.

용어설명

- 일장 : 빛의 길이
- 장일 : 일장이 12~14시간 이상인 것
- 단일 : 일장이 12~14시간 이하인 것
- 일장효과 : 일장이 식물 화성에 미치는 영향

03 일장효과

1. 일장효과의 개념과 조건

일장이 식물의 화아분화 및 개화 그리고 발육 등 여러 면에 미치는 영향을 일장효과 또는 과주기효과라고 한다.

1) 일장효과의 일장형

식물의 계절적 행동은 광주기, 즉 밤의 길이가 결정하는데 이러한 특성은 빛을 흡수하는 색소단백질인 피토크롬(Phytochrome)과 관련이 있다. 일장은 다음과 같이 구분된다.

① **유도일장** : 식물의 화성을 유도할 수 있는 일장

② **비유도일장** : 식물의 개화를 유도할 수 없는 일장

③ **한계일장** : 유도일장과 비유도일장의 경계가 되는 일장(화성 유도의 한계가 되는 일장)

2) 일장효과에 영향을 미치는 요인

일장효과에 영향을 미치는 요소에는 발육단계, 광의 강도, 온도, 처리일수 등이 있으며 각각의 특징은 다음과 같다.

[표 8-3] 일장효과에 영향을 미치는 요인별 특징

구분	특징
발육단계	본엽이 나온 후 발육이 된 후에 감응한다. 즉 어느 정도 발육단계가 진행되어야 감응하나, 발육단계가 더욱 진행되면 감수성은 점차 없어진다.
광의 강도	빛이 약광이라면 일장효과는 발생하지만 착화수는 빛이 어느 정도 강해야 한다.
온도	• 어느 정도의 한계온도가 있어야 일장효과가 발현된다. • 가을국화(단일식물) : 10～15℃ 이하에서 일장에 관계없이 개화한다. • 사리풀(장일식물) : 저온에서는 단일 조건으로 개화한다.
처리일수	식물에 따라 처리일수는 차이가 있다.
광의 파장	• 최대로 효과가 높은 광은 적색광(600～680nm)의 파장 • 다음은 자색광(400nm)의 파장 • 효과가 적은 것은 청색광(480nm)의 파장
연속암기와 야간조파	단일식물의 경우 보통 일정기간 이상의 연속암기(連續暗期)가 있어야만 단일효과가 나타난다.
질소의 시용	질소 부족은 장일식물의 개화를 촉진시키고, 질소가 풍부할 경우 단일식물은 단일효과가 잘 나타난다.

2. 일장효과의 기구

일장효과는 자극의 발생과 전달에 따라, 개화유도물질에 따라, 화학물질에 따라 개화가 촉진 또는 억제된다.

1) 자극의 발생 및 전달

① 일장 처리에 감응하는 분위는 잎이며, 잎은 신초(어린잎) 또는 노엽(늙은잎)보다는 성엽에 더 잘 감응한다.

② 정단분열조직의 동화물질을 공급받은 잎에 일장을 유도받게 되면 개화유도가 효과적으로 이루어진다.

용어설명

- 유도일장 : 식물의 화성을 유도하는 일장
- 비유도일장 : 식물의 개화를 유도하지 못하는 일장
- 한계일장 : 유도일장과 비유도일장의 경계가 되는 일장
- 최적일장 : 화성을 가장 처음 유도하는 일장
- 유도기간 : 화성 유도 시 필요한 온도나 일장의 처리기간
- 일장온도유도 : 일장과 온도가 합해져서 화성을 유도하는 것
- 일장적응 : 일장을 통한 식물의 적응성

기출 19년 기사 2회 48번

일장효과에 영향을 끼치는 조건에 대한 설명으로 가장 옳지 않은 것은?

① 청색광이 가장 효과가 크다.
② 명기가 약광이라도 일장효과는 발생한다.
③ 본엽이 나온 뒤 어느 정도 발육한 후에 감응한다.
④ 장일식물은 상대적으로 명기가 암기보다 길면 장일효과가 나타난다.

답 ①

③ 최화자극은 잎 또는 줄기의 체관부나 피층을 통해 이동하며 자극은 접목부도 이동할 수 있다.

2) 개화유도물질의 이동

일장처리 시 호르몬성 개화유동물질이 생성되고 이것이 줄기의 생장점으로 이동하여 화성을 유도하는데 이 개화유도물질은 '플로리겐(Florigen)'이라고 한다.

3) 화학물질과 일장효과

① 옥신은 장일식물(사리풀, 파인애플)의 화성을 촉진하고, 단일식물(도꼬마리, 나팔꽃)의 화성은 억제한다.

② 지베렐린은 화성에 필요한 저온이나 장일을 대신하는 효과가 있다. 특히 단일식물(도꼬마리, 나팔꽃)의 개화를 촉진하고, 장일식물(칼란코에)은 개화를 억제한다.

4) 생장억제제

① 아잘레아는 phosfon-D, CCC, B-nine 등이 화성을 촉진한다.

② 마류는 생장억제제가 개화를 억제한다.

3. 식물의 일장형

식물의 화성 유도 및 촉진은 일장에 따라 영향을 받는데, 이에 따른 식물의 구분을 식물의 일장형이라고 한다.

[표 8-4] 식물의 일장형별 특징

구분	특징	식물 종류
장일식물	장일상태(보통 16~18시간)에서 화성이 유도 및 촉진되는 식물	맥류, 시금치, 추파맥류, 아주까리, 시금치, 완두, 양파, 무, 사탕무, 배추, 아마, 알팔파, 클로버, 양귀비 등
단일식물	단일상태(보통 8~10시간)에서 화성이 유도 및 촉진되는 식물(암기가 일정시간 지속되어야 함)	벼, 국화, 콩, 담배, 늦벼, 조, 기장, 옥수수, 들깨, 도꼬마리, 목화, 나팔꽃 등
중성식물	일정한 한계일장은 없고, 화성이 일장의 영향을 받지 않는 식물	강낭콩, 당근, 토마토, 가지, 고추, 셀러리, 호박 등
중간식물 (정일식물)	좁은 범위 일장에서 화성이 유도되는 식물	사탕수수 등
단장일식물	처음은 단일, 뒤에 장일이 되면 화성이 유도 및 촉진되나, 일정한 일장에 두면 개화를 못하는 식물	제라늄류, 종꽃 등

TIP

식물의 일장감응의 9가지 형태

구분	종류
LL식물	봄보리, 시금치
LI식물	사탕무
IL식물	밀
LS식물	볼토니아, 피소스테기아
II식물	조생종 벼, 고추, 토마토, 메밀
SL식물	프리뮬러, 시네라리아, 딸기
IS식물	소빈국(벼)
SI식물	만생종 벼, 도꼬마리
SS식물	만생종 콩, 코스모스

4. 개화 외의 일장효과

1) 수목의 휴면

어떤 수종이든 15~21℃에서는 일장과 상관없이 휴면을 한다.

2) 영양번식기관이 발육

① **단일에 비대 조장** : 봄무, 마의 비대근, 감자와 돼지감자의 덩이줄기, 달리아의 알뿌리, 고구마의 덩이뿌리 등

② **장일에 발육 조장** : 양파의 비늘줄기

3) 등숙 및 결협

단일성의 콩, 땅콩은 등숙 결합 시 단일조건에서 조장된다.

4) 성의 표현

모시풀(삼)은 8시간 이하의 단일에서 자성(雌性), 14시간 이상의 장일에서 웅성(雄性)으로 표현된다.

5) 영양생장

단일식물이 장일에 놓일 경우 거대형이 되고, 장일식물이 단일에 놓일 경우 근출엽형 식물이 된다.

5. 일장효과의 농업적 활용

일장효과는 꽃의 개화, 재배, 육종 등의 면에서 다음과 같이 활용된다.

[표 8-5] 일장효과의 농업적 활용

구분	특징
꽃의 개화 조절	단일성 국화는 단일처리 시 촉성재배가 가능하고 장일처리로 억제 재배가 가능하여 연중 꽃을 피우게 할 수 있다.(주년생산이 가능함)
재배상	벼의 만생종은 단일식물이나 조파조식을 하면 영양생장량이 증대하여 증수가 가능하다.
육종상	인위개화를 통해 나팔꽃을 고구마순에 접목시켜 8~10시간 단일처리하면 개화가 유도된다.
성전환	삼(大麻)은 단일에 성전환이 되므로 암수그루만을 생산할 수 있다.
수량 증대	호프는 단일식물이지만 장일상태에서는 영양생장을 계속하다 자연의 단일상태로 두면 개화를 하게 되는데, 이때 꽃은 작으나 수효가 많아져 수량이 증대된다.

04 품종의 기상생태형

일장 및 생육온도를 통해 출수, 개화반응을 토대로 작물의 품종군을 나누는데, 이것을 품종의 기상생태형이라고 한다.

1. 기본영양생장성

작물이 가장 알맞은 온도에서 출수, 개화를 하더라도, 일정한 정도의 기본영양생장을 하지 않으면 출수, 개화를 하지 못하는 성질을 의미한다. 기본영양생장의 기간에 따라 기본영양생장성이 크다(B, 높다), 작다(b, 낮다)로 표현한다.

2. 감광성

단일식물이 단일환경에 놓이면 출수, 개화가 촉진되는 성질을 '감광성'이라고 한다. 출수, 개화의 촉진도에 따라 감광성이 크다(L, 높다), 작다(l, 낮다)로 표현한다.

3. 감온성

생육적온 상태까지 고온에 의해 작물의 출수, 개화가 촉진되는 성질을 '감온성'이라고 한다. 그 정도에 따라 감온성이 크다(T, 높다), 작다(t, 낮다)로 표현한다.

[표 8-6] 기상생태형의 분류

구분	특징
감광형 (bLt형)	• 기본영양생장기간은 짧고 감온성은 낮으며, 감광성만 큰 경우 • 생육기간이 감광성에 의해 지배되는 품종
감온형 (blT형)	• 기본영양생장성과 감광성이 작고, 감온성만이 큰 경우 • 생육기간이 감온성에 지배되는 품종
기본영양생장형 (Blt형)	• 기본영양생장성이 크고 감온성, 감광성이 작은 경우 • 주로 기본영양생장성에 지배되는 품종
blt형	어떤 환경조건에서도 생육기간이 짧은 품종

[표 8-7] 기상생태형의 지리적 분포

구분	특징	분포 지역
고위도 지대	여름 고온기에 일찍 감응되어 출수, 개화되고, 서리가 오기 전 성숙하는 감온형(blT형)이 재배됨	일본, 만주, 몽골 등
중위도 지대	위도가 높은 곳에는 감온형, 남쪽은 감광형이 재배됨	우리나라, 일본
저위도 지대	기본영양생장성이 크고 감온성, 감광성이 작아 고온 단일인 환경에서도 생육기간이 길어 다수성이 되는 기본영양생장형(Blt형)이 재배됨	인도, 미얀마, 대만

[표 8-8] 기상생태형과 재배적 특성

구분	특징
조만성	• 조생종 → blt형, 감온형 • 만생종 → 감광형, 기본영양생장형
모대일수감응도	• 못자리 기간이 길 때 모가 노숙하고 모낸 뒤 생육이 좋지 않은 정도 • 감온형이 높음 • 감광형, 기본영양생장형이 낮음
조식적응성	• 조기수확 목적으로 조파조식할 때 감온형, blt형이 낮음 • 기본영양생장형 → 만생종에서 출수, 성숙을 앞당기려 할 때
만식적응성	• 이앙기가 늦을 때 적응하는 특징 • 유효적산온도를 채워야만 출수하므로 만파만식에서 출수가 크게 지연됨

4. 우리나라 작물의 기상생태형

① 우리나라는 중위도지대에 속하여 조생종은 대체로 감온형(blT형) 품종, 만생종은 감광형(bLt형) 품종이라고 한다.

② 북쪽으로 갈수록 감온형인 조생종, 남쪽으로 갈수록 감광성인 만생종을 재배한다.

③ 감광형은 윤작관계상 늦게 파종하며, 감온형은 조기파종으로 조기수확을 한다.

[표 8-9] 주요 작물의 기상생태형

작물	감온형(blT형)	감광형(bLt형)
벼	조생종(북부)	만생종(중남부)
콩	올콩(북부)	그루콩(중남부)
조	봄조(서북부, 중부산간지대)	그루조(중부평야, 남부)
메밀	여름메밀(서북부, 중부산간지대)	가을메밀(중부평야, 남부)

기출 20년 기사 3회 60번

벼 품종의 특성에 대한 설명으로 옳은 것은?

① 묘대일수감응도가 높은 것이 만식적응성이 크다.
② 조기재배의 경우에는 만생종이 알맞다.
③ 개량품종은 수확지수가 작다.
④ 우리나라 만생종은 감광성이 크다.

답 ④

기출 20년 기사 1 · 2회 통합 58번

우리나라 주요 작물의 기상생태형에서 감광형에 해당하는 것은?

① 그루조 ② 조생종
③ 올콩 ④ 여름메밀

답 ①

CHAPTER 09

작부체계

Key Word

작부체계 / 연작 / 윤작 / 녹비작물 / 답전윤환 / 혼파 / 혼작 / 간작 / 교호작 / 주위작

01 작부체계

1. 작부체계의 개념 및 중요성

1) 개념

일정한 포장 내에 몇 종류의 작물을 해마다 바꾸어 재배(윤작, 자유작, 다모작)하거나, 여러 작물을 같은 해에 조합, 배열하여 같이 재배(간작, 혼작, 주위작, 교호작)하는 방식을 작부체계라 한다.

2) 중요성

① 생물학적, 재배기술적 면의 효과 향상
② 경지 이용도 제고
③ 지력 유지 증강
④ 잡초 발생 및 병해충 감소
⑤ 농업 생산성이 높고, 생산의 안정화
⑥ 노동의 효율적 배분 및 잉여노동 활용
⑦ 수익성 향상 및 안정화

2. 작부체계의 발달

1) 대전법(이동경작)

개간한 토지에 연작을 한 후 지력이 쇠퇴되거나 잡초 발생이 증가하면 다른 토지를 개간하여 재배하는 경작방법이다. 화전이 가장 원시적인 방법이다.

예 우리나라(화전), 중국(화경), 일본(소전)

2) 주곡식 대전법

정착농업으로 경지에 주곡을 중심으로 재배하는 작부방법이다.

3) 휴한농법(삼포식 농법)

① 정착농업 후에 지력 감퇴를 막기 위해 농경지 일부를 몇 년에 한 번씩 휴한하는 경작방법이다.
② 유럽은 3포식 방법이 있다.

4) 윤작법

(1) 순삼포식 농법

농경지의 2/3에 춘파 또는 추파의 곡식을 경작하는 방법으로 1/3은 휴한한다.

(2) 개량삼포식 농법

농경지 중 1/3은 휴한 대신 클로버, 알팔파, 헤어리베치 등의 콩과 녹비작물 재배함으로써 지력을 높이는 경작방법이다.

(3) 노퍽(Norfolk)식

① 식량과 가축의 사료를 생산하면서 지력을 유지하고 중경효과를 얻는 농업방식이다.

② 농경지에 순무(중경작물) – 보리 – 클로버 – 밀 등을 4년 사이클로 윤작하여 경작하는 방법이다.

5) 자유식

상황에 따라 작부방식을 변경하는 경작방법이다.

6) 답전윤환

지력증진을 목적으로 논작물과 밭작물을 몇 해씩 교대로 재배하는 작부방식이다.

용어설명

윤작
몇 가지 작물을 돌려짓기 하는 재배방식

기출 21년 기사 4회 50번

순3포식 농법에 대한 설명으로 옳은 것은?

① 포장을 3등분하여 경지의 2/3는 춘파곡물이나 추파곡물을 재식하고 나머지 1/3은 휴한하는 방법이다.
② 포장을 3등분하여 2/3는 곡물을 재배하고 나머지 지역에는 콩과 녹비작물을 재배하는 방법이다.
③ 식량과 가축의 사료를 생산하면서 지력을 유지하고 중경효과까지 얻기 위하여 적합한 작물을 조합하는 방법이다.
④ 미국의 옥수수지대에서 실시하는 윤작방식으로 옥수수, 콩, 귀리, 클로버를 조합하여 경작하는 방법이다.

답 ①

02 작부체계의 종류 및 특징

1. 연작(連作)과 기지

이어짓기 방식의 연작은 동일한 포장에 같은 종류의 작물을 계속적으로 재배하는 방식을 의미한다. 연작은 작물의 생육이 나빠져 수익성과 수요량이 감소하는 기지현상이 일어난다.

1) 기지현상의 원인

① 토양 염류 집적

토양비료분의 소모로 알팔파, 토란 등은 석회를 많이 흡수하여 결핍증을 나타내기 쉽다.

② 토양 비료 성분의 과잉 소모

다비연작을 통한 염류집적은 작토층에 염류가 과잉 집적되어 작물의 기지현상을 일으킨다.

③ 토양 물리성 악화

토양 물리성의 악화로 천근성 작물의 경우 연작하면 토양이 긴밀화해져서 물리성이 악화된다.

TIP

재배형식
- 소경 : 원시적 약탈농업
- 식경 : 식민지적 농업
- 곡경 : 곡물 위주의 농경
- 포경 : 식량과 사료를 균형 있게 재배
- 원경 : 원예적 농경

기출 20년 기사 4회 49번

답전윤환의 주요 효과로 틀린 것은?

① 지력 증강
② 기지의 회피
③ 병충해 증가
④ 잡초의 감소

답 ③

④ 잡초의 번성

동일 작물의 연작 시 잡초의 번성을 조장하여 기지현상을 일으킨다.

⑤ 유독물질의 축적으로 인한 상호대립억제작용(타감작용)

⑥ 토양 내 선충의 번성

2) 효과적인 기지대책

① 윤작(돌려짓기)

② 토양 소독(살선충제 활용)

③ 담수 처리

④ 유독물질 희석 및 제거

⑤ 대목을 활용하거나 저항성 품종 선택

⑥ 객토 및 환토

⑦ 지력을 높이기 위해 비료 시비, 심경(深耕), 결핍 미량요소 시용

[표 9-1] 작물의 종류와 기지

구분	종류
연작 피해가 큰 과수	복숭아 > 감나무 > 사과나무, 포도, 자두, 살구
연작 피해가 큰 작물	인삼, 아마 > 수박, 가지, 고추, 토마토, 완두 > 참외 > 땅콩 > 시금치 > 벼, 맥류, 조, 수수, 옥수수, 고구마
연작 피해가 적은 작물	고구마, 삼, 담배, 당근, 수수, 무, 옥수수, 조, 벼, 맥류

2. 윤작(輪作)

유럽에서 발달한 작부방식으로 돌려짓기 방식이며, 몇 가지 작물을 특정 순서에 의해 규칙적으로 반복하여 경작하는 방법을 윤작이라고 한다.

1) 윤작에 해당하는 작물

① 주작물은 지역사정에 따라 변화하고 있다.

② 잡초 경감을 위한 피복작물 또는 중경작물을 포함한다.

③ 지력 유지를 위한 콩과 작물이나 다비작물을 포함한다.

④ 토지이용도를 높이기 위해 여름작물(하작물)과 겨울작물(동작물)을 포함하는 것이 좋다.

⑤ 토양 보호를 위해 피복작물을 포함한다.

⑥ 기지현상 회피를 위한 작물을 포함한다(볏과 작물과 콩과 작물, 근경작물의 교대 배치).

⑦ 생산의 수익성과 이용성이 높은 작물을 포함한다.

TIP

토양전염의 병해

아마(잘록병), 토마토(풋마름병), 사탕무(뿌리썩음병, 갈색무늬병), 인삼(뿌리썩음병), 강낭콩(탄저병), 수박(덩굴쪼김병), 완두(잘록병), 백합(잘록병), 목화(잘록병), 가지(풋마름병)

기출 19년 기사 2회 55번

다음 중 답전윤환의 효과로 기대할 수 있는 것은?

① 기지의 회피
② 잡초의 번무
③ 지력 감퇴
④ 벼 수량의 저하

답 ①

기출 19년 기사 2회 50번

다음 중 연작 장해가 가장 적은 작물은?

① 인삼 ② 감자
③ 쑥갓 ④ 담배

답 ④

TIP

작물별 휴작기간

- 1년 휴작 : 콩, 파, 쪽파, 생강, 시금치
- 2년 휴작 : 마, 감자, 잠두, 오이, 땅콩
- 3년 휴작 : 쑥갓, 토란, 참외, 강낭콩
- 5~7년 휴작 : 완두, 우엉, 수박, 가지, 고추, 토마토, 사탕무, 레드클로버
- 10년 이상 휴작 : 아마, 인삼

2) 윤작의 장점(효과)

① **지력 유지 및 증강**
- 콩과 작물을 통한 공중 질소를 고정함
- 다비작물을 재배함으로써 잔비량을 늘림
- 토양의 입단 형성 및 토양 구조를 개선함
- 녹비작물, 콩과 작물을 재배함으로써 토양유기물이 증대됨
- 사료작물을 재배하면 구비 생산이 증대됨

② **기지현상 회피** : 윤작을 통해 기지현상 회피

③ **토양보호** : 피복작물을 통해 토양침식을 줄임

④ **잡초 및 병해충 경감** : 볏과 목초는 토양선충을 줄임

⑤ **토지이용도 증가** : 여름작물과 겨울작물, 곡실작물과 청예작물 등을 통해 경지이용률을 높임

⑥ 노동력 분배의 합리화

⑦ 농업경영의 안정성 증대

⑧ 수량 및 생산성 증대

3. 혼파

두 종류 이상의 작물 종자를 함께 섞어서 뿌리는 방식을 의미한다. 보통 볏과 목초와 콩과 목초의 종자를 8～9 : 1～2정도로 섞는다.

[표 9-2] 혼파의 장단점

장점	단점
• 가축 영양상의 이점 • 생산의 안정성 증대 • 사일리지 및 건초의 제조상 이점 • 공간을 입체적으로 다양하게 활용 • 잡초 경감 • 혼파 목야지의 산초량 평준화 • 질소질 비료의 합리적 이용	• 채종작업이 곤란함 • 파종 작물의 종류 제한 • 병해충 방제 시 어려움 • 수확시기의 제한

4. 혼작(섞어 짓기)

생육기간이 비슷한 두 종류 이상의 작물을 동시에 동일 포장에서 섞어 경작하는 방법을 의미한다. 혼작 시 수익성이 높은 경우에만 해당된다.

TIP

주요 녹비작물의 경작 특성

구분	헤어리베치	자운영	호밀
파종시기	8~9월	9월	10월 이후
내한성	강(전국)	약(대전 이남)	강(전국)
분해정도	빠름	중간	늦음
녹비효과	미생물상 개선 및 질소 공급	미생물상 개선 및 질소 공급	물리성 개선

TIP

답리작

벼가 생육하지 않는 기간만 맥류나 감자를 재배하는 경작방식을 말한다.

기출 21년 기사 2회 56번

혼파의 장점이 아닌 것은?

① 공간의 효율적 이용이 가능하다.
② 건초 제조 시에 유리하다.
③ 채종작업이 편리하다.
④ 재해에 대한 안정성이 증대된다.

답 ③

[표 9-3] 혼작의 주요 방식

구분	특징
점혼작	일정한 간격에 맞춰 질서 있게 혼작함
난혼작	질서 없이 혼작물을 주 단위로 재식하는 방법
조혼작	하절기 작물을 작휴의 줄에 따라 점파 또는 조파하는 방법

5. 간작(사이 짓기)

포장 내 이랑 및 포기 사이에 한정된 기간 동안 다른 작물을 파종하여 심고 수확하는 재배방법이다. 전작물의 휴간을 이용하여 후작물을 재배한다.

[표 9-4] 간작의 장단점

장점	단점
• 토지 이용이 단작보다 유리함 • 노동력 분배 용이 • 작물 비료의 경제적 이용 가능 • 녹비작물을 통한 지력 향상	• 축력 이용 및 기계화는 어려움 • 후작의 생육에 있어 장애가 심함 • 토양수분 부족으로 발아가 저조 • 후작으로 토양 비료 부족

6. 교호작(엇갈이 짓기)

생육기간이 비슷한 두 작물을 교호로 일정한 이랑씩 교호 재배하는 방법이다.

예 수수와 콩, 옥수수와 콩

7. 주위작(둘레 짓기)

포장 주변에 포장 내에 심은 작물과 다른 것을 재배하는 방법이다.

예 – 참외, 수박 주변에 옥수수, 수수를 심으면 방풍효과가 있다.
– 토양침식 방지를 위해 뽕나무를 심는다.

03 우리나라 작부체계의 변천과 발전방향

1) 논

벼와 맥류체계에서 경제작물인 채소와 잡곡 위주로 변화되었다.

2) 밭

① 여름작물로는 옥수수, 참깨, 감자, 고구마, 고추, 강낭콩, 메밀 등이 재배되고 재배기간이 짧은 참깨는 김장용 채소와 2모작이 가능하다.

② 겨울작물로는 보리, 호밀, 마늘, 양파 등을 재배하고 있다.

3) 작부체계의 발전방향

① 다양하게 재배하던 작물을 경제성이 있는 단일작목의 주년재배형식으로 전환하였다.

② 곡물 재배보다는 원예작물 재배를 확대하였다.

③ PLS(농약허용기준 강화제도)제도 도입으로 친환경농업을 확대하고 저투입 지속적 농업을 하고 있다.

④ 벼와 맥류의 2모작 작부체계를 활용하고 있는데, 맥류(조숙종)의 품종개발을 통해 가능하였다.

⑤ 중 · 북부지역은 답리작(벼를 베고 난 논에 보리나 채소를 심는 것)을 통한 사료용 청예식물이나 맥류를 생산하고 있다.

CHAPTER 10

종자와 육묘

Key Word

종자의 구조 / 종자 품질 / 종자수명 및 저장 / 종자 발아 / 출아 / 맹아 / 발아력 검정 / 종자휴면 / 종자퇴화 / 종자채종 / 영양번식 / 조직배양

01 종자

1. 종자의 개념

① 재배 시 번식의 가장 시발점이 되는 것이 종물이며, 이것은 종자, 뿌리, 줄기, 잎 등을 통해 활용된다. 종물 중 유성생식을 통해 밑씨가 발육한 것을 식물학상 종자(Seed)라고 말한다.

② 영양체, 버섯의 종균, 아포믹시스(무수정종자 형성, 무수정생식)에 의해 생성된 것, 체세포배를 이용한 인공종자도 종자로 취급한다.

2. 종자의 구분

1) 식물학상 종자

유채, 담배, 아마, 목화, 콩, 완두, 강낭콩, 오이, 수박, 고추, 양파 등

2) 식물학상 과실이 나출된 것

밀, 옥수수, 제충국, 메밀, 삼, 차조기, 우엉, 쑥갓, 근대, 시금치 등

3) 과실이 내영과 외영에 싸여 있는 것

겉보리, 귀리, 벼 등

4) 영양기관의 분류

① 잎 : 베고니아 등

② 눈 : 꽃의 아삽, 포도나무 등

③ 줄기

- 지하경 : 포도나무, 사과나무, 귤나무, 사탕수수, 모시풀 등
- 땅속줄기 : 생강, 박하, 호프, 연 등
- 알줄기(구경) : 글라디올러스, 프리지아 등
- 덩이줄기(괴경) : 감자, 뚱딴지(돼지감자), 토란 등
- 비늘줄기(인경) : 나리(백합), 마늘, 양파 등
- 흡지 : 박하, 모시풀 등

기출 21년 기사 2회 50번

종묘로 이용되는 영양기관을 분류할 때 땅속 줄기에 해당하는 것으로만 나열된 것은?

① 다알리아, 고구마
② 마, 글라디올러스
③ 나리, 모시풀
④ 생강, 박하

답 ④

④ 뿌리

- 지근 : 고사리, 닥나무, 부추 등
- 덩이뿌리(괴근) : 달리아, 고구마, 마 등

02 종자의 구조와 생성

1. 종자의 구조

① 종자는 대부분 종피에 둘러싸여 있다. 종피는 주피와 주심세포의 발달로 형성된 것으로 외종피와 내종피로 구성되어 있으며, 종자 표면에 배꼽이 있다.

② 배유는 외배유와 내배유로 구성되어 있다. 배의 주심세포는 간혹 종피로 구성되지만, 내배유의 압력에 의해 흡수되는 것이 보통이다. 콩과 식물 종자는 배유가 흡수당해 자엽에 영양분이 저장된 경우로 이런 경우를 '무배유종자'라고 한다.

2. 종자의 생성

1) 화분

화분은 약벽에 있는 화분모세포가 2회 분열하여 생성되는데 1개의 화분모세포에 4개의 화분이 생기고, 화분 내에 1개의 화분관세포와 1개의 생식세포로 구성되어 있다.

2) 배낭

① 배낭은 배주 내 배낭모세포가 분열하여 생성되는데, 2회 분열로 4개의 세포가 형성되지만 3개는 퇴화되고 1개가 배낭을 형성한다.

② 배낭 내의 핵은 1개는 주공 가까이로, 1개는 반대쪽으로 이동하여 각각 2회씩 분열하고 4개의 핵이 되어 양쪽에 1개의 핵을 중심으로 이동하여 극핵을 형성한다. 주공가까이에 있는 3개 핵 중 난세포 1개, 조세포 2개, 반대쪽 난핵 3개를 형성한다. 이때 난핵을 반족세포라고 한다.

3) 중복수정

화분 내 성핵은 분열하여 제1, 제2의 2개의 웅핵을 만든다. 화분관 내 3개의 핵 중 영양핵은 소실되고 제1웅핵과 난핵은 배($2n$)가 되며, 다른 하나인 웅핵은 극핵과 만나 배유($3n$)가 된다. 이처럼 두 곳에서 웅핵이 수정되는 것을 '중복수정'이라고 한다. 중복수정을 이루는 대표작물에는 화본과, 백합과 작물 등이 있다.

3. 외떡잎식물과 쌍떡잎식물

① 외떡잎식물의 종자는 바깥층은 과피, 그 안은 배유와 배로 구성되어 있다. 배유가 다량의 양분을 저장하고 있어 '배유종자'라고 한다.

기출 19년 기사 2회 59번

다음 중 배유종자로만 나열된 것은?

① 콩, 보리, 밀
② 콩, 팥, 옥수수
③ 밤, 콩, 팥
④ 옥수수, 벼, 보리

답 ④

② 쌍떡잎식물은 배유조직이 퇴화되어 양분을 떡잎에 저장한다. 유아와 유근이 분화되어 있는 배, 영양분 저장 떡잎, 그리고 종피로 구성되어 있다. 배유가 없으므로 '무배유종자'라고 한다.

[표 10-1] 외떡잎식물과 쌍떡잎식물의 비교

외떡잎식물(옥수수)	쌍덕잎식물(강낭콩)
• 배유종자 • 성숙한 배(중배축과 배반으로 구성) • 배(배축+떡잎) • 배유 : $3n$ • 지하자엽형 발아	• 무배유종자 • 배(유아와 유근 분화) • 떡잎(영양분의 저장) • 종피 • 2개의 떡잎($2n$, 배) • 지상자엽형 발아

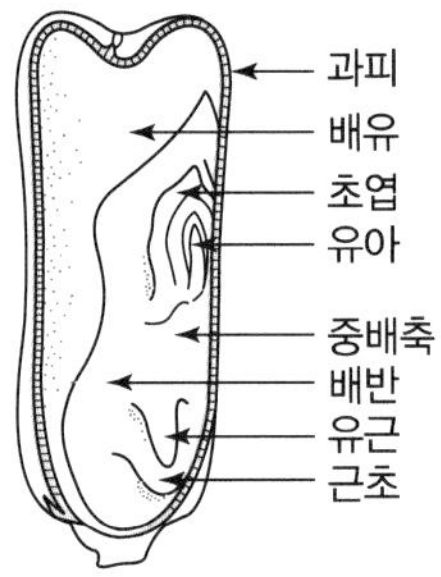

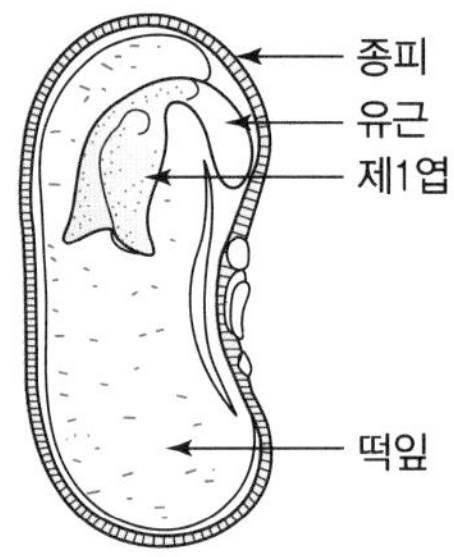

[그림 10-1] 외떡잎식물과 쌍떡잎식물의 구조

03 종자의 품질

1) 내적 조건(유발병)

① **유전성** : 종자는 유전적으로 순수하고 안정적이며, 이형종자 혼입이 없고, 우량종자가 좋다.

② **병해충** : 병해충이 없는 종자가 좋고, 종자소독으로 미리 병해충을 방지해야 한다.

③ **발아력** : 발아가 빠르고 균일하며, 발아율이 높은 우량종자가 좋다.

2) 외적 조건

① **순도** : 순도는 전체 종자 중 순수종자의 중량비로 계산되는데, 순도가 높을수록 종자는 안정적이며 품질이 균일하게 향상된다.

② **수분함량** : 저장성이 높기 위해서는 수분함량이 낮은 것이 좋고, 수분함량이 낮으면 발아력 및 변질, 부패의 위험성이 낮다.

③ **종자 크기 및 중량** : 종자는 크고 무거운 것이 발아 및 생육적으로 건실하며, 크기에 따라 1,000립중, 100립중으로 표시한다.

④ **건전도** : 탈곡 및 작업 시 기계적 손상이 없고 오염, 변질, 변색이 없는 종자가 좋다.

⑤ **색택 및 냄새** : 종자의 품종에 따른 빛깔과 냄새를 가진 것이면 좋다.

3) 종자검사

① 1962년 「주요농작물검사법」에 의거 종자검사가 진행되었고, 현재는 농촌진흥청과 국립농산물품질관리원에서 실시하고 있다.

② **검사항목** : 순도검사, 발아력검사, 천립중검사, 수분검사, 건전도검사, 품종검증

4) 형태적 특성검사

종자 특성, 유묘 특성, 생화학적 검사, 전생육검사

5) 영상분석법

영상기기를 이용하여 종자의 특성을 자료화하여 분석하는 방법이다.

6) 분자생물학적 검정

DNA를 추적하는 방법이다.

TIP

종자검사항목
- 순도분석 : 순수종자 외에 타 이물질의 혼입에 대한 확인
- 이종종자입수의 검사 : 이종종자의 숫자를 검사, 기피종자의 유무 판단
- 수분검사
  - 종자 내 수분함량을 통해 종자의 품질을 체크함
  - 수분 함량이 낮은 종자는 발아능력을 상실함
- 발아검사 : 종자의 발아력을 테스트 함
- 천립중검사
- 품종검증 : 외관상 형태적 차이로 판별함
- 전생육검사 : 포장에 파종 후 재배하여 수확할 때까지의 특성을 파악함
- 종자건전도검사 : 식물방역, 농약처리, 작물평가, 종자보증 등의 검사 진행
- 페놀검사 : 벼, 밀, 블루그래스(페놀에 영의 착색반응을 검사함)

04 종자의 수명과 저장

1. 종자 수명

종자가 발아력을 보유하고 있는 기간을 '종자 수명(Longevity of seed)'이라고 한다.

[표 10-2] 수명에 따른 종자의 분류

구분	수명	종류
단명종자	1~2년	목화, 옥수수, 해바라기, 콩, 기장, 메밀, 참당귀, 양파, 강낭콩, 상추, 파, 고추, 당근, 베고니아, 팬지 등
상명종자	3~5년	밀. 보리, 벼, 귀리, 토마토, 완두, 배추, 양배추, 무, 호박, 우엉, 목화 등
장명종자	5년 이상	클로버, 사탕무, 배추, 비트, 토마토, 수박, 백일홍, 나팔꽃, 데이지 등

2. 종자의 발아력 상실 원인

① 종자의 원형질 구성 성분인 단백질이 응고됨으로써 상실

② 저장 중 종자 호흡을 통한 저장물질이 소모됨으로써 상실

기출 21년 기사 1회 55번

다음 중 수명이 가장 긴 장명종자는?

① 메밀 ② 가지
③ 양파 ④ 상추

답 ②

3. 종자 수명에 영향을 미치는 요인

① **종자 수명 요인** : 채종지 환경, 수분함량, 종자 숙도, 수확 후 제조 과정, 저장 환경
② **종자 수명 연장방법** : 종자를 충분히 건조시키고, 수분이 흡수되는 것을 방지하며, 저온에 저장하고, 산소 공급에 제약을 둔다.

4. 종자 저장방법

① 건조 저장 ② 밀폐 저장
③ 저온 저장 ④ 토중 저장

05 종자의 발아 · 휴면

1. 종자의 발아 · 출아 · 맹아

① **발아** : 종자에서 유아(유아), 유근(유근)이 출현하는 것을 의미한다.
② **출아** : 농지에 파종 시 발아한 새싹이 지상으로 출현하는 것을 의미하며, 발아 범주에 속한다.
③ **맹아** : 뽕나무, 아카시아 등 목본식물의 지상부 눈에 싹이 나오거나 씨감자, 씨고구마의 싹이 지상부로 나오는 현상 또는 새싹 자체를 의미한다.

2. 발아 과정

① 발아 과정은 산소의 흡수를 통해 유근이 먼저 나온다.
② 종자가 수분 흡수하는 과정은 다음의 3단계를 거치게 된다.
- 제1단계 : 종자의 수분흡수가 왕성해짐
- 제2단계 : 수분 흡수가 정체되며 효소들의 활성을 통한 물질대사가 왕성해짐
- 제3단계 : 유근 및 유아가 종피를 뚫고 출현 후 수분 흡수가 더욱 왕성해짐

③ 저장양분이 분해되면서 떡잎과 배유의 저장조직에 영양분을 생전점으로 전류시킨다.
④ 배유와 떡잎에 저장된 전분 등은 가수분해 후 배와 생장점으로 이동하여 호흡기질로 쓰인다.
⑤ 가수분해된 단백질과 지방은 구성물질로 재합성되고 일부는 호흡기질로 쓰인다.
⑥ 배는 효소가 활성화되면 새로운 물질이 합성되면서 세포분열이 일어나고 상배축과 하배축, 유근과 같은 기관이 커지게 된다.

3. 발아 기구

발아는 종자에 일정한 산소, 수분, 온도가 존재해야 발현이 가능하며, 배의 유근 및 유아가 종자 밖으로 나오듯 종자의 외부로 생장점이 나타나게 된다. 수분에 따라 유근과 유아의 출현 순서는 다르지만 보통은 유근이 먼저 발달되어 나오게 된다.

4. 발아의 내 · 외적 조건

1) 내적 조건

발아는 유전성, 종자 성숙도, 종자 휴면 등이 영향을 미친다.

2) 외적 조건

(1) 수분

① 저장 양분 분해 시 효소 활성화 또는 저장 양분의 이용에 매우 중요한 역할을 하는 것이 수분이다.

② 발아에 필요한 종자의 수분함량은 벼의 경우 종자 무게의 30%, 콩의 경우 50%이며, 토양 건조 시 종자 함수량이 적다.

(2) 온도

종자 발아 시 발아온도는 생리활동에 영향을 주는데 온도는 작물의 품종과 종류에 따라 다르게 나타난다. 발아 최저온도는 0~10℃, 최적온도는 20~30℃, 최고온도는 35~50℃이며, 저온작물은 고온작물에 비해 발아온도가 낮다.

(3) 산소

발아 중 종자는 많은 산소를 필요로 한다. 즉, 호기호흡이 잘 이루어져야 발아가 잘 되는데, 벼 종자는 산소가 없을 경우 무기호흡으로 발아 에너지를 얻기도 한다.

[표 10-3] 산소 발아 조건

조건	작물 종류
수중 발아가 잘 되는 종자	티머시, 페튜니아, 벼, 상추, 당근, 셀러리 등
수중에서 발아가 감퇴되는 종자	토마토, 담배, 카네이션, 화이트클로버 등
수중에서 발아되지 못하는 종자	콩, 밀, 귀리, 무, 양배추, 메밀, 가지, 고추, 파, 알팔파, 옥수수, 수수, 호박, 율무 등

(4) 광선

종자 발아에 광선은 무관하지만, 종류에 따라 광선에 의해 발아가 조장되거나, 억제되는 경우도 있다.

[표 10-4] 광선 발아 조건

조건	작물 종류
혐광성 종자	수박, 수세미, 무, 가지, 오이, 토마토, 호박, 파 등 대부분의 식물
호광성 종자	금어초, 차조기, 우엉, 상추, 담배, 베고니아, 뽕나무, 페튜니아 등
광과 무관한 종자	옥수수, 보리, 벼 등의 화곡류와 대부분의 콩과 작물 등

TIP

발아 시 광조건

㉠ 적색광(600~700nm) : 발아가 촉진됨
- Pfr
- 활성형
- 호광성 종자의 발아 촉진
- 장일식물의 개화
- 혐광성 종자의 휴면 유도

㉡ 근적색광(730nm) : 발아가 억제됨
- Pr
- 비활성형
- 혐광성 종자의 발아 촉진
- 단일식물의 개화
- 호광성 종자의 휴면 유도

㉢ 종자 발아의 광요건
- 종자의 광발아성은 후숙에 의해 변화됨
- 종자의 광감수성은 화학물질로도 바뀜
- 호광성 종자의 암중 발아를 유도하는 것은 지베렐린
- 호광성 종자를 혐광성으로 바꾸려면 약산을 처리함

5. 발아력 검정

① 발아력 검증은 발아시험에 의해 진행되는데 발아율은 발아시험에 사용된 종자의 공시총잎수에 대한 발아잎수의 백분율로 나타내며, 발아율이 높으면 좋은 종자라고 할 수 있다.

② 발아세는 발아실험 시작 후 일정한 일수를 정해 그 기간 내에 발아한 것의 총수를 배율(%)로 타나낸 것을 의미한다.

[표 10-5] 발아력 검정 관련 용어

용어	정의
발아기	파종된 종자의 약 40%가 발아한 날
발아시	발아를 처음 시작한 날
발아세(GE)	정해진 날의 발아율
발아율(PG)	파종에 사용된 총 종자 수에 대한 발아 종자의 비율(%)
발아전	파종에 사용된 총 종자의 80% 이상이 발아한 날
평균발아일수(MGT)	발아한 모든 종자의 평균적인 발아일수
발아속도(GR)	파종에 사용된 총 종자에 대한 그날그날 발아속도의 합
발아일수	파종부터 발아기(발아 전)까지의 일수

③ 발아시험에 의한 방법

종자순도(Percentage of purity)를 조사하고 발아율이 계산되면 종자의 가치를 총체적으로 표시하는 용가(Utility value, 用價)를 계산할 수 있다.

$$\text{종자의 용가} = \frac{P \times G}{100}(\%)\ (\text{여기서, } P : \text{순도, } G : \text{발아율})$$

$$\text{종자의 순도} = \frac{\text{순정 종자 중량}}{\text{종자의 총 중량}} \times 100(\%)$$

④ 종자발아력의 간이검정법

- 테트라졸륨법 : TTC 용액을 넣어 40℃에서 2시간 반응시키면 배의 환원력에 의해 활력이 있는 종자의 배와 유아의 단면은 적색으로 착색된다(TTC 용액의 농도 : 볏과 0.5%, 콩과 1.0%).
- 효소활력측정법 : 아밀라아제(Amylase), 리파아제(Lipase), 카탈라아제(Catalase), 페록시다아제(Peroxidase) 등
- 전기전도도검사법 : 전기전도도가 높으면 활력이 낮다.
- 인디고카민법 : 살아 있는 종자의 배에는 염색이 되지 않는다.
- 구아이아콜법 : 발아력이 큰 종자는 갈색으로 변한다.
- 착색법, 배절단법, X-선 검사법 등이 있다.

6. 종자의 휴면

성숙종자가 발아능력을 가지고 있고, 외부환경 조건이 맞더라도 발아하지 못하는 성질을 '종자휴면(Seed dormancy)'이라 하며, 내적 요인에 의해 휴면이 되는 경우를 '자발적 휴면', 종자의 외부적 조건이 부적절하여 발생하는 휴면을 '타발적 휴면'이라고 한다.

1) 휴면의 원인

① **배휴면(생리적 휴면)** : 종자가 형태적으로는 완전하고 적절한 외부요인을 주었어도 배 자체의 생리적 원인에 의해 휴면을 하는 것으로 타파 시 정원 및 지베렐린 처리, 층적 처리(저온습윤) 등이 있다.

② **배의 미숙** : 어미식물을 이탈할 때 배가 미숙한 상태라 발아하지 못하는 경우를 의미하며, 적당한 시기가 경과한 후 필요한 생리적 변화가 완성되면 후숙하게 된다. (예 미나리아재비과 식물, 은행, 인삼 등)

③ **경실** : 종자의 종피가 수분 흡수를 저해하여 장기간 발아하지 못하는 종자를 경실이라고 한다. 소립종자인 콩과 작물(예 클로버 종류, 알팔파, 자운영 등) 중 경실이 많다.

④ **종피의 기계적 저항** : 종자가 수분을 흡수하더라도 종피가 딱딱하여 배의 팽창을 기계적으로 억제하여 휴면하는 현상을 의미한다.

⑤ **종피의 불투기성(不透氣性)** : 불투기성 종피인 귀리, 보리의 경우 산소 흡수가 저해되고, 이산화탄소가 축적되어 휴면하는 경우를 말한다.

⑥ **종피의 불투수성(不透水性)** : 불투수성은 종피에 수분이 흡수되지 못하여 휴면하는 경우를 말한다.

⑦ **발아억제물질(Blastokolin)** : 벼 종자의 이삭에 있는 발아억제물질 때문에 휴면하는 경우를 말한다. 이때 종자를 물로 씻어 과피를 제거하면 발아하게 된다.

> **TIP**
> 경실의 종피가 수분을 투과하지 못하는 원인
> • 책상세포 안의 두께가 두껍기 때문
> • 펙틴의 함량이 높기 때문
> • 토양수분이 높기 때문
> • 소립종자이기 때문
> • 수베린의 함량이 높기 때문

2) 경실의 발아촉진(휴면타파)법

종피의 불투수성으로 인해 장기간 휴면을 하는 종자를 경실이라고 하는데 보통 콩과 목초 종자(예 클로버, 자운영, 아카시아, 고구마, 연, 싸리, 달리스그래스, 오크라 등)가 속한다.

① **종피파상법(種皮破傷法)** : 발아를 촉진시키기 위해 종자 껍질에 상처를 내는 방법을 의미하며 자운영, 콩과 종자는 가는 모래를 혼합하여 20~30분간 절구에 찧어 종피에 상처를 낸 후 파종한다.

② **진한 황산처리** : 진한 황산 약액에 침시 후 물로 씻어 파종하면 발아가 촉신된다. 침지 처리시간은 고구마 종자 1시간, 감자 종자 20분, 클로버 30분, 레드클로버 15분, 연 5시간, 목화 5분이다.

③ **저온처리** : 처리할 종자를 −190℃의 액체 공기에 2~3분간 침지하여 파종한다.

④ **건열처리** : 알팔파, 레드클로버는 40℃의 온도에 5시간, 50℃ 온탕에 1시간 처리 후 파종한다.

⑤ **진탕처리(振盪처리)** : 스위트클로버는 플라스크에 종자를 넣어 분당 180회씩 10분간 진탕처리 후 파종한다.

⑥ **질산염처리** : 버팔로그래스는 0.5% 질산칼륨에 24시간 종자를 침지 후 5℃에 6주간 냉각하여 파종한다.

3) 화곡류 · 감자 발아 촉진 및 휴면타파법

① **벼 종자** : 50℃에 4~5일 보관 후 발아억제물질이 불활성화되면 휴면이 타파된다.

② **맥류 종자** : 0.5~1% 과산화수소(H_2O_2) 용액에 24시간 침지 후 5~10℃의 저온에 젖은 상태로 보관하면 휴면이 타파되며, 20~25℃의 발아상에서 발아가 촉진된다.

③ **감자** : 절단된 감자를 2ppm의 지베렐린 수용액에 30~60분간 침지 후 파종하면 발아가 촉진된다.

4) 발아억제물질(Blastokolin)

- 벼 : 영에 있는 발아억제물질
- 순무 : 과피의 발아억제물질
- 토마토, 오이, 호박 : 장과 중에 있을 때의 발아억제물질

(1) 목초종자의 휴면타파

① **질산염 처리** : 볏과, 목초

② **지베렐린 처리** : 브롬그래스, 화이트클로버(1,000ppm), 차조기(100~500ppm)

(2) 발아촉진(휴면타파) 처리방법

① **발아촉진 화학물질** : 지베렐린, 사이토키닌, 에틸렌, 질산염, 과산화수소 등

② **발아억제 화학물질** : ABA, 암모니아, 시안화수소, 쿠마린, 페놀

(3) 발아억제(휴면연장) 처리방법

① **온도조절** : 감자(0~4℃), 양파(1℃ 내외)

② **약제 처리** : 감자, 양파(MH 수용액), 담배(전기콜린양액, 앤티싹, 액아단)

③ **방사선 처리** : 감자, 당근, 양파 등(감마선 조사)

06 종자의 퇴화 · 채종

1. 퇴화의 원인

우수종자가 재배연수가 경과할수록 생산성이 떨어지고 품질이 나빠지는 것을 종자의 '퇴화'라 한다.

1) 유전적 퇴화

① 여러 세대를 거치면서 종자가 유전적 변화, 즉 돌연변이, 유전자형의 분리, 이형종자의 혼입 등 기존 종자의 순수성을 갖지 못하고 유전적으로 퇴화되는 것을 의미한다.

② 이형종자 혼입은 퇴비, 낙수, 탈곡, 수확, 보관 시 발생하는 경우가 많다.

③ 자연교잡률이 벼 0.2~1%, 보리 0.15%, 밀 · 조 0.2~0.6%, 귀리 · 콩 0.05~1.4%로 매우 낮지만 호밀, 옥수수, 십자화과 식물은 매우 높으며, 격리재배를 통해 자연교잡률을 높일 수 있다.

2) 병리적 퇴화

① 종자 소독을 통해 방제할 수 없는 바이러스 등으로 인해 종자의 병리적 퇴화가 발생한다.

② 병리적 퇴화를 예방하는 방법에는 무병지채종 및 종자 소독, 병 발생 시 약제 처리, 이병주 관리, 씨감자 검정 등이 있다.

3) 생리적 퇴화

농지의 재배환경이 불량하거나 생육 및 등숙조건이 불량하면 생리적 퇴화가 발생한다.

4) 저장종자의 퇴화

저장 중의 종자가 원형질단백의 응고, 효소 활력 저하 및 저장 시 양분 소모로 인해 발아력을 상실하여 퇴화가 발생한다.

2. 채종재배 순서

종자 선택과 처리 → 채종포 선정 → 재배 조치 → 수확 및 조제 → 건조 및 저장

07 종자소독

1. 정의

종자전염원인 병균이나 선충을 방제하기 위해 종자를 물리적 또는 화학적으로 처리하는 것을 '종자소독'이라고 한다.

기출 19년 기사 4회 44번

종자의 퇴화를 방지하기 위하여 품종 간에 격리재배를 하는 이유는?

① 자연교잡을 방지하기 위하여
② 병 발생을 억제하기 위하여
③ 유전적 교섭을 증진시키기 위하여
④ 환경변이를 줄이기 위하여

답 ①

TIP

작물별 자연교잡률

작물	자연교잡률	작물	자연교잡률
보리	0.0~0.15	아마	0.6~1.0
조	0.2~0.6	가지	0.2~1.2
밀	0.3~0.6	콩, 귀리	0.025~1.4
벼	0.2~1.0	수수	5.0

TIP

㉠ 격리재배
- 호밀 : 250~300m 이상
- 옥수수 : 400m 이상
- 참깨, 들깨 : 500m 이상
- 배추과 식물 : 1000m 이상

㉡ 이형주 제거 : 출수기~성숙기에 철저히 제거함

㉢ 주보존 : 기본식물의 주보존을 통해 영양번식을 지속할 수 있음

기출 19년 기사 2회 51번

작물 종자의 퇴화를 방지하는 방법으로 가장 옳지 않은 것은?

① 건조 후 밀폐저장
② 충실한 종자의 선택
③ 무병지에 채종
④ 품종 간 자연 교잡률의 증대 실시

답 ④

2. 화학적 소독법

화학적 소독법은 종자 외부의 병원균을 소독하는 방법이다.

① **침지소독** : 농약과 같은 수용액에 종자를 담가 소독하는 방법이다.

② **분의소독** : 농약분말을 종자에 그대로 묻게 하여 소독하는 방법이다.

3. 물리적 소독법

물리적 소독법은 종자 내부를 소독하는 방법으로 냉수온탕법, 온탕침법, 건열처리법, 기피제 처리법 등이 있다.

① **냉수온탕법** : 맥류 겉깜부기병과, 벼의 선충심고병에 활용된다.

맥류 겉깜부기병	• 냉수에 6~8시간 담근 후 45~50℃의 온탕에 2분간 담그고 겉보리는 53℃, 밀은 54℃의 온탕에 5분간 담근 후 냉수에 식힘 • 쌀보리는 냉수에 담갔다 50℃의 온탕에 5분간 담근 후 냉수에 식힘
벼 선충심고병	냉수에 24시간 침지 후 45℃의 온탕에 2분간 담그고 52℃ 온탕에 10분간 담근 후 냉수에 식힘

② **온탕침법** : 맥류 겉깜부기병, 고구마 검은무늬병 등 곡류에 주로 이용되며, 벼 유묘의 하단부를 15분간 담가 소독한다.

맥류 겉깜부기병	보리는 43℃, 밀은 45℃로 하여 8~10시간 담가 둠
고구마 검은무늬병	45℃의 온탕에 30~40분간 담근 후 소독함

③ **건열처리법** : 채소 종자에 주로 이용되는데 함수량을 낮게 건조한 후 점차 온도를 높여 처리하는 방법이다.

④ **기피제 처리법** : 주로 쥐, 새, 개미를 방제하기 위해 활용된다.

4. 침종

① 침종은 파종 전 종자를 일정기간 물에 담가 발아에 필요한 수분(물)을 흡수시켜 발아를 돕는 방법으로 보통 벼, 가지, 시금치, 수목종자 일부에서 활용하고 있다.

② 발아가 빠르고 균일하며, 발아기간 중 피해를 경감하는 효과가 있다.

③ 침종기간은 연수보다 경수에서 길어지는 경향이 있으며, 수온은 너무 낮지 않게 해야 한다(낮은 수온에 오래 침종하면 저장양분이 새어 나오고 산소 부족으로 발아 장애가 일어난다).

④ 벼 종자의 발아는 종자 무게의 30% 정도의 수분이 흡수되어야 하는데 보통 14시간 정도 담가둔다.

08 영양번식과 육묘

1. 영양번식

영양번식이란 영양기관(잎, 줄기, 뿌리)을 통해 번식하는 방법으로 다음과 같은 장점이 있다.

① 고구마, 마늘처럼 종자로 번식이 어려운 작물은 영양번식이 용이하다.
② 유전적 형질을 영속적으로 유지할 수 있다.
③ 종자번식보다 짧은 기간에 수확이 가능하여 수량 증대를 기대할 수 있다.
④ 이용가치가 높은 암 · 수그루 중 한쪽을 선택하여 재배할 수 있다.
⑤ 접목 시 환경 적응 및 수세 조절, 병해충 저항 증대, 수량 증대, 품질 향상, 수세 회복 등을 기대할 수 있다.

[표 10－6] 번식법의 종류와 특징

<table>
<tr><th>번식법</th><th colspan="3">특징</th></tr>
<tr><td>분주
(포기나누기)</td><td colspan="3">• 모체(어미식물)에서 발생하는 뿌리 부분을 분리하여 번식하는 방법
• 싹트기 전의 이른 봄에 분주를 하는 것이 좋음
예 모시풀, 작약, 골풀, 석류나무, 나무딸기, 토당귀, 아스파라거스 등</td></tr>
<tr><td rowspan="8">취목
(휘묻이)</td><td colspan="3">가지를 모체(어미식물)에서 분리하지 않고 흙에 묻거나, 발근에 필요한 조건을 주어 하나의 개체로 독립시켜 번식하는 방법</td></tr>
<tr><td>성토법</td><td colspan="2">포기 밑에 가지를 많이 내고 성토해서 발근하는 방법
예 자두나무, 양앵두나무, 사과나무, 뽕나무 등</td></tr>
<tr><td rowspan="5">휘묻이법</td><td colspan="2">분리되지 않은 모체 가지를 휘어서 일부 흙속에 묻는 방법</td></tr>
<tr><td>보통법</td><td>가지를 휘어서 일부를 흙속에 묻는 방법
예 포도나무, 자두나무, 양앵두나무 등</td></tr>
<tr><td>선취법</td><td>가지의 선단부(끝부분)을 휘어 묻는 방법
예 나무딸기 등</td></tr>
<tr><td>파상취목법</td><td>가지가 긴 것을 파상(물결 모양)으로 휘어 묻고 흙을 덮어 한 가지에 여러 개의 뿌리가 나오도록 하여 취목하는 방법</td></tr>
<tr><td>당목취법</td><td>가지를 수평으로 묻고 각 마디에 생기는 여러 개의 뿌리를 취목하는 방법</td></tr>
<tr><td colspan="2">고취법</td><td>• 나뭇가지 높은 곳에서 뿌리를 발근하는 방법
• 환상박피를 하여 수태를 감고 뿌리를 내게 함
예 고무나무류(뱅갈고무, 인도고무나무 등)</td></tr>
</table>

TIP

취목(휘묻이)

㉠ 휘묻이법

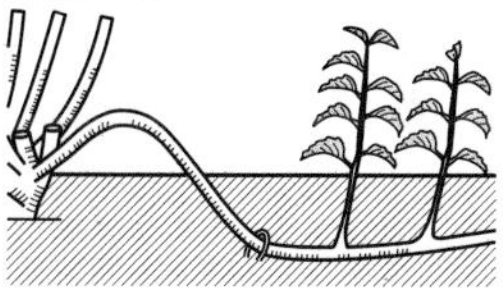

㉡ 고취법

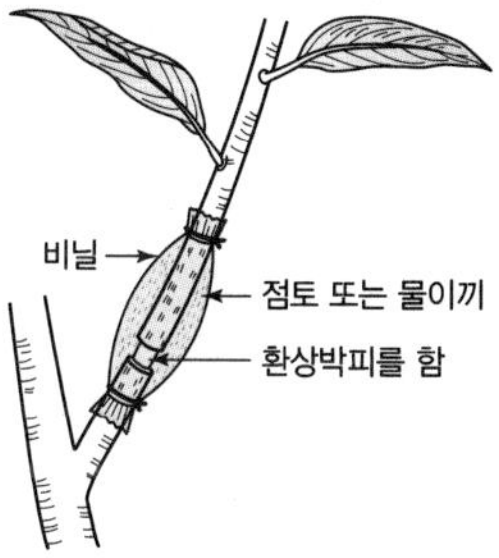

번식법			특징
삽목			어미식물(모체)에서 분리된 영양체(잎, 줄기, 뿌리)의 일부를 다른 곳에 심어 발근 후 새로운 개채로 번식시키는 방법
	엽삽(잎)		예 베고니아, 차나무, 펠라고늄 등
	지삽(줄기)	녹지삽	당년도 녹지를 5~6월에 번식하는 방법 예 카네이션, 동백나무, 펠라고늄 외
		경지삽	과수에서 묵은 가지로 번식하는 방법 예 포도나무, 무화과나무 등
		신초삽	1년 미만 새가지로 번식하는 방법 예 인과류, 감귤류, 핵과류 등
		단아삽	눈 하나만을 가진 줄기로 번식하는 방법 예 포도나무 등
	근삽(뿌리)		예 앵두나무, 사과나무, 감나무 등
접목			모체 두 가지 식물을 이용하여 서로의 형성층을 접합하여 생리활동을 할 수 있도록 하여 하나의 개체를 만드는 것
	눈접		그 해에 잘린 가지에 1개의 눈을 채취 후 대목과 T모양으로 칼집을 내어 접목하는 방법으로 보통 8월 상순~9월 상순에 진행함
	가지접		3월 중순~5월 상순에 휴면기를 지난 수목에 활용되는 접목방법
	짜개접		굵은 대목+소대목 접목(대목 중간을 쪼개어 그 사이에 접수를 넣어 접목하는 방법
	허접		굵기가 비슷한 대목과 접수를 비스듬한 모양으로 잘라 서로 접목하는 방법
	삼목접		뿌리가 없는 대목에 접목 후 발근과 활착이 한꺼번에 되도록 하는 접목방법

2. 접목

1) 접목의 장점

① 수세 조절에 용이하다.

- 왜성대목 : 왜화하여 결과연력이 단축되는 특징의 대목

  예 서양배를 마르멜로 대목에, 사과나무를 파라다이스 대목에 접목하면 왜화되어 연령이 단축되고 관리도 편리해짐

- 강화대목 : 지상부의 생육 왕성 및 수령이 길어지는 특징의 대목

  예 살구나무를 일본종 자두나무 대목에, 앵두나무를 복숭아나무 대목에 접목하면 지상부의 생육이 왕성하고 수명이 길어짐

② 환경적응성이 증대된다.

예 – 내한성 증대를 위해 감나무를 고무나무 대목에 접목
– 알칼리 토양의 적응도를 높이기 위해 복숭아나무나 자두나무를 개복숭아나무 대목에 접목
– 건조한 토양의 적응도를 높이기 위해 배나무를 중국콩배 대목에 접목

TIP
왜성대목은 접목 시 접수를 붙이는 쪽의 나무가 키가 작은 나무를 사용한다.

③ 결과연한 단축을 꾀할 수 있다. → 접목묘의 결과에 소요되는 연수가 단축됨

④ 병해충저항성이 증대된다.

예 – 토마토의 풋마름병 및 시들음병은 야생토마토에 접목하면 되움이 됨
– 서양배의 화상병은 중국콩배, 돌배, 산돌배에 접목하면 되움이 됨

⑤ 과일의 품질을 향상시킬 수 있다.

예 온주밀감 + 탱자나무 대목을 활용하면 과피가 매끄럽고, 착색이 좋으며, 성숙도가 높아짐

⑥ 묘목을 짧은 시간에 대량으로 생산이 가능하다.

2) 채소류의 접목육묘

호접, 삽접, 핀접, 합접 등의 방법으로 접목을 하는데 접목육묘의 장단점은 다음과 같다.

[표 10–7] 접목육묘의 장단점

장점	단점
• 토양전염성 병에 도움이 됨 • 흡비력이 높아짐 • 과습에 잘 견딤 • 불량한 환경에서의 내성이 높아짐 • 과실의 품질이 좋아짐	• 기형이 발생할 가능성이 높음 • 질소 과다흡수가 우려됨 • 당도가 떨어짐 • 흰가루병에 약함

3. 영양번식에 활용되는 발근 및 활착 처리방법

1) 환상박피

환상박피 및 연곡, 절상 등의 방법을 활용하면 탄수화물이 축적되고 발근이 촉진된다.

2) 증산경감제

• 리놀린 : 증산작용이 경감되어 활착이 용이하다.
• 석회 : 표피의 수분 증발을 억제하여 활착이 용이하다.

3) 과망간산칼륨액제

0.1~1.0%에 삽수의 기부를 24시간 정도 침지하면 소독 및 발근이 용이해진다.

4) 자당액 침지

포도의 경우 단아삽으로 6%의 자당액에 60시간 정도 침지하면 발근이 용이해진다.

TIP
• 접수 : 접목의 위쪽
• 대목 : 접목의 아래쪽
• 접목친화성 : 활착 후 발육과 결실이 잘 된 것
• 이중접목 : A(친화성이 낮음) + B(친화성이 낮음) + C(친화성이 매우 높은 것)를 접목하는 것
• 활착 : 접목이 잘 이루어진 것(잘 붙은 것)

5) 생장호르몬 활용

• 옥시베론분제(IBA) : 무궁화, 국화, 카네이션 등의 화훼류에 활용
• 루톤분제(NAA) : 카네이션 등에 활용
• 옥신류 : 삽목 시 발근이 용이하도록 활용

4. 조직배양

식물체의 세포, 조직, 기관 등을 무균의 영양배지에 배양하여 완전한 식물체로 번식시키는 방법을 '조직배양'이라고 한다. 조직배양의 이용가치는 다음과 같다.

① 식물의 세포 증식, 기관 분화, 조직 생장 등에 관여하는 부분의 다양한 연구가 가능하다.
② 번식이 어려운 식물을 짧은 시간에 대량생산할 수 있다.
③ 세포 돌연변이의 분리에 이용할 수 있다.
④ 벼에 걸리지 않는 새로운 개체, 즉 바이러스에 걸리지 않는 개체를 육성할 수 있다.
⑤ 사탕수수의 자당(Sucrose), 약용식물의 알카로이드(Alkaloid), 화곡류의 전분, 수목의 리그닌(Lignin), 비타민 등 특수물질의 공급적 생산이 가능하다.
⑥ 농약의 독성 또는 방사능의 감수성 세포의 조직배양물을 편리하게 검정할 수 있다.

기출 21년 기사 1회 53번

묘상에서 육묘한 모를 이식하기 전에 경화시키면 나타나는 이점에 대한 설명으로 가장 옳지 않은 것은?

① 착근이 빠르다.
② 흡수력이 좋아진다.
③ 체내의 즙액 농도가 감소한다.
④ 저온 등 자연환경에 대한 저항성이 증대한다.

답 ③

5. 육묘

현대에는 주로 종자를 직접 파종하지 않고 모종으로 육묘해서 이식을 한다.

[표 10-8] 육묘의 필요성

• 직파가 힘든 환경일 경우	• 증수	• 조기 수확
• 토지 이용의 증대	• 재해 방지	• 용수 절약
• 노동력 절감	• 추대 방지	• 종자 절약

1) 묘상

시설을 갖춰 육묘하는 장소를 '묘상(Seed bed)'이라고 하며, 벼농사의 경우 묘상을 '못자리'라 하고, 수목의 묘목상은 '묘포'라고 한다.

2) 묘상의 조건

① 관개용수를 얻기 좋고, 본포가 집에서 가까운 곳이 작업하기 편리하다.
② 묘상은 양지바르고 따뜻하며 강한 바람을 막는 방풍이 되어 있는 곳이 좋다.
③ 배수시설이 잘 되어 있는 곳이 좋다.
④ 병해충, 인축, 동물로 인한 피해가 없는 곳이 좋다.

TIP

못자리의 활용

• 물못자리 : 못자리 초기부터 물을 대고 육묘하는 방법
• 밭못자리 : 밭상태의 토양에서 육묘하는 방법
• 보온밭못자리 : 보온도구를 활용하여 육묘하는 방법
• 절충못자리 : 물못자리 + 밭못자리를 혼용하여 육묘하는 방법
• 보온절충못자리 : 보온자재로 피복 후 보온하고 밭못자리 상태로 하여 사용하다 온도가 15℃ 이상이 되면 보온자재를 빼고 물못자리 상태로 육묘하는 방식
• 상자육묘
  – 파종 후 8~10일 모내기 지난 묘(어린모)
  – 파종 후 20일 모내기 지난 묘(치묘)
  – 파종 후 30일 모내기 지난 묘(중모)

3) 채소류의 육묘의 종류

① **재래식 육묘** : 냉상이나 전열온상에서 육묘로서 1차 가식, 2차 가식을 한 다음에 포장에 정식하는 방법이다.

② **공정육묘** : 자동화육묘시설을 이용하는 육묘방법으로 사용 시 장점은 다음과 같다.

- 육묘기간 단축이 가능하고 주문생산이 용이하여 연중 생산횟수를 늘릴 수 있음
- 모의 대량생산 가능
- 관리인건비 및 모의 생산비 절감 가능
- 정식묘의 크기가 작아지므로 기계정식이 용이하고 인건비가 줄어듦
- 운반 및 취급이 간편함
- 조합영농, 기업화 또는 상업농화가 가능함

CHAPTER 11

재배관리

Key Word

정지 / 파종 / 이식 / 파종 / 복토 / 시비 / 중경 / 멀칭 / 생력재배 / 병해충 관리 / 잡초 관리 / 식물생장조절제 / 방사성 동위원소

01 정지 · 파종 · 이식

1. 정지작업

정지작업이란 토양의 알맞은 상태를 조성하기 위한 경운과 작효와 같은 작업을 의미한다.

2. 경운

경운이란 토양을 갈아엎고 흙덩어리를 대강 부스러뜨리는 작업을 의미하며, 이용 시 효과는 다음과 같다.

① 토양의 화학적 성질과 물리성 개선
② 병해충 경감
③ 잡초 발생 감소

3. 건토효과

토양을 충분히 건조시키면 유기물이 분해되어 작물에 필요한 비료 성분이 많아지는 현상을 의미한다. 특히 밭보다 논에서 효과가 크게 나타난다.

4. 작휴법

이랑의 높이, 너비 등을 농작물의 생육 환경에 알맞게 정하여 만드는 방법으로 종류는 다음 표와 같다.

[표 11 – 1] 작휴법의 종류

구분	특징
평휴법	이랑과 고랑 높이가 같은 경우
휴립법	• 이랑은 세우고 고랑은 낮추는 경우 • 휴립구파법 : 이랑을 세우고 낮은 골에 파종하는 방법(맥류의 한해 및 동해 방지) • 휴립휴파법 : 이랑을 세우고 이랑에 파종하는 방법(조 · 콩 이랑을 낮게, 고구마 이랑을 높게)
성휴법	이랑을 보통보다 넓고 크게 만드는 경우(중부지방의 맥휴작콩 재배 시 활용)

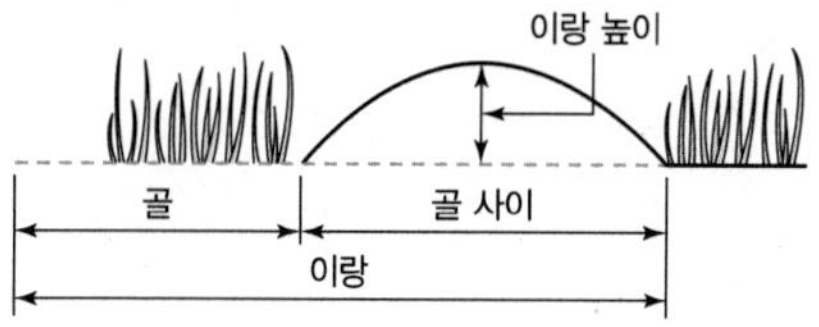

[그림 11－1] 맥류 재배 이랑의 모형(휴립구파법)

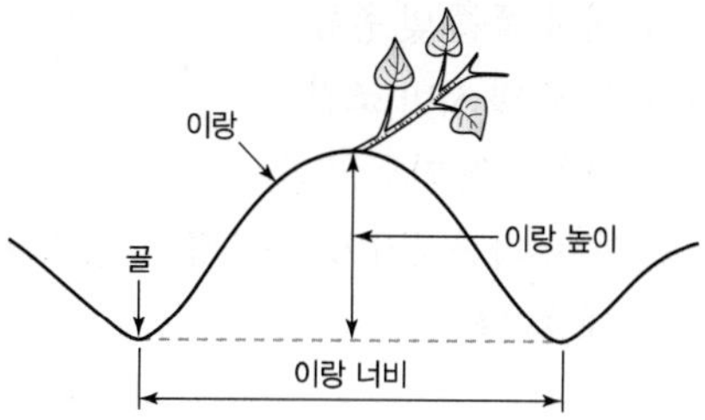

[그림 11－2] 고구마 재배 이랑의 모형(휴립휴파법)

5. 진압

파종하고 복토하기 전후에 사람 또는 기계가 흙을 눌러 주는 작업이다. 종자가 토양과 긴밀하게 밀착되게 하며 지하수 모관 상승으로 종자에 수분 흡수를 도와 발아를 조장해 종자 출하를 빠르고 균일하게 하기 위해 활용한다.

6. 파종

1) 파종시기를 지배하는 요인

① 종자 발아 전후의 성장 과정
② 계절에 따른 기후 및 지역에 따른 파종 시기
③ 작물의 종류 및 품종
④ 작부체계 및 토양조건
⑤ 수확의 출하기
⑥ 노동력

2) 파종방법

① **산파(흩어뿌림)** : 농경지 전면에 종자를 흩어 뿌리는 형식으로 노동력이 적게 드나 추후 솎는 과정 등의 작업이 필요하며, 종자를 많이 사용하게 되는 단점이 있다.
② **조파(골뿌림)** : 파종할 골을 만들고 그곳에 줄지어 종자를 파종하는 방법으로, 공간 활용을 효율적으로 할 수 있다.
③ **점파(점뿌림)** : 일정 간격으로 여러 개의 종자를 띄엄띄엄 파종하는 방법으로, 종자량이 적게 소요된다.
④ **적파** : 점파 시 한곳에 여러 개의 종자를 파종하는 방법으로, 파종 노동력이 많이 들지만 생육은 양호하다.

3) 파종량을 지배하는 요인

파종량이 적은 경우 잡초는 많이 발생하고, 토양 수분과 비료의 이용도가 낮아지며 생산량이 감소한다. 반면 파종량이 많은 경우는 과하게 많은 작물로 인해 수광태세가 나빠지고 비료 부족으로 식물이 연약하게 크며, 수량 및 품질 저하가 일어난다. 파종량을 지배하는 요인은 다음과 같다.

① 작물 품종 및 종류
② 토양 및 시비 조건
③ 재배지의 기후 조건
④ 종자 파종시기 및 종자의 크기(조건)
⑤ 재배방식

4) 파종량을 늘려야 하는 경우

① 품종에 있어 생육이 왕성하지 않을 경우
② 기후조건에 의거 한지일 경우(한지 > 난지)
③ 토양의 시비가 적거나 땅이 척박할 경우
④ 경실 종자가 많이 포함된 경우나 발아력이 떨어지는 경우
⑤ 파종시기가 너무 늦을 경우
⑥ 토양 건조 시의 경우
⑦ 발아기 전후 병해충 우려가 되는 경우

기출 21년 기사 1회 41번

종자의 파종량에 대한 설명으로 가장 옳은 것은?

① 감자는 산간지에서 파종량을 늘린다.
② 파종시기가 늦어질수록 파종량을 늘린다.
③ 맥류는 산파보다 조파 시 파종량을 늘린다.
④ 콩은 맥후작보다 단작에서 파종량을 늘린다.

답 ②

7. 복토

복토란 뿌린 종자 위에 흙을 덮어 주는 작업을 의미하며, 복토 깊이는 파종법, 발아 습성, 종자 크기, 토양조건 및 계절적 기후 상태에 따라 달라지게 된다.

[표 11-2] 종자별 복토 깊이

복토 깊이	종자 종류
종자가 보이지 않을 정도	파, 양파, 담배, 상추, 소립목초종자 등
0.5~1.0cm	토마토, 고추, 배추, 오이, 순무, 양배추 등
3.5~4.0cm	콩, 팥, 완두, 강낭콩, 잠두 등
10cm 이상	튤립, 히아신스, 나리, 수선화 등

기출 19년 기사 2회 41번

다음 중 종자 파종 시 복토를 가장 얕게 해야 하는 작물은?

① 호밀 ② 파
③ 잠두 ④ 나리

답 ②

8. 이식

이식이란 지금 자라고 있는 자리(묘상)에서 새로운 자리(본포)로 옮겨 심는 것을 의미한다. 본포에서 옮겨 심는 것을 '정식(아주심기)'이라 하며, 정식 때까지 잠시 이식해 두는 것을 '가식'이라고 한다.

1) 장점

① 초기 생육 촉진으로 생산량 증대
② 토지 이용의 효율성 증대
③ 숙기를 단축시켜 작물의 생육 양호
④ 군근이 충실하여 정식 시 활착 증대

2) 단점
① 무, 당근, 우엉 등의 직근성 작물은 뿌리의 손상으로 발육이 나빠짐
② 참외, 수박, 결구배추, 목화는 뿌리가 절단되면 생육이 나빠짐
③ 한랭지의 경우 착근 시간이 많이 소요되므로 오히려 임실이 불량하여 파종이 안전함

3) 이식방법
이식 간격 결정 → 이식 준비 → 본포 준비 → 이식 → 관리

02 시비관리 및 중경 · 멀칭

1. 시비

비료란 작물 생육에 필요한 부식이나 무기원소를 포함한 물질을 토양이나 작물체에 공급하는 것을 의미하며, 비료를 주는 것을 '시비'라고 한다.

2. 비료의 주 성분

1) 비료의 3요소
① 질소질 비료 : 황산암모늄(유안), 요소, 질산암모늄(초안), 염화암모늄, 석회질소 등
② 인산질 비료 : 과인산석회(과석), 중과인산석회(중과석), 용성인비, 용과린, 토머스인비 등
③ 칼리질 비료 : 염화칼륨, 황산칼륨 등

2) 비료의 종류
(1) 생리적 반응에 따른 분류
① 생리적 산성 비료 : 황산암모늄(유안), 염화암모늄, 황산칼슘, 염화칼슘 등
② 생리적 중성 비료 : 질산암모늄, 요소, 과인산석회, 중과인산석회, 석회질소 등
③ 생리적 염기성 비료 : 석회질소, 용성인비, 나뭇재, 칠레초석, 토머스인비, 퇴비, 구비 등

(2) 화학적 반응에 따른 분류
① 생리적 산성 비료 : 과인산석회, 중과인산석회 등
② 생리적 중성 비료 : 황산암모늄(유안), 염화암모늄, 요소, 질산암모늄(초안), 황산칼륨, 염화칼륨, 콩깻묵, 어박 등
③ 생리적 염기성 비료 : 석회질소, 용성인비, 나뭇재, 토머스(Thomas) 인비 등

기출 21년 기사 1회 57번

작물의 종류에 따른 시비법에 대한 설명으로 가장 옳지 않은 것은?
① 사탕무는 나트륨의 요구량이 많다.
② 귀리에서는 마그네슘의 효과가 크다.
③ 사탕무는 암모니아태질소의 효과가 크다.
④ 콩과 작물에서는 석회와 인산의 효과가 크다.

답 ③

3. 시비의 이론적 배경

1) 최소양분율의 법칙

작물 생육에 있어 다양한 양분이 필요하지만 최소양분의 공급량을 충족시키지 못하면 작물 생육이 제한될 수 있는데, 즉 최소양분의 공급량에 의해 작물의 수량이 지배된다는 이론이다.

2) 수량점감의 법칙(보수점감의 법칙)

비료 시비량이 일정 한계까지의 생산 수량 증가에 영향을 주지만 한계점 이후에는 시비량이 많아져도 생산 수량의 증가는 점점 작아지며 결국은 수량이 증가하지 못하는 상태에 도달한다는 것이 '수량점감의 법칙'이다.

4. 시비관리

직접비료란 식물에 직접 흡수되어 양분이 되는 비료로 질소 · 인산 · 칼리(비료의 3요소)가 해당되며, 간접비료란 간접적으로 작물의 생육을 도와주는 것을 의미한다.

1) 시비량 계산식

단위 면적당 시비량의 계산식은 다음과 같다.

$$\text{시비량} = \frac{\text{비료 요소의 흡수량} - \text{천연공급량}}{\text{비료 요소의 흡수율}}$$

2) 시비의 구분

① **가비(밑거름)** : 파종 또는 이식할 때 주는 비료

② **추비 · 보비(중거름, 덧거름)** : 작물 생장기 중에 중간중간 주는 비료

③ **자비(마지막 거름)** : 작물 생장기 중 마지막에 주는 비료

기출 21년 기사 2회 60번

탈질현상을 경감시키는 데 가장 효과적인 시비법은?

① 질산태질소 비료를 논의 산화층에 시비
② 질산태질소 비료를 논의 환원층에 시비
③ 암모늄태질소 비료를 논의 산화층에 시비
④ 암모늄태질소 비료를 논의 환원층에 시비

답 ④

5. 시비방법

① **표층시비** : 밭작물 및 목초에 생육기간 중 시비하는 방법

② **심층시비** : 논에 암모니아질소를 시용하는 경우처럼 흙속에 비료를 시용하는 방법

③ **전층시비** : 논에 관개(물을 넣은 후) 시비하고 써레질을 진행하는데, 이때 비료를 흙 전층에 골고루 혼합하여 시용하는 방법

6. 비료 배합 시 유의사항

작물에 부족한 성분을 보충하는 것을 목적으로 활용되는 시비에 보통 두 가지 이상의 비료를 섞어 사용하는데, 이것을 '조합비료' 또는 '배합비료'라 한다.

[표 11-3] 배합비료 사용 시 유의점

유의사항	예시
비료 성분이 소모되지 않도록 주의	• 질산태 질소+과인산석회(산성) → 휘발 • 암모니아태 질소+석회(알칼리성) → 휘발
비료 성분이 불용성이 되지 않도록 함	과인산석회(수용성 인산)+알칼리성 비료 혼합 → 불용화
습기를 흡수하지 않도록 함	과인산석회(석회염)+염화칼리(염화물질) → 굳어짐

7. 엽면시비

엽면시비(엽면살포)란 작물에 시비하는 방법 중 잎에 직접 비료 성분이 흡수될 수 있도록 잎 표면에 뿌려 주는 방법을 의미한다. 엽면시비의 활용 목적은 다음과 같다.

① 작물 생육 기간 내 미량요소의 결핍증이 발생했을 때 활용한다.
② 작물이 다양한 해(풍수해, 병해충, 동상해 등)를 입어 수세가 약할 때 급속한 영양 회복을 위해 활용한다.
③ 습해 등으로 인해 뿌리가 상해 영양 공급을 제대로 받지 못할 경우 급속히 영양 공급을 통해 회복시키기 위해 활용한다.
④ 재배 관리 중 작업상 토양시비가 어려울 때 활용한다.
⑤ 농약과 함께 비료를 첨가하여 살포하는 경우 노동력 절약 효과가 있다.
⑥ 토양시비보다 엽면시비가 비료성분의 유실 방지 효과가 크다.

8. 중경

중경이란 농경지의 표토를 갈거나 작물 사이의 흙을 갈아 잘게 쪼게 부드럽게 해주는 것을 의미한다.

[표 11-4] 중경 효과

효과	특징
토양수분 증발 경감 효과	토양의 유기물 분해를 촉진하고, 작물의 수분 유지를 통해 작물이 건조한 환경에서도 견딜 수 있도록 함
비료 증진 효과	중경 후 일시적으로 수분 및 양분 흡수가 억제되지만 바로 회복되어 식물이 더 튼실히 자랄 수 있음
제초 효과	• 중경 이후 잡초가 종자 땅속 깊이 들어가 발아가 억제됨 • 어린 잡초를 제거하는 효과도 있음
비료 유실 감소 효과	산화층 분화를 교란하여 표층의 비료를 환원층으로 이동시킴

9. 멀칭(Mulching)

멀칭이란 포장 표면에 짚 또는 건초 등 다양한 멀치(Mulch) 소재를 피복하는 것으로 토양의 수분 증발을 억제시키는 기능을 한다.

기출 19년 기사 2회 47번

멀칭(Mulching)의 이용성에 대한 설명으로 가장 적절하지 않은 것은?

① 생육 억제
② 한해 경감
③ 잡초 억제
④ 토양보호

답 ①

1) 멀칭의 효과

① 토양의 수분 증발 방지를 통한 건조 예방
② 지온 조절
③ 토양 침식 방지
④ 잡초 발생 억제

2) 필름지의 색깔별 기능

① **백색 투명 필름** : 잡초 발생은 많지만 지온 상승 효과
② **흑색 필름** : 잡초 발생 억제 효과는 높으나 지온을 낮춤
③ **녹색 필름** : 잡초 발생 억제 효과 및 지온 상승 효과

10. 생력재배

생력재배란 잡초 방제 노력과 그 외 작업의 노동력을 절약할 수 있는 재배방법을 의미한다.

1) 생력재배의 효과

작물 재배 시 생력화를 위한 제반조건이 뒷받침되어야 하며, 적용 시 다음과 같은 효과가 있다.

① 농작업의 노동력 절감, 즉 농업의 노동력과 인건비가 크게 절감된다.
② 24cm 이상의 심경이 가능하여 지력이 향상된다.
③ 기계경운을 하고 유기물을 시비한 후 작토를 하여 지력을 향상시키므로 단위수량의 증대를 기대할 수 있다.
④ 능률적이며 기동성 있는 기계력을 이용하기 때문에 적기, 적작업이 가능하여 작업 수행이 원만히 진행된다.
⑤ 작부체계의 개선과 재배면적의 증대를 기대할 수 있다.

2) 생력기계화 재배의 조건

① 대형 농업의 능률적 농작업을 위해 경지 정리를 하여 일정 규모의 작업 농지를 만들어야 한다.
② 동일 작물, 동일 품종, 동일 재배방식으로 집단 재배화가 되어야 한다.
③ 여러 농가가 집단으로 농작업을 할 수 있는 공동재배가 이루어져야 한다.
④ 잉여노력의 수익화가 창출되어야 한다.
⑤ 중경제초를 할 수 없을 경우 제초제를 사용해야 한다.
⑥ 기계화 재배가 가능하려면 기계작업에 적응하는 새로운 재배체계가 확립되어야 한다.

3) 기계화 적응재배

① **벼의 기계화** : 벼의 기계이앙을 위한 상자육묘를 해야 한다.

② 직파재배는 이앙재배에 비해 입모율이 낮고 잡초방제가 어려우며, 도복이 심하다.

③ **건답직파**

- 기계작업의 효율성이 높음
- 복토를 하여 뜸모 및 도복이 적음
- 비가 오면 파종을 못함
- 논바닥을 균평하게 하지 못함
- 쇄토노력이 많이 듦
- 써레질을 하지 않아 용수량이 많음
- 잡초 발생이 많음

④ **담수직파**

- 비가 와도 파종이 가능함
- 산소가 적어 발근 및 착모가 어려워 뜸모 발생이 쉬움
- 도복이 심함
- 잡초 발생은 적음

4) 맥류의 기계화 재배

① **품종 선택**

- 골과 골 사이의 같은 높이로 되기에 내한성 강한 품종 선택 시 월동에 안전함
- 내병성 강한 품종을 선택하면 유리함
- 기계수확 시에는 초장 70cm 정도의 중간 크기가 적당함
- 다비밀식재배를 하기 때문에 내복성이 강한 품종이 좋음
- 초형은 직립으로 잎이 짧고 곧게 일어난 것이 좋음

② **드릴파재배(세조파재배)** : 골 너비 및 골 사이를 아주 좁게 해서 여러 줄을 파종하는 방법, 즉 밭이나 질지 않은 논에 기계파종을 할 때 흔히 하는 파종방법

③ **휴립광산파재배** : 골너비를 아주 넓게 만들어 파종하는 방법

④ **전면전층파재배** : 파종량을 협폭파재배의 3배, 시비량을 2배로 하여 포장 전체에 산파하는 방법

5) 콩의 기계화 재배

① **품종 선택**

- 내도복성이며 밀식적응성 등이 높아야 함
- 탈립이 안 되며, 최하위 착협고(꼬투리가 최초로 맺히는 높이)가 콤바인 수확이 될 수 있는 10cm 이상인 것

② **소형 기계화 재배** : 경운기 활용

③ **대형 기계화 재배** : 트랙터 활용

TIP

벼의 재배에 있어 소요되는 노동력
기계직파 < 어린모 기계이앙 < 기계이앙

TIP

입모율
파종했을 때 종자가 발아해서 올라오는 비율

6) 참깨의 기계화 재배

① 기계화를 위한 내탈립 품종을 선택함

② 생산비 중 노력비용이 64%를 차지할 정도로 노동력이 많이 소모됨

③ 솎음 노력 절감과 과립종자를 개발함

④ 무중경배토에서 생육 중간에 잡초로 인한 생산량 감소가 초래되므로 2회 이상 중경과 배토작업을 진행해야 함

03 병해충 및 잡초

1. 병해충 예방 및 방제

병해충 예방작업은 다음 사항을 기초로 종합적 방제를 진행해야 한다.

① 병원균이 외부로부터 들어오지 못하도록 관리해야 한다.

② 병해충에 강한 품종이나 대목을 선택하며, 건강한 작물을 선별해야 한다.

③ 환경적 적응을 위한 경화를 통해 저항력을 기르도록 한다.

④ 주변 재배환경을 개선하고 병원균이 활동하지 못하도록 관리한다.

⑤ 선택된 종자의 소독 및 토양 소독, 윤작을 통해 병원균의 밀도를 낮춘다.

2. 병해충 방제법

작물에는 다양한 병해충이 발생하는데, 이를 미리 방제하지 않으면 생육 불량이 초래되고 생산량에 막대한 영향을 줄 수 있다.

[표 11-5] 주요 방제법

방제법 종류	방제방법	
물리적 방제	• 포살 및 채란, 소각 • 태양열 소독 및 증기 소독 • 환경관리(온도 처리)	• 담수, 차단, 유살 • 봉지 씌우기 및 비가림재배
경종적 방제	• 병해충이 없는 토지 선택 • 무병종자 선택 • 충해를 줄이기 위한 혼식 활용 • 중간기주 제거	• 저항성 품종 선택 • 토양전염병을 예방하기 위해 윤작 활용 • 재배 시기 조절, 시비법의 다양화, 토양 개량 • 수확물을 잘 건조하여 병해충 발생을 줄임
화학적 방제	살균제, 살충제, 유인제, 기피제, 화학 불임제 활용	
생물학적 방제	• 생물농약(미생물 활용), 길항미생물 활용 • 천적 곤충 및 병원성 미생물 활용	

3. 잡초와 방제

잡초란 작물 생산에 직 · 간접적으로 피해를 주어 작물의 수량이나 품질을 저해시키는 식물로, 작물에 발생시키는 주요 피해는 다음과 같다.

① **작물 생육 불량** : 양 · 수분 및 광선, 공간까지 잡초와 작물이 경합을 함으로써 작물의 생육이 불량해진다.

② **유해물질의 분비** : 잡초의 뿌리에서 유해한 물질이 분비되어 작물체 생육이 억제된다. (타감작용)

③ **품질 저하** : 작물 종자에 잡초 종자가 섞이면 품질이 저하되고 목초는 사료적 가치도 떨어지게 된다.

④ **병해충의 전파** : 잡초가 병원균의 중간기주 역할을 하거나 매개충의 월동처가 되기도 한다.

⑤ **가축에 피해** : 가축의 사료로 활용 시 중독을 일으키거나 인체에 알레르기를 유발하기도 한다.

4. 잡초 방제방법

① **예방적 방제** : 주변의 청결 관리, 농기구 청소, 토양 소독, 완숙퇴비 활용 등

② **생태적 · 경종적 방제** : 윤작, 답전윤환 재배, 2모작, 육묘이식(이앙) 재배, 경운, 정지, 피복 재배 등

③ **물리적 방제** : 손제초, 경운, 중경제초, 배토, 예취, 소각, 침수 처리 등

④ **생물적 방제** : 천적 활용, 식물병원균 활용, 어패류 방제, 상호대립 억제작용 식물 활용, 동물(오리) 이용

⑤ **화학적 방제** : 화학적 제초제 활용(약해 및 인축, 작물에 피해가 없는 것을 선택)

⑥ 종합적 잡초 방제법(IWM)

04 내적 균형과 식물생장조절제 · 방사성 동위원소

1. 내적 균형

작물체의 C/N율, T/R율, G－D 균형은 내적 균형의 지표가 된다.

1) C/N율

C/N율이란 식물체 내 탄수화물(C)과 질소(N)의 비율을 의미한다. C/N율은 작물 생육에 있어 화성 · 결실에 영향을 준다.

C/N율 적용사례

① 환상박피(環狀剝皮)

줄기 형성층 부분을 둥글게 제거 또는 줄기 부분부분에서 유관속을 절단하여 동화물질이 전류되지 못하도록 하면 환상박피나 각절 부위 눈에 탄수화물이 축적되어 C/N율이 높아져 화아분화 촉진 및 개화가 빨리 진행되어 과실의 발달이 촉진된다.

② 고구마 인위 개화

고구마순을 나팔꽃 대목에 접하면 덩이뿌리 형성을 위해 탄수화물의 전류가 억제되는데, 이때 경엽은 탄소화물 축적되어 C/N율이 높아져 화아 형성 촉진 및 개화가 잘 이루어진다.

2) T/R율

T/R율이란 작물의 지하부생장량에 대한 지상부 생장량의 비율(Top/Root)을 의미한다.

① 파종 및 이식 시기가 늦어질수록 T/R율은 커지므로 적기 파종, 적기 이식이 필요하다.

② 일사가 적으면 체내 탄수화물 축적은 감소되므로 지하부의 생장은 더욱 저하되어 T/R율이 높아진다.

③ 질소를 다량 시비하면 질소집적이 많아 지하부의 생장은 더욱 저하되어 T/R율이 높아진다.

④ 토양의 통기가 불량하면 호흡 저해로 지하부의 생장은 더욱 저하되어 T/R율이 높아진다.

⑤ 토양의 수분함량이 작아지면 지상부의 생육이 더욱 나빠지므로 T/R율이 낮아진다.

3) G－D 균형

G－D 균형이란 식물 생육(Growth)과 분화(Differentiation)의 양쪽 균형이 식물 생육과 성숙을 지배하는 요인이 된다는 의미다.

기출 21년 기사 1회 56번

작물의 생육 과정에서 화성을 유발케 하는 요인으로 가장 옳지 않은 것은?

① C/N율
② N－Al율
③ 식물호르몬
④ 일장 효과

답 ②

기출 19년 기사 4회 54번

양열재료의 C/N율이 가장 낮은 것은?

① 보릿짚 ② 감자
③ 볏짚 ④ 알팔파

답 ④

기출 19년 기사 1회 45번

다음 중 T/R율에 대한 설명으로 가장 옳은 것은?

① 감자나 고구마의 경우 파종기나 이식기가 늦어질수록 T/R율이 감소한다.
② 일사가 적어지면 T/R율이 감소한다.
③ 질소를 다량시용하면 T/R율이 감소한다.
④ 토양함수량이 감소하면 T/R율이 감소한다.

답 ④

2. 식물생장조절제

식물호르몬이란 식물체 조직이나 기관에 생합성 후 체내로 이행하면서 다른 조직이나 기관에 미량으로도 형태적 · 생리적 특수변화를 일으킬 수 있는 화학물질을 의미한다. 식물의 생장을 촉진시키는 이러한 물질 중 대표적인 것이 옥신(Auxin)이다.

[표 11-6] 식물생장조절제의 종류

구분		종류
옥신류	천연	IAA, IAN, PAA
	합성	NAA, IBA, 2,4-D, 2,4,5-T
지베렐린류	천연	GA_2, GA_3, ……, GA_5
사이토키닌류	천연	제아틴 IPA
	합성	키네틴 BA
에틸렌	천연	C_2H_4
	합성	에세폰(ethephon)
생장억제제	천연	ABA, 페놀
	합성	CCC, B-9, phosphon-D, Amo-1618, MH-30

출처 : 박순직 외(2016). 삼고 재배학원론. 향문사.

1) 생장조절제의 종류 및 특징

(1) 옥신류

옥신의 주요 작용은 굴광현상, 극성이동, 정아우세현상 등이다.

옥신의 재배적 활용
- 발근과 개화 촉진
- 낙과 방지 및 접목 활착 촉진
- 적화와 적과 방지
- 착과 증대 및 과실 비대
- 과실 숙성 촉진 및 생장 촉진을 통한 수량 증대
- 단위결과(단위결실)
- 제초제로써 활용

기출 21년 기사 1회 48번

줄기 선단에 있는 분열조직에서 합성되어 아래로 이동하여 측아의 발달을 억제하는 정아우세 현상과 관련된 식물생장조절물질은?

① 옥신 ② 지베렐린
③ 사이토키닌 ④ 에틸렌

답 ①

용어설명

단위결과(단위결실)
속씨식물이 수정하지 않고도 씨방이 발달하여 열매가 되는 현상

(2) 사이토키닌

효모균의 변질된 DNA로부터 세포분열 활성물질을 얻어 키네틴을 얻었고 이후 세포분열 촉진 활성물질의 총칭을 사이토키닌으로 명칭하게 되었다.

사이토키닌의 재배적 활용

- 잎 생장 촉진
- 착과 증대
- 식물의 내동성 증가
- 종자 발아 촉진
- 잎의 노화 지연
- 저장 중의 신선도 유지

(3) 지베렐린

옥신과 동일한 신장 생장을 주도하나, 옥신과는 달리 농도가 높아도 억제 효과가 나타나지 않고, 체내 이동에 극성이 없어 자유로이 이동하여 줄기 신장, 발아 촉진, 개화 촉진, 과실 생장 등에 영향을 준다.

지베렐린의 재배적 활용

- 휴면타파 및 발아 촉진
- 경엽 신장 촉진 및 수량 증대
- 화성 유도 및 개화 촉진
- 성분 변화(예 지베렐린 처리 후 뽕나무에 단백질 증가)

기출 20년 기사 4회 59번

다음 중 장일식물의 화성을 촉진하는 효과가 가장 큰 물질은?

① AMO－1618
② MH
③ CCC
④ Gibberellin

답 ④

(4) ABA

식물의 휴면을 유도하는 물질인 ABA는 식물 생장조절에 영향을 준다.

ABA의 재배적 활용

- 잎의 노화 및 낙엽 촉진
- 스트레스 호르몬
- 휴면아 형성 및 휴면 유도 호르몬
- 발아 억제

기출 22년 기사 2회 44번

식물체에서 기관의 탈락을 촉진하는 식물생장조절제는?

① 옥신
② 지베렐린
③ 사이토키닌
④ ABA

답 ④

(5) 에틸렌

에틸렌은 성숙호르몬 또는 스트레스호르몬으로 합성호르몬인 에세폰(Ethephon)을 농업적으로 활용하고 있다.

에틸렌의 재배적 활용

- 발아 및 개화 촉진
- 성발현의 조절
- 생장 억제 및 낙엽 촉진
- 성숙호르몬
- 정아우세 타파
- 적과

2) 생장억제물질의 종류

• B－9	• Rh－531	• phosfon－D
• BOH	• CCC	• 2,4－DNC
• Amo－1618	• 모르파크틴	• MH

3. 방사성 동위원소

동위원소란 원자번호가 같고 원자량이 다른 원소를 말하며, 방사능을 가진 동위원소를 '방사성 동위원소'라고 한다.

방사선은 공기 중에서 1m까지의 투과력을 가지고 있으며, 가장 투과력이 좋고, 생물적 효과를 가진 것은 r선이다.

1) 추적자로서의 활용

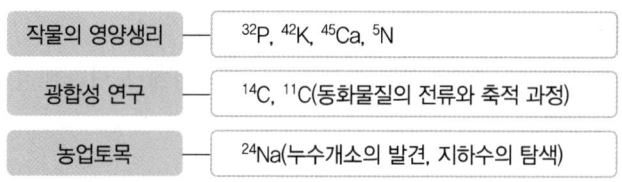

작물의 영양생리	^{32}P, ^{42}K, ^{45}Ca, ^{5}N
광합성 연구	^{14}C, ^{11}C(동화물질의 전류와 축적 과정)
농업토목	^{24}Na(누수개소의 발견, 지하수의 탐색)

2) 살균 및 살충효과에 활용

^{60}CO, ^{137}Cs에 의한 r선

CHAPTER 12

작물 수확과 품질관리

Key Word

성숙 / 수확 / 수확 후 관리 / 품질관리

01 수확

1. 성숙과 수확

성숙이란 종자나 과실의 외형이 갖춰지면서 내실이 충실해지고, 발아력을 갖게 되는 것을 의미한다. 작물이 성숙하면 수확이 이루어지게 된다.

2. 수확시기

수확적기를 결정하는 요인으로는 기상조건, 전후작관계, 노력관계, 수요 및 시장상황(가격) 등이 있다.

3. 수확방법

수확 시 지나치게 물리적 힘을 가하면 작물에 상처가 나며, 손상 부위에 병이 발생하거나 부패하기 쉬워 저장성 및 상품가치가 떨어진다. 작물의 수확방법은 다음과 같이 구분된다.

① **예취** : 화곡류, 목초류 등
② **굴취** : 감자, 고구마 등
③ **적취** : 과실 등
④ **발취** : 무, 배추 등

4. 수확 후 생리작용 및 손실 원인

① **물리적 원인에 의한 손실** : 수확, 선별, 운반, 포장 시 상처 외
② **증산 손실** : 수확 후 수분손실이 발생하므로 중량의 감소가 일어남
③ **호흡 손실** : 수확 후에도 생명활동은 진행되므로 저장 양분이 호흡을 통해 소모되어 중량 감소 및 호흡열이 발생함
④ **맹아에 의한 소실** : 휴면 상태가 되면 발아가 억제되지만 시간이 경과되면 다시 휴면타파가 되어 발아되고 맹아에 의해 품질 손실이 발생함
⑤ **병리적 손실** : 수확 과정에서 생긴 상처를 통해 병원균 침입 및 부패가 일어나 손실이 발생함
⑥ **에틸렌 생성 및 후숙** : 과실의 성숙으로 인한 에틸렌 가스의 다량 방출은 노화를 촉진시켜 손실이 발생함

02 수확 후 관리

1. 건조

곡물(쌀)의 안전한 저장을 위해 수분을 15% 이하로 건조시켜 보관한다.

2. 저장원리

① **큐어링(Curing)** : 고구마, 감자 등 굴취 시 남은 상처에 병원균의 침입을 방지하기 위해 상처 조직에 코르크층을 발달시키는 조치
② **예냉** : 과실 수확 직후 저온으로 온도를 낮춰 과실의 호흡을 억제시키는 조치
③ **후숙** : 아직 숙성되지 않은 수확물을 일정기간 적정한 관리를 통해 보관해서 성숙시키는 조치

3. 저장에 영향을 미치는 요인

① 온도
② 수분
③ 가스 조성
④ 곡물의 조제 형태

4. 작물별 안전저장 조건

① **쌀** : 저장고 온도 15℃ 이하, 상대습도 70% 유지
② **기타 곡물** : 상대습도 옥수수, 수수, 귀리 13%, 보리 13～14%, 콩 11% 유지
③ **식용감자** : 온도 3～4℃, 상대습도 80～85% 유지
④ **고구마** : 큐어링할 경우 13～15℃, 상대습도 85～90% 유지

TIP

- 고품질의 쌀 : 수분함량 15～16%, 공기 조성(산소 5～7%, 탄산가스 3～5%) 유지
- 감자는 수확 직후 약 2주 동안 통풍이 잘 되는 곳에 10～15℃, 습도는 다소 높게 큐어링 처리

기출 20년 기사 1 · 2회 59번

고구마의 안전저장 조건에서 온도 조건으로 가장 옳은 것은?

① 큐어링 후 13～15℃
② 큐어링 후 20～25℃
③ 큐어링 후 28～30℃
④ 큐어링 후 35～38℃

답 ①

03 품질

1. 정의

품질이란 농산물이 식료 및 상품으로써 갖춰야 할 소질, 즉 외관상 형태, 소비 적성에 맞는 맛, 향기, 영양가, 유통 및 가공 등을 포함한 의미이다.

2. 작물의 품질에 관여하는 요인

1) 농가 생산에 관여하는 요인

① 지형, 토질, 수질(산지환경)
② 품종
③ 기온, 일조, 강우(기상요건)
④ 시비, 농약, 재배관리
⑤ 수확
⑥ 건조

2) 저장, 판매에 관여하는 요인

① 저장
② 가공
③ 외식산업

3. 원예작물의 품질

원예작물의 품질은 크게 외관, 풍미, 조직감, 영양가치, 안전성 등의 종합적 가치를 기준으로 한다.

4. 약용작물의 품질

한약재 및 기능성 식품의 원료는 일반작물과 달리 약효나 기능성을 기대하기 때문에 그 성분에 대한 품질이 중요시된다. 고품질의 약용식물은 기원이 확실하며, 외관이 균일하고, 유효성분 함량이 기준치 이상으로 안전하게 활용할 수 있어야 한다.

PART 04

농약학

Plant Protection

CHAPTER 01

농약의 정의

Key Word

농약의 정의 / 농약의 명명법 / 농약의 구비조건 / 농약의 표시사항

기출 20년 기사 1 · 2회 64번

농약관리법령상 농약이 아닌 [redacted]?

① 살충제 ② 전착제
③ 기피제 ④ 위생해충제

답 ④

01 농약의 이해

1. 농약의 정의

① "**농약**"이란 농작물(수목, 농산물과 임산물을 포함)을 헤치는 균, 곤충, 응애, 선충, 바이러스, 잡초, 그 밖에 농림축산식품부령으로 정하는(농약관리법 시행규칙) 동식물[즉, 달팽이 · 조류 또는 야생동물, 식물(이끼류 또는 잡목)]을 방제하기 위하여 사용하는 살균제 · 살충제 · 제초제와 농작물의 생리기능을 증진하거나 억제하는 데에 사용하는 약제 및 그 밖에 농림축산식품부령으로 정하는 약제(전착제, 유인제, 기피제)를 말한다.

② "**천적식물보호제**"란 진균, 세균, 바이러스 또는 원생동물 등 살아 있는 미생물을 유효성분으로 하여 제조한 농약과 자연계에서 생성된 유기 또는 무기화합물을 유효성분으로 하여 제조한 농약으로 농촌진흥청장이 정하여 고시하는 기준에 적합한 것을 말한다.

③ "**농약활용기자재**"란 농약을 원료로 하여 농작물 병해충의 방제 및 농산물의 품질관리에 이용되는 자재로 원료를 발생시키는 기구 또는 장치를 말하며 농촌진흥청장이 지정한다.

2. 농약의 범위

① 농약관리법에 정의된 바와 같이 병해충, 잡초의 방제를 위한 화학농약과 천연식물보호제(병해충을 죽일 수 있는 미생물 독소 등을 포함하는 곤충 병원성 균과 길항균, 곤충에 병을 일으킬 수 있는 곤충병원성 선충과 바이러스, 해충을 포식하거나 해충에 기생하는 천적)인 생물농약 그리고 수확한 농산물의 유통, 저장 시 발생하는 병해충에 의한 손실을 방지하고 신선도를 유지하기 위하여 사용되는 약제들도 포함한다. 또한, 농작물의 생육 촉진 또는 억제를 위한 약제, 낙과 촉진 및 억제를 위한 약제, 착색을 좋게 하여 품질을 향상시킬 수 있는 약제 등 다양한 식물생장조절제 등도 포함한다.

② 특히, 해충을 기피시키는 물질이나 반대로 유인시키는 물질도 농약의 범주에 포함하여 농약 살포액의 부착이나 고착성을 높여 주는 전착제와 농약 제제에 사용되는 보조제도 농약의 범주에 포함된다.

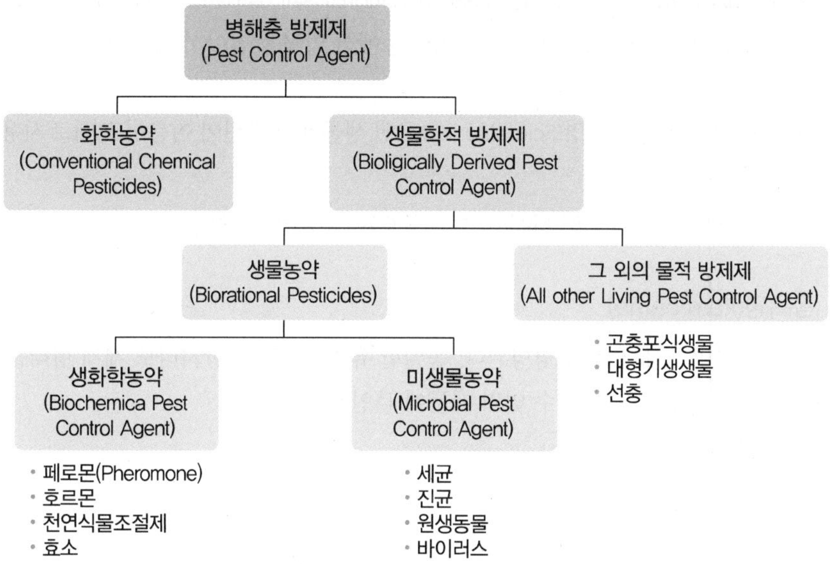

[그림 1－1] 농약의 분류

TIP
'Pest'는 병과 해충을 의미한다.

02 농약의 명명법

농약을 명명하는 방법에는 화학명, 코드명, 일반명, 품목명, 상표명이 있다.

1. 화학명(Chemical name)

농약을 구성하고 있는 원소의 구성 정도에 따라 명명된다. 화합물의 체계적인 명명법은 IUPAC(International Union of Pure and Applied Chemistry) 혹은 CAS(Chemical Abstract Service)에서 규정한 명명법에 따른다.

예 (RS)－(α－cyano－2－thenyl)－4－ethyl－2－(ethyamino)－5－thiazolecarboxamide

2. 코드명(Code name)

농약 개발 시 어떤 화학물의 일반명이 주어지기 전에 약칭하여 회사나 개발자의 이름을 따서 명명된다. 때로는 코드명이 그대로 일반명으로 사용되는 경우도 있다.

예 LGC－30473(LG Chemical)

3. 일반명(Common name)

① 농약을 구성하고 있는 모핵화합물의 이름을 암시하면서 단수화시켜 명명된다. 일반명은 ISO(International Standardization Organization)의 기술위원회나 BSI(British Standards Institute), ANSI(American National Standards Institute), JMAF(Japanese Ministry for Agriculture and Forestry) 등에서 인정을 받아서 사용된다.

예 에타복삼(Ethaboxam)

② 생물제제의 경우 학명(Scientific name)인 생물체의 라틴어 이름이 그대로 사용되는 경우가 있다.

예 Trichoderma atroviride SKT－1, *Bacillus thuringiensis*

4. 품목명(Item name)

농약 제제의 형태에 따라 명명된다. 동일한 유효성분이라 할지라도 제제 형태를 달리하여 여러 제형으로 만들 수 있기 때문에 붙인 이름이다.

예 에타복삼 액상수화제

5. 상품명(Trade name)

농약을 제제화하여 제품화할 때 그 농약을 제제화한 회사에 따라 고유한 이름으로 명명된다.

예 델루스

TIP

일반명과 품목명의 시험 출제 빈도가 높다.

농약명칭 한글 표준화 지침

1. 일반명은 영어로 되어 있어 대한화학학회의 "화합물 명명법"을 준용하여 우리나라 어문 규범의 "외래어 표기법"에 따라 국제기준의 명명법을 최대한 존중하고 세계적으로 통용되는 발음에 가깝도록 하는 것을 원칙으로 한다.

2. 품목명은 일반명에 제형을 붙여 한글로 적는 것을 말한다.
   - 품목은 제형의 구분을 확실히 하기 위해 한 칸 띄어 적는다.
     예 에타복삼 액상수화제
   - 혼합성분으로 조성된 품목은 "가운뎃점(·)"을 넣어 구분하는 것을 원칙으로 하되 편의상 "온점(.)"을 넣어 구분할 수 있다.
     예 에타복삼 · 메타락실 수화제 또는 에타복삼.메타락실 수화제

3. 혼합성분의 품목명은 단일 용도의 경우 영어의 알파벳 순으로 정렬하며, 복합 용도의 경우 살균 > 살충 > 제초 > 생장조절 > 비료의 순으로 정렬한다.
   - 단일 용도(살균＋살균)
     예 에타복삼 · 메타락실 수화제(Ethaboxam＋Metalaxyl WP)
   - 복합 용도(살균＋살충)
     예 티아디닐 · 클로란트라닐리프롤 입제(Tiadinil＋Chlorantraniliprole GR)

※ 농산물 중 농약 검출빈도가 높고 잔류허용기준 초과 우려가 있어 특별히 조치를 취한 성분들에 대해서는 예외적으로 맨 앞에 정렬한다.

- 대표적 성분 : 클로르피리포스(Chlorpyrifos), 프로사이미돈(Procymidone), 엔도설판(Endosulfan)

예 프로사이미돈 · 디에토펜카브 수화제(Procymidone + Diethofencarb WP)

[표 1-1] 농약의 용도에 따른 제품의 색상

용도	살균제	살충제	제초제	비선택성 제초제	생장 조절제	기타 약제	혼합제 및 동시 방제용 농약
라벨 바탕색 (용기 뚜껑색)	분홍색	초록색	노란색	빨간색	파란색	흰색	해당 농약 색깔 병용

기출 20년 산업기사 1 · 2회 58번

농약을 식별하기 위해 라벨의 바탕 색깔을 달리하는데 노란색 라벨은 어떤 유형의 농약을 의미하는가?

① 제초제
② 살균제
③ 살충제
④ 식물생장조절제

답 ①

03 농약의 역할

① **농업 생산성 증대** : 신품종 육성 · 보급 및 재배기술의 개선 그리고 기계화와 함께 농약에 의해 농업의 생산성을 증대시킬 수 있다.

② **노동력 절감** : 농촌 고령화로 노동력이 부족한 상황에서 특히 제초제 개발은 노동력이 가장 많이 드는 분야인 제초작업에서 노동력을 크게 절감시킬 수 있으며, 두 가지 이상의 농약 성분을 혼합하는 제제가 개발되었고, 이러한 농약 혼용 가능 여부 또한 노동력을 절감시킬 수 있는 방법이 되고 있다.

③ **품질 향상** : 농작물을 가해하는 병해충을 적절하게 방제함으로써 농산물의 품질을 향상시킬 수 있다.

04 농약의 구비조건

1. 약효의 우수성

소량으로도 약효가 확실해야 한다. 즉, 적은 약량으로 단일 작용점을 가져야 높은 방제효율을 나타낼 수 있다. 최근에는 목적으로 하는 생물체만 죽이는 선택성이 높은 약제들이 개발되어 기존 약제보다 살포 약량이 적어도 방제효과가 우수하고 환경오염을 최소화하는 것으로 알려져 있다.

기출 20년 기사 3회 80번

농약의 구비조건으로 가장 거리가 먼 것은?

① 독성이 강할 것
② 약해가 없을 것
③ 약효가 확실할 것
④ 저장성이 좋을 것

답 ①

2. 인축에 대한 안전성

농약은 다양한 경로로 사람들과 접촉하게 되는데 농약을 제조하는 사람, 농약을 사용하는 사람, 잔류된 농산물을 섭취하는 사람 그리고 환경 중에 존재하면서 농약을 흡입하거나 접촉하게 되어 중독이 일어날 수 있기 때문에 인축에 대한 독성은 가급적 낮아야 한다. 현재 우리나라에서는 맹독성과 고독성에 해당되는 농약은 농업용으로 사용할 수 없다.

3. 농작물에 대한 안전성

농약에 의하여 농작물이 약해를 심하게 받아 생육에 이상이 생기면 아무리 약효가 우수한 농약이라 하더라도 농약으로서이 가치는 떨어진다. 따라서 약해의 원인이 될 수 있는 농작물의 형태, 농약 주성분 및 농약 제조 시에 들어가는 보조제 등에 의한 약효 및 약해를 충분히 검토한 후 제제화가 이루어져야 한다.

4. 생태계에 대한 안전성

농약이 약효를 효과적으로 발휘하기 위해서는 어느 정도의 잔류성이 있어야 하나 너무 길면 농약이 잘 분해되지 않아 살포 목적 이외에 주변 생태계를 파괴할 수 있다. 농약 사용으로 인하여 천적까지 동시에 사멸하게 된다면 오히려 해충의 대발생을 초래할 가능성이 높기 때문에 생태계에 대한 안전성을 충분히 고려하여야 한다(잔류성이 낮고 천적에 안전해야 한다).

5. 농약 제제화의 용이성

- 농약의 물리 · 화학적 성질은 손상되지 않으면서 약효가 잘 발휘되어야 한다.
- 사용법이 간편하여 사용자들이 편하게 사용할 수 있도록 제조되어야 한다.
- 품질이 균일하고 저장 중 변질이 없어야 한다. 농약의 변질은 약효를 떨어뜨리고 약해를 유발할 수 있으므로 광선, 온도, 습도 등에 저항력이 강하고 변질이 없어야 한다.
- 대량생산을 해도 문제 없이 제형화가 쉬워야 한다.
- 두 가지 이상의 농약과 혼용이 용이해야 한다. 혼용을 하여도 제형 간 침전이나 분해 촉진 등의 문제가 발생하지 않아야 한다.

6. 농약 가격의 합리성

아무리 약효가 우수하고 인축에 안전한 농약이라 하더라도 가격이 너무 비싸 농업생산비를 높이게 되면 농업경영비가 상승하게 되어 이익이 많지 않게 된다. 따라서 값이 적절하고 언제 · 어느 곳에서나 구입이 용이해야 한다.

7. 기타

- 사용이 용이해야 한다.
- 대량생산이 용이해야 한다.
- 농약의 품목은 반드시 농촌진흥청을 통해 등록되어야 한다.

05 농약의 표시사항

농약을 제조 및 수입 후 판매하고자 할 때에는 농약의 용기 및 포장에 다음 사항들을 표기하여야 한다.

<table>
<tr>
<td>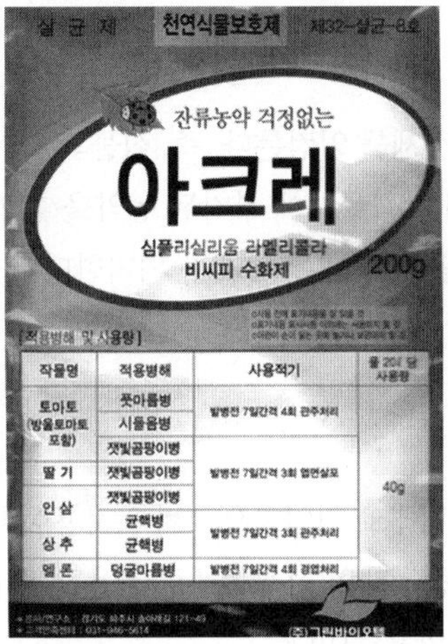
</td>
<td>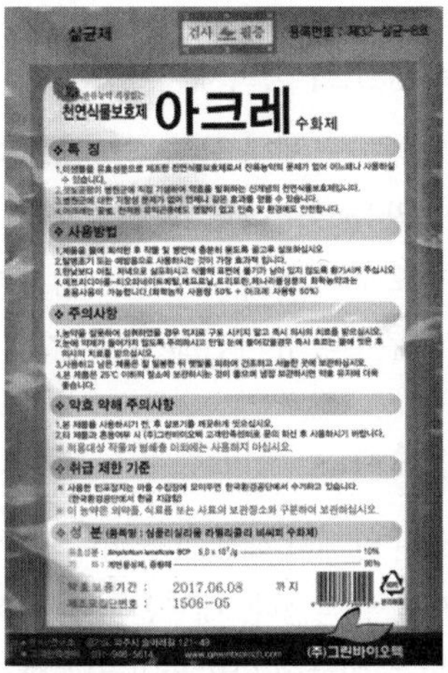
</td>
</tr>
<tr>
<td>① 품목등록번호
② 농약의 명칭 및 제제 형태
③ 포장단위
④ 적용 작물과 병해충 및 사용량, 사용방법과 적합한 사용시기</td>
<td>⑤ 유효성분 함유량 및 기타 성분 함유량
⑥ 안전사용기준 및 취급제한기준
⑦ 저장, 보관 및 사용상 주의사항
⑧ 상호, 소재지
⑨ 모집단번호 및 약효보증기간</td>
</tr>
<tr>
<td colspan="2">⑩ 맹독성, 고독성, 작물잔류성, 토양잔류성, 수질오염성 및 어독성 농약의 경우 그 문자와 경고 또는 주의사항
⑪ 사람 및 가축에 위해한 농약의 경우 그 요지 및 해독방법
⑫ 수서생물에 위해한 농약의 경우 그 요지 및 해독방법
⑬ 인화 또는 폭발 등의 위험성이 있는 농약의 경우 그 요지 및 특별취급방법
⑭ 기타
• 맹독성, 고독성 농약은 적색으로 표시
• 맹독성, 고독성, 흡입독성이 강한 농약은 상단 중앙에 백골그림 표시
• 어독성 Ⅰ, Ⅱ급으로 분류된 품목은 독성, 잔류성을 표시한 우측 또는 밑에 ( ) 처리하여 표기하되 어독성 Ⅰ급은 적색 글자로 표시
• 상표명이 없는 농약은 품목명을 사용
• 식물전멸약은 "작물에 근접살포 엄금"이라는 경고문구를 망처리 인쇄로 표기
• 특징 표시 : 약제의 계통 분류 및 작용기작상의 특성을 표시</td>
</tr>
</table>

CHAPTER 02

농약의 분류

Key Word

살충제 / 살비제 / 살선충제 / 살균제 / 제초제 / 식물생장조정제 / 보조제 / 생물농약 / 살연체동물제 / 살어제 / 혼합제

01 살충제(Insecticide)

절지동물문 곤충강에 속하는 해충을 방제하기 위하여 사용하는 농약을 총칭한다. 살충제는 해충을 죽이기 위한 것이 대부분이나 그 외 유인제, 기피제 등 직접 죽이지 않더라도 대상 해충이 작물에 피해를 주지 않도록 하는 농약을 포함한다.

1. 식독제(소화 중독제)

약제의 해충 체내 침투 경로가 소화기관인 살충제를 일컫는다. 즉, 식물의 잎이나 줄기에 농약을 살포하면 해충이 먹이 섭취 과정에서 작물체에 부착된 농약을 함께 섭취하게 함으로써 소화기관 내로 침투하여 독작용을 나타내는 약제를 의미한다.

예 대부분의 유기인계 살충제

2. 접촉독제

살포된 약제가 해충의 표피에 직접 접촉되어 체내로 침입함으로써 독작용이 나타나는 약제를 일컫는다. 대부분의 살충제들이 소화중독제와 접촉독제로 작용하는데 용해도가 낮은 비극성 화합물이거나 잔효성이 짧은 약제들이다.

예 제충국제, 니코틴제, 송지합제, 기계유제 등

[표 2-1] 접촉독제의 구분

구분	정의
직접접촉독제	직접 충체에 약제가 접촉되어 독작용을 나타내는 약제
잔류성 접촉독제	살포된 약제가 잔류하는 작물체 부위에 해충이 접촉하여 독작용을 나타내는 약제

3. 침투성 살충제

작물체나 토양에 약제를 살포하였을 때 약제가 식물체 내로 흡수, 이행되어 식물체 각 부위로 이동 분포되는 특성을 가지며, 특히 즙액을 빨아먹는 흡즙성 해충에 효과가 우수하다. 용해도가 높아야 하며 이동 중 분해되지 않도록 화학적/생화학적 안정성이 요구된다.

예 사이안트라닐리프롤(Cyantranilprole), 디노테퓨란(Dinotefuran), 피리다벤(Pyridaben), 클로티아니딘(Clothianidin) 등

기출 21년 기사 4회 67번

살충제를 작용기작에 따라 분류하였을 때 가장 거리가 먼 것은?

① 성장저해제
② 신경전달저해제
③ 호흡저해제
④ 광합성저해제

답 ④

4. 훈증제

약제가 휘발, 증기상태로 해충의 호흡기관을 통하여 체내에 침투되는 특성의 살충제를 일컫는다. 통상적 경작 상태에서는 사용이 제한적이며 농약 사용자가 배제된 밀폐된 장소에서 저장 농산물의 해충 방제에 사용이 용이하다.

예 메틸브로마이드(Methyl bromide) 등

[표 2-2] 훈증제의 구분

구분	특징
반침투성	약제가 부착된 잎 표면의 왁스질 큐티클에서 확산에 의해 잎의 밑면까지 이동이 가능하나 작물체 전체로는 이동하지 못한다.
침투이행성	작물체의 수분 흡수에 따라 물관부를 통해 전체 부위로 이행된다.

5. 훈연제

연기 상태로 만들어 해충을 죽이는 약제이다. 밀폐된 시설하우스에서 사용이 용이하다.

예 아세타미프리드(Acetamiprid) 등

6. 유인제

해충을 죽이는 것이 아니라 약제가 부착된 장소로 유인하는 특성을 나타내는 약제이다.

예 성페로몬(성유인제), 방향성 및 휘발성 물질

7. 기피제

유인제와 분대로 해충을 기피시키는 약제이다.

예 라우릴알코올(Lauryl alcohol), N,N-다이메틸-메타-톨루이딘(N,N,-dimethyl-m-toluamide)

8. 불임화제

해충을 불임화시켜 자손을 번식시키지 못하게 하는 약제이다. 당대의 해충 방제효과는 저조하나 차세대 해충 발생이 크게 경감된다.

예 아메토프테린(Amethopterin), 테파(Tepa)

9. 점착제

나무의 줄기나 가지에 발라 해충의 이동을 막기 위한 약제이다.

10. 생물농약

미생물, 천적 등 살아 있는 생물을 이용하는 생물적 방제 약제이다.

02 살비제(살응애제, Acaricide)

응애는 절지동물문 거미강 응애목에 속하는 동물로 형태적으로 곤충과 구별되며 8~12번의 세대교번이 이루어질 만큼 세대 기간이 짧아 효과적인 방제를 위해서는 성충, 유충, 알 모두에 대하여 살충효과가 있어야 하며 잔효력이 요구된다. 이렇게 응애류를 죽일 수 있는 약제를 살비제(살응애제)라 한다.

예 헥사티아족스(Hexathiazox), 아바멕틴(Abamectin), 아세퀴노실(Acequinocyl), 클로르페나피르(Chlorfenapyr) 등

03 살선충제(Nematocide)

선충은 선형동물로 몸이 실과 같은 원통형이며, 지렁이와 비슷한 모양으로, 유기물을 분해하는 유용한 선충이 대부분이지만 농작물을 가해하는 선충도 있어 이러한 식물 가해성 선충을 방제하기 위하여 사용하는 약제가 살선충제이다.

예 포스티아제이트(Fosthiazate), 이미시아포스(Imicyafos), 다조멧(Dazomet), 에토프로포스(Ethoprophos) 등

04 살균제(Fungicide)

식물에 병을 일으키는 진균, 세균, 바이러스 등을 방제하기 위한 목적으로 사용되는 농약을 살균제라 한다.

① **보호살균제** : 병이 발생하기 이전에 식물체에 처리하여 예방을 목적으로 사용하는 살균제이다.

예 석회보르도액, 구리 분제 등

② **직접살균제** : 침입한 병원균을 사멸시킬 목적으로 사용하는 살균제이다. 식물체 내로 침입한 균사까지 사멸시켜야 하기 때문에 대부분 반침투성 이상의 침투력을 가진다.

예 메타락실(Metalaxyl), 항생물질, 벤지미다졸(Benzimidazoles)계, 트리아졸(Triazoles)계 등

③ **종자소독제** : 종자 또는 종묘의 표피 및 내부에 감염된 병원체를 사멸시킬 목적으로 사용하는 살균제이다. 대부분 분의법과 침지법으로 사용된다.

예 티람(Thiram), 프로클로라즈(Prochloraz), 플루디옥소닐(Fludioxonil) 등

TIP

병원균이 일단 발병하면 직접살균제로 치료해도 원래 상태로 회복이 어렵고 직접살균제의 생화학적 작용점이 명확하고 그 범위가 좁기 때문에 저항성 유발이 잘 일어나는 단점이 있다. 반면 보호살균제는 넓은 범위의 생화학적 작용점을 나타내며 저항성 유발이 적다. 따라서 보호살균제의 역할이 더 중요하며 직접살균제는 보호살균제와의 혼합적 형태로 많이 사용한다.

④ **토양소독제** : 토양 중의 병원체를 사멸시킬 목적으로 사용하는 살균제이다. 주로 휘발성이 강하고 살균뿐만 아니라 살충, 살선충 및 제초효과를 동시에 나타내는 약제가 많이 사용된다.

예 다조멧(Dazomet), 메탐소듐(Metam sodium), MITC(Methyl Isothiocyanate)

⑤ **과실방부제** : 저장병 방제제로 과실이나 채소의 저장 중 부패를 방지하기 위해 사용하는 수확 후 처리약제이며 장기저장, 운송 및 수출입 시 부패를 방지하기 위해 사용하는 살균제이다.

예 이미녹타딘(Iminoctadine), 크레속심메틸(Kresoxim methyl), 티아벤다졸(Thiabendazole) 등

05 제초제(Weed killer)

작물과 양분경합을 하면서 작물의 생육환경을 불리하게 하는 잡초를 방제하기 위하여 사용하는 약제이다.

① **작물의 재배형태에 따라** : 논 제초제, 밭 제초제, 과원 제초제
② **잡초의 형태에 따라** : 광엽 제초제, 화본과 제초제
③ **잡초의 생장기간에 따라** : 일년생 제초제, 다년생 제초제
④ **제초제의 처리시기에 따라** : 발아 전 제초제, 발아 후 제초제
⑤ **잡초의 살초 특성에 따라** : 선택성 제초제, 비선택성 제초제
⑥ **약제의 침투성 기준에 따라** : 접촉형 제초제, 이행형 제초제

> **TIP**
> 선택성 제초제는 대부분 화본과 식물에 안전하면서 광엽성 잡초만을 죽이는 광엽 제초제가 대부분이다. 비선택성 제초제는 글리포세이트처럼 전체 식물을 제거하는 약제를 의미한다.

06 식물생장조정제

식물의 생육을 촉진 또는 억제하거나 개화 촉진, 착색 촉진, 낙과 방지 또는 촉진 등 식물의 생육을 조절하기 위하여 사용하는 약제이다.

1. 식물호르몬계

식물 자체 내에서 생성되는 식물호르몬 또는 그 유사체를 의미한다.

[표 2-3] 식물호르몬계의 분류

구분	특징
옥신류	• 식물체 내에 널리 분포하는 IAA(Indole-3-acetic acid) 및 그 유사체 • 세포 신장 촉진, 적과 방지, 낙과 방지, 발근 및 착화 촉진 예 NAD, NAA, 4-CPA, 디클로로프롭(Dichlorprop)
지베렐린류	• 키다리병의 원인을 규명하는 과정에서 발견 • 세포 신장 및 분열 촉진, 생장 촉진, 꽃 및 과실 비대 촉진 예 GA_3, GA_9
사이토카이닌류	세포분열 촉진, 근부 생장 촉진, 노화 억제, 화훼 및 채소류 저장성 증대, 착립 증진 예 6-벤질아미노퓨린(6-Benzylaminopurine)
에틸렌 발생제	• 숙성과 노화효과, 에틸렌은 기체이므로 직접 사용은 어려움. 따라서 에틸렌 가스를 방출하는 전구체인 에테폰(Ethephon) 등을 사용함 • 숙성 및 노화 촉진으로 주로 바나나 같은 열대과일 및 감 등의 후숙 과실 숙성에 사용함

2. 비호르몬계

식물 자체 내에서 생성되는 식물호르몬과 다르게 식물 생장에 영향을 주는 비호르몬성 합성물질을 말한다.

[표 2-4] 비호르몬계의 분류

구분	특징
에틸렌 억제제	식물체 내 숙성 호르몬인 에틸렌의 발생을 억제하여 후숙 과실 및 화훼류의 저장성을 향상시킬 목적으로 사용됨 예 1-MCP
생장촉진제	과실 비대, 착과, 옥신과의 협력작용으로 생장을 촉진하는 목적으로 사용됨 예 포클로르페누론(Forchlorfenuron), 합성 사이토키닌(Cytokinin)
생장억제제	괴경류 및 담배에서 곁순(액아)의 생장 억제나 도복 경감을 목적으로 사용됨 예 말레익 하이드라자이드(Maleic hydrazide), 메피콰(Mepiquat), 부트랄린(Butralin), 프로헥사디온 칼슘(Prohexadione-calcium), 1-데카놀(1-Decanol)
신장억제제	식물의 신장이나 생장을 억제허거나 도복을 경감시킬 목적으로 사용됨 예 디니코다졸(Diniconazole), 이프로벤포스(Iprobenfos), 파클로부트라졸(Paclobutrazole)
부피방지제	감귤 등 과실에서 과피와 과육 간의 들뜸을 방지하기 위해 사용됨 예 칼슘 카보네이트(Calcium carbonate)
작물건조제	담뱃잎의 수분 증발을 촉진하여 수확기 단축을 위해 사용됨 예 디콰트(Diquat)

기출 19년 기사 4회 73번

백합의 신장 억제 및 배추의 생장 억제에 주로 사용되는 생장 조정제는?

① 디니코나졸 액상 수화제
② 지베렐린 수용제
③ 에세폰 액제
④ 루톤 분제

답 ①

기출 20년 기사 3회 76번

한때 식물생장억제제인 낙과 방지제로 사용했으나 발암물질로 지정되어 화훼농업에서 신장억제제로 주로 사용하는 것은?

① Pyrimethanil
② β-Indole acetic acid
③ Colchicine
④ Daminozide

답 ④

07 보조제

살충제, 살균제, 제초제 등 농약 유효성분을 제제화하거나 효력을 증진시키기 위해 사용되는 첨가제로서 그 자체의 약효가 없는 것이 일반적이다.

[표 2-5] 보조제의 구분

구분	특징
전착제	• 농약의 유효성분을 병해충이나 식물체 표면에 잘 확전, 부착시키기 위하여 사용됨 • 전착제로서 계면활성제는 확전성, 현수성, 고착성을 좋게 함
증량제	• 농약 제품 제조 시 양을 증대시킬 목적으로 사용됨 • 입제나 분제와 같이 살포되는 유효성분의 양이 너무 적어 균일한 살포가 어려울 때 그리고 수화제와 같이 물에 희석하여 사용하는 고농도 제형에서 측량의 편이성을 좋게 하기 위해 사용됨 예 활석(Talc), 고령토(Kaolin), 벤토나이트(Bentonite), 규조토(Diatomite)
용매(용제)	유제나 액제와 같이 액상의 농약 제품을 제조할 때 원제를 녹이기 위해 사용됨 예 석유계 용제(Xylene, Benzene), 물, 알코올류 등
유화제(분산제)	• 물에 녹지 않는 원제를 대상으로 유화성을 좋게 하기 위해 사용됨 • 고체 형태의 희석용 제형 수화제에서도 다량 첨가되며 고체상 입자가 물에 분산되는 현수성을 좋게 하기 때문에 분산제라고도 함 예 계면활성제
협력제	농약의 유효성분의 약효를 증진시키기 위하여 사용되며 효력증진제라고도 함 예 피페로닐 부톡사이드(Piperonyl butoxide)
약해경감제	약해 가능성이 높은 제초제 같은 약제에 대하여 약해를 완화시키기 위하여 사용됨 예 펜클로림[Fenclorim, 벼농사용 제초제 프레틸라클로르(Pretilachlor)의 약해경감제]

TIP

피페로닐 부톡사이드(Piperonyl butoxide)는 협력제의 종류로 시험에 자주 출제된다.

TIP

최근 약해경감제에 대한 연구가 활발하다.

08 기타

① **생물농약** : 천적 곤충, 천적 미생물, 길항미생물 등을 이용하여 화학농약처럼 살포 또는 방사하여 병해충 및 잡초를 방제하는 약제를 말한다. 살아 있는 미생물을 유효성분으로 하여 제조하거나 자연계에서 생성된 유기화학물 또는 무기화합물을 유효성분으로 하여 제조한 농약이다.

예 바실러스 튜링지엔시스(BT : *Bacillus thuringiensis*), 기생벌 등

② **살연체동물제** : 달팽이류를 방제하는 약제를 말한다.

예 메타알데히드(Metaldehyde)

③ **살조제** : 조류의 방제를 위해 사용하는 약제를 말한다.

예 아비트롤(Avitrol)

④ **살어제** : 어류에 대하여 비선택적으로 어독성을 나타내는 화합물들로 양어장 등에서 모든 물고기를 제거한 후 원하는 어류만 기르기 위해 사용하는 약제이다.

예 로테논(Rotenone)

⑤ **혼합제** : 사용 목적 또는 작용 특성이 서로 다른 2종 또는 그 이상의 약제를 혼합하여 하나의 제형으로 만들어진 약제이다. 혼합살균제, 혼합살충제, 혼합제초제 등이 있다.

예 티아디닐 · 클로란트라닐리프롤 입제(Tiadinil + Chlorantraniliprole GR)

CHAPTER 03

농약의 제제

Key Word

희석살포용 제형 / 직접살포용 제형 / 종자처리용 제형 / 특수목적의 제형 / 농약 보조제

01 개요

농약의 유효성분을 사용하기 편하도록 제제화한 제형은 품질관리와 실용적인 면에서 물리적 성질을 규정하고 있다. 농약의 유화성, 수용성, 분말도, 표면장력, 발연성, 가비중, 분산성, 수중분산성 등은 농약의 검사 결과 합격을 판정하는 기준이 된다.

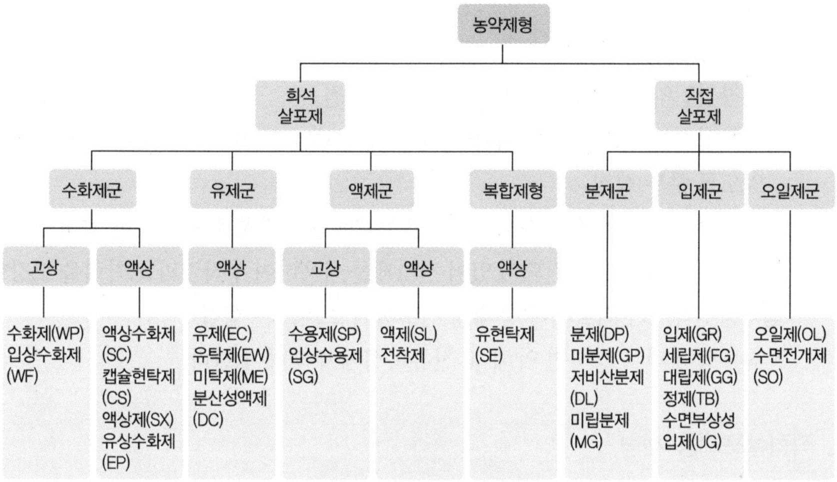

[그림 3-1] 농약 제형의 분류

02 농약제제의 물리적 성질

1. 희석살포용 제형

① **유화성** : 유제를 물에 희석하였을 때 입자가 물속에 균일하게 분산되어 유탁액을 형성하는 성질(유화의 정도)

- 유화의 난이도를 나타내는 순간유화성과 유탁액의 상태가 얼마나 오래 지속되는가의 성질을 나타내는 유화안전성이 중요하다.
- 농약은 주로 물에 유분이 분산되어 있는 O/W형이 사용된다.

기출 22년 기사 1회 72번

제형의 목적으로 적합하지 않은 것은?

① 최적의 약효 발현과 최소의 약해 발생을 위한 것이다.
② 농약 사용자에 대한 편이성을 위한 것이다.
③ 유효성분의 물리화학적 안전성을 향상시켜 유통기간을 연장하기 위한 것이다.
④ 다량의 유효성분을 넓은 지역에 균일하게 살포하기 위한 것이다.

답 ④

② **습전성** : 살포된 약액이 작물이나 해충의 표면을 잘 적시고 퍼지는 성질

- 습윤성(균일하게 적시는 정도)과 확전성(표면에 밀착되어 피복 면적을 넓히는 정도)이 중요하다.
- 유제의 경우 유화제로 사용되는 계면활성제가 습전제로 사용된다.
- 유제에 비하여 수화제의 습전성이 불량하다.
- 습전성이 좋아야 표면장력을 감소시켜 농약 살포에 유리하다.
- 표면장력이 감소하면 액체의 자유표면이 고체와 이루는 접촉각이 작아져 식물체 및 해충의 표면이 약액에 적셔지기 쉬워 방제효과가 높아진다.

③ **수화성** : 수화제와 물의 친화도를 나타내는 성질(수화제가 물에 혼합되는 성질)

- 수화제의 고체 미립자가 물속에서 침전하거나 떠오르지 않고 오랫동안 균일한 분산상태로 유지하는 성질로서 현수성을 의미한다.
- 수화제는 물에 녹지 않고 뿌옇게 물속에서 현수성을 유지하기 때문에 현탁액을 이룬다.

④ **부착성과 고착성**

- 부착성 : 약제가 식물체에 잘 부착되는 성질
- 고착성 : 부착된 약제가 비나 이슬에 씻겨 내리지 않고 오래도록 식물체에 붙어 있도록 하는 성질
- 부착성과 고착성은 잔효성이 필요한 보호살균제에 특히 중요하며 약제의 처리 횟수 및 살포량에도 관련되어 있어 전착제를 사용하여 부착력과 고착력을 보강한다.

⑤ **침투성** : 약제가 식물체나 충체에 침투하여 스며드는 성질

- 침투성이 너무 강하면 약해 및 잔류독성에 주의해야 한다.

2. 직접살포제용 제형

① **분말도** : 고체상태의 제형(분제, 수화제 등)에 있는 입자의 크기를 표시한 것

- 분제 및 분의제 : 입자 62μm(250메시에서 98% 통과)
- 수화제 : 입자 44μm(325메시에서 98% 통과)
- 수화제의 입자가 너무 작으면 바람에 날려 손실이 크고 입자가 너무 크면 목적물에 부착되는 양이 적어져 효과가 떨어지고 약해 우려가 높다.

② **입도** : 제제를 희석하지 않고 사용하는 분제, 미립제, 입제 등의 입경을 나타내는 것

③ **가비중(용적비중, g/mL)** : 농약제형의 단위면적당 무게를 나타내는 것

- 제제의 비산성, 보존 · 포장 · 수송할 때의 용적을 좌우한다.
- 제제별 가비중

입제	미립제	분제	저비산분제	미분제
1~1.5g/mL	>0.75g/mL	0.5g/mL	0.7~1.1g/mL	<0.2g/mL

④ **응집력** : 분제의 입자가 서로 뭉치거나 물에 희석한 유제나 수화제의 입자가 서로 엉겨 붙는 성질

• 입경이 작을수록 응집력이 커진다.
• 응집력이 강하면 뭉쳐서 살포가 어렵고 약효가 떨어지며 약해의 원인이 된다.
• 응집력이 너무 약하면 비산성이 커져 부착력이 떨어지고 약효가 떨어진다.

⑤ **토분성** : 분제의 입자가 살분기의 분출구를 잘 통과하는 토출 정도를 의미
• 통상적으로 표준 살포기에서 1분간 토출되는 용량으로 나타낸다.

⑥ **분산성** : 분제의 미립자가 공기 중에 균일하게 분산하는 성질
• 입자의 크기, 모양, 비산, 수분의 정도에 따라 결정된다.
• 응집력이 클수록 분산성이 떨어지며 살분기의 풍량이 클수록 분산성은 높아진다.
• 분산성이 좋으면 비산성이 좋지만 너무 비산성이 크면 공기 중 손실량이 커지며 대기오염의 원인이 된다.

⑦ **부착성 및 고착성** : 분제가 작물이나 해충에 잘 부착되어 오래도록 붙어 있는 성질
• 보조제의 성질에 따라 부착성과 고착성의 정도가 달라진다.

⑧ **안정성** : 저장 중 분제의 주제가 증량제 등과 작용하여 공기나 수분 등에 의해서 분해되지 않는 성질

⑨ **경도** : 입제의 입자 강도를 나타내는 것
• 수송 중이나 살립기를 이용하여 살포할 때 입자가 부서지면 안 된다.

⑩ **수중붕괴성** : 입제가 토양이나 수면에 처리되었을 때 입상이 붕괴되어 유효성분을 쉽게 방출하는 성질
• 수용성이 낮은 농약은 붕괴속도가 빠를수록 주성분의 확산성이 높아진다.

03 희석살포용 제형의 구분

1. 유제(EC : Emulsifiable Concentrate)

① 농약 원제를 용제에 녹이고 계면활성제를 유화제로 첨가하여 제제화한 것이다.
② 용제(유기용매)로는 크실렌(Xylene), 케톤(Ketone)류, 알코올(Alcohol)류가 많이 이용되며 석유, 크실렌, 벤젠(Benzene) 등이 있다.
③ 유화제로는 황산화유, 비누, 지방산에스테르 등이 사용되며 살포액 조제 후 2시간 정도 안정성을 보이면 유화성이 좋은 것으로 평가된다.
④ 유화성, 안전성, 확전성, 고착성 등이 중요하다.

2. 수화제(WP : Wettable Powder)

① 원제가 액체인 경우에는 흡유능이 높은 백토(White carbon)와 증량제(점토, 규조토 등), 계면활성제를 가하여 혼합하고 분말도가 44μm 이하(325메시 통과분 98% 이상)가 되도록 작게 분쇄하여 만든다.

기출 21년 기사 4회 61번

약효지속시간이 길어야 하는 보호살균제의 특성을 고려하였을 때, 보호살균제 살포액의 가장 중요한 물리적 특성은?
① 습윤성과 확전성
② 부착성과 고착성
③ 현수성과 유화성
④ 침투성과 입자의 크기

답 ②

기출 19년 기사 1회 70번

유제(乳劑)에 대한 설명으로 옳지 않은 것은?
① 수화제보다 살포액의 조제가 편리하다.
② 수화제보다 약효가 다소 낮다.
③ 수화제보다 제조비가 높다.
④ 수화제보다 포장 · 수송 · 보관이 어렵다.

답 ②

기출 20년 기사 3회 78번

물에 녹지 않은 원제를 벤토나이트 · 고령토 같은 점토광물의 증량제와 혼합하고, 여기에 친수성 · 습전성 및 고착성 등을 부가시키기 위하여 적당한 계면활성제를 가하여 미분말화시킨 농약의 제형은?
① 수용제 ② 수화제
③ 분제 ④ 유제

답 ②

② 원제가 물에 녹지 않는 고체인 경우에는 백토를 첨가할 필요 없이 증량제인 벤토나이트, 고령토 등과 같은 광물질의 증량제 및 계면활성제와 혼합하고 분쇄하여 만든다.
③ 수화제는 유제에 비하여 고농도의 제제가 가능하며 계면활성제의 사용량을 절감할 수 있을 뿐만 아니라 용제가 필요 없으므로 생산비 면에서 경제적이다. 또한 액상인 유제보다 포장, 수송, 보관이 편리하다. 그러나 살포액 조제 또는 취급 시 호흡으로 농약이 취급자의 체내에 흡입되어 중독될 위험이 높다는 단점이 있다.
④ 수화성, 현수성, 분말도, 고착성 등이 중요하다.

기출 19년 기사 4회 66번

농약의 제형별 약어가 잘못 연결된 것은?
① 유제－EC
② 액제－SL
③ 액상 수화제－SP
④ 수화제－WP

답 ③

3. 액상수화제(SC : Suspension Concentrate)

① 물과 유기용매에 녹지 않는 원제를 액상의 형태로 조제한 것으로 수화제 분말의 비산 등의 단점을 보완하기 위하여 개발된 제형이다.
② 증량제로 물을 사용하여 습식분쇄기로 입자를 평균 1～3μm 크기로 분쇄한 후 액상의 보조제와 혼합하여 원제를 물에 현탁시킨다.
③ 수화제처럼 살포액을 조제할 때 칭량하지 않기 때문에 분진 발생이 없고 증량제로 물을 사용하기 때문에 독성과 환경오염이 적다. 수화제보다 입자가 작아 약효가 우수하나 제조공정이 까다롭고 자체 점성 때문에 농약용기에 달라붙는 다는 단점이 있다.
④ 물에 현탁시킨 제제이므로 가수분해에 대하여 안정한 원제가 제제 대상이 된다.
⑤ 수화성, 현수성, 분말도, 고착성 및 부착성 등이 중요하다.

TIP

입상수화제는 수화제와 액상수화제의 단점을 보완하여 만들어진 제형이다.

4. 입상수화제(WG : Water Dispersible Granule)

① 분상의 원제와 보조제를 공기압축분쇄기로 미세하게 분쇄한 후 접착제를 이용하여 가비중이 높은 과립 형태로 조제한다.
② 수화제와 액상수화제의 단점을 보완한 과립형 수화제로 수화제에 비하여 살포액 조제 시 비산에 의한 중독 가능성이 적고 액상수화제에 비하여 용기 내에 잔존하는 농약의 양도 매우 적은 장점이 있으나 생산설비에 대한 투자비용이 높은 제형이다.
③ 증량제가 상대적으로 적어 물에 희석하면 주성분이 빠르게 퍼지면서 비산한다.
④ 수화성, 현수성, 분말도, 고착성 및 부착성 등이 중요하다.

기출 21년 기사 1회 74번

농약 원제를 물에 녹이고 동결방지제를 가하여 제제화한 제형은?
① 유제(乳劑)
② 수화제(水和劑)
③ 액제(液劑)
④ 수용제(水溶劑)

답 ③

5. 액제(SL : Soluble Concentrate)

① 원제가 수용성이며 가수분해의 우려가 없는 원제를 물 또는 메탄올(Methanol)에 녹이고 계면활성제나 동결방지제인 에틸렌 글리콜(Ethylene glycol) 등을 첨가하여 제제화한 액상제형이다.
② 살포액은 용액으로 투명한 상태가 되며, 겨울철 동결에 의한 피해 우려로 보관에 유의한다.
③ 수용성 등이 중요하다.

6. 유탁제(EW : Emulsion oil in Water) 및 미탁제(ME : Micro Emulsion)

① 유탁제는 유제에 사용되는 유기용제를 줄이기 위한 방안으로 개발된 제형으로 소량의 소수성 용매에 원제를 용해하고 유화제를 사용하여 물에 유화시켜 제제한다.

② 미탁제는 유탁제의 기능을 개선한 제형으로 보다 소량의 유기용제를 사용하며 살포액을 조제하였을 때 외관상 투명한 상태가 되고, 분산 입자의 크기가 매우 미세하여 표면장력이 낮아 유제나 유탁제보다 약효가 우수하다.

③ 유화성, 현수성, 고착성 및 부착성 등이 중요하다.

7. 분산성 액제(DC : Dispersible Concentrate)

① 물에 녹지 않는 원제를 물에 친수성이 강한 특수용매와 계면활성제를 사용하여 녹여 만든 제형으로 원제가 용제 중에 반 용해상태로 존재하는 제형이다.

② 살포액 조제 시 원제가 미세입자로 수중에 분산되는 성질을 나타내며, 액제와 특성은 비슷하나 고농도의 제제를 만들 수 없는 단점이 있다.

8. 수용제(SP : Water Soluble Powder)

① 물에 잘 녹는 수용성 고체 원제와 유안이나 망초, 설탕과 같이 수용성인 증량제를 혼합한 후 분쇄하여 만든 분말제제이다.

② 제제방법은 수화제와 동일하나 살포액을 조제하면 수화제와 달리 투명한 용액이 된다.

③ 취급, 수송, 보관이 용이하나 수용성 고체 원제만을 제제 대상으로 하기 때문에 제한적이며 수화제와 마찬가지로 평량 작업 시 원제의 비산이 발생하고, 용해상태가 불량할 경우 살포기 노즐이 막히는 단점이 있다.

④ 수용성 등이 중요하다.

9. 캡슐현탁제(CS : Capsule Suspension)

① 미세하게 분쇄한 원제의 입자에 고분자 물질을 얇은 막 형태로 피복하여 유탁제나 액상 수화제와 비슷하게 현탁시켜 만든 제형이다.

② 원제의 방출제어가 가능하므로 약제의 효율이 높아 적은 유효성분 투하량으로도 효과가 우수하며 약제 손실이 적고 독성 및 약해 경감효과가 높으나 제조비용이 높은 단점이 있다.

③ 현수성, 분말도 등이 중요하다.

TIP

유제의 단점을 개선한 제형

유제 → 유탁제 → 미탁제

↑ 유기용매 사용량 축소 / ↑ 분산 입자 크기 미세화

기출 21년 기사 1회 65번

미탁제나 유탁제 등 신규제형이 각광받지 못한 이유로 가장 거리가 먼 것은?

① 고가로 인한 경제성 문제
② 환경문제에 대한 인식 부족
③ 보수적 농민의 선호도 부족
④ 인축 독성이 강한 유기용매의 함유

답 ④

[표 3-1] 희석살포용 제형별 특징

제형	영문(공식 명칭)	영문코드	설명
유탁성 입제	emulsifiable granule	EG	물에 녹은 농약이 오일형 유탁액으로 입제형 고상제형
유탁제(W/O)	emulsion, water in oil	EW	• 유제에 사용되는 유기용매를 줄이기 위한 방안으로 개발된 친환경적 제형 • 소량의 용매에 농약 원제를 용해 후 유화제로 유화시켜 액상 상태로 만든 농약제제
유상수화제	emulsifiable powder	EP	물에 녹은 농약이 오일형 유탁액으로 가루형 고상제형
유탁성 젤	emulsifiable gel	GL	물에 녹이면 유탁형으로 젤리 형태의 액상제형
수용성 젤	water soluble gel	GW	물에 녹이면 수용액으로 젤형 액상제제
고상/액상 동봉제	combi-pack solid/liquid	KK	• 탱크 믹서로 혼합하여 사용 • 포장용기에 고상 및 액상제형을 넣어 제작
액상/액상 동봉제	combi-pack liquid/liquid	KL	• 탱크 믹서로 혼합하여 사용 • 포장용기에 두 가지 액상제형을 넣어 제작
오일 분산제	oil dispersion	OD	• 물과 혼합 후 사용하는 현탁형 제형 • 물에 녹여야 하므로 수용성 농약의 유효성분을 함유한 액상형 제형
오일 현탁제	oil miscible flowable concentrate	OF	• 유기용매에 희석하여 사용하는 액상제형 • 유동액 형태의 농약
오일제	oil miscible liquid	OL	유기용매에 희석 시 균일한 살포액이 만들어지는 액상제형
오일 분산성 분제	oil dispersible powder	OP	기름 희석 시 현탁액이 만들어지는 가루형 고상제형
직접살포 액상수화제	suspension concentrate for direct application	SD	직접 살포가 가능한 현탁형 액상제형
유현탁제	suspo emulsion	SE	수용액 상태로는 물과 섞이지 않는 미세입자와 고체입자 형태로 분산된 비균질 유동형 액상제형
입상수용제	water soluble globule	SG	물에 녹일 경우 농약 유효성분이 균질 용액 형태로 되는 미세한 액상제형
액제	soluble concentrate	SL	물에 녹일 경우 농약 유효성분이 균질 용액 형태로 되는 투명성 액상제형
미량살포액제	ultra-low volume liquid	UL	미량살포기 사용 시 이용되는 액상형 용액제형
정제상수화제	water dispersible tablet	WT	물에 녹일 경우 농약 유효성분이 분산되는 정제형 고상제형

04 직접살포용 제형의 구분

1. 입제(GR : Granule)

① 원제를 결합제, 붕괴제, 분산제, 증량제에 압출 · 흡착 · 피복 · 혼합하여 제조한 입상의 제형이다.

② 입제의 크기는 8~60메시로 비교적 무거워 비산의 우려가 적고 토양이나 수면에 직접 살포할 수 있으며 사용이 용이하고 저장 안전성이 우수하며 약해의 염려가 적다.

③ 제조공정이 복잡하고 가격이 비싸며 조류 독성의 위험이 크고 토양흡착성 및 물로 유실되지 않아 토양오염의 우려가 높은 단점이 있다.

④ 입도가 중요하다.

[표 3-2] 입제의 제조방법

구분	설명
압출조립법 (습식 조립법)	• 원제에 활석, 점토 등의 증량제와 PVA, 전분과 같은 점결제 및 계면활성제와 같은 분산제를 균일하게 혼합하여 분쇄 후 물과 반죽하여 일정 크기로 압출 건조한 후 체로 일정한 범위의 입자를 선별한 제제이다. • 원제가 가수분해나 열에 안정한 화합물에 한하여 적용한다.
흡착법	• 고흡유가의 벤토나이트(Bentonite), 버미큘라이트(Vermiculite) 등의 천연 점토광물을 분쇄하여 일정크기의 입자를 체로 선별하고 압출조립법에 의해 미리 조립한 입상물질에 액상원제를 분무하여 균일하게 흡착시킨 제제이다. • 습식 조립법보다 능률적으로 제제화할 수 있으나 천연의 증량제를 이용하는 경우에는 자재 확보에 다소 어려움이 있다.
피복법	• 규사, 탄산석회, 모래 등 비흡유성의 입상 담체 표면에 액상의 원제를 피복시킨 제제이다. • 원제가 고체인 경우, 원제를 곱게 분쇄하여 점결제와 함께 담체 표면에 피복시킨다. • 원제가 액체인 경우, 농도가 높으면 입자 상호 간에 응집하는 경우가 있으므로 이를 방지하기 위하여 흡유성의 고운 분말을 다시 분의하는 방법도 있다.

2. 분제(DP : Dust, Dispersible Powder)

① 원제를 다량의 탈크(Talc), 점토 등의 증량제와 물리성 개량제, 분해방지제 등과 혼합한 후 분쇄하여 제제화한 것으로 희석하지 않고 직접 살포한다.

② 분제의 유효성분 함량은 1~5% 수준으로 소량이며 대부분이 증량제이다.

③ 증량제는 원제에 대하여 화학적으로 안정하고 물리적 성질이 양호함과 동시에 값이 저렴해야 한다.

④ 입도는 62μm 이하(250메시 통과분 98% 이상)로 규정되이 있으나 분제의 평균 입도는 2~20μm의 입자가 대부분이며 10μm 이하의 입자가 50% 이상이다.

⑤ 분제는 액상으로 살포하는 농약보다 고착성이 불량하고 살포 시 바람에 의한 비산이 심하여 잔효성이 요구되는 과수에는 적용할 수 없다. 단위면적당 제품의 투하량이 많아 농약값이 유제나 수화제에 비하여 다소 비싼 편이다.

⑥ 분말도, 토분성, 분산성 등이 중요하다.

기출 21년 기사 1회 70번

분제(입제 포함)의 물리적 성질로서 가장 거리가 먼 것은?

① 현수성(Suspensibility)
② 비산성(Floatabililty)
③ 부착성(Deposition)
④ 토분성(Dustibility)

답 ①

3. 수면부상성 입제(UG : Water Floating Granule)

① 수용성이면서 비중이 큰 증량제와 고분자 접착제 등을 분쇄하여 혼합한 후 물로 반죽하여 압출조립법으로 입제 형태의 담체를 만든다. 농약 원제와 확산제를 용제에 용해하고 흡착법으로 원제를 이 담체에 흡착시켜 제제화한다.

② 수면에 처리하면 증량제의 큰 비중으로 인하여 일단 가라앉으나 증량제가 용해됨에 따라 비중이 감소하여 수면으로 부상한 후 확산제의 작용으로 유상의 약제층이 형성된다.

③ 바람과 논조류 등에 의해 확산층이 다소 불량한 단점이 있으나 불균일하게 살포하여도 수면에 균일하게 확산되는 장점이 있다. 우리나라에서는 논제초제로 사용되는 제형이다.

4. 수면전개제 및 오일제(SO : Spreading Oil)

① **수면전개제** : 비수용성 용제에 원제를 녹이고 수면확산제를 첨가하고 혼합하여 만든 액상 형태의 제형이다. 살포작업의 편이성을 고려하여 제조된 제형이다. 수면에 일정 간격으로 직접 약제를 부으면 빠르게 확산되어 수면부상성 입제와 마찬가지로 수면에 균일한 유상층을 형성하므로 살포작업이 매우 용이하다.

② **오일제** : 농약을 기름에 용해하고 살포 시 유기용제에 희석하여 살포할 수 있도록 고안된 제형이며, 물로 희석할 수 없는 경우와 같이 특수목적으로 사용되고 원액을 직접 살포할 수도 있다.

5. 미분제 및 미립분제

① **미분제(GP : Flo-dust)** : 분제의 단점인 비산성을 오히려 이용한 제형으로 입도를 더욱 작게 하여 비산성을 높임으로써 시설하우스와 같은 밀폐된 공간에 확산시킬 수 있도록 고안된 제제이다. 평균 입경은 5.5μm 이하로서 325메시 통과분이 99% 이상이다.

② **미립분제(MG : Microgranule)** : 입제의 제제방법과 같으나 입자의 크기가 입제보다 작은 62~210μm 범위이며 입제와 분제의 단점을 개선한 새로운 제형이다.

6. 저비산분제(DL : Driftless Dust)

분제의 일종이나 10μm 이하의 미세한 입자 분포를 최소화한 증량제와 응집제를 사용함으로써 약제의 표류와 비산을 경감하도록 개발된 제형이다. 평균입도는 20~30μm로서 대부분의 농약 원제를 제제화할 수 있는 장점이 있다.

7. 캡슐제(CG : Encapsulated Granule)

① 원제를 고분자 물질로 피복하여 고형으로 만들거나 캡슐 내에 농약을 주입하여 제제화한다.

② 원제의 방출제어 기능을 가지므로 약제의 효율성을 크게 향상시킬 수 있는 장점이 있으나 제조단가가 높아 주로 특수방제 목적으로 사용된다.

05 종자처리용 제형

1. 종자처리수화제(WS : Water dispersible powder for Seed treatment)

① 종자에 대한 약제 부착성을 향상시킨 수화제로 일명 '수화성 분의제'라고도 한다.

② 종자 병해충의 예방 위주로 사용되고, 적은 양으로도 효과가 높고 약제 손실이 아주 적어 환경오염을 최소화할 수 있으며, 농약 중독의 염려도 거의 없다는 장점이 있다.

2. 종자처리액상수화제(FS : Flowable concentrate for Seed treatment)

액상수화제 형태로 종자처리수화제 특성과 비슷하지만 액상인 점이 다르다. 마른 종자에 원액 그대로 사용할 수 있으며, 물에 희석하는 수화방법으로도 사용할 수도 있다.

3. 분의제(DS : Powder for Seed treatment)

수화제 제형의 분상 그대로 종자에 분의 처리하는 것이 일반적이나 살포용 수화제처럼 물에 희석하여 사용할 수도 있다.

06 특수목적의 제형(특수목적제)

1. 도포제(Paste)

농약을 점성이 큰 액상으로 제조하고 붓 등을 사용하여 병반이나 상처 부위에 직접 바르도록 고안된 제형이다. 과수 부란병 방제에 주로 사용된다.

예 티오파네이트메틸(Thiophanate-methyl)

2. 과립훈연제 및 훈연제

① 원제에 발연제[니트로셀룰로오스(Nitrocellulose) 등], 빙염제 등을 혼합하고 기타 보조제 및 증량제를 첨가하여 제제화한 것이다.

② 과립훈연제(FW, Smoke pellet)와 훈연제(FU, Smoke generator) 모두 불로 태워 연기와 가스를 발생시키도록 만든 제형으로 과립훈연제는 압출조립에 의한 입상의 과립제 형태라는 점이 다르다.

기출 19년 기사 4회 63번

다음 중 밀폐된 공간에서 사용하도록 설계된 제형은?

① 훈연제 ② 입제
③ 분제 ④ 수화제

답 ①

③ 일정 간격으로 약제를 배치하고 심지를 점화시켜 유효성분이 연기와 함께 상부로 퍼진 후 후강하면서 균일하게 약제가 도달하는 형태로 노동력 절감효과가 탁월하고 적은 약량으로도 약효가 충분하다는 장점이 있으나 열에 안정하고 휘발성을 가지는 원제만을 제제 대상으로 한다는 단점이 있다.

기출 19년 기사 4회 75번

가스 상태로 병, 해충에 접촉시켜 방제 효과를 거두는 훈증제가 갖추어야 할 성질이 아닌 것은?

① 독성이 커야 한다.
② 휘발성이 커야 한다.
③ 비인화성이어야 한다.
④ 확산성이 있어야 한다.

답 ①

3. 훈증제(GA : Gas)

① 증기압이 높은 원제를 액상, 고상 또는 압축가스상으로 용기 내에 충진한 것으로 용기를 열 때 원제가 대기 중으로 기화하여 병해충을 방제하도록 제제화된 것이다.
② 원제는 일정 시간 내에 살균 및 살충시킬 수 있는 농도에 도달하도록 휘발성이 커야 하고 비인화성이어야 하며 훈증할 목적물에 이화학적 또는 생물학적 변화를 주지 않는 약제이어야 한다.
③ 밀폐된 공간에서의 저장곡물 소독용이나 작물재배지의 토양소독용으로 사용되며 인축에 대한 독성이 강한 약제들이므로 사용에 주의하여야 한다.

4. 연무제(AE : Aerosol)

① 원제를 불화성 압축가스에 녹인 후 스프레이 통(봄베)에 충진하여 분사하거나 연무발생기 등을 이용하여 고압이나 열을 가하여 분무하도록 제제화한 것이다.
② 농약 원제의 양은 매우 낮으나 입자가 미세하여 다른 작물로의 비산과 살포자의 흡입 위험도가 높아 별도의 보호장구가 필요하다. 주로 가정원예용으로 사용된다.

5. 정제(TB : Tablet)

① 의약품에서의 알약 같은 정제와 유사한 기술을 이용하여 젖은 슬러리나 건조분말 또는 입상물 형태를 압축하여 제제화한 것이다.
② 단단한 형태로 생산되나 물에 투하하면 쉽게 풀어지는 특성이 있으며 저장 농산물 중 해충 방제용으로 사용된다. 인화늄 정제는 이러한 특성을 지닌 정제 형태가 아니라 단지 훈증용 가스 성분의 전구물질에 대한 담체 역할만 한다.

6. 미량살포액제(UL : Ultra-Low volume liquid)

① 매우 농축된 상태의 액체제형으로 항공방제에 사용되는 특수제형이다.
② 항공기 탑재량을 줄이기 위하여 원제의 용해도에 따라 액체나 고체 상태의 원제를 소량의 기름이나 물에 녹인 형태이며 균일한 살포를 위하여 정전기 살포법과 같은 특수 살포기술이 요구된다.

7. 독먹이(CB : Bait Concetrate, BB : Block Bait)

살서제나 살연체동물제를 위한 제형으로 동물이나 곤충을 유인하는 먹이에 원제를 혼합하여 제제화한 것이다.

8. 농약함유비닐멀칭제(PF : Pesticide containing polyethylene)

① 멀칭용 비닐에 제초제와 같은 농약을 함께 녹여 만든 것으로 멀칭 후 토양에서 발생하는 수분이 비닐 안쪽 표면에 맺히면 원제 성분이 녹아 토양 표면으로 떨어져 약효가 발휘된다.

② 농약 중독의 위험성을 피하면서 노동력을 절감하는 장점이 있다.

9. 판상줄제(SF : Sheet Formulation)

① 원제를 고분자 합성수지에 녹여 붙여 길다란 줄 상태로 뽑아낸 제형으로 어린 모를 정식할 때 인접한 토양에 묻어 사용한다.

② 사용 후 줄을 제거해야 하는 단점은 있으나 살포자에 대한 안전성이 높은 장점이 있다.

[표 3-3] 기타 직접살포형 및 특수 제형

제형	영문(공식 명칭)	영문코드	특징
직접살포액제	any other liquid	AL	희석하지 않고 직접 사용하는 액상제형
직접살포분제	any other powder	AP	희석하지 않고 직접 사용하는 가루제형
블록제형	briquette	BR	농약 유효성분이 물에 녹게 만들어진 블록형 고상제형
접촉분제	contact powder	CP	쥐약 또는 살충제로 이용되는 직접 살포형 분제 트래킹 분제(TP : Tracking Power)
종자처리분제	tablet for direct application	DS	건조 상태의 종자에 직접 살포하는 가루형 고상제형
직접살포정제	tablet for direct application	DT	살포용 용액이나 분산용액으로 처리하기 위한 것으로 포장이나 수중에서 직접 살포하는 정제형 고상제형
종자처리유탁제	emulsion for seed treatment	EX	직접 또는 희석하여 종자에 처리하는 유탁형 액상제형
유탁제	emulsion, oill in water	EW	연속성 수용액으로 미세한 입자 형태로 분사되는 유기용액 형태의 액상제형
막대형 발생기	gel for direct application	GD	희석하지 않고 살포하는 젤리형 액상제형
판상 훈증제	gas generating product	GE	화학반응으로 가스를 발생시켜 사용하는 고상제형
수지	grease	GS	기름 또는 지방으로 만든 점성이 높은 액상제형
고온 분무형 제형	hot fogging concentrate	HN	직접 또는 희석 용액을 고온의 안개살포기에 넣어 살포하는 제형
저온 분무형 제형	long-lastion storage bag	KN	직접 또는 희석 용액을 저온의 안개살포기에 넣어 살포하는 제형
장기효과 포장제	long-lasting insecticidal net	LB	직접 살포가 가능하며 방출 조절이 가능한 포장제형

제형	영문(공식 명칭)	영문코드	특징
장기효과 살충 그물제	solution for seed tratment	LN	그물망 형태의 방출 조절형 제형
종자처리액제	mosquito coil	LS	직접 또는 희석하여 사용 가능한 종자처리용 투명 용액의 액상제형
모기향	plant roldlet	MC	연소 시 나오는 증기나 연기를 제한된 공간에서 사용하는 코일형 고상제형
매질 방출제	matrix release	MR	• 고분자 폴리머로 만들어진 장기간 약효 방출이 가능한 고상제형 • 직접 살포 가능
식물 막대제형	plant rodlet	PR	작은 막대기 모양의 고상제형
독미끼	bait, ready for use	RB	해충 유인을 통해 섭식하게 하는 제형

출처 : 김장억 외(2020). 최신 농약학. 시그마프레스. p.56~57.

기출 22년 기사 1회 61번

유제의 유화성, 수화제의 현수성을 검정하는 데 사용하는 물의 경도는?

① 1.0 ② 3.0
③ 5.0 ④ 7.0

답 ②

[표 3-4] 우리나라의 농약제형별 물리성 판정기준

검사항목	대상 농약(원료)	판정기준
유화성	유제, 분상유제, 유탁제, 미탁제, 유상수화제	유화하였을 유상물 또는 응고물이 없고 균일해야 함
수용성	액제, 수용제, 석회유황합제, 입상수용제	수용했을 때 완전히 녹아야 함
수화성	(액상, 입상)수화제, 수화성미분제, 종자처리(액상)수화제, 정제상수화제, 유상수화제	수화하였을 때 현탁액이 균일해야 함
분말도	(액상)수화제, 유상수화제	325메시에서 98% 이상 통과해야 함(미생물농약의 경우 90% 이상 통과해야 함)
	분제, 분의제	250메시에서 98% 이상 통과해야 함
	(수화성) 미분제	325메시에서 99% 이상 통과해야 하고, 평균입경이 5.5마이크로론 이하여야 함
	미립제	150메시에서 90% 이상 통과해야 하고, 10마이크론 이하가 15% 이하여야 함
	저비산분제	250메시에서 95% 이상 통과해야 하고, 10마이크론 이하가 25% 이하여야 함
	캡슐현탁제	250메시에서 98% 이상 통과해야 함
	카보입제	80메시에서 0.5% 이하 통과해야 함
	액상제	325메시에서 90% 이상 통과해야 함
	유상현탁제	325메시에서 90% 이상 통과해야 함
포면장력	전착제	15℃에서 40dyne/cm 이하여야 함
발연성	훈연제	꺼지지 않고 완전히 발연되어야 함

검사항목	대상 농약(원료)	판정기준
가중비	미립제	0.75 이상이어야 함
	저비산분제	0.7 이상 1.1 이하여야 함
	(수화성) 미분제	0.20 이하여야 함
분산성	(수화성) 미분제	60 이상이어야 함
수중 분산성	분산성 액제	수중 분산하였을 때 분산입자가 균일해야 함
수분	미립제	3% 이하여야 함
필름 두께	농약 함유 비닐멀칭제	0.03mm 이상이어야 함
확산성	대립제	입자가 물 표면에 부유 확산되어야 함

출처 : 김장억 외(2020). 최신 농약학. 시그마프레스. p.59.

기출 22년 기사 2회 79번

농약관리법령상 대립제(GC)의 검사항목은?

① 확산성 ② 수화성
③ 분말도 ④ 가비중

답 ①

07 제형의 개선

농약의 제형은 제제기술의 발달, 자연환경 및 영농환경의 변화, 환경에 대한 안정성 등으로 원제의 결점을 보완할 수 있는 새로운 제형으로 개선이 진행된다.

[표 3-5] 농약 제형의 개선방향

제형	문제점	개선방향/제형
유제	독성, 약해, 인화(폭발)	• 용제를 개선하여 독성과 약해를 줄이고 안정성을 높임 • 미탁제(ME), 유탁제(EW) • 유제 → 유탁제 → 미탁제
수화제	분진	• 물에 현탁하거나 입상화하여 분진을 줄여 약의 손실을 막고 계량을 용이하게 하며 약효를 높임 • 액상수화제, 입상수화제 • 수화제 → 액상수화제 → 입상수화제
입제	노동력, 물류비, 환경	• 고농도 제조 및 경량화와 동시방제제로 개선하여 사용방법을 쉽게 하고 소포장 유통을 가능하게 하며, 육묘상에 한번에 처리함으로써 노동력 절감 • 점보제, 소포장제, 육묘상 처리제

08 농약 보조제

각종 형태의 제형을 제조할 때 첨가되는 물질로 그 자체만으로는 농약으로서의 약효가 없거나 미미하지만 농약의 특성을 개선시킬 목적으로 사용하는 물질들을 총칭하여 농약 보조제라 한다. 농약 원제의 약효를 상승시키기 위하여 사용하는 협력제 등도 포함되며, 전착제와 같이 희석액 조제 시에 첨가하도록 별도로 상품화한 것도 있다.

1. 유기용제

유기용제(Solvent)는 유제나 액제와 같이 액상의 농약을 제조할 때 원제를 녹이기 위하여 사용하는 용매이다. 농약에 대한 용해도가 크고 유효성분을 분해하지 않고 약해를 일으키지 않아야 하며 농약의 약효 및 안전성을 저하시키거나 농약의 독성을 증대시키지 않아야 한다.

최근 유기용매의 사용을 최소화하기 위하여 고형 제제 또는 저휘발성 용제를 사용하고 있으나 유기용매를 부득이 사용하여야 할 경우에는 분자량이 크고 인화점이 높은 용제를 사용하고 있다. 일반적으로는 물이며 원제의 특성에 따라 메탄올, 톨루엔, 벤젠, 알코올 등이 사용된다.

[표 3-6] 농약 제제 시 사용할 용제의 선택에 있어 고려해야 할 사항

고려사항	설명
용해도	원제(유효성분)의 온도별 용해도
인화점	인화점이 높은 용제(비점이 높고 증기압이 낮은 용제)나 그러한 용제의 조합이 바람직
약효 증강	• 용제는 큐티클층을 녹여 원제의 침투・이행을 촉진하여 약효를 증가시킴 • 용제는 표면장력이 낮아 습윤제의 효과가 있음 • 비점이 높은 용제는 유효성분의 확산을 경감시키는 효과가 있음 • 비휘발성 용제는 유효성분의 휘발을 억제하여 잔효력을 증대시키며 결정성 농약인 경우 유효성분의 석출을 방지하여 작물의 표면에 확전이나 작물의 조직 내 침투를 도와 약효를 증대시킴
용제 중의 수분	물에 의해 가수분해하는 원제를 친유성의 용제를 이용하여 안정화할 경우 미량의 물이 영향을 줄 수 있음
냄새 및 색깔	특히 가정원예용으로 사용되는 용제는 냄새가 미미해야 하며 용제는 물질에 의해 착색되기 때문에 경시보존에 의한 용제의 색 변화와 착색 방지방법의 검토가 필요함
원제의 안전성	용제가 농약의 유효성분인 원제를 화학적으로 분해시켜서는 안 됨
인축과 작물에 대한 안전성	• 용제의 종류 중 인축에 유해한 활성을 보이거나 작물에 약해를 유발하는 것은 농약 제조용으로 사용이 어려움 • 특히 용제에 따라서 작물에 약해를 유발하는 것은 작물의 종류, 생육상황, 기상조건 등의 환경조건에 따라서도 상이하게 나타남. 분자량이 큰 화합물이 저분자량의 화합물보다 약해를 심하게 유발함
경제성	농약의 가격에 크게 영향을 주는 용제는 농약 제조용으로 사용이 곤란함

[표 3-7] 주요 용제의 종류

구분	종류
탄화수소계 용제	① 방향족 용제 : 크실렌(Xylene), 알킬 벤젠(Alkyl benzene), 알킬 나프탈렌(Alkyl naphthalene), 고비점 방향족 탄화수소 ② 지방족 용제 : n-파라핀(n-Paraffin), 아이소파라핀(Isoparaffin), 나프탄(Naphthane) ③ 혼합 용제 : 케로신(Kerosin) ④ 머신(Machine)유 : 정제된 고비점 지방족 탄화수소

구분	종류
기타 용제	① 알코올(Alcohol)류 : 에타놀(Ethanol), 아이소프로판올(Isopropanol), 사이클로헥사놀(Cyclohexanol) ② 다중 알코올류 : 에틸렌글리콜(Ethylene glycol), 디에틸렌글리콜(Diethylene glycol), 프로필렌글리콜(Propylene glycol), 헥실렌글리콜(Hexylene glycol), 폴리에틸렌글리콜(Polyethylene glycol), 폴리프로필렌글리콜(Polypropylene glycol) ③ 다중 알코올 유도체 : 프로피린(Propylene)계 글리콜에테르(glycol ether) ④ 케톤(Ketone)류 : 사이클로헥사논(Cyclohexanone), 감마−부티롤락톤(γ−Butyrolactone) ⑤ 에스터(Ester)류 : 지방산 메틸에스터(Methyl ester), 이염기산 메틸에스터(Methyl ester), 호박산 디메틸에스터(Dimethylester), 글루타믹 엑시드 디메틸애스터(Glutamic acid dimethyl ester), 아질빈닉 엑시드 디메틸에스터(Azilbinic acid dimethyl ester) ⑥ 질소 함유 : n−알킬피롤리돈(n−Alcylpyrollidone) ⑦ 유지 : 대두유, 채종유

2. 계면활성제(Surfactant)

1) 개요

계면활성제는 동일 분자 내에 기름과 친화력이 큰 친유성기와 물과 친화력이 큰 친수성기를 가지는 화학구조의 고분자 물질이다. 농약제제에서는 유화제, 분산제, 전착제, 가용화제 등의 용도로 사용된다. 확전, 유화, 분산, 가용화, 기포, 세정 등의 작용이 있다.

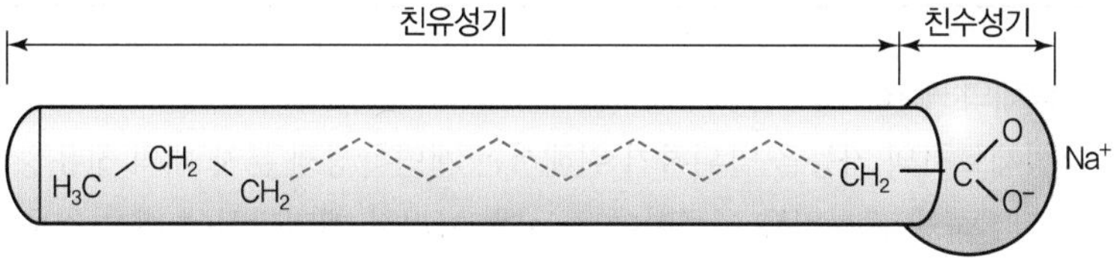

[그림 3−2] 계면활성제의 구조

친유성기 원자단은 알킬(Alkyl), 알킬아릴(Alkyl aryl) 구조가 많고 특수한 예로서 프로필렌 옥사이드(Propylene oxide)의 중합물이 이용되기도 한다. 친수성 원자단은 수용액 중에 이온화되어 생성되는 이온에 따라서 구분되며 계면활성제의 종류는 바로 친수성기의 이온화 특성에 따라서 분류한다.

[표 3−8] 계면활성제의 종류

구분	이온화 특성
음이온 계면활성제	• 수중에서 이온화하여 모화합물이 음이온으로 되는 형태의 계면활성제, 즉 친유성기가 붙이 있는 부분이 음이온으로 되는 계면활성제 • Na와 K 같은 양성 금속 성분과 염의 형태로 결합 • 종류 : 카복실염(−COOM), 황산에스테르염(−OSO_3M), 설폭산염(−SO_3M), 인산에스테르염(−OPO_3M_2) 등 예 −비누 : RCOONa → $RCOO^-$ + Na^+ −알코올황산에스테르염 : $ROSO_3Na$ → $ROSO_3^-$ + Na^+ −알킬아릴설폰산염 : R−C_6H_4−SO_3Na → R−C_6H_4−SO_3^- + Na^+

기출 20년 기사 4회 64번

유제 투입원료 중 계면활성 작용을 하는 화합물은?

① Xylene
② Epichlorohydrin
③ Polyoxyethylene
④ O,O−diethyl O−(p−nitrophenyl)phosphate

답 ③

구분	이온화 특성
양이온 계면활성제	• 수중에서 이온 해리할 때 친유성기가 붙어 있는 부분이 양이온으로 되는 계면활성제 • 종류 : 양성비누($[NR]_4X$), 제4급암모니아염(R_2NCl) 예 – 아민염 : $R_3NHX \rightarrow R_3NH^+ + X^-$ – 비뉴 : $[NR]_4X \rightarrow [NR]_4^+ + X^-$
양성 계면활성제	• 수용액 중에서 양이온 및 음이온으로 동시에 이온화되는 계면활성제 • 음이온 원자단에는 카복실산(Carboxylic acid), 황산(Sulfonic acid) 등을 가지는 것이 많고, 양이온 원자단에는 아민(Amine), 암모늄(Ammonium) 등을 가지는 것이 많다. • 따라서, 알칼리성 용액에서는 음이온으로, 산성 용액에서는 양이온으로 작용한다.
비이온 계면활성제	• 수용액에서 이온화되지 않으나 분자 내에 소수 및 친수기를 갖고 있는 형태의 계면활성제 • 친수성기 역할은 주로 ether 결합의 산소(O)와 알코올성의 수산기(OH)로서 일반적으로 폴리에테르(Polyether) 또는 폴리알코올(Polyalcohol)형으로 친수성을 나타내며, 에틸렌옥사이드(Ethyleneoxide)를 이용하여 다양한 계면활성제를 얻을 수 있다. 예 – PEG – 에테르(Ether) : 농약의 유화제, 전착제, 침투제, 세제, 가장 널리 사용 – 트윈(Tween) : 소비란(Sorbitan)과 지방산의 부분 에스터(Ester)인 '스팬(Span)'에 친수성을 높이기 위해 에틸렌 옥사이드(Ethylene oxide)를 축합시킨 것 – 당 : 서당(Fatty acid ester), 글리세린(Glycerin), 펜타에리트릿(Pentaerythrit), 폴리글리세린(Polyglycerin)

기출 19년 산업기사 4회 51번

다음 중 비이온성 계면활성제는?

① 인산염
② 황산염
③ 카르본산염
④ Polyoxyethylene glycol과 지방산의 에스테르

답 ④

기출 21년 기사 2회 64번

계면활성제 중 가용화 작용이 큰 HLB(Hydrophile – Lipophile Balance) 값으로 가장 옳은 것은?

① 1~3 ② 4~7
③ 9~12 ④ 15~18

답 ④

2) 계면활성제의 HLB

계면활성제로서의 기능을 발휘하기 위해서는 계면활성제 분자 내의 친유성기와 친수성기는 적절하게 균형비를 이루어야 하는데, 이러한 계면활성에 대한 척도로는 친수–친유 균형비(HLB : Hydrophilic – Lipophilic Balance)가 가장 많이 사용된다. 비이온 계면활성제에 주로 이용되며 범위는 0~20이다. 수치가 높을수록 친수성이 강하다.

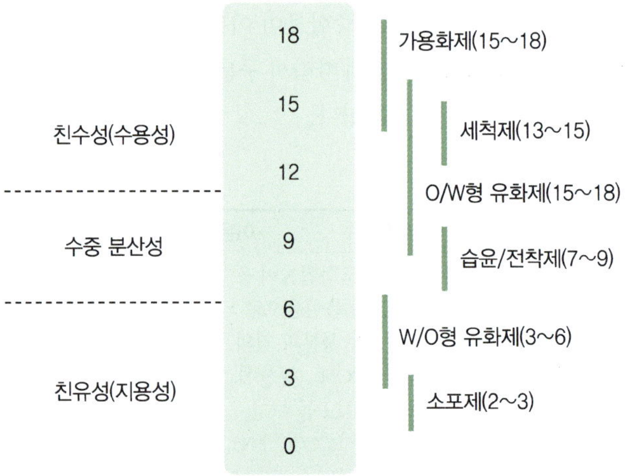

[그림 3 – 3] 계면활성제의 HLB 값에 따른 용도

3) 계면활성제의 작용

물에 잘 녹지 않는 농약 원제를 살포용수에 잘 분산시켜 균일한 살포작업을 가능하도록 하는 데 가장 큰 목적이 있으며, 농약 원제를 변질시키지 않고 친화성이 있어야 한다.

[표 3-9] 계면활성제의 작용

구분	정의
임계미셀농도	계면활성제 농도의 추가적인 작용이 멈춘 임계점에 이른 상태
미셀	계면활성제가 특정 농도에 도달했을 때 계면에너지를 감소시키기 위하여 이룬 집합체
유화	서로 섞이지 않거나 일부가 녹아 있는 두 액체 중 한 액체가 다른 액체에 작은 입자로 분산되는 과정
가용화	분산상의 지름이 0.01∼0.1μm인 유화액을 말하며, 물과 기름 사이의 계면장력이 0에 접근하는 경우에 발생하고 유분의 입자가 미세하여 콜로이드(Colloid) 상이 되면 투명해지는 현상을 말한다.
습윤성	• 살포한 농약이 식물체나 곤충의 체표면을 적시는 성질을 말하며 고체면에 접촉한 액체 방울의 수직각도는 0°이다. • 습윤성이 좋으면 침투가 양호하고 고착성이 좋아진다.
분산	물에 녹지 않는 고체를 물에 떠 있게 하는 것으로 액체 중에 흩어져 있기 어려운 무기 또는 고체 입자를 전하나 입체 장애에 의한 반발을 유도시켜 균일하게 분포하게 한다.
기포	액체가 기체를 포함하여 생긴 동그란 방울을 기포라 한다.
소포	소포는 계면장력을 저하시켜 기포를 제거하는 작용을 말한다.

3. 전착제(Spreader)

전착제는 농약 살포액 조제 시 첨가하여 살포약액의 표면장력을 감소시켜 습전성과 부착성을 향상시킬 뿐만 아니라 엽면살포 시 농약 원제 성분의 흡수 이행을 촉진시킬 수 있다. 계면활성제도 전착제로서의 효과는 있으나 농약 원제의 식물체 표면의 결합력에서 차이가 있어 전문적인 보조제 형태로 별도로 상품화되고 있다.

[표 3-10] 전착제의 종류

구분	특징
비누	• 폴리머에 의해 제조된 비이온 계면활성제로 폴리옥시에틸렌(POE : Polyoxyethylene)이 주로 사용된다. • 황산니코틴, 동비누액, 동제제, 송지합제, 소다합제 등의 혼용에 적당하다. • 황산니코틴의 경우 비누를 가하면 습전성이 좋아질 뿐만 아니라 알칼리가 황산과 결합하여 니코틴을 유리시켜 살충효과를 증대시킨다.
카세인(Casein) 석회	우유단백질인 카세인과 소석회를 배합한 것으로 현수성이 좋고 약해를 완화시키는 작용이 있으므로 독제 및 보호살균제 등이 전착제로 적당하다.
스티커(Sticker)	경유에서 추출한 고급 알코올의 황산화에스테르를 탄산소다로 중화시킨 것을 주성분으로 하는 백색의 고형제로 습전성, 확전성, 현수성 등이 우수하며 경수에 용해시켜도 효능이 저하되지 않는다.

기출 22년 기사 2회 64번

전착제에 대한 설명으로 적절하지 못한 것은?

① 우리나라에서는 농약의 범주에 속한다.
② 유효성분의 측정은 표면장력으로 확인한다.
③ 농약의 밀도를 높여 균일 살포를 돕는다.
④ 농약의 주성분을 식물체에 잘 확전, 부착시키기 위한 보조제이다.

답 ③

구분	특징
실록세인 (Siloxane)	실리콘과 산소의 결합체인 유기실리콘의 폴리머로 만들어진다.
기타	니즈(Needs) 미탁제, 스프레더스티커(Spreadersticker) 분산성 액제, 파라핀(Paraffin) 유탁제 등

기출 20년 기사 3회 67번

증량제를 사용하여 분제의 가비중(假比重, Bulk density)을 조절할 때 가장 적절한 가비중 범위는?

① 0.2~0.4 ② 0.4~0.6
③ 0.6~0.8 ④ 0.8~1.0

답 ②

4. 증량제

분제, 입제, 수화제 및 수용제 등과 같이 고체상 원제는 여러 가지 고체 증량제를 사용하게 되는데, 증량제는 엄밀하게 말하면 희석제와 구별된다. 농약을 제제할 때 고농도의 농약 원제를 다량의 광물성 미세분말에 희석하는 경우에는 '희석제'라 하고 흡유가는 일반적으로 낮다. 반면에 흡유가가 높은 미세분말 또는 유기물분말에 액상의 농약 원제를 흡수 또는 흡착시킬 때에는 '증량제'라고 한다. 그러나 일반적으로 증량제라고 하면 희석제를 포함해서 취급한다.

증량제는 농약원제의 희석 또는 흡착에만 중요한 것이 아니라 농약의 약효에 크게 영향을 미치므로 증량제의 이화학적 특성은 농약제제 시에 매우 중요하다.

[표 3-11] 증량제의 특성

구분	특성
입자 크기	• 입자 크기는 분제의 분산성, 비산성, 부착성에 영향을 주며, 수화제에서도 수화성 및 현수성에 영향을 준다. • 입자 크기는 가비중과도 관계가 있는데, 분제의 가비중은 0.4~0.6이 적당하다.
수분 함량 및 흡습성	• 증량제의 수분 함량이 많거나 흡습성이 높으면 농약 저장 중 고결현상이 일어나 물리성이 악화될 뿐만 아니라 응집력과 가비중이 증대하여 분산성 등에 악영향을 준다. • 낮은 수분 함량과 흡습성이 바람직하다.
유효성분에 대한 안전성	• 농약의 저장 중 증량제에 의하여 유효성분이 분해되면 안 된다. • 증량제에 따른 농약 유효성분의 분해에는 증량제의 pH, 수분 함량, 금속이온이 관여한다. • 증량제의 pH가 중성인 경우 농약의 분해에 영향이 없는 것으로 알려져 있으나 증량제를 물에 현탁시켜 측정하기 때문에 pH 값과는 별도로 증량제의 표면산도 및 유리상태의 금속 종류와 함량을 유효성분의 분해 정도와 연관시켜 검토하는 경우도 있다. • 농약 유효성분에 영향을 주는 금속이온 : 철, 알루미늄 등
강도	증량제의 강도가 너무 강하여 농약을 살포할 때 살분기의 마모가 커지면 증량제로서 바람직하지 못하다.
혼합성	증량제의 혼합성은 비중과 관계가 깊은데 농약의 원제와 혼합되는 증량제의 비중이 원제의 비중과 차이가 크면 균일한 혼합이 어렵기 때문에 원제의 비중과 유사한 비중을 가진 증량제를 선택한다.

[표 3-12] 증량제의 종류

구분	특징
규조토 (Diatomite)	• 규조라는 단세포의 조류가 바다 또는 호수의 밑바닥에 쌓여 생성된 광물로 가볍고 연하며 기공이 많다. • 규조토는 공극이 많으므로 가비중이 매우 낮아 비산되기 쉽고 경도가 높아 살분기의 마모가 크므로 분제 제제용으로는 부적당하나 흡유가가 높고 가비중이 낮으므로 수화제 제제용으로는 적당하다.
점토 (Clay)	• 점토광물의 총칭으로 고령토, 몬모릴론석, 일라이트가 있다. • 고령토(Kaoline) : 함수 알루미늄 규산염을 주 구성광물로 한 고령석(Kaolinite), 나크라이트(Nacrite), 딕카이트(Dickite), 할로이사이트(Halloysite) 등을 총칭한다. 석영 조면암, 안산암, 유문암, 화강암 등이 열수작용 또는 풍화작용을 받아 생성된다. • 몬모릴론석(Montmorillonite) : 함수 알루미늄 규산염을 주 구성광물로 하며 주성분의 일부가 Mg, Ca으로 치환되어 있다. 벤토나이트, 산성 백토가 있으며 응회암, 안산암, 사장석 등이 열수작용이나 풍화작용에 의해 생성된 광물이다. • 벤토나이트는 액체, 가스체를 흡착시키는 힘이 강하며 유화성, 점착성, 습윤성을 갖추어 유화제 및 수화제의 증량제로 사용되며 흡유력은 천연 증량제 중 가장 높다.
납석 (Pyrophyllite)	• 지방감이 풍부한 광물로 엽납석이 주성분이다. • 석영, 조면암, 안산암, 유문함, 응회암 등이 열수변질작용을 받아 형성된 광물로 석영, 카오린광물, 운모광물 등이 있다.
활석 (Talc)	• 함수 규산 마그네슘광물로 매우 연질이며 매끄러운 촉감이 있는 광물이다. • 곱돌, 동석(Soapstone, Steatite), 활석 초크(French chalk), 석면(Asbestine), 섬유상 활석(Fibrous talc) 등이 있다.
탄산칼슘 ($CaCO_3$)	• 아라고나이트, 방해석 같은 탄산염 광물을 분체 가공한 제품 • 유공충, 조개 껍데기, 산호 등이 퇴적되어 형성된 광물로 해수 중의 박테리아에 의해서 생기는 탄산암모늄이 칼슘염류와 작용하여 탄산석회로 형성된 광물 • 석회석, 방해석, 탄석, 중탄, 경탄, 탄산칼슘 등으로 일컬어진다.
제올라이트 (Zeolite)	• 알칼리 및 알칼리토 금속을 함유하면서 물분자가 결정수 형태로 구조 중에 존재하는 함수 알루미늄 규산염 광물이다. • 흡수력과 흡착력이 우수하므로 유해가스 흡착, 냉장고 악취 제거, 담배 필터용으로 담배의 니코틴 제거, 수증기의 흡착 등 흡착제로서 다양하게 이용된다.
기타	• 황산바륨(Barium sulfate) : 천연산 중정석(Barite)과 화학반응으로 제조된 침강석으로 백색 분말이며 도료, 안료, 인쇄잉크, 고무, 합성수지, 제지, 화장품, 축전지 등의 충진제로 사용된다. • 세피올라이트(Sepiolite) : 함수 마그네슘 광물로 일반적인 점토광물의 층상구조가 아닌 고리형태 구조의 특수한 구조를 하고 있다.

5. 결합제(Binder)

① 입자 간의 결합력을 강하게 해주는 물질이다.

② 벤토나이트는 가장 많이 사용되는 대표적인 무기계 결합제로서 점결성에 의한 수팽윤성, 가변성 등의 성질이 있어 제제성이 양호하고 동시에 수중 붕괴성이 좋다. 그러나 평형수분이 8~9%로 높고 pH가 9~10으로 높아 다른 종류의 고분자 결합체와 공용으로 사용된다.

기출 21년 기사 4회 62번

수화제(WP : Wettable Powder)에 주로 사용되는 증량제는?

① Toluene ② Sulfamate
③ Bentonite ④ Methanol

답 ③

6. 협력제(Synergist)

① 살균제 또는 살충제의 효과를 증진시킬 목적으로 사용되는 약제를 협력제 또는 효력증진제라 한다. 최근 저항력이 생긴 살균 · 살충제의 효과를 증진시킬 목적으로 상업화되어 사용 중이다.

② 효능이 증진되는 원인으로는 병해충에 대한 생체 내 농약분해 대사 과정 차단(농약 해독 효소의 불활성화), 주제와 협력제의 상승작용 등이 있다.

기출 20년 기사 3회 69번

농약 원제의 효력을 증진시키기 위하여 사용되는 보조제에 해당되지 않는 것은?

① 증량제 ② 유화제
③ 살충제 ④ 협력제

답 ③

TIP

협력제의 종류는 시험에 자주 출제된다.

[표 3-13] 현재 많이 사용되는 협력제의 종류

구분	특징
피페로닐뷰톡사이드 (Piperonyl butoxide)	• 제충국 추출물인 피레트린(Pyrethrin)과 데리스(Derris) 추출물인 로테논(Rotenone)의 협력제 • 알코올, 벤젠 등에 용해된다.
설폭사이드 (Sulfoxide)	• 피레트린의 협력제 • 제충국 분제에 혼합하여 저장곡물 방제에 사용
황산아연 (Zinc sulfate)	결정석회황 합제와 혼용하면 감귤의 깍지벌레에 대한 보조증진작용을 나타낸다.
기타	뷰카폴레이트(Bucarpolate), 디에놀레이트(Dienolate), 옥타클로로디프로필 에테르(Octachlorodipropyl ether), 피페로닐(Piperonyl), 사이클로넨(Cyclonene), 피포탈(Piportal), 프로필 아이소머(Propyl isomer), 세사멕스(Sesamex), 세사몰린(Sesamolin), 트리부포스(Tribufos) 등

7. 기타 보조제

구분	특징
분해방지제	• 농약 원제의 분해를 방지 또는 억제하기 위하여 농약제형에 첨가하는 물질이다. • 폴리에틸렌 글리콜, 폴리비닐 알코올, 폴리염화비닐은 분제, 수화제, 입제 등의 안정성 증진을 위해 사용된다. • 퀴논류, 아민류, 페놀류 등은 원제의 산화방지제로 사용된다.
활성제	• 원제에 대하여 이온화 정도를 조절함으로써 침투성을 향상시켜 약효를 증진하기 위하여 사용하는 첨가제이다. • 활성제는 원제의 물리성을 향상시키거나 식물체나 해충의 표면 지질을 통과하기 쉽도록 pH 등을 조절하여 약제를 비이온화 형태로 존재하도록 하기 때문에 협력제와 구별된다(물리성 개선, pH 변화). • 소듐 비설파이트(Sodium bisulfite)가 대표적이다.
고착제	• 해충이나 식물체 표면에서 약제의 부착 및 고착성을 향상시키는 첨가제이다. • 고착제는 점성이 강한 물질로 카세인(Casein), 밀가루(Flour), 오일(Oil), 젤라틴(Gelatin), 검(Gum), 레신(Resin) 등을 사용한다.

CHAPTER 04

농약의 사용법

Key Word

살포액의 조제 / 농약의 살포방법 / 농약 살포 시의 주의사항

01 농약의 선택

농약을 사용하고자 할 경우 가장 먼저 병해충의 종류 및 발생 상황과 농작물 또는 수목의 종류, 품종, 생육 상황 등을 충분히 고려하여 농약의 살포시기, 살포량 및 살포방법 등을 결정해야 하며, 대상 농작물 또는 수목에 등록되어 안전사용기준이 설정된 농약을 선택해야 한다. 반드시 대상 병해충에 대한 대상 농작물 및 수목에 등록된 농약을 선정해야 한다. 농약 선택 시 고려사항은 다음과 같다.

① 병해충의 종류 및 발생 상황
② 농작물의 종류, 품종 및 생육 상황
③ 안전사용기준 설정 여부
④ 농약의 물리 · 화학적 특성 및 작용기작

TIP

농약 선택 시 고려사항 중 ①, ②, ③은 농약의 포장지에 상세하게 기재되어 있어 쉽게 농약을 선택할 수 있으나 ④는 농약의 독성 및 잔류성에 따라 인축 및 자연생태계에 미치는 영향이 다르기 때문에 살포하고자 하는 농경지나 비농경지의 입지 조건과 저항성 유발 가능성을 충분히 고려하여 선택해야 한다.

02 살포액 조제 시 고려사항

분제, 입제와 같이 제품을 그대로 살포하는 농약을 제외하고 희석이 필요한 농약은 살포액을 조제하여 사용해야 하며, 적정한 조제가 이루어지지 않을 경우 농약의 물리 · 화학적 성질에 영향을 주어 약효를 저하시키거나 약해를 유발하는 경우가 있으므로 유의사항을 고려하여 조제해야 한다.

1. 희석용수

① 오염되지 않고 깨끗한 중성의 용수가 적당하다.
② 알칼리성 용수나 오염용수는 농약의 원제(유효성분) 분해가 촉진되어 약효가 떨어지거나 약해를 유발하는 경우가 있다.

기출 20년 기사 4회 63번

농약의 약효를 높이기 위한 방법으로 가장 거리가 먼 것은?

① 알맞은 농약의 선택
② 방제 적기에 농약 살포
③ 적정농도 및 정량 살포
④ 한 가지 농약의 집중 사용

답 ④

2. 희석배수

① 농약 포장지에 표시된 희석배수를 정확히 지켜야 한다.

② 농약의 종류, 병해충의 종류 및 작물의 종류와 생육 상황에 따라 농약의 약효와 약해는 서로 다를 뿐만 아니라 농약 살포기의 종류에 따라서도 다르기 때문에 농약 포장지에 표기된 안전사용기준에 따라 희석하여야 한다. 이는 농약 잔류허용기준과도 관련이 있다.

3. 혼화

살포액의 혼화는 액제와 수용제와 같이 농약원제가 물에 잘 녹는 약제의 경우에는 문제가 되지 않으나 유제, 수화제, 액상수화제 등과 같이 농약 원제가 물에 녹지 않는 약제의 경우는 살포액을 조제할 때 희석액 중에 약제의 입자가 균일하게 섞이도록 충분히 혼화시켜 주어야 한다.

4. 기타

① 경험자가 복장을 갖추고 노출 부분을 최소화하여 손 등의 피부에 묻지 않도록 주의한다.

② 유제는 소량의 물에 희석 후 소요량의 물을 서서히 부어 조제한다.

③ 수화제는 소량의 물에 죽과 같은 상태로 풀어준 후 소요량의 물을 부어 조제한다.

④ 전착제는 소량의 물에 작 섞어 죽과 같이 만든 후 살포액에 넣어 사용한다.

⑤ 살포액은 바람을 등지고 조제하며 어린이나 가축이 접근하지 못하도록 주의한다.

⑥ 살포액을 엎질렀을 때는 즉시 오염된 부분의 흙을 긁어모아 땅속 깊이 묻어 오염을 방지한다.

03 살포액 조제방법

유제, 수화제 같은 희석살포용 제형을 물에 희석하여 살포액을 조제하는 방법으로 배액 조제법, 퍼센트액 조제법(%), 피피엠액 조제법(ppm)이 있다. 퍼센트액 조제법과 피피엠액 조제법을 농도 조제법이라고도 한다.

농약을 중량으로 계산하여 조제하는 것이 원칙이다. 유기 합성농약과 같이 약제의 비중이 '1'에 가까운 약제는 용량으로 살포액을 조제하나 약제의 비중이 '1'이 아닌 경우는 반드시 중량을 고려하고 계산하여 조제하여야 한다.

1. 배액 조제법

일반적으로 영농현장에서 가장 많이 사용되는 방법으로 농약의 희석배수를 계산한다. 희석배수는 살포하고자 하는 물의 양을 농약의 양으로 나눈 것을 말한다. 배액 조제법은 농약제품 내의 정확한 원제(유효성분)의 함량은 고려하지 않는다.

$$\text{희석배수} = \frac{\text{물의 양(mL)}}{\text{농약제품의 양(mL 또는 g)}}$$

> **TIP**
> 단위는 mL이기 때문에 물의 양을 L로 알고 있다면 꼭 mL로 환산하여 계산한다.

2. 퍼센트액 조제법(%)

농가에서는 퍼센트액을 조제하여 살포하지 않으나 연구목적으로 포장시험을 실시할 때 가끔 퍼센트액을 조제하여 살포하는 경우가 있다. 퍼센트액은 약제에 함유된 원제(유효성분)의 백분율로 나타내는 것으로 그 약제의 원제(유효성분) 함량과 비중을 고려하여 제품 농약의 소요약량을 계산하여 조제한다.

$$\text{제품 농약량(mL 또는 g)} = \frac{\text{추천농도(\%)} \times \text{단위 면적당 소요 살포약량(mL)}}{\text{제품농약 유효성분 농도(\%)} \times \text{비중}}$$

예를 들어, 비중 1.15인 Isoprotholane 유제(50%)를 0.05% 액으로 조제하여 10a당 100L를 살포하고자 할 경우, 50% 유제가 0.05%가 되려면 1,000배로 희석해야 하고 100L에 1,000배로 희석하려면 농약제품의 약량은 100mL가 포함되어야 하나 이것은 비중이 1인 경우이기 때문에 100mL를 비중 1.15로 나누면 86.96mL가 된다. 즉, 계산식에 대입하면 다음과 같다.

> **TIP**
> 희석배수는 살포하고자 하는 물의 양을 농약의 양으로 나누거나 조제하고자 하는 퍼센트 농도를 농약의 퍼센트 농도로 나눈 값이다.

$$\text{유제(50\%) 소요량(mL)} = \frac{0.05 \times 100 \times 1{,}000}{50 \times 1.15} = 86.96\text{mL}$$

비중 1.15인 Isoprothilane 유제(50%) 100mL로 0.05% 살포액을 조제하는 데 필요한 물의 양을 묻는다면 50% 유제가 0.05%가 되려면 1,000배로 희석해야 하고 100mL에 100L의 물이 필요하나 비중이 1.15이므로 100L에 비중을 곱한 115L가 물 양이 된다. 하지만, 이 물속에는 100mL의 약량이 녹아 있기 때문에 정확한 물 양은 115L에서 100mL를 제하여야 한다. 따라서 최종 물 양은 114.9L이다. 이를 수식에 대입하면 다음과 같다.

> **TIP**
> 비중이란 농약의 고유 특성이기 때문에 농약의 약량을 계산할 경우 약량을 비중으로 나누며 살포량, 즉 필요한 물의 양을 계산할 때는 물의 양에 비중을 곱한다.

$$100\text{mL} = \frac{0.05 \times \text{소요살포액량(mL)}}{50 \times 1.15}$$

∴ 소요살포액량 − 제품농약량 = 최종 소요살포액량

> **TIP**
> 최초 계산된 소요살포액량에는 제품 농약량이 녹아 있기 때문에 최종 소요살포액량은 제품농약량을 빼주어야 한다.

3. 피피엠액 조제법(ppm)

농약의 ppm(parts per million, mg/L)액은 주로 실험실 내에서 시험용액을 조제하기 위하여 이용되는 소요 농약량을 계산하며 계산식은 다음과 같다.

$$\text{농약 소요량(mL)} = \frac{\text{추천농도(mg/kg 또는 L)}}{1{,}000{,}000} \times \frac{100}{\text{농약농도(\%)}} \times \frac{1}{\text{비중}}$$

> **TIP**
> 농약 소요량
> $= \frac{5}{1{,}000{,}000} \times \frac{100\%}{50\%} \times \frac{1}{1.07}$

예를 들어, 비중이 1.07인 말라티온(Malathion) 50% 유제를 5ppm이 되도록 쌀 60kg에 처리하고자 하는 약량을 구하기 위해 우선 5ppm은 1,000,000mg에 대한 5mg의 약량을 의미하므로 6kg인 60,000,000mg에는 300mg이 필요하나 원제의 함량은 5%이므로 결국 100%/50%인 2배의 약량이 필요하여 600mg이 계산되며, 원제의 비중이 1.07이므로 결국 560mL, 즉 0.56cc가 필요하다.

4. 농약 살포기

농약을 살포하는 기기의 대부분은 수압과 공기압을 이용하여 노즐을 통해 살포액을 통과시켜 분사하는 방식을 사용한다. 이때 압력을 만드는 방법에 따라 인력 살포기와 동력 살포기로 구분된다. 동력 살포기는 모터나 엔진에 압력을 가하기 위해 기름(경유 또는 휘발유)을 이용하는 방법과 전기 충전이 가능한 전지를 이용하는 방법에 따라 나뉘며 또한 유인비행기 또는 무인비행기와 트랙터나 트럭에 농약 살포장치를 장착하여 살포하는 방법도 있다.

1) 인력 살포기

① **공기압축식 살포기** : 압축공기를 이용하여 농약을 살포하는 기기로, 살포기의 마개를 단단히 막고 수동식 피스톤을 이용하여 물탱크 내에 공기를 주입하여 발생한 압력으로 살포하는 장치이다. 따라서 살포액의 양을 물탱크 용량의 2/3 정도 채워야 하고 간단한 정원 및 창고 등에 사용한다.

② **수압식 살포기(배부식 살포기)** : 장치에 부착된 레버를 이용하여 수압을 만들고 수압으로 노즐을 통해 농약을 살포하는 장치이다. 이 살포기는 등에 지고 살포하기 때문에 배부식 살포기 또는 배부식 분무기라고도 한다.

2) 동력 살포기

동력 살포기는 압력을 만드는 과정에서 인력 살포기의 단조롭고 힘든 동작으로 압력을 만드는 것을 피하기 위하여 전지 또는 엔진 동력으로 펌프를 작동시켜 압력을 만들어 살포하는 장치이다.

① **배부식 전기충전 살포기** : 배부식 전기충전 살포기는 충전용 전지의 전력을 이용하여 살포기에 내장된 소형 회전펌프를 작동시켜 압력을 만들어 농약을 살포하는 장치이다. 이 살포기는 물탱크 내의 공기압을 일정하게 유지할 수 있어 살포하는 동안 일정한 분무 속도로 균일하게 살포할 수 있다.

② **배부식 동력 살포기** : 배부식 동력 살포기는 연료탱크에 경유 또는 휘발유를 넣고 엔진을 가동시켜 회전펌프를 작동시키고 수압 또는 공기압을 만들어 살포액 또는 입제나 분제 등을 살포하는 장치이다. 지나친 고압조건으로 살포할 경우 약제의 불필요한 손실과 약해를 유발할 수 있어 주의해야 한다.

③ **트랙터 및 차량탑재 동력 살포기** : 농약 살포에 필요한 동력을 트랙터나 차량의 자체 동력을 이용하여 수압 또는 공기압을 만들어 살포하는 장치이다. 인력 살포기, 배부식 전기충전 살포기, 배부식 동력 살포기처럼 살포자가 살포기를 어깨나 등에 지고 20L 수준의 소량을 좁은 면적에 살포하는 것과는 달리 다량의 살포액을 넓은 면적에 살포하기 적당하다.

3) 유기분사식 살포기

논과 밭은 평면에 농약을 살포하지만 과수원의 경우는 공간적으로 농약을 살포하기 때문에 일반 배부식 동력 살포기로는 한계가 있다. 따라서 분사노즐에 압축공기를 공급하고 고속 송풍기로 약액을 살포하여 살포액의 입자 크기를 더 작게 만드는 유기분자식 살포기가 개발되었다. 유기분사식 살포기에는 고속살포기(SS기, Speed Sprayer)와 광역살포기 등이 있다.

4) 항공방제용 살포기

조종사의 탑승 여부에 따라 유인항공기와 무인항공기로 구분된다.

① 유인항공 살포기

유인항공 살포기는 광범위한 면적에 살포 시 적합하다. 날개가 고정된 고정익항공기와 헬리콥터가 이용된다. 살포 고도가 높아 약제의 비산으로 인하여 주변지역에 피해가 발생할 수 있어서 국내에서는 대단위 간척지 논의 병해충 및 잡초 방제를 위하여 사용된다.

[표 4-1] 고정익 항공기와 헬리콥터의 탱크 용량과 살포속도

구분	탱크 용량(L)	살포속도(km/h)
고정익 항공기	1,000～2,500	160～280
헬리콥터	300～630	90～140

② 무인헬리콥터와 무인멀티콥터

회전축이 1～2개인 것을 무인헬리콥터(무인헬기)라 하고 회전축이 3개 이상인 항공기를 무인멀티콥터(드론)라 한다. 사람이 탈 수 없고 원격 조작에 의해 비행하는 항공기다. 무인헬리콥터는 휘발유를 사용하는 내연엔진이 탑재되어 있고 양력을 일으키는 주 회전날개와 방향 조정 역할을 하는 꼬리 회전날개가 있으며, 무인멀티콥터는 비행할 때 생기는 하향풍의 크기와 동체의 크기가 무인헬리콥터에 비해 상대적으로 작으며 동체는 전지(배터리)로부터 얻어진다.

무인항공기 살포기를 이용할 경우에는 일반 농약 살포기와 달리 고농도의 농약을 사용하고 기류의 영향을 받기 쉬운 조건에서 살포할 때 비의도적으로 인근지역으로 농약의 비산이 발생할 수 있기 때문에 제반규정과 안전수칙을 지켜야 한다.

[표 4-2] 무인헬기와 무인멀티콥터의 특성

구분	무인헬기	무인멀티콥터(드론)
최대 이륙중량(kg)	70	20~40(평균 25kg 정도)
에너지원	엔진 휘발유	충전용 전지
작업량(ha/일)	50	25~40
면적당 살포량(L/ha)	8	7~9
살포능력(ha/회, 10분 비행 시)	1.5	0.3~1.5
최대 작업시간(분)	40~60	7~15
살포폭(m)	7.5	4
살포 비행고도(m)	4	2~3
살포 비행속도(km/h)	15	10~20
하향풍	큼	작음
용도	논작물에 적합	밭작물에 적합
장점	• 비산이 적어 친환경적임 • 방제효율 우수	• 유지비용이 적게 듦 • 무인헬기 대비 조작 용이
단점	• 구매, 운영, 수리 등 • 유지비용 많이 듦	• 무인헬기보다 비산 우려 큼 • 탑재용량과 비행시간 적음

출처 : 농촌진흥청(2018).

04 농약의 살포방법

농약의 살포방법에는 제형 및 재배조건, 영농 규모, 환경조건 등에 따라 다양한 살포기술이 사용된다.

1. 분무법

가장 일반적인 사용방법으로 유제, 수화제, 수용제, 유탁제 등의 약제를 물에 희석한 후 살포기로 작물체에 안개와 같이 미세하게 연무 형태로 살포하는 방법으로 분무 입자는 100~200μm 정도이다.

사용법은 간편하나 살포압력이 일정하지 않으며 입자 크기가 비교적 크고 균일하지 않기 때문에 균일한 살포를 위해서는 희석배수를 크게 한 후 상대적으로 많은 양의 살포액을 조제하여 살포하여야 한다. 즉, 노동력이 많이 든다. 또한 분무액의 입자 크기를 작게 하기 위하여 압력을 높이고 노즐의 분출구를 작게 해야 한다. 분무 입자가 크면

기출 20년 기사 1 · 2회 71번

유제, 수화제, 수용제 등의 약제 살포방법 중 별도의 공기는 주입하지 않으며 약액에 압력을 가하여 미세한 출구로 직접 분사 · 살포하는 방법은?

① 분무법
② 미스트법
③ 스프링클러법
④ 폼스프레이법

답 ①

병해충이나 작물 표면에 균일하게 부착되지 않거나 과실이나 경엽의 일부 부위에만 많은 양의 살포액이 부착되어 약효가 균일하지 못하거나 약해의 원인이 된다. 또한 분무입자가 너무 작으면 살포액이 비산되어 병해충이나 작물체 표면에 부착률이 낮아져 약효 저하가 일어나며 인근 농작물을 오염시키거나 대기오염의 원인이 될 수 있다.

2. 미스트법

① 분무법을 개선하여 살포액의 입자 크기를 더 작게 하고 분무법보다 살포량이 1/3~1/5 정도로 적지만 농도는 2~3배 높게 하여 노동력을 절감하고 살포액의 균일성을 향상시킨 살포방법이다. 분무 입자는 35~100μm 정도이다.

② 살포액 분사 노즐에 압축공기를 같이 주입하는 유기분산방식이며, 인력 살포기보다 살포액 입자를 더 작게 만들어 분출한 후 고속으로 회전하는 송풍기를 통해 풍압으로 살포액을 분출시키므로 더 먼 거리까지 살포할 수 있다. 넓은 면적의 살포 작업에 적합하고 과수전용으로 사용하는 고속살포기(SS기)가 이에 속한다.

기출 22년 기사 1회 76번

농약 살포법 중 유기분사방식으로 살포액의 입자 크기를 35~100μm로 작게 하여 살포의 균일성을 향상시킨 살포법은?

① 분무법 ② 살분법
③ 연무법 ④ 미스트법

답 ④

3. 살분법

① 분제와 같이 고운 가루 형태의 농약을 다구살포기(pipe duster)를 이용하여 살포하는 방법으로 분무법에 비하여 작업이 간편하고 노력이 적게 들며 희석용수가 필요없다는 장점이 있다. 또한 단위 시간당 약제 살포 면적이 넓어 살포 능률면에서 효과적인 살포방법이다.

② 비경제적으로 약제가 많이 들고 약해의 우려가 높으며 효과가 낮고 비산에 의한 주변 농작물이나 익충에 대한 피해가 우려된다는 단점이 있다. 분제가 식물체에 부착하는 정도는 줄기나 잎을 문질러 보아 가루가 손에 묻을 정도면 충분하기 때문에 줄기나 잎이 백색이 될 때까지 많은 양을 살포할 필요는 없다.

4. 살립법

입제농약을 살포하는 방법으로 '토양살포법'이라고도 한다. 보통 비료 살포작업과 같은 방법으로 손으로 간편하게 살포하는 것이 보편적이나 넓은 면적에는 살립기를 사용하는 것이 효과적이다.

5. 미량살포법

① 농약원제 또는 원제의 함량이 수십 %인 높은 농도의 미량살포제(ULV제) 등을 소량 살포하는 방법으로 주로 살포액을 실을 수 있는 양이 한정적인 살포에 이용된다.

② 미량살포법은 정전기살포법으로 미세한 살포액 입자에 정전기를 띠도록 하여 작물, 병원균 및 해충의 표면에 대한 부착성을 향상시키기도 하고 살포액 입자 크기를 균일하게 하기 위하여 '살포액 입자조절 살포법'을 이용하기도 한다.

6. 훈증법

저장곡물이나 종자를 창고나 온실에 넣고 밀폐시킨 후 약제를 가스화하여 병해충을 방제하는 방법이다. 수입 농산물의 방역용으로 주로 사용되며 토양소독제로 사용 시 작물의 파종 또는 이식 전에 사용하고 사용 후에는 토양 중 가스의 완전 배기를 마친 후 경운하여 파종 또는 이식을 한다.

7. 관주법

토양 내에 서식하는 병해충을 방제하기 위하여 약제를 농작물의 뿌리 근처 토양에 주입하거나 직접 나무줄기에 주입하여 줄기를 가해하는 병해충 방제용으로도 이용된다.

8. 토양혼화법

입제나 분제 등의 농약을 경작 전에 토양에 처리하는 방법으로 경운 전 토양에 처리 후 경운하여 약제가 토양에 골고루 혼화되도록 처리하는 방법이다. 토양 표면에 살포하는 전면살포법에 비하여 농약이 작토층 상하로 골고루 분포하게 되며 표면 유실 등에 의한 약제 손실량이 적고 약효 지속기간이 길게 나타나는 장점이 있다.

9. 스프링클러법

스프링클러를 이용하여 과수원 등에서 생력적으로 농약을 살포하는 방법으로 병해충 방제 및 시비와 관수 등을 겸할 수 있는 장점이 있다. 약액이 작물체에 충분히 부착될 수 있도록 다량으로 살포하여야 하고 잎 뒷면의 부착성이 저조하므로 침투성이 있는 약제 살포에 적당하다.

10. 폼스프레이법

살포 희석액에 기포제를 참가하여 특수 제작한 노즐로 공기와 함께 살포하는 방법으로, 기포제로는 비이온성 계면활성제가 사용되며 약제 살포 시 비산성을 줄일 수 있고 부착성이 좋으며 거품으로 살포하므로 살포 부위가 분명하여 중복살포를 피할 수 있다.

11. 공중살포법

항공기를 사용하여 대규모 면적에 농약을 살포하는 방법으로 액체 상태의 제형이 주로 이용되며 농약이 고농도로 사용된다.

12. 기타 방법

① **수면시용법** : 수면전개제나 수면부상성 입제 등을 수면에 시용하여 확산시키는 방법이다.

② **훈연법** : 시설하우스 등 밀폐된 공간에 훈연제를 가열하여 연기가 퍼지면서 작물에 약제가 고르게 묻게 하는 방법이다.

③ **침지법** : 종자 또는 종묘를 농약의 희석액에 담가 소독하는 방법이다.

④ **분의법(도말법)** : 건조한 종자 표면에 분제나 수화제를 입혀 소독하는 방법이다.

⑤ **도포법** : 점성의 농약을 식물체의 목적하는 부위에 바르는 방법으로 특정 병이나 상처를 치료하거나 보호하기 위해 사용된다. 사과 부란병 방제가 대표적이다.

⑥ **독이법** : 해충이나 쥐 등의 먹이에 농약을 넣어 방제하는 방법이다.

농약 살포 시의 주의사항

- 농약 제품의 포장지에 표기되어 있는 유효성분, 독성, 대상작물, 대상병해충 또는 잡초, 사용농도, 사용량, 사용시기, 횟수, 주의사항 등의 사용방법을 확인하고 사용한다.
- 보호장구, 살포기구 등은 사용 전 항상 이상 유무를 확인한다.
- 주변 인가, 가축 사육장, 양어장, 뽕밭 등 약제로 인한 피해가 우려되는 곳에는 미리 농약 살포 작업을 알려 피해를 방지한다.
- 피로하거나 건강이 좋지 않은 경우, 음주한 경우에는 살포작업을 금한다.
- 보호장비(마스크, 장갑, 방제복 등)를 착용하고 살포작업에 임한다.
- 살포작업은 주로 아침 · 저녁, 서늘하고 바람이 적은 시기를 택하여 실시하며, 바람을 등지고 살포한다.
- 휴식 또는 작업 종료 후 흡연이나 음식물 섭취를 금하며, 음식물이나 식사를 할 경우 시식 전에 손, 얼굴 등과 같은 노출된 부위를 비눗물로 깨끗이 씻는다.
- 2시간 이상 한 사람이 작업하는 것을 금하며 몸에서 두통, 현기증 등의 기분 좋지 않은 반응이 나타날 때는 작업을 중단하고 휴식을 취하거나 다른 사람과 교대하며, 심할 경우 의사의 진료를 받는다.
- 살포액은 전부 소진될 양만 조제하여 사용하며, 작업이 끝나면 살포기는 깨끗이 세척 후 보관한다.

기출 21년 기사 4회 80번

수면시용법(水面施用法)으로 살포하는 약제가 갖추어야 할 특성으로 틀린 것은?

① 물에 잘 풀리고 널리 확산되어야 한다.
② 물이나 미생물 또는 토양성분 등에 의해 분해되지 않아야 한다.
③ 수중에서 장시간에 걸쳐 녹아 약액의 농도를 유지해야 한다.
④ 가급적 약제의 일부는 수중에 현수되도록 친수 및 발수성을 갖추어야 한다.

답 ③

CHAPTER 05

농약의 독성

Key Word

독성의 종류 / 독성 정도

01 개요

농약은 근본적으로 독성을 가지고 있는 화학물질이므로 농약의 안전관리를 위하여 다양한 독성시험 연구를 통해 그 독성을 파악하고 독성의 정도에 따라 취급제한기준 등을 농약관리법에 정하고 있다.

농약 독성의 구분

① 발현대상에 따라 : 포유동물 독성, 환경생물 독성
② 발현속도(발현시기)에 따라 : 급성독성, 만성독성
③ 독성강도에 따라 : 맹독성, 고독성, 보통독성, 저독성
④ 투여방법(투여경로)에 따라 : 경구독성, 경피독성, 흡입독성

※ 우리나라와 WHO(세계보건기구)의 독성 분류기준

우리나라	WHO
Ⅰ급(맹독성)	Ⅰa(Extremely hazardous)
Ⅱ급(고독성)	Ⅰb(Highly hazardous)
Ⅲ급(보통독성)	Ⅱ(Moderately hazardous)
Ⅳ급(저독성)	Ⅲ(Slightly hazardous)

02 독성의 종류

1. 만성독성

급성독성은 농약에 1회 노출되었을 때 나타나는 독성의 정도에 따라 맹독성, 고독성, 보통독성, 저독성으로 표기되며 평가기준은 일정한 수의 실험동물(흰쥐 등)에게 여러 가지 농도의 농약을 투여하여 해당 시험기간(보통 7~14일) 내에 실험동물의 50%가 사망하는 농약량(반수치사약량, LD_{50}, Median Lethal Dose)이나 농약농도(반수치사농도, LC_{50}, Median Lethal Concentration)이다.

급성독성 평가기준

평가기준	독성의 종류	단위
반수치사약량(LD_{50})	경기독성, 경피독성	mg/kg(ppm)
반수치사농도(LC_{50})	흡입독성	mg/m^3 또는 mg/L(ppm)

① 경구독성 : 농약을 실험동물에 최소한 1일 1회 경구 투여하고 14일 동안 관찰하여 실험동물 50%가 사망하는 반수치사약량(LD_{50}) 값을 산출한다.
② 경피독성 : 농약을 실험동물의 피부에 일정한 체표면적 도포 24시간 후 제거하고 14일 이상 관찰하면서 실험동물 50%가 사망하는 반수치사약량(LD_{50}) 값을 산출한다.
③ 흡입독성 : 농약을 기체 및 증기상태로 1일 1회 4시간 동안 실험동물에 흡입 투여 후 14일 이상 관찰하면서 실험동물 50%가 사망하는 반수치사농도(LC_{50}) 값을 산출한다.

[표 5-1] 우리나라 농약제품의 인축독성 구분

구분	시험동물의 반수를 줄일 수 있는 양(mg/kg체중)			
	급성경구		급성경피	
	고체	액체	고체	액체
1급 맹독성	5 미만	20 미만	10 미만	40 미만
2급 고독성	5 이상 50 미만	20 미만 200 미만	10 이상 100 미만	40 이상 400 미만
3급 보통독성	5 이상 500 미만	200 이상 2,000 미만	100 이상 1,000 미만	400 이상 4,000 미만
4급 저독성	500 이상	2,000 이상	1,000 이상	4,000 이상

출처 : 농촌진흥청(2000).

2. 만성독성

만성독성은 소량의 농약을 장기간(6개월~1년)에 걸쳐 계속 섭취하였을 때 나타나는 독성을 조사하는 것으로 장기간 먹이와 함께 투여하였을 때 타나나는 행동 변화, 체중 변화, 섭식량 변화뿐만 아니라 혈액, 대소변, 혈청, 간 등의 생리학적 변화, 효소활성 변화와 사망 후 부검을 통한 간, 콩팥, 폐, 뇌 등의 병리학적 검사를 하여 비정상적인 현상이 일어나지 않는 최대 수준의 농약량인 최대무작용량(NOEL : No Observed Effect Level 또는 NOAEL : No Observed Adverse Effect Level)을 산출한다.

3. 변이원성

변이원성은 미생물이나 배양한 동물세포 등을 이용하여 유전자의 복귀돌연변이 콜로니 수를 조사하는 돌언변이성 조사, 염색체의 이상 검정, 생쥐의 골수를 채취하여 소핵을 가진 다염성 적혈구의 빈도를 조사하는 소핵시험으로 조사한다.

4. 지발성 신경독성

닭에 유기인제 농약을 1회 투여하고 21일간 보행이상이나 효소활성 억제, 병리조직학적 이상 여부를 검사한다.

5. 자극성

피부자극성, 안점막 자극성, 피부감작성(알레르기 반응)을 검사한다.

6. 특수독성(발암성)

발암성 검사는 흰쥐(24개월), 생쥐(18개월)에 여러 수준의 농약을 먹이와 함께 투여하여 일반증상, 체중 변화, 섭식량 변화, 조직병리학적 검사, 임상병리학적 검사를 실시하여 암의 유무 정도를 파악하게 된다.

미국 환경보호청(EPA)은 발암위해가능성 농약에 의한 종양유발가능성을 7단계로 분류하여 관리하고 있으며, 발암위해가능성 농약에 대한 식이섭취위험도는 농약노출량(식품소비량×농약잔류량)에 개개 농약의 종양유발가능지수를 곱하여 평가한다.

[표 5-2] 발암위해 가능성 농약에 의한 종양유발가능성 구분(US/EPA)

분류	특징
A	사람에 대한 발암성 존재
B	2종류 이상의 실험동물에서 종양 유발
B_1	사람에 대한 종양 유발 가능성이 상당히 크다고 여겨지는 경우
B_2	실험동물에서는 충분한 종양 유발 증거가 있으나 사람에 대한 증거는 불충분한 경우
C	1종류의 실험동물에서 종양 유발
D	증거 불충분으로 사람에 대한 종양 유발 가능성으로 볼 수 없는 경우
E	사람에 대한 발암성 증거가 없는 경우

[표 5-3] WHO 국제암연구기관인 IARC(International Agency for Research on Cancer)의 발암성 분류

분류	특징
Group 1	인간에 대한 발암성 물질
Group 2A	인간에 대한 발암 추정물질
Group 2B	인간에 대한 발암 가능성 물질
Group 3	인간에 대한 발암성으로 분류되지 않음
Group 4	인간에 대한 발암 가능성이 없음

7. 어독성

어류에 대한 농약의 독성 정도를 나타내는 것으로 독성 구분은 맹독성(Ⅰ급), 고독성(Ⅱ급), 보통독성(Ⅲ급)의 3단계로 나뉜다. 어독성은 여러 수준의 농도로 약액을 처리하고 48시간 후 50%가 죽는 수인 반수치사농도(LC_{50}, mg/L)를 산출한다.

기출 19년 기사 2회 62번

우리나라에서 농약 등록 시 농약안전성 평가항목으로서 환경독성의 평가항목에 해당되는 것은?

① 급성독성
② 어독성
③ 아급성독성
④ 신경독성

답 ②

기출 22년 기사 2회 71번

농약 등록을 위한 농약안전성 평가항목 중 환경생물독성에 해당되는 것은?

① 급성독성
② 어독성
③ 아급성독성
④ 신경독성

답 ②

[표 5-4] 어류에 대한 독성 정도에 따른 농약의 구분

구분	반수치사농도(TLm, mg/L)
맹독성(Ⅰ급)	0.5 미만
고독성(Ⅱ급)	0.5 이상 2 미만
보통독성(Ⅲ급)	2 이상

① 우리나라의 경우 유통농약의 반 이상이 벼농사용으로 등록되어 있어 관개수, 하천 등에 유입 시 어류에 대한 직접적인 영향을 미칠 수 있으며, 어류의 먹이가 되는 이끼류 같은 수생생물에 의한 간접적인 피해도 우려되어 농약의 포장지에 경고문구를 삽입하도록 의무화되어 있다.

② 어독성의 표기는 반수치사농도(TLm : Median Tolerance Limit)로 표기하며 처리 48시간 후 잉어의 반수(50%)가 살아 남는 화학물질의 농도로 ppm으로 표시한다.

③ 제형별로 볼 때 어독성은 유제 > 수화제, 수용제 > 분제, 입제의 순으로 알려져 있다.

④ 어류는 알일 때 농약에 대한 감수성이 가장 낮으며 치어일 때 감수성이 높다.

⑤ 어류는 수온이 높을수록 감수성이 높아져 저항성이 떨어진다.

⑥ **벼재배용 농약의 어독성 구분**

㉠ 어독성 Ⅰ급 농약의 10a당 평균사용량이 유효성분으로 0.01kg을 초과하지 않는 경우 잉어의 반수를 죽일 수 있는 농도(TLm, mg/L)를 10a당 농약 사용량에 대한 유효성분량(논물 중 기대농도치)으로 나눈 값으로 다음과 같이 논에서의 어독성을 달리 구분할 수 있다.

- 위험도(Z) = 농약의 어류 LC_{50} / 농약의 논물 중 기대농도치(수심 5cm)
  ※ 농약의 논물 중 기대농도치란 10a 기준으로 농약 평균사용량의 유효성분(원제)의 함량을 의미한다.
- 위험도(Z) : $Z > 5$(Ⅰ급), $0.1 < Z < 5$(Ⅱ급), $Z < 0.1$(Ⅲ급)

㉡ 그러나 어독성이 Ⅱ, Ⅲ급에 속하는 농약의 10a당 평균사용량이 유효성분으로 0.1kg을 초과하는 경우 그 값이 5 미만이라 하여도 Ⅰ급으로 분류하여야 한다.

8. 기타

1) 최기형성

임신된 태아 동물의 기관 형성기에 여러 수준의 농약을 투여하여 임신 말기 부검을 통해 배자의 사망, 태자의 발육 지연 및 기형 등을 검사한다.

2) 번식독성

실험동물 암수에 여러 수준의 농약을 투여한 후 교배시켜 1세대(F_1)을 얻고 다시 여러 수준의 농약을 투여 후 2세대까지 얻은 후 각 세대의 일반적 검사 및 병리검사, 발육상태, 수태율, 임신기간, 사산, 생존율 등을 검사한다.

기출 22년 기사 2회 76번

벼 재배용 농약의 사용량을 고려한 어독성 구분을 위한 아래 식에 대한 설명 중 틀린 것은?

$$Z = \frac{Y}{X}$$

① 계산결과 $Z > 5$일 경우 Ⅰ급으로 구분한다.
② 계산결과 $Z < 0.1$일 경우 Ⅲ급으로 구분한다.
③ X는 농약 등의 어류 LD_{50} (mg/L)이다.
④ Y는 농약 등의 논물 중 기대농도치(mg/L, 수심 5cm)이다.

답 ③

CHAPTER 06

농약의 안전성

Key Word

농약 노출허용량 / 농약의 중독과 대책 / 잔류농약의 안전성 / 농약 잔류허용기준 / 농약 허용물질목록 관리제도(PLS) / 농약의 혼용

01 농작업자의 농약 노출허용량

농약의 위해성(안전성)은 독성의 강도, 노출약량, 노출시간으로 산출되는데, 독성의 강도는 화학물질이 가지고 있는 고유의 성질을 의미하여 노출약량과 노출시간은 화학물질의 사용방법에 따라 결정된다. 따라서, 어떤 농약의 물질의 안전성은 과학적으로 밝혀진 그 물질의 고유한 성질이 가지고 있는 독성의 강도에 의해 결정되기보다는 그 물질을 안전하게 사용하는 가능성의 크기에 따라 더 크게 좌우되는 것이다.

농약의 위해성 = 독성 강도 × 노출약량 × 노출시간
(농약의 안전성) (고유성질) (사용방법) (사용방법)

1. 농약 살포자에 대한 농약 위해평가와 노출평가

농약 살포자에 대한 위해성 평가를 위하여 해당 농약의 농작업자 농약 노출허용량(AOEL)과 농약 살포자가 해당 농약을 살포할 때 노출되는 농약 노출량을 비교하여 평가한다. 위해평가는 독성에 대한 노출의 비율(TER : Toxicity Exposure Ratio)로 평가하는데 AOEL에 체중을 곱하고 이를 노출량으로 나누어 산출한다. TER이 1보다 크면 농약 살포작업이 안전한 것으로 판단하고, TER이 1보다 작으면 농약 살포작업이 안전하지 못한 것으로 판단한다.

$$\text{노출비율(TER)} = \frac{\text{노출허용량(AOEL)} \times \text{체중(kg)}}{\text{노출량}}$$

TIP

농약 노출 측정법
- 수동적 측정법 : 농약을 살포할 때 피부노출 및 호흡노출을 측정하고 여러 노출인자를 사용하여 내적 및 외적 노출량 또는 흡수용량을 예측하는 방법으로 가장 보편적으로 사용된다.
- 생물학적 측정법 : 살포자의 소변, 혈액, 타액, 땀 등에 포함된 농약량을 측정하는 것으로 인체 내의 노출 정도를 측정한다.

2. 농약의 중독과 대책

농약의 중독은 급성중독과 만성중독으로 구분된다. 급성중독은 음독에 의해 주로 발현되며 만성중독은 식품 섭취 시, 식품이나 농산물 중에 잔류하는 농약이 인체로 흡수, 축적되어 일어난다.

TIP

농약의 중독 증상
- 전신 : 무기력, 피곤함 등
- 피부 : 발진, 붉은 반점, 작열감, 수포, 색소침착, 각화증 등
- 눈 : 동공 축소, 동공 확대, 눈물, 안통, 결막충혈, 각막백탁, 결막염 등
- 소화계 : 침분비 과다, 구역질, 구토, 복통, 설사, 인후 및 구강 화상 등
- 신경계 : 두통, 현기증, 근육경련, 불안정, 혼미, 비틀거림, 말 더듬기, 발작, 무의식 등
- 호흡계 : 기침, 흉통, 흉부압박, 호흡곤란 등

1) 농약 중독의 원인

자살 또는 실수로 인한 음독 상황 외에는 농약을 살포할 때 방제복, 마스크 등의 보호장비의 미착용으로 살포액이 피부, 눈, 호흡기를 통하여 체내로 침투되어 독성을 일으키는 경우가 농약의 중독이 일어나는 대부분의 원인이 된다. 이때 치명적인 경우는 거의

없으나 중독증상이 분명히 발현되고 일상 작업 중 또는 농약 사용 중에 반복적으로 노출될 수 있어 각별한 주의가 필요하다.

2) 응급조치 요령

응급조치 중 가장 중요한 것은 호흡을 유지하면서 중독 원인 물질을 최대한 빨리 제거하여 체내 흡수를 방지하는 것이다.

① **피부 오염 시** : 농약에 오염된 작업복을 벗기고 피부를 비눗물로 깨끗이 씻은 다음 안정을 취하게 한다.

② **눈 오염 시** : 즉시 수돗물이나 흐르는 물에 눈을 씻고 따뜻한 물(38℃)에 얼굴을 잠기게 하고 눈을 깜박이며 씻어낸다.

③ **흡입 중독 시** : 환자를 통풍이 잘 되는 장소에 눕히고 의복을 느슨하게 하여 호흡을 쉽게 하고 심한 경우에는 인공호흡을 실시한다.

④ **섭취 중독 시** : 위장 내 농약의 흡수를 방지하기 위하여 즉시 구토하도록 해야 하며 손가락이나 숟가락 자루 등을 입 안에 넣어 인후를 자극하거나 따뜻한 소금물을 마시게 하거나 우유나 달걀 흰자위를 먹인 후 구토를 유도한다. 구토물에 농약 냄새가 없을 때까지 반복 실시하며 의식이 혼미하거나 경련을 일으키는 경우 또는 석유계 용제를 사용한 농약을 음독한 경우에는 구토하지 않게 한다.

⑤ **기타** : 과도한 불안이나 흥분 시에는 순환계에 부담을 주어 체력 소모를 가져오기 때문에 안정제를 투여하여 안정시켜야 하며, 의식이 혼미할 때는 카페인이 함유된 커피나 홍차를 마시게 하는 것도 효과적이다.

3) 해독제의 이용

중독의 원인물질 종류가 확실한 경우에는 중독 원인물질에 대한 해독제를 복용 또는 주사하여 해독할 수 있으나 현재 유기염소계 농약이나 니트로화합물 등의 농약에 대한 해독제는 없다.

[표 6-1] 농약중독별 해독제의 종류

농약계통	해독제
유기인계 (Organophophorus)	황산아트로핀, 팜(PAM) ※ 팜은 파라치온(Parathion), 피리다펜치온(Pyridaphenthion), EPN에는 효과가 있으나 그 외에는 효과가 없다. 팜이 효과가 없을 시 황산아트로핀을 사용한다.
카바메이드(Carbamate)계	황산아트로핀
피레트로이드계 (Pyrethroid)	황산아트로핀(환자의 타액 분비가 과다할 때), 항경련제(발비타(Balbitar), 레니토닌(Rhenitonine), 메티카바놀(Meticarbanol))
카탑(Cartap)· 티오사이클람(Thiocyclam)	발(BAL), 글루타치온(Glutathione) 등의 SH계 해독제
디티오카바메이트 (Dithiocarbamate)	스테로이드제

기출 20년 기사 3회 77번

농약 중독사고 발생 시 취해야 할 응급조치로 적당하지 않은 것은?

① 경구중독일 경우 따뜻한 물이나 소금물로 세척한다.
② 약물이 장내로 들어갈 염려가 있을 시 황산마그네슘(15~20g) 물에 독극물의 흡착을 위해 활성탄이나 규조토 등을 타서 먹여 배설시킨다.
③ 흡입중독일 경우 체온을 식히기 위하여 찬물로 씻어 준다.
④ 경피중독일 경우 오염된 의복을 벗기고 부착된 약제를 비눗물로 씻는다.

답 ③

TIP

음독 후 2시간이 지난 경우

- 구토효과는 기대하기 어렵고 장에 흡수되는 것을 막기 위해 설사를 유도해야 한다.
- 설사제
  - 황산마그네슘이나 황산소다 15g을 물 300mL에 타서 마시게 하거나 장에 주입하여 설사를 시킬 수 있다. 이때 활성탄을 설사제와 함께 복용하면 약물을 흡착시켜 설사를 유도하기 때문에 더욱 효과적이다.
  - 미네랄 오일 에멀션(30mL) 또는 피마자유(15mL) 복용도 효과적이나 피마자유의 경우 중독 원인이 DDT, BHC 같은 지용성 약제인 경우에는 사용할 수 없음에 주의해야 한다.
  - 중금속 농약 중독 시에는 2% 수준의 탄닌산이나 달걀 흰자위, 우유 등을 중화제로 사용할 수 있다.

기출 21년 기사 4회 73번

유기인제에 중독되었을 때 주로 사용되는 해독제는?

① Balbitar
② PAM
③ Meticarbanol
④ Rhenitonine

답 ②

농약계통	해독제
메틸브로바이드(Methyl bromide), EDB제	발(BAL), 아미노페린(Aminopherin)
유기비소(Organoarsenic)계	발(BAL)
염소산염계 제초제	황산소다를 중탄산소다에 용해시킨 것

02 잔류농약의 안전성

농약의 급성독성이 농민을 비롯하여 농약제품을 직접 취급하는 사람을 대상으로 적용되는 독성이라 한다면 만성독성은 생물체에 독극물을 오랜 기간 반복적으로 투입했을 때 조직 또는 생리적 이상을 초래하여 치사에 이르게 하는 독성으로 소비자가 잔류농약이 함유된 농산물을 계속적으로 섭취하였을 경우의 독성을 말한다. 급성독성과 만성독성은 서로 간에 상관관계가 없는 별개의 독성이다.

잔류농약에 의한 위해성은 농약 자체의 만성독성과 노출량의 곱으로 표시된다. 즉, 잔류수준(노출량)이 낮더라도 농약 자체의 만성독성이 높으면 안전성이 위협을 받게 되는 반면 잔류수준이 높더라도 농약 자체의 만성독성이 낮으면 안전성이 확보된다. 따라서 잔류농약에 의한 위해성은 인간에 대한 허용량 이하로 유지되도록 관리되어야 한다.

기출 21년 기사 2회 63번

농약의 잔류에 대한 설명 중 옳지 않은 것은?

① 작물잔류성 농약이란 농약의 성분이 수확물 중에 잔류하여 농약잔류허용기준에 해당할 우려가 있는 농약을 말한다.
② 안전계수란 사람이 하루에 섭취할 수 있는 약량을 말한다.
③ 작물 체내의 잔류농약은 경시적으로 계속하여 감소한다.
④ 농약의 작물잔류는 사용횟수와 제제형태에 따라서 다르다.

답 ②

TIP

농약 자체의 구조적 안전성이 크고, 작물체 표면에 털이 많고 작물체의 성장속도가 느리고 표면적이 작으면 잔류가 길게 간다.

1. 작물잔류성

① 병해충 방제를 위해 사용한 농약 성분이 수확물 중에 잔류하게 된다.
② 일반적으로 작물의 표면 자체가 약제의 부착성에 도움을 주거나 약제 자체가 부착성이 큰 약제, 유제 같은 기름 성분의 약제, 침투성이 강한 약제 등을 살포했을 때 농약의 작물 잔류성이 높아지며 증기압이 높아 증발이 쉬운 약제는 잔류기간이 짧다.

[표 6-2] 농약의 작물잔류성에 영향을 주는 요인

구분	특징
잔류 부위	살포된 농약의 대부분은 작물 표피의 유지층에 잔류하고 일부가 식물조직 내부로 침투하며, 토양이나 수면에 처리된 침투이행성 약제 등은 뿌리를 통하여 식물체 조직 내부에 잔류하게 된다.
농약 자체의 안전성	농약의 구조적 안전성이 클수록 분해가 늦어 잔류가 오래 간다.
작물체 표면의 형태	굴곡과 털이 많고 광택 같은 왁스피복 비율이 낮을수록 잔류가 오래 간다.
작물체 성장속도	작물체의 성장속도가 빠르고 표면적이 넓으면 중량이 증가하여 희석효과를 발휘할 수 있어 농약의 잔류량은 줄어든다.
전착제	전착제는 농약의 작물체에 대한 부착성을 증가시켜 잔류량도 많아지고 오래 간다.

2. 토양잔류성

① 병해충 방제를 위해 사용한 농약이 토양에 잔류되어 후작물에 잔류된다.

② 토양에 처리한 농약은 토양 중 절반이 분해되는 데 소요되는 시간, 즉 반감기를 가진다. 토양 중 농약의 반감기가 180일 이상이 되면 토양에 그 성분이 잔류되어 후작물에 잔류되나 우리나라에서 사용 중인 농약의 대부분은 반감기가 120일 미만으로 토양 중 잔류 우려가 거의 없는 편이다.

[표 6-3] 농약의 토양잔류성에 영향을 주는 요인

구분	특징
농약 특성	• 화학적 안전성, 토양흡착성, 휘발성, 용해성 등 • 안전성, 흡착성이 크고 휘발성과 용해성이 작으면 잔류성 커진다.
농약 처리방법	한 가지 농약의 연용 처리는 농약 분해 미생물의 활성이 증가하여 농약의 분해속도가 빨라져 잔류성이 낮아진다.
농작물 재배방법	작물의 종류와 생육상태, 비료 및 퇴비의 사용, 관개 여부 등이 토양의 이화학적 특성과 연계되어 잔류성이 달라진다.
기상조건	• 지온, 기온, 바람, 강우 등이 잔류성에 영향을 준다. • 지온 증가는 농약 분해 미생물의 번식을 양호하게 하고 기온의 상승과 바람은 농약의 휘발성을 촉진하며 강우는 농약의 용탈로 이어져 잔류성이 낮아진다.
토양 특성	• 유기물 함량이 높으면 미생물의 활성을 촉진하여 잔류성은 낮아지며, 흡착성이 강한 농약의 사용은 토양 입자에 강하게 흡착되어 잔류성이 높아진다. • 농약의 화학구조는 토양의 산화·환원조건에 따라 분해속도가 달라지며 토양의 pH에 따라서도 잔류성이 달라진다.
농약의 이동성	• 휘발성이 강한 증기압이 큰 농약과 음이온을 나타내는 농약은 이동이 용이하여 잔류성이 낮아진다. • O/W(옥탄올/물)의 분배계수, 즉 물에 기름이 떠있는 기름의 비율이 높고 토양흡착계수가 크면 토양 내 잔류성이 커진다.

3. 수질오염성

수서생물에 피해를 일으킬 우려가 있어 공공수역의 수질을 오염시키며 그 물을 이용하는 사람과 가축 등에도 피해를 줄 우려가 있다.

03 만성독성학직 척도(농약 잔류허용기준)

작물 재배 과정에서 농약을 사용하였을 때 수확물 중에 잔존하는 잔류농약의 만성독성학적 위해성은 농약 자체의 만성독성과 노출량에 의해 결정된다.

만성독성학적 위해성 = 만성독성 × 노출량

기출 20년 기사 4회 66번

잔류농약의 피해대책을 위하여 농약의 잔류허용기준, 반감기 및 반치사농도(LC_{50}) 등에 따라 잔류성 농약을 구분하는데 이에 해당하지 않는 것은?

① 작물잔류성 농약
② 식품잔류성 농약
③ 토양잔류성 농약
④ 수질오염성 농약

답 ②

기출 21년 기사 1회 61번

농약잔류허용기준의 설정 시 결정요소가 아닌 것은?

① 토양 중 잔류특성(Supervised residue trial in soil)
② 안전계수(Safety factor)
③ 1일 섭취 허용량(ADI)
④ 최대무작용량(NOEL)

답 ①

기출 21년 기사 2회 76번

농약의 일일섭취허용량에 대한 설명으로 가장 옳은 것은?

① 농약을 함유한 음식을 하루 섭취하여도 장해가 없는 양을 말한다.
② 농약을 함유한 음식을 1년간 섭취하여도 장해를 받지 않는 1일당 최대의 양을 말한다.
③ 농약을 함유한 음식을 10년간 섭취하여도 장해를 받지 않는 1일당 최대의 양을 말한다.
④ 농약을 함유한 음식을 일생 동안 섭취하여도 장해를 받지 않는 1일당 최대의 양을 말한다.

답 ④

기출 20년 기사 1·2회 72번

농약의 잔류허용기준(MRL)을 결정하는 요소가 아닌 것은?

① 최대무작용량(NOEL)
② 안전계수
③ 농약 살포 횟수
④ 1일 섭취허용량(ADI)

답 ③

1. 최대무작용량(NOAEL : No Observed Adverse Effect Level)

만성독성은 오랜 기간에 걸쳐서 서서히 발현되는 독성이기 때문에 급성독성처럼 단기간에 일정한 치사유발 수치를 얻기는 힘들다. 따라서, 치사유발 수치가 아닌 실험동물에 대한 최대무작용량(mg/kg)으로 표시한다. 최대무작용량이 클수록 농약의 만성독성이 높아진다.

2. 1일 섭취허용량(ADI : Acceptable Daily Intake)

최대무작용량은 실험동물을 대상으로 얻은 수치이기 때문에 이를 직접 인간에게 적용하기 위하여 안전계수(Safety factor)를 적용한 것이 1일 섭취허용량(mg/kg)이다.

$$1일\ 섭취허용량(ADI) = 최대무작용량(NOAEL) \times 안전계수$$

안전계수

안전계수＝A×B×C＝1/100～1/1,000

구분	정의	보정계수
A	실험동물과 인간 간의 생물종 차이에 따른 보정계수	1/10
B	인간 개체별 독성반응 차이에 대한 통계학적 분포를 감안한 보정계수	1/10
C	과학적 실험자료의 확보 유무에 의한 보정계수	1～1/10

3. 잔류허용기준(MRL : Maximum Residue Limits)

정상적 경작조건에서 해충방제를 위한 농약 사용은 허용하되 오남용을 방지하도록 수확물 중 잔류수준의 상한선을 설정한 것을 '잔류허용기준'이라 한다.

$$최대잔류허용량(MRL) = \frac{1일\ 섭취허용량(ADI,\ mg/kg) \times 국민\ 평균체중(kg)}{해당\ 농약이\ 사용되는\ 식품의\ 1일\ 섭취량(식품계수,\ kg)}$$

1일 섭취허용량은 인간 체중 1kg당 허용량을 의미하므로 이 수치에 표준체중을 곱하면 인간 1명에 대한 1일 잔류농약 섭취허용량이 되고, 이를 인간 1명의 1일 농산물 섭취량으로 나누면 이론적 잔류허용한계, 즉 최대잔류허용량이 된다. 그러나 이 수치는 농약이 1개 작물에만 사용될 경우를 의미하므로 2종 이상의 농산물에 사용이 허가되는 일반적 농약 등록 형태와는 맞지 않는다.

농약의 잔류허용기준(MRL)은 정상적인 경작형태에서 최대농약살포조건으로 수행한 표준 잔류성 시험의 실험결과와 통계학적 평가에 근거하여 각 잔류성 시험으로부터 수확물 중 최대잔류량을 실험적으로 적고, 다수 잔류성 시험결과의 변이성을 통계학적으로 평가하여 상위 95% 수준에서 설정한다. 이러한 MRL 설정은 국가 및 국제기관별로 상이하나 최근 OECD에서 제안한 MRL 설정법으로 통합되는 추세이다.

4. 잔류농약의 식이섭취량(TMDI : Theoretical Maximum Daily Intake)

일반적으로 등록된 농약은 2종 이상의 농산물에 사용이 허가되므로 다종의 농산물에 잔류허용기준을 설정하였을 때 허용기준을 적용하여 이론적 최대섭취허용량(식이섭취량, TMDI)을 산출하고 이 수치가 인간에 대한 1일 섭취허용량의 80%를 초과하지 않도록 농약 사용을 허가하는 농작물의 수를 제한하게 된다.

04 농약 허용물질목록 관리제도(PLS : Positive List System)

농산물 중 잔류농약의 효율적 관리를 위하여 국내에 등록되었거나 잔류를 허용하는 농약에 대해서는 적정한 잔류허용기준을 설정하여 관리하고, 그렇지 못한 잔류허용기준이 설정되지 않은 비등록 또는 허가되지 않은 농약의 잔류에 대하여는 일률기준인 0.01mg/kg(ppm)의 잔류허용기준을 적용하는 제도로 2019년 모든 작물에 적용되었다. PLS 제도는 국내에서는 농약의 적법 사용을 의무화하고 있으며 농산물 수출국에 대하여는 사용 농약의 적법성 및 잔류허용기준의 과학적 근거에 대한 국내 허가 의무를 적용하게 된다. 따라서, 전 세계 불특정 다수의 농약 잔류에 따른 수입 농산물 중 안전성을 확보하기 위해서 필수적인 제도이다.

05 농약의 안전사용기준

농약의 잔류허용기준은 전문성이 강하기 때문에 농약 사용자인 농민에게 직접 준수하라고 요구하는 것은 비현실적인 요구사항이다. 따라서, 살포 농약의 잔류소실 특성, 분석 및 평가는 전문 과학자가 미리 실험적으로 수행하고, 이 결과를 토대로 수확 전 살포 가능시기와 최대 살포 횟수를 실용적으로 지정하여 농민으로 하여금 이를 준수하도록 하는 것이 농약의 안전사용기준이다.
농약의 안전사용기준에는 ① 사용 대상 또는 사용제한 대상이 되는 농작물의 명칭, ② 사용 제형 및 방법, ③ 사용시기 특히 수확 전 최대임박살포일(PHI : Pre-Harvest Interval), ④ 사용횟수를 지정한다. 이들 중 최종 잔류수준에 가장 큰 영향을 주는 요소는 임박살포일이다.

06 농약의 혼용

1. 농약 혼용의 장점

농약은 다음과 같은 여러 장점으로 혼용을 하게 되지만, 잘못된 혼용은 약해를 유발할 수 있어 주의가 필요하다.

- 살포 횟수를 줄여 방제비용 및 노력을 절감할 수 있다.
- 서로 다른 병해충의 동시방제로 약효를 증진할 수 있다.
- 동일 약제의 연용(連用)에 의한 내성 또는 저항성 발달을 억제할 수 있다.
- 2종의 농약을 혼용하여 2종 이상의 해충을 방제하거나 동시에 살균·살충작업의 효과를 나타내는 농약의 협력작용(Synergism) 또는 상승작용을 기대할 수 있다.

2. 농약 혼용의 특징

① 대부분의 농약은 알칼리에 의해 분해되어 효력이 떨어지거나 유독한 물질을 형성하여 약해를 일으키는 경우가 있다. 특히 알칼리성 농약에 속하는 보르도혼합액, 결정석회황 합제, 농용비누, 석회를 함유한 약제(비산석회, 카세인석회, 소석회) 등은 가급적 혼용하지 않는 것이 좋다. 부득이 혼용할 때는 알칼리성 약제를 조제한 후 혼용하려는 약제를 사용 직전에 가해서 즉시 살포하여야 한다.

② 알칼리성 약제와 혼용해서 좋지 않은 약제에는 말라티온(Malathion), DDVP, 파라티온에틸(Parathion ethyl), EPN, 다이아지논(Diazinon) 등의 유기인계, 카바메이트계, 유기염소계이며, 다이센, 퍼어메이트(Fermate) 같은 유기유황살균제 등이 있다.

> **TIP**
> 다이센과 퍼어메이트는 유기유황살균제인 회사 상품명으로 다이센은 만코제브(Mancozeb)를 주원료로 하며 퍼어메이트는 디메틸 디티오카바믹산(Demethyl dithiocarbamic acid)을 주원료로 한다.

③ 유제와 수화제를 혼용할 때는 소요 농도의 유제를 먼저 조제한 후, 수화제를 소량의 물로 죽처럼 갠 것을 서서히 가하면서 잘 저어 사용하도록 한다.

④ 잘못된 혼용은 농약 성분의 분해에 의한 약효 저하 및 약해 발생 등을 초래할 수 있으므로 반드시 혼용의 가부(可否)를 확인하여야 한다.

3. 농약 혼용 시 주의사항

① 농약설명서 및 혼용가부표를 반드시 확인하고 적용대상 작물에만 사용한다.

② 혼용 시에는 표준희석배수를 반드시 준수하고 고농도로 희석하지 않으며 표준량 이상으로 많은 양을 살포하지 않는다.

③ 혼용가부표에 없는 농약을 부득이 혼용할 경우에는 전문기관이나 제조회사와 상담하거나 좁은 면적에 시험적으로 살포하여 약해가 발생하는지의 유무를 확인한다.

④ 가급적 다종 혼용을 피하고 2종 혼용을 한다.

- 여러 약제를 혼용하면 농약을 만들 때 첨가한 각종 보조제의 농도가 높아지기 때문에 약해가 발생할 가능성이 크다.
- 2가지 이상의 약제를 동시에 섞지 말고 한 약제를 먼저 물에 완전히 섞은 후에 차례대로 한 약제씩 추가하며 희석한다.

⑤ 미량요소가 함유된 제4종 복합비료(영양제)와 혼용하면 생리장해가 일어날 수 있기 때문에 혼용을 피하는 것이 좋다.
⑦ 혼용하였을 때 침전물이 생기면 사용하지 않는다.
⑧ 농약을 혼용하여 조제한 살포액은 당일에 살포하며 1회에 모두 소진할 수 있는 사용량만 조제한다.
⑨ 제형이 다른 농약을 혼용할 때는 원칙적으로 다음의 순서를 따르도록 한다.
- 유제와 수화제는 가급적 혼용하지 말고 부득이한 경우 액제 및 수용제, 수화제 및 액상수화제, 유제의 순서로 물에 희석한다.
- 수화제 또는 액상수화제와 유제의 혼용할 경우, 수화제의 희석액을 먼저 만든 후 액상수화제, 유제를 넣어 살포액을 만든다.
- 수화제 또는 액상수화제 끼리 혼용할 경우, 1개의 수화제 또는 액상수화제의 희석액을 만든 후 다른 수화제 또는 액상수화제를 넣어 살포액을 만든다.
- 전착제를 혼용할 경우, 전착제 살포액을 먼저 만든 후 수화제 또는 액상수화제를 넣어 살포액을 만든다. 전착제와 유제를 섞어 쓸 경우에는 순서에 관계없다.

[표 6-4] 농약 혼용의 실제

약제명	혼용하면 안 되는 것	비고
보르도혼합액	결정석회황 합제, 기계유 유제, 송지 합제, 퍼메이트를 비롯한 유기 유황제, 캡탄제, 비누	결정석회황 합제, 기계유 유제, 비누는 어떤 것과도 섞지 않고 단독으로 사용이 권장된다.
동수은제(銅水銀劑)	기계유 유제, 결정석회황 합제, 캡탄제, 비누	
결정석회황 합제	보르도혼합액, 기계유 유제, 유기 유황제, 캡탄제, 비누	
유기유황제, 퍼어메이트제, 다이센제	결정석회황 합제, 보르도혼합액, 기계유 유제, 비산석회, 비누	
비산연	기계유 유제, 비누	

TIP

여러 농약을 혼용할 경우 물에 잘 녹는 순서대로 실시하는 게 좋다.

기출 22년 기사 1회 79번

유기인계 살충제와 강알칼리성 약제의 혼용을 피하는 가장 큰 이유는?

① 약해가 심하기 때문이다.
② 물리성이 나빠지기 때문이다.
③ 복합요인에 의한 작물의 생육저해가 일어나기 때문이다.
④ 알칼리에 의해 가수분해가 일어나기 때문이다.

답 ④

용어설명

비산연
비소산과 수소연(납)의 화합물이다.

07 농약의 연용

서로 다른 농약이라도 연이어 사용할 때는 일정한 처리기간이 경과되어야 약해를 방지할 수 있다. 보르도혼합액의 경우 살포 후에 결정석회황 합제를 처리할 때는 2~6주일의 간격을 두어야 하고 이와 반대로 결정석회황 합제를 처리한 후 보르도혼합액을 사용할 때는 1~2주일 정도의 간격을 두고 살포하여야 한다. 결정석회황 합제나 보르도혼합액을 처리한 후에 기계유 유제를 살포할 때는 적어도 1개월 이상의 간격을 두고 살포하도록 한다.

TIP

보르도혼합액과 기계유 유제 처리 후 후처리는 일반적으로 1개월 이상 지난 후 실시한다.

[표 6-5] 약제별 연용방법

선처리 약제	후처리 약제	선처리 후 후처리 간격
보르도혼합액	결정석회황 합제	1개월
보르도혼합액	지넵제(다이센)	1개월
보르도혼합액	송지합제	1주일
결정석회황 합제	보르도혼합액	2~3주일
결정석회황 합제	비산연	5일
비산연	니코틴 비누액	10일
송지합제	결정석회황 합제	2주일
기계유 유제	보르도혼합액	1개월
기계유 유제	결정석회황 합제	1개월
비누	비산연	5일

CHAPTER 07

농약의 저항성과 약해

Key Word

농약에 대한 안전성 / 농약의 이해 / 약해 방지대책

01 농약에 대한 저항성

1. 농약 저항성의 구분

1) 약제저항성

한 가지 약제를 연속하여 사용했을 때 방제 대상이 되는 병원균, 해충 및 잡초 중 약제에 대한 저항력이 강한 개체들만이 선발되고 후대에서도 같은 현상이 반복되는 결과 저항성이 더욱 증가하여 이전에 유효했던 약으로는 방제할 수 없게 되는 현상을 말한다.

2) 교차저항성

한 가지 약제에 대하여 저항성이 발달한 병원균, 해충 및 잡초가 이전에 한 번도 사용한 적이 없는 약제에 대하여 저항성을 보이는 현상을 말한다. 교차저항성은 약제들의 작용기구가 비슷하거나 약제의 분해 및 대사에 관여하는 효소계의 유사성에 의해 발생한다.

3) 복합저항성

작용기구가 서로 다른 2종 이상의 약제에 대하여 저항성을 나타내는 것을 말한다. 복합저항성은 한 개체 안에 두 가지 이상의 저항성 요인이 존재하기 때문에 일어난다.

2. 목적에 따른 저항성의 구분

1) 살충제 저항성

① 살충제가 살포된 환경에서 감수성 개체는 대부분 죽게 되나 유전적으로 저항성인 극히 일부 개체는 살아남게 되며, 동일 환경에서 세대를 반복할수록 개체군 내에서 우점종이 되어 저항성을 획득하게 된다(농약 선발물질에 의한 개체군 도태). 진딧물, 응애 또는 총채벌레처럼 생활사가 짧은 해충일수록 저항성은 더 빨리 발달한다. 저항성 발달 정도는 저항성 계통의 반수치사약량을 감수성 계통의 반수치사약량으로 나눈 값인 저항성비(RR : Resistance Ratio)로 나타내며, 저항성비가 10 이상이면 저항성이 발달한 것으로 간주한다.

$$저항성비 = \frac{저항성\ 계통의\ 반수치사약량(LD_{50})}{감수성\ 계통의\ 반수치사약량(LD_{50})}$$

기출 21년 기사 1회 67번

농약의 저항성 발달 정도를 표현하는 저항성 계수를 옳게 나타낸 것은?

① 저항성 LD_{50} / 감수성 LD_{50}
② 감수성 LD_{50} × 저항성 LD_{50}
③ 감수성 LD_{50} / 복잡저항성 LD_{50}
④ 감수성 LD_{50} × 복잡저항성 LD_{50}

답 ①

② 해충이 살충제에 대하여 저항성을 나타내는 기구는 행동적, 형태적, 생리적, 생화학적 요인으로 나뉘며 이러한 요인들은 대부분 복합적으로 작용하여 나타난다.

[표 7-1] 살충제 저항성의 원인

구분	특징
행동적 요인	해충의 본능적 기피현상 예 카바릴(Cabaryl) 저항성 알락진딧물 1종(Myzocallis coryli)
형태적 요인	해충의 표피 큐티클 층의 지질조성을 변화시켜 충체 내 약제의 침투량을 저하시킨다. 예 퍼메트린(Permethrin) 저항성 집파리, 펜발러레이트(Fenvalerate) 저항성 배추좀나방, 델타메트린(Deltamethrin) 저항성 파밤나방
생리적 요인	해충이 친유성 약제를 체내 지방체에 저장하여 불활성화한 후 작용점에 도달하는 약량을 감소시키고 신속히 체외로 배출시킨다. 예 γ-HCH 저항성 그라나리아바구미(Sitophilus granarius)
생화학적 요인	• 대사 과정을 통하여 채내에 침투한 살충제를 무독화 –관여하는 무독화 효소 : Cytochrome P450 monooxygenase, Esterase, Amidase, Glutachione–S–transferase, DDT–Dehydrogenase • 작용점의 변화를 통하여 약제에 대한 작용점의 감수성 저하 –작용점의 단백질의 아미노산 서열 중 1~2개가 바뀌어 입체적인 구조가 변하면서 살충제와의 치환성 감소 –AChE(아세틸콜린에스터레이즈)의 동위효소가 생성되어 기능은 동일하나 살충제와의 결합력 감소 –Na^+ 통로를 구성하는 단백질의 구조 변화로 생기는 저항성

살충제 저항성 대책

저항성이 이미 발달한 해충을 방제하기는 쉽지 않기 때문에 저항성을 유발하지 않거나 지연시키는 방향으로 방제전략 수립이 이루어져야 한다.

- 같은 약제의 연속 사용을 피한다.
- 작용기구(작용기작)가 다른 약제를 교대로 살포(교호살포)한다. 불충분할 경우 작용기구가 다른 살충제와 혼용처리하여 상승효과를 기대한다.
- 경종적 → 생물학적 → 화학적 방제 순으로 종합적 방제전략을 고려해야 한다.

2) 살균제 저항성

식물병원균에 대한 저항성은 질적 저항성과 양적 저항성으로 구분된다.

① 질적 저항성

병원균의 변이에 기인한 것으로 자외선 조사 등을 통하여 유전적 변이가 작용점의 단백질에 일어나고 약제와의 결합력이 현저하게 낮아져서 발생하는 저항성을 말한다.

예 베노밀(Benomyl)과 카벤다짐(Carbendazim) 저항성 *Botrytis, Monilia, Penicillium, Venturia*

② 양적 저항성

병원균 세포 내의 살균제 농도를 낮추는 기작에 의해 유발되는 저항성 기작으로

용어설명

- 질적 저항성 : 저항성 반응이 뚜렷하여 저항성과 감수성의 구별이 뚜렷하며, 소수 유전자에 의해 지배되고 주동유전자 저항성이 이에 해당된다. '특이적 저항성' 또는 '수직저항성'이라고도 한다.
- 양적 저항성 : 폴리진이 관여하는 경우로 저항성 반응이 분명하지 못하며, '비특이적 저항성', '수평저항성', '포장저항성'이라고도 한다.

㉠ 세포 내 배출기구 형성, ㉡ 분해효소 생합성, ㉢ 세포막의 변화, ㉣ 작용점을 형성하는 유전자의 과다 발현, ㉤ 대사경로 우회 등이 있다.

살균제 저항성 대책
- 작용기구가 다른 살균제의 교호살포
- 효과적인 살균제의 혼용
- 2개 이상의 작용점을 가지는 살균제 개발
- 저항성 작물 심기
- 유도저항성 이용
- 중복기생균 또는 길항미생물을 이용하는 생물학적 방제방법 도입
- 병원체, 기주식물, 환경으로 구성된 발병 원인의 삼각형을 깰 수 있는 환경 개선

TIP

한 가지 살균제의 반복적 사용과 추천 농도보다 적은 사용은 양적 저항성을 유발할 위험성이 높다.

3) 제초제 저항성

제초제 저항성 발현의 원인은 크게 두 가지로 구분된다.

① 작용점의 변화

제초제가 결합하는 단백질에 구조적인 변이가 일어나 결합력이 감소하여 나타나는 저항성이다.

② 기타

생리, 생화학적 기구에 나타나는 것으로 ㉠ 무독화 반응으로 분해효소 등의 활성 증가, ㉡ 제초제 흡수를 감소시키거나 식물체 내로의 이행 저해, ㉢ 흡수된 제초제의 불활성 부위인 액포나 세포벽 등에 격리하거나 식물체 내의 당분자 등과의 결합으로 인한 불활성화 등이 있다.

제초제 저항성 대책
- 작용기구가 다른 제초제를 번갈아 사용(저항성 문제가 없는 곳)
- 작용기구가 다른 제초제와 혼용하거나 체계 처리(저항성 문제가 있는 곳)
- 농약의 추천 약량으로 살포 적기에 사용하고 잔존 잡초의 종자 퍼트림을 막아야 함
- 답전윤환, 잔존 잡초 소각 등 재배적 방제방법을 도입하고 경제적 피해 허용 수준을 준용하여 불필요한 제초제의 사용을 금해야 함

02 농약의 약해

약해란 농약의 부작용으로 작물에 나타나는 생리적 해작용으로 정의되며, 식물 조직을 파괴하거나 증산작용, 동화작용, 호흡작용 등 식물의 생리기능을 방해하고 억제함으로써 정상적인 생육을 저해하는 것을 말한다.

기출 21년 기사 1회 76번

농약 사용 후에 나타나는 약해의 원인이라고 볼 수 없는 것은?

① 표류비산에 의한 약해
② 휘산에 의한 약해
③ 잔류농약에 의한 약해
④ 원제 부성분에 의한 약해

답 ④

기출 20년 기사 1 · 2회 79번

약해(藥害)에 대한 설명으로 옳지 않은 것은?

① 약해란 농약에 의해서 식물의 정상적인 생육을 저해하는 것이다.
② 약해라고 해서 전부 작물의 수확에 영향을 끼치는 것은 아니고 환경조건에 따라 회복되는 일시적 약해도 있다.
③ 살충제로 인한 약해 발생은 유기인계 계통이 많다.
④ 만성적인 약해는 약제를 살포한 지 1주일 이내에 나타난다.

답 ④

1. 약해의 구분

① **급성적 약해** : 약제 처리 1주일 이내에 발아 및 발근 불량, 엽소, 반점, 잎의 왜화, 낙엽, 낙과 등 발생

② **만성적 약해** : 농작물의 수확기까지 서서히 나타나는 현상으로 영양생장, 화아 형성, 과실의 발육 등에 영향을 주어 생육 억제, 수량 감소, 품질 저하 등의 피해 발생

③ **후작물 약해(2차적 약해)** : 처리한 농약이 토양에 잔류하여 연이어 재배한 작물에 약해를 일으키는 경우

2. 약해 증상

① **경엽** : 백화(작물체의 잎 전체, 잎 가장자리, 엽맥 사이 등 다양한 부위에서의 엽록소 파괴), 괴사(기관, 조직, 세포 등 생체의 일부가 죽어 정상과는 다른 독특한 색을 띰), 낙엽(잎이 붙어 있는 부분의 이층 세포가 박리되거나 세포의 붕괴로 발생), 기형잎(잎이 오그라지거나 부분적 생장 정지로 발생)

② **뿌리** : 발근 저해, 기형근, 갈변, 비대 억제, 근장 및 근중 감소 등

③ **꽃** : 개화 지연, 꽃잎 다갈색, 꽃봉오리 흑변 등

④ **과실** : 낙과, 기형과, 약반, 착색저해, 임실장애 등

3. 약해 발생 원인

약해는 작물의 특성, 농약의 물리 · 화학적 특성, 환경조건, 농약의 사용방법 등에 의해 나타난다.

1) 작물의 특성

① **품종** : 같은 작물에서도 품종에 따라 다르다. 특히 과수에서는 품종 간 차이가 문제되는 경우가 많다.

[표 7-2] 약해가 일어나기 쉬운 작물

구분	대표 작물
동제	복숭아, 자두, 살구, 잎이 어린 감
비소제	두류, 복숭아, 매화, 잎이 어린 감
결정석회황 합제	복숭아, 자두, 감자, 토마토, 파

② **형태** : 면적당 농약의 부착량이 많거나 중량당 부착량이 많은 작물에서 약해가 나타나기 쉽다. 표면이 울퉁불퉁하고 털이 많으면 상대적으로 면적이 증가하여 부착량이 많아지며 왁스(Wax) 성분이 적고 표면이 거칠며 과실이 작은 소립과실이고 표면적이 넓은 엽채류는 부착량이 많아 약해 우려가 높다.

엽채류 크기가 작은 과실 표면이 거친 작물 털 있는 작물 왁스 성분이 적은 작물	>	과채류 크기가 큰 과실 표면이 매끄러운 작물 털 없는 작물 왁스 성분이 많은 작물

[그림 7-1] 농약의 작물체 부착량 비교

③ **재배조건** : 노지재배와 시설재배는 온도나 수광량이 달라 작물의 생장속도가 달라지고 춘작과 하작 등 재배시기, 시비 등 경종 조건에 따라서도 약해 발생이 다르며 일반적으로 연약한 묘에서 약해 발생이 쉽다.

④ **생육단계** : 잎이 연약한 유묘기나 생육 초기에 약해 우려가 높다. 작물의 생육단계별 감수성이 높아져 약해 우려가 높은 순서는 유묘기 > 생식생장기 > 영양생장기 > 휴면기 순이다.

⑤ **생리적 특성** : 식물의 표피 및 기관의 구조, 생리작용 등에 따라서도 약제의 식물체 내 침투이행성이 달라져 약해 정도가 달라진다.

2) 농약 자체의 물리 · 화학적 특성(경시변화)

복잡한 화합물로 구성된 유기농약 및 무기농약이 시간이 경과하면서 주성분의 효력은 저하되고 약해를 유발하는 물리 · 화학적 변화를 경시변화라 하는데, 이러한 경시변화의 정도는 온도, 광선, 수분 함량, 화합물의 이화학성, 보관환경 등에 따라 다르지만 온도가 가장 큰 영향을 준다.

① 물리성

작물에의 부착성과 침투성에 영향을 줄 수 있는 요소로서 중요한 약해 요인이 되며 농약의 제제형태, 물에 대한 용해도 및 휘발성 등이 포함된다. 일반적으로 유제가 수화제에 비하여 식물 조직 내 침투를 증가시키는 특성이 있어 약해 가능성이 높다. 농약 입자의 크기 또한 영향을 줄 수 있는데, 입자가 작아질수록 효과는 좋으나 약해는 커질 수 있다. 작물체로 흡수되는 농약의 양이 많아지면 약해 가능성이 높아지며 농약의 용해도가 높을수록 흡수량이 많아진다. 또한 농약의 침투량은 약액이 마르는 시간이 길수록 그리고 농도가 높을수록 커지며 약액의 건조시간은 온도와 습도 그리고 계면활성제의 종류에 따라 달라질 수 있다. 침투이행성 약제의 경우 수용성이 비교적 높아서 잎의 주변부나 선단부로 이동하는데 이동된 농약이 고농도로 축적되면 약해 증상이 나타나기 쉽다.

② 환경 중 농약의 잔류 및 확산

- 표류비산 : 농약 살포액 또는 분제가 바람에 의해 의도하지 않은 목적 이외의 작물에 부착되어 일어나는 경우를 '표류비산에 의한 약해'라 한다.
- 휘산 : 살포한 약제가 증발하여 기체상으로 된 농약성분이 방제대상 작물 또는 인근의 작물에 약해를 일으키는 경우를 '휘산에 의한 약해'라 한다. 휘산에 의한

기출 19년 기사 4회 62번

식물 생육단계 중 약해의 염려가 가장 적은 시기는?

① 휴면기
② 영양생장기
③ 생식생장기
④ 개화기

답 ①

약해는 증기압이 높은 제초제에서 잘 일어난다[디니트로아닐린(Dinitroaniline)계의 트리플루라린(Trifluralin), 니트릴(Nitrile)계의 디클로베닐(Dichlobenil) 등].

- 잔류성 : 토양 중에 오랜 기간 잔류하는 농약을 사용한 포장에 후작물로 그 농약에 감수성인 작물을 재배한 경우를 '잔류성에 의한 약해'라 한다. 이 또한 대부분 제초제에서 일어나나 살균제인 퀸토젠(Quintozene) 처리 후 후작물로 토마토, 가지, 피망, 파 등을 심는 경우 약해 우려가 높은 경우도 있다.

[표 7-3] 제초제별 후작 약해의 우려가 있는 작물

제초제	약해 우려 작물
트리플루라린(Trifluralin)	벼
니트랄린(Nitralin)	벼
펜디메탈린(Pendimethalin)	벼
디페나마이드(Diphenamid)	벼, 콩과 작물, 시금치
레나실(Lenacil)	벼, 콩과 작물, 가지과 작물, 십자화과 작물

출처 : 김장억 외(2020). 최신 농약학. 시그마프레스. p.164.

- 농약의 대사 및 분해산물 : 살포된 농약이 토양 중에서 대사 및 분해되어 생성된 화합물이 약해를 일으키기도 한다.

③ 환경조건

- 기상조건 : 기상조건에 따라 약해 발생은 달라진다. 약해는 고온조건에서 살포하거나 살포 후 강한 광에서 발생하기 쉽다. 약제 살포 전의 기상조건도 약해에 영향을 줄 수 있다. 연약한 묘를 만드는 기상조건은 물론 과수 등 영년작물에서도 전년도 건조해나 한해가 있었던 경우 약해가 발생한다. 각각의 기상조건이 약해의 원인이 될 수 있으나 온도와 광, 온도와 습도가 서로 상호작용하여 약해가 발생하는 경우가 대부분이다.

기상조건에 의한 약해

㉠ 광

광에 의해 엽록소가 파괴되어 황화가 발생한다. 약한 광 조건에서도 묘가 연약하게 되어 큐티클(Cuticle) 층의 두께가 감소하기 때문에 약제 침투량이 많아져 약해가 발생할 수 있다. 또한 약광에서는 광합성 능력이 저하되어 해독기구의 하나인 글루코사이드 결합(Glucoside conjugation) 형성에 필요한 광합성 산물의 생산이 저하되어 약해가 일어난다.

㉡ 온도

일반적으로 고온에서 약해는 쉽게 일어나나 저온에서도 약해가 일어나는 경우가 있다.

- 고온 벼 제초제 시메트린(Simetryn) 약해 : 이상 고온, 부식질이 적고 흡착이 적은 사질토양, 연약묘, 어린 모의 경우, 토양으로의 흡착이 적어 물에 용해된 형태로 존재하기 때문에 벼로 흡수가 쉽고, 고온으로 흡수량이 많아지기 때문에 일어난다. 또한 장마가 끝나고 온도가 급격하게 상승하고 증산이 왕성하게 되면 농약 흡수량이 증가하여 약해가 발생한다.

기출 20년 기사 3회 71번

다음 중 살충력이 강하고, 적용 범위가 넓으며 저렴한 값에 대량생산의 장점이 있으나 잔류 독성의 문제를 일으킬 위험요인이 가장 큰 계통의 농약은?

① 유기황계
② 유기인계
③ 유기염소계
④ 카바메이트계

답 ③

- 저온 페녹시(Phenoxy)계 제초제 약해 : MCPA 또는 MCPB 처리 후 15℃ 이하 3일 지속 시 통엽이 발생하면서 약해가 일어난다.

㉢ 습도

다습조건에서 배추 잎은 큐티클 층이 얇아지고, 세포간극이 넓어지며 기공 수도 많아 약제가 잎의 조직 내부로 침투하기 쉬워 약해가 발생한다. 또한 약제 살포 후 다습조건이 되면 약액 건조가 늦고 조직 내 침투량이 많아져 약해가 발생한다.

- 토양환경 : 토양의 종류 및 농약 흡착능, 농약의 종류 등에 의해 약해가 달라진다. 토양의 농약 흡착능은 약해와 아주 밀접한 관계를 지니며 흡착능이 높은 토양, 즉 유기물 함량이 많거나 점토 함량이 많은 토양은 농약의 가용성이 낮아 약해가 잘 발생하지 않는다. 토양 중 수분 함량의 경우, 최대용수량이 적은 사질토에서는 물의 수직방향 이동성이 높아 토양 흡착이 적은 농약은 작물의 뿌리층 이동이 쉬워져 약해가 발생하기 쉽다. 또한 농약의 특성상 토양에 흡착되는 양이 적고 용해도가 큰 농약은 작물의 뿌리층으로 이동하여 작물체 내로의 흡수량이 많아져 약해를 일으키기 쉽다.

④ 농약의 잘못된 사용방법

- 고농도 농약의 살포 : 고농도 농약의 살포는 농약의 흡수량이 증가하게 되어 약해를 일으킬 수 있다. 농약의 침투 정도는 약액이 건조할 때까지 소요되는 시간이 길수록, 잎 표면에서의 농도가 높을수록 약해 발생이 커진다.
- 불합리한 혼용 : 혼용이란 같은 시기에 발생하는 해충이나 병을 동시에 방제하기 위하여 살포액 중에 2종 이상의 농약을 섞어서 한번에 살포하는 것을 말한다. 혼용에 의한 농약의 물리성 변화나 살포액 중 유효성분의 화학적 변화는 약해를 유발하기 쉽다. 예를 들면, 유기인계 살충제가 알칼리성으로 되면 유효성분의 가수분해가 촉진되어 효과가 떨어지거나 화학변화를 일으켜 약해의 원인이 되기도 한다. 혼용에 의한 약해는 주로 살포액의 물리성 변화 때문이다. 유제와 수화제 혼용 시 수화제의 증량제 또는 전착제가 침전되는 경우가 있으며 이러한 침전물이 작물체에 부착되어 약반의 약해를 유발할 수 있다.
- 근접살포 : 근접살포란 서로 다른 2종 이상의 약제를 시간 또는 공간적으로 가깝게 살포하는 경우를 말하며, 예를 들어 프로파닐(Propanil)은 벼와 피 사이에 속간 선택성이 있는 제초제인데, 이를 유기인계 또는 카바메이트계 살충제와 근접살포할 경우 벼에 엽소 증상의 약해를 유발할 수 있다.
- 희석용수 불량 : 일반적으로 알칼리성 용수나 오염된 물을 농약의 희석용수로 사용하면 농약의 유효성분의 분해가 촉진되어 약효는 떨어지고 약해를 유발할 가능성이 높다.

기출 20년 기사 3회 75번

작물에 대한 약해 중 농약 사용 방법과 관련해서 일어나는 약해가 아닌 것은?

① 불합리한 섞어 쓰기는 주성분의 가수분해, 금속염의 치환 등으로 약효 저하 및 약해를 발생시킨다.
② 파라티온을 오랫동안 저장하면 p-Nitrophenol이 생성되어 벼에 약해가 발생한다.
③ 상자육묘에서 Rhizophus spp.에 의한 모마름병 방제를 위해 하이멕사졸과 클로로탈로닐을 동시 사용하면 약해가 발생한다.
④ 살균제에 침투성 유화제를 첨가함으로써 식물체 내에 침투량이 많아져 약해가 일어난다.

답 ②

4. 약해 방지대책

1) 제제의 개선

① 비산 방지 제제

농약의 입자 크기를 가능한 한 크게 하여 약해를 방지할 수 있다. 분제의 경우 미립제, DL(Drift－Less)분제 등으로 제제하고, 액제의 경우 거품 상태로 살포하는 폼 스프레이(Foam spray)법 등으로 개선하며 항공살포에서는 수분 증발을 억제하는 폴리아크릴산나트륨(Sodium polyacrylate)를 첨가하여 액적(Droplet)을 무겁게 한다. 토양에 처리하는 입제는 입경을 크게 만들어 작물 경엽으로의 비산을 줄여 약해를 방지한다.

② 방출제어 제제

- 마이크로캡슐제 : 농약을 살포하면 유효성분이 서서히 방출되는 기술로 잔효성을 길게 해서 효과를 높일 뿐만 아니라 액해를 경감시키기에 유효하다. 농약의 유효성분을 미세하게 분쇄한 후 캡슐에 넣어 휘산을 방지하고 자외선으로 인한 분해를 방지할 목적으로 개발된 제형이다.
- 고분자화합물 : 흡착성이 강한 화합물을 혼합하면 활성 성분이 흡착되어 서서히 방출되므로 약해를 줄일 수 있다. 제초제인 메트리뷰진(Metribuzin)과 불용성 알칼리 리그닌(Lignin)을 1 : 1로 혼합하거나 도열병 살균제인 피로퀼론(Pyroquilon)에 흡착성이 강한 담체를 첨가하면 방출제어가 되어 약해가 경감된다.

2) 약해 경감제 이용

약해 물질을 제거하는 물리적인 해독 물질, 작물체 내에서 화학적으로 해독하는 물질, 작물의 생리활성을 높여 약해를 경감하는 물질 등 약해 경감제에는 여러 가지가 있으며 대부분 제초제 사용에 이용된다.

① 물리적 해독 물질

활성탄을 토양 혼화, 종자분의, 묘의 뿌리에 분의하여 정식하면 약해를 줄일 수 있다. 활성탄은 여러 가지 화합물을 흡착하므로 약해를 줄일 수 있으나 작업상 번거롭고 제초효과가 떨어질 우려도 있으며 상당히 많은 양을 사용해야 하는 실용상 어려운 점이 있다.

② 해독제

토양처리 제초제가 강우 등에 의해 아래 방향으로 이동하여 작물에 영향을 줄 경우 하방 이동을 억제할 수 있는 약해 경감제를 사용한다[시마진(Simazine) 등 트리아진(Triazine)계 제초제 처리 시 OED(Oxyethylene Docosanol) 처리].

작물체 내의 약해 유발물질을 분해하는 해독제도 있다. 잘 알려진 해독제는 티오카바메이트(Thiocarbamate)계 제초제인 EPTC에 사용되는 아트라진(Atrazine)이다. 이를 옥수수 종자에 분주하여 파종한다. 디클로르미드(Dichlormid)는 EPTC, 알라

기출 19년 기사 2회 63번

농약의 약해 방지를 위한 대책으로 가장 거리가 먼 것은?

① 해독제 이용
② 저농도 약액 살포
③ 농약의 안전사용기준 준수
④ 표류비산을 막기 위한 제제의 개선

답 ②

클로르(Alachlor), 아트라진(Atrazine) 등에도 약해 경감효과가 있다.

③ 생리활성 증진제

브라시놀리드(Brassinolide)는 논 제초제인 시메트린(Simetryn, 고온에서 벼 잎마름 증상)과 뷰타클로르(Butachlor, 얕게 심은 벼에서 생육억제)의 약해를 경감시킬 수 있다. 브라시놀리드 희석액에 묘를 침지하여 사용하는데 이는 작물에 증수효과가 있는 것으로 알려져 있으며 내한성, 내병성, 항스트레스 효과도 확인되었다. 그 외 탄산칼슘도 약해 경감효과가 있다.

3) 농약 안전사용기준 준수

농약 중에는 작물의 종류 및 품종에 따라 약해를 일으킬 수 있기 때문에 농약 등록사항을 확인하여야 한다.

[표 7-4] 약해 방지를 위한 주의 및 실천사항

농약 살포 전	농약 살포 작업 시
• 방제 처리 작물의 생육시기, 처리시기 • 희석농도, 혼용 가능 여부 확인 • 작물의 품종 확인 • 근접살포 시 주의사항 숙지 • 살포기구 내 기존 약이 들어 있는지 확인 • 기상 환경조건 확인	• 살포액 제조사항 숙지 • 고온 살포는 피함 • 균일 살포 • 바람의 방향 및 비산 등 고려 • 농약 사용 후 포장제 처리 • 살포 후 장비 세척 필수

4) 기타

① 토양처리 제초제는 복토심을 일정하게 하고 가늘게 쇄토하며 논에서는 물빠짐 정도에 알맞은 제초제를 선택한다.

② 작물의 재배적 측면에서 재식밀도, 비배관리 등을 적절하게 하여 작물을 건강하게 생육시키면 농약의 사용량을 줄일 수 있어 약해의 가능성은 줄어든다.

③ 연작을 하면 작물을 가해하는 병해충은 증가하기 때문에 농약의 사용량은 따라서 증가하게 되어 약해 가능성이 높아지며 연작보다는 윤작을 하는 작부 체계는 약해를 줄일 수 있다.

④ 동일한 농약 성분을 반복적으로 사용하면 대상 병해충이나 잡초에 저항성이 생겨 방제효과는 떨어지게 되고 농약 살포량은 증가하게 되며, 그 결과로 작물의 민감성은 증가하게 되어 특히 과수 같은 경우 만성적 약해가 발생하기 쉽다.

기출 19년 기사 4회 67번

농약의 안전사용기준을 설정하는 주된 목적은?

① 독성을 없애기 위하여
② 약효를 증대시키기 위하여
③ 농산물 중 잔류량이 허용기준을 초과하지 않도록 하기 위하여
④ 살포하는 농민의 편의성을 향상시키기 위하여

답 ③

CHAPTER 08

농약의 작용기작

Key Word

농약의 작용단계 / 살충제의 작용기작 / 살비제의 작용기작 / 제초제의 작용기작

01 농약의 작용단계

농약은 해충, 병원균, 잡초에 살포되었다고 무조건 약효를 나타내는 것은 아니며 방제 대상 생물의 생화학적 작용점에 도달, 결합 또는 반응함으로써 비로소 약효를 나타낸다.

접촉 → 침투 → 작용점으로의 이행 → 작용점에서의 반응

[그림 8-1] 농약의 약효 발현 순서

1. 접촉 단계

농약 자체의 물리·화학적 특성과 더불어 약제의 살포방법 및 그 효율성과 밀접한 관계가 있다. 즉, 대상 해충의 서식 부위에 직접 살포하는 전면 또는 엽면 살포, 침투 이행성 약제를 이용한 토양 살포, 약제의 상당량이 공기 중에 분포하는 훈증법 등에 따라 접촉 효율이 좌우되는데, 전면 살포에도 약제가 해충 또는 작물체에 직접 부착되는 비율은 1/3 이하이다. 따라서 접촉 효율을 높이기 위한 수단이 강구된다. 통상의 분무법보다는 미스트 살포법, 정전기 살포법, 전착제 사용 등이 이에 해당한다.

2. 침투 단계

대상 해충의 표피 조성과 유효성분의 극성이 가장 중요한 요소이다. 식물 잎과 곤충이 표피의 최외부 표면은 왁스 등 매우 비극성인 물질로 구성되어 있다. 따라서, 농약이 충분히 비극성이어야 하나 왁스층을 거쳐 내부로 갈수록 친수성이 커지므로 너무 비극성이면 작용점이 위치하는 생태 내부로의 침투가 어렵게 된다.

따라서 농약 분자는 친유성과 친수성의 두 가지 특성을 모두 가져야 한다. 실용화된 농약들은 해충에 대한 생물활성이 매우 높아 단위시간당 내부로 침투하는 양이 적어도 충분한 약효를 발휘하기 때문에 대부분의 비해리성 농약은 전체적으로 비극성이며 약간의 친수적 특성을 나타내는 것이 일반적이다.

3. 작용점으로의 이행 단계

농약 유효성분의 이행 시 활성화 및 무독화 반응의 유무, 이러한 대사반응의 속도 및 이동속도가 작용점에 도달하는 농약 성분의 양을 결정한다. 따라서 약제가 침투하여 대상 체내로 들어가면 농약 성분들은 작용점으로 이행되는 동안 생체 내에서 일어나는 생화학/화학 반응의 대상 물질이 될 수 있다. 무독화 반응은 대개 농약의 약효가 저하되는 반응이며, 이러한 반응의 유무 및 반응속도에 따라 실제 작용점에 도달하는 성분량이 달라지고, 약효에 큰 영향을 끼치게 된다.

4. 작용점에서의 반응 단계

생물 종에 따라 작용점의 유무와 진화에 따른 친화력 차이가 생물종 간 선택성을 좌우한다. 예를 들면, 포유동물에는 발견되지 않고 해충에만 존재하는 키틴(Chitin)의 생합성을 저해하는 벤조일페닐우레아(Benzoylphenylurea)계 살충제는 인축/해충 간 선택성이 매우 높아 안전하게 사용이 가능하다. 유기인계 살충제의 작용점인 아세틸콜린 분해효소(AChE)는 포유동물 및 해충 체내 모두에 존재하나 진화 과정 중 활성부위 내 3차원적 배열이 약간 상이하다. 따라서 유기인계 살충제 구조 중 3－메틸(3－Methyl)기를 함유하는 성분들은 인축에 대한 독성이 다른 유기인계 살충제에 비하여 상당히 낮다.

02 농약의 작용기작과 저항성

농약의 작용기작은 농약 사용 시 저항성 발현의 최소화를 위하여 필수적인 사항이다. 저항성 발현 인자는 다음과 같다.

① **행동학적 요인** : 해충이 자기 자신에 해로운 농약에 접촉하지 않으려는 자기 방어 본능에 의한 행동 변화
② **형태학적 요인** : 약제 투과성의 변화에 따른 저항성 발현
③ **생화학적 요인** : 무독화 대사 반응성의 증가에 따른 저항성 발현
④ **생리학적 요인** : 작용점의 친화성 저하 및 변형에 따른 저항성 발현

농약 저항성을 최소화하기 위해서는 동일 작용기작을 나타내는 농약 성분 부류 내에서 빈번히 발생하는 교차저항성을 차단하는 것이 중요하다. 농약별 작용기작은 살충제는 IRAC, 살균제는 FRAC, 제초제는 HRAC의 국제 조직의 세분기준에 따라 농약의 교호 사용을 권장하고 있으며 우리나라도 이 국제 작용기작 분류를 준용하고 있다.

TIP
농약의 작용기작은 생리학적 요인에 대하여 가장 결정적인 영향을 미친다.

기출 21년 기사 4회 67번

살충제를 작용기작에 따라 분류하였을 때 가장 거리가 먼 것은?

① 성장저해제
② 신경전달저해제
③ 호흡저해제
④ 광합성저해제

답 ④

03 살충제 및 살응애제(살비제)의 작용기작

1. 살충제 및 살응애제의 작용점

① 신경 및 근육에서의 자극 전달작용 저해

가장 많은 살충제가 이에 속하며 살충제는 일반적으로 해충에 대한 반응 및 약효 발현작용이 빠르게 일어난다.

② 성장 및 발생 과정 저해

해충은 유약호르몬과 탈피호르몬 2종의 주요 호르몬이 균형을 이루며 조절되는데 이에 속하는 살충제는 이러한 호르몬들의 유사체이거나 교란물질들이며 해충 골격의 주요 구성물질인 키틴의 생합성을 저해하는 물질들도 포함된다. 이 분류의 살충제들은 약효 발현에 보통 3~7일 정도의 지연시간이 필요하다.

③ 호흡 과정 저해

모든 세포 내 과정에서 에너지원으로 이용되는 ATP를 생산하기 위한 미토콘드리아에서 일어나는 호흡작용을 저해한다. 전자전달계의 산화 과정, 수소이온 구배의 형성 저해, 산화적 인산화 반응의 저해 등으로 세분되며 일반적으로 해충에 대한 반응 및 작용이 빠르게 일어난다.

④ 해충의 중장 파괴

나비목 해충에 특이적 살충작용을 나타내는 미생물 독소(Bt toxin) 또는 독소 유전자가 발현되도록 조작된 유전자 변형 작물을 포함한다(Bt－corn 등).

⑤ 비선택적 저해

작용기작이 아직 밝혀지지 않았거나 비선택적 저해를 일으키는 부류의 살충제가 여기에 포함된다. 생체 내 특이적 생화학적 작용점이 아닌 다점 저해 및 아직 작용점이 알려지지 않은 살충제들로 특이적 작용점을 나타내는 살충제와 혼합제로 또는 혼용으로 많이 사용되는데 저항성 발현이 감소되는 장점을 가진다.

2. 곤충에 대한 작용기작

곤충은 자극이나 흥분 등의 신경기능을 저해하면 급속하게 죽게 되므로 신경계는 살충제의 적절한 작용점이 되며 곤충 체표에 도달한 살충제는 체표에서 체내 작용점까지 경피, 경구, 경기문의 3개 경로를 통하여 침입한다. 침입형태 그대로 작용점으로 이행하거나 일부 분해, 해독되거나 활성물질로 변하여 작용점에 도달하게 된다.

1) 곤충 신경계 구조와 기능

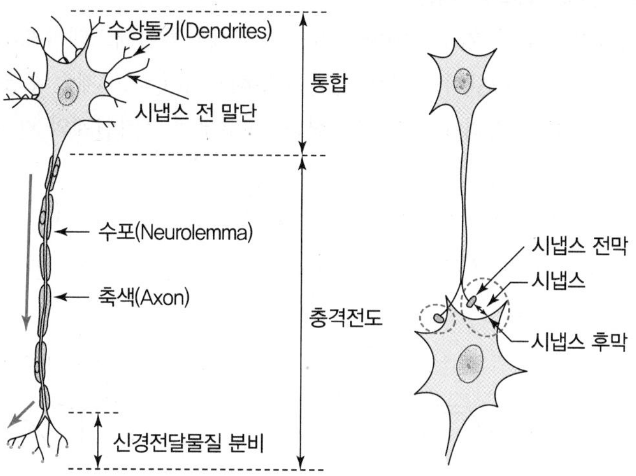

[그림 8-2] 곤충 신경계의 구조

① 신경계의 신경세포인 뉴런(Neuron)은 세포체와 그 세포체로부터 길게 뻗어 있는 하나의 축색(Axon) 및 여러 개의 수상돌기(Dendrite)로 되어 있다.

② 축색의 끝은 다른 신경세포인 뉴런의 수상돌기나 근섬유와 접하여 있으며 이 접합부를 시냅스(Synapse)라 한다. 시냅스 내 신경 간에는 서로 전기적으로 절단된 상태로 간극이 존재한다. 외부로부터의 자극은 피부 등에 존재하는 감각기관에서 받아들여 감각신경계를 거쳐 시냅스, 중추신경계에 연결되며 중추신경계는 외부로부터 받아들인 자극의 해석이나 그 자극에 대한 반응 등 매우 중요한 기능을 수행하게 된다.

③ 신경세포는 세포막으로 피복되어 있으며 세포막은 이온을 선택적으로 투과하는 성질이 있어 세포 내외의 이온 농도가 현저하게 다르다. 세포 내에 많은 K^+와 세포 외에 많은 Na^+는 나트륨 펌프에 의해 농도 비율이 조절되면서 막전위 변화가 순간적으로 생기게 되고 축색을 따라 신경 말단에 전도된다.

④ 신경 말단에 전도된 신경자극은 시냅스에서 축색말단(스냅스 전막)으로부터 방출되는 신경전달물질이 스냅스 후막의 수용체와 결합하면서 후막의 이온투과성이 변하면서 전기적 자극이 다음 신경세포로 전달된다.

⑤ 방출된 아세틸콜린(ACh : Acetylcholine)은 수용체에 결합하여 자극 전달 후 신속하게 아세틸콜린에스테라제(AChE : Acetylcholinesterase)에 의해 신속히 가수분해되어 원래 상태로 회복한다. 따라서 정상적인 시냅스 전달의 교란은 이상흥분 또는 이상억제의 원인이 되어 동물에 치명적인 영향을 미치게 된다.
- 후전위 지연 : 정지전위로의 회복이 늦어지는 현상으로 정상적 신경신호를 받을 수 없는 상태가 된다.
- 반복성 방전 : 하나의 자극에 대하여 다수의 신경신호가 발생하는 현상으로 경련을 유발한다.

기출 19년 기사 2회 80번

해충의 콜린에스테라아제 효소 활성을 저해시키는 약제는?

① 다이아지논 유제
② 사이헥사틴수화제
③ 네오아소진 액제
④ 디코폴수화제

답 ①

2) 신경기능 저해

① 아세틸콜린에스테라제 저해

아세틸콜린(ACh)을 가수분해하는 효소인 아세틸콜린에스테라제(AChE)를 저해하여 살충작용을 나타낸다. 아세틸콜린은 분해되지 못하고 계속 수용체와 결합된 상태로 존재하여 신경의 교란을 유발한다. 대부분의 유기인계와 카바메이트계 살충제가 여기에 속한다.

대표적인 유기인계와 카바메이트계의 화학구조는 다음과 같다. 유기인계는 인(P)이 존재하며 카바메이트계는 카르복실기(COOH)가 화학구조식에 존재한다.

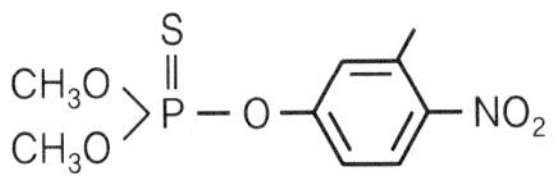

페니트로티온
(Fenitrothion, 1962)

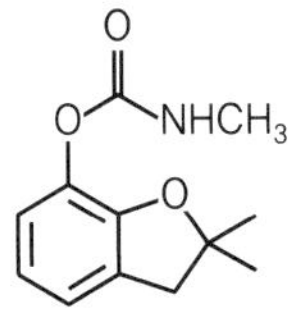

카보퓨란
(Carbofuran, 1969)

[그림 8-3] 아세틸콜린에스테라제 저해 농약의 화학구조

② GABA 의존성 Cl 이온 통로 차단(시냅스 전막 저해)

사이클로디엔계(Cyclodienes), BHC류의 유기염소계, 페닐피라졸(Phenylpyrazole)계 살충제는 GABA에 의하여 개폐되는 Cl^- 이온 통로를 차단하여 살충작용을 나타낸다. Cl^- 이온 통로가 차단되면 ACh를 이용하는 시냅스의 과잉 활성을 유발하여 신경 전달이 교란된다.

이러한 약제들에는 화학구조식에 Cl이 포함되어 있다.

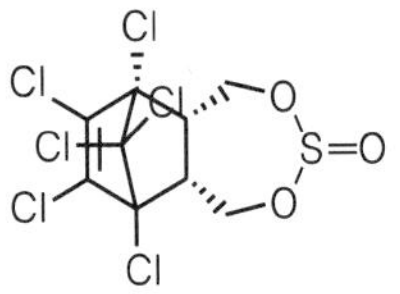

알파-엔디설판
(α-Endisulfan, 1955)

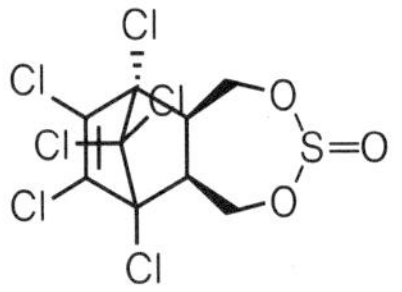

베타-엔도설판
(β-Endosulfan)

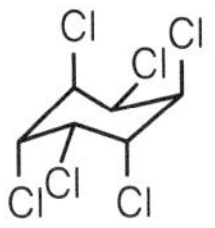

감마-비에이치씨
(γ-BHC)

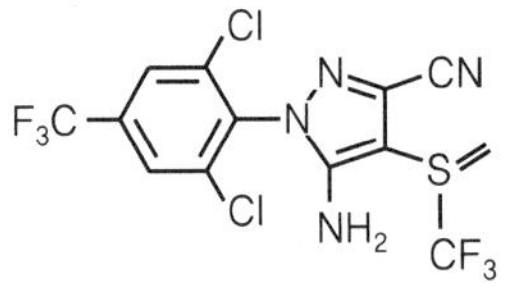

피프로닐
(Fipronil, 1993)

[그림 8-4] 시냅스 전막 저해 농약의 화학구조

③ Na 이온 통로 변조(신경축색 전달 저해)

천연 피레트린(Pyrethrin), 그 유도체인 피레트로이드(Pyrethroid)계, 유기염소계 DDT 계통의 살충제는 신경 축색에 존재하는 Na^+ 통로를 변조함으로써 신경전달을 저해하여 살충작용을 나타낸다. 축색 중 Na^+ 통로는 ATP를 에너지원으로 이용하는 능동적 나트륨 펌프로서 자극 전달을 위한 전위차 유발 시 Na^+를 축색 내로 유입하기 위하여 열리며 전달 후에는 다음 자극 전달을 위하여 빠른 속도로 닫히는데, 이러한 정상적인 닫힘을 저해함으로써 Na^+ 이온이 계속적으로 축색 내로 유입되어 신경 전달을 교란한다.

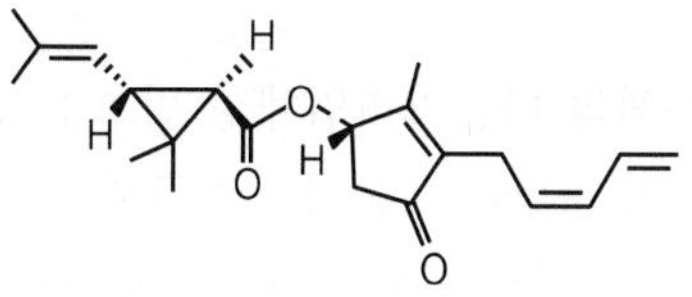

피네트린 I
(Pyrethrin I)

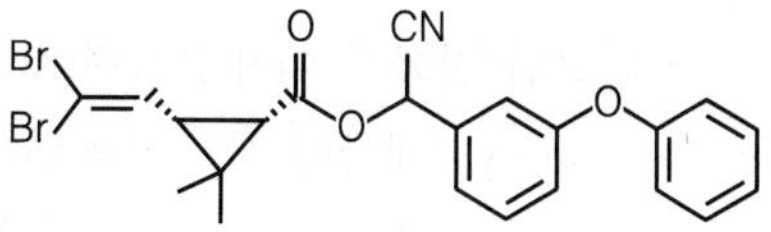

델타메트린
(Deltamethrin, 1974)

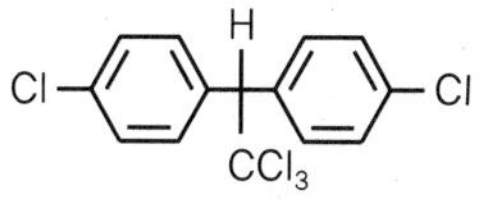

PP'-디디티
(*PP'*-DDT, 1944)

[그림 8-5] 신경축색 전달 저해 농약의 화학구조

④ 니코틴 친화성 ACh 수용체의 경쟁적 변조(아세틸콜린수용제의 저해)

네오니코티노이드(Neonicotinoid)계, 니코틴(Nicotine), 설폭시민(Sulfoximine)계, 부테놀라이드(Butenolides)계, 메소이오닉(Mesoionic)계, 바다갯지렁이가 분비하는 네레이스톡신(Nereistoxin), 그 유도체인 카탑(Cartap)은 아세틸콜린(ACh)의 구조와 유사하여 아세틸콜린(ACh)과 경쟁적으로 시냅스 후막의 수용체와 결합한다. 하지만 아세틸콜린에스테라제(AChE)에 의해 분해되지 않기 때문에 시냅스 후박을 계속 탈분극시켜 흥분이 지속되어 곤충을 사망에 이르게 한다. 특히 네레이스톡신과 그 유도체인 카탑은 니코틴 친화성 아세틸콜린(ACh) 수용체의 통로를 차단하는 저해작용을 보여 네오니코티노이드계 살충제와는 별개의 작용기작으로 분류된다. 이러한 살충제에는 화학구조식에 N이 다수 포함되어 있다.

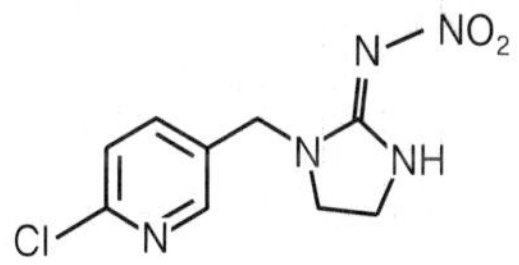

이미다클로프리드
(Imidacloprid, 1991)

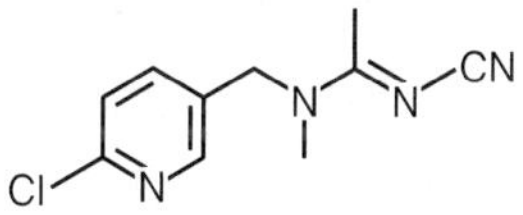

아세타미프리드
(Acetamiprid, 1995)

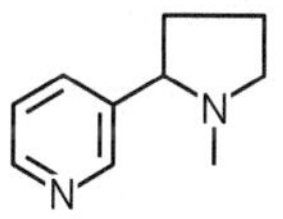

니코틴
(Nicotine)

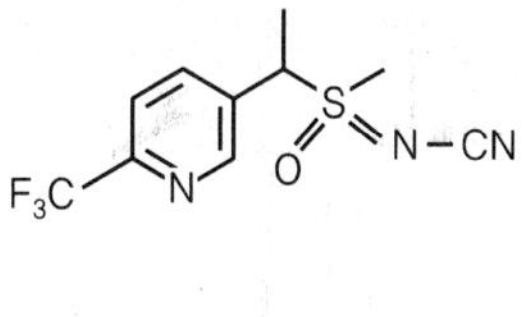

설폭사플로르
(Sulfoxaflor, 2012)

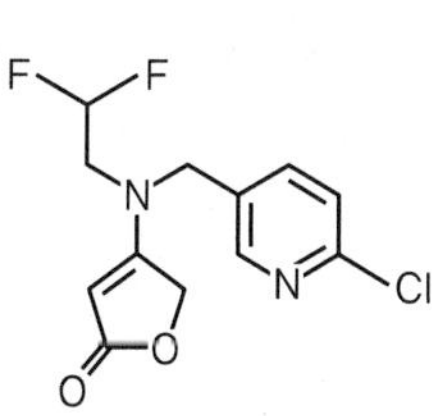

플루피라디퓨론
(Flupyradifurone, 2012)

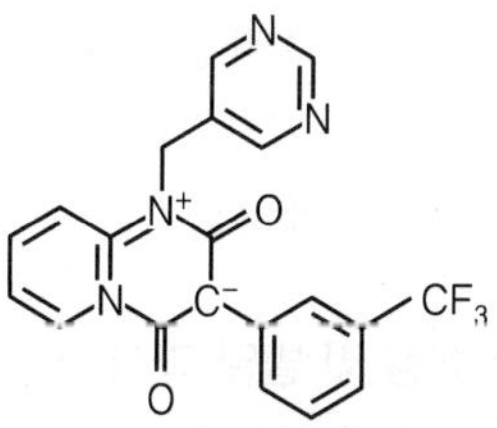

트리플루메조피림
(Triflumezopyrim, 2015)

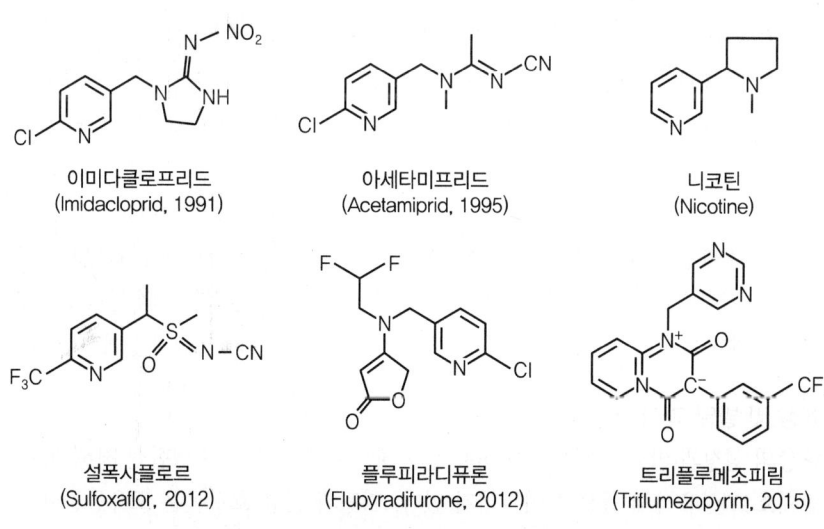

[그림 8-6] 아세틸렌 수용체 저해 농약의 화학구조

⑤ 기타

- 니코틴 친화성 아세틸콜린(ACh) 수용체의 다른자리입체성 변조 : 스피노신(Spinosyn)계 살충제는 1980년대 토양 및 사탕수수 분쇄물에 존재하는 방선균 *Saccharopolyspora spinosa* 배양액으로부터 활성 성분 스피노신(Spinosyn)을 발견함으로써 개발된 약제로 약 20여 종 이상의 천연 성분을 포함하며 천연 화합물로부터 유도된 200종 이상의 합성 유도체를 스피노소이드(Spinosoid)라 부른다. 이 약제의 1차 작용점은 아세틸콜린(ACh) 수용체의 다른자리입체성 저해, 그리고 2차 작용점은 GABA 의존성 Cl^- 이온 통로에 작용하기 때문에 저항성 해충에 효과가 높다.
- 글루탐산 의존성 Cl 이온 통로 다른자리입체성 변조 : 아버멕틴(Avermectin), 미베마이신(Mibemycin)계 살충제는 구충제 개발을 목적으로 미생물 배양액을 검색하는 과정에서 발견된 천연 살충성분으로 살충 및 살응애 활성을 보이는데 나비목에도 살충력을 보이도록 개발된 화학적 유도체가 에마멕틴벤조에이트(Emamectin benzoate), 레피멕틴(Lepimectin) 등이다. 이 약제들은 신경과 근육세포 간 GluCl에 결합하여 세포막의 Cl^- 이온에 대한 투과성을 증대시킴으로써 신경 또는 근육세포의 과분극을 유발하고 마비 및 치사에 이르게 한다.
- 현음기관 TRPV 통로 변조 : 피리딘아조메틴(Pyridine azomethine) 유도체들은 해충의 현음기관 신경계에 작용하는 침투이행성 접촉/식독제로 약제 살포 후 해충의 섭식 중단효과 및 기아에 의한 치사를 유발한다. 대표적인 약제로 피메트로진(Pymetrozine), 아조메틴(Azomethine)이 있다.
- 전위 의존 Na 이온 통로 차단 : 옥사디아진(Oxadiazine)계, 세미카바존(Semicarbazone)계 살충제는 해충의 신경계에 작용하는 접촉/식독제로서 피레트로이드(Pyrethroid)계 살충제와 상이한 작용 기작을 보여 저항성을 나타내는 해충에게 특히 효과가 있다. Na^+ 이온 통로를 비가역적으로 저해하여 통로가 폐쇄되어 신경자극 전달이 교란되는 작용기작을 보인다. 대표적인 약제로 인독사카브(Indoxacarb), 메타플루미존(Metaflumizone) 등이 있다.
- 라이아노딘 수용체 변조 : 디아마이드(Diamide)계 살충제는 비침투성 접촉/식독제로 빠른 섭식 억제효과를 나타낸다. 기존 살충제와 다르게 근육세포에 작용하는 기작으로 저항성 해충에 대한 효과가 높다. 신경근 접합부의 근육 운동종판에 존재하는 Ca^{2+} 이온 통로의 일종인 라이아노딘(Ryanodine) 수용체를 저해한다.

3) 성장 및 발달 과정 저해

해충의 성장과 발달 과정을 저해하는 살충제들은 대부분 키틴 생합성 저해제, 유약 및 탈피호르몬 유사체 등으로 이루어져 있다. 키틴과 곤충 호르몬은 포유동물에는 존재하지 않는 성분들로서 포유동물과 해충 간 선택성이 다른 농약에 비하여 매우 우수하여 농약 사용에 따른 위해 유발 가능성을 최소화하기 위한 종합방제체계(IPM : Intergrated Pest Management)에 많이 사용된다.

① 유약호르몬 유사체

유충호르몬이라고도 하는 유약호르몬(JH : Juvenile Hormone)은 곤충의 뇌 뒤쪽에 위치하는 내분비계인 알라타체(Corpus allatum)에서 분비되는 비고리형 Sesquiterpenoids로서 곤충의 생리적 현상(곤충의 발생, 생식, 휴면, 다형성)을 조절한다. 유약호르몬(JH)은 유충을 성장시키나 변태 과정을 억제함으로써 유충시기 동안 제대로 성장한 후 적절한 시기에 변태 과정이 일어나도록 조절하며 곤충의 성장과 탈피 및 변태에는 탈피호르몬인 엑디스테로이드(Ecdysteroids)가 함께 관여한다. 유충의 성장/탈피 과정에는 유약호르몬(JH)과 엑디손(Ecdysone)이 모두 작용하지만 변태 시에는 유약호르몬(JH) 양이 급격히 감소하고 엑디손만이 작용하게 된다.

JH 유사체인 페녹시카브(Fenoxycarb)와 피리프록시펜(Pyriproxyfen)은 해충 접촉 및 섭취 시에 약효가 발현되며 침투성은 없다. 이러한 약제들은 해충의 치사가 아닌 곤충생장조절(IGR : insect Growth Regulator)로서 작용하여 곤충의 정상적 발달 저해, 불완전 용화(번데기화), 불임화 등을 유발하여 방제효과를 나타낸다.

② 엑디손은 곤충의 주요 탈피호르몬인 20－히드록시엑디손(20－Hydroxyecdysone)의 전구적 호르몬으로서 곤충의 앞가슴샘에서 분비된다. 엑디손과 그 동족체를 포함하는 엑디스테로이드는 곤충의 성장 과정 중 탈피 및 변태에 관여하는데, 곤충의 유충은 탈피 시에는 섭식을 중단한다.

다이아실하이드라진(Diacylhydrazine)계 살충제는 탈피호르몬과 동일한 작용제의 특성을 가진다. 즉, 해충의 탈피 과정에 교란을 일으켜 비정상적으로 빠르고 불완전한 치명적 탈피를 유발하며 섭식을 저해한다.

③ 키틴합성 저해

키틴은 절지동물의 단단한 표피, 연체동물의 껍질, 균류의 세포벽을 구성하는 주요 성분이며, N－Acetylgucosamine의 긴 사슬 형태로 결합된 중합체 다당류로 포유동물에서는 생산되지 않는다.

디클로베닐(Dichlobenil) 제초제를 개발하던 중 디플루벤주론(Diflubenzuron)이 합성되었으며 이 성분이 곤충 유충의 큐티클 축적을 저해하는 현상을 발견하면서 새로운 작용기작 부류로 개발되었다. 키틴합성 저해제의 대부분은 벤조일우레아(Benzoylurea)계와 뷰프로페진(Buprofezin)으로 살충기작은 유사하나 화학구조는 상이하다. 이들은 비침투성 접촉독제이며 곤충생장조절(IGR : Insect Growth Regulator)로서 작용하여 유충에는 약효가 있으나 성충에는 약효가 없다.

이들 약제들은 해충의 키틴 생합성을 저해하여 해충 표피 내층의 키틴 축적을 방해, 탈피를 저해하며 결국 외표피의 형성이 불가능해지고 외부환경에의 저항력이 저하되어 치사에 이르게 한다.

④ 지질생합성 저해

해충의 생장 과정에서 요구되는 지질의 생합성에 관여하는 Acetyl CoA carboxylase

기출 21년 기사 4회 74번

해충의 신체 골격을 이루는 키틴(Chitin)의 생합성을 저해하는 살충제의 작용기작은?

① 신경 및 근육에서의 자극전달작용 저해
② 성장 및 발생 과정 저해
③ 호흡 과정 저해
④ 중장 파괴

답 ②

과정 중 첫 번째 단계인 말로닐(Malonyl) CoA 합성에 관여하는 Acetyl CoA carboxylase를 저해하여 살충작용을 일으키는데, 해충에 의한 섭취 및 접촉 시 약효를 나타내는 비침투성 살충제로 테트로닉산(Tetronic acid)과 테트라닉산(Tetranic acid) 유도체 살충제가 대표적이나 스피로테트라멧(Spirotetramat)의 침투성도 있다. 스피로디쿠펜(Spirodicoofen)과 스피로메시펜(Spiromesifen)은 살응애제로 주로 사용되며 알까지 죽이는 효과를 겸비하고 있어 기존 살충제 및 살응애제와 상이한 작용기작을 나타내므로 저항성 해충에 효과적이다.

4) 호흡 과정 저해(에너지 대사 저해)

곤충, 응애, 선충 등의 해충들은 포유동물 등 다른 생물과 마찬가지로 고에너지 화합물인 ATP(Adenosine triphosphate)를 화학에너지원으로 활용하여 근육의 운동, 생합성 등 생명활동을 유지한다. ATP의 생성 과정인 호흡은 세포질 내 탄수화물 등의 해당 과정을 통한 Acetyl CoA 생성, 세포질 속 미토콘드리아 내의 TCA(Triarboxylic acid) 회로(cycle)를 통한 NADH 및 FADH의 고에너지 화합물 생성, 전자전달계에 의한 단계적 산화와 미토콘드리아 내외막 간 수소이온 농도의 구배 형성, 마지막으로 산화적 인산화 과정(Oxidative phosphorylation)에 의한 ADP의 ATP로의 전환단계로 이루어진다.

① 미토콘드리아 ATP 합성효소 저해

유기주석 살응애제, 디아펜튜론(Diafenthiuron), 프로파가이트(Propagite), 테트라디폰(Tetradifon) 등은 해충의 에너지 대사 과정 중 미토콘드리아 내 산화적 인산화에 관여하여 ATP Synthase를 저해하여 치사에 이르게 한다. 이들 약제들은 살충/살비제로 사용되며 잔효성이 있는 접촉제와 식독제로서 살비제의 경우 알까지 죽이는 효과가 있다.

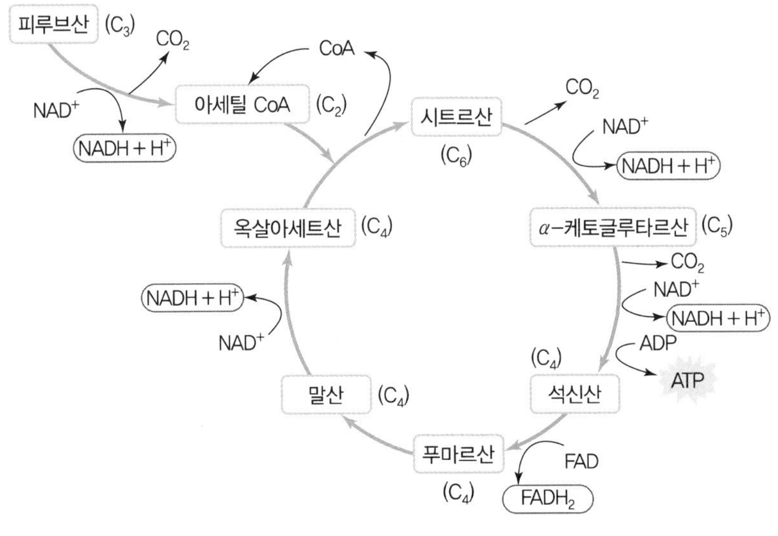

[그림 8-7] 미토콘드리아 ATP 생합성 과정

② 수소이온 구배형성 저해

파이롤(Pyrrole)계인 클로르페나피르(Chlorfenapyr), 디니트로페놀(Dinitrophenol) 살충/살비제들은 해충의 에너지 대사 과정 중 탈공력제로 작용, 산화적 인산화에 의한 ATP 합성을 저해한다. 즉, 전자절단계에서의 순차적 산화 과정에 의하여 미토콘드리아 막 내외 간에는 수소 이온 농도의 구배가 형성되며, 이러한 구배에 의한 수소이온 유입이 산화적 인산화 과정과 결합하여 ATP가 생성되는데 탈공력제의 경우 산화적 인산화 과정과의 결합 없이 수소이온 구배가 소실되도록 함으로써 ATP는 생성되지 않게 된다.

③ 전자전달 복합제 Ⅰ 저해

이를 저해하는 살충/살비제는 접촉제 및 식독제로서 알까지 죽이는 효과를 겸비하고 있으며, 비극성/비해리성의 특성으로 비침투성을 나타낸다.

전자전달 복합체 Ⅰ은 NADH를 NAD^+와 $H+2e^-$으로 산화시키는 효소인데 이를 저해하여 ATP의 행성을 방해한다. 대표적인 약제로 피리다벤(Pyridaben), 테부펜피라드(Tebufenpyrad), 로테논(Rotenone)이 있다. 특히 로테논은 다소 상이한 작용 지점을 나타내어 세부적으로 분류된다.

④ 전자전달 복합체 Ⅱ 저해

전자전달 복합체 Ⅱ는 FAD를 FADH로 환원시키는 데 관여하는 효소인데 β－케토니트릴(β－Ketonitrile) 유도체 및 카복사닐라이드(Carboxanilides)계 살비제가 대표적이며, 사이에노피라펜(Cyenopyrafen)은 전자전달 복합체 Ⅱ를 저해하여 해충의 호흡 대사를 저해, 치사에 이르게 한다. 또한 이들 약제들은 잔효성이 있는 접촉제, 식독제로 알까지 죽이는 효과를 겸비하고 있다.

5) 해충의 중장 파괴

미생물 살충제로 박테리아 일종인 *Bacillus thuringiensis*(Bt)는 나방 애벌레 장에 기생하는 미생물로 발견되었고 포자 또는 독소 단백질 결정을 액상 분무하는 형태로 사용되었으며 이후 *Bacillus thuringiensis* subsp. *israelensis, B. thuringiensis* subsp. *aizawai, Bacillus thuringiensis* subsp. *kurstaki, Bacillus thuringiensis* subsp. *tenebrionis* 등이 실용화되고 있다.

Bt의 살충성분은 포자나 배양액 중의 δ－엔도톡신(δ－Endotoxin)이라 불리는 단백질 독소이다. 이 독소는 포자를 형성하는 과정에서 결정 형태로 생성되는데 독소를 섭취한 해충의 중상 막에 독소의 수용제가 결합하여 용해작용으로 막에 전공을 유발, 폐혈증으로 치사에 이르게 한다. 최근에는 이러한 독소를 생산하는 유전자를 이용하여 유전자 조작 작물(GMO)을 육종, 식물 자체에서 독소를 생산하게 하여 해충을 방제하고 있다(Bt－Corn).

기출 21년 기사 1회 62번

농약의 작용기작에 의한 분류 중 Parathion이 속하는 분류는?

① 에너지대사 저해
② 호르몬 기능 교란
③ 생합성 저해
④ 신경기능 저해

답 ④

[표 8-1] 작용점 살충기작과 대표적 살충제

구분	특징
신경기능 저해(신경독)	① 아세틸콜린에스테라제(AChE) 저해 : 유기인(Organophosphate)계, 카바메이트(Carbamate)계 살충제 예 페니트로티온(Fenitrothion), 카보퓨란(Carbofuran) ② 니코틴 친화성 ACh 수용체의 통로 차단 : 네레이톡신(Nereitoxin), 카탑하이드로클로라이드(Cartap hydrochloride) ③ GABA 의존성 Cl 이온통로 저해(시냅스 전막 저해) : 사이클로디엔(Cyclodien)계, BHC 예 엔도설판(Endosulfan), BHC, 피프로닐(Fipronil) ④ Na 이온 통로 변조(신경축색 전달 저해) : 피레트로이드(Pyrethroid)계, DDT 예 피레트린(Pyrethrin), 델타메트린(Deltamethrin), DDT ⑤ 니코틴 친화성 ACh 수용체의 경쟁적 변조 : 네오니코티노이드(Neonicotinoid)계 예 이미다클로프리드(Imidacloprid), 아세타미프리드(Acetamiprid), 니코틴(Nicotin) ⑥ 니코틴 친환성 ACh 수용체의 다른자리입체성 변조 : 스피노신(Spinosyn)계 예 스피노사이드(Spinosad) ⑦ 글루탐산 의존성 Cl 이온통로 다른자리입체성 변조 : 아바멕틴(Abamectin), 밀베멕틴(Milbemectin)
성장 및 발생 과정 저해	① 유약호르몬 모사 : 페녹시카브(Fenoxycarb), 피리프록시펜(Pyriproxyfen) ② 탈피호르몬 수용체 기능 활성화 : 엑디스테로이드(Ecdysteroid)계 예 엑다이손(Ecdysone), 하이드록시엑다이손(Hydroxyecdysone) ③ 키틴합성 저해 : 벤조일우레아(Benzoylurea)계, 뷰프로페진(Buprofezin)계 예 디플루벤주론(Diflubenzuron), 클로르플루아주론(Chlorfluazuron), 뷰프로페진(Buprofezin) ④ 지질생합성 저해 : 테트로닉엑시드(Tetronic acid), 테트라믹엑시드(Tetramic acid), 스피로테트라멧(Spirotetramat)
호흡 과정 저해	① 미토콘드리아 ATP 합성효소 저해 : 디아펜티유론(Diafenthiuron) ② 수소이온 구배형성 저해(탈공력제) : 피롤(Pyrrole)계, 디니트로페놀(Dinitrophe-nol)계 예 클로르페타피르(Chlorfenapyr) ③ 전자전달계 복합체 Ⅰ 저해 : 데리스추출물(Derris extract, 주성분=Rotenone), 피리다벤(Pyridaben), 테부펜피라이드(Tebufenpyrad) ④ 전자전달계 복합체 Ⅱ 저해 : 사이에노피라펜(Cyenopyrafen)
중장 파괴(식독)	Bt

04 살균제의 작용기작

1. 핵산 대사 저해

페닐아마이드(Phenylamide)계 살균제인 메타락실(Metalaxyl)은 방제가 쉽지 않은 역병, 노균병, 뿌리썩음병 등에 우수한 살균력을 보이나 최근 저항성 발생이 보고되고 있으며, 다른 약제와의 교대 사용으로 저항성을 최소화할 수 있는 약제이다. 이들 약제들은 Ribosomal RNA(rRNA)를 전사, 생합성하는 RNA Polymerase I을 저해하여 단백질이나 핵산 생합성을 저해한다.

2. 세포분열(유사분열) 저해

세포 내 핵산은 DNA의 유전정보에 따른 단백질 생합성을 조절하는 생체 내의 구성성분으로 핵산의 합성이 저해되면 DNA 전사를 통한 복제가 저해되어 정상적인 세포분열이 불가능해진다. 난세포 형성에 필요한 DNA 복제가 저해되면 기형적인 세포가 형성되고 세포분열이 정지되며 DNA 합성도 중단된다.

벤지디아졸(Benzidiazole)계 살균제는 경엽살포제, 종자소독제 및 수확 후 처리제로 실용화되어 있는 약제로 보호제로서 뿐만 아니라 치료제 효과를 겸비하고 있는 살균제로 저항성 병원균에 대한 효과가 우수한 평가를 받아왔다. 베노밀(Benomyl), 티오파네이트－메틸(Thiophanate－methyl)은 살포 후 빠른 속도로 카벤다짐(Carbendazim)으로 전환되므로 실제 살균성분은 카벤다짐(Carbendazim)이 되며, 티오벤다졸(Thiabendazole)은 수확 후 처리제로 대표적인 세포분열 저해제이다.

이들 살균제는 유사세포분열의 방추체 등을 구성하는 미세소관의 형성을 저해하는데 미세소관을 이루고 있는 단위체는 공 모양의 단백질인 튜불린(Tubulin)으로서 이 단위체가 연속적으로 결합하여 실모양의 미세소관을 이루고 미세소관은 세포골격의 구성성분이며 세포분열 시 핵의 이동에 관여한다.

3. 호흡 저해

1) 전자절달계 복합체 Ⅱ의 호박산 탈수소효소 저해(탈수소 과정 저해)

호박산 탈수소효소 저해제(SDHIs : Succinate Dehydrogenase Inhibitors)는 병원균의 호흡 과정 중 전자전달계 복합체 Ⅱ인 호박산 탈수소효소를 저해한다. 대표적인 약제로 구리제, 유기수은제, 유기유화제, 클로로타로닐(Chlorotharonil, Daconil), 캡탄(Captan), 폴펫(Folpet), 가복신(Carboxin), 플루톨라닐(Flutolanil), 메프로닐(Mepronil) 등이 있다.

2) 전자전달계 복합체 Ⅲ : 퀴논 외측에서 시토크롬 bc_1 기능 저해(전자전달 저해)

스트로빌루린(Strobilurin)계 살균제 일부는 시토크롬 bc_1 기능 저해제로 전자전달계 복합체 Ⅲ 외측의 유비퀴놀(Ubiquinol) 산화 과정에 작용하여 수소이온 농도 구배의 조성과 전자절달을 저해함으로써 병원균을 사멸시킨다. 대표적인 약제로는 스트로빌루린계

> **TIP**
> 살균제의 병원균 체내 주요 작용 부위
> - 핵산 대사 저해
> - 세포분열(유사분열) 저해
> - 호흡 저해
> - 아미노산 및 단백질 합성 저해
> - 신호전달 저해
> - 지질 합성 및 막 기능 저해
> - 세포막 스테롤 생합성 저해
> - 세포벽 생합성 저해
> - 세포벽 멜라닌 생합성 저해
> - 기주식물 방어기구 유도

살균제로 스트로빌루린 A(Strobilurin A), 아조시스트로빈(Azoxystrobin), 크레속심 - 메틸(Kresoxim - methyl), 오리자스트로빈(Orysastrobin), 만데스트로빈(Mandestrobin), 피라클로스트로빈(Pyraclostrobin) 등이 있다.

3) 전자전달계 복합체 Ⅲ : 퀴논 내측에서 시토그롬 bc_1 기능 저해(전자전달 저해)

스트로빌루린계 살균제 일부는 시토크롬 bc_1 기능 저해제로 스트로빌루린 A 같은 약제와는 다르게 전자전달계 복합체 Ⅲ 내측의 유바퀴놀 환원 과정을 저해하여 병원균을 사멸에 이르게 하는 점이 다르다. 대표적인 스트로빌루린계 살균제로는 아미설브롬(Amisulbrom), 펜피콕사미드(Fenpicoxamid) 등이 있다.

TIP

전자전달 저해제(기타)
카복신(Carboxin), 메프로닐(Mepronil), 에트리디아졸(Etridiazole)

4) 산화적 인산화 반응에서 탈공력제(ATP 생성 저해)

디니트로페닐(Dinitrophenol)계 살균제는 병원균의 에너지 대사 과정 중 탈공력제로 작용하여 산화적 인산화 과정과의 결합 없이 수소이온 구배가 소실되도록 함으로써 ATP가 생성되지 않는다. 대표적인 약제로 플루아지남(Fluazinam) 등이 있다.

5) ATP 합성효소 저해

유기주석제 살균제는 병원균의 에너지 대사 과정 중 미토콘드리아 내 산화적 인산화에 관여하는 ATP synthase(ATP 합성효소)를 저해하여 사멸하게 만든다. 대표적인 살균제로 페틴아세테이트(Fentin acetate), 펜틴하이드록사이드(Fentin hydroxide) 등이 있다.

4. 단백질 합성 저해

생물은 단백질이 없으면 생명을 유지할 수 없기 때문에 생체 내에서 항상 분해 및 합성이 이루어져 일정한 함량이 유지되어야 한다. 이러한 단백질의 생합성은 DNA의 유전정보를 갖는 mRNA와 tRNA 그리고 리보솜이 합쳐져 개시복합체를 형성하며, 이 개시복합체는 mRNA의 개시코돈을 인식하고 tRNA가 개시코돈에 결합함으로써 합성을 개시한다. 이후 아미노산을 적재한 tRNA가 연속적으로 반응하여 폴리펩티드 사슬이 신장된다. 리보솜에 종결코돈이 출현하면 종결인자가 이를 인식하고 방출인자가 종결코돈과 결합하여 폴리펩티드 사슬과 tRNA를 분리시킨다. 폴리펩티드 사슬이 유리된 후 리보솜은 mRNA와 유리되어 새로운 단백질 합성 과정에서 사용될 수 있도록 2개의 소단위체로 분리된다. 단백질 합성 저해 살균제는 이러한 단백질 합성 과정에서 개시, 신장, 종결의 각 단계에 작용함으로써 병원균의 단백질 생합성을 저해하여 사멸시킨다.

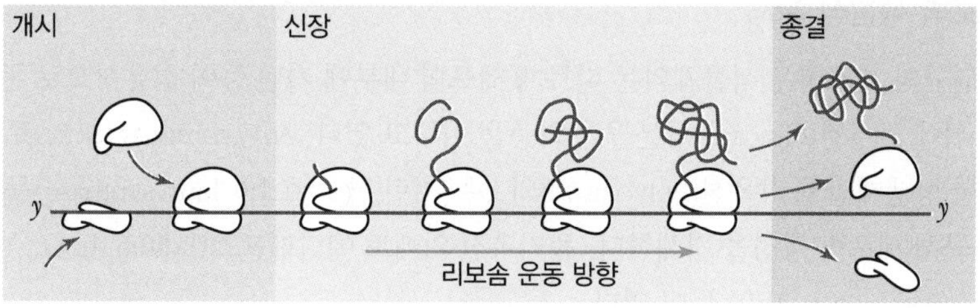

[그림 8-8] 단백질 생합성 과정

[표 8-2] 단백질 생합성 과정별 살균제 종류

구분	종류
합성 전 과정 저해	사이클로헥시마이드(Cycloheximide)
합성개시 단계 저해	가수가마이신(Kasugamycin) 등
합성신장 단계 저해	옥시테트라사이클린(Oxytetracycline) 등
합성종결 단계 저해	스트렙토마이신(Streptomycine), 블라스티시딘-S(Blasticidin-S), 테누아조닉산(Tenuazonic acid) 등

기존 살균제로 방제가 어려운 세균성 병에 농업용 항생제를 사용해 왔으며 단제 혹은 혼합제로서 사상균 병 방제에도 널리 사용된다. 보호 및 치료효과를 모두 나타내나 주로 치료효과가 우수하며 대부분 침투 이행성 약제이다.

[표 8-3] 방선균에서 유래한 농업용 항생제의 종류

항생제명	방선균
블라스티시딘-S(Blasticidin-S)	*Streptomyces giseochromogenes*
가수가마이신(Kasugamycin)	*Streptomyces kasugaensis*
옥시테트라사이클린(Oxytetracyclin)	*Streptomyces rimosus*
스트렙토마이신(Streptomycin)	*Streptomyces griseus*

5. 세포막 형성 저해

에르고스테롤(Ergosterol)은 곰팡이와 원생동물에서 발견되는 세포막의 구성 성분으로 동물세포의 콜레스테롤(Cholesterol)과 동일한 역할을 담당한다. 에스트라골의 생합성이 저해되면 세포막이 약해지고 구성배열에 이상이 생겨 세포막을 통한 물질의 이동에 영향을 주게되어 병원균의 생장에 악영향을 주어 병원균은 결국 사멸하게 된다. 대표적인 약제로 테부코나졸(Tebuconazole), 디니코나졸(Diniconazole), 헥사코나졸(Hexaconazole), 디페노코나졸(Difenoconazole), 트리아디메폰(Triadimefon), 페나리몰(Fenarimol), 펜헥사미드(Fenhexamid), 마이크로뷰타닐(Mycrobutanil), 누아리몰(Nuarimol) 등이 있다.

기출 22년 기사 2회 66번

Kasugamycin 및 Strepto-mycin과 같은 살균제의 작용 기작은?

① 호흡 저해
② 단백질 합성 저해
③ 세포벽 형성 저해
④ 세포막 형성 저해

답 ②

6. 세포벽 생합성 저해

병원균의 세포벽은 식물체와는 다르게 세포벽 내부에 키틴 등이 섬유상으로 존재하고 그 위에 글루칸(Glucan) 성분들이 외층을 이루고 있다. *Streptomyces cacaoi*로부터 유래한 항생제인 폴리옥신(Polyoxin) B와 D는 키틴 합성 효소(Chitin synthase)를 저해하여 균체 세포벽 생성을 저해한다. 폴리옥신 외에도 에디펜포스(Edifenphos), 이프로벤포스(Iprobenfos, IBP) 등이 있다.

CAA계 살균제(카르복실산아마이드계 살균제)인 디메토모르프(Dimethomorph)는 세포벽 주요 구성성분인 베타 글루칸(β−(1,3)−Glucan)을 생성하는 β−(1,3)−Glucan synthase를 저해하여 세포벽의 강도를 비정상적으로 약화시켜 삼투압 등 외부 요인에 대한 적응의 불능을 초래함으로써 사멸에 이르게 한다.

벼 도열병 방제용 약제로 세포벽의 멜라닌 생합성을 저해하는 살균제가 많이 사용되는데 이들 살균제는 치료용으로 사용되기보다는 보호용 살균제로 사용된다. 대표적인 약제로 아이소벤조퓨라논(Isobenzofuranone), 피롤로퀴놀린퀴논(Pyrroloquinoline quinone), 카복사마이드(Carboxamide), 프로피오나마이드(Propionamide) 등이 있다.

7. 기주식물 방어기구 유도(병해저항성 유도)

기주식물 방어기구 유도체들은 식물체에서의 잠재적인 선천성 면역 체계인 전신획득 저항성(SAR : Systemic Acquired Resistance)을 유발하는 물질이다. 전신획득저항성은 병원균 감염 부위에서 원격적으로 유발되는 식물체 조직 내의 비약해성, 비선택적 식물체 방어 반응으로서 식물에 의해 합성 · 축적되는 항균성 화합물인 파이토알렉신(Phytoalexin)과는 구별된다.

현재 실용화된 기주식물 방어기구 유도체들은 살리실산(Salicylic acid) 관련 식물 활성제들이며 자체 살균작용은 없다. 도열병 방어기구 유도체로 프로베나졸(Probenazole), 티아디닐(Tiadinil), 이소티아닐(Isotianil)이 있으며 채소 및 과채류 방어기구 유도체로는 아시벤조라−S−메틸(Acibenzolar−S−methyl)이 있다.

8. 비선택적 다점 저해

비선택적으로 다중 작용점을 나타내는 살균제들로 명확한 작용점 저해에 의한 선택적 고효율 살균활성은 기대하기 우려우나 특이적 작용점이 없으므로 저항성 발현이 없거나 적은 장점이 있으며 명확한 작용점을 나타내는 살균제와 혼합 사용할 경우 특이적 살균제에 대한 저항성 발현을 감소시키는 특성이 있다. 대표적인 살균제로 쿠퍼(Copper), 만코제브(Mancozeb), 캡탄(Captan), 클로로타로닐(Chlorothalonil) 등이 있다.

05 제초제의 작용기작

1. 지질(지방산) 생합성 저해

지질 생합성 저해는 아세틸 CoA 카르복실화 효소(ACCase) 저해와 비ACCase 저해인 지질 생합성 저해로 나뉜다.

① 아세틸 CoA 카르복실화 효소(ACCase) 저해제에는 아릴옥시페녹시프로피오네이트(Aryloxyphenoxypronionate)계와 사이클로헥사네디온(Cyclohexanedione)계 제초제로 디클로폽메틸(Diclofop-methyl)과 알록시딤(Alloxydim), 클레토딤(Clethodim), 세톡시딤(Sethoxydim)이 있다.

② ACCase를 저해하지 않으면서 잡초 내 지방산 및 지질 생합성 과정을 저해하는 부류로는 치오카바메이트(Thiocarbamate)계, 포스포로디티오에이트(Phosphorodithioate)계, 벤조퓨란(Benzofuran)계 제초제가 있다. 대표적인 제초제로는 에소프로카브(Esoprocarb), 벤설라이드(Bensulide) 등이 있다.

2. 아미노산 생합성 저해

아미노산 생합성 저해 제초제는 가지사슬 아미노산 생합성 저해, 방향족 아미노산 생합성 저해, 글루타민 합성효소 저해로 세분된다.

① 가지사슬 아미노산 생합성 저해제로는 설포닐우레아(Sulfonylurea)계, 이미다졸리논(Imidazolinone)계, 트리아졸로피리미딘(Triazolopyrimidine)계, 피리미디닐벤조에이트(Pyrimidinylbenzoate)계 등의 제초제가 있다. 특히 설포닐우레아계 제초제는 극히 적은 양으로도 잡초 방제효과를 나타내며 주로 곡류 재배 시 많이 사용된다. 대표적인 제초제로 클로르설퓨론(Chlorsulfuron)이 있다. 이미다졸리논계 제초제는 비농경지에 주로 사용되는 비선택성 제초제로 협엽 및 광엽잡초를 동시에 방제하며 잡초 발생 전 및 발생 후 사용이 가능한 겸용 처리제이다.

② 방향족 아미노산 생합성을 저해하는 글리포세이트(Glyphosate)는 세계적으로 가장 많이 사용할 뿐만 아니라 유전자조작작물(Genetically modified crops, GMO crops)의 시초를 이룬 제초제이다. 글리포세이트는 아미노산인 글리신(Glycine)의 유도체로 산뿐만 아니라 다양한 염의 형태로도 제조되는데 유효성분은 양쪽성 이온구조를 나타내는 수용성 이온 화합물로 비선택성 제초제이다.

③ 글루타민 합성 효소의 저해제인 글리포시네이트(Glufosinate)는 천연물질로부터 기원하였으며 비선택성 접촉형 제초제로 경엽 처리용으로 사용된다. 글루포시네이트는 글루타메이트(Glutamate)와 암모니아(Ammonia)가 결합하여 글루타민(Glutamine)을 생성하는 반응에 관여하는 글루타민 합성효소(Glutamine sythetase)를 저해한다.

TIP

제초제의 잡초 체내 주요 작용 부위
- 지질(지방산) 생합성 저해
- 아미노산 생합성 저해
- 광협성 저해
- 색소 생합성 저해
- 엽산 생합성 저해
- 세포분열 저해
- 세포벽 합성 저해
- 호흡 저해
- 옥신작용 저해 및 교란

기출 20년 기사 4회 76번

제초제의 살초기작이 아닌 것은?

① 신경전달 저해
② 광합성 저해
③ 에너지 생성 저해
④ 세포분열 저해

답 ①

3. 광합성 저해

제초제의 광합성 저해는 광화학계 Ⅰ 저해와 광화학계 Ⅱ 저해로 세분된다.

① 광화학계(PS : Photosystem) Ⅰ 저해제인 비피리딜리움(Bipyridylium)계 제초제는 비선택성 제초제로서 접촉형 제초제이나 침투성도 일부 있다. 디콰트(Diquiat)의 경우 목화, 담배 등에서 작물의 수확 전 조기수확과 용이성을 위한 건조제로도 사용된다. PS Ⅰ 저해 제초제의 작용기작은 PS Ⅰ의 전자전달 과정에서 강력한 전자수용체로 작용하여 전자를 포함함으로써 NADPH의 생성을 저해한다.

② PS Ⅱ 저해제는 우레아(Urea)계 제초제인 디유론(Diuron)이 최초로 실용화되었으며, 이후 트리아진(Triazines)계, 아실아닐리드(Acylanilides)계, 우라실(Uracils)계, 벤조니트릴(Benzonitriles)계, 이미다졸(Imidazoles)계, 벤지미다졸(Benzimidazoles)계, 트리아지논(Triazinones)계, 피리다지논(Pyridazinones)계 등 다양한 제초제들이 개발되었다. 이들 약제들은 광합성 중 힐(Hill) 반응(엽록체에 의한 산소 발생 반응)을 저해한다. 대표적인 제초제로 아트라진(Atrazine), 시마진(Simazine), 헥사지논(Hexazinone), 메트리부진(Metribuzin), 아미카바존(Amicarbazone), 브로마실(Bromacil), 클로리다존(Chloridazon), 데스메디팜(Desmedipham), 이누론(Linuron), 메타벤즈티아주론(Methabenzthiazuron), 디우론(Diuron), 프로파닐(Propanil), 브로목시닐(Bromoxynil), 벤타존(Bentazon), 피리데이트(Pyridate) 등이 있다.

4. 색소 생합성 저해

색소 생합성을 저해하는 제초제는 엽록소 생합성 저해, 카로티노이드 생합성 저해로 세분된다.

① 엽록소 생합성을 저해하는 제초제는 디페닐에테르(Diphenyl ether)계, 페닐프탈리마이드(Phenylphthalimide)계, 티아디아졸(Thiadiazole)계, 옥사디아졸(Oxadiazole)계, 트리아졸리논(Triazolinones)계, 옥사졸리딘디온(Oxaxolidinedione)계, 피리미딘디온(Pyrimidindione)계 등의 다양한 화학구조의 화합물들이 제초제로 개발되었다.

② 카로니토이드계 생합성을 저해하는 제초제는 피리다지논(Pyridazinone)계 제초제로 개발한 노르플루라존(Norflurazon)이 생합성을 직접적으로 저해함을 발견하면서 개발이 본격화되었다.

5. 세포분열 저해

세포분열을 저해하는 제초제는 미소관 조합 저해, 유사분열/미소관 형성 저해, 장쇄 지방산 합성 저해로 세분된다.

① 디니트로아닐린(Dinitroaniline)계, 포스포로아미데이트(Phosphoroamidate)계, 피리딘(Pyridine)계, 벤자마이드(Benzamide)계, 벤조익산(Benzoic acid)계 제초제는

유사세포분열에서 방추체 등을 구성하는 미세소관의 중합화를 저해한다.

② 카바메이트(Carbamate)계 제초제는 세포분열, 미세소관의 조립 및 중합화를 저해하는 것으로 알려져 있다.

③ 클로로아세타마이드(Chloroacetamide)계, 아세타마이드(Acetamide)계, 옥시아세타마이드(Oxyacetamide)계, 테트라졸리논(Tetrazolinone)계 제초제는 장쇄 지방산 생합성을 저해한다.

6. 세포벽 합성 저해

제초제인 디클로베닐(Dichlobenil), 이속사벤(Isoxaben)은 세포벽의 셀룰로오스 생합성을 저해하며 니트릴(Nitrile)계, 벤자마이드(Benzamide)계, 트리아졸로카복사마이드(Triazolocarboxamide)계 제초제는 주로 과수원 및 비농경지(잔디 등)에서 협엽과 광엽 잡초를 모두 방제하는 잡초 발생 전 토양처리제로 사용된다.

7. 호흡 저해

식물체의 호흡을 저해하는 제초제로 디노셉(Dinoseb)의 살충효과가 발견된 후 제초 및 살균효과가 확인되어 제초제로의 상용화가 이루어졌으며 이후 디니트로페놀(Dinitrophenol)이 선택성 제초제로 상용화되었다. 디니트로페놀 유도체 계통의 제초제들은 식물체의 에너지 대사 과정 중 탈공력제로서 작용하여 산화적 인산화에 의한 ATP 합성을 저해한다.

8. 옥신작용 저해 및 교란

① 식물의 생장호르몬인 옥신의 유사체로서 페녹시카르복실산(Phenoxycarboxylic acid)계, 벤조익산(Benzoic acid)계, 피리딘카르복실산(Pyridinecarboxylic acid)계, 퀴놀린카르복실산(Quinolinecarboxylic acid)계 제초제들은 옥신(IAA) 유사작용을 타나내는 침투성 제초제이다.

② 프탈라메이트(Phthalamate)계 제초제로 나프탈람(Naptalam)과 세미카바존(Semicarbazone)계 제초제로 디플루펜조피르(Diflufenzopyr)는 세포 내 및 세포 간 옥신 이동을 저해하여 살초작용을 나타낸다.

CHAPTER 09

농약과 방제

Key Word

살충제 / 살응애제(살비제) / 살선충제 / 살초제 / 식물생장조절제

01 살충제

살충제는 구조에 따라 유기인계, 카바메이트계, 유기염소계, 피레트로이드계, 네레이스톡신계, 니코틴계, 벤조일우레아계, 로테논계, 페닐피라졸계, 디아마이드계 등으로 분류된다.

1. 유기인계(Organophosphorus) 살충제

TIP

대표적인 유기인계 살충제(~티온, ~포스, ~논, ~돈, 포~)

페니트로티온(Fenitrothion, MEP), 펜티온(Fenthion), 말라티온(Malathion), 다이아지논(Diazinon), 클로르피리포스(Chlorpyrifos), EPN, 디클로르보스(Dichlorvos), 포스파미돈(Phosphamidon), 펜토에이트(Phenthoate), 메티다티온(Methidathion), 터부포스(Terbufos), 폭심(Phoxim)

유기인계 살충제는 살충성 유기인 화합물을 발견한 이래 생물활성이 높은 유기인 화합물에 대한 합성연구가 활발하게 진행되어 현재까지 많은 종류가 개발되어 실용화되었다. 유기인계 살충제는 환경생물에 대한 영향도 가장 큰 농약으로 인축에 대한 독성이 높으며 자연계에서 분해가 빠르고 잔효성이 비교적 적은 특성을 가진다.

유기인계 살충제의 구조는 5가의 인(P)이 중심이 되고 이 인에 이중 결합을 갖는 산소(O) 또는 유황(S)이 결합되며 R은 alkoxy, alkylthio, alkyl 및 amide기 등이 결합되고 X는 이탈기인 alkyl 또는 aryl의 유기 잔기가 결합한다. 일반적으로 황(S)의 원자가 많아질수록 지효성과 잔효성이 증가한다. 산소(O), 황(S), 그리고 결합하는 R과 X의 종류에 따라 다음과 같은 형태가 존재한다.

기출 19년 산업기사 2회 41번

유기인계 살충제의 일반적인 성질에 대한 설명으로 옳은 것은?

① 인축에 대한 독성이 약하다.
② 알칼리에는 용이하게 분해된다.
③ 동물의 체내에서 분해가 느리다.
④ 광선에 의한 분해가 일어나지 않는다.

답 ②

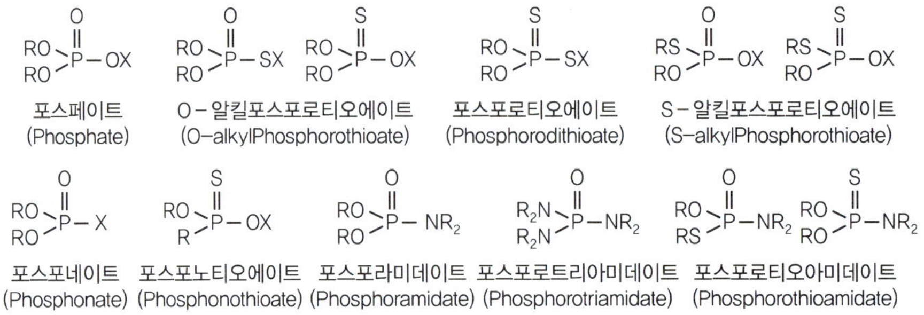

[그림 9-1] 유기인계의 유형

유기인계 살충제는 에스테르 결합을 하고 있기 때문에 일반적으로 알칼리에 의해 가수분해가 쉽게 일어나며 생체 내 효소인 Phospharase, Carboxylesterase, Amidase 등에 의해서 분해되기 쉬워 활성이 저하되므로 환경에서의 잔류성이 짧은 편이다. 또한 물에 잘 녹지 않는 불용성이나 유기용매에는 잘 녹는 친유성 화합물이므로 곤충의 체내

에 침투하여 작용점에 도달할 수 있고, 또 식물의 경엽으로부터 침투가 쉬우므로 주로 접촉독제 또는 침투성 살충제로 사용되며 식독제로도 작용한다.

유기인계 살충제의 AChE의 저해작용은 주로 AChE의 Ester 분해부위를 인산화함으로써 일어난다.

2. 카바메이트(Carbamate)계 살충제

일반적으로 카바메이트계 살충제는 종 특이성이 높은 선택적 살충작용을 보여 우리나라에서는 멸구류, 매미충류의 방제에 사용되지만, 옥심 카바메이트(Oxime carbamate)계는 예외적으로 저작성 곤충인 나비목에도 효과가 있다. 그러나 천적인 거미에는 영향이 거의 없는 것이 특징이다.

유기인계와 마찬가지로 AChE의 활성을 저해하며 체내에서 분해가 빨리 일어나 인축에 대한 독성이 낮은 안정된 화합물이다.

카바메이트계 살충제는 아미노기($-NH_2$)와 카르복시기($-COOH$)가 결합된 카바믹산(Carbamic acid)과 아민(Amine)의 반응에 의하여 얻어진 화합물이며, 현재 사용되고 있는 카바메이트계 살충제의 대부분은 N－Monomethylcarbamate 형태로 Leaving group은 Phenyl, Naphthyl, Heterocyclic 또는 Oxime으로 치환된다. 여기서 N－Phenylcarbamate계는 제초제로서 활성이 높다.

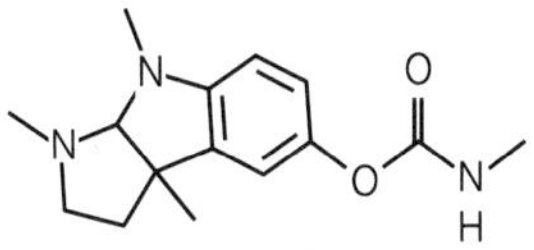

피조스티그민
(Physostigmine)

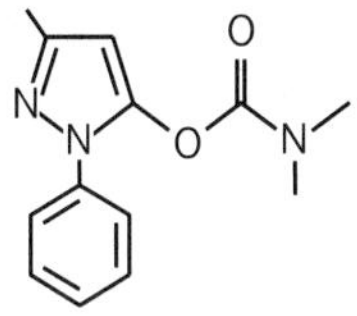

피롤란
(Pyrolan)

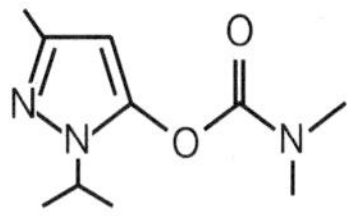

아이솔란
(Isolane)

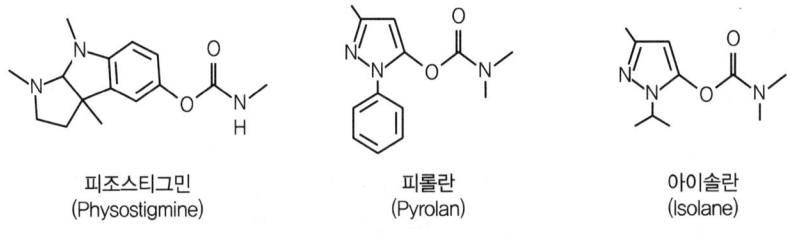

[그림 9－2] 카바메이트계의 구조식

> 기출 20년 산업기사 1 · 2회 54번
>
> **유기인제 농약의 중독 증상과 비슷한 증상을 보이는 농약은?**
>
> ① 항생제 농약
> ② 유기염소제 농약
> ③ 유기비소제 농약
> ④ 카바메이트제 농약
>
> 답 ④

3. 유기염소(Organochlorine)계 살충제

유기염소계 살충제는 공통적으로 독성이 강하여 적용범위가 넓고 인축에 대한 급성독성은 낮은 반면 생태계 내에서의 잔류성과 생물농축성이 높다는 단점이 있다.

분자구조 내에는 염소(Cl)을 다량 함유하고 있으며 결합된 모양에 따라 DDT계, BHC계, 사이클로디엔(Cyclodiene)계로 세분된다.

1) DDT계

DDT계는 디페닐(Diphenyl) 구조를 가지는 화합물로 신경축색에서 신경자극전달을 교란시켜 반복흥분을 일으킴으로써 살충력을 발휘하는 것이 특징이며, 저온 감수성이 높으므로 온도가 내려갈수록 더욱 살충력이 증대되는 것이 특징이다.

> TIP
>
> 대표적인 유기염소계 살충제(~드린, Cl을 의미하는 ~클로르, S를 의미하는 ~설판)
>
> DDT, BHC, 알드린(Aldrin), 엘드린(Eldrin), 디엘드린(Dieldrin), 헵타클로르(Heptachlor), 엘도설판(Endosulfan)

> 기출 20년 기사 3회 71번
>
> **다음 중 살충력이 강하고, 적용범위가 넓으며 저렴한 값에 대량생산의 장점이 있으나 진류독성의 문제를 일으킬 위험요인이 가장 큰 계통의 농약은?**
>
> ① 유기황계
> ② 유기인계
> ③ 유기염소계
> ④ 카바메이트계
>
> 답 ③

독성이 낮고, 환경 중에서 매우 안정하며 잔효성은 뛰어나지만, 잔류성 및 인축에 대한 만성독성의 이유로 인하여 환경오염의 주범으로 인식되면서 사용이 전면 금지되었다.

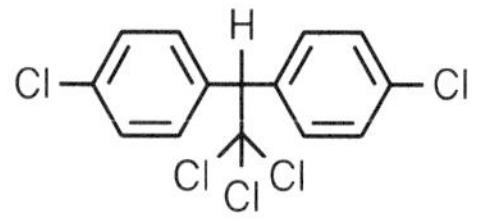

DDT

[그림 9-3] DDT의 구조식

2) BHC계

유기염소계의 분자구조 내에서 염소가 환상 구조를 이룬다. BHC계와 사이클로딘(Cyclodiene)계 화합물은 곤충의 중추신경에 강한 자극작용을 일으켜 시냅스의 신경전달을 촉진시키고, 후방전에 의한 자발성 흥분이 증대되면서 살충작용을 일으킨다. DDT와 마찬가지의 이유로 사용이 금지되었다.

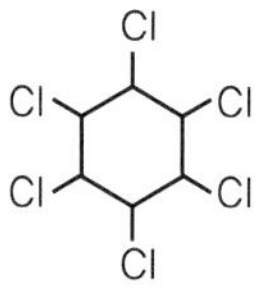

BHC

[그림 9-4] BHC의 구조식

3) 사이클로딘(Cyclodiene)계

BHC와 마찬가지로 유기염소계의 분자구조 내에서 염소가 환상 구조를 이루며 황(S)이 결합되어 있다. 클로르데인(Chlordane), 헵타클로르(Heptachlor), 알드린(Aldrin), 엘드린(Eldrin), 디엘드린(Dieldrine)은 잔류성 및 독성문제로 사용이 금지되었으나, 엔도설판(Endosulfan)은 유일한 사이클로딘계 살충제로 분제와 유제가 제한적으로 사용되고 있다.

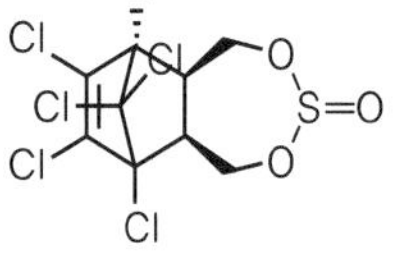

베타-엔디설판
(β-endisulfan, 1955)

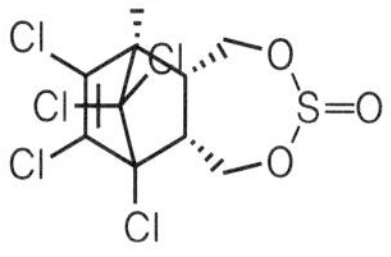

알파-엔디설판
(α-endisulfan)

[그림 9-5] 사이클로딘의 구조식

4. 피레트로이드(Pyrethroids)계 살충제

제충국의 피레트린(Pyrethrin)은 천연 살충제로 과거 오랜 기간 동안 사용되어 왔으나 환경 중에서 수분 및 광에 의하여 쉽게 분해되는 문제점 때문에 이를 화학적으로 안정화시키기 위하여 피레트린의 산 및 알코올 부분의 화학구조를 변화시켜 개발된 것이 피레트로이드계 살충제이다.

[표 9-1] 제충국의 주요 성분

구분	성분
Chrysanthemic acid	Pyrethrin Ⅰ, Cinerin Ⅰ, Jasmolin Ⅰ
Pyrethric acid	Pyrethrin Ⅱ, Cinerin Ⅱ, Jasmolin Ⅱ

피레트린계 살충제는 일반적으로 어류에 대한 독성이 강하여 수도용으로 사용이 금지되어 왔으나 분자구조 설계기법에 의하여 어류에도 안전한 피레트로이드계 살충제가 개발되었다. 현재 지구상에서 사용되는 살충제의 약 30%를 차지할 만큼 그 종류가 다양하다.

펜발러레이트(Fenvalerate)는 유기인계, 카바메이트계, 유기염소계 살충제에 저항성을 보이는 광범위한 해충 방제에 효과적이나 오이, 토마토, 배 등에는 약해의 우려가 있다. 델타메트린(Deltamethrin)은 속효성 살충제로 다른 피레트로이드계 살충제에 비하여 광분해가 빠르다. 사이퍼메트린(Cypermethrin)은 지방질과 친화력을 보여 지방질을 함유하는 곤충의 표피를 쉽게 침투하여 식독 및 접촉독을 보이는 약제로, 속효성이면서 잔효성도 어느 정도 인정되고 있는 약제로 자주 사용된다.

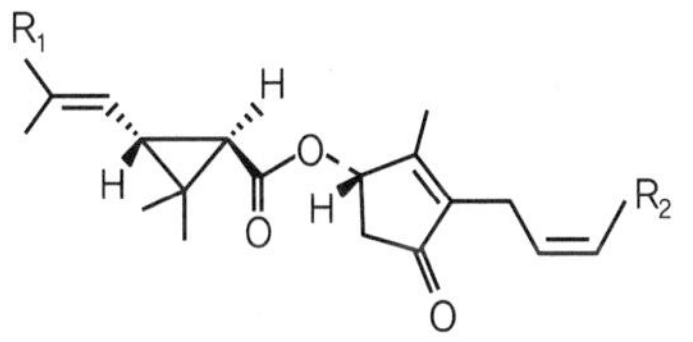

[그림 9-6] 피레트린의 구조식

R_1	R_2	성분명
$-CH_3$ (Chrysanthemic acid)	$-CH=CH_2$ $-CH_3$ $-CH_2-CH_3$	Pyrethrin Ⅰ Cinerin Ⅰ Jasmolin Ⅰ
$-COOCH_3$ (Pyrethric acid)	$-CH=CH_2$ $-CH_3$ $-CH_2-CH_3$	Pyrethrin Ⅱ Cinerin Ⅱ Jasmolin Ⅱ

TIP

대표적인 피레트로이드계 살충제(피레트린의 트린이 들어간 ~트린)

델타메트린(Deltamethrin), 사이퍼메트린(Cypermethrin), 비펜트린(Bifen–thrin), 아크리나트린(Acrinathrin), 사이할로트린(Cyhalothrin), 플루발리네이트(Fluvalinate), 에토펜프록스(Eto–fenprox)

기출 20년 산업기사 1 · 2회 52번

제충국의 살충유효 성분이 아닌 것은?

① Pyrethrin Ⅰ
② Pyrethrin Ⅱ
③ Cinerin Ⅰ
④ Rotenone

답 ④

기출 22년 기사 1회 74번

피레트로이드(Pyrethroid)계 살충제의 특성에 대한 설명으로 틀린 것은?

① 간접접촉제로서 곤충의 기문이나 피부를 통하여 체내에 들어가 근육 마비를 일으킨다.
② 온혈동물, 인축에는 저독성이며 곤충에 따라 살충력이 강하다.
③ 중추신경계나 말초신경계에 대하여 매우 낮은 농도에서 독성작용을 일으키는 신경독성 화합물이다.
④ 고온보다 저온상태에서 약효 발현이 잘 된다.

답 ①

5. 네레이스톡신(Nereistoxin)계 살충제

바다 갯지렁이로부터 얻을 수 있는 천연독소성분인 네레이스톡신(Nereistoxin)은 ACh와 구조가 비슷하기 때문에 ACh와 경합하여 ACh Receptor(아세틸콜린 수용체)에 결합한 후 신경전달물질의 수용을 차단함으로써 살충 활성을 발휘한다.

> **TIP**
> 대표적인 네레이스톡신계 살충제(~탑)
> 네레이톡신(Nereitoxin), 카탑(Cartap), 벤설탑(Bensultap), 티오시리클람옥살레이트(Thiocyclam oxalate)

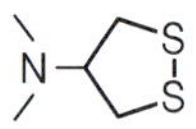
네레이톡신
(Nereistoxin)

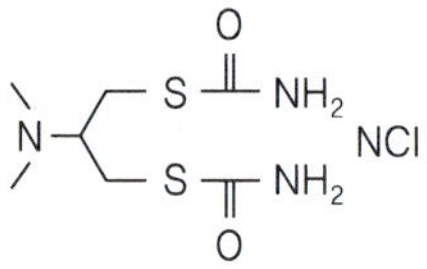

카탑
(Cartap)

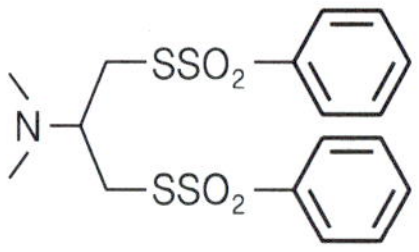
벤설탑
(Bensultap)

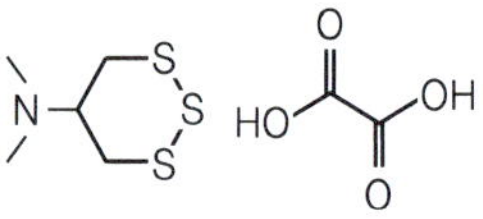
티오사이클람 옥살레이트
(Thiocyclam oxalate)

[그림 9-7] 네레이톡신의 구조식

6. 니코틴(Nicotine)계 살충제

담뱃잎에서 추출한 니코틴(Nicotine)과 그 관련 화합물을 니코티노이드(Nicotinoids)라 부르는데 접촉독작용, 식독작용, 흡입독작용을 하며 주로 황산염의 수용액으로 사용되었으나 포유동물에 대한 독성이 강하고 약제의 충체 내 침투력 문제로 사용이 제한적이었다. 그러나 최근 분자설계와 합성기술의 발달로 효과적이고 안전한 새로운 니코티노이드계 살충제 중 네오니코티노이드(Neonicotinoids)의 개발이 활발하게 진행되고 있다.

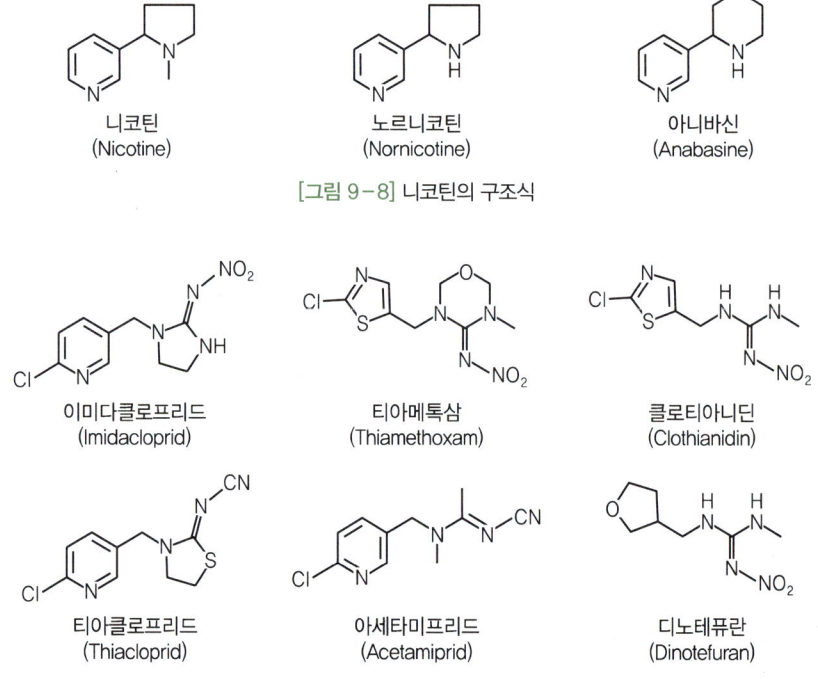

> **TIP**
> 대표적인 니코틴계 살충제(~프리드)
> - 니코틴계(니코티노이드계) : 니코틴(Nicotine), 노르니코틴(Nornicotine), 아나바신(Anabasine), 이들 약제들은 현재 잘 사용되지 않는다.
> - 네오니코티노이드계 : 이미다클로프리드(Imidacloprid), 티아메톡삼(Thiamethoxam), 클로티아니딘(Clothianidin), 티아클로프리드(Thiacloprid), 아세타미프리드(Acetamiprid), 디노테퓨란(Dinotefuran)

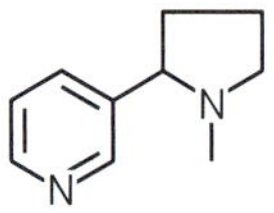
니코틴
(Nicotine)

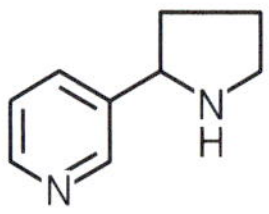
노르니코틴
(Nornicotine)

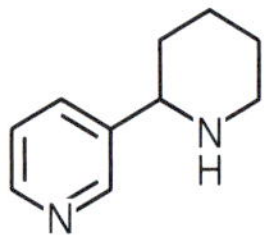
아나바신
(Anabasine)

[그림 9-8] 니코틴의 구조식

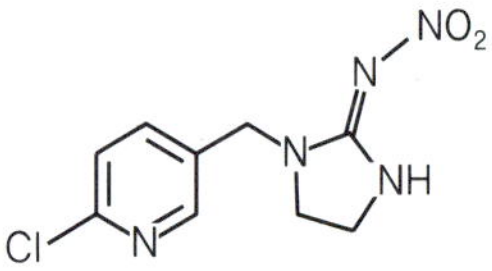
이미다클로프리드
(Imidacloprid)

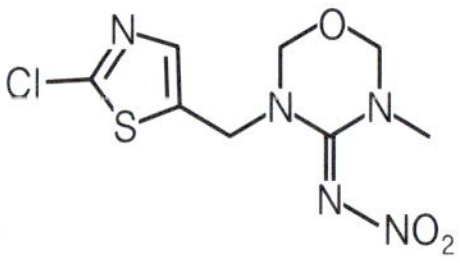
티아메톡삼
(Thiamethoxam)

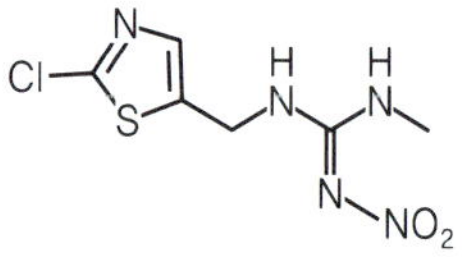
클로티아니딘
(Clothianidin)

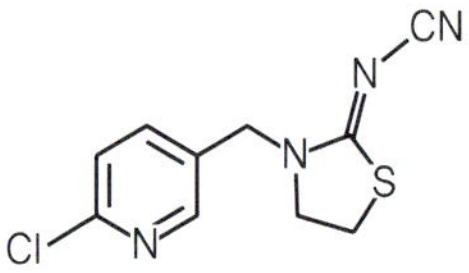
티아클로프리드
(Thiacloprid)

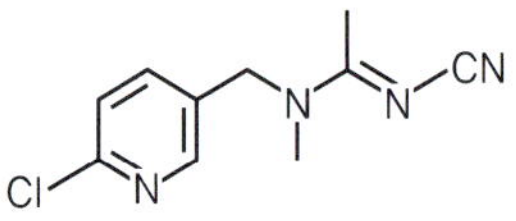
아세타미프리드
(Acetamiprid)

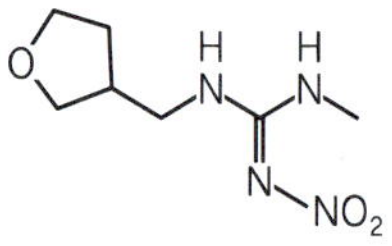
디노테퓨란
(Dinotefuran)

[그림 9-9] 네오니코티노이드계 살충제의 구조식

7. 벤조일우레아(Benzoylurea)계 살충제

곤충의 표피는 키틴으로 구성되어 있다. 우레아계 화합물은 곤충의 키틴 생합성을 저해하여 살충효과를 발휘하는데 주로 나비목, 매미목 해충 방제용으로 사용된다. 이러한 키틴 생합성 저해제들은 일반적으로 곤충과 포유동물 사이에 높은 선택성을 가지고 있으므로(포유동물은 키틴이 없기 때문에) 인축에 안전할 뿐만 아니라 환경오염의 우려가 없는 장점이 있다.

> **TIP**
> 대표적인 벤조일우레아계 살충제(우레아를 나타내는 ~유론, ~우론)
> 디플루벤주론(Diflubenzuron), 테플루벤주론(Teflubenzuron), 노발루론(Novaluron), 루페누론(Lufenuron), 클로르플루아주론(Chlorfluazuron), 플루페녹수론(Flufenoxuron)

8. 로테논(Rotenone)계 살충제

로테논은 동남아시아 및 중남미에서 물고리를 잡기 위한 목적으로 사용하던 야생 콩과 작물인 데리스(Derris)에 함유된 유효성분으로부터 발견된 살충제이다. 로테논은 가장 강력한 살충력을 보여 피레트린, 니코틴과 더불어 대표적인 천연 식물성 살충제로 되었으나 강한 어독성으로 현재는 농업용 살충제로 사용이 제한되어 있다.

로테논은 접촉독 및 식독제로 작용하며 곤충의 신경 저해 및 근육조직 내 미토콘드리아의 전자 전달계에서 복합체 I을 저해함으로써 호흡을 방해하여 곤충을 사멸시킨다.

9. 페닐피라졸(Phenylpyrazol)계 살충제

피프로닐(Fipronil)은 대표적인 페닐피라졸계 살충제로 GABA에 의하여 통제를 받는 Cl 채널(Chloride channel)을 저해하여 살충효과를 발휘한다. 피레트로이드계, 사이클로디엔계, 유기인계, 카바메이트계 살충제에 저항성을 지닌 해충 방제에 효과적이다.

10. 아바멕틴(Abamectin)계 살충제

아바멕틴은 아바멕틴계통의 미생물에서 기원한 살충제이다. 살포 후 작물의 잎에 신속히 흡수되기 때문에 응애, 총채벌레류, 굴파리류 방제에 효과적이다. 에마멕틴벤조에이트(Emmamectin benzoate)는 토양 박테리아에서 추출한 천연성분의 유도체로 강한 침투성과 신속한 살충효과를 나타내며, 나방류에 대한 지속효과가 뛰어나고 다양한 해충 방제에 사용된다.

11. 스피노신(Spinosyn)계 살충제

스피네토람(Spinetoram)은 스피노신계의 대표적인 살충제로 접촉 및 소화독으로 해충의 신경전달체계를 마비시켜 살충효과를 나타낸다. 토양방선균의 발효대사체로서 침달성이 뛰어나 약제가 묻지 않은 잎 뒷면에도 높은 방제효과를 나타낸다. 스피노사드(Spinosad)는 스피노신계의 접촉 및 소화독으로 해충의 신경전달체계를 마비시켜 살충효과를 나타낸다.

12. 디아마이드(Diamide)계

사이안트라닐리프롤(Cyantraniliprole)은 대표적인 디아마이드계 살충제로 해충의 근육세포 내 칼슘채널을 저해하여 근육을 마비시켜 치사시키는 약제이다. 사이클라닐리프롤(Cyclaniliprole)은 해충의 근육세포 내 칼슘채널을 저해하여 근육을 마비시켜 치사시키는 약제로서 신속한 살충효과와 긴 지속효과를 가지고 있다.

13. 기타 살충제

① **설폭사플로르(Sulfoxaflor)** : 설폭시민계 살충제로 효과가 빠르고 지속효과가 있는 약제이며, 스피로테트라멧(Spirotetramat)은 테트라믹에시드계 살충제로 해충의 지질 생합성을 저해하며 침투이행성이 우수하고 지속효과가 좋다.

② **인독사카브(Indoxacarb)** : 옥사디아진계 살충제로 곤충신경세포의 나트륨 전달을 방해하여 효과를 나타내고 다른 계통 살충제에 저항성을 보이는 해충 방제에 효과적인 나방 전문 방제제이다.

③ **클로르페나피르(Chlorfenapyr)** : 파이롤계 살충제로 접촉 및 소화중독제이며 오이, 고추, 가지, 배추, 구기자, 토마토, 시금치, 참외 이외의 작물에는 약해의 우려가 높다.

④ **플로니카미드(Flonicamid)** : 니아신계 살충제로 침투이행성 및 침달성이 우수하여 높은 방제효과를 보이며 잔효력과 내우성이 우수하고 꿀벌에 안전하여 개화기에 사용이 가능하다.

⑤ **플룩사메타마이드(Fluxametamide)** : 나방 전문약제로 효과가 탁월하며 노령 나방 유충에도 살충효과가 높고 방제가 쉽지 않은 꽃노랑총채벌레, 오이총채벌레, 아메리카잎굴파리에도 높은 살충효과를 보인다.

⑥ **피리달릴(Pyridalyl)** : 나방류 방제에 사용되며 해충의 세포구조 및 세포 내 소기관 변형을 유발하는 독특한 작용기작을 가진다.

⑦ **피리플루퀴나존(Pyrifluquinazon)** : 빠른 섭식 억제효과와 약효의 지속성이 긴 진딧물 전문 약제이다.

⑧ **피메트로진(Pymetrozine)** : 피리딘아조메틴계의 침투이행성 살충제로 접촉독 및 소화중독에 의해 살충효과를 발휘하며 진딧물, 가루이 방제에 주로 사용된다.

14. 생물농약

생물농약(Biopesticide)은 병해충 방제의 목적으로 병해충에 대하여 천적이나 기생생물, 독소를 생산하거나 길항성을 나타내는 미생물 등을 제제한 약제를 말한다. 생물농약은 유기합성농약에 의한 자연 생태계의 파괴 우려, 병해충의 약제 저항성 유발, 천적에 대한 영향 등의 각종 문제점을 해결할 수 있는 장점이 있다.

생물농약은 세균(Bacteria), 사상균(Fungus), 바이러스(Virus) 등의 미생물 살충제와 기생벌, 기생선충 등의 천적생물을 이용한 생물 살충제로 구분된다.

1) 미생물 살충제(Bt제)

Bt제는 세균의 일종으로 *Bacillus thuringiensis* 균을 배양하여 균의 아포(Spore)가 생성될 때에 아포 중의 단백질 독소인 결정성의 δ – 엔도톡신(δ – Endotoxin)을 아포와 혼합물 형태로 제제한 약제이다. 해충의 소화 과정에서 독소가 용해되어 중독작용이 일어난다. 그 외 세균으로는 *Bacillus popilliae*, *Bacillus lentimorbus*, *Bacillus moritai* 등이 알려져 있다.

2) 천적 살충제

천적 살충제는 해충의 천적 곤충을 대량 사육하여 방사함으로써 해충의 밀도를 저하시키고, 이를 통하여 해충으로부터 농작물을 보호하는 생물학적 방제법 중 하나이다. 귤가루깍지벌레의 천적인 무당벌레가 대표적이다.

15. 곤충 호르몬제

곤충의 호르몬 중 살충제로서 이용이 가능한 것은 곤충의 유충상태를 유지시키는 유약 호르몬(Juvenile hormone)으로 곤충에만 특이적으로 작용하기 때문에 곤충 이외의 생물에 대해서는 안전하고 약제 저항성의 우려도 없다. 그러나 곤충과 다른 생물과는 선택성이 높으나 해충과 익충 사이에 특이적 선택성이 없고 자연계 내에서 불안정하다는 결점이 있다. 이를 보완하여 천연의 유약 호르몬에 비하여 안정하고 활성이 강한 메토프렌(Methoprene)이 개발되었다.

메톡시페노자이드(Methoxyfenozide), 크로마페노자이드(Chromafenozide), 테부페노자이드(Tebufenozide)는 벤조일하이드라자이드계의 곤충생장조절제로 탈피를 촉진하여 해충을 치사시키며, 다른 계통에 저항성이 생긴 해충 방제에 우수한 효과를 나타낸다. 피리프록시펜(Pyriproxyfen)은 곤충 생장호르몬 유사체로 알 방제효과와 약충에서 성충으로의 변태 저해작용 효과가 있다.

16. 곤충 페로몬제

곤충 페로몬(Pheromone)은 곤충 개체로부터 체외로 배출되어 같은 종의 다른 개체에 특이한 반응을 일으키게 하는 생리 활성물질이다.

페로몬 중에서 해충 방제용으로 가장 유력한 것은 성페로몬이다. 성페로몬의 이용방법은, 첫째 해충의 발생 예찰용으로 해충의 발생시기 및 밀도를 예측하여 방제에 필요한 살충제의 양, 방제시기 등의 정보를 얻는 것이다. 둘째, 살충제 대신에 직접 해충의 밀도를 감소시킬 목적으로 이용하는 것으로 해충 발생 시에 많은 트랩을 설치하여 해충의 수컷을 가능한 한 많이 포살하는 방법과 전체 대기 중에 성페로몬을 살포하여 수컷이 암컷의 위치를 탐지하는 기능을 교란시켜 교미를 못하게 하거나 암컷의 위치를 찾아 방황하다가 지쳐서 죽게 하는 방법 등이 있다. 일종의 교미교란제 역할을 의미한다.

TIP

곤충의 페로몬과 호르몬의 차이점

- 페로몬 : 곤충의 내분비선에서 생합성되어 체외로 배출되어 같은 종족의 개체 간에 정보 전달에 관여하는 물질
- 호르몬 : 곤충의 내분비선에서 생합성되어 개체 내에서 극미량으로 생리작용을 나타내는 물질

대표적인 성페로몬으로는 Bombykol, Disparlure, (Z,E)－9,11－Tetradecadien－1－yl acetate, (Z)－8－Dodecen－1－yl acetate, (Z)－11－Hexadecen－1－al, (Z)－13－Hexadecen－1－al, (Z,Z)－3,13－Octacecadien－1 yl acetate, Undecanal, (Z)－11vOctadecen－1－al, (E,Z)－3,15－Tetradecadienoic acid, (E)－9－Oxo－2－decenoic acid, (Z)－9－Hydroxy－2－decenoic acid, (Z)－9－Triconcenn, (Z)－11－Octadecen－1 yl acetate 등이 있다.

17. 유인제 및 기피제

식물을 가해하는 식식성 곤충은 식성에 따라서 한 가지 식물만을 식해하는 것과 다양한 식물을 비선택적으로 식해하는 것으로 나뉜다. 식물체 내의 중요한 요인 성분 중 곤충을 유인 또는 기피하는 물질이 관여한다.

1) 곤충 유인물질

기주식물에 함유된 곤충 유인물질에는 산란 유인물질과 먹이 유인물질이 있다. 유인물질을 이용한 해충 방제방법은 유인물질과 살충제를 동시에 사용하여 유인된 해충을 방제하는 것이다.

[표 9－2] 대표적인 유인물질

구분	특징
Allylisothiocyanate	십자화과 식물의 배추좀나방 산란 유인
n－Propylmercaptan, N－Propyldisulfide(Sesamolin)	양파의 양파파리 산란 유인
p－Methoxycacetophenone (Oryzanone)	벼 이화명나방 유충 유인
Acetaldehyde	감자의 콜로라도잎벌레 유충 유인

2) 곤충 기피물질

곤충 기피물질(Repellent)은 식물 선택에 관여하는 활성물질 중 곤충이 기피하는 인자로서 기피인자와 섭식저해인자가 있다.

기피인자는 곤충에 부의 주화성을 일으키는 자극물질을 말하는 것으로 누에 유충의 라우릴 알코올(Lauryl alcohol), 열대지방 풀모기의 N－Diethyl－m－toluamide(DEET)가 대표적이다.

섭식저해인자(Feeding deterrence)는 곤충의 섭식을 저해하는 물질을 말하는 것으로 곤충의 식물 선택에 부의 요인으로 미각적 저해물질이 독성 및 물리적 저해 등과 함께 관여한다.

TIP

대표적인 섭식저해 물질

Isobolidine(담배나방, 까치밥나무자나방), Clerodendin(담배나방, 조명나방, 독나방)

18. 곤충 불임화제

곤충을 방사선으로 조사하든가 또는 화확 불임화제의 처리로 불임화시켜 야외 포장에 방사하면 야생의 건전한 해충은 불임화된 곤충과 교미하더라도 산란한 알이 부화하지 않으므로 불임화 해충의 방사를 계속하여 반복하면 해충의 밀도를 현저하게 감소시킬 수 있다. 방사선 조사는 곤충을 대량 사육해야 하는 문제점을 가지고 있어 최근에는 화학 불임화제에 의존하고 있다.

1) 대사 길항물질

대사 길항물질은 곤충의 암컷을 주로 불임화시키는 작용을 하지만 알킬화제보다 불임화력이 떨어진다. 대표적인 약제로는 아메토프테린(Amethopterin)이 있다.

2) 알킬화제

곤충의 우성 유전자에 작용하여 변성을 유도하는 물질로 생체 내 주요 화합물질인 유전질의 활성수소를 알킬기(Alkyl)로 치환시키는 화합물을 말하며, 대표적으로는 테파(Tepa), 메테파(Metepa), 아포레이트(Apholate)가 있다.

19. 협력제

협력제는 그 자체만으로는 살충력이 없으나 혼용되는 살충제의 생물활성을 증대시켜 주는 작용을 하며 시너지스트 또는 공력제라고도 한다.

피레트린(Pyrethrin)의 협력제로 세사민(Sesamin)이 처음 발견된 이후 세사몰린(Sesamolin)과 같이 더 강력한 협력제가 참기름 중에서 발견되었다. 그 외 피레트린의 협력제로 에고놀(Egonol), 히노키닌(Hinokinin), 히발락톤(Hibalactone)이 발견되었다. 이들은 분자구조 중에 메틸렌 디옥시페닐(Methylene dioxyphenyl)기를 공통적으로 가지고 있다.

[표 9-3] 협력제의 종류

구분	종류
피레트로이드계 협력제	세사민, 세사몰린, 에고놀, 세속산(Sesoxane), 히노키닌, 피페로닐 뷰톡사이드(PBO : Piperonyl butoxide), 설폭사이드(Sulfoxide), n-프로필아이소머(n-Propylisomer) ※ 피페로닐 뷰톡사이드가 가장 많이 사용됨
DDT, 파라티온(Paration) 협력제	세사멕스(sesamex, 3,4-methylene dioxyphenylbezene sulfonate)
카바메이트(Cabamate)계 협력제	세사멕스

20. 작물의 해충저항성 품종 육성

식물 중에는 해충의 식해를 받기 어려운 종 또는 품종이 존재한다. 옥수수의 품종 간에는 조명나방의 식해에 대한 저항성의 원인 인자로 2,4－dihydroxy－7－methoxy－1,4－benzoxazin－3－one(DIMBOA)이 알려져 있다.

02 살응애제(살비제)

응애는 절족동물문의 응애강에 속하는 것으로 곤충강에 속하는 곤충과는 구별된다.

2차 대전 이전	기계유제, 석회 유황합제, 로테논(Rotenone)제
	⇩
2차 대전 이후 DDT 효과 개선	BCPE, CPCBS
	⇩
고독성 유기인계	클로벤질레이트(Chlobenzilate), 테트라디폰(Tetradifon), 디코폴(Dicofol) TEPP, 파라티온(Parathion), EPN
	⇩
저독성 유기인계	말라티온(Malathion), 디알리포스(Dialifos)
현재	티오메톤(Thiometon), 에티온(Ethion), 디넥스(Dinex), 디노캅(Dinocap), 비나파크릴(Binapacryl), 키노메티오넷(Chinomethionat), 클로르펜설파이드(Chlorfensulfide), 아미트라즈(Amitraz), 아조사이클로틴(Azocyclotin), 비알라포스(Bialafos), 아바멕틴(Abamectin)

[그림 9－10] 살응애제(살비제)의 변천사

1. 살응애제(살비제)의 작용기작

① 신경기능 저해

- 유기인계, 카바메이트계 : 시냅스(Synapsc) 내에서 신경전달물질인 아세틸콜린(ACh)을 분해하는 아세틸콜린에스터라제(AChE)를 저해
- 디아릴카비놀(Diarylcarbinol)계(Dicofol) : 신경계 내의 ATPase를 저해하여 반복 흥분 유발
- 밀베멕틴(Milbemectin) : 억제성 신경전달물질(GABA) 수용체에 결합하는 Cl^- 이온 채널을 활성화시켜 효과 발휘

② 에너지 대사 저해

- 디니트로페놀(Dinitrophenol)계, 유기주석계 : 호흡의 전자전달계에 작용하여 전자전달 과정에서 생성되는 에너지(NADPH)를 이용하여 ATP를 생산하는 산화적 인산화 반응을 탈공여하거나 직접 저해(유기주석계)하여 살응애력 발휘

- 퀴녹살린(Quinoxaline)계 : TCA 회로의 각종 반응을 저해하는 것으로 보아 SH기를 저해하는 것으로 여겨짐
- 포름아미딘(Formamidine)계[아미트라즈(Amitraz)] : 옥토파민 수용체에 작용제(Agonist)로 효과 발휘

③ **생체 대사 저해** : 생체 내 아민(Amine) 대사를 저해한다.

2. 살응애제(살비제)의 종류

1) 디아릴카비놀계

대표적인 디아릴카비놀계 살응애제인 디코폴(Dicofol)은 광범위한 응애류에 대하여 알, 약충, 성충 모두에 활성을 가진다.

2) 유기유황(Organosulfates)계

① **클로르펜손(Chlorfenson, CPCBS)** : 침투이행성 약제로 알에 효과는 있으나 성충에는 효과가 없으며 약효 지속기간이 길다.

② **테트라디폰(Tetradifon)** : 비침투성 접촉제로 응애의 성충과 약충에는 효과가 없으나 약제에 접촉된 성충 암컷이 산란한 알은 부화되지 못하며 부화 직후의 약충에도 효과가 있다.

③ **프로파가이트(BPPS)** : 성충, 약충에 대하여 접촉제로서 작용하여 속효성은 있으나 알에 대한 효과는 적다.

3) 유기인(Organophosphates)계

말라티온(Malathion), 디알리포스(Dialiphos)는 알, 성충, 약충 모두에 효과를 보이나 현재 사용되는 것은 에티온(Ethion), 티오메톤(Thiometon) 등의 침투성 살충작용을 갖는 약제이나 알 효과는 없다.

4) 페놀(Phenol)계

디넥스(Dinex), 디노캅(Dinocap), 바이나파크릴(Binapacryl)은 알, 성충, 약충 모두에 속효적 효과가 있다.

5) 유기주석(Organotin)계

사이헥사틴(Cyhexatin), 아조사이클로틴(Azocyclotin), 펜부타틴옥사이드(Fenbutatin oxide)는 성충, 약충에 효과가 있는 지효성 약제이다.

6) 항생물질(Antibiotic)계

폴리낙틴(Polynactin)은 성충, 약충에 살비력이 강하며 밀베멕틴(Milbemectin)은 광범위한 응애류의 알, 약충, 성충 모두에 효과가 있다.

7) 기타

① 키노메티오나트(Chinomethionat) : 천적에 안전하며 알, 약충, 성충 모두에 효과가 있다.

② 아미트라즈(Amitraz) : 알, 약충, 성충 모두에 속효적이며 지효성이다.

③ 벤족시메이트(Benzoximate) : 성충에 대한 효과가 강하고 지효성이다.

④ 페노티오카브(Fenothiocarb) : 귤응애 알, 성충에 높은 효과가 있으며 저항성 잎응애에 대하여 우수한 효력을 나타낸다.

⑤ 그 외에도 펜프록시메이트(Fenproximate), 테부펜피라드(Tebufenpyrad), 플루아지남(Fluazinam), 피리다벤(Pyridaben), 비페나제이트(Befenazate), 사이에노피라펜(Cyenopyrafen), 사이플루메토펜(Cyflumetofen), 스피로메시펜(Spiromesifen), 스피로디클로펜(Spirodiclofen), 에톡사졸(Etoxazole), 페나자퀸(Fenazaquin), 피플로뷰마이드(Pyflubumide), 헥시티아족스(Hexythiazox) 등이 있다.

03 살선충제

선충은 선형동물문의 선충강에 속하는 미소동물로서 농작물을 가해하는 선충은 식물의 지하부에 기생하여 혹을 형성하거나 썩게 만들고 지상부의 기형을 유발하기도 한다.

효과 저조	이황화탄소(CS_2)
⇩	
토양훈증	클로로피크린(Chloropicrin)
⇩	
할로겐화 탄화수소계	메틸브로마이드(Methyl bromide), D－D, EDB, EDC, DBCP
⇩	
할로겐에스터	DCIP
⇩	
디티오카바메이트(Dithiocarbamate)계	카밤(Carbam)
⇩	
티오시아네이트(Thiocyanate)계	REE(Sassen)

[그림 9－11] 살선충제의 변천사

1. 살선충제의 작용기작

1) 필수 효소활성 저해

- 현재 사용되고 있는 대부분은 유기할로겐 화합물로서 훈증제로 토양 중에 처리된다.
- 할로겐화 탄화수소에 의한 반응성이 매우 높은 할로겐화물과 생체 내의 $-SH$, $-NH_3$, $-OH$기 등과 반응함으로써 필수효소의 활성을 저해한다.
- 할로겐 원소의 종류에 따른 반응성은 I > Br > Cl 순이다.
- 티오카바메이트(Thiocarbamate)계인 카밤(Carbam)은 생체 내의 $-SH$기 등 활성 중심과 반응하여 불활성화시킨다.

2) 전자전달계 저해

티오시아네이트(Thiocyanate)계인 REE는 벼의 심고선충 보독종자를 침지 처리할 경우 선충 호흡계의 전자전달계를 저해한다.

2. 살선충제의 종류

1) 유기할로겐계

클로로피크린(Chloropicrin), 메틸브로마이드(Methyl bromide), 에틸렌(Ethylene), 디브로마이드(Dibromide) 등은 저장 중 곡물과 과실의 훈연제로서 사용되었으나 살선충 효과가 있어 토양선충 방제제로도 사용된다. 기타 1,3-디클로로프로펜(Dichloropropene), DCPI, DBCP 등이 있다.

2) 기타

① REE는 벼 뿌리마름 선충 등에 효과가 있으나 등록이 인정되지 않았다.

② 카밤(Carbam)은 토양살균제 및 제초제로 이용되었으며, 살균제로 개발된 다조멧(Dazomet)과 베노밀(Benomyl)도 살선충 효과가 인정되었다.

③ 유기인계 살충제인 펜티온(Fenthion, MPP)의 활성산화물인 메설펜포스(Mesulfenfos), 피라클로포스(Pyraclofos), 에토프로포스(Ethoprofos), 포스티아제이트(Fosthi-azate)도 살선충제로 사용된다. 이미시아포스(Imicyafos), 카두사포스(Cadusafos), 터부포스(Terbufos), 포레이트(Phorate) 등도 선충에 효과적이다.

④ 벤자마이드계인 플루오피람(Fluopyram)은 선충에 접촉 시 섭식 중단과 마비증상을 일으킨다.

기출 21년 기사 1회 66번

살선충제 농약은?

① Cadusafos
② Chlorpyrifos
③ Diazinon
④ Dichlorvos

답 ①

04 살균제

1. 무기 또는 금속 함유 살균제

1) 구리제(Copper)

구리는 SH기와의 반응성으로 보아 수은(Hg)보다는 낮고 생물에 대한 독성도 낮은 것이 일반적이나 병원균의 종류에 따라서 구리제가 수은제와 비슷한 살균력을 보이는 경우가 있어 현재까지 농업용 살균제로 널리 사용되고 있다.

기출 19년 산업기사 2회 44번

살균제의 주성분에 의한 분류에 해당되지 않는 것은?

① 유기수은제
② 토양소독제
③ 유기주석제
④ 무기황제

답 ②

① 무기구리제

- 대개 물에 녹지 않는 불용성으로 작물의 표면에 피복, 고착시키면 대기 중의 탄산가스나 식물이 분비하는 유기산에 의하여 서서히 구리이온(Cu^{2+})이 용출되어 살균작용을 한다.
- 황산구리($CuSO_4$)와 생석회(CaO)를 주성분으로 하는 보르도액(석회보르도액)은 대표적인 구리제로 보호살균제이다.
- 쿠퍼하이드록사이드(Copper hydroxide)는 광범위한 병해에 대한 보호살균제이다.

보르도액의 조성

- 생석회의 양에 따라(물 1L당 황산구리와 생석회의 양)

6-3식	소석회 보르도액	생석회 반량, 6~3g
4-4식	석회 보르도액	생석회 등량, 4~4g
6-6식	과석회 보르도액	생석회 과량, 6~6g

- 물의 양에 따라(황산구리 450g 기준, 1두식은 물 20L)

4두식	석회반량 보르도액	생석회 225g, 물 80L
6두식	석회등량 보르도액	생석회 450g, 물 120L
8두식	석회배량 보르도액	생석회 900g, 물 160L

② 유기구리제

옥신쿠퍼(Oxine copper)는 옥신(Oxine)과 구리의 착염으로서 구리이온 침투가 무기구리제보다 월등히 용이하다. 무기구리제인 보르도액보다 1/10의 구리 함량으로도 동일한 효과를 발휘한다. 그 외에 DBEDC, 쿠퍼노닐페놀설포네이트(Copper nonylphenolsulfonate)가 있다.

2) 수은제(Mercury)

승홍($HgCl_2$), 머큐리클로라이드(Mercuric chloride)는 대표적인 무기수은제이며, 유기수은제는 PMA(Phenyl Mercury Acetate, 페닐머큐리아세테이트)가 있다.

3) 비소제(Arsenicals)

비소(As)를 함유하는 유기화합물로 $RAsX_2$로 결합되는데 R은 방향족 또는 지방족이며 X는 염소(Cl), 황(S), 산소(O) 등이다. R이 방향족일 경우 X는 염소(Cl)기가 치환되었을 때 살균력이 가장 강하고 R이 지방족일 경우 CH_3(3가) > C_2H_5(5가) > C_3H_7(7가) 순으로 3가 화합물이 가장 살균력이 강하다.

네오아소진(Neo-asozin, MAFA)은 병원균 균사의 신장, 침입 및 진전을 억제하여 살균시키며 기주식물의 조직이나 병원균 체내에 침투, 이행성이 있어 약효 지속기간이 비교적 길다. 일반 비소화합물과 달리 철(Fe)과 결합되어 있어 작물에 약해를 경감시키는 효과가 있으며 주로 벼 잎집무늬마름병, 사과나무 부란병 방제에 사용된다.

4) 유기주석제(Organotin)

트리페닐(Triphenyl) 화합물인 R_3SnX의 결합구조를 가지며 구리 처리량의 1/10로도 사상균의 방제가 가능하고 살응애 효과도 있다.

펜틴하이드록사이드(Fentin hydroxide)와 펜틴아세테이트(Fentin acetate)가 있다.

5) 무기유황제

황은 살균성이 인정되어 흰가루병 방제용으로 개발되었으며 친유성 물질로서 세포 내 침투성이 강하여 유지의 함량이 많은 병원균에 강한 살균성을 보이는 선택성이 있어 적용범위는 좁으나 응애류나 깍지벌레에 대한 살충력도 보인다. 균체 내의 황인 탈산소작용 및 산화물 또는 황화수소에 의해 살균작용을 일으킨다.

석회유황합제(Lime sulfer, Calcium polysulfide)는 결정석회황 합제라고도 하며 과수의 병해 방제용으로 사용되고 응애나 깍지벌레 등에 대한 살충작용도 있다. 그러나 약해를 일으키기 쉽다는 단점이 있으며 온도와 습도가 높을수록 빨리 분해되어 효력이 저하된다. 따라서, 기온이 낮을 때는 비교적 높은 농도로 사용이 가능하나 기온이 높을 때는 약해 우려에 따라 낮은 농도로 살포해야 한다. 석회유황합제는 생석회와 황의 비율을 1 : 2의 중량비로 배합한다.

TIP

석회유황합제 20L 조제방법

① 황가루 5kg을 뜨거운 물에 반죽 후 24L가 되도록 물을 첨가한다.
② 물을 끓여 끓기 시작할 때 생석회 2.5kg을 첨가한다.
③ 20L 석회유황합제가 될 때까지 계속 끓여 물 4L를 증발시킨다.

2. 비침투성 유기 살균제

1) 디티오카바메이트(Dithiocarbamate)계

① 보르도액 등 초기 무기 살균제 이후 2세대 살균제 중에서 가장 중요한 역할을 하고 있다. 광범위한 효력과 비교적 저항성 유발이 없다는 장점으로 침투성 살균제와 함께 널리 사용되고 있으나 지효성이고 저장 중 흡습에 의해 분해되기 쉬우며 값이 비싸다는 단점이 있다.

② 디티오카바메이트계의 화학구조는 N-CS-S-이며 유기황제라고도 한다. 대표적인 살균제로 페르밤(Ferbam), 나밤(Nabam), 지람(Ziram), 티람(Thiram), 지네브(Zineb), 프로피네브(Propineb), 만코제브(Mancozeb), 산켈(Sankel) 등이 있다.

기출 21년 기사 2회 80번

Dialkylamine계 살균제는?

① Nabam
② Maneb
③ Ferbam
④ Mancozeb

답 ③

2) 유기염소제(Chlorine – substituted aromatic)

PCBA, PCMN, CBA, PCP 등이 도열병 방제제 사용되다가 약해가 발생하여 사용이 중단된 후 클로로타로닐(Chlorothalonil), 도열병 방제제 프탈라이드(Phthalide), 벼 흰잎마름병 방제제 테클로프할람(Tecloftalam) 등이 개발되었다.

3) 디카르복시마이드(Dicarboximide)계

① 프로시미돈(Procymidone), 이프로디온(Iprodione), 빈클로졸린(Vinclozolin)이 대표적이며 프로시미돈만이 침투이행성으로 치료 및 보호살균제로 뿌리로부터 흡수되어 잎이나 꽃으로 이행하여 살균작용을 일으키며 병원균의 트리글리세라이드(Triglyceride)의 생합성을 저해한다.

② 이프로디온(Iprodione)은 비침투성 보호 및 치료효과를 겸비한 접촉형 살균제로 포자의 발아억제 및 균사생장을 억제하여 살균활성을 보인다.

③ 빈클로졸린(Vinclozolin)은 비침투성 보호 및 치료효과를 겸비한 살균제로 병원균의 포자발아를 저해한다.

4) 프탈리마이드(Phthalimide)계

트리클로로메틸티올레이트(Trichloromethylthiolate)계 살균제라고도 하며 효소나 단백질의 SH기와 반응하여 병원균의 호흡을 저해함으로써 살균효과를 발휘한다. 대표적인 살균제로 캡탄(Captan), 폴펫(Folpet), 캡타폴(Captafol), 디클로플루아니드(Dichlofluanid) 등이 있다.

5) 디니트로페놀(Dinitrophenol)계

산화적 인산화 과정의 탈공역제로서 살균작용을 발휘한다. 디노캡(Dinocap)이 대표적이며 비침투성 접촉형 살균제로 고온에서는 약해를 일으키기 쉬우며 배나무 어린잎에는 약해의 우려가 높다.

6) 퀴논(Quinone)계

천연산물에도 널리 분포하고 있는 화합물로서 생체 내에서 여러 가지 생리기능에 영향을 주는 것으로 알려져 이를 이용한 몇몇 살균제가 사용되고 있으며 SH기를 필수적으로 가지고 있는 효소를 공격하여 살균시킨다. 대표적인 살균제로는 디티아논(Dithianone), 클로라닐(Chloranil), 디클론(Dichlone)이 있다.

7) 알리파틱니트로겐(Aliphatic nitrogen)계

도딘(Dodine)은 약간의 침투이행성을 갖으며 배, 사과나무의 검은별무늬병, 점무늬낙엽병 방제에 사용된다.

기출 19년 산업기사 2회 50번

퀴논계 제초제로서 접촉성 효과로 약효가 빠르게 나타나고 잔디밭에 발생하는 은이끼, 솔이끼 등에 우수한 제초제는?

① 리누론
② 뷰타클로르
③ 티오벤카브
④ 퀴노클라민

답 ④

8) 아릴니트릴(Arylnitrile)계

주로 제초제로 개발되어 실용화된 것이 많고 살균제로서의 작용기작은 정확하지 않으나 균체 내 SH기와 반응하여 호흡을 저해하는 것으로 알려져 있다. 대표적인 살균제는 클로로탈로닐(Chlorothalonil)이 있다.

3. 침투성 유기 살균제

침투성 유기 살균제는 침투이행성이 있어 보호 및 치료효과를 나타내지만 보호살균제에 비해 적용범위가 좁고 병원균의 저항성이 나타날 우려가 있다.

[표 9-4] 침투성 유기 살균제의 계통별 종류

계통	특징
옥사티인 (Oxathiin)계	호흡계의 전자전달 저해 예 카복신(Carboxin), 옥시카복신(Oxycarboxin)
페닐아마이드 (Phenylamide)계	호흡 과정 중 숙신산(Succinic acid)의 산화를 저해 예 플루톨라닐(Flutolanil), 메프로닐(Metronil)
하이드록시아미노피리미딘 (Hydroxyaminopyrimidines)계	에티리몰(Ethirimol) : 흰가루병 전문 약제로 급격한 저항성 발현, 사용 감소
벤지미다졸 (Benzimidazole)계	고활성 광범위한 병해에 효력이 있으나 저항성 유발 예 베노밀(Benomyl), 티오파네이트(Thiophanate), 카벤다짐(Carbendazim)
페닐아마이드 (Phenylamides)계	병원균의 RNA 합성 저해 예 메타락실(Metalaxyl), 푸랄락실(Furalaxyl), 베날락실(Benalaxyl)
트리아졸 (Triazole)계	• 세포막 성분인 에르고스테롤(Ergosterol)의 생합성 저해 • 작물에 대한 약해가 없음 예 디니코나졸(Diniconazole), 디페노코나졸(Difenoconazole), 마이클로부타닐(Myclobutanil), 메트코나졸(Metconazole), 비터타놀(Biter-tanol), 사이프로코나졸(Cyproconazole), 이프코나졸(Ipconazole), 프로피코나졸(Propiconazol), 트리아디메놀(Triadimenol), 헥사코나졸(Hexaconazole), 이미벤코나졸(imibenconazole), 테부코나졸(Tebuconazole), 테트라코나졸(Tetraconazole), 펜부코나졸(Fenbuconazole), 플루퀸코나졸(Fluquinconazole), 플루트리아폴(Flutriafol)
피페라진 (Piperazine)계	세포막 성분인 에르고스테롤(Ergosterol)의 생합성 저해 예 트리폴린(Triforine)
피리딘 (Pyridine)계	세포막 성분인 에르고스테롤(Ergosterol)의 생합성 저해 예 뷰티오베이트(Buthiobate)
피리미딘 (Pyrimidine)계	세포막 성분인 에르고스테롤(Ergosterol)의 생합성 저해 예 누아리몰(Nuarimol), 페나리몰(Fenarimol)
이미다졸 (Imidazole)계	세포막 성분인 에르고스테롤(Ergosterol)의 생합성 저해 예 프로클로라즈(Prochloraz), 사이아조파미드(Cyazofamid), 트리플루미졸(Triflumizole)
모르폴린 (Morpholine)계	세포막 성분인 에르고스테롤(Ergosterol)의 생합성 저해 예 트리데모르프(Tridemorph), 디메토모르프(Dimethomorph)

기출 19년 산업기사 1회 55번

사과, 수박의 탄저병에 적용하는 벤지미다졸계 살균제는?

① 베노밀 ② 보스칼리드
③ 비터타놀 ④ 빈클로졸린

답 ①

계통	특징
유기인 (Organophosphates)계	세포막의 인지질 합성 저해 예 키타진(Kitazin), 이프로벤포스(Iprobenfos), 에디펜포스(Edifenphos), 피라조포스(Pyrazophos)
페나진 (Phenazine)계	예 페나진옥사이드(Phenazine oxide)
유기유황 (Organosufates)계	세포막의 인지질 합성 저해 예 아이소프로티올레인(Isoprothiolane)
티아졸 (Thiazole)계	병원균체 내의 멜라닌(Melanin) 생합성 저해 예 트리사이크라졸(Tricyclazole)
퀴놀린 (Quinoline)계	예 옥솔린산(Oxolinic acid), 피로퀼론(Pyroquilon)
스트로빌루린 (Strobilurin)계	세포 내 미토콘드리아의 전자전달계 저해 예 아족시스트로빈(Azoxystrobin), 만데스트로빈(Mandestrobin), 오리자스트로빈(Orysastrobin), 트리플록시스트로빈(Trifloxystrobin)

TIP

훈증제의 종류

클로로피크린(Chloropicrin), 메틸브로마이드(Methyl bromide), MITC(Methylisothiocyanate, 메틸아이소티오시아네이트), 아조멧(Dazomet), 메탐소듐(Metamsodium)

4. 훈증제

훈증제는 높은 휘발성이 있고 작은 분자로 되어 있으며 훈증작용에 의하여 토양에 존재하는 곰팡이뿐만 아니라 곤충, 선충 및 잡초 씨앗을 방제해 준다.

5. 항생제

1) 스트렙토마이신(Streptomycin)

*Streptomyces griseus*의 발효로 생산되며 병원균의 단백질 합성을 저해하고 광범위한 그람양성 또는 음성균에 효과가 있으나 토양 살균제로는 사용할 수 없다. 감귤 궤양 및 배추 무름병에 효과적이다.

2) 가수가마이신(Kasugamycin)

*Streptomyces kasugaensis*를 배양하여 얻어지며 병원균의 단백질 합성을 저해하고 과도하게 사용하면 내성균을 유발하나 사용을 중단하면 내성이 감퇴되어 다시 감수성 균으로 환원되는 특성이 있다. 특히 벼 도열병 방제에 효과적이다.

3) 블라스티시딘-S(Blasticidin-S)

*Streptomyces grieseochomogenes*를 호기적 조건하에서 배양하여 얻어지며 벼 도올병 치료효과가 우수하나 살포액 농도가 40ppm 이상이면 벼 잎에 약해를 입히기 쉽다.

4) 발리다마이신(Validamycin)

Streptomyces hydroscopicus var. *limoneus*를 발효시켜 얻어지며 알칼리성에는 안정하나 산성에는 불안정하여 쉽게 분해된다. 벼 잎집무늬마름병(문고병) 방제에 효과적이다.

기출 21년 기사 4회 69번

항생제 계통의 살균제인 Streptomycin에 대한 설명으로 옳은 것은?

① 주로 벼의 도열병 방제용으로 살포된다.
② 저독성 약제로 세균성 병 방제에 사용된다.
③ 살균기작은 SH 효소에 의한 핵산 합성 저해이다.
④ 수화제로 사용할 경우 주로 Streptomycin 80%, 기타 증량제 20%로 희석하여 사용한다.

답 ②

5) 폴리옥신(Polyoxin)

Streptomyces cacaoi var. *asoensis*로부터 얻어진 수용성 물질로서 폴리옥신 A에서 M까지 13종이 단리되었고 우리나라에서는 폴리옥신 B가 과수 점무늬낙엽병 방제약으로 사용되며 폴리옥신 D는 사과나무 부란병 방제약으로 사용된다. 이 약제들은 키틴 합성을 저해하여 세포벽 형성을 억제하고 포자의 발아관이나 균사가 팽화된다.

6. 기타 살균제

구분	특징
디에토펜카브 (Diethofencarb)	• 페닐카바메이트(Phenylcarbamate)계 • 병원균의 발아관 유사분열 저해, 잿빛곰팡이병에 효과적
에트리디아졸 (Etridiazole)	잘록병, 잔디 피티움마름병 방제
플루디옥소닐 (Fludioxonil)	• 페닐파이롤(Phenylpyrrole)계 • 삼투압조절 경로의 MAPK를 저해, 다양한 병 방제
플로설프아마이드 (Flusulfamide)	유채, 배추 무사마귀병 방제
이미녹타딘 (Iminoctadine)	• 구아니딘(Guanidine)계 • 탄저병, 부란병, 덩굴마름병 방제
프로파모카브 (Propamocarb)	• 살균작용점이 다양함 • 역병, 노균병, 뿌리썩음병, 모잘록병 방제
플루아지남 (Fluazinam)	• 잔효성이 우수하며 미토콘드리아의 산화적 인산화 과정에서 탈공역작용 • 탄저병, 뿌리마름병, 검은별무늬병 방제
메트라페논 (Metrafenone)	• 벤조페논(Benzophenone)계 • 흰가루병, 잎마름병 방제
피리메타닐 (Pyrimethanil)	• 아닐리노피리드민(Anilinopyridmine)계 • 살균제로 메티온(Methione) 생합성 저해 • 점무늬병, 잿빛곰팡이병, 검은별무늬병, 검은무늬병, 갈색무늬병 방제
메프로닐 (Mepronil)	• 카복시아닐리드(Carboxyanilide)계 • 담자균류 방제
발리페날레이트 (Valifenalate)	• 난균류 세포벽 생합성 저해 • 노균병 방제
보스칼리드 (Boscalid)	• 아닐리드(Anilide)계 • 잿빛곰팡이병, 흰가루병, 균핵병 방제
아미설브롬 (Amisulbrom)	• 설폰아마이드계(Sulfonamide) • 뿌리혹병, 노균병, 역병 방제
에타복삼 (Ethaboxam)	• 티아졸카복사마이드(Thiazolecarboxamide)계 • 역병, 노균병, 잎집무늬마름병 방제
파목사돈 (Famoxadone)	• 옥사졸린디온(Oxazolinedione)계 • 미토콘드리아에 작용하여 호흡 저해 • 목도열병, 노균병, 역병 방제

구분	특징
펜헥사미드 (Fenhexamid)	• 하이드록시아닐리드(Hydroxyanilide)계 • 스테롤합성 저해, 잿빛곰팡이병 방제
프로벤졸 (Probenzole)	도열병, 세균성벼알마름병, 세균점무늬병, 무름병 방제
플루톨라닐 (Flutolanil)	• 베닐벤자마이드(Phenylbenzamide)계 • 미토콘드리아 제2복합체 저해 • 잎집무늬마름병, 잘록병, 흑색썩음균핵병 방제
플루티아닐 (Flutianil)	• 티아졸리딘(Thiazolidine)계 • 흰가루병 방제
하이멕사졸 (Hymexazol)	• 이속사졸(Isoxazole)계 • 잔디 피티움마름병 방제
아이소페타미드 (Isofetamid)	• 티오펜아마이드(Thiopheneamide)계 • 잿빛곰팡이병, 균핵병 방제

05 식물생장조절제(PGR : Plant Growth Regulator)

식물생장조절제는 식물의 다양한 생리현상에 영향을 미치는 물질을 총칭하는 것으로 식물의 생육을 촉진하거나 억제하는 물질이 포함되며, 또한 미량으로 식물의 생리현상에 영향을 주는 식물호르몬도 포함된다.

1. 농업용 식물생장조절제

농업에서 식물생장조절제는 작물의 발아, 생장, 발근, 개화, 착과, 착립, 낙과, 성숙, 착색, 비대, 낙엽 등 다양한 생리현상을 인위적으로 제어하여 품질 향상, 생력화, 저장성 향상, 자연 재난 경감(도복경감) 등에 이용된다.
그 종류에는 옥신류, 지베렐린류, 사이토키닌류, 에틸렌류, 생장억제제 등이 있다.

1) 옥신(Auxin)류

옥신은 식물호르몬의 일종으로 가장 먼저 연구된 식물생장조절제이다. 옥신의 가장 현저한 생리작용의 하나는 유식물과 절편의 신장 촉진효과이다. 대표적인 옥신류인 IAA(indole－3－acetic acid)에 의한 세포의 신장은 세포벽이 느슨하게 되어 흡수 성장이 증대되는 것에 의해 이루어지며 절제한 잎이나 줄기에서 새로운 부정근의 형성을 촉진한다. 이 성질을 이용하여 합성 옥신 중에서 발근제가 개발되어 삽목 등에 이용된다. 생장 및 발근 촉진 기능이 옥신류는 IAA(indole－3－acetic acid), 4－CPA, 1－naphthylacetamide, IBA(indole－3－butyric aicd), IAA＋6－benzylaminopurine(인돌비, Indol B)에 있다.

그 외에도 탈리현상 지연(낙과 방지), 과실 비대, 착과 촉진, 개화 촉진, 적화 및 적과, 성숙 촉진, 단위결과의 유도, 증수효과, 제초 등에 이용된다.

[표 9-5] 기타 옥신류의 종류와 기능

구분	기능
2,4-D	호르몬형 제초제
4-CPA	토마토 착과제로 토마토톤(Tomatotone)의 주성분
인돌 B(Indole B)	콩나물 생장촉진제
NAA(α-Naphthalic acid)	• 착과 촉진, 밀감나무 적과제 • 고구마 괴근은 NAA 함량이 많아야 비대 촉진, 감자의 괴경은 NAA 함량이 적어야 비대 촉진
디클로르프롭(Dichlorprop)	사과 후기낙과 방지
에틸클로제이트(Ethylchlozate)	감귤 적과
트리클로피르(Triclopyr)	감귤 착색 촉진
클록시포낙(Cloxyfonac)	토마토 착과 증진, 과실 비대
퀸메락(Quinmerac)	복숭아(유명) 과실 비대
CMH(Choline salt of Maleic Hydrazide)	• 항옥신 • 담배 액아 억제, 양파 맹아 억제, 포도 신초신장 억제

2) 지베렐린(Gibberellin)류

① 특징

지베렐린은 벼의 키다리병균인 *Gibberella fujikuroi*(또는 *Fusarium moniliforme*)가 벼에 기생하여 발생하는 병징을 관찰하던 중 감염 벼의 묘가 지속적으로 성장하는 현상으로부터 시작되었다.

현재 100여 종 이상의 지베렐린의 존재가 확인되었고 그중 가장 높은 활성을 보이는 것은 지베렐린산(Gibberellic acid, GA_3)이다.

② 지베렐린의 생리작용

- 생장 촉진 : 무상식물(뿌리, 줄기, 잎을 포함하는 완전한 식물)의 줄기에 대한 신장효과
- 개화 촉진 : 저온 처리 또는 장일 처리를 필요로 하는 식물에 대한 화아 유도효과
  ※ 단일식물에 대한 화아 유도효과는 전혀 보이지 않으며 화아가 형성되어 있는 식물의 개화를 촉진시키는 작용은 있다.
- 휴면타파 : 휴면 중인 감자의 휴면타파
- 발아 촉진 : 발아 저온과 광을 요구하는 식물에 대하여 저온이나 광의 역할을 대신함
  - 복숭아, 사과 등과 같이 발아에 저온을 요구하는 종자
  - 양배추, 담배 등과 같이 발아에 광을 요구하는 종자

기출 22년 기사 1회 69번

식물생장조절제(PGR : Plant Growth Regulator)에 대한 설명으로 틀린 것은?

① 식물의 다양한 생리현상에 영향을 미친다.
② 농작물의 생육을 촉진하거나 억제시킨다.
③ 지베렐린산은 딸기, 토마토의 숙기 억제에 관여한다.
④ 아브시스산은 목화 유과의 낙과 촉진에 관여한다.

답 ③

기출 19년 산업기사 1회 59번

다음 중 식물생장조정제가 아닌 것은?

① Agrimycin
② MH-30
③ Gibberellin
④ β-indoleacetic acid

답 ①

- 씨 없는 포도, 생육 및 착과 촉진 : 단위결과 유도효과
  - 포도 '델라웨어'의 개화 전후 10일에 각 1회씩 처리함으로써 씨 없는 포도 생산이 가능하고 숙기도 단축시킬 수 있음
- 기타 : 맥주생산에 필요한 맥아 제조

③ 농업에 사용되는 지베렐린 관련 식물생장조절제
- 지베렐린 : 지베렐린산 단독 또는 다양한 합제 형태
- 항지베렐린
  - 이나벤파이드(Inabenfide) : 벼 도복 경감효과
  - 메피콰트 클로라이드(Mepiquat chloride) : 포도 착립 촉진, 적심노력 절감
  - 트리넥사팍에틸(Trinexapac−ethyl) : 잔디 생장 억제, 벼 담수직파 도복 경감
  - 헥사코나졸(Hexaconazole) : 벼 담수직파 도복 경감
  - 클로르메콰트 클로라이드(Chlormequat chloride) : 포인세티아, 아잘레아 절간신장 억제
  - 기타 : Diniconazole, Paclobutrazole, Propiconazole의 Triazole계

기출 21년 기사 1회 75번

식물생장조절제가 아닌 것은?
① 지베렐린계
② 에틸렌계
③ 사이토키닌계
④ 실록산계

답 ④

3) 사이토키닌(Cytokinin)류

① 사이토키닌의 생리작용
- 식물의 조직배양 시 캘러스의 세포분열 초진
- 엽록소의 분해 방지능이 있어 식물의 노화 방지
- 발아 촉진, 휴면아 유도, 단위결과 촉진, 세포의 확대효과, 내한성 촉진, 잎의 생장 촉진, 호흡 억제, 저장 중 신선도 유지, 기공의 개폐 촉진 등

② 농업에 사용되는 사이토키닌 관련 식물생장조절제
- 티디아주론(Thidiazuron) : 포도의 과립 비대 촉진
- 벤질아미노퓨린(Benzylaminopurine) : 지베렐린과 병용하여 포도의 화진 방지에 사용

4) 에틸렌(Ethylene)류

① 특징

모든 식물호르몬은 식물체 내에서 액상으로 존재하나 에틸렌은 유일하게 기체 상태로 존재하는 호르몬이다. 에틸렌에 의하여 식물의 호흡이 증대되고 과실의 성숙이 촉진된다. 이러한 생리작용은 바나나를 비롯한 각종 과실의 성숙 제어에 실용화되어 있다.

② 에틸렌의 생리작용
- 세포의 신장을 저해하고 확대성장을 촉진
- 식물체의 잎과 과실의 탈리현상
- 부정근의 발아 촉진

• 화아 유도(파인애플), 개화 저해
• 기타 : 정아우세현상 타파, 성숙 촉진, 건조효과

③ 농업에 사용되는 에틸렌 관련 식물생장조절제
• 에테폰(Ethephon)
  – 액상의 물질을 식물체에 살포하면 분해되어 에틸렌 방출
  – 토마토 착색 촉진, 포도 · 배 · 담배의 숙기 촉진, 국화 조기발뢰억제, 기형화 예방
• 아미노에톡시비닐글리신(Aminoethoxyvinylglycine) : 사과나무, 복숭아나무의 낙과 방지에 이용되는 항에틸렌제

기출 22년 기사 2회 65번

과실의 착색 · 숙기 촉진을 위하여 주로 사용되는 약제는?

① Butralin
② Indoxacarb
③ Calcium carbonate
④ Ethephon

답 ④

5) 식물생장억제제

① 특징

생장억제제는 주로 작물의 건조, 액아 억제, 신장 억제 등에 사용된다. 자연 상태의 식물체에서는 발견되지 않으며 식물을 왜화시켜 도복을 방지하거나 분화화훼 같은 경제적 가치에 이용된다.

② 농업에 사용되는 생장억제제
• 다미노자이드(Daminozide, B−9) : 신장 억제 및 왜화작용, 낙과 방지, 포인세티아 신장억제
• 말레익하이드라자이드(MH : Maleic Hydrazide), 패티알코올(Fatty alcohol, 부트랄린(Butralin), 데실알코올(Decyl alcohol) : 담배액아 억제, MH는 저장 중인 감자나 양파의 발아 억제에도 사용
• 클로르메콰트 클로라이드(CCC : Chlormequat chloride) : 절간신장 억제 및 토마토의 개화 촉진
• 디콰트 디브로마이드(Diquat dibromide) : 벼, 보리, 감자의 경엽건조

6) 기타 생장조절제

흥미롭게도 카바릴(Carbaryl), 메타락실(Metalaxyl), 클로르프로팜(Chlorphropham) 같은 살균, 살충, 제초제로 이용되는 것들 중 생장조절제로 사용되는 것들이 있다.

[표 9−6] 기타 생장조절제의 종류

구분	특징
방해석(Calcite)	• 탄산칼슘($CaCO_3$)으로 이루어진 대표적인 탄산염 광물이다. • 초미립 탄산칼슘으로서 감귤의 과육과 과피가 분리되어 과피가 부풀어 오르는 부피현상을 방지하는 약제로서 고품질 생산에 필수적이다.
5−Nitroguaiacolate	니트로페놀계로 잎으로 흡수되어 세포 내 ATP 이동을 촉진하여 세포 내 단백질 생합성을 돕는다. 화분관 생성을 촉진하여 수정력을 높이거나, 작물의 생육 부진을 도와 비료 성분의 흡수력을 증진시킨다.

기출 20년 기사 4회 77번

잔디의 생장 억제 기능을 하는 농약은?

① 4−CPA
② 1−Naphthylacetamide
③ Trinexapac−ethyl
④ Maleic hydrazide

답 ③

구분	특징
이소프로티올레인 (Isoprothiolane)	살균제로 벼 묘상에 살포 시 벼 발아 및 발근 촉진
과산화칼슘	볍씨를 분의하여 발아, 발근 촉진
콜린	고구마묘의 발근 촉진, 고구마 · 양파 · 마늘의 비대 촉진
피페로닐 뷰톡사이드 (Piperonyl butoxide)	식물 엽록체 중의 지질의 산화를 방지하는 작용
파라핀, 왁스류	물리적으로 식물체 피막을 둘러싸 물의 증산 억제
이산화 실리콘	어린 사과의 보호제로 이용

2. 그 외의 천연 식물생장조절물질

1) 아브시스산(ABA : Abscisic acid)

아브시스산의 중요한 생리작용은 식물의 잎이나 과실의 탈리현상과 휴면 유도효과이다. 특히 ABA는 옥신, 지베렐린, 사이토키닌 등 다른 식물호르몬과 달리 식물생장억제형 호르몬으로 생체 내에서 IAA, GA3에 의한 유식물의 신장촉진작용을 저해하여 생장촉진형 호르몬과 길항적으로 작용한다.

ABA가 식물의 기공을 폐쇄하는 작용을 함으로써 식물의 표면으로부터 수분의 증산을 저하시켜 작물의 위조를 방지하며 대기오염에 의한 작물 피해에 대하여 저항성을 증대시키는 효과도 인정되었다.

2) 브라시노라이드(Brassinolide)

브라시노라이드는 옥신의 생리 활성의 하나인 벼잎 굴곡시험에서는 IAA보다 100배나 강한 활성을 나타내지만 완두의 정아 및 측아의 신장시험에 있어서는 불활성이며 옥신의 활성을 강하게 하는 공력작용을 가진다.

벼, 보리, 옥수수 등에 있어서 증수효과, 저온 장해, 염해, 제초제의 약해 경감작용, 식물 병원균에 대한 저항성 증강효과 등이 인정되어 외부의 스트레스를 약화시키는 작용을 갖는다.

> **TIP**
> 알렐로파시(Allelopathy)
> 어느 생물이 분비하는 물질에 의해 타 생물의 생명현상이 영향을 받는 현상으로 식물군락의 형성, 귀화식물의 침입현상, 농업에 있어서는 연작장해 발현이 고려되고 있다.

3) 기타 식물 유래의 식물생장조절물질

생장촉진물질	Strigol, Heliangin, Chrysartemin A · B, Chlorochrymorin
생장저해물질	• ABA 외에도 Benzoic acid, Cinnamic acid, 옥신 유도체, Flavonoid, Jasmonic acid, Cucurbic acid • Allelopathy의 대표 물질 : 민들레 Trans−cinnamic acid, 국화과 잡초의 Dehydromatricaria ester, 호두류 Juglone, 죽백나무 Nagilactone

4) 미생물 기원의 식물생장조절물질

① 밀 반점균(*Helminthosporium satium*)은 지베렐린 유사의 식물 신장효과를 나타내는 헬민토스토롤(Helminthosporol), cis－사티벤디올(cis－Sativendiol) 등을 생산한다.

② 균핵균(*Sclerotinia libertinia*)의 대사산물인 스클레린(Sclerin)은 피마자 종자 중의 중성 리파아제(Lipase)의 생산을 촉진시킬 뿐만 아니라 피마자, 녹두의 발아 성장, 벼의 신장촉진 활성을 타나낸다.

③ *Sclerotinia scierotiorum*으로부터 단리된 스클레로티닌(Sclerotinin) A · B는 벼의 유식물에 대하여 신장촉진을 나타낸다.

④ *Cladosporium*속으로부터 단리된 코틸레닌(Cotylenin)류는 배추, 무 등의 자엽 신장을 촉진한다.

⑤ *Graphium*속으로부터 단리된 그라피논(Graphinone)은 양배추와 같은 암발아 종자의 발아를 암소에서 촉진한다.

⑥ *Penicillium*속으로부터 단리된 라디클론산(Radiclonic acid)는 배추의 유근 신장효과를 가진다.

⑦ *Aspergillus niger*로부터 단리된 말포민(malformin)류는 기형 유도물질로 저농도에서 강낭콩의 유식물에 기형을, 옥수수의 유근에 만곡을 초래한다.

CHAPTER 10

농약 분석

Key Word

제품분석 / 기기분석의 원리 / 정성분석 / 정량분석 / 물리성 분석 / 잔류분석

01 개요

농약은 생물학적 활성이 높은 화학물질이므로 이를 제조, 제품 관리, 사용 시에는 물론이고 살포 후 작물체나 수확물 중에 잔존하는 잔류분(잔류물)에 대해서도 유효성분뿐만 아니라 불순물 및 독성 분해대사산물에 대한 화학적 분석이 요구된다. 농약 제조나 제형 중 품질관리에 대해서는 '제품분석'이라 통칭하며, 살포 후 작물 및 환경 중 잔류분에 대한 분석은 '잔류분석'이라고 부른다.

[표 10-1] 제품분석법과 잔류분석법의 비교

구분	제품분석법	잔류분석법
분석대상 성분	모화합물, 불순물, 보조제	모화합물, 불순물, 대사산물
시료 조성(방해물질)	대부분 알려져 있음	알려져 있지 않음
시료 종류	제한적 시료 종류	매우 다양
분석물질의 함유 농도	% 수준	μg/kg~mg/kg
추출물의 정제 과정	대부분 불필요	필수
정밀도	높음	높음
감도	보통	높음
선택성	보통	매우 선택적
재확인 과정	불필요	필요

02 제품분석

1. 제품분석의 목적

1) 제조원료 검사

원제 및 보조제는 통상적으로 정확한 함량이 아닌 규격상 함량 범위에서 표시되어 있으므로 이에 대한 규격 준수 및 제조 시 사입률을 위하여 화학분석이 요구된다.

2) 제품 제조공정 관리

원료 사입률과 공정의 적정성을 확보하기 위하여 제조 공정 전후 및 실시간 감시를 위하여 화학분석이 요구된다.

3) 제품 품질관리

출하 및 유통 제품에 대한 품질관리를 위해서 화학분석이 요구된다.

4) 제품 유효기간 확보

제품의 유효기간 산정을 위한 가온학대시험에 의한 경시변화시험 및 분해산물의 관리를 위하여 주기적인 화학분석이 요구된다.

2. 제품분석 대상 화합물

유효성분인 원제가 아무리 순수하더라도 불순물을 함유하고 있기 때문에 독성학적 중요성이 인정되는 불순물은 대상 성분이 된다. 또한 원제 및 제품 중 분해산물도 대상 성분이 된다. 특히 경시변화 및 유통 중인 제품에서의 분해산물 추적이 요구된다.
이에 추가하여 계면활성제 및 첨가제 등 각종 보조제가 사용되므로 필요시에는 이에 대한 화학분석이 필요하다.

3. 제품분석의 요건

① **정확성** : 참값에 근접한 정도를 의미하며 간섭물질의 배제가 필수적이다.
② **정밀성** : 분석 간의 반복성 또는 재현성을 의미한다. 분석 반복치 간의 편차 또는 오차로 표시되며 이 수치가 낮을수록 정밀성이 우수함을 의미한다.
③ **신속성** : 시료 전처리 과정을 최소화하고 기기분석이 빠르게 이루어져야 한다.
④ **실용성** : 불순물의 종류가 한정적이므로 가급적 최소한의 분석 원리로서 분석법이 간편하고 일반적 기구/기기를 이용할 수 있도록 평이하여야 한다.

4. 기기분석 원리

제품분석법은 대상 화합물의 농도가 대개 % 수준이므로 높은 감도를 요구하지 않으며 불순물 등 간섭물질의 종류가 한정적이므로 선택적 검출기 등을 사용할 필요성은 적다.

1) 중량법

시료 중 분석성분이 차지하는 중량을 측정하여 분석하는 원리이다. 유기성분의 경우 열분해에 의한 소실 중량, 이온 화합물의 경우 대상 성분에 특이한 침전반응의 이용 및 전극에 석출한 물질의 중량을 측정하는 전해중량분석 등이 있다.

2) 적정법

분석성분을 용해한 시료용액에 그 성분과 화학량론적으로 반응하는 표준용액을 첨가하여 반응의 당량점까지 소비한 표준용액의 제적으로부터 분석성분을 정량화하는 방법이다. 산－염기 적정법, 산화－환원 적정법, 착염형성법 등이 있다.

3) 전기화학법

분석성분의 전기화학적 특성을 이용하여 정량 및 정성분석을 하는 방법이다. 이온 혹은 이온성 성분을 대상으로 하며 전위차분석법은 전기화학반응으로 생기는 두 전극 간의 전위차를 측정하는 분석으로 pH 측정과 이온 선택성 전극을 사용한 이온 농도의 정량 등이 대표적인 예이다.

4) 분광광도법

분석 성분의 분광학적 특성을 이용하여 정성 및 정량분석하는 방법이다. 화합물의 양자역학적 전이 특성에 따라 그 분석파장의 범위에 해당하는 분석 원리가 결정되며 분광학적 특성으로는 흡광 및 발광 현상이 모두 이용된다.

5) 질량분석법

분석 성분을 진공 중에서 이온화하여, 개개의 이온을 질량 대 전하 비에 따라 분리, 검출해서 성분의 분자량과 고유의 질량 스펙트럼을 측정하는 분석법으로 강력한 정성 기능이 가장 큰 장점이다.

6) 크로마토그래피

① 서로 섞이지 않는 두 상, 즉 이동상과 고정상 간에 정분들의 혼합물을 도입시키면 고정상에 대한 친화력 차이에 의하여 이동상에서의 이동속도가 달라지는 원리를 이용하여 화합물을 분리하는 기술이다.

② 크로마토그래피는 이동상인 기체와 액체에 따라 기체크로마토그래피(GC：Gas Chromatography)와 액체크로마토그래피(LC 또는 HPLC：High－Performnace Liquid Chromatography)로 구분된다. GC는 고온에서 휘발성이 강한 유기화합물, LC는 비휘발성인 극성, 비극성 및 이온/이온성 화합물이 분석대상이다.

[표 10－2] 제품분석을 위한 GC와 HPLC

구분	특징
GC (Gas Chromatography)	• 화합물 간의 증기압과 극성 차이가 분리의 주요 인자로서 다양한 분리관(Column)의 종류가 이용된다. • 검출기：열전도도검출기(TCD：Thermal Conductivity Detertor), 불꽃이온화검출기(FID：Flame, Ionization Deteror), 전자포획검출기(ECD：Electron Capture Detector)

TIP

크로마토그래피는 현존하는 화합물 분리법 중 가장 우수한 분리 효율을 타나내므로 시료의 전처리를 최소화하면서 대상 성분만을 분리할 수 있다.

기출 19년 기사 2회 67번

가스크로마토그래피에 의해 분석하고자 할 때 전자포획검출기(ECD)로 분석을 가장 용이하게 할 수 있는 농약은?

① Chlorothalonil
② Dichlorvos
③ Parathion
④ EPN

답 ①

구분	특징
HPLC (High-Performance Liquid Chromatography)	• 흡착, 분배, 이온 교환 및 크기 배제의 네 가지 분리 원리를 이용할 수 있으며, 분리하고자 하는 화합물의 특성에 따라 적합한 분리 원리를 선택할 수 있다. • 분리 원리에 따라 다양한 분리관(Column)이 이용된다. • 검출기 : 자외/가시흡광검출기(UVD : Ultraviolet/Visible Detector), 시차굴절검출기(RID : Refractive Index Detector), 형광검출기(FLD : Fluorescence Detector), 전기화학검출기(ECD : Electrochemical Detector) • RID는 비선택적 검출기이며 UVD, FLD 및 ECD 는 선택적 검출기이나 대부분 농약이 자외선 영역을 흡수하므로 UVD도 거의 비선택적 검출기로 이용된다.

7) 전기영동법

용액 중에서 하전상태에 있는 물질이 전장에서 이동하는 전기영동현상을 이용하여 분석하는 방법이다. 주로 거대분자들인 단백질 등을 대상으로 하는데 이동하는 속도는 입자의 전하량, 크기와 모양, 용액의 pH와 점성도, 용액에 있는 다른 전해질의 농도와 이온의 세기, 지지체의 종류 등에 의해 좌우된다.

8) 연동분석법

크로마토그래피법은 분리 효율은 매우 우수하나 정성 기능이 다소 부족하다. 따라서 강력한 정성기기를 크로마토그래피와 연동한 분석기기들이 최근 보편화되고 있다. GC와 질량분석(GC-MS), 적외선분광법(GC-IR)을 연동하거나 LC와 질량분석법(LC-MS)을 연동하는데, 이를 연동분석법이라고 한다.

5. 정성분석

정성분석은 화합물 고유의 물리·화학적 특성을 비교하거나 구조 해석을 통하여 동질성을 확인하는 분석 과정이다.

1) 크로마토그래피적 정성법

고정상과 이동상으로 이루어진 일정한 크로마토그래피 조건에서 화합물의 이동속도는 물리적 특성을 직접적으로 반영하므로 머무름 시간은 중요한 정성적 지표이다. 머무름 시간은 시료 주입시점부터 용출되는 화합물의 최대농도가 관찰되는 시점인 피크(Peak)의 꼭짓점에 도달하는 데 소요되는 시간으로 정의된다. 가장 손쉽게 보편적으로 사용하는 정성적 수단이다.

2) 비크로마토그래피적 정성법

비크로마토그래피적 정성법은 크로마토그래피에서의 머무름 특성이 아니라 용출 성분의 다른 물리 · 화학적 특성을 비교하여 정성하는 방법으로 가장 간단하게 용출성분의 검출기에 대한 상대적 반응성은 보조적 정성 지표로 사용될 수 있다. 질량스펙트럼은 보다 적극적 정성 수단으로 의심되는 피크의 재확인 과정에 매우 효과적인 방법이다.

6. 정량분석

정성분석에 의하여 동정이나 확인된 성분은 시료 중 함유된 양을 결정하기 위하여 정량하여야 하는데, 일반적으로 이용되는 GC나 HPLC법에서 정량분석의 첫 번째 단계는 피크 면적의 측정이다.

1) 외부표분법

외부표준법은 절대검량선법이라고도 불리는데 통상적인 화학분석에서 가장 보편적으로 사용되는 방법이다. 이미 알고 있는 농도(양)의 표준물질을 주입하여 나타난 피크 면적과 표준물질의 양에 대한 검량식을 산출하여 검량식에 따라 정량을 수행하는 방법이다. 외부표준법은 표준검량선 작성 시와 시료 분석 시의 기기조건이 완전히 동일하였을 때 적용이 가능하다. 즉, 주기적으로 검량선을 작성하여 시료 분석조건의 동질성을 확인하여야 한다.

2) 내부표준법

내부표준법은 실제 시료용액 중에 포함되어 있지 않은 별도의 표준물질을 시료용액 중에 첨가, 미리 작성된 정량표준물질/내부표준물질 간 검량선에 의하여 정량하는 방법이다. 기기 가동 중 시료 주입량이나 검출기 감도 변화 등에 거의 영향을 받지 않으므로 가장 정확한 검량법이다.

03 물리성 분석

농약 제조 시나 제품 중 적절한 물리적 특성은 유효성분분석 등 화학분석에 못지않게 품질 관리의 중요한 요건이 된다.

1. 분말도

분제, 수화제 등 고체 제형에서 중요한 물리적 요건이다. 사용하는 증량제에 대한 입경분석이 요구되며 분말도 측정법으로는 건식법, 습식법이 있다.

[표 10-3] 분말도 측정법

구분	특징
건식법	• 증량제 등이 물에 의하여 팽윤될 경우에 사용된다. • 입자 간 정전기적 인력에 의하여 입자가 엉기는 엉김효과로 인하여 200~250메시 이상의 가는 입자에서는 정확한 측정이 곤란하다.
습식법	일반적 분말도 측정법으로서 엉김효과는 적으나 입자 부스러기의 생성 비율이 높다.

2. 가비중

고체 제형에서 가비중은 중요한 요소이다. 바람에 의한 비산성, 작물체 부착성, 살포 시 균일성, 물에서의 잠김 여부, 포장 비용 등에 큰 영향을 미친다. 입자의 크기가 작아지면 공극률이 높아지고 가비중은 낮아진다. 분제의 적정 가비중은 0.4~0.6 범위이다. 측정법은 측정용 증량제를 상방 20cm 높이에서 자유낙하시킨 후 용적당 무게를 측정한다.

3. 현수성

현수성은 수화제의 입자 분산성을 의미한다. 수화제를 희석용수에 분산시켜 농약 살포액을 조제할 때 생성된 현탁액 중 입자 분산의 균일성을 검정하기 위한 것이다. 측정법은 최고사용약량에 해당하는 수화제의 양을 용수에 분산시키고 현탁액 중앙부에서 일부를 흡입, 채취하여 유효성분 분석이나 중량법으로 정량, 입자 균일성을 평가한다.

4. 수화성

물에 젖는 수화제의 특성을 조사하는 것이다. 측정법은 희석 용수 상방 10cm 높이에서 수화제 시료를 엷게 퍼지도록 떨어트린 후 수면에서 물속으로 들어가는 속도를 측정한다.

5. 표면산도

증량제의 유효 성분에 대한 분해 특성은 pH보다는 표면산성이 큰 영향을 미친다. 측정방법은 일반적인 pH 측정처럼 수용액 중에서 측정할 수 없기 때문에 표면산도 범위별로 지정된 Hammett's indicator 지시약을 증량제 표면에 적하, 흡착된 지시약의 변색 여부로 그 범위를 측정한다.

6. 유제의 안전성

유제 제품의 운반 및 저장 중 물리적 안정성을 검정하기 위한 요소이다. 시험 유제 제품을 −5℃에서 방치하여 층 분리나 침전 여부를 관찰하고 10℃에서 원상태로 회복되는 여부를 확인한다.

TIP

최근에는 현미경과 면적계산기가 조합된 입경분석기를 사용하는 경우가 많다.

기출 20년 기사 3회 67번

증량제를 사용하여 분제의 가비중(假比重, Bulk density)을 조절할 때 가장 적절한 가비중 범위는?

① 0.2~0.4 ② 0.4~0.6
③ 0.6~0.8 ④ 0.8~1.0

답 ②

기출 19년 산업기사 2회 53번

유제(乳劑) 농약이 물에 잘 섞이는가를 검사하고자 할 때 가장 중요한 성질은?

① 유화성(乳化性)
② 부착성(附着性)
③ 고착성(固着性)
④ 붕괴성(崩壞性)

답 ①

7. 유화성

유제의 농약 살포를 위한 희석액 조제 시 분산성을 검정하기 위한 요소이다. 최고 사용약량에 해당하는 유제의 양을 희석액에 분산시키고, 생성된 유탁액의 균일성, 응고물 분리 등을 관찰한다.

8. 표면장력

표면장력은 농약 살포 액적의 부착성에 큰 영향을 미친다. 표면장력이 작을수록 액적이 넓게 퍼져 부착성이 높아진다. 측정에는 일반적으로 고리법을 이용한다.

9. 수분

수분은 고체 증량제에서뿐만 아니라 유제에서도 유기용매에 함유된 수분이 유효성분의 분해에 영향을 미치므로 중요한 특성이다. 측정법으로는 가열건조법이 있다. 가열 시 휘발, 분해되는 유제 용매 중 수분 함량은 측정이 불가능하므로 칼－피셔(Karl－Fischer) 적정법 또는 기체크로마토그래피법으로 측정한다.

10. 접촉각

살포 액적이 잎 표면에 낙하 시 액적의 표면장력에 의한 퍼짐 정도를 측정하는 것이다. 약액을 적하한 후 수평방향으로 광선을 조사하고 촬영, 확대하여 접촉각을 측정하는 데 습전성을 나타내는 습전계수 산출에 이용된다.

11. 부착성

부착성은 살포 액적의 잎 표면에 부착되는 정도를 검정하는 것이다. 측정방법은 파라핀을 입힌 유리관에 농약 희석액을 분사하고 부착 상황 및 부착 효율을 유효성분 등의 화학적 분석으로 평가한다.

12. 고착성

고착성은 부착된 살포 액적의 각우 등 유실에 대한 저항성을 검정하기 위한 것이다. 측정방법은 부착성 시험 시의 부착된 약제를 일정 시간 물에 침지하고 여전히 부착되어 있는 유효성분의 비율을 화학적으로 평가한다.

13. 수중붕괴성

수중붕괴성은 입제 입자, 특히 압출식 입제의 수중에서의 입자 붕괴에 소요되는 시간을 측정하는 것이다.

14. 흡유가

흡유가란 증량제가 자체 유동성에 영향이 없어 유기물질(오일)을 흡수할 수 있는 양을 말하며, 수화제 등 고함량의 제형을 제조할 때 중요한 특성이다. 토출기에 기름을 섞어 가면서 유동성을 측정하며, 순흡유가의 90% 수준이 실제로 사용할 수 있는 실용적 흡유가이다.

04 잔류분석

식품이나 환경 중 잔류농약 수준을 검사, 평가하여 안전성을 확보하기 위해서는 정확하고 신뢰성 있는 잔류농약분석법의 이용이 필수적이다. 잔류농약분석은 화학분석 중에서 μg/kg~mg/kg 범위의 분석 대상 성분을 고감도로 검출하고 정량하는 미량분석 분야이다.

다양한 시료 형태로부터 혼입되는 방해성분들을 선택적으로 제거해야 하는 정제방법이 복잡할 뿐만 아니라 분석결과의 공적·법적 사용을 위하여 높은 신뢰성이 요구되는 분석법이다.

잔류농약분석법의 특성 및 구분

- 식품 중 잔류농약의 허용기준은 현재 0.005~50ppm(mg/kg) 범위이므로 허용기준 이하를 충분히 검출하도록 감도가 높아야 하며 분석결과가 대부분 공공의 목적으로 사용되므로 높은 신뢰성을 요구한다.
- 식품에 대한 잔류농약분석법 기준은 정량한계 0.05ppm(mg/kg) 이하 또는 잔류허용기준의 1/2(잔류 허용 기준이 0.05ppm 이하인 경우), 회수율 70~130%, 분석오차 10~30% 이하이어야 한다.
- 작물 재배 시 사용되는 농약의 종류는 매우 다양하여 수백 성분에 달하므로 잔류농약분석법은 그 분석 목적 및 1회당 분석성분 수에 따라 다성분분석과 개별분석법으로 나뉜다.
- 다성분분석법과 개별분석법의 특징 비교

특징	다성분분석법	개별분석법
분석의 최우선 목적	검색	정량
분석법의 특화	신속성	정밀성
분석대상 성분	유사 특성 화합물군	개별 단성분
정량한계	≤0.05mg/kg 또는 MRL의 1/2	≤0.05mg/kg 또는 MRL의 1/2
회수율	70~130%	70~120%
분석오차(CV, %)	≤30%	≤10%

잔류농약 분석 과정

① 분석용 시료의 조제 : 포장이나 시장 등에서 채취한 식품이나 환경 중 토양 및 수질 시료를 분석용 시료의 형태로 전처리하는 과정이다. 시료의 종류에 따라 전처리 과정이 규정되어 있으므로 이를 준수하여야 한다.

② 시료 추출 : 분석용 시료로부터 분석대상 성분을 추출하는 과정이다. 분석대상 성분은 모화합물을 주 대상으로 하며 그 외 독성학적 중요성이 인정되는 불순물 및 분해대사산물이 추가된다.

③ 추출물(액)의 정제 : 대상 성분에 대한 기기분석이 가능하도록 시료 추출물을 정제하는 과정으로 일명 클린업(Cleanup) 과정이라고 약칭한다. 간섭물질을 효과적으로 분리 · 제거하는 것이 필수적이며 잔류분석에서 가장 많은 시간과 노력이 요구되는 과정이다.

④ 기기분석 : 분석기기를 이용하여 추출 정제액에 함유된 대상 성분을 분석하는 과정이다. 대상 성분에 대하여 정성 및 정량분석이 함께 수행된다. 일반적으로 가장 많이 사용되는 분석기기는 GC와 HPLC이며 검출기로는 고감도의 선택성 검출기가 주로 이용된다.

⑤ 재확인 : 기기분석을 수행한 시료액에 대하여 다른 특성이나 분석 원리를 이용하여 잔류분을 재확인하는 정성적 과정이다. GC와 HPLC를 이용한 분석이라 할지라도 대상 성분의 피크와 머무름 시간이 거의 동일한 간섭물질이 정제액에 혼입되어 있을 가능성이 많으므로 이를 분리 특성이 상이한 추가의 크로마토그래피법이나 다른 화학분석법을 이용하여 재확인함으로써 신뢰성을 확보해야 한다. 최근 정성적 기능이 강력한 질량분석기와 GC나 HPLC를 연동시킨 GC－MS/MS 및 LC－MS/MS를 이용하여 기기분석을 수행하고 있다.

1. 시료 채취 및 전처리

첫 번째 단계로서 모집단에 대한 분석 결과의 대표성과 타당성을 좌우하는 매우 중요한 과정이다. 분석대상 시료는 잔류 수준 및 위해성의 조사 · 평가를 위하여 잔류농약 분석이 요구되는 모든 식품 및 환경요소가 포함된다.

모든 시료는 평면적 또는 공간적으로 균일하게 채취하여야 한다. 시료 채취방법은 모집의 크기, 장소, 전수/발췌 조사 또는 검사 목적에 따라 매우 다양하므로 해당 분야나 기관에서 별개로 정한 기준을 준수하도록 한다. 농산물 잔류 모니터링의 경우 농산물 출하 시, 식이섭취량 평가의 경우 시장에서 판매하는 상태의 시료를 채취하며 교차오염이 발생하지 않도록 주의하고 농약이 처리되지 않은 무농약 시료 확보도 매우 중요하다.

채취된 시료는 실험실로 옮겨 오게 되며 원칙적으로 즉시 전처리하여 잔류분석용 시료를 조제하고 즉시 잔류분석 과정을 수행하여야 하나 현실적으로 가능하지 않기 때문에 시료를 보관해야 하는데, 보관기간 중 분석 성분의 분해를 방지하기 위하여 최소 －20℃ 이하의 냉동 조건을 유지하여야 한다.

2. 추출

추출은 시료 중의 농약 성분을 용매 등으로 녹여내는 작업으로써 시료와 분석대상 성분을 분리하여 잔류분석을 하기 위한 과정이다. 추출의 원칙은 대상 성분을 효율적으로 추출하되 분석에 간섭하는 물질은 최소화하는 것이다. 분석용 시료로부터 잔류농약을 추출하기 위해서는 대상 시료의 종류 및 분석 성분에 따라 다양한 방법이 사용된다.

잔류농약 추출에 사용되는 방법

① 기계적 진탕법
② 속슬렛(Soxhlet) 추출법
③ 초음파 추출법
④ 가속용매 추출법
⑤ 관 추출법
⑥ 초임계유체 추출법
⑦ 고상추출법

> **TIP** 가장 일반적으로 사용되는 방법은 적절한 추출용매를 가하고 기계적으로 마쇄 진탕하여 시료로부터 대상 농약 성분을 용매에 용해 · 추출하는 가속용매 추출법이다.

추출 혼합물은 진탕이나 마쇄 후 여과하거나 원심분리하여 추출액과 시료를 분리시킨다. 여과는 흡인여과법이 보편적이며 원심분리는 수천 g 또는 수천 rpm에서 10~30분간 수행하여 상층액을 취하면 된다.

[표 10-4] 식품 및 노안물 시료의 용매추출법

시료 종류	대상농약	추출용매
비유지 식품	중성 화합물	• 수용성 용매(Acetone, Acetonitrile, Methanol 등) • 시료를 탈수한 후 비극성 용매(Ethyl Acetate, Ether 등)
	약산성 화합물	시료를 산성화한 후 비극성 또는 극성 용매
	약염기성 화합물	시료를 중성 또는 약염기화한 후 비극성 또는 극성 용매
유지 식품	중성 화합물	시료를 탈수한 후 비극성 용매

3. 추출물의 분리 및 정제

보통 분석대상 성분을 시료로부터 추출하면 분석을 간섭하는 물질도 함께 다량 추출된다. 이러한 간섭물질을 효과적으로 분리 · 제거하는 것이 필수적이며 잔류분석에서 가장 많은 시간과 노력이 요구되는 과정이다.

잔류농약분석에서 방해물질 제거를 위한 분리의 원리

① 액-액 분배법
- 극성 추출물의 비극성 용매에 의한 분배
- Petroleum-acetonitrile(또는 n-Hexane-acetonitrile) partition
- Ion-associated partition

② 크로마토그래피법(Chromatography)
- 관 크로마토그래피(흡착, 분배, 이온 교환, 크기 배제)
- 박층 크로마토그래피(TLC : Thin Layer Chromatography)
- 고상추출법(SPE : Solid-Phase Extraction)

③ 기타
- Sweep co-distillation
- 침전법(응고법, Coagulation)
- 화학처리법(탈황화, 가수분해, 산화 등)

추출액 정제의 정도는 시료로부터 추출되는 간섭물질의 양과 종류 그리고 분석기기의 선태성에 의해 좌우되며, 위의 방법 1종 이상(보통 2종)을 연속 조합하여 수행해야 한다. 서로 다른 분리 원리를 적용하여야만 분석 성분과 간섭물질 간의 분리가 일어날 확률이 상대적으로 높다.
예를 들면, 추출액 → 액－액 분배 → 크로마토그래피 → 기기분석이다.

박층 크로마토그래피(TLC : Thin Layer Chromatography)

① TLC는 소량의 유기화합물을 신속히 분리하여 확인하기 위한 방법으로 거름종이 대신 유리관에 실리카겔, 셀룰로오스분말 또는 산화알루미늄 등과 같은 지지체의 얇은 막을 입힌 것이다.
② 이동상은 액체, 고정상은 고체이고 액체에 혼합물을 녹여 이동시키면 움직이지 않는 고체에 흡착되는 정도가 각 성분마다 다르기 때문에 물질이 분리된다.
③ 매우 손쉽고 빠르나 혼합물 조성의 1차적인 분석방법 및 분리관 크로마토그래피의 준비작업으로도 유용하게 사용되며, 특히 아주 적은 양으로도 시료를 분석할 수 있는 장점을 가진다.

4. 기기분석

잔류농약분석은 시료 중 극미량으로 존재하는 대상 성분을 정성/정량분석하는 과정으로 분석 요건을 충족시키는 분석기기만을 사용할 수 있다. 잔류분석용 기기는 고감도를 최우선으로 하고 그 다음으로 선택성, 재현성, 실용성 순으로 기기 특성이 요구된다.

잔류농약 분석을 위한 기기분석법

① 기체크로마토그래피법(GC : Gas Chromatography)
② 고성능 액체크로마토그래피법(HPLC : High－Performance Liquid Chromatography)
③ 기체크로마토그래피/질량분석법(GC－MS/MS : GC－Mass spectrometry)
④ 액체크로마토그래피/질량분석법(LC－MS/MS)
⑤ 기타 분광광도법, 박층크로마토그래피법(TLC), 폴라로그래피(Polarography) 등
※ 이 중 가장 많이 사용되는 기기분석법은 GC와 HPLC이다.

GC와 HPLC는 기기 자체에 내장된 분리관에 의한 화합물들의 분리 기능이 매우 우수하고 고감도의 선택싱 검출기를 이용할 수 있어 잔류농약분식과 같은 유기 화합물의 미량분석에 최적이다. 최근에는 분자량이나 구조에 대한 정성적 기능이 탁월한 질량분석기를 결합시킨 GC－MS 및 LC－MS 또는 GC－MS/MS 및 LC－MS/MS의 사용도 보편화되었다.
분광광도법이나 폴라로그래피와 같은 전기화학법은 감도는 우수한 편이나 기기 내에 화합물 분리 기능이 없어 선택성이 열등하여 시료 추출액의 정제도가 매우 높아야 하는 단점이 있어 단독 기기로서의 사용 빈도는 낮다. 그러나 GC나 HPLC에서 검출기로서 매우 유용하게 사용되고 있다.

TLC는 사용상 간편성의 이점이 있고 발색 시약을 적절히 선택함으로써 잔류분석에 이용되나 감도나 선택성 측면에서는 열등하므로 주로 정밀분석에 앞서 검색용 위주로 사용된다.

1) 기체크로마토그래피법(GC : Gas Chromatography)

① 분리관(Column) 내 이동상이 기체이며 고정상의 고체 또는 액체인 화합물의 물리적 분리 기술이다. 분리관 내로 주입되는 시료 혼합물 기체 중 서로 다른 화합물들은 고유의 물리적 특성에 따라 고정상에 대한 친환력에 차이를 나타내며 이동상/고정상 간 분포 비율이 달라져 서로 상이한 속도로 이동하게 된다. 분리관을 통과하는 시간이 서로 상이하므로 정성적으로 화합물 간의 분리가 일어나며 이들 물질들을 농도비례 검출기(Differential detector)를 이용하여 정량화한다.

② 시료 주입구(Inlet, Injection port)는 액체 상태인 시료를 기체화하여 분리관에 주입하기 위한 장치이다.

③ 검출기(Detector)는 분리관을 통하여 운반기체(Carrier gas)와 함께 기체 상태로 유출되는 화합물들을 검출하는 장치이다. 잔류분석에서 주로 사용되는 검출기는 선택적 검출기(Specific Detector)이며 전자포획검출기(ECD : Electron Captue Detector), 질소 – 인검출기(NPD : Nitrogen – Phosphorus Detector), 불꽃염광검출기(FPD : Flame Photometric Detector) 등이 주로 사용된다.

④ GC로 분석할 수 있는 화합물은 휘발성 유기 화합물들이며 무기 화합물들은 극히 일부를 제외하고는 대게 휘발성이 없으므로 대상 화합물이 아니다.

2) 고성능 액체크로마토그래피법(HPLC : High – Performance Liquid Chromatography)

① 액체크로마토크래피는 분리관 내 이동상이 액체이며 고정상이 고체 또는 액체인 화합물의 물리적 분리기술로서 이동상이 액체인 점을 제외하고 기본분리이론은 GC와 매우 유사하다. 고성능 액체크로마토그래피(HPLC)는 고전적 액체크로마토그래피의 시료 정제 과정에서 사용되는 분리관 크로마토그래피를 고성능화하고 검출기를 부착, 분석기기화한 것이다.

② HPLC는 고정상의 상태에 따라 고체인 LSC(Liqid – Solid Chromatography)와 액체인 LLC(Liquid – Liquid Chromatography)로 세분되며 이온 교환 및 크기 배제와 같은 분리 원리를 적용하여 IEC(Ion – Exchange Chromatography)와 SEC(Size Exclusion Chromatography)로 세분되어 총 4가지 양식이 존재하며, 이 중 잔류농약분석에 가장 많이 사용되는 분리 양식은 LLC이다.

③ HPLC로 분석할 수 있는 화합물은 GC와는 달리 비휘발성 화합물들이다.

④ HPLC에서 가장 사용 빈도가 높은 검출기(Detector)는 자외가시광 흡광검출기(UVD : UV/VIS Absorption detector)이다.

3) 기체크로마토그래피 – 질량분석법(GC – MS/MS : GC – Mass spectrometry)

기체크로마토그래피 – 질량분석법은 기존의 GC에 질량분석기를 결합, GC의 취약한 정성 기능을 획기적으로 향상시킴과 동시에 고감도 정량도 가능하도록 고안된 분석기기이다. GC – MS는 크게 GC, 질량분석기, 그리고 이들을 결합시키는 Interface 부분으로 이루어져 있다.

4) 액체크로마토그래피 – 질량분석법(LC – MS/MS)

액체크로마토그래피 – 질량분석법은 GC – MS와 유사한 개념의 분석기기로 기존의 HPLC에 질량분석기를 결합, HPLC의 취약한 정성 기능을 획기적으로 향상시킴과 동시에 고감도 정량도 가능하도록 고안된 분석기기이다. LC – MS도 크게 HPLC 부분, 질량분석기 부분, 그리고 이들을 결합시키는 Interface 부분으로 구성되어 있다.

5. 정성 및 정량분석

잔류분석에서의 정성 및 정량분석은 제품분석과 동일하다. 정성분석 시 질량분석기를 이용하는 경우에는 물질 고유의 질량스펙트럼을 확인함으로써 정성의 확실성을 크게 높일 수 있으며, 정량분석은 제품분석과 마찬가지로 외부표준법 및 내부표준법이 가능한데, 통상적 잔류분석에서는 불순물이 다수 관찰되므로 내부표준물질을 선발하기가 어려워 주로 외부표준법을 이용하여 정량하는 것이 보편적이다.

6. 잔류분의 재확인

잔류농약분석은 수많은 미지의 간섭물질이 상존하는 시료 중에서 극미량으로 존재하는 잔류농약 성분을 정성/정량하는 과정이므로 정성적 오인의 확률이 다른 화학분석에 비하여 매우 높다. 따라서 잔류농약분석, 특히 모니터링과 같이 미지의 시료 중 다성분을 화합물 군별의 정제 과정으로 분석할 경우에는 대상 성분으로 인식된 피크에 대하여 추가적인 정성을 요구하고 있다.

TIP

가장 간단한 재확인방법은 GLC나 HPLC에서 특성이 상이한 추가의 분리관을 이용, 기 인식된 피크를 재확인하는 방법이다.

재확인방법

① GLC 및 HPLC에서 특성이 상이한 추가 분리관 이용
② GLC 와 HPLC 의 상호 이용
③ 화학적 유도체 형성
④ GC – MS 및 LC – MS

이러한 재확인의 기본 원칙은 이미 분석의 원리로 사용한 것과는 다른 물리적 특성을 이용, 정성하여야 한다는 것이다.

검정결과에 따른 조치(농수산물품질관리법 시행규칙 제128조의2)

① 국립농산물품질관리원장 또는 국립수산물품질관리원장은 검정을 실시한 결과 유해물질이 검출되어 인체에 해를 끼칠 수 있다고 인정되는 경우에는 해당 농수산물 · 농산가공품의 생산자 · 소유자(이하 이 조에서 "생산자 등"이라 한다)에게 다음 각 호의 조치를 하도록 그 처리방법 및 처리기한을 정하여 알려 주어야 한다. 이 경우 조치 대상은 검정신청서에 기재된 재배지 면적 또는 물량에 해당하는 농수산물 · 농산가공품에 한정한다.

1. 해당 유해물질이 시간이 지남에 따라 분해 · 소실되어 일정 기간이 지난 후에 식용으로 사용하는 데 문제가 없다고 판단되는 경우 : 해당 유해물질이 「식품위생법」 제7조 제1항의 식품 또는 식품첨가물에 관한 기준 및 규격에 따른 잔류허용기준 이하로 감소하는 기간 동안 출하 연기 또는 판매금지
2. 해당 유해물질의 분해 · 소실기간이 길어 국내에서 식용으로 사용할 수 없으나, 사료 · 공업용 원료 및 수출용 등 식용 외의 다른 용도로 사용할 수 있다고 판단되는 경우 : 국내 식용으로의 판매금지
3. 제1호 또는 제2호에 따른 방법으로 처리할 수 없는 경우 : 일정한 기한을 정하여 폐기

② 해당 생산자 등은 제1항에 따른 조치를 이행한 후 그 결과를 국립농산물품질관리원장 또는 국립수산물품질관리원장에게 통보하여야 한다.

③ 지정검정기관의 장은 검정을 실시한 농수산물 · 농산가공품 중에서 유해물질이 검출되어 인체에 해를 끼칠 수 있다고 인정되는 것이 있는 경우에는 다음 각 호의 서류를 첨부하여 그 사실을 지체 없이 국립농산물품질관리원장 또는 국립수산물품질관리원장에게 통보하여야 한다. 이 경우 그 통보 사실을 해당 생산자등에게도 동시에 알려야 한다.

1. 검정신청서 사본 및 검정증명서 사본
2. 조치방법 등에 관한 지정검정기관의 의견

부록 농약관리법

농약의 제조, 수입, 판매, 사용에 관한 사항을 규정함으로써 농약의 품질향상, 유통질서의 확립 및 안전사용을 도모하고 농업생산과 생활환경보전에 이바지함을 목적으로 한다.

01 영업의 등록(제2장 제3조)

① 제조업 · 원제업 또는 수입업을 하려는 자는 농림축산식품부령으로 정하는 바에 따라 농촌진흥청장에게 등록하여야 한다.
② 판매업을 하려는 자는 농림축산식품부령으로 정하는 바에 따라 업소마다 판매관리인을 지정하여 그 소재지를 관할하는 시장 · 군수 또는 자치구의 구청장에게 등록하여야 한다.
③ 제조업 또는 수입업을 하려는 자 중 농약 등을 판매하려는 자는 농림축산식품부령으로 정하는 기준에 맞는 판매관리인을 지정하여 등록하여야 한다.
④ 판매관리인을 지정하지 아니하고 제조업 또는 수입업의 등록을 한 자 중 농약 등을 판매하려는 자는 판매관리인을 지정하여 변경등록을 하여야 한다.
⑤ 제조업 · 원제업 또는 수입업이나 판매업에 따른 등록을 하려는 자는 농림축산식품부령으로 정하는 기준에 맞는 인력 · 시설 · 장비 등을 갖추어야 한다.

농약제조업 · 원제업 · 수입업 및 판매업의 인력 등록기준(시행규칙 별표 1)

Ⅰ. 제조업의 인력 등록기준

① 다음의 어느 하나에 해당하는 자체검사책임자 1명 이상

㉮ 「고등교육법」에 따른 학교에서 농화학 · 화학 · 화공학 · 농학 · 농생물학 또는 식물보호학을 전공하고 졸업한 자나 이와 같은 수준 이상의 학력을 가진 자. 다만, 천연식물보호제만을 제조하는 경우에는 미생물학, 농화학, 농생물학, 식물보호학 등 생물학 및 농화학 분야와 관련된 학과를 전공하고 졸업한 자나 이와 같은 수준 이상의 학력을 가진 자

㉯ 「약사법」에 따른 약사면허를 받은 자. 다만, 천연식물보호제만을 제조하는 경우에는 그러하지 아니하다.

㉰ 「국가기술자격법」에 따른 농화학기술사(종전의 「국가기술자격법」 등에 따른 농화학기능사, 농예화학기능사 또는 농약기능사 각 2급 이상과 농화학기사 이상을 포함한다)의 자격을 소지한 자. 다만, 천연식물보호제만을 제조하는 경우에는 그러하지 아니하다.

㉱ 국·공립시험연구기관 또는 검사기관에서 농약 등 분석업무에 5년 이상 종사한 경력이 있는 자

㉲ 제조업체·원제업체 또는 수입업체에서 농약 등 분석업무에 10년 이상 종사한 경력이 있는 자. 다만, 천연식물보호제만을 제조하는 경우에는 천연식물보호제 분석업무에 5년 이상 종사한 경력이 있는 자

② 다음 어느 하나에 해당하는 판매관리인 1명 이상을 둘 것

㉮ 행정기관, 농업에 관한 국·공립의 시험·연구·지도기관이나 국·공립농약 등 검사기관에서 농업분야 업무에 3년 이상 종사한 경력이 있는 자

㉯ 「국가기술자격법」에 따른 농화학기술사, 식물보호산업기사 이상(종전의 「국가기술자격법」 등에 따른 농화학기능사, 농예화학기능사 또는 농약기능사 각 2급 이상과 농화학기사 이상, 식물보호기능사를 포함한다)의 자격을 소지한 자

㉰ 제조업·원제업·수입업 또는 판매업에 3년 이상 종사한 자 또는 농업협동조합중앙회 및 그 회원조합에서 농약 등 관련업무에 3년 이상 종사한 자로 다음 어느 하나에 해당하는 자

－매년 근로소득원천징수 영수증이 있는 자

－인사기록카드에 농약등 관련업무 실적이 있는 자(농협 및 그 회원조합만 해당한다)

Ⅱ. 원제업의 인력 등록기준 : 제조업의 인력기준 중 ①과 동일

Ⅲ. 수입업의 인력 등록기준 : 제조업의 인력기준과 동일

Ⅳ. 판매업의 인력 등록기준 : 제조업의 인력기준 중 ②와 동일. 다만, 용기·포장의 크기가 50mL(g) 이하이면서 저독성인 농약(소포장농약)만을 판매하려는 자는 농촌진흥청장이 정하여 공고하는 바에 따라 농촌진흥청장이 정하는 기준에 해당하는 기관 또는 단체에서 농약에 관한 일정한 교육 과정을 이수한 자를 판매관리인으로 둘 수 있다.

농약 등 또는 원제의 검사기준(시행규칙 별표 5)

1. 자체검사 및 신청검사

가. 모집단 형성 : 제조 또는 수입한 농약 등은 모집단(제품의 균일성을 인정할 수 있는 단위)별로 모집단을 형성하고 모집단 번호를 구분하여 표기한다. 다만, 제조농약의 모집단은 당해 회사의 1일 제조능력(8시간 기준)을 초과할 수 없으며, 다음의 제제형태별 최대수량을 초과할 수 없다.

- 분제 또는 입제 : 50톤
- 분제 및 입제를 제외한 기타 제제형태 : 10톤

나. 시료발취 및 외관검사

① 모집단별로 완전임의추출법에 의하여 다음과 같이 시료를 뽑아낸다. 다만, 신청검사를 할 때에는 그 모집단을 뽑아낸 후 봉인한다.

- 5,000개 이하 : 50개
- 5,000개 초과 7,500개 이하 : 75개
- 7,500개 초과 : 100개

기출 19년 기사 4회 78번

농약의 자체검사 및 신청검사의 기준에 대한 설명으로 틀린 것은?

① 분제 및 입제의 최대모집단 수량은 50톤이다.
② 모집단의 소포장 수량 5,000개 이하에 대한 발취개체 수량은 50개이다.
③ 자체검사필증의 부착 및 표시 상태는 뽑아낸 시료 전량에 대하여 외관검사를 한다.
④ 신청검사를 하여 합격된 농약은 농약의 품질관리를 위하여 반드시 직권검사를 하여야 한다.

답 ④

② 뽑아낸 시료 전량에 대하여 다음 사항을 외관검사한다.
㉮ 포장 및 표기상태 : 견고하게 포장되었는지와 농약의 표기사항이 표기되었는지의 여부
㉯ 자체검사필증의 부착 및 표시상태 : 견고하고 정확하게 부착되었는지와 표시가 선명한지의 여부
㉰ 용량 및 중량의 정상 여부 : 상온에서 표시 내용량 이상인지의 여부
③ 외관검사 결과, 결격사유가 없을 때에는 뽑아낸 시료 중 1개의 검사시료를 추출하여 시료봉투에 넣고 관계인의 입회하에 봉인한다. 다만, 자체검사를 할 때에는 제조 과정 중 모집단별로 1개 이상의 분석시료를 뽑아낼 수 있다.

다. 이화학적검사 및 역가검사
① 농촌진흥청장이 고시한 검사방법에 의한 검사를 실시하고 그 결과가 농촌진흥청장이 고시한 판정기준에 적합할 경우 이를 합격으로 판정한다. 다만, 자체검사의 경우 합격된 모집단별로 출하하고, 그 결과를 제조일을 기준으로 매 다음달 30일까지 농촌진흥청장에게 제출하여야 한다.
② 농업기술실용화재단은 신청검사한 결과 불합격 판정을 하였을 때에는 해당 업체에 통보하여 이를 다시 제조하도록 하고, 그 내용을 농업진흥청장에게 보고하여야 한다.
③ 신청검사하여 합격된 농약은 직권검사를 생략할 수 있다.

2. 직권검사

가. 직권검사계획의 수립 : 농촌진흥청장은 농약 등 또는 원제의 품질관리를 위하여 매년 농약 등 또는 원제의 직접검사 계획을 수립하고 이에 따라 검사를 하여야 한다.

나. 시료발취 및 외관검사
① 검사공무원은 직권검사계획에 따라 농약 등 또는 원제의 제조업체, 원제업체, 수입업체 또는 판매업체에서 농약 등 또는 원제의 시료를 뽑아내기 전에 규정에 적합한 농약 등 또는 원제인지와 기준에 적합한 농약 등인지를 검사한다.
② 시료의 발취는 관계인의 입회하에 완전임의추출법에 의하여 포장상태의 농약 등 또는 원제 중에서 제제형태별 시료의 양을 뽑아내어 검사용과 보관용으로 나누어 각각 시료봉투에 넣고 검사공무원 및 관계인의 연명으로 봉인한다.

다. 이화학적 검사 및 역가검사
① 농촌진흥청장은 발취한 시료의 분석검사가 필요한 경우에는 농업기술실용화재단에 검사를 의뢰할 수 있다. 이 경우 농업기술실용화재단은 농촌진흥청장이 고시한 검사방법에 따라 분석검사를 실시하고 그 결과를 농촌진흥청장에게 보고하여야 한다.
② ①에 의한 보고를 받은 농촌진흥청장은 농촌진흥청장이 고시한 판정기준에 적합한 경우에는 합격으로 판정한다.

라. 생물학적 검사 : 농촌진흥청장은 품질관리를 위하여 필요하다고 인정할 경우에는 농촌진흥청장이 정한 시험의 기준 및 방법에 의하여 약효·약해검사를 실시할 수 있다.

마. 재검사 : 이화학적 검사 및 역가검사결과 불합격으로 판정될 경우 제조업자·원제업자 또는 수입업자가 이의가 있을 때에는 검사결과 통보일부터 15일 이내에 이의를 제기하여 재검사를 실시할 수 있다. 이 경우 재검사는 농업기술실용화재단에서 보관중인 시료로 실시한다.

02 국내 제조품목의 등록(제8조)

① 제조업자가 농약을 국내에서 제조하여 판매하고자 할 때에는 품목별로 농촌진흥청장에게 등록하여야 한다. 다만, 제조업자가 다른 제조업자의 등록된 품목을 위탁받아 제조하는 경우에는 그러하지 아니하다.

② 농약의 등록을 하고자 하는 자는 신청서에 시험연구기관에서 실시한 농약의 약효 · 약해 · 독성 및 잔류성에 관한 시험의 성적을 기재한 서류를 첨부하여 농약의 시료와 함께 농촌진흥청장에게 제출하여야 한다.

03 농약의 안전사용기준(제23조)

① 방제업자와 그 밖의 농약 등의 사용자는 농약 등을 안전사용기준에 따라 사용하고, 제조업자 · 수입업자 · 판매업자 및 방제업자는 농약 등을 취급제한기준에 따라 취급하여야 한다.

② 국립식물검역기관의 장은 수출입식물방제업자에게, 농촌진흥청장 및 시장 · 군수 · 구청장은 그 밖의 농약 등의 사용자에게 제1항의 안전사용기준과 취급제한기준에 대한 교육을 실시하여야 한다.

③ 제3조 제3항에 따른 판매관리인을 지정한 제조업자 · 수입업자 또는 판매업자는 판매관리인으로 하여금 농촌진흥청장이 실시하는 제1항에 따른 안전사용기준과 취급제한기준에 대한 교육을 받게 하여야 한다.

④ 제조업자 · 수입업자 또는 판매업자는 제1항에 따른 안전사용기준과 다르게 농약 등을 사용하도록 추천하거나 추천하여 판매하여서는 아니 된다.

⑤ 방제업자와 그 밖의 농약 등의 사용자는 제8조 제1항, 제17조 제1항 또는 제17조의2 제1항에 따라 등록되지 아니하거나 제17조 제4항 전단에 따라 허가를 받아 수입되지 아니한 농약 등을 사용하여서는 아니 된다.

⑥ 제조업자 등 및 방제업자는 농약 등 또는 원제의 유출로 인한 사고를 예방하기 위하여 농약 등 또는 원제를 운반(제조업자등 및 방제업자 간 운반하는 경우에 한정한다)하는 차량에 개인보호장구 및 응급조치에 필요한 장비 등을 갖추어야 한다. 이 경우 농약 등 또는 원제의 독성 정도 등을 고려하여 갖추어야 할 개인보호장구 및 응급조치에 필요한 장비 등의 구체적인 기준은 농림축산식품부령으로 정한다.

⑦ 농촌진흥청장은 농약 등의 오남용 등으로 인한 환경오염의 방지 등을 위하여 필요한 조치를 마련하여야 한다.

기출 22년 기사 1회 80번

농약관리법령상 농약 등의 안전사용기준에서 제한하는 항목이 아닌 것은?

① 저장량 ② 사용량
③ 사용시기 ④ 사용지역

답 ①

농약 등의 안전사용기준(시행령 제19조)

① 법 제23조 제1항에 따른 농약 등의 안전사용기준은 다음 각 호와 같다.

1. 적용대상 농작물에만 사용할 것
2. 적용대상 병해충에만 사용할 것
3. 적용대상 농작물과 병해충별로 정해진 사용방법 · 사용량을 지켜 사용할 것
4. 적용대상 농작물에 대하여 사용시기 및 사용가능횟수가 정해진 농약 등은 그 사용시기 및 사용가능횟수를 지켜 사용할 것
5. 사용대상자가 정해진 농약 등은 사용대상자 외의 사람이 사용하지 말 것
6. 사용지역이 제한되는 농약 등은 사용제한지역에서 사용하지 말 것

② 농촌진흥청장은 농약 등의 품목별 또는 제품별로 적용대상 농작물 및 병해충, 사용시기, 사용가능횟수, 사용대상자 또는 사용제한지역 등 제1항에 따른 안전사용기준의 세부기준을 정하여 고시할 수 있다.

③ 농촌진흥청장은 제1항 및 제2항에도 불구하고 적용대상 농작물, 적용대상 병해충 및 사용방법 · 사용량 등이 정해지지 아니한 농약에 대하여 인체 및 환경에 미치는 영향을 고려한 별도의 안전사용기준을 정하여 고시할 수 있다.

04 농약 및 원제의 취급제한기준(농촌진흥청 고시 제2022－24호)

1. 원제의 취급제한기준

1) 공통사항

① 원제를 생산 · 수입 · 판매 · 보관 · 저장 · 운반 또는 사용하는 자(원제취급자)는 해당 원제의 취급 시 주의사항 및 응급조치방법을 숙지하여야 하며, 자체방제 계획을 수립하여야 한다.

② 원제업자는 원제의 생산 시설 및 장비가 균열 · 노후 · 마모 · 파손 여부를 정기적으로 점검하여 유출을 방지하는 등 본래의 성능을 발휘할 수 있도록 적정하게 유지관리하여야 한다.

③ 원제취급자가 원제를 난위포장 또는 용기에서 나누어 유통시키려는 경우에는 원제의 표시사항을 표시하여야 하며, 원제를 담았던 용기를 다른 용도로 재활용하려는 경우에는 미리 용기에 묻어 있는 원제를 폐기물관리법에 따라 처리하여야 한다.

④ 원제취급자는 원제가 유출되어 사람의 건강 및 가축의 피해 또는 환경상의 피해가 발생하거나 발생할 우려가 있을 때에는 자체 방제계획에 의한 위해 방지에 필요한 응급조치를 하고, 가까운 유관기관(관할지방자치단체, 지방환경관서, 경찰관서, 소방관서, 지방노동관서, 보건소 · 상수원 취수장 등)에 신고하여야 한다.

2) 생산 · 사용 과정 관리

① 유출방지 시설 및 폭발 · 화재 등 사고 방지에 필요한 안전장치가 정상적으로 작동할 수 있도록 빗물 등 이물질의 투입을 예방하여야 한다.

② 운전실에 표시된 온도 · 압력계와 설비 · 배관 등에 부착된 온도 · 압력계의 지시값이 같도록 유지하여야 하며, 조절기 · 경보기 등 안전장치를 고장난 상태로 운전하여서는 아니 된다.

③ 원제를 직접 사용하는 작업장 안에는 작업에 필요한 최소량만 보유하여야 하며, 이 경우 일정한 장소에 안전하게 이를 보관 또는 사용하고 용기 · 포장의 유독성 원제 표시는 잘 보일 수 있도록 하여야 한다.

3) 저장 · 보관 과정 관리

① 원제의 저장시설 · 장비와 소화기 등 안전장비를 철저히 관리하여 원제가 유출되지 않도록 유지관리하여야 한다.

② 원제의 용기를 가능한 한 밀폐상태로 보관하되, 가스 상의 경우에는 완전 밀폐 상태로 보관한다.

③ 취급자는 환풍 · 차광시설 · 잠금장치가 완비된 옥내 보관창고에 "원제창고"임을 표시하고 잠금장치의 열쇠는 창고관리자가 관리하여야 한다.

④ 취급자는 원제를 식료품 · 의약품 · 사료 · 농수산물 등과 함께 보관하여서는 아니 되고 사람의 거주장소와도 격리 보관하여야 한다.

⑤ 취급자는 저장 · 보관시설의 원제의 입고량 및 출고량을 정확히 기록하여야 한다.

⑥ 취급자는 울타리 및 잠금장치가 완비된 옥외 보관창고에 "원제창고"임을 표시하고 잠금 장치의 열쇠는 창고관리자가 관리하여야 한다.

⑦ 옥외 보관시설에는 원제가 지하로 스며들지 아니하도록 배수시설 및 집수설비를 설치하고 누출된 원제가 보관시설 밖으로 유출되지 아니하도록 방류벽을 설치하고 누출된 원제를 회수할 수 있는 시설을 갖추어야 한다. 다만, 비수용성 고체상태인 원제(분말이나 미립자 형태의 것은 제외한다)의 경우에는 그러하지 아니하다.

4) 운반관리

① 원제를 수송할 때에는 운반업무책임자를 지정하여야 하며, 그 책임자는 원제를 운반하기 전에 운전자에게 "운반계획"에 대한 사전 교육을 시키되, 운반 중 과속예상 또는 필요한 상수원 보호구역을 우회하는 등의 안전운전을 준수하도록 철저히 주지시켜 차량 전복사고 등을 예방하여야 한다.

② 원제를 운반하는 탱크로리 · 트레일러 등 장비가 부식 · 손상 · 노후되지 않도록 유지 · 관리하고 수시로 점검하여야 한다.

③ 고체상원제를 운반하는 자가 트럭으로 이를 운반하는 때에는 밀폐된 적재함을 사용하여야 하고, 식료품, 사료, 의약품, 농수산물 또는 타 인화물질과 함께 운반하여서는 아니 되며, 과적하여서는 아니 된다.

④ 원제를 1회 5,000kg 이상 운반할 때에는 운반계획을 미리 작성하여 운반자(운전기사) 및 호송자가 이를 숙지하고 휴대하여야 하며 그 원본은 사업소에 비치한다.

2. 농약 등의 독성정도에 따른 취급제한기준

1) 고독성농약의 취급제한 기준

① 수송

㉮ 식료품, 사료, 의약품 또는 인화물질과 함께 수송하거나 과적하여 수송하여서는 아니 된다.

㉯ 검역용 훈증제는 도난 및 분실방지를 위하여 잠금장치를 수송하여야 한다.

② 보관

㉮ 사람의 거주장소, 의약품, 식료품 또는 사료의 보관 장소와 구획하여 보관하여야 한다.

㉯ 환풍 및 차광시설과 잠금장치가 완비된 창고에 "Ⅱ급(고독성) 농약창고"임을 표시하고 Ⅲ급(보통독성) 및 Ⅳ급(저독성)에 해당되는 농약 등과 별도로 보관하여야 한다. Ⅱ급(고독성) 농약을 Ⅲ급(보통독성)농약 또는 Ⅳ급(저독성) 농약과 동일한 창고 내에 보관할 경우에는 칸막이를 설치하여 구분하여야 한다.

㉰ 「소방시설 설치 · 유지 및 안전관리에 관한 법률」 및 소화기구 및 자동소화장치의 화재안전기준(국민안전처 고시)에 따라 그 시설에 상응하는 소화기구를 비치하여야 한다.

㉱ 검역용 훈증제는 사람의 거주장소로부터 15미터 이상 격리되어야 한다. 다만, 검역용 훈증제 창고임을 알렸는데도 불구하고 격리거리 안에 거주하거나 창고 설치 이후에 입주한 경우에는 그러하지 아니하다.

③ 판매

㉮ 잠금장치가 있는 별도의 진열장 "Ⅱ급(고독성) 농약" 표시를 설치하여 진열 판매하여야 한다.

㉯ 안전사용기준과 취급제한기준에 대한 교육을 매년 받은 농약사용자에게만 판매하여야 한다. 다만, 교육을 확인하기 어려울 경우에는 안전사용기준과 취급제한기준에 대한 교육을 2년마다 받은 판매관리인이 농약사용자에게 안전사용교육을 실시한 후 판매하여야 한다.

㉰ 정부기관 구매(납품)용은 공급기관 사용에 한하며 시중에서 판매할 수 없다.

2) 중독 및 안전사고 방지를 위한 특별관리 대상 농약 등의 취급제한기준

(1) 사이안화수소 훈증제(디스크형 HCN, 청산)

① 수송 : 식료품, 사료, 의약품 또는 인화물질과 함께 수송하거나 과적하여 수송하여서는 아니 된다.

② 보관

㉮ 사람의 거주장소, 의약품, 식료품 또는 사료의 보관장소와 구획하여 보관하여야 한다.

㉯ 환풍 및 차광시설이 완비되고 저온, 건조하여 통풍이 잘되는 창고에 보관, 여름과 같이 기온이 높은 계절에는 냉장고에 보관하고 만일 가스가 누출되어도 피해가 발생하지 않도록 사람의 출입이 없는 완전히 격리된 장소에 저장한다.

㉰ "농약창고"임을 표시하고 다른 고독성 농약과 별도로 보관하여야 하며, 소화기구를 비치하여야 한다.

③ 판매 : 시중 농약 판매업소에서는 보관 · 진열 · 판매할 수 없으며, 해당 농약제조(수입)업체는 농림축산검역검사본부, 사단법인 한국수출입식물방제협회, 수출입식물 방제업자에게 공급 · 판매하여야 한다.

(2) 알루미늄포스파이드 훈증제, 메틸브로마이드 훈증제, 마그네슘포스파이드 판상훈증제, 에틸포메이트 훈증제, 포스핀 훈증제 및 마그네슘포스파이드 훈증제

① 시중 농약 판매업소에서는 보관 · 진열 · 판매할 수 없으며, 해당 제조업자 또는 수입업자는 조달청, 국립농산물품질관리원, 농림축산검역검사본부 등의 기관에만 공급 · 판매하여야 한다. 다만, 해당 제조업자 또는 수입업자가 알루미늄포스파이드 훈증제를 실수요자에게 판매할 경우에는 알루미늄포스파이드 훈증제의 안전사용교육을 실수요자에게 실시한 후 판매하여야 한다.

② 식료품, 사료, 의약품 또는 인화물질과 함께 수송하거나 과적하여 수송하여서는 아니된다.

③ 보관

㉮ 사람의 거주장소, 식료품, 사료, 의약품 또는 인화물질의 보관장소와 구획하여 보관하여야 한다.

㉯ 환풍 및 차광 시설과 잠금장치가 완비된 창고에 보관하여야 한다.

㉰ "농약창고"임을 표시하고 다른 농약과 별도로 보관하여야 하며, 소화기구를 비치하여야 한다.

(3) 헥사지논 입제(상표명 : 솔솔)

① 공급대상

㉮ 공급대상은 국방부, 산림청 및 지정판매업소에 한한다.

㉯ 제조업체는 매년 12월 말까지 익년도 지정판매업소(30개소)를 지정하고 지정결과를 10일 이내에 농촌진흥청장 및 해당 시장 · 군수 · 구청장에게 제출하여야 하며, 1년 동안 지정판매업소를 변경할 수 없다.

㉰ 제조업체는 매년 1월 1일부터 4월 10일까지 공급대상에 한하여 공급할 수 있으며, 지정판매업소는 공급받은 농약을 다른 판매업자에게 전매하여서는 아니 된다.

㉱ 제조업체는 지정판매업소의 관리인에게 매년 12월 중에 헥사지논 입제에 대한 안전사용교육을 실시한 후 교육 이수증을 발급하여야 한다.

② 보관 · 취급 및 판매 등

㉮ 제조업체 또는 지정판매업소에서 1월 1일부터 4월 10일까지에 한하여 판매할 수 있으며, 지정판매업소가 아니면 보관 · 진열 또는 판매하여서는 아니 된다.

㉯ 교육을 받은 자가 아니면 판매할 수 없으며, 제조업자 및 지정판매업자가 판매하는 경우에는 반드시 구매자에게 안전사용기준 교육을 실시한 후 판매하여야 한다.

(4) 잘못된 사용으로 인한 사고를 방지하기 위하여 안전용기 · 포장을 사용해야 하는 농약 등

① 대상농약 등

㉮ 액상제형 중 고독성과 보통독성으로서 300mL 이하의 용기 · 포장으로 유통되는 농약 등

㉯ 액상제형 중 저독성으로서 50mL 이하의 용기 · 포장으로 유통되는 농약 등

② 안전용기 · 포장은 아래 기준 중 하나를 적용하여야 한다.

㉮ 1회용 용기 · 포장 : 등록된 사용방법에 의하여 1회 사용량으로 포장된 것으로, 사용방법상 1회 사용으로 농약 등이 남을 수 있는 경우는 제외한다.

㉯ 특수용기 · 포장 : 5세 미만의 어린이가 5분 내에 개봉하기 어렵게 설계 또는 고안된 재봉함 용기나 포장

(5) 포스파미돈 액제

시중 농약 판매업소에서는 보관 · 진열 · 판매할 수 없으며, 해당 제조업자는 산림청 등 정부기관에만 공급 · 판매하여야 한다.

(6) 일 – 메틸사이클로프로펜 발생기

① 제조업자는 판매업소를 지정하고 지정결과를 매 분기 말일까지 농촌진흥청장에게 제출하여야 한다.

② 제조업자는 지정판매업소의 판매관리인에게 2년마다 안전사용교육을 실시한 후 교육 이수증을 발급하여야 한다.

③ 안전사용교육을 받은 판매관리인이 아니면 해당 제품을 판매할 수 없다.

PART 05

잡초방제학

P l a n t P r o t e c t i o n

CHAPTER 01

잡초의 개념

Key Word

잡초의 개념 / 잡초의 피해 / 잡초의 유용성 / 잡초의 분류 / 주요 밭잡초 / 주요 논잡초 / 주요 과수잡초 / 외래잡초

01 잡초의 이해

1. 잡초(雜草, Weeds)의 개념

① 작물의 재배 과정에서 직·간접적인 피해를 주는 식물이면서 인간의 의지에 역행하여 원하지 않는 식물, 작물적 가치로 평가가 안 되는 식물 등을 의미한다.

② 인간의 의사에 반하여 발생하고 농업경영상 피해를 주는 식물이라고 할 수 있다.

2. 잡초의 피해

1) 농경지에서의 피해

① **작물과의 경합으로 인한 피해** : 재배지에서 잡초가 발생하면 작물과 광, 수분, 양분과 일사(광, 온도) 등의 생육조건에 대한 경합을 통해 피해를 받게 되어 작물의 생육저해 및 생산량이 감소하게 된다.

② **상호대립억제작용(Allelopathy)** : 잡초의 다양한 기관을 통해 작물이 자라지 못하도록 생육이 억제되는 물질을 분비 또는 유출하여 주변 식물의 발아 및 생육을 억제하는 현상을 의미하며, 이러한 현상은 잡초/작물, 잡초/잡초, 작물/작물, 식물/미생물에서도 발견된다.

③ **기생** : 기주식물에 실모양의 흡기를 내고 줄기나 뿌리를 침입하여 체내의 영양분을 공급받는데, 새삼과 겨우살이가 있다.

④ **농작업환경의 불량** : 잡초로 인해 작업시간의 증가, 수확물의 오염, 수량 감소 등의 문제가 발생한다.

⑤ **병해충의 매개** : 매개충의 서식처를 제공하여 해충 발생률을 높이고, 식물병의 중간기주가 되어 병의 발생을 증가시킨다.

⑥ **잡초 종자 혼입 피해(사료 및 작물)** : 작물 포장 시 잡초 종자의 혼입으로 작물 종자 조제 및 보관에 문제가 된다.

2) 기타 피해

① **급수로의 피해** : 급수로의 수생잡초는 유속의 흐름을 방해하거나 지하삼투로 오염을 발생시킬 수 있다.

② **조경관리상의 피해** : 골프장, 정원, 운동장 등의 잡초로 인한 경제적 손실이 심하다.

③ **도로시설의 피해** : 미관상 좋지 않고, 화재의 위험도 높다.

3. 잡초의 유용성

잡초가 실용적이고 경제적인 면에서도 도움을 주는 경우도 있다.

① 잡초 또는 수생잡초 모두 야생동물 및 조류, 미생물, 어패류에 다양한 먹이나 서식지로써 활용된다.
② 지면을 덮어 집중호우 또는 심한 바람에 의한 토양 유실 및 침식을 막아 준다.
③ 식물에게 필요한 유기물과 퇴비를 제공한다.
④ 흉년 및 재난 시 구황작물로써 활용된다.
⑤ 오염된 물의 정화 기능 및 공해의 유해물질 제거에도 도움을 준다.
⑥ 유전공학적 식물 원료로 활용된다.
⑦ **잡초가 유용하게 활용되는 예** : 식용 및 동물사료인 피, 식용과 약용의 쑥, 수질정화 기능의 부레옥잠, 한방약재의 별꽃 등이 이용된다.

02 잡초의 분류

잡초는 식물학적, 발생시기적, 생활형적, 토양수분 적응도, 발생지, 번식법, 생장형에 따라 분류된다.

1. 식물학적 분류

① 린네(Carl von Linne)의 이명법에 따른 기준 분류표는 다음과 같다.

[표 1－1] 이명법에 따른 무궁화의 분류

분류계급	영어 · 약어	학명의 어미	무궁화(*Hibiscus syriacus* L.)
계	Kingdom	－	식물계
문	Division	－	피자식물문
강	Class	－phyta	쌍자엽식물강
목	Order	－opsida	장미목(*Rosales*)
과	Family	－ales	아욱과(*Malvaceae*)
속	Genus	－acease	무궁화속(*Hibiscus*)
종	Species	－	무궁화(*H. syriacus*)
변종	Variety	－	

기출 20년 기사 4회 82번

잡초의 이해관계에 대한 설명으로 가장 거리가 먼 것은?
① 잡초는 유용적인 가치도 가지고 있다.
② 잡초는 불필요하므로 박멸되어야 한다.
③ 이해관계는 시점에 따라 달라진다.
④ 잡초의 개념은 인간의 의도에 위배된다는 점에서 성립한다.

답 ②

기출 22년 기사 2회 86번

잡초의 유용성에 대한 설명으로 틀린 것은?
① 토양의 침식을 방지한다.
② 병해충 전파를 막아준다.
③ 토양에 유기물을 공급한다.
④ 상황에 따라 작물로써 활용할 수 있다.

답 ②

기출 19년 기사 4회 95번

잡초의 식물학적 분류 순서로 가장 옳은 것은?
① 계－문－강－목－과－속－종
② 계－속－문－강－목－과－종
③ 과－계－속－문－강－목－종
④ 속－문－강－과－계－목－종

답 ①

② 종자식물은 쌍자엽식물(쌍떡잎식물)과 단자엽식물(외떡잎식물)로 구별한다.

[표 1-2] 종자식물의 분류

구분	특징	종류
쌍자엽식물 (쌍떡잎식물)	• 배유 대신 2매의 자엽 • 개방유관속 줄기 • 잎은 그물맥(망상맥) • 뿌리는 직근 • 생장점은 식물 위쪽에 위치	대부분의 잡초
단자엽식물 (외떡잎식물)	• 1매의 자엽 • 산재된 유관속 줄기 • 잎은 평행맥 • 뿌리는 섬유근계의 관근 • 생장점은 줄기 하단과 절간에 위치	피, 강아지풀, 올방개 등

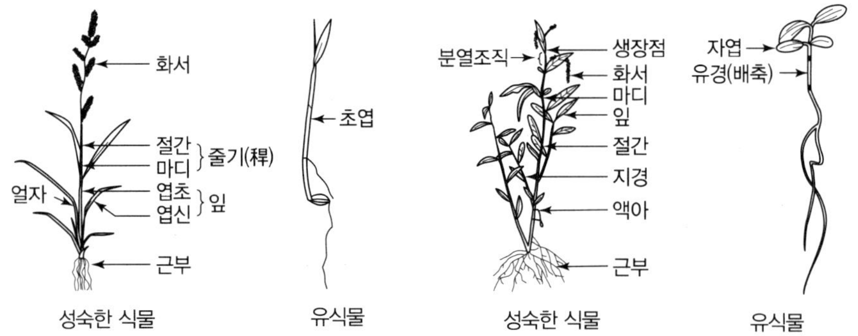

[그림 1-1] 외떡잎 식물과 쌍떡잎 식물의 구조 비교

기출 22년 기사 1회 93번

다음 중 쌍자엽 잡초의 특징에 대한 설명으로 옳은 것은?

① 산재된 유관속의 관상경을 가지고 있다.
② 생장점이 줄기 하단의 절간 부위에 있다.
③ 뿌리는 직근계이다.
④ 잎은 평행맥이다.

답 ③

③ 형태적 분류에 따라 광엽(廣葉)잡초, 화본(禾本)과 잡초, 방동사니(莎草科, 사초과)과 잡초로 구분된다.

[표 1-3] 형태적 분류

분류	특징	종류
광엽잡초	• 잎 : 둥글고 큼 • 잎맥 : 망상맥	가래, 물달개미, 쇠비름, 질경이, 명아주 등
화본과 잡초	• 잎 : 폭이 좁고 길 • 잎맥 : 평행맥	바랭이, 둑새풀, 강아지풀, 피 등
방동사니과 잡초 (사초과)	• 화본과 잡초와 유사함 • 잎 : 좁고 소수(작은 이삭)가 있음 • 줄기 : 삼각형, 윤택이 있음	올챙이고랭이, 올방개, 향부자, 매자기, 파대가리, 바람하늘지기, 너도방동사니 등

기출 21년 기사 4회 84번

잡초를 형태학적으로 분류할 때 관계없는 것은?

① 광엽 잡초
② 로제트형 잡초
③ 화본과 잡초
④ 방동사니과 잡초

답 ②

기출 19년 산업기사 1회 61번

사초과 잡초가 아닌 것은?

① 둑새풀
② 올방개
③ 향부자
④ 너도방동사니

답 ①

2. 발생시기적 분류

잡초의 발생시기에 따라 여름형 잡초과 겨울형 잡초로 구분한다.

[표 1-4] 발생시기적 분류

분류	시기	종류
여름형 잡초(하계 잡초)	3~4월	발생 시작
	4~5월	좀개갓냉이, 개여뀌, 명아주 등
	5~6월	돌피, 강아지풀, 알방동사니, 방동사니, 밭둑외풀 등
	7~8월	바랭이, 마디꽃, 바람하늘지기, 개비름, 비름, 물달개비 등
겨울형 잡초(동계 잡초)	9~10월	속속이풀, 냉이, 개미자리, 벼룩나물, 독새풀, 별꽃, 갈퀴덩굴 등

기출 21년 기사 2회 82번

가을에 발생하여 월동 후에 결실하는 잡초로만 올바르게 나열된 것은?

① 쑥, 비름, 명아주
② 깨풀, 민들레, 강아지풀
③ 별꽃, 둑새풀, 벼룩나물
④ 별꽃, 바랭이, 애기메꽃

답 ③

3. 생활사에 따른 분류

잡초는 생육기간에 따라 일년생 잡초, 이년생 잡초, 다년생 잡초로 구분한다.

① **일년생 잡초** : 농경지 주변에 많이 발생하는 잡초로, 발아 후 고사까지 1년의 생활환을 가진다.

[표 1-5] 일년생 잡초의 분류

분류	특징	종류
하계 일년생 잡초	봄과 여름에 발생하여 그 해에 결실 및 고사	강아지풀, 바랭이, 피, 쇠비름, 명아주 등
동계 일년생 잡초	가을과 초겨울에 발생하여 월동 후 여름까지 결실 및 고사	별꽃, 망초, 냉이, 둑새풀 등

② **이년생 잡초** : 2년의 생활환을 가지는 잡초로 첫해는 로제트(Rosette) 형태로 월동하고 월동 중 화아분화로 인해 개화와 결실 후 고사한다.

예 망초, 냉이, 방가지똥, 지칭개, 달맞이꽃, 갯지렁이 등

③ **다년생 잡초** : 2년 이상 경과하는 생활환을 가지는 잡초로 종자번식도 하지만 영양번식으로 개체를 형성한다.

[표 1-6] 다년생 잡초의 분류

분류	특징	종류
단순다년생잡초	종자 번식도 하지만 근부나 절편에 새로운 개체가 형성되어 번식하는 잡초	수영, 질경이, 민들레 등
구근형 다년생잡초	구근 형태의 종자로 번식하는 잡초	산달래, 야생마늘 등
포복형 다년생잡초	괴경(덩이줄기), 근경(땅속줄기)	올방개, 매자기, 너도방동사니 등
	구경(알줄기)	올챙이고랭이, 반하 등
	포복경(기는 줄기)	선피막이, 미나리, 병풀, 사상자 등
	포복근(기는 뿌리)	겨풀, 엉겅퀴, 메꽃, 쇠뜨기 등

4. 토양수분 적응에 따른 분류

토양수분에 대한 적응도에 따라 수생, 습성, 건생, 부유잡초로 나눈다.

[표 1-7] 토양수분 적응에 따른 잡초의 분류

구분	특징	종류
수생잡초	담수 상태에서 발생하는 잡초	가래, 마디꽃, 물옥잠, 물달개비 등
습생잡초	포화수분 상태에서 발생하는 잡초	황새냉이, 별꽃, 독말풀 등
건생잡초	포장용수량 상태에서 발생하는 잡초	대부분의 밭잡초, 바랭이, 냉이, 개비름 등
부유잡초 (수생잡초)	물에 부유하는 잡초	좀개구리밥, 부레옥잠, 생이가래, 개구리밥 등

기출 20년 기사 1 · 2회 98번

다음 중 부유성 잡초로만 나열된 것은?

① 너도방동사니, 별꽃
② 올미, 토끼풀
③ 개구리밥, 부레옥잠
④ 깨풀, 망초

답 ③

5. 생태형에 따른 분류

잡초는 생태형에 따라 다음과 같이 분류된다.

[표 1-8] 생태형에 따른 잡초의 분류

구분	종류
직립형	가막사리, 쑥부쟁이, 명아주 등
만경형	환삼덩굴, 메꽃, 거지덩굴 등
포복형	메꽃, 선피막이, 쇠비름 등
총생형	억새, 둑새풀 등
분지형	광대나물, 애기땅빈대, 사마귀풀, 석류풀 등
로제트형	민들레, 질경이 등
위로제트형	로제트형과 유사함

기출 22년 기사 2회 96번

잡초의 생장형에 따른 분류로 틀린 것은?

① 총생형 : 둑새풀
② 분지형 : 광대나물
③ 포복형 : 가막사리
④ 직립형 : 명아주

답 ③

기출 22년 기사 1회 81번

생장형에 따른 잡초의 분류로 옳은 것은?

① 직립형 – 가막사리, 명아주
② 로제트형 – 억새, 둑새풀
③ 만경형 – 민들레, 냉이
④ 총생형 – 메꽃, 환삼덩굴

답 ①

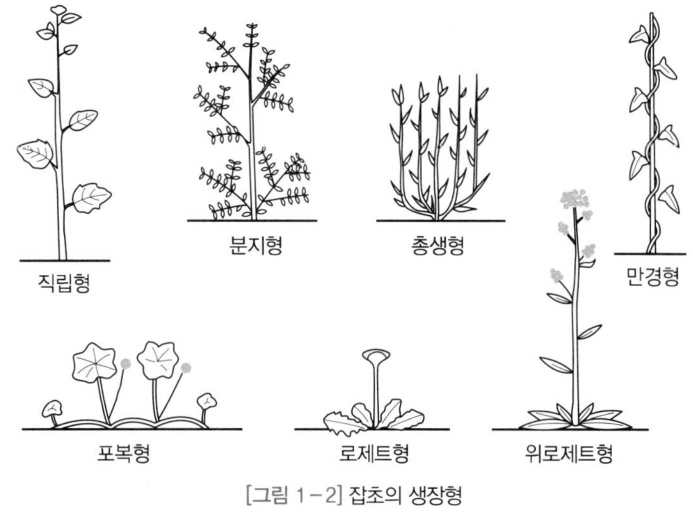

[그림 1-2] 잡초의 생장형

6. 기타 분류

번식방법, 발생지, 식생, 발생빈도, 초장 등에 따른 잡초의 분류는 다음과 같다.

[표 1-9] 기타 기준에 의한 잡초의 분류

구분	종류	
번식방법에 따른 분류	종자번식잡초, 영양번식잡초, 종자와 영양번식잡초	
발생지에 따른 분류	경지잡초, 목초지잡초, 과수원잡초, 산야초	
발생 빈도에 따른 분류	광생잡초, 산생잡초, 희생잡초, 우생잡초	
초장에 따른 분류	극소형	마디꽃, 선피막이, 쇠털골, 올미 등
	극대형	갈대, 피, 너도방동사니 등

> 기출 19년 기사 4회 97번
>
> 다음 중 잡초의 초형이 가장 작은 것은?
>
> ① 가막사리 ② 피
> ③ 올방개 ④ 쇠털골
>
> 답 ④

> 기출 19년 기사 2회 92번
>
> 주로 영양번식기관에 의하여 번식하는 잡초로만 올바르게 나열한 것은?
>
> ① 여뀌, 물옥잠
> ② 쇠비름, 질경이
> ③ 마디꽃, 물달개비
> ④ 가래, 너도방동사니
>
> 답 ④

03 잡초의 이용

1) 잡초의 특성

잡초는 생태적, 생리적, 형태적, 생화학적 특성을 가지고 있으며 각 특성별 이용 가능성은 다음과 같다.

[표 1-10] 잡초의 이용 가능성

특성	이용 가능성 및 종류
생태적 특성	• 잡초 억제용 : 들묵새, 얼치기완두, 잔디(켄터키블루그라스) 등 • 토양 피복용 : 토끼풀, 들묵새, 쇠별꽃, 가락지나물 등 • 사면 녹화용, 토양유실 방지용 : 큰김의털, 띠, 들묵새 등 • 야생조류 안정화용 : 갈대, 줄, 돌콩 등 • 수생어류 서식처용 : 정수 및 부유성 수생잡초
생리적 특성	• 수질 정화용 : 고마리, 꽃창포, 마름, 미나리, 생이가래, 부들, 줄 등 • 염류 제거용 : 도꼬마리, 쇠뜨기말 등 • 중금속 제거용 : 개구리밥, 고마리, 고사리 등 • 기생잡초 억제용 : 도둑놈의갈고리 등
형태적 특성	• 어메니티(Amenity) 자원 : 민들레, 토끼풀 등 • 경관 자원 : 억새, 씀바귀, 쑥부쟁이, 벌노랑이, 개여뀌, 하늘타리, 박주가리 등 • 바이오에너지 자원 : 갈대, 부들, 줄, 칡 등
생화학적 특성	• 약용 : 제비꽃, 괭이밥, 쇠무릎, 이질풀, 쑥, 병풀, 할미꽃 등 • 방향용 : 쑥, 참방동사니, 족제비쑥, 들깨풀, 개망초 등 • 식용 : 질경이(무침), 쇠뜨기(차), 민들레(차, 즙), 토끼풀(생채) 등 • 녹비용 : 콩과 잡초(토끼풀, 얼치기완두, 헤어리베치 등) 등 • 사료용 : 엉겅퀴류, 개구리밥 등 • 살균용 : 사철쑥, 쇠뜨기, 차즈기 등 • 살충용 : 가시박, 미나리아재비, 애기똥풀, 할미꽃 등 • 제초용 : 하늘타리, 억새, 헤어리베치 등 • 펄프용 : 갈대, 부들, 방동사니류 등

출처 : 농업과학기술원(2008). 잡초관리 길잡이. 농경과원예.

2) 장시간에 걸친 잡초의 생존 조건

① 다산성 : 많은 종자 생산

② 휴면성 : 불량한 환경조건에 잘 적응

③ 종자 생산의 환경적응성 : 먼 거리 이동이 가능한 가벼운 종자 생산

④ 기타

- 종자 전파력과 경합력이 큰 것
- 불량한 환경에서의 생존력이 강한 것
- 탈립성이 큰 것
- 영양체 번식력과 재생력이 강한 것
- 작물도 재배목적에 맞지 않으면 잡초가 됨

04 농경지 잡초의 종류

[표 1-11] 우리나라 농경지의 발생 잡초현황(외래잡초 28과 166종 포함)

구분	논	밭	과수원	목초지	계
종수	28과 90종	50과 375종	63과 492종	52과 275종	81과 619종

출처 : 농업과학기술원(2008). 잡초관리 길잡이. 농경과원예.

1. 논잡초

기출 20년 기사 4회 89번

주로 논에 발생하는 잡초로만 올바르게 나열한 것은?

① 피, 바랭이
② 명아주, 둑새풀
③ 개비름, 물옥잠
④ 올미, 여뀌바늘

답 ④

[표 1-12] 일년생 논잡초

구분	잡초명(학명)	
광엽잡초	• 곡정초(*Eriocaulon sieboldianum*) • 물달개비(*Monochoria vaginalis*) • 밭둑외풀(*Lindernia procumbens*) • 생이가래(*Salvinia natans*) • 여뀌바늘(*Ludwigia prostrata*) • 중내가리풀(*Centipeda minima*)	• 마디꽃(*Rotala indica*) • 물옥잠(*Monochoria korsakowii*) • 사마귀풀(*Aneilema japonica*) • 여뀌(*Polygonum hydropiper*) • 자귀풀(*Aeschynomene indica*)
화본과 잡초	• 둑새풀(*Alopecurus aequalis*) • 피(*Echinochloa crus-galli*) • 나도겨풀(*Leersia japonica*)	
방동사니과 잡초	• 바늘골(*Eleocharis congesta*) • 바람하늘지기(*Fimbristylis miliacea*) • 알방동사니(*Cyperus difformis*) • 참방동사니(*Cyperus iria*)	

[표 1-13] 다년생 논잡초

구분	잡초명(학명)
광엽잡초	• 가래(*Potamogeton distinctus*) • 네가래(*Marsilea quandrifolia*) • 벗풀(*Sagittaria trifolia*) • 좀개구리밥(*Lemna minor*) • 개구리밥(*Lemna polyrhiza*) • 미나리(*Oenanthe javanica*) • 올미(*Sagittaria pygmaea*)
화본과 잡초	• 나도겨풀(*Leersia japonica*)
방동사니과 잡초	• 너도방동사니(*Cyperus serotinus*) • 매자기(*Scirpus maritimus*) • 쇠털골(*Eleocharis acicularis*) • 올방개(*Eleocharis kuroguwai*) • 올챙이고랭이(*Scirpus juncoides*) • 파대가리(*Cyperus brevifolius*)

1) 논잡초의 특징

① 논은 물을 담수하고 있어 발생하는 잡초가 밭과는 전혀 다르기 때문에 논잡초의 효과적인 잡초 방제를 위해서는 논의 조건을 충분히 이해하는 것이 중요하다.

② 경운 · 정지 · 담수를 통해 잡초 발생을 줄일 수 있다.

③ 재배양식별로 손이앙 < 중묘 기계이앙 < 어린모 기계이앙 < 담수직파 < 건답직파 순으로 손이앙이 가장 잡초 발생이 적고 건답직파가 가장 많이 발생한다.

④ 다년생 잡초의 발생은 대체로 균일하지 않지만, 너도방동사니가 가장 빠르고, 올미가 다음이며 올방개, 벗풀, 물고랭이는 훨씬 뒤에 발생한다. 늦게 발생하는 잡초의 경우는 지하경이 깊게 묻혀 있다가 늦게 나오기도 하지만, 괴경마다 휴면성이 달라서 불균일하게 발생하기 때문이다.

⑤ 특히 올방개나 벗풀의 경우 표토에 있는 괴경은 빨리 출현할 수 있으나, 깊은 곳에 묻힌 괴경은 늦게 출현하기 때문에 지속적으로 발생한다. 이러한 특성이 방제를 더욱 어렵게 하고 있다.

⑥ 우리나라 논의 우점잡초 : 올방개, 벗풀, 피, 물달개비, 올미, 너도방동사니, 여뀌바늘, 가래, 사마귀풀, 올챙이고랭이 등

[표 1-14] 재배양식별 논의 우점잡초

구분	종류
건답직파	피, 너도방동사니, 올방개, 벗풀, 나도겨풀 등
담수직파	물달개비, 피, 나도겨풀, 올방개, 사마귀풀 등
어린모 기계이앙	올방개, 벗풀, 물달개비, 올미, 피 등
중묘 기계이앙	올방개, 벗풀, 물달개비, 올미, 피 등
손이앙	벗풀, 물달개비, 사마귀풀, 올방개, 올미 등

기출 22년 기사 1회 84번

방동사니과 잡초가 아닌 것은?

① 나도겨풀
② 쇠털골
③ 올챙이고랭이
④ 매자기

답 ①

기출 19년 산업기사 4회 62번

다음 중 논잡초로만 나열된 것은?

① 사마귀풀, 올미, 쇠비름
② 명아주, 올미, 쇠비름
③ 물옥잠, 돌피, 여뀌바늘
④ 강아지풀, 참방동사니, 돌피

답 ③

기출 19년 기사 4회 87번

다음 중 잡초의 형태적 특성에 따라 분류할 때 같은 초종으로만 나열된 것은?

① 바랭이, 물달개비, 깨풀
② 피, 둑새풀, 물참새피
③ 피, 매자기, 방동사니
④ 물참새피, 쇠비름, 방동사니

답 ②

2) 주요 논잡초의 종류

논잡초에는 피, 올미, 올챙이고랭이, 올방개 등이 있으며, 각각의 특징은 다음 표와 같다.

[표 1-15] 논잡초의 종류별 특징

잡초명	분류	특징
피	화본과 일년생 논·밭잡초	• 논, 밭에서 발생하는 잡초 • 종자 번식 • 벼와 아주 비슷하여 출수하기 전에는 벼와 구분이 쉽지 않음 • 잎집의 위쪽에 엽설(葉舌, 잎혀)과 엽이(葉耳, 잎귀)가 있는데 피는 없어 구별됨 • 변종 : 강피, 물피, 돌피 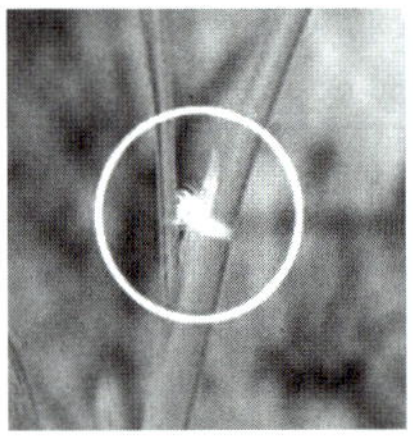 벼에는 잎혀와 잎귀가 있음 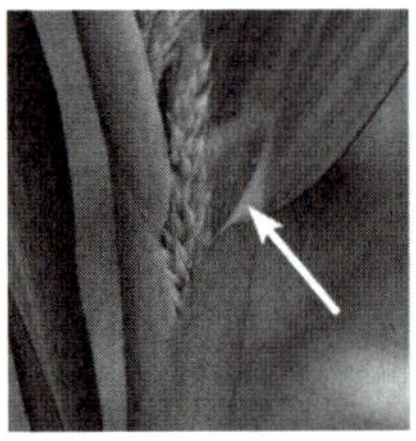 피에는 잎혀와 잎귀가 없음
올미	택사과 다년생 광엽 논잡초	• 논, 수로, 습지 등에 발생 • 어릴 때 벗풀, 물달개비와 유사하여 구별하기가 쉽지 않음 • 괴경(덩이줄기) 번식 • 중일성 식물로 휴면성이 없음 • 저항성을 보이는 올미가 출현하여 피해 발생 • 보통 남부지역 담수논에 많이 발생
올챙이고랭이	방동사니과(사초과) 다년생 논잡초	• 논, 습지에서 발생(전국 발생) • 제초제 저항성 생태형의 출현으로 전국적으로 문제되는 잡초 • 종자 및 구경으로 번식 • 담수직파재배의 경우 보통 써레질 후 5~10일경부터 발생
올방개	방동사니과 다년생 잡초	• 논과 수로 및 습지에서 발생(전국 분포) • 덩이줄기(괴경)로 번식 • 4월 하순~5월 중순 발생 • 8~9월 개화, 10월까지 생육 • 덩이줄기(괴경)를 땅속 15~20cm에 형성하므로 제초효과가 떨어짐 • 휴면기간이 길어 오랜 기간 발생 • 가장 방제가 어려운 잡초
물달개비	일년생 광엽잡초	• 논과 수로 및 습지에 발생(전국 분포) • 생육기간 : 4~10월 • 개화기 : 7~9월, 10월에 종자 번식 • 물달개비의 종자 생산량이 많고,제초제에 대해 저항성을 보여 우점

기출 20년 기사 1·2회 87번

다음 중 논토양 표토에 주로 지하경을 형성하는 다년생 잡초로 가장 옳은 것은?

① 깨풀 ② 쇠비름
③ 올미 ④ 명아주

답 ③

기출 20년 기사 3회 85번

다음 중 주로 괴경으로 번식하는 논잡초는?

① 올방개 ② 알방동사니
③ 가막사리 ④ 자귀풀

답 ①

기출 22년 기사 1회 97번

주로 종자로 번식하는 잡초로만 나열된 것은?

① 올미, 벗풀
② 가래, 쇠털골
③ 올방개, 너도방동사니
④ 강피, 물달개비

답 ④

잡초명	분류	특징
물달개비	일년생 광엽잡초	※ 물옥잠과 물달개비의 비교 **물옥잠**: –심장형 잎 형태 / –꽃이 잎보다 위에 있음 **물달개비**: –세모진 달걀형 잎 형태 / –꽃이 잎보다 아래에 있음
가래	다년생 부유성 수생 잡초	• 논, 수로에서 발생(전국 분포) • 주로 비늘줄기(인경) 번식(지하경 끝부분에 바나나 또는 닭발 모양의 비늘줄기 생성) • 생육시기 : 4~10월 • 개화기 : 7~8월 • 온도가 높고 담수논에서 발생이 촉진되며 써레질 7~16일 후에 발생
너도겨풀	화본과 다년생 잡초	• 논둑 근처나 수로에서 서식(논으로 들어가면 문제가 심각해짐) • 포복경으로 번식 • 비선택성 제초제가 아니면 완전방제가 어려운 잡초
너도 방동사니	방동사니과(사초과) 다년생 잡초	• 논과 논둑 및 밭둑에 발생(전국 발생) • 주로 덩이줄기(괴경)로 번식 • 생육기간 : 3~10월 • 개화기 : 8~9월 • 생육기간 중 수백 개의 덩이줄기를 생산하여 급속도로 증식(벼에 큰 피해를 줌) • 이앙 전 경운으로 괴경이 매몰되면 방제가 됨
벗풀	택사과 다년생 광엽잡초	• 논, 수로, 습지, 연못에서 발생 • 주로 덩이줄기(괴경)로 번식 • 생육기간 : 5~10월 • 개화기간 : 7~8월 • 괴경 수명이 짧아 1년간만 철저하게 방제하면 그 이후에는 발생량을 크게 줄일 수 있는 잡초
가막사리	국화과 일년생 잡초	• 미국가막사리는 농경지 주변에서 논으로 유입 • 광에 의해 발아하나 담수 상태에서는 발아하지 못함
갯드렁새	볏과(화본과) 일년생 잡초	• 아열대 아시아가 원산지 • 간척지에서 많이 발생 • 담수직파, 이앙재배답에서 많이 발생하는 잡초

출처 : 농업과학기술원(2008). 잡초관리 길잡이. 농경과원예.

2. 밭잡초

일년생 밭잡초와 광엽잡초의 종류는 다음과 같다.

[표 1-16] 일년생 밭잡초

구분	잡초명(학명)	
광엽잡초	• 개비름(*Amaranthus lividus*) • 깨풀(*Acalypha australis*) • 쇠비름(*Portulaca oleracea*) • 자귀풀(*Aeschynomene indica*) • 주름잎(*Mazus japonica*) • 도꼬마리(*Xanthium strumarim*)	• 까마중(*Solanum nigrum*) • 명아주(*Chenopodium album*) • 여뀌(*Polygonum hydropiper*) • 환삼덩굴(*Humulus japonicus*) • 석류풀(*Mollugo strica*)
화본과 잡초	• 강아지풀(*Setaria viridis*) • 둑새풀(*Alopecurus aequalis*) • 피(*Echinochloa crus-galli*)	• 개기장(*Panicum acroanthum*) • 바랭이(*Digitaria sanguinalis*)
방동사니과 잡초	• 바람하늘지기(*Fimbristylis miliacea*) • 파대가리(*Kyllinga brevifolia*)	• 참방동사니(*Cyperus iria*)

[표 1-17] 광엽잡초

구분	잡초명(학명)	
월년생 광엽잡초	• 망초(*Erigeron canadensis*) • 황새냉이(*Cardamine flexuosa*)	• 중대가리풀(*Centipeda minuta*)
다년생 광엽잡초	• 반하(*Pinellia ternata*) • 쑥(*Artemisia princeps*) • 메꽃(*Calystegia japonica*)	• 쇠뜨기(*Equisetum arvense*) • 토끼풀(*Trifolium repens*)

1) 밭잡초의 특징

① 밭에 발생하는 잡초는 총 50과 375종으로 국화과 73종, 볏과(화본과) 44종, 마디풀과 25종, 십자화과 21종, 콩과 20종 등의 순이다. 이들 잡초를 생활형으로 구분하면, 하계 일년생 162종, 동계 일년생 78종, 다년생 135종이다.

② 보리, 마늘, 양파 등 동계작물 재배지에는 45과 287종, 고추, 콩, 옥수수 등 하계작물 재배지에는 47과 339종이 발생되었다. 우점도별 상위 10초종은 바랭이, 쇠비름, 깨풀, 흰명아주, 속속이풀, 돌피, 한련초, 중대가리풀, 냉이, 참방동사니 순이다.

③ 외래잡초는 25과 129종으로 흰명아주, 개비름, 망초, 좀명아주, 미국가막사리, 털별꽃아재비 등이 있다.

④ 밭잡초는 봄에는 봄잡초, 여름에는 여름잡초가 발생하고, 여름잡초 중에서도 잡초마다 발생시기가 달라 같은 장소에서도 계절마다 잡초가 변화된다.

⑤ 잡초종자의 발아최적온도는 일반적으로 15~30℃이다. 그러나 실제 출현시기를 보면, 잡초마다 다르며 그것은 발아최저온도가 다르기 때문이다.
즉, 발아최저온도가 5℃ 이하인 잡초는 초가을이나 이른 봄에 주로 출현하는데 하계 일년생 잡초는 발아최저온도가 낮을수록 비교적 빨리 발아한다.

기출 21년 기사 4회 89번

다음 중 광엽잡초로만 나열된 것은?

① 여뀌, 명아주
② 매자기, 쇠털골
③ 돌피, 띠
④ 향부자, 바랭이

답 ①

기출 19년 기사 2회 81번

광엽잡초로만 올바르게 나열한 것은?

① 여뀌, 명아주
② 돌피, 여뀌바늘
③ 매자기, 쇠비름
④ 개비름, 바랭이

답 ①

기출 22년 기사 2회 91번

밭잡초로만 나열되지 않은 것은?

① 개비름, 닭의장풀
② 깨풀, 좀바랭이
③ 가래, 여뀌바늘
④ 메귀리, 속속이풀

답 ③

2) 주요 밭잡초의 종류

밭잡초에는 명이주, 둑새풀, 쇠비름, 바랭이 등이 있으며, 각각의 특징은 다음 표와 같다.

[표 1－18] 밭잡초의 종류별 특징

잡초명	분류	특징
명아주	일년생 광엽 밭잡초	• 주로 밭에 발생 • 종자 번식 • 내음성 잡초 • 어린 잎은 붉은 빛을 띠고 6~7월에 황록색 이삭 모양의 꽃이 핌 • 옥수수 등 대형 작물과도 경합해서 피해를 주는 잡초
둑새풀	화본과 월년생 (일년생) 잡초	• 논이나 밭에 발생(전국 분포) • 건답직파 등 여름의 논잡초로는 피해 없음 • 겨울의 보리밭이나 마늘밭에 문제가 되는 잡초
쇠비름	일년생 광엽 밭잡초	• 마른 땅, 밭이나 길가에 발생 • 종자 번식(종자 휴면성이 있음/종자가 땅속에서 15년 생존) • 고온, 가뭄에도 잘 견딤 • 생육기간 : 3~10월 • 개화기 : 6~9월로, 잎은 살이 많고 줄기는 붉은 빛을 띰
바랭이	화본과 일년생 밭잡초	• 밭, 밭둑, 과원, 도로변 및 공한지에 발생(전국 분포) • 가장 문제시되는 밭잡초
깨풀	대극과 일년생 광엽 밭잡초	• 밭이나 도로변에 발생(전국 분포) • 종자 번식 • 발생시기 : 4~5월 • 개화기 : 7~8월 • 제조제에 내성이 강하여(제초제 회피) 방제가 어려움
강아지풀	볏과(화본과) 일년생 잡초	• 도로변, 밭, 밭둑, 초지 및 공한지에 많이 발생(전국 분포) • 뿌리에서 타감물질을 분비해서 다른 식물의 생육을 억제하는 성질
방동사니	방동사니과 일년생 잡초	• 습한 밭에 많이 발생(전국 분포) • 일제히 발생하지 않고 천천히 여름까지 발생 • 종류 : 방동사니, 금방동사니, 참방동사니 및 푸른 방동사니 등

3) 밭 우점잡초

① **보리, 밀 :** 벼룩나물, 별꽃, 냉이, 광대나물 등

② **옥수수 :** 볏과(화본과)의 바랭이, 피, 방동사니, 쇠비름 등

③ **콩, 팥, 녹두 :** 볏과(화본과) 잡초인 바랭이, 피, 쇠비름, 깨풀, 명아주, 여뀌 등

3. 기타 잡초

1) 과수원 및 비농경지 잡초

① 연구결과, 우리나라 과수원에서 발생하는 잡초는 63과 492종으로 국화과 86종, 볏과(화본과) 63종, 콩과 29종, 방동사니과(사초과) 23종, 마디풀과 22종 등의 순이다.

기출 20년 기사 1 · 2회 93번

다음 중 우리나라 과수원에서 발생하는 잡초종으로 가장 거리가 먼 것은?

① 바랭이 ② 매자기
③ 강아지풀 ④ 닭의장풀

답 ②

기출 22년 기사 2회 95번

다음 중 잔디밭에 가장 많이 발생하는 잡초로만 나열된 것은?

① 민들레, 명아주
② 여뀌, 물피
③ 한련초, 개비름
④ 토끼풀, 꽃다지

답 ④

② 과수원에 발생하는 주요 잡초는 가을에 발생하여 월동하는 봄잡초에는 새포아풀, 둑새풀, 큰개불알풀, 갈퀴덩굴, 광대나물, 별꽃 등이 있고, 봄에 발생하는 일년생 여름잡초에는 바랭이, 왕바랭이, 돌피, 개여뀌, 닭의장풀, 강아지풀 등이 있으며, 다년생 여름잡초에는 쇠뜨기, 띠, 쑥, 메꽃, 소리쟁이, 괭이밥 등이 있다.

③ 과수원의 주요 잡초라고 하면 대부분 다년생 잡초를 말하며 일년생 잡초는 예초기로 쉽게 관리되나, 다년생 잡초 가운데 소리쟁이, 쑥, 괭이밥, 쇠뜨기는 방제하기 어려워 '강해잡초' 또는 '문제잡초'라고 한다.

④ 메꽃, 칡 등의 다년생 잡초는 적합한 시기에 방제되지 않으면 어린 나무의 수관(樹冠, Canopy)을 덮어서 문제될 수 있으나, 환삼덩굴 등의 일년생 잡초가 더 많은 피해를 주는 경우도 있다.

⑤ 과수원에는 작목에 따라 발생잡초가 다른데 포도, 참다래 등은 여름철에 가지와 잎이 무성하여 수관 아래는 전체적으로 어둡다. 따라서 햇빛을 좋아하는 바랭이, 별꽃 등은 적고, 질경이, 토끼풀 등이 많다.

2) 주요 과수잡초

주요 과수잡초에는 닭의장풀, 쑥, 망초가 있으며 특징은 다음과 같다.

[표 1-19] 과수잡초의 종류별 특징

잡초명	분류	특징
닭의장풀	닭의장풀과 일년생 잡초	• 남부에서 북부까지, 평야지에서 고랭지까지 널리 분포 • 종자 번식(종자는 휴면성이 있음) • 비교적 한랭지 잡초
쑥	국화과 다년생 잡초	• 종자와 뿌리로 번식(군생함) • 로터리 또는 경운이 오히려 번식을 조장함 • 타감물질 분비
망초	국화과 다년생 잡초	• 주당 보통 60만 개의 종자를 생산 • 종자 번식[종자에 관모(冠毛)가 있어 단위생식하기도 함]

3) 주요 외래잡초

① 농경지에 발생하고 있는 외래잡초는 앞에서 언급한 바와 같이 166종이다. 이들 외래잡초는 발생 상황, 위험성 등에 따라서 방제 필요종으로 구분될 수 있다.

② 농촌진흥청에서는 외래잡초 166종 중에서 ㉠ 현재 발생 정도가 자생잡초 수준으로 높은 잡초, ㉡ 환경부에서 지정한 생태계 교란종, ㉢ 현재보다 확산될 경우 큰 해를 끼칠 잠재성이 있는 잡초를 선정하여 연차적으로 발생생태 및 방제연구를 진행하고 있다. 방제대상 외래잡초는 17과 50종(중복 제외)이다.

[표 1-20] 농경지별 방제대상 외래잡초(17과 50종, 일부 중복)

구분	잡초명
논(5종)	갯드렁새, 미국가막사리, 미국좀부처꽃, 미국외풀, 털물참새피*
밭(37종)	가는털비름, 가시상추*, 개망초, 개비름, 개소시랑개비, 개쑥갓, 긴털비름, 단풍잎돼지풀*, 달맞이꽃, 둥근잎미국나팔꽃, 둥근잎유홍초, 망초, 미국가막사리, 미국개기장, 미국까마중, 미국나팔꽃, 미국실새삼, 미국자리공, 방가지똥, 붉은서나물, 소리쟁이, 애기나팔꽃, 애기땅빈대, 어저귀, 울산도깨비바늘, 유럽점나도나물, 좀개소시랑개비, 좀명아주, 주홍서나물, 지느러미엉겅퀴, 청비름, 큰개불알풀, 큰도꼬마리, 큰망초, 큰비짜루국화, 털별꽃아재비, 흰명아주
목초지(18종)	가는털비름, 가시비름, 개망초, 달맞이꽃, 도깨비가지*, 돌소리쟁이, 돼지풀*, 애기수영*, 미국가막사리, 미국자리공, 서양민들레, 서양금혼초*, 세열유럽쥐손이, 소리쟁이, 망초, 큰망초, 토끼풀, 흰명아주

* 환경부 지정 생태계교란 야생식물

4. 잡초의 생육적 특성

① 불량한 환경에서도 잘 적응한다.

② 종자는 휴면을 통해 환경을 잘 극복한다.

③ 초기 생장속도가 빠르다.

④ 종자를 다량생산하고, 종자 크기가 작아 발아가 빠르다.

⑤ 영양번식과 종자번식 등 번식기관이 다양하다.

⑥ 번식력이 강하다.

⑦ 작물과의 경합에서 우수하여, 작물 수량을 감소시키는 단점이 있다.

⑧ 잡초는 광합성 효율이 높은 C_4 식물이 많다.

기출 22년 기사 1회 98번

다음 중 외국에서 유입된 잡초로만 나열된 것은?

① 망초, 너도방동사니
② 서양민들레, 뚱딴지
③ 쇠뜨기, 올미
④ 올방개, 광대나물

답 ②

기출 19년 산업기사 4회 77번

다음 중 외래잡초로만 나열된 것은?

① 미국개기장, 단풍잎돼지풀, 서양민들레
② 올챙이고랭이, 미국자리공, 생이가래
③ 서양민들레, 올방개, 방동사니
④ 단풍잎돼지풀, 미국가막사리, 중대가리풀

답 ①

기출 19년 산업기사 1회 77번

잡초의 생리적인 특징으로 옳지 않은 것은?

① 불량한 환경 조건에 잘 적응한다.
② 광합성 효율이 높고 생장이 빠르다.
③ 종자 또는 영양번식을 하여 생식력이 높다.
④ 종자의 휴면성이 크지 않아 지속적으로 생육한다.

답 ④

CHAPTER 02

잡초의 생리 · 생태적 특성

Key Word

잡초 발아조건 / 발아습성 / 종자의 수명 / 종자의 휴면 / 잡초 출현 및 산포 / 잡초의 번식 / 천이와 군락 / 잡초 경합

01 잡초의 생리

1. 잡초 종자 발아

① 발아란 물 흡수로 종자나 영양체 안에서 생리 · 화학적 과정을 거쳐 배나 유아가 종피나 보호막을 뚫고 나와 하나의 개체를 생성하는 과정을 의미한다.

② 이 과정에서 흡수, 저장양분 분해, 이동 및 동화작용(호흡작용) 등이 이루어지는데 이때 적절한 수분, 산소, 광(빛), 온도 등의 환경요소들이 관여해야 한다.

③ King(1966)은 종자의 발아 단계를 5단계로 나누어 설명하였다.

1단계	흡수 단계(전분에 의한 물리적 흡수)
2단계	세포분열과 신장의 대사 과정 단계
3단계	유근과 종근의 신장 단계
4단계	유아 출현 단계
5단계	이유기(독립생장지표시기) 단계

[그림 2 – 1] 종자의 발아 5단계

2. 발아환경 조건

1) 광(햇빛)

대부분 경지잡초는 호광성 식물이며 광의 노출 시 발아가 이루어진다. 광은 발아보다 휴면타파의 요인인 경우가 많다. 발아종자는 광수용색소체인 피토크롬(Phytochrome, 종자 껍질에 존재하는 색소단백질)에 의해 발아가 촉진되고(Pfr형), 적외선을 받으면 발아가 억제된다(Pr형). 또한 일장조건에서도 발아에 영향을 끼치는데 광발아 종자는 장일조건에서 발아가 촉진되고, 암발아 종자는 단일조건에서 촉진된다.

[표 2-1] 광 요구도에 따른 잡초의 분류

구분	종류
광발아 잡초	메귀리, 왕바랭이, 강피, 향부자, 참방동사니, 개비름, 소리쟁이, 서양민들레, 노랑꽃창포 등
암발아 잡초	별꽃, 냉이, 광대나물, 독말풀 등
광과 무관한 잡초	옥수수, 화곡류 등

기출 21년 기사 2회 92번

암(暗)발아성 종자인 잡초는?

① 냉이 ② 바랭이
③ 소리쟁이 ④ 쇠비름

답 ①

기출 21년 기사 4회 98번

다음 중 암발아 잡초 종자에 해당하는 것은?

① 쇠비름 ② 바랭이
③ 광대나물 ④ 소리쟁이

답 ③

기출 20년 기사 4회 91번

다음 중 발아를 위한 산소요구도가 가장 낮은 잡초는?

① 향부자 ② 별꽃
③ 강피 ④ 갈퀴덩굴

답 ③

2) 산소

잡초 종자 발아 시 최소량의 산소가 필요한데, 산소 요구도가 높은 호기성 잡초와 산소 요구도가 낮은 혐기성 잡초로 구별된다.

[표 2-2] 산소 요구도에 따른 잡초의 분류

구분	종류
혐기성 잡초	돌피, 강피, 올챙이고랭이, 물달개비, 흰여뀌, 가래, 올미 등
호기성 잡초	너도방동사니, 향부자, 바랭이 등

3) 온도

잡초 종자는 발아적온이 일정하지 않지만 보통은 15~30℃ 범위 안에 있고, 최저온도는 0~15℃, 최고온도는 25~45℃ 정도이며, 밤낮의 온도가 변온조건일 경우 발아가 촉진된다.

4) 수분

종자가 수분을 흡수하면 배와 배유의 팽창으로 씨껍질이 파괴되어 가스교환이 일어나게 되고, 각종 효소들의 작용이 증가하게 된다.

3. 잡초 종자의 발아 습성

잡초 종자는 주기성, 계절성, 기회성, 준동시성, 연속성의 습성을 보이며, 이러한 습성의 특징은 다음 표와 같다.

[표 2-3] 잡초 종자의 발아 습성

구분	내용
발아 주기성	종자의 발아는 일정한 간격(주기성)을 가지고 최고의 발아율을 나타냄 예 환경이 불리할 경우 발아를 중지하고 휴면 형태를 취함으로써 극복하는 것
발아 계절성 · 기회성	• 계절성 : 계절의 특성에 따라 일장에 반응하고 휴면을 타파하여 발아하는 특징 • 기회성 : 온도 조건에 감응하여 발아하는 특징
발아 준동시성 · 연속성	• 준동시성 : 일정 기간 내에 종자가 집중발아하는 것 • 연속성 : 오랜 기간에 걸쳐 지속적으로 발아하는 것

기출 19년 기사 2회 89번

잡초 종자가 주로 일장에 반응하여 휴면이 타파되고 발아하게 되는 특성은?

① 발아 기회성
② 발아 계절성
③ 발아 주기성
④ 발아 연속성

답 ②

4. 잡초 종자의 수명

발아하기 쉬운 종자의 경우 종자 수명이 짧고, 발아에 필요한 환경조건이 까다로운 경우 종자의 수명이 길다.

[표 2-4] 잡초 종자의 수명

종류	수명
피	• 밭 상태의 경우 1년 • 담수 상태의 경우 8년
올방개	5~6년
올미, 가래	2~3년
너도방동사니	1년

[표 2-5] 잡초 종자의 수명에 영향을 미치는 요인

구분	요인
환경조건	• 수분, 온도, 산소 • 종자의 미생물에 대한 저항성 • 종자의 수분함량 차이 • 발아 특성의 차이 • 산소분압에 의한 차이(낮은 경우 수명 연장)
종자 생산력	• 짧은 등숙으로도 발아함 • 탈립성이 우수하고, 다산성이 높음 • 작물보다 개화, 수정, 등숙이 먼저 진행됨

5. 잡초 종자의 휴면

① 휴면은 생리적 현상이 일시적으로 멈춰 생장이 정지된 상태를 의미하며 대부분의 작물은 휴면을 한다.

[표 2-6] 종자가 휴면을 하는 이유

<table>
<tr><th>구분</th><th colspan="3">설명</th></tr>
<tr><td>휴면 이유</td><td colspan="3">• 불량한 환경을 극복 또는 회피하기 위해
• 발아시기 조절을 위해
• 종자 수명의 연장을 위해</td></tr>
<tr><td rowspan="5">휴면 원인</td><td colspan="2">배의 미숙</td><td>모수에서 이탈 시 미숙한 상태로 탈립된 후 후숙을 통해 발아함</td></tr>
<tr><td colspan="2">발아억제물질</td><td>• 순무 종자의 과피에 발아억제물질이 존재하여 휴면
• 발아억제물질 제거 시 발아됨</td></tr>
<tr><td rowspan="3">종피에 의한 휴면</td><td>경실</td><td>• 종피에 수분 흡수가 되지 않아 장시간 발아를 하지 않고 휴면
• 종류 : 자운영, 메꽃 등</td></tr>
<tr><td>산소 흡수 저해</td><td>• 종피의 불투기성 때문에 휴면
• 종류 : 보리, 귀리 등</td></tr>
<tr><td>기계적 저항</td><td>종피의 기계적 저항으로 휴면</td></tr>
</table>

용어설명

휴면상태
성숙한 종자에 발아조건 환경이 주어져도 일정 기간 동안 발아하지 않는 것

② 휴면은 크게 1차 휴면과 2차 휴면으로 구분하고, 1차 휴면의 종류에는 자발휴면, 타발휴면이 있다.

[표 2-7] 휴면의 종류

구분		특징
1차 휴면	자발휴면	외부 환경 조건이 생육조건에 맞아도 내적 요인에 의해서 유발되는 진정한 휴면
	타발휴면	발아를 할 수 있는 내적 조건을 갖추었더라도 외부환경조건이 부적절해서 발생되는 휴면
2차 휴면 (유도휴면)		• 발아력이 있는 성숙한 종자라도 불리한 환경조건에 오랜 시간 노출되면 휴면이 생김 • 보통 온도에 의해 발아되어 저온에서 휴면이 타파됨

③ 휴면타파 및 발아 촉진

- 휴면타파를 위한 방법으로 종피파상법(종자에 상처를 내어 발아촉진하는 방법)과 황산처리법(황산처리), 층적법 등이 있다.
- 휴면을 타파하는 광으로는 오랜지색~적색광이 있다. 청색광은 다시 휴면을 한다.
- 발아촉진물질인 지베렐린(Gibberellin), 에틸렌(Ethylene), 질산칼륨(KNO_3), 사이토키닌(Cytokinin) 물질을 통해 휴면을 타파한다.

6. 잡초 출현 및 산포

① 잡초의 발아 후 유묘(幼苗)가 출현하는 과정은 토양의 조건[예 온도, 산도(PH), 수분, 심도, 비옥도, 산소 등]에 크게 영향을 받는다.

[표 2-8] 유묘 출현의 관여요인

구분	특징
토양 온도	잡초 출현시기에 가장 큰 요인이 되는 것이 토양의 최적온도이다. • 올미 : 18~26℃ • 올방개 : 26℃ • 가래 : 18~22℃
토양 산소	발아조건이 영향을 미치는 것으로 논잡초는 저농도에서 발아가 잘 되고, 건생잡초는 고농도에서 발아가 잘 된다.
토양 수분	토양의 경도 및 산소 양에 영향을 끼쳐 잡초 양을 지배하므로 간접적 요인이 된다.
토양 심도	종자의 무게에 따라 심도는 달라지며, 토양의 종류 및 온도, 수분, 산도, 비옥도, 산소 농도 등의 많은 영향을 받는다. • 냉이류 별꽃 : 2cm • 올미 : 0~5cm • 명아주 : 5cm • 너도방동사니 : 3~5cm • 벗풀 : 5~10cm • 가래 : 15~20cm • 올방개 : 10~25cm • 메귀리 : 17.5cm
토양 비옥도	대부분의 잡초는 척박한 토양 및 질소 결핍 조건에도 잘 자라지만 바랭이, 둑새풀 등은 비옥한 토양에 잘 적응한다.
토양 pH(산도)	산성일 경우에는 경지잡초가 많으며 대부분의 논잡초는 산성 토양에 잘 적응하나, 밭잡초는 중성 및 알칼리 토양에서 잘 적응한다.

TIP

층적법
습한 모래나 이끼를 배휴면 종자와 층상으로 쌓아 올린 후 저온 처리하여 휴면을 타파하는 방법

TIP

배휴면
- 배 자체의 생태적 원인에 의한 휴면
- 장미, 복숭아나무, 배나무, 사과나무 등에 활용

기출 20년 기사 1 · 2회 81번

잡초 종자의 휴면타파 및 발아율을 촉진시키는 생장조절 물질과 가장 거리가 먼 것은?

① 사이토카이닌
② 에틸렌
③ 지베렐린
④ MH

답 ④

기출 20년 기사 3회 93번

잡초의 발아와 토양환경의 관계에 대한 설명으로 옳지 않은 것은?

① 잡초의 출현시기를 지배하는 요인으로서 최적온도는 대체로 발아적온과 일치한다.
② 토양의 수분은 토양경도와 산소 함량에 영향을 준다.
③ 건생잡초는 습생잡초보다 발아에 필요한 산소요구량이 높다.
④ 잡초의 발생심도는 중점토가 사질토보다 깊다.

답 ④

② 잡초의 산포(전파)

잡초가 타 지역으로 이동하는 것을 '전파'라고 하며, 공간적 전파와 시간적 전파로 이동한다.

[표 2-9] 잡초의 산포(전파)방법

구분	특징	
공간적 산포(전파)	잡초 종자의 무게	명아주 > 냉이 > 바랭이 > 별꽃 > 말냉이 > 강아지풀 > 선홍초 > 단풍잎돼지풀 > 메귀리
	종자이동거리	• 종자 결실 부위의 높이와 거리 • 종자의 무게 • 종자의 산포력 및 산포 매체의 활동력
	종자 이동방법	• 바람에 의해서 전파 : 엉겅퀴, 수레국화, 민들레, 망초, 방가지똥 등 • 꼬투리가 물에 잘 뜨는 형태(물로 이동) : 소리쟁이, 벗풀류 등 • 가시 및 갈고리 모양 돌기 등으로 인축에 부착하는 형태(인간, 동물) : 도깨비바늘, 도꼬마리, 메귀리 등 • 성숙된 종자의 꼬투리가 흩어진 형태 : 달개비, 콩과류, 바랭이 등
시간적 산포(전파)	• 부적당한 환경을 통한 계절적 또는 기회적 휴면을 통해 전파 • 생리휴면, 유전휴면, 강제휴면 등을 통해 전파	

기출 22년 기사 2회 84번

잡초 종자의 산포방법으로 틀린 것은?

① 가막사리 : 바람에 잘 날려서 이동함
② 소리쟁이 : 물에 잘 떠서 운반됨
③ 바랭이 : 성숙하면서 흩어짐
④ 메귀리 : 사람이나 동물 몸에 잘 부착함

답 ①

TIP

전파매체

• 바람 : 포자 형태로 이동하는 종자
• 동물 : 동물의 털에 부착되어 이동하는 종자
• 물 : 가벼워 물에 뜨는 종자
• 사람 : 이동(무역) 및 농경재배를 통한 이동 종자

02 잡초의 번식

잡초 번식은 크게 유성 번식(종자 번식, 실생 번식)과 무성 번식(영양 번식, 식물 일부로 번식)으로 나눈다.

1. 유성 번식

① 종자 번식을 통해 번식을 하는 것으로 일년생 잡초, 일부 이년생 및 다년생 잡초로 구별한다.

[표 2-10] 잡초의 번식에 따른 분류

구분	내용
일년생 잡초	1년 이내에 개화·결실하여 종자를 남기는 잡초
이년생 잡초	첫해에 영양생장 후 이듬해에 생식생장하여 종자를 남기는 잡초
다년생 잡초	주로 영양 번식하지만 부차적으로 결실을 맺는 잡초

② 유성 번식 시 관여하는 요인으로는 일장, 영양생장량, 온도가 있다.

기출 22년 기사 2회 97번

다음 중 포자로 번식하는 것은?

① 가래 ② 개구리밥
③ 생이가래 ④ 방동사니

답 ③

기출 20년 산업기사 1·2회 62번

다음 중 논에서 종자로 번식하는 잡초로 가장 옳은 것은?

① 물달개비 ② 올미
③ 벗풀 ④ 올방개

답 ①

TIP

대부분의 잡초는 생존에 유리한 조건에는 자가수정, 불리한 조건에는 타가수정을 하는 유전체계를 가지고 있다.

[표 2-11] 잡초 종자 생산력에 관여하는 요인

구분	내용
일장	(향부자) 10시간 내의 단일로 개화 촉진, 18시간의 장일로 개화 억제
영양생장량	영양생장량이 연장되면 종자의 크기와 수가 증가함
온도	온도는 잡초 생육적 생리 대사에 영향을 미침

2. 영양 번식

① 다년생 잡초에 속하는 식물은 영양 번식능력이 있으며 영양기관으로는 인경, 구경, 근경, 포복경, 괴경, 괴근 등이 있다.

[표 2-12] 잡초의 영양 번식방법

영양기관	특징	종류
인경	땅속 비늘줄기	자주괭이밥, 야생마늘 등
구경	땅속 알줄기	올챙이고랭이, 반하 등
근경	땅속 뿌리줄기	띠, 나도겨풀, 가래, 쇠털골, 수염가래꽃 등
포복경	땅속 기는 줄기	병풀, 미나리, 선피막이, 딸기, 버뮤다그라스, 아욱메풀 등
괴경	땅속 덩이줄기	향부자, 올미, 올방개, 벗풀, 매자기, 너도방동사니
뿌리와 줄기	수평으로 뻗은 뿌리에서 줄기를 냄	엉겅퀴류, 메꽃
절편	절단된 잎이나 줄기는 라멧(Ramet)를 형성 새로운 개체 형성 및 번식	대부분의 다년생 및 일년생 쇠비름 줄기

② 보통의 다년생 잡초는 유성 번식(종자번식)과 영양 번식기관의 두 가지 형태로 번식하므로 번식력과 적응력이 증대된다.

③ 잡초 영양 번식의 환경적 요인은 다음 표와 같다.

[표 2-13] 잡초의 영양 번식의 환경적 요인

구분	특징
토성	대부분의 다년생 잡초는 중점토보다 사질토에서 지하영양기관의 생성이 잘 됨
광도	• 건물 생산과 생리현상 과정을 통해 번식에 영향을 줌 • 광도가 높으면 경엽이 작아지거나 괴경 수가 증가함
일장	• 다년생 잡초 지하경 형성에 가장 크게 영향을 줌 • 단일 : 괴경 형성 촉진 • 장일 : 괴경 형성 억제, 괴경의 중량 증대 • 올미 : 덩이줄기 형성에 일장의 영향을 받지 않는 중일성 식물
무기성분	• 무기성분이 충분하면 유성생식보다 영양 번식 속도가 촉진 • 부적절한 환경에서도 적응력이 상승함

기출 21년 기사 4회 93번

다음 중 주로 괴경으로 번식하는 논잡초는?

① 올방개 ② 깨풀
③ 속속이풀 ④ 꽃다지

답 ①

03 잡초 군락의 천이

1. 천이의 개념

① 식물의 경우 식생의 기본적인 질서에 입각한 질서가 있다. 천이란 시간이 경과함에 따라 종의 조성 및 식생의 모습이 자연적으로 변화해 가는 현상으로, 즉 환경조건이 달라져도 새로운 환경에 적응하고, 경쟁에 이긴 후 토착이 일어나는 것을 의미한다.

② **일차적 천이** : 첫 식물이 들어와 안정된 식생을 이루며 변화한 것으로 식생이 전혀 없던 곳으로부터 시작된 천이를 의미한다.

③ **이차적 천이(갱신천이)** : 원래 식생이 자연적 또는 인위적인 피해를 통해 이전의 식생으로 회복된 천이를 의미한다.

2. 잡초 군락의 천이 및 관여 요인

① 군락이란 환경에 적응하는 식물종의 집합체를 의미하며, 환경조건에 따라 잡초 군락의 천이가 일어나고 있다.

② 농경지에서 잡초의 천이는 자연조건과 재배환경에 영향을 받는다.

[표 2-14] 식생천이에 관여하는 요인

구분	특징
제초법의 변화	• 제초제 연용을 통한 내성 초종 발생 • 선택성 제초제 사용 증가 • 물리적 제초 · 손제초의 감소
재배작물 및 재배법의 변화	• 답전윤환, 작부체계, 재배법 등의 경지 이용 변화 • 토지기반 정비에 따른 입지조건의 변화 • 경종조작법, 재배관리, 경운 정지의 변화
재배환경 조건의 변화	관수, 시비, 경운, 본답시기, 잡초종자 유입 등

기출 21년 기사 2회 91번

논에서 잡초의 군락천이를 유발시키는 데 가장 큰 영향을 주는 것은?

① 장간종 품종 재배
② 동일 작물로만 재배
③ 동일한 제초제의 연속 사용
④ 지속적인 화학비료 사용

답 ③

3. 논의 다년생 잡초 증가 원인

① **주 원인** : 동일 제초제의 연용

② 잡초 방제법의 변화, 손제초 감소, 제초제 사용 증가

③ **재배시기 변동** : 조기 이식, 답리작 감소, 직립 품종 도입, 조숙, 다수성 등

④ **경운정지법의 변화** : 로터리 경운의 증가, 추경의 감소

⑤ 물관리 변동과 시비량의 증가

⑥ 기타 재배법의 다양화

04 잡초와 작물의 경합

1. 경합의 개념

경합(競合, Competition)이란 동일한 환경조건에서 한 종류 이상의 생물 또는 식물이 같은 자원을 요구함으로써 일어나는 현상을 의미한다. 즉, 상호억제작용(Allelopathy)을 경합이라 한다.

① **잡초와 작물의 경합 요인** : 동일 조건의 환경에서 작물과 잡초의 영양분, 수분, 빛, 공간, 이산화탄소 등이 경합 요인이 된다.

② **경합의 원인** : 한정된 공간에서 자원(생육의 필요 요소)의 공급이 제한됨으로써 경합이 일어난다. 하지만 일정 밀도 이상 공존하더라도 밀도에 상관없이 단위면적당 생체 수량은 일정하게 유지된다.

③ 식물 간의 상호작용에는 기생, 공생, 경합, 편리, 편해, 원협 등이 있다.
- 편해작용 : 두 개체군 간에 한쪽은 항상 손해를 입는 경우
- 편리작용 : 두 개체군 간에 한쪽은 항상 이익을 얻는 경우
- 원협작용 : 두 개체군 간에 서로 협동하여 이익을 얻는 경우

기출 19년 기사 2회 94번

작물과 잡초의 경합 요인으로 가장 거리가 먼 것은?

① 잡초의 종류
② 잡초의 밀도
③ 잡초의 생육 시기
④ 잡초의 영양상태

답 ④

2. 경합의 종류

경합은 크게 종내경합과 종간경합으로 나눈다.

[표 2-15] 경합의 종류

구분	내용
종간경합	• 이종식물체 간(서로 다른 종 간)과 잡초 간의 경합을 의미함 예 피와 벼 간의 경합 • 경합 양상은 치명적임 • 종 간에는 경합적 배타원리가 적용됨 • 경합을 최소화하려는 경향 • 초기 경합은 지연되지만, 경합량이 감소하지는 않음
종내경합	• 동일 초종 개체 간(서로 같은 종 간)에 일어나는 경합을 의미함 예 피와 피 간의 경합 • 경합적 배타원리가 적용되어 경합을 최소화함 • 작물은 상호 간의 경합을 회피 : 재식밀도를 고려 및 솎아 냄

기출 20년 기사 4회 95번

잡초와 작물의 경합조건에 대한 설명으로 옳지 않은 것은?

① 잡초와 작물 간에 경합이 약할 때 작물 수량은 감소한다.
② 초종이 다른 식물 간에 일어나는 경합을 종간경합이라고 한다.
③ 같은 초종 중에서 개체 간에 일어나는 경합을 종내경합이라고 한다.
④ 식물경합은 두 개 이상의 식물 간에 각각 어느 특정요인이나 물질이 필요량보다 부족할 때 일어난다.

답 ①

3. 경합에 관여하는 주요 인자

① **양분(영양분) 경합** : 작물과 잡초의 경합에서 작물과 잡초가 요구하는 영양소가 비슷하여 경합이 크게 나타나는데, 그중 질소(N)의 경합이 가장 문제가 되며 부족 시에는 작물의 황화현상이 나타난다.

② **수분 경합** : 작물의 생산량에 크게 영향을 미치는 것이 수분으로 작물보다 잡초가 더 많은 수분을 요구한다. 특히 건습 정도의 차이에 따라 경합력의 차이가 있지만

기출 19년 기사 4회 94번

다음 중 작물과 잡초 사이의 경합과 가장 거리가 먼 것은?

① 광 ② 온도
③ 수분 ④ 양분

답 ②

수분이 부족한 건조지, 관개가 어려운 곳에서의 경합이 심하다. 이때 작물의 뿌리 분포의 발달이 직근성일 경우 경합에 훨씬 유리하다.

③ **광 경합** : 작물의 초형에 따른 광의 경합력은 직립형일 경우, 중 · 간장의 초장에 다분열성을 가진 작물, 잎의 수광태세가 화본과보다 광엽이 유리하다. 광합성 기능이 왕성하여 초관을 빨리 형성해야 잡초와의 경합에서 유리하게 된다.

④ **알렐로파시(Allelopathy) 경합** : 상호대립억제작용(타감작용)으로 어떤 식물에서 생성하는 물질이 다른 식물의 발아 및 생육에 영향을 미치는 것을 의미한다. 즉, 식물체 분비물질의 상호작용을 의미한다.

⑤ 공간 경합과 이산화탄소 경합

> **TIP**
> 강피와 벼의 광경합
> • 강피는 벼와 광경합이 매우 심한 잡초
> • 초형은 벼와 유사함
> • C_4 잡초인 강피는 직접으로 자라며 생육이 벼와 비슷하여 구별이 어려움

> **TIP**
> 상호대립억제작용(Allelopathy)
> • 세포분열, 신장억제, 유기산 합성 저해, 호르몬, 효소작용에 영향으로 식물체 내 생장에 영향을 줌
> • 작물 : 보리, 밀, 호밀, 해바라기, 들깨, 메밀, 오이
> • 잡초 : 피, 강아지풀, 향부자, 띠, 개밀

4. 작물과 잡초의 경합 요인

① 잡초의 종류 및 발생 밀도
② 작물의 품종
③ 발아 및 생육속도
④ 재배양식
⑤ 재배밀도
⑥ 토양 비옥도
⑦ 윤작으로 잡초 생육 감소

5. 잡초가 작물보다 경쟁에 유리한 이유

① 번식 능력이 우수하다.
② 다량의 종자를 생산한다.
③ 불량한 환경조건에 적응력이 높다.

6. 잡초에 대한 작물의 경합력을 높이기 위한 방법

① 밀식 재배를 한다.
② 춘파작물과 추파작물을 윤작한다.
③ 분지수가 많고 엽면적지수가 큰 품종을 재배한다.
④ 경합이 우수한 품종을 선택한다.
⑤ 초관 형성이 빠른 조숙종(조식종)을 선택한다.
⑥ 제초작업을 철저히 한다.
⑦ 이식재배 및 손이앙을 한다.

> 기출 19년 기사 2회 82번
> 잡초에 대한 작물의 경합력을 높이기 위한 방법으로 옳지 않은 것은?
> ① 밀식 재배를 한다.
> ② 만생종 품종을 재배한다.
> ③ 춘파작물과 추파작물을 윤작한다.
> ④ 분지수가 많고 엽면적지수가 큰 품종을 재배한다.
> 답 ②

05 경합과 작물의 손실 예측

잡초가 존재하면 작물의 수량은 직·간접적으로 감소하게 되는데, 이것을 경합지수로 산정하면 손실을 예측할 수 있다.

[표 2-16] 잡초경합 및 작물별 경합한계기간

구분	특징
잡초허용한계밀도	• 잡초는 피해양상에 따라 방제, 억제, 예방하여야 할 대상이라는 개념으로 허용할 수 있는 발생 밀도 • 어느 밀도 이상으로 잡초가 존재하여 작물의 수량이 감소되기 시작하는 밀도
경제적허용한계밀도	방제노력과 방제로 인한 이득이 상충되는 수준을 허용밀도에 추가시킨 한계치 → 이것을 통해 방제, 억제, 박멸의 수준을 가늠
잡초경합허용기간	• 잡초경합으로 인한 손실량이 적은 시기 • 파종 후~초관 형성기까지 • 생식생장기 이후~수확기까지
잡초경합한계기간	• 생육 초기에 있어 가장 민감한 시기 • 잡초와 경합에 의해 작물의 생육 및 수량이 크게 영향을 받는 기간 • 작물이 초관을 형성한 이후부터 생식생장으로 전환하기 이전의 시기 ※ 작물 전 생육기간의 첫 1/3~1/2 혹은 첫 1/4~1/3기간
작물별 잡초경합한계기간	• 녹두 : 21~35일 • 벼 : 30~40일 • 콩·땅콩 : 42일 • 옥수수 : 49일 • 양파 : 56일

기출 19년 기사 4회 100번

잡초허용한계밀도에 대한 설명으로 가장 적절한 것은?

① 잡초 밀도가 어느 수준 이상으로 존재하면 작물 수량이 현저하게 감소되는 수준
② 잡초 밀도가 어느 수준 이상으로 존재하면 제초제 사용을 급격하게 증가시켜야 하는 수준
③ 잡초 밀도가 어느 수준 이상으로 존재하면 시비량을 증가하는 것이 좋은 수준
④ 잡초 밀도가 어느 수준 이상으로 존재하면 작물 수확을 포기하는 것이 좋은 수준

답 ①

기출 21년 기사 4회 95번

다음 중 잡초경합한계기간이 가장 긴 작물은?

① 녹두 ② 양파
③ 밭벼 ④ 콩

답 ②

CHAPTER 03

잡초의 방제법

Key Word

잡초 방제 / 예방적 방제법 / 기계적 방제법 / 경종적 방제법 / 생물적 방제법 / 화학적 방제법 / 종합적 방제법

01 방제법의 개요

1. 잡초 방제의 역사

① 농업의 역사는 B.C. 1만 년경 인간이 작물을 재배하면서 시작되었다.

② 초창기 잡초 방제는 주로 손으로 이루어졌으나, 1960년대에 선·중진국을 중심으로 제초제를 사용하여 방제하게 되었다.

③ 1944년 2,4-D가 합성되고 1947년부터 상업적으로 보급되어 잡초 방제의 변화가 일어났다.

④ 우리나라는 1965년까지는 손 및 호미, 로터리, 소나 말의 쟁기를 이용해 제초를 하였으나, 1970년대부터 제초제 사용이 중요한 방제법이 되었다.

⑤ 최근에는 종합적 방제법과 친환경방제법을 이용하여 생태계를 파괴하지 않는 범위의 방제를 진행하고 있다.

2. 잡초 방제법

잡초 방제법에는 ① 예방적 방제법, ② 기계적 방제법, ③ 경종적 방제법, ④ 생물적 방제법, ⑤ 화학적 방제법, ⑥ 종합적 방제법 등이 있다.

1) 예방적 방제법

① 잡초의 종자 및 영양체 등의 다양한 번식원을 감소시키는 방법으로 잡초 발생 억제에 중요한 역할을 한다.

② 예방적 방제법에는 잡초위생과 법적 방제가 있다.

[표 3-1] 예방적 방제법 종류

구분	특징
잡초위생	• 관개수로의 정비 및 관리 • 논물의 유입로에 거름망 설치 • 작물 종자에 잡초종자가 섞이지 않도록 함 • 농기구를 소독하여 잡초 종자 제거 • 퇴비는 충분히 부숙 후 시용 • 상토 및 운반토양의 소독
법적 방제	• 외래잡초의 유입을 막는 제도 마련 • 외래 식물의 수출입 과정 시 검역을 철저히 함

TIP

외래잡초

귀화잡초	메귀리, 미국가막사리, 개망초, 도꼬마리, 돼지풀
관상용 잡초	부레옥잠
섬유작물잡초	어저귀

2) 손(인력) 및 기계적 방제법

① 기계를 사용하여 잡초를 방제하는 것으로 손과 호미도 기계적 방제에 포함된다.

② 정확히 잡초를 제거할 수 있는 장점은 있으나 노동력과 시간을 요하는 단점이 있다.

③ 손과 호미, 경운, 정지, 중경, 춘 · 추경 예취, 토양피복, 흑색 필름 멀칭, 화염제초 등의 방법이 있다.

[표 3-2] 기계적 방제법의 종류

구분	특징
예취	• 잡초를 베어 주는 작업 • 잡초 결실의 방지 및 잡초 차광 피해를 막고, 양분의 고갈을 최소화함
경운 · 정지 · 중경	• 땅을 갈아주는 것 • 토양 속에 잡초종자가 묻히거나 지하경이 지상부로 올라와 발육하지 못하도록 함
침수 처리	논 수심을 10~15cm 정도 유지하여 잡초 발생을 막음
피복	잡초의 발아 토심을 깊게 하여 빛과 산소 공급을 차단하여 발아를 억제시킴
흑색 필름 멀칭	잡초의 광합성 방해, 광발아 잡초 종자의 발아 억제
화염제초	소각을 통해 잡초 종자의 사멸

[참고] 멀칭용 플라스틱 필름의 효과와 종류

구분		특징
플라스틱(비닐)의 멀칭 효과		• 지온 유지(조절), 생육 촉진, 토양 건조 방지, 수분 유지 • 토양 침식 및 유실 방지, 비료 유실 방지, 동해 경감 • 근계발달 촉진, 조기 수확 및 증수
종류	투명 필름	지온 상승, 잡초 발생 증가
	흑색 필름	• 잡초 발생 억제 • 지온 상승효과 하락
	녹색 필름	지온 상승효과 상승

3) 경종적 · 물리적 방제법

① 비기계적 방제법으로 잡초 방제 시 제초제나 생물을 사용하지 않는 방제법이다.

② 잡초에게 불리한 환경을 주어 작물 경합력 증대를 목적으로 하는 재배방법으로 생태적 · 재배적 방제법이라고도 한다.

③ 경합 특성을 이용하는 방제법과 환경을 제어하는 방제법 등이 있다.

기출 19년 기사 2회 100번

잡초 방제방법인 담수 처리에 대한 설명으로 옳은 것은?

① 무더운 날씨에는 효과가 줄어든다.
② 온도 조절을 통해 잡초 발생을 줄이는 것이다.
③ 발아에 필요한 산소의 흡수를 억제시켜 잡초 발생을 줄인다.
④ 다년생 잡초에는 효과가 있으나 일년생 잡초에는 효과가 없다.

답 ③

기출 20년 기사 1 · 2회 88번

멀칭용 플라스틱 필름에 대한 설명으로 가장 옳지 않은 것은?

① 흑색 필름은 잡초의 발생을 줄인다.
② 녹색 필름은 지온 상승의 효과가 크다.
③ 흑색 필름은 지온이 높을 때 지온을 낮추어 준다.
④ 투명 필름은 잡초 발생을 크게 줄인다.

답 ④

기출 20년 기사 1 · 2회 92번

생태적 잡초 방제 중 경합 특성을 이용한 방법과 가장 거리가 먼 것은?

① 작부체계 관리
② 관개수로 관리
③ 육모(이식) 재배 관리
④ 재식밀도 관리

답 ②

기출 19년 기사 2회 88번

생물학적 잡초 방제에 가장 많이 이용되는 식물병원균 종류는?

① 선충 ② 세균
③ 균류 ④ 바이러스

답 ③

[표 3-3] 경합 특성을 이용한 방제법

구분	특징
윤작	춘파작물과 추파작물을 윤작, 답전윤환 재배, 2모작
육묘이식재배	육묘이식 및 이앙으로 작물이 공간 선점
재식밀도	밀식 재배를 통해 초관 형성 촉진
피복작물	토양 침식 및 잡초 발생 억제
품종 선정	• 분지수가 많고 엽면적지수가 큰 품종 재배 • 경합이 우수한 품종 선택
춘경 · 추경 및 경운정지	• 작물의 초기 생장 촉진 • 이식재배 및 손이앙을 함
재파종	• 일년생 잡초의 발생 억제 • 초관 형성이 빠른 조숙종(조식종) 선택
병해충 방제	• 적기 방제로 피해지의 잡초 발생 억제 • 철저한 제초작업 실시
유기물 공급 및 시비	작물에게 적절하게 필요한 유기물 시비
답전윤환재배	논 잡초의 발생을 막을 수 있음
토양산도교정	작물이 원하는 토양의 산도를 맞춤

4) 생물학적 방제법

① 잡초의 세력을 경감시키기 위해 곤충이나 식물병원균, 어류, 가축, 미생물 또는 병원성 등 생물들을 이용하는 방제법이다.

② 생물은 기생성, 식해성, 병원성을 지니고 있어야 한다.

③ 생물적 제초제를 가용한다.

④ 생물학적 잡초 방제의 목적은 천적이 작물에 해를 주지 않으며 잡초 개체군을 감소시키기 위함이다. 생물학적 잡초 방제를 위해 도입된 천적의 구비조건은 다음과 같다.

- 새로운 지역에서 적응성이 좋을 것
- 잡초보다 빠른 번식능력이 있을 것
- 잡초 이외의 유용 식물을 가해하지 말 것
- 비산 또는 분산능력이 클 것
- 잡초에 잘 이동할 것
- 인공적 배양 또는 증식이 잘 될 것
- 생식력(번식력)이 강할 것
- 환경에 잘 적응할 것

⑤ 생물적 제초제는 특정 잡초에는 제초 활성을 보이지지만, 그 외의 생물에는 독성이 낮아 안전하게 사용할 수 있다.

⑥ 미생물 제초제는 잡초 방제 시 미생물에 병원성을 부여하여 일정 시기에 병원균 대량 투입으로 잡초를 방제할 수 있다.

⑦ 생물적 방제법의 종류는 다음 표와 같다.

[표 3-4] 생물적 방제법의 종류(환경친화적 방제법)

구분	특징	이용사례
식물병원균 이용	특정한 식물을 선별 가해하는 곰팡이, 세균, 바이러스 등을 병원균을 이용하는 방제법	올방개, 돌피 등의 방제에 실용화
대 · 소동물 이용	오리, 새우, 참게, 우렁이 등을 이용하여 방제에 활용	• 우렁이농법 : 수면과 수면 아래 잡초 방제 • 오리농법 : 벼를 이앙한 후 오리를 방사하여 잡초를 먹게 하는 방법
어패류 이용	수생잡초를 선택적으로 방제	• 초어 방류 : 수생잡초 방제 • 흑색달팽이 방류 : 강피, 물달개비, 방동사니 선별 가해
식물 이용	상호대립억제작용(Allelopathy) → 인접식물의 생육에 부정적 영향을 줌	• 강아지풀, 미역취류 : 체내 독성물질을 보릿짚에 분리하는 제초제 개발 • 조류, 개구리밥 : 물달개비 발생 억제
잡초식해곤충 이용	곤충을 이용한 잡초 방제	선인장 : 좀벌레 투입

5) 화학적 방제법

① 제초제를 사용하여 유해한 생물을 방제하는 것을 의미한다.

② 제초제의 구비조건

- 효능이 좋아야 함
- 값이 저렴해야 함
- 안전성이 높아야 함

6) 종합적 방제법

(1) 종합적 방제법의 개념

① 종합적 잡초 방제법(IWM : Integrated Weed Management)은 문제의 잡초를 방제하기 위해 예방적, 물리적, 기계적, 화학적, 생물학적 등의 방법 중 2종 이상을 혼합하여 방제하면서 작물의 전 생육기간을 종합적으로 관리하여 방제효과를 극대화하고자 하는 방제법이다.

② 잡초 개체군 또는 군락에 효과적인 방제를 위해서는 한 가지 방제법으로는 방제의 목적을 이루기 어렵기에 다양한 방법을 활용하고 있다.

③ 종합방제체계를 통해 약제 사용 횟수가 서서히 감소되고, 약제 사용량이 줄며 더불어 토양의 잔류독성 문제도 해소될 수 있다. 또한 노동생산성 향상을 기대할 수 있고, 단위면적당 수확량도 향상시킬 수 있다.

기출 20년 기사 3회 89번

다음 중 잡초종합방제체계 수립을 위한 선형특성적 모형에서 시작부터 완성단계로의 순서로 가장 옳은 것은?

① 모형의 평가 및 수정 → 문제유형의 검토 → 잡초군락의 예찰 → 제초방법의 선정 → 방제체계의 적용
② 문제유형의 검토 → 잡초군락의 예찰 → 제초방법의 선정 → 방제체계의 적용 → 모형의 평가 및 수정
③ 잡초군락의 예찰 → 문제유형의 검토 → 방제체계의 적용 → 모형의 평가 및 수정 → 제초방법의 선정
④ 제초방법의 선정 → 잡초군락의 예찰 → 방제체계의 적용 → 문제유형의 검토 → 모형의 평가 및 수정

답 ②

(2) 종합적 잡초 방제 수립 절차

① 제초 필요성 검토(문제유형 검토)
② 잡초 군락의 조사 및 예찰
③ 제초방법의 선정
④ 제초방법의 체계화
⑤ 방제체계의 적용
⑥ 평가 및 수정

CHAPTER 04 제초제

Key Word

제초제의 분류 / 제초제의 종류 / 제초제의 특징 / 제초제의 흡수 · 이행 · 대사 / 제초제의 선택성 / 제초제의 작용기작

01 제초제의 분류

1. 화학물질에 따른 분류

① **유기제초제** : 분자 내에 하나 이상의 탄소를 가지고 있는 제초제이다.

예 MCP, DNOC, 2,4－D, PCP, TCA, DCPA

② **무기제초제** : 역사가 오래된 제초제로서 화학구조상 탄소를 포함하고 있지 않는 제초제이다.

예 염소산소다, H_2SO_4, 시안산소다, H_3PO_4, HCl

2. 화학구조에 따른 분류

① 제초제 구성 화학물질의 이화학적 성질, 작용기구, 작용특성 등이 비슷한 것끼리 분류한 것이다.

② 최근에 개발된 제초제는 유기화합물이다. 유기제초제에 가장 많이 포함되어 있는 것은 탄소이며, 다음은 수소, 산소, 질소, 염소, 인, 황, 불소 순이다.

3. 이행에 따른 분류

① **접촉형 제초제**

제초제 처리 시 식물체 접촉부위의 세포에 직접 작용함으로써 살초력을 가지는 제초제를 말한다.

예 PCP, DNOC, DCPA

② **이행형 제초제**

제초제에 접촉된 부위로부터 식물체 내에 흡수되어 다른 부위로 이행하는 제초제를 말한다. 식물체 내에 존재하는 천연호르몬의 불균형을 초래하고 생리작용을 억제함으로써 고사시킨다.

예 페녹시계(Phenoxy) 제초제, 2,4－D, MCPA, 시마진(Simazine)

4. 선택성 유무에 따른 분류

① 선택성 제초제

방제를 목적으로 처리하는 잡초는 고사하지만 작물에는 피해가 없는 제초제로, 주로 농업용으로 사용되는 제초제이다. 2,4－D 처리 시 화본과인 벼는 약해가 없지만 광엽잡초에는 독성을 갖는 것이 그 예이다.

② 비선택성 제초제

식물의 종류와 상관없이 모두 고사시키는 제초제로 개간지, 비농경지, 과수원 등에 비농업용으로 사용되는 제초제이다.

5. 처리방법에 따른 분류

① 토양처리 제초제 : 토양에 처리하는 것으로 파종 또는 이식전처리 제초제, 즉 초기 제초제라고 한다.

② 경엽처리 제초제 : 지상부 경엽에 발생 후 처리하는 제초제로 후기제초제라고 한다.

③ 토양 · 경엽처리 제초제 : 이미 발생한 잡초를 제거하기 위해 토양 또는 경엽에 처리한다.

6. 기타 분류

① 처리 대상지에 따른 분류 : 논 · 밭 · 과수제 · 산림 · 비농경지 제초제 등

② 잡초 대상에 따른 분류 : 일년생 · 다년생 · 화본과 · 광엽잡초 제초제 등

③ 작용기작에 따른 분류 : 광합성 저해제, 산화적 인산화 저해제, 식물호르몬작용 저해제, 단백질합성 저해제 등

④ 제제형태에 따른 분류 : 입제 · 액제 · 수화제 제초제 등

02 제초제의 종류 및 특징

1. 경엽처리형 제초제

경엽에 처리하는 제초제에는 페녹시(Phenoxy)계 제초제, 벤조산(Benzoic acid)계 제초제, 비피리디움(Bipyridilium)계 제초제, 유기인계 제초제, 벤조티아디아졸(Benzothiadiazole)계 제초제가 있다.

1) 페녹시(Phenoxy)계 제초제

구분	설명
특징	• 잡초 발생 후 처리하는 제초제로 광엽식물의 뿌리와 경엽에 처리함 • 광합성 산물과 함께 이동하는 선택성 제초제(이행형, 호르몬형) • 식물의 분열조직(생장점)에 집적되어 활성을 나타냄 • 인축이나 어패류에 대한 독성은 낮음 • 토양 내 미생물에 쉽게 분해
작용기작	• 핵산 대사 방해와 이상세포 증식, 엽록소 형성 저해, 세포막의 삼투압 증대 등(광합성 산물의 이동 방해) • 식물체 내에서 산(acid)의 형태로 변해 독성 발휘 • 식물체 내 과도한 옥신작용으로 생리기능을 교란시켜 방해함
종류	2,4－D, 메코프로프(MCPP) 등

[참고] 2,4－D

구분	설명
작용특성	• 우리나라에서 가장 먼저 사용된 제초제(최초의 제초제) • 유기합성제(호르몬형 제초제 : 옥신의 한 종류) • 식물호르몬 활성(옥신 교란)을 나타내어 식물체로 자유롭게 이행하다 생장점 등 세포분열 조직에 이상을 일으켜 살초작용을 함 • 적은 양으로도 약효가 크며, 고온에서 작용력이 강하나 저온에서는 약하므로 처리 시 주의
종류	• 2.4－D 산, 2.4－D 아민염, 2.4－D 나트륨염, 2.4－D 에스테르 • 2.4－D 아민염 : 물에 잘 녹음 • 2.4－D 에스테르 : 휘발성이 높아 주변 광엽작물에 잎 비틀림 약해 발생
처리방법	• 화목류, 사탕수수, 잔디, 목초, 과수원, 비농경제의 일년생 · 다년생 광엽잡초 방제에 사용 • 화곡류에 처리 시 유수형성기 이전까지 처리해야 함

2) 벤조산(Benzoic acid)계 제초제

구분	설명
특징	• 광엽식물의 뿌리 경엽을 통해 흡수됨 • 선택성 제초제(이행형, 호르몬형) • 대사작용이 활발한 분열조직에 축적됨 • 페녹시계 제초제보다 토양 안정도가 높음
작용기작	• 페녹시계 제초제와 같이 옥신 활성으로 광합성 물질의 이행부위를 통해 이행함 • 생장 조절작용성을 가지고 있음 • 핵산대사, 세포이상, 대량증식에 의해 이행부위의 파괴 등을 유발함
종류	디캄바(Dicamba), 2.3.6－TBA

기출 19년 기사 4회 85번

다음 중 페녹시계 제초제로 가장 옳은 것은?

① CA_3　② Butachlor
③ 2,4－D　④ Molinate

답 ③

TIP

디캄바(Dicamba)
선택성 · 이행형 · 호르몬형 제초제로 콩과 작물, 잔디밭, 목초지의 광엽잡초 방제에 활용

3) 비피리디움(Bipyridilium)계 제초제

구분	설명
특징	• 전 세계적으로 제초제 및 식물 건조제로 널리 사용됨 • 비선택성 제초제(접촉형), 처리 후 수 시간 내 경엽이 위조되어 고사함 • 물에 잘 용해되며, 강한 양이온 형태를 띠고 있음 • 식물에 급속도로 흡수되며, 강하게 토양에 흡착함 • 수년간 연용 시 저항성 발생
작용기작	• 빛이 있을 때 더 신속하게 살초효과를 보임 • 급속도로 고사하기 때문에 이행은 거의 없음
종류	• 파라콰트 디플로라이드(Paraquat dichloride) • 디콰트 디브로마이드(Diquat dibromide)

TIP
파라콰트 디플로라이드(Paraquat dichloride)
비선택성 제초제로 과수원 및 조림지의 잡초에 활용하며, 토양에는 활성화가 안 됨

4) 유기인계 제초제

구분	설명
특징	• 화합물 속에 인(P)를 함유하고 있는 제초제 • 일년생 식물은 4~10일, 다년생 식물은 15~30일 사이에 고사시킴 • 비선택성 제초제(이행형) • 주로 잎을 통해 흡수되어 전체로 확산됨
작용기작	• 세포분열 조직에 작용하여 정아 및 신초를 고사시킴 • 살초범위가 넓으며 식물체 내에 천천히 분해됨
종류	• 글로포세이트(Glyphosate) : 비선택성 이행성 제초제(과수원 잡초 방제에 사용) • 글로포세이트암모늄(Glyphosate ammonium) • 피페로포스(Piperophos) • 비알라포스(Bialaphos)

기출 20년 기사 3회 91번

작물이 심겨져 있지 않은 비농경지에서 발생하는 잡초를 방제하는 데 가장 효과적인 제초제는?

① 시마진 수화제
② 뷰타클로르 유제
③ Glyphosate
④ 2,4-D

답 ③

5) 벤조티아디아졸(Benzothiadiazole)계 제초제

구분	설명
특징	• 광합성 저해에 의한 선택성 제초제(이행형) • 광엽 및 방동사니과 잡초의 경엽에 처리
작용기작	• 식물체 내에서 이행이 극히 제한됨 • 뿌리에 의해 흡수되어 물관을 따라 지상부로 이행 • 광합성 지해 작용, 급속하게 대시기 일어남
종류	벤타존(Bentazone)

TIP
벤타존(Bentazone) 액제
너도방동사니, 물달개비, 올챙이고랭이를 선택적으로 제거 → 선택성 이행형 제초제

기출 20년 기사 3회 98번

못자리용 제초제인 벤타존의 작용성과 사용방법에 대한 설명으로 가장 거리가 먼 것은?

① 올방개 등과 같은 방동사니과 잡초의 살초 효과가 뚜렷하다.
② 광합성 저해작용을 한다.
③ 경엽처리용 벼 생육 중기 제초제이다.
④ 화본과 잡초를 효과적으로 방제할 수 있다.

답 ④

2. 토양처리형 제초제

토양에 처리하는 제초제에는 산아마이드(Acid amide)계 제초제, 카바메이트(Carbamate)계 제초제, 디니트로아닐린(Dinitroaniline)계 제초제 등이 있다.

1) 산아마이드(Acid amide)계 제초제

구분	설명
특징 및 작용기작	• 잡초 발생 전 또는 작물을 심기 전에 토양에 처리하는 제초제 • 토양 표면을 뚫고 나온 신초나 뿌리를 통해 흡수됨 • 토양처리 선택성 제초제(접촉형) • 식물체 내에 이행되며 영양기관에 더 많은 양이 이행됨 • 토양 잔효성은 1~3개월(사질토는 쉽게 누수됨)
종류	• 알라클로르(Alachlor) : 콩, 옥수수, 감자 등의 일년생 잡초 방제(밭잡초) • 뷰타클로르(Butachlor) : 이앙 및 직파 논의 일년생 잡초 방제(논잡초) • 나프로파마이드(Napropamide) • 프로파닐(Propanil) : 피 2~3엽기에 경엽처리하는 제초제

기출 20년 기사 3회 100번

다음 중 아마이드계 제초제가 아닌 것은?

① Alachlor
② Dicamba
③ Propanil
④ Napropamide

답 ②

2) 티오카바메이트(Thiocarbamate)계 제초제

구분	설명
특징 및 작용기작	• 잡초 발생 전 또는 작물을 심기 전에 토양에 처리하는 제초제 • 토양처리 선택성 제초제(이행형) • 작용점 : 초엽 속의 신초 • 작용기작 : 세포분열 억제, 이상세포 신장 • 식물체 내에 쉽게 이행되나 내성 식물에게 느리게, 감수성 식물에게 빠르게 이행됨 • 휘발성이 강해 경엽부 및 토양 표면에서 쉽게 증발됨 • 쉽게 분해되며 건조하거나 온도가 낮은 상태에서는 잔효성이 긺
종류	티오벤카브(Thiobencarb) : 논에서 피와 일년생 화본과 잡초 발생 전처리 제초제(논잡초)

기출 20년 산업기사 1 · 2회 79번

논잡초 방제에 사용되는 카바메이트계 제초제로만 나열된 것은?

① 디페나미드, 벤설퓨론메틸
② 메토라클로르, 알코올
③ 티오벤카브, 몰리네이트
④ 나프로파마이드, 프레틸라클로르

답 ③

3) 디니트로아닐린(Dinitroaniline)계 제초제

구분	설명
특징 및 작용기작	• 작물 파종 전 또는 발아 전 잡초 종자에 살초력을 발휘함 • 토양혼화처리 선택성 제초제(접촉형) • 식물체의 뿌리, 유아, 자엽초 등에서 흡수하지만 식물체 내 이행은 안 됨 • 작용기작 : 세포분열을 억제하여 뿌리나 신초의 발달을 저해함 • 모든 화본과 및 광엽잡초에 효과적임
종류	• 트리플루라린(Trifluralin) : 보리, 콩, 일년생 화본과 잡초 • 에탈플루라린(Ethalfluralin) • 펜디메탈린(Pendimethalin)

3. 토양 · 경엽처리형 제초제

토양과 경엽에 모두 처리가 가능한 제초제에는 트리아진계 제초제, 요소계 제초제, 설포닐우레아계 제초제, 디페닐에테르계 제초제, 카바메이트계 제초제 등이 있다.

1) 트리아진(Triazine)계 제초제

구분	설명
특징 및 작용기작	• 토양처리 선택성 제초제(이행형) • 화본과 · 광엽잡초 방제에 효과적 • 잡초 발생 전이나 심기 전에 토양에 처리함(주로 뿌리로부터 흡수됨) • 뿌리를 통해 흡수한 경우 증산류를 통해 잎으로 이행이 쉬우나, 경엽에 처리된 제초제는 이행되지 않음 • 주로 뿌리로 흡수되나 경엽으로 흡수가 가능함 • 광에 의해 활성화되어 녹색 조직을 파괴 고사함(광합성 저해제) → 식물체 내의 엽록체가 작용점 • 탄소원자와 결합하는 $-Cl$, $-OCH_3$ $-SCH_3$ 등의 치환기에 따라 3종류로 구분
종류	• 시마진(Simazine) : 과수원이나 뽕나무밭 일년생 잡초 방제 • 헥사지논(Hexazinone) : 산림제초제(농작물에 사용 안 함)

기출 20년 산업기사 1 · 2회 77번

광합성을 억제하는 계통의 제초제로 가장 거리가 먼 것은?

① Triazine계
② Acetamide계
③ Urea계
④ Bipyridylium계

답 ②

2) 요소계(Urea)계 제초제

구분	설명
특징 및 작용기작	• 발아 중인 잡초에 토양처리로 이용되지만 경엽처리효과도 있음(토양 잔류성은 낮음) • 화본과 · 광엽잡초 방제에 효과적이며 선택성 제초제(이행형) • 뿌리로 더 잘 흡수되어 물관을 통해 이행됨 • 작용기작 : 광에 의해 활성화되어 광합성을 저해하거나 세포막을 파괴함 • 인축에 대한 독성 및 토양 잔류성이 환경에 영향을 적게 미쳐 세계적으로 사용함
종류	• 리누론(Linuron) : (선택성, 이행형 제초제) 보리, 콩, 양파 등의 일년생 잡초 방제에 사용 • 메타벤즈티아주론(Methabenzthiazuron)

기출 22년 기사 1회 85번

요소(Urea)계 제초제에 대한 설명으로 옳지 않은 것은?

① 광합성 저해 및 세포막 파괴에 의하여 작용한다.
② 경엽 처리 효과가 없어 토양 처리형으로 사용한다.
③ 제초 활성을 나타내기 위해 광이 필요하다.
④ 고농도 처리수준에서는 비선택성이다.

답 ②

3) 설포닐우레아(Sulfonylurea)계 제초제

구분	설명
특징 및 작용기작	• 화본과보다 광엽잡초에 효과가 큰 경엽 · 토양처리 제초제 • 작용기작 : 뿌리, 줄기에 흡수되고, 식물체 내에 쉽게 이행되어 선단에서 세포분열과 식물의 생육을 억제하고 생장을 정지시킴 • 적은 제초제의 양으로도 높은 제초 활성이 되므로 환경에 미치는 영향이 크지 않음
종류	• 벤설퓨론메틸(Bensulfuron-methyl) : (선택성, 이행형 제초제) 논에서 피를 제외한 일년생 및 다년생 광엽잡초와 방동사니과 잡초 방제 • 라조설퓨론틸(Pyrazonsulfuronethyl) • 아짐설퓨론(Azimsulfuron) • 시노설퓨론(Cinosulfuron)

기출 19년 산업기사 4회 79번

설포닐우레아계 제초제의 작용 기작으로 가장 옳은 것은?

① 지질 생합성의 저해
② 아미노산 생합성의 저해
③ 호흡작용의 저해
④ 광합성의 저해

답 ②

4) 디페닐에테르(Diphenyl ether)계 제초제

구분	설명
특징 및 작용기작	• 토양 표면에 막을 형성하고 토양에 흡착하므로 토양에서 이행되지 않음 • 잡초 발생 전에 처리함 • 일년생 화본과 및 광엽잡초에 효과가 큰 접촉형 제초제
종류	• 비페녹스(Bifenox) : (선택성, 접촉형 제초제) 손이앙 논의 일년생 잡초, 올챙이고랭이 방제 • 옥시플루오르펜(Oxyfluorfen) → 옥시펜

5) 카바메이트(Carbamate)계 제초제

구분	설명
특징 및 작용기작	• 잡초 발생 전 또는 작물을 심기 전에 처리하는 제초제 • 화본과 및 방동사니과에 효과가 큰 선택성 제초제(이행형) • 잡초 뿌리, 신초, 경엽에 쉽게 이행됨 • 식물체 내에 쉽게 이행되나 내성 식물에는 느리게, 감수성 식물에게 빠르게 이행됨 • 휘발성이 강해 경엽부 및 토양 표면에서 쉽게 증발됨 • 쉽게 분해되며 건조하거나 온도가 낮은 상태에서는 잔효성이 깁(추운 지역에서 사용하면 오래 지속됨)
종류	• 클로르프로팜(Chlorpropam) : (선택성, 이행형 제초제) 콩, 당근 등의 일년생 잡초 방제 • 아슐람(Asulam)

03 제초제의 흡수 · 이행 · 대사

1. 제초제의 흡수

제초제를 살포하면 잎 · 줄기 · 뿌리 등을 통해 체내로 흡수되어 살초기작을 발휘하는데 이때 작용부위로 이행되어야 가능하다. 이행에는 단거리 이행과 장거리 이행이 있다.

[표 4-1] 단 · 장거리 이행

구분	특징	
단거리 이행	단순한 확산을 의미함(이온 트랩핑과 운반체에 의해 흡수 이동)	
	아포플라스틱(Apoplastic)	• 세포벽을 통한 이행 • 죽은 조직을 통한 이동
	심플라스틱(Symplastic)	• 세포와 세포 사이의 이동 • (세포질, 체관) 살아 있는 조직을 통한 이동
장거리 이행	유묘기가 지난 식물에 제초제 처리 후 처리부위에서 작용부위까지 물관부 또는 체관부를 통해 이행되어 살초력을 발휘함	
물관부 이행	토양에 처리된 제초제(뿌리에서 잎으로)	
체관부 이행	경엽에 처리된 제초제(잎에서 뿌리로)	

2. 제초제의 대사 및 분해 반응

1) 대사

① 식물체 내에서 제초제의 대사 과정은 3단계로 진행된다.

[표 4-2] 제초제의 대사 3단계

구분	특징
제1단계	• 제초제의 산화 · 환원 · 가수분해를 통해 독성이 완화되는 과정 • 제초의 생리활성을 발휘하는 데 가장 중요한 단계
제2단계	• 제1단계에서 분해된 물질이 식물체의 다양한 물질과 결합반응하는 과정 • 결합물질 형성 후 제1단계 살초독성은 상실함
제3단계	• 제2단계에서 생성된 결합물질이 다시 식물체의 또 다른 물질과 결합반응하여 제2의 결합물질을 만드는 것 • 식물체 내에서 활성화되지 않음

② 위 3단계 과정을 거치면 제초제는 더이상 분해가 일어나지 않아 식물체 내에 활성을 나타내지 않는다.

2) 분해 반응

고등식물에서 볼 수 있는 제초제 분해 반응은 산화 · 환원 · 가수분해 · 결합 반응에 의해 일어난다. 그 외에 히드록시 반응, 탈염소 반응, 탈알킬 반응, 탈카르복시 반응 등이 있다.

[표 4-3] 분해 반응의 종류

구분	특징
산화 반응	산소의 첨가, 수소의 이탈에 의해 생성된 반응
환원 반응	수소와 결합 또는 산소가 이탈하는 반응
가수분해 반응	물 한 분자(H_2O)가 H^+와 OH^-로 이온이 치환되는 반응
식물체 내의 결합 반응	• 식물체 내의 여러 물질과 결합하여 독성을 잃어버리는 반응 • 제초제의 선택성 발휘 및 무독화에 영향을 주는 반응
히드록시 반응	• 어떤 화합물의 한 원자가 $-OH$(수산화)기로 치환되는 반응 • 페녹시계, 벤조산계, 트리아진계에서 반응이 일어남
탈염소 반응	치환된 염소기가 수산화기로 치환되어 독성을 잃어버리는 반응
탈알킬 반응	• 산화효소계에서 알킬그룹이 떨어져 나가는 반응 • N^-, O^- 탈알킬 반응이 있음
탈카르복시 반응	제초제로부터 카르복시 그룹($-COOH$)이 떨어져 나가는 반응

3) 제초제의 토양지속성

① 제초제 처리 후 토양 중에 성분이 남아 활성이 유지되는 것으로 미분해 상태를 의미한다.

② 제초제의 잔효 및 잔류 요인

- 약제의 특성(이화학적 특성)
- 제초제의 살포량, 제제형태, 살포방법, 양이온 치환 용량 등

04 제초제의 선택성과 작용기작

1. 제초제의 선택성

1) 선택성의 개념

① 제초제는 대부분의 농작물에는 약해를 주지 않고 잡초만을 선택적으로 살초하는데, 이 현상을 제초제의 '선택성'이라고 한다.

② 선택성에 대해 식물체가 제초제에 민감하게 반응하는 것을 '감수성'이라 하고, 제초제에 전혀 반응하지 않는 것을 '저항성'이라고 한다.

③ 제초제의 종류에 따라 감수성에 차이를 나타내게 되는데 작물의 품종 간, 작물과 잡초 간, 잡초의 종 간에 따라 다르게 선택성을 띨 수 있다.

2) 선택성의 종류

(1) 형태적 선택성(Morphological selectivity)

① 식물 외관(외형)의 차이에 의해 나타나는 선택성을 말한다. 단자엽과 쌍자엽의 식물 생장점의 위치, 뿌리의 분포상태, 잎의 형태적 특성 등에 따라 선택성을 띨 수 있다.

② 페녹시계 2,4－D는 화곡류 및 화본과 잡초에는 피해가 없으나, 성장점이 직접 노출된 쌍자엽 광엽잡초에는 약해를 일으켜 선택성을 발휘한다.

(2) 물리적 선택성(Ecological selectivity)

작물과 잡초 간의 시간적・공간적 차이에 의한 선택성을 말한다. 잡초와 작물의 생육시기가 다른 점이 시간적 선택성을 활용한 예이며, 과수원은 지표가 높아 잡초 간에 공간적 높이 차이를 두고 있어 선택성 활용이 가능하다.

(3) 생리적 선택성(Physiological selectivity)

식물체 경엽과 토양에 처리한 제초제의 흡수 후 작용점까지의 이행 차이에 따라 나타나는 선택성을 말한다. 즉, 제초제는 보통 식물 잎 표면과 기공을 통해 흡수되는데, 이때 식물을 표피의 구조, 세포막의 구성성분에 따라 선택성을 보인다.

기출 21년 기사 4회 97번

다음 중 선택성 제초제는?

① 2,4－D
② Paraquat
③ Glufosinate
④ Glyphosate

답 ①

(4) 생화학적 선택성(Biochemical selectivity)

동일 양의 제초제가 흡수, 이행된 식물이더라고 식물의 감수성 차이에 따라 선택성에 차이가 있다. 이때 선택성은 활성화 반응에 의한 선택성과 불활성화 반응에 의한 선택성으로 나누어지게 된다.

[표 4-4] 생화학적 선택성의 종류

구분	특징
활성화 반응에 의한 선택성	• 제초제 자체로는 활성이 없지만 감수성 식물체 내에서는 활성화가 되어 독성 발휘 • 페녹시계 제초제 : 식물체 내에서 MCPB는 β-산화(Oxidation)되어 활성화됨
불활성화 반응에 의한 선택성	• 산화, 환원, 가수분해, 식물체 내 결합반응 및 기타 반응에 의해 처리한 제초제가 원래의 형태를 잃고 무독성화되는 것 • 활성화 반응보다 불활성화 반응에 의해서 대부분 선택성을 발휘함 • 생화학적 선택성의 대부분을 차지

3) 제초제가 식물체 흡수 이행을 저해하는 요인

(1) 식물적 요인

선택성은 작물이 발휘하여야 하는 것으로 작물의 생육상태, 품종 간 반응, 생육의 시기, 농약의 상호작용 등에 영향을 받는다.

① **식물의 생육 시기** : 생육이 왕성한 유년기에 민감하며(성숙기 또는 휴면기에는 제초제 작용에 민감하지 않음), 분열조직은 제초제가 축적되는 곳을 의미한다.

② **식물의 품종 간 반응** : 동일 품종 간에도 형태적, 생리적, 생화학적 특성에 차이가 있어 반응이 달라진다.

③ **식물의 영양소 공급** : 영양공급이 충분할 때가 불량할 때보다 훨씬 선택성에 민감한 반응을 보인다.

④ **농약의 상호작용** : 제초제 간의 경합으로 인해 약해가 증가된다(제초제 처리 시 충분한 검정 후 처리해야 함).

⑤ **식물의 건강상태** : 외부의 환경으로 병해충이 발생한 식물과 건강한 식물은 감수성 정도가 달라 건강한 식물이 선택성을 증가시킨다.

(2) 환경적 요인

빛, 강우량, 온도, 상태습도 등은 식물의 생육에도 직간접적으로 영향을 주며 제초제의 흡수 · 이행에 영향을 미치므로 선택성에 영향을 준다.

① **빛** : 광합성 억제는 광도가 높을수록 증가한다(빛과 연관성이 있음).

② **강우량** : 제초제가 토양 내 이동 시 증가 · 누수를 일으키며, 경엽처리 제초제는 씻겨 내려가 효력이 감소한다.

③ **온도** : 토양처리 제초제가 물관부를 통해 지상부로 이동 시 고온일 경우 증산이 활발하여 제초제 이행이 증가한다.

④ **상대습도** : 제초제 흡수에 영향을 미친다.

(3) 생물적 요인

① **형태적** : 생장점, 잎의 형태, 뿌리 및 지하부의 특징, 번식 시 영양기관의 차이

② **생리적** : 식물체 내의 흡수, 이행, 대사에 따른 제초제의 불활성화

(4) 물리적 요인

제초제 내의 화학구조나 이화학 특성에 따라 선택성을 발휘한다. 또한 제초제 처리 시 처리약량, 제형, 주변환경 및 위치에 따라 선택성의 차이가 나타날 수 있다.

2. 제초제의 작용기작

제초제가 살초작용을 발휘할 때 그 부위를 작용점이라고 하며, 제초제가 식물체 내로 흡수, 이행, 분해, 대사작용을 하여 작용점에 도달하게 되고 살초 농도까지 이르면 살초력을 발휘하게 된다. 제초제의 작용기작에는 광합성 저해, 호흡작용 및 산화적 인산화 저해, 호르몬의 교란 및 단백질 합성 저해, 세포분열 저해, 아미노산 생합성 저해 등이 있다.

1) 제초제 작용기작

(1) 광합성 저해 작용기작

토양에 처리한 제초제를 식물체의 발아 시 뿌리를 통해 흡수되고, 잎으로 이행된 제초제는 광합성을 억제한다. 엽록소가 파괴된 식물체는 약해가 진행될수록 잎맥 쪽이 변색되다가 점차 안쪽 방향으로 노랗게 변색된다. 나중엔 잎이 떨어지고 줄기만 남게 된다.

(2) 호흡작용 및 산화적 인산화 저해 작용기작

생물체가 정상적인 발육, 생장을 위해서는 호흡작용이 정상적으로 진행되어야 하나 호흡작용 억제 제초제는 미토콘드리아에 대한 산화적 인산화 반응으로 ATP를 합성하는 반응을 저해하고 또한 전자 전달과 에너지 전환을 저해한다.

(3) 호르몬 작용 교란 작용기작

식물체 내에서 호르몬은 각종 생육에 필요한 생리현상을 조절을 하는데, 옥신의 농도가 고농도일 경우 식물 생장에 필요한 생리현상의 균형을 깨뜨려 생육이 저해된다.

(4) 단백질 합성 저해 작용기작

핵산이나 단백질 합성에는 많은 에너지(ATP)가 소요되는데, 이때 광합성이나 호흡작용을 억제하면 핵산 및 단백질 합성을 저해하게 되고 식물의 세포분열이 저해되어 핵이나 염색체 수에 변화가 일어나 기형을 초래한다.

(5) 세포분열 저해 작용기작

DNA 합성 및 염색체 분열 등의 세포분열 시 제초제를 사용하면 방추사의 미소관 형성을 못하여 세포분열이 저해된다.

기출 21년 기사 4회 88번

제초제의 선택성에 영향을 미치는 요인 중 물리적 요인으로 가장 거리가 먼 것은?

① 처리방법 ② 제형
③ 처리 약량 ④ 광도

답 ④

기출 19년 기사 4회 82번

다음 중 주로 광합성을 억제하는 제초제로 가장 옳은 것은?

① IPA
② Simazine
③ Thiobencarb
④ 2,4－D

답 ②

기출 20년 산업기사 1 · 2회 67번

제초제 종류와 주요 작용기작의 연결이 가장 옳은 것은?

① Atrazine－호흡 저해
② Thiobencarb－분지형 아미노산 생합성 저해
③ Glyphosate－방향족 아미노산 생합성 저해
④ Chlorsulfuron－색소 형성 저해

답 ③

기출 19년 기사 2회 97번

2,4-D 제초제에 해당하는 것은?

① 페녹시계
② 산아미드계
③ 카바마이트계
④ 디페닐에테르계

답 ①

기출 19년 산업기사 1회 66번

제초제 종류의 특성에 대한 설명으로 옳지 않은 것은?

① 시마진은 흡수 이행형 제초제이다.
② 리누론은 광합성 저해성 제초제이다.
③ 2,4-D는 설포닐우레아계 제초제이다.
④ 알라클로르는 단백질 합성을 저해한다.

답 ③

기출 19년 산업기사 4회 79번

설포닐우레아계 제초제의 작용 기작으로 가장 옳은 것은?

① 지질 생합성의 저해
② 아미노산 생합성의 저해
③ 호흡작용의 저해
④ 광합성의 저해

답 ②

기출 19년 기사 1회 71번

농약 안전살포방법으로 가장 적절한 것은?

① 바람을 등지고 살포
② 바람을 안고 살포
③ 바람의 도움으로 살포
④ 바람 방향을 무시하고 살포

답 ①

(6) 아미노산 생합성 저해 작용기작

설포닐우레아계 제초제의 작용기작은 제초제 처리 후 일정 시간 내에 아미노산 합성을 저해하고 2차적으로 광합성과 호흡작용 및 단백질 합성을 저해시킨다.

[표 4-5] 작용기작에 따른 제초제의 종류

구분	종류
광합성 저해	• 벤조티아디아졸계 : 벤타존(Bentazone) • 트리아진계 : 시마진(Simazine), 아트라진(Atrazine) • 요소계 : 리누론(Linuron), 메타벤즈티아주론(Methabenzthiazuron) • 아마이드계 : 프로파닐(Propanil) • 비피리딜리움계 : 파라콰트 디클로라이드(Paraquat dichloride)
호흡작용 및 산화적 인산화 저해	• 카바메이트계 : 클로르프로팜(Chlorpropham) • 유기염소계 : 달라폰(Dalapon)
호르몬 작용 교란	• 페녹시계 : 2,4-D, MCP • 벤조산계 : 디캄바(Dicamba)
단백질 합성 저해	• 아마이드계 : 알라클로르(Alachlor), 뷰타클로르(Butachlor) • 유기인계 : 글리포세이트(Glyphosate)
세포분열 저해	• 디니트로아닐린계 : 트리플루라린(Trifluralin) • 카바메이트계 : 클로르프로팜(Chlorpropham)
아미노산 생합성 저해	• 설포닐우레아계, 아미다졸리논계 • 유기인계 : 글리포세이트(Glyphosate)

2) 식물체 내에서의 제초제 분해 반응

식물은 여러 화학 반응에 의해 제초제의 분자구조를 변화시켜며 분해한다. 제초제의 주된 분해 반응은 다음과 같다.

- 산화, 환원, 결합 반응, 가수분해 등
- 그 외에 탈카르복시 반응, 탈알킬 반응, 히드록시 반응, 탈염수 반응 등

05 제초제의 활용

1. 제초제의 안전한 사용방법

① 농약 포장지에 기재된 내용을 충분히 숙지하고, 사용시기 및 사용량을 지켜 중복살포되지 않도록 한다.
② 방제복, 마스크, 장갑, 장화 등을 착용 후 살포하며 제초제와 직접 접촉은 피한다.
③ 건강상태가 양호할 때 살포하며, 약액이 피부에 묻었을 때는 즉시 깨끗이 씻는다.
④ 살포 후 사용도구(분무기 등)를 깨끗이 세척한다.
⑤ 제초제와 타 농약 간의 상호작용을 고려하여 사용한다.

⑥ 약효 증진을 위해 한 제초제만 사용하지 말고 교차하여 사용하는 것이 바람직하다.
⑦ 제초제 사용 시 고온 및 저온, 바람이 불거나 비가 올 때 등은 사용하지 않는다.

2. 혼합제초제의 상호작용

제초제의 작용성이 서로 다른 두 가지 이상의 제초제를 혼합하여 사용하는 것을 의미하며, 혼합제초제를 사용함으로써 살포 비용은 감소하며 살포의 폭은 넓힐 수 있다.

[표 4-6] 혼합제초제의 상호작용

구분	특징
상승작용	두 가지 제초제를 각각 단용으로 처리했을 때 두 제초제의 혼합처리효과가 더 크므로 가장 적은 양의 제초제가 소모됨
상가작용	두 가지 제초제를 각각 단용으로 처리했을 때 두 제초제의 혼합처리효과와 같은 경우
길항작용	두 가지 제초제를 혼합하여 처리했을 때 각각의 제초제를 단용으로 처리했을 때의 큰 쪽 효과보다 작은 경우

3. 제초제의 약해

제초제 처리 후 작물의 감수성으로 인해 약해가 발생하는데 이때 작물조건, 토양조건, 기상조건 등에 따라 다르게 약해가 나타날 수 있다. 약해 유발요인별 특징은 다음과 같다.

① **작물조건** : 품종형, 생육시기에 따라 감수성을 보이기 때문에 약해가 발생할 수 있다.
② **토양조건** : 제초제가 토양에 흡착되는 관계에 따라 약해가 발생할 수 있는데, 이때 토양유기물, EC(양이온 치환용량), pH 등에 따라 흡착의 차이가 나타날 수 있다. 또한 미생물의 분해, 흘러내림, 화학적 분해반응을 통해 약해의 현상은 다르게 나타난다.
③ **기상조건** : 기온의 고저에 따른 약해 반응이 다르게 나타나며, 다습조건에서 제초제 경엽처리 시 침투량이 증가되어 약해가 발생할 수 있다.
④ **농약의 혼합** : 두 가지 이상의 농약을 혼합 시 물리성의 변화 또는 화학 변화로 인해 약해가 발생할 수 있다.
⑤ **비산** : 제초제 처리 중 비산을 통해 인접한 감수성 작물이 약해를 받을 수 있다.
⑥ **휘발** : 제초제는 증기압이 높으면 쉽게 휘발되는데, 이때 증발해 기체상이 되어 인접 작물이 약해를 입을 수 있다.
⑦ **토양 잔류** : 제초제의 과용, 기상조건(온 · 습도)이 좋지 않아 분해가 안 되었을 때 발생하는데, 보통 포장에 국지적으로 발생하는 것이 특징이다. 토양에 잔류할 경우 후작물 재배 시 약해가 발생할 수 있다.

PART 06

과년도 기출문제

Plant Protection

2018년 기사 1회

01 식물병리학

01 십자화과 작물에 발생하는 무 · 배추 사마귀병에 대한 설명으로 옳지 않은 것은?

① 알칼리성 토양에서 발병이 잘 된다.
② 배수가 불량한 토양에서 발생이 많다.
③ 순활물기생균으로 인공배양이 되지 않는다.
④ 유주자가 뿌리털 속을 침입하여 변형체가 된다.

해설 무 · 배추 무사마귀병(뿌리혹병)

- 점균(끈적균)
- 유주자가 뿌리에 침입(뿌리감염)
- 뿌리에 크고 작은 혹이 형성되고, 지상부는 전체가 시듦
- 배수가 불량하여 다습한 토양과 산성 토양에서 잘 번식

02 식물병 방제방법에 대한 설명으로 옳지 않은 것은?

① 종자소독제를 이용한 방법 : 처리가 간편하고 시간과 노력에 비해 효과가 크다.
② 경엽처리제를 이용한 방법 : 농약 사용량을 계속 증가하여도 방제 효과는 크게 증가하지 않는다.
③ 토양처리제를 이용한 방법 : 작물을 심기 전 주로 유제나 액제를 토양 표면에 남도록 처리한다.
④ 훈연제를 이용한 방법 : 연무기를 이용하여 연무를 살포하거나 약제를 태워 훈연입자를 확산시킨다.

해설

토양병원균 살균제를 토양에 남도록 하면 약해 및 환경오염을 일으킬 수 있음

03 작물 돌려짓기에 의한 경종적 방제효과가 가장 높은 것은?

① 종자 전염병 ② 토양 전염병
③ 충매 전염병 ④ 풍매 전염병

해설 윤작(돌려짓기)

연작에 의한 토양 전염병은 윤작으로 감소시킬 수 있다.

04 종자로 인한 병균 전염이 가장 잘 되는 것은?

① 밀 줄기녹병 ② 벼 키다리병
③ 보리 흰가루병 ④ 토마토 배꼽썩음병

해설 종자전염

벼 도열병, 보리 속깜부기병, 밀 비린깜부기병, 벼 깨씨무늬병균, 벼 키다리병

05 오이 노균병에 대한 설명으로 옳지 않은 것은?

① 잎과 줄기에 발생한다.
② 발병이 심하면 병환부가 말라 죽고 잘 찢어진다.
③ 습기가 많으면 병무늬 뒷면에 가루 모양의 회색 곰팡이가 생긴다.
④ 병무늬의 가장자리가 잎맥으로 포위되는 다각형의 담갈색 무늬를 나타낸다.

해설 오이류 노균병

- 진균(조균류)
- 병징이 잎에만 나타남
- 습한 장마철, 저온다습 조건에서 발생
- 수침상의 다갈색 점무늬가 다각형으로 나타나고 뒷면에 서리나 가루 모양의 곰팡이(분생포자)가 생성됨

06 밤나무 줄기마름병의 병반 부위의 전형적인 병징은?

① 천공 ② 위조
③ 궤양 ④ 비대

해설 밤나무 줄기마름병

- 진균(자낭균류)
- 수피가 적색으로 변하면서 점점 줄기가 부풀고 찢어지거나 움푹 패인 궤양이 발생

정답 01 ① 02 ③ 03 ② 04 ② 05 ① 06 ③

07 생물학적 방제의 단점으로 옳지 않은 것은?

① 병이 발생한 후에는 치료의 효과가 낮다.
② 신속하고 정확한 효과를 기대하기 어렵다.
③ 넓은 지역에 광범위하게 적용하기가 어렵다.
④ 환경의 영향을 많이 받지 않아 처리효과가 일정하지 않다.

해설 **생물적 방제의 장·단점**

- 환경보존과 지속농업에 부합됨
- 생태계 균형 유지에 효과적
- 신속하고 정확한 효과를 기대하기 어려움
- 넓은 지역에 광범위하게 적용하기 힘듦
- 병 발생 후 치료 효과는 낮음

08 국내에 발생하는 채소류의 균핵병에 대한 설명으로 옳지 않은 것은?

① 잎, 줄기, 열매 등에 발생한다.
② 자낭포자나 균핵에서 발아한 균사로 침입한다.
③ 발병 후기에는 발병 조직에 백색 균사가 나타난다.
④ 균핵이 땅속에 묻혀 있다가 25℃ 이상의 고온이 되면 발아한다.

해설 **균핵병**

- 진균(자낭균)
- 시설재배 특유의 다범성 병
- 개화기의 저온다습한 환경에서 잘 발생
- 잎, 줄기, 열매 등에 발생(줄기는 변색)하고, 곰팡이(백색균사)와 검은 균핵 형성

09 식물병으로 인한 피해에 대한 설명으로 옳지 않은 것은?

① 20세기 스리랑카는 바나나 시들음병으로 인하여 관련 산업이 황폐화되었다.
② 19세기 아일랜드 지방에 감자 역병이 크게 발생하여 100만 명 이상이 굶어 죽었다.
③ 20세기 미국 동부지방 주요 수종인 밤나무는 밤나무 줄기마름병으로 큰 피해를 입었다.
④ 20세기 미국 전역에서 옥수수 깨씨무늬병이 크게 발생하여 관련 제품 생산에 큰 차질을 가져 왔다.

해설

- 감자 역병 : 아일랜드에 19C 중반 대흉년으로 100만 명이 사망 및 150만 명이 신대륙으로 이주함
- 커피 녹병 : 스리랑카의 커피 재배지가 녹병을 피해 남아메리카로 옮겨짐

10 배나무 붉은별무늬병에 대한 설명으로 옳지 않은 것은?

① 병원균은 순활물기생균이다.
② 병원균이 기주교대를 하지 않는다.
③ 주요 발병 부위는 잎, 열매, 가지이다.
④ 잎에 병무늬가 많이 형성되면 조기 작업의 원인이 된다.

해설 **담자균에 의한 이종기생녹병균**

- 중간기주 : 향나무(여름포자는 생성하지 않음)

수병	기주식물	중간기주
	녹병포자, 녹포자	여름포자, 겨울포자
소나무 잎녹병	소나무	황벽나무, 참취, 잔대
잣나무 잎녹병	잣나무	등골나무
소나무 혹병	소나무	졸참나무, 신갈나무
잣나무 털녹병	잣나무	송이풀, 까치밥나무
배나무, 사과나무 붉은별무늬병 (향나무 녹병)	배나무, 사과나무	향나무 (여름포자를 만들지 않음)
포플러 잎녹병	(중간기주) 낙엽송, 현호색	포플러
맥류 줄기녹병	매자나무	맥류
밀 붉은녹병	좀꿩의 다리	밀

11 우리나라에서 참나무 시들음병을 일으키는 병원균을 매개하는 것으로 알려진 곤충은?

① 장수풍뎅이 ② 솔수염하늘소
③ 광릉긴나무좀 ④ 북방수염하늘소

해설 **식물병과 매개충**

- 솔수염하늘소, 북방수염하늘소 : 소나무 재선충병
- 광릉긴나무좀 : 참나무 시들음병

12 뽕나무 오갈병의 치료제로 주로 쓰이는 것은?

① 페니실린 ② 그리세오풀빈
③ 시클로헥시마이드 ④ 옥시테트라사이클린

해설 **파이토플라스마의 수병**

- 대추나무 빗자루병, 오동나무 빗자루병, 뽕나무 오갈병
- 옥시테트라사이클린계 항생물질로 치료 가능

정답 07 ④ 08 ④ 09 ① 10 ② 11 ③ 12 ④

13 **다른 생물의 사체나 죽은 조직에서만 영양분을 섭취하는 것은?**

① 부생균 ② 절대기생균
③ 임의부생균 ④ 임의기생균

해설

- 절대기생체 : 살아 있는 조직 내에서만 생활 가능(순활물기생체)
- 임의부생체 : 기생이 원칙이나 때로는 죽은 유기물에서도 영양 섭취, 반기생체
- 임의기생체 : 부생이 원칙이나 노쇠 및 변질된 살아 있는 조직을 침해함
- 절대부생체 : 죽은 유기물에서만 영양 섭취(순사물기생체)

14 **병원균이 기주식물에 침입을 하면 병원균에 저항하는 기주식물의 반응으로 항균 물질 및 페놀성 물질 증가 등의 작용을 무엇이라 하는가?**

① 침입저항성 ② 감염저항성
③ 확대저항성 ④ 수평저항성

해설 저항성의 구분(확대저항성)

병원균이 침입한 후 병원균에 저항하는 기주식물의 저항성으로 항균 물질 및 페놀성 물질 증가 작용 등이 있음

15 **식물 바이러스병을 진단하는 방법이 아닌 것은?**

① 그람염색반응 ② 지표식물 이용
③ 전자 현미경 관찰 ④ 항혈청 반응 이용법

해설 식물 바이러스병 진단

- 육안에 의한 진단, 면역학적 진단방법, 분자생물학적 진단방법 등을 사용함
- 진단법 종류 : 지표식물검정법, 즙액접종법, 괴경지표법, 항혈청검사법, 한천젤이중확산법, 형광항체법, ELISA법, PCR법, 전자현미경(봉입체) 관찰 등

16 **식물병을 일으키는 곰팡이 중에서 균사에 격막이 없는 병원균으로만 올바르게 나열된 것은?**

① 난균, 자낭균 ② 난균, 접합균
③ 담자균, 자낭균 ④ 담자균, 접합균

해설 조균류 – 격막이 없음

- 격막이 없어 다른 진균과 쉽게 구별
- 유주자 형성 여부에 따라 난균류(유주자균류)와 접합균류로 구분

17 **주로 혈청학적 방법에 의해 진단하는 식물병은?**

① 벼 도열병 ② 감자 역병
③ 담배 모자이크병 ④ 옥수수 깜부기병

해설 혈청학적 · 면역학적 진단방법

- 병원체에 대한 혈청을 만들어 진단하는 방법
- 항원 – 항체 반응을 이용
- 주로 바이러스 식물병 진단에 활용됨

18 **병원균이 담자기와 담자 포자를 형성하는 것은?**

① 감자 역병 ② 벼 깨씨무늬병
③ 배추 무사마귀병 ④ 보리 겉깜부기병

해설 보리 겉깜부기병

- 진균(담자균류)
- 후막포자가 발아 후 전균사가 균사로 월동(종자월동)

19 **도열병이 다발하는 조건으로 가장 적합한 것은?**

① 여러 가지 벼 품종을 섞어서 심었을 때
② 가뭄이 계속되고 기온이 30℃ 이상일 때
③ 덧거름을 원래 일정보다 일찍 주었을 때
④ 비가 자주 오고 일조가 부족하며 다습할 때

해설 벼 도열병의 환경조건

- 비가 자주 오며 일조가 부족한 저온다습한 환경
- 토양 온도가 낮고(20℃), 토양수분이 적은 환경
- 질소질 비료를 과잉 사용한 경우
- 모내기가 늦은 경우

20 **사과 겹무늬썩음병의 병원균은?**

① 세균 ② 곰팡이
③ 바이러스 ④ 파이토플라스마

해설 사과나무 겹무늬썩음병

- 진균(곰팡이)
- 과실과 가지에 주로 발생하며 과실엔 흑색, 황갈색의 원형 반점 형성(윤문병)
- 가지는 사마귀 형성(조피), 가지마름 증상 발생
- 감염 최성기는 장마기간

정답 13 ① 14 ③ 15 ① 16 ② 17 ③ 18 ④ 19 ④ 20 ②

02 농림해충학

21 성충의 입틀 모양이 서로 다른 것으로 짝지어진 것은?

① 모기, 매미 ② 나방, 딱정벌레
③ 메뚜기, 풀무치 ④ 노린재, 진딧물

해설 곤충의 입틀

- 저작구형 : 씹어 먹는 형태(메뚜기, 풍뎅이, 나비유충, 딱정벌레 등)
- 여과구형 : 물속 미생물을 여과시켜 영양분 섭취(물속에 사는 곤충)
- 흡취구형 : 핥아먹는 형(집파리 외)
- 자흡구형 : 찔러서 빨아먹는 형(진딧물, 모기, 매미충류, 멸구, 깍지벌레)
- 흡관구형 : 빨아먹는 형태(나비와 나방)

22 4령충에 대한 설명으로 옳은 것은?

① 3회 탈피한 유충
② 4회 탈피한 유충
③ 부화한 지 3년째 되는 유충
④ 부화한 지 4년째 되는 유충

해설 영충 : 각 탈피 기간의 유충

- 1령충 : 1회 탈피할 때까지
- 2령충 : 1회 탈피한 것
- 3령충 : 2회 탈피한 것
- 4령충 : 3회 탈피한 것

23 곤충 체벽의 진피층(Epidernis)에 대한 설명으로 옳지 않은 것은?

① 단층으로 되어 있다.
② 내원표피 아래에 위치한다.
③ 외표피와 원표피로 구성되어 있다.
④ 단백질, 지질, 키틴 화합물을 합성한다.

해설 체벽(피부, 외골격)

- 구성 : 표피층(외표피, 원표피), 진피층, 기저막
- 진피층 : 단층의 세포조직인 상피세포의 형태로 표피에 미세융모가 있음(단밸질, 지질, 키틴화합물 등을 합성 및 분비하는 세포)

24 우리나라에 비래하지만 월동하지 않는 것은?

① 벼멸구 ② 애멸구
③ 번개매미충 ④ 끝동매미충

해설 중국 비래 해충

멸강나방, 혹명나방, 벼멸구(월동하지 않음), 흰등멸구

25 1년에 2회 이상 발생하고 수피 사이나 지피물 밑 등에서 번데기로 활동하는 해충은?

① 솔나방 ② 밤나무혹발
③ 미국흰불나방 ④ 천막벌레나방

해설 미국흰불나방

월동충태는 번데기로 수피 사이나 지피물 밑 등에서 월동하며, 유충이 잎을 식해하여 가로수의 피해가 심함

26 소나무좀의 방제를 위하여 티아클로프리드 액상 수화제를 살포하려 할 때 가장 효과적인 시기는?

① 활동 시기 ② 산란 시기
③ 유충 부화 시기 ④ 성충 우화 시기

해설 소나무좀 방제법

- 유충 구제를 위해 3~4월 약제 살포(산란 시기에 살포)
- 먹이나무(이목)유살 : 월동성충이 산란 후 5월에 박피하여 소각

27 발생 계통적으로 기원이 다른 곤충 조직은?

① 중장 ② 근육
③ 지방체 ④ 생식소

해설 중장

곤충의 소화계로서 내배엽에 기원세포로 발생

28 마늘 수확 후 저장 과정에서 피해를 주는 것은?

① 파굴파리 ② 뿌리응애
③ 파좀나방 ④ 고자리파리

해설 뿌리응애

- 기주 : 마늘, 양파, 파, 구근화훼류 등
- 성충과 약충이 기주식물의 뿌리와 지하부를 가해
- 마늘 수확 후 저장 과정에서도 피해를 줌
- 구근 속이나 땅속에서 성충이나 약충으로 월동함

정답 21 ② 22 ① 23 ③ 24 ① 25 ③ 26 ② 27 ① 28 ②

29 거미와 비교한 곤충의 특징이 아닌 것은?

① 겹눈과 홑눈이 있다.
② 변태를 하는 종이 있다.
③ 4쌍의 다리를 가지고 있다.
④ 몸이 머리, 가슴, 배의 3부분으로 되어 있다.

해설 곤충의 구조적 특성

- 머리 : 입틀, 1쌍의 겹눈, 1~3쌍의 홑눈, 1쌍의 촉각
- 가슴
  - 날개(가운데가슴, 뒷가슴에 1쌍씩 총 2쌍)
  - 다리 : 앞가슴, 가운데가슴, 뒷가슴에 1쌍씩 총 3쌍(보통 5마디)
- 배 : 보통 10개 내외의 마디, 기문, 항문, 생식기로 구성됨

30 유충이 탈피를 못하게 하여 해충을 방제하는 것은?

① 호르몬제　　② 페로몬제
③ 대사저해제　　④ 섭식저해제

해설 호르몬 균형 교란

- 곤충의 탈피와 변태를 조절하는 호르몬을 교란시켜 곤충을 죽게 함
- 대사저해제(교란제) : 메소프렌(탈피 억제), 프리코센(유충 억제)

31 벼를 가해하여 오갈병을 매개하는 것은?

① 벼멸구　　② 애멸구
③ 흰등멸구　　④ 끝동매미충

해설 끝동매미충

- 매미목 매미충과
- 성충과 약충이 벼의 줄기와 이삭 등 흡즙
- 배설물로 인한 그을음병 및 벼 오갈병의 매개충

32 어떤 곤충을 상규하였을 때 25℃에서 10일이 걸렸다. 이 곤충의 발육영점온도가 13℃라면 유효적산온도(DD : Degree - Days)는?

① 120　　② 150
③ 180　　④ 300

해설

유효적산온도 = (측정온도 − 발육영점온도) × 측정온도에서의 발육일수
= (25 − 13) × 10 = 120℃

33 다음 중 유시류에 속하는 것은?

① 닷발이　　② 톡토기
③ 좀붙이　　④ 하루살이

해설 곤충의 분류

무시아강(날개 없음)			톡토기, 낫발이, 좀붙이, 좀목
유시아강(날개 있음) −2차적으로 퇴화되어 없는 것도 있음	고시류		하루살이, 잠자리목
	신시류	외시류(불완전변태)	집게벌레, 바퀴, 사마귀, 대벌레, 갈르와벌레, 메뚜기, 흰개미붙이, 강도래, 민벌레, 다듬이벌레, 털이, 이, 흰개미, 총채벌레, 노린재, 매미목
		내시류(완전변태)	벌, 딱정벌레, 부채벌레, 뱀잠자리, 풀잠자리, 약대벌레, 밑들이, 벼룩, 파리, 날도래, 나비목

34 간모를 통해 단위생식을 하는 것은?

① 배추순나방　　② 점박이응애
③ 가루깍지벌레　　④ 복숭아 혹진딧물

해설 복숭아 혹진딧물

- 간모 : 날개 없는 진딧물 암컷으로서 늦가을까지 단위생식으로 무시충을 태생(새끼를 낳음)함
- 5월경부터 유시충으로 생성되어 여름기주로 이동함

35 진딧물을 포식하는 천적이 아닌 것은?

① 꽃등에류　　② 무당벌레류
③ 깍지벌레류　　④ 풀잠자리류

해설 진딧물 포식 천적

진디혹파리, 무당벌레, 꽃등에, 풀잠자리, 콜레마니진디벌 등

36 완전변태를 하지 않는 것은?

① 버들잎벌레　　② 솔수염하늘소
③ 복숭아명나방　　④ 진달레방패벌레

해설 완전변태

- 알 → 유충 → 번데기 → 성충
- 나비목, 딱정벌레목, 파리목, 벌목 등

정답 29 ③ 30 ③ 31 ④ 32 ① 33 ④ 34 ④ 35 ③ 36 ④

37 복숭아심식나방에 대한 설명으로 옳지 않은 것은?

① 유충이 과실 속에 있을 때에는 황백색이다.
② 월동 고치는 방추형이다.
③ 1년에 2회 발생하지만 일정하지는 않다.
④ 피해 과일에는 배설물이 배출되지 않는다.

해설 복숭아심식나방

- 유충이 과실 속을 뚫고 들어가 가해하지만 배설물이 밖으로 나오지 않음
- 1년에 2회 발생
- 땅속 고치인 노숙유충 형태로 월동
- 월동 고치는 편원형, 번데기는 방추형 고치

38 이화명나방의 가해 형태 및 기주 피해에 대한 설명으로 옳은 것은?

① 피해를 입은 벼의 줄기 속에는 한 마리의 유충만 있다.
② 피해를 입은 벼의 줄기 속을 보면 유충의 배설물이 존재하지 않는다.
③ 피해를 입은 벼의 잎집이 말라 죽어도 벼의 줄기는 부러지지 않는다.
④ 재배 초기의 피해를 입은 벼의 줄기는 출수하지 못하거나, 출수하더라도 이삭이 하얗게 된다.

해설 이화명나방

- 새잎이나 이삭이 말라죽도록 유충이 벼 줄기 속을 가해함
- 제1화기는 심고경 현상, 제2화기는 백수 현상

39 온실가루이가 속하는 목은?

① 벌목
② 노린재목
③ 강도래목
④ 딱정벌레목

해설

매미목이 노린재목에 속한 매미(아)목으로 분류되기도 하여 노린재목에 속하는 것으로 표기하기도 함
* 매미목 : 나무이과, 가루이과(온실가루이), 진딧물과, 깍지벌레과, 멸구과, 매미과, 매미충과, 거품벌레과, 뿔매미과 등

40 곤충의 배에 있는 부속기관이 아닌 것은?

① 다리 ② 기문
③ 항문 ④ 생식기

해설 곤충의 기관

- 배는 가슴 다음에 있는 부분으로 보통 10개 내외의 마디로 되어 있음
- 기문, 항문, 생식기 등의 부속기관이 있음

03 재배원론

41 "파종된 종자의 약 40%가 발아한 날"에 해당하는 것은?

① 발아시 ② 발아진
③ 발아기 ④ 발아세

해설 종자의 발아

- 발아시 : 발아한 것이 처음 나타난 날
- 발아기 : 전체 종자 수의 반 정도(약 40% 이상)가 발아한 날
- 발아세 : 전체 종자 수에 대한 일정한 기간 내에 대부분이 골고루 발아한(약 80% 이상) 종자 수의 비율

42 포장을 수평으로 구획하고 관개하는 방법은?

① 수반법 ② 일류관개
③ 보더관개 ④ 고랑관개

해설 수반법(수반반개)

일정 공간을 두둑으로 둘러싸고 바닥을 수평으로 고른 후 관계

43 포장용수량의 수분범위로 알맞은 것은?

① pF 1.5~1.7
② pF 2.5~2.7
③ pF 2.5~2.7
④ pF 4.5~4.7

해설 포장용수량(최소용수량)

강우, 관개 후 중력수가 완전히 배수되고 토양에 남은 수분(pF 2.5~2.7)

정답 37 ② 38 ④ 39 ② 40 ① 41 ③ 42 ① 43 ②

44 다음 중 C_3 작물에 해당하는 것은?

① 밀 ② 수수
③ 기장 ④ 명아주

해설
C_3 작물
식물의 광합성 과정 중 CO_2 고정 시 3탄당 형성을 하는 식물(지구상의 대부분의 식물)
C_4 작물
- 식물의 광합성 과정 중 CO_2 고정 시 4탄당을 형성하는 식물
- 종류 : 사탕수수, 기장, 조, 옥수수 등(대부분의 잡초)

45 재배의 기원지가 중앙아시아에 해당하는 것은?

① 대추 ② 양배추
③ 양파 ④ 고추

해설 재배의 기원지
- 대추 : 인도와 중국남부(인도 최초)
- 양배추 : 지중해 연안
- 양파 : 중앙아시아
- 고추 : 중앙아시아(멕시코 최초)

46 가지를 어미식물에서 분리시키지 않은 채로 흙을 묻거나, 그 밖에 적당한 조건을 주어 발근시킨 다음에 잘라서 독립적으로 번식시키는 방법을 무엇이라 하는가?

① 취목 ② 분주
③ 선취법 ④ 고취법

해설 취목
어미식물에 붙어 있는 가지에서 흙에 묻어 부정근을 발생시켜 하나의 독립된 개체로 분리하는 개체번식법

47 작물의 주요 생육온도에서 최고온도가 28~30℃에 해당하는 것은?

① 옥수수 ② 사탕무
③ 오이 ④ 멜론

해설 작물의 유효온도(생육온도)
- 작물 생장이 효과적으로 이루어지는 온도
- 최적온도가 높은 작물 : 멜론, 삼, 오이, 옥수수, 벼

48 3년 휴작이 필요한 작물은?

① 수수 ② 고구마
③ 담배 ④ 토란

해설 2~3년간 휴작이 필요한 작물
감자, 참외, 오이, 토란, 강낭콩 등

49 다음 중 복토깊이가 1.5~2.0cm에 해당하는 것은?

① 토란 ② 크로커스
③ 감자 ④ 기장

해설 복토깊이
- 0.5~1cm : 토마토, 가지
- 1.5~2.0cm : 기장
- 10cm 이상 : 수선화, 히아신스, 튤립 등의 구근류

50 N : P : K 흡수비율에서 5 : 1 : 1.5에 해당하는 것은?

① 옥수수 ② 콩
③ 고구마 ④ 감자

해설 비료의 이용률(흡수율)
- 시용한 비료 성분량 중 작물이 흡수 이용하는 양의 비율
- 질소 : 30~50%, 칼륨 : 40~60%, 인산 : 10~20%

51 박과 채소류 접목의 특징으로 틀린 것은?

① 흰가루병에 강하다.
② 흡비력이 강해진다.
③ 과습에 잘 견딘다.
④ 당도가 떨어진다.

해설 접목육묘
- 목적 : 저온신장성이 강하며, 토양 전염병 예방, 양·수분의 흡수력 향상, 이식성 향상 등의 목적으로 접목육묘 활용
- 대목 조건 : 내서성, 저온신장성, 내병성, 내습성, 친화력 등
- 접목 종류 : 오이, 멜론, 수박 등의 박과 채소와 토마토
- 수박 덩굴쪼김병 예방에 효과적

정답 44 ① 45 ③ 46 ① 47 ② 48 ④ 49 ④ 50 ② 51 ①

52 다음 중 단명종자에 해당하는 것은?

① 접시꽃 ② 베고니아
③ 스토크 ④ 데이지

해설 단명종자(1~2년)

고추, 당근, 파, 양파, 상추, 해바라기, 팬지, 베고니아, 메밀, 토당귀 등

53 다음 중 중성식물에 해당하는 것은?

① 시금치 ② 양파
③ 감자 ④ 고추

해설 중성식물

- 일장에 관계없이 일정 크기에 도달하면 개화하는 식물
- 종류 : 조생종 벼, 오이, 호박, 고추, 가지, 토마토

54 다음 중 혐광성 종자에 해당하는 것은?

① 상추 ② 수세미
③ 차조기 ④ 우엉

해설 혐광성 종자

호박, 토마토, 가지, 수세미, 고추, 양파, 백일홍, 오이 등

55 완효성 비료에 해당하는 것은?

① 요소 ② 황산암모늄
③ 염화칼륨 ④ 깻묵

해설 완효성 비료

석회질소, 두엄, 깻묵 등

56 다음 ( )에 알맞은 내용은?

> 옥수수, 수수 등을 재배하면 잡초가 크게 경감되므로 ( )이라 고 한다.

① 휴한작물 ② 동반작물
③ 중경작물 ④ 환금작물

해설

- 중경작물 : 옥수수, 수수, 스위트클로버, 알팔파와 같이 심근성을 좋게 하여 토양의 물리적 · 화학적 개선에 도움을 주는 작물
- 휴한작물 : 쉬는 땅의 지력을 높이기 위해 심는 작물
- 환금작물 : 판매를 위해 재배하는 작물

57 다음 중 천연 에틸렌에 해당하는 것은?

① CA_2 ② IBA
③ C_2H_4 ④ MH-30

해설

미생물의 공중질소고정효소로는 아세틸렌(C_2H_2)을 에틸렌(C_2H_4)으로 환원하는 작용을 함

58 다음 ( )에 알맞은 내용은?

> 탄화수소, 오존, 이산화질소가 화합해서 생성되는 ( )은/는 광화학적인 반응에 의하여 식물에 피해를 끼치는데, 담배의 경우 10ppm으로 5시간 접촉되면 피해 증상이 생기고 백색 반점이 잎의 뒷면 엽맥 사이에 나타난다.

① 연무 ② PAN
③ 아황산가스 ④ 불화수소가스

해설 PAN

- 2차 대기오염 물질로 질소산화물과 탄화수소류 등 햇빛과 반응하여 생성되는 물질
- 오존, 이산화탄소, 탄화수소가 광(광화학적) 반응을 통해 생성(피해는 광선 노출 시 발생)
- 잎 아랫면에 은빛 반점 발생

59 다음 중 장과류에 해당하는 것으로만 나열된 것은?

① 배, 사과 ② 복숭아, 앵두
③ 딸기, 무화과류 ④ 감, 귤

해설 장과류

포도, 딸기, 무화과 등

60 다음 중 알줄기에 해당하는 것은?

① 글라디올러스 ② 생강
③ 박하 ④ 호프

해설

- 생강, 박하 : 근경
- 글라디올러스 : 알줄기

정답 52 ② 53 ④ 54 ② 55 ④ 56 ③ 57 ③ 58 ② 59 ③ 60 ①

04 농약학

61 제초제, 생장조정제, 살충제, 살균제 등으로 분류하는 농약의 기준은?

① 작용기작에 의한 분류
② 사용목적에 의한 분류
③ 주성분 조성에 의한 분류
④ 농약의 형태에 의한 분류

해설 사용목적에 따른 농약의 분류
살충제, 살균제, 살선충제, 살비제, 제초제, 식물생장조정제, 보조제 등

62 다음 중 해충의 저항성을 가장 잘 유발시킬 수 있는 경우는?

① 살포 횟수를 적게 한다.
② 동일 약제를 계속 사용한다.
③ 다른 약제로 바꾸어 살포한다.
④ 작용기작이 다른 농약을 살포한다.

해설 해충 약제 저항성
동일 약제 연용으로 저항성을 가진 강한 개체만이 살아남아 약효가 급속도로 떨어지고 결국 병해충 방제가 되지 않는 상태(약제 저항성 유발 방제를 위해서는 동일 약제의 연용을 피함)

63 약해를 일으키는 요인 또는 원인이 아닌 것은?

① 보조제 및 용매에 의한 것
② 주제의 물리 · 화학적 성질에 의한 것
③ 2종 이상의 약제를 섞어서 살포할 때
④ 농약을 사용농도 이하로 희석해서 살포할 때

해설 약해의 유발 원인
- 환경조건에 따른 약해
- 농약의 오남용으로 인한 약해
- 농약 자체의 원인에 의한 약해
- 농약 사용 후 특성에 의한 약해
- 작물의 특성에 따른 약해
- 희석 용수의 불량으로 인한 약해

64 피리다멘, 페나자퀸은 일반적으로 어떤 농약에 속하는가?

① 살균제 ② 살충제
③ 살비제 ④ 제초제

해설
피리다멘, 페나자퀸은 살충제에 속함

65 농약의 제제에 있어서 계면활성제의 역할은 매우 크다. 계면활성제의 작용에 해당하지 않는 것은?

① 습윤작용 ② 분산작용
③ 침투작용 ④ 살균작용

해설 계면활성제
- 물과 기름의 계면에서 표면장력을 감소시켜 농약의 습윤성, 확전성, 부착성, 고착성을 좋게 하여 약효를 증진시키기 위해 활용함
- 작용 : 유화, 습윤, 분산, 침투, 세정, 고착, 보호, 기포 등

66 살충제 파라티온(Parathion)의 성상 및 특성에 대한 설명으로 옳지 않은 것은?

① 비침투성 약제이다.
② 해충 방제 효과는 좋으나 인축에는 독성이 강하여 제한을 받는다.
③ 대부분의 유기용매에 불용이며 알칼리에는 안정하다.
④ 접촉독, 가스독 및 소화중독의 세 가지 작용을 함께 가지고 있다.

해설 유기인계 살충제
- 살충제 중 종류가 많고, 환경생물에 대한 영향도 가장 큼
- 자연계에서 분해가 쉽고, 생체내 분해 활성
- 살충력과 인축의 독성이 높음
- 잔효성이 비교적 적고, 환경에서의 잔류성이 짧음
- 단, 칼리성 약제와 혼용 금지

67 피레트린(Pyrethrin) 살충제는 충체의 어느 부분에 작용하여 효과를 내는가?

① 원형질독 ② 피부독
③ 신경독 ④ 근육독

해설 신경독에 작용하는 살충제
유기인제, BHC, 피레트린(Pyrethrin) 등

정답 61 ② 62 ② 63 ④ 64 ② 65 ④ 66 ③ 67 ③

68 다음 급성독성 중 그 강도의 순서가 옳게 나열된 것은?

① 흡입독성 > 경피독성 > 경구독성
② 경구독성 > 흡입독성 > 경피독성
③ 흡입독성 > 경구독성 > 경피독성
④ 경피독성 > 경구독성 > 흡입독성

해설 농약의 강도

흡입독성 > 경구독성 > 경피독성

69 농약 제조 시 고체증량제로 일반적으로 사용되지 않는 것은?

① 규조토 ② 탈크
③ 벤토나이트 ④ 젤라틴

해설 증량제

- 분제 주성분의 농도를 낮춰 일정한 농도로 유지시키는 약제
- 종류 : 규조토, 고령토, 벤토나이트 분말, 탈크

70 살포한 약제가 작물에서 씻겨 내려가지 않고 표면에 붙어 있는 성질을 가장 잘 나타낸 것은?

① 융해성
② 고착성
③ 비산성
④ 안전성

해설 고착성

잎, 줄기 표면에 부착된 약제가 비나 물에 씻겨 내려가지 않고 식물 표면에 붙어 있는 성질

71 자체검사 및 신청검사 시 입제에 대한 최대 모집단 수량은 얼마로 정해져 있는가?

① 1톤 ② 10톤
③ 50톤 ④ 100톤

해설 농약 및 원제의 자체검사 및 신청검사

체제별 최대 모집단은 분제 또는 입제 시 50톤, 그 나머지 제제형태는 10톤으로 한다.

72 분제 농약 조제 시 가장 충분하게 고려해야 하는 농약의 물리성은?

① 현수성 ② 유화성
③ 가용성 ④ 비산성

해설 비산성

- 살분 입자가 공기중에 잘 퍼져 나가는 성질
- 비산성이 크면 농약의 대기 중 손실이 많고 대기오염의 원인이 됨

73 유기인계 살충제의 작용상의 특징이 아닌 것은?

① 알칼리에 대하여 분해되기 쉽다.
② 동 · 식물체 내에서의 분해가 빠르다.
③ 살충력이 강하고 적용 해충의 범위가 넓다.
④ 약해가 비교적 큰 편이며 잔효성도 길다.

해설

문제 66번 해설 참조

74 농약의 생물농축의 정도를 수치로 표현한 생물농축계수(BCF)를 바르게 설명한 것은?

① 수질환경 중 화합물 농도에 대한 생물체 내에 축적된 화합물의 농도비를 말한다.
② 농작물에 살포된 농약의 농도에 대한 생물체 내의 독성 정도를 나타내는 농도비를 말한다.
③ 농작물에 살포된 농약의 농도에 대한 인체에 흡입 독성의 정도를 나타내는 농도비를 말한다.
④ 재배 중인 작물에 살포된 농약의 농도에 대한 잔류되는 농약의 농도비를 말한다.

해설 생물농축계수

환경 중 존재하는 화합물의 농도와 생물체에 축적된 화합물이 농도비

75 석회유황합제의 주된 유효성분은?

① CaS ② CaS_2O_3
③ $CaSO_4$ ④ CaS_5

해설 결정석회황합제(석회유황합제)

- 1880년 프랑스에서 포도나무 병해충 방제용으로 사용되었음
- 주성분 : 다황화석회(CaS_5), 소량의 티오황산석회(CaS_2O_3)
- 작용 : 다황화석회(CaS_5)가 산소를 만나 활성화되면 황(유황분자)의 작용으로 살균효과가 생김

정답 68 ③ 69 ④ 70 ② 71 ③ 72 ④ 73 ④ 74 ① 75 ④

76 보호살균제의 특성에 대한 설명 중 틀린 것은?

① 균사체에 대하여 강력한 살균작용을 나타낸다.
② 살포 후 작물체 표면에서의 부착성과 고착성이 우수하다.
③ 강력한 포자 발아 억제작용을 나타낸다.
④ 약효가 일정기간 유지되는 지효성이 있다.

해설 보호살균제

- 병원균의 침입 전 예방을 목적으로 사용하는 약제
- 종류 : 보르도혼합액, 결정석회황합제, 구리분제 등
- 작용
  - 포자 발아를 억제하는 작용
  - 잔효성(지효성)으로 약효가 일정하게 유지됨

77 제초제의 살균 기작으로 가장 거리가 먼 것은?

① 광합성 저해 ② 호흡작용 억제
③ 신경기능의 저해 ④ 호르몬 작용의 교란

해설 제초제의 작용기작

광합성 저해, 호흡작용 억제, 산화적 인산화 저해, 호르몬 작용의 교란, 단백질 합성 저해, 아미노산 생합성 저해, 세포분열의 저해
* 신경기능의 저해 : 살충제의 작용기작

78 다음 중 전착효과를 나타내는 물질은?

① 펜크로림(Fenclorim)
② 벤토나이트(Bentonite)
③ 폴리옥시에틸렌(Polyoxyethylene)
④ 피페로닐 부톡사이드(Piperonyl Butoxide)

해설

전착효과(전착제)를 나타내는 물질이란, 주제를 작물이나 병해충에 전착시키기 위한 제제를 의미함
① 약해 경감제
② 증량제
③ 전착제
④ 피레트린과 로테논의 협력제

79 다음 중 농약의 혼용에 있어서 불합리한 경우는?

① Omethoate+석회유황합제
② Maneb+Dichlovos
③ IBP+Fenitrothion
④ Eclifenphos+Fenthion

해설

① Omethoate(살충제)+석회유황합제(보호살균제) : 보호살균제를 첨가하면 약효가 많이 떨어짐
② Maneb(살균제)+Dichlovos(살충제) : 살충과 살균의 효과가 있음
③ IBP(살균제)+Fenitrothion(살충제) : 살충과 살균의 효과가 있음
④ Eclifenphos(살균제)+Fenthion(살충제) : 살충과 살균의 효과가 있음

80 다음 농약 중 사과나무의 부란병에 주로 적용되는 것은?

① 옥솔린산 수화제(일품)
② 이프로벤포스 유제(키타진)
③ 사이프로코나졸 액제(아테미)
④ 아족시트로빈 수화제(아미스타)

해설 사과나무 부란병

- 진균(자낭균류)
- 사과나무 전정 시 상처를 통해 침입
- 약제 : 사이프로코나졸 액제 살포

05 잡초방제학

81 주로 논에 발생하는 잡초로만 올바르게 나열한 것은?

① 피, 바랭이 ② 명아주, 둑새풀
③ 개비름, 물옥잠 ④ 올미, 여뀌바늘

해설 광엽잡초의 구분

논잡초	일년생	곡정초, 마디꽃, 물달개비, 물옥잠, 밭둑외풀, 사마귀풀, 생이가래, 여뀌, 여뀌바늘, 자귀풀, 중대가리풀
	다년생	가래, 개구리밥, 네가래, 미나리, 벗풀, 올미, 좀개구리밥
밭잡초	일년생	개비름, 까마중, 깨풀, 명아주, 쇠비름, 여뀌, 자귀풀, 환삼덩굴, 주름잎, 석류풀, 도꼬마리
	월년생	망초, 중대가리, 황새냉이
	다년생	반하, 쇠뜨기, 쑥, 토끼풀, 메꽃

정답 76 ① 77 ③ 78 ③ 79 ① 80 ③ 81 ④

82 제초제가 식물체에 흡수 · 이행을 저해하는 데 관여하는 요인으로 가장 거리가 먼 것은?

① 제초제의 농도 ② 식물의 영양상태
③ 식물의 형태적 특성 ④ 제초제의 처리 부위

해설 제초제 흡수에 관여하는 요인

- 식물적 요인 : 생육시기, 발육상태, 건강상태, 품종 간 반응, 농약의 상호작용 등
- 환경적 요인 : 온도, 빛, 강우량, 습도
- 생물적 요인 : 식물 형태, 생리적 요인, 대사 차이
- 물리적 요인 : 처리 약량, 위치, 제형, 사용방법 등

83 광합성 저해형 제초제에 대한 설명으로 옳지 않은 것은?

① 잡초의 탄수화물 축적과 이산화탄소 흡수를 방해한다.
② 파라콰트(Paraquat)는 과산화물 형성을 통해 살초작용을 나타낸다.
③ 대표적으로 요소(Urea)계와 트리아진(Triazine)계가 있다.
④ 주로 광합성의 명반응은 저해하지 않고 암반응을 저해한다.

해설 광합성 저해

- 명반응과 암반응의 진행을 저해하는 것
- 파라콰트 : 광합성에 관여하는 전자의 탈취를 통해 자유기가 되어 생체 내 괴산화물을 생성함 → 갈변이 생기고 고사함
- 요소(Urea)계와 트리아진(Triazine)계
  - 물 광분해 시 산소와 전자를 내놓는 반응을 저해시킴
  - 엽록소(카로티노이드 생합성 저해) 파괴로 백화 유발 및 고사 발생

84 잡초 방제법 중에서 예방적 방제법에 해당되지 않는 것은?

① 경운작업을 여러 차례 실시한다.
② 논물 유입로에는 거름망을 설치한다.
③ 가축 퇴비를 충분히 부숙시켜 사용한다.
④ 외래잡초의 유입을 막는 제도를 마련한다.

해설 예방적 방제법

- 잡초위생 : 재배 시 농기구 청소, 작물 종자 정선, 재배관리의 합리화, 가축 및 포장 주변정리, 상토 및 운반 토양의 소독 등

85 생태적 방제법으로 환경제어법에 대한 설명이 옳은 것은?

① 작물에 재식밀도를 높여서 초관 형성을 촉진시킨다.
② 작물에는 유리하고 잡초에는 불리하도록 인위적으로 환경을 조성한다.
③ 묘상에서 자란 유묘를 분포에 이식하여 잡초보다 빠르게 초관을 형성하게 한다.
④ 잡초와의 경합력이 큰 작목 및 품종을 선택하여 재배한다.

해설 경종적 방제법(생태적 · 재배적 방제법)

- 잡초 생육 조건을 불리한 환경으로 만들어 작물과 잡초의 경합에서 작물이 이기도록 하는 재배법
- 환경제어법 : 작물에 유리하고 잡초에 불리하도록 인위적인 환경 조성

86 우리나라 논에서 발생한 설포닐우레아(Sulfonylurea)계 제초제의 저항성 잡초가 아닌 것은?

① 피 ② 미국외풀
③ 물달개비 ④ 알방동사니

해설 우리나라 논의 제초제 저항성 잡초

- 논 제초제인 설포닐우레아계 제초제의 연용으로 잡초 저항성이 높음
- 종류 : 물옥잠, 물달개비, 미국외풀, 마디꽃, 올챙이고랭애, 알방동사니

87 일년생 잡초로만 올바르게 나열한 것은?

① 벗풀, 매자기
② 보풀, 개구리밥
③ 여뀌, 밭둑외풀
④ 올방개, 나도겨풀

해설 일년생 잡초

논잡초	둑새풀, 피, 바늘골, 바람하늘지기, 알방동사니, 참방동사니, 곡정초, 마디꽃, 물달개비, 물옥잠, 밭둑외풀, 사마귀풀, 생이가래, 여뀌, 여뀌바늘, 자귀풀, 중대가리
밭잡초	강아지풀, 개기장, 둑새풀, 바랭이, 피, 바람하늘지기, 참방동사니, 파대가리, 개비름, 까마중, 명아주, 쇠비름, 여뀌, 자귀풀, 환삼덩굴, 주름잎, 석류풀, 도꼬마리

정답 82 ① 83 ④ 84 ① 85 ② 86 ① 87 ③

88 잡초 군락의 변이 및 천이를 유발하는 데 가장 크게 작용하는 요인은?

① 경운　② 일모작 재배
③ 비료 사용 증가　④ 유사 성질의 제초제 연용

해설 잡초군락의 천이
- 환경조건에 따른 잡초군락의 천이가 진행됨
- 천이 발생 요인 : 동일 제초제의 연용

89 월년생 잡초로만 올바르게 나열한 것은?

① 피, 냉이, 둑새풀
② 별꽃, 냉이, 벼룩나물
③ 냉이, 쇠비름, 벼룩나물
④ 쇠비름, 둑새풀, 별꽃아재비

해설 일년생 잡초 : 1년 동안에 생을 마침

하계 일년생 잡초	• 봄 · 여름에 발생하여 가을까지 결실 및 고사 • 종류 : 바랭이, 피, 쇠비름, 명아주, 강아지풀
동계 일년생 잡초 (월년생)	• 가을 · 초가을에 발생, 월동 후 다음 해 여름까지 결실 및 고사 • 종류 : 둑새풀, 냉이, 망초, 별꽃

90 물리적 방제법으로 토양을 피복하는 주요 이유는?

① 잡초 생육에 필요한 물 차단
② 잡초 생육에 필요한 빛 차단
③ 잡초 생육에 필요한 공기 차단
④ 잡초 생육에 필요한 공간 축소

해설 잡초 방제의 기계적 · 물리적 방법
침수 처리(담수 처리), 중경과 배토, 토양 피복, 예취, 화염제초 등

91 잡초 종자에 돌기를 갖고 있어 사람이나 동물에 부착하여 운반되기 쉬운 것은?

① 여뀌　② 민들레
③ 소리쟁이　④ 도꼬마리

해설
갈고리 모양으로 인축에 부착하여 이동하는 잡초에는 도깨비바늘 도꼬마리, 메귀리 등이 있음

92 벼 재배에 주로 사용하지 않는 제초제는?

① 이사-디 액제　② 옥사디아존 유제
③ 뷰타클로르 입제　④ 알라클로르 유제

해설 아마이드계 제초제
- 뷰타클로르 입제 : 이앙 및 직파 시 논의 피와 같은 일년생 논잡초
- 알라클로르 유제 : 콩, 옥수수, 감자 등 일년생 밭잡초

93 생물적 방제법에 대한 설명으로 옳지 않은 것은?

① 비교적 영속성이 있고 환경친화적이다.
② 잡초의 완전한 제거를 위해 적용한다.
③ 미생물 또는 식해성 생물을 이용하여 잡초 밀도를 감소시키는 수단을 말한다.
④ 경제적으로 무시해도 될 정도의 잡초만 생존하도록 밀도를 감소 조절하는 데 목적이 있다.

해설 생물적 방제법
- 곤충, 미생물, 병원성을 이용하여 잡초의 세력을 감소시키는 방제법
- 경제적으로 무시될 정도의 잡초만 생존하도록 밀도를 조절(잡초의 완전 방제는 아님)
- 장 · 단점
  - 방제비용은 적음, 환경 잔류도 없음
  - 방제효과는 영속적임
  - 살초효과가 느려 방제효가가 늦게 나타남
  - 비교적 환경친화적 방제

94 농경지에서 잡초로 인하여 발생하는 피해가 아닌 것은?

① 토양 침식　② 병해충 매개
③ 작물 수량 감소　④ 작업환경 악화

해설 잡초로 인한 농경지 피해
- 작물과의 경합 : 양분, 수분, 일사
- 타감작용(상호대립 억제작용) : 잡초가 작물의 발아나 생육을 억제하는 물질 분비
- 기생 : 겨우살이, 새삼
- 병해충의 매개 : 작물병 발생 및 해충 서식지 역할을 함
- 작업환경의 악화 : 수량 감소와 품질 저하
- 사료포장 오염 : 만성 급성 독성에 의해 사료 활용 불가능(품질 저하)
- 종자 혼입 및 부착

정답　88 ④　89 ②　90 ②　91 ④　92 ④　93 ②　94 ①

95 **논에 다년생 잡초가 증가하는 요인으로 가장 거리가 먼 것은?**

① 답리작 감소　　② 시비량 감소
③ 물 관리 변동　　④ 추경 및 춘경 감소

해설 논잡초 군락변화(군락천이) 요인(논에 다년생 잡초가 증가하는 요인)

- 동일 성분 제초제의 연용 및 시비량 증가
- 춘 · 추경 감소, 로터리 경운 증가, 정지법 변화, 직파재배, 기계이앙 재배

해설 영양번식기관에 따른 잡초의 구분

포복경	버뮤다그래스, 아욱메풀, 딸기, 선피막이, 사상자, 미나리, 병풀
인경	야생마늘, 자주괭이밥
구경	반하, 올챙이고랭이
근경	쇠털골, 가래, 너도겨풀, 띠, 수염가래꽃
괴경	올방개, 올미, 벗풀, 매자기, 향부자, 너도방사니
뿌리	메꽃, 엉겅퀴류
절편	대부분의 다년생 뿌리, 일년생 쇠비름 줄기

96 **잡초가 작물보다 경쟁에서 유리한 이유로 옳지 않은 것은?**

① 번식능력이 우수하다.
② 다량의 종자를 생산한다.
③ 휴면성이 결여되어 있다.
④ 불량한 환경조건에 적응력이 높다.

해설

잡초의 생육 특성 중 불량 환경에서는 종자가 휴면을 통해 환경을 극복함

97 **잡초의 밀도가 증가되면 작물의 수량이 감소되고, 어느 밀도 이상으로 잡초가 존재하면 작물의 수량이 현저히 감소되는 수준까지의 밀도를 무엇이라 하는가?**

① 경제적 허용밀도
② 잡초허용 최대밀도
③ 잡초허용 한계밀도
④ 잡초피해 한계밀도

해설 잡초허용 한계밀도

잡초의 밀도가 어느 한계를 넘으면 작물의 수량이 크게 감소하는 밀도

98 **주로 괴경으로 번식하는 잡초로만 올바르게 나열한 것은?**

① 올방개, 향부자
② 올방개, 물달개비
③ 향부자, 사마귀풀
④ 물달개비, 알방동사니

99 **암발아 잡초 종자에 해당하는 것은?**

① 바랭이　　② 쇠비름
③ 광대나물　　④ 소리쟁이

해설 암발아 잡초 종자의 종류

별꽃, 냉이, 광대나물, 독말풀

100 **일반적으로 작물과 잡초의 경합으로 작물에 가장 큰 피해를 주는 시기는?**

① 모든 시기　　② 작물의 생육 중기
③ 작물의 생육 초기　　④ 작물의 생육 후기

해설 잡초경합 한계기간

- 잡초와 경합함으로써 작물의 생육 및 수량이 가장 크게 영향을 받는 시기
- 작물이 잡초와의 경합에 가장 민감한 시기는 생육 초기임

정답 95 ② 96 ③ 97 ③ 98 ① 99 ③ 100 ③

2018년 기사 2회

01 식물병리학

01 채소류의 잿빛곰팡이병(진균 – 불완전균류)의 방제방법으로 옳지 않은 것은?

① 관수는 최소한으로 줄인다.
② 작물을 밀식하여 웃자람을 막는다.
③ 온도는 18~23℃가 되지 않도록 한다.
④ 하우스 내의 습도를 높게 유지하지 않는다.

해설 채소류 잿빛곰팡이병의 방제법

- 자외선 차단 비닐 활용, 전문약제 살포
- 온도를 높이고, 다습하지 않도록 환경관리
- 밀식 및 과다 시비 금지

02 소나무 재선충병(선충)의 방제방법으로 가장 거리가 먼 것은?

① 토양관주 ② 위생간벌
③ 피해목 제거 ④ 중간기주 제거

해설 소나무 재선충병(소나무 시들음병)의 방제법

- 매개충(솔수염하늘소, 북방수염하늘소)
- 고사목은 벌채 후 소각 및 메탐소듐 액제로 훈증 처리
- 살충제로 매개충 구제
- 예방약제인 아바멕틴 유제, 에마멕틴벤조에이트 유제를 수간 주사

03 오이류 덩굴쪼김병(진균)의 방제법으로 가장 효과가 낮은 것은?

① 종자를 소독한다.
② 저항성 품종을 재배한다.
③ 잎 표면에 약제를 집중적으로 살포한다.
④ 호박이나 박을 대목으로 접목하여 재배한다.

해설 오이류 덩굴쪼김병의 방제법

- 5년 이상 윤작 및 토양소독
- 저항성 품종 재배 및 종자소독
- 병든 식물 제거 및 소각
- 저항성 대목으로 접목(오이 · 수박 덩굴쪼김병은 호박대목으로 활용)

04 식물병 중 표징을 관찰할 수 없는 경우는?

① 사과나무 탄저병 ② 사철나무 그을음병
③ 대추나무 빗자루병 ④ 포도나무 잿빛곰팡이병

해설 표징

- 기생성 병 병환부에 병원체가 나타나 병의 발생을 직접 표시(Sing)하는 것
- 표징이 없는 병원체(병징만 나타남) : 바이러스, 바이로이드, 파이토플라스마
- 파이토플라스마의 수병 : 대추나무 빗자루병, 오동나무 빗자루병, 뽕나무 오갈병 등

05 식물병원체가 생산하는 기주 특이적 독소는?

① Victorin ② Tabotoxin
③ Ophiobolins ④ Fusaric acid

해설 기주 특이적 독소

- 특정 기주식물에게만 독성을 나타내며 병원성이 있는 균주만이 분비하는 독소
- 종류 : Victorin(귀리 마름병균), Altenine(배나무 검은무늬병균)

06 비생물학적 병원에 의해 발생하는 생리적 피해에 대한 설명으로 옳은 것은?

① 병징만 나타난다.
② 표징만 나타난다.
③ 병징과 표징이 모두 나타난다.
④ 환경적인 영향에 의해 표징이 나타날 수 있다.

해설 비생물학적 병원

비전염성 병 및 바이러스, 바이로이드, 파이토플라스마는 병징만 나타나고 표징은 나타나지 않음

정답 01 ② 02 ④ 03 ③ 04 ③ 05 ① 06 ①

07 코흐의 원칙에 대한 설명으로 옳지 않은 것은?

① 바이러스에 적용할 수 있다.
② 병환부에는 그 병을 일으키는 것으로 추정되는 병원체가 항상 존재하여야 한다.
③ 발병한 부위로부터 접종에 사용하였던 것과 같은 동일한 병원체가 재분리되어야 한다.
④ 순수 배양한 병원체를 건전한 기주에 접종하였을 때 동일한 병이 발생하여야 한다.

해설 코흐(Koch)의 4원칙

- 병원체는 반드시 병환부에 존재함
- 병원체는 배지상에서 순수배양되어야 함
- 병원체를 순수배양하여 접종하면 같은 병을 일으킴
- 접종한 식물로부터 같은 병원체를 다시 분리할 수 있음

* 바이러스, 파이토플라스마, 흰가루병균, 녹병균, 노균병균 등의 절대 기생체는 원칙에 적용하기 어려움

08 파이토플라스마에 대한 설명으로 옳지 않은 것은?

① 세포벽이 없다.(세포벽이 없고 일종의 원형질막으로 둘러싸여 있음)
② 인공배지에서 생장하지 않는다.
③ 매개충에 의하여 전파되지 않는다.
④ 테트라사이클린에 대하여 감수성이다.

해설 파이토플라스마

- 바이러스와 세균의 중간 미생물
- 세포벽이 없으며 원형질막으로 싸인 원핵생물
- 곤충에 의해 매개됨
- 인공배양이 어려움
- 대추나무 · 오동나무 빗자루병, 뽕나무 오갈병의 병원체
- 방제는 어렵지만 옥시테트라사이클린의 항생물질로 치료가 가능함

09 병원체가 주로 각피를 통해 직접 침입하지 않는 것은?

① 벼 ② 장미
③ 사과나무 ④ 밤나무

해설 병원균의 각피 침입

- 줄기, 잎 등 식물체 표면의 각피나 뿌리의 표피를 뚫고 침입
- 종류 : 벼 도열병균, 흰가루병, 녹병균, 깜부기병균 등

10 배나무 붉은별무늬병(담자균류)에 대한 설명으로 옳은 것은?

① 배나무 검은별무늬병과 같다.
② 여름포자를 형성하지 않는다.
③ 매발톱나무를 중간기주로 한다.
④ 8~10월까지 배나무에 기생한다.

해설 배나무 붉은별무늬병

- 병원 : 진균(담자균)
- 중간기주 : 향나무
- 이 병원균은 여름포자를 생성하지 않아 4가지의 포자 형태를 띰

11 어떤 작물 품종이 특정 병에 대한 저항성에서 감수성으로 바뀌는 주요 원인은?

① 재배방법의 변경
② 기상환경의 이변
③ 방제 작업의 중단
④ 병원균의 새로운 레이스(Race) 출현

해설 병원성의 유전

- 병원체도 유전적 조성이 달라지면서 변이를 일으키므로 병원균의 새로운 레이스가 출현하게 되고 그에 대한 병저항성이 감수성으로 바뀌기도 함
- 저항성 품종들이 다시 병에 걸리는 이유는 새로운 레이스가 출현하기 때문임

12 벼 도열병의 방제방법으로 옳지 않은 것은?

① 가능하면 파종시기를 늦춘다.
② 논바닥이 마르지 않도록 한다.
③ 덧거름은 너무 늦지 않도록 준다.
④ 레이스 비특이적 저항성 품종을 재배한다.

해설 벼 도열병 방제방법

- 파종시기를 늦지 않게 재배함
- 종자 소독 및 병든 볏짚을 제거함
- 레이스 비특이적 저항성 품종 활용
- 덧거름을 너무 늦지 않게 주도록 함
- 논바닥이 마르지 않고, 찬물을 논에 직접 관수하지 않도록 함

정답 07 ① 08 ③ 09 ④ 10 ② 11 ④ 12 ①

13 병원균의 감염에 의하여 식물체 속에 형성되는 Phenol류에 대한 설명으로 옳은 것은?

① 에너지원으로 사용된다.
② 침투성 농약을 분해한다.
③ 식물 생육과 관련이 있다.
④ 저항성 기작과 관련이 있다.

해설 페놀(Phenol)

병원균 감염을 통해 식물체에 형성되는 물질로, 식물체가 저항하기 위해 분비하는 것

14 오이 모자이크병에 대한 설명으로 옳지 않은 것은?

① 진딧물에 의해 영속성 전염을 한다.
② 대부분 종자전염은 일어나지 않는다.
③ 오이 외에도 다양한 작물에 발병한다.
④ 감염된 잎에서 다수의 황색 반점이 생긴다.

해설 오이 모자이크병

- 병원 : 오이 모자이크바이러스(CMV)
- 증상 : 작은 황색 반점이 생기다 모자이크 형상을 띠게 됨
- 기주 : 토마토, 가지, 고추, 참외, 오이, 상추, 멜론 등 다양한 기주범위를 갖고 있음
- 진딧물(매개충)에 의해 비연속성 전염을 함

15 균사나 분생포자의 세포가 비대해져서 생성되는 것은?

① 유주자　　② 후벽포자
③ 휴면포자　　④ 포자낭포자

해설 후막포자

- 균사(곰팡이)나 분생포자의 세포가 비대하여 세포벽이 두꺼운 무성포자를 생성함
- 수년씩 살아 수명이 길

16 감자 역병(진균 – 조균류 – 유주자균류)에 대한 설명으로 옳지 않는 것은?

① 공기전염성 균과 토양전염성 균이 있다.
② 자낭균류에 의한 병으로 포자 형태로 토양에서 월동한다.
③ 잎 언저리에 암록색 수침상의 부정형 병반을 형성한다.
④ 주로 기온이 20℃ 내외이며 습기가 많은 조건에서 발병한다.

해설 감자 역병

- 병원 : 진균(조균류, 유주자균류)
- 병원균은 균사 형태로 토양 내 병든 감자나 씨감자 등에서 월동 후 기온이 20℃ 내외로 다습하고 냉랭한 시기에 급속도로 번짐
- 잎 언저리에 암록색 수침상의 부정형 반점이 생김

17 가축이 섭취할 경우 유독한 독성 물질에 의해 중독 증상이 나타날 수 있는 것은?

① 벼 깨씨무늬병　　② 보리 줄무늬병
③ 보리 흰가루병　　④ 보리 붉은곰팡이병

해설 맥류 붉은곰팡이병

- 병원 : 진균(자낭균류)
- 장마철 강우조건에서 잘 발생(온난다습한 곳에서 발생)
- 유숙기 이후 비가 며칠 동안 계속될 때 발생하며, 비바람에 의해서 전파됨
- 곰팡이 독소 제랄레논(Zearalenone)의 독소를 사람이나 가축이 먹을 경우 중독증상 발생

18 다음 중 크기가 가장 작은 식물 병원체는?

① 진균　　② 세균
③ 바이러스　　④ 바이로이드

해설

- 바이로이드 : 지금까지 알려진 병원체중 가장 작음
- 바이로이드 < 바이러스 < 세균 < 진균

19 순활물기생체에 해당하는 것은?

① 감자 역병균　　② 벼 깜부기병균
③ 보리 흰가루병균　　④ 고구마 무름병균

해설 병원체의 영양 섭취방법

- 절대기생체
  - 살아 있는 조직 내에서만 생활 가능(순활물기생체)
  - 종류 : 흰가루병균, 노균병균, 녹병균, 무배추 무사마귀병균, 배나무 붉은별 무늬병균
- 임의부생체 : 기생이 원칙이나 때로는 죽은 유기물에서도 영양 섭취, 반기생체
- 임의기생체 : 부생이 원칙이나 노쇠, 변질된 살아 있는 조직을 침해함
- 절대부생체 : 죽은 유기물에서만 영양 섭취(순사물기생체)

정답 13 ④ 14 ① 15 ② 16 ② 17 ④ 18 ④ 19 ③

20 **수목 뿌리에 주로 발생하는 자주날개무늬병이 속하는 진균류는?**

① 난균 ② 담자균
③ 병꼴균 ④ 접합균

해설 **자줏빛날개무늬병(자주날개무늬병)**

- 병원 : 진균(담자균)
- 다범성 병으로 볏과를 제외한 작물, 과수류나 수목에 잘 발생
- 균사, 균핵, 균사층의 형태로 병든 뿌리에서 월동

02 농림해충학

21 **주둥이를 식물체에 찔러 넣어 즙액을 빨아먹는 곤충에 속하지 않는 것은?**

① 진딧물 ② 노린재
③ 집파리 ④ 애멸구

해설 **곤충의 입틀**

- 저작구형 : 씹어 먹는 형태(메뚜기, 풍뎅이, 나비유충, 딱정벌레 등)
- 여과구형 : 물속에 미생물을 여과시켜 영양분 섭취(물속에 사는 곤충)
- 흡취구형 : 핥아먹는 형(집파리 외)
- 자흡구형 : 찔러서 빨아먹는 형(진딧물, 모기, 매미충류, 멸구, 깍지벌레)
- 흡관구형 : 빨아먹는 형태(나비와 나방)

22 **정주성 내부기생선충으로 2령 유충만이 식물을 침입할 수 있는 감염기에 선충이 되는 것은?**

① 침선충 ② 잎선충
③ 뿌리혹선충 ④ 뿌리썩이선충

해설 **뿌리혹선충류**

- 각종 채소류 뿌리에 혹을 만들어 양 · 수분의 흡수를 저해시켜 고사하게 함
- 사질토양에 많이 발생
- 알 또는 유충으로 월동 후 2령 유충(감염기의 선충)이 뿌리 속으로 침입함

23 **가해하는 기주가 가장 다양한 해충은?**

① 벼멸구 ② 솔잎혹파리
③ 사과혹진딧물 ④ 미국흰불나방

해설 **미국흰불나방**

- 분류 : 나비목 불나방과
- 기주 : 벚나무, 단풍나무, 버즘나무, 포플러 나무 등의 대부분 활엽수(광식성, 잡식성 해충)
- 유충이 잎을 식해(식엽성)하고 주변 가로수 정원수에 피해가 심함

24 **생물적 방제법에 이용되는 기생성 천적이 아닌 것은?**

① 진디혹파리 ② 굴파리좀벌
③ 온실가루이좀벌 ④ 콜레마니진디벌

해설 **기생성 천적**

- 기생벌 종류 : 맵시벌상과, 먹좀벌상과, 온실가루이좀벌, 수중다리좀벌상과 등
- 기생파리 종류 : 기생파리과, 쉬파리과 등
- 기생성 천적은 내부 기생성 천적이 많음

25 **한여름 휴한기에 비닐하우스를 밀폐하고 토양 온도를 높여서 땅속 해충을 방제하는 방법은?**

① 행동적 방제법 ② 생물적 방제법
③ 물리적 방제법 ④ 화학적 방제법

해설 **물리적 방제법**

- 해충이 살아가기 힘든 조건의 환경을 만들어 생리활동을 저해하고, 견디기 힘들게 하는 방제법
- 방법 : 저온 및 고온, 방사선, 고추파, 습도 조절 등

26 **복숭아 혹진딧물에 대한 설명으로 옳지 않은 것은?**

① 간모는 단위생식을 한다.
② 식물바이러스를 매개한다.
③ 여름기주로는 복숭아나무, 벚나무 등이 있다.
④ 날개가 있는 유시충과 날개가 없는 무시충이 존재한다.

해설 **복숭아 혹진딧물**

- 분류 : 매미목 진딧물과
- 기주
  - 여름 : 무, 고추, 배추, 오이, 수박 등(채소류)
  - 겨울 : 복숭아나무, 자두나무, 벚나무, 살구나무 등

정답 20 ② 21 ③ 22 ③ 23 ④ 24 ① 25 ③ 26 ③

- 간모가 단위생식으로 무시충으로 태생
- 무시충(날개 없음)과 유시충(날개 있음)으로 존재
- 식물 바이러스에 매개충이 됨

27 미국흰불나방의 학명으로 옳은 것은?

① *Adrias tyrannus*

② *Hyphantria cunea*

③ *Monema flavescens*

④ *Pygeara anachoreta*

해설

① 으름밤나방
② 미국흰불나방
③ 노랑쐐기나방
④ 꼬마버들재주나방

28 유충에서 성충까지 입틀의 형태가 변하지 않는 것은?

① 꿀벌 ② 말매미
③ 학질모기 ④ 배추흰나비

해설 말매미

- 알로 월동 후 이듬해 5~7월에 부화하여 땅속에 들어가 6년 정도 약충생활을 함
- 성충이 과수 및 활엽수 등 이년생 가지에 알을 낳아 식물을 고사시킴
- 일생 동안 입틀은 변화하지 않음

29 곤충의 배설계에 대한 설명으로 옳지 않은 것은?

① 말피기관의 끝은 막혀 있다.

② 지상곤충은 주로 질소대사산물을 암모니아 형태로 배설한다.

③ 말피기관은 중장과 후장의 접속부분에서 후장에 연결되어 있다.

④ 말피기관 밑부와 직장은 물과 무기이온을 재흡수하여 조직 내의 삼투압을 조절한다.

해설 말피기관(말피기씨관, 밀피기소관)

- 곤충의 중장과 후장에 위치한 소화계
- 비틀림 운동의 배설작용
- 질소대사산물을 물에 녹지 않는 암모니아 형태로 배설함
- 말피기관의 끝은 막혀 있음
- 말피기관이 없는 곤충도 있음

30 해충의 휴면이 나타나는 발육단계로 올바르게 짝지어진 것은?

① 복숭아명나방 – 알

② 미국흰불나방 – 유충

③ 이화명나방 – 번데기

④ 오리나무잎벌레 – 성충

해설 해충의 휴면(월동) 형태(발육단계)

① 복숭아명나방 – 유충
② 미국흰불나방 – 번데기
③ 이화명나방 – 유충
* 성충으로 월동하는 종류 : 소나무좀, 향나무하늘소, 오리나무잎벌레, 버즘나무방페벌레, 진달래방패벌레 등

31 총채벌레목에 대한 설명으로 옳지 않은 것은?

① 단위생식도 한다.

② 입틀의 좌우가 같다.

③ 불완전변태군에 속한다.

④ 산란관이 잘 발달하여 식물의 조직 안에 알을 낳는다.

해설 총채벌레목

- 입틀은 좌우가 다르며, 빠는 입틀(흡취구형)
- 왼쪽 큰턱 한 개만 발달하여 즙액 흡취
- 단위생식도 하나 대부분 양성생식
- 불완전변태에 속함
- 산란관 발달로 식물 조직 내에 알을 낳음

32 콩의 어린 꼬투리에 유충이 먹어 들어가 여물지 않은 종실을 갉아 먹는 해충은?

① 콩나방 ② 콩진딧물
③ 콩줄기굴파리 ④ 콩잎말이명나방

해설 콩나방

- 분류 : 나비목 애기잎말이나방과
- 1년에 1회 발생
- 콩의 꼬투리를 유충이 먹어 들어가 여물지 않게 하며, 노숙유충은 꼬투리에 구멍을 내고 탈출함(콩알 가해)

정답 27 ② 28 ② 29 ② 30 ④ 31 ② 32 ①

33 곤충의 체벽(외골격)을 구성하는 요소들을 바깥쪽부터 순서대로 바르게 나열한 것은?

① 외큐티클 – 진피 – 상큐티클 – 기저막
② 외큐티클 – 상큐티클 – 진피 – 기저막
③ 상큐티클 – 진피 – 외큐티클 – 기저막
④ 상큐티클 – 외큐티클 – 진피 – 기저막

해설 곤충 체벽 순서(밖으로부터)

- 표피층(외표피, 원표피) – 진피층 – 기저막
- 외표피(상큐티클) – 외원표피(외큐티클) – 내원표피(내큐티클) – 진피층 – 기저막

34 애멸구에 대한 설명으로 옳지 않은 것은?

① 잡초에서 성충으로 월동한다.
② 벼 줄무늬잎마름병을 매개한다.
③ 우리나라에서 월동이 가능하다.
④ 보독충의 알에도 바이러스 병원균이 있을 수 있다.

해설 애멸구

- 애멸구는 바이러스 매개충(흡즙)
- 논둑이나 잡초 보리밭 등에서 4령충으로 월동(우리나라 남부지방에서는 월동)
- 애멸구의 체내에 알을 통해 바이러스 증식(경란전염 : 벼 줄무늬잎마름병)
- 경란전염 및 영속적 전염이 없는 것(벼 검은줄오갈병)

35 걸어 다니는 기능 이외에 다른 목적으로 변형된 다리를 가진 곤충이 아닌 것은?

① 모기　② 꿀벌
③ 사마귀　④ 땅강아지

해설 곤충의 다리

환경에 적응하기 위해 다리 구조가 변형된 것의 종류에는 사마귀류, 메뚜기, 기생곤충, 물매미, 땅강아지, 꿀벌 등이 있음

36 윤작으로 방제 효과가 가장 미비한 해충은?

① 이동성이 적은 해충류
② 생활사가 짧은 해충류
③ 식성 범위가 좁은 해충류
④ 토양곤충에 해당되는 해충류

해설 윤작 방제에 효과적인 해충

이동성이 적으며, 식성 범위가 좁고, 토양곤충에 해당되는 해충

37 거미와 비교한 곤충의 일반적 특징으로 옳지 않은 것은?

① 겹눈과 홑눈이 있다.
② 더듬이는 한 쌍이다.
③ 성충의 다리는 세 쌍이다.
④ 생식문이 배의 배면 앞부분에 있다.

해설 곤충의 구조적 특성

- 머리 : 입틀, 1쌍의 겹눈, 1～3쌍의 홑눈, 1쌍의 촉각
- 가슴
  - 날개 : 가운데가슴, 뒷가슴에 1쌍씩 총 2쌍
  - 다리 : 앞가슴, 가운데가슴, 뒷가슴에 1쌍씩 총 3쌍(보통 5마디)
- 배 : 보통 10개 내외의 마디, 기문, 항문, 생식기로 구성됨

38 어떤 곤충 유충의 발육률(y)과 온도(x)의 관계식을 $y = ax + b$와 같이 표현했을 때 곤충의 발육영점온도를 추정하는 방법은?

① $-b \div a$　② $a - b$
③ $-1 \div a$　④ $-1 \div b$

해설 발육영점온도

곤충이 발육되지 않는 생존 최저 온도(종에 따라 달라짐)

$ax + b = y$
$ax + b = 0$
$ax = -b$
$x = -b \div a$

39 1년에 1회 발생하는 해충은?

① 조명나방　② 감자나방
③ 벼물바구미　④ 미국흰불나방

해설 벼물바구미

- 분류 : 딱정벌레목 비구미과
- 외래해충으로 성충은 이앙 직후 어린 벼이 엽육을 가해, 부화유충은 땅속의 뿌리 가해
- 성충보다 유충의 섭식량이 많음
- 연 1회 발생(잡초 및 낙엽 밑에 성충으로 월동)

정답 33 ④ 34 ① 35 ① 36 ② 37 ④ 38 ① 39 ③

40 소나무재선충을 매개하는 해충으로만 올바르게 나열된 것은?

① 알락하늘소, 털두꺼비하늘소
② 알락하늘소, 북방수염하늘소
③ 솔수염하늘소, 털두꺼비하늘소
④ 솔수염하늘소, 북방수염하늘소

해설 소나무 재선충병(소나무 시들음병)
- 기주 : 소나무, 잣나무, 해송 등
- 매개충 : 솔수염하늘소, 북방수염하늘소
- 우화한 성충이 소나무 신초를 갉아 먹을 때 재선충이 수목으로 침입되어 전반됨

03 재배원론

41 감자의 휴면과 밀접한 관계가 있는 생장호르몬은?

① ABA　② Ethylene
③ Kinetin　④ gibberellin

해설 ABA(Abscisic acld)
- 생장억제물질
- 재배적 이용 : 낙엽 촉진, 휴면 유도, 잎의 노화 및 발아 억제, 화성 촉진 등

42 다음 중 작물의 복토 깊이가 가장 깊은 것은?

① 양파　② 배추
③ 옥수수　④ 시금치

해설 복토의 깊이
- 종자 두께의 2~3배 정도
- 종자의 크기 및 발아 습성, 토양조건에 따라 다르게 복토함

43 다음 중 장일식물의 화성을 촉진하는 효과가 가장 큰 물질은?

① 2,4－D　② MH
③ Kinetin　④ Gibberellin

해설 지베렐린(GA : Gibberellin)
- 곰팡이(벼의 키다리병을 일으키는)에서 처음 추출된 호르몬
- 작용 : 경엽의 신장 촉진, 종자 휴면타파, 화성 유도 촉진(개화 촉진), 단위결과의 유도, 열매 생장 촉진 등

44 옥신 중에서 식물체에서 합성되지 않는 것은?

① IAA　② IAN
③ NAA　④ PAA

해설 옥신
- 식물 생장 촉진 호르몬
- 선단부(줄기, 뿌리의)에 생성되어 체내로 이동 후 세포 신장 촉진에 관여
- 작용 : 접목 시 활착을 촉진, 제초, 발근 촉진 등
- 합성호르몬(식물체에서 합성이 안 됨) 종류 : NAA, IBA, PCPA, 2,4,5－T, 2,4,5－TP, 2,4－D 등

45 다음 중 내습성이 가장 강한 과수류는?

① 무화과　② 복숭아
③ 밀감　④ 포도

해설 작물의 내습성 정도

식용작물	벼 > 옥수수 > 토란 > 고구마 > 보리, 밀 > 감자 > 메밀
채소류	고추 > 토마토, 오이 > 시금치, 무 > 당근, 양파, 파, 꽃양배추
과수류	올리브 > 포도 > 감귤 > 감, 배 > 복숭아, 밤, 무화과

46 토양 산성화의 원인으로 가장 거리가 먼 것은?

① 빗물에 의한 염기 용탈
② 염화가리, 황산암모니아 등의 유입
③ 토양 유기물의 분해
④ 인산, 마그네슘의 보급

해설 토양 산성화의 원인
- 빗물에 염기가 용탈 및 유실되어 산성화 촉진
- 산성 비료(염화가리, 황산암모니아) 등을 연용
- 식물 뿌리 내에 양분 흡수 시 H^+ 방출

정답 40 ④ 41 ① 42 ③ 43 ④ 44 ③ 45 ④ 46 ④

47 벼에서 염해가 우려되는 최소농도는?

① 0.1% NaCl ② 0.4% NaCl
③ 0.7% NaCl ④ 0.9% NaCl

해설
벼에서 염해가 우려되는 염화나트륨(NaCl)의 최소농도는 0.1%

48 포장용수량(최소용수량)의 pF는 약 얼마인가?

① 0 ② 2.7
③ 3.9 ④ 4.2

해설 포장용수량(최소용수량)
강우, 관개 후 중력수가 완전히 배수되고 토양에 남은 수분(pF 2.5~2.7)

49 대기의 이산화탄소 농도는?

① 약 0.0035% ② 약 0.035%
③ 약 0.35% ④ 약 3.5%

해설 대기의 조성
질소 약 79%, 산소 약 21%, 이산화탄소 약 0.035%

50 산파(흩어뿌림)에 대한 설명으로 틀린 것은?

① 투광성이 좋아진다.
② 종자 소요량이 많아진다.
③ 도복하기 쉽다.
④ 제초 작업에 어려움이 있다.

해설 파종방법 – 산파(흩어뿌리기)
- 포장 전체에 골고루 종자를 뿌리는 방법
- 파종에 관한 노동력이 적게 들지만 제초 작업은 불편함
- 종자 소요량이 많고, 도복(웃자람)하기 쉬움

51 고구마, 감자 등 수분함량이 높은 작물의 저장 시 큐어링을 실시하는 1차 목적은?

① 성분함량 증대 ② 상처 치유
③ 저장력 증대 ④ 충해 방지

해설 큐어링
- 고구마 수확 후 병균이 침입하지 못하도록 상처 부위를 치료하는 방법
- 고구마, 감자 등 수분함량이 높은 작물의 저장 시에 활용
- 수확 후 1주일 이내에 실시(온도 30~35℃, 상대습도 90~95%)하고, 4일간 두어 상처가 아물도록 함
- 목적 : 저장력을 좋게 하고, 병 발생을 감소시키며, 수분량을 조절하여 맛을 좋게 함

52 종자의 수명이 5년 이상인 장명종자로만 나열된 것은?

① 가지, 수박 ② 메밀, 고추
③ 해바라기, 옥수수 ④ 상추, 목화

해설 장명종자(4~6년 이상)
토마토, 수박, 가지, 사탕무, 녹두, 오이 등

53 다음 중 무배유 종자는?

① 보리 ② 상추
③ 밀 ④ 피마자

해설 무배유 종자
- 배유 대신 떡잎이 잘 발달되어 영양분을 저장하는 형태
- 종류 : 완두, 콩, 팥, 동부, 오이, 배추, 상추, 알팔파 등

54 볍씨의 휴면을 유기하는 발아 억제물질은 어디에 있는가?

① 영(穎) ② 배유
③ 배 ④ 유엽

해설 발아 억제물질
볍씨의 영(穎)에 발아 억제물질이 존재(배 안의 생장점 내 존재)

55 다음 중 내염성이 가장 강한 작물은?

① 가지 ② 셀러리
③ 완두 ④ 양배추

해설 내염성
- (토양 내) 높은 염도에도 잘 견디는 성질
- 내염성이 강한 작물 종류 : 사탕무, 양배추, 순무, 목화, 귀리, 보리, 아스파라거스 등

정답 47 ① 48 ② 49 ② 50 ① 51 ② 52 ① 53 ② 54 ① 55 ④

56 작물의 배수성 육종 시 염색체를 배가시키는 데 가장 효과적으로 이용되는 것은?

① Colchicine ② Auxin
③ Kinetin ④ Ethylene

해설

배수체육종법 중 콜히친(Colchicine) 약제 처리를 하면 식물의 배수체가 자유롭게 만들어져 돌연변이를 유발할 수 있다.

57 동상해 응급대책으로 물이 얼 때 잠열(숨은 열)이 발생되는 점을 이용하여 작물체 표면에 물을 뿌려주는 방법은?

① 발연법 ② 연소법
③ 송풍법 ④ 살수빙결법

해설 동상해의 응급처치법

- 송풍법 : 따뜻한 공기를 토양 표면에 송풍함
- 연소법 : 중유나 고형 재료 등의 연소를 통해 열을 공급함
- 발연법 : 수증기가 함유된 연기를 발산함
- 살수빙결법 : 스프링클러로 살수하여 식물체 표면을 동결시키는 방법으로, 물이 얼 때 잠열(숨은 열)을 이용함

58 영양기관의 분류에서 땅속줄기에 해당하는 것은?

① 나리 ② 감자
③ 박하 ④ 토란

해설 영양기관의 분류

포복경	땅위를 기는 줄기	딸기, 땅콩, 고구마, 토끼풀 외
지하경	땅속 기는 줄기	대나무, 박하, 생강 외
괴경	땅속 덩이 줄기	감자, 토란 외
인경	땅속 비늘 줄기	양파, 마늘, 백합, 수선화, 히야신스 외
괴근	땅속 덩이 뿌리	고구마, 무, 다알리아 외

59 기공을 폐쇄시켜 증산을 억제시키는 것은?

① 옥신 ② 지베렐린
③ 에틸렌 ④ ABA

해설 ABA(Abscisic acld)

- 생장억제물질
- 재배적 이용 : 낙엽 촉진, 휴면 유도, 잎의 노화 및 발아 억제, 화성 촉진 등

60 작물의 생력기계화 재배의 전제조건으로 볼 수 없는 것은?

① 잉여노동력의 수익화 방안을 강구한다.
② 동일한 품종을 동일한 재배방식으로 집단재배한다.
③ 여러 농가가 집단화하여 공동재배시스템을 조성한다.
④ 친환경재배단지를 조성하여 합리적 제초제 사용에 따른 기계화 재배를 수행한다.

해설 생력재배의 조건

- 농경지에 생력화를 가능하게 할 수 있도록 하기 위한 방법으로 넓은 면적을 공동관리하고, 동일품종을 동일재배방식으로 재배하며 공동재배시스템을 조성함
- 기계를 이용하여 노동력의 수익화에 힘씀

04 농약학

61 유기인제 계통의 약제와 알칼리성 농약의 혼용을 피해야 하는 주된 이유는?

① 약해가 심해지기 때문이다.
② 물리성이 나빠지기 때문이다.
③ 가수분해가 일어나기 때문이다.
④ 중합반응을 하여 다른 물질이 되기 때문이다.

해설

유기인계 농약은 알칼리성 농약과 혼용하면 알칼리에서 쉽게 가수분해되어 농약의 효과가 상실된다.

62 계면활성제를 구성하는 원자단 중 친유성(親油性)이 가장 강한 것은?

① $ROCH_3$ ② $-C_nH_{2n+1}$
③ $-OH$ ④ $-SO_3$

해설 계면활성제 친유성을 갖는 원자단(친유기)

알킬기($-C_nH_{2n+1}$), 페닐기($-C_6H_5$) 등

정답 56 ① 57 ④ 58 ③ 59 ④ 60 ④ 61 ③ 62 ②

63 보르도액 사용 시 살균력을 나타내는 성분은?

① Cu ② Ca
③ Co ④ C

해설 보르도액(석회보드로액)

- 살포 시 막을 형성하여 병원균 침입을 억제하는 보호살균제로 구리(Cu)가 살균력을 갖음
- 제조 원료 : 황산구리(황산동), 수산화칼슘(생석회)

64 45% 유제를 600배로 희석하여 10a당 120L를 살포하여 해충을 방제하려고 할 때 유제의 소요량은?

① 100mL
② 200mL
③ 300mL
④ 400mL

해설

$$소요약량 = \frac{총\ 사용량}{희석배수} = \frac{120}{600} = 0.2L = 200mL$$

65 수화제의 분말입자가 수중에서 분산 부유하는 성질을 의미하는 것은?

① 유화성
② 고착성
③ 현수성
④ 부착성

해설 현수성

수화제에 물을 넣어 고체 미립자가 침전 또는 떠오르지 않고 오랫동안 균일한 분산상태를 유지하여 현탁액이 되는 성질

66 농약관리법에 의한 맹독성의 판정기준은?

① 급성 경구독성이 고체는 5mg/kg, 액체는 20mg/kg 미만
② 급성 경구독성이 고체는 5mg/kg, 액체는 40mg/kg 미만
③ 급성 경구독성이 고체는 10mg/kg, 액체는 50mg/kg 미만
④ 급성 경구독성이 고체는 10mg/kg, 액체는 100mg/kg 미만

해설 독성의 구분

구분	시험동물의 반수를 죽일 수 있는 양(mg/kg 체중)			
	급성경구		급성경피	
	고체	액체	고체	액체
1급 맹독성	5 미만	20 미만	10 미만	40 미만
2급 고독성	5 이상 50 미만	20 이상 200 미만	10 이상 100 미만	40 이상 400 미만
3급 보통독성	50 이상 500 미만	200 이상 2,000 미만	100 이상 1,000 미만	400 이상 4,000 미만
4급 저독성	500 이상	2,000 이상	1,000 이상	4,000 이상

67 다음 중 농용 항생제가 아닌 것은?

① 클로로피크린(Chloropicrin)
② 블라스티시딘 에스(Blasticidin－S)
③ 카수가마이신(Kasugamycin)
④ 스트렙토마이신(Streptomycin)

해설 농용 항생제

- 미생물이 생성하는 화합물질을 이용하여 다른 미생물의 발육 또는 대사를 억제시키는 생리작용을 하는 것
- 종류 : 카수가마이신(Kasugamycin), 발리다마이신에이(Validamycine A), 스트렙토마이신(Streptomycin), 블라스티시딘 에스(Blasticidin－S), 폴리옥신 비, 디(Polyoxin B, D) 등

68 살충제 카보퓨란(Carbofuran)에 대한 설명으로 틀린 것은?

① 약효 지속기간이 매우 길다.
② 속효성이면서 지효성이다.
③ 식독제로 입을 통해 충체 내로 들어가 독작용을 하는 살충제이다.
④ Carbamate계 살충제로 비교적 안정한 화합물이다.

해설 카보퓨란(Carbofuran) 카바메이트계 살충제

- 약효는 빠르고 지속기간이 매우 길
- 체내에서 빨리 분해되어 인축에 대한 독성이 낮은 안정한 화합물

정답 63 ① 64 ② 65 ③ 66 ① 67 ① 68 ③

69 사용목적에 따른 살충제 농약의 분류에 해당하지 않는 것은?

① 식독제 ② 미립제
③ 유인제 ④ 기피제

해설 살충제 종류

접촉제, 침투성 살충제, 소화중독제(딕독제), 훈증제, 유인제, 기피제, 접착제, 불임제 등
※ 미립제는 입제보다 입자의 크기를 작게 한 것으로 농약의 제형에 따른 분류에 속함

70 농약의 이화학적 검사에서 적부를 판정하는 검사항목이 아닌 것은?

① pH ② 유효성분
③ 분말도 ④ 입도

해설 농약의 이화학적 검사

- 자체검사 : pH, 비중, 표면장력, 내열 · 내한성, 안전성 등
- 적부 판정 검사항목 : 유효성분, 유화성, 수용성, 분말도(입도), 분산성, 유해성분 등

71 manganese ethylenebis(dithiocarbamate)이 주성분인 아연 배위화합물로서 광범위한 작물의 탄저병을 포함한 광범위한 병해에 적용되는 보호살균제 농약은?

① 이프로(Iprodione) ② 만코제브(Mancozeb)
③ 빈졸(Vincolzolin) ④ 페나진(Phenazine)

해설

- 만코제브(Mancozeb) : 아연 배위화합물로서 광범위한 작물의 탄저병을 포함한 광범위한 병해에 사용됨
- 유기황제 살균제의 종류 : 만코제브, 티람, 프로피네브

72 토양잔류성 농약이라 함은 토양 중 농약의 반감기간이 며칠 이상인 농약으로서 사용결과 농약을 사용하는 토양에 그 성분이 잔류되어 후작물에 잔류되는 농약을 말하는가?

① 30일 ② 60일
③ 90일 ④ 180일

해설 토양잔류성 농약

- 토양 내 농약의 반감기간이 180일 이상인 농약
- 성분이 후작에 잔류되는 농약

73 약해가 일어나는 조건으로 가장 거리가 먼 것은?

① 장마철 보르도액의 살포
② 살포약제의 고농도 살포
③ 낙엽 후 기계유 유제의 살포
④ 고온, 고광도 시 석회황합제의 사용

해설 약해의 유발 원인

- 환경조건에 따른 약해
- 농약의 오남용으로 인한 약해
- 농약 자체 원인에 의한 약해
- 농약 사용 후 특성에 의한 약해
- 작물의 특성에 따른 약해
- 희석 용수의 불량으로 인한 약해

74 농약의 약효를 최대로 발현시키기 위한 방법으로 가장 거리가 먼 것은?

① 방제 적기에 농약 살포
② 적정 농도의 정량 살포
③ 병해충 및 잡초에 알맞은 농약 선택
④ 효과가 좋은 농약 한 가지만을 계속 사용

해설 농약의 약해 방지 및 약효 증진방법

- 적용 약제를 알맞게 선택함
- 적절한 시기에 살포함
- 정해진 희석배수(농도)로 살포함
- 작용 특성이 다른 농약을 교대로 사용함

75 다음 중 신경독 살충제는?

① 클로로피크린 ② 기계유 유제
③ 유기수은제 ④ 제충국제

해설 신경독 살충제

유기인제, BHC, 피레트린(Pyrethrin, 제충국제)

76 액체 상태 농약 용기의 마개가 황색을 띤 약제는?

① 제초제 ② 살충제
③ 살균제 ④ 생장조절제

해설 약제 용도별 용기 마개의 색깔

- 살균제 : 분홍색
- 살충제 : 녹색
- 제초제 : 황색
- 생장조절제 : 청색

정답 69 ② 70 ① 71 ② 72 ④ 73 ③ 74 ④ 75 ④ 76 ①

77 **농약은 사용 형태에 따라 여러 가지 형태의 제제가 있다. 일반적으로 살포액으로 사용될 수 없는 것은?**

① 유제 ② 수화제
③ 수용제 ④ 입제

해설 액체 시용제

유제, 수용제, 수화제

④ 입제는 고형 시용제이다.

78 **다음 농약 중 살비제(Acaricide)가 아닌 것은?**

① 디코폴(Dicofol)
② 아미트라즈(Amitraz)
③ 사이플루트린(Cyfluthrin)
④ 클로펜테진(Clofentezine)

해설 살비제

- 응애류 방제에 활용되는 약제
- 종류 : 디코폴(Dicofol), 아미트라즈(Amitraz), 클로펜테진(Clofentezine), 밀베멕틴(Milbemectin), 벤족시메니트(Benzoximate) 등

79 **약제의 처리법 중 수면시용법이 갖추어야 할 특성으로 틀린 것은?**

① 물에 잘 풀리고 널리 확산되어야 한다.
② 물이나 미생물 또는 토양 성분 등에 의하여 분해되지 않아야 한다.
③ 수중에서 장시간에 걸쳐 녹아 약액의 농도를 유지하여야 한다.
④ 가급적 약제의 일부는 수중에 현수되도록 친수 및 발수성을 갖추어야 한다.

해설 수면시용법

- 논의 수면에 농약을 시용하여 확산시키는 방법
- 수면부상성 입제 및 수면전개제 등을 활용함

80 **농용 항생제가 갖추어야 할 조건으로 가장 거리가 먼 것은?**

① 분해가 빨라야 한다.
② 식물에 대하여 약해가 없어야 한다.
③ 식물병원균에 대해 항균력이 있어야 한다.
④ 인축에 대한 독성이 가급적 없어야 한다.

해설 농용 항생제의 구비조건

- 식물에 대한 약해 및 인축에 대한 독성이 없어야 함
- 가격이 저렴해야 함
- 식물병원균에 항균력을 가지고 있어야 함
- 광 및 공기에 쉽게 분해되지 않아야 함

05 잡초방제학

81 **작물과 잡초의 양분 경합에서 가장 크게 관여하는 비료 성분은?**

① 황 ② 칼슘
③ 질소 ④ 마그네슘

해설

경합 양분 중 질소(N)에 대한 경합이 가장 큼

82 **제초제의 선택성을 발휘하는 주요 요인이 아닌 것은?**

① 잡초 잎의 수
② 잡초의 생장점 위치
③ 잡초 뿌리의 분포 깊이와 형태
④ 잡초 종자의 발아 및 출아 심도

해설 형태적 선택성

- 식물 외형의 모습에 따라 선택성을 가짐
- 뿌리 : 뿌리의 분포 깊이 형태
- 생장점 위치
- 잎 : 잎의 표면 조직, 잎의 각도, 잎의 털 유무, 큐티클 유무 등

83 **생물적 잡초 방제를 위해 곤충을 사용할 때 곤충에 대한 유의사항으로 옳지 않은 것은?**

① 잡초의 적응지역과 유사한 지역에 적응할 수 있어야 한다.
② 인공적으로 배양 또는 증식이 어려우며 생식력이 약해야 한다.
③ 문제 잡초를 선별적으로 찾아다닐 수 있는 이동성이 있어야 한다.
④ 대상 잡초에만 피해를 주고 잡초가 없어지면 천적 자체도 소멸되어야 한다.

정답 77 ④ 78 ③ 79 ③ 80 ① 81 ③ 82 ① 83 ②

해설 생물적 잡초 방제를 위한 천적의 구비조건

- 새로운 지역에서 적응성이 좋은 것
- 잡초보다 빠른 번식능력이 있는 것
- 잡초 이외의 유용 식물을 가해하지 않는 것
- 비산 또는 분산능력이 큰 것
- 잡초에 잘 이동하는 것
- 인공적 배양 또는 증식이 잘 되는 것
- 생식력(번식력)이 강한 것
- 환경에 잘 적응하는 것

84 잡초에 대한 설명으로 옳은 것은?

① 생활 주변 식물 중 순화된 식물이다.
② 인간의 의도에 역행하는 식물이다.
③ 농경지나 생활 주변에서 제자리를 지키는 식물이다.
④ 초본식물만을 대상으로 한 바람직하지 않은 식물이다.

해설

잡초는 유용한 면도 있어 활용가치가 높다.

85 벼와 피의 주된 형태적 차이점은?

① 피에만 엽이가 있다.
② 벼에만 잎몸이 없다.
③ 벼에만 잎혀가 있다.
④ 벼와 피에는 잎집이 없다.

해설

피와 벼의 큰 차이점은 피는 잎에 잎혀(엽설)와 잎귀(엽이)가 없다.

86 올방개 방제에 가장 효과적인 제초제는?

① 뷰타클로르 유제
② 펜디메탈린 유제
③ 페녹슐람 액상 수화제
④ 피라조설퓨론에틸 수화제

해설 올방개

- 방동사니과 다년생 논잡초
- 전국의 습지, 수로, 논에 가장 많이 발생하며 방제가 어려운 잡초
- 제초제 : 페녹슐람 액상 수화제

87 잡초 발생이 가장 많은 벼 재배방식은?

① 담수직파　② 건답직파
③ 성묘 손이앙　④ 중묘 기계이앙

해설 재배 양식별 논잡초의 발생 비율

건답직파 > 담수직파 > 어린모 기계이앙 > 중묘 기계이앙 > 손이앙

88 가을에 발생하여 월동 후에 결실하는 잡초로만 올바르게 나열된 것은?

① 쑥, 비름, 명아주
② 깨풀, 민들레, 강아지풀
③ 별꽃, 둑새풀, 벼룩나물
④ 별꽃, 바랭이, 애기메꽃

해설 동계(월동형)잡초

속속이풀, 냉이, 개미자리, 별꽃, 벼룩나물, 둑새풀, 갈퀴덩굴, 점나도나물, 벼룩이자리 등

89 작물과 잡초가 경합할 때 작물에 피해가 가장 큰 경우는?

① C_3 작물과 C_4 잡초　② C_3 작물과 C_3 잡초
③ C_4 작물과 C_3 잡초　④ C_4 작물과 C_4 잡초

해설 C_3 작물과 C_4 식물

C_3 작물	• C_4 식물과 비교 시 고온, 고광도, 수분제한 조건 시 불리함 • 대부분의 식물은 C_3 식물 • 주요 작물은 C_3 식물이며 상대적으로 잡초가 생존에 우수함
C_4 식물	• 낮은 대기 CO_2 농도에서도 광합성 효율이 높음 • 가뭄이나 고온, 고광도 등의 환경 스트레스에 유리 • 불리한 환경조건에서도 적응력이 강함 • 잡초는 대부분 광합성 효율이 높은 C_4 식물이 많음

90 잡초가 발아하여 지표면 위로 출현하는 과정에 관여하는 요인으로 가장 관련이 적은 것은?

① 토양심도　② 토양수분
③ 토양온도　④ 토양강도

해설 유묘 출현 시 환경 요인

토양산도, 토양산소, 토양수분, 토양온도, 토양심도, 토양비옥도, 토양염도 등

정답 84 ② 85 ③ 86 ③ 87 ② 88 ③ 89 ① 90 ④

91 **제초제의 약해가 발생하는 주요 요인이 아닌 것은?**

① 감수성 고정　② 농약 상호작용
③ 환경 중의 확산　④ 토양 중 제초제 잔류

해설

제초제 약해는 토성, 재배양식, 물관리, 이앙심도, 벼의 무기성분, 제초 시기, 살충 · 살균제의 상호작용에 의해 발생한다.

92 **이사-디 액제에 대한 설명으로 옳지 않은 것은?**

① 페녹시계 제초제이다.
② 광엽잡초에 특히 활성이 높다.
③ 주로 논 제초제로 사용되고 있다.
④ 이행성이 비교적 낮고 생장점 등에 집적하는 성질이 있다.

해설 2,4-D(이사-디)

- 페녹시계 제초제
- 경엽 처리, 선택성, 호르몬형, 이행형, 논 제초제
- 식물호르몬 활성 저해를 통해 살초 효과 발생
- 우리나라에서 먼저 사용된 제초제(유기화합물 제초제)

93 **지속적인 예취의 결과로 옳지 않은 것은?**

① 잡초 결실을 미연에 방지한다.
② 키가 큰 차광 피해를 제거한다.
③ 다년생 잡초의 저장양분을 고갈시킨다.
④ 포복형 및 로제트형 잡초종이 감소된다.

해설

지속적인 예취 시 포복형이나 로제트형 등의 땅바닥에 있는 잡초는 더 증가하게 됨

94 **제초제의 대사에 대한 설명으로 옳지 않은 것은?**

① 생물적 변형이라고도 한다.
② 유기제초제가 완전히 산화하여 탄산가스로 변화되는 경우는 매우 드물다.
③ 식물 체내에 흡수, 이행된 제초제가 본래의 화학구조에서 다른 것으로 변형되는 것이다.
④ 제초제가 잡초의 세포 내에서 화학적으로 결합하여 가수분해 된 뒤 2차 결합하여 잡초를 죽인다.

해설

제초제의 대사 중 화학적으로 결합하여 가수분해가 되면 제초제의 기능이 없어지게 되어 제초 효과를 볼 수 없게 된다.

95 **형태적 특성에 따른 잡초 분류로 옳지 않은 것은?**

① 소엽류 잡초　② 광엽류 잡초
③ 화본과류 잡초　④ 방동사니과류 잡초

해설 형태적 특성에 따른 잡초의 분류

광엽 잡초	• 잎이 둥글고 크며, 잎맥은 그물처럼 얽혀 있는 망상맥 • 종류 : 명아주, 질경이, 가래, 물달개비, 밭뚝외풀, 쇠비름 등
화본과 잡초	• 잎의 길이가 폭에 비해 길 • 잎맥은 평행맥 • 잎은 잎집과 잎몸으로 구성 • 줄기는 마디가 뚜렷한 원통형 • 마디 사이가 비어 있음 • 종류 : 피, 바랭이, 둑새풀, 나도겨풀, 강아지풀 등
방동사니과 잡초	• 화본과 잡초와 비슷 • 줄기가 삼각형, 윤택이 남 • 속이 차 있음 • 잎이 좁음 • 소수(작은 이삭)에는 작은 꽃이 달림 • 물속이나 습지에서 잘 자람 • 종류 : 너도방동사니, 올챙이고랭이, 올방개, 향부자, 매자기, 파대가리, 바람지기 등

96 **밭에서 주로 발생하는 잡초로만 올바르게 나열된 것은?**

① 여뀌, 매자기　② 쇠비름, 바랭이
③ 올방개, 물달개비　④ 드렁새, 사마귀풀

해설 잡초의 분류

일년생	논잡초	둑새풀, 피, 바늘골, 바람하늘지기, 알방동사니, 참방동사니, 곡정초, 마디꽃, 물달개비, 물옥잠, 밭둑외풀, 사마귀풀, 생이가래, 여뀌, 여뀌바늘, 자귀풀, 중대가리
	밭잡초	강아지풀, 개기장, 둑새풀, 바랭이, 피, 바람하늘지기, 참방동사니, 파대가리, 개비름, 까마중, 명아주, 쇠비름, 여뀌, 자귀풀, 환삼덩굴, 주름잎, 석류풀, 도꼬마리, 바랭이
다년생	논잡초	나도겨풀, 너도방동사니, 매자기, 쇠털골, 올방개, 올챙이고랭이, 파대가리, 가래, 개구리밥, 네가래, 미나리, 벗풀, 올미, 좀개구리밥
	밭잡초	반하, 쇠뜨기, 쑥, 토끼풀, 메꽃
월년생	밭잡초	망초, 중대가리풀, 황새냉이

정답 91 ① 92 ④ 93 ④ 94 ④ 95 ① 96 ②

97 **잡초에 대한 작물의 경합력을 높이는 방법은?**

① 이식재배를 한다.
② 직파재배를 한다.
③ 만생종을 재배한다.
④ 재식밀도를 낮춘다.

해설

잡초에 대한 작물의 경합력을 높이기 위해서는 이앙(이식재배 및 손이앙) 등을 통해 작물이 먼저 선점하도록 해야 함

98 **주로 종자로 번식하는 잡초는?**

① 올미, 벗풀
② 가래, 쇠털골
③ 강피, 물달개비
④ 올방개, 너도방동사니

해설

- 종자번식 잡초 : 강피, 물달개비 등
- 괴경번식 잡초 : 올방개, 올미 벗풀, 매자기, 향부자, 너도방동사니 등
- 근경번식 잡초 : 쇠털골, 가래, 띠, 수염가래꽃, 나도겨풀 등

99 **잡초의 종자가 휴면하는 원인으로 옳지 않은 것은?**

① 미숙한 배
② 두꺼운 종피
③ 발아 억제물질 존재
④ 산불에 의한 급격한 온도변화

해설 잡초 종자의 휴면 원인

종피의 수분 투과 저해, 종피의 산소 흡수 저해, 종피의 기계적 저항, 배의 미숙, 발아 억제물질의 존재 여부 등

100 **논에 다년생 잡초가 증가하는 주요 요인으로 옳지 않은 것은?**

① 추경 감소
② 벼의 연작재배
③ 동일 제초제 연용
④ 벼의 조기이식 재배

해설

동일 성분의 제초제를 연용할 경우 논에 다년생 잡초가 많이 발생함

정답 97 ① 98 ③ 99 ④ 100 ②

2018년 기사 4회

01 식물병리학

01 복숭아나무 잎오갈병에 대한 설명으로 옳은 것은?

① 병원균은 담자균에 속한다.
② 균사가 뿌리의 상처에 침입한다.
③ 주로 여름철 고온 환경에서 발병한다.
④ 디티아논 수화제를 살포하여 방제한다.

해설 복숭아나무 잎오갈병
- 병원 : 진균(자낭균)
- 1차 전염은 분생포자가 어린 잎의 각피를 직접 뚫고 침입하나 2차 전염은 안 함
- 비가 많이 오고 서늘한 기후에 잘 발생(저온다습에 다발생)
- 기온이 20℃ 이상인 경우 잘 발생하지 않음
- 새순이 나오기 전에 디티아논 수화제(살균제)로 예방함

02 다음 방제방법에 가장 효과적인 식물병은?

> • 병이 심하게 발생한 포장은 비기주식물로 돌려짓기 한다.
> • 저항성 대목으로 접목하여 재배한다.

① 배추 노균병 ② 양파 잎마름병
③ 오이 덩굴쪼김병 ④ 배추 무사마귀병

해설 오이 덩굴쪼김병
- 병원 : 진균(불완전균)
- 오염된 토양 및 병든 종자에서 전염되고, 균사나 후막포자가 토양에서 월동
- 사질토와 산성 토양에서 심하게 발생함
- 방제법 : 연작은 피함(5년 이상 윤작), 토양 살균, 저항성 대목인 호박대목으로 접목

03 사과나무 부란병에 대한 설명으로 옳지 않은 것은?

① 자낭포자와 병포자를 형성한다.
② 강한 전정 작업을 하지 말아야 한다.
③ 사과나무의 가지에 감염되면 사마귀가 형성된다.
④ 병원균이 수피의 조직 내에 침입해 있어 방제가 어렵다.

해설 사과나무 부란병
- 병든 가지나 줄기에서 병포자, 자낭포자로 월동
- 나뭇가지 및 줄기 전정 시 상처를 통해 침입
- 껍질이 갈색으로 부풀고 벗겨지며 알코올 냄새가 남

04 병원균에 대하여 항균력이 있는 미생물을 이용하여 식물병을 방제하는 방법은?

① 화학적 방제 ② 생물적 방제
③ 경종적 방제 ④ 물리적 방제

해설 생물학적 방제
- 병원균에 대항하는 항균력 있는 미생물을 이용하는 방제방법
- 종류 : 식물 약독바이러스, 길항미생물, 근권미생물 등

05 식물에 뿌리혹을 유발하는 대표적인 토양서식 병원균은?

① *Alternaria mali*
② *Pyricularia oryzae*
③ *Cercospora brassicicola*
④ *Agrobacterium tumefaciens*

해설 뿌리혹병(근두암종병)
- 병원 : *Agrobacterium tumefaciens* 세균
- 뿌리에 혹(암종)을 형성하는 토양서식 세균
- 가지의 접목 부위, 뿌리 절단, 삽목 하단부 등의 상처를 통해 침입
- 알칼리 토양 및 고온다습한 환경에서 주로 발생

06 다음 식물 병원체 중 크기가 가장 작은 것은?

① 세균 ② 곰팡이
③ 바이러스 ④ 바이로이드

해설 식물 병원체의 크기
바이로이드 < 바이러스 < 세균 < 진균

정답 01 ④ 02 ③ 03 ③ 04 ② 05 ④ 06 ④

07 약제 저항성 균의 출현기작으로 옳지 않은 것은?

① 대사 우회회로의 불활화
② 병원균에 의한 약제의 불활화
③ 균체 내로의 약제 침투량 감소
④ 대사의 변화에 의하여 저해된 효소의 생산량 증가

해설 약제 저항성 균의 출현기작

- 병원균이 약제에 대해 불활성화하여 저항성을 갖게 됨
- 균체로부터 내성 및 저항성을 갖게 됨
- 약제에 저항할 수 있는 효소가 증가함으로써 저항성을 갖게 됨

08 사과나무 붉은별무늬병균이 해당하는 분류군은?

① 난균 ② 담자균
③ 자낭균 ④ 불완전균

해설 사과나무 붉은별무늬병균

- 병원 : 진균(담자균)
- 중간기주 : 향나무(이종기생녹병균)
- 이 병원균은 여름포자를 생성하지 않음(4가지 포자의 형태를 취함)

09 식물병의 원인 중 생물성 병원에 속하지 않는 것은?

① pH ② 세균
③ 선충 ④ 파이토플라스마

해설 병원의 종류

- 생물성 병원 : 진균(곰팡이), 세균, 선충, 바이러스, 파이토플라스마, 바이러스, 바이로이드 등
- 비생물성 병원 : 양 · 수분 결핍 또는 과다, 온도, 대기오염 등

10 감자 역병이 많이 발생할 수 있는 재배법 및 환경조건으로만 올바르게 나열된 것은?

① 이어짓기, 과습 ② 이어짓기, 가뭄
③ 돌려짓기, 과습 ④ 돌려짓기, 가뭄

해설 감자 역병

- 병원 : 진균(조균류, 유주자균)
- 토양 속의 병든 감자 및 씨감자에서 월동
- 다습하며 냉랭한 기온(20℃ 내외)에서 주로 발생(저온다습)
- 19C 중반 아일랜드에 대발생하여 100만 명이 굶어 죽고 신대륙으로 이동함
- 방제법 : 씨감자 선별 시 무병(건전한) 종자 선택, 윤작

11 다음 ( ) 안에 해당하는 용어로 옳은 것은?

> 어느 식물이 본질적으로 병에 걸리지 않는 질적인 차이가 있을 때에는 그 병원체에 대하여 ( )이 없다고 한다.

① 감수성 ② 친화성
③ 저항성 ④ 다범성

해설

감수성	식물이 병에 걸리기 쉬운 성질(이병성)
저항성	식물이 병원체의 작용을 억제하는 성질
면역성	식물이 전혀 어떤 병에도 걸리지 않는 성질
회피성	적극적, 소극적 병원체의 활동기를 피하여 병에 걸리지 않는 성질
내병성	감염되어도 실질적으로 피해를 적게 받는 성질

12 기주의 품종과 병원균이 레이스 사이에 특이적인 상호관계가 없는 저항성은?

① 수평저항성 ② 감염저항성
③ 침입저항성 ④ 수직저항성

해설 수평저항성

- 여러 종류의 병원균(모든 레이스)에 대해 골고루 저항성을 갖는 것
- 수직저항성보다는 효과가 크지 않음

13 오이 노균병에 대한 설명으로 옳지 않은 것은?

① 잎에서만 발생한다.
② 병원균은 유주자를 형성한다.
③ 고온건조 조건에서 급격히 발병한다.
④ 하우스 재배에서는 환기를 잘 하지 않아 과습한 경우 잘 발병한다.

해설 오이 노균병

- 병원 : 진균(조균류)
- 병환
  - 담갈색 분생포자 발아 후 유주자 형성, 분생포자와 유주자가 바람과 물에 의해 전반되어 전염됨
  - 수침상의 점무늬가 다각형의 담갈색 무늬로 발전, 잎 뒷면에 분생포자 생성
- 오이에 가장 큰 피해를 주며, 병징이 잎에만 나타남

정답 07 ① 08 ② 09 ① 10 ① 11 ② 12 ① 13 ③

14 소나무 잎마름병의 병징으로 옳은 것은?

① 봄에 묵은 잎이 적갈색으로 변하면서 대량으로 떨어진다.
② 잎에 바늘구멍 크기의 적갈색 반점이 나타나고 동심원으로 커진다.
③ 잎에 띠 모양의 황색 반점이 생기다가 갈색으로 변하면서 반점들은 합쳐진다.
④ 수관 하부에 있는 잎에서 담갈색 반점이 생기면서 발생하여 상부로 점차 진전한다.

해설 소나무 잎마름병

- 병원 : 진균(불완전균류)
- 기주 : 소나무, 특히 해송
- 병환 : 균사의 형태로 병든 낙엽에서 월동
- 발생환경 : 고온다습(7~8월), 배수 불량, 칼슘 부족
- 병징 : 잎에 띠 모양의 황색 반점이 생긴 후 갈색으로 변하면서 반점이 합쳐짐

15 수박 탄저병균이 월동하는 장소로 옳지 않은 것은?

① 열매 ② 곤충의 알
③ 병든 줄기 ④ 종자 표면

해설 수박 탄저병

- 병원 : 진균(불완전균류)
- 병환 : 균사 또는 분생포자의 형태로 병든 열매, 줄기, 잎, 종자 등에 월동
- 발생환경 : 고온다습의 비가 많이 오고 온도가 높은 경우 주로 발생
- 병징 : 잎에 갈색 둥근 겹무늬가 특징(잎, 덩굴, 열매에 발생)

16 시든 줄기를 칼로 잘라 깨끗한 물에 담갔을 때 절편에서 흘러나오는 희뿌연 물질을 보고 진단할 수 있는 병은?

① 담배 들불병 ② 오이 흰가루병
③ 토마토 풋마름병 ④ 딸기 잿빛곰팡이병

해설 가지과(토마토) 풋마름병

- 병원 : 세균
- 병환 : 잎이 푸른 상태로 급속히 시드는 현상
- 병징 : 식물체 물관에 세균이 침입, 증식하여 유관 속 폐쇄로 수분 상승을 막아 급속히 시들게 하는 현상(위조)
- 검사 : 시든 줄기를 잘라 물에 담그면 절편에서 세균점액의 희뿌연 물질이 나옴
- 방제법 : 저항성 대목 활용

17 벼 잎집무늬마름병에 대한 설명으로 옳지 않은 것은?

① 피, 조, 옥수수 등에도 발병한다.
② 병원균의 생육 적온은 22℃ 정도이다.
③ 조생종은 피해가 많고 만생종은 피해가 적다.
④ 잎집에 얼룩무늬가 나타나며, 잎에서도 병무늬가 형성된다.

해설 벼 잎집무늬마름병

- 발생환경
  - 8~9월의 고온다습한 환경에서 주로 발생
  - 조파조식, 분얼 수가 많고 경엽이 무성할 때, 조생종 재배 시, 질소질비료 과용 시 발생
- 발생적온 : 적온 30~32℃, 습도는 96% 이상

18 식물병을 진단하는 데 있어 해부학적 방법은?

① 유출검사법 ② 괴경지표법
③ 파지검출법 ④ 즙액접종법

해설 유출검사법(우즈테스트법)

- 시든 줄기를 잘라 물에 담그면 절편에서 세균점액의 희뿌연 물질이 나옴(세균병 진단 시 활용)
- 해부학적 진단방법

19 배나무 검은무늬병 방제 및 피해를 줄이기 위한 방법으로 옳지 않은 것은?

① 열매에 봉지를 씌운다.
② 병든 가지 및 잎을 제거한다.
③ 병이 잘 걸리지 않는 품종으로 재배한다.
④ 심하게 발생하는 3~4월에 집중적으로 농약을 살포한다.

해설 배나무 검은무늬병

- 병원 : 진균(불완전균류)
- 병환 : 기주특이적 독소인 AK 독소 분비
- 발병환경 : 4~5월 감염 시작, 6~7월 비가 내리면 발생 증가
- 방제법 : 병에 저항하는 품종 선택, 질소질 과용 금지, 적절한 배수, 열매에 봉지 씌우기, 병근 가지 잎 제거 후 소각

20 뽕나무 오갈병의 병원체로 옳은 것은?

① 곰팡이 ② 바이러스
③ 바이로이드 ④ 파이토플라스마

정답 14 ③ 15 ② 16 ③ 17 ② 18 ① 19 ④ 20 ④

해설 뽕나무 오갈병
- 병원 : 파이토플라스마
- 매개충 : 마름무늬매미충
- 병환 : 병든 수목의 잎이 작아지면서 쭈글거림
- 옥시테트라사이클린 항생물질로 치료 가능

02 농림해충학

21 번데기로 월동하는 것은?

① 조명나방 ② 이화명나방
③ 보리굴파리 ④ 섬서구메뚜기

해설 보리굴파리
- 분류 : 파리목 잎굴파리과
- 특징 : 잠엽성으로 유충이 잎 선단부에서 아래쪽으로 엽육 속을 불규칙하게 식해함
- 1년에 3회 발생
- 땅속 번데기로 월동

22 곤충의 고시류와 신시류를 분류하는 기준으로 옳은 것은?

① 변태의 정도에 따른 분류이다.
② 날개의 유무에 따른 분류이다.
③ 번데기의 부속지 움직임 유무에 따른 분류이다.
④ 날개를 완전히 접을 수 있는지에 따른 분류이다.

해설 곤충의 분류

<table>
<tr><td colspan="3">무시아강(날개 없음)</td><td>톡토기, 낫발이, 좀붙이, 좀목</td></tr>
<tr><td rowspan="3">유시아강
(날개 있음)
-2차적으로
퇴화되어 없는
것도 있음</td><td colspan="2">고시류</td><td>하루살이, 잠자리목</td></tr>
<tr><td rowspan="2">신고시류</td><td>외시류
(불완전변태)</td><td>집게벌레, 바퀴, 사마귀, 대벌레, 갈르와벌레, 메뚜기, 흰개미붙이, 강도래, 민벌레, 다듬이벌레, 털이, 이, 흰개미, 총채벌레, 노린재, 매미목</td></tr>
<tr><td>내시류
(완전변태)</td><td>벌, 딱정벌레, 부채벌레, 뱀잠자리, 풀잠자리, 약대벌레, 밑들이, 벼룩, 파리, 날도래, 나비목</td></tr>
</table>

23 해충의 발생 및 피해에 대한 설명으로 옳지 않은 것은?

① 해충번식력은 번식능력과 환경저항의 관련에 따라 증감한다.
② 피해사정식이란 해충의 가해와 감수량의 관계를 표시한 것이다.
③ 환경저항에는 기상 등의 물리적 요인과 천적 등의 생물적 요인이 포함된다.
④ 번식능력을 산정할 때 성비란 (수컷의 수)÷(암컷과 수컷의 수)에 의한 값을 말한다.

해설 성비

전체 개체수 중 암컷의 비율값으로 (암컷의 수)÷(암컷과 수컷의 수)로 산정

24 비래해충에 속하지 않는 해충은?

① 흰등멸구 ② 혹명나방
③ 멸강나방 ④ 이화명나방

해설 중국 비래해충

혹명나방, 벼멸구, 흰등멸구, 멸강나방

25 총채벌레목의 형태적인 특징으로 옳지 않은 것은?

① 홑눈은 3개이다.
② 입틀의 좌우 모양은 대칭이다.
③ 구기는 찔러서 빨아먹는 흡수형이다.
④ 몸은 등쪽이 납작하거나 원통 모양이다.

해설 총채벌레목
- 입틀은 좌우가 다르며, 빠는 입틀(흡취구형)
- 왼쪽 큰턱 한 개만 발달하여 즙액 흡취
- 단위생식도 하나 대부분 양성생식
- 불완전변태에 속함
- 산란관 발달로 식물 조직 내에 알을 낳음

26 솔잎혹파리에 대한 설명으로 옳은 것은?

① 벌목에 속한다.
② 주로 1년에 1회 발생한다.
③ 소나무와 밤나무를 모두 가해한다.
④ 우리나라에서 1970년대에 처음 발견되었다.

정답 21 ③ 22 ④ 23 ④ 24 ④ 25 ② 26 ②

해설 솔잎혹파리
- 분류 : 파리목 혹파리과
- 기주 : 소나무와 해송(곰솔)
- 발생 : 솔잎 밑부분에 부화유충이 충영(벌레혹)을 만들고 그 속에서 흡즙을 함
- 1년에 1회 발생
- 우리나라에서는 1929년에 처음 발견되었음
- 비가 오면 유충이 땅에 떨어져 지피류 밑이나 땅속에서 월동함

27 입틀의 큰턱, 작은턱, 아랫입술 등의 운동 및 감각신경과 가장 밀접한 것은?

① 전대뇌 ② 중대뇌
③ 말초신경계 ④ 식도하신경절

해설 중추신경계의 식도하신경절

입틀의 큰턱, 작은턱, 아랫입술 등의 운동 및 감각신경에 영향을 줌

28 곤충이 휴면하는 데 영향을 주는 주요 요인은?

① 빛 ② 수분
③ 온도 ④ 바람

해설 곤충의 휴면
- 부적절한 환경을 극복하기 위해 발육을 일시적으로 정지하는 것
- 휴면 발생 요인 : 온도(주요인), 먹이, 일장, 내분비기관의 휴면호르몬 등

29 향나무하늘소가 주로 가해하는 부위는?

① 잎 ② 뿌리
③ 열매 ④ 줄기

해설 목질부(분열조직) 및 줄기 가해 해충

박쥐나방, 향나무하늘소, 소나무좀

30 같은 곤충종 내 다른 개체 간에 통신을 목적으로 사용되는 휘발성 화합물은?

① 페로몬 ② 테르펜
③ 알로몬 ④ 카이로몬

해설 페로몬

체내에서 만들어지며, 체외로 분비되는 휘발성 화합물질로, 같은 종 내 다른 개체 간의 교신을 위한 화학적 신호물질(통신수단)

31 주로 열매를 가해하는 해충이 아닌 것은?

① 파굴파리 ② 밤바구미
③ 복숭아명나방 ④ 도토리거위벌레

해설 열매(종실) 가해 해충

밤바구미, 도토리거위벌레, 솔알락명나방, 복숭아명나방 등

32 곤충의 다리는 5마디로 구성된다. 몸통에서부터 순서로 올바르게 나열한 것은?

① 밑마디 – 도래마디 – 넓적마디 – 종아리마디 – 발마디
② 밑마디 – 넓적마디 – 발마디 – 종아리마디 – 도래마디
③ 밑마디 – 발마디 – 종아리마디 – 도래마디 – 넓적마디
④ 밑마디 – 종아리마디 – 발마디 – 넓적마디 – 도래마디

해설 곤충의 다리

몸에 가까운 쪽부터 밑마디(기절) – 도래마디(전절) – 넓적마디(퇴절) – 종아리마디(경절) – 발목마디(발마디)

33 곤충의 기관으로 미각과 관계가 없는 것은?

① 큰턱 ② 윗입술
③ 작은턱수염 ④ 아랫입술수염

해설

곤충의 감각기관 중 미각은 윗입술, 아랫입술수염, 작은턱수염과 관계가 있음

34 진딧물을 방제하기 위한 천적으로 가장 적합한 것은?

① 애꽃노린재 ② 칠성풀잠자리
③ 칠레이리응애 ④ 온실가루이좀벌

해설 진딧물 방제를 위한 천적

무당벌레, 풀잠자리, 꽃등에, 콜레마니진디벌, 진디혹파리 등

정답 27 ④ 28 ③ 29 ④ 30 ① 31 ① 32 ① 33 ① 34 ②

35 점박이응애에 대한 설명으로 옳지 않은 것은?

① 알은 투명하다.
② 기주범위가 넓다.
③ 부화 직후의 약충은 다리가 4쌍이다.
④ 여름형과 월동형 성충의 몸 색깔이 다르다.

해설 점박이응애

- 분류 : 거미강 응애목 응애과
- 기주범위가 굉장히 넓음
- 부화 직후 약충의 다리는 3쌍, 이후 4쌍 생성
- 여름형과 겨울형(월동형) 성충의 몸 색깔이 다름
- 수컷은 암컷보다 몸이 작고 납작함
- 천적 : 긴털이리응애, 신이리응애, 칠레이리응애

36 유충과 성충이 모두 잎을 가해하는 해충은?

① 독나방 ② 솔잎혹파리
③ 오리나무잎벌레 ④ 꼬마버들재주나방

해설 오리나무잎벌레

- 분류 : 딱정벌레목 잎벌레과
- 특징
  - 성충과 유충 모두 오리나무 잎을 가해함
  - 1년에 1회 발생
- 월동 : 지피 또는 흙속에서 성충으로 월동

37 방사선 불임법을 이용하는 방제법에 대한 설명으로 옳지 않은 것은?

① 효과가 다음 세대 후에 나타난다.
② 해충의 대발생 시에도 효과적이다.
③ 저항성이 생긴 해충에도 유효하다.
④ 평생 1회만 교미하는 해충에만 적용된다.

해설 화학적 방제법

해충의 대발생 시 효과적인 방제법

38 사과굴나방에 대한 설명으로 옳지 않은 것은?

① 알로 잎 속에서 월동한다.
② 피해 입은 잎이 뒷면으로 말린다.
③ 잎 뒷면에 성충이 우화하여 나간 구멍이 있다.
④ 사과나무, 배나무, 복숭아나무의 잎을 가해한다.

해설 사과굴나방

- 분류 : 나비목 가는나방과
- 기주 : 사과나무, 배나무, 복숭아 나무, 자두나무, 벚나무 등
- 특징
  - 유충이 잠엽성으로 잎 엽육 안으로 파고들어가 가해하여 가해 잎은 뒷면이 말림
  - 잎 뒷면의 표피에 구멍을 뚫고 나와 성충으로 우화함
- 발생 : 1년에 5~6회 발생
- 월동 : 번데기로 월동

39 기계유 유제에 대한 설명으로 옳은 것은?

① 식독제로서 위에서 소화중독이 되어 치사시킨다.
② 침투성 살충제로서 작용점인 신경계를 이상 자극하여 저해작용을 한다.
③ 직접 접촉제로서 곤충 체표에 피막을 형성하여 기관을 막아 질식사시킨다.
④ 침투성 살충제로서 작용점인 원형질에 도달하여 에너지 생성계의 효소에 저해작용을 한다.

해설

기계유 유제는 곤충 체내로 침입하거나, 표면에 피막을 형성하여 기문이나 기관을 막아 질식시킴

40 사과면충이 분류학적으로 속하는 것은?

① 벌목 ② 노린재목
③ 딱정벌레목 ④ 집게벌레목

해설 사과면충(솜벌레)

- 분류 : 노린재목 면충과
- 특징
  - 새순, 줄기, 뿌리 등에 기생하여 흡즙 후 혹(충영)을 만듦
  - 1년에 수십 회 발생

03 재배원론

41 상대습도 98%의 공기 중에서 건조 토양이 흡수하는 수분상태를 말하며, pF가 4.5에 해당하는 것은?

① 건조상태 ② 풍건상태
③ 흡습계수 ④ 최대용수량

정답 35 ③ 36 ③ 37 ② 38 ① 39 ③ 40 ② 41 ③

해설 흡습계수

상대습도 98%의 공기 중에서 건조 토양이 흡수하는 수분상태로 작물이 이용할 수 없는 흡습수와 화합수만 남은 마른 토양을 의미함(pF 4.5)

42 천연 생장조절제에 해당하는 것으로만 나열된 것은?

① NAA, IBA　② 에세폰, MCPA
③ B-9, CCC　④ 제아틴, IPA

해설 천연 사이토키닌

제아틴(옥수수 종자에서 처음 추출 분리된 천연 사이토키닌)

43 다음 중 무배유 종자에 해당하는 것으로만 나열된 것은?

① 벼, 보리　② 밀, 옥수수
③ 콩, 팥　④ 피마자, 양파

해설 무배유 종자

- 떡잎이 잘 발달되어 영양분 저장
- 종류 : 완두, 동부, 콩, 팥, 알팔파 등의 콩과 식물 및 오이, 상추, 배추 등

44 작물의 복토 깊이가 "종자가 보이지 않을 정도"에 해당하는 것으로만 나열된 것은?

① 밀, 콩　② 귀리, 팥
③ 파, 상추　④ 감자, 토란

해설 복토 기준

- 토양 조건, 발아 습성, 종자의 크기에 따라 달라짐
- 종자 두께의 2~3배
- 얇게 복토해야 하는 종자 : 소립종자 및 파, 양파, 당근, 배추, 상추, 시금치 등

45 다음 중 작물의 유효온도에서 생육이 가능한 범위 내 최고온도가 가장 높은 것은?

① 사탕무　② 옥수수
③ 보리　④ 밀

해설

작물 유효온도 중 최고온도(44℃)가 높은 작물 : 옥수수

46 저장 전 큐어링 실시 후 고구마의 안전저장 조건은?

① 온도 : 13~15℃, 상대습도 : 70~80%
② 온도 : 13~15℃, 상대습도 : 85~90%
③ 온도 : 16~20℃, 상대습도 : 70~80%
④ 온도 : 16~20℃, 상대습도 : 85~90%

해설 큐어링

- 고구마 수확 후 병균이 침입하지 못하도록 상처 부위를 치료하는 방법
- 고구마, 감자 등 수분함량이 높은 작물의 저장 시에 활용
- 수확 후 1주일 이내에 실시(안전저장 조건 : 13~15℃, 85~95%)하고, 4일간 두어 상처가 아물도록 함
- 목적 : 저장력을 좋게 하고, 병 발생을 감소시키며, 수분량을 조절하여 맛을 좋게 함

47 다음에서 설명하는 것은?

- 제철을 할 때 철광석으로 배철
- 10ppb의 농도에서 10~20시간이면 식물이 피해를 받음
- 독성이 매우 강함
- 석회 결핍, 효소활성 저해

① 암모니아가스
② 염소계가스
③ 불화수소가스
④ 아황산가스

해설 불화수소가스(HF 가스)

- 대기 중에 수 ppb만 있어도 식물에게 큰 피해를 줌
- 독성이 매우 강함
- 식물의 원형질 및 엽록소 등을 분해하여 세포를 괴사시킴
- 잎의 끝이나 가장자리가 백변함
- 제철 시 철광석의 불순물을 제거할 때 활용

48 다음 중 산성 토양에 가장 강한 것은?

① 고구마　② 콩
③ 팥　④ 사탕무

해설 산성 토양에 강한 작물

옥수수, 메밀, 고구마, 감자, 토란, 수박, 밀, 조 등

정답 42 ④ 43 ③ 44 ③ 45 ② 46 ② 47 ③ 48 ①

49 작물의 기지 정도에서 1년 휴작이 필요한 작물로만 나열된 것은?

① 가지, 완두
② 토란, 고추
③ 시금치, 콩
④ 아마, 인삼

해설

연작 피해를 줄이기 위해 1년 이상 휴작을 요하는 작물에는 시금치, 파, 생강, 콩 등이 있음

50 이랑을 세우고 낮은 골에 파종하는 방식은?

① 휴립휴파법
② 성휴법
③ 평휴법
④ 휴립구파법

해설 휴립구파법

- 이랑을 세우고 낮은 골에 파종하는 방식
- 감자의 발아 촉진 및 맥류의 한해와 동해 방지, 배토를 위해 실시함

51 작물의 내동성에 대한 설명으로 틀린 것은?

① 원형질의 수분투과성이 크면 내동성을 증대시킨다.
② 당분 함량이 적으면 내동성이 크다.
③ 원형질의 점도가 낮고 연도가 높은 것이 내동성이 크다.
④ 유지 함량이 높은 것이 내동성이 강하다.

해설 내동성이 강한 경우

- 원형질의 수분투과성이 클수록
- 유지 함량이 높을수록, 당분 함량이 높을수록
- 전분 함량이 낮을수록
- 식물 색이 진할수록

52 다음 중 재배에 적합한 토성에서 사탕무의 재배적지 범위로 가장 옳은 것은?

① 사토~세사토
② 식양토~이탄토
③ 세사토~사양토
④ 사양토~식양토

해설 재배에 적합한 토성

- 모래 및 점토 함량을 기준으로 사토, 사양토, 양토, 식양토, 식토가 있음
- 사양토~식양토 사이가 사탕무 재배에 적합한 토양범위

53 작물의 기원지에서 중국 지역에 해당하는 것으로만 나열된 것은?

① 배추, 복숭아
② 옥수수, 강낭콩
③ 수박, 참외
④ 담배, 토마토

해설 중국이 기원지인 작물

쌀보리, 메밀, 무, 오이, 상추, 피, 배추, 복숭아 등

54 다음 중 직근류에 해당하는 것으로만 나열된 것은?

① 고구마, 감자
② 당근, 우엉
③ 토란, 마
④ 생강, 베치

해설 직근류

무, 당근, 우엉, 순무 등

55 다음 중 단명종자에 해당하는 것으로만 나열된 것은?

① 접시꽃, 나팔꽃
② 베고니아, 팬지
③ 스토크, 데이지
④ 백일홍, 가지

해설 단명종자(1~2년)

양파, 파, 고추, 당근, 상추, 팬지, 해바라기, 베고니아, 메밀, 토당귀 등

56 다음 중 단일식물로만 나열된 것은?

① 도꼬마리, 콩
② 양귀비, 시금치
③ 아마, 상추
④ 양파, 티머시

해설 단일식물

- 12시간 이하의 단일조건에서 개화를 하는 식물
- 종류 : 콩, 옥수수, 딸기, 가을국화, 코스모스, 들깨, 만생종 벼, 도꼬마리 등

57 다음 중 작물의 내염성 정도가 가장 큰 것은?

① 완두
② 가지
③ 순무
④ 고구마

해설 내염성이 큰 작물

사탕무, 귀리, 보리, 순무, 목화, 양배추, 아스파라거스 등

정답 49 ③ 50 ④ 51 ② 52 ④ 53 ① 54 ② 55 ② 56 ① 57 ③

58 **등고선에 따라 수로를 내고, 임의의 장소로부터 월류하도록 하는 방법은?**

① 보더관개 ② 수반법
③ 일류관개 ④ 물방울관개

해설 일류관개(등고선월류법)

등고선 방향으로 수로를 내고 일정 장소에 월류하도록 하는 방법

59 **벼의 수광태새가 좋은 조건으로 틀린 것은?**

① 상위엽이 직립한다.
② 잎이 넓다.
③ 분얼이 조금 개산형이다.
④ 각 잎이 공간적으로 균일하게 분포한다.

해설 벼의 수광태새

- 키가 너무 크지도 작지도 않은 것이 좋음
- 잎이 크지 않고 약간 가늘며 상위엽에 직립한 것이 좋음
- 분얼은 개산형이 좋음

60 **다음 중 작물별 N : P : K의 흡수비율에서 N의 흡수비율이 가장 높은 것은?**

① 옥수수 ② 고구마
③ 벼 ④ 감자

해설 흡수율

- 시비한 비료 성분량 중 작물이 흡수 이용하는 양의 비율
- 질소(N) : 30~50%, 인산(P) : 10~20%, 칼륨(K) : 40~60%
- 질소의 흡수비율이 가장 높은 것 : 벼(N5 : P2 : K4)

04 농약학

61 **살포액 조제 시 고려할 사항으로 가장 거리가 먼 것은?**

① 병해충의 종류 ② 희석용수의 선택
③ 희석배수의 준수 ④ 충분한 혼화

해설 살포액 조제 시 고려사항

- 희석용수 선택 : 깨끗한 물 사용 및 온도가 높지 않도록 함
- 희석배수의 준수 : 작물에 맞는 정량을 희석하여 사용함
- 충분한 혼화 : 원액이 침전되지 않도록 충분히 섞어줌

62 **분제의 제제에 있어 고려되어야 할 물리적 성질로서 가장 거리가 먼 것은?**

① 유화성 ② 분말도
③ 입도 ④ 용적비중

해설 분제(고형 시용제)의 물리적 성질

분말도, 용적비중(가중비), 입도, 응집력, 토분성, 분산성, 비산성, 부착성, 고착성, 안전성, 경도, 수중붕괴성 등

63 **다음 중 수화제에 주로 사용되는 증량제는?**

① Toluene ② Sulfamate
③ Bentonite ④ Methanol

해설 벤토나이트(Bentonite)

- 증량제 중 수화제에 사용되는 것
- 비교적 무거운 점토형의 광물질
- 흡유 특성이 천연의 증량제 중 가장 높음

64 **생물농축계수(BCF)란 생물농축의 정도를 수치로 표현한 것을 말한다. 수질 중의 화합물의 농도가 1ppm이고, 송사리 중의 농도가 10ppm이라면 이 화합물의 생물농축계수는 얼마인가?**

① 1 ② 10
③ 100 ④ 1,000

해설 생물농축계수(BCF)

- 수질 중 화합물의 농도에 대한 생물체 내에 축적된 화합물의 농도비
- 일반 수중의 농도가 1ppm, 송사리는 10ppm이므로 10배가 됨

65 **농약의 품질불량이 원인이 되어 약해를 일으키는 경우로 가장 거리가 먼 것은?**

① 불순물의 혼합에 의한 약해
② 원제 부성분에 의한 약해
③ 농약의 고농도에 의한 약해
④ 경시 변화에 의한 유해성분의 생성

해설 농약에 의한 약해의 종류

- 용제의 종류에 따른 약해
- 경시적 변화에 의한 유해성분 생성에 따른 약해
- 부성분과 불순물 혼합에 의한 약해
- 제제 형태, 휘발성 등에 의한 약해

정답 58 ③ 59 ② 60 ③ 61 ① 62 ① 63 ③ 64 ② 65 ③

66 살충제의 해충에 대한 복합저항성이란?

① 살충작용이 다른 2종 이상에 대하여 동시에 해충이 저항성을 나타내는 현상
② 어떤 살충제에 대하여 저항성이 발달한 해충이 한 번도 사용한 적이 없지만 작용기구가 같은 살충제에 저항성을 나타내는 현상
③ 어떤 해충개체군 내에 대다수의 개체가 해당 살충제에 대하여 저항력을 가지는 해충계통이 출현되는 현상
④ 동일 살충제를 해충개체군 방제에 계속 사용하면 저항력이 강한 개체만 만들어지는 현상

해설 복합저항성

살충작용 기작이 다른 2종 이상의 약제에 대해 동시에 해충이 저항성을 갖는 현상(한 개체 안에 두 가지 이상의 저항성을 갖음)

67 농약 제형 중 직접 살포제가 아닌 것은?

① 세립제 ② 미립제
③ 유탁제 ④ 미분제

해설 유탁제

- 유제에 사용하는 유기용제를 줄이기 위해 개발된 제형
- 액체 상태의 농약제제

68 농약과 관련한 용어 중 영문 약어가 바르게 연결되지 않은 것은?

① 잔류허용기준 – MRL ② 일일 섭취허용량 – ADL
③ 최대무작용량 – NOEL ④ 질적위해성 – QRA

해설

② 일일 섭취허용량 – ADI(Acceptable Daily Intake)

69 다음 농약 중 식물 전멸제초제는?

① 글리포세이트포타슘 액제
② 펜디메탈린 유제
③ 클레토딤 유제
④ 이사–디 액제

해설 비선택성 제초제

- 식물 전멸 제초제(모든 식물 제거, 강한 독성의 제초제)
- 종류 : 글로포세이트(유기인계), 파라콰트 디클로라이드(비피리딜리움계)

70 과실의 착색 · 숙기 촉진을 위하여 주로 사용되는 약제는?

① Butrain ② IBA
③ Calcite ④ Ethephon

해설 에테폰(Ethephon)

- 에틸렌을 발생시키는 약제
- pH 7 이상의 알칼리에서 에틸렌 발생
- 과실의 숙기 촉진 및 착색 촉진

71 Pyrethrin, 유기인계 살충제가 주로 작용하는 것은?

① 원형질독 ② 호흡독
③ 근육독 ④ 신경독

해설 신경독

유기인제, BHC, 피레트린(Pyrethrin)

72 액제 제형의 농약을 제조할 때 겨울에 동결을 방지하기 위하여 주로 사용하는 것은?

① 석고(Gypsum)
② 규조토(Diatomite)
③ 황산아연(Zinc sulfate)
④ 에틸렌글리콜(Ethylene glycol)

해설 액제(SL)

- 수용성 원제를 물에 녹인 후 동결 방지제를 섞어 액상으로 만든 농약제제
- 동결 방지제 : 계면활성제, 에틸렌글리콜

73 농약의 독성표시방법으로 동물의 50%가 치사하는 약량을 나타낸 것은?

① LC_{50} ② I_{50}
③ KD_{50} ④ LD_{50}

해설 반수치사약량(LD_{50}) = 중앙치사약량 = 중위치사약량

농약을 경구 및 경피에 투여할 경우 실험동물의 반수(50%)가 치사할 수 있는 화학물질의 수치(양, mg/kg 체중)

정답 66 ① 67 ③ 68 ② 69 ① 70 ④ 71 ④ 72 ④ 73 ④

74 디티오카바메이트기를 가지고 있는 농약은?

① 메틸브로마이드　② 석회유황합제
③ 포리옥신　④ 만코제브

해설 유기황제 살균제

- 디티오카바메이트계 살균제
- 무기살균제로 약해가 적고 효과가 좋아 원예용 살균제로 많이 활용함
- 단점은 고가이며, 습기로 인한 분해가 쉬움
- 종류 : 티람, 지람, 만코제브, 프로피네브, 마네브, 지네브, 페르밤 등

75 농약의 구비조건에 해당되지 않는 것은?

① 가격이 저렴해야 한다.
② 혼용범위가 되도록 넓어야 한다.
③ 소량으로도 약효가 확실해야 한다.
④ 인축 및 생태계에 대한 독성이 높아야 한다.

해설 농약의 구비조건

- 작물 및 인축에 해가 없을 것
- 살균 및 살충 효과가 클 것
- 품질이 균일하고, 저장 시 변질이 안 될 것
- 다른 약제와 혼용이 가능할 것

76 담배 식물에 들어 있는 천연살충성분은?

① 톡시카롤(Toxicarol)　② 아나바신(Anabasine)
③ 수마트롤(Sumatrol)　④ 엘립톤(Elliptone)

해설 아나바신(Anabasine)

담배 알칼로이드의 하나로 니코틴과 같이 살충력이 있는 천연 살충성 성분

77 농약의 독성을 급성독성, 아급성독성, 만성독성으로 구분하는 기준은?

① 농약의 투여방법에 따른 구분
② 독성의 발현속도에 따른 구분
③ 독성의 정도에 따른 구분
④ 독성의 발현 대상에 따른 구분

해설 기준별 농약의 독성 구분

- 발현대상 : 포유동물, 환경생물
- 발현속도(시기) : 급성독성, 아급성독성, 만성독성
- 독성의 강도 : 맹독성, 고독성, 보통독성, 저독성
- 투여방법 : 경구독성, 경피독성, 흡입독성

78 농약의 일일섭취허용량에 대한 설명으로 가장 옳은 것은?

① 농약을 함유한 음식을 하루 섭취하여도 장해가 없는 양을 말한다.
② 농약을 함유한 음식을 1년간 섭취하여도 장해를 받지 않는 1일당 최대의 양을 말한다.
③ 농약을 함유한 음식을 10년간 섭취하여도 장해를 받지 않는 1일당 최대의 양을 말한다.
④ 농약을 함유한 음식을 일생 동안 섭취하여도 장해를 받지 않는 1일당 최대의 양을 말한다.

해설 농약 일일섭취허용량(ADI : Acceptable Daily Intake)

- 사람이 농약을 함유한 음식을 일생 동안 매일 섭취하여도 장해를 받지 않는 1일당 최대의 양
- 농약 일일섭취허용량＝최대무작용약량(NOEL)×안전계수(일반적으로 1/100)

79 다음 중 훈증제(Fumigant)는?

① 디프테렉스　② 메틸브로마이드
③ 나크(NAC)　④ 집톨

해설 훈증제

- 살충제의 하나로, 훈증한 가스를 통해 살충
- 주로 밀폐공간의 저장곡식이나, 토양소독용으로 활용
- 인축에 독성이 강함(사용 시 주의)
- 종류 : 메틸브로마이드, 클로로피크린, 알루미늄 포스파이트, 사이안화수소, 디클로르보스, 에틸 포메이트, 포스핀

80 비교적 지효성이고 화학적인 안정성이 크며 약효기간이 긴 특성을 가지고 있는 유기인계 살충제는?

① Phosphate형
② Thiophosphate형
③ Dithiophosphate형
④ Phosphonate형

해설 유기인계 살충제

- 구조
  - 인(P)을 중심으로 각종 원자 또는 원자단의 결합으로 이루어짐
  - 결합된 산소(O) 및 황(S)의 위치에 따라 3가지 형태로 나뉨
  - 황(S)원자의 결합 수가 많을수록 잔효성 및 지효성이 증가함
- 안전성이 높은 순 : Phosphate형＜Thiophosphate형＜Dithiophosphate형

정답 74 ④ 75 ④ 76 ② 77 ② 78 ④ 79 ② 80 ③

05 잡초방제학

81 잡초 군락을 평가하는 기준으로 가장 거리가 먼 것은?

① 중요값 ② 생장곡선
③ 유사성 계수 ④ 우점도 지수

해설 잡초 군락의 평가

잡초가 어떻게 군락을 형성하는지를 평가하는 기준이므로 생장곡선과는 상관이 없음

82 월년생 밭잡초로만 나열된 것으로 옳지 않은 것은?

① 냉이, 개꽃 ② 별꽃, 꽃다지
③ 개망초, 벼룩나물 ④ 명아주, 벼룩이자리

해설 일년생 잡초 : 1년 동안에 생을 마침

하계 일년생 잡초	• 봄 · 여름에 발생하여 가을까지 결실 및 고사 • 종류 : 바랭이, 피, 쇠비름, 명아주, 강아지풀, 좀개갓냉이, 개여뀌, 돌피, 알방동사니, 쇠털골, 마디꽃
동계 일년생 잡초 (월년생)	• 가을 · 초가을에 발생, 월동 후 다음 해 여름까지 결실 및 고사 • 종류 : 둑새풀, 냉이, 망초, 별꽃, 벼룩나물, 갈퀴덩굴, 속속이풀, 개미자리

83 C_3 식물과 C_4 식물에 대한 설명으로 옳지 않은 것은?

① 세계적으로 문제가 되는 대부분의 잡초종들은 C_4 식물이다.
② C_4 식물은 광합성 효율이 높은 반면, C_3 식물은 광합성 효율이 상대적으로 낮다.
③ C_4 식물은 RuBP Carboxylase, C_3 식물은 PEP Carboxylase 효소가 CO_2의 고정에 관여한다.
④ C_3 식물과 C_4 식물의 초기 생육단계에 광합성 효율은 고온, 고광도, 수분제한조건에서 큰 차이를 보인다.

해설

• 대부분 문제 잡초는 C_4 식물이며 C_4 잡초는 광합성 효율이 높고 고온, 고광도, 수분제한 조건에서 유리함
• C_4 식물은 PEP Carboxylase, C_3 식물은 RuBP Carboxylase 효소가 CO_2의 고정에 관여함
• Carboxylase(카복시레이스) : CO_2의 고정에 관여하는 효소

84 잡초의 생물적 방제방법에 대한 설명으로 옳은 것은?

① 효과가 일회적이고 영속성이 없다.
② 화학적 방제방법에 비해 환경 파괴가 심하다.
③ 완전 방제보다는 경제적 허용한계 이하로 조절하는 것이다.
④ 곤충이 주로 이용되지만 식물병원균은 위험성이 있어 이용되지 않는다.

해설 잡초의 생물적 방제방법

• 잡초의 세력을 경감시키기 위해 곤충이나 미생물 또는 병원성 등을 이용함
• 생물은 기생성, 식해성, 병원성을 지니고 있어야 함
• 장점 : 비용이 적게 들고, 친환경적이며, 잔류가 없고, 방제효과가 영속적임

85 수용성이 아닌 원제를 아주 작은 입자로 미분화시킨 분말로 물에 분산시켜 사용하는 제초제의 제형은?

① 유제 ② 보조제
③ 수용제 ④ 수화제

해설 수화제

물에 녹지 않는 원제를 증량제와 계면활성제를 넣어 섞은 후 고운 가루로 만들어 물에 타서 사용할 수 있는 농약 형태

86 다음 잡초 중 종자의 천립중이 가장 가벼운 것은?

① 별꽃 ② 명아주
③ 메귀리 ④ 강아지풀

해설 천립중(종자 무게, g)의 무게 순서

메귀리 > 단풍잎돼지풀 > 선홍초 > 강아지풀 > 말냉이 > 별꽃 > 바랭이 > 냉이 > 명아주

87 재배 양식별 잡초 발생 및 잡초 방제 특성에 대한 설명으로 옳지 않은 것은?

① 멀칭재배에서 투명 비닐은 검정 비닐보다 잡초 발생이 적다.
② 노지재배는 가급적 잡초 발생 초기에 방제하는 것이 중요하다.
③ 시설재배에서 방제되지 않고 살아남은 잡초는 빠르게 생장하여 작물에 피해를 준다.
④ 터널재배는 낮 시간 동안 고온다습한 상태에 있어 제초제를 살포하는 경우 약해 유발 가능성이 크다.

정답 81 ② 82 ④ 83 ③ 84 ③ 85 ④ 86 ② 87 ①

해설

토양 피복제 중 흑색 비닐 멀칭은 광을 차단하므로 광발아성 잡초 발아를 억제하여 잡초 발생이 적음(광합성 억제)

88 잡초경합 한계기간에 대한 설명으로 옳은 것은?

① 작물의 종자가 발아하여 수확기까지 잡초와의 경합기간을 의미한다.

② 작물의 개화기 이후부터 결실기까지의 잡초와의 경합기간을 의미한다.

③ 작물의 파종기부터 초관형성기 사이의 잡초와의 경합기간을 의미한다.

④ 작물의 초관형성기부터 생식생장기 사이의 잡초와의 경합기간을 의미한다.

해설 잡초경합 한계기간

- 생육 초기 : 작물이 잡초와의 경합에 가장 민감한 시기
- 작물의 초관 형성부터 생식생장 전환 이전까지의 시기
- 작물 전 생육기간의 첫 1/4~1/3기간 의미

89 다음 설명에 해당하는 것은?

> 두 종류의 제초제를 혼합 처리할 때의 반응이 각각 제초제를 단독 처리할 때 큰 쪽의 반응보다 작은 경우이다.

① 길항작용 ② 상승작용

③ 상가작용 ④ 독립작용

해설

- 상승작용 : 각각의 제초제를 단용 처리하는 것보다 두 제초제의 혼용처리 효과가 더 큰 것을 의미함
- 상가작용 : 각각의 제초제를 단용처리했을 때의 효과와 두 제초제를 혼용처리했을 때의 효과가 같은 경우

90 잡초에 의한 피해가 아닌 것은?

① 작업환경 악화

② 토양의 침식 발생

③ 병해충 서식처 제공

④ 작물과의 경합으로 인한 작물 생육 저하

해설 농경지 잡초 피해

- 작물과 양수분 경합
- 상호대립억제물질(타감작용) 분비
- 병해충 서식처 제공
- 사료 포장의 오염 및 종자에 잡초 종자 혼입
- 새삼, 겨우살이 등 기주식물에 침입하여 기생

91 다음 설명에 해당하는 잡초는?

> - 종자보다 근경으로 번식한다.
> - 잎을 물 위에 띄우는 부유성 다년생 잡초이다.
> - 지하경을 내고 분지신장을 하며 옆으로 뻗어가면서 생육한다.
> - 학명은 *Potamogeton distinctus* A. Benn이다.

① 가래 ② 올미

③ 벗풀 ④ 너도방동사니

해설 가래

- 분류 : 다년생 부유성 수생잡초
- 학명 : *Potamogeton distinctus* A. Benn
- 논과 수로에 주로 발생
- 높은 온도, 담수논에서 발생 촉진
- 주로 근경으로 번식함

92 잡초 방제법 중 예방적 방제법과 거리가 먼 것은?

① 농기계를 청결하게 관리한다.

② 관개 수로 유입로에 거름망을 설치한다.

③ 오염된 작물의 종자를 선별하여 소각한다.

④ 제초제를 사용하지 않고 손으로 잡초를 골라낸다.

해설 예방적 방제법

- 잡초위생 : 논물 유입로에 거름망 설치, 관개수로 정비, 작물 종자의 수확관리, 농기구 소독, 부숙용 퇴비 사용

93 잡초의 주요 영양번식기관을 연결한 것으로 옳지 않은 것은?

① 향부자 – 절편 ② 매자기 – 괴경

③ 쇠비름 – 절편 ④ 올방개 – 괴경

정답 88 ④ 89 ① 90 ② 91 ① 92 ④ 93 ①

해설 영양번식기관에 따른 잡초의 구분

포복경	버뮤다그래스, 아욱메풀, 딸기, 선피막이, 사상자, 미나리, 병풀
인경	야생마늘, 자주괭이밥
구경	반하, 올챙이고랭이
근경(지하경)	쇠털골, 가래, 너도겨풀, 띠, 수염가래꽃
괴경	올방개, 올미, 벗풀, 매자기, 향부자, 너도방동사니
뿌리	메꽃, 엉겅퀴류
절편	대부분의 다년생 뿌리, 일년생 쇠비름 줄기

94 다음 ( ) 안에 들어갈 용어로 옳은 것은?

> 광엽잡초란 (A) 잡초나 (B) 잡초에 속하지 않는 잡초로 잎은 둥글고 크며 평평하고 엽맥이 그물처럼 얽혀 있는 것이 특징이다.

① A : 화본과, B : 국화과
② A : 십자화과, B : 국화과
③ A : 화본과, B : 방동사니과
④ A : 십자화과, B : 방동사니과

해설 잡초의 형태적 분류

광엽잡초, 화본과 잡초, 방동사니과 잡초

95 작물과 방제 대상 잡초에 대하여 적합한 선택성 제초제로 올바르게 짝지어진 것은?

① 벼 – 강피 – 이사디 액제
② 벼 – 돌피 – 벤타존 액제
③ 보리 – 명아주 – 세톡시딤 유제
④ 벼 – 피 – 펜디메탈린 · 프로파닐 유제

해설 제초제

- 이사–디 액제 : 광엽식물에 효과적임
- 벤타존 액제 : 너도방동사니, 물달개비, 올챙이고랭이를 선택적으로 살초함
- 프로파닐 유제 : 화본과 잡초의 돌피 등의 잡초 방제에 효과적임

96 종자가 바람에 의해 전파되기 쉬운 잡초로만 나열된 것은?

① 망초, 방가지똥
② 어저귀, 명아주
③ 쇠비름, 방동사니
④ 박주가리, 환삼덩굴

해설 솜털, 깃털 등에 덮여 바람에 의해 전파되는 잡초

망초, 민들레, 방가지똥

97 논에 다년생 잡초가 증가하는 이유로 옳지 않은 것은?

① 추경 감소
② 답리작 감소
③ 퇴비 시비량 감소
④ 동일 제초제 연용

해설 논잡초 군락천이의 원인

동일 성분 제초제의 연용, 시비량의 증가 등

98 화본과 잡초 중 다년생에 해당하는 것은?

① 강피
② 둑새풀
③ 나도겨풀
④ 왕바랭이

해설 나도겨풀

화본과, 논잡초, 다년생

99 분해 과정이 없을 경우 극성이 낮은 제초제를 토양처리하였을 때 제초 효과가 가장 낮게 나타날 수 있는 조건은?

① 유기물이 없는 사질토
② 유기물이 풍부한 점질토
③ 유기물이 전혀 없는 점질토
④ 유기물이 어느 정도 있는 사질토

해설

유기물이 풍부한 점질토는 유기물 속 미생물, 유기물의 변화 등에 의해 제초제가 분해가 되면서 유용성이 떨어지게 됨

100 과수원에서 피복작물을 재배하여 잡초를 방제하려 한다. 피복작물 선택 시 고려할 사항으로 가장 거리가 먼 것은?

① 토양유실 방지 효과가 높은 식물을 선택한다.
② 흡비력이 좋고 생육이 왕성한 식물을 선택한다.
③ 병 · 해충이 잘 서식하지 못하는 식물을 선택한다.
④ 토양의 비옥도를 증진시킬 수 있는 식물을 선택한다.

해설

과수원에 흡비력이 좋고 생육이 왕성한 식물로 피복하면 양분 경합이 일어나 과수 생육을 나쁘게 할 수 있음

정답 94 ③ 95 ④ 96 ① 97 ③ 98 ③ 99 ② 100 ②

2018년 산업기사 1회

01 식물병리학

01 흰가루병 병원체에 해당하는 것은?

① 임의부생체 ② 조건기생체
③ 임의기생체 ④ 순활물기생체

해설 영양 섭취에 따른 병원체의 분류

절대기생체	• 살아 있는 조직 내에서만 생활 가능 → 순활물기생체 • 녹병균, 흰가루병균, 노균병균, 무배추 무사마귀병균, 배나무 붉은별무늬병균
임의부생체	• 기생이 원칙이나 때로는 죽은 유기물에서도 영양 섭취 → 조건부생체 • 감자 역병균, 배나무 검은별무늬병균, 깜부기병균
임의기생체	• 부생이 원칙이나 노쇠 및 변질된 살아 있는 조직을 침해 → 조건기생체 • 고구마 무름병균, 잿빛곰팡이병균, 모잘록병균
절대부생체	• 죽은 유기물에서만 영양 섭취 → 순사물기생체 • 목재 심부썩음병균

02 식물병원균의 레이스를 판단하기 위해서 사용되는 특정 품종을 무엇이라 하는가?

① 선택 품종 ② 판별 품종
③ 지표 품종 ④ 깃발 품종

해설 판별 품종

기주식물의 품종 중 형질의 차이가 뚜렷하고 고정된 형질을 가지며 레이스를 구별하는 기준이 됨(감수성 또는 저항성을 판정)

03 다음 중 세균에 의한 식물병은?

① 벼 도열병
② 벼 흰잎마름병
③ 벼 깨씨무늬병
④ 배나무 검은무늬병

해설 벼 흰잎마름병

병원	*Xanthomonas oryzae*(크산트모나스 오리제), 세균
병환	• 단극모를 가진 그람음성세균(간균) • 황색의 원형 콜로니 형성 • 잡초(겨풀뿌리)나 벼의 그루터기에서 월동 후 다음 해 1차 전염 • 태풍과 침수로 인한 상처에 물을 통해 운반된 세균이 침입 • 주로 수공이나 상처를 통해서 침입한 세균은 물관(도관)에서 증식하여 전신병으로 발전함

04 벼 줄무늬잎마름병을 매개하는 곤충은?

① 애멸구 ② 진딧물
③ 벼멸구 ④ 끝동매미충

해설 애멸구

벼 줄무늬잎마름병의 매개충

05 식물 바이러스 전반에 대한 설명으로 옳은 것은?

① 응애는 바이러스를 매개하지 않는다.
② 곰팡이와 세균은 바이러스를 매개하지 않는다.
③ 흡즙구보다는 저작구를 가진 곤충이 바이러스 매개율이 높다.
④ 바이러스에 감염된 선충의 유충은 탈피하면 바이러스를 잃는다.

해설 식물 바이러스 전반

바이러스에 감염된 선충의 경우 유충이 탈피를 하면 바이러스 기능을 상실하게 됨

06 대추나무 빗자루병의 치료제로 주로 쓰이는 항생제는?

① 페나리몰 ② 테부코나졸
③ 스트렙토마이신 ④ 옥시테트라사이클린

해설 파이토플라스마 수병

대추나무 빗자루병은 (옥시)테트라사이클린 항생제로 치료가 가능함

정답 01 ④ 02 ② 03 ② 04 ① 05 ④ 06 ④

07 밤나무 줄기마름병의 전형적인 병징은?

① 궤양　② 위조
③ 위축　④ 도장

해설 밤나무 줄기마름병의 병징

- 주요 병징은 궤양
- 밤나무 중 수세가 약한 나무는 급속도로 병이 진행되어 부풀어오르지 않지만, 수세가 강한 밤나무는 병함부 주변에 유합조직이 형성되면서 혹처럼 부어오름

08 식물이 병에 견디는 힘이 약한 성질은?

① 이병성　② 내병성
③ 면역성　④ 비기주 저항성

해설

- 감수성 : 식물이 병에 걸리기 쉬운 성질(이병성)
- 저항성 : 식물이 병원체의 작용을 억제하는 성질
- 면역성 : 식물이 전혀 어떤 병에도 걸리지 않는 성질
- 회피성 : 적극적, 소극적 병원체의 활동기를 피하여 병에 걸리지 않는 성질
- 내병성 : 감염되어도 실질적으로 피해를 적게 받는 성질

09 벼 도열병균의 월동 형태로 옳은 것은?

① 땅속에서 균사나 분생포자로 월동
② 땅속에서 균사나 담자포자로 월동
③ 볏짚 또는 볍씨의 병든 부분에서 균사나 분생포자로 월동
④ 볏짚 또는 볍씨의 병든 부분에서 균사나 담자포자로 월동

해설 벼 도열병균의 월동 상태

균사 및 분생포자 형태로 병든 종자나 볏짚에서 월동함

10 건전한 씨감자를 고랭지에서 생산하는 주요 원인은?

① 감자 역병의 전염 회피
② 화산재 토양의 비옥성 때문
③ 진딧물에 의한 바이러스병의 전염 회피
④ 고랭지의 온도조건이 씨감자 생산에 좋기 때문

해설 감자를 고랭지에서 재배하는 이유

바이러스의 매개충인 진딧물은 낮은 온도에서는 발생이 적어 바이러스병의 감염률을 줄일 수 있음

11 식물병 성립에 필요한 3가지 요인은?

① 환경, 온도, 기주　② 병원, 기주, 품종
③ 병원, 기주, 환경　④ 병원, 병원성, 소인

해설 식물병을 일으키는 3가지 주요 요소

병원, 기주, 환경

12 유성번식을 하지 않거나 또는 매우 드물게 하는 병원균은?

① 난균류　③ 담자균류
② 자낭균류　④ 불완전균류

해설 불완전균류의 특징

- 유성세대가 알려지지 않음
- 균사 내 격막이 있음
- 무성생식(분생포자)만으로 세대를 이루는 균류
- 분생자병 위에 형성되며 분생자층, 병자각 분생자병, 분생자병속 분생자좌 등
- 주요병 : 점무늬낙엽병, 갈색무늬병, 배나무 검은무늬병 등

13 고구마에 발생하는 병으로 접합균류에 속하는 것은?

① 무름병　② 더뎅이병
③ 덩굴쪼김병　④ 자주날개무늬병

해설 고구마 무름병

접합균류에 의해 발생함

14 잣나무에 발생하는 병으로 주로 줄기의 수피가 노란색 내지 갈색으로 변하며, 까치밥나무 및 송이풀을 중간기주로 발병하는 것은?

① 혹병　② 털녹병
③ 탄저병　④ 잎떨림병

해설 이종기생 녹병균(담자균)

수병	기주식물	중간기주
	녹병포자, 녹포자	여름포자, 겨울포자
소나무 잎녹병	소나무	황벽나무, 참취, 잔대
잣나무 잎녹병	잣나무	등골나무
소나무 혹병	소나무	졸참나무, 신갈나무
잣나무 털녹병	잣나무	송이풀, 까치밥나무

정답 07 ① 08 ① 09 ③ 10 ③ 11 ③ 12 ④ 13 ① 14 ②

배나무, 사과나무 붉은별무늬병 (향나무 녹병)	배나무, 사과나무	향나무 (여름포자를 만들지 않음)
포플러 잎녹병	(중간기주) 낙엽송, 현호색	포플러
맥류 줄기녹병	매자나무	맥류
밀 붉은녹병	좀꿩의 다리	밀

15 수박 덩굴쪼김병을 방제하기 위하여 주로 사용하는 대목은?

① 오이 ② 호박
③ 참외 ④ 멜론

해설
호박은 수박 덩굴쪼김병 예방을 위해 대목으로 활용됨

16 병에 걸린 곡물을 사료로 사용하면 가축에 중독증상을 일으키는 맥류의 병은?

① 녹병 ② 마름병
③ 깜부기병 ④ 붉은곰팡이병

해설 맥류 붉은곰팡이병
알칼로이드 독소로 인해 가축 및 인체에 식중독을 일으킬 수 있음

17 무사마귀병에 대한 설명으로 옳은 것은?

① 벼에도 잘 발생한다.
② 세균에 의해 발생한다.
③ 산성 토양에서 잘 발생한다.
④ 온도가 20℃ 이하일 때 잘 발생한다.

해설
배추 · 무사마귀병, 목화 시들음병, 토마토 시들음병은 산성 토양에서 주로 발생함

18 주로 종자로 전염되는 벼의 병이 아닌 것은?

① 도열병 ② 키다리병
③ 잎집무늬마름병 ④ 세균성 벼알마름병

해설 종자전염
도열병, 키다리병, 세균성 벼알마름병
③ 잎집무늬마름병 : 토양, 볏짚, 그루터기에서 월동

19 잎의 앞면에는 각이 지는 황색 병반이 생기고 뒷면에는 곰팡이가 자란 것이 보이는 병은?

① 오이 노균병 ② 고추 탄저병
③ 배추 모자이크병 ④ 수박 덩굴쪼김병

해설 오이 노균병
- 오이 잎에 발생하는 병해로 수침상의 점무늬가 다각형의 담갈색 무늬로 발전함
- 습기가 많으면 병든 부위의 뒷면에 서리 또는 가루 모양의 곰팡이가 생김

20 고추 탄저병의 방제방법으로 가장 효과가 미비한 것은?

① 종자 소독 ② 토양 소독
③ 저항성 품종 재배 ④ 주기적 약제 살포

해설 고추 탄저병의 방제방법
- 무병지에서 채종한 종자 사용
- 종자 소독
- 이병식물 제거 및 윤작
- 전문약제 살포

02 농림해충학

21 곤충이 번성하게 된 요인으로 거리가 가장 먼 것은?

① 몸의 크기가 작다.
② 온혈을 가지고 있다.
③ 외골격이 발달하였다.
④ 연중 세대수가 많고 산란수도 많다.

해설 곤충의 번성 요인
- 키틴질의 외골격이 발달하여 몸을 보호
- 날개가 발달하여 생존 및 종족의 분산
- 몸의 크기가 작아 소량의 먹이로 활동 가능
- 몸의 구조적인 적응력이 좋음(불량한 환경에서 변태)
- 종의 증가 현상

22 주요 가해 부위가 나머지 셋과 다른 해충은?

① 박쥐나방 ② 측백하늘소
③ 포도유리나방 ④ 복숭아명나방

정답 15 ② 16 ④ 17 ③ 18 ③ 19 ① 20 ② 21 ② 22 ④

해설
- 줄기 가해 해충 : 박쥐나방, 측백하늘소, 포도유리나방
- 과실 가해 해충 : 복숭아명나방

23 혹명나방에 대한 설명으로 옳지 않은 것은?

① 해외에서 비래한다.
② 잎을 말고 가해한다.
③ 십자화과 작물을 가해한다.
④ 알에서 성충까지 한 달 정도 소요된다.

해설 혹명나방
- 국내 월동 불가
- 매년 비래하는 돌발해충
- 유충이 한 개의 벼잎을 한 개씩 세로로 말고 몇 곳을 철한 다음 그 속에서 엽육식해 → 벼잎을 말고 가해(권엽성)
- 유아등에 잘 유인되지 않으므로 피해잎이 1~2개 보이는 유충 발생 → 초기에 방제

24 솔잎혹파리는 어느 충태의 기간이 가장 짧은가?

① 알 ② 성충
③ 유충 ④ 번데기

해설 솔잎혹파리
- 연 1회 발생, 유충으로 땅속에서 월동
- 유충이 솔잎 밑부분에 벌레혹을 만들고 그 속에서 흡즙
- 피해목은 직경생장은 피해 당년에, 수고생장은 다음 해에 감소함

25 벼룩잎벌레에 대한 설명으로 옳지 않은 것은?

① 성충으로 월동한다.
② 유충이 잎을 가해한다.
③ 1년에 4~5회 발생한다.
④ 잡초나 얕은 땅속에서 월동한다.

해설 벼룩잎벌레
- 성충 형태로 잡초 및 토양에서 월동
- 유충은 뿌리를, 성충은 잎을 가해함

26 유충은 벼의 뿌리를 가해하며, 연 1회 발생하고, 논 주위 땅속 또는 낙엽 속에서 월동하는 해충은?

① 벼잎벌레 ② 벼물바구미
③ 이화명나방 ④ 벼애잎굴파리

해설 벼물바구미
- 성충으로 논 주위 토양 및 낙엽에서 월동
- 유충은 벼의 뿌리 가해
- 연 1회 발생

27 완전변태를 하는 곤충은?

① 나방류 ② 노린재류
③ 메뚜기류 ④ 진딧물류

해설 완전변태
- 알 → 유충 → 번데기 → 성충
- 날개를 접어 붙일 수 있음
- 번데기 때 날개 생성

28 양성 주광성이 가장 약한 곤충은?

① 솔나방 ② 벼애나방
③ 배추흰나비 ④ 이화명나방

해설
주광성은 불빛에 의해 유인되는 것으로, 배추흰나비는 주광성이 약함

29 수확기가 된 콩 꼬투리의 봉합선 가까이에 작은 구멍이 있고 꼬투리 안에 들어 있는 콩의 가장자리를 벌레가 갉아 먹은 자국이 있는 경우 어느 해충의 피해로 추정되는가?

① 콩나방 ② 콩가루벌레
③ 콩잎말이나방 ④ 콩줄기굴파리

해설 콩나방
- 노숙유충으로 고치로 토양에서 월동
- 유충이 꼬투리를 먹어 여물지 않은 종실을 가해하며, 꼬투리에 구멍을 내고 탈출함
- 콩의 상품성을 떨어뜨림

30 살충제를 이용한 해충 방제에 대한 설명으로 옳지 않은 것은?

① 천적류의 밀도를 감소시킨다.
② 저항성 해충이 나타날 가능성이 있다.
③ 인축이나 생물, 동물에 미치는 영향이 비교적 작다.
④ 효과가 빨라서 짧은 기간 내에 방제가 가능하다.

정답 23 ③ 24 ② 25 ② 26 ② 27 ① 28 ③ 29 ① 30 ③

해설 화학적 방제

- 살충제(화학농약)를 이용한 방제
- 안전기준을 통해 판매되지만 독성이 있어 주변 생태계 및 인축에 영향을 줄 수 있음

31 곤충의 피부에 대한 설명으로 옳지 않은 것은?

① 외부 골격에 해당한다.
② 원표피는 외원표피와 내원표피로 나뉜다.
③ 피부는 크게 표피층, 진피세포층, 기저막으로 나눌 수 있다.
④ 곤충이 탈피할 때는 진피세포층과 기저막 외의 모든 표피층을 벗어던진다.

해설 탈피

유충의 몸은 자라는데 유충을 덮고 있는 표피는 늘어나지 않아 묵은 표피를 벗게 되는 현상

32 곤충 다리의 기본적인 구조는 몇 마디로 이루어져 있는가?

① 1마디　　② 3마디
③ 5마디　　④ 7마디

해설 곤충의 다리 구조

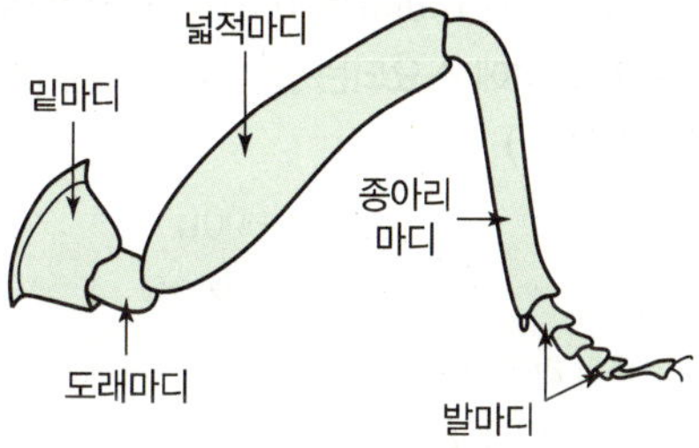

33 천적으로 이용하기 가장 어려운 생물은?

① 포식충　　② 기생벌
③ 병원균　　④ 불임충

해설 천적 이용방법

기생성 천적		• 기생벌, 기생파리류의 암컷을 활용 • 숙주의 체내에 알을 낳음
	맵시벌과	• 몸집이 큼 • 대부분 나비, 나방류 • 완전변태 해충에 기생
	고치벌과	• 몸집이 작음 • 나비목, 딱정벌레목, 파리목에 기생
포식성 천적	풀잠자리류	• 부화유충은 육식성 • 진딧물, 깍지벌레류, 응애류 포식
	노린재류	• 무당벌레과는 유충과 성충이 모두 포식성 • 진딧물, 깍지벌레 포식
	딱정벌레류	침노린재, 장님노린재 일부가 포식성
병원성 미생물		곤충에 기생하여 병을 일으키는 병원성 동물, 세균, 진균, 바이러스, 선충 등을 활용

34 다음 ( )에 해당하는 용어로 옳은 것은?

> 솔잎혹파리는 분류학상 (A)에 속하며 학명은 (B)이다.

① A : 벌목 혹파리과　　B : *Dendrolimus spectabilis*
② A : 벌목 혹파리과　　B : *Thecodiplosis japonensis*
③ A : 파리목 혹파리과　　B : *Dendrolimus spectabilis*
④ A : 파리목 혹파리과　　B : *Thecodiplosis japonensis*

해설 솔잎혹파리

- 연 1회 발생, 유충으로 땅속에서 월동
- 유충이 솔잎 밑부분에 벌레혹을 만들고 그 속에서 흡즙
- 피해목은 직경생장은 피해 당년에, 수고생장은 다음 해에 감소함

35 매미나방의 연 발생 횟수는?

① 1회　　② 2회
③ 3회　　④ 4회

해설 매미나방

- 연 1회 발생
- 나무줄기에 알로 월동

36 끝동매미충에 대한 설명으로 옳지 않은 것은?

① 연 1회 발생한다.
② 바이러스병을 매개한다.
③ 약충은 몸 색깔의 변화가 심하다.
④ 약충과 성충 모두 기주식물을 흡즙한다.

해설

① 끝동매미충은 연 4~5회 발생함

정답 31 ④ 32 ③ 33 ④ 34 ④ 35 ① 36 ①

37 내충성이 강한 품종을 선택하여 재배하는 방제법은?

① 물리적 방제법 ② 화학적 방제법
③ 생물적 방제법 ④ 생태적 방제법

해설 생태적 방제법

정의	해충의 생태를 고려해 발생 및 가해를 경감시키기 위한 환경을 조성하고 숙주 자체가 내충성을 지니게 하는 방법
환경개선	• 윤작 • 재배밀도 조절 • 혼작 • 해충 발생 최성기를 피해 재배 • 토성의 개량(토양곤충 활용)

38 곤충의 더듬이 끝마디인 채찍마디의 주요 역할은?

① 냄새를 맡는 역할
② 소리를 듣는 역할
③ 암컷의 날개소리 감지
④ 비행 중 바람의 속도 측정

해설

채찍마디는 냄새를 맡는 역할을 함

39 단위생식에 의해 증식하는 해충은?

① 솔나방 ② 벼메뚜기
③ 밤나무혹벌 ④ 배추흰나비

해설 단위생식

- 암수 교미에 의한 것이 아닌 암컷만으로 생식하는 것
- 밤나무혹벌, 민다듬이벌레, (여름)진딧물류 등

40 청각 기능을 하는 존스턴 기관의 위치는?

① 밑마디 ② 팔굽마디
③ 자루마디 ④ 편절마디

해설 팔굽마디

- 존스턴 기관이 있음
- 소리, 비행 시 바람의 속도를 측정함

03 농약학

41 농약의 유효성분이 잡초의 경엽으로부터 쉽게 뿌리 부분으로 이행되어 살초작용을 나타내므로 약효가 서서히 나타나지만 뿌리까지 완전히 고사시킬 수 있는 일년생 및 다년생에 적용하는 비선택성 제초제는?

① 리누론 ② 시마진
③ 메트리뷰진 ④ 글리포세이드포타슘

해설

글리포세이트포타슘은 비선택성 제초제로, 뿌리까지 완전히 고사시킬 수 있음

42 병균의 포자 발아를 억제시켜 감염을 예방하는 보호살균제는?

① 만코지 ② 파라티온
③ 스미치온 ④ 다이아톤

해설 만코지

유기유황제(발아 억제 및 감염 예방을 위한 보호살균제)

43 50% DDVP 유제 100mL를 0.01%의 용액으로 하여 살포하려고 한다. 희석에 소요되는 물의 양은?(단, 50% DDVP의 비중은 2.0이다.)

① 500L ② 1,000L
③ 5,000L ④ 10,000L

해설 희석할 물의 양(L)

$$=\text{원제의 용량}\times\left(\frac{\text{원액의 농도}}{\text{희석할 농도}}-1\right)\times\text{원액의 비중}$$

$$=100\times\left(\frac{50}{0.01}-1\right)\times2=999,800\text{mL}=999.8\text{L}$$

44 물에 희석하지 않고 그대로 사용하는 제형은?

① 수화제 ② 수용제
③ 유제 ④ 분제

해설 분제

- 농약 원제를 증량제와 물리성 개량제, 분해방지제 등을 혼합하여 분쇄한 분말의 제형
- 대부분 그대로 사용되는 제제
- 유효성분 농도가 1~5% 정도
- 잔효성이 유제에 비해 짧음

정답 37 ④ 38 ① 39 ③ 40 ② 41 ④ 42 ① 43 ② 44 ④

45 압축가스로 충진한 스프레이 통에 넣어 분사하거나 포그머신을 이용하여 고압이나 열을 가하여 분무하도록 제제되는 농약은?

① 훈증제 ② 훈연제
③ 연무제 ④ 정제

해설 연무제

유효성분의 약제를 용기에 충진시킨 후 압축가스로 압력을 가해 공기 중에 분출하는 방법

46 유기인제 농약의 증량제로 가장 부적당한 것은?

① 활석 ② 소석회
③ 납석 ④ 규조토

해설 소석회

유기인제 농약의 증량제의 경우 소석회는 알칼리성이므로 혼용 시 화학반응이 일어남

47 농약의 제제란 농약의 유효성분에 각종 용제, 증량제 등의 보조제를 조합시켜서 살포하기에 알맞게 조제된 것을 의미한다. 이것의 장점이 아닌 것은?

① 살포비산의 증진 ② 식물체의 침투 촉진
③ 유효성분의 효력 증강 ④ 주성분의 경시적 변화 방지

해설

살포비산이 되면 주변의 여러 농작물에 피해가 발생함

48 물에 녹지 않은 원제를 잘 녹이는 용매(Solvent)에 유화제를 가하여 만든 제제는?

① 용액 ② 유제
③ 액제 ④ 수화제

해설 유화제와 유제의 비교

유화제 (계면활성제)	유제의 기름 성분이 물과 잘 섞일 수 있도록 도와주는 역할을 함
유제	• 물에 녹지 않는 주제를 유기용매에 녹여 유화제(계면활성제)를 첨가한 용액 • 물에 희석하여 (유탁액)으로 사용할 수 있게 만든 액체 상태의 농약제제 • 제제는 투명하나 물을 가하면 유화되어 우유색을 띰

49 농약을 음식물로 잘못 알고 마셨을 때 나타나는 중독은?

① 급성중독 ② 긴급독성
③ 만성중독 ④ 식중독

해설

• 경구독성 : 농약의 독을 입을 통해 섭취하는 것
• 급성독성 : 짧은 시간에 독성으로 인해 중독을 나타내는 것

50 농약 독성에 따른 약해를 방지하기 위한 대책으로 가장 거리가 먼 것은?

① 제제의 개선 ② 근접살포
③ 해독제 이용 ④ 농약의 안전사용기준 준수

해설

근접살포 시 선행약제와의 반응으로 약효가 떨어지거나 약해가 발생할 우려가 있음

51 65% 지오릭스(Endosulfan) 분말 1kg을 5% 분제로 만들려면 이때 소요되는 증량제의 양은 몇 kg인가?

① 10 ② 11
③ 12 ④ 13

해설 희석에 소요되는 증량제의 양(kg)

$$= \text{원분제의 무게(kg)} \times \left(\frac{\text{원분제의 농도}}{\text{원하는 농도}} - 1\right)$$

$$= 1\text{kg} \times \left(\frac{65}{5} - 1\right) = 12\text{kg}$$

52 작용기작이 서로 다른 2종 이상의 약제에 대해 저항성을 나타내는 것으로 한 개체 안에 두 가지 이상의 저항성 기작이 존재하기 때문에 발생하는 현상을 무엇이라 하는가?

① 교차저항성 ② 복합저항성
③ 저항성계통 ④ 감수성계통

해설

교차저항성	• 살충작용 기작이 같은 2종 이상의 약제에 대해 동시에 저항하는 성질 • 어떤 살충제에 대해 이미 저항성이 발달한 해충이 한 번도 사용한 적 없지만 작용기구가 같은 살충제에 대해 저항하는 성질

정답 45 ③ 46 ② 47 ① 48 ② 49 ① 50 ② 51 ③ 52 ②

복합저항성	• 살충작용 기작이 다른 2종류 이상의 약제에 대해 동시에 저항성을 갖는 성질 • 한 개체 안에 두 가지 이상의 저항성이 나타남
부상관 교차저항성	어떤 약제에는 저항성을 나타내지만 다른 약제에서는 오히려 감수성을 나타내는 성질

53 콩나물의 생장촉진제로 주로 사용되는 것은?

① 6－BA ② IBA
③ l－naphthylacetamide ④ 4－CPA

해설 6－BA

• 콩나물 생장촉진제
• 사이토키닌계 식물호르몬제
• 기능 : 단백질 합성 촉진, 세포분열 촉진, 콩나물 잔뿌리 감소를 통한 생산량 증가

54 농약의 작물잔류성에 대한 설명으로 옳지 않은 것은?

① 증기압이 높은 약제일수록 증발하기 쉬우므로 잔류기간이 짧다.
② DDVP 유제는 증기압이 약 1.2×10^{-2}mmHg(20℃) 정도로 증기압이 낮아 잔류기간이 길다.
③ 증기압은 살포된 농약이 식물체 표면에서 소실하는 데 가장 중요한 요인이다.
④ 농약의 입자가 미세할수록 증발속도가 빠르다.

해설 DDVP 유제

증기압이 높아 잔류기간이 짧음(증기압이 높으면 공기중으로 쉽게 퍼짐)

55 과수용 농약으로 가장 부적당한 제형은?

① 수화제 ② 수용제
③ 분제 ④ 입제

해설 입제

• 표류, 비산에 의한 오염의 우려가 없음
• 입자가 크므로 농약을 살포하는 농민에 대하여 안전성이 높음
• 다른 제형에 비해 많은 양의 주성분을 투여해야 목적하는 방제효과를 얻을 수 있음

56 사용목적에 따른 농약의 분류가 아닌 것은?

① 살균제 ② 살충제
③ 비소제 ④ 제초제

해설 사용목적에 따른 농약의 분류

살균제	보호살균제, 직접살균제, 종자소독제, 토양살균제
살충제	소화중독제(식독제), 접촉제, 침투성 살충제, 훈증제, 훈연제, 유인제, 기피제, 불임제, 점착제, 생물농약
살선충제	선충방제
살비제	응애방제
제초제	선택성 제초제, 비선택성 제초제
식물생장조정제	옥신, 사이토키닌, 지베렐린, 아브시스산, 에틸렌
보조제	전착제, 증량제, 용제, 유화제, 협력제

57 현재 우리나라에서 사용되는 농약 중 대부분을 차지하는 것은?

① 고독성 농약 ② 저독성 농약
③ 보통독성 농약 ④ 무독성 농약

해설

농약의 독성은 맹독성, 고독성, 보통독성, 저독성으로 분류되며, 우리나라에서 사용되는 농약은 저독성임

58 도열병 약제의 농약 명칭을 키타진으로 표기할 때 다음 중 어디에 해당하는가?

① 화학명 ② 품목명
③ 상표명 ④ 원소명

해설 벼 도열병 약제

• 상표명 : 키타진 입제 및 수화제
• 품목명 : 이프로벤포스

59 농약의 독성을 표시하는 단위로서 반수치사량(중위수치사량)을 나타내는 기호는?

① LT_{50} ② LF_{50}
③ LM_{50} ④ LD_{50}

해설 반수치사약량(LD_{50})

독성실험 시 실험군의 50%가 사망하는 용량
(＝중위치사약량, 중앙치사약량)

정답 53 ① 54 ② 55 ④ 56 ③ 57 ② 58 ③ 59 ④

60 농약의 안전사용에 대한 설명으로 거리가 가장 먼 것은?

① 재배기간 중 시용 가능 횟수 내에서 사용한다.
② 적용 대상 농작물에 병해충 발생 확인 시 어느 때나 사용한다.
③ 시용 작물의 수확기 전후를 확인하여 사용시기를 준수한다.
④ 농약 사용자는 안전사용기준에 맞게 적정하게 사용하여야 한다.

해설 농약의 혼용

농약 혼용 시 주의사항	• 사용 설명서에 혼용 가능 여부 꼭 확인 • 혼용기부표에 없는 농약 혼용 시에는 전문기관 및 제조사에 문의 후 사용 • 표준희석배수를 꼭 준수 • 고농도 희석은 하지 말아야 함 • 표준량을 살포함 • 다양한 약제의 혼용보다는 2종 혼용을 권고 • 한 약제를 먼저 물에 완전히 녹여 잘 섞은 후 다른 약제 추가 희석 • 미량요소가 함유된 제4종복합비료(영양제)와 혼용 사용을 피함 • 혼용 시 침전물이 생긴 농약은 사용 금지 • 농약 혼용 시 제조한 살포액은 당일에 꼭 살포
혼용 순서	• 유제와 수화제는 가급적 혼용을 피함 • 액제 · 수용제 → 수화제 · 액상 수화제 → 유제

04 잡초방제학

61 제초제를 흡수한 잡초 체내에서 일어나는 대사 과정으로 옳지 않는 것은?

① 산화　　② 환원
③ 염소반응　　④ 가수분해

해설 제초제 분해반응

산화	산소가 붙거나 수소가 빠져나가 생성되는 반응
환원	수소와 결합 또는 산소가 이탈하는 반응
결합반응	다른 물질이 식물체 내로 들어와 결합하는 반응
가수분해	물의 H^+ 이온과 OH^- 이온의 치환반응

62 경종적 방제법이 아닌 것은?

① 윤작 재배를 한다.
② 비옥도를 조정한다.
③ 중경 제초기를 이용한다.
④ 작물의 경합력을 증대시킨다.

해설 경합 특성 이용법 : 작물의 경합력 증진을 위한 방법

작부체계	윤작, 답전윤환 재배, 2모작
육묘이식재배	육묘이식 및 이앙으로 작물이 공간 선점
재식밀도	재식밀도를 높여 초관 형성 촉진
품종 선정	분지성, 엽면적, 출엽속도, 초장 등 경합력이 큰 작물 선정
피복작물	토양침식 및 잡초 발생 억제
재파종 및 대파	일년생 잡초의 발생 억제
춘경 · 추경 및 경운 · 정지	작물의 초기생장 촉진
병해충 및 선충방제	적기 방제로 피해지의 잡초 발생 억제

63 방동사니과 잡초가 아닌 것은?

① 매자기　　② 바랭이
③ 괭이사초　　④ 올챙이고랭이

해설 방동사니과 잡초

논잡초	일년생	바늘골, 바람하늘지기, 알방동사니, 참방동사니
	다년생	너도방동사니, 매자기, 쇠털골, 올방개, 올챙이고랭이, 파대가리, 괭이사초
밭잡초	일년생	바람하늘지기, 참방동사니, 파대가리

64 종합적 방제법에 대한 설명으로 옳은 것은?

① 여러 가지 제초제를 혼합하여 잡초를 방제하는 것이다.
② 여러 가지 방법을 시행해 보고 가장 효율적인 방제법만 적용하는 것이다.
③ 화학약품의 제초제를 사용하지 않고 환경친화적인 제초를 하는 것이다.
④ 생태적, 물리적, 화학적 방제법 등 여러 방제법을 다양하게 적용하는 것이다.

해설 종합적 방제법

• 상호협력적인 조건하에 물리적, 경종적, 화학적, 생물학적 방제법을 하나 또는 둘 이상 연계하여 수행하는 방법
• 환경에 나쁜 영향을 주지 않으면서 지속적으로 반복시행 가능

정답 60 ② 61 ③ 62 ③ 63 ② 64 ④

- 제초제의 잔류독성 및 약해 문제 감소
- 환경친화형인 종합적 방제법의 필요성 대두

65 생물적 방제법에 적용하는 것으로 거리가 가장 먼 것은?

① 토양 ② 곤충
③ 어류 ④ 병원균

해설 생물적 방제법(천적 이용)

- 동물 : 오리, 왕우렁이
- 식물 : 호밀, 귀리, 헤어리베치
- 곤충이나 미생물 : 사상균, 세균, 방선균

66 잡초 종자가 휴면하는 원인으로 거리가 가장 먼 것은?

① 탄산가스의 결핍 ② 물의 투수성 방해
③ 생장조절물질의 불균형 ④ 배의 불완전 또는 미숙

해설 잡초 종자의 휴면

- 작물이 일시적으로 생장활동을 멈추는 생리적 현상
- 대부분 작물은 휴면함
- 발아시기의 조절
- 불량한 환경(고온, 저온)의 회피
- 종자 수명의 연장
- 식물 자신이 처한 불량 환경 극복
- 휴면상태 : 성숙한 종자에 적당한 발아조건을 주어도 일정기간 동안 발아하지 않을 때

67 계면활성제의 유화성과 가장 깊은 관계가 있는 제형은?

① 입제 ② 유제
③ 분제 ④ 수용제

해설

유화제(계면활성제)는 유제의 기름 성분이 물과 잘 섞일 수 있도록 도와주는 역할을 함

68 주로 종자로 번식하는 잡초가 아닌 것은?

① 피 ② 바랭이
③ 올방개 ④ 가을강아지풀

해설

올방개는 덩이줄기로 번식함

69 잡초를 분류할 때 식물학적 순서로 옳은 것은?

① 과－속－아종－변종－종
② 속－종－과－아종－변종
③ 과－종－속－변종－아종
④ 과－속－종－아종－변종

해설 식물학적 분류

- 이명법 : 속명＋종명＋명명자명
- 순서 : 계－문－강－목－과－속－종－아종－변종

70 잡초의 상호대립억제작용(Allelopathy)을 이용한 잡초 방제법은?

① 생물적 방제법 ② 생태적 방제법
③ 물리적 방제법 ④ 종합적 방제법

해설 상호대립억제작용(Allelopathy)

타감작용으로 환경에 의해서 식물 내에 생성되는 화합물질로 다른 생물 활용에 직·간접적으로 영향을 주는 작용

71 잡초의 생장형에 따른 분류로 옳지 않은 것은?

① 직립형 : 명아주 ② 총생형 : 둑새풀
③ 분지형 : 광대나물 ④ 포복형 : 가막사리

해설 직립형 잡초

명아주, 쑥부쟁이, 가막사리 등

72 작물과 잡초의 경합에 있어서 잡초 허용 한계밀도의 의미로 옳은 것은?

① 작물의 밀도가 잡초보다 높은 수준
② 잡초의 밀도가 작물보다 높은 수준
③ 최저 작물 수량을 가져오는 잡초의 밀도
④ 작물 수량 및 품질에 큰 영향을 미치지 않는 잡초의 밀도

해설 잡초 허용 한계밀도

- 잡초는 피해 양상에 따라 방제, 억제, 예방해야 할 대상이라는 개념으로 허용할 수 있는 발생 밀도
- 어느 밀도 이상으로 잡초가 존재하여 작물의 수량이 감소되기 시작하는 밀도

정답 65 ① 66 ① 67 ② 68 ③ 69 ④ 70 ① 71 ④ 72 ④

73 잡초 발생이 물 관리에 미치는 영향이 아닌 것은?

① 물의 흐름을 방해한다.
② 용존산소 농도를 저하시킨다.
③ 잡초 고사체에 의한 수질오염이 문제가 된다.
④ 관배수로에서 증발량과 지하침투량이 저하된다.

해설 잡초가 물관리에 영향을 주는 것

- 급수, 관수, 배수 등을 방해
- 유속 방해, 지하 침투로 물 손실
- 용존산소 농도 감소 및 수온 저하 등
- 잡초(고사체)로 인한 수질오염

74 잡초 종자의 발아 습성 중 발아의 계절성에 대한 설명으로 옳은 것은?

① 일장에 반응하여 발아하는 특성이다.
② 온도에 반응하여 발아하는 특성이다.
③ 광도에 반응하여 발아하는 특성이다.
④ 습도에 반응하여 발아하는 특성이다.

해설 발아의 계절성

발생 계절의 일장에 반응하여 휴면이 타파되고 발아하는 특성

75 페녹시계 제초제로 이행성이 있는 것은?

① 벤타존 액제　　② 이사－디 액제
③ 메톨라클로르 유제　　④ 프레틸라클로르 유제

해설 이사－디 액제의 작용 특성

- 우리나라에서 가장 먼저 사용된 제초제(최초의 제초제)
- 유기합성제(호르몬형 제초제 : 옥신의 한 종류)
- 식물호르몬 활성(옥신 교란)을 통한 살초 효과
- 적은 양으로도 약효는 큼

76 지하경을 형성하는 데 일장의 영향을 거의 받지 않는 잡초는?

① 벗풀　　② 올미
③ 가래　　④ 너도방동사니

해설 올미

- 일장의 영향을 받지 않음
- 심은 후 60일이 지나면 지하경 형성

77 논에 발생하는 잡초를 방제할 목적으로 사용되는 제초제가 아닌 것은?

① 티오벤카브 입제
② 뷰타클로르 입제
③ 알라클로르 유제
④ 벤타존 · 엠시피에이 입제

해설 알라클로르(Alachlor)

- 광엽잡초에 활용
- 콩, 옥수수, 감자 잡초 방제에 사용

78 벼 재배 시 벼와 경합이 가장 큰 잡초는?

① 피　　② 벗풀
③ 올방개　　④ 물달개비

해설 피(물피)

- 우리나라 전 지역에 발생함
- 도랑, 물가, 저수지, 호수 등지에 퍼져 있음
- 열매는 길고 억센 털을 가지고 있음
- 논에서 물피의 성장속도가 벼보다 빨라 벼 재배 시 피해가 큼

79 작물의 수량에 피해가 가장 큰 경우는?

① C_3 잡초와 C_3 작물　　② C_3 잡초와 C_4 작물
③ C_4 잡초와 C_3 작물　　④ C_4 잡초와 C_4 작물

해설 C_3 작물과 C_4 식물

C_3 작물	• C_4 식물과 비교 시 고온, 고광도, 수분제한 조건 시 불리함 • 대부분의 식물은 C_3 식물 • 주요 작물은 C_3 식물이며 상대적으로 잡초가 생존에 우수함
C_4 식물	• 대기 중 낮은 CO_2 농도에서도 광합성 효율이 높음 • 가뭄이나 고온, 고광도 등의 환경 스트레스에 유리 • 불리한 환경조건에서도 적응력이 강함 • 잡초는 대부분 광합성 효율이 높은 C_4 식물이 많음

80 주로 밭에서 생육하는 다년생 잡초가 아닌 것은?

① 쑥　　② 여뀌
③ 씀바귀　　④ 참소리쟁이

해설 여뀌

일년생 광엽잡초

정답 73 ④　74 ①　75 ②　76 ②　77 ③　78 ①　79 ③　80 ②

2018년 산업기사 2회

01 식물병리학

01 오이 모자이크병을 매개하는 해충은?

① 진딧물　② 애멸구
③ 끝동매미충　④ 장님노린재

해설 비영속성 바이러스
- (병든 식물에서 획득한)바이러스가 곤충의 체내에 들어가지 않고 구침에 머문 상태에서 전염(전염력이 일시적)
- 주로 진딧물에 의한 전염
- 오이 · 배추 · 순무 모자이크바이러스

① 오이 모자이크병의 매개충 : 진딧물

02 곰팡이에 의해서 발생한 병의 표징이 아닌 것은?

① 균핵　② 뿌리털
③ 포자퇴　④ 분생자각

해설 표징(Sign)
- 기생성 병의 병환부에 병원체 그 자체가 나타나서 병의 발생을 직접 표시하는 것
- 곰팡이, 균핵, 점질물, 이상 돌출물
  - 표징은 병이 어느 정도 진행된 후 나타남
  - 조기진단이 어려움
  - 병의 종류 진단에 극히 중요함
- 병원체가 진균일 때는 표징이 잘 나타남

03 접목을 통해 방제가 가능한 병은?

① 고추 역병　② 수박 노균병
③ 배추 무사마귀병　④ 참외 덩굴쪼김병

해설 참외 덩굴쪼김병의 방제법
- 저항성 품종 재배, 종자 소독
- 5년 이상의 윤작 및 토양 소독
- 이병식물 소각
- 저항성 대목으로 접목재배(호박대목으로 활용)

04 병원체나 매개 곤충의 접근을 물리적으로 막아 감염을 차단하는 방제방법으로 옳지 않은 것은?

① 짚 깔기　② 비닐 멀칭
③ 봉지 씌우기　④ 토양산도의 조절

해설 물리적 방제방법

짚 깔기, 비닐 멀칭, 봉지 씌우기, 그물망(한랭사) 등

05 잣나무 털녹병균의 분류학적 위치는?

① 난균류　② 담자균류
③ 자낭균류　④ 불완전균류

해설

잣나무 털녹병균은 진균(담자균)으로 분류함

06 벼 도열병에 대한 설명으로 옳은 것은?

① 2차 전염을 하지 않는다.
② 병원균은 담자균에 속한다.
③ 다양한 레이스(Race)가 존재한다.
④ 토양온도가 높고 토양수분 함량이 많을 때 다수 발생한다.

해설 벼 도열병균의 레이스

12개의 판별품종에 접종하여 나타난 병반에 따라 인도계(T) 품종, 중국계(C) 품종, 일본계(N) 품종으로 구분

07 식물 바이러스병 진단법으로 옳지 않은 것은?

① 혈청학적 진단법
② 파지에 의한 진단법
③ 지표식물에 의한 진단법
④ 핵산 중합효소연쇄반응법

정답　01 ①　02 ②　03 ④　04 ④　05 ②　06 ③　07 ②

해설 식물 바이러스병 진단법

혈청학적 진단	병원바이러스의 항혈청을 만들고, 진단하려는 병든 식물의 즙액, 분리된 병원체를 반응시켜 검정하는 방법
지표식물에 의한 진단	특정 병원체에 대해 고도의 감수성이거나 특이한 병징을 나타내는 지표식물을 병의 진단에 활용하는 방법
중합효소연쇄반응(PCR법)	바이러스의 핵산을 증폭시켜 반응을 통해 병을 진단하는 것

08 살아 있는 식물 조직에서만 생활할 수 있는 병원체는?

① 절대기생체 ② 임의기생체
③ 임의부생체 ④ 조건기생체

해설 영양 섭취에 따른 병원체의 분류

절대기생체	• 살아 있는 조직 내에서만 생활 가능 → 순활물기생체 • 녹병균, 흰가루병균, 노균병균, 무배추 무사마귀병균, 배나무 붉은별무늬병균
임의부생체	• 기생이 원칙이나 때로는 죽은 유기물에서도 영양 섭취 → 조건부생체 • 감자 역병균, 배나무 검은별무늬병균, 깜부기병균
임의기생체	• 부생이 원칙이나 노쇠 및 변질된 살아 있는 조직을 침해 → 조건기생체 • 고구마 무름병균, 잿빛곰팡이병균, 모잘록병균
절대부생체	• 죽은 유기물에서만 영양 섭취 → 순사물기생체 • 목재 심부썩음병균

09 벼 도열병이 발생한 경우 벼잎에 나타나는 병징의 형태는?

① 구형 ② 사선형
③ 방추형 ④ 원주형

해설
벼 도열병이 발생한 경우 벼잎은 방추형(다이아몬드형)의 병반이 형성됨

10 사과 수심(Water Core) 현상의 원인은?

① 고온의 피해 ② 광선의 피해
③ 바람의 피해 ④ 서리의 피해

해설 사과 수심(Water Core) 현상
• 사과 열매의 육질부가 수침상의 외관을 타나내는 병
• 고온이 지속되는 해에 주로 발생

11 토마토의 세균병으로 시들시들하다가 갑자기 마르는 병은?

① 돌림병 ② 탄저병
③ 풋마름병 ④ 모자이크병

해설 토마토 풋마름병의 병징
시들기 시작하다가 진전되면 말라 고사함

12 세균에 의한 식물병은?

① 벼 오갈병 ② 벼 키다리병
③ 벼 흰잎마름병 ④ 벼 잎집무늬마름병

해설 세균의 병징

구분	병징	식물병
무름병	• 병균이 펙티나아제(Pectinase) 효소 분비 • 기주세포는 삼투압 변화로 원형질이 분리되어 고사 • 물이 많은 조직에서 부패 및 악취의 무름현상 발생	채소류 무름병
점무늬병	• 기공 침입한 세균이 인접 유조직세포 파괴 • 여러 모양의 점무늬	콩 세균성 점무늬병
잎마름병	세균이 유관 속 조직의 도관부를 침입하여 증식 후 기관이 말라 고사함	벼 흰잎마름병
시들음병	• 세균이 물관에 증식, 수분 상승 저해 • 병징이 복합적으로 나타나기도 함	토마토 풋마름병
세균성혹병	세균이 기주세포를 자극하여 병환부의 이상증식	사과 근두암종병

13 바이러스를 매개하는 선충이 아닌 것은?

① *Xiphinema*
② *Trichodorus*
③ *Meloidogyne*
④ *Paratrichodorus*

해설 바이러스 매개 선충
Xiphinema, Trichodorus, Paratrichodorus renifer, Longidoridae

정답 08 ① 09 ③ 10 ① 11 ③ 12 ③ 13 ③

14 사과나무의 줄기나 가지가 썩는 병은?

① 부란병 ② 탄저병
③ 점무늬낙엽병 ④ 붉은별무늬병

해설 사과나무 부란병

- 진균(자낭균)
- 병포자나 자낭포자로 병든 가지나 줄기에서 월동
- 포자가 주로 빗물에 의해 전파
- 상처를 통해 침입
- 처음엔 껍질이 갈색으로 부풀어 벗겨짐
- 알코올 냄새 발생
- 병든 부위는 움푹하게 들어감
- 그 위에 검은 소립(병자각) 밀생

15 벼 흰잎마름병의 발병 원인으로 가장 피해가 큰 경우는?

① 저온 ② 건조
③ 질소 비료의 과용 ④ 태풍에 의한 침수

해설

벼 흰잎마름병의 발병 원인 중 태풍에 의한 침수 시 가장 피해가 큼

16 채소 및 과일 저장 중에 주로 발생하며 생육기에는 거의 발생되지 않는 병은?

① 탄저병 ② 노균병
③ 덩굴마름병 ④ 푸른곰팡이병

해설 푸른곰팡이병

저장용 채소 및 과일에 주로 발생함

17 생물적 방제에 사용되는 길항균이 아닌 것은?

① *Bacillus*
② *Rhizoctonia*
③ *Trichoderma*
④ *Pseudomonas*

해설

② *Rhizoctonia* : 모잘록병

18 윤작을 실시하면 방제 효과가 가장 큰 것은?

① 공기전염성 병해
② 수매전염성 병해
③ 종자전염성 병해
④ 토양전염성 병해

해설 윤작(돌려짓기)

- 한 포장에 다른 작물을 돌려서 재배하는 방법
- 토양전염성 병해에 효과

19 파이토플라스마의 진단법으로 옳지 않은 것은?

① 항생제 페니실린에 대한 저항성을 본다.
② 적당한 배지에 배양하여 자라는 모양을 본다.
③ 항생제 테트라사이클린에 대한 감수성을 본다.
④ 건전한 기주에 병든 기주의 가지를 접목하여 전염성을 본다.

해설

② 파이토플라스마는 인공배양되지 않음

20 병원체가 침입할 수 있는 식물체의 자연개구가 아닌 것은?

① 각피 ② 기공
③ 수공 ④ 피목

해설 자연개구부 침입 병원체

기공침입	• 각종 녹병균의 녹포자와 하포자 • 삼나무 붉은마름병균 • 소나무류 잎떨림병 • 소나무류 그을음잎마름병균
수공침입	• 양배추 검은썩음병균 • 배 · 사과 화상병균 • 벼 흰잎마름병균
피목침입	• 감자 역병균, 뽕나무 줄기마름병균 • 감자 더뎅이병균, 과수 잿빛무늬병균 • 포플러 줄기마름병균
밀선침입	사과 화상병균

정답 14 ① 15 ④ 16 ④ 17 ② 18 ④ 19 ② 20 ①

02 농림해충학

21 곤충의 변태와 관련하여 탈피에 관여하는 탈피호르몬을 분비하는 기관은?

① 알라타체 ② 외분비계
③ 앞가슴샘 ④ 뒷가슴샘

해설 내분비기관

앞가슴선(전흉선)	• 탈피호르몬 엑디손, 허물벗기기호르몬, 경화호르몬 분비 • 탈피호르몬 : 번데기 촉진에 관여 • 경화호르몬(Bursicon) : 탈피 후 표피층 경화

22 생물적 방제를 위한 해충의 천적으로 가장 거리가 먼 것은?

① 꽃등에 ② 진디혹파리
③ 배추흰나비 ④ 녹색풀잠자리

해설 생물적 방제법(천적 이용)

- 기생성 천적 : 맵시벌과, 고치벌과
- 포식성 천적 : 풀잠자리류, 딱정벌레류, 노린재류
- 병원미생물 : 곤충에 기생하여 병을 일으키는 진균, 세균, 바이러스, 선충류 등

23 외국에서 유입되어 국내에 정착한 침입해충이 아닌 것은?

① 감자나방 ② 사과면충
③ 루비깍지벌레 ④ 복숭아심식나방

해설 외래해충의 특징

① 감자나방 : 일본에서 도입한 씨감자를 통해 침입한 해충
② 사과면충 : 미국에서 침입했을 것으로 추정
③ 루비깍지벌레 : 한국뿐만 아니라 일본, 중국, 미국, 유럽 등에 분포함

24 곤충 다리의 기본적인 구조에서 가늘고 길며 끝부분에 흔히 끝가시(Spur)가 있는 마디는?

① 밑마디 ② 도래마디
③ 넓적마디 ④ 종아리마디

해설 곤충의 다리

- 앞가슴, 가운데가슴, 뒷가슴에 1쌍씩 총 3쌍
- 몸쪽부터 밑마디(기절) → 도래마디(전절) → 넓적다리(퇴절) → 종아리마디(경절) → 발목마디(발마디, 부절)
- 마디별로 기절 → 전절 → 퇴절 → 경절 → 부절

25 온도가 곤충에게 미치는 영향으로 가장 거리가 먼 것은?

① 곤충의 크기 ② 곤충의 수명
③ 곤충의 산란량 ④ 곤충의 발육속도

해설 곤충의 발육과 온도의 관계

발육온도	곤충의 발육단계마다 일정한 온량이 필요
유효적산 온도	• 생물이 일정한 발육을 완료하기 위해 필요한 총온열량 • 1일 평균기온에서 발육영점온도를 뺀 값을 누적시킨 온도 • 종과 세대에 따라 다를 수 있음 • 곤충의 발육 상태, 발육속도 등을 예측하여 방제에 이용
발육영점 온도	곤충이 발육되지 않는 생존최저온도로 종에 따라 다름
발육적산 온도법칙	곤충이 일정한 발육을 하려면 일정량의 유효한 온열을 접수(받아야 함)해야 함

26 곤충이 생존하기 불리한 환경이 되면 대사와 발육이 느리게 진행되고 환경이 좋아지면 즉각 정상상태를 회복하는 현상은?

① 휴지 ② 분산
③ 휴면 ④ 일장

해설 곤충의 휴면과 휴지

- 휴면 : 좋지 않은 환경에서 발육을 일시적으로 중지시키는 것
- 휴지 : 활동 정지로 환경이 좋아지면 즉시 종료

27 내시류에 대한 설명으로 옳은 것은?

① 날개를 접지 못한다.
② 대부분 불완전변태를 한다.
③ 곤충 중에서 가장 진화한 형태이다.
④ 강도래목, 집게벌레목 등이 해당된다.

해설 내시류

불완전변태를 하고, 번데기에 날개가 생성되어 날개를 접어 붙일 수 있음

정답 21 ③ 22 ③ 23 ④ 24 ④ 25 ① 26 ① 27 ③

28 유충이 저작형 입틀을 가진 식엽성 해충은?

① 매미나방　② 솔잎혹파리
③ 벚나무응애　④ 소나무가루깍지벌레

해설 매미나방

식엽성 해충(유충이 잎을 갉아 먹음)

29 복숭아 혹진딧물은 여름기주에서 어떤 생식을 하는가?

① 양성생식　② 단위생식
③ 다배생식　④ 유생생식

해설 복숭아 진딧물

겨울기주인 복숭아나무 등의 겨울눈에서 알로 월동 후 월동란은 4월경 부화하여 간모(날개 없는 암컷)로 여름 내내 단위생식을 함

30 해충을 유아등에 모이게 하여 방제하는 방법은 해충의 어떤 습성을 이용한 것인가?

① 주화성　② 주지성
③ 주식성　④ 주광성

해설 주광성

곤충이 유아등의 빛에 반응을 하는 것

31 분류학적으로 매미류가 속하는 목은?

① 벌목　② 노린재목
③ 딱정벌레목　④ 부채벌레목

해설 노린재목(불완전변태류, 외시류)

- 입틀은 자흡구형
- 더듬이는 대개 2~10마디
- 겹눈은 크고 홑눈은 거의 없음
- 날개는 두 쌍
  - 앞날개는 밑부분이 두터운 혁질
  - 끝부분은 막질
  - 매미목과 구별
- 식성은 초식, 포식성
- 육서군, 반수서군, 진수서군
- 몸에 특수한 냄새샘
- 농작물의 주요 해충
- 식물에 해로운 병을 옮기는 매개충

32 불완전변태를 하는 곤충목은?

① 벌목　② 파리목
③ 노린재목　④ 딱정벌레목

해설 곤충의 분류

무시아강(날개 없음)			톡토기, 낫발이, 좀붙이, 좀목
유시아강(날개 있음) −2차적으로 퇴화되어 없는 것도 있음	고시류		하루살이, 잠자리목
	신고시류	외시류(불완전변태)	집게벌레, 바퀴, 사마귀, 대벌레, 갈르와벌레, 메뚜기, 흰개미붙이, 강도래, 민벌레, 다듬이벌레, 털이, 이, 흰개미, 총채벌레, 노린재, 매미목
		내시류(완전변태)	벌, 딱정벌레, 부채벌레, 뱀잠자리, 풀잠자리, 약대벌레, 밑들이, 벼룩, 파리, 날도래, 나비목

33 주로 사과나무를 가해하는 해충으로 옳지 않은 것은?

① 멸강나방　② 은무늬굴나방
③ 복숭아심식나방　④ 조팝나무진딧물

해설 멸강나방

- 중국의 비래해충
- 5~6월 멸강의 애벌레가 옥수수, 수수류, 목초, 벼 등의 잎과 줄기 가해

34 솔잎혹파리 방제를 위한 침투성 약제를 소나무에 주사하는 주요 이유로 옳은 것은?

① 알을 죽인다.　② 유충을 죽인다.
③ 성충을 죽인다.　④ 번데기를 죽인다.

해설 침투성 약제를 소나무에 주사하는 이유

유충이 솔잎 밑부분에 벌레혹을 만들고 그 속에서 흡즙하기 때문에

35 일반적으로 1년에 2회 이상 발생하는 해충은?

① 솔잎혹파리　② 미국흰불나방
③ 오리나무잎벌레　④ 잣나무넓적잎벌

해설

- 미국흰불나방 : 연 2회 이상 발생
- 솔잎혹파리, 오리나무잎벌레, 잣나무넓적잎벌 : 연 1회 발생

정답 28 ① 29 ② 30 ④ 31 ② 32 ③ 33 ① 34 ② 35 ②

36 중배엽으로부터 유래된 기관은?

① 심장　② 중장
③ 전장　④ 신경

해설 곤충의 배자층별 발육

구분	발육 기관
외배엽	표피, 외분비샘, 뇌 및 신경계, 감각기관, 전장 및 후장, 호흡계, 외부생식기
중배엽	심장, 혈액, 순환계, 근육, 내분비샘, 지방체, 생식선(난소와 정소)
내배엽	중장

37 곤충이 번성하게 된 요인으로 가장 거리가 먼 것은?

① 짧은 세대　② 작은 크기
③ 날개의 발달　④ 낮은 유전적 변이성

해설 곤충의 번성 원인

- 키틴질의 외골격이 발달하여 몸을 보호
- 날개가 발달하여 생존 및 종족의 분산
- 몸의 크기가 작아 소량의 먹이로 활동 가능
- 몸의 구조적인 적응력이 좋음(불량한 환경에서 변태)
- 종의 증가 현상

38 다음 설명에 해당하는 해충은?

> 시설채소에서 많이 발생하는 해충으로 성충의 몸 길이는 1.4mm 정도로 작은 파리 모양이고, 몸 색은 옅은 황색이지만 몸 표면이 흰 왁스 가루로 덮여 있어 흰색을 띤다.

① 파밤나방　② 거세미나방
③ 온실가루이　④ 점박이응애

해설 온실가루이

- 시설하우스에 주로 발생
- 매미목, 가루이과로 흡즙성 해충
- 알은 자루가 있는 포탄 모양

39 주로 벼를 가해하는 해충으로 옳지 않은 것은?

① 혹명나방　② 이화명나방
③ 끝동매미충　④ 거세미나방

해설 벼 가해 해충

혹명나방, 이화명나방, 끝동매미충(벼 오갈병의 매개충)

40 해충밀도의 축차조사법과 거리가 먼 것은?

① 해충의 밀도를 순차적으로 조사한다.
② 미리 정해진 조사표본 수에 따라 조사한다.
③ 신속하게 의사결정이 가능하여 조사비용을 절감할 수 있다.
④ 경제적 피해수준에 근거하여 방제 여부를 판단하는 방법이다.

해설 축차조사법

표본조사와 비슷한데 해충의 공간분포양식, 해충의 피해 해석을 기초로 하여 불필요한 표본조사를 생략하기 때문에 경비를 절약할 수 있고, 방제 여부 및 방제 대상지를 선정하는 데 유용하게 활용됨

03 농약학

41 2,4-D 액제에 대한 설명으로 틀린 것은?

① 경엽처리용 제초제이다.
② 일년생 잡초에 적용한다.
③ 옥시졸리딘계 제초제이다.
④ 약해의 염려가 있으므로 고압식 분무기를 사용하지 않는다.

해설 페녹시계 제초제(호르몬형)

2,4-D, MCP, MCPP, 디캄바(Dicambar)

42 식물 고유의 분해·불활성화 기작에 기인된 것으로 식물체 내외에서 제초제의 흡수와 이동의 차에 의해서 일어나는 선택성은?

① 물리적 선택성　② 생화학적 선택성
③ 생리적 선택성　④ 생태적 선택성

해설 제초제의 선택성

생태적 선택성	생육시기가 다르기 때문에 나타나는 제초제의 감수성 차이
형태적 선택성	생장점 노출 여부에 따른 선택성 차이
생리적 선택성	제초제가 식물 체내에 흡수, 이행되는 차이
생화학적 선택성	식물의 종류에 따른 감수성 차이

정답 36 ① 37 ④ 38 ③ 39 ④ 40 ② 41 ③ 42 ③

43 농약을 사용 목적에 따라 분류한 것이 아닌 것은?

① 살균제 ② 살충제
③ 유제 ④ 제초제

해설 농약의 사용 목적에 따른 분류

살균제	보호살균제, 직접살균제, 종자소독제, 토양살균제
살충제	소화중독제(식독제), 접촉제, 침투성 살충제, 훈증제, 훈연제, 유인제, 기피제, 불임제, 점착제, 생물농약
살선충제	선충방제
살비제	응애방제
제초제	선택성 제초제, 비선택성 제초제
식물생장조정제	옥신, 사이토키닌, 지베렐린, 아브시스산, 에틸렌
보조제	전착제, 증량제, 용제, 유화제, 협력제

44 유효성분을 담체인 고체 중량제와 혼합분쇄하고 보조제로서 고결제, 안정제, 계면활성제를 가하여 입상으로 성형한 것 또는 입상으로 담체에 유효성분을 피복시킨 제형은?

① 입제 ② 분제
③ 수화제 ④ 유제

해설 입제

정의	농약 원제를 증량제에 압출, 흡착, 피복, 혼합하여 제조한 입상의 제형
특징	• 토양이나 수면에 직접 살포 가능 • 액제에 비해 균일 살포가 어려움 • 액제보다 부피가 큼 • 비산 위험이 적음 • 식물에 직접 붙지 않아 약해 발생 우려가 적음 • 단위면적당 사용량이 많아 가격이 비쌈

45 농약의 약해를 방지하기 위한 대책으로 가장 거리가 먼 것은?

① 제제의 개선
② 해독제의 이용
③ 복합비료와의 혼용
④ 농약의 안전사용기준 준수

해설 농약에 의한 약해 발생원인

- 기준약량 이상 살포
- 척박한 논에 제초제 사용
- 농약의 중복 및 근접 살포
- 표류비산에 의한 약해
- 휘산에 의한 약해
- 잔류농약에 의한 약해
- 작물의 특성에 따른 약해
- 환경조건에 따른 약해
- 농약 희석용수의 불량에 따른 약해

46 EPN 등 유기인제에 의한 농약 중독 시 해독제로 가장 적당한 것은?

① 발(BAL)
② 팜(PAM)
③ 이디티에이 – 칼슘(EDTA – Ca)
④ 비타민 – 칼륨(Vitamin – K)

해설 유기인계 해독제

팜(PAM), 황산아트로핀

47 유해동물이나 해충이 화학물질에 의한 자극에서 벗어나려는 행동을 이용하여 농작물이나 가축을 이들의 유해동물이나 곤충으로부터 보호하는 데 사용되는 약제는?

① 유인제 ② 불임제
③ 살서제 ④ 기피제

해설 기피제

정의	화학물질에 의한 자극을 통해 해충이 모이지 않게 하는 것
종류	• Dimethyl phthalate(디메틸 프탈레이트) • Diethyl toluamide(디에틸 톨루아미드) • Benzyl benzoate(벤질 벤조에이트)

48 농약 제조용 용제(港劑)의 특성에 대한 설명 중 틀린 것은?

① 실제로 사용되는 용제는 불연성이어서 안전하다.
② 용제의 종류에서 인축에 유해한 활성을 보이는 것은 농약 제조용으로 사용되기 어렵다.
③ 용제가 농약의 유효성분을 화학적으로 분해시켜서는 안 된다.
④ 소량의 용매로 가능한 한 많은 양의 농약 원제 또는 다른 보조제를 녹일 수 있어야 한다.

해설 용제(港劑)

약제의 유효성분을 용해시키는 약제

정답 43 ③ 44 ① 45 ③ 46 ② 47 ④ 48 ①

49 자스모린 Ⅱ(Jasmolin Ⅱ)와 관계가 있는 살충제는?

① Bombikol류
② 제충국류(Pyrethroids)
③ 로테논류(Rotenoids)
④ 니코틴류(Nicotine Insecticide)

해설 제충국의 살충효과 성분

피레트린	• 제충국의 유효성분 • 곤충의 신경계통에 작용하여 마비(살충효과) 속효성 • 파리, 모기 등 위생해충 구제 → 혼혈동물에는 독성 없음
유효성분	• 피레트린 Ⅰ, Ⅱ • 시네린 Ⅰ, Ⅱ • 자모린 Ⅰ, Ⅱ
살충력	• 피레트린 Ⅱ > 피레트린 Ⅰ > 시네린 = 자모린

50 곤충생장조절제(IGR계통)의 농약이 아닌 것은?

① 벤설푸론 메틸(Bensulfuron-methyl)
② 뷰프로페진(Buprofezin)
③ 디플루벤주론(Diflubenzuron)
④ 테플루벤주론(Teflubenzuron)

해설 곤충생장조절제(IGR계통)

포유류에 저독성으로 선택성이 높은 해충 방제제에 이용됨

51 보호살균제 농약의 잔효성에 가장 크게 영향을 미치는 물리적 성질은?

① 유화성 ② 현수성
③ 부착성과 고착성 ④ 침투성

해설 보호살균제

• 고착성과 부착성으로 잔효력이 길
• 병원균 침입 전 예방을 목적으로 사용됨
• 보르도혼합액, 결정석회황합제, 구리분제, 만코제브, 프로피네브 등

52 다음 중 농약으로 분류되지 않는 약제는?

① 제초제
② 전착제
③ 식물영양제
④ 농작물의 생리기능을 억제하는 데 사용하는 약제

해설 식물영양제

식물에 필요한 영양분을 공급해 주는 비료

53 45%의 유기인제 100mL가 있다. 이것을 0.1%로 희석하는데 필요한 물의 양은 몇 L인가?(단, 원액의 비중은 1이다.)

① 22.9 ② 33.9
③ 44.9 ④ 55.9

해설 희석할 물의 양(L)

$$= 원제의\ 용량 \times \left(\frac{원액의\ 농도}{희석할\ 농도} - 1\right) \times 원액의\ 비중$$

$$= 100 \times \left(\frac{45}{0.01} - 1\right) \times 1 = 44.9960$$

∴ 약 44.9L

54 맹독성 유제 농약의 경피 LD_{50}(반수치사량)은?

① 5mg/kg(체중) 미만
② 10mg/kg(체중) 미만
③ 20mg/kg(체중) 미만
④ 40mg/kg(체중) 미만

해설 급성독성 정도에 따른 농약의 구분

구분	시험동물의 반수를 죽일 수 있는 양(mg/kg 체중)			
	급성경구		급성경피	
	고체	액체	고체	액체
1급 맹독성	5 미만	20 미만	10 미만	40 미만
2급 고독성	5 이상 50 미만	20 이상 200 미만	10 이상 100 미만	40 이상 400 미만
3급 보통독성	50 이상 500 미만	200 이상 2,000 미만	100 이상 1,000 미만	400 이상 4,000 미만
4급 저독성	500 이상	2,000 이상	1,000 이상	4,000 이상

55 다음 중 훈증제(Fumigants)가 아닌 것은?

① 이황화탄소(CS_2)
② DDVP(Dichlorvos)
③ 비펜트린(Biphenthrin)
④ 메틸브로마이드(Methyl Bromide)

정답 49 ② 50 ① 51 ③ 52 ③ 53 ③ 54 ④ 55 ③

해설 훈증제(Fumigants)의 종류

메틸브로마이드, 클로로피크린, 알루미늄 포스파이트, 사이안화수소, 디클로르보스, 에틸 포메이트, 포스핀

56 요소(Urea)계 제초제의 주된 작용기작은?

① 옥신작용 교란 ② 광합성 저해
③ 단백질합성 저해 ④ 세포분열 저해

해설 광합성 저해 제초제의 종류

벤조티아디아졸계, 요소계, 트리아진계, 아마이드계, 비피리딜리움계(과산화물 생성)

57 잔디가 조성된 곳의 이끼를 방제하는 데 사용되는 약제는?

① 클로마존 ② 퀴노클라민
③ 펜디메탈린 ④ 글리포세이트포타슘

해설 퀴노클라민

논조류 방제용 전용약제(이끼 방제 활용)

58 유제에 사용되는 유기용제를 줄이기 위한 방안으로 개발된 제형은?

① 수용제 ② 액상 수화제
③ 액제 ④ 유탁제

해설 유탁제

농약의 제형 중 농약 제조에 사용되는 유기용매를 줄이기 위한 방안으로 개발된 친환경적 제형

59 우리나라에서 유통되는 수화제의 분말도는 몇 메시(Mesh)의 체를 기준으로 하는가?

① 150메시 ② 250메시
③ 300메시 ④ 325메시

해설

수화제의 분말도는 325메시 통과분 98% 이상이 되도록 작게 분쇄하여 만듦

60 보르도액의 사용상 주의사항으로 옳지 않은 것은?

① 만든 즉시 살포하여야 하며 오래 두면 입자가 커져 약효가 떨어진다.
② 살포액이 완전 건조해서 막을 형성해야 하므로 비가 오기 직전이나 직후에 살포해서는 안 된다.
③ 치료를 목적으로 사용하는 것이므로 발병 후 즉시 살포하여야 한다.
④ 약해가 나기 쉬운 작물에 대해서는 8~10두식의 묽은 보르도액을 살포해야 한다.

해설 보르도액(석회보르도액)

- 살포액이 막을 형성
- 병원균 침입을 막음 : 보호살균제(구리제)
- 주요 성분 : 황산구리(황산동), 수산화칼슘(생석회)
- 약액 1L당 황산구리와 수산화칼슘(g)의 양을 나타내는 표시(4−4식, 6−6식)
- 금속용기는 화학반응이 일어나 약효과 떨어짐(사용금지)
- 황산동액과 석회유를 따로 다른 나무통에 만든 후, 석회유에 황산동액을 부어 혼합

04 잡초방제학

61 생태적 잡초 방제법에 해당하는 것은?

① 윤작 ② 경운
③ 천적 이용 ④ 토양 소독

해설 생태적 방제법

정의	해충의 생태를 고려해 발생 및 가해를 경감시키기 위한 환경을 조성하고 숙주 자체가 내충성을 지니게 하는 방법
환경개선	• 윤작 • 재배밀도 조절 • 혼작 • 해충 발생 최성기를 피해 재배 • 토성의 개량(토양곤충 활용)

정답 56 ② 57 ② 58 ④ 59 ④ 60 ③ 61 ①

62 **잡초 종자의 발아에 관여하는 환경요인으로 가장 거리가 먼 것은?**

① 수분 ② 산소
③ 온도 ④ 토양 종류

해설

발아의 환경요인 : 수분, 온도, 광, 산소

63 **주어진 지표면을 먼저 점유한 식물이 후에 발생한 식물보다 경합에 유리하다. 이를 이용한 잡초 방제 기술로 옳지 않은 것은?**

① 이앙 재배 ② 적기 파종
③ 시비량 증대 ④ 재식밀도 증가

해설

③ 시비량 증대는 오히려 잡초의 생육을 촉진하므로 작물과의 경합에 불리함

64 **화본과 잡초와 광역 잡초를 선택적으로 작용하는 제초제의 선택성 요인에 해당하는 것은?**

① 생태적 선택성 ② 형태적 선택성
③ 생리적 선택성 ④ 물리적 선택성

해설 제초제의 선택성

생태적 선택성	생육시기가 다르기 때문에 나타나는 제초제의 감수성 차이
형태적 선택성	생장점 노출 여부에 따른 선택성 차이
생리적 선택성	제초제가 식물 체내에 흡수, 이행되는 차이
생화학적 선택성	식물의 종류에 따른 감수성 차이

65 **화본과보다 광엽 잡초에 대하여 높은 활성을 나타내며, 다른 제초제보다 적은 약량으로 높은 제초활성이 있는 제초제 계통은?**

① Triazine계 ② Carbamate계
③ Sulfonylurea계 ④ Benzoic Acid계

해설 설포닐우레아(Sulfonylurea)계 제초제

작용특성	• 저약량으로 높은 제초활성이 있어 환경에 부하를 적게 하는 새로운 계통의 제초제 • 아미노산 생합성의 저해 기작으로 살초 • 화본과보다 광엽잡초에 대해 높은 활성을 나타냄 • 세포분열과 식물의 생육을 억제하여 잡초 방제
종류	• 벤설퓨론메틸(Bensulfuron－methyl) － 논에서 피를 제외한 일년생 및 다년생 광엽잡초와 방동사니과 잡초 방제 － 선택성, 이행성 제초제 • 피라조설퓨론 에틸(Pyrazonsulfuron ethyl) • 아짐설퓨론(Azimsulfuron) • 시노설퓨론(Cinosulfuron)

66 **페녹시계열에 속하는 제초제가 아닌 것은?**

① 이사－디 액제
② 엠시피에이 액제
③ 니코설퓨론 액상 수화제
④ 할록시포프－아르－메틸 유제

해설

③ 니코설퓨론 액상 수화제 : 옥수수밭의 일년생 잡초 방제용 제초제

67 **잡초 방제용으로 도입되는 생물이 구비하여야 할 조건으로 옳지 않은 것은?**

① 대상 잡초 주변환경에 적응할 수 있어야 한다.
② 인공적으로 배양 또는 증식이 용이하며 생식력이 강해야 한다.
③ 비산 또는 분산하는 능력이 크고 대상 잡초에 잘 이동해야 한다.
④ 대상 잡초 방제가 끝나도 지속적으로 생활을 하여 사멸되지 않아야 한다.

해설

④ 대상 잡초가 방제된 후에도 계속 남아 있게 되면 생물이 잡초가 됨

정답 62 ④ 63 ③ 64 ② 65 ③ 66 ③ 67 ④

68 예방적 잡초 방제법으로 옳지 않은 것은?

① 농기계를 청결하게 관리한다.
② 중경 및 정지 작업을 실시한다.
③ 관개수를 통한 잡초 종자의 유입을 막는다.
④ 종자가 없는 상태의 풀을 이용하여 퇴비를 만든다.

해설 예방적 방제법

잡초위생	• 새로운 종자 및 영양체를 생성할 수 없도록 청결상태 유지 • 재배관리의 합리화 • 작물 종자의 정선 • 농기계 · 기구의 청소 • 가축 및 포장 주변 관리 • 상토 및 운반토양 소독 • 비산형 종자의 관리 • 완숙퇴비 사용
법적 방제	외래식물의 검역에 관계된 사항(국내 침입과 전파를 막음)

69 잡초의 특성에 대한 설명으로 옳은 것은?

① 영양번식기간이 비교적 늦고 길다.
② 종자의 번식기관에 휴면성이 없다.
③ 불량한 환경에서는 잘 생육되지 않는다.
④ 낮은 밀도로도 작물에 피해를 줄 수있다.

해설 잡초의 생육 특성

• 불량한 환경에서도 잘 적응함
• 종자는 휴면을 통해 환경 극복
• 초기 생장속도가 빠름
• 종자 다량 생산, 종자 크기가 작아 발아 빠름
• 영양번식과 종자번식 등 번식기관 다양
• 번식력이 강함
• 작물과의 경합에서 우수, 작물 수량 감소 초래의 단점
• 잡초는 광합성 효율이 높은 C_4 식물이 많음
• 주요 작물은 C_3 식물이 많아 잡초가 상대적으로 생존에 우위 차지

70 혼합 제초제에 대한 설명으로 옳지 않은 것은?

① 잡초 방제비용을 절감한다.
② 제초 작용성에서 상호 길항적 효과가 있다.
③ 다양한 잡초종을 대상으로 사용할 수 있다.
④ 서로 다른 두 가지 이상의 제초제가 생물학적 또는 화학적으로 양립되어야 한다.

해설 혼합 제초제

여러 잡초를 동시에 방제하게 되므로 잡초 간의 상호 길항적 효과는 기대하기 어려움

71 저항성 잡초의 출현을 방지하기 위한 대책으로 옳지 않은 것은?

① 직파재배를 한다.
② 제초제를 적정 농도로 사용한다.
③ 제초제 특성에 따라 순환 적용한다.
④ 제초제는 단용보다는 혼용하도록한다.

해설 직파재배

초기 생육이 빠른 잡초는 직파재배 시 작물보다 경합조건에 유리하게 되고 그로 인해 제초제를 계속 사용하게 되므로 잡초가 저항성을 나타내게 됨

72 잡초의 유용성이 아닌 것은?

① 병해충 전파를 막아 준다.
② 토양의 침식을 방지한다.
③ 토양에 유기물을 공급한다.
④ 때로는 작물로써 활용할 수 있다.

해설 잡초의 유용성

• 토양에 유기물과 퇴비 공급
• 야생동물의 먹이와 서식처 제공
• 토양침식 및 토양유실 방지
• 자연경관을 아름답게 하고, 환경보전에 도움
• 작물개량을 위한 유전자 자원으로 활용
• 오염된 물이나 토양을 정화

73 잔디밭의 클로버 방제에 가장 적절한 제초제는?

① 옥사디아존 유제 ② 뷰타클로르 입제
③ 메코프로프 액제 ④ 할로설퓨론메틸 입제

해설 메코프로프 액제

• 페녹시계 제초제
• 잔디밭, 목초지, 감귤밭 등에 클로버 및 광엽잡초 제거용으로 활용

정답 68 ② 69 ④ 70 ② 71 ① 72 ① 73 ③

74 잡초 종자의 휴면에 대한 설명으로 옳은 것은?

① 일년생 잡초의 경우에만 휴면을 한다.
② 타발휴면은 내적인 요인으로 인하여 생긴다.
③ 자발휴면은 종자의 미숙과 같은 원인으로 생긴다.
④ 종자의 휴면성은 환경이 아닌 유전적인 영향에 의하여 유발된다.

해설 휴면

자발휴면 (생득휴면)	외적 조건이 생육에 부적당하지 않을 때에도 내적 원인에 의해 유발되는 진정한 휴면
타발휴면 (강제휴면)	발아력을 가진 종자라도 외적 조건이 부적당하기 때문에 유발되는 휴면

75 식물 분류학적으로 동일한 속명을 갖는 잡초끼리 올바르게 나열된 것은?

① 올미, 벗풀　　② 비름, 쇠비름
③ 가래, 네가래　　④ 여뀌, 여뀌바늘

해설

- 올미의 학명 : *Sagittaria pygmaea*
- 벗풀의 학명 : *Sagittaria trifolia*

76 지하경을 형성하지 않는 잡초는?

① 가래　　② 올미
③ 올방개　　④ 알방동사니

해설 근경(지하경) 형성 잡초

쇠털골, 가래, 나도겨풀, 띠, 수염가래꽃

77 다음 설명에 해당하는 잡초로 옳은 것은?

- 일년생 광엽잡초에 해당한다.
- 논잡초로 많이 발생하는 경우는 기계수확이 곤란하다.
- 줄기 기부가 비스듬히 땅을 기며 뿌리를 내리는 잡초이다.

① 메꽃　　② 한련초
③ 가막사리　　④ 사마귀풀

78 상호대립억제작용(Allelopathy)에 대한 설명으로 옳은 것은?

① 타감작용이라고 하기도 한다.
② 작물은 발아 시에만 피해를 받는다.
③ 작물과 작물 간에는 일어나지 않는다.
④ 쌍자엽식물에는 있으나 단자엽식물에는 없다.

해설 상호대립억제작용(타감작용)

식물체 내의 특정 물질이 분비되어 주변 식물의 발아나 생육을 억제하는 작용

79 토양염분이 많은 간척지 논에서 주로 발생하는 방동사니과 잡초는?

① 올미　　② 매자기
③ 나도겨풀　　④ 물달개비

해설 매자기

- 사초과 방동사니속
- 간척지 논에 주로 발생
- 덩이뿌리로 번식, 여러해살이 식물

80 주로 밭에 발생하는 일년생 화본과 잡초는?

① 올미　　② 바랭이
③ 명아주　　④ 물달개비

해설 화본과 잡초

논잡초	일년생	둑새풀, 피
	다년생	나도겨풀
밭잡초	일년생	강아지풀, 개기장, 둑새풀, 바랭이, 피

정답 74 ③　75 ①　76 ④　77 ④　78 ①　79 ②　80 ②

2018년 산업기사 4회

01 식물병리학

01 소나무 잎떨림병 방제를 위한 약제 살포 시기로 가장 적합한 것은?

① 1~2월 ② 3~5월
③ 6~8월 ④ 9~11월

해설 소나무 잎떨림병
- 4~5월경 병해를 잎은 잎은 갈색 → 성숙하면 낙엽
- 초가을 낙엽에 검은 격막이 있고, 방추형의 흑색 병반(자낭반) 생성
- 방제법 : 병든 낙엽 소각 및 매장, 6~8월 전문약제 살포

02 저항성이었던 품종이 같은 병원균에 의하여 이병화되는 주요 원인으로 옳은 것은?

① 지구 온난화
② 품종 자체의 퇴화
③ 농약 살포의 소홀
④ 병원균의 새로운 변이주 출현

해설 저항성
- 수직저항성
  - 특정한 레이스의 병균에만 효과적인 저항성
  - 특정 레이스에 대한 고도의 저항성을 과민성 반응 등 병징이 뚜렷함
  - 외부 환경 요인에 대해 안정적, 새로운 레이스에 저항 없음
- 수평저항성
  - 모든 레이스에 균일하게 작용하는 저항성
  - 여러 종류의 병원균에 대해 골고루 저항성을 갖는 것

03 주로 포자로 번식하며 식물병을 일으키는 것은?

① 세균 ② 선충
③ 곰팡이 ④ 바이러스

해설
진균(곰팡이, 사상균)은 담자체에서 포자가 생성됨

04 식물에 병을 일으키는 세균 속이 아닌 것은?

① *Eriwnia* ② *Helicobacter*
③ *Pseudomonas* ④ *Agrobacterium*

해설
② *Helicobacter* : 사람 및 동물 위장에 존재하는 세균

05 매개충으로 인하여 전염되는 병은?

① 벼 오갈병 ② 보리 흰가루병
③ 사과나무 부란병 ④ 배나무 붉은별무늬병

해설
① 벼를 가해하는 오갈병을 매개하는 것 → 끝동매미충

06 벼 도열병균이 주로 월동하는 곳은?

① 토양 ② 중간기주
③ 매개충의 알 ④ 볍씨의 병든 부분

해설 벼 도열병균의 월동
볏짚 또는 볍씨의 병든 부분에서 균사나 분생포자 상태로 월동

07 배추 무사마귀병에 대한 설명으로 옳지 않은 것은?

① 알칼리성 토양에서 주로 발생한다.
② 수분이 많은 토양에서 많이 발생한다.
③ 순활물기생균으로 인공배양이 되지 않는다.
④ 뿌리의 세포가 비정상적으로 커지고 혹이 만들어진다.

해설 배추 무사마귀병

병원	*Plasmodiophora brassicae*, 유사균(점균류)
발병환경	• 뿌리에 크고 작은 혹이 생기면서 지상부가 말라 죽는 병 • 준고랭지(표고 400m)의 일찍 심은 배추밭에서 주로 발생 • 비교적 토양이 다습하고, 산성 토양(pH 5.0 이하)에서 잘 번식
병징	잔뿌리가 없고 혹으로 인해 양분과 수분의 흡수가 부족해지고 시드는 일이 반복되다 말라 죽음 → 전신병

정답 01 ③ 02 ④ 03 ③ 04 ② 05 ① 06 ④ 07 ①

방제법	• 저항성 품종 • 토양 산도 조절을 통해 pH를 높임(석회 시용) • 이병식물은 뽑아 뿌리혹 소각 • 토양에서 6~7년 생존하므로 발생토양에서 5년 이상 십자화과 작물을 재배하지 말 것

08 Millardet에 의해 개발된 보르도액에 대한 설명으로 옳은 것은?

① 항생제이다.
② 보호 살균제이다.
③ 생물 농약의 하나이다.
④ 벼 도열병 방제를 위해 개발되었다.

해설 보호살균제(보르도액)
• 개발자 : Millardet
• 병원균이 식물에 침투되기 전에 예방을 위해 활용하는 약제

09 담자균에 속하는 식물병은?

① 가지 풋마름병
② 사과나무 부란병
③ 배나무 붉은별무늬병
④ 복숭아나무 잎오갈병

해설 진균에 의한 식물병

진균	자낭균	사과나무 갈색무늬병, 사과나무 부란병, 사과나무 검은별무늬병, 복숭아나무 잎오갈병, 포도나무 새눈무늬병, 사과나무 겹무늬썩음병
	담자균	사과나무, 배나무 붉은병무늬병(향나무 녹병)
	불완전균	배나무 검은무늬병
세균		배나무 화상병(불마음병), 복숭아나무 세균성 구멍병

10 세균에 의하여 발생하는 식물병의 주요 증상으로만 나열된 것은?

① 혹, 노란 가루
② 빗자루, 모자이크
③ 시들음, 가지 마름
④ 갈색병반, 검은 돌기

해설 세균병의 병징

구분	병징	식물병
무름병	• 병균이 펙티나아제(Pectinase) 효소 분비 • 기주세포는 삼투압 변화로 원형질이 분리되어 고사 • 물이 많은 조직에서 부패 및 악취의 무름현상 발생	채소류 무름병
점무늬병	• 기공 침입한 세균이 인접 유조직세포 파괴 • 여러 모양의 점무늬	콩 세균성 점무늬병
잎마름병	세균이 유관 속 조직의 도관부를 침입하여 증식 후 기관이 말라 고사함	벼 흰잎마름병
시들음병	• 세균이 물관에 증식, 수분 상승 저해 • 병징이 복합적으로 나타나기도 함	토마토 풋마름병
세균성혹병	세균이 기주세포를 자극하여 병환부의 이상 증식	사과 근두암종병

11 원인을 파악하기 위해 다음과 같이 처리할 때 병원 진단에 가장 용이한 것은?

> 발병 초기에는 병원균을 관찰하기 어렵기 때문에 병든 조직을 20℃ 정도의 습실에서 2~3일간 보존하여 병원균을 증식시킨 후 현미경으로 관찰한다.

① 균류에 의한 병
② 세균에 의한 병
③ 바이러스에 의한 병
④ 파이토플라스마에 의한 병

해설
진균의 병원균은 습실 처리를 통해 균사나 포자를 증식시켜 동정함

12 감자 역병에 대한 설명으로 옳은 것은?

① 빗물에 의해 화기 전염한다.
② 병원균은 기공 또는 각피로 침입한다.
③ 고온건조한 환경에서 잘 발생한다.
④ 괴경지표법으로 선발된 건전한 씨감자를 재배하여 방제할 수 있다.

해설 감자 역병
• 병원 : 진균(조균류, 유주자균)
• 병원균은 균사로 흙 속의 병든 감자나 씨감자에서 월동 후 1차 감염
• 병든 씨감자를 심으면 병원균이 지상부에 나타나 2차 감염
• 괴경지표법에 의해 건전한 씨감자로 재배
• 기온이 20℃ 내외로 다습하고 냉랭한 시기에 급속도로 번짐

정답 08 ② 09 ③ 10 ③ 11 ① 12 ②

13 담배 들불병을 유발하는 병원체는?

① 선충 ② 세균
③ 곰팡이 ④바이러스

해설

② 담배 들불병은 세균에 의해 발생함

14 오이 덩굴쪼김병에 대한 설명으로 옳은 것은?

① 산성 토양에서는 잘 발생하지 않는다.
② 주로 18℃ 이하의 온도에서 잘 발생한다.
③ 종자 전염보다는 주로 매개충에 의해 전염된다.
④ 토마토 시들음병균과 동일한 세균 속에 해당된다.

해설 오이류 덩굴쪼김병

병원	*Fusarium oxysporum*, 진균(불완전균)
기주	수박, 오이, 참외, 수세미 등
병환	• 병원균은 균사나 후막포자의 형태로 땅속에서 월동 • 균사나 포자에 오염된 흙, 병든 종자나 덩굴 등에 의해 옮겨짐 • 뿌리의 각피를 뚫고 침입(물관부 침해)
발병환경	• 과실 착과 시 다발생하여 → 오이류를 연작하면 안 됨 • 사질토나 산성 토양에서 발생이 심함(건조한 토양에서 잘 발생함) • 주로 18℃ 이하의 온도에서 잘 발생
방제	• 저항성 품종 재배, 종자 소독 • 5년 이상의 윤작 및 토양 소독 • 이병식물 소각 • 저항성 대목으로 접목재배(호박 대목으로 활용)

15 수목병의 표징이 아닌 것은?

① 소나무 피목에 농황색의 돌기 형성
② 오동나무에 다수 발생한 작은 가지
③ 잣나무 줄기에 나타난 황색 주머니
④ 일본잎갈나무 부후목 뿌리 부위에 발생한 버섯

해설 표징(Sign)

- 기생성 병의 병환부에 병원체 그 자체가 나타나서 병의 발생을 직접 표시하는 것
- 곰팡이, 균핵, 점질물, 이상 돌출물
  - 표징은 병이 어느 정도 진행된 후 나타남
  - 조기진단이 어려움
  - 병의 종류 진단에 극히 중요함

16 대추나무 재배에서 가장 큰 문제가 되는 병해이며 항생제의 수간주입에 의하여 방제가 가능한 것은?

① 역병 ② 노균병
③ 탄저병 ④ 빗자루병

해설 파이토플라스마

대추나무 빗자루병, 오동나무 빗자루병, 뽕나무 오갈병의 병원체

17 벼 키다리병 방제에 가장 효과적인 방법은?

① 종자 소독 ② 조식 재배
③ 약제 엽면 살포 ④ 질소비료 시용

해설 벼 키다리병 방제방법

분생포자의 형태로 종자 표면에서 병원균이 월동함 → 종자소독

18 병원균이 땅속에서 월동하고 토양에서 병이 전반되는 것은?

① 콩 모잘록병 ② 오이 흰가루병
③ 보리 겉깜부기병 ④ 배나무 붉은별무늬병

해설 토양전염

모잘록병균, 풋마름병균, 시들음병균, 박과류 덩굴쪼김병균, 균핵병, 밑둥썩음병, 잘록병, 검은썩음병 등

19 병원균의 중간기주를 제거함으로써 방제할 수 있는 병은?

① 고추 역병 ② 오이 노균병
③ 밀 줄기녹병 ④ 보리 깜부기병

해설 이종기생 녹병균(담자균)

수병	기주식물	중간기주
	녹병포자, 녹포자	여름포자, 겨울포자
소나무 잎녹병	소나무	황벽나무, 참취, 잔대
잣나무 잎녹병	잣나무	등골나무
소나무 혹병	소나무	졸참나무, 신갈나무
잣나무 털녹병	잣나무	송이풀, 까치밥나무
배나무, 사과나무 붉은별무늬병 (향나무 녹병)	배나무, 사과나무	향나무 (여름포자를 만들지 않음)
포플러 잎녹병	(중간기주) 낙엽송, 현호색	포플러
맥류 줄기녹병	매자나무	맥류
밀 붉은녹병	좀꿩의 다리	밀

정답 13 ② 14 ④ 15 ② 16 ④ 17 ① 18 ① 19 ③

20 배추 무름병균의 특성은?

① 주모가 있는 그람양성세균이다.
② 주모가 없는 그람음성세균이다.
③ 주모가 없는 그람양성세균이다.
④ 주모가 있는 그람음성세균이다.

해설 그람염색법(염색을 통한 세균 분류법)

그람양성균(+)	보라색 염색
그람음성균(−)	• 분홍색 염색 • 대부분의 식물병원균

02 농림해충학

21 이화명나방이 월동하는 형태는?

① 알 ② 성충
③ 유충 ④ 번데기

해설

③ 이화명나방은 노숙유충으로 월동함

22 곤충의 형태적 특징으로 옳지 않은 것은?

① 다리가 3쌍이다.
② 눈은 겹눈만 있고 홑눈이 없다.
③ 대개 2쌍의 날개가 있고 탈바꿈을 하기도 한다.
④ 몸이 머리, 가슴, 배의 3부분으로 나누어져 있다.

해설 곤충의 구조

- 머리, 가슴, 배로 구성
- 머리 : 입틀(구기), 1쌍 겹눈, 1~3개 홑눈, 1쌍 촉각(더듬이)
- 가슴 : 앞가슴, 가운데가슴, 뒷가슴의 3부분으로 나뉘며 날개, 다리, 기문 등의 부속기관

날개	가운데가슴, 뒷가슴에 1쌍씩 총 2쌍
다리	앞가슴, 가운데가슴, 뒷가슴에 1쌍씩 총 3쌍(보통 5마디)

- 배 : 보통 10개 내외의 마디, 기문, 항문, 생식기 등의 부속기관

23 대체로 우리나라에서 월동하지 못하는 해충은?

① 벼멸구 ② 애멸구
③ 끝동매미충 ④ 벼물바구미

해설 비래해충

벼멸구, 흰등멸구, 혹명나방, 멸강나방

24 성충은 식물조직에 산란하고 부화한 애벌레는 2령을 경과한 후 땅속에서 번데기 기간을 거쳐 성충이 되는 것은?

① 애멸구
② 온실가루이
③ 점박이응애
④ 꽃노랑총채벌레

해설 꽃노랑총채벌레

- 미소곤충
- 엽록소를 흡즙함
- 연 5~6회 발생, 성충으로 월동
- 왼쪽 큰턱이 한 개만 발달 → 입틀의 좌우가 같지 않음
- 날개는 가늘고 길며 날개맥이 없음
- 가장자리에 긴 털이 규칙적으로 있음
- 번데기 기간에는 땅속에 있다 성충이 되면 올라옴

25 다음 피해의 설명에 해당하는 해충은?

> 소나무의 새로 나온 가지가 부러져 달려 있다. 자세히 보니 부러진 부분에 벌레가 먹어 들어간 구멍이 있고 늘어진 새 가지 속에 터널이 있었다.

① 솔나방 ② 소나무좀
③ 솔잎혹파리 ④ 솔껍질깍지벌레

해설 소나무좀 피해 양상

- 월동성충이 쇠약목의 나무줄기나 가지의 껍질 밑 형성층에 구멍을 뚫고 침입하여 밑에서 위쪽으로 10cm 정도의 갱도를 뚫고 산란
- 부화한 유충이 어미가 파놓은 갱도와 직각으로 굴을 파고 수피 밑(인피부)을 식해(전식 피해)
- 수목의 양분과 수분의 이동을 단절시켜 임목 고사
- 6월 초부터 신성충이 우화하여 소나무 새순 가해 → 후식 피해를 줌
- 소나무좀은 2차 해충

정답 20 ④ 21 ③ 22 ② 23 ① 24 ④ 25 ②

26 해충의 생물적 방제방법의 장점이 아닌 것은?

① 속효적이며 일시적이나 효과가 크다.
② 일단 정착되면 영구적이어서 경제적이다.
③ 생물상이 평형을 되찾고 생태계가 안정된다.
④ 독성이 거의 없고 환경에 대한 부작용이 적다.

해설 생물적 방제의 장단점

장점	• 생물계의 균형 유지 • 방제 효과가 반영구적 또는 영구적 • 화학적 문제가 없음 • 인축, 야생동물, 천적 등에 피해가 적음(위험성이 낮음)
단점	• 천적의 선발과 도입, 대량사육에 많은 어려움 발생 • 해충밀도가 높을 경우 효과 미흡 • 시간과 경비가 과다하게 소요 • 효과가 나타나기까지 시간이 상당 소요

27 다음 설명에 해당하는 해충은?

• 유충이 가해한 부위는 적갈색의 굵은 배설물과 함께 수액이 흘러나와 겉으로 쉽게 눈에 띈다.
• 성충은 나무껍질에 한 개씩 알을 낳는다.

① 솔잎혹파리 ② 벼룩잎벌레
③ 향나무하늘소 ④ 복숭아유리나방

해설 복숭아유리나방
• 유충이 목질부 내 형성층을 가해함
• 가해 부위는 적갈색 굵은 배설물과 함께 수액이 흘러나와 쉽게 눈에 띔

28 단위생식을 하지 않는 곤충은?

① 사과면충 ② 파굴파리
③ 밤나무혹벌 ④ 복숭아 혹진딧물

해설 단위생식
• 수정되지 않은 난자가 발육하여 성체가 되는 것
• 암컷만으로 생식(처녀생식, 단성생식)
• 밤나무순혹벌, 민다듬이벌레, 벼물바구미, 수벌, 무화과깍지벌레, 여름철의 진딧물

29 분류학적으로 곤충강에 속하지 않는 것은?

① 응애류 ② 진딧물류
③ 잎벌레류 ④ 깍지벌레류

해설
① 응애류 : 거미강에 속함

30 탈피 과정에서 다시 흡수되어 재활용되는 체벽의 부분은?

① 외표피 ② 기저막
③ 외원표피 ④ 내원표피

해설 내원표피층
미세섬유의 배열에 의해 박막층구조를 나타내며 탈피 시 재사용 가능

31 곤충의 다리 배열 순서로 옳은 것은?

① 가슴 – 밑마디 – 도래마디 – 종아리마디 – 넓적다리마디 – 발마디
② 가슴 – 밑마디 – 넓적다리미디 – 도래마디 – 종아리마디 – 발마디
③ 가슴 – 밑마디 – 도래마디 – 넓적다리마디 – 종아리마디 – 발마디
④ 가슴 – 밑마디 – 넓적다리마디 – 종아리마디 – 도래마디 – 발마디

해설 곤충의 다리
• 앞가슴, 가운데가슴, 뒷가슴에 1쌍씩 총 3쌍
• 몸쪽부터 밑마디(기절) → 도래마디(전절) → 넓적다리(퇴절) → 종아리마디(경절) → 발목마디(발마디, 부절)
• 마디별로 기절 → 전절 → 퇴절 → 경절 → 부절

32 뿌리혹선충의 방제방법으로 옳지 않은 것은?

① 상토를 소독한다.
② 토양의 pH가 높아지지 않도록 관리한다.
③ 경작지가 논일 경우 3년마다 한 번씩 벼를 재배한다.
④ 토양의 유기물 함량이 낮아지지 않도록 비배관리를 한다.

해설
뿌리혹선충 감염 시 식물의 뿌리는 거대한 혹을 형성하게 되며 이로 인한 물과 영양분의 흡수 및 여러 양분의 이동에 방해를 받아 정상 생육이 어려워지게 된다. 뿌리혹선충은 반드시 철저한 토양관리를 해야 한다. 선충의 밀도를 낮추기 위해 줄기소독과 태양열소독 등을 하며 윤작(돌려짓기)을 하면 효과적임

정답 26 ① 27 ④ 28 ② 29 ① 30 ④ 31 ③ 32 ②

33 딱정벌레목에 속하지 않는 것은?

① 소나무좀 ② 오리나무잎벌레
③ 버즘나무 방패벌레 ④ 느티나무벼룩바구미

해설 딱정벌레목의 종류

딱정벌레, 풍뎅이, 나무좀, 바구미, 하늘소, 잎벌레, 무당벌레

34 곤충의 순환계에 대한 설명으로 옳지 않은 것은?

① 심장에는 심문이 있다.
② 등쪽에 대동맥이 있다.
③ 폐쇄형 순환계를 가지고 있다.
④ 혈액은 혈장세포와 혈구세포 등으로 이루어진다.

해설 곤충의 순환계

특징	• 소화관이 배변에 있는 배관(등핏줄)이 있음 • 개방순환계가 있음 • 피는 배관을 제외하고는 일정한 혈관 내를 지나지 않음
혈액	• 산소를 운반하지 않아 헤모글로빈이 없으므로 투명한 색 • 혈림프 : 혈액과 림프의 두 가지 작용 • 혈구 : 식균작용, 상처 치유, 해독작용
심장	등쪽에 있으며, 심실과 심문이 존재

35 다음 설명에서 A, B에 해당하는 용어는?

> 곤충의 기관에서 체외로 방출되어 같은 종의 다른 개체에 교미, 집합 등의 특정한 행동을 일으키는 화학물질을 (A)이라 하고, 다른 종 간에 상호작용하는 물질로 이 물질을 받는 종에게 유리한 반응을 유도하는 물질을 (B)이라 한다.

① A : 호르몬, B : 페로몬
② A : 페로몬, B : 알로몬
③ A : 알로몬, B : 카이로몬
④ A : 페로몬, B : 카이로몬

36 진딧물류 방제에 가장 효과적인 곤충은?

① 굴파리좀벌 ② 애꽃노린재
③ 오이이리응애 ④ 칠성풀잠자리

해설 진딧물류 방제에 활용되는 천적

칠성풀잠자리, 진디혹파리, 무당벌레, 콜레마니진디벌, 천적유지식물

37 충영을 만드는 해충은?

① 밤바구미 ② 밤나무혹벌
③ 오리나무잎벌레 ④ 털두꺼비하늘소

해설 밤나무혹벌

분류	벌목 혹벌과
피해 양상	• 밤나무 잎눈에 기생하여 벌레혹 형성(충영성) • 개화 결실이 되지 않음
발생경과	• 1년에 1회 발생 • 유충으로 잎눈의 조직 내에 충영을 만들고 월동 • 암컷만으로 번식하는 단성생식
방제법	• 내충성 품종 식재 • 쇠약한 가지는 겨울에 전정(월동 유충 제거) • 천적 활용 : 중국긴꼬리좀벌, 남색긴꼬리좀벌, 큰다리남색좀벌

38 불완전변태에 대한 설명으로 옳은 것은?

① 대부분 번데기 과정이 없다.
② 수서곤충은 해당되지 않는다.
③ 풀잠자리가 대표적인 곤충이다.
④ 어른벌레의 모양이 애벌레와 매우 달라진다.

해설 불완전변태의 특징

- 대부분 번데기 과정이 없음
- 애벌레에서 날개가 나타남
- 날개를 접을 수 있음

39 아메리카잎굴파리에 대한 설명으로 옳지 않은 것은?

① 약제 저항성이 늦게 발달하는 해충이다.
② 거베라, 국화, 토마토, 수박 등에 피해를 준다.
③ 유충은 잎조직 속에서 굴을 파고 다니면서 섭식한다.
④ 성충이 기주식물의 잎에 작은 구멍 을 내고 산란한다.

해설 아메리카잎굴파리

- 기주 : 수박, 참외, 오이, 배추, 무, 감자, 토마토, 거베라 등 시설재배 작물
- 특징 : 외래해충(화훼류 수입 시 침입한 해충)
- 피해 : 유충 – 식엽성(잠엽성), 성충 – 흡즙성
- 방제 : 발생 초기 전문약제 살포(시설 내 성충 침입 차단을 위해 한랭사 활용)

정답 33 ③ 34 ③ 35 ④ 36 ④ 37 ② 38 ① 39 ①

40 가해하는 기주의 종류가 가장 적은 해충은?

① 차응애　② 파밤나방
③ 배추좀나방　④ 미국흰불나방

해설

③ 배추좀나방 : 십자화과 채소(배추)만 가해함

03 농약학

41 농약관리법에서 사용되는 용어의 정의 중 틀린 것은?

① 농약의 범주에는 농림축산식품부령이 정하는 기피제, 유인제 등도 포함된다.
② 농약이란 농작물의 생리기능을 증진하거나 억제하는 데 사용하는 약제를 포함한다.
③ 원제란 농약의 유효성분이 농축되어있는 물질을 말한다.
④ 농작물이란 수목 및 임산물을 제외한 모든 농산물을 말한다.

해설 농약관리법상 농약

농작물을 해하는 균, 곤충, 응애 등의 방제에 사용되는 살균제, 살충제, 제초제 및 농작물의 생리기능을 증진 또는 억제하는 데 사용되는 약제

42 농약의 제제형태에 따라 분류한 것은?

① 유제 농약
② 유기인제 농약
③ 살균제 농약
④ 어독성 농약

해설 농약의 제형별 분류

고형 시용제	분제(DP), 미분제(GP), 저비산분제(DL), 입제(GR), 미입제(MG), 캡슐제(CG), 수면부상성입제(UG)
액체 시용제	유제(EC), 액제(SL), 수용제(SP), 수화제(WP), 액상 수화제(SC), 입상수화제(WG), 유탁제(EW), 미탁제(ME), 캡슐현탁제(CS), 분산성 액제(DC), 수면전개제(SO)
종자처리제	분의제(DS)
특수목적제	훈연제(FU), 연무제(AE), 훈증제(GA), 도포제(PA), 농약 함유 비닐멀칭제(PF), 판상줄제(SF)

43 다음 설명에 해당하는 살균제는?

- 백색 바늘 모양의 결정이다.
- 도열병 방제용으로 주로 사용된다.
- 단백질합성 저해작용을 하는 약제이다.

① 티람(Thiram)
② 클로로타로닐(Chlorothalonil)
③ 가수가마이신(Kasugamycin)
④ 메틸브로마이드(Methyl Bromide)

해설

가수가마이신(Kasugamycin) 농용 항생제에 대한 설명임

44 제초제, 목재의 방부제, 낙엽촉진제 등으로 광범위하게 사용되는 약제는?

① PCP제　② 카르복신제
③ EBP제　④ 트리아진제

해설 PCP(Pentachlorophenol, 펜타클로로페놀)

과수의 월동 방제용 및 목제 방부제로 활용되는 페놀(Phenol)계 살균제

45 과수원의 잡초 방제에 가장 적당한 제초제는?

① 캡탄
② 티오파네트메틸
③ 티아다닐디노테퓨란
④ 글리포세이트이소프로필아민

해설 글리포세이트이소프로필아민

과수원 잡초, 조림지 잡초, 비농경지 잡초에 활용되는 제초제

46 다음 중 농약의 구비조건이 아닌 것은?

① 약해가 없어야 한다.
② 가격이 저렴해야 한다.
③ 인축 독성이 강해야 한다.
④ 다른 약제와 혼용이 가능해야 한다.

해설 농약의 구비조건

- 제초 효과가 크고 가격이 적절할 것
- 시기, 약량 등에 있어 처리상 안전할 것

정답 40 ③ 41 ④ 42 ① 43 ③ 44 ① 45 ④ 46 ③

• 작물의 약해가 적을 것(안진성이 높은 것)
• 광선, 온도, 습도, 경도 조건에서 품질이 균일할 것
• 농민이 사용하기 편리할 것
• 인축, 공해 등에 대한 안전성이 높을 것

47 제초제의 처리방법에 따른 분류에 해당되는 것은?

① 토양처리제와 경엽처리제
② 이행형 제초제와 접촉형 제초제
③ 선택성 제초제와 비선택성 제초제
④ 호르몬제초제와 비호르몬제초제

해설

제초제는 처리방법에 따라 토양처리제와 경엽처리제로 분류함

48 과실의 착색 촉진, 숙기 촉진의 역할을 하는 에세폰(39%) 액제는 어느 성분의 계열에 속하는가?

① 옥신(Auxin) ② 에틸렌(Ethylene)
③ 지베렐린(Gibberellin) ④ 사이토키닌(Cytokinin)

해설 에틸렌(Ethylene)

과실의 성숙 유도, 기체, 에세폰(에테폰)

49 피에이엠(PAM)은 주로 어느 농약의 중독 치료제로 사용되는가?

① 수은제 ② 유기인제
③ 동제 ④ 비소제

해설 농약 중독 치료제

유기인계	팜(PAM), 황산아트로핀
카바메이트계	황산아트로핀
피레트로이드계	황산아트로핀
칼탑, 티오사이클람계	발(BAL) 클루타치온 등 SH계 해독제
디티오카바메이트계	스테로이드제

50 유기인계 및 카바메이트계 살충제가 해충에 작용하여 살충작용을 일으키는 주된 기작은?

① 피부중독 ② 원형질 파괴
③ 근육중독 ④ 신경저해

해설 신경저해제(아세틸콜린에스테라아제(AChE)의 활성 저해제)

• 유기인계, 카바메이트계 살충제
• 후막에 아세틸콜린에스테라아제(AChE)가 계속 축적되면서 신경전달을 차단하여 죽게 됨

51 농약의 사용방법과 관련하여 일어나는 약해가 아닌 것은?

① 근접살포에 의한 약해
② 동시사용으로 인한 약해
③ 불순물 혼합에 의한 약해
④ 섞어 쓰기 때문에 일어나는 약해

해설 농약에 의한 약해 발생원인

• 기준약량 이상 살포
• 척박한 논에 제초제 사용
• 농약의 중복 및 근접 살포
• 표류비산에 의한 약해
• 휘산에 의한 약해
• 잔류농약에 의한 약해
• 작물의 특성에 따른 약해
• 환경조건에 따른 약해
• 농약 희석용수의 불량에 따른 약해

52 각종 작물에 적응할 수 있고 응애의 모든 생육단계에 걸쳐 효과가 있는 살응애제는?

① 페노뷰카브 ② 다이아지논
③ 테부펜피라드 ④ 펜토에이트

해설

③ 테부펜피라드 : 피라졸계 살응애제

53 화본과 및 광엽잡초의 경엽과 뿌리를 통하여 동시에 흡수 이행되어 살초작용을 나타내는 이미다졸라논계 제초제는?

① 벤타존 액제
② 이마자퀸 액제
③ 세록시딤 유제
④ 이마조설퓨론 수화제

해설 이마자퀸 액제

• 아미다졸리논계 제초제
• 화본과, 광엽잡초 및 일년생, 다년생 잡초 제거

정답 47 ① 48 ② 49 ② 50 ④ 51 ③ 52 ③ 53 ②

54 농약관리법에서 어독성 Ⅱ급을 구분하는 기준은?(단, 반수를 죽일 수 있는 농도(mg/L, 48시간) 기준이다.)

① 0.5~1.0　② 0.5~2.0
③ 1.0~2.0　④ 1.0~2.5

해설 농약의 반수치사농도(mg/L, 48시간) 범위기준

구분	잉어의 반수치사농도 (mg/L 또는 ppm, 48시간)	사용제한
Ⅰ급 (맹독성)	0.5 미만	하천에 유입되면 안 됨
Ⅱ급 (고독성)	0.5 이상~2 미만	일시에 광범위하게 사용금지
Ⅲ급 (보통독성)	2 이상	통상 방법으로 영향 없음

55 항생제 농약이 아닌 것은?

① Polyoxins　② Kasugamycin
③ Streptomycin　④ Alpha-cypermethrin

해설
④ 알파-사이퍼메트린(Alpha-cypermethrin) : 합성피레트로이드계 살충제

56 농약의 혼용 시 주의해야 할 사항으로 가장 거리가 먼 것은?

① 혼용이 가능한 농약은 적용 작물에 관계없이 시용한다.
② 여러 가지 농약을 혼용할 경우 과량 살포하지 않는다.
③ 가능하면 다종혼용은 2약제를 혼용한다.
④ 혼합 조제한 농약은 오래 두지 말고 되도록 빨리 사용한다.

해설
① 농약 적용 작물이 등록된 농약만 사용해야 함

57 약알칼리성 광물로서 안정하고 토분성이 우수하여 유기합성 농약의 분제 제제용으로 널리 사용되는 증량제는?

① 탈크　② 벤토나이트
③ 필로필라이트　④ 카올린

해설 탈크(Talc)
- 마그네슘이 주성분
- 무른 성질의 암석(활석)
- 약알칼리성의 광물이지만 안전하여 증량제로 활용하고 있음

58 농약의 안전사용기준은 누가 정하는가?

① 농약회사　② 농촌진흥청장
③ 농림축산식품부장관　④ 식품의약품안전처장

해설 농약의 안전사용기준 설정
- 농산물 중 잔류량이 허용기준을 초과하지 않도록 하기 위함
- 농약관리위원회의 심의 의결을 거쳐 농촌진흥청장이 고시하는 품목의 농약만 제조 및 수입하여 판매할 수 있음

59 수질 내 화합물의 농도가 2ppm이고, 송사리 내의 농도가 20ppm일 때, 이 화합물의 생물농축계수(BCF)는?

① 2　② 10
③ 20　④ 40

해설 생물농축계수(BCF)
어떤 오염물질이 생물체에 축척되었을 때 환경 중에 존재하는 농도와 생물체에 존재하는 물질의 농도 비율을 의미함
∴ $20/2=10$

60 다음 중 살충제 농약으로 분류되는 것은?

① 벤타존　② 다이오파네이트메틸
③ 트리사이클라졸제　④ 페노뷰카브제(BPMC)

해설
① 벤타존 : 제초제
② 다이오파네이트메틸 : 살균제
③ 트리사이클라졸제 : 살균제
④ 페노뷰카브제(BPMC) : 살충제

04 잡초방제학

61 겨울작물 밭에서 우점하는 잡초는?

① 깨풀　② 메꽃
③ 둑새풀　④ 쇠비름

해설 겨울(동계)잡초
- 겨울을 보내고 봄에 발생하는 잡초로 늦봄과 초여름에 결실을 함
- 종류 : 냉이, 벼룩나물, 벼룩이자리, 속속이풀, 둑새풀, 점나도나물, 개양개비

정답 54 ② 55 ④ 56 ① 57 ① 58 ② 59 ② 60 ④ 61 ③

62 예방적 방제방법에 해당하는 것은?

① 관배수 조절 ② 작물 종자 정선
③ 식물병원균 이용 ④ 호미를 이용한 잡초 제거

해설 예방적 방제방법

잡초위생	• 새로운 종자 및 영양체를 생성할 수 없도록 청결상태 유지 • 재배관리의 합리화 • 작물 종자의 정선 • 농기계 · 기구의 청소 • 가축 및 포장 주변 관리 • 상토 및 운반토양 소독 • 비산형 종자의 관리 • 완숙퇴비 사용
법적 방제	외래식물의 검역에 관계된 사항(국내 침입과 전파를 막음)

63 주로 논에서 자라는 잡초가 아닌 것은?

① 좀바랭이 ② 사마귀풀
③ 물달개비 ④ 나도겨풀

해설 좀바랭이

- 일년생 화본과 잡초
- 밭, 밭둑, 도로변에 발생하는 잡초

64 벼의 유효분얼이 끝나고 유수형성기 이전에 살포하는 경엽처리형 제초제는?

① 이사-디 액제 ② 옥사디아존 유제
③ 뷰타클로르 유제 ④ 글리포세이트토타슘 액제

해설 2,4-D 액제

- 우리나라에서 가장 먼저 사용된 제초제(최초의 제초제)
- 선택성 제초제
- 유기합성제(호르몬형 제초제, 옥신의 한 종류)
- 유효분얼이 끝날 때부터 유수형성기 이전까지 사용
- 일년생 논잡초 방제 : 방동사니, 물달개비, 사마귀풀, 마디꽃, 밭뚝외풀 등

65 생물학적 방제방법에 대한 설명으로 옳지 않은 것은?

① 비교적 영속성이 있다.
② 주변환경 피해가 적다.
③ 화학적 방제에 비해 살초작용이 빠르다.
④ 적절한 생물을 찾아내기만 하면 적용 비용이 적게 든다.

해설 생물학적 방제방법의 장단점

장점	• 환경에 대한 안전성이 높음 • 방제법이 간단함 • 방제 비용이 저렴함 • 비교적 영구적임 • 대규모로 효과를 볼 수 있음 • 주변환경의 피해가 적음
단점	• 원하는 천적을 구하기 어려움 • 살초작용이 매우 느림 • 잡초군락의 여러 초종의 방제는 어려움 • 휴면종자에 의해 발생되는 잡초는 어려움

66 논에 다년생 잡초가 증가한 주요 이유는?

① 논 이모작 재배
② 퇴비 사용량 감소
③ 계속적인 화학비료 사용
④ 일년생 잡초 방제용 제초제 연용

해설

일년생 잡초 방제용 제초제를 연용하면 다년생 잡초가 증가함

67 잡초에 대한 작물의 경합력 증진을 위해 가장 적절한 조치는?

① 명아주에 대한 경합력 증진을 위하여 단간종 보리를 심는다.
② 강아지풀에 대한 경합력 증진을 위하여 만생종 옥수수를 심는다.
③ 깨풀에 대한 경합력 증진을 위해 분지수가 많은 콩 품종을 심는다.
④ 알방동사니에 대한 경합력 증진을 위하며 벼의 재식 밀도를 반으로 줄인다.

해설 깨풀

- 일년생 밭잡초
- 콩과의 공간 경합이 심함

68 잡초 방제를 위한 조치로 가장 효과가 없는 것은?

① 경운 ② 돌려짓기
③ 흙태우기 ④ 이어짓기

정답 62 ② 63 ① 64 ① 65 ③ 66 ④ 67 ③ 68 ④

해설
이어짓기(연작)보다는 윤작이 잡초 방제에 효과가 있음

69 주로 지하경에 의해서 번식하는 잡초는?

① 벗풀 ② 강피
③ 바랭이 ④ 물달개비

해설 영양번식기관에 따른 잡초의 구분

포복경	버뮤다그래스, 아욱메풀, 딸기, 선피막이, 사상자, 미나리, 병풀
인경	야생마늘, 자주괭이밥
구경	반하, 올챙이고랭이
근경(지하경)	쇠털골, 가래, 너도겨풀, 띠, 수염가래꽃
괴경	올방개, 올미, 벗풀, 매자기, 향부자, 너도방동사니
뿌리	메꽃, 엉겅퀴류
절편	대부분의 다년생 뿌리, 일년생 쇠비름 줄기

① 벗풀 – 영양번식
② 강피 – 종자번식
③ 바랭이 – 종자번식
④ 물달개비 – 종자번식

70 제초제가 작물에 약해를 유발하는 원인으로 가장 영향력이 큰 것은?

① 습도 ② 광선
③ 강우 ④ 온도

해설 제초제가 작물에 약해를 유발하는 원인

- 비호르몬형 제초제는 저온과 고온에서 모두 약해가 발생함
- 토양처리형 제초제는 온도가 높아지면 벼에 약 흡수량이 많아져 약해가 발생함

71 제초제의 물리적 소실이 아닌 것은?

① 토양 입자에 흡착 ② 대기 중으로 휘발
③ 토양 하층으로 용탈 ④ 토양 미생물의 분해

해설 제초제의 물리적 소실
토양 하층의 용탈, 흡착, 식물체 흡수, 휘발

72 잡초 방제의 경제성 분석방법으로 다양한 잡초 발생밀도에서 농작물의 소득을 분석하는 것은?

① 한계점 분석법
② 보상력 분석법
③ 부분예산 분석법
④ 기계 · 동력예산 분석법

해설 보상력 분석법
다양한 잡초 발생밀도에서 농작물의 소득을 분석함

73 제초제의 선택성 발현에 관여하는 요인으로 가장 거리가 먼 것은?

① 잎의 표면 조직
② 뿌리의 분포 상태
③ 잎의 엽록소 함량
④ 생장점의 노출 여부

해설 제초제의 선택성

생태적 선택성	생육시기가 다르기 때문에 나타나는 제초제의 감수성 차이
형태적 선택성	생장점 노출 여부에 따른 선택성 차이
생리적 선택성	제초제가 식물체 내에 흡수, 이행되는 차이
생화학적 선택성	식물의 종류에 따른 감수성의 차이

74 재배방법에 따른 경합에 대한 설명으로 옳은 것은?

① 직파재배는 이앙재배보다 잡초에 대한 경합에 불리하다.
② 지표면을 먼저 점유한 작물은 후에 발생한 잡초보다 경합에 불리하다.
③ 작물의 재식 밀도가 높으면 높을수록 잡초에 대한 작물의 경합력이 낮아진다.
④ 과수원이나 나지상태의 포장에 피복 작물을 재배하면 잡초에 대한 경합력이 낮아진다.

해설 재배방법에 따른 경합 결과 비교

- 직파재배 < 이식재배
- 소식재배 < 밀식재배
- 박파재배 < 밀파재배
- 기계이앙 < 손이앙

정답 69 ① 70 ④ 71 ④ 72 ② 73 ③ 74 ①

75 주로 잔디밭에 많이 발생하는 잡초는?

① 여뀌, 강아지풀
② 토끼풀, 꽃다지
③ 개비름, 한련초
④ 민들레, 명아주

해설 잔디밭의 문제 잡초

토끼풀, 꽃다지, 망초, 바랭이, 방동사니 등

76 잡초 종자의 발아에 영향을 미치는 환경적 요인으로 가장 거리가 먼 것은?

① 광 ② 온도
③ 수분 ④ 이산화탄소

해설 종자 발아 조건

수분, 온도, 광, 산소

77 잡초에 의한 작물의 피해가 가장 심한 경우는?

① 벼 재배지에 발생한 가막사리
② C_3 작물 재배지에 발생한 C_4 잡초
③ 화본과 작물 재배지에 발생한 광엽잡초
④ 광엽작물 재배지에 발생한 화본과

해설

② C_3 식물과 C_4 잡초의 경합 시 작물의 손실량이 가장 많음

78 다음 중 다년생 잡초에 해당하는 것은?

① 가래 ② 왕바랭이
③ 알방동사니 ④ 중대가리풀

해설 가래

- 부유성 다년생 잡초
- 지하경을 내고 분지신장을 함
- (종자보다는) 근경으로 번식

79 잡초의 생육 특성에 대한 설명으로 옳지 않은 것은?

① 바랭이, 여뀌는 건조에 대한 내성이 크다.
② 잡초 종자가 무거울수록 출아심도가 깊다.
③ 향부자, 별꽃은 토양의 산소 농도가 낮아도 잘 발생한다.
④ 갈퀴덩굴, 둑새풀은 주로 비옥한 땅에서 발생하는 습성이 있다.

해설 발아의 환경 요인 : 수분, 온도, 광, 산소

산소	• 발아의 산소요구도가 높은 호기성 잡초 : 밭잡초 종 • 발아의 산소요구도가 낮은 혐기성 잡초 : 논잡초 종	
잡초 종류	호기성 잡초	너도방동사니, 바랭이, 향부자
	혐기성 잡초	돌피, 올챙이고랭이, 가래, 물달개비, 올미

80 잡초의 장점으로 옳지 않은 것은?

① 토양침식 방지 ② 토양 산성화 방지
③ 사료 작물로 이용 ④ 육종 소재로 이용

해설 잡초의 유용성

- 토양에 유기물과 퇴비 공급
- 야생동물의 먹이와 서식처 제공
- 토양침식 및 토양유실 방지
- 자연경관을 아름답게 하거나, 환경보전에 효과적
- 작물 개량을 위한 유전자 자원으로 활용
- 오염된 물이나 토양 정화

정답 75 ② 76 ④ 77 ② 78 ① 79 ③ 80 ②

2019년 3월 3일 시행

2019년 기사 1회

01 식물병리학

01 보리에 발생하는 줄기녹병의 중간기주는?

① 잣나무 ② 향나무
③ 배나무 ④ 매자나무

해설 이종기생 녹병균(담자균)

수병	기주식물	중간기주
	녹병포자, 녹포자	여름포자, 겨울포자
소나무 잎녹병	소나무	황벽나무, 참취, 잔대
잣나무 잎녹병	잣나무	등골나무
소나무 혹병	소나무	졸참나무, 신갈나무
잣나무 털녹병	잣나무	송이풀, 까치밥나무
배나무, 사과나무 붉은별무늬병 (향나무 녹병)	배나무, 사과나무	향나무 (여름포자를 만들지 않음)
포플러 잎녹병	(중간기주) 낙엽송, 현호색	포플러
맥류 줄기녹병	매자나무	맥류
밀 붉은녹병	좀꿩의 다리	밀

02 포도나무 새눈무늬병균의 월동 형태는?

① 균핵 ② 균사
③ 담자포자 ④ 후막포자

해설

② 포도나무 새눈무늬병균은 균사의 형태로 병든 덩굴 또는 열매에서 월동함

03 1970년에 미국에서 발생하여 옥수수 생산에 큰 피해를 준 식물병은?

① 역병 ② 맥각병
③ 도열병 ④ 깨씨무늬병

해설 깨씨무늬병

20세기(1970년) 미국 전역에 크게 발생한 병으로, 관련 제품 생산에 큰 차질이 발생하였음

04 사과나무 뿌리혹병의 주요 발생 원인은?

① 세균 감염 ② 토양 선충
③ 사상균 감염 ④ 생리적 장애

해설 뿌리혹병(근두암종병)

혹(암종)을 형성하는 토양 서식 세균

05 벼 잎집무늬마름병의 방제방법으로 옳은 것은?

① 감수성 품종을 재배한다.
② 고습도 상태로 재배한다.
③ 만생종 품종을 재배한다.
④ 칼리질 비료를 가급적 적게 준다.

해설 벼 잎집무늬마름병의 방제방법

밀식 방지, 만생종으로 재배, 모내기 전 써레질 후 균핵 제거, 폴리옥신디 수화제의 약제 활용

06 병에 걸린 식물의 단면을 잘라서 점액의 누출 여부로 진단하는 경우로 가장 적합한 것은?

① 세균에 의한 병
② 선충에 의한 병
③ 곰팡이에 의한 병
④ 바이러스에 의한 병

해설 식물 세균병의 진단 : 유출검사법(우즈테스트)

줄기를 잘라 물에 넣었을 때 단면에서 스며 나오는 분비물(우즈, 세균 점액)로 세균병을 진단하는 방법

07 토마토 풋마름병에 대한 설명으로 옳은 것은?

① 토마토에만 감염된다.
② 담자균에 의한 병이다.
③ 병원균은 주로 병든 식물체에서 월동한다.
④ 병원균이 뿌리로 침입하면 뿌리가 흰색으로 변한다.

정답 01 ④ 02 ② 03 ④ 04 ① 05 ③ 06 ① 07 ③

해설 가지과 풋마름병

- 세균에 의한 병으로, 병원균은 토양 내에 수년간 생존
- 병든 식물체의 잔재 속에서 월동
- 주로 식물의 지하부 뿌리의 상처를 통해 침입
- 토양전염성 세균병
- 고온다습 및 산성 토양에서 다발생

08 세균의 변이기작이 아닌 것은?

① 접합 ② 형질 전환
③ 형질 도입 ④ 이핵현상

해설 이핵현상

- 불완전균류의 변이기작
- 균사 또는 포자의 한 세포 내에 유전적으로 다른 핵을 갖는 현상

09 바이러스로 인한 식물병의 생물학적 진단방법은?

① 슬라이드법 ② 형광항체법
③ 괴경지표법 ④ X－체 검경법

해설 바이러스병의 진단법 중 생물학적 진단법

- 지표식물법(지표식물검정법)
- 즙액접종법(식물즙액접종법)
- 최아법(괴경지표법)
- 박테리오파지법

10 대추나무 빗자루병 방제를 위하여 옥시테트라사이클린 수화제로 수간주사를 하려고 할 때의 유의사항으로 옳지 않은 것은?

① 사용 적기는 4월 초이다.
② 수확 30일 전까지 사용한다.
③ 흉고직경이 10cm인 경우 1회에 1L를 주입한다.
④ 물 10L에 약제 200g을 정량한 후 잘 녹여 사용한다.

해설 수간주사

- 거목이나 경제성이 높은 수목에 사용
- 4~9월 증산작용이 왕성한 날 실시
- 물 1L당 5g의 수화제를 희석 후 사용

11 배나무 검은별무늬병에 대한 설명으로 옳지 않은 것은?

① 잎에서 처음에 황백색의 병무늬가 나타난다.
② 배나무 인근에 향나무가 많은 경우 발병하기 쉽다.
③ 배나무의 잎, 잎자루, 열매, 열매자루, 햇가지 등에 발생한다.
④ 낙엽을 모아 태우거나 땅속에 묻어 발병을 예방할 수 있다.

해설 배나무 · 사과나무 검은별무늬병

진균(자낭균류), 햇가지, 잎, 열매, 열매꼭지 등에 발생하며, 발병 가지 및 낙엽은 반드시 소독함

12 식물병원균에 대한 길항균으로 많이 사용되는 것은?

① *Rhizoctonia solani*
② *Streptomyces scabies*
③ *Penicillium expansum*
④ *Trichoderma harzianum*

해설

④ 트리코데르마 하르지아눔(*Trichoderma harzianum*)은 식물병 방제에 이용되는 길항미생물 중 토양전염성 병원균을 방제하는 데 사용됨

13 기주식물의 면역 또는 저항성 개선을 위해 약독 바이러스를 미리 감염시켜 식물체를 강독 바이러스의 감염으로부터 보호하는 것은?

① 교차보호 ② 식물방어
③ 유도저항성 ④ 저항성 품종

해설 교차보호

기주식물의 면역 또는 저항성을 높이기 위해 약독계통의 바이러스를 미리 감염시켜 식물체를 강독바이러스로부터 보호하는 방제법

14 바이로이드에 의한 식물병의 주요 병징은?

① 위축 ② 부패
③ 점무늬 ④ 줄무늬

해설

바이로이드의 대표적인 식물병은 감자 깍쭉병이며 주요 병징으로 왜소, 축소, 위축 등이 발생함

정답 08 ④ 09 ③ 10 ④ 11 ② 12 ④ 13 ① 14 ①

15 벼 도열병균이 분비하는 독소는?

① 빅토린(Victorine)
② 피리큘라린(Piricularin)
③ 후사릭산(Fusaric acid)
④ 라이코마라스민(Lycomarasmine)

해설

- 비기주특이적 독소 : 기주 이외에 여러 식물에 독성을 일으키는 것
- 벼 도열병의 독소 : 피리큘라린(Piricularin)

16 바이러스로 인한 식물병의 증상 중 세포 조직의 괴사로 나타나지 않는 것은?

① 반점 ② 위축
③ 줄무늬 ④ 둥근겹무늬

해설

바이러스의 병징 중 세포조직의 괴사는 반점, 둥근무늬병, 줄무늬의 형태로 나타남

17 다음 중 그람음성세균에 해당하는 것은?

① 토마토 궤양병균
② 감자 더뎅이병균
③ 벼 흰잎마름병균
④ 감자 둘레썩음병균

해설 그람음성세균에 의한 식물병

벼 흰잎마름병, 콩 세균성 점무늬병, 오이류 풋마름병, 채소 무름병, 뿌리혹병

18 식물병을 일으키는 병원체 중 핵산으로만 구성되어 있으며 크기가 가장 작은 것은?

① 바이러스
② 바이로이드
③ 파이토플라스마
④ 스피로플라스마

해설 바이로이드

- 지금까지 알려진 가장 작은 병원체
- 바이로이드 < 바이러스 < 세균 < 진균

19 초승달 모양의 대형 분생포자와 원 모양의 소형 분생포자를 형성하는 병원균은?

① 벼 도열병균
② 벼 오갈병균
③ 벼 키다리병균
④ 벼 흰잎마름병균

해설 벼 키다리병

- 진균(자낭균)에 의한 수병
- 초승달 모양의 대형 분생포자와 자낭각 형성
- 분생포자의 형태로 종자 표면에서 월동 후 다음 해에 1차 전염원이 됨

20 배추 무름병을 일으키는 병원체는?

① 세균 ② 곰팡이
③ 바이러스 ④ 파이토플라스마

해설 채소(세균성)무름병

세균(*Erwinia carotovora*), 주생모를 가진 그람음성 흰색 간균이 상처나 피목을 통해 침입하며, 펙틴분해효소를 분비하여 무름병 증상이 나타남

02 농림해충학

21 곤충의 배설을 담당하는 기관은?

① 알라타체 ② 존스턴 기관
③ 말피기소관 ④ 모이주머니

해설 말피기(씨)관(말피기소관)

곤충의 중장과 후장 사이에 위치한 소화계, 비틀림 운동을 하여 배설 작용을 함

22 생육 중인 마늘이 하엽부터 고사하기 시작하여 포기의 인경을 파내어 보았더니 구더기 같은 회백색의 유충이 발견되었다면 어느 해충의 피해인가?

① 파밤나방 ② 고자리파리
③ 담배거세미나방 ④ 아메리카잎굴파리

정답 15 ② 16 ② 17 ③ 18 ② 19 ③ 20 ① 21 ③ 22 ②

해설 고자리파리

- 유충(구더기)이 작물의 지하부를 가해하여 잎을 황변 및 고사시킴
- 땅속에서 번데기로 월동
- 토양살충제 살포를 통해 방제

23 식물체 내에 농약 성분을 흡수시킨 후 식물체의 즙액을 빨아먹는 해충을 방제하는 데 가장 적합한 것은?

① 훈증제 ② 접촉제
③ 소화중독제 ④ 침투성 살충제

해설 침투성 살충제

식물 일부분에 약제 처리하면 전체에 퍼져 즙액을 빨아먹는 흡즙성 해충을 죽게 하는 약

24 다음 중 곤충의 생식기관이 아닌 것은?

① 심문 ② 저장낭
③ 부속샘 ④ 송이체

해설 생식계

- 자성 생식계 : 난소(알집), 수란관, 수정낭
- 웅성 생식계 : 고환(정집), 수정관, 사정관

25 다음 중 과변태를 하는 것은?

① 가뢰과 곤충 ② 파리과 곤충
③ 풍뎅이과 곤충 ④ 날도래과 곤충

해설 과변태

알－유충－의용－용－성충(딱정벌레목의 가뢰과)

26 벼룩잎벌레에 대한 설명으로 옳은 것은?

① 번데기로 월동한다.
② 성충은 주로 열매를 가해한다.
③ 고추에 주로 발생하는 해충이다.
④ 일반적으로 작물이 어린 시기에 피해가 많다.

해설 벼룩잎벌레

- 기주는 무, 배추, 오이과 작물
- 성충은 잎을 가해하고, 유충은 뿌리를 가해
- 작물이 어린 시기에 피해를 많이 입음
- 1년에 4~5회 발생하며 성충으로 잡초나 얕은 땅속에서 월동함

27 성충과 유충이 모두 잎을 가해하는 해충은?

① 박쥐나방 ② 솔잎혹파리
③ 미국흰불나방 ④ 오리나무잎벌레

해설 오리나무잎벌레

성충과 유충이 동시에 오리나무잎을 식해함

28 거미와 비교한 곤충의 일반적인 특징이 아닌 것은?

① 머리에는 입틀, 더듬이, 겹눈이 있다.
② 배마디에는 3쌍의 다리와 2쌍의 날개가 있다.
③ 곤충은 머리, 가슴, 배의 3부분으로 구성되어 있다.
④ 곤충은 동물 중에 가장 종류가 많으며, 곤충강에 속하는 절지동물을 말한다.

해설

② 곤충의 일반적인 특징 중 배는 보통 10개 내외의 마디와 기문, 항문, 생식기 등 부속기관이 있음

29 유충이 열매 속으로 뚫고 들어가 가해하는 해충은?

① 사과혹진딧물 ② 포도유리나방
③ 복숭아심식나방 ④ 배나무방패벌레

해설 과실을 가해하는 해충

복숭아심식나방, 복숭아순나방, 복숭아명나방, 콩가루벌레, 가루깍지벌레, 꽃노랑총채벌레

③ 복숭아심식나방 : 유충이 과실 속을 뚫고 들어가 가해하지만 배설물을 배출하지 않음

30 곤충의 천적으로 활용할 수 있는 바이러스가 아닌 것은?

① 과립 바이러스
② 베고모 바이러스
③ 핵다각체 바이러스
④ 세포질다각체 바이러스

해설 생물적 방제

기생곤충, 포식충, 병원미생물 등의 천적 및 불임성, 유전학적 원리를 이용하여 생물 자체를 이용해 해충 밀도를 낮추는 방법

※ 천적 바이러스 : 핵다각체 바이러스, 과립 바이러스, 세포질다각체 바이러스

정답 23 ④ 24 ① 25 ① 26 ④ 27 ④ 28 ② 29 ③ 30 ②

31 **다음 중 단위생식이 가능한 것은?**

① 밤나무혹벌　　② 배추흰나비
③ 송충알좀벌　　④ 잣나무넓적잎벌

해설 밤나무혹벌
밤나무 잎눈에 기생하여 벌레혹을 형성하는 충형성 해충으로 암컷만으로 번식하는 단위생식(단성생식)을 함

32 **봄에 수목 주변의 잡초를 제거하여 피해를 줄일 수 있는 해충은?**

① 꽃매미　　② 소나무좀
③ 박쥐나방　　④ 포도뿌리혹벌레

해설 박쥐나방
- 부화유충은 초본류 줄기 속을 식해하다 나무로 이동하여 줄기를 환상으로 식해하고 변을 배출
- 거미줄을 토해 식해 부위를 철해 놓아 쉽게 발견이 가능함
- 유충이 기생하는 초본류 제거 시 방제 효과를 볼 수 있음

33 **딱정벌레목의 특성에 대한 설명으로 옳지 않은 것은?**

① 종이 다양하다.
② 불완전변태를 한다.
③ 앞날개가 두껍고 날개맥이 없다.
④ 대부분 외골격이 발달하여 단단하다.

해설 딱정벌레목
완전변태하는 내시류로 성충은 외골격이 발달하였고, 앞날개는 변형된 경화의 딱지날개(시초)이며, 세계적으로 가장 종류가 많은 곤충목에 속함

34 **해충의 밀도와 농작물 피해에 대한 설명으로 옳지 않은 것은?**

① 경제적 피해허용수준은 어느 경우에나 일반평형밀도보다 높다.
② 경제적 피해수준은 경제적 피해허용수준보다 높게 관리해야 한다.
③ 일반적인 환경 조건에서 형성된 해충의 평균밀도를 일반평형밀도라고 한다.
④ 경제적 손실이 나타나는 해충의 최저밀도를 경제적 피해수준이라고 한다.

해설 경제적 피해허용수준
- 경제적 피해수준보다는 낮은 밀도
- 방제를 실시해야 하는 밀도
- 방제수단을 쓸 수 있는 시간적 여유가 필요함

35 **카이로몬에 의한 곤충의 행태로 옳은 것은?**

① 개미 군집에서 계급을 분화하여 생활
② 배추흰나비가 유채과 식물을 찾아 섭식
③ 노린재가 분비하는 고약한 냄새물질에 대한 포식자 회피
④ 수컷 나방이 멀리 떨어져 있는 암컷 나방을 찾아가는 행동

해설 카이로몬(Kairomone)
- 생산자에게 불리, 수용자에게 유리한 작용
- 이 물질을 받는 종에게 유리한 반응을 유도
- 식물이 만들어내는 곤충 유인물질 중 하나

36 **톱밥 같은 배설물을 밖으로 내보내지 않고 수피 속의 갱도에 쌓아 놓아 피해를 발견하기가 어려운 해충은?**

① 알락하늘소　　② 미끈이하늘소
③ 향나무하늘소　　④ 털두꺼비하늘소

해설 향나무하늘소(측백하늘소)
- 딱정벌레목 하늘소과
- 유충이 줄기와 가지 수피 밑의 형성층을 식해(천공성)
- 톱밥 같은 배설물을 밖으로 내보내지 않고 갱도에 쌓아 피해 확인이 어려움

37 **노린재목의 형태적 특징으로 옳지 않은 것은?**

① 더듬이는 4~5개의 마디로 구성된다.
② 뚫어 빠는 입이 있으며 비모는 없다.
③ 겹눈은 대부분 잘 발달하고 홑눈은 없거나 2~3개이다.
④ 다리의 발마디는 1~5개로 구성되지만 대체로 5개 마디이다.

해설 노린재목
- 불완전변태하는 외시류
- 자흡구형(찔러서 흡즙)
- 겹눈은 크고 발달, 홑눈은 있거나 없음
- 앞날개 밑부분은 두꺼운 혁질, 끝부분은 막질로 구성된 반시초
- 발목마디는 1~3마디

정답 31 ① 32 ③ 33 ② 34 ① 35 ② 36 ③ 37 ④

38 식도하신경절에 의해 운동신경과 감각신경의 지배를 받지 않는 기관은?

① 큰턱　　② 작은턱
③ 더듬이　　④ 아랫입술

해설 중추신경계
- 뇌(전대뇌, 중대뇌, 후대뇌)와 배신경절로 이루어짐
- 곤충의 감각기관을 지배
- 식도하신경절 : 입틀의 큰턱, 작은턱, 아랫입술 등의 운동과 감각신경을 지배함

39 외국으로부터 유입되어 우리나라에 정착한 해충이 아닌 것은?

① 벼밤나방
② 벼물바구미
③ 온실가루이
④ 꽃노랑총채벌레

해설 외래해충
꽃노랑총채벌레, 미국흰불나방, 벼물바구미, 온실가루이, 담배구루이, 버즘나무 방패벌레, 솔잎혹파리, 소나무재선충, 솔껍질깍지벌레 등

40 애멸구에 대한 설명으로 옳지 않은 것은?

① 천적으로 날개집게벌, 애꽃노린재 등이 있다.
② 2모작 맥류 재배를 하면 애멸구가 많이 발생한다.
③ 약충과 성충은 벼의 즙액을 빨아먹어 피해를 준다.
④ 중국으로부터 비래하지만 우리나라에서 월동은 불가능하다.

해설 애멸구
- 성충은 장시형과 단시형이 있음
- 약충과 성충 모두 벼의 즙액을 흡즙함
- 애멸구는 바이러스(벼줄무늬잎마름병, 벼검은줄오갈병)의 매개 역할을 함
- 1년에 5회 발생

④ 중국 비래해충 : 흰등멸구, 혹명나방, 멸강나방, 벼멸구

03 재배원론

41 다음 중 이랑을 세우고 이랑에 파종하는 방식은?

① 휴립휴파법　　② 성휴법
③ 휴립구파법　　④ 평휴법

해설 작휴법(이랑 만들기)
- 휴립휴파법 : 이랑을 세우고 이랑에 파종하는 방법
- 고구마는 이랑을 높게, 조와 콩은 이랑을 낮게 활용
- 이랑에 재배 시 배수와 토양 통기가 좋음

42 다음 중 식물의 광합성에 가장 효과적인 광색은?

① 주황색　　② 황색
③ 녹색　　④ 적색

해설 광의 성질과 작물의 생장
광합성에는 650~700nm의 적색광과 400~500nm의 청색광이 가장 효과적임

43 다음 중 토양 유효수분의 범위로 가장 옳은 것은?

① 흡습수 이상의 토양수분
② 영구위조점과 흡습수 사이의 수분
③ 최대용수량과 포장용수량 사이의 수분
④ 포장용수량과 영구위조점 사이의 수분

해설 유효수분
식물이 토양 중에서 흡수하여 이용하는 수분으로 포장용수량에서 영구위조점까지의 범위를 의미(pF 2.5~4.2)

44 다음 중 작물의 주요 온도에서 '최적온도'가 가장 낮은 작물은?

① 보리　　② 오이
③ 옥수수　　④ 멜론

해설 작물의 최적온도
식물의 전 생육 과정 중 유효 적절한 광합성과 호흡이 일어나 최대수량을 얻을 수 있는 온도 범위
- 최적온도가 높은 작물 : 멜론, 벼, 오이, 옥수수, 삼
- 최적온도가 낮은 작물 : 담배(28~32℃)
- 최적온도가 가장 낮은 작물 : 보리(25~27℃)

정답 38 ③ 39 ① 40 ④ 41 ① 42 ④ 43 ④ 44 ①

45 다음 중 T/R율에 대한 설명으로 가장 옳은 것은?

① 감자나 고구마의 경우 파종기나 이식기가 늦어질수록 T/R율이 감소한다.
② 일사가 적어지면 T/R율이 감소한다.
③ 질소를 다량시용하면 T/R율이 감소한다.
④ 토양함수량이 감소하면 T/R율이 감소한다.

해설 T/R율

- 식물의 지하부 생장량에 대한 지상부 생장량의 비율
- 고구마, 감자는 파종기나 이식기가 늦어질수록 T/R율이 높아짐
- T/R율이 커지는 경우 지하부의 생육 저하 또는 지상부의 생육 증가
- T/R율은 토양 내 과수분, 일조 부족, 석회 부족, 질소 다량시비 등에 영향을 받음

46 작물의 내동성을 감소시키는 생리적 요인은?

① 전분 함량이 많다.
② 원형질의 수분투과성이 크다.
③ 원형질의 점도가 낮다.
④ 원형질의 친수성 콜로이드가 많다.

해설 내동성이 강한 조건

- 전분 함량이 낮을수록
- 원형질의 수분투과성이 클수록
- 유지 함량이 높을수록, 당 분함량이 높을수록
- 식물 색이 진할수록

47 강산성이 되면 가급도가 감소되어 작물 생육에 불리한 원소는?

① Cu ② Zn
③ P ④ Mn

해설 인산(P)

- 인산은 인산이온의 형태로 식물이 흡수
- 뿌리의 발달 촉진에 관여함
- 인산의 고정, 불용화 : 인산이 산성 토양 중의 철이나 알루미늄 또는 칼슘과 결합하여 이용률이 저하되는 상태

48 다음 중 벼의 비료 3요소의 흡수 비율로 가장 옳은 것은?

① 질소 5 : 인산 1 : 칼륨 1.5
② 질소 5 : 인산 2 : 칼륨 4
③ 질소 4 : 인산 2 : 칼륨 3
④ 질소 3 : 인산 1 : 칼륨 4

해설 비료의 흡수율

- 사용한 비료 성분량 중 작물이 흡수 이용한 양의 비율
- 질소 : 30~50%, 인산 : 10~20%, 칼륨 : 40~60%

※ 비료 3요소의 흡수비율은 질소 5 : 인산 2 : 칼륨 4가 적당함

49 군락의 수광태세가 좋아지고 밀식적응성이 높은 콩의 초형으로 틀린 것은?

① 잎이 크고 두껍다.
② 잎자루가 짧고 일어선다.
③ 꼬투리가 원줄기에 많이 달린다.
④ 가지를 적게 치고 가지가 짧다.

해설 수광태세

- 잎 모양과 그 입체적 배치를 통해 수광을 좋게 하는 작물의 형상
- 수광태세가 좋은 콩의 조건
  - 키가 크면서 도복이 안 된 것
  - 가지를 적게 치며 짧은 것
  - 꼬투리가 원줄에 많이 착생하고 밑까지 달린 것
  - 잎이 작고 가는 것

50 질소환원효소의 구성 성분으로 콩과 작물의 질소고정에 필요한 무기성분은?

① 몰리브덴 ② 철
③ 마그네슘 ④ 규소

해설 몰리브덴(Mo)

- 질소환원효소의 구성 성분
- 콩과 작물에 다량 함유
- 질소대사와 콩과 작물 뿌리혹박테리아의 질소고정에 필요
- 산성 토양에서 용해도가 크게 줄어 결핍이 쉬움

51 벼의 생육 중 냉해에 의한 출수가 가장 지연되는 생육단계는?

① 유효분얼기 ② 유수형성기
③ 감수분열기 ④ 출수기

정답 45 ④ 46 ① 47 ③ 48 ② 49 ① 50 ① 51 ②

해설 장해형 냉해

- 유수형성기～개화기, 생식생장기 중 특히 감수분열기에 냉해의 피해가 큼(감수분열기 : 벼의 생육단계에서 장해형 냉해를 가장 많이 받기 쉬운 단계)
- 생식기관의 형성 장해, 수정 불량, 불임현상, 화분 방출 등의 장해 발생

52 다음 중 천연 지베렐린에 해당하는 것은?

① IPA ② GA2
③ PAA ④ CCC

해설 지베렐린(GA : Glbberellin)

- 벼의 키다리병을 일으키는 호르몬
- 극성이 없어 식물체 어느 부분에 공급하더라도 자유롭게 이동하여 다양한 생리작용을 하는 호르몬
- 작용 : 경엽 신장 촉진, 종자휴면타파, 개화 촉진, 단위결과 유도, 열매의 생장 촉진 등
- 지베렐린의 종류 : GA1, GA2, GA3, GA4....

53 다음 중 이년생 식물로만 구성되어 있는 것은?

① 가을보리, 코스모스 ② 가을밀, 국화
③ 옥수수, 호프 ④ 무, 사탕무

해설 이년생 식물

가을을 지나 월동을 하고 개화하는 식물

54 다음 중 재배종과 야생종의 특징에 대한 설명으로 가장 적절한 것은?

① 야생종은 휴면성이 약하다.
② 재배종은 대립종자로 발전하였다.
③ 재배종은 단백질 함량이 높아지고 탄수화물 함량이 낮아지는 방향으로 발달하였다.
④ 성숙 시 종자의 탈립성은 재배종이 크다.

해설 재배종(작물)

- 개화기도 일시적으로 집중되고, 많은 수량을 생산함
- 분얼이나 분지가 일정 기간 내에 일시에 발생함
- 휴면성이 약하며 발아억제물질이 감소 및 소실됨
- 모든 종자가 일시에 성식, 탈립성은 작고, 크기는 커짐(대형화)

55 다음 중 굴광현상에 가장 유효한 광은?

① 자외선 ② 적색광
③ 청색광 ④ 적외선

해설 굴광현상

- 식물이 광의 방향에 반응하여 굴곡반응이 나타나는 현상
- 440～480nm의 청광색이 가장 유효함
- 광을 받는 부분은 옥신 농도가 낮고, 반대쪽은 옥신 농도가 높음

56 저온 버널리제이션을 실시한 직후 고온 처리를 하면 버널리제이션 효과가 상실되는데, 이 현상을 무엇이라 하는가?

① 이춘화 ② 등숙기춘화
③ 종자춘화 ④ 재춘화

해설

- 이춘화 : 고온이나 건조상태에 두어 춘화 처리의 효과가 상실되는 현상
- 버널리제이션 : 인위적인 온도 처리(보통 저온 처리)를 하여 작물의 개화를 유도 및 촉진하는 방법

57 무기원소 결핍 시 사탕무의 속썩음병, 순무의 갈색속썩음병 등을 유발하는 원소는?

① 인 ② 질소
③ 망간 ④ 붕소

해설 붕소(B)

- 무, 배추 등의 십자화과 채소에 결핍 시 병이 많이 발생함
- 수정, 결실이 나빠짐
- 전반적으로 조직이 거칠고 단단해짐(코르크화)
- 셀러리 줄기쪼김병, 사탕무 근부썩음병(속썩음병), 담배 끝마름병, 순무 갈색속썩음병 등이 발생

58 다음 중 작물의 기원지가 지중해 연안 지역에 해당하는 것으로만 나열된 것은?

① 조, 참깨 ② 사탕수수, 당근
③ 감자, 고구마 ④ 유채, 사탕무

정답 52 ② 53 ④ 54 ② 55 ③ 56 ① 57 ④ 58 ④

해설 바빌로프 주요 작물의 재배기원지

기원지	주요 작물
중국지구	피, 쌀보리, 메밀, 오이, 배추, 복숭아, 무 등
힌두스탄지구	벼, 목화 등
중앙아시아지구	밀, 양파, 당근, 완두, 강낭콩 등
근동지구	사과, 알팔파, 배 등
지중해연안지구	유채, 사탕무, 클로버, 순무 등
아비시니아지구	보리 등
중앙아메리카지구	옥수수, 고구마 등
남아메리카지구	토마토, 땅콩, 감자, 담배 등

59 다음 중 에틸렌의 전구물질에 해당하는 것은?

① Tryptophan ② Methionine
③ Acetyl Coa ④ Phenol

해설 에틸렌(Ethylene)
- 식물에서 만들어지는 기체상태의 호르몬
- 과실의 성숙 및 발아 촉진, 정아우세 및 낙엽을 유도함
- 메티오닌(Methionine)의 전구물질에 의해 효소반응을 거쳐 에틸렌이 발생함

60 다음 중 감자의 휴면타파에 가장 유효한 것은?

① AMO－1618 ② 페놀
③ Gibberellin ④ 2,4－D

해설 발아 촉진물질
- 지베렐린(Gibberellin) : 각종 종자의 휴면타파 및 발아 촉진
- 에틸렌, 에스렐(Ethrel) : 양배추 발아 촉진
- 질산칼륨(KNO_3) : 목초 및 화본과의 발아 촉진
- 사이토키닌(Cytokinin) : 축아생장 촉진 및 정아우세 억제

04 농약학

61 다음 제형 중 주로 병해충 예방용 약제를 대상으로 하며 단위면적당 농약 투입량이 가장 적은 것은?

① 종자처리수화제(WS) ② 유현탁제(SE)
③ 액상 수화제(SC) ④ 미립제(MG)

해설 종자처리수화제(WS)
- 종자의 표면에 분말의 약제를 처리함
- 종자 처리 전 수화시켜 현탁액으로 활용
- 종자 병해충의 예방을 위해 활용
- 단위면적당 농약 사용양(투입량)이 가장 적음

62 사이토키닌계의 식물호르몬제로서 콩나물의 생장촉진제로 가장 적합한 약제는?

① 페노프롭(Fenoprop)
② 육－비에이(6－BA)
③ 지베렐린(Gibberellin)
④ 아토닉(Atonic)

해설 사이토키닌(Cytokinin)
- 주로 뿌리에 합성되어 물관를 통해 지상부로 전류됨
- 식물체 내에 충분히 생성 가능, 세포분열 촉진 작용
- 조직배양에 많이 활용됨
- 옥신과 함께 사용하면 효력 증진

② 육－비에이(6－BA) : 콩나물의 생장 촉진에 주로 활용

63 갯지렁이에서 천연살충물질을 추출하여 농약으로 개발한 살충제는?

① 아바멕틴(Abamectin)
② 벤설탑(Bensultap)
③ 메소밀(Methomyl)
④ 엔도설판(Endosulfan)

해설 벤설탑(Bensultap)
- 갯지렁이에서 추출한 천연살충제인 네레이스톡신(Nereistoxin)의 유도체
- 벼, 과수의 해충 방제에 활용

① 아바멕틴(Abamectin) : 토양 방산선균인 *Streptomyces avermitilis*에서 분리된 항생제계 살충제
→ 응애 및 굴나방, 진딧물 등의 방제에 활용
③ 메소밀(Methomyl) : 벼, 양배추의 해충 방제에 활용
→ 비교적 적용범위는 넓으나 잔류독성이 존재함

정답 59 ② 60 ③ 61 ① 62 ② 63 ②

64 식물체 내에서 베타산화(β – Oxidation) 여부로 선택성을 나타내는 것은?

① 2,4,5 – T　② 2,4 – DES
③ 2,4 – DB　④ UDPG

해설 베타산화(β – Oxidation)

유기물의 탄소원자를 산화시키는 것으로 그것에 의한 선택성으로 제초효과를 나타내며 2,4 – DB가 베타산화에 선택성을 가지고 있음

③ 2,4 – DB
- 페녹시계 경엽 처리 선택성 이행형 호르몬형 논 제초제
- 우리나라에서 가장 먼저 사용한 제초제
- 유기화합물 제초제

65 BP(밧사) 원제 0.4kg으로 2% 분제를 만들려고 할 때 소요되는 증량제의 양은?(단, 원제의 함량은 94%이다.)

① 1.84kg　② 4.60kg
③ 18.4kg　④ 46.0kg

해설

희석할 증량제의 양 = 원분제의 중량 × {(원분제의 농도/원하는 농도) – 1)}
= 0.4 × {(94/2) – 1)} = 0.4 × 46 = 18.4kg

66 석회 보르도액은 다음 중 무엇에 해당하는가?

① 황제　② 염소제
③ 구리제　④ 비소제

해설 보르도액

- 제조 원료 : 황산구리(황산동), 수산화칼륨(생석회)
- 만드는 과정 : 황산동액과 석회유를 따로 만든 후 석회유에 황산동액을 부어 혼합함

67 다음 살균제 중 유기유황제가 아닌 것은?

① 프로피　② 지람
③ 네오아소진　④ 만코지

해설 유기유황제 살균제

- 디티오카바메이트(Dithiocarbamate)계
- 무기살균제에 비해 약해가 적으면서 효과는 높음
- 원예용 살균제로 활용
- 종류 : 만코제브, 티람, 프로피네브, 마네브, 지네브, 지람 등

68 농약이 갖추어야 할 사항으로 틀린 것은?

① 인축에 대한 독성이 낮아야 한다.
② 토양 및 수질오염을 유발시키지 않아야 한다.
③ 작물 또는 토양에 대한 잔류성이 없어야 한다.
④ 적용 해충의 범위가 넓고 비선택적이어야 한다.

해설

④ 적용 해충의 선택범위가 선택적이어야 함

69 보리 겉깜부기병의 종자소독에 가장 효과적인 약제는?

① 지네브(Zineb)제
② MAFA(Neozin)제
③ 캡탄(Captan)제
④ 카아복신(Carboxin)제

해설 보리 겉깜부기병

- 진균(담자균류)
- 꽃을 통한 화기감염, 전심감염, 종자전염
- 냉온탕침지법에 의한 종자소독
- 침투성 살균제 : 베노밀, 카벤다짐, 티오파네이트 메틸, 카복신, 메프로닐 등

70 유제(乳劑)에 대한 설명으로 옳지 않은 것은?

① 수화제보다 살포액의 조제가 편리하다.
② 수화제보다 약효가 다소 낮다.
③ 수화제보다 제조비가 높다.
④ 수화제보다 포장 · 수송 · 보관이 어렵다.

해설 유제

- 물에 녹지 않는 주제를 유기용매에 녹인 후 유화제(계면활성제)를 첨가한 용액의 액체 상태의 농약으로 물에 희석하면 유탁액으로 사용됨
- 수화제에 비해 약효는 다소 높음, 살포용 약액의 조제가 편리함. 제조비가 높으며 포장, 수송, 보관이 어려운 단점이 있음

71 농약 안전살포방법으로 가장 적절한 것은?

① 바람을 등지고 살포
② 바람을 안고 살포
③ 바람의 도움으로 살포
④ 바람 방향을 무시하고 살포

정답 64 ③ 65 ③ 66 ③ 67 ③ 68 ④ 69 ④ 70 ② 71 ①

해설 농약 사용 시 주의사항
- 아침 또는 저녁의 서늘하고 바람이 없는 경우에 작업
- 농약 살포 시 바람을 등지고 살포
- 한 사람이 2시간 이상 살포는 피함
- 살포 농약은 작업 시 모두 소진해야 함(재사용 안 됨)

72 다음 중 생장조정제로 사용할 수 있는 것은?

① Oxadiazon
② Butachlor
③ Molinate
④ 2,4-D

해설 옥신
- 식물의 생장을 촉진하는 호르몬으로 세포 신장에 관여함
- 작용 및 활용 : 발근 촉진, 접목에 활착 촉진, 개화 촉진, 제초 등에 활용
- 옥신 종류 중 합성호르몬 : NAA, IBA, PCPA, 2,4,5-T, 2,4,5-TP, 2,4-D, BNOA

73 R-Hg-X로 표시되는 유기수은제에서 X에 해당되지 않는 것은?

① $-HPO_4$　　② $-Cl$
③ $-OH$　　④ $-CH_3$

해설
- 유기수은제는 일반식 R · H · X로 표시
- X기 : 초산기($-OCOCH_3$), 할로겐기(-CL, -Br, -I) 등의 친수성기
  $-CH_3$: 메틸기로 친유성기에 해당됨

74 어류에 대한 농약의 독성 및 감수성에 영향을 미치는 요인으로 가장 거리가 먼 것은?

① 전착　　② 성장단계
③ 수온　　④ 제제형태

해설 어독성에 영향을 미치는 요인
- 수온 : 수온이 높으면 농약의 저항성이 낮아짐
- 성장단계 : 알 상태에 농약에 대한 감수성은 가장 낮음
- 제제형태(어독성이 강한 순서) : 유제 > 수화제, 수용제 > 분제, 입제

75 카복시아니라이드계 살균제로서 담자균류에 의한 병해에 효과가 뛰어난 약제는?

① 아이비(키타진)　　② 베나솔(오리자)
③ 부라딘(금보라)　　④ 메프로닐(논사)

해설 메프로닐(Mepronil)
- 담자균류에 의한 병해에 뛰어난 효과가 있는 살균제
- 카복시아니라이드계 살균제
- 침투 이행성이 있어 예방 치료에 효과적

76 농약의 검사방법에서 저비산분제(DL)의 검사항목이 아닌 것은?

① 분산성　　② 분말도
③ 입도　　④ 가비중

해설 저비산분제(DL)
- 비산성이 높은 분제를 보완하기 위해 응집제를 첨가하여 계발된 제형
- 살포 후 대기 중 약제 알갱이가 응집되도록 하여 비산을 막는 역할

77 다음 중 농약제제의 품질불량이 원인이 되는 약해가 아닌 것은?

① 원제 부성분에 의한 약해
② 불순물의 혼합에 의한 약해
③ 섞어 쓰기 때문에 일어나는 약해
④ 경사변화에 의한 유해성분의 생성에 의한 약해

해설 농약 자체의 약해 원인
농약의 물리성(제제형태, 용해도, 휘발성), 용제의 종류, 불순물의 혼합, 경시적 변화에 의한 유해성분의 생성 등

78 다음 중 요소계 제초제는?

① 아파론(Linuron)　　② 2,4-D
③ 벤설라이드　　④ 론스타(Oxadiazon)

해설 요소계 제초제
- 잡초 발생 전 처리 제초제
- 화본과 및 광엽잡초를 효과적으로 방제
- 식물체의 뿌리 부분에서 더 잘 흡수하지만 경엽 처리도 가능함
- 종류 : 리누론(아파론), 메타벤즈티아주론

정답 72 ④ 73 ④ 74 ① 75 ④ 76 ① 77 ③ 78 ①

79 다음 살충제 중 유기인제가 아닌 것은?

① 테트라디폰(테디온)
② 디디브이피(DDVP)
③ 파라치온
④ 파프(PAP)

해설 유기인계 살충제

- 살충제 중 가장 많이 활용되고 있으며 환경 생물에 대한 영향도가 가장 큰 농약
- 특징
  - 인축에 대한 독성이 높고, 살충력이 강함
  - 자연계 분해가 빠름
  - 잔효성이 적은 편
- 종류 : DDVP, 파라치온 에틸, PAP, EPN, 말라티온, 다이아지논, 페니트로티온 등

80 농약은 종류별로 병뚜껑의 색깔을 달리하여 농민이 농약을 쉽게 식별할 수 있도록 하고 있는데 살균제의 병뚜껑은 다음 중 어떤 색인가?

① 분홍색 ② 녹색
③ 황색 ④ 청색

해설 약제 용도에 따른 농약 병뚜껑의 색깔

- 살균제 : 분홍
- 살충제 : 녹색
- 제초제 : 황색
- 생장조정제 : 청색
- 기타 약제 : 백색

05 잡초방제학

81 벼와 잡초 간의 경합으로 인한 피해가 가장 적은 시기는?

① 출수기부터 수확기
② 착근기부터 수잉기
③ 착근기부터 분얼기
④ 파종기부터 최고 분얼기까지

해설 잡초경합 한계기간

잡초경합 시 작물의 손실량이 적은 시기는 파종 후~초관형성기, 생식생장기(출수기)~수확기

82 쌍자엽 잡초의 특징으로 옳은 것은?

① 잎은 평행맥이다.
② 뿌리는 직근계이다.
③ 산재된 유관속의 관상경을 가지고 있다.
④ 생장점이 줄기 하단의 절간 부위에 있다.

해설 속씨식물의 분류 – 쌍자엽 식물(쌍떡잎)

자엽 수 2개, 개방 유관속, 망상맥(그물맥), 직근계(주근이 발달함), 생장점이 식물체의 위쪽에 위치

83 뿌리가 토양에 고정되어 있지 않고 물 위를 떠다니는 부유성 잡초에 해당하는 것은?

① 가래 ② 네가래
③ 생이가래 ④ 가는가래

해설 부유성 잡초

- 물에 뜨는 수생잡초에 속함
- 종류 : 생이가래, 개구리밥, 좀개구리밥, 부레옥잠

84 작물과 비교한 잡초의 특성으로 옳지 않은 것은?

① 종자 생산량이 많다.
② 전파수단이 다양하다.
③ 휴면성이 없어 연중 생장한다.
④ 불리한 환경에서 적응성이 높다.

해설 잡초의 생육 특성

불량한 환경에서는 종자의 휴면을 통해 극복함

85 잡초의 예방적 방제방법이 아닌 것은?

① 관배수로 관리
② 재식밀도 조절
③ 작물 종자 정선
④ 농기구(농기계)의 청결 관리

해설 잡초의 예방적 방제방법

관개수로 정비, 논물 유입로에 거림망 설치, 오염 작물 종자 관리, 농기구에 붙은 잡초 종자 제거, 완숙 퇴비 사용 등

정답 79 ① 80 ① 81 ① 82 ② 83 ③ 84 ③ 85 ②

86 작물의 수량 감소가 가장 클 것으로 예상되는 조합은?

① C_3 잡초와 C_3 작물　② C_4 잡초와 C_3 작물
③ C_3 잡초와 C_4 작물　④ C_4 잡초와 C_4 작물

해설
② C_4 잡초와 C_3 작물의 경합 시 작물 수량은 크게 감소함

87 지면을 피복할 경우 잡초에 미치는 영향으로 옳지 않은 것은?

① 빛과 산소 공급이 차단된다.
② 잡초의 발아심도가 깊어진다.
③ 잡초가 물리적으로 질식하거나 출아가 억제되기도 한다.
④ 주 · 야간의 온도차가 커져 잡초 종자의 발아 수가 격감된다.

해설 잡초의 기계적 · 물리적 방제법
침수 처리(담수 처리), 토양피복, 예취, 중경과 배초, 화염제초 등

88 화본과 잡초로만 올바르게 나열한 것은?

① 강피, 나도겨풀　② 마디꽃, 매자기
③ 쇠털골, 알방동사니　④ 가막사리, 올챙이고랭이

해설 화본과 잡초
- 잎의 길이가 폭에 비해 길
- 잎맥은 평행맥
- 잎은 잎집과 잎몸으로 구성
- 줄기는 마디가 뚜렷한 원통형
- 마디 사이가 비어 있음
- 종류 : 피, 바랭이, 둑새풀, 나도겨풀, 강아지풀 등

89 작물, 잡초, 제초제의 연결이 옳지 않은 것은?

① 벼, 피, 뷰타클로르 입제
② 잔디, 클로버, 디캄바 액제
③ 콩, 방동사니, 이사-디 액제
④ 사과나무, 쇠비름, 시마진 수화제

해설 클로르프로팜
- 카바메이트계, 화본과 및 방동사니과와 같은 좁은 잡초의 선택성 방제
- 콩, 당근 등 일년생 잡초에 활용

90 논에서 잡초의 군락천이를 유발시키는 데 가장 큰 영향을 주는 것은?

① 장간종 품종 재배
② 동일 작물로만 재배
③ 동일한 제초제 연속 사용
④ 지속적인 화학비료 사용

해설
- 잡초의 군락천이 : 환경조건에 따른 잡초군락의 천이가 발생함
- 천이의 유발 요인 : 동일 제초제의 연용, 제초시기 및 방법에 의해 발생

91 두 제초제를 혼합하여 사용할 때 나타나는 길항적 반응에 대한 설명으로 옳은 것은?

① 혼합의 효과가 단독 처리의 효과와 같은 것을 의미한다.
② 혼합의 효과가 단독 처리의 효과보다 크지도, 작지도 않은 것을 의미한다.
③ 혼합의 효과가 활성이 높은 물질의 단독 처리의 효과보다 큰 것을 의미한다.
④ 혼합의 효과가 활성이 높은 물질의 단독 처리의 효과보다 작은 것을 의미한다.

해설 길항작용
제초제를 혼용 처리했을 때의 효과가 각각의 제초제를 단용 처리했을 때의 효과보다 작은 경우를 의미함

92 토양 환경과 잡초의 출현에 대한 설명으로 옳지 않은 것은?

① 종자가 무거울수록 발생심도가 깊다.
② 토양이 과습하면 출현율이 낮아진다.
③ 토양이 건조하면 출아율이 낮아진다.
④ 사질토는 중점토보다 발생심도가 얕다.

해설 유묘 출현에 관여하는 토양심도
- 사질토는 중점토보다 발생심도가 깊음
- 종자가 무거울수록(클수록) 발생심도는 깊음
- 너무 습한 토양 및 건조한 토양이면 종자의 출현 감소

정답 86 ② 87 ④ 88 ① 89 ③ 90 ③ 91 ④ 92 ④

93 트리아진계 제초제의 주요 이행 특성은?

① 비대 성장　② 조기 결실
③ 광합성 저해　④ 신초 생장 억제

해설 트리아진계 제초제

- 화본과 및 광엽잡초에 효과적
- 토양처리 제초제
- 광합성 저해제
- 주로 뿌리로 흡수
- 광으로 활성화
- 식물체 내의 엽록체가 작용점

94 유기제초제와 비교한 무기제초제에 대한 설명으로 옳은 것은?

① 처리 약량이 적다.
② 대사물의 독성이 낮다.
③ 경엽에 처리할 때 활성이 낮다.
④ 가격이 비싸며 살초 효과가 적다.

해설

- 제초제는 화학구조에 따라 유기제초제와 무기제초제로 구분됨
- 무기제초제(무기화합물 제초제) : 화학구조상 탄소를 포함하지 않는 제초제(대사물의 독성은 낮음)

95 광발아 잡초에 해당하는 것은?

① 강피, 바랭이　② 냉이, 소리쟁이
③ 별꽃, 참방동사니　④ 메귀리, 광대나물

해설 광발아 잡초

바랭이, 쇠비름, 개비름, 향부자, 강피, 참방동사니, 소리쟁이, 메귀리 등

96 상호대립억제작용에 대한 설명으로 옳은 것은?

① 제초제를 오래 사용한 잡초에 대한 내성을 나타내는 것이다.
② 죽은 식물 조직에서 나오는 물질에 의해서도 일어날 수 있다.
③ 다른 종의 생육을 억제하는 주된 기작은 주로 차광에 의해 일어난다.
④ 잡초가 다른 작물의 생육을 억제하는 것은 아니며 잡초 간에만 일어나는 현상이다.

해설 상호대립억제작용(타감작용)

생육 중(살아 있는)에 식물이 분비, 생체 혹은 수확 후 잔여물 및 종자 등에 독성물질이 분비되어 다른 식물종의 생장을 저해하는 작용

97 잡초의 생태적 방제방법이 아닌 것은?

① 윤작 실시
② 재배양식 변경
③ 피복 작물 재배
④ 잡초만을 골라 먹는 생물 이용

해설 경종적 방제법

작부체계 변화, 윤작, 답전윤환, 육묘이식 재배, 파종 이식 시기 조절, 경합력이 큰 품종 선정 등

98 잡초 종자의 산포방법으로 옳지 않은 것은?

① 바랭이 : 성숙하면서 흩어짐
② 소리쟁이 : 물에 잘 떠서 운반됨
③ 가막사리 : 바람에 잘 날려서 이동함
④ 메귀리 : 사람이나 동물 몸에 잘 부착함

해설

③ 가막사리 : 갈고리 모양의 돌기 등이 인축에 부착되어 이동

99 일년생 잡초와 비교한 다년생 잡초에 대한 설명으로 옳지 않은 것은?

① 방제하기 어렵다.
② 영양 번식을 한다.
③ 생육 기간이 길다.
④ 대부분 종자로 번식한다.

해설 다년생 잡초

일생을 마치는 데 2년 이상이 경과하는 것으로, 종자 또는 지하기관의 번식으로 방제가 어렵고, 주로 영양번식함

100 선택성 제초제가 아닌 것은?

① 벤타존 액제
② 세톡시딤 유제
③ 나프로파마이드 유제
④ 글리포세이트암모늄 입상 수용제

해설

④ 글리포세이트암모늄 입상 수용제 : 비선택성 제초제

정답 93 ③ 94 ② 95 ① 96 ② 97 ④ 98 ③ 99 ④ 100 ④

2019년 기사 2회

01 식물병리학

01 감자 역병에 대한 설명으로 옳은 것은?

① 세균병이다.
② 토마토에도 발생한다.
③ 2차 전염은 하지 않는다.
④ 진딧물을 잡는 것이 최선의 방제방법이다.

해설 감자 역병
- 진균(조균류, 유주자균)에 의한 병
- 토마토에도 발생함
- 병든 씨감자를 심으면 병원균이 지상부에 나타나 2차 전염이 됨
- 19C 중반(1845~1860) 아일랜드에 대발생을 통해 대기근 발생

02 진딧물에 의해 전염되는 식물병으로 옳지 않은 것은?

① 감자 잎말림병
② 콩 모자이크병
③ 배추 모자이크병
④ 보리 북지모자이크병

해설 충매전염 중 진딧물에 의해 전염되는 바이러스 병
오이 · 배추 · 순무 모자이크병, 감자 잎말림병, 콩 모자이크병 등

03 식물병에 걸린 식물에서 보이는 독소에 대한 설명으로 옳은 것은?

① 병원균이 독소를 분비한다.
② 식물체가 독소를 분비한다.
③ 병원균, 식물체 모두가 독소를 분비한다.
④ 병원균, 식물체 모두가 독소를 분비하지 않는다.

해설 독소(Toxin)
병원균이 분비하는 기주식물에 병을 일으키는 길항대사물질

04 배나무 붉은별무늬병의 중간기주는?

① 송이풀　② 향나무
③ 사시나무　④ 매발톱나무

해설 이종기생 녹병균(담자균)

수병	기주식물	중간기주
	녹병포자, 녹포자	여름포자, 겨울포자
소나무 잎녹병	소나무	황벽나무, 참취, 잔대
잣나무 잎녹병	잣나무	등골나무
소나무 혹병	소나무	졸참나무, 신갈나무
잣나무 털녹병	잣나무	송이풀, 까치밥나무
배나무, 사과나무 붉은별무늬병 (향나무 녹병)	배나무, 사과나무	향나무 (여름포자를 만들지 않음)
포플러 잎녹병	(중간기주) 낙엽송, 현호색	포플러

05 노지에서 고추 역병이 가장 잘 발병하는 요인은?

① 건조　② 고온
③ 침수　④ 사질토양

해설 고추 역병의 발병 요인
토양전염성 병해, 저온다습한 장마철에 주로 발생(병원균은 물을 통해 전염)

06 다음 설명에 해당하는 진단법은?

> • 씨감자 중 바이러스에 감염된 것을 선별하여 도태시키기 위한 것이다.
> • 온실에서 생육한 감자의 눈에 나타난 병징으로 바이러스 감염 여부를 판정한다.

① 지표식물법　② 즙액접종법
③ 괴경지표법　④ 파지진단법

해설 괴경지표법(최아법)
- 감자의 바이러스병을 진단하기 위한 방법
- 미리 감자의 눈을 발아시켜 발생 유무 검정
- 바이러스에 감염된 씨감자를 선별하여 도태시키는 방법

정답 01 ② 02 ④ 03 ① 04 ② 05 ③ 06 ③

07 식물체 물관에 병원균이 침입하여 시들음 현상이 나타나는 병은?

① 보리 녹병　② 뽕나무 위축병
③ 토마토 풋마름병　④ 사과나무 점무늬낙엽병

해설 토마토 풋마름병

식물체 물관에 병원균이 침입 후 증식하여 수분 상승을 방해하므로 유관속 폐색으로 시들음 현상 발생(위조)

08 균류에 의해 발생하는 수목병이 아닌 것은?

① 뽕나무 오갈병　② 벚나무 빗자루병
③ 낙엽송 잎떨림병　④ 은행나무 잎마름병

해설 파이토플라스마에 의한 수병

대추나무 빗자루병, 오동나무 빗자루병, 뽕나무 오갈병 등

09 인공 배지에서 배양이 가능한 식물 병원체는?

① 세균　② 선충
③ 바이러스　④ 파이토플라스마

해설 세균

- 가장 원시적인 단세포 미생물
- 핵과 핵막이 없는 원핵생물
- 인공배지에서 배양 및 증식이 가능한 임의부생체로 상처 또는 자연개구부를 통해 침입함

10 여름의 저온 및 장마 조건에서 가장 발병하기 쉬운 것은?

① 벼 도열병　② 벼 키다리병
③ 벼 이삭누룩병　④ 벼 잎집무늬마름병

해설 벼 도열병의 발생환경

- 비가 자주 오고, 일조가 부족하여 저온다습 시 다발생
- 토양온도가 낮고(20℃) 토양수분이 적을 경우
- 질소질 비료의 과잉 시
- 모내기가 늦을 때

11 난균문의 특징에 대한 설명으로 옳은 것은?

① 다핵균사이다.
② 균사는 격벽이 없다.
③ 세포벽에는 키틴 성분이 없다.
④ 무성번식은 1개의 편모가 있는 유주자로 한다.

해설 난균류(유주자균류)

- 균사에 격막이 없는 다핵으로 구성
- 유주자는 편모를 가지고 능동적인 운동을 통해 기주식물로 이동
- 주로 무성포자인 유주자(유주포자)에 의한 번식
- 세포벽은 셀룰로오스로 구성

12 동양에서 미국으로 옮겨가 큰 피해를 끼친 식물병은?

① 벼 도열병　② 배나무 화상병
③ 포도나무 노균병　④ 밤나무 줄기마름병

해설 밤나무 줄기마름병

동양에서 수입한 밤나무로 인해 미국의 밤나무에 큰 피해를 준 수병

13 다음 중 유성포자가 아닌 것은?

① 난포자　② 병포자
③ 자낭포자　④ 담자포자

해설 유성포자

- 유성생식(완전세대)
- 난포자, 자낭포자, 담자포자, 접합포자 등

14 호밀 맥각병에서 이삭에 생기는 자흑색 바나나 모양의 맥각 덩이의 정체는?

① 자낭　② 균핵
③ 자낭포자　④ 후막포자

해설 호밀 맥각병

- 진균(자낭균류)
- 씨방이 균사에 의해 커져 자흑색 바나나 모양의 균핵(맥각덩이)을 발생시킴
- 이 균핵을 먹으면 중독을 일으킴
- 밀, 보리, 귀리에 발생

15 식물병의 면역학적 진단방법을 의미하는 용어는?

① SSCP　② RACE
③ ELISA　④ RAPDs

해설 혈청학적, 면역학적 진단방법

항체－항원 반응을 이용한 검사법으로 주로 바이러스 식물병 진단에 활용됨. 효소결합항체법(ELISA법)

정답 07 ③ 08 ① 09 ① 10 ① 11 전항정답 12 ④ 13 ② 14 ② 15 ③

16 식물병의 생물적 방제에 대한 설명으로 옳은 것은?

① 신속하고 정확한 효과를 기대할 수 있다.
② 천적미생물은 대부분 잎이나 줄기에서 얻는다.
③ 넓은 지역에 광범위하게 사용하는 데 가장 효과적이다.
④ 미생물의 길항작용, 기생, 상호경쟁 또는 병저항성 유도를 이용하여 병을 억제한다.

해설 생물적 방제

병원균에 의한 식물 저항성을 유도시켜 병해를 방제하는 방법으로 식물 약독 바이러스, 길항미생물, 근권미생물 등을 활용하여 방제함

17 토마토 시설재배에서 자외선 차단 비닐을 이용하여 방제 효과를 얻을 수 있는 병은?

① 풋마름병 ② 잎곰팡이병
③ 잿빛곰팡이병 ④ 푸른곰팡이병

해설 잿빛곰팡이병

진균(불완전균류), 균핵 형성, 시설하우스 재배 시에 자외선에 의해 포자가 번지므로 자외선 차단 필름을 활용하여 예방함

18 TMV(Tobaco Mosaic Virus)로 인하여 발병하는 고추 모자이크병의 방제법으로 옳지 않은 것은?

① 살충제로 매개곤충을 제거한다.
② 전년도에 재배한 줄기나 뿌리를 제거한다.
③ 제3인산소다를 이용하여 종자를 소독한다.
④ 생육 도중 발병한 식물체는 곧바로 제거한다.

해설 담배 모자이크 바이러스병(TMV)

- 매개충이 아닌 즙액의 기계적 접촉에 의해 전염됨
- 담배 피우던 손, 오염된 농기구 및 기계, 오염된 토양 등에서 발생함

19 벼 도열병 방제에 가장 효과적인 비료는?

① 질소질 비료 ② 규산질 비료
③ 인산질 비료 ④ 칼륨질 비료

해설 벼 도열병의 방제

질소질 비료의 과용은 피하고, 규산질 비료를 시비함

20 토양 습도가 작물이 생육하기에 적합한 상태보다 건조할 때 잘 발생하는 병은?

① 감자 역병 ② 고추 모잘록병
③ 배추 무사마귀병 ④ 오이 덩굴쪼김병

해설 오이류 덩굴쪼김병

진균(불완전균), 푸사리움(Fusarium)속의 균은 비교적 건조한 토양에서 잘 발생하고, 사질토나 산성 토양에서 발생이 심함, 접목 시 호박대목으로 방제 가능

02 농림해충학

21 알락하늘소가 월동하는 형태는?

① 알 ② 유충
③ 성충 ④ 번데기

해설 알락하늘소

- 딱정벌레목 하늘소과
- 유충으로 월동
- 수피 밑과 수목의 목질부 식해

22 곤충 체강 내에서 비틀림 운동을 하면서 pH 또는 무기이온 농도 등을 조절하면서 배설작용을 돕는 기관은?

① 위맹낭 ② 지방체
③ 말피기관 ④ 모이주머니

해설 말피기관(말피기씨관, 밀피기소관)의 기능

- 곤충의 중장과 후장 사이에 위치한 소화계
- 비틀림 운동 발생, 배설작용
- 주로 질소대산물을 물에 녹지 않는 요산 형태로 배출
- pH 또는 무기이온 농도 조절

23 가해 습성에 따른 해충의 분류로 옳지 않은 것은?

① 천공성 해충 – 소나무좀, 밤나무혹벌
② 종실 해충 – 밤바구미, 복숭아명나방
③ 흡즙성 해충 – 솔껍질깍지벌레, 버즘나무 방패벌레
④ 식엽성 해충 – 오리나무잎벌레, 잣나무넓적잎벌

해설 천공성 해충(분열조직 목질부 가해)

소나무좀, 박쥐나방, 향나무하늘소(측백하늘소), 알락하늘소

정답 16 ④ 17 ③ 18 ① 19 ② 20 ④ 21 ② 22 ③ 23 ①

24 풀잠자리목의 특징으로 옳지 않은 것은?

① 완전변태를 한다.
② 생물적 방제에 많이 이용된다.
③ 더듬이는 길고 홑눈이 3개이다.
④ 유충과 성충은 대부분 포식성이다.

해설 풀잠자리목
- 완전변태하는 내시류
- 유충과 성충 모두 포식성으로 생물적 방제인 천적을 활용함
- 더듬이가 길고, 겹눈은 크며, 보통 홑눈은 없으나 있는 것도 있음
- 유충은 대부분 육지생활을 하고, 3쌍의 다리가 있으며 배에는 다리가 없음

25 해충 발생밀도 조사방법으로 페로몬 조사법을 적용하는 것이 가장 적합한 해충은?

① 벼멸구　② 말매미충
③ 고자리파리　④ 복숭아심식나방

해설 성페로몬 트랩을 이용한 발생 예찰
- 같은 곤충종 간에 상대를 유인하기 위해 외부로부터 분비되는 화학물질을 이용, 유인 후 조사하는 방법
- 해충의 방제 적기를 파악하는 데 유용함
- 복숭아심식나방, 복숭아순나방, 사과굴나방 등 과수해충의 발생시기와 발생량 예찰에 활용함

26 사과응애에 대한 설명으로 옳지 않은 것은?

① 흡즙성 해충이다.
② 약충으로 월동한다.
③ 1년에 7~8회 발생한다.
④ 사과나무가 꽃 필 무렵 알에서 부화하여 꽃 주위의 어린잎을 가해한다.

해설 사과응애
- 사과 잎 뒷변을 흡즙(흡즙성 해충)
- 고온건조한 시기에 심하게 발생
- 1년에 7~8회 정도 발생
- 겨울눈 또는 수간에서 알로 월동함

27 곤충의 표피 중 가장 바깥쪽에 있는 것은?

① 왁스층　② 원표피
③ 기저막　④ 시멘트층

해설
외표피(상큐티클)의 가장 바깥쪽은 시멘트층, 왁스층, 단백성 외표피층으로 구성됨

28 곤충이 갖는 살충제 저항성 기작의 원인이 아닌 것은?

① 표피층 두께 증가
② 해독효소 활성 감소
③ 빠른 배설 생리기작
④ 농약으로부터 기피하는 행동

해설 해충의 살충제 저항성 기작의 원인
해독 효소 활성량 증가

29 거세미나방의 형태에 대한 설명으로 옳지 않은 것은?

① 유충은 길이가 40mm 정도이다.
② 성충의 머리와 가슴이 적갈색이다.
③ 알은 반구형이고 방사상의 줄이 있다.
④ 성충의 날개를 편 전체 좌우 길이는 40mm 정도이다.

해설 거세미나방의 형태적 특징
- 성충은 회갈색, 머리와 가슴은 황갈색
- 날개를 펼치면 40mm
- 유충은 머리가 회갈색, 몸은 암록색, 길이는 40mm
- 알은 반구형이며 방사상의 줄이 있음

30 유약호르몬이 분비되는 기관은?

① 앞가슴샘　② 알라타체
③ 외기관지샘　④ 카디아카체

해설 알라타체
내분비기관(호르몬 분비선) 중 유약호르몬 분비기관

31 방제방법으로 나무주사가 효과적인 해충들로 올바르게 나열된 것은?

① 솔잎혹파리, 밤나무혹벌
② 밤바구미, 솔껍질깍지벌레
③ 미국흰불나방, 솔알락명나방
④ 솔잎혹파리, 솔껍질깍지벌레

정답 24 ③ 25 ④ 26 ② 27 ④ 28 ② 29 ② 30 ② 31 ④

해설 침투성 살충제

- 식물 일부에 약제를 처리하면 식물 전체로 퍼져 흡즙성 해충이 즙을 빨아먹고 죽게 하는 약
- 수간주사를 통해 솔잎혹파리, 솔껍질깍지벌레를 방제함

32 곤충과 비교한 응애의 특징으로 옳은 것은?

① 겹눈이 있다.
② 완전변태를 한다.
③ 다리가 6개의 마디로 되어 있다.
④ 몸의 옆에 있는 기관이나 숨문으로 호흡한다.

해설 응애

- 머리, 가슴, 배 구별이 없음
- 날개, 더듬이, 겹눈이 없음
- 다리는 부화약충은 3쌍 후에 4쌍으로 변화하며, 6마디로 되어 있음
- 불완전변태

33 곤충 분류학상 외시류가 아닌 것은?

① 밑들이 ② 강도래
③ 노린재 ④ 집게벌레

해설 곤충의 분류

무시아강(날개 없음)			톡토기, 낫발이, 좀붙이, 좀목
유시아강 (날개 있음) – 2차적으로 퇴화되어 없는 것도 있음	고시류		하루살이, 잠자리목
	신고시류	외시류 (불완전변태)	집게벌레, 바퀴, 사마귀, 대벌레, 갈르와벌레, 메뚜기, 흰개미불이, 강도래, 민벌레, 다듬이벌레, 털이, 이, 흰개미, 총채벌레, 노린재, 매미목
		내시류 (완전변태)	벌, 딱정벌레, 부채벌레, 뱀잠자리, 풀잠자리, 약대벌레, 밑들이, 벼룩, 파리, 날도래, 나비목

34 솔나방에 대한 설명으로 옳지 않은 것은?

① 주로 월동 후의 유충기에 식해한다.
② 연 1회 발생하고 5령충으로 월동한다.
③ 새로 난 잎을 식해하는 것이 보통이나 밀도가 높으면 묵은 잎도 식해한다.
④ 유충이 소나무의 잎을 식해하며 심한 피해를 받은 나무는 고사하기도 한다.

해설 솔나방

- 유충이 솔잎을 식해하고 심하면 고사함
- 1년에 1회 발생
- 지피물이나 나무껍질 사이에서 5령충으로 월동
- 묵은 잎도 식해하나 보통 새잎을 식해함

35 다리 마디의 위치가 몸쪽에서부터 가장 가까운 것은?

① 도래마디 ② 발목마디
③ 종아리마디 ④ 넓적다리마디

해설 다리 마디 위치

몸쪽부터 밑마디(기절), 도래마디(전절), 넓적다리마디(퇴절), 종아리마디(경절), 발목마디(발마디, 부절)의 5마디로 구성됨

36 곤충의 날개가 두 쌍인 경우 날개의 부착 위치는?

① 가운데가슴에만 붙어 있다.
② 앞가슴에 한 쌍, 뒷가슴에 한 쌍 붙어 있다.
③ 앞가슴에 한 쌍, 가운데가슴에 한 쌍 붙어 있다.
④ 가운데가슴에 한 쌍, 뒷가슴에 한 쌍 붙어 있다.

해설 곤충의 날개 위치

가운데가슴, 뒷가슴에 각각 1쌍씩 총 2쌍이 있음

37 우리나라에서 솔잎혹파리가 주로 가해하는 수종은?

① 곰솔 ② 잣나무
③ 리기다소나무 ④ 일본잎갈나무

해설 솔잎혹파리의 기주

소나무, 해송(곰솔)

38 고추의 과실에 구멍을 뚫고 들어가 가해하는 해충은?

① 담배나방 ② 파총채벌레
③ 좁은가슴잎벌레 ④ 아메리카잎굴파리

해설 담배나방

- 고추에 가장 많은 피해를 주는 해충
- 부화유충이 새잎, 꽃봉우리, 어린 과실 등을 가해하며, 성장한 유충이 과실 속을 파고 들어가서 가해함
- 1년에 3회 발생
- 땅속에서 번데기로 월동

39 부화 유충이 몇 개의 벼 잎을 끌어 모아 세로로 말고, 그 속에 숨어 있다가 해가 진 후에 나와 벼 잎을 가해하는 해충은?

① 벼애나방 ② 조명나방
③ 벼잎벌레 ④ 줄점팔랑나비

해설 줄점팔랑나비

- 나비목 팔랑나비과
- 연 2~3회 발생, 5~10월까지 발생
- 벼의 해충이며 유충으로 월동함

40 진딧물류 방제를 위한 천적으로 옳지 않은 것은?

① 진디벌 ② 진디혹파리
③ 칠레이리응애 ④ 칠성풀잠자리

해설 진딧물의 천적

진디혹파리, 무당벌레, 풀잠자리, 꽃등에, 콜레마니진디벌 등

03 재배원론

41 다음 중 종자 파종 시 복토를 가장 얕게 해야 하는 작물은?

① 호밀 ② 파
③ 잠두 ④ 나리

해설 작물에 따른 복토 깊이

얕게	미립종자, 파, 양파, 당근, 상추, 배추
0.5~1cm	가지, 토마토, 오이, 고추
1.5~2cm	조, 기장, 수수, 무, 시금치
2.5~3cm	보리, 밀, 호밀, 귀리
5cm 정도	잠두, 강낭콩

42 다음 중 농산물의 안전 저장을 위하여 가장 높은 온도가 요구되는 작물은?

① 양파 ② 마늘
③ 감자 ④ 고구마

해설 고구마의 저장 조건

- 저장온도 : 13~15℃
- 상대습도 : 85~90%

43 다음 중 영양번식방법을 이용하지 않는 것은?

① 딸기 ② 고구마
③ 미니 파프리카 ④ 감자

해설 작물의 영양번식방법

포복경	땅위를 기는 줄기	딸기, 땅콩, 고구마, 토끼풀 등
지하경	땅속 기는 줄기	대나무, 박하, 생강 등
괴경	땅속 덩이 줄기	감자, 토란 등
인경	땅속 비늘 줄기	양파, 마늘, 백합, 수선화, 히야신스 등
괴근	땅속 덩이 뿌리	고구마, 무, 다알리아 등

44 저장성, 도정률, 식미 등을 고려할 때 미곡 저장 시 가장 알맞은 수분 함량은?

① 5~8% ② 9~11%
③ 15~16% ④ 20~23%

해설

벼는 맑은 날, 건조한 날 수확하는 것이 좋고, 수분 함량은 15~16% 이하가 적당함

45 벼의 수량 구성요소 중 연차변이계수가 가장 작은 요소는?

① 천립중 ② 1수 영화수
③ 등숙비율 ④ 수수

해설

① 벼의 수량 구성요소 중 천립중이 가장 작음

46 수확 전 낙과 방지법으로 가장 적절하지 않은 것은?

① ABA 처리
② 과습 방지
③ 방풍시설 설치
④ 칼슘이온 처리

해설

① 낙과 방지를 위해 생장조절제를 살포하는 데 NAA, 2,4-D 등이 활용됨

정답 39 ④ 40 ③ 41 ② 42 ④ 43 ③ 44 ③ 45 ① 46 ①

47 멀칭(Mulching)의 이용성에 대한 설명으로 가장 적절하지 않은 것은?

① 생육 억제　　② 한해 경감
③ 잡초 억제　　④ 토양보호

해설 멀칭(Mulching)의 이용성
지온 조절, 생육 촉진, 동해 경감, 토양건조 방지, 토양침식 방지

48 일장 효과에 영향을 끼치는 조건에 대한 설명으로 가장 옳지 않은 것은?

① 청색광이 가장 효과가 크다.
② 명기가 약광이라도 일장 효과는 발생한다.
③ 본엽이 나온 뒤 어느 정도 발육한 후에 감응한다.
④ 장일식물은 상대적으로 명기가 암기보다 길면 장일효과가 나타난다.

해설
① 일장 효과의 광은 675nm를 중심으로 650~700nm의 적색 부분이 가장 유효함

49 토양의 입단 형성과 발달을 돕는 방법은?

① 유기물과 석회의 시용
② 지속적인 경운
③ 입단의 팽창과 수축의 반복
④ 나트륨 이온(Na^+)의 첨가

해설 입단 조성방법
- 점토, 유기물, 석회 등 입단구조를 형성하는 인자를 첨가
- 콩과 녹비작물의 재배
- 토양피복, 윤작 등
- 인공토양개량제 첨가
- 칼슘이온(석회) 첨가

50 다음 중 연작 장해가 가장 적은 작물은?

① 인삼　　② 감자
③ 쑥갓　　④ 담배

해설 연작의 장해가 적은 작물
벼, 맥류, 옥수수, 조, 수수, 고구마, 삼, 담배, 무, 양파, 당근, 호박, 아스파라거스 등

51 작물 종자의 퇴화를 방지하는 방법으로 가장 옳지 않은 것은?

① 건조 후 밀폐저장
② 충실한 종자의 선택
③ 무병지에 채종
④ 품종 간 자연 교잡률의 증대 실시

해설
④ 격리재배를 통해 자연교잡을 방지해야 종자의 퇴화를 막을 수 있음

52 다음 중 포도의 무핵과 생산에 가장 효과적으로 이용되고 있는 화학물질은?

① IBA　　② CCC
③ Gibberellin　　④ NAA

해설 지베렐린(Gibberellin)의 효과
발아 촉진, 화성 촉진, 경엽의 신장 촉진, 비대 및 숙기 촉진, 생장 촉진, 단위결과 유도, 수량 증대

53 작물의 생태적 분류에 대한 설명으로 가장 옳지 않은 것은?

① 감자는 저온작물이다.
② 벼는 고온작물이다.
③ 하고현상은 난지형 목초에서 나타난다.
④ 사탕무는 이년생 작물이다.

해설 하고현상
다년생 북방형 목초가 월동 후 여름철에 접어들면서부터 생육이 쇠퇴, 정지하고, 심하면 황화·고사하는 현상

54 다음 비료의 종류 중 질소 함량이 가장 높은 것은?

① 황산암모늄　　② 요소
③ 석회질소　　④ 초석

해설 비료의 질소 함량
① 황산암모늄(유안) : 21%
② 요소 : 46%
③ 석회질소 : 20~22%
④ 초석(질산암모늄) : 35%

정답 47 ① 48 ① 49 ① 50 ④ 51 ④ 52 ③ 53 ③ 54 ②

55 다음 중 답전윤환의 효과로 기대할 수 있는 것은?

① 기지의 회피　② 잡초의 번무
③ 지력 감퇴　④ 벼 수량의 저하

해설 답전윤환의 효과

지력의 유지 증진, 기지의 회피, 잡초 발생 억제, 수량 증가, 노력의 절감

56 맥류의 형태와 파종방법에 따른 내동성의 관계에 대한 설명으로 가장 거리가 먼 것은?

① 파종을 깊게 하면 내동성이 강하다.
② 엽색이 진한 것이 내동성이 강하다.
③ 중경(中莖)이 덜 발달하여 생장점이 깊게 놓이면 내동성이 강하다.
④ 직립성인 것이 포복성인 것보다 내동성이 강하다.

해설

④ 포복성이 직립성보다 내동성이 강함

57 작물 생육에 있어 철(Fe)의 생리작용에 대한 설명으로 틀린 것은?

① 호흡 효소의 구성 성분이다.
② 엽록소의 형성에 관여하지 않는다.
③ 망간, 칼슘 등의 과잉은 철의 흡수를 방해한다.
④ 결핍되면 어린잎부터 황백화한다.

해설

② 철(Fe)은 작물의 생육에서 엽록소 형성에 관여함

58 논토양의 일반적 특성으로 가장 옳지 않은 것은?

① 토층분화가 나타나며 산화층은 적갈색을 띤다.
② 암모니아태질소를 환원층에 시비하면 탈질 현상이 나타난다.
③ 논에서는 질산태질소를 주로 사용하지 않는다.
④ 탈질작용은 질화균과 탈질균이 작용한다.

해설

환원층에 암모늄태질소 심층시비 → 질화균의 영향이 없어 질산태질소로 변화하지 않고 탈질작용 없음 → 암모늄태질소로 그대로 남음

59 다음 중 배유 종자로만 나열된 것은?

① 콩, 보리, 밀　② 콩, 팥, 옥수수
③ 밤, 콩, 팥　④ 옥수수, 벼, 보리

해설 배유 종자의 종류

벼, 보리, 밀, 옥수수 등의 외떡잎식물, 뽕나무 종자

60 벼의 키다리병과 관계되는 식물호르몬은?

① 옥신　② 키네틴
③ 지베렐린　④ 에틸렌

해설 지베렐린(Gibberellin)

병원균이 분비하는 지베렐린의 작용으로 도장이 조장됨(키다리병)

04 농약학

61 다음 〈보기〉에서 설명하는 농약은?

〈보기〉
- 유기유황계 살균제이다.
- 광범위한 작물에 보호살균제로 사용된다.
- 과수의 탄저병 방제와 채소류 노균병 방제에 유효하다.
- 고온다습 조건에서 불안정하다.

① 만코지 수화제　② 클로르페나피르 수화제
③ 알파스린 유제　④ 메치온 유제

해설 만코지 수화제

- 디티오카바메이트계의 유기유황계 보호살균제
- 작물의 탄저병을 비롯한 광범위한 병해를 사용
- 고온다습 조건에서 불안정

62 우리나라에서 농약 등록 시 농약안전성 평가항목으로서 환경독성의 평가항목에 해당되는 것은?

① 급성독성　② 어독성
③ 아급성독성　④ 신경독성

해설 농약 등록 시 농약안전성 평가항목(일반독성)

급성독성, 아급성독성, 아만성독성, 만성독성, 변이원성, 신경독성, 자극성, 특수독성

정답 55 ① 56 ④ 57 ② 58 ② 59 ④ 60 ③ 61 ① 62 ②

63 농약의 약해 방지를 위한 대책으로 가장 거리가 먼 것은?

① 해독제 이용
② 저농도 약액 살포
③ 농약의 안전사용기준 준수
④ 표류비산을 막기 위한 제제의 개선

해설
② 적정 농도를 희석하여 적량 살포

64 맥류(麥類)와 목화(木花)의 종자소독제로 사용되는 침투성 살균제는?

① 비타박스 ② 블라스티시딘-S
③ 톱신 ④ 다코닐

해설 종자소독 시 사용되는 약제의 종류
베노밀, 티람수화제, 비타박스

65 어떤 물질이 농약으로 사용되기 위하여 구비하여야 할 조건으로 가장 거리가 먼 것은?

① 살포 시 작물에 대한 약해가 없어야 한다.
② 병해충을 방제하는 약효가 뛰어나야 한다.
③ 작물재배 전체 기간 중 잔효성이 유지되어야 한다.
④ 사용하는 농민에 대하여 독성이 낮아야 한다.

해설
③ 작물재배 전체 기간 중 잔효성이 유지되면 농약 잔류로 문제가 됨

66 농약 보조제에 속하지 않는 것은?

① 계면활성제 ② 식물생장조정제
③ 증량제 ④ 유화제

해설 농약 보조제의 종류
전착제, 증량제, 유화제(계면활성제), 용제, 협력제

67 가스크로마토그래피에 의해 분석하고자 할 때 전자포획검출기(ECD)로 분석을 가장 용이하게 할 수 있는 농약은?

① Chlorothalonil ② Dichlorvos
③ Parathion ④ EPN

해설
① 전자포획검출기(ECD)는 미량성분 분석에 용이함

68 천연물 관련 피레트로이드(Pyrethroid)계 살충제에 해당되지 않은 농약은?

① 알파메트린(Alphamethrin)
② 비펜트린(Biphenthrin)
③ 델타메트린(Deltamethrin)
④ 트리플루무론(Triflumuron)

해설 천연물질 피레트로이드(Pyrthroid)계 살충제의 종류
- 알파메트린(Alphamethrin)
- 비펜트린(Biphethrin)
- 델타메트린(Deltamethrin)

69 리바이지드 50% 유제를 1,000배로 희석하여 10a당 180L를 살포하려 할 때 리바이지드 50% 유제의 소요량은?

① 45mL ② 90mL
③ 180mL ④ 360mL

해설
$$소요약량 = \frac{총\ 사용량}{희석배수}$$

70 살충제 농약 병뚜껑의 색깔은?

① 청색 ② 녹색
③ 분홍색 ④ 적색

해설 농약 병뚜껑의 색깔 분류
- 살균제 : 분홍색
- 살충제 : 녹색
- 제초제 : 황색
- 생장조절제 : 청색

71 다음 벼농사용 농약 중 펜치온 유제와 혼용이 가능한 약제는?

① 비피 유제 ② 브로엠수화제
③ 피리다 유제 ④ 다수진 유제

해설 다수진 유제
펜치온 유제와 혼용이 가능한 약제

정답 63 ② 64 ① 65 ③ 66 ② 67 ① 68 ④ 69 ③ 70 ② 71 ④

72 **유기인계 살충제의 일반적 특성에 대한 설명으로 틀린 것은?**

① 잔효력이 길다.
② 흡즙해충에 유효하다.
③ 인축에 대한 독성이 비교적 강하다.
④ 알칼리성 물질에 의하여 분해되기 쉽다.

해설 유기인계 살충제의 특성
- 흡즙 해충에 효과적
- 인축에 대한 독성이 비교적 강함
- 알칼리성 물질에 의해 분해가 쉬움
- 잔효성이 비교적 적음
- 자연계 분해가 빠름

73 **유제(乳劑)의 특성에 대한 설명으로 틀린 것은?**

① 수화제에 비하여 고농도의 제제가 가능하다.
② 수화제에 비하여 살포용 약액의 조제가 편리하다.
③ 수화제보다 생산비가 많이 소요된다.
④ 채소류에서 수화제에 비하여 증량제의 표면 부착으로 인한 흡착오염이 적다.

해설 수화제와 비교할 때 유제(乳劑)의 특성
- 살포용 약액의 조제가 편리
- 약효가 다소 높음
- 생산비가 다량 소요
- 포장, 수송, 보관이 어려움

74 **제충국의 유효성분 중 집파리에 대한 살충력이 가장 강한 것은?**

① 시네린 I (Cinerin I)
② 시네린 II (Cinerin II)
③ 피레트린 I (Pyrethrin I)
④ 피레트린 II (Pyrethrin II)

해설 피레트린의 살충력 크기

피레트린 II > 피레트린 I > 시네린=자모린

※ 이 중 집파리에 살충력이 강한 것은 피레트린 I (Pyrethrin I)

75 **잔류성 농약의 분류에 속하지 않는 것은?**

① 작물 잔류성 농약
② 토양 잔류성 농약
③ 수질오염성 농약
④ 대기오염성 농약

해설 잔류성 농약

농작물, 토양 및 수질에 잔류되거나 오염하는 농약으로 작물, 토양, 수질에 농약 성분이 잔류할 수 있음

76 **농약의 사용 기구에 대한 설명으로 가장 거리가 먼 것은?**

① 미스트기(Mist spray)는 풍압으로 미립자를 만든 후 다량의 바람으로 불어 붙이는 기기이다.
② 스프링클러(Sprinkler)는 관수 · 시비 등을 포함하여 다목적으로 사용되는 기기이다.
③ 폼스프레이(Foam spray)는 살포액에 기포제를 가하여 전용 노즐로 공기와 교반하는 거품의 집합체로 살포하는 기기이다.
④ 살립기(Granule applicator)는 분제 농약을 작업상의 안정성이나 능률면에서 고르게 살포하기 위한 기기이다.

해설

④ 살립기(Granule applicator) : 입제의 형태로 살포하는 기기

77 **유기인제 계통의 약제를 강알칼리성 약제와 혼용을 피하는 가장 큰 이유는?**

① 약해가 심하기 때문이다.
② 물리성이 나빠지기 때문이다.
③ 복합요인에 의한 작물의 생육 저해가 일어나기 때문이다.
④ 알칼리에 의해 가수분해가 일어나기 때문이다.

해설

유기인제 계통의 약제와 강알칼리성 약제의 혼용을 피하는 이유는 알칼리에 의해 쉽게 가수분해가 일어나기 때문임(에스테르 결합)

78 **농약의 사용목적에 따른 분류에 해당하지 않는 것은?**

① 식독제 ② 접촉독제
③ 유기인제 ④ 유인제

정답 72 ① 73 ① 74 ③ 75 ④ 76 ④ 77 ④ 78 ③

해설 사용목적에 따른 농약의 분류

살균제	보호살균제, 직접살균제, 종자소독제, 토양살균제
살충제	소화중독제(식독제), 접촉제, 침투성 살충제, 훈증제, 훈연제, 유인제, 기피제, 점착제, 생물농약
살선충제	선충방제
살비제	응애방제
제초제	선택성 제초제, 비선택성 제초제
식물생장조정제	옥신, 사이토키닌, 지베렐린, 아브시스산, 에틸렌
보조제	전착제, 증량제, 용제, 유화제, 협력제

79 건초 중 농약 잔류량이 0.5ppm이었다면 시료 1kg 중의 양은?

① 0.05mg ② 0.5mg
③ 5mg ④ 50mg

해설

$$1\text{ppm} = \frac{1\text{mg}}{1\text{kg}}$$

80 해충의 콜린에스테라아제 효소 활성을 저해시키는 약제는?

① 다이아지논 유제 ② 사이헥사틴수화제
③ 네오아소진 액제 ④ 디코폴수화제

해설

콜린에스테라아제 효소 활성을 저해하는 것에는 유기인계, 카바메이트계살충제로서 다이아지논 유제가 속함

05 잡초방제학

81 광엽잡초로만 올바르게 나열한 것은?

① 여뀌, 명아주 ② 돌피, 여뀌바늘
③ 매자기, 쇠비름 ④ 개비름, 바랭이

해설 일년생 광엽잡초

물달개비, 물옥잠, 사마귀풀, 여뀌, 여뀌바늘, 마디꽃, 밭뚝외풀, 등애풀, 생이가래, 곡정초, 자귀풀, 중대가리풀

82 잡초에 대한 작물의 경합력을 높이기 위한 방법으로 옳지 않은 것은?

① 밀식 재배를 한다.
② 만생종 품종을 재배한다.
③ 춘파작물과 추파작물을 윤작한다.
④ 분지수가 많고 엽면적지수가 큰 품종을 재배한다.

해설

잡초에 대한 작물의 경합력을 높이기 위해서는 초관 형성이 빠른 조숙종(조식종)을 선택하는 것이 좋다.

83 잡초 방제에 이용하려는 생물이 갖추어야 할 조건으로 옳지 않은 것은?

① 이동성이 있어서는 안 된다.
② 새로운 지역에서 적응성이 좋아야 한다.
③ 잡초보다 빠른 번식능력이 있어야 한다.
④ 잡초 이외의 유용 식물을 가해해서는 안 된다.

해설

① 잡초 방제에 이용하려는 생물은 이동성이 높아야 함

84 주로 밭에 발생하는 잡초로만 올바르게 나열한 것은?

① 벗풀, 괭이밥 ② 반하, 까마중
③ 가래, 한련초 ④ 올방개, 알방동사니

해설 주로 밭에 발생하는 잡초

일년생	강아지풀, 개기장, 둑새풀, 바랭이, 피, 바람하늘지기, 참방동사니, 파대가리, 개비름, 까마중, 깨풀, 명아주, 쇠비름, 여뀌, 자귀풀, 환삼덩굴
다년생	반하, 쇠뜨기, 쑥, 토끼풀, 메꽃

85 다년생 잡초로만 올바르게 나열한 것은?

① 강피, 참방동사니 ② 쇠뜨기, 나도겨풀
③ 둑새풀, 생이가래 ④ 자귀풀, 강아지풀

해설 다년생 잡초

논잡초	나도겨풀, 너도방동사니, 매자기, 쇠털골, 올방개, 올챙이고랭이, 파대가리, 가래, 개구리밥, 네가래, 미나리, 벗풀, 올미, 좀개구리밥
밭잡초	반하, 쇠뜨기, 쑥, 토끼풀, 메꽃

정답 79 ② 80 ① 81 ① 82 ② 83 ① 84 ② 85 ②

86 **제초제 제제에 보조제로 사용하는 계면활성제에 대한 설명으로 옳지 않은 것은?**

① 주제를 변질시켜서는 안 된다.
② 유화력이나 분산력이 작아야 한다.
③ 주제와 친화성을 지니고 있어야 한다.
④ 작물에 약해를 일으키지 않아야 한다.

해설

② 계면활성제는 친화성이 있어 경수에서도 유화력과 분산력이 강함

87 **잡초의 유용성에 대한 설명으로 옳지 않은 것은?**

① 논둑 및 경사지 등에서 지면을 덮어 토양 유실을 막아 준다.
② 근연 관계에 있는 식물에 대한 유전자 은행 역할을 할 수 있다.
③ 작물과 같이 자랄 경우 빈 공간을 채워 작물의 도복을 막아준다.
④ 유기물이나 중금속 등으로 오염된 물이나 토양을 정화하는 기능이 있다.

해설 잡초의 유용성

- 토양에 유기물과 퇴비 공급
- 야생동물의 먹이와 서식처 제공
- 토양침식 및 토양유실 방지
- 자연경관을 아름답게 하고, 환경보전에 도움
- 작물개량을 위한 유전자 자원으로 활용
- 오염된 물이나 토양을 정화

88 **생물학적 잡초 방제에 가장 많이 이용되는 식물병원균 종류는?**

① 선충　② 세균
③ 균류　④ 바이러스

해설

병녹병균, 곰팡이(진균), 세균, 선충바이러스 등이 생물적 방제에 활용하고 있음

89 **잡초 종자가 주로 일장에 반응하여 휴면이 타파되고 발아하게 되는 특성은?**

① 발아 기회성　② 발아 계절성
③ 발아 주기성　④ 발아 연속성

해설 발아 계절성

발생 계절의 일장에 반응하여 휴면이 타파되고 발아함

90 **엽채류 작물의 경우 다음 그림에서 잡초경합 한계기간에 해당하는 것은?**

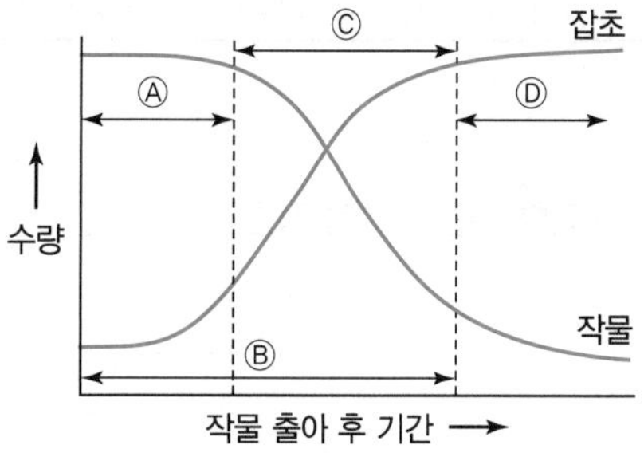

① Ⓐ　② Ⓑ
③ Ⓒ　④ Ⓓ

해설 잡초경합 한계기간

작물 전생육기간의 첫 1/3~1/2 혹은 첫 1/4~1/3기간

91 **잡초 종자에서 나타나는 종피에 의한 휴면의 주요 원인으로 옳은 것은?**

① 미숙한 배　② 독성 물질 존재
③ 이산화탄소 결핍　④ 낮은 수분 투과성

해설 종피에 의한 휴면의 주요 원인

- 경실
- 종피의 산소 흡수 저해
- 종피의 기계적 저항
- 배의 미숙
- 발아 억제물질의 존재

92 **주로 영양번식기관에 의하여 번식하는 잡초로만 올바르게 나열한 것은?**

① 여뀌, 물옥잠　② 쇠비름, 질경이
③ 마디꽃, 물달개비　④ 가래, 너도방동사니

해설 영양번식기관에 따른 잡초의 구분

포복경	버뮤다그래스, 아욱메풀, 딸기, 선피막이, 사상자, 미나리, 병풀
포복근	쇠뜨기, 메꽃, 엉겅퀴, 겨풀
인경	야생마늘, 자주괭이밥
구경	반하, 올챙이고랭이
근경 (지하경)	쇠털골, 가래, 너도겨풀, 띠, 수염가래꽃

정답 86 ② 87 ③ 88 ③ 89 ② 90 ③ 91 ④ 92 ④

괴경	올방개, 올미, 벗풀, 매자기, 향부자, 너도방동사니
뿌리	메꽃, 엉겅퀴류
절편	대부분의 다년생 뿌리, 일년생 쇠비름 줄기

93 잡초의 종별 수량이 가장 적은 것은?

① 국화과 ② 화본과
③ 십자화과 ④ 방동사니과

해설
- 문제잡초 : 화본과, 국화과, 방동사니과
- 잡초 종별 수량은 십자화과가 가장 적음

94 작물과 잡초의 경합 요인으로 가장 거리가 먼 것은?

① 잡초의 종류 ② 잡초의 밀도
③ 잡초의 생육 시기 ④ 잡초의 영양상태

해설
④ 잡초의 영양상태는 작물과 잡초의 경합 요인과 관련 없음

95 논에 제초제를 사용하는 경우 처리시기로 가장 바람직하지 않는 것은?

① 수확기 처리
② 잡초 발아 전 처리
③ 작물 생육 초중기 처리
④ 작물 파종 또는 이식 후 처리

해설 논 제초제 처리 시기
파종 전 처리, 발아 전 처리, 발아 후 처리

96 제초제의 상승작용에 대한 설명으로 옳은 것은?

① 두 제초제를 단독으로 각각 처리하는 경우에 효과가 크다.
② 두 제초제를 혼합하여 처리하는 경우 작물의 생리적 장애 현상이 발생한다.
③ 두 제초제를 혼합하여 처리하는 경우와 단독으로 처리하는 경우의 효과가 같다.
④ 두 제초제를 혼합하여 처리하는 경우가 단독으로 처리하는 경우보다 효과가 크다.

해설 제초제의 상승작용
각각의 제초제를 단용으로 처리했을 때 방제효과를 합친 것보다 두 제초제의 혼합 처리효과가 더 큰 경우

97 2,4-D 제초제에 해당하는 것은?

① 페녹시계 ② 산아미드계
③ 카바마이트계 ④ 디페닐에테르계

해설 2,4-D 제초제
페녹시계 경엽처리용 제초제로 선택성, 이행형, 호르몬형 논제초제

98 토양 속에 잔류하는 제초제의 양 및 기간에 영향을 주는 요인으로 가장 거리가 먼 것은?

① 경운 및 정지 ② 광분해 및 휘발성
③ 토양에 흡착 및 용탈 ④ 미생물 및 화학적 분해

해설 제초제의 잔류 관여 요인
이화학적 특성(미생물 및 화학적 분해), 살포약량(처리방법), 제제형태, 살포방법, 토양 종류, 유기물 및 점토 함량, 양이온치환용량

99 논잡초의 군락천이를 유발시키는 원인으로 가장 효과가 큰 것은?

① 담수 조건에서 재배
② 춘·추경을 많이 실시
③ 기계를 이용한 이앙 증가
④ 동일한 제초제를 연속하여 사용

해설
④ 동일 제초제를 연용하면 잡초 군락천이의 원인이 됨

100 잡초 방제방법인 담수 처리에 대한 설명으로 옳은 것은?

① 무더운 날씨에는 효과가 줄어든다.
② 온도 조절을 통해 잡초 발생을 줄이는 것이다.
③ 발아에 필요한 산소의 흡수를 억제시켜 잡초 발생을 줄인다.
④ 다년생 잡초에는 효과가 있으나 일년생 잡초에는 효과가 없다.

해설 담수 처리(잡초의 기계적·물리적 방제법)
논에 10~15cm 수심을 유지하여 잡초 발생을 억제하는 방법

정답 93 ③ 94 ④ 95 ① 96 ④ 97 ① 98 ① 99 ④ 100 ③

2019년 기사 4회

01 식물병리학

01 다음 중 세포벽을 가지고 있지 않은 식물병원균은?

① *Xanthomonas* 속
② *Phytoplasma* 속
③ *Phytophthora* 속
④ *Xyrella* 속

해설 파이토플라스마(*Phytoplasma*)

세포벽이 없으며, 일정치 않은 여러 형태의 원형질 막으로 싸여 있는 원핵생물

02 다음 중 접합균류에 속하는 곰팡이에 의해 발생하는 병으로 가장 적절한 것은?

① 고구마 검은무늬병 ② 감자 둘레썩음병
③ 고구마 무름병 ④ 감자 더뎅이병

해설 진균(조균)에 의해 발생하는 병

감자 역병, 고구마 무름병

03 병든 부위에서 악취가 나는 병은?

① 벼 도열병 ② 배추 무름병
③ 딸기 흰가루병 ④ 감자 탄저병

해설 채소(세균성) 무름병의 병징

- 처음 식물 조직 위에 수침상의 반점 발생
- 점점 담갈색으로 변하고, 식물체 조직이 물러짐
- 물러서 썩고 심한 악취 발생

04 소나무 혹병의 하포자와 동포자의 월동 장소로 가장 적절한 것은?

① 졸참나무 ② 참취
③ 향나무 ④ 야생까치밥나무

해설 이종기생 녹병균(담자균)

수병	기주식물	중간기주
	녹병포자 · 녹포자 세대	여름포자 · 겨울포자 세대
소나무 잎녹병	소나무	황벽나무, 참취, (잔대)
잣나무 잎녹병	잣나무	등골나무
소나무 혹병	소나무	졸참나무, 신갈나무
잣나무 털녹병	잣나무	송이풀, 까치밥나무
배나무 붉은별무늬병	배나무, 모과나무	향나무
사과나무 붉은별무늬병	사과나무	

05 다음 중 *Phytophthora* 속 균의 전형적인 전반방법은?

① 종자에 의한 전반 ② 곤충에 의한 전반
③ 씨감자에 의한 전반 ④ 비바람에 의한 전반

해설

Phytophthora 속(파이토프토라속)은 포자가 비바람에 의해 전반됨

06 박테리오파지의 기주 특이성을 이용하여 진단할 수 있는 병으로 가장 적절한 것은?

① 벼 흰잎마름병 ② 보리 겉깜부기병
③ 벼 줄무늬잎마름병 ④ 밀 속깜부기병

해설 박테리오파지법

세균에 기생하여 세균을 죽이는 바이러스로 벼 흰잎마름병균 진단에 활용됨

07 다음 중 기주체에 침입할 때 병원균이 분비하는 효소로 가장 적절한 것은?

① Victorin ② Fusaric acid
③ Cutinase ④ Tabtoxin

해설 큐틴네이즈(Cutinase)

각피층의 주요 성분인 큐틴을 분해하는 효소

정답 01 ② 02 ③ 03 ② 04 ① 05 ④ 06 ① 07 ③

08 다음 중 생물적 방제제로 사용되는 진균은?

① *Pseudomonas* 속 ② *Trichoderma* 속
③ *Bacillus* 속 ④ *Streptomyces* 속

해설 길항미생물의 종류

진균	*Ampelomyces*(암펠로마이세스) *Candida*(칸디다) *Coniothyrium*(코니오티리움) *Gliocladium*(글리오클라듐) *Trichoderma*(트리코더마)
세균	*Agrobacterium*(아그로박테리움) *Bacillus*(바실러스) *Pseudomonas*(슈도모나스) *Streptomyces*(스트렙토마이세스)

09 벼 흰잎마름병의 주요 제1차 전염원이 되는 식물로 가장 적절한 것은?

① 흰명아주 ② 돌피
③ 여뀌 ④ 겨풀

해설 벼 흰잎마름병의 병환

- 황색의 원형 콜로니 형성
- 잡초(겨풀뿌리)나 벼의 그루터기에서 월동 후 다음 해에 1차 전염
- 주로 수공이나 상처를 통해서 침입한 세균은 물관(도관)에서 증식하여 전신병으로 발전함

10 알코올 냄새로 진단할 수 있는 식물병은?

① 수박 덩굴쪼김병 ② 콩 탄저병
③ 사과나무 부란병 ④ 배나무 줄기마름병

해설 사과나무 부란병의 병징

- 처음엔 껍질이 갈색으로 부풀어 벗겨짐
- 알코올 냄새 발생
- 병든 부위는 움푹하게 들어감
- 그 위에 검은 소립(병자각) 밀생

11 식물병원균이 이종기생을 하는 경우에 생활환을 완성하기 위하여 기주식물을 바꾸어 생활하는 것을 무엇이라 하는가?

① 기생 ② 감염
③ 기주교대 ④ 발병

해설 이종기생균

녹병균과 같이 전혀 다른 두 종류의 기주식물을 옮겨가며(기주교대) 생활하는 병원균

12 다음 중 밀 줄기녹병의 중간기주로 가장 적절한 것은?

① 매발톱나무 ② 개나리
③ 향나무 ④ 사시나무

해설 녹병의 중간기주

수병	중간기주	기주식물
	녹병포자 · 녹포자 세대	여름포자 · 겨울포자 세대
포플러 잎녹병	낙엽송, 현호색	포플러
맥류 줄기녹병	매자나무(매발톱나무)	맥류
밀 붉은녹병	좀꿩의 다리	밀

13 식물병을 방제하기 위한 경종적 방법과 가장 거리가 먼 것은?

① 윤작 ② 번식기관의 온탕 처리
③ 무병종묘 사용 ④ 저항성 품종 재배

해설 경종적(재배적) 방제

작물 재배 시 재배조건을 다양하게 바꾸어 방제하는 방법

14 다음 중 비생물성 병원에 해당되는 것은?

① 산업폐기물 ② 파이토플라스마
③ 말무리 ④ 유사균류

해설 비생물성 병원

토양조건, 기상조건, 영양장해, 농사작업, 공업부산물(산업폐기물), 식물의 대사산물

15 식물체가 감염되었을 때 주로 모자이크 증상을 나타내는 병원체는?

① 진균 ② 세균
③ 바이러스 ④ 파이토플라스마

해설 바이러스

- 공, 타원형, 막대기, 실모양으로 크게 구분
- 크기가 매우 작아(nm) 전자현미경으로 관찰 가능
- 봉입체는 광학현미경으로도 가능
- 살아 있는 세포 내에서만 증식(순활물기생체)

정답 08 ② 09 ④ 10 ③ 11 ③ 12 ① 13 ② 14 ① 15 ③

16 **세균에 의한 병이 아닌 것은?**

① 토마토 풋마름병 ② 사과 뿌리혹병
③ 감자 더뎅이병 ④ 배추 무사마귀병

해설 **세균병**

무름병, 콩 점무늬병, 벼 흰잎마름병, 토마토 풋마름병, 사과 근두암종병, 감자 더뎅이병 등

17 **식물 바이러스 입자를 구성하는 주요 고분자는?**

① 피막과 핵 ② 세포벽과 세포질
③ 골지체와 RNA ④ 핵산과 단백질 껍질

해설 **식물 바이러스 병원체**

핵산과 단백질로 구성된 일종의 핵단백질

18 **뿌리혹병(근두암종병)을 일으키는 병원균으로 가장 적절한 것은?**

① 진균 ② 세균
③ 바이러스 ④ 파이토플라스마

해설 **뿌리혹병(근두암종병)의 병원**

Agrobacterium tumefaciens, 세균

19 **보리 붉은곰팡이균은 진균의 어떤 균류에 속하는가?**

① 불완전균류 ② 접합균류
③ 자낭균류 ④ 담자균류

해설 **보리 붉은곰팡이균**

Clavicepspurpurea, 진균(자낭균류)

20 **다음 중 목재를 썩히는 대부분의 목재부후균은 어디에 속하는가?**

① 세균 ② 버섯
③ 바이러스 ④ 선충

해설

② 대부분의 목재부후균은 병원체의 번식기관이 버섯임

02 농림해충학

21 **미국선녀벌레의 가해 양상에 대한 설명으로 가장 적절한 것은?**

① 잎을 갉아 먹는다.
② 과일에 구멍을 내며 피해를 준다.
③ 줄기에 구멍을 뚫고 가해한다.
④ 잎, 줄기를 흡즙한다.

해설 **미국선녀벌레의 가해 양상**

- 성충과 약충이 잎과 줄기를 흡즙함
- 분비물에 의한 그을음병 발생

22 **유아등에 해충을 모이게 하여 잡아 죽이는 방제방법은?**

① 재배적 방제 ② 생태적 방제
③ 물리적 방제 ④ 화학적 방제

해설 **물리적(기계적) 방제**

간단한 기계나 기구 또는 손으로 해충을 잡는 방제법

23 **본답 초기에 벼를 흡즙 가해하며, 줄무늬잎마름병과 검은줄무늬오갈병의 바이러스를 매개하는 해충으로 가장 적절한 것은?**

① 애멸구 ② 흰등멸구
③ 벼멸구 ④ 끝동매미충

해설 **애멸구의 매개충에 의해 발생하는 바이러스병**

줄무늬잎마름병, 검은줄무늬오갈병

24 **곤충의 페로몬에 대한 설명으로 옳은 것은?**

① 체내에서 소량으로 만들어져 체외로 방출되며 같은 종의 다른 개체에 정보전달 수단으로 이용된다.
② 체내에서 대량으로 만들어져 체외로 방출되며 같은 종의 다른 개체에 정보전달 수단으로 이용된다.
③ 체내에서 소량으로 만들어져 체외로 방출되며 다른 종과의 정보전달 수단으로 이용된다.
④ 카이로몬은 페로몬에 속한다.

정답 16 ④ 17 ④ 18 ② 19 ③ 20 ② 21 ④ 22 ③ 23 ① 24 ①

해설 곤충의 페로몬

같은 종 내의 다른 개체 간 교신을 위한 화학적 물질 신호(통신수단)

25 도둑나방의 피해 증상으로 가장 거리가 먼 것은?

① 부화유충이 떼를 지어 잎뒷면의 잎살을 먹는다.
② 배추, 양배추의 결구 속으로 파고 들어가 먹는다.
③ 배추 뿌리가 지제부(지접부)에서 잘린다.
④ 잎이 불규칙한 그물 모양으로 된다.

해설 도둑나방

- 유충이 기주식물의 잎을 입맥만 남기고 식해해 전멸시킴
- 극히 잡식성으로 기주범위 넓음

26 다음 중 해충의 불임성을 유도하는 방법으로 가장 적절한 것은?

① 방사선 이용법　② 소살법
③ 경운법　④ 포살법

해설 방사선 이용법

- 방사선의 살충력을 직접 이용하는 방법
- 해충을 불임화시켜 부정란을 낳게 하는 방법

27 포도나무 줄기를 가해하는 해충으로만 나열된 것은?

① 박쥐나방, 포도유리나방
② 포도쌍점매미충, 포도호랑하늘소
③ 포도금빛잎벌레, 포도뿌리혹벌레
④ 으름나방, 무궁화밤나방

해설

- 포도유리나방
  - 천공성해충, 마치 벌처럼 생김
  - 유충이 가지 줄기의 내부 가해
  - 줄기 속에 유충 월동
- 박쥐나방
  - 부화유충은 초본류의 줄기 속을 식해
  - 나무로 이동하여 줄기를 환상으로 식해하며 변을 배출
  - 거미줄을 토해 식해 부위에 철(綴)해 놓아 쉽게 발견

28 유시아강은 날개를 갖고 있거나 2차적으로 날개가 없는 곤충이다. 날개를 접을 수 있는 것을 신시군으로 구분하는데, 이 중 신시군의 내시류에 속하지 않는 목은?

① 풀잠자리목　② 총채벌레목
③ 딱정벌레목　④ 파리목

해설 곤충의 분류

무시아강(날개 없음)			톡토기, 낫발이, 좀붙이, 좀목
유시아강(날개 있음) -2차적으로 퇴화되어 없는 것도 있음	고시류		하루살이, 잠자리목
	신시류	외시류(불완전변태)	집게벌레, 바퀴, 사마귀, 대벌레, 갈르와벌레, 메뚜기, 흰개미붙이, 강도래, 민벌레, 다름이벌레, 털이, 이, 흰개미, 총채벌레, 노린재, 매미목
		내시류(완전변태)	벌, 딱정벌레, 부채벌레, 뱀잠자리, 풀잠자리, 약대벌레, 밑들이, 벼룩, 파리, 날도래, 나비목

29 다음 중 우리나라에서 겨울 동안 월동을 하지 못하는 해충으로 가장 적절한 것은?

① 이화명나방　② 혹명나방
③ 벼물바구미　④ 담배나방

해설 비래해충 중 우리나라에서 월동하지 못하는 해충

혹명나방, 벼멸구, 흰등멸구

30 소나무좀은 수목의 어느 부분을 주로 가해하는가?

① 잎　② 구과
③ 뿌리　④ 수간(줄기)

해설 소나무좀의 피해 양상

- 수목의 줄기에 양분과 수분의 이동을 단절시켜 임목 고사
- 6월 초부터 신성충이 우화하여 소나무 새순 가해(후식피해)

31 땅강아지는 다음 중 어느 목에 속하는 해충인가?

① 딱정벌레목　② 강도래목
③ 잠자리목　④ 메뚜기목

해설 메뚜기목의 종류

메뚜기, 여치, 귀뚜라미, 땅강아지

정답 25 ③ 26 ① 27 ① 28 ② 29 ② 30 ④ 31 ④

32 거북밀깍지벌레의 월동태로 가장 적절한 것은?

① 성충 ② 알
③ 약충 ④ 번데기

해설

① 거북밀깍지벌레는 성충으로 월동함

33 벼물바구미에 대한 설명으로 가장 거리가 먼 것은?

① 성충은 잎을 가해하고, 유충은 뿌리를 가해한다.
② 단위생식을 한다.
③ 외래해충이다.
④ 유충으로 월동한다.

해설 벼물바구미

- 단위생식 및 수서생활
- 1년에 1회 발생
- 성충의 형태로 잡초 및 낙엽 밑에서 월동
- 부화한 유충은 벼의 뿌리를 가해 → 6월 중 · 하순부터 성충이 되어 잎을 가해

34 기주식물에 바이러스병을 매개하는 해충으로 가장 옳은 것은?

① 콩잎말이명나방 ② 독나방
③ 아메리카잎굴파리 ④ 복숭아혹진딧물

해설 복숭아혹진딧물의 피해 양상

- 부화한 약충은 겨울기주 어린 잎의 즙액을 흡즙
- 신초도 가해
- 5월부터 유시충이 나타나 여름기주로 옮겨가 피해
- 감자 잎말이병 등 각종 바이러스의 매개 역할

35 다음 중 벼 재배 시 기온이 낮은 해에 발생하여 피해를 주는 저온성 해충으로 가장 적절한 것은?

① 이화명나방 ② 끝동매미충
③ 흰등멸구 ④ 벼애잎굴파리

해설 벼애잎굴파리의 피해 양상

- 저온에서 많이 발생하는 저온성 해충
- 벼 잎에 굴을 파고 가해하므로 잎이 황화 및 백화 → 잠엽성

36 날개가 전혀 발생되지 않는 무시아강에 속하는 곤충으로 가장 적절한 것은?

① 벼룩 ② 이
③ 빈대 ④ 좀

해설

문제 28번 해설 참조

37 다음 중 천공성 해충으로 가장 적절하지 않은 것은?

① 소나무좀 ② 왕소나무좀
③ 어스렝이나방 ④ 박쥐나방

해설 분열조직(목질부)을 가해하는 천공성 해충

소나무좀, 박쥐나방, 향나무하늘소(측백하늘소)

38 다음 설명에 해당하는 것은?

해충의 생장이나 생존에 불리한 영향을 미쳐 해충의 발육이나 번식을 억제하는 것

① 비선호성 ② 항충성
③ 내성 ④ 회피성

해설 식물의 선천적 내충성

비선호성(항객성)	해충이 산란이나 섭식과 같은 행동 습성에 영향을 덜 받아 모이는 성질
항충성(항생성)	해충의 생장이나 생존에 불리한 영향을 미쳐 해충의 발육이나 번식을 억제하는 것
내성	같은 정도의 해충밀도하에서도 작물이 활력이나 수량에 영향을 받지 않는 성질

39 잎을 가해하는 청동풍뎅이의 월동에 대한 설명으로 가장 적절한 것은?

① 난상태로 땅속에서 월동한다.
② 유충태로 땅속에서 월동한다.
③ 성충태로 지피물에서 월동한다.
④ 번데기 상태로 잎을 먹고 월동한다.

해설 청동풍뎅이

- 각종 과수의 잎이나 새순을 갉아 먹음
- 유충태로 땅속에서 월동

정답 32 ① 33 ④ 34 ④ 35 ④ 36 ④ 37 ③ 38 ② 39 ②

40 곤충 체내조직에 산소를 운반하는 곳으로 가장 적절한 것은?

① 폐쇄 혈관계 ② 개방 혈관계
③ 기관계 ④ 혈구

해설 호흡계(기관계)의 특징
- 곤충의 기관계는 가스교환 역할을 함
- 산소를 여러 조직으로 운반, 조직에서 생긴 이산화탄소를 운반

03 재배원론

41 다음 중 작물생육의 필수원소로 가장 거리가 먼 것은?

① K ② Al
③ Ca ④ S

해설 작물생육의 필수원소(17종)
탄소(C), 수소(H), 산소(O), 질소(N), 황(S), 칼륨(K), 인(P), 칼슘(Ca), 마그네슘(Mg), 철(Fe), 망간(Mn), 아연(Zn), 구리(Cu), 몰리브덴(Mo), 붕소(B), 염소(Cl), 니켈(Ni)

42 연작의 해가 가장 적은 작물로만 나열된 것은?

① 미나리, 양배추 ② 수박, 가지
③ 참외, 우엉 ④ 고추, 오이

해설 연작의 해가 가장 적은 작물
미나리, 양배추, 벼, 맥류, 옥수수, 조, 수수, 고구마, 삼, 담배, 무, 양파, 당근, 호박, 아스파라거스

43 벼의 생육단계에서 중간낙수가 필요한 시기는?

① 모내기 준비
② 이앙기~활착기
③ 수잉기~유숙기
④ 최고분얼기~유수형성기

해설 중간낙수
벼의 생육 중기인 최고분얼기~유수형성기에 논의 물을 배수하는 것

44 종자의 퇴화를 방지하기 위하여 품종 간에 격리재배를 하는 이유는?

① 자연교잡을 방지하기 위하여
② 병 발생을 억제하기 위하여
③ 유전적 교섭을 증진시키기 위하여
④ 환경변이를 줄이기 위하여

해설
종자 퇴화 방지를 위해 격리재배를 하는 이유는 자연교잡을 방지하기 위함

45 다음 중 붕소의 생리작용에 대한 설명으로 가장 옳지 않은 것은?

① 체내 이동성이 용이하다.
② 결핍증은 저장기관에 나타나기 쉽다.
③ 결핍 시 수정, 결실이 나빠진다.
④ 촉매 또는 반응조정물질로 작용한다.

해설
- 무기염류의 전류 이동성이 낮은 원소 : 칼슘, 붕소, 철, 망간
- 붕소(B) 결핍 시 : 사탕무 근부썩음병, 담배 끝마름병, 셀러리 줄기 쪼김병 발생

46 다음 중 내습성이 가장 약한 작물로만 나열된 것은?

① 옥수수, 밭벼, 율무 ② 택사, 벼, 미나리
③ 고추, 감자, 메밀 ④ 당근, 양파, 파

해설 작물의 내습성 정도(채소류)
고추 > 토마토, 오이 > 시금치, 무 > 당근, 양파, 파, 꽃양배추

47 다음 중 식물체 내에서 이동이 가장 용이한 원소는?

① Ca ② Mg
③ S ④ Mn

해설 무기염류의 전류 이동성

체내 이동성이 낮은 원소	체내 이동성이 높은 원소
• 칼슘, 붕소, 철, 망간 • 결핍증상 : 어린잎	• 질소, 인산, 칼륨, 마그네슘 • 결핍증상 : 노엽

정답 40 ③ 41 ② 42 ① 43 ④ 44 ① 45 ① 46 ④ 47 ②

48 노후답의 재배대책으로 가장 거리가 먼 것은?

① 조기재배 ② 황산근 비료의 시비
③ 덧거름 중점의 시비 ④ 엽면시비

해설 노후답

여러 해 농사를 지어 땅속 여러 양분들이 소실된 척박한 토양

49 다음에서 설명하는 것은?

> 등고선에 따라 수로를 내고, 임의의 장소로부터 월류하도록 하는 방법이다.

① 보더관개 ② 수반관개
③ 일류관개 ④ 다공관관개

해설 전면관개

일류관개	• 등고선에 따라 수로를 내고 일정한 장소에서 월류하도록 하는 방법 • 등고선월류법
보더관개	완경사의 상단을 수로로부터 전체 표면에 물을 흘려대는 방법
수반관개	포장을 수평으로 구획하고 사이의 수로에 의해 관개

50 다음 중 저장 중에 종자가 발아력을 상실하는 가장 큰 원인은?

① 호흡 억제 ② 휴면 유도
③ 원형 단백질의 응고 ④ 저장양분의 증가

해설 저장 중에 종자가 발아력을 상실하는 원인

- 원형 단백질의 응고(주 원인)
- 효소의 활력 저하
- 저장양분의 소모

51 다음 중 요수량이 가장 적은 작물은?

① 호박 ② 완두
③ 기장 ④ 클로버

해설 요수량의 크기에 따른 작물의 종류

요수량의 크기	작물의 종류
작음	수수, 기장, 옥수수
큼	알팔파, 클로버
극히 큼	명아주

52 벼의 작물 생육 초기부터 출수기에 걸쳐 냉온을 만나 출수가 늦어져 등숙 불량을 초래하는 냉해는?

① 지연형 냉해 ② 장해형 냉해
③ 병해형 냉해 ④ 혼합형 냉해

해설 지연형 냉해

여러 시기(생육 초기~출수개화기)에 냉온을 만나서 분얼 지연 및 감퇴, 생육 지연, 출수 지연 등을 초래 → 수량 감소

53 다음 중 벼의 관수해(冠水害)가 가장 큰 시기는?

① 출수개화기 ② 묘대기
③ 분얼초기 ④ 등숙기

해설 침관수해

작물체가 물속에 완전히 잠겨 일어나는 피해로 벼는 출수개화기에 피해가 가장 큼

54 양열재료의 C/N율이 가장 낮은 것은?

① 보릿짚 ② 감자
③ 볏짚 ④ 알팔파

해설

- 양열재료 : 보온 및 유기물을 넣어 주기 위한 재료로 활용되며, 종류에는 보릿짚, 볏짚, 알팔파가 있음
- C/N율(탄질률) : 식물체 내의 탄수화물(C)과 질소(N)의 비율

55 기지가 문제되지 않는 과수로만 나열된 것은?

① 복숭아나무, 배나무 ② 사과나무, 포도나무
③ 앵두나무, 뽕나무 ④ 무화과나무, 망고나무

해설 기지 정도(연작장애)가 없는 과수류

사과, 포도, 살구, 자두

56 무배유종자에 해당하는 작물로만 나열된 것은?

① 콩, 팥 ② 옥수수, 벼
③ 벼, 보리 ④ 밀, 보리

해설 무배유종자

- 배만 있고 배젖은 없음
- 떡잎 속에 많은 양분 저장(자엽에 저장)
- 콩, 완두, 알팔파, 클로버 등 콩과 작물의 종자

정답 48 ② 49 ③ 50 ③ 51 ③ 52 ① 53 ① 54 ④ 55 ② 56 ①

57 광보상점에 대한 설명으로 가장 옳은 것은?

① 음생식물에 비하여 양생식물의 광보상점이 낮다.
② 음생식물에 비하여 양생식물의 광보상점이 높다.
③ 음생식물과 양생식물의 광보상점은 동일하다.
④ 음생식물 및 양생식물은 광보상점이 없다.

해설 광보상점

진정광합성속도와 호흡속도가 같아서 외견상광합성속도가 0이 되는 광의 조도

- 음생식물 : 보상점이 낮음
- 양생식물 : 보상점이 높음

58 열해에 대한 대책으로 가장 거리가 먼 것은?

① 질소질 비료를 자주 시용한다.
② 관개를 통해 지온을 낮춘다.
③ 밀식을 피한다.
④ 환기를 통해 고온을 회피한다.

해설 열해의 대책

- 내열성 작물을 선택한다.
- 재배 시기의 조절을 통해 열해를 피한다.
- 그늘을 만들어 준다.
- 관개수로 온도를 낮춘다.
- 피복에 의한 온도 상승을 억제한다.
- 밀식, 질소 과용을 피한다.

59 피자식물의 종자 형성에 대한 설명으로 가장 옳지 않은 것은?

① 중복 수정한다.
② 정핵과 난세포가 결합하여 배를 형성한다.
③ 정핵과 극핵이 결합하여 배유를 형성한다.
④ 배는 $3n$이고, 배유는 $2n$이다.

해설 피자식물(속씨식물)

- 중복수정을 통해 수정을 함
- 한 개의 정핵+난핵 → $2n$의 배
- 제2정핵+2개의 극핵 → $3n$의 배유(배젖)

60 다음 중 규소에 대한 설명으로 가장 옳지 않은 것은?

① 규질화를 이루어 병에 대한 저항성을 높인다.
② 수광태세를 좋게 한다.
③ 증산을 경감하여 가뭄해를 줄이는 효과가 있다.
④ 화본과 작물보다 콩과 작물에 함량이 매우 높다.

해설

④ 규소는 벼, 보리 등의 볏과 작물에 함량이 매우 높음

04 농약학

61 피레트린(Pyrethrin) 성분을 함유하는 천연 살충용 식물은?

① 송지　② 테리스
③ 제충국　④ 연초

해설 피레트린(Pyrethrin)

- 제충국의 유효성분
- 곤충의 신경계통에 작용하여 마비(살충효과) 속효성
- 파리, 모기 등 위해해충 구제 → 혼혈동물에는 독성 없음

62 식물 생육단계 중 약해의 염려가 가장 적은 시기는?

① 휴면기　② 영양생장기
③ 생식생장기　④ 개화기

해설 생육단계별 감수성

유묘기 > 생식생장기 > 영양생장기 > 휴면기

63 다음 중 밀폐된 공간에서 사용하도록 설계된 제형은?

① 훈연제　② 입제
③ 분제　④ 수화제

해설 훈연제

- 불로 태워 연기와 가스를 발생
- 농약 원제에 발연제, 방염제를 혼합 후 보조제 및 증량제를 첨가하여 만듦
- 주로 시설하우스 등 밀폐 공간에 사용

정답 57 ② 58 ① 59 ④ 60 ④ 61 ③ 62 ① 63 ①

64 농약의 분류 중 유효성분 조성에 따른 분류에 해당하는 것은?

① 유기인계 ② 살충제
③ 살균제 ④ 유인제

해설
① 농약은 유효성분에 따라 무기농약과 유기농약(유기인계 농약)으로 분류함

65 메프 유제 50%를 0.05%로 희석하여 100L를 살포하려고 할 때 소요약량은 약 몇 mL인가?(단, 비중은 1.008이다.)

① 99.2 ② 109.2
③ 119.2 ④ 129.2

해설

$$소요약량 = \frac{총\ 사용량}{희석배수}$$

$$= \frac{(0.05\times100,000)}{(50\times1.008)} = \frac{5,000}{50.4} = 99.2\text{mL}$$

66 농약의 제형별 약어가 잘못 연결된 것은?

① 유제 – EC ② 액제 – SL
③ 액상 수화제 – SP ④ 수화제 – WP

해설 액체 시용제
유제(EC), 액제(SL), 수용제(SP), 수화제(WP), 액상 수화제(SC), 입상수화제(WG), 유탁제(EW), 미탁제(ME), 캡슐현탁제(CS), 분산성액제(DC), 수면전개제(SO)

67 농약의 안전사용기준을 설정하는 주된 목적은?

① 독성을 없애기 위하여
② 약효를 증대시키기 위하여
③ 농산물 중 잔류량이 허용기준을 초과하지 않도록 하기 위하여
④ 살포하는 농민의 편의성을 향상시키기 위하여

해설 농약의 안전사용기준
수확물의 농약잔류 피해를 예방하기 위해 수확 전 최종사용시기와 최대사용횟수를 표시함

68 보통독성 농약이 고체일 경우에 급성 경구독성의 LD_{50}(mg/kg)는?

① 5~50 ② 50~500
③ 200~1,000 ④ 1,000 이상

해설
② 보통독성 농약이 고체일 경우에 급성 경구독성의 LD_{50}는 50~500mg/kg

69 다음 중 농약의 보조제(Supplement agent)에 해당하는 것은?

① 유인제 ② 식독제
③ 기피제 ④ 유화제

해설 농약의 보조제(Supplement agent)
전착제, 증량제, 용제, 유화제, 협력제

70 현수성과 수화성을 이용한 약제는?

① 유제 ② 용액
③ 수화제 ④ 수용제

해설 수화제
- 물에 잘 녹지 않는 농약 원제를 증량제와 계면활성제 등을 섞은 후 고운 가루로 만들어, 물에 타서 사용할 수 있게 만든 농약제제 → 현탁액
- 수화제의 물리적 성질 : 현수성, 수화성, 분말도 고착성, 습전성 등

71 농약의 물리적 성질 중 현수성(Suspensibility)의 의미를 가장 잘 설명한 것은?

① 농약을 물에 가했을 때 유입자가 균일하게 분산하여 유탁액을 만드는 성질이다.
② 농약을 물에 가했을 때 균일하게 분산, 부유하는 성질을 나타낸다.
③ 농약을 물에 가했을 때 물과 약제의 친화도를 나타낸다.
④ 농약을 물에 가하여 작물에 뿌렸을 때 잘 부착되는 성질을 말한다.

해설 현수성(Suspensibility)
수화제에 물을 가했을 때 고체 미립자가 침전하거나 떠오르지 않고 오랫동안 균일하게 분산 상태를 유지하는 성질 → 현탁액

정답 64 ① 65 ① 66 ③ 67 ③ 68 ② 69 ④ 70 ③ 71 ②

72 유기인계 살충제가 아닌 것은?

① 파라티온(Parathion)
② 다이아지논(Diazinon)
③ 디클로르보스(Dichlorvos)
④ 메소밀(Methomyl)

해설 유기인계 살충제의 종류

파라디온에틸, 이피엔, 말라티온, 다이아지논, 페니트로디온, 펜토에이트, 펜티온, 트리클로르폰, 디클로르보스, 데메톤에스메틸, 터부포스, 클로르피리포스 등

73 백합의 신장 억제 및 배추의 생장 억제에 주로 사용되는 생장조정제는?

① 디니코나졸 액상 수화제 ② 지베렐린 수용제
③ 에세폰 액제 ④ 루톤 분제

해설 디니코나졸 액상 수화제

백합의 신장 억제 및 배추의 생장 억제에 주로 사용되는 식물호르몬

74 다음 중 살포장비에 의한 약해에 가장 큰 영향을 미치는 원인은?

① 살포장비의 미세척 ② 살포장비의 종류
③ 살포장비의 구조 ④ 살포장비의 조작 방법

해설 살포장비에 의한 약해

살포장비의 미세척이 가장 큰 원인이 됨

75 가스 상태로 병, 해충에 접촉시켜 방제 효과를 거두는 훈증제가 갖추어야 할 성질이 아닌 것은?

① 독성이 커야 한다.
② 휘발성이 커야 한다.
③ 비인화성이어야 한다.
④ 확산성이 있어야 한다.

해설 훈증제

- 휘발성이 커서 농도가 균일하게 확산되어야 함
- 비인화성이어야 함
- 침투성이 크고 훈증할 목적물에 이화학적 변화를 일으키지 않아야 함

76 다음 중 농약의 화학적 변화라고 보기 어려운 것은?

① DDVP 유제가 수산화이온(OH)에 의해 유기산과 페놀류 등으로 분해된다.
② 만코제브 수화제가 대기 중에서 분해된다.
③ 토양 중의 금속이 농약과 반응하여 농약을 분해한다.
④ 미생물에 의한 농약의 분해는 환경오염을 방지한다.

해설 생물농약

- 천적 곤충, 천적 미생물, 길항 미생물 등을 이용하여 화학농약처럼 살포 또는 방사하여 병해충 및 잡초를 방제하는 약제를 의미함
- 살아 있는 미생물을 유효성분으로 하여 제조하거나 자연계에서 생성된 유기화학물 또는 무기화합물을 유효성분으로 하여 제조한 농약

77 제초제에 대한 설명으로 틀린 것은?

① 세톡시딤은 선택성 제초제이다.
② 글루포시네이트암모늄은 비선택성 제초제이다.
③ 제초 기능에 있어 선택성이 있는 것과 없는 것이 있다.
④ 식물의 종류에 관계없이 모든 식물에 해를 나타내는 것을 선택성 제초제라 한다.

해설

④ 식물의 종류에 관계없이 모든 식물에 해를 나타내는 것을 비선택성 제초제라 함

78 농약의 자체검사 및 신청검사의 기준에 대한 설명으로 틀린 것은?

① 분제 및 입제의 최대모집단 수량은 50톤이다.
② 모집단의 소포장 수량 5,000개 이하에 대한 발취개체 수량은 50개이다.
③ 자체검사필증의 부착 및 표시 상태는 뽑아낸 시료 전량에 대하여 외관검사를 한다.
④ 신청검사를 하여 합격된 농약은 농약의 품질관리를 위하여 반드시 직권검사를 하여야 한다.

해설

④ 신청검사하여 합격된 농약은 직권검사의 생략이 가능함

정답 72 ④ 73 ① 74 ① 75 ① 76 ④ 77 ④ 78 ④

79 다음 중 천연성분의 살충제가 아닌 것은?

① 피레트린(Pyrethrin) ② 파라티온(Parathion)
③ 니코틴(Nicotine) ④ 로테논(Rotenone)

해설 천연살충제

피레트린, 니코틴, 아나바신, 로테논, 기계유 유제

80 보르도액의 주성분에 해당하는 것은?

① 벤젠(C_6H_6)
② 다황산칼슘(CaS_5)
③ 황산구리($CuSO_4 \cdot 5H_2O$)
④ 페닐초산수은($Hg \cdot OOC \cdot CH_3$)

해설 보르도액(석회보르도액)의 주성분

황산구리(황산동), 수산화칼슘(생석회)

05 잡초방제학

81 다음 중 잡초의 특징으로 가장 거리가 먼 것은?

① 휴면성이 없다.
② 영양생장기에 빠른 생장 특성을 보인다.
③ 불연속적이며 자발적으로 조절하는 발아성을 보인다.
④ 생장조건에 따라 지속적인 종자생산력이 있다.

해설

① 잡초 종자는 휴면을 통해 환경을 극복함

82 다음 중 주로 광합성을 억제하는 제초제로 가장 옳은 것은?

① IPA ② Simazine
③ Thiobencarb ④ 2,4－D

해설 대표적 광합성 저해제

벤조티아디아졸계	벤타존
트리아진계	시마진, 아트라진
요소계	라뉴론, 메타벤즈티아주론
아마이드계	프로파닐
비피리딜리움계	파라콰트 디클로라이드

83 돌피의 학명으로 가장 옳은 것은?

① *Leersia japonica*
② *Monochoria vaginalis*
③ *Cyperus difformis*
④ *Echinochloa crus－galli*

해설

① 나도겨풀
② 물달개비
③ 알방동사니
④ 돌피

84 다음 중 형태에 따른 분류가 잘못된 것은?

① 로제트형 : 민들레 ② 총생형 : 둑새풀
③ 포복형 : 메꽃 ④ 직립형 : 사마귀풀

해설

④ 분지형 : 사마귀풀

85 다음 중 페녹시계 제초제로 가장 옳은 것은?

① CA_3 ② Butachlor
③ 2,4－D ④ Molinate

해설 페녹시계 제초제의 종류

2,4－D, 메코프로프(MCPP), MCP, MCPA

86 다음 중 외국에서 유입된 잡초로만 나열된 것은?

① 애기달맞이꽃, 서양민들레
② 망초, 너도방동사니
③ 쇠뜨기, 올미
④ 올방개, 광대나물

해설 외래잡초(국내에 유입된 외래잡초는 약 300종)

미국개기장, 미국자리공, 달맞이꽃, 엉겅퀴, 단풍잎돼지풀, 털별꽃아재비, 큰도꼬마리, 미국까마중, 돌소리쟁이, 좀소리쟁이, 미국나팔꽃, 미국가막사리, 망초, 개망초, 서양민들레, 가는털비름, 비름, 소리쟁이, 흰명아주, 도깨비가지, 가지비름, 미국외풀 등

정답 79 ② 80 ③ 81 ① 82 ② 83 ④ 84 ④ 85 ③ 86 ①

87 다음 중 잡초의 형태적 특성에 따라 분류할 때 같은 초종으로만 나열된 것은?

① 바랭이, 물달개비, 깨풀
② 피, 둑새풀, 물참새피
③ 피, 매자기, 방동사니
④ 물참새피, 쇠비름, 방동사니

해설

② 피, 둑새풀, 물참새피는 모두 화본과 일년생 논잡초에 해당함

88 생활사에 따른 잡초의 분류로 가장 옳지 않은 것은?

① 일년생　　② 월년생
③ 4년생　　④ 다년생

해설

잡초는 식물의 생육기간에 따라 일년생, 월년생, 다년생으로 구분됨

89 다음 중 벼와 광 경합이 가장 큰 식물 종은?

① 향부자　　② 물피
③ 메꽃　　④ 별꽃

해설 피

- 화본과 일년생 논잡초
- 벼와 광경합이 큰 식물
- 변종 : 강피, 물피, 돌피

90 콩, 옥수수 등 여름작물 포장에 가장 많이 발생하는 잡초는?

① 가래　　② 바랭이
③ 매자기　　④ 나도겨풀

해설 여름형 잡초의 종류(7~8월 번성)

바랭이, 마디꽃, 바람지기, 개비름, 물달개비

91 다음 중 우리나라에 발생되는 월년생 잡초로만 나열된 것은?

① 여뀌, 나도겨풀　　② 명아주, 참새피
③ 향부자, 강아지풀　　④ 둑새풀, 별꽃

해설 동계 일년생 잡초(월년생)의 종류

둑새풀, 냉이, 망초, 별꽃

92 다음 중 우리나라 사료용 옥수수 재배포장에 대량 발생되어 문제가 되고 있는 외래잡초는?

① 어저귀　　② 바랭이
③ 알방도사니　　④ 여뀌

해설 외래잡초(국내에 유입된 외래잡초는 약 300종)

미국개기장, 미국자리공, 달맞이꽃, 엉겅퀴, 단풍잎돼지풀, 털별꽃아재비, 큰도꼬마리, 미국까마중, 돌소리쟁이, 좀소리쟁이, 미국나팔꽃, 미국가막사리, 망초, 개망초, 서양민들레, 가는털비름, 비름, 소리쟁이, 흰명아주, 도깨비가지, 가지비름, 미국외풀, 어저귀 등

① 옥수수 포장에 문제되는 잡초 : 어저귀

93 논에 발생하는 일년생 잡초로 가장 옳은 것은?

① 물달개비　　② 띠
③ 개망초　　④ 쇠뜨기

해설 일년생 논잡초

둑새풀, 피, 바늘골, 바람하늘지기, 알방동사니, 참방동사니, 곡정초, 마디꽃, 물달개비, 물옥잠, 밭둑외풀, 사마귀풀, 생이가래, 여뀌, 여뀌바늘, 자귀풀, 중대가리

94 다음 중 작물과 잡초 사이의 경합과 가장 거리가 먼 것은?

① 광　　② 온도
③ 수분　　④ 양분

해설 경합의 주요 인자

광, 수분, 양분

95 잡초의 식물학적 분류 순서로 가장 옳은 것은?

① 계－문－강－목－과－속－종
② 계－속－문－강－목－과－종
③ 과－계－속－문－강－목－종
④ 속－문－강－과－계－목－종

해설 잡초의 식물학적 분류 순서(이명법 기준)

계－문－강－ 목－과－속－종

정답 87 ② 88 ③ 89 ② 90 ② 91 ④ 92 ① 93 ① 94 ② 95 ①

96 다음 설명에 해당하는 것은?

잡초의 번식기관의 종류에서 지하경의 일종으로, 지중에서 횡으로 길게 뻗어 뿌리처럼 보이지만 마디가 있고 마디로부터 잎과 뿌리가 나온다.

① 지근 ② 포복경
③ 근경 ④ 절편

해설 근경(지하경) 잡초의 종류

쇠털골, 가래, 너도겨풀, 띠,수염가래꽃

97 다음 중 잡초의 초형이 가장 작은 것은?

① 가막사리 ② 피
③ 올방개 ④ 쇠털골

해설 극소형 잡초

올미, 쇠털골, 마디꽃, 선피막이

98 다음 중 암조건에서 발아가 가장 잘 되는 잡초 종자는?

① 쇠비름 ② 바랭이
③ 강피 ④ 냉이

해설 암발아종자(단일조건)

별꽃, 냉이, 광대나물, 독말풀

99 방동사니류 잡초에 대한 설명으로 가장 옳지 않은 것은?

① 잎이 뾰족하고 소수(小穗)에 꽃이 착생한다.
② 줄기가 삼각형 모양이다.
③ 습지에서도 자생한다.
④ 잎이 둥글고 크며 잎맥이 그물 모양이다.

해설 방동사니과

화본과 잡초와 형태가 유사하나, 줄기가 삼각형이고 윤택이 있으며, 속이 차 있음

100 잡초허용 한계밀도에 대한 설명으로 가장 적절한 것은?

① 잡초 밀도가 어느 수준 이상으로 존재하면 작물 수량이 현저하게 감소되는 수준
② 잡초 밀도가 어느 수준 이상으로 존재하면 제초제 사용을 급격하게 증가시켜야 하는 수준
③ 잡초 밀도가 어느 수준 이상으로 존재하면 시비량을 증가하는 것이 좋은 수준
④ 잡초 밀도가 어느 수준 이상으로 존재하면 작물 수확을 포기하는 것이 좋은 수준

해설 잡초허용 한계밀도

피해 양상에 따라 방제, 억제, 예방해야 할 대상이라는 개념으로 허용할 수 있는 잡초 발생 밀도

정답 96 ③ 97 ④ 98 ④ 99 ④ 100 ①

2019년 산업기사 1회

01 식물병리학

01 다음에 해당하는 용어로 옳은 것은?

> 병원체가 기주식물에 병을 일으키는 능력이다.

① 특이성 ② 감수성
③ 병원성 ④ 기생성

해설 병원성

병원체가 기주식물에 대해 기생체로서 병을 일으킬 수 있는 능력(침략력 및 발병력을 가진 병원체의 상태)

02 벼 흰잎마름병을 일으키는 병원체는?

① 세균 ② 곰팡이
③ 바이러스 ④ 파이토플라스마

해설 벼 흰잎마름병

- 병원 : *Xanthomonasoryzae*, 세균
- 병환
  - 단극모를 가진 그람음성세균(간균)
  - 황색의 원형 콜로니 형성

03 고추 탄저병이 발생하여 피해가 가장 큰 환경은?

① 고온다습 ② 저온건조
③ 고온건조 ④ 저온다습

해설 고추 탄저병의 발병환경

- 비가 많이 오고, 고온다습할 때
- 성숙기와 저장기에 발생

04 강풍 후에 발생이 가장 많은 식물병은?

① 오이 역병 ② 가지 풋마름병
③ 벼 흰잎마름병 ④ 수박 덩굴쪼김병

해설 벼 흰잎마름병의 발병환경

- 태풍과 침수로 인한 상처에 물을 통해 운반된 세균이 침입
- 수공이나 상처를 통해서 침입한 세균은 물관(도관)에서 증식하여 전신병으로 발전함

05 오이 모자이크병을 매개하는 곤충은?

① 선충 ② 애멸구
③ 진딧물 ④ 끝동매미충

해설 비영속성 바이러스

- (병든 식물에서 획득한) 바이러스가 곤충의 체내에 들어가지 않고 구침에 머문 상태에서 전염(전염력이 일시적)
- 주로 진딧물에 의한 전염

06 대추나무 빗자루병의 방제방법으로 옳지 않은 것은?

① 마름무늬매미충을 방제한다.
② 대추나무를 밀식하지 않는다.
③ 증식용 분근은 건전한 나무에서 얻는다.
④ 스트렙토마이신으로 나무주사를 실시한다.

해설 파이토플라스마(Phytoplasma)

방제가 매우 어려우나 (옥시)테트라사이클린계의 항생물질로 치료 가능

07 다음은 어느 병원균에 대한 설명인가?

> - 균사에 격벽이 없다.
> - 유주자낭을 형성한다.
> - 난포자를 형성한다.
> - 토마토에도 병을 일으킨다.

① 감자 역병균 ② 감자 무름병균
③ 감자 Y바이러스 ④ 감자 더뎅이병균

해설 감자 역병균

- 병원균은 균사로 흙 속의 병든 감자나 씨감자에서 월동(1차 전염)
- 병든 씨감자를 심으면 병원균이 지상부에 나타남(2차 전염)
- 온도가 낮으면 병원균이 유주자를 형성

정답 01 ③ 02 ① 03 ① 04 ③ 05 ③ 06 ④ 07 ①

08 식물병의 생태학적 방제방법에 해당하는 것은?

① 토양소독 ② 살균제 살포
③ 미생물 이용 ④ 재식밀도 조절

해설 생태학적 방제법(경종적 방제법)

- 윤작, 파종시기 조절
- 포장위생(전염원 제거, 중간기주 제거)
- 토양의 물리성 개선
- 저항성 품종 재배
- 재식밀도 조절

09 고구마 검은무늬병의 방제방법으로 가장 효과적인 것은?

① 씨고구마를 노천매장한다.
② 씨고구마를 냉동고에 저장한다.
③ 씨고구마를 큐어링 처리한 후에 저장한다.
④ 씨고구마를 소독제를 살포한 후에 저장한다.

해설 고구마 검은무늬병의 방제방법

- 저장성 품종 재배
- 건전한 씨고구마 선별(큐어링 처리)
- 윤작
- 매개곤충 구제

※ 큐어링 처리 : 수확 후 1주일 이내에 온도 30~33℃, 습도 85~90%의 조건에서 4~5일간 큐어링한 후 열을 방출시키고 저장하면 상처가 치유되며, 당분 함량이 높아짐

10 보리 겉깜부기병의 방제방법으로 가장 효과적인 것은?

① 윤작 ② 종자소독
③ 밀식재배 ④ 항생제 사용

해설 보리 겉깜부기병의 방제방법

- 무병지의 포장에서 종자 채취
- 냉수온탕침법으로 종자 소독
- 침투성 살균제로 종자에 분의 소독(보호살균제는 사용 불가)
- 병든 이삭은 깜부기가 날기 전에 제거(소각, 매장)

11 출수 후 씨알에 발생하며 화기감염을 하는 식물병은?

① 밀 줄기녹병 ② 오이 노균병
③ 맥류 흰가루병 ④ 보리 겉깜부기병

해설 보리 겉깜부기병

씨알(종자)에 병원균이 침입되어 월동 후 꽃에 침입하여 병을 일으킴

12 식물병을 일으키는 세균에 대한 설명으로 옳지 않은 것은?

① 단세포이다. ② 균사가 있다.
③ 세포벽이 있다. ④ 이분법으로 증식한다.

해설 세균(Bacteria)

- 가장 원시적은 원핵생물
- 크기 0.6~3.5μm, 직경 0.3~1.0μm 정도
- 하나의 세포벽을 가지고 있으며 이분법으로 증식
- 형태가 단순한 단세포 미생물
- 간균, 구균, 나선균, 사상균
- 광학현미경으로 관찰 가능
- 편모의 유무(유 : 간균, 나선균)
- 인공배지에서 배양 및 증식이 가능한 임의부생체
- 상처 또는 자연개구부(기공, 수공, 피목, 밀선) 등을 통해 침입

13 식물병의 생물학적 진단방법으로 옳지 않은 것은?

① ELISA법
② 괴경지표법
③ 즙액접종에 의한 진단
④ 충체 내 주사법에 의한 진단

해설 생물학적 진단

- 지표식물법(지표식물 검정)
- 즙액접종법(식물즙액접종법)
- 최아법(괴경지표법)
- 박테리오파지법

효소결합항체법(ELISA)

- 항체에 효소를 결합시켜 바이러스와 반응할 때 노란색의 정도에 따라 바이러스 감염 여부 확인
- 대량 시료를 빠른 시간에 검사할 수 있어 가격이 저렴한 편임

14 박테리오파지(Bacteriophage)의 의미로 옳은 것은?

① 바이러스에 기생하는 세균
② 세균에 기생하는 바이러스
③ 바이러스를 제거하는 세균
④ 세균을 제거하는 바이러스

해설 박테리오파지(Bacteriophage)

세균에 기생하여 세균을 죽이는 바이러스

정답 08 ④ 09 ③ 10 ② 11 ④ 12 ② 13 ① 14 ②

15 파이토플라스마에 의한 식물병의 전형적인 병징으로 거리가 먼 것은?

① 위축　② 꽃의 엽화
③ 총생　④ 비대

해설 파이토플라스마의 병징

빗자루병과 오갈병 유발, 도깨비집과 같은 총생 위축, 엽화(꽃, 꽃받침, 암술, 수술이 잎처럼 변함)

16 바이로이드에 의해 발생하는 식물병?

① 벼 오갈병　② 감자 갈쭉병
③ 콩 모자이크병　④ 뽕나무 오갈병

해설 바이로이드

- 한 가닥의 핵산(RNA)으로 구성된 병원체
- 접목 및 접촉에 의한 전염
- 감자 갈쭉병을 유발함

17 감자 Y바이러스에 대한 설명으로 옳지 않은 것은?

① 진딧물에 의해 매개된다.
② 풍차형 봉입체를 형성한다.
③ 감염된 식물의 세포질 내에 흩어져 존재한다.
④ 감자 품종에 따라 병징이 다르지 않고 모두 유사하다.

해설 감자 Y바이러스

- 기주범위가 넓으며 특히 가지과 작물에 잘 전염됨
- 매개충은 복숭아혹진딧물을 포함하여 약 40종의 진딧물에 의해 전염됨
- 병징은 품종에 따라 다르게 나타남

18 식물병원균의 생태형(Race) 존재 여부를 인식할 수 있는 방법으로 가장 적합한 것은?

① 병원균의 형태적 변이
② 병원균의 병원성 차이
③ 병원균의 배양적 성질 차이
④ 병원균의 화학적 구성분 차이

해설 레이스(Race)

- 기주의 범위가 다른 한 병원균의 분화형 또는 변종 중에서 기주의 품종에 대한 기생성이 다른 것
- 병원균의 병원성 차이

19 벼 도열병을 일으키는 병원체는?

① 균류　② 세균
③ 바이러스　④ 파이토플라스마

해설 벼 도열병의 병원

Pyriculariaoryzae, 진균(불완전균류)

20 사과나무 축과병이 발생하는 주요 원인은?

① 칼륨 결핍　② 인산 결핍
③ 붕소 결핍　④ 석회 결핍

해설 붕소 결핍

무 · 배추 속썩음병, 사과 축과병, 갈색속썩음병, 담배 윗가름병 등

02 농림해충학

21 흡즙성 해충으로만 올바르게 나열한 것은?

① 벼멸구, 점박이응애
② 애풍뎅이, 화랑곡나방
③ 목화진딧물, 담배거세미나방
④ 조명나방, 톱다리개미허리노린재

해설 흡즙성 해충의 종류

벼멸구, 노린재류, 애멸구, 끝동매미충, 흰등멸구, 사과혹진딧물, 보리수염진딧물, 아메리카잎굴파리, 사과응애, 점박이응애, 꼬마배나무이, 사과면충, 솔껍질깍지벌레, 샌호제깍지벌레, 꽃노랑총채벌레, 버즘나무 방패벌레, 진달래방패벌레

22 곤충의 체벽을 이루는 조직으로 탈피 시 대부분이 체내로 흡수되어 재활용되는 것은?

① 외표피　② 진피층
③ 내원표피　④ 외원표피

해설 내원표피층

미세섬유의 배열에 의해 박막층 구조를 나타내며 탈피 시 재사용 가능

정답 15 ④　16 ②　17 ④　18 ②　19 ①　20 ③　21 ①　22 ③

23 해충이 가해하는 기주의 연결이 옳지 않은 것은?

① 파밤나방 – 병　② 멸강나방 – 보리
③ 담배나방 – 고추　④ 복숭아 혹진딧물 – 가지

해설 파밤나방 기주

파, 양파, 수박, 참외, 배추, 감자, 고추, 토마토 등

24 이화명나방에 대한 설명으로 옳지 않은 것은?

① 뒷날개는 흰색이다.
② 더듬이는 몽둥이 모양이다.
③ 앞날개의 외연에는 검은 점이 없다.
④ 앞날개는 엷은 갈색을 띤 회색이다.

해설 이화명나방의 형태적 특징

- 성충 머리, 가슴, 앞날개가 회갈색
- 뒷날개는 회백색
- 앞날개의 외연에 7개의 검은 점이 있음
- 수컷은 암컷에 비해 약간 작고, 빛깔이 짙음
- 이화명충(유충)은 황갈색, 등에 다섯 개의 세로줄이 있음

25 지구상에서 곤충이 번성하게 된 이유로 가장 거리가 먼 것은?

① 공진화　② 짧은 세대
③ 키틴질의 골격구조　④ 낮은 유전적 상이성

해설 곤충의 번성 원인

- 키틴질의 외골격이 발달하여 몸을 보호
- 날개가 발달하여 생존 및 종족 분산 가능
- 몸의 크기가 작아 소량의 먹이로 활동 가능
- 몸의 구조적인 적응력이 좋음(불량한 환경에서 변태)
- 종의 증가 현상

26 다음 설명에 해당하는 해충은?

> 늦가을에 암수가 교미하여 월동난을 낳고 봄철에는 간모가 단위생식으로 증식을 한다. 일부 종은 겨울기주로 활엽수를, 여름기주로 초본류를 이용하여 기생한다.

① 점박이응애　② 온실가루이
③ 끝동매미충　④ 복숭아 혹진딧물

해설 복숭아 혹진딧물의 기주

- 여름기주 : 무, 배추, 고추, 오이, 수박 등
- 겨울기주 : 복숭아나무, 살구나무, 자두나무, 벚나무 등

27 벼물바구미의 분류학적 위치는?

① 메뚜기목　② 노린재목
③ 딱정벌레목　④ 총채벌레목

해설

③ 벼물바구미는 딱정벌레목 바구미과로 분류됨

28 곤충의 휴면을 유발시키는 요인으로 가장 거리가 먼 것은?

① 천적　② 먹이
③ 온도　④ 일장 조건

해설 곤충의 휴면 요인

- 일장, 온도, 먹이
- 내분비기관에서 휴면호르몬 분비

29 식물체의 뿌리, 줄기 또는 잎을 통하여 약제가 식물체 내에 들어가고 해충이 약제가 흡수된 식물을 섭식하는 경우 해충 체내로 약제 성분이 들어가 죽게 하는 살충제는?

① 유인제　② 훈증제
③ 소화중독제　④ 침투성 살충제

해설 침투성 살충제

식물 일부분에 약제 처리를 하면 전체에 퍼져 즙액을 빨아먹는 흡즙성 해충을 죽게 하는 약

30 가로수에 밴딩(Banding)을 하여 해충을 방제하는 주요 대상은?

① 도둑나방　② 심식나방
③ 잎말이나방　④ 미국흰불나방

해설 미국흰불나방의 피해 양상

- 북미 원산
- 활엽수 160여 종을 가해하는 잡식성 해충
- 유충이 잎을 식해
- 도로 주변의 가로수나 정원수에 특히 피해가 심함

정답 23 ① 24 ③ 25 ④ 26 ④ 27 ③ 28 ① 29 ④ 30 ④

31 세계에서 가장 많은 종이 기록되어 있어 많은 해충과 익충이 포함되어 있는 것은?

① 사마귀목　② 강도래목
③ 딱정벌레목　④ 흰개미붙이목

해설

③ 딱정벌레목(완전변태류, 내시류)은 세계적으로 약 28만여 종이 분포되어 있음

32 성충과 유충이 모두 기주를 직접 가해하는 것은?

① 도둑나방　② 큰검정풍뎅이
③ 검거세미밤나방　④ 아메리카잎굴파리

해설 큰검정풍뎅이

- 성충은 활엽수의 잎 식해
- 유충은 땅속에서 농작물과 묘목의 뿌리 식해

33 곤충의 생식에 대한 설명으로 옳지 않은 것은?

① 양성생식 외에도 다양한 방법으로 생식한다.
② 암컷의 부속샘은 알을 코팅하는 기능이 있다.
③ 정자는 암컷의 체내에서 오래 살아 있을 수 없다.
④ 일반적으로 체내수정을 하지만 체외수정을 하는 경우도 있다.

해설 곤충의 생식

- 양성생식 외에도 다양한 방법으로 생식
- 암컷은 수정낭이 있어 정충을 보관하여 산란 조절
- 정자는 암컷 체내에서 오래 생존 가능
- 일반적으로 체내수정을 하지만 체외수정을 하는 경우도 있음
- 암컷의 부속샘은 알의 코팅 기능

34 유약호르몬이나 탈피호르몬 등을 이용하는 농약계통은?

① 보조제　② 기피제
③ 곤충성장저해제　④ 신경계통저해제

해설 농약의 작용기작

신경기능 저해	• 신경축색전달, 시냅스 전막 • 아세틸콜린에스테라제(AChE)의 활성을 막아 신경기능 저해
에너지 대사 저해	곤충의 에너지 대사활동 저해
키틴의 생합성 저해	곤충의 외골격을 구성하는 키틴의 합성을 저해
호르몬 균형의 교란 (곤충성장저해제)	곤충의 탈피와 변태를 조절하는 호르몬 기능 교란
미생물 살충제	토양 중의 미생물을 이용하여 곤충에 독소로 작용

35 우리나라에서 월동하기 힘들고 동남아시아 및 중국으로부터 비래하여 발생하는 해충은?

① 벼멸구　② 애멸구
③ 끝동매미충　④ 번개매미충

해설 중국 비래해충

- 월동하지 못하고 바람을 타고 우리나라에 유입되는 해충
- 멸강나방, 혹명나방, 애멸구, 벼멸구, 흰등멸구, 꽃매미 등

36 곤충의 가슴에 구성된 체절(마디) 수는?

① 2　② 3
③ 6　④ 11

해설 곤충의 가슴

앞가슴, 가운데가슴, 뒷가슴의 세 부분

37 밤나무혹벌에 대한 설명으로 옳지 않은 것은?

① 유충으로 월동한다.
② 하나의 벌레혹에는 한 마리의 유충이 있다.
③ 천적으로 남색긴꼬리좀벌과 큰다리남색좀벌 등이 있다.
④ 내충성 품종을 사용한 것이 가장 효과적인 방제방법이다.

해설 밤나무혹벌

밤나무 잎눈에 기생하여 벌레혹 형성(충영성)

38 솔껍질깍지벌레에 대한 설명으로 옳지 않은 것은?

① 우리나라에서 곰솔의 피해가 가장 심하다.
② 가해 수종이 다양하여 대부분의 침엽수를 가해한다.
③ 방제방법으로 침투성 살충제 수간주입법이 이용되고 있다.
④ 약충이 주로 줄기나 가지의 양로를 흡즙하여 가해한다.

해설 솔껍질깍지벌레

- 해송(곰솔), 소나무, 적송을 가해함
- 피해 나무는 대부분 아래 가지부터 적갈색으로 고사함

정답 31 ③ 32 ② 33 ③ 34 ③ 35 ① 36 ② 37 ② 38 ②

- 3~5월이 가장 심하게 발생
- 연 1회 발생하며 후약충으로 월동 후 성충은 번데기시절을 거친 후 암컷은 후약충에서 직접 성충으로 우화함

39 곤충의 소화계통 중에서 분해된 음식물의 영양분을 흡수하는 곳은?

① 중장 ② 침샘
③ 전장 ④ 후장

해설 중장의 역할
- 내배엽성 기원세포로 이루어짐
- 점액성 단백질로 구성된 위식막(키틴질)으로 음식물을 감쌈
- 소화 · 흡수작용이 일어남(주로 음식물이 소화되는 곳)

40 진딧물 및 매미의 입틀 모양은?

① 씹기에 적합하다. ② 구멍 뚫기에 적합하다.
③ 핥아먹기에 적합하다. ④ 찔러 빨아먹기에 적합하다.

해설
④ 진딧물과 매미의 입틀은 찔러서 빨아먹는 형태

03 농약학

41 메틸브로마이드(Methyl bromide)에 대한 설명으로 틀린 것은?

① 훈증제 제형에 속한다.
② 증기압이 높은 약제이다.
③ 살충력이 강하고 폭발의 위험이 없다.
④ 곤충의 입을 통하여 곤충체 내에 침입하는 식독제이다.

해설 메틸브로마이드(Methyl bromide)
가스를 발생시켜 살충, 살균하는 농약(훈증제)

42 농약제형의 형태가 직접살포제로 사용되는 것은?

① 수화제 ② 세립제
③ 유제 ④ 액제

해설
- 세립제 : 직접살포용 제형
- 수화제, 유제, 액제 : 액체 시용제

43 다음 화합물 중 협력제는?

① Pyrohulite ② Bentonite
③ Alkylsulfonate ④ Piperonyl butoxide

해설 피페로닐 뷰톡사이드(Piperonyl butoxide)
- 사용한 약제의 해독효소 생성을 억제하여 약효 증진
- 피레트린(제충국)과 로테논(데리스)의 협력제

44 농약에 독성을 표시할 때 사용하는 LD_{50}의 의미는?

① 완전치사량
② 30% 이상 살아남은 양
③ 60% 치사량
④ 중위치사량

해설 반수치사약량(LD_{50})
독성실험 시 실험군의 50%가 사망하는 약의 용량

45 농약에 의한 약해 발생 원인이 아닌 것은?

① 기준 약량 이상 살포
② 척박한 논에 제초제 사용
③ 정지작업을 균일하게 한 후 농약 살포
④ 농약의 중복 및 근접 살포

해설 농약에 의한 약해
잔류농약에 의한 약해, 환경조건에 따른 약해, 농약 희석용수의 불량에 의한 약해

46 살균제의 작용기작 중 호흡 저해가 아닌 것은?

① SH 저해 ② 전자 전달 저해
③ 단백질 합성 저해 ④ 산화적 인산화 저해

해설 호흡의 저해
- SH(산화, 환원에 관여하는 SH기를 갖은 효소) 저해(살균제)
- 전자 전달의 저해(살충제, 제초제)
- ATP 생산의 저해(살충제, 제초제)

정답 39 ① 40 ④ 41 ④ 42 ② 43 ④ 44 ④ 45 ③ 46 ③

47 농약의 주성분에 의한 분류로 주로 제초제나 생장조정제로 이용되고 있는 농약은?

① 유기비소계　② 피레트로이드계
③ 유황계　④ 페녹시계

해설 페녹시계
- 일년생 및 다년생 광엽잡초의 경엽에 처리하는 선택성 제초제
- 제초제나 생장조정제로 이용됨

48 접촉독, 소화중독으로 효과를 나타내는 유기인계 살충제로서 야생조류에 피해를 줄 수 있고 특히 꿀벌에 잔류독성이 강하여 사용 시 주의하여야 하는 농약은?

① 페노뷰카브　② 에토펜프록스
③ 클로르피리포스　④ 아이소프로티올레인

해설 클로르피리포스(Chlorpyrifos)
접촉독과 소화중독에 효과적인 유기인계 살충제

49 액체를 포유동물에 경구 투여한 고독성 농약을 반수치사약량(mg/kg 체중)으로 나타낸 수치로서 옳은 것은?

① 20 미만　② 20∼200 미만
③ 200∼2,000 미만　④ 2,000 이상

해설 반수치사약량(LD_{50})에 따른 농약의 구분

구분	시험동물의 반수를 죽일 수 있는 양(mg/kg 체중)			
	급성경구		급성경피	
	고체	액체	고체	액체
1급 맹독성	5 미만	20 미만	10 미만	40 미만
2급 고독성	5 이상 50 미만	20 이상 200 미만	10 이상 100 미만	40 이상 400 미만
3급 보통독성	50 이상 500 미만	200 이상 2,000 미만	100 이상 1,000 미만	400 이상 4,000 미만
4급 저독성	500 이상	2,000 이상	1,000 이상	4,000 이상

50 25% DDT 유제(비중 : 10) 100mL를 0.05%의 살포액으로 만드는 데 소요되는 물의 양은 몇 약 L인가?

① 5　② 25
③ 50　④ 100

해설 희석할 물의 양(L)

$$= \text{원제의 용량} \times \left(\frac{\text{원액의 농도}}{\text{희석할 농도}} - 1\right) \times \text{원액의 비중}$$

$$= 100 \times \left(\frac{25}{0.05} - 1\right) \times 1 = 49.900\text{cc}$$

∴ 1L = 1,000cc
∴ 약 50L

51 농약의 물리적 성질 중 습전성을 가장 잘 설명한 것은?

① 살포한 약액이 작물이나 해충의 표면을 잘 적시고 퍼지는 성질을 말한다.
② 약제와 물의 친화도를 나타내는 성질을 말한다.
③ 약제에 물을 가했을 때 입자가 균일하게 부유, 분산하는 성질을 말한다.
④ 부착한 약제가 이슬이나 빗물에 씻겨 내려가지 않고 식물체의 표면에 붙어 있는 성질을 말한다.

해설 습전성
살포한 약제가 작물이나 해충의 표면을 잘 적시고 고르게 퍼지는 성질

52 수불용성인 농약 원제로써 제품을 만들려고 할 때 적당한 제조 형태가 아닌 것은?

① 유제　② 수화제
③ 액제　④ 입제

해설 액제
가수분해의 우려가 없는 경우 주제를 물에 녹이고 동결 방지제(계면활성제, 에틸렌글리콜)를 가하여 만든 것

53 다음과 같은 화학구조를 가지는 제초제는?

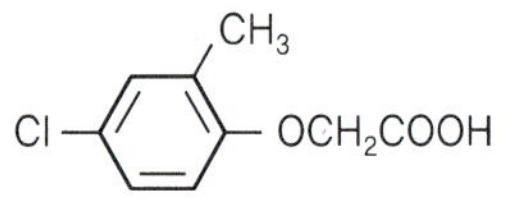

① 2,4-D　② EPN
③ MCP　④ TBA

해설 MCP(메코프로프)
2,4-D보다 약해가 적고 한빙지대에서의 제초제 또는 조기재배의 제초제로 사용됨

정답 47 ④ 48 ③ 49 ② 50 ③ 51 ① 52 ③ 53 ③

54 **유기인계 살충제의 공통적 특징에 대한 설명으로 틀린 것은?**

① 접촉제로 강력하게 작용하며 훈증작용도 하고 소화 중독 작용도 크다.
② 식물체에 흡수 침투되어 살충작용을 한다.
③ 낮은 농도로도 큰 살충효과를 낸다.
④ 사람이나 가축에 대한 독성이 없다.

해설 유기인계 살충제의 공통적 특징
- 살충제 중 종류가 가장 많음
- 환경생물에 대한 영향이 가장 큰 농약
- 살충력과 인축에 대한 독성이 높음

55 **사과, 수박의 탄저병에 적용하는 벤지미다졸계 살균제는?**

① 베노밀　② 보스칼리드
③ 비터타놀　④ 빈클로졸린

해설 베노밀(Benomyl)
- 벤지미다졸(Benzimidazole)계 살균제(침투성 살균제)
- 감자 더뎅이병, 벼 도열병 등의 방제에 쓰임

56 **살포된 분제가 식물체 표면에 잘 달라붙게 하는 성질을 무엇이라 하는가?**

① 안정성　② 분산성
③ 비산성　④ 부착성

해설
- 부착성 : 살포 또는 살분된 약제가 식물에 잘 부착되는 성질
- 고착성 : 약제가 부착된 후 비나 이슬에 씻겨 내려가지 않고 잎에 붙어 있는 성질

57 **농약을 제조할 때 사용되는 가성소다(NaOH)에 대한 설명으로 틀린 것은?**

① 강알칼리이다.
② 상온에서 액체로 취기가 있다.
③ 조해성이 강하다.
④ 피부의 단백질을 녹이는 작용을 한다.

해설 가성소다(NaOH)
수산화나트륨은 녹는점이 600℃로 상온에서 고체임

58 **대표적인 약제로는 Drin, DDT, BHC가 있으며, 사람이나 동물의 체내에 들어가면 분해되어 배설되지 않고 체내의 지방조직에 축적되는 성질이 있는 약제는?**

① 유기인제
② 유기염소제
③ 카바메이트제
④ 디티오카바메이트제

해설 유기염소제의 종류
- DDT, BHC, 드린제(Aldrin)
- 엔도설판(Endosulfan, Thlollx)
- 디엘드린(Dleldrin)
- 엔드린(Endrin)
- 헵타클로르(Heptachlor)

59 **다음 중 식물생장조정제가 아닌 것은?**

① Agrimycin
② MH−30
③ Gibberellin
④ β−indoleacetic acid

해설 식물생장조정제(식물호르몬)의 종류
옥신류, 지베렐린, 사이토키닌, 에틸렌, ABA 등
① 아그리마이신(Agrimycin) : 농용 항생제로 세균에 의해 발생하는 병의 방제에 활용됨

60 **펜프로파트린 유제를 1,000배 액으로 희석하여 10a당 140L를 분무하려고 할 때 몇 mL가 필요한가?**

① 70mL　② 140mL
③ 280mL　④ 350mL

해설 소요약량(mL)

$$= \frac{\text{총 사용량}}{\text{희석배수}}$$

$$= \frac{140\text{L}}{1{,}000\text{배}} = 140\text{mL}$$

정답 54 ④ 55 ① 56 ④ 57 ② 58 ② 59 ① 60 ②

04 잡초방제학

61 사초과 잡초가 아닌 것은?

① 둑새풀 ② 올방개
③ 향부자 ④ 너도방동사니

해설 사초과 잡초(방동사니과)

너도방동사니, 올챙이고랭이, 올방개, 향부자, 매자기, 파대가리, 바람지기 등

62 식물병원균이나 곤충을 이용하여 잡초를 방제하는 방법은?

① 생물적 방제방법 ② 화학적 방제방법
③ 재배적 방제방법 ④ 물리적 방제방법

해설 생물적 방제방법

기생성, 식해성, 병원성 균이나 곤충, 동물 등을 이용한 잡초 방제법

63 잡초 발생으로 예상되는 피해가 아닌 것은?

① 농작업 방해 ② 토양 침식 조장
③ 농작물 품질 저하 ④ 병해충의 중간기주

해설 논경지 잡초의 피해

- 작업환경의 악화 및 농작업의 방해
- 병해충의 매개(중간기주)
- 작물과의 양분, 수분, 일사(광)의 경합

64 잡초에 의한 작물 피해에 대한 설명으로 옳은 것은?

① 작물의 영양 생장기에만 피해가 발생한다.
② 작물의 양분을 탈취하지만 광합성을 방해하지 않는다.
③ 작물이 결실하는 종실의 수와 양에도 피해가 발생한다.
④ 같은 작물이면 잡초에 의한 피해 정도는 품종 간에 차이가 없다.

해설 잡초에 의한 작물 피해

잡초는 토양수분, 광, 영양분, 공간 등의 경합을 통해 작물의 개화 수, 과실 수, 과실과 종자의 크기 등에 영향을 미침

65 질소나 인산을 비롯한 카드뮴, 니켈 및 페놀계의 독물질을 다량 흡수하여 수질을 정화시키는 능력이 가장 우수한 잡초는?

① 비름 ② 명아주
③ 바랭이 ④ 부레옥잠

해설 부레옥잠

오염된 물(수질)이나 토양을 정화하는 기능이 우수함

66 제초제 종류의 특성에 대한 설명으로 옳지 않은 것은?

① 시마진은 흡수 이행형 제초제이다.
② 리누론은 광합성 저해성 제초제이다.
③ 2,4-D는 설포닐우레아계 제초제이다.
④ 알라클로르는 단백질 합성을 저해한다.

해설

③ 2,4-D는 페녹시계 제초제

67 혼합 제초제에 대한 설명으로 옳지 않은 것은?

① 살초폭을 넓힌다.
② 살포 비용을 감소시킨다.
③ 제초제 간의 작용성이 길항적 효과가 있어야 한다.
④ 작용성이 서로 다른 두 가지 이상의 제초제를 혼합하여 사용하는 것이다.

해설 제초제의 길항작용

제초제 혼합 처리 시 방제효과가 각각의 제초제를 단용으로 처리했을 때의 효과보다 작은 경우

68 잡초와의 광경합에서 가장 유리한 벼 품종은?

① 초관 형성이 늦은 단간종
② 초관 형성이 빠른 단간종
③ 초관 형성이 늦은 장간종
④ 초관 형성이 빠른 장간종

해설

④ 장간종의 초관 형성이 빠른 것이 광경합에 유리함

정답 61 ① 62 ① 63 ② 64 ③ 65 ④ 66 ③ 67 ③ 68 ④

69 주로 논에서 발생하는 다년생 잡초가 아닌 것은?

① 생이가래 ② 나도겨풀
③ 개구리밥 ④ 너도방동사니

해설 다년생 잡초

논잡초	나도겨풀, 너도방동사니, 매자기, 쇠털골, 올방개, 올챙이고랭이, 파대가리, 가래, 개구리밥, 네가래, 미나리, 벗풀, 올미, 좀개구리밥
밭잡초	반하, 쇠뜨기, 쑥, 토끼풀, 메꽃

70 제초제를 연용해도 저항성 잡초의 발현 사례가 적은 이유로 옳지 않은 것은?

① 제초제의 약효 지속성이 짧다.
② 토양에 많은 양의 감수성 잡초 종자가 존재한다.
③ 잡초의 생식 및 번식빈도가 1년에 수회 반복된다.
④ 감수성 잡초보다 저항성 잡초 계통의 고정률이 낮다.

해설

제초제의 약효 지속성이 짧으며, 감수성 잡초 종자가 토양 내에 많이 존재할 경우 제초제를 연용해도 저항성 잡초의 발현 사례가 적음

71 제초제를 안전하게 사용하는 방법으로 옳지 않은 것은?

① 살포작업은 한 사람이 2시간 이상 계속하지 않는다.
② 중독 증상이 발생하는 경우 즉시 작업을 중지한다.
③ 작물보호제 지침서를 확인하여 제초제를 선택한다.
④ 사용하고 남은 제초제는 다른 용기에 옮겨 담아 서늘한 장소에 보관한다.

해설

④ 사용하고 남은 제초제는 보관 시 약효 저하 변질의 위험이 있어 폐기해야 함

72 군락 내 잡초의 총 건물중이 200g, 강피의 건물중이 150g이면 강피의 중요값(%)은?

① 25% ② 75%
③ 100% ④ 133%

해설 강피의 중요값(%)

$$= \frac{\text{강피의 건물중}}{\text{총 건물중}} = \frac{150}{200} \times 100 = 75\%$$

73 바람에 의한 잡초 종자의 이동 거리가 가장 먼 것은?

① 민들레 ② 바랭이
③ 도꼬마리 ④ 소리쟁이

해설

민들레와 망초는 솜털, 깃털 등에 싸여 바람에 날려 이동함

74 입제형 제초제에 대한 설명으로 옳지 않은 것은?

① 액제보다 부피가 크다.
② 물이나 바람에 쉽게 이동하지 않는다.
③ 액제에 비해 균일하게 살포하기가 어렵다.
④ 작물 잎에 직접 붙지 않아 약해 발생이 적다.

해설 입제형 제초제

- 일정한 모양을 가지며 액제보다 부피는 큼
- 토양 흡착성이 있어 물에 유실되지 않음
- 작물체 내에 침투 이행함
- 수중 및 토양 중 유기물 및 미생물에 안전함
- 수용성이나 증기압은 낮으며 휘발성이 있어 훈증의 기능도 함

75 잡초 종이 가장 많은 것은?

① 콩과 ② 화본과
③ 비름과 ④ 마디풀과

해설 화본과 잡초의 종류

- 국화과 : 73종
- 화본과 : 44종
- 콩과 : 20종
- 마디풀과 : 25종
- 십자화과 : 21종

76 다른 잡초 방제방법과 비교한 화학적 방제방법의 단점으로 옳은 것은?

① 제초 효과가 낮다.
② 노력과 비용이 많이 든다.
③ 환경에 대한 안전성이 낮다.
④ 일정한 지역에 처리가 불가능하다.

해설 화학적 방제방법의 단점

환경에 약해 및 토양잔류 문제 야기

정답 69 ① 70 ③ 71 ④ 72 ② 73 ① 74 ② 75 ② 76 ③

77 **잡초의 생리적인 특징으로 옳지 않은 것은?**

① 불량한 환경 조건에 잘 적응한다.
② 광합성 효율이 높고 생장이 빠르다.
③ 종자 또는 영양번식을 하여 생식력이 높다.
④ 종자의 휴면성이 크지 않아 지속적으로 생육한다.

해설
④ 잡초 종자는 휴면을 통해 환경을 극복함

78 **벼의 경우 밭보다 논에서 잡초가 적게 발생하는 주요 이유는?**

① 물을 가두기 때문이다.
② 비료를 많이 주기 때문이다.
③ 햇빛을 많이 받기 때문이다.
④ 작물 생육이 느리기 때문이다.

해설 잡초 발아의 환경요건
수분, 온도, 광선, 산소
① 논은 물을 가두므로 호기성 잡초는 산소를 공급받을 수 없어 생육이 억제됨

79 **잡초의 방제방법으로 적합하지 않은 것은?**

① 돌려짓기
② 다비 재배
③ 작물 종자 정선
④ 육묘 이식 재배

해설 경종적 방제법
- 작물의 종류 및 품종 선택에 주의
- 파종과 비배 관리
- 토양피복
- 물 관리
- 작부체계

80 **다음 중 작물의 전 생육기간에 비하여 잡초경합 한계기간이 가장 긴 것은?**

① 벼
② 녹두
③ 땅콩
④ 양파

해설 작물별 잡초경합 한계기간
- 녹두 : 21～35일
- 벼 : 30～40일
- 콩 · 땅콩 : 42일
- 옥수수 : 49일
- 양파 : 56일

정답 77 ④ 78 ① 79 ② 80 ④

2019년 산업기사 2회

01 식물병리학

01 식물이 병에 걸리기 쉬운 성질은?

① 감수성　　② 저항성
③ 면역성　　④ 병회피

해설

- 감수성 : 식물이 병에 걸리기 쉬운 성질(이병성)
- 면역성 : 식물이 어떤 병에도 전혀 걸리지 않는 성질
- 저항성 : 식물이 병원체의 작용을 억제하는 성질

02 대추나무 빗자루병 치료에 가장 효과가 있는 방제방법은?

① 외과수술　　② 추비 실시
③ 살균제 살포　　④ 항생제 나무주사

해설 대추나무 빗자루병

방제가 많이 어려우나 (옥시)테트라사이클린계의 항생물질로 나무주사를 통해 치료 가능

03 붕소의 결핍으로 사과나무에 발생하는 병은?

① 부란병　　② 축과병
③ 탄저병　　④ 점무늬낙엽병

해설 붕소 결핍으로 발생하는 병

무 · 배추 속썩음병, 사과나무 축과병, 갈색속썩음병, 담배 윗마름병

04 전염성이 없고 생물로 인한 식물병이 아닌것은?

① 벼 도열병　　② 감자탄저병
③ 맥류 흰가루병　　④ 토마토 배꼽썩음병

해설 비전염성 병

칼슘(Ca) 결핍 시 발생하는 토마토 배꼽썩음병, 셀러리 검은썩음병

05 습실처리법을 주로 사용하여 식물병을 진단하는 병원은?

① 곰팡이　　② 바이러스
③ 바이로이드　　④ 파이토플라스마

해설 습실처리에 의한 진단

진균병 진단에 활용 → 병환부가 마르거나 오래 되어 상태가 좋지 않을 때 신문지나 휴지를 넣어 포화상태의 습도를 유지하면 병원균이 식물체의 표면에 노출됨

06 토마토 풋마름병의 병징으로 옳은 것은?

① 무름　　② 시들음
③ 줄무늬　　④ 잎마름

해설 토마토 풋마름병

세균 증식에 의해 도관이 막혀 물과 양분의 이동을 막아 시듦 증상이 동반되어 푸른빛으로 말라 죽는 병

07 광학현미경으로는 관찰이 거의 불가능한 병원은?

① 세균　　② 선충
③ 곰팡이　　④ 바이러스

해설 바이러스(Virus)

크기가 매우 작아(0.6~3.5μm) 전자현미경으로 관찰 가능(봉입체는 광학현미경으로도 가능)

08 복숭아나무 잎오갈병의 방제를 위한 디티아논수화제의 살포방법으로 가장 적합한 것은?

① 발병 초부터 10일 간격으로 처리
② 춘지 발생 시 15일 간격으로 경엽 처리
③ 발아 직전 및 꽃이 피기 직전 경엽 처리
④ 6월 상순부터 9월 상순까지 10일 간격으로 처리

해설 복숭아나무 잎오갈병의 방제

발아 직전 및 꽃이 피기 직전에 전문약제로 처리함

※ 디티아논수화제는 복숭아 잎오갈병과 세균성 구멍병 방제에 활용되는 약제

정답 01 ① 02 ④ 03 ② 04 ④ 05 ① 06 ② 07 ④ 08 ③

09 사과나무 탄저병에 대한 설명으로 옳지 않은 것은?

① 가지나 잎에도 발병한다.
② 병든 과실은 쓴맛이 난다.
③ 성숙한 과실은 상처를 통해서만 감염된다.
④ 과실에서는 주로 성숙기 가까이에 발병한다.

해설 사과나무 탄저병
빗물이나 바람(비바람) 등에 의해 옮겨진 점액질의 분생포자가 직접 각피로 침입

10 벼 도열병 발생을 억제하는 데 가장 적합한 원소는?

① 인　② 규소
③ 질소　④ 칼륨

해설 벼 도열병
저항성 품종을 재배하거나 규산질비료를 시비하면 예방이 가능함

11 오이 노균병에 대한 설명으로 옳은 것은?

① 세균에 의해 발생한다.
② 주로 줄기에 발생한다.
③ 질소질 성분이 부족할 경우에 잘 발생한다.
④ 시설재배보다 노지재배할 경우에 피해가 더 크다.

해설 오이 노균병
- 잎 조직에 질소와 당 성분이 부족하고 인산이나 칼리 성분이 많을 경우 발생함
- 유사균(난균류)에 의한 것으로 주로 잎에 발생하며, 시설재배 시 피해가 큼

12 병원균이 자낭균류에 해당하는 것은?

① 파 녹병
② 배추 · 무 사마귀병
③ 벼 잎집무늬마름병
④ 복숭아나무 잎오갈병

해설 병원균이 자낭균류
사과나무 갈색무늬병, 사과나무 부란병, 사과나무 검은별무늬병, 복숭아나무 잎오갈병, 포도나무 새눈무늬병

13 맥류의 흰가루병에 대한 설명으로 옳지 않은 것은?

① 자낭균에 의해 발생한다.
② 내병성 품종을 재배하여 방제한다.
③ 주로 4~5월경부터 발생하기 시작한다.
④ 잎에만 발생하고 잎집이나 줄기에는 발생하지 않는다.

해설 맥류 흰가루병
진균(자낭균류)에 의한 것으로 잎, 잎자루, 줄기, 이삭 등에 발생함

14 녹병의 표징으로 옳은 것은?

① 잎의 황화　② 뿌리에 생긴 혹
③ 녹아버린 엽육 세포　④ 잎 표면의 적갈색 가루

해설 녹병의 표징
여름포자 세대에는 잎에 황색, 적갈색 가루가 나는 병반이 많이 생김

15 채소에 모자이크병을 발생시키는 바이러스를 옮기는 해충으로 비영속형은?

① 진딧물　② 매미충
③ 애멸구　④ 장님노린재

해설
① 비영속성 바이러스는 주로 진딧물에 의해 전염됨

16 과수 뿌리혹병의 생물적 방제에 이용되는 균은?

① *Aspergillus nige*
② *Aspergillus nidulans*
③ *Agrobacterium radiobacter*
④ *Agrobactrium tumefaciens*

해설 뿌리혹병의 병원
Agrobacterium tumefaciens, 세균

17 식물병 발생에 관여하는 3대 요인과 가장 거리가 먼 것은?

① 일조 부족　② 병원체의 밀도
③ 중간기주의 저항성　④ 기주식물의 감수성

해설 식물병 발생에 필요한 3대 요인
병원체(발병력, 밀도 등), 기주(식물), 환경요인(다습, 고온, 태풍, 일조 부족 등)

정답 09 ③ 10 ② 11 ③ 12 ④ 13 ④ 14 ④ 15 ① 16 ③ 17 ③

18 사과에 발생되는 병으로 주로 죽은 조직을 통해 감염되고 병든 부위의 껍질을 벗겨 보면 알코올과 같은 냄새가 나는 병은?

① 역병 ② 부란병
③ 겹무늬썩음병 ④ 검은별무늬병

해설 부란병의 병징
- 처음엔 껍질이 갈색으로 부풀어 벗겨짐
- 알코올 냄새 발생
- 병든 부위는 움푹하게 들어감
- 그 위에 검은 소립(병자각) 밀생

19 식물병을 일으키는 곰팡이로서 무성포자에 해당하는 것은?

① 분생포자 ② 접합포자
③ 자낭포자 ④ 담자포자

해설 무성포자의 종류
분생포자, 유주포자, (녹)병포자, 후막포자

20 종자전염을 하는 식물병은?

① 벼 도열병 ② 밀 줄기녹병
③ 보리 흰가루병 ④ 벼 흰잎마름병

해설 벼 병해의 종자전염 종류
도열병, 깨씨무늬병, 키다리병, 세균성 알마름병

02 농림해충학

21 다음 설명에 해당하는 해충은?

- 채소, 화훼류, 전작물 등을 가해하는 잡식성 해충이다.
- 농약에 대한 저항성이 쉽게 생기고, 저항능력도 커서 방제가 어렵다.
- 고온성 해충으로 성충이 5월경부터 10월까지 발생한다.

① 파밤나방 ② 배추좀나방
③ 이화명나방 ④ 애기유리나방

해설 파밤나방
부화유충이 기주의 표피를 씹어 먹고, 과실에 구멍을 뚫으며 폭식하는 잡식성 해충

22 기주의 범위가 가장 좁은 협식성 해충은?

① 솔나방 ② 독나방
③ 밤나무혹벌 ④ 미국흰불나방

해설 밤나무혹벌
밤나무 잎눈에 기생하여 벌레혹 형성(충영성)

23 주로 가해하는 대상이 과수가 아닌 해충은?

① 도둑나방 ② 콩가루벌레
③ 가루깍지벌레 ④ 애모무늬잎말이나방

해설 도둑나방의 기주
오이, 당근, 양배추, 양파 등 기주범위가 넓음

24 땅강아지의 분류학적 위치는?

① 메뚜기목 ② 노린재목
③ 사마귀목 ④ 딱정벌레목

해설 땅강아지의 분류
메뚜기목 땅강아지과

25 2모작 맥류 재배를 하면 많이 발생하는 해충은?

① 벼멸구 ② 애멸구
③ 흰등멸구 ④ 혹명나방

해설 애멸구
- 약충과 성충이 모두 벼를 흡즙
- 벼멸구보다 기주 범위가 넓음
- 벼와 보리를 이모작할 때 보리에서 월동한 애멸구에 의해 벼에 줄무늬 잎마름병이 발생함

26 입 이후의 소화기관 순서로 올바르게 나열된 것은?

① 인두 – 위 – 모이주머니 – 위맹낭 – 직장
② 인두 – 위맹낭 – 모이주머니 – 위 – 직장
③ 인두 – 모이주머니 – 위 – 위맹낭 – 직장
④ 인두 – 모이주머니 – 위맹낭 – 위 – 직장

해설 곤충의 소화기관(소화계) 순서
인두 – 모이주머니 – 위맹낭 – 위 – 직장

정답 18 ② 19 ① 20 ① 21 ① 22 ③ 23 ① 24 ① 25 ② 26 ④

27 곤충의 외부 형태에 대한 설명으로 옳지 않은 것은?

① 눈은 겹눈과 홑눈이 있다.
② 가슴에는 날개, 다리가 존재한다.
③ 입틀은 씹는 모양, 빠는 모양 등이 있다.
④ 더듬이의 모양은 곤충 종별로 크게 다르지 않다.

해설 촉각(더듬이)
- 촉각은 여러 마디로 되어 있음
- 1쌍
- 제1절 병절(자루마디) – 제2절 경절(팔굽마디) – 제3절 편절(채찍마디)
- 촉각의 종류 : 사상, 편상, 염주상, 거치상, 즐치상, 곤봉상, 구간상, 새엽상, 슬상, 부정형 등

28 모기류 수컷의 더듬이에 존재하는 존스턴 기관의 주요 기능으로 옳은 것은?

① 맛을 본다.
② 냄새를 맡는다.
③ 공기의 흐름을 감지한다.
④ 암컷의 날개 소리를 듣는다.

해설 존스턴 기관
수컷이 암컷의 날개 소리를 들을 수 있도록 잘 발달되어 있음

29 곤충의 체벽에 해당되지 않는 것은?

① 유조직 ② 표피층
③ 기저막 ④ 진피세포

해설 곤충의 체벽
- 표피층(큐티클층) – 진피세포층 – 기저막으로 구성됨
- 체벽은 곤충의 내부기관을 보호하기 위함과 몸의 형태를 유지하고 있으며, 근육의 부착점이 되는 외골격의 역할을 담당하며, 수분의 증산을 막아주는 기능을 함

30 곤충의 특징으로 옳지 않은 것은?

① 생식문은 배 끝에 있다.
② 호흡기관과 허파는 배 아래쪽에 있다.
③ 머리에는 입틀, 더듬이, 겹눈 등이 있다.
④ 대체로 다리는 3쌍이고 5마디로 구성되어 있다.

해설 곤충의 기문
- 기체의 출입이 이루어지는 호흡계(기관계)
- 가슴에 2쌍(가운데가슴 1쌍, 뒷가슴 1쌍), 배에 8쌍 : 총 10쌍으로 구성
- 곤충의 양측면(옆판)에 존재함

31 다음 설명에 해당하는 해충은?

> - 성충은 5월 중순에서 6월에 걸쳐 벼 잎에 직선 모양의 흰색 식흔을 남긴다.
> - 유충은 뿌리를 갉아먹어 뿌리가 끊어지며 피해를 잎은 벼는 키가 크지 못하고 분얼이 되지 않는다.

① 벼멸구 ② 벼잎벌레
③ 벼물바구미 ④ 벼줄기굴파리

해설 벼물바구미
- 성충은 본답으로 이동하여 이앙 직후 어린 벼의 엽육을 가해하여 벼 잎에 직선 모양의 흰색 식흔이 발생함
- 유충은 뿌리를 가해함

32 기주를 이동하며 생활하는 해충은?

① 파밤나방 ② 배추좀나방
③ 복숭아 혹진딧물 ④ 털두꺼비하늘소

해설 복숭아 혹진딧물
겨울 기주인 복숭아나무 등에서 겨울눈에 알을 낳아 월동하고, 5월 중순경 유시충이 되어 여름 기주인 고추, 감자, 오이, 목화 등으로 이동함

33 유충 성장 과정에서 2령충으로 옳은 것은?

① 산란 이후 부화 직전까지의 유충이다.
② 1회 탈피 후 2회 탈피 전까지의 유충이다.
③ 2회 탈피 후 3회 탈피 전까지의 유충이다.
④ 부화 직후부터 1회 탈피 전까지의 유충이다.

해설 영충
부화 → 1회 탈피 → 2회 탈피 → 3회 탈피 → 번데기
(1령충) (2령충) (3령충) (4령충)

정답 27 ④ 28 ④ 29 ① 30 ② 31 ③ 32 ③ 33 ②

34 소나무좀에 대한 설명으로 옳은 것은?

① 번데기로 월동한다.
② 1년에 2~3회 발생한다.
③ 성충이 나무줄기에 구멍을 뚫어 알을 낳는다.
④ 5℃ 내외로 기온이 낮을 때 활동이 가장 활발하다.

해설 소나무좀

월동성충이 쇠약목의 줄기나 껍질 밑 형성층에 구멍을 뚫고 밑에서 위쪽으로 10cm 정도 갱도를 뚫어 산란함

35 벼 재배 시 후기 해충 방제에 가장 중점을 두어야 할 대상 해충은?

① 벼멸구 ② 애멸구
③ 끝동매미충 ④ 번개매미충

해설 벼멸구

6~7월에 중국 남부지역에서 남서풍을 타고 비래(돌발해충)

36 고자리파리의 기주로 가장 거리가 먼 것은?

① 파 ② 마늘
③ 양파 ④ 배추

해설 고자리파리의 기주

파, 양파, 마늘, 부추, 백합 등

37 곤충의 생식방법으로 옳지 않은 것은?

① 양성생식 ② 다배생식
③ 단위생식 ④ 완전생식

해설 곤충의 생식방법

- 양성생식 : 암수의 교미로 생식
- 단위생식 : 암컷만으로 생식
- 다배생식 : 수정된 난핵이 분열을 하여 각각의 개체로 발육하고, 1개의 정핵난에서 여러 개의 유충이 발생함
- 유생생식 : 유충이나 번데기가 생식

38 식물의 선천적 내충성을 3가지로 분류할 때 포함되지 않는 것은?

① 내성 ② 적응성
③ 항생성 ④ 항객성

해설 식물의 선천적 내충성 3가지

- 내성 : 같은 정도의 해충 밀도에서 작물이 영향을 받지 않는 것
- 항생성(항충성) : 해충의 생장이나 대사작용에 불리한 영향을 주는 것
- 비선호성(항객성) : 작물의 영향을 받아 해충이 덜 모이는 것

39 해충과 천적의 연결이 옳지 않은 것은?

① 목화진딧물 – 무당벌레
② 온실가루 – 장님노린재
③ 점박이응애 – 호리꽃등에
④ 꽃노랑총채벌레 – 미끌애꽃노린재

해설 해충과 천적

해충	천적
진딧물	진디혹파리, 무당벌레, 콜레마니진디벌, 천적유지식물 등
잎굴파리	굴파리좀벌, 잎굴파리고치벌 등
응애천적	칠레이리응애, 캘리포니쿠스응애, 꼬마무당벌레 등
온실가루이	온실가루이좀벌, 카탈리네무당벌레 등
총채벌레	오리이리응애, 애꽃노린재 등
나방류	알벌, 곤충병원성선충 등
작은뿌리파리	마일즈응애 등

40 분류학상 곤충강에 속하지 않는 것은?

① 독나방 ② 점박이응애
③ 목화진딧물 ④ 가루깍지벌레

해설 곤충의 분류

<table>
<tr><td colspan="3">무시아강(날개 없음)</td><td>톡토기, 낫발이, 좀붙이, 좀목</td></tr>
<tr><td rowspan="3">유시아강
(날개 있음)
–2차적으로
퇴화되어 없는
것도 있음</td><td colspan="2">고시류</td><td>하루살이, 잠자리목</td></tr>
<tr><td rowspan="2">신
고
시
류</td><td>외시류
(불완전변태)</td><td>집게벌레, 바퀴, 사마귀, 대벌레, 갈르와벌레, 메뚜기, 흰개미붙이, 강도래, 민벌레, 다름이벌레, 털이, 이, 흰개미, 총채벌레, 노린재, 매미목</td></tr>
<tr><td>내시류
(완전변태)</td><td>벌, 딱정벌레, 부채벌레, 뱀잠자리, 풀잠자리, 약대벌레, 밑들이, 벼룩, 파리, 날도래, 나비목</td></tr>
</table>

② 점박이응애는 거미강에 속함

정답 34 ③ 35 ① 36 ④ 37 ④ 38 ② 39 ③ 40 ②

03 농약학

41 유기인계 살충제의 일반적인 성질에 대한 설명으로 옳은 것은?

① 인축에 대한 독성이 약하다.
② 알칼리에는 용이하게 분해된다.
③ 동물의 체내에서 분해가 느리다.
④ 광선에 의한 분해가 일어나지 않는다.

해설 유기인계 살충제

알칼리에 의해 쉽게 가수분해(에스테르 결합)됨

42 농약이 갖추어야 할 일반적인 구비조건으로 틀린 것은?

① 혼용범위가 적을 것
② 물리성이 양호할 것
③ 인축에 대한 독성이 낮을 것
④ 농작물에 대한 약해가 적을 것

해설 농약의 구비조건

- 물리성이 양호할 것
- 적은 양으로 약해가 없을 것
- 인축에 대한 독성이 낮을 것
- 농작물에 대한 약해가 적을 것
- 다른 약제와의 혼용범위가 넓을 것

43 다음 중 유기인계 살균제는?

① 에디펜포스 ② 네오아소진
③ 홀펫 ④ 라브사이드

해설 유기인계 살균제

- 벼 도열병 방제제로 사용
- 이프로벤포스(Iprobenfos, IBP), 에디펜포스(Edifenphos) 등

② 네오아소진 : 유기비소제
③ 홀펫 : 프탈리마이드계
④ 라브사이드 : 유기염소계

44 살균제의 주성분에 의한 분류에 해당되지 않는 것은?

① 유기수은제 ② 토양소독제
③ 유기주석제 ④ 무기황제

해설 살균제의 종류

구리제	무기동제(보르도혼합액), 유기동제(옥신코퍼)
수은제	유기수은제(페닐초산수은)
황제	무기황제(결정석회황합제), 유기황제(만코제브, 마네브, 지네브, 지람)
유기주석제	초산염
유기비소제	네오아소진
유기염소제	클로로타로닐, 프탈라이드
유기인살균제	이프로벤포스, 에디펜포스

45 다음 중 훈증제가 아닌 것은?

① 클로로피크린
② 메틸브로마이드
③ 디클로르보스(DDVP)
④ 인화아연

해설 훈증제의 종류

메틸브로마이드, 클로로피크린, 알루미늄 포스파이트, 사이안화수소, 디클로르보스, 에틸 포메이트, 포스핀

46 농약의 약효 발현과 가장 거리가 먼 것은?

① 방제 적기에 농약 살포
② 표준희석배수의 농약 정량 살포
③ 효과가 좋은 농약만을 계속 사용
④ 방제대상 병해충에 알맞은 농약 선택

해설 농약의 약해 방지 및 약효 증진방법

작용 특성이 다른 농약을 교대로 사용(저항성 유발 예방 및 방제 효과 증진)

47 석회황합제의 살균 주성분은?

① CaS ② CaS_2
③ CaS_3 ④ CaS_5

해설

④ 석회황합제의 주성분 : 다황화석회(CaS_5)가 공기 중에 산화되어 활성화된 유황이 병원균의 호흡계에 작용

정답 41 ② 42 ① 43 ① 44 ② 45 ④ 46 ③ 47 ④

48 농약의 급성독성에서 농약 투여방법에 따른 독성 구분이 아닌 것은?

① 경구독성 ② 흡인독성
③ 경피독성 ④ 보통독성

해설 농약의 급성독성 구분

- 흡입독성 : 호흡계를 통해 체내 침투되어 독성을 가지는 것으로 독성이 가장 강함
- 경피독성 : 피부를 통해 체내 침투되어 독성을 가짐
- 경구독성 : 입을 통해 체내 침투되어 독성을 가짐

49 페노뷰카브 유제(50%)를 1,000배로 희석해서 10a당 8말(160L)을 살포하여 벼멸구를 방제하려 할 때 페노뷰카브 유제의 소요량은 몇 mL인가?

① 80 ② 160
③ 320 ④ 480

해설

$$\text{소요약량} = \frac{\text{총 사용량}}{\text{희석배수}}$$

1말 = 20L

$$20\text{L} \times 8 \times \frac{1{,}000}{1{,}000} = 160\text{mL}$$

50 퀴논계 제초제로서 접촉성 효과로 약효가 빠르게 나타나고 잔디밭에 발생하는 은이끼, 솔이끼 등에 우수한 제초제는?

① 리누론 ② 뷰타클로르
③ 티오벤카브 ④ 퀴노클라민

해설 퀴노클라민

논에 발생하는 이끼 및 조류를 방제하는 제초제

51 과실의 숙기를 촉진시키는 데 주로 사용되는 에틸렌계의 약제는?

① 도마도톤(4－CPA) ② 에테폰(Ethephon)
③ 아이비에이(IBA) ④ 지베렐린(Gibberellic acid)

해설 에테폰(Ethephon)

액상의 물질로 식물에 살포하면 분해되어 에틸렌을 발생시키는 약제로 과실의 착색 촉진 및 숙기 촉진 등으로 활용(알칼리에서 에틸렌 발생)

52 토양 내에 서식하고 있는 병해충을 방제하기 위한 가장 적당한 농약 사용방법은?

① 침지법 ② 살포법
③ 훈증법 ④ 도포법

해설 훈증제(GA)

밀폐공간 속 저장곡물 소독이나 토양소독으로 활용

53 유제(乳劑) 농약이 물에 잘 섞이는가를 검사하고자 할 때 가장 중요한 성질은?

① 유화성(乳化性) ② 부착성(附着性)
③ 고착성(固着性) ④ 붕괴성(崩壞性)

해설 유화성

- O/W형 : 물속에 유분의 입자를 분산시킴
- W/O형 : 유분 중에 물방울을 분산시킴

54 살균제의 작용기작 중 생합성에 대한 저해작용은?

① SH기 저해 ② 전자 전달 저해
③ 단백질 합성 저해 ④ 산화적 인산화 저해

해설

③ 단백질 생합성의 저해에는 대부분 항생물질이 관여함

55 작물의 특성에 따른 약해의 원인이 아닌 것은?

① 농약 농도 ② 작물의 감수성
③ 잎 표면의 형태 ④ 재배조건 및 생리적 특성

해설 약해의 원인(농약 자체의 이화학적 성질)

- 약제의 사용 농도 및 사용량에 의한 것
- 2종 이상의 약제를 섞어 쓸 때 발생
- 약제 조제 시 사용하는 물에 주제가 분해되어 일어나는 현상
- 보조제 및 용매에 의해 발생하기도 함

56 1.5% 분제 100kg을 증량제 추가 사용 없이 2% 분제로 재제조(再製造)할 때 필요한 원제(순도 90%)는 약 몇 kg인가?

① 0.44kg ② 0.45kg
③ 0.50kg ④ 0.57kg

정답 48 ④ 49 ② 50 ④ 51 ② 52 ③ 53 ① 54 ③ 55 ① 56 ④

해설

㉠ 1.5kg÷0.9=1.66kg
→ 100kg 중 2%의 양은 2kg, 순도 90%
㉡ 2kg÷0.9=2.22kg
∴ 추가할 원제의 양=2.22−1.66=0.56kg

57 배추 재배 시 달팽이를 없애기 위하여 사용하는 약제는?

① 메트알데하이드 입제 ② 메소밀 액제
③ 디노페푸란 입제 ④ 플루톨라닐 입제

해설

① 메트알데하이드 입제 : 달팽이가 섭취 시 점액생산 세포 파괴

58 치료 효과를 거두기 위해 사용되는 약제로 병이 발생한 후에도 충분한 효과를 거둘 수 있는 것은?

① 보호살균제 ② 직접살균제
③ 종자소독제 ④ 토양살균제

해설 직접살균제

식물에 침입되어 있는 병균에 직접 작용하여 살균 효과를 내는 약제

59 농약관리법에서 규정한 토양잔류성 농약의 토양 중 반감기는?

① 30일 ② 90일
③ 180일 ④ 365일

해설

「농약관리법」상 토양 중 농약의 반감기는 6개월(180일)을 의미함

60 베노밀(Benomyl)에 대한 설명으로 옳은 것은?

① 살균제이다.
② 황색의 액체이다.
③ 알칼리 약제와 혼용이 가능하다.
④ 휘발성이 있어 침투이행성이 낮다.

해설 베노밀(Benomyl)

벤지미다졸계 침투성 살균제

04 잡초방제학

61 잡초의 생물적 방제방법에 이용되는 생물의 구비 조건이 아닌 것은?

① 비산 및 분산능력이 커야 한다.
② 번식속도가 빠르지 않아야 한다.
③ 대상 잡초에만 피해를 주어야 한다.
④ 환경 적응성 및 저항성을 가지고 있어야 한다.

해설 천적 구비조건

잡초보다 빠른 번식능력이 있어야 함

62 제초제의 제형 중 유제에 대한 설명으로 옳은 것은?

① 물에 희석하면 투명한 액체가 된다.
② 원제를 기름과 혼합하여 만든 액체이다.
③ 원제를 유기용매에 녹인 후 유화제를 넣어 만든 액체이다.
④ 원제를 카올리, 벤토나이트 등의 분말과 혼합 분쇄한 것이다.

해설 유제

물에 녹지 않는 주제를 유기용매에 녹여 유화제(계면활성제)를 첨가한 용액

63 다음 중 일년생 잡초가 아닌 것은?

① 메꽃, 쑥 ② 둑새풀, 돌피
③ 명아주, 깨풀 ④ 바랭이, 쇠비름

해설 일년생 잡초

논잡초	둑새풀, 피, 바늘골, 바람하늘지기, 알방동사니, 참방동사니, 곡정초, 마디꽃, 물달개비, 물옥잠, 밭둑외풀, 사마귀풀, 생이가래, 여뀌, 여뀌바늘, 자귀풀, 중대가리
밭잡초	강아지풀, 개기장, 둑새풀, 바랭이, 피, 바람하늘지기, 참방동사니, 파대가리, 개비름, 까마중, 명아주, 쇠비름, 여뀌, 자귀풀, 환삼덩굴, 주름잎, 석류풀, 도꼬마리

64 화본과 잡초의 형태적 특징으로 옳지 않은 것은?

① 직립형만 존재한다.
② 잎몸은 좁고 잎맥이 평행하다.
③ 줄기는 마디와 마디 사이로 연결되어 있다.
④ 잎은 줄기를 둘러싸고 있는 잎집과 잎몸으로 구분된다.

정답 57 ① 58 ② 59 ③ 60 ① 61 ② 62 ③ 63 ① 64 ①

해설 화본과 잡초

- 잎의 길이가 폭에 비해 긺
- 잎맥은 평행맥
- 잎은 잎집과 잎몸으로 구성
- 줄기는 마디가 뚜렷한 원통형
- 마디 사이가 비어 있음
- 종류 : 피, 바랭이, 둑새풀, 나도겨풀, 강아지풀 등

65 장기간에 걸친 잡초의 생존 특성으로 옳지 않은 것은?

① 많은 종자 생산
② 종자만으로 번식
③ 불량한 환경 조건에 잘 적응
④ 먼 거리 이동이 가능한 가벼운 종자 생산

해설 잡초의 생존 특성

- 휴면성 : 발아조건, 시기, 종자의 수명에 따라 발아 정도가 다름
- 다산성 : 종자 생산량이 많음
- 환경 적응성 : 변이가 커서 환경 적응성이 높음

66 다음 중 지하경이 가장 깊이 형성되는 것은?

① 올미　② 벗풀
③ 가래　④ 너도방동사니

해설 근경(지하경) 잡초

쇠털골, 가래, 나도겨풀, 띠, 수염가래꽃 등

출아심도

- 올미 : 0~10cm
- 벗풀 : 0~15cm
- 가래 : 0~20cm
- 너도방동사니 : 0~10cm

67 잡초의 밀도가 증가하면 작물의 수량이 감소하는데 어느 밀도 이상으로 잡초가 존재하면 작물의 수량이 현저히 감쇠되는 수준까지의 밀도는?

① 경제적 한계밀도　② 잡초경합 최대밀도
③ 잡초경합 한계밀도　④ 잡초허용 한계밀도

해설 잡초허용 한계밀도

- 잡초는 피해 양상에 따라 방제, 억제, 예방해야 할 대상이라는 개념으로 허용할 수 있는 발생 밀도
- 어느 밀도 이상으로 잡초가 존재하여 작물의 수량이 감소되기 시작하는 밀도

68 논에서 가장 많이 사용되는 제초제의 제형인 입제에 대한 설명으로 옳지 않은 것은?

① 살포가 간편하다.
② 액제보다 부피가 작다.
③ 살포 시 물이 필요하지 않다.
④ 잎에 직접 붙지 않고 떨어지기 때문에 약해를 유발하지 않는다.

해설 입제의 특징

- 토양이나 수면에 직접 살포 가능
- 액제에 비해 균일 살포가 어려움
- 액제보다 부피가 큼
- 비산 위험이 적음
- 식물에 직접 붙지 않아 약해 발생 우려가 적음
- 면적당 가격이 높음

69 작물과 잡초의 경합 요인으로 가장 거리가 먼 것은?

① 빛　② 수분
③ 산소　④ 영양분

해설 작물과 잡초의 경합 요인

빛, 수분, 영양분 등

70 종자에 낚싯바늘 모양의 돌기 또는 비늘 모양의 가시가 있어 사람이나 동물에 쉽게 부착되어 전파되는 잡초는?

① 바랭이　② 보리뺑이
③ 방동사니　④ 도꼬마리

해설

갈고리 모양의 돌기 등으로 인축에 부착하는 형태 : 도깨비바늘, 도꼬마리, 메귀리

71 잡초 종자가 휴면하는 원인으로 가장 거리가 먼 것은?

① 종피가 너무 두껍다.
② 토양 속에 묻힌 깊이가 너무 낮다.
③ 배가 미숙하거나 후숙되지 않았다.
④ 종자 내에 발아 억제물질이 많이 들어 있다.

해설 잡초 종자의 1차 휴면 원인

- 불완전한 배
- 생리적으로 미숙한 배
- 기계적 저항성을 지닌 종피
- 발아 억제물질의 존재

정답 65 ② 66 ③ 67 ④ 68 ② 69 ③ 70 ④ 71 ②

72 방동사니과에 속하는 잡초는?

① 벗풀 ② 가래
③ 여뀌바늘 ④ 바람하늘지기

해설 방동사니과 잡초

논잡초	일년생	바늘골, 바람하늘지기, 알방동사니, 참방동사니
	다년생	너도방동사니, 매자기, 쇠털골, 올방개, 올챙이고랭이, 파대가리
밭잡초	일년생	바람하늘지기, 참방동사니, 파대가리

73 작물과 잡초가 경합하고 있을 때 작물 수량 손실이 가장 높은 경우는?

① C_4 작물과 C_3 잡초
② C_4 작물과 C_4 잡초
③ C_3 작물과 C_3 잡초
④ C_3 작물과 C_4 잡초

해설
잡초는 대부분 광합성 효율이 높은 C_4 식물이 많음

74 벼 재배방법에 따라 발생하는 잡초의 종류 및 발생량이 가장 적은 방법은?

① 담수직파 ② 건답직파
③ 중묘 기계이앙 ④ 어린모 기계이앙

해설 논잡초의 발생 비율
건답직파 > 담수직파 > 어린모 기계이앙 > 중묘 기계이앙 > 손이앙

75 제초제의 광분해와 가장 관계가 높은 것은?

① 복사열 ② 자외선
③ 적외선 ④ 가시광선

해설 광분해
자외선 영역(400nm 이하)에서 활발하게 분해됨

76 잡초의 경종적 방제방법에 해당되지 않는 것은?

① 소각 ② 윤작
③ 파종기 조절 ④ 피복작물 재배

해설 경종적 방제법
작물의 경합력을 높이게 하는 재배 관리방법
① 소각 : 물리적 방제법

77 주로 밭에서 발생하는 건생잡초만으로 올바르게 나열된 것은?

① 올미, 마디꽃 ② 고마리, 진득찰
③ 바랭이, 쇠비름 ④ 냉이, 너도방동사니

해설 건생잡초
바랭이, 냉이, 계비름, 쇠비름 등

78 개체당 종자 수가 가장 많은 잡초는?

① 망초 ② 별꽃
③ 마디꽃 ④ 알방동사니

해설
개체당 종자 수가 가장 많은 잡초는 망초로, 13~25만 개 정도

79 벼를 이앙한 25일 경에 논에 나가 보았더니 주로 방동사니과 잡초가 많이 발생하였을 때 방제에 가장 효과적인 제초제는?

① 벤타존 액제
② 엠시피에이 액제
③ 뷰타클로르 캡슐현탁제
④ 글리포세이트암모늄 입상 수용제

해설 벤타존 액제
이앙한 논이나 보리밭에 사용하는 제초제

80 작물의 생육기간 중 잡초 방제를 철저히 해주어야 하는 경합한계기간은?

① 파봉 – 발아 ② 성숙기 – 수확기
③ 개화기 – 성숙기 ④ 초관 형성기 – 성숙기

해설 잡초경합 한계기간
- 작물이 초관을 형성한 이후부터 생식생장으로 전환하기 이전의 시기
- 첫 생육기간의 1/3~1/2 또는 1/4~1/3기간에 해당되며, 철저한 방제가 요구됨

정답 72 ④ 73 ④ 74 ③ 75 ② 76 ① 77 ③ 78 ① 79 ① 80 ④

2019년 산업기사 4회

01 식물병리학

01 해외에서 수입하는 식물이나 농산물의 검사를 통하여 병원체의 침입을 막는 예방법을 무엇이라고 하는가?

① 제거법 ② 치료법
③ 면역법 ④ 식물검역

해설 식물검역(법적 방제)
식물에 해를 주는 병해충이 국경을 넘어 전파되는 것을 방지하기 위한 목적으로 실시함

02 오이 노균병균이 형성하는 포자의 종류로 가장 옳은 것은?

① 유주자 ② 여름포자
③ 겨울포자 ④ 자낭포자

해설 오이 노균병균의 포자
발아할 때 유주자(유주포자) 형성

03 다음 중 진균에 해당하지 않는 것은?

① 불완전균류 ② 자낭균류
③ 담자균류 ④ 난균류

해설 난균류
세포벽에 키틴이 없으며, 균사에 격벽이 없어 진균과 구분됨

04 종합적 식물병해 방제 프로그램의 주된 목표로 가장 거리가 먼 것은?

① 병원균을 완전히 제거하는 것
② 최초 전염원을 제거하거나 감소시키는 것
③ 최초 전염원의 효능을 감소시키는 것
④ 기주의 저항성을 높이는 것

해설
① 병원균의 완전 방제는 어려움

05 다음 중 비전염성 병원으로 가장 거리가 먼 것은?

① 적당한 온도
② 각종 화학물질
③ 병원성 바이로이드
④ 부적당한 토양조건

해설 비전염성 병원
토양조건, 기상조건, 영양장해, 농사작업 및 공업부산물 등

06 오이 모자이크병의 방제방법에 대한 설명으로 가장 옳지 않은 것은?

① 저항성 품종을 재배한다.
② 페나리몰 유제를 적기에 살포한다.
③ 포장 주변에 전염 가능성이 있는 잡초를 제거한다.
④ 시설재배 시 입구에 방충망을 설치하여 진딧물의 침입을 막는다.

해설 오이 모자이크병의 방제방법
다양한 종류의 진딧물에 의한 비영속성 전염을 막기 위해 방충망 설치

07 수목병해의 표징 중 번식기관에 의한 표징으로 가장 거리가 먼 것은?

① 포자 ② 분생자병
③ 균사체 ④ 포자낭

해설 표징의 분류 중 병원체의 번식기관
포자, 분생포자, 분생자퇴, 분생자좌, 포자퇴, 포자낭, 병자각, 자낭각, 자낭구, 자낭반, 세균점괴, 포자각, 버섯 등

08 병원체가 병든 식물의 병환부 또는 병변부에 나타나서 병원체의 존재를 눈으로 확인할 수 있는 경우가 있는데 이를 무엇이라 하는가?

① 표징 ② 병징
③ 병원성 ④ 비병원성

정답 01 ④ 02 ① 03 ④ 04 ① 05 ③ 06 ② 07 ③ 08 ①

해설 표징(Sign)

- 병원체가 병든 식물의 표면에 나타나 병원체의 존재 유무를 눈으로 확인할 수 있는 현상
- 곰팡이, 균핵, 점질물, 이상 돌출물 등

09 다음 중 수공 감염으로 가장 많이 일어나는 식물의 병은?

① 벼 흰잎마름병
② 감자 더뎅이병
③ 고구마 무름병
④ 보리 겉깜부기병

해설 벼 흰잎마름병

주로 수공이나 상처를 통해서 침입한 세균은 물관(도관)에서 증식하여 전신병으로 발전함

10 잣나무 털녹병균의 중간기주로 가장 옳은 것은?

① 리시안셔스　② 현호색
③ 배나무　④ 송이풀

해설 이종기생 녹병균(담자균)

수병	기주식물	중간기주
	녹병포자, 녹포자	여름포자, 겨울포자
소나무 잎녹병	소나무	황벽나무, 참취, 잔대
잣나무 잎녹병	잣나무	등골나무
소나무 혹병	소나무	졸참나무, 신갈나무
잣나무 털녹병	잣나무	송이풀, 까치밥나무
배나무, 사과나무 붉은별무늬병 (향나무 녹병)	배나무, 사과나무	향나무 (여름포자를 만들지 않음)
포플러 잎녹병	(중간기주) 낙엽송, 현호색	포플러

11 일반적인 세균의 침입처로 가장 거리가 먼 것은?

① 각피　② 밀선
③ 상처　④ 수공

해설 세균의 침입처

상처 또는 자연개구부(기공, 수공, 피목, 밀선) 등을 통해 침입

12 식물병원 세균의 핵산과 인지질 합성에 가장 많이 사용되는 것은?

① Ca　② P
③ K　④ Na

해설 인(P)

핵산, 인지질, 보조인자, 단백질의 구성 성분

13 병원체에 대하여 완전면역성을 가지고 있는 것은?

① 비기주저항성　② 내성
③ 세포질저항성　④ 진정저항성

해설 비기주저항성

특정 기주 외에는 병을 일으킬 수 없는 성질(완전 면역성을 가짐)

14 저장 곡물에 Aflatoxin이라는 독소를 생성하는 균으로 가장 옳은 것은?

① *Aspergillus flavus*　② *Ascochyta pisi*
③ *Amylase*　④ *Alternaria mali*

해설 아플라톡신(Aflatoxin)

곰팡이 아스페르길루스 플라버스(*Aspergillus flavus*)가 생성되는 맹독성 균독소

15 접목에 의한 작물병 방제에 가장 효과적인 병은?

① 사과 고접병　② 박과작물 덩굴쪼김병
③ 고추 탄저병　④ 배 검은무늬병

해설 박과작물 덩굴쪼김병의 방제방법

저항성 대목으로 접목재배(호박대목으로 활용), 5년 이상의 윤작 및 토양 소독, 사질토와 산성 토양은 피함

16 다음 중 순활물기생균에 의한 병으로 가장 옳은 것은?

① 강낭콩 탄저병　② 고추 역병
③ 가지 풋마름병　④ 사과나무 흰가루병

해설 순활물기생체(절대기생체)

- 살아 있는 기주 조직에만 증식하므로 인공배양이 불가능함
- 녹병균, 흰가루병균, 노균병균, 무배추무사마귀병균, 배나무 붉은별무늬병균

정답 09 ① 10 ④ 11 ① 12 ② 13 ① 14 ① 15 ② 16 ④

17 **균의 종류에 따른 세포벽 구성 성분에 대한 설명으로 가장 옳은 것은?**

① 고구마 무름병균은 키틴 성분이 없고 다량의 섬유소를 갖고 있다.
② 감자 역병균은 키틴이 없고 소량의 섬유소를 갖고 있다.
③ 벼 도열병균은 키틴이 없고 소량의 섬유소를 갖고 있다.
④ 벼 흰잎마름병균은 키틴과 다량의 섬유소를 갖고 있다.

해설 균에 따른 세포벽 구성 성분

- 세균 : 펩티드글리칸
- 진균 : 키틴
- 난균류(유주자균류) : 셀룰로오스(섬유소)
- 역병균 : 난균류에서 세포벽에 키틴이 없고 소량의 섬유소와 글루칸 존재

18 **다음 중 전형적인 표징이 나타나지 않는 식물병은?**

① 오이 흰가루병
② 과수류 날개무늬병
③ 과수류 근두암종병
④ 보리 붉은곰팡이병

해설 병징만 나타나는 것(표징은 없음)

비전염성 병, 바이러스, 바이로이드, 파이토플라스마

19 **느티나무 흰별무늬병(백성병)의 외부병징과 표징에 대한 설명으로 가장 옳은 것은?**

① 부정형의 병반으로 확대되고 중앙 부분은 회백색이 되며, 병자각이 형성된다.
② 잎에 윤문상의 갈색 무늬가 나타나며, 소립점(분생자퇴)이 동심원형으로 나타난다.
③ 부정형 병반이 갈색을 띠고, 병반 내부는 회갈색을 띠며 자좌가 형성된다.
④ 잎의 양면에 적갈색 반점이 나타나며, 나중에 갈색, 회갈색의 원형이 되고 흑색, 흑갈색의 작은 돌기(자실체)가 나타난다.

해설 느티나무 흰별무늬병(백성병)

부정형의 병반으로 확대되고, 중앙 부분은 회백색이 되어, 갈색돌기(병자각)가 형성됨

20 **봄에 나타나는 배롱나무 흰가루병의 전염원에 대한 설명으로 가장 옳은 것은?**

① 낙엽에서 자낭포자가 비산하여 1차 전염원이 된다.
② 낙엽에서 담자포자가 비산하여 1차 전염원이 된다.
③ 낙엽에서 병자포자가 비산하여 1차 전염원이 된다.
④ 낙엽에서 동포자가 비산하여 1차 전염원이 된다.

해설 배롱나무 흰가루병(자낭균류)

병든 잎에서 균사 또는 자낭각의 형태로 월동하여 다음 해 1차 전염 후 바람에 날린 분생포자(흰가루)가 직접 각피로 침입하여 2차 전염함

02 농림해충학

21 **다음 중 1세대를 경과하는 데 가장 긴 시간을 필요로 하는 곤충으로 옳은 것은?**

① 말매미 ② 장수풍뎅이
③ 뽕나무하늘소 ④ 소나무좀

해설 말매미

1세대의 기간이 6년으로 매우 깂(유충으로 땅속에서 6년간 생활함)

22 **다음 중 곤충의 통신수단으로 가장 적절하지 않은 것은?**

① 맛에 의한 통신 ② 접촉에 의한 통신
③ 청각에 의한 통신 ④ 시각에 의한 통신

해설 곤충의 통신수단

접촉, 청각, 시각에 의한 통신

23 **다음 중 누에의 식성으로 가장 적절한 것은?**

① 부식성 ② 잡식성
③ 광식성 ④ 단식성

해설 단식성

- 계통이 가까운 식물만 먹는 종
- 누에는 뽕나무 잎만 먹음

정답 17 ② 18 ③ 19 ① 20 ① 21 ① 22 ① 23 ④

24 다음 중 유충의 발육과 성충의 생식활동에 영향을 주는 유약호르몬을 분비하는 곤충의 기관은?

① 카디아카체　② 알라타체
③ 앞가슴샘　④ 가슴샘

해설 알라타체

알라타체에서 분비하는 호르몬으로, 성충으로의 발육 억제, 탈피 억제, 변태 조절에 관여함

25 곤충에서 파악기(Clasper)가 하는 일은?

① 휴면 시 사용한다.
② 멀리 뛰는 데 사용한다.
③ 토양 속을 파는 데 사용한다.
④ 교미 시에 사용한다.

해설 파악기(Clasper)

수컷이 교미 시 암컷을 잡을 수 있는 기관

26 다음 중 점박이응애에 대한 설명으로 옳지 않은 것은?

① 암컷의 길이가 수컷에 비해 짧다.
② 성충으로 월동한다.
③ 숙주식물의 잎에서 즙액을 빨아 먹는다.
④ 천적으로는 왕게응애와 신이리응애가 있다.

해설 점박이응애(거미강)

- 수컷은 암컷보다 작고 납작함
- 암컷이 수컷보다 큼
- 성충, 약충 모두 잎 뒷면에서 즙액 흡즙
- 연 10회 정도 발생
- 성충으로 월동
- 약제 저항성이 유발되는 해충

27 다음 중 사과나무에 가장 많이 발생하는 진딧물은?

① 벚잎 혹진딧물　② 아까시나무 진딧물
③ 조팝나무 진딧물　④ 목화 진딧물

해설 조팝나무 진딧물

조팝나무, 사과나무, 배나무 등에 발생

28 다음 중 곤충 체벽의 기능으로 가장 적절하지 않은 것은?

① 제1차 면역기관　② 혈구세포 분화
③ 수분증발 억제　④ 근육의 부착점

해설 곤충 체벽의 기능

- 각종 외부 환경에 대응하고 몸의 각 기관 지지 및 보호
- 표피층(큐티클층) – 진피세포층 – 기저막으로 구성

29 다음 중 소나무 재선충을 옮기는 매개충으로 가장 옳은 것은?

① 알락하늘소　② 미끈이하늘소
③ 솔수염하늘소　④ 털두꺼비하늘소

해설 소나무 재선충의 매개충

솔수염하늘소, 북방수염하늘소

30 다음 중 담배나방에 대한 설명으로 가장 옳지 않은 것은?

① 고추의 주요 해충 중 하나이다.
② 1년에 1회 발생한다.
③ 땅속에서 번데기로 월동한다.
④ 담배에 피해를 준다.

해설 담배나방

- 1년에 3회 발생하며, 땅속에서 번데기로 월동
- 부화유충이 어린잎, 꽃봉오리, 어린 과실 등에 구멍을 내 속으로 파고들어 식해함

31 곤충의 번성 원인으로 가장 거리가 먼 것은?

① 소형이고 날개가 있다.
② 행동이 민첩하고 농약에 강하여 생존율이 높다.
③ 세대가 짧고 산란수가 많다.
④ 불리한 환경에 적응하기 위해 휴면을 한다.

해설 곤충의 번성 원인

- 날개가 발달하여 생존 및 종족의 분산이 가능하고, 몸의 구조적인 적응력이 좋음
- 변태를 통해 불량한 환경에 적응
- 외골격이 발달하여 몸 보호

정답 24 ② 25 ④ 26 ① 27 ③ 28 ② 29 ③ 30 ② 31 ②

32 다음 중 잠자리 유충의 호흡방식으로 가장 옳은 것은?

① 주기적으로 수면으로 부상하여 호흡한다.
② 공기주머니를 통한 주중 호흡방식이다.
③ 몸 표면 전체의 얇은 막을 통한 가스 교환방식이다.
④ 기관아가미를 통한 수중 호흡방식이다.

해설

잠자리목(불완전변태, 고시류)의 유충은 기관 아가미를 통해 수중 호흡을 함

33 다음 중 멸구 등 비래해충을 대상으로 하는 해충발생밀도 조사법으로 가장 적절한 것은?

① 페로몬 조사법 ② 공중포충망조사법
③ 예열조사법 ④ 예찰등조사법

해설 공중포충망

멸구류, 매미충류 등의 비래해충을 채집하기 위한 방법

34 다음 중 완전변태류 곤충으로 가장 적절하지 않은 것은?

① 풀잠자리 ② 배추흰나비
③ 벼룩 ④ 흰개미

해설 곤충의 분류

무시아강(날개 없음)			톡토기, 낫발이, 좀붙이, 좀목
유시아강(날개 있음) -2차적으로 퇴화되어 없는 것도 있음	고시류		하루살이, 잠자리목
	신고시류	외시류(불완전변태)	집게벌레, 바퀴, 사마귀, 대벌레, 갈르와벌레, 메뚜기, 흰개미불이, 강도래, 민벌레, 다듬이벌레, 털이, 이, 흰개미, 총채벌레, 노린재, 매미목
		내시류(완전변태)	벌, 딱정벌레, 부채벌레, 뱀잠자리, 풀잠자리, 약대벌레, 밑들이, 벼룩, 파리, 날도래, 나비목

35 다음 중 곤충이 가장 잘 반응하는 색에 속하는 것은?

① 흑색 ② 녹색
③ 적색 ④ 백색

해설 등화유살

주광성이 강한 등불로 곤충을 유인하여 제거하는 방법으로 녹색, 황색, 백색의 순으로 효과적임

36 다음 중 논의 벼멸구를 방제할 때 살충제를 물에 희석하지 않고 사용하는 제형으로 가장 옳은 것은?

① 유제(乳劑) ② 입제
③ 수화제 ④ 액상 수화제

해설 입제

농약 원제를 증량제에 압출, 흡착, 피복, 혼합하여 제조한 입상의 제형

37 다음 중 코일 모양의 입을 가진 해충으로 가장 옳은 것은?

① 가시점둥글노린재 ② 고자리파리
③ 배추흰나비 ④ 벼멸구

해설 나비목(완전변태류, 내시류)

유충은 씹는 입틀, 성충은 코일 모양의 입

38 곤충 수컷의 생식기관에서 볼 수 없는 것은?

① 저정낭 ② 수정관
③ 난황소 ④ 부속샘

해설 곤충 암수의 생식기관 비교

암컷	수컷
1쌍의 난소(알집)	1쌍의 고환(정집)
1쌍의 옆 수란관	1쌍의 주정관과 저장낭
중앙 수란관과 질	중앙 사정관
수정관과 부속샘	–
교미낭	–
산란관	교미기

39 해충에 대한 식물의 저항성으로 해충의 생장이나 생존에 불리하게 작용하는 것은?

① 항생성(Antibiosis)
② 항접근성(Antigenosis)
③ 내성(Tolerance)
④ 근균성(Mycorrhiza)

해설 항충성(항생성)

해충의 생장이나 대사작용에 불리한 영향을 미치는 성질

정답 32 ④ 33 ② 34 ④ 35 ② 36 ② 37 ③ 38 ③ 39 ①

40 다음 중 말피기관에 대한 설명으로 가장 거리가 먼 것은?

① 배설계에 속하는 기관이다.
② 진딧물에서 볼 수 있다.
③ 중장과 후장이 만나는 곳에서 후장과 연결되어 있다.
④ 혈액 속에서 물 등을 흡수하여 후장으로 이동시킨다.

해설 말피기관

- 곤충 체간 내에 비틀림 운동을 함
- 배설작용을 돕는 기관
- 곤충의 중장과 후장 사이에 위치한 소화계
- 물과 무기이온을 재흡수하여 조직 내의 삼투압 조절

② 진딧물은 말피기관이 없음

03 농약학

41 페녹시계 제초제인 2,4-D의 작용기작은?

① 광합성 저해
② 호흡작용 억제
③ 호르몬작용의 교란
④ 단백질, 핵산 등의 합성 저해

해설 2,4-D

- 식물호르몬 활성을 통해 살초 효과를 나타냄(옥신의 한 종류)
- 호르몬형 제초제

42 복합저항성에 대한 설명으로 틀린 것은?

① 살충제에 대하여 저항성이 발달한 해충은 한 번도 사용된 적이 없지만 작용기구가 같은 살충제에 대하여 저항성을 나타낸 것을 말한다.
② 살충작용이 다른 2종 이상에 대하여 동시에 해충이 저항성을 나타내는 현상을 말한다.
③ 두 개 이상의 유전자가 별개로 관여하고 있기 때문에 항상 같은 현상이 나타난다는 것이 한정되어 있지 않다.
④ 한 개체 안에 두 가지 이상의 저항성 기작이 존재하기 때문에 발생하는 현상이다.

해설 복합저항성

살충작용기작이 다른 2종류 이상의 약제에 대해 동시에 저항성을 갖는 성질

43 농약관리법상 어독성 I 급으로 규정되는 농약의 반수치사농도(mg/L, 48시간)의 범위 기준은?

① 0.1 미만 ② 0.5 미만
③ 1.0 미만 ④ 2.0 미만

해설 어독성 I 급(맹독성)

잉어의 반수치사농도(mg/L 또는 ppm, 48시간)는 0.5 미만

44 Sulfoxide, n-Propylisome과 같이 농약에 첨가하여 효력이 좋아지게 하는 물질을 통칭하는 것은?

① 불임화(Sterilization)
② 대사길항물질(Anti-metabolite)
③ 알킬화제(Alkylating agent)
④ 협력제(Synergist)

해설

피레트로이드계 협력제	Sesamin, Sesamolin, Egonol, Sesoxane, Hinokinin, Piperonyl butoxide, Sulfoxide, n-Propylisomer ※ Piperonyl butoxide(PBO)가 가장 많이 사용됨
DDT, Paration 협력제	Sesamex(3,4-Methylene dioxyphenybezene sulfonate)
Cabamate계 협력제	sesamex

45 다음 중 낙엽 촉진제는?

① 아세트산 ② 카이네틴
③ 아브시스산 Ⅱ ④ 지베렐린

해설 아브시스산(ABA, Abscisic acid)

- 대표적 생장억제물질
- 무기양분의 부족으로 식물체가 스트레스를 받는 상태에서 발생량 증가
- 수분결핍 스트레스에 기공을 폐쇄하여 증산작용 억제
- 부적절한 환경에서의 휴면 유도
- 발아 억제작용 유토
- 재배적 이용 : 잎의 노화, 낙엽 촉진, 휴면 유도, 발아 억제, 화성 촉진, 내한성 증진 등

정답 40 ② 41 ③ 42 ① 43 ② 44 ④ 45 ③

46 항생제인 가스가마이신 액제의 주된 살균기작은?

① 항균력 증가
② 단백질 합성 저해
③ 멜라닌색소 합성 저해
④ 콜린에스테라제(Cholinesterase) 효소의 활성 저해

해설

② 가스가마이신(Kasugamycin)의 주된 살균기작은 단백질 생합성의 저해로, 이때 대부분 항생물질이 관여함

47 농약에 의한 약해 발생이 원인이라고 볼 수 없는 것은?

① 고농도 살포　　② 합리적 혼용
③ 사용방법 미숙　　④ 부적합한 약제 사용

해설 약해의 원인

② 농약을 합리적으로 혼용할 경우 약해는 발생하지 않음

48 저장하고 있는 곡물이나 종자 등에 발생하는 해충을 방제하는 데 주로 쓰이는 제형은?

① 유제(乳劑)　　② 액제(液劑)
③ 수화제(水和劑)　　④ 훈증제(薰蒸劑)

해설 훈증제(GA)

- 가스를 발생시켜 해충을 살충하는 것으로 밀폐공간 속 저장곡물 소독이나 토양 소독으로 활용
- 종류 : 메틸브로마이드, 청산제(사이안화수소), 클로로피크린, 알루미늄포스파이드 등

49 예방이나 치료 효과를 나타내는 침투성 살균제(Systemic fungicide)가 아닌 것은?

① IBP제　　② Carboxin제
③ Benomyl　　④ Mancozeb

해설 만코제브(Mancozeb) 수화제

보호살균제로서 작물의 탄저병을 비롯한 광범위한 병해에 사용

50 다음 농약의 제형 중 농약 제조에 사용되는 유기용매를 줄이기 위한 방안으로 개발된 친환경적 제형은?

① 액상 수화제　　② 액제
③ 유탁제　　④ 수화제

해설 유탁제

유제에 사용되는 유기용제를 줄이기 위한 방안으로 개발된 제형

51 다음 중 비이온성 계면활성제는?

① 인산염
② 황산염
③ 카르본산염
④ Polyoxyethylene glycol과 지방산의 에스테르

해설 비이온성 계면활성제

이온성 계면활성제나 양쪽성 계면활성제와 달리 분자 중에 이온으로 해리되지 않은 수산기(−OH) 에테르결합(−O−), 아마이드결합(−CONH), 에스테르결합(−COOR) 등의 계면활성제

52 제초제의 선택적 고사 요인 중 물리적 요인은?

① 농약의 효소적 분해
② 작물의 약제에 대한 내성
③ 호르몬형 제초제의 화본과 식물에 작용
④ 약제가 잡초의 발아층에 분포하는 성질

해설 물리적 선택성

생태적 선택성, 형태적 선택성, 생리적 선택성, 생화학적 선택성

53 농약의 구비 조건이 아닌 것은?

① 인축에 대한 독성이 낮아야 한다.
② 작물에 대한 약해 작용을 일으켜서는 안 된다.
③ 토양에 오래 잔류하여야 한다.
④ 다른 약제와 혼용이 가능하고 천적, 어류에 대한 독성이 낮아야 한다.

해설 농약의 구비 조건

인축, 공해 등에 대한 안전성이 높을 것(토양에 오래 잔류하면 위험함)

54 분제의 물리적 성질만 나열한 것은?

① 습윤성, 분산성, 부착성
② 현수성, 습윤성, 부착성
③ 확전성, 부착성, 비산성
④ 분산성, 비산성, 토분성

정답 46 ② 47 ② 48 ④ 49 ④ 50 ③ 51 ④ 52 ④ 53 ③ 54 ④

해설 고체 시용제의 물리적 성질

- 분산성 : 살포 시 분제가 널리 균일하게 퍼지는 성질
- 비산성 : 분제의 입자가 살분기에 의해 날아가는 성질
- 토분성 : 살포기에 토출되는 성질

55 다조멧 85% 분제 1kg을 50%로 만들려면 증량제가 얼마나 필요한가?

① 0.85kg ② 0.70kg
③ 1.00kg ④ 1.50kg

해설 희석할 물의 양(L)

$$\text{원제의 용량} \times \left(\frac{\text{원액의 농도}}{\text{희석할 농도}} - 1\right) \times \text{원액의 비중}$$

$$= 1.0\text{kg} \times \left(\frac{80\%}{50\%} - 1\right) = 0.7\text{kg}$$

56 다음 농약 중 저항성 유발 우려가 가장 높은 약제는?

① 가스가마이신 ② 에디벤포스
③ 페노뷰카브 ④ 석회 유황합제

해설

① 가스가마이신 : 침투이행성 살균제
② 에디벤포스 : 유기인계 살균제
③ 페노뷰카브 : 카바메이트계 살충제
④ 석회 유황합제 : 보호살균제

57 농약의 독성을 나타내는 LD_{50}의 의미로 옳은 것은?

① 시험동물의 50%가 생존할 수 있는 농약의 양을 말한다.
② 시험동물을 시험하기 위해 농약의 양이 50%가 유지되는 것을 의미한다.
③ 시험동물의 체중 kg당 몇 mg의 농약을 투여하였을 때 시험동물의 반수가 죽게 되는가를 의미한다.
④ 시험동물의 비율이 전체 시험동물의 50% 이상 되어야 하는 것을 의미한다.

해설 반수치사약량(LD_{50})

독성실험 시 실험군의 50%가 사망하는 용량

58 농약관리법상 농약의 급성독성정도에 따른 농약 구분이 아닌 것은?

① 급성독성 ② 저독성
③ 고독성 ④ 맹독성

해설 농약의 구분

구분	시험동물의 반수를 죽일 수 있는 양(mg/kg 체중)			
	급성경구		급성경피	
	고체	액체	고체	액체
Ⅰ급 맹독성	5 미만	20 미만	10 미만	40 미만
Ⅱ급 고독성	5 이상 50 미만	20 이상 200 미만	10 이상 100 미만	40 이상 400 미만
Ⅲ급 보통독성	50 이상 500 미만	200 이상 2,000 미만	100 이상 1,000 미만	400 이상 4,000 미만
Ⅳ급 저독성	500 이상	2,000 이상	1,000 이상	4,000 이상

59 뷰타클로르 유제를 500배로 희석하여 살포하려고 할 때, 물 1말(18L)에 필요한 약량은 몇 mL인가?

① 18 ② 20
③ 36 ④ 72

해설

$$\text{소요약량} = \frac{\text{총 사용량}}{\text{희석배수}}$$

$$18\text{L} \times \frac{1{,}000\text{mL}}{500\text{배}} = 36\text{mL}$$

60 농약 살포 시 지켜야 할 사항으로 옳지 않은 것은?

① 제4종 복합비료와의 혼용은 약해를 일으키지 않는다.
② 농약 안전사용과 취급제한기준은 반드시 지켜야 한다.
③ 다른 농약과 혼용할 때에는 혼용 가능 여부를 확인 후 사용한다.
④ 가급적 비선택성 제초제는 작물 근처에 뿌리지 않는다.

해설 농약 혼용 시 주의사항

- 미량요소가 함유된 제4종 복합비료(영양제)와의 혼용을 피해야 함
- 비료와 혼용 시 알칼리 금속성 이온과 화학반응하거나, pH 변화로 인해 약효가 떨어지거나, 약해가 발생할 수 있음

정답 55 ② 56 ① 57 ③ 58 ① 59 ③ 60 ①

04 잡초방제학

61 일년생 광엽잡초에서 줄기 및 윗부분에서 1차 예취를 하고 재생 후 아주 낮게 2차 예취를 해주면 효과적인 제초가 가능하다. 이것은 식물의 어떤 특성을 이용한 것인가?

① 발아 현상 ② 정아우세 현상
③ 2차 휴면 ④ 체질적 다형성

해설 정아우세 현상
- 정아의 옥신 영향으로 정아의 성장은 촉진되고, 측아의 생장은 억제되는 현상
- 1차 예취로 정아가 제거되면 생장이 억제되고, 다시 2차 예취를 하면 잡초 발생이 더 많이 억제됨

62 다음 중 논잡초로만 나열된 것은?

① 사마귀풀, 올미, 쇠비름
② 명아주, 올미, 쇠비름
③ 물옥잠, 돌피, 여뀌바늘
④ 강아지풀, 참방동사니, 돌피

해설 잡초의 구분

일년생	논잡초	둑새풀, 피, 바늘골, 바람하늘지기, 알방동사니, 참방동사니, 곡정초, 마디꽃, 물달개비, 물옥잠, 밭둑외풀, 사마귀풀, 생이가래, 여뀌, 여뀌바늘, 자귀풀, 중대가리
	밭잡초	강아지풀, 개기장, 둑새풀, 바랭이, 피, 바람하늘지기, 참방동사니, 파대가리, 개비름, 까마중, 명아주, 쇠비름, 여뀌, 자귀풀, 환삼덩굴, 주름잎, 석류풀, 도꼬마리
다년생	논잡초	나도겨풀, 너도방동사니, 매자기, 쇠털골, 올방개, 올챙이고랭이, 파대가리, 가래, 개구리밥, 네가래, 미나리, 벗풀, 올미, 좀개구리밥
	밭잡초	반하, 쇠뜨기, 쑥, 토끼풀, 메꽃

63 다음 중 월년생 잡초로 가장 옳은 것은?

① 나도겨풀 ② 토끼풀
③ 속속이풀 ④ 띠

해설 동계 일년생 잡초(월년생)의 종류

둑새풀, 냉이, 망초, 별꽃, 벼룩나물, 벼룩이자리, 점나도나물, 개양귀비, 갈퀴덩굴

64 다음 중 영양번식기관에 해당하지 않는 것은?

① 잡종강세 ② 인경
③ 구경 ④ 지하경

해설 영양번식기관

포복경, 인경, 구경, 지하경, 괴근, 괴경

65 잡초에 대한 벼의 경합력을 높이는 재배방법으로 가장 적절한 것은?

① 직파 재배를 한다. ② 소식 재배를 한다.
③ 무경운 재배를 한다. ④ 이앙 재배를 한다.

해설

④ 묘 이앙재배 시 경합력이 커지고, 어린 묘보다 중묘를 기계이앙할 경우 효과가 증가함

66 식물의 백화 증상을 유발시키는 약제가 있다. 이런 증상이 유도되는 이유에 대한 설명으로 가장 옳은 것은?

① 광합성 전자전달 과정을 저해하기 때문이다.
② 식물세포막을 급격히 파괴시키기 때문이다.
③ 단백질 생합성을 저해하여 엽록체가 파괴되기 때문이다.
④ 식물 색소 중의 하나인 카로티노이드의 생합성이 억제되기 때문이다.

해설

④ 카로티노이드의 생합성이 억제되면 식물에 백화 증상이 유발됨

67 다음 중 종자가 암발아성인 잡초로 가장 옳은 것은?

① 냉이 ② 소리쟁이
③ 바랭이 ④ 쇠비름

해설 암발아성 잡초

별꽃, 냉이, 광대나물, 독말풀

68 사람이나 동물에 부착되기 쉬운 낚싯바늘 모양의 돌기 또는 바늘 모양의 가시가 있는 잡초는?

① 올방개 ② 도깨비바늘
③ 명아주 ④ 소리쟁이

정답 61 ② 62 ③ 63 ③ 64 ① 65 ④ 66 ④ 67 ① 68 ②

해설 갈고리 모양의 돌기 등으로 인축에 부착되는 형태의 잡초

도깨비바늘, 도꼬마리, 메귀리, 가막사리, 진득찰

69 영양번식기관으로 번식하는 잡초는?

① 올방개 ② 알방동사니
③ 물달개비 ④ 바랭이

해설 괴경(땅속 덩이 뿌리) 번식 잡초

올방개, 올미, 벗풀, 매자기, 향부자, 너도방동사니

70 작물과 잡초 간 경합의 한계밀도(Criticalthreshold level)에 대한 설명으로 가장 옳은 것은?

① 경합에 의한 무기원소 결핍 단계
② 잡초의 밀도가 어느 한계를 넘었을 때 작물의 수량을 크게 감소시키는 밀도
③ 영양생장에서 생식생장으로 넘어가는 한계
④ 작물의 밀도가 어느 한계를 넘었을 때 잡초와의 경합에 이길 수 있는 밀도

해설 잡초허용 한계밀도

어느 밀도 이상으로 잡초가 존재하면 작물의 수량이 현저하게 감소하는 잡초의 밀도

71 다음 중 부유성 수생잡초로만 나열된 것은?

① 생이가래, 흰명아주 ② 부레옥잠, 좀개구리밥
③ 개구리밥, 올미 ④ 생이가래, 쇠비름

해설 부유잡초

생이가래, 가래, 개구리밥, 좀개구리밥, 부레옥잠

72 다음 중 잡초의 학명이 틀린 것은?

① 올방개 : *Eleocharis kuroguwai* Ohwi
② 강피 : *Monochoria vaginalis* P.
③ 너도방동사니 : *Cyperus serotinus* Rottb.
④ 알방동사니 : *Cyperus difformis* L.

해설

② 강피 : *Echinochloa oryzicola*

73 벼와 피의 형태에 대한 설명으로 가장 옳은 것은?

① 벼에는 잎귀는 있으나 잎혀가 없다.
② 피에는 잎귀가 있으나 잎혀가 없다.
③ 피에는 잎귀와 잎혀가 있으나 벼에는 없다.
④ 벼에는 잎귀와 잎혀가 있으나 피에는 없다.

해설 벼와 피의 형태적 구분

- 피는 잎에 잎혀(엽설)와 잎귀(엽이)가 없어 벼와 구별됨
- 엽이(잎귀) : 잎에서 잎집과 잎몸과의 갈림목 양쪽에 있는 한 쌍의 돌기
- 엽설(입혈) : 잎집과 잎몸의 경계부에 있는 막상돌기(가늘고 긴 혀 모양의 막편)

74 다음 중 호르몬형 제초제로만 나열된 것은?

① Bensulfuron, Butachlor
② 2,4-D, Dicamba
③ Paraquat, Bentazone
④ Hexazinone, Alachlor

해설 호르몬형 제초제

2,4-D, MCPP, MCP, 디캄바(Dicambar)

75 잡초의 여러 기관에서 작물 발아나 생육을 억제하는 특정 물질을 분비하여 피해를 주는 작용은?

① Transmission ② Blue ray
③ Competition ④ Allelopathy

해설

알렐로파시(Allelopathy)는 상호대립 억제작용(타감작용)을 의미함

76 다음 중 택사과 잡초로 가장 옳은 것은?

① 사마귀풀 ② 알방동사니
③ 돌피 ④ 벗풀

해설 택사과 잡초

- 벗풀, 올미, 쇠귀나물, 택사 등
- 택사과 식물은 외떡잎식물의 한 과로서 초본으로 물가나 습지에서 자람

정답 69 ① 70 ② 71 ② 72 ② 73 ④ 74 ② 75 ④ 76 ④

77 다음 중 외래잡초로만 나열된 것은?

① 미국개기장, 단풍잎돼지풀, 서양민들레
② 올챙이고랭이, 미국자리공, 생이가래
③ 서양민들레, 올방개, 방동사니
④ 단풍잎돼지풀, 미국가막사리, 중대가리풀

해설 외래잡초

미국개기장, 미국자리공, 달맞이꽃, 엉겅퀴, 단풍잎돼지풀, 털별꽃아재비, 큰도꼬마리, 미국까마중, 돌소리쟁이, 좀소리쟁이, 미국나팔꽃, 미국가막사리, 망초, 개망초, 서양민들레, 가는털비름, 비름, 소리쟁이, 흰명아주, 도깨비가지, 가지비름, 미국외풀 등

78 방동사니과 잡초의 형태적 특징으로 가장 옳은 것은?

① 엽이가 있다.
② 잎이 좁고 능선이 없다.
③ 줄기가 삼각형이다.
④ 잎은 엽신과 엽초로 구분되어 있다.

해설 방동사니과 잡초의 형태적 특징

- 잎맥이 그물처럼 얽혀 있음
- 잎은 마디로부터 두 줄로 어긋나 있음
- 줄기가 삼각형 모양임

79 설포닐우레아계 제초제의 작용 기작으로 가장 옳은 것은?

① 지질 생합성의 저해 ② 아미노산 생합성의 저해
③ 호흡작용의 저해 ④ 광합성의 저해

해설 설포닐우레아계 제초제

- 아미노산 생합성 저해 기작으로 살초작용
- 요소계 제초제의 기본구조에서 SO_2기가 치환된 것
- 저약량으로 높은 제초활성이 되어 환경에 부화가 적음
- 화본과보다 광엽잡초에 높은 활성을 나타냄
- 종류 : 벤설퓨론메틸, 피라조설퓨론에틸, 아짐설퓨론, 시노설퓨론 등

80 우리나라에서 가장 먼저 사용된 제초제는?

① 마세트 입제 ② 2,4-D 액제
③ 스톰프 유제 ④ 라쏘 유제

해설 2,4-D 액제

우리나라에서 가장 먼저 사용된 제초제(최초의 제초제)

정답 77 ① 78 ③ 79 ② 80 ②

2020년 기사 1·2회 통합

01 식물병리학

01 식물병의 표징을 볼 수 없는 병은?

① 진균에 의한 병 ② 세균에 의한 병
③ 바이러스에 의한 병 ④ 담자균에 의한 병

해설 병징만 나타나는 것(표징이 없음)

비전염성 병, 바이러스, 바이로이드, 파이토플라스마

02 모과나무 잎에 갈색 별무늬 모양의 원형 반점이 나타나고 잎 뒷면 병반에 실 같은 털이 나오는 병은?

① 모과나무 탄저병 ② 모과나무 녹병
③ 모과나무 갈반병 ④ 모과나무 역병

해설 모과나무 녹병

향나무 녹병은 모과나무 · 사과나무 · 배나무 등과 같은 과수에 기주교대를 하는 이종 기생성 병으로 잎의 뒷면에 돌기모양의 녹포자기를 형성하여 잎을 떨어뜨려 생장을 저하시킨다.

03 다음 중 병원체가 비, 바람에 의해 가장 많이 옮겨지는 것은?

① 오동나무 빗자루병 ② 콩 모자이크병
③ 벼 줄무늬잎마름병 ④ 사과 탄저병

해설 사과 탄저병

빗물이나 바람(비바람) 등에 의해 옮겨진 점액질의 분생포자가 직접 각피로 침입하여 2차 전염을 함

04 국내 파이토플라스마의 전염방법으로 가장 옳은 것은?

① 월동 후 토양전염을 한다.
② 즙액전염을 한다.
③ 바람에 의해 매개된다.
④ 곤충에 의해 전염된다.

해설

④ 파이토플라스마의 전염방법은 식물의 체관부를 흡즙하는 곤충류에 의해 매개됨

05 다음 중 비전염성인 병은?

① 선충에 의한 병 ② 세균에 의한 병
③ 바이러스에 의한 병 ④ 무기원소 결핍에 의한 병

해설 비생물성 병원(비전염성)

양 · 수분의 결핍 및 과다, 온도, 광선, 대기오염, 부적절한 환경요인으로 발생

06 종자전염성 병원균으로 가장 적절하지 않은 것은?

① 오이 흰비단병균 ② 맥류 맥각병균
③ 벼 키다리병균 ④ 벼 도열병균

해설 종자전염성 병원균

맥류 맥각병균, 벼 키다리병균, 벼 도열병균, 벼 이삭누룩병균, 벼 세균성 알마름병균

07 사과나무 붉은별무늬병균은 진균 중 어느 균류에 속하는가?

① 불완전균류 ② 자낭균류
③ 접합균류 ④ 담자균류

해설

사과나무 · 배나무 붉은별무늬병(향나무 녹병)은 진균(담자균)에 의한 식물병에 해당함

08 호박의 흰가루병을 방제하기 위해서는 어느 부위에 약제를 처리하는 것이 가장 효과적인가?

① 뿌리 ② 토양
③ 잎과 줄기 ④ 종자

정답 01 ③ 02 ② 03 ④ 04 ④ 05 ④ 06 ① 07 ④ 08 ③

해설

흰가루병은 잎, 줄기 등의 표면에 흰색 분말과 같은 곰팡이(균사와 분생포자)가 생김

09 다음 중 꽃감염(花器感染)을 하는 것으로 가장 적절한 것은?

① 감자 암종병 ② 보리 겉깜부기병
③ 벚나무 빗자루병 ④ 고추 탄저병

해설 꽃감염(花器感染)

사과 꽃썩음병균, 배 · 사과 화상병균(직접간염), 밀 · 보리 겉깜부기병균(간접감염)

10 가지과 풋마름병(청고병)의 병징에 대한 설명으로 가장 적절한 것은?

① 매우 느리게 주위의 다른 포기로 병이 전파된다.
② 뿌리는 갈변되지 않는다.
③ 잎에 무수히 많은 반점이 생긴다.
④ 경엽 전체가 녹색으로 시드는 경우도 있다.

해설 풋마름병

뿌리로부터 발병하여 줄기, 잎에 이르는 전신병으로, 급격히 시들어 고사하는데 대부분 청색(녹색)으로 시드는 증상을 보임

11 벼 줄무늬잎마름병(호엽고병)의 방제방법으로 가장 적절한 것은?

① 토양소독 ② 매개충의 구제
③ 검역 ④ 발병 후 살균제 살포

해설 벼 줄무늬잎마름병(호엽고병)의 방제방법

애멸구 발생 시 구제를 위해 살충제를 사용함(화학적 방제)

12 감자 잎말림병을 일으키는 병원체로 가장 적절한 것은?

① 바이러스 ② 세균
③ 진균(곰팡이) ④ 선충

해설 병원체

- 감자 잎말림병 : 바이러스
- 감자 갈쭉병 : 바이로이드

13 어떤 식물병에 대하여 저항성이었던 품종이 갑자기 해당 식물병에 감수성이 되는 주된 원인은?

① 기상 환경의 변화
② 병원균 집단의 변화
③ 식물체 내 영양성분의 변화
④ 식물병 저항성 인자의 변화

해설

② 병원균이 새로운 레이스 출현으로 어떤 작물 품종의 병저항성이 이병성(감수성)으로 바뀌는 현상이 발생하기도 함

14 벼 잎집얼룩병(잎집무늬마름병)의 표징으로 가장 적절한 것은?

① 자낭반 ② 균사속
③ 포자퇴 ④ 균핵

해설

④ 벼 잎집얼룩병(잎집무늬마름병)의 병원균은 균핵과 담포자를 형성함

15 잣나무 잎떨림병균의 월동 장소로 가장 적절한 것은?

① 땅위에 떨어진 병든 잎
② 토양 속
③ 나뭇가지에 붙어 있는 병든 잎
④ 땅위에 떨어진 열매

해설

③ 잣나무 잎떨림병균은 자낭포자의 형태로 나뭇가지에 붙어 있는 병든 잎에서 월동함

16 벼를 기주로 하여 곰팡이에 의해 발병하는 것은?

① 오갈병
② 도열병
③ 흰잎마름병
④ 줄무늬잎마름병

해설

도열병은 진균(불완전균류)으로 볏짚 또는 볍씨의 병든 부분에서 균사나 분생포자 상태로 월동 후 분생포자가 바람에 의해 2차 전염됨

정답 09 ② 10 ④ 11 ② 12 ① 13 ② 14 ④ 15 ③ 16 ②

17 벼 도열병의 방제법으로 가장 적절하지 않은 것은?

① 종자 소독을 한다.
② 저항성 품종을 심는다.
③ 질소비료의 과용을 피한다.
④ 가급적 찬물을 대준다.

해설

④ 벼 도열병의 방제를 위해서는 물을 돌려대어 수온을 높이는 것이 좋음

18 다음 중 벼의 병에서 물에 의해 가장 많이 전파되는 것은?

① 흰잎마름병　② 키다리병
③ 키아즈마병　④ 오갈병

해설

① 흰잎마름병은 심한 바람(강풍), 물에 의해 운반된 세균이 상처를 통해 침입하는 수매전반을 함

19 병든 부분에 나타난 자낭각을 보고 진단할 수 있는 식물병으로 가장 적절한 것은?

① 옥수수 깜부기병
② 밀 줄기녹병
③ 고추 역병
④ 보리 붉은곰팡이병

해설 진균 중 자낭균에 의한 식물병

맥류 흰가루병, 맥류 붉은곰팡이병, 호밀 맥각병, 콩 탄저병 등

20 인삼 또는 당근의 뿌리에 혹과 같은 병징을 일으키는 대표적인 것은?

① 뿌리혹박테리아　② 뿌리혹선충
③ 노균병균　④ 아조토박터

해설 뿌리혹선충

뿌리를 해쳐서 혹을 만들거나, 뿌리를 썩게 하거나 잎에 반점을 만듦

02 농림해충학

21 곤충 개체 간의 통신수단에 사용되는 물질로 가장 거리가 먼 것은?

① Hormone　② Pheromone
③ Allomone　④ Kairomone

해설 곤충의 타감물질

알로몬(Allomone), 카이로몬(Kairomone), 시노몬(Synomone)

22 다음 중 성충의 피해가 문제되는 것은?

① 소나무좀　② 뽕나무하늘소
③ 밤나무순혹벌　④ 솔나방

해설

- 소나무좀 : 월동성충이 쇠약목의 나무줄기나 가지의 껍질 밑 형성층에 구멍을 뚫고 침입 후 산란하고 부화 유충이 갱도를 타고 수피 밑을 식해함
- 뽕나무하늘소 : 유충은 가해수종의 줄기 속을 상하 방향으로 2m 이상 되는 긴 갱도를 만들면서 가해하므로 목질부가 변색되어 수세가 약해 고사하게 됨. 특히 성충은 새 가지의 껍질 및 과실을 물어 뜯어 흡즙함

23 날개가 있는 것은 날개맥이 없는 가늘고 긴 날개를 가지고 있고, 그 가장자리에 긴 털이 규칙적으로 나 있으며 좌우 대칭이 아닌 입틀을 가지고 있는 곤충군은?

① 총채벌레목　② 나비목
③ 노린재목　④ 매미목

해설 총채벌레목(불완전변태류, 외시류)

- 미소곤충
- 왼쪽 큰턱이 한 개만 발달 → 입틀 좌우가 같지 않음
- 즙액을 빨아 먹음
- 날개는 가늘고 길며 날개맥이 없음
- 가장자리에 긴 털이 규칙적으로 있음
- 식물에 기생(해충)
- 포식성도 있음(진딧물, 응애)

정답 17 ④ 18 ① 19 ④ 20 ② 21 ① 22 ①, ② 23 ①

24 **다음 중 수간에 황색 털로 덮여 있는 난괴(알덩어리)는 어떤 해충의 난괴인가?**

① 미국흰불나방
② 천막벌레나방
③ 매미나방
④ 복숭아유리나방

해설 매미나방

- 나비목 독나방과
- 낙엽송, 적송, 참나무, 밤나무 등 기주범위가 넓음
- 성충 암컷은 황백색, 수컷은 회갈색
- 암컷은 멀리 날지 못하나, 수컷은 밤낮으로 잘 날아다녀 집시나방
- 알은 나무 줄기에 덩어리(난괴)의 형태로 낳음
- 씹어 먹는 입틀을 가진 잡식성 해충
- 유충이 침엽수와 활엽수의 잎 식해

25 **복숭아 혹진딧물의 학명은?**

① *Myzus persicae Sulzer*
② *Green peach* aphid
③ *Tetranychus urticae* Koch
④ *Panonychus citi* McGregor

해설 복숭아 혹진딧물(*Myzus persicae Sulzer*)

무시충과 유시충 모두가 존재하는 것으로 부화 약충은 겨울기주의 어린 잎의 즙을 흡즙하는데, 이로 인해 바이러스의 매개 역할을 함

26 **다음 중 씹는 형의 입틀을 갖지 않은 곤충으로 가장 적절한 것은?**

① 이질바퀴　　② 꽃노랑총채벌레
③ 벼메뚜기　　④ 장수풍뎅이

해설 저작구형(씹어 먹는 형) 곤충

메뚜기, 풍뎅이, 나비류의 유충

27 **다음 중 곤충의 방어물질에 대한 설명으로 가장 거리가 먼 것은?**

① 곤충의 방어물질을 총칭 카이로몬이라고 한다.
② 사회성 곤충에서는 독샘에서 분비하는 방어물질들이 대부분 효소들이다.
③ 곤충의 방어샘에서 동정된 화합물로는 알칼로이드, 테르페노이드, 퀴논, 페놀 등이 있다.
④ 비사회성 곤충에서는 방어물질 중에 개미들의 경보 페로몬과 같거나 비슷한 구조의 화합물도 있다.

해설

① 곤충의 방어물질인 알로몬(Allomone)은 자기방어 시 방어물질로 이용됨

28 **다음 중 곤충강으로 분류되지 않는 것은?**

① 먹줄왕잠자리　　② 벼물바구미
③ 꿀벌　　④ 지네

해설

④ 지네, 거미강의 절지동물문(순각강)은 곤충으로 보지 않음

29 **곤충의 번성 원인에 대한 설명으로 가장 옳은 것은?**

① 세대가 길고 산란수가 많다.
② 변태 시 적에게 쉽게 노출된다.
③ 불리한 환경에 적응하기 위해 휴면을 한다.
④ 행동이 민첩하고 농약에 강하여 생존율이 높다.

해설 곤충의 번성 원인

- 키틴질의 외골격이 발달하여 몸을 보호
- 날개가 발달하여 생존 및 종족 분산 가능
- 몸의 크기가 작아 소량의 먹이로 활동 가능
- 몸의 구조적인 적응력이 좋음(불량한 환경에서 변태)
- 종의 증가 현상

30 **다음 중 충영을 형성하는 해충으로 가장 적절한 것은?**

① 솔잎혹파리
② 독나방
③ 어스렝이나방
④ 참나무겨울가지나방

해설 솔잎혹파리

유충이 솔잎 밑부분에 벌레혹(충영)을 만들고 그 속에서 즙액 흡즙하는 해충

정답 24 ③ 25 ① 26 ② 27 ① 28 ④ 29 ③ 30 ①

31 곤충의 알라타체에서 분비되는 호르몬은?

① 유약호르몬 ② 뇌호르몬
③ 카디아카체 ④ 탈피호르몬

해설 알라타체

성충으로의 발육 억제, 탈피 억제, 변태를 조절하는 호르몬이며, 유충 호르몬(유약호르몬, 변태조절호르몬)을 분비하는데, 성충기에 가까워짐에 따라 호르몬 분비량이 감소하는 특징이 있음

32 다음 중 번데기 또는 마지막 영기의 약충이 탈피하여 성충이 되는 현상을 무엇이라고 하는가?

① 우화 ② 부화
③ 용화 ④ 세대

해설 우화

번데기(약충)가 탈피하여 성충이 되는 현상

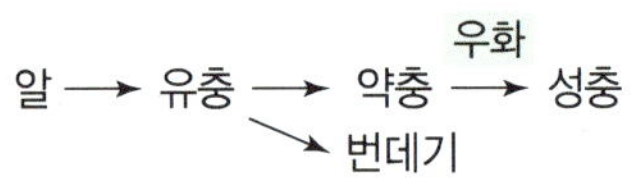

33 곤충의 뇌는 전대뇌, 중대뇌, 후대뇌의 3개의 신경절로 되어 있다. 후대뇌의 역할로 가장 옳은 것은?

① 시감각에 관여
② 청감각에 관여
③ 소화기 운동에 관여
④ 촉감각에 관여

해설 후대뇌

뇌와 중장신경계를 연결시켜 운동에 관여하는데 소화기 운동을 주로 담당함

34 곤충의 중장과 후장 사이에 분포하여 배설작용을 하는 기관은?

① 타액선 ② 말피기씨관
③ 직장 ④ 소장

해설 말피기씨관

곤충의 중장과 후장 사이에 위치한 소화계로서 pH나 무기이온농도 조절 및 비틀림 운동을 발생시켜 배설작용을 관장함

35 다음 중 수목의 수피 속 형성층이나 목질부를 가해하는 해충으로 가장 적절하지 않은 것은?

① 향나무하늘소 ② 회양목명나방
③ 소나무좀 ④ 박쥐나방

해설 분열조직(목질부)을 가해하는 천공성 해충

소나무좀, 박쥐나방, 향나무하늘소(측백하늘소)

36 곤충이 탈피할 때 새로운 표피로 대체(代替)되지 않는 기관은?

① 식도 ② 전소장
③ 직장 ④ 맹장

해설 곤충의 소화기관(소화계)

전장, 중장, 후장, 타액선(침샘), 말피기관으로 이루어짐

37 다음 중 나비목 유충이 견사(絹絲)를 분비하는 곳으로 가장 적절한 것은?

① 전위 ② 맹장
③ 침샘 ④ 말피기씨관

해설 타액선(침샘)

나비목과 벌목의 유충은 침샘에서 견사를 분비하여 고치를 지음

38 큰턱샘이 분비하는 물질로 가장 적절하지 않은 것은?

① 소화효소 ② 경보페로몬
③ 혈액응고 억제제 ④ 성페로몬

해설 큰턱샘의 역할

- 소화효소인 아밀라아제 분비
- 성페로몬, 경보페로몬 등을 분비

39 곤충의 날개는 대개 2쌍이 있다. 앞날개는 일반적으로 어디에 달려 있는가?

① 앞가슴 ② 가운데가슴
③ 뒷가슴 ④ 촉각

해설 곤충의 날개

대개 2쌍이며, 앞날개는 가운데가슴에, 뒷날개는 뒷가슴에 있음

정답 31 ① 32 ① 33 ③ 34 ② 35 ② 36 ④ 37 ③ 38 ③ 39 ②

40 다음 중 성충이 우화하여 공중으로 날면서 알을 떨어뜨리는 해충으로 가장 적절한 것은?

① 짚시나방　② 텐트나방
③ 흰불나방　④ 박쥐나방

해설 박쥐나방
8~10월에 성충이 우화하여 공중을 날면서 알을 떨어뜨림

03 재배원론

41 다음 중 작물의 생리작용을 위한 주요 온도에서 최적온도가 가장 낮은 것은?

① 오이　② 보리
③ 삼　④ 벼

해설 최적온도가 높은 작물
멜론, 벼, 오이, 옥수수, 삼 등

42 단일식물로만 나열된 것은?

① 양귀비, 양파
② 티머시, 감자
③ 시금치, 상추
④ 코스모스, 벼

해설 단일조건에서 개화하는 식물
콩, 옥수수, 만생종, 벼, 딸기, 가을국화, 코스모스 등

43 논토양의 환원상태에서 원소별 존재 형태를 바르게 나타낸 것은?

① $C \rightarrow CO_2$　② $N \rightarrow NO_3^-$
③ $Fe \rightarrow Fe^{+2}$　④ $S \rightarrow SO_4^{-2}$

해설
논토양은 벼 재배기간 동안 습답(토양이 물에 잠겨 있음)으로 산소의 공급이 적고 유기물을 분해하는 미생물에 의해 산소가 소비되므로 환원상태가 발생함

44 저장 중 곡물의 변화에 대한 설명으로 틀린 것은?

① 호흡 소모로 중량 감소가 일어난다.
② 발아율이 저하된다.
③ 환원당 함량이 증가한다.
④ 유리지방산이 감소한다.

해설
④ 저장 곡물은 미생물에 의해 지방이 분해되어 유리지방산이 증가함

45 다음 중 협채류에 속하는 작물은?

① 동부　② 토란
③ 우엉　④ 미나리

해설 협채류 작물
미숙한 콩깍지를 통째로 이용하는 채소(완두, 강낭콩, 동부 등)

46 작물의 광합성에 가장 효과적인 광은?

① 녹색광　② 황색광
③ 주황색광　④ 적색광

해설 광합성에 효과적인 광
- 650~700nm의 적색 부분(적색광)
- 400~500nm의 청색 부분(청색광)

47 사탕무의 속썩음병, 순무의 갈색속썩음병, 담배의 끝마름병 등과 관련 있는 필수원소는?

① 망간　② 붕소
③ 아연　④ 몰리브덴

해설 붕소(B)
- 광범위하게 결핍증상이 나타나는 원소
- 무, 배추 등의 십자화과 채소에 많이 발생

48 눈이 트려고 할 때 필요하지 않은 눈을 손끝으로 따주는 것은?

① 적아　② 적엽
③ 절상　④ 휘기

정답 40 ④ 41 ② 42 ④ 43 ③ 44 ④ 45 ① 46 ④ 47 ② 48 ①

해설

② 적엽 : 과도하게 무성한 잎을 일부 제거해 주는 것
③ 절상 : 눈이나 가지 위에 칼금을 내어 발육을 촉진하는 일
④ 휘기 : 통풍 등을 위해 가지를 유인해서 휘게 하는 일

49 다음 중 배의 미숙에 의한 휴면 현상이 나타나는 작물로 가장 옳은 것은?

① 자운영 ② 인삼
③ 귀리 ④ 보리

해설 인삼

종자 수확 후에도 배가 아직 미숙한 상태로, 휴면 중 후숙을 통해 배가 발달함

50 자가불화합성을 이용하는 작물로만 나열된 것은?

① 벼, 고추 ② 밀, 옥수수
③ 배추, 무 ④ 감자, 상추

해설

- 인공교배 이용 작물 : 토마토, 오이, 가지, 수박 등
- 자가불화합성 이용 작물 : 배추, 양배추, 무 등
- 웅성불임성 이용 작물 : 양파, 고추, 당근 등
- 암수 다른 꽃 이용 작물 : 오이, 수박, 옥수수 등
- 암수 다른 포기 이용 작물 : 시금치 등

51 포장동화능력에 대한 설명으로 옳은 것은?

① 총 엽면적×수광능률×군락상태
② 총 엽면적×수광능률×평균동화능력
③ 총 엽면적×광 차광률×상대습도
④ 단위 엽면적×수분 포화율×평균동화능력

해설 포장동화능력

- 포장군락의 단위면적당 동화능력(광합성 능력)
- 포장동화능력＝총 엽면적, 수광능률, 평균동화능력의 곱

$P = AfP_0$

여기서, P : 포장동화능력
A : 총 엽면적
f : 수광능률
P_0 : 평균동화능력

52 다음 설명에 해당하는 것은?

파종된 종자의 약 40%가 발아한 날이다.

① 발아기 ② 발아시
③ 발아 전 ④ 발아 양부

해설

- 발아시 : 발아한 것이 처음 나타난 날
- 발아기 : 전체 종자수의 반 정도가 발아한 날
- 발아세 : 전체 종자수에서 일정한 기간 내에 대다수가 고르게 발아한 종자수의 비율

53 춘화 처리의 농업적 이용과 가장 거리가 먼 것은?

① 대파할 수 있다.
② 성전환이 가능하다.
③ 채종에 이용될 수 있다.
④ 촉성재배가 가능하다.

해설 버널리제이션(Vernalization)

- 춘화처리의 재배적 이용
- 추파맥류의 춘파처리 가능(추파맥류의 대파 가능)
- 딸기의 촉성재배
- 채종상의 이용
- 육종상의 이용
- 종 또는 품종의 감정
- 재배법의 개선
- 증수적 효과

54 관개방법 중 등고선에 따라 수로를 내고, 임의의 장소로부터 월류하도록 하는 것은?

① 보더관개 ② 일류관개
③ 수반관개 ④ 살수관개

해설 관개의 구분

일류관개	• 등고선에 따라 수로를 내고 일정한 장소에서 월류하도록 하는 방법 • 등고선월류법
보더관개	완경사의 상단을 수로로부터 전체 표면에 물을 흘려 대는 방법
수반관개	포장을 수평으로 구획하고 사이의 수로에 의해 관개

정답 49 ② 50 ③ 51 ② 52 ① 53 ④ 54 ②

55 작물의 유전변이에 대한 설명으로 옳은 것은?

① 환경변이는 다음 세대에 유전한다.
② 연속변이를 하는 형질을 질적 형질이라고 한다.
③ 불연속변이를 하는 형질을 양적 형질이라고 한다.
④ 꽃 색깔이 붉은 것과 흰 것으로 구별되는 것은 불연속변이이다.

해설

④ 꽃 색깔이 붉은 것과 흰 것으로 구별되는 것은 연속변이(질적 형질)임. 질적 형질이란 꽃의 색깔같이 형질의 특성이 몇 가지 종류로 뚜렷이 구분되는 형질을 의미함

56 벼 신품종 종자 증식을 위해 채종포에서 사용하는 종자는?

① 기본식물종자 ② 원원종
③ 원종 ④ 보급종

해설

③ 채종포는 농가에 공급할 종자 생산 및 가공 처리하는 곳으로 원종을 사용함

단계	내용
품종육성 및 기본식물 생산 시험장(기본식물포)	품종육성 후 기본식물 생산 • 작물과학원, 호 · 영남농업연구소
↓ 원원종(원원종포)	종자 증식 • 도 · 농업기술원
↓ 원종(원종포)	종자의 다량 증식 • 도 원종장
↓ 보급종(채종포)	농가에 공급할 종자 생산 및 가공처리 • 채종적지의 농가와 계약 생산 • 종자관리소

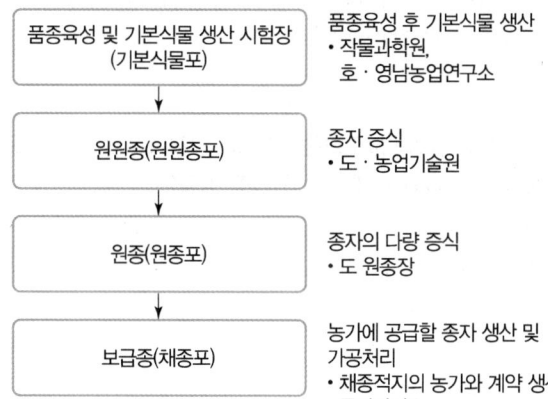

57 1대 잡종 품종에서 잡종강세가 가장 크게 나타나는 것은?

① 단교배 종자 ② 3원교배 종자
③ 복교배 종자 ④ 합성품종 종자

해설

① 단교배 종자는 두 개의 근친교배계통 간의 잡종을 만드는 방법으로 잡종강세가 뚜렷함

58 우리나라 주요 작물의 기상생태형에서 감광형에 해당하는 것은?

① 그루조 ② 조생종
③ 올콩 ④ 여름메밀

해설

감광성	L : 크다 l : 작다	• 작물이 단일(낮에 길이가 짧을 때) 환경에서 : 출수 · 개화가 촉진되는 성질 • 작물 : 만생종 벼, 가을메밀, 그루콩(가을콩)

59 고구마의 안전저장 조건에서 온도 조건으로 가장 옳은 것은?

① 큐어링 후 13~15℃
② 큐어링 후 20~25℃
③ 큐어링 후 28~30℃
④ 큐어링 후 35~38℃

해설 큐어링(Curing)

온도 13~15℃, 상대습도 85~90%에 보관하는 것

60 다음 중 단명종자로만 나열된 것은?

① 사탕무, 베치 ② 수박, 나팔꽃
③ 토마토, 가지 ④ 메밀, 기장

해설 단명종자(1~2년)

고추, 양파, 메밀, 토당귀 등

04 농약학

61 95%인 원제 2kg으로 2% 분제를 만들려고 할 때, 소요되는 증량제의 양(kg)은?

① 73 ② 83
③ 93 ④ 103

해설 증량제의 양(kg)

$$= \text{원제의 중량} \times \left(\frac{\text{원분제의 농도}}{\text{원하는 농도}} - 1\right)$$

$$= 2\text{kg} \times \left(\frac{2\%}{95\%} - 1\right) = 93$$

정답 55 ④ 56 ③ 57 ① 58 ① 59 ① 60 ④ 61 ③

62 **카바메이트(Carbamate)계 살충제의 작용에 대한 설명 중 틀린 것은?**

① 살충작용이 선택적이다.
② 인축에 대한 독성이 가장 강하다.
③ 적용범위가 넓고 약해가 적다.
④ 식물체에 대한 침투력이 있다.

해설
② 카바메이트(Carbamate)계 살충제는 체내에서 빨리 분해되어 인축의 독성이 낮음

63 **페녹시(Phenoxy)계로서 고농도에서는 광엽 선택제초성의 제초제이지만 낮은 농도에서는 생장 촉진, 도복 방지 등의 효과가 있다고 알려져 있는 농약은?**

① Pyrethrin ② 2,4-D
③ DDT ④ BHC

해설 2,4-D
경엽 처리, 이행성 호르몬형 선택성 논 제초제

64 **농약관리법령상 농약이 아닌 것은?**

① 살충제 ② 전착제
③ 기피제 ④ 위생해충제

해설 농약의 정의 및 범위(농약관리법상)
농림축산식품부령으로 정한 동식물(병해충)을 방제하는 데에 사용되는 살균제, 살충제, 제초제 등을 의미함

65 **살충제 농약의 작용점이 잘못 연결된 것은?**

① 원형질독-유기수은제 ② 피부독-기계유 유제
③ 호흡독-청산가스 ④ 근육독-피레트린

해설
④ 근육독-데리스제

66 **급성 경구독성이 가장 강한 농약은?**

① Zineb제 ② Parathion제
③ DDVP제 ④ Diazinon제

해설 파라티온에틸(Parathion-ethyl)
반수치사량(LD_{50}, mg/kg)이 10인 살충제로 경구독성이 가장 강한 농약임

67 **교차저항성(Cross resistance)에 대한 설명으로 옳은 것은?**

① 동일한 작용기작을 가진 약제군 사이에서 그중 1개의 약제에 저항성을 지니게 된 균은 같은 군의 다른 약제에 대해서도 저항성을 가진다.
② 작용점이 여러 개인 약제에 대하여 2가지 이상의 작용점에 저항을 획득하면 그 균은 교차저항성을 획득하였다고 한다.
③ 베노밀(Benomyl)과 톱신-M(Topsin-M)의 경우 화학구조가 완전히 다르기 때문에 저항성의 획득도 다른 기작을 따른다.
④ 저항성 균이 한 지역에 발생하여 다른 지역으로 이동되었을 때, 이동된 지역에서도 저항성을 유지하는 것을 교차저항성이라 한다.

해설 교차저항성
어떤 살충제에 대해 이미 저항성이 발달한 해충이 한 번도 사용한 적이 없지만 작용기구가 같은 살충제에 대해 저항하는 성질을 의미함

68 **기계유 유제의 불포화탄화수소의 양을 표시하는 값으로 정제도(精制度)와 관계 있는 물리적 성질은?**

① 점도(Viscosity)
② 비등점(Boiling point)
③ 술폰가(Sulfonative value)
④ 응고(Coagulation)

해설 기계유 유제
기계유에 유화제를 첨가하여 만든 살충제로서 탄화수소가 주성분이며, 술폰가(Sulfonative value)는 기계유 유제의 불포화탄화수소의 양을 표시하는 값을 의미함

69 **다음 중 피리딘계(4급 암모늄계) 제초제는?**

① Paraquat ② Oxadiazon
③ Butachlor ④ Chlornitrofen

해설 파라콰트(Paraquat)
비피리딜리움계 제초제이며 무수암모니아, 나트륨과 피리딘 분자 두 개로 결합되어 생성됨

정답 62 ② 63 ② 64 ④ 65 ④ 66 ② 67 ① 68 ③ 69 ①

70 비중이 1.15인 이소푸로치오란 유제(50%) 100mL로 0.05% 살포액을 제조하는 데 필요한 물의 양은 몇 L인가?

① 104.9 ② 114.9
③ 124.9 ④ 110.5

해설 희석할 물의 양(L)

$$= \text{원액의 용량} \times \left(\frac{\text{원액의 농도}}{\text{희석할 농도}} - 1\right) \times \text{원액의 비중}$$

$$= 100\text{mL} \times \left(\frac{50\%}{0.05\%} - 1\right) \times 1.15 = 114.885\text{L}$$

71 유제, 수화제, 수용제 등의 약제 살포방법 중 별도의 공기는 주입하지 않으며 약액에 압력을 가하여 미세한 출구로 직접 분사 · 살포하는 방법은?

① 분무법 ② 미스트법
③ 스프링클러법 ④ 폼스프레이법

해설

- 분무법 : 에어로졸 또는 분사 노즐을 이용하여 가스 압력 또는 압축 공기에 의하여 분무하는 방법
- 미스티법 : 미스트기로 만든 미립자를 살포하는 방법
- 스프링클러법 : 스프링클러를 이용하여 살포하는 방법
- 폼스프레이법 : 살포 희석액에 기포제를 넣어 특수 제작한 노즐을 공기를 통해 분사하는 살포방법

72 농약의 잔류허용기준(MRL)을 결정하는 요소가 아닌 것은?

① 최대무작용량(NOEL) ② 안전계수
③ 농약 살포 횟수 ④ 1일 섭취허용량(ADI)

해설 최대잔류허용량

$$= \frac{\text{1일 섭취허용량(ADI, mg/kg)} \times \text{국민 평균체중(kg)}}{\text{해당 농약이 사용되는 식품의 1일 섭취량(식품계수, kg)}}$$

73 재배면적이 10ha인 어떤 농지에서 펜티온 유제 50%를 1,000배로 희석하여 10a당 8말의 살포량으로 방제하려고 한다. 펜티온 유제는 500mL 단위로 몇 병을 구입해야 하는가? (단, 1말은 18L이다.)

① 21병 ② 25병
③ 29병 ④ 35병

해설

$$\text{소요약량} = \frac{\text{총 사용량}}{\text{희석배수}} = \frac{8\text{말}}{1{,}000\text{배}} = \frac{144{,}000\text{mL}}{1{,}000} = 144\text{mL}$$

1ha = 100a ∴ 10ha = 1,000a

$$\frac{14{,}400}{500} = 28.8\text{병}$$

74 조제 직후 보르도액의 구리의 용해도가 0에 가까울 때의 pH는?

① pH 12.4 ② pH 11.3
③ pH 10.4 ④ pH 9.3

해설 보르도액의 구리의 용해도

구분	보르도액의 pH	구리의 용해도
만든 직후	pH 12.4(강알칼리성)	구리의 용해도는 0에 가까움

75 Ziram의 구조식은?

①
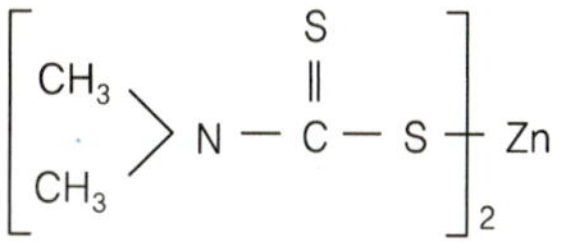

②
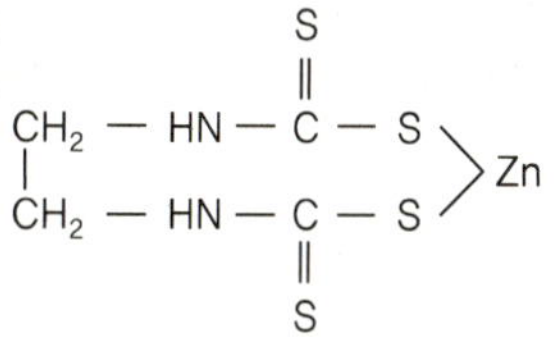

③
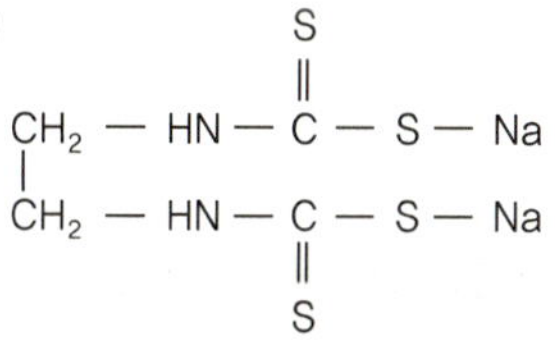

④
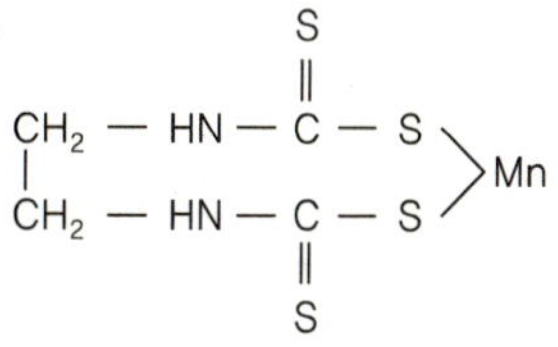

🔒 정답 70 ② 71 ① 72 ③ 73 ③ 74 ① 75 ①

해설 지람(Ziram)의 구조식

$[(CH_3)_2NCSS]_2Zn$

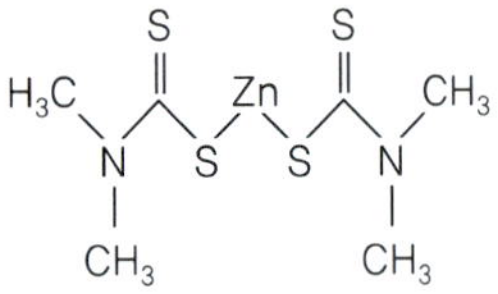

76 농약의 살포방법 중 살포액의 농도가 높고 정밀한 액적 조절살포가 필요한 살포방법은?

① 분입제 살포
② 공중액제 살포
③ 입제 살포
④ 수면 시용

해설 공중살포법

- 항공기를 이용한 농약 살포방법
- 대면적에 이용
- 주로 액체 상태의 제형을 사용
- 공중액제 살포

77 헤테로옥신이라고도 하며 무색 바늘 모양의 결정으로 과수, 화초 등의 삽목 때 발근 촉진제로 사용될 수 있는 것은?

① 포스톤 ② 지베렐린
③ β－인돌초산 ④ 카시네린

해설 IAA(β－인돌초산, 헤테로옥신)

과수, 화초 등의 삽목 때 발근 촉진제로 활용

78 액상 시용제의 물리적 특성으로만 나열된 것은?

① 유화성과 토분성
② 수화성과 비산성
③ 습전성과 현수성
④ 분산성과 부착성

해설 액상 시용제의 물리적 특성

유화성, 습전성, 표면장력, 접촉각, 수화성, 현수성, 부착성, 고착성, 침투성

79 약해(藥害)에 대한 설명으로 옳지 않은 것은?

① 약해란 농약에 의해서 식물의 정상적인 생육을 저해하는 것이다.
② 약해라고 해서 전부 작물의 수확에 영향을 끼치는 것은 아니고 환경조건에 따라 회복되는 일시적 약해도 있다.
③ 살충제로 인한 약해 발생은 유기인계 계통이 많다.
④ 만성적인 약해는 약제를 살포한 지 1주일 이내에 나타난다.

해설

- 급성약해 : 농약 살포 후 1～2일 또는 1주일 이내 피해증상이 나타나는 약해
- 만성약해 : 농약 살포 후 1주일 이후부터 피해증상이 서서히 나타나는 약해
- 2차 약해 : 포장 살포액 처리 후 농약성분이 토양 및 용수에 잔류하여 후작물 재배 시 피해가 나타나는 약해

80 제초제 중 DCMU제(Diuron)에 대한 설명으로 틀린 것은?

① 요소계 제초제이다.
② 토양 처리 효과가 크다.
③ 포유동물에 대한 독성은 낮다.
④ 호르몬형의 접촉형 제초제이다.

해설 DCMU 제초제(Diuron)

- 요소계(Urea) 제초제로 잡초 발생 전 토양 및 경엽 처리하는 것으로 화본과 및 광엽잡초에 효과가 있음
- 비호르몬형의 이행형, 선택성 제초제

05 잡초방제학

81 잡초 종자의 휴면타파 및 발아율을 촉진시키는 생장조절 물질과 가장 거리가 먼 것은?

① 사이토카이닌 ② 에틸렌
③ 지베렐린 ④ MH

해설

- 발아 촉진 호르몬 물질 : 지베렐린, 사이토키닌, 에틸렌, 질산칼륨
- MH(Maleic Hydrazde) : Antiauxin의 생장저해물질로서 담배 측아발생의 방지로 적심의 효과를 높이며 감자, 양파 등의 맹아억제제로 활용함

정답 76 ② 77 ③ 78 ③ 79 ④ 80 ④ 81 ④

82 **다음 중 바랭이는 형태적 분류상 어디에 속하는가?**

① 광엽 잡초 ② 화본과 잡초
③ 방동사니과 잡초 ④ 국화과 잡초

해설 **화본과 잡초의 종류**

피, 바랭이, 둑새풀, 나도겨풀, 강아지풀 등

83 **다음 중 식물 간 상호작용에서 기생에 해당되는 것으로 가장 옳은 것은?**

① 콩의 뿌리혹박테리아
② 콩밭 잡초 새삼
③ 나무껍질에 붙어 있는 지의류
④ 목초지에서 두과와 화본과 식물

해설 **새삼**

덩굴성 기생식물로 기주식물의 조직 속에 흡근을 박고 양분 섭취 후 어느 정도 성장이 된 후에는 스스로 자신의 뿌리를 잘라냄

84 **일정기간 이내에 대부분의 종자가 발아를 마치는 집중발아 습성을 무엇이라고 하는가?**

① 발아 준동시성 ② 발아 계절성
③ 발아 기회성 ④ 발아 내성

해설 **잡초종자의 발아습성**

- 발아의 주기성 : 주기적으로 일정 간격을 두고 최고의 발아율을 나타내는 것으로, 휴면의 형태로써 부적절한 환경을 극복하기 위한 종자의 발아습성임
- 발아의 계절성과 기회성 : 발생 계절의 일장에 반응하여 휴면이 타파되고 발아하는 것(계절성), 온도의 감응에 의해 발아하는 것(기회성)
- 발아의 준동시성과 연속성 : 일정한 기간 내에 대부분의 종자가 발아하는 것(준동시성), 오랜 기간 지속적으로 발아하는 것(연속성)

85 **다음 중 광발아 종자에서 적색광과 적외선광을 교체하여 조사하였을 때 종자가 가장 발아되지 않는 것은?**

① 적외선광 조사 → 적색광 조사
② 적색광 조사 → 적외선광 조사
③ 적색광 조사 → 적외선광 조사 → 적색광 조사
④ 적외선광 조사 → 적외선광 조사 → 적색광 조사

해설 **피토크롬**

- 적색광(660nm)을 받으면 → 발아 촉진(Pfr형)
- 적외선(730nm)을 받으면 → 발아 억제(Pr형)

86 **종자에 낙하산과 같은 긴 털을 가지거나 솜털과 같은 것으로 덮여서 바람에 잘 날리는 잡초로 가장 옳은 것은?**

① 도꼬마리 ② 소리쟁이
③ 메귀리 ④ 민들레

해설 **솜털, 깃털 등으로 바람에 날리는 형태의 잡초**

민들레, 망초, 방가지똥 등

87 **다음 중 논토양 표토에 주로 지하경을 형성하는 다년생 잡초로 가장 옳은 것은?**

① 깨풀 ② 쇠비름
③ 올미 ④ 명아주

해설 **올미**

다년생 광엽잡초로 주로 덩이줄기로 번식함

88 **멀칭용 플라스틱 필름에 대한 설명으로 가장 옳지 않은 것은?**

① 흑색 필름은 잡초의 발생을 줄인다.
② 녹색 필름은 지온 상승의 효과가 크다.
③ 흑색 필름은 지온이 높을 때 지온을 낮추어 준다.
④ 투명 필름은 잡초 발생을 크게 줄인다.

해설 **투명 필름**

지온 상승, 잡초 발생 증가

89 **다음 중 여름잡초로만 나열된 것은?**

① 벼룩나물, 바랭이 ② 피, 쇠비름
③ 별꽃, 속속이풀 ④ 피, 냉이

해설 **여름잡초(하계 일년생 잡초)의 종류**

바랭이, 피, 쇠비름, 명아주, 강아지풀 등

정답 82 ② 83 ② 84 ① 85 ② 86 ④ 87 ③ 88 ④ 89 ②

90 잡초의 발아습성 중 발아기회성에 대한 설명으로 가장 옳은 것은?

① 일장에 감응하여 발아하게 되는 특성
② 온도조건에 감응하여 발아하게 되는 특성
③ 일정한 간격을 가지고 최고의 발아율을 나타내는 특성
④ 오랜 기간에 걸쳐 지속적으로 발아하게 되는 특성

해설 발아기회성

문제 84번 해설 참조

91 화본과 잡초와 사초과 잡초의 차이점에 대한 설명으로 가장 옳은 것은?

① 화본과 잡초는 줄기가 삼각형인 반면, 사초과 잡초는 줄기가 둥글다.
② 화본과 잡초는 속이 차있는 반면, 사초과 잡초는 속이 비어 있다.
③ 화본과 잡초는 마디가 있는 반면, 사초과 잡초는 마디가 없다.
④ 화본과 잡초는 엽초와 엽신이 뚜렷하지 않은 반면, 사초과 잡초는 엽초와 엽신이 뚜렷하다.

해설 화본과 잡초와 방동사니과 잡초의 차이점

화본과 잡초	• 잎의 길이가 폭에 비해 긺 • 잎맥은 평행맥 • 잎은 잎집과 잎몸으로 구성 • 줄기는 마디가 뚜렷한 원통형 • 마디 사이가 비어 있음 • 종류 : 피, 바랭이, 둑새풀, 나도겨풀, 강아지풀 등
방동사니과 잡초	• 화본과 잡초와 비슷 • 줄기가 삼각형, 윤택이 남 • 속이 차 있음 • 잎이 좁음 • 소수(작은 이삭)에는 작은 꽃이 달림 • 물속이나 습지에서 잘 자람 • 종류 : 너도방동사니, 올챙이고랭이, 올방개, 향부자, 매자기, 파대가리, 바람지기 등

92 생태적 잡초 방제 중 경합 특성을 이용한 방법과 가장 거리가 먼 것은?

① 작부체계 관리 ② 관개수로 관리
③ 육모(이식) 재배 관리 ④ 재식밀도 관리

해설 생태적 잡초 방제 중 경합 특성을 이용한 방법

작부체계, 육모(이식) 재배 관리, 재식밀도 관리, 품종 선택, 피복작물, 재파종 및 대파 등

93 다음 중 우리나라 과수원에서 발생하는 잡초종으로 가장 거리가 먼 것은?

① 바랭이 ② 매자기
③ 강아지풀 ④ 닭의장풀

해설

② 매자기는 다년생 사초과 잡초로 논 · 수로 · 습지에서 자생함

94 다음 중 작물과 잡초가 경합하고 있을 때 작물 수량 손실이 가장 높은 경우는?

① C_3 작물과 C_4 잡초 ② C_3 작물과 C_3 잡초
③ C_4 작물과 C_3 잡초 ④ C_4 작물과 C_4 잡초

해설

대부분의 식물은 C_3 식물이며 상대적으로 잡초가 생존에 우수하고 C_3 작물과 C_4 잡초 경합 시 작물 수량은 감소하게 됨

95 잡초의 식물학적 분류로 세분되는 순서로 가장 옳은 것은?

① 계 → 문 → 과 → 강 → 목 → 속 → 종
② 계 → 문 → 강 → 목 → 과 → 속 → 종
③ 속 → 계 → 문 → 과 → 강 → 목 → 종
④ 강 → 속 → 계 → 문 → 과 → 목 → 종

해설 식물학적 분류

계 → 문 → 강 → 목 → 과 → 속 → 종

96 잡초가 종 내 변이를 일으키는 원인으로 가장 거리가 먼 것은?

① 돌연변이 발생 ② 시비량의 변화
③ 자연교잡 ④ 잡초의 생리적 형질 변화

해설 종 내 유전변이

• 같은 종 내 개체 사이의 변화와 차이 등으로 발생함
• 자연교잡, 돌연변이, 생리적 형질 변화 등

정답 90 ② 91 ③ 92 ② 93 ② 94 ① 95 ② 96 ②

97 논에서 사초과인 올방개를 방제하기 위하여 사용하는 후기 경엽 처리 제초제로 가장 적절한 것은?

① 알라클로르 입제　　② 옥사디아존 유제
③ 디티오피르 유제　　④ 벤타존 액제

해설 벤조티아디아졸(Benzothiadiazole)계 제초제
너도방동사니, 물달개비, 올챙이고랭이, 올방개의 선택적 제초에 사용

98 다음 중 부유성 잡초로만 나열된 것은?

① 너도방동사니, 별꽃
② 올미, 토끼풀
③ 개구리밥, 부레옥잠
④ 깨풀, 망초

해설 부유성 잡초(물에 뜨는 잡초)
생이가래, 개구리밥, 좀개구리밥, 부레옥잠 등

99 다음 중 암조건에서도 발아가 가장 잘 되는 것은?

① 참방도사니　　② 개비름
③ 독말풀　　④ 소리쟁이

해설
- 암발아 종자 : 별꽃, 냉이, 광대나물, 독말풀
- 광발아 종자 : 바랭이, 쇠비름, 개비름, 향부자, 강피, 참방동사니, 소리쟁이, 메귀리

100 다음 중 화본과 잡초로 가장 옳은 것은?

① 나도겨풀　　② 물달개비
③ 밭뚝외풀　　④ 올미

해설 화본과 잡초

논잡초	일년생	둑새풀, 피
	다년생	나도겨풀
밭잡초	일년생	강아지풀, 개기장, 둑새풀, 바랭이, 피

정답 97 ④　98 ③　99 ③　100 ①

2020년 기사 3회

01 식물병리학

01 사과나무 부란병에 대한 설명으로 옳지 않은 것은?

① 자낭포자와 병포자를 형성한다.
② 강한 전정 작업을 하지 말아야 한다.
③ 사과나무 가지에 감염되면 사마귀가 형성된다.
④ 병원균이 수피의 조직 내에 침입해 있어 방제가 어렵다.

해설 사과나무 부란병
진균(자낭균류)에 의한 것으로 사과나무 전정 시 상처를 통해 침입하는데 죽은 조직을 통해 감염됨

02 매개충에 의해 경란 전염하는 바이러스 병은?

① 담배 흑병 ② 감자 더뎅이병
③ 벼 줄무늬잎마름병 ④ 고구마 뿌리혹병

해설 벼 줄무늬잎마름병
바이러스가 매개충(보독충)의 알(경란전염)을 통해 다음 세대에 계속 전염됨

03 다음 중 순활물기생체에 해당하는 것은?

① 보리 흰가루병균 ② 감자 역병균
③ 벼 깜부기병균 ④ 고구마 무름병균

해설 순활물기생체
살아 있는 조직 내에서만 생활 가능한 것으로 녹병균, 흰가루병균, 노균병균, 배추·무 사마귀병균, 배나무 붉은별무늬병균 등이 있음

04 다음 중 복숭아나무 잎오갈병의 전형적인 병징은?

① 도장 ② 천공
③ 이상 비후 ④ 기공 계폐

해설 복숭아나무 잎오갈병의 전형적인 병징
병원균이 세포 내 증식 후 효소 분비(세포 이상비대)

05 다음 중 세균의 그람염색반응을 결정하는 것으로 가장 옳은 것은?

① 편모의 유무 ② 편모의 두께
③ 펙틴의 물리적 구조 ④ 세포벽의 화학적 구조

해설
④ 세균의 그람염색반응은 염색을 통한 세균 분류법으로 세포벽의 화학적 구조를 통해 결정됨

06 식물체에 암종을 형성하며, 유전공학 연구에 많이 쓰이는 식물병원 세균은?

① *Brassica campestris var*
② *Agrobacterium tumefaciens*
③ *Clavibacter michiganensis*
④ *Xanthomonas campestris*

해설
① 배추
② 근두암종병균
③ 토마토 궤양병균
④ 세균성 잎마름병균

07 식물병 진단 중 해부학적 방법으로 가장 옳은 것은?

① 파지검출법 ② 유출검사법
③ 괴경지표법 ④ 즙액접종법

해설 식물병 진단
- 생물학적 진단 : 파지검출법, 괴경지표법, 즙액접종법
- 해부학적 진단 : 유출검사법

정답 01 ③ 02 ③ 03 ① 04 ③ 05 ④ 06 ② 07 ②

08 **다음 중 중간기주인 향나무를 제거하면 피해를 경감시킬 수 있는 것은?**

① 무 균핵병　② 사과나무 탄저병
③ 사과나무 붉은별무늬병　④ 복숭아 검은무늬병

해설
③ 사과나무 · 배나무 붉은별무늬병은 향나무에서 겨울 포자퇴상태로 월동하므로 향나무 제거 시 피해를 경감할 수 있음

09 **다음 중 크기가 가장 작은 식물 병원체는?**

① 세균　② 진균
③ 바이러스　④ 바이로이드

해설 병원체의 크기
바이로이드 < 바이러스 < 세균 < 진균

10 **다음 중 병원균의 분생포자각과 자낭각이 보이는 것은?**

① 오이 잘록병　② 밤나무 줄기마름병
③ 수수 오갈병　④ 보리 이삭누룩병

해설 밤나무 줄기마름병
① 오이 잘록병 : 난균류
② 밤나무 줄기마름병 : 자낭균, 자낭각을 형성하고 자낭각에 자낭포자가 유출됨
③ 수수 오갈병 : 바이러스
④ 보리 이삭누룩병 : 자낭균, 자실체를 형성하고 자실체에서 자낭포자가 유출됨

11 **다음 중 여름포자를 형성하지 않는 것은?**

① 잣나무 털녹병균　② 소나무 혹병균
③ 포플러 잎녹병균　④ 향나무 녹병균

해설 향나무 녹병균
여름포자가 없어 4가지 포자 형태를 취하게 됨

12 **다음 중 소나무 혹병균의 중간기주로 가장 거리가 먼 것은?**

① 굴참나무　② 떡갈나무
③ 굴피나무　④ 상수리나무

해설 소나무 혹병균의 중간기주
졸참나무, 신갈나무, 상수리나무

13 **채소에 발생하는 흰가루병의 특징에 대한 설명으로 가장 거리가 먼 것은?**

① 밀가루 모양의 흰색 포자를 잎 표면에 형성한다.
② 병 발생 후기에는 자낭각을 형성한다.
③ 잎과 줄기를 시들게 만든다.
④ 인공배양이 어렵다.

해설
③ 흰가루병은 잎 표면에 흰색 포자를 생성하여 광합성을 줄임

14 **파이토플라스마에 의해 발생되는 대추나무 빗자루병의 방제 시 수간주입에 사용되는 효과적인 약제는?**

① 옥시테트라사이클린　② 디메토모르프
③ 티아벤다졸　④ 메틸브로마이드

해설
① 파이토플라스마의 수병인 대추나무 빗자루병는 방제가 많이 어려우나 (옥시)테트라사이클린계의 항생물질로 치료가 가능함

15 **진딧물에 의해 바이러스가 전염되어 발생하는 병은?**

① 땅콩 불마름병　② 보리 도열병
③ 대추나무 빗자루병　④ 배추 모자이크병

해설
① 땅콩 불마름병 : 세균
② 보리 도열병 : 진균(자낭균)
③ 대추나무 빗자루병 : 파이토플라스마
④ 배추 모자이크병 : 진딧물에 의한 바이러스

16 **다음 중 병원균이 이종기생균에 속하는 것은?**

① 포도 새눈무늬병　② 호박 노균병
③ 장미 탄저병　④ 잣나무 털녹병

해설 이종기생균
녹병균과 같이 전혀 다른 두 종류의 기주식물을 옮겨가며(기주교대) 생활하는 병원균

정답 08 ③ 09 ④ 10 ② 11 ④ 12 ③ 13 ③ 14 ① 15 ④ 16 ④

17 **뽕나무 오갈병의 병원체로 옳은 것은?**

① 파이토플라스마　　② 담자균
③ 곰팡이　　④ 바이러스

해설 뽕나무 오갈병

- 병원체는 파이토플라스마로 뽕나무에는 치명적인 병이며, 감염되면 회복이 어렵고 결국 고사함
- 마름무늬매미충에 의해서 전염됨

18 **다음 중 섬모 또는 편모를 가지고 있으며, 운동성을 가지고 있는 것은?**

① 유성포자　　② 유주자
③ 분생포자　　④ 난포자

해설 유주자

편모를 가지고 있으며 능동적으로 운동함

19 **항균력이 있는 미생물을 이용하여 식물병을 방제하는 것은?**

① 물리적 방제　　② 경종적 방제
③ 화학적 방제　　④ 생물적 방제

해설 생물적 방제

병원균에 의한 식물의 저항성을 유도시켜 병해를 방제하는 방법으로 항균력 있는 미생물을 활용함

20 **다음 중 병원체가 주로 각피를 통해 직접 침입하지 않는 것은?**

① 벼 도열병균
② 밤나무 줄기마름병균
③ 사과나무 탄저병균
④ 장미 잿빛곰팡이병균

해설 밤나무 줄기마름병균

곤충, 새에 의해 나뭇가지 및 줄기 등의 상처로 침입

02 농림해충학

21 **곤충의 배설기관으로 척추동물의 신장과 같은 기능을 하는 것은?**

① 말피기관　　② 알라타체
③ 사구체　　④ 전장

해설

① 말피기관 : 중장과 후장 사이에 위치하며 pH와 무기이온 농도를 조절함, 비틀림운동을 통해 배설작용을 도움
② 알라타체 : 성충으로 발육을 억제하는 유충호르몬(유약호르몬, 변태조절호르몬) 생성
③ 사구체 : 신동맥이 가지를 친 모세혈관 덩어리
④ 전장 : 음식물을 중장으로 운반하는 연결 통로, 먹은 것을 임시 저장하며, 기계적 소화를 함

22 **곤충을 잡아먹는 포식성 곤충류로 가장 거리가 먼 것은?**

① 무당벌레류　　② 진딧물류
③ 파리류　　④ 사마귀류

해설 포식성 곤충

풀잠자리류, 딱정벌레류, 노린재류, 파리류(꽃등에과, 파리매과) 등에 속하는 포식성 곤충 및 기타 거미, 응애류(칠레이리응애) 등

23 **채소 해충으로 가장 거리가 먼 것은?**

① 이세리아깍지벌레　　② 도둑나방
③ 땅강아지　　④ 알톡톡이

해설 이세리아깍지벌레

성충과 약충이 수목의 줄기를 흡즙 가해하여 피해를 발생시킴

24 **다음 설명에 해당하는 것은?**

번데기 또는 마지막 영기의 약충이 탈피하여 성충이 되는 현상

① 부화　　② 용화
③ 세대　　④ 우화

해설 우화

번데기(약충)가 탈피하여 성충이 되는 현상

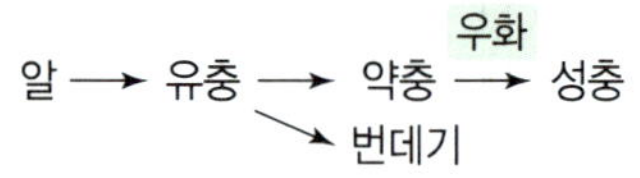

정답 17 ① 18 ② 19 ④ 20 ② 21 ① 22 ② 23 ① 24 ④

25 다음 설명에 해당하는 해충은?

- 1년에 5~10회 이상 발생한다.
- 고온건조 시 피해가 심하다.

① 가루깍지벌레　② 점박이응애
③ 밤나무혹벌　④ 땅강아지

해설
① 가루깍지벌레 : 연 3회 발생(알덩어리로 월동)
② 점박이응애 : 연 10회 발생
③ 밤나무혹벌 : 연 1회 발생(유충으로 충영을 만들어 월동)
④ 땅깡아지 : 연 1회 발생(성충 또는 약충으로 땅속 월동)

26 누에 암나방이 발산하는 성페로몬으로 가장 옳은 것은?

① 봄비콜　② 알로몬
③ 카이로몬　④ 글리세롤

해설
① 봄비콜 : 암컷 누에가 분비하는 성페로몬
② 알로몬 : 생산자에게 유리하고 수용자에게 불리하게 작용하여 방어물질로 이용되는 통신용 화합물질
③ 카이로몬 : 생산자에게 불리하고 수용자에게 유리하게 작용하는 통신용 화합물질
④ 글리세롤 : 유기화합물의 알콜족에 속하는 액체

27 기피제를 놓아 해충을 방제하고자 할 때 이는 곤충의 어떤 행동을 이용한 것인가?

① 음성주화성　② 양성주화성
③ 양성주촉성　④ 음성주촉성

해설 주성
자극의 방향에 대해 일정한 이동성을 나타내는 행동이며, 음성주성은 자극이 미치는 반대방향으로 물러나는 것을 의미함

28 곤충 개체 간의 통신수단에 사용되는 물질로 가장 관련이 없는 것은?

① Allomone　② Pheromone
③ Hormone　④ Kairomone

해설 곤충 개체 간의 통신수단에 사용되는 물질
알로몬(Allomone), 페로몬(Pheromone), 카이로몬(Kairomone), 시노몬(Synomone)

29 성충은 뽕나무의 눈을 가해하고, 유충은 목질부에 구멍을 뚫고 먹어 들어가는 뽕나무 해충은?

① 뽕나무혹파리
② 뽕나무명나방
③ 뽕나무깍지벌레
④ 뽕나무애바구미

해설
① 뽕나무혹파리 : 유충이 새순의 생장점 부근의 눈 조직을 갉아 먹음
② 뽕나무명나방 : 유충이 잎을 식해함
③ 뽕나무깍지벌레 : 성충, 유충 모두 수액을 흡즙함
④ 뽕나무애바구미 : 딱정벌레목 바구미과로 유충이 줄기에 구멍을 뚫고 들어가 모질부를 가해함

30 다음 중 초본류 혹은 목본류의 줄기 속을 식해하여 가해하는 해충은?

① 콩풍뎅이　② 거세미나방
③ 숫검은밤나방　④ 박쥐나방

해설 박쥐나방
부화유충이 초본류의 줄기 속을 식해하다가 나무로 이동하여 줄기를 환상으로 식해하며, 변을 배출하며 실을 토하는 특징이 있음

31 다음 설명에 해당하는 해충으로 가장 옳은 것은?

최근 도시의 버즘나무 잎이 부분적으로 퇴색되고 피해가 진전되었으며 조기에 갈색으로 마르는 피해가 발생하였다.

① 깍지벌레류　② 진딧물류
③ 방패벌레류　④ 흰불나방

해설 버즘나무 방패벌레
외래해충으로 약충이 플라타너스의 잎 뒷면에서 흡즙 및 가해하여 잎의 황화로 경관을 해치는 흡즙성 해충임

32 다음 중 성충으로 월동하는 해충은?

① 왕무당벌레붙이
② 혹명나방
③ 검거세미나방
④ 복숭아 혹진딧물

정답 25 ② 26 ① 27 ① 28 ③ 29 ④ 30 ④ 31 ③ 32 ①

해설 월동 형태에 따른 해충의 구분

알	보리수염진딧물
유충	조명나방, 콩잎말이명나방
노숙유충	콩나방
번데기	보리굴파리
성충	28점박이무당벌레
알 또는 유충	콩시스트선충
유충 또는 번데기	감자나방, 방아벌레

33 감자나방의 피해 특징으로 가장 거리가 먼 것은?

① 담배의 뿌리를 가해하고, 밖으로 배설물을 배출한다.
② 감자에 배설물이 나와 있다.
③ 어린감자의 생장점을 파고 들어간다.
④ 감자 잎의 표피를 뚫고 들어가 앞뒤 표피만 남긴다.

해설 감자나방의 피해 특징

감자의 부화유충은 괴경을 파먹으며 그을음 같은 변을 배출함

34 다음 중 일본으로부터 천적을 수입하여 제주 감귤원의 해충 방제에 성공한 사례로서 기록된 해충으로 가장 옳은 것은?

① 가루깍지벌레
② 이세리아깍지벌레
③ 화살깍지벌레
④ 루비깍지벌레

해설 루비깍지벌레

- 주로 잎과 가지에 기생하면서 수액을 흡즙하여 생육에 피해를 주며, 감로(배설물)로 인한 그을음병 발생
- 천적인 루비붉은깡충좀벌을 일본에서 수입 후 방사하여 발생빈도를 낮추는 데 활용

35 다음 중 곤충이 지구상에 번성하게 된 원인으로 가장 거리가 먼 것은?

① 외골격의 발달　② 날개의 발달
③ 작은 몸의 크기　④ 대부분 무변태 특성

해설

④ 곤충은 불량한 환경에서 변태하여 번성하게 됨

36 곤충의 분류 시 이용되는 기본 분류단위로 가장 옳은 것은?

① Biotype(생태형)　② Species(종)
③ Variety(변종)　④ Subspecies(아종)

해설 생물계 분류 순서

계 → 문 → 강 → 목 → 과 → 속 → 종

37 끝동매미충은 국내에서 연간 4세대를 경과하는데, 이 중 벼오갈병은 주로 몇 세대 약충이 매개하는가?

① 1세대　② 2세대
③ 3세대　④ 4세대

해설

끝동매미충이 2세대가 될 때 본답에서 흡즙하고 오갈병을 매개함

38 다음 중 완전변태를 하는 곤충목은?

① 풀잠자리목　② 메뚜기목
③ 노린재목　④ 총채벌레목

해설 곤충의 분류

무시아강(날개 없음)			톡토기, 낫발이, 좀붙이, 좀목
유시아강(날개 있음) -2차적으로 퇴화되어 없는 것도 있음	고시류		하루살이, 잠자리목
	신고시류	외시류(불완전변태)	집게벌레, 바퀴, 사마귀, 대벌레, 갈르와벌레, 메뚜기, 흰개미붙이, 강도래, 민벌레, 다듬이벌레, 털이, 이, 흰개미, 총채벌레, 노린재, 매미목
		내시류(완전변태)	벌, 딱정벌레, 부채벌레, 뱀잠자리, 풀잠자리, 약대벌레, 밑들이, 벼룩, 파리, 날도래, 나비목

39 다음 중 체내 수분 증산을 억제하는 표피층 구조로 가장 옳은 것은?

① 원표피층　② 외원표피층
③ 외표피층　④ 내원표피층

해설

① 원표피층 : 진피층의 진피세포에서 분비되어 생성되어, 체벽의 대부분을 차지함. 체내 수분 증산을 억제함
② 외원표피층 : 곤충의 색소를 함유하고 있음

정답 33 ① 34 ④ 35 ④ 36 ② 37 ② 38 ① 39 ③

③ 외표피층: 체벽의 최외각에 위치하며 단백질과 지질로 구성된 매우 얇은 층. 유기용매에 안정된 고분자물질로 구성되어 수분 증발을 막아줌
④ 내원표피층 : 미세섬유의 배열에 의해 박막층 구조를 가짐

40 식물체에 혹을 만들어 피해를 주는 해충으로 가장 거리가 먼 것은?

① 솔잎혹파리
② 밤나무혹벌
③ 포도뿌리혹벌레
④ 복숭아 혹진딧물

해설 충영성 해충

솔잎혹파리(잎), 밤나무혹벌(눈), 포도뿌리혹벌레 등

03 재배원론

41 작물 생육의 다량원소가 아닌 것은?

① K ② Mg
③ Cu ④ S

해설 필수원소의 종류(16종)

- 다량원소(9종) : 탄소(C), 수소(H), 산소(O), 질소(N), 황(S), 칼륨(K), 인(P), 칼슘(Ca), 마그네슘(Mg)
- 미량원소(7종) : 철(Fe), 망간(Mn), 구리(Cu), 아연(Zn), 붕소(B), 몰리브덴(Mo), 염소(Cl)

42 C_3 식물과 C_4 식물의 형태와 생리적 특성으로 옳은 것은?

① C_4 식물은 크란츠(Kranz) 구조가 있다.
② C_3 식물은 C_4보다 내건성이 강하다.
③ C_3 식물의 CO_2 보상점은 C_4보다 낮다.
④ C_4 식물의 광포화점은 C_3보다 낮다.

해설 C_4 식물의 특징

잎은 관다발이 관다발초세포와 엽육세포로 둘러싸여 있음 → 크란츠(Kranz) 구조

43 다음 중 웅성불임성을 주로 이용하는 작물로만 나열된 것은?

① 무, 양배추 ② 당근, 고추
③ 배추, 브로콜리 ④ 순무, 가지

해설 웅성불임성 작물

양파, 고추, 당근 등

44 찰벼에 메벼의 화분을 수분하면 그 F1 종자의 배유가 메벼의 형질을 보이는 현상은?

① Xenia ② Apomixis
③ Pseudogamy ④ Chimera

해설

① 크세니아(Xenia) : 종자의 배유에 우성형질이 표현형으로 나타나는 것
② 아포믹시스(Apomixis, 무수정종자형성 또는 무수정생식) : 아포믹시스는 'mix'가 없는 생식으로 수정 과정을 거치지 않고 배가 만들어져 종자를 형성하는 생식을 의미함
③ 위수정생식(Pseudogamy) : 수분의 자극으로 난세포가 배로 발달된 것(벼, 밀, 보리, 목화, 담배)
④ 키메라(Chimera) : 동일개체 중에 유전자형을 다르게 하는 조직이 서로 접촉한 상태

45 벼의 추락현상이 발생할 때 벼 뿌리를 상하게 하는 주된 물질은?

① 황화수소 ② 탄산가스
③ 불화수소 ④ 메탄가스

해설 황안(황산암모늄)

땅속에서 황으로 환원되어 황화수소를 발생시켜 뿌리는 활력을 잃고 가을 수확 시 추락현상 발생

46 저장 중 작물의 종자가 발아력을 상실하는 원인으로 가장 거리가 먼 것은?

① 원형질 단백의 응고 ② 효소의 활력 저하
③ 저장양분의 소모 ④ 유리지방산 감소

해설

작물 저장 중 발아력 상실의 주원인은 원형 단백질의 응고 현상이며 유리지방산의 감소는 관계가 없음

정답 40 ④ 41 ③ 42 ① 43 ② 44 ① 45 ① 46 ④

47 맥류의 좌지현상을 볼 수 있는 경우는?

① 봄보리를 가을에 파종
② 봄보리를 봄에 파종
③ 가을보리를 가을에 파종
④ 가을보리를 봄에 파종

해설 맥류의 좌지현상
가을보리를 가을에 파종 시에는 정상으로 수확이 가능하나 다음 해인 봄에 파종하면 잎만 무성하게 되고 출수는 못하는 현상이 발생함

48 다음 중 작물의 요수량이 가장 큰 것은?

① 수수 ② 기장
③ 호박 ④ 옥수수

해설 요수량이 작은 작물
수수, 기장, 옥수수 등

49 작물의 기원지를 알아내는 방법으로 가장 거리가 먼 것은?

① 식물지리학적 방법
② 계통분리법
③ 유전자분석법
④ 고고학적 방법

해설 작물의 기원지를 알아내는 방법
식물지리학적 방법, 유전자분석법, 고고학적 방법

50 광과 식물 생육의 관계로 연결이 적절하지 않은 것은?

① 적색광 – 엽록소 형성
② 청색광 – 굴광현상
③ 적외선 – 안토시안 생성
④ 자외선 – 신장억제

해설 광합성에 효과적인 광
- 자외선 : 짧은 파장의 광은 식물의 신장을 억제함
- 650~700nm의 적색부분(적색광) : 엽록소를 형성함
- 400~500nm의 청색부분(청색광) : 굴광현상(식물이 광 방향으로 굴곡하는 현상)이 일어남

51 작물 품종의 잡종강세에 대한 설명으로 옳은 것은?

① 양친 식물보다 자식 식물의 생육이 약하다.
② 양친 식물보다 자식 식물의 생육이 왕성하다.
③ 양친 식물과 자식 식물의 생육이 같다.
④ 벼와 같은 작물에서 많이 발생한다.

해설 잡종강세육종법(1대 잡종 이용법)
잡종강세가 왕성하게 나타나는 F1세대(1대 잡종)를 품종으로 육성하는 방법

52 다음 중 기지의 문제가 가장 큰 것은?

① 앵두나무 ② 포도나무
③ 자두나무 ④ 살구나무

해설 기지(연작장해)가 심한 과수류
복숭아, 앵두, 감귤, 무화과나무 등

53 작물 군락의 수광태세에 대한 일반적인 설명으로 옳은 것은?

① 벼의 분얼은 개산형(開散型)인 것이 좋다.
② 옥수수는 수이삭이 큰 것이 밀식에 잘 적응한다.
③ 콩은 잎이 크고 넓은 것이 좋다.
④ 벼의 잎은 넓고 상위엽이 수평인 것이 좋다.

해설 작물 군락의 수광태세가 좋은 조건
- 옥수수는 수이삭이 작고, 잎혀가 없는 것
- 콩은 잎이 작고 가는 것
- 벼는 잎이 두껍지 않고, 약간 가늘며, 상위엽이 적당한 것

54 세포막 중 중간막의 주성분이며, 체내에서 이동이 어려운 것은?

① Mg ② P
③ K ④ Ca

해설
① Mg : 세포막의 중간막의 주성분, 잎에 많이 존재함
② P : 체내 이동률이 매우 낮음
③ K : 분열조직의 생장 및 뿌리 끝 발육에 도움을 주며, 결핍 시 뿌리의 눈의 생장점이 붉게 변해 고사함
④ Ca : 과다 시 마그네슘, 철, 아연, 코발트, 붕소의 흡수를 저해함

정답 47 ④ 48 ③ 49 ② 50 ③ 51 ② 52 ① 53 ① 54 ④

55 다음 중 산성 토양에 대해 적응성이 가장 약한 것은?

① 아마 ② 기장
③ 팥 ④ 감자

해설 산성 토양의 작물 적응성

- 아주 강한 것 : 벼, 귀리, 토란, 아마, 붉벼, 기장, 감자, 수박, 땅콩 등
- 강한 것 : 메밀, 목화, 옥수수, 당근, 오이, 완두, 호박, 고구마, 밀, 토마토, 담배 등
- 보통 : 유채, 무, 파 등
- 약한 것 : 보리, 양배추, 근대, 삼, 겨자, 완두, 상추, 고추 등
- 아주 약한 것 : 팥, 알팔파, 자운영, 시금치, 사탕무, 셀러리, 부추, 양파 등

56 주로 영양번식하는 식물은?

① 호프 ② 아스파라거스
③ 마늘 ④ 시금치

해설 영양번식 식물

포복경	땅위를 기는 줄기	딸기, 땅콩, 고구마, 토끼풀 외
지하경	땅속을 기는 줄기	대나무, 박하, 생강 외
괴경	땅속 덩이 줄기	감자, 토란 외
인경	땅속 비늘 줄기	양파, 마늘, 백합, 수선화, 히야신스 외
괴근	땅속 덩이 뿌리	고구마, 무, 다알리아 외

57 지하에 정체하여 모관수의 근원이 되는 물은?

① 결합수 ② 흡습수
③ 지하수 ④ 중력수

해설

- 화합수 : 토양의 고체 분자를 구성하는 수분(pF 7.0 이상)
- 흡습수 : 토양입장에 응축시킨 수분으로 작물은 거의 이용하지 못함(pF 4.5~7)
- 모관수
  - 지하수가 모관수의 근원이 됨
  - 물 분자 사이의 응집력에 의해 유지되는 것
  - 작물이 주로 이용하는 유효수분(pF 2.5~4.5)
- 중력수 : 중력에 의해 토양층 아래로 내려가는 수분(pF 0~2.5)

58 눈이나 가지의 바로 위에 가로로 깊은 칼금을 넣어 그 눈이나 가지의 발육을 조장하는 것은?

① 적아 ② 적엽
③ 환상박피 ④ 절상

해설

① 적아 : 눈이 트려고 할 때 필요하지 않은 눈은 손끝으로 따주는 것
② 적엽 : 과도하게 무성한 잎을 일부 제거해 주는 것
③ 환상박피 : 나무 또는 나무의 가지 줄기를 따라 환상(Ring)으로 나무껍질을 제거하는 것
④ 절상 : 눈이나 가지의 바로 위에 칼금을 그어 눈과 가지의 발육을 조장하는 것

59 다음 중 작물의 복토 깊이가 가장 깊은 것은?

① 파 ② 양파
③ 유채 ④ 생강

해설 복토

- 종자를 뿌린 후 그 위에 흙을 덮는 것
- 종자 보호, 발아에 필요한 수분 유지를 위해 실시
- 기준은 종자의 크기, 발아습성, 토양조건에 따라 다름
- 보통 종자의 경우 종자 두께의 2~3배 정도
- 화본과와 콩과 목초의 소립종자는 눈에 보이지 않을 정도로 복토
- 종자별 복토 깊이(cm)
  - 얕게 : 미립종자, 파, 양파, 당근, 상추, 배추
  - 0.5~1 : 가지, 토마토, 오이, 고추
  - 1.5~1 : 조, 기장, 수수, 무, 시금치
  - 2.5~3 : 보리, 밀, 호밀, 귀리
  - 5 정도 : 잠두, 강낭콩

60 벼 품종의 특성에 대한 설명으로 옳은 것은?

① 묘대일수감응도가 높은 것이 만식적응성이 크다.
② 조기재배의 경우에는 만생종이 알맞다.
③ 개량품종은 수확지수가 작다.
④ 우리나라 만생종은 감광성이 크다.

해설 감광성 작물

만생종 벼, 가을메밀, 그루콩(가을콩) 등

정답 55 ③ 56 ③ 57 ③ 58 ④ 59 ④ 60 ④

04 농약학

61 다음 중 유기인계 살충제가 아닌 것은?

① MEP제 ② PAP제
③ DDVP제 ④ NAC제

해설 유기인계 살충제의 종류
- 페니트로티온(Fenitrothion, MEP)
- 디클로르보스(Dichlorvos, DDVP)
- 펜토에이트(Phenthoate, PAP)

62 어떤 살충제에 대해여 이미 저항성이 발달한 해충이 한 번도 사용한 적은 없지만 작용기가 같은 살충제에 대하여 저항성을 나타내는 현상은?

① 교차저항성 ② 복합저항성
③ 단일약제저항성 ④ 선천적저항성

해설 교차저항성
살충 작용기작이 같은 2종 이상의 약제에 대해 동시에 저항하는 성질

63 Dithiopyr 45% 유제 50mL(비중 1.0)를 1,200배 액으로 희석하여 살포하려 할 때 소요되는 물의 양(L)은?

① 23.76 ② 26.73
③ 59.95 ④ 66.33

해설

$$\text{소요약량}=\frac{\text{총 사용량}}{\text{희석배수}}$$

64 농약 제조 시 고체증량제로 일반적으로 사용되지 않는 것은?

① 규조토 ② 탈크
③ 벤토나이트 ④ 젤라틴

해설 증량제
- 분제 주성분의 농도를 낮춰 일정한 농도로 유지하기 위한 약제
- 종류 : 규조토, 탈크분말, 고령토, 벤토나이트 등
- 수화제에 사용되는 증량제 : 벤토나이트, 규조토, 고령토 등

65 순도 95%인 클로로탈로닐 원제 20kg으로 75% 수화제를 만들려고 할 때, 필요한 보조제의 양(kg)은?(단, 비중은 농도와 관계없이 1로 동일하다.)

① 5.33 ② 10.33
③ 15.33 ④ 20.33

해설

$$\text{증량제의 양}=\text{원제의 중량}\times\left(\frac{\text{원분제의 농도}}{\text{원하는 농도}}-1\right)$$

66 20% Phosmet 분제 3kg을 0.5%로 희석하는 데 필요한 증량제의 양(kg)은?(단, 비중은 1이다.)

① 15 ② 40
③ 117 ④ 120

해설
문제 65번 해설 참조

67 증량제를 사용하여 분제의 가비중(假比重, Bulk density)을 조절할 때 가장 적절한 가비중 범위는?

① 0.2~0.4 ② 0.4~0.6
③ 0.6~0.8 ④ 0.8~1.0

해설
② 분체의 가중비는 0.4~0.6 정도 되어야 함

68 Phenol계 살균제로서 과수의 월동 방제용이나 목제 방부제로도 사용될 수 있는 약제는?

① Carboxin+thiram ② Captan
③ Neoasozin-6,5 ④ Pentachlorophenol

해설 펜타클로로페놀(Pentachlorophenol)
과수의 월동 방제용 및 목제 방부제로 활용되는 페놀(Phenol)계 살균제

69 농약 원제의 효력을 증진시키기 위하여 사용되는 보조제에 해당되지 않는 것은?

① 증량제 ② 유화제
③ 살충제 ④ 협력제

정답 61 ④ 62 ① 63 ③ 64 ④ 65 ① 66 ③ 67 ② 68 ④ 69 ③

해설 효력 증진을 위한 보조제

증량제, 유화제, 협력제, 유화제, 용제

70 훈증제가 갖추어야 할 조건으로 틀린 것은?

① 휘발성이 크고 농도가 균일하여야 한다.
② 훈증할 목적물에 이화학적으로 변화를 주어야 한다.
③ 비인화성이야 한다.
④ 침투성이 커서 약제가 쉽게 도달하여야 한다.

해설 훈증제(GA)의 조건

- 휘발성이 커서 확산이 잘 되어야 함
- 훈증 목적물에 이화학적 변화를 일으키지 않아야 함
- 비인화성이어야 하고 침투성이 커야 함
- 식물에 이화학적 변화가 없어야 함

71 다음 중 살충력이 강하고, 적용범위가 넓으며 저렴한 값에 대량생산의 장점이 있으나 잔류독성의 문제를 일으킬 위험요인이 가장 큰 계통의 농약은?

① 유기황계 ② 유기인계
③ 유기염소계 ④ 카바메이트계

해설 유기염소계

체내에 들어가면 분해, 배설되지 않고 체내 지방조직에 축적됨

72 제초제의 살초작용에 대한 설명으로 틀린 것은?

① 식물체의 제초제 흡수는 일반적으로 뿌리나 잎, 줄기를 통해 흡수된다.
② 잎을 통한 흡수는 극성과 무관하게 Cellulose, Pectin, Wax의 순으로 흡수된다.
③ 식물의 잎을 통한 흡수는 대부분 잎의 표면을 통해 이루어진다.
④ 제초제의 식물체 내로의 침투 정도는 제초제의 극성 정도에 따라 영향을 받는다.

해설 제조제의 살초작용

- 잎을 통한 흡수는 비극성인 경우 큐티클납질 > 큐틴 > 펙틴 순으로 높고, 셀룰로오스는 극성 물질에 해당됨
- 비극성 제초제는 쉽게 큐티클납질을 통과하지만 갈수록 통과가 어렵고, 극성 제초제는 큐티클납질 통과 시 어려움이 있으나 갈수록 통과가 쉬워짐

73 농약관리법령상 농약 및 원제의 신규등록의 경유 약효·약해 시험성적서의 인정범위로 옳은 것은?

① 180일간 시험한 성적서
② 1년간 시험한 성적서
③ 2~3년간 시험한 성적서
④ 4~5년간 시험한 성적서

해설 농약 원제의 등록

- 신규등록 : 2~3년간 시험한 성적서
- 변경등록 : 2년간 시험한 성적서

74 보호살균제의 특성에 대한 설명으로 옳지 않은 것은?

① 병균이 식물체에 침투하는 것을 막기 위해 쓰이는 약제이다.
② 포자의 발아 저지작용이 커야 하고, 효과 지속기간도 길어야 한다.
③ 부착성 및 고착성이 강하고 안정된 것이어야 한다.
④ 살균력이 약하고 침투성이 없어야 한다.

해설 보호살균제

병원균의 포자 발아시 식물체 내로 침입하는 경로를 차단하는 약제로서 식물병 발병 전 예방을 목적으로 활용됨. 약효 지속기간이 길며, 물리적 부착성 및 고착성이 양호함

75 작물에 대한 약해 중 농약 사용방법과 관련해서 일어나는 약해가 아닌 것은?

① 불합리한 섞어 쓰기는 주성분의 가수분해, 금속염의 치환 등으로 약효 저하 및 약해를 발생시킨다.
② 파라티온을 오랫동안 저장하면 p－Nitrophenol이 생성되어 벼에 약해가 발생한다.
③ 상자육묘에서 Rhizophus spp.에 의한 모마름병 방제를 위해 하이멕사졸과 클로로탈로닐을 동시 사용하면 약해가 발생한다.
④ 살균제에 침투성 유화제를 첨가함으로써 식물체 내에 침투량이 많아져 약해가 일어난다.

해설

② 파라티온을 오래 저장할 경우 p－Nitrophenol이 생성되어 약해는 발생하나 농약 원제의 문제로 인한 약해이므로 사용방법의 약해로 보기 어려움

정답 70 ② 71 ③ 72 ② 73 ③ 74 ④ 75 ②

76 **한때 식물생장 억제제인 낙과 방지제로 사용했으나 발암물질로 지정되어 화훼농업에서 신장억제제로 주로 사용하는 것은?**

① Pyrimethanil ② β−Indole acetic acid
③ Colchicine ④ Daminozide

해설 다미노자이드(Daminozide)
신장억제 및 왜화작용, 낙과 방지

77 **농약 중독사고 발생 시 취해야 할 응급조치로 적당하지 않은 것은?**

① 경구중독일 경우 따뜻한 물이나 소금물로 세척한다.
② 약물이 장내로 들어갈 염려가 있을 시 황산마그네슘(15~20g) 물에 독극물의 흡착을 위해 활성탄이나 규조토 등을 타서 먹여 배설시킨다.
③ 흡입중독일 경우 체온을 식히기 위하여 찬물로 씻어 준다.
④ 경피중독일 경우 오염된 의복을 벗기고 부착된 약제를 비눗물로 씻는다.

해설
③ 흡입중독일 경우 인공호흡을 통해 산소를 흡입시킨 후 모포로 싸서 보온시킴

78 **물에 녹지 않은 원제를 벤토나이트 · 고령토 같은 점토광물의 증량제와 혼합하고, 여기에 친수성 · 습전성 및 고착성 등을 부가시키기 위하여 적당한 계면활성제를 가하여 미분말화시킨 농약의 제형은?**

① 수용제 ② 수화제
③ 분제 ④ 유제

해설
① 수용제 : 물에 잘 녹는 원제를 수용성 증량제로 희석 후 입상의 고형으로 만들어 물에 용해시켜 살포하도록 만들어졌으며 물에 수용될 경우 투명한 액체가 됨
② 수화제 : 물에 잘 녹지 않는 원제를 증량제와 계면활성제를 섞어 고운 가루로 만든 후 물에 타서 사용하는 농약제제(현탁액)
③ 분제 : 원제를 탈크, 점토 등의 증량제를 넣은 후 물리성 개량제, 분해방지제 등을 혼합 후 분쇄하여 분말의 제형으로 희석하지 않고 직접 살포에 사용
④ 유제 : 물에 녹지 않는 원제를 유기용매에 녹인 후 계면활성제를 유화제로 첨가하여 만든 넋으로 물에 희석하면 유탁액을 형성함

79 **농약의 토양 잔류에 대한 설명으로 옳지 않은 것은?**

① 유기염소계 농약은 환경에서 매우 안정하므로 토양 중에 오래 잔류한다.
② 아닐린 유도체는 토양 중에서 토양입자에 강하게 흡착되므로 오래 잔류한다.
③ 수화제나 유제와 같이 물에 희석해서 사용된 약제는 분제나 입제보다 토양에서 분해가 빨라진다.
④ 일반적으로 유기물 함량이 높은 토양에서 농약의 분해가 촉진된다.

해설
③ 농약의 구조적 안전성이 클수록 오래 잔류함

80 **농약의 구비조건으로 가장 거리가 먼 것은?**

① 독성이 강할 것 ② 약해가 없을 것
③ 약효가 확실할 것 ④ 저장상이 좋을 것

해설
① 인축, 공해 등에 대한 안전성이 높아야 하기 때문에 독성이 강하면 안 됨

05 잡초방제학

81 **잡초경합 한계기간에 대한 설명으로 옳지 않은 것은?**

① 철저한 잡초 방제가 요구되는 시기이다.
② 작물 생육기의 초기 1/4~1/3 정도의 기간이다.
③ 잡초와 작물이 경합하지만 작물의 피해가 없는 한계기간이다.
④ 한계기간 이후에는 잡초 방제를 더 하여도 작물 피해에 큰 변화가 없다.

해설 잡초경합 한계기간
• 생육 초기에 있어 가장 민감한 시기
• 잡초와 경합에 의해 작물의 생육 및 수량이 크게 영향을 받는 기간
• 작물이 초관을 형성한 이후부터 생식생장으로 전환하기 이전의 시기
• 작물 전 생육기간의 첫 1/3~1/2 혹은 첫 1/4~1/3기간

정답 76 ④ 77 ③ 78 ② 79 ③ 80 ① 81 ③

82 다음 중 영양번식기관과 해당 잡초의 연결이 틀린 것은?

① 지하경 – 가래, 수염가래꽃
② 인경 – 야생마늘, 자주괭이밥
③ 괴경 – 향부자, 매자기
④ 포복경 – 올미, 벗풀

해설 영양번식기관에 따른 잡초의 구분

포복경	버뮤다그래스, 아욱메풀, 딸기, 선피막이, 사상자, 미나리, 병풀
인경	야생마늘, 자주괭이밥
구경	반하, 올챙이고랭이
근경(지하경)	쇠털골, 가래, 너도겨풀, 띠, 수염가래꽃
괴경	올방개, 올미, 벗풀, 매자기, 향부자, 너도방동사니
뿌리	메꽃, 엉겅퀴류
절편	대부분의 다년생 뿌리, 일년생 쇠비름 줄기

83 다음 중 액제에 해당하지 않는 것은?

① 수성현탁제 ② 과립수용제
③ 미탁제 ④ 세립제

해설 액체 시용제

유제(EC), 액제(SL), 수용제(SP), 수화제(WP), 액상 수화제(SC), 입상수화제(WG), 유탁제(EW), 미탁제(ME), 캡슐현탁제(CS), 분산성 액제(DC), 수면전개제(SO)

84 다음 중 기주식물에 기생하는 잡초는?

① 새삼 ② 피
③ 명아주 ④ 물달개비

해설 기생

어떤 생물이 다른 생물에 의존하며 손해를 끼치는 관계로, 종류로는 새삼, 겨우살이가 있음

85 다음 중 주로 괴경으로 번식하는 논잡초는?

① 올방개 ② 알방동사니
③ 가막사리 ④ 자귀풀

해설 올방개

방동사니과 다년생 논잡초로, 덩이줄기로 번식함

86 작물과 잡초의 주요 3대 경합 요소에 포함되지 않는 것은?

① 수분 ② 토양구조
③ 영양분 ④ 빛

해설 작물과 잡초의 주요 3대 경합 요소

수분, 영양분, 빛

87 다음 중 선택성 제초제는?

① Paraquat
② Glyphosate
③ Glufosinate
④ 2,4–D

해설 2,4–D

우리나라에서 가장 먼저 사용된 제초제(최초의 제초제)로 선택성 제초제

88 다음 중 논잡초로만 나열된 것은?

① 흰명아주, 어저귀 ② 쇠비름, 개비름
③ 개구리밥, 생이가래 ④ 망초, 까마중

해설 논잡초

일년생	둑새풀, 피, 바늘골, 바람하늘지기, 알방동사니, 참방동사니, 곡정초, 마디꽃, 물달개비, 물옥잠, 밭둑외풀, 사마귀풀, 생이가래, 여뀌, 여뀌바늘, 자귀풀, 중대가리
다년생	나도겨풀, 너도방동사니, 매자기, 쇠털골, 올방개, 올챙이고랭이, 파대가리, 가래, 개구리밥, 네가래, 미나리, 벗풀, 올미, 좀개구리밥

89 다음 중 잡초종합방제체계 수립을 위한 선형특성적 모형에서 시작부터 완성단계로의 순서로 가장 옳은 것은?

① 모형의 평가 및 수정 → 문제유형의 검토 → 잡초군락의 예찰 → 제초방법의 선정 → 방제체계의 적용
② 문제유형의 검토 → 잡초군락의 예찰 → 제초방법의 선정 → 방제체계의 적용 → 모형의 평가 및 수정
③ 잡초군락의 예찰 → 문제유형의 검토 → 방제체계의 적용 → 모형의 평가 및 수정 → 제초방법의 선정
④ 제초방법의 선정 → 잡초군락의 예찰 → 방제체계의 적용 → 문제유형의 검토 → 모형의 평가 및 수정

정답 82 ④ 83 ④ 84 ① 85 ① 86 ② 87 ④ 88 ③ 89 ②

해설 잡초종합적 방제의 순서

1. 제초 필요성의 검토
2. 잡초군락의 조사 및 예찰
3. 제초방법의 선정
4. 제초방법의 체계화
5. 방제체계의 적용

90 다음 중 일년생 잡초로만 나열된 것이 아닌 것은?

① 여뀌, 어저귀 ② 개비름, 닭의장풀
③ 쇠뜨기, 조뱅이 ④ 강아지풀, 쇠비름

해설 일년생 잡초

논잡초	둑새풀, 피, 바늘골, 바람하늘지기, 알방동사니, 참방동사니, 곡정초, 마디꽃, 물달개비, 물옥잠, 밭둑외풀, 사마귀풀, 생이가래, 여뀌, 여뀌바늘, 자귀풀, 중대가리
밭잡초	강아지풀, 개기장, 둑새풀, 바랭이, 피, 바람하늘지기, 참방동사니, 파대가리, 개비름, 까마중, 명아주, 쇠비름, 여뀌, 자귀풀, 환삼덩굴, 주름잎, 석류풀, 도꼬마리

91 작물이 심겨져 있지 않은 비농경지에서 발생하는 잡초를 방제하는 데 가장 효과적인 제초제는?

① 시마진 수화제 ② 뷰타클로르 유제
③ Glyphosate ④ 2,4-D

해설

① 시마진 수화제 : 트리아진계 제초제, 뿌리를 통해 흡수되며 잡초 발생 전 또는 작물 심기 전에 토양에 처리하여 화본과 및 광엽잡초 방제에 활용
② 뷰티클로르 유제 : 아마미드계 제초제, 잡초 발생 전 및 작물 심기 전에 토양에 처리하여 화본과 및 광엽잡초 방제에 활용
③ 글리포세이트(Glyphosate) : 유기인계 제초제, 1년생 및 다년생 잡초의 경엽처리에 활용(비선택성 제초제)
④ 2,4-D : 페녹시계 제초제로 광엽잡초 방제에 활용

92 콩밭의 바랭이를 효율적으로 방제하는 방법으로 가장 거리가 먼 것은?

① 멀칭 재배를 한다.
② 콩의 파종밀도를 조밀하게 한다.
③ 광엽잡초 방제용 경엽 처리 제초제를 처리한다.
④ 경합한계기간 이전에 제초한다.

해설 바랭이

화본과 일년생 밭잡초로 가장 문제시되고 있음

93 잡초의 발아와 토양환경의 관계에 대한 설명으로 옳지 않은 것은?

① 잡초의 출현시기를 지배하는 요인으로서 최적온도는 대체로 발아적온과 일치한다.
② 토양의 수분은 토양경도와 산소 함량에 영향을 준다.
③ 건생잡초는 습생잡초보다 발아에 필요한 산소요구량이 높다.
④ 잡초의 발생심도는 중점토가 사질토보다 깊다.

해설 유묘 출현에 관여하는 요인

토양심도, 토양온도, 토양수분, 토양산소, 토양산도(pH), 토양비옥도, 토양염도

④ 중점토보다 사질토에서 잡초 발생이 잘 됨

94 제초제의 흡수에 대한 설명으로 가장 거리가 먼 것은?

① 비극성 제초제는 극성 제초제보다 잡초의 뿌리 흡수가 용이하다.
② 제초제의 식물뿌리 내 물관으로의 이동 중 원형질막을 통과하는 경로는 심플라스트 경로를 이용한다.
③ 종자 내 제초제 침투는 집단류와 확산에 의해 일어난다.
④ 식물의 뿌리는 토양으로부터 토양에 잔류하는 제초제를 흡수한다.

해설

① 뿌리에는 큐티클층이 없으므로 극성 제초제의 통과가 용이함

95 잡초 잎의 구성성분 중 비극성 정도가 가장 높은 것은?

① 큐틴 ② 큐티클납질
③ 펙틴 ④ 셀룰로오스

해설

문제 72번 해설 참조

96 다음 중 암발아성 잡초인 것은?

① 별꽃 ② 개비름
③ 왕바랭이 ④ 쇠비름

정답 90 ③ 91 ③ 92 ③ 93 ④ 94 ① 95 ② 96 ①

해설 암발아종자

별꽃, 냉이, 광대나물, 독말풀

97 다음 중 잡초경합 한계기간이 가장 긴 작물은?

① 양파　　② 녹두
③ 밭벼　　④ 콩

해설

① 양파 : 56일
② 녹두 : 21~35일
③ 밭벼 : 30~40일
④ 콩, 땅콩 : 42일

98 못자리용 제초제인 벤타존의 작용성과 사용방법에 대한 설명으로 가장 거리가 먼 것은?

① 올방개 등과 같은 방동사니과 잡초의 살초 효과가 뚜렷하다.
② 광합성 저해작용을 한다.
③ 경엽처리용 벼 생육 중기 제초제이다.
④ 화본과 잡초를 효과적으로 방제할 수 있다.

해설 벤타존(Bentazone)

광엽 및 방동사니과 잡초 방제에 효과적인 제초제

99 잡초를 형태학적으로 분류할 때 관계없는 것은?

① 광엽 잡초
② 로제트형 잡초
③ 화본과 잡초
④ 방동사니과 잡초

해설 잡초의 형태학적 분류

광엽 잡초	잎이 둥글고 크며, 잎맥은 그물처럼 얽혀 있는 망상맥
화본과 잡초	잎의 길이가 폭에 비해 길며 잎맥은 평행맥
방동사니과 잡초	화본과 잡초와 형태가 유사하나, 줄기가 삼각형이고 윤택이 있으며, 속이 차 있음

100 다음 중 아마이드계 제초제가 아닌 것은?

① Alachlor　　② Dicamba
③ Propanil　　④ Napropamide

해설 아마이드(Amide)계 제초제의 종류

알라클로르(Alachlor), 프로파닐(Propanil), 나프로파마이드(Napropamide)

정답 97 ① 98 ④ 99 ② 100 ②

2020년 기사 4회

01 식물병리학

01 어떤 식물병에 대하여 저항성이었던 품종이 갑자기 해당 식물병에 감수성이 되는 주된 원인은?

① 재배법의 변화
② 병원균 집단의 변화
③ 기상의 변화
④ 기주체 내 영양성분의 변화

해설
② 병원균의 새로운 레이스가 출현하면 어떤 작물 품종의 병저항성이 이병성(감수성)으로 변함

02 토양을 열처리하여 소독하는 것은 무슨 방제법인가?

① 생물학적 방제법　② 재배적 방제법
③ 화학적 방제법　④ 물리적 방제법

해설 물리적 방제법
종자 소독, 토양 소독, 토양 담수, 과실 봉지 씌우기, 비가림재배, 유살, 포살, 차단 등

03 배나무 검은별무늬병의 방제에 가장 효과적인 것은?

① 밀식　② 약제 살포
③ 포장위생　④ 합리적 비배관리

해설 배나무 검은별무늬병의 방제법
- 저항성 품종 재배
- 질소질 비료의 과용 금지
- 전문약제 살포

04 다음 중 인공배양이 가장 불가능한 것은?

① 사과 탄저병　② 벼 도열병
③ 보리 흰가루병　④ 딸기 잿빛곰팡이병

해설 절대기생체(순활물기생균)
녹병균, 흰가루병균, 노균병균, 무배추무사마귀병균, 배나무 붉은별무늬병균

05 다음 중 감자 역병 발병의 최적 환경으로 가장 옳은 것은?

① 기온이 20℃ 내외이고 습기가 많은 곳
② 기온이 30℃ 내외이고 건조한 곳
③ 기온이 40℃ 내외이고 건조한 곳
④ 기온이 45℃ 이상이고 습기가 많은 곳

해설 감자 역병 발병의 최적 환경
기온 20℃ 내외, 다습하고 냉랭한 기후

06 다음 식물병의 진단법 중 이화학적 진단에 해당하는 것은?

① 현미경 관찰　② 황산동법
③ 한천겔면역 확산법　④ 최아법

해설 황산구리법
감염된 즙액에 황산구리를 첨가하여 즙액의 착색과 투명도를 검사하는 방법

07 불완전균류의 정의로 가장 옳은 것은?

① 균사의 형성이 불완전한 균류
② 무성세대가 밝혀지지 않은 균류
③ 기주범위가 밝혀지지 않은 균류
④ 유성세대가 밝혀지지 않은 균류

해설 불완전균류
유성세대가 알려져 있지 않음

정답 01 ② 02 ④ 03 ② 04 ③ 05 ① 06 ② 07 ④

08 어떤 병원체가 식물체 내에 침입하여 병징이 나타나기까지의 기간을 무엇이라 하는가?

① 잠복기 ② 사멸기
③ 유도기 ④ 증식기

해설 잠복기
병원체가 침입 후 초기 병징이 나타날 때까지의 기간

09 다음 중 인삼 또는 당근의 뿌리에 혹과 같은 병징을 일으키는 것으로 가장 옳은 것은?

① 뿌리혹박테리아 ② 노균병균
③ 뿌리혹선충 ④ 더뎅이병균

해설 뿌리혹선충 병원균
뿌리를 해쳐서 혹을 만들거나, 뿌리를 썩게 하거나, 잎에 반점을 만들거나, 종자를 해침

10 다음 중 죽은 식물체에 증식하지 못하는 병원체는?

① 끈적균 ② 바이러스
③ 세균 ④ 진균

해설 절대기생체
바이러스, 파이토플라스마

11 병원균이 세균인 것은?

① 벼 깨씨무늬병 ② 토마토 풋마름병
③ 포도 탄저병 ④ 감자 역병

해설 토마토 풋마름병
식물체 물관에 침입한 세균이 물관에서 증식하여 수분의 상승을 막음

12 다음 중 벼 키다리병의 방제법으로 가장 효과적인 것은?

① 매개충 방제 ② 윤작
③ 종자 소독 ④ 토양 소독

해설 벼 키다리병의 병환
벼의 개화기에 날아온 분생포자가 상처를 통해 벼알 안으로 침입(종자전반, 종자전염)

13 다음 중 벼 흰잎마름병에 대한 설명으로 옳지 않은 것은?

① 병원균이 1차 전염원인 겨풀에서 월동한다.
② 병원균의 학명은 *Xanthomonas campestris oryzae pv. oryzae*이다.
③ 병원균이 잎 선단의 수공이나 상처부위를 통해 침입한다.
④ 병원균은 그람양성균이다.

해설
④ 벼 흰잎마름병의 병원균은 단극모를 가진 그람음성세균(간균)

14 균사가 모여 구형 또는 입상의 검은색 덩어리를 형성한 것으로 불리한 환경 조건에서도 생존할 수 있는 것은?

① 포자퇴 ② 균핵
③ 분생포자 ④ 균사

해설 균핵
• 병든 부분의 수피, 표피에 형성되는 병원체의 영양기관
• 균사가 모인 구형 또는 입상의 검은색 덩어리

15 밀 줄기녹병균의 중간기주로 가장 옳은 것은?

① 낙엽송 ② 까치밥나무
③ 향나무 ④ 매자나무

해설 이종기생 녹병균(담자균)

수병	기주식물	중간기주
	녹병포자, 녹포자	여름포자, 겨울포자
소나무 잎녹병	소나무	황벽나무, 참취, 잔대
잣나무 잎녹병	잣나무	등골나무
소나무 혹병	소나무	졸참나무, 신갈나무
잣나무 털녹병	잣나무	송이풀, 까치밥나무
배나무, 사과나무 붉은별무늬병 (향나무 녹병)	배나무, 사과나무	향나무 (여름포자를 만들지 않음)
포플러 잎녹병	(중간기주) 낙엽송, 현호색	포플러
맥류 줄기녹병	매자나무	맥류
밀 붉은녹병	좀꿩의 다리	밀

정답 08 ① 09 ③ 10 ② 11 ② 12 ③ 13 ④ 14 ② 15 ④

16 벼 흰잎마름병이 발생할 수 있는 환경조건으로 가장 옳지 않은 것은?

① 침수 ② 가뭄
③ 일조부족 ④ 질소질비료 다용

해설 벼 흰잎마름병의 발병환경
- 태풍과 침수가 일어날 때 많이 발병
- 심한 바람(강풍) 및 물에 의해 운반된 세균이 상처를 통해 침입

17 병원균의 중간기주가 향나무인 병은?

① 잣나무 털녹병 ② 밀 줄기녹병
③ 소나무 혹병 ④ 배나무 붉은별무늬병

해설
문제 15번 해설 참조

18 하우스 내의 습도가 높을 때 채소에 가장 많이 발생하는 공기전염성 식물병은?

① 흰가루병 ② 뿌리혹병
③ 시들음병 ④ 잿빛곰팡이병

해설 잿빛곰팡이병
병환부의 포자가 바람에 날려 공기로 전염됨

19 맥류 흰가루병의 2차 전염은 어떤 포자의 비산에 의하여 이루어지는가?

① 분생포자 ② 자낭포자
③ 수포자 ④ 난포자

해설 맥류 흰가루병
바람에 날린 분생포자(흰가루)가 직접 각피로 침입하여 2차 전염

20 식물바이러스를 옮기는 매개충 중 구침전염형(Stylet-borne) 바이러스에 해당하는 것으로 가장 옳은 것은?

① 진딧물 ② 멸구
③ 매미충 ④ 가루이

해설 비영속성 바이러스
바이러스가 곤충의 체내에 들어가지 않고 구침에 머문 상태로 전염(주로 진딧물)

02 농림해충학

21 곤충의 종 간 상호작용에 포함되지 않은 것은?

① 경쟁 ② 밀도
③ 공생 ④ 포식자(먹이 상호작용)

해설 곤충의 종 간 상호작용
경쟁, 공생, 포식자(먹이 상호작용)

22 다음 중 농약의 부작용에 대한 설명으로 가장 거리가 먼 것은?

① 동물상의 복잡화
② 약제저항성 해충의 출현
③ 잠재적 곤충의 해충화
④ 자연계의 평형 파괴

해설
① 동물상의 단순화

23 곤충의 방어물질에 대한 설명으로 틀린 것은?

① 곤충의 방어물질을 총칭 카이로몬이라고 한다.
② 사회성 곤충에서는 독샘에서 분비하는 방어물질들이 대부분 효소들이다.
③ 곤충의 방어샘에서 동정된 화합물로는 알칼로이드, 테르페노이드, 퀴논, 페놀 등이 있다.
④ 비사회성 곤충에서는 방어물질 중 개미들의 경보페로몬과 같거나 비슷한 구조의 화합물도 있다.

해설 곤충의 방어물질
알로몬(Allomone), 카이로몬(Kairomone), 시노몬(Synomone)

24 이세리아깍지벌레의 방제를 위해 이용하는 곤충으로 가장 적합한 것은?

① 노랑좀벌 ② 왕노린재
③ 베달리아무당벌레 ④ 꽃등에

해설
③ 이세리아깍지벌레의 천적 : 베달리아무당벌레

정답 16 ② 17 ④ 18 ④ 19 ① 20 ① 21 ② 22 ① 23 ① 24 ③

25 곤충의 표피층에 대한 설명으로 틀린 것은?

① 표피세포는 표피를 이루는 단백질, 지질, Chitin 화합물 등을 합성 · 분비한다.
② 외원표피층은 탈피 과정에서 모두 소화, 흡수되어 재활용된다.
③ 외표피층은 수분의 증산을 억제해주는 기능을 한다.
④ 기저막은 일정한 모양이 없는 비세포성 연결조직이다.

해설 내원표피층

미세섬유의 배열에 의해 박막층 구조를 나타내며 탈피 시 재사용 가능

26 다음 중 소나무재선충을 옮기는 매개충으로 가장 옳은 것은?

① 땅강아지　② 알락하늘소
③ 솔수염하늘소　④ 털두꺼비하늘소

해설 식물병의 매개충

식물병	매개충
벼 오갈병	끝동매미충, 번개매미충
벼 검은줄무늬오갈병	애멸구
벼 줄무늬잎마름병	애멸구
소나무 재선충병	솔수염하늘소, 북방수염하늘소
참나무 시들음병	광릉긴나무좀
대추나무 빗자루병	마름무늬매미충
뽕나무 오갈병	마름무늬매미충
오동나무 빗자루병	담배장님노린재

27 1세대를 경과하는 데 가장 긴 시간을 필요로 하는 것은?

① 알락하늘소　② 장수풍뎅이
③ 말매미　④ 소나무좀

해설 말매미

1세대의 기간이 6년으로 매우 길

28 풀잠자리목의 특징에 대한 설명으로 가장 거리가 먼 것은?

① 완전변태를 한다.
② 더듬이는 짧고 홑눈이 3개이다.
③ 생물적 방제에 이용된다.
④ 유충과 성충이 대부분 포식성이다.

해설 풀잠자리목의 특징

여러 개의 마디로 된 긴 더듬이가 있고, 겹눈이 크며 두 쌍의 날개는 매우 얇음

29 다음 중 누에의 식성으로 가장 적절한 것은?

① 광식성　② 단식성
③ 잡식성　④ 부식성

해설 단식종

- 계통이 가까운 식물만 먹는 성질
- 누에(뽕나무속), 솔나방(소나무속, 낙엽송속), 배추좀나방과(십자화과 작물)

30 다음 설명에 해당하는 살충제는?

> - 접촉독, 식독작용 및 흡입독작용을 가진다.
> - 살충력이 극히 강하고 작용범위도 넓으나 포유류에 대한 독성이 매우 강하여 현재 국내에서는 사용이 금지된 농약이다.
> - 일부 외국에서는 사용되고 있어 식품 중 잔류허용기준이 고시된 농약이다.

① 니코틴　② 피레트린
③ 파라티온　④ 지베렐린

해설 파라티온(Parathion)

- 파리티온에틸(유기인계 살충제)
- 경구독성이 가장 강한 살충제(독성이 강함)
- 살충력이 강함
- 적용범위가 넓음
- 인축에 독성이 높아 국내 사용금지
- 자연계나 생체 내에서 분해가 빨라 잔효성은 비교적 적음

31 다음 중 거미강의 특징에 대한 설명으로 옳은 것은?

① 변태를 한다.
② 겹눈과 홑눈으로 되어 있다.
③ 몸의 구분은 머리 · 가슴과 배의 2부분으로 되어 있다.
④ 더듬이를 가지고 있어 이동이 빠르다.

해설 거미강

- 몸은 머리 · 가슴과 배로 구성(2부분)
- 날개, 더듬이, 겹눈은 없음
- 다리 4쌍(8개)
- 변태를 하지 않음

정답 25 ② 26 ③ 27 ③ 28 ② 29 ② 30 ③ 31 ③

32 다음 중 암컷의 생식계에 해당하는 것은?

① 수정낭 ② 정소
③ 수정관 ④ 적응

해설 곤충의 생식기관

자웅 생식계	• 암컷의 생식기관	
	난소(알집), 수란관, 수정낭	
	난소	미수정란의 알 생산, 몸의 좌우에 1개씩
	수정낭	수컷의 정자를 보관하는 곳
웅성 생식계	• 수컷의 생식기관	
	고환(정집), 수정관, 사정관	
	고환	정자 생산
	저정낭	수정관의 일부가 커져 저장되는 곳

33 곤충이 불리한 환경조건에서 대사와 발육이 정지되었다가 환경조건이 좋아지면 정상상태로 회복되는 반응은?

① 사면 ② 휴지
③ 분산 ④ 적응

해설 곤충의 휴지

불리한 환경에 처하면 활동이 정지되는 것

34 다음 중 반전현상(Resurgence)에 대한 설명으로 옳은 것은?

① 한 약제에 대하여 저항성을 나타내는 계통이 다른 약제에는 도리어 감수성인 현상
② 약제 처리 후 해충밀도의 회복속도가 매우 느린 현상
③ 해충이 3종 이상의 약제에 대하여 저항성을 나타내는 현상
④ 약제 처리 후 해충밀도의 회복속도가 급격하게 빨라지는 현상

해설 반전현상(Resurgence)

농약을 오용, 남용한 경우 방제 후 병해충의 발생밀도 회복이 빨라지거나 그 밀도가 전보다 높아지는 현상

35 다음 중 고자리파리에 대한 설명으로 틀린 것은?

① 유충이 땅속에 살면서 뿌리를 가해한다.
② 마늘에 피해를 주는 해충이다.
③ 1년에 1회 발생한다.
④ 미숙퇴비를 사용하면 많이 발생한다.

해설

③ 고자리파리는 1년에 3회 발생함

36 다음 중 곤충의 배설을 담당하는 기관은?

① 알라타체 ② 말피기소관
③ 존스턴 기관 ④ 모이주머니

해설 말피기관(말피기씨관, 말피기소관)

배설작용을 돕는 기관

37 다음 중 유시류에 속하는 것은?

① 톡토기 ② 낫발이
③ 좀붙이 ④ 하루살이

해설 곤충의 분류

무시아강(날개 없음)			톡토기, 낫발이, 좀붙이, 좀목
유시아강 (날개 있음) −2차적으로 퇴화되어 없는 것도 있음	고시류		하루살이, 잠자리목
	신고시류	외시류 (불완전변태)	집게벌레, 바퀴, 사마귀, 대벌레, 갈르와벌레, 메뚜기, 흰개미붙이, 강도래, 민벌레, 다듬이벌레, 털이, 이, 흰개미, 총채벌레, 노린재, 매미목
		내시류 (완전변태)	벌, 딱정벌레, 부채벌레, 뱀잠자리, 풀잠자리, 약대벌레, 밑들이, 벼룩, 파리, 날도래, 나비목

38 다음 중 완전변태를 하는 것은?

① 노린재목 ② 메뚜기목
③ 파리목 ④ 총채벌레목

해설

문제 37번 해설 참조

정답 32 ① 33 ② 34 ④ 35 ③ 36 ② 37 ④ 38 ③

39 곤충 더듬이의 마디 중 수컷이 암컷의 날개 소리를 잘 듣도록 발달된 존스턴 기관이 있고, 비행 중 바람의 속도를 측정하는 감각기들이 집중되어 있는 마디는?

① 채찍마디 ② 자루마디
③ 기본마디 ④ 팔굽마디

해설 존스턴 기관
청각기관으로 곤충 더듬이의 마디 중 수컷이 암컷의 날개소리를 잘 듣도록 발달된 기관. 더듬이의 팔굽마디에 존재함

40 다음 중 곤충의 중추신경계가 아닌 것은?

① 전대뇌 ② 측대뇌
③ 중대뇌 ④ 후대뇌

해설 중추신경계
뇌와 배신경절로 구성되며 전대뇌, 중대뇌, 후대뇌가 속함

03 재배원론

41 다음 ( ) 안에 알맞은 내용은?

( )는 체내 이동성이 낮으며, 결핍 시 셀러리의 줄기쪼김병, 담배의 끝마름병의 증상이 나타난다.

① 붕소 ② 구리
③ 염소 ④ 규소

해설 붕소(B) 결핍으로 인한 병징
사탕무의 근부썩음병, 담배의 끝마름병 발생, 셀러리 줄기 쪼김병 발생

42 다음 중 벼의 관수해(冠水害)가 가장 심하게 나타나는 수질은?

① 흐르는 맑은 물 ② 흐르는 흙탕물
③ 정체한 맑은 물 ④ 정체한 흙탕물

해설 관수해가 심한 경우
흙탕물(탁수)은 맑은 물(청수)보다 피해가 심함

43 다음 중 장과류에 해당하는 것으로만 나열된 것은?

① 배, 사과 ② 복숭아, 앵두
③ 딸기, 무화과 ④ 감, 귤

해설

구분	종류	특징
인과류	배, 사과, 비파	꽃받침 부분이 과육으로 발달한 것
핵과류	복숭아, 자두, 살구, 앵두, 양앵두	부드러운 과육 속에 단단한 핵으로 싸인 씨가 들어 있는 열매
장과류	포도, 무화과, 나무딸기(산딸기)	과육과 액즙이 많고 속에 씨가 있는 과실
각과류 (견과류)	밤, 호두	단단한 껍데기 안에 씨앗이 한 개 들어 있는 열매

44 다음 중 알줄기에 해당하는 것은?

① 글라디올러스 ② 생강
③ 박하 ④ 호프

해설 영양기관에 따른 식물의 분류

포복경	땅위를 기는 줄기	딸기, 땅콩, 고구마, 토끼풀 외
지하경	땅속을 기는 줄기	대나무, 박하, 생강 외
괴경	땅속 덩이 줄기	감자, 토란 외
인경	땅속 비늘 줄기	양파, 마늘, 백합, 수선화, 히아신스 외
괴근	땅속 덩이 뿌리	고구마, 무, 다알리아 외
구경	알줄기	글라디올러스, 프리지아 등

45 국화의 주년재배와 가장 관계가 있는 것은?

① 온도처리 ② 광처리
③ 수분처리 ④ 영양처리

해설 주년생산
장일처리하여 개화를 억제, 즉 광처리(일장처리)에 의해 개화시기를 조절하여 연중 재배하는 것

46 종자의 수명이 5년 이상인 장명종자로만 나열된 것은?

① 가지, 수박 ② 메밀, 고추
③ 해바라기, 옥수수 ④ 상추, 목화

해설 장명종자(4~6년 이상)
토마토, 녹두, 오이, 배추, 가지, 나팔꽃, 사탕무, 클로버, 알팔파, 수박 등

정답 39 ④ 40 ② 41 ① 42 ④ 43 ③ 44 ① 45 ② 46 ①

47 다음 중 최적용기량이 가장 낮은 작물은?

① 강낭콩 ② 보리
③ 양파 ④ 양배추

해설 최적용기량

작물 생육에 가장 적당한 토양 내 공기의 양으로 벼, 양파가 가장 낮음

48 산성 토양에 가장 약한 작물로만 나열된 것은?

① 시금치, 양파 ② 땅콩, 기장
③ 감자, 유채 ④ 토란, 양배추

해설 산성 토양에 가장 약한 작물

보리, 시금치, 상추, 자운영, 콩, 팥, 양파 등

49 답전윤환의 주요 효과로 틀린 것은?

① 지력 증강
② 기지의 회피
③ 병충해 증가
④ 잡초의 감소

해설 답전윤환의 효과

지력의 유지 · 증진, 기지의 회피, 잡초 발생 억제, 수량 증가, 노동력의 절감

50 벼에서 염해가 우려되는 최소농도는?

① 0.1% NaCl ② 0.4% NaCl
③ 0.7% NaCl ④ 0.9% NaCl

해설 벼에서 염해가 우려되는 최소농도

0.1% NaCl(염화나트륨)

51 [(A×B)×B]×B로 나타내는 육종법은?

① 다계교잡법 ② 여교잡법
③ 파생계통육종법 ④ 집단육종법

해설 1회친

(A×B)×A 또는 B → 여교잡법(1번 교잡)

52 우량품종 종자 갱신의 채종체계는?

① 원종포 → 원원종포 → 채종포 → 기본식물포
② 기본식물포→ 원원종포 → 원종포 → 채종포
③ 채종포 → 원원종포 → 원종포 → 기본식물포
④ 기본식물포 → 원종포 → 원원종포 → 채종포

해설 품종 육성 후 기본식물 생산 절차

기본식물포 → 원원종포 → 원종포 → 채종포

53 재배의 기원지가 중앙아시아에 해당하는 것은?

① 대추 ② 양배추
③ 양파 ④ 고추

해설 바빌로프 주요 작물의 재배기원지

기원지	주요 작물
중국지구	피, 쌀보리, 메밀, 오이, 배추, 복숭아, 무 등
힌두스탄지구	벼, 목화 등
중앙아시아지구	밀, 양파, 당근, 완두, 강낭콩 등
근동지구	사과, 알팔파, 배 등
지중해연안지구	유채, 사탕무, 클로버, 순무 등
아비시니아지구	보리 등
중앙아메리카지구	옥수수, 고구마 등
남아메리카지구	토마토, 땅콩, 감자, 담배 등

54 다음 중 작물의 주요 온도에서 최적온도가 가장 낮은 것은?

① 삼 ② 멜론
③ 오이 ④ 담배

해설 최적온도가 높은 작물

멜론, 벼, 오이, 옥수수, 삼 등

55 다음 중 굴광현상에서 가장 유효한 파장은?

① 120~250nm ② 440~480nm
③ 600~680nm ④ 700~750nm

해설 굴광현상

식물이 광 방향으로 굴곡하는 현상으로, 440~480nm의 청색광이 가장 유효함

정답 47 ③ 48 ① 49 ③ 50 ① 51 ② 52 ② 53 ③ 54 ④ 55 ②

56 다음 중 요수량(要水量)이 가장 적은 작물은?

① 오이 ② 호박
③ 클로버 ④ 옥수수

해설 요수량이 적은 작물

수수, 기장, 옥수수 등

57 C_3 식물과 C_4 식물의 광합성 특성에 대한 설명으로 틀린 것은?

① C_4 식물은 유관속초세포가 잘 발달하였다.
② C_4 식물은 크란츠(Kranz)구조가 잘 발달하였다.
③ C_3 식물은 유관속초세포가 발달하지 않거나 있어도 엽록체가 적고, C_4 식물은 유관속초세포에 다수의 엽록체가 있다.
④ C_3 식물은 엽육세포에서 합성한 유기산이 유관속초세포로 이동하여 그곳에서 분해되고 재고정되어 자당이나 전분으로 합성된다.

해설 C_3 식물의 특징

- 지구상 대부분이 C_3 식물
- C_4 식물보다 고온, 고광도, 수분조건에서 불리함

58 다음 중 적산온도가 가장 낮은 것은?

① 벼 ② 메밀
③ 담배 ④ 조

해설

② 적산온도가 가장 낮은 작물은 메밀로, 1,000~1,200℃임

59 다음 중 장일식물의 화성을 촉진하는 효과가 가장 큰 물질은?

① AMO－1618 ② MH
③ CCC ④ Gibberellin

해설 지베렐린(Gibberellin)

저온이나 장일을 대체하여 화성 유도 및 촉진

60 영양번식법 중 휘묻이에 해당하지 않는 것은?

① 선취법 ② 파상취목법
③ 당목취법 ④ 고취법

해설 고취법

휘어 묻지 않고 높은 가지에 그대로 칼로 환상박피를 하고 껍질 부분에 수태를 감싼 후 햇볕을 차단 발근 후 분리하여 번식하는 방법

04 농약학

61 농약 흡입 및 노출 시 가장 적절하지 않은 조치는?

① 약물을 경구적으로 흡입 시 위 내의 약물을 토하게 한다.
② 위 내의 약물을 토하게 하는 데는 일반적으로 따뜻한 소금물을 마시게 한다.
③ 산성, 알칼리성이 강한 점막부식성인 것을 마셨을 때는 식염수나 황산동을 사용한다.
④ 경피적으로 중독된 경우에는 옷을 벗기고 비눗물로 깨끗이 씻는다.

해설

③ 산성, 알칼리성이 강한 점막부식성인 것을 마셨을 때는 식염수나 황산동을 사용하면 위험함

62 만코제브 원제에 함유된 ETU(Ethylene thiourea)는 발암성이 높은 화합물로 지정되어 규제하고 있다. 농약관리 법령상 이 물질의 규제 기준은?

① 0.01% 이하 ② 0.05% 이하
③ 0.1% 이하 ④ 0.5% 이하

해설 ETU 규제 대상 품목

- 만코제브 원제, 메티람 과립수화제, 만코제브 과립수화제
- 만코제브 원제는 ETU가 0.5% 이하여야 함

63 농약의 약효를 높이기 위한 방법으로 가장 거리가 먼 것은?

① 알맞은 농약의 선택
② 방제 적기에 농약 살포
③ 적정농도 및 정량 살포
④ 한 가지 농약의 집중 사용

해설 농약의 약효를 높이기 위한 방법

다른 농약과의 교대 사용(저항성 유발을 방지하고, 방제 효과 유지)

정답 56 ④ 57 ④ 58 ② 59 ④ 60 ④ 61 ③ 62 ④ 63 ④

64 유제 투입원료 중 계면활성 작용을 하는 화합물은?

① Xylene
② Epichlorohydrin
③ Polyoxyethylene
④ O,O－diethyl O－(p－nitrophenyl)phosphate

해설 비이온성 계면활성제
- 수용액에서 이온성을 나타내지 않는 것
- 폴리옥시에틸렌(Polyoxyethylene)

65 모든 제형의 농약의 약효보증기간을 설정하기 위한 시험방법에 해당하는 것은?

① 확산성 시험　② 가열안정성 시험
③ 저온안정성 시험　④ 내열내한성 시험

해설 가열안전성 시험
- 모든 제형의 농약을 일정온도(54℃ 전후)의 항온기의 온도를 맞춰 놓고 시험
- 일반적 약효기간 설정방법

66 잔류농약의 피해대책을 위하여 농약의 잔류허용기준, 반감기 및 반치사농도(LC_{50}) 등에 따라 잔류성 농약을 구분하는데 이에 해당하지 않는 것은?

① 작물잔류성 농약　② 식품잔류성 농약
③ 토양잔류성 농약　④ 수질오염성 농약

해설
① 작물잔류성 : 병해충 방제를 위해 사용한 농약 성분이 수확물 중에 잔류하게 됨
③ 토양잔류성 : 병해충 방제를 위해 사용한 농약이 토양에 잔류되어 후작물에 잔류하게 됨
④ 수질오염성 : 수서생물에 피해를 일으킬 우려가 있어 공공수역의 수질을 오염시키며 그 물을 이용하는 사람과 가축 등에도 피해를 줄 우려가 있음

67 석회유황합제 제조 시 생석회와 황의 중량비로 옳은 것은?

① 생석회(2) : 황(1)　② 생석회(1) : 황(2)
③ 생석회(3) : 황(1)　④ 생석회(1) : 황(1)

해설
② 결정석회황합제(석회유황합제) 제조 시 생석회와 황의 비율은 1 : 2가 적당함

68 유제가 갖추어야 할 구비조건으로 가장 거리가 먼 것은?

① 물로 희석하였을 때 유효성분이 석출되지 않고 유탁액을 만드는 유화성
② 유효성분이 보존 또는 사용 중 분해되거나 변화하지 않는 안정성
③ 살포 후 작물이나 해충의 표면에 고르게 퍼지고 부착하는 확전성
④ 가수분해의 우려가 없고 물에 잘 녹는 수용성

해설 유제
- 물에 녹지 않는 원제를 유기용매에 녹이고 계면활성제 등의 유화제를 첨가하여 만든 액제로 물에 희석하면 유탁액이 됨
- 유제는 유화성, 고착성, 확전성, 안전성의 물리적 성질을 가지고 있어야 함

69 농약의 입제(粒劑)에 대한 설명으로 틀린 것은?

① 표류, 비산에 의한 오염의 우려가 없다.
② 제조 과정이 다른 제형보다 간단하고 값이 저렴하다.
③ 입자가 크므로 농약을 살포하는 농민에 대하여 안정성이 높다.
④ 다른 제형에 비하여 많은 양의 주성분을 투여해야 목적하는 방제 효과를 얻을 수 있다.

해설 입제
입자가 비교적 무거워 비산의 염려가 적은 제형으로 다른 제형보다 안전하게 활용되며 줄기나 잎에 부착되는 양이 적어 단위면적당 사용량은 많고, 가격은 비쌈

70 30% 메프(MEP) 유제(비중 1.0) 100mL로 0.05%의 살포액을 만들려고 한다. 이때 소요되는 물의 양(mL)은?

① 59,900
② 69,900
③ 79,900
④ 89,900

정답 64 ③ 65 ② 66 ② 67 ② 68 ④ 69 ② 70 ①

해설 희석할 물의 양(L)

$$=\text{원제의 용량}\times\left(\frac{\text{원액의 농도}}{\text{희석할 농도}}-1\right)\times\text{원액의 비중}$$

$$=100\times\left(\frac{30\%}{0.05\%}-1\right)\times1.0=59,900$$

71 다음 농약 중 살균제가 아닌 것은?

① Mancozeb ② Mepronil
③ Thiram ④ Parathion

해설

④ 파라티온(Parathion)은 유기인계 살충제에 해당함

72 곤충을 질식시켜 치사시키는 물리적 작용을 갖는 살충제는?

① 기계유 유제 ② 피레스 유제
③ 에이카롤 유제 ④ 밀베멕틴 유제

해설 기계유 유제의 특징

약액이 해충의 표면에 피막을 형성(기도를 막아 질식시킴)

73 다음 천연 제충국 성분 중 살충력이 가장 강한 것은?

① Cinerin Ⅰ ② Pyrethrin Ⅰ
③ Pyrethrin Ⅱ ④ Jasmoline Ⅱ

해설 살충력

피레트린 Ⅱ > 피레트린 Ⅰ > 시네린=자모린

74 NOAEL(No Observed Adverse Effect Level)이란?

① 일일섭취허용량
② 식품 중 잔류농약의 허용기준
③ 농약이 잔류할 우려가 있는 식품 중의 농약잔류평균
④ 일생 동안 매일 섭취하여도 아무런 영향을 주지 않는 약량

해설 최대무작용량(NOAEL : No Observed Adverse Effect level)

장기독성시험에서 시험동물에게 아무런 영향을 미치지 않는 최대의 약량

75 농약관리법령상 농약에 해당하는 것으로 옳은 것은?

① 농작물을 해하는 균, 곤충, 응애 등의 방제에 사용하는 살균제, 살충제, 제초제 및 농작물의 생리기능을 증진 또는 억제하는 데 사용하는 약제
② 농작물의 생장을 저해하는 병충해의 방제에 사용하는 유제, 액제, 분제, 입제와 약효를 증진시키는 단계
③ 농작물의 생장을 저해하는 병충해의 방제에 사용하는 살충제, 살균제, 제초제, 살비제 및 생장촉진제
④ 농작물의 생장을 저해하는 병충해의 방제에 사용하는 살균제, 살충제, 제초제, 살비제, 보건용 약제와 약효를 증진시키는 자재

해설 농약

- 농작물의 균, 곤충, 응애, 선충, 바이러스, 잡초 및 달팽이 및 조류, 야생동물, 이끼류 등의 작물 방제에 활용되는 것
- 종류 : 살균제, 살충제, 제초제, 기피제, 유인제, 전착제, 농작물의 생리기능 증진 및 억제 하는 약제 등

76 제초제의 살초기작이 아닌 것은?

① 신경전달 저해 ② 광합성 저해
③ 에너지 생성 저해 ④ 세포분열 저해

해설 제초제의 살초기작

- 광합성 저해
- 세포분열 저해
- 에너지 생성 저해
- 호흡작용 및 산화적 인산화 저해
- 호르몬 교란
- 단백질 합성 저해
- 아미노산 생합성 저해

77 잔디의 생장 억제 기능을 하는 농약은?

① 4－CPA
② 1－Naphthylacetamide
③ Trinexapac－ethyl
④ Maleic hydrazide

해설 트리넥사팍에틸(Trinexapac－ethyl)

안티지베렐린 중 잔디 생장 억제 기능이 있음

정답 71 ④ 72 ① 73 ③ 74 ④ 75 ① 76 ① 77 ③

78 12% 다이아지논 원제 1kg을 2% 다이아지논 분제로 만들기 위해 소요되는 보조제의 양(kg)은?

① 5　② 10
③ 15　④ 20

해설 보조제의 양(kg)

$=$원제의 중량$\times\left(\dfrac{\text{원분제의 농도}}{\text{원하는 농도}}-1\right)$

$=1\times\left(\dfrac{12\%}{2\%}-1\right)=5$

79 식물의 병반이나 상처부위에 직접 발라서 병을 방제하는 방법은?

① 분의법　② 관주법
③ 도포법　④ 독이법

해설 도포법

- 점성의 농약을 식물체의 목적하는 부위에 바르는 방법으로 특정 병이나 상처를 치료하거나 보호하기 위해 사용됨
- 사과 부란병 방제에 가장 많이 이용됨

80 농약관리법령상 농약의 급성독성에 대한 내용으로 틀린 것은?

① 농약을 단 1회 투여하여 생물집단에 대한 독성을 평가하는 것이다.
② 독성 정도는 생물집단의 반수가 치사되는 양으로 평가한다.
③ 농약이 살포된 농산물을 섭취하는 소비자에 대한 독성평가를 위한 것이다.
④ 급성독성 정도에 따른 구분은 Ⅰ～Ⅳ급까지이다.

해설 급성독성

- 시험동물의 반수를 죽일 수 있는 양(mg/kg 체중)의 독성
- 강도 : 흡입독성 > 경구독성 > 경피독성

05 잡초방제학

81 제초제가 식물체에 흡수 이행을 저해하는 데 관여하는 요인으로 가장 거리가 먼 것은?

① 제초제의 농도　② 식물의 영양상태
③ 식물의 형태적 특성　④ 제초제의 처리 부위

해설 제초제의 식물체 흡수 이행

살포된 약제가 식물의 잎, 뿌리, 줄기 등에 접촉하여 식물체 내로 흡수되어 살초작용을 발휘하는 생장점으로 이행됨

82 잡초의 이해관계에 대한 설명으로 가장 거리가 먼 것은?

① 잡초는 유용적인 가치도 가지고 있다.
② 잡초는 불필요하므로 박멸되어야 한다.
③ 이해관계는 시점에 따라 달라진다.
④ 잡초의 개념은 인간의 의도에 위배된다는 점에서 성립한다.

해설 잡초의 유용한 면

- 토양에 유기물과 퇴비 공급
- 야생동물의 먹이와 서식처 제공
- 토양침식 및 토양유실 방지

83 잡초의 학명을 바르게 나타낸 것은?

① 올미 : *Scirpus juncoides*
② 벗풀 : *Eleocharis kuroguwai*
③ 너도방동사니 : *Cyperus serotinus*
④ 올챙이고랭이 : *Sagittaria pygmaea*

해설

① 올미 : *Sagittaria pygmaea*
② 벗풀 : *Sagittaria trifolia*
④ 올챙이고랭이 : *Scirpus juncoides*

84 가시나 갈고리 등을 이용하여 사람이나 동물에 부착해서 종자가 이동하는 잡초가 아닌 것은?

① 메귀리　② 소리쟁이
③ 도꼬마리　④ 도깨비바늘

해설 갈고리 모양의 돌기 등으로 인축에 부착하는 형태

도깨비바늘, 도꼬마리, 메귀리 등

정답 78 ① 79 ③ 80 ③ 81 ① 82 ② 83 ③ 84 ②

85 잡초의 생물학적 방제용으로 도입되는 곤충이 구비하여야 할 조건으로 가장 거리가 먼 것은?

① 영구적으로 소멸되지 않을 것
② 대상 잡초에만 피해를 줄 것
③ 대상 잡초의 발생지역에 잘 적응할 것
④ 인공적으로 배양 또는 증식이 용이할 것

해설
① 잡초 방제용 생물이 갖춰야 할 조건으로 잡초보다 빠른 번식능력이 필요함

86 식물의 여러 기관에서 특정 물질이 분비되거나 또는 유출되어 주변식물의 발아나 생육을 억제하는 작용은?

① 역치작용 ② 상승작용
③ 상호대립억제작용 ④ 상대지속억제작용

해설 상호대립억제작용(타감작용)
잡초의 여러 기관에서 작물의 발아나 생육을 억제하는 특정 물질을 분비함으로써 피해를 일으키는 작용

87 이행형 제초제가 아닌 것은?

① 2,4-D ② Diquat
③ Simazine ④ Glyphosate

해설 이행형 제초제의 종류
2,4-D, MCPA, 시마진, 리누론, 벤타존, 디캄바, 글리포세이트

88 월년생 잡초로만 올바르게 나열한 것은?

① 피, 냉이, 둑새풀
② 별꽃, 냉이, 벼룩나물
③ 냉이, 쇠비름, 벼룩나물
④ 쇠비름, 둑새풀, 별꽃아재비

해설 일년생 잡초의 구분

하계 일년생 잡초	• 봄 · 여름에 발생하여 가을까지 결실 및 고사 • 종류 : 바랭이, 피, 쇠비름, 명아주, 강아지풀
동계 일년생 잡초(월년생)	• 가을 · 초가을에 발생, 월동 후 다음 해 여름까지 결실 및 고사 • 종류 : 둑새풀, 냉이, 망초, 별꽃, 벼룩나물

89 주로 논에 발생하는 잡초로만 올바르게 나열한 것은?

① 피, 바랭이 ② 명아주, 둑새풀
③ 개비름, 물옥잠 ④ 올미, 여뀌바늘

해설 잡초의 구분

일년생	논잡초	둑새풀, 피, 바늘골, 바람하늘지기, 알방동사니, 참방동사니, 곡정초, 마디꽃, 물달개비, 물옥잠, 밭둑외풀, 사마귀풀, 생이가래, 여뀌, 여뀌바늘, 자귀풀, 중대가리
일년생	밭잡초	강아지풀, 개기장, 둑새풀, 바랭이, 피, 바람하늘지기, 참방동사니, 파대가리, 개비름, 까마중, 명아주, 쇠비름, 여뀌, 자귀풀, 환삼덩굴, 주름잎, 석류풀, 도꼬마리
다년생	논잡초	나도겨풀, 너도방동사니, 매자기, 쇠털골, 올방개, 올챙이고랭이, 파대가리, 가래, 개구리밥, 네가래, 미나리, 벗풀, 올미, 좀개구리밥
다년생	밭잡초	반하, 쇠뜨기, 쑥, 토끼풀, 메꽃
월년생	밭잡초	망초, 중대가리풀, 황새냉이

90 다음 잡초 중 한 개체당 종자수가 가장 많은 것으로만 나열된 것은?

① 바랭이, 별꽃 ② 흰여뀌, 등에풀
③ 마디꽃, 둑새풀 ④ 망초, 물달개비

해설
• 한 개체당 종자수가 가장 많은 것 : 망초, 물달개비
• 망초(국화과 다년생 잡초) : 주당 보통 60만 개의 종자를 생산

91 다음 중 발아를 위한 산소요구도가 가장 낮은 잡초는?

① 향부자 ② 별꽃
③ 강피 ④ 갈퀴덩굴

해설 혐기성 잡초
돌피, 강피, 올챙이고랭이, 가래, 물달개비, 올미

92 밭에서 주로 발생하는 잡초로만 올바르게 나열된 것은?

① 여뀌, 매자기 ② 쇠비름, 바랭이
③ 올방개, 물달개비 ④ 드렁새, 사마귀풀

해설
문제 89번 해설 참조

정답 85 ① 86 ③ 87 ② 88 ② 89 ④ 90 ④ 91 ③ 92 ②

93 광발아 잡초에 해당하지 않는 것은?

① 비름 ② 광대나물
③ 소리쟁이 ④ 왕바랭이

해설 광발아 잡초

바랭이, 쇠비름, 개비름, 향부자, 강피, 참방동사니, 소리쟁이 등

94 형태적 특성에 따른 잡초의 분류로 옳지 않은 것은?

① 소엽류 잡초 ② 광엽류 잡초
③ 화본과류 잡초 ④ 방동사니과류 잡초

해설 형태적 특성에 따른 잡초의 구분

광엽류 잡초, 화본과류 잡초, 방동사니과 잡초

95 잡초와 작물의 경합조건에 대한 설명으로 옳지 않은 것은?

① 잡초와 작물 간에 경합이 약할 때 작물 수량은 감소한다.
② 초종이 다른 식물 간에 일어나는 경합을 종간경합이라고 한다.
③ 같은 초종 중에서 개체 간에 일어나는 경합을 종내경합이라고 한다.
④ 식물경합은 두 개 이상의 식물 간에 각각 어느 특정요인이나 물질이 필요량보다 부족할 때 일어난다.

해설 잡초의 경합

- 잡초와 작물은 광, 수분, 양분의 경합이 일어남
- 작물의 분지, 분열수, 엽면적, 광합성량(건물생산량), 개화 및 착과수 등에 영향을 주어 생산량을 감소시킴

96 벼와 피의 주된 형태적 차이점은?

① 피에만 엽이가 있다.
② 벼에만 잎몸이 없다.
③ 벼에만 잎혀가 있다.
④ 벼와 피에는 잎집이 없다.

해설 피의 형태적 특징

잎에 잎혀(엽설)와 잎귀(엽이)가 없어 벼와 구별됨

97 잡초 방제 한계기간이 가장 짧은 작물은?

① 벼 ② 콩
③ 녹두 ④ 벼

해설 작물별 잡초경합 한계기간

- 녹두 : 21~35일
- 벼 : 30~40일
- 콩 · 땅콩 : 42일
- 옥수수 : 49일
- 양파 : 56일

98 잡초군락의 천이에서 가장 크게 영향을 받는 것은?

① 물관리 ② 우점잡초
③ 경운 깊이 ④ 제초제 사용

해설 잡초군락의 천이 원인

제초방법의 변화 → 동일 제초제의 연용 등 제초시기 및 방법에 큰 영향을 받음

99 벼 잡초인 피 방제를 위한 프로파닐 제초제의 선택성에 대한 설명으로 옳은 것은?

① 휴면성의 차이에 기인한 것이다.
② 형태적 차이에 기인한 것이다.
③ 생활상의 차이에 기인한 것이다.
④ 효소 활성의 차이에 기인한 것이다.

해설 프로파닐(Propanil)

효소 활성의 차이에 기인한 선택성을 이용한 제초제

100 논에서 주로 종자로 번식하는 잡초는?

① 올미 ② 벗풀
③ 올방개 ④ 물달개비

해설 물달개비

일년생 광엽잡초, 개화기 7~9월, 10월에 종자 번식

정답 93 ② 94 ① 95 ① 96 ③ 97 ③ 98 ④ 99 ④ 100 ④

2020년 산업기사 1·2회 통합

01 식물병리학

01 다음 중 병원균이 기생체 침입 시 균사가 밀집해서 감염욕을 만들어 침입하는 것으로 가장 옳은 것은?

① 벼 깨씨무늬병
② 뽕나무 자주날개무늬병
③ 고추 탄저병
④ 오이 잿빛곰팡이병

해설 **자줏빛날개무늬병(자주날개무늬병)**
뿌리 및 줄기에 자주색의 균사다발(감염욕)이 발달하여 두꺼운 가죽처럼 보임

02 배추 등의 채소에 무름병을 일으키는 병원균으로 감염 초기에 수침상을 보이다가 후기에 담갈색으로 변하여 식물체 조직이 물러지게 하는 병원균은?

① *Ralstonia solanacearum*
② *Plasmodiophora brassicae*
③ *Streptomyces scabies*
④ *Erwinia carotovora*

해설 **무름병의 병원**
에르위니아 카로토보라(*Erwinia carotovora*), 세균

03 다음 중 발병되더라도 표징이 가장 잘 나타나지 않는 것은?

① 오이 흰가루병
② 토마토 잎곰팡이병
③ 가지 균핵병
④ 보리 줄무늬모자이크병

해설 **표징(Sign)은 없고, 병징만 나타나는 것**
비전염성 병, 바이러스, 바이로이드, 파이토플라스마

04 수박 덩굴쪼김병균이 월동하는 곳으로 가장 적절한 것은?

① 토양
② 매개곤충의 알
③ 열매
④ 중간기주

해설 **수박 덩굴쪼김병균**
균사나 포자에 오염된 흙, 병든 종자나 덩굴 등에 의해 옮겨짐

05 1차 전염원에 대한 설명으로 가장 거리가 먼 것은?

① 겨울에 병원체가 휴면상태로 월동하고, 다음 해에 처음으로 감염하는 전염원이다.
② 균류에만 해당될 뿐 세균이나 바이러스는 해당되지 않는다.
③ 곤충도 1차 전염원의 월동장소가 될 수 있다.
④ 병 방제 차원에서 1차 전염원의 박멸은 매우 중요하다.

해설 **1차 전염원**
월동한 균핵과 난포자, 휴면상태의 균사 등이 속함

06 과수에 발생한 흰가루병균이 형성하는 포자의 종류는?

① 난포자
② 자낭포자
③ 접합포자
④ 담자포자

해설 **흰가루병의 병원**
진균(자낭균류)

07 다음 설명에 해당하는 것은?

약독계통 바이러스를 이용하여 강독계통 바이러스의 감염을 저지하는 현상

① 기주교대
② 교차보호
③ 포장위생
④ 준유성 교환

해설 **교차보호**
기주식물의 면역 또는 저항성 개선을 위해 약독계통의 바이러스를 미리 감염시켜 식물체를 강독계통의 바이러스의 감염으로부터 보호함

정답 01 ② 02 ④ 03 ④ 04 ① 05 ② 06 ② 07 ②

08 소나무혹병균의 중간기주로 가장 옳은 것은?

① 민들레　② 참나무
③ 흰명아주　④ 향나무

해설 이종기생 녹병균(담자균)

수병	기주식물	중간기주
	녹병포자, 녹포자	여름포자, 겨울포자
소나무 잎녹병	소나무	황벽나무, 참취, 잔대
잣나무 잎녹병	잣나무	등골나무
소나무 혹병	소나무	졸참나무, 신갈나무
잣나무 털녹병	잣나무	송이풀, 까치밥나무
배나무, 사과나무 붉은별무늬병 (향나무 녹병)	배나무, 사과나무	향나무 (여름포자를 만들지 않음)
포플러 잎녹병	(중간기주) 낙엽송, 현호색	포플러
맥류 줄기녹병	매자나무	맥류
밀 붉은녹병	좀꿩의 다리	밀

09 다음 중 감염된 식물체를 가축이 먹으면 가장 해로운 병으로 옳은 것은?

① 보리 붉은곰팡이병　② 벼 도열병
③ 배추 모자이크병　④ 콩 뿌리혹병

해설 보리 붉은곰팡이병

곰팡이 독소 제랄레논(Zearalenone)으로 인해 병든 보리나 밀을 사람이나 가축이 먹을 경우 중독증상을 일으킴

10 담배모자이크바이러스를 *N. glutinosa*에 접종하였을 때 접종한 잎에서 나타나는 가장 일반적인 병징은?

① 전신적 황백화 현상
② 엽색이 짙어지는 현상
③ 국부 괴사반점 형성
④ 잎말림 형성

해설

③ 글루티노사담배(*Nicotiana gultinosa*)균을 접종하면 국부반점(국부병징)이 나타남

11 고추 역병의 병원체로 가장 옳은 것은?

① 선충　② 세균
③ 바이러스　④ 곰팡이

해설 고추 역병의 병원

유사균(난균류)

12 다음 설명에 해당하는 것은?

> 기주가 어떤 식물병원균에 대하여 병이 전혀 발생하지 않는 성질

① 저항성　② 면역성
③ 내성　④ 이병성

해설 용어설명

감수성	식물이 병에 걸리기 쉬운 성질(이병성)
저항성	식물이 병원체의 작용을 억제하는 성질
면역성	식물이 전혀 어떤 병에도 걸리지 않는 성질
회피성	적극적, 소극적 병원체의 활동기를 피하여 병에 걸리지 않는 성질
내병성	감염되어도 실질적으로 피해를 적게 받는 성질

13 대추나무 빗자루병의 전염 경로로 가장 옳은 것은?

① 병원체가 하늘소에 의하여 전염된다.
② 감염된 나무에서 수확한 종자를 심어서 전염된다.
③ 파이토플라스마 병원체가 비산하여 병을 전염한다.
④ 매개충인 마름무늬매미충에 의하여 병원체가 전염된다.

해설

- 대추나무 빗자루병의 매개충 : 마름무늬매미충
- 오동나무 빗자루병의 매개충 : 담배장님노린재

14 다음 중 세균에 의해 나타나는 병징으로 가장 거리가 먼 것은?

① 점무늬병　② 무름병
③ 모자이크병　④ 시들음병

해설 세균에 의한 병징

무름병, 점무늬병, 잎마름병, 시들음병, 세균성 혹병 등

정답 08 ② 09 ① 10 ③ 11 ④ 12 ② 13 ④ 14 ③

15 벼 키다리병과 가장 관련이 있는 것은?

① 옥신 ② 사이토키닌
③ 지베렐린 ④ 에틸렌

해설 **벼 키다리병**

병원균이 분비하는 지베렐린(*Gibberellin*)의 작용에 의해 키다리 증상(도장)이 나타남

16 녹병균의 여름포자, 녹포자의 주된 침입경로로 가장 적절한 것은?

① 피목 ② 수공
③ 기공 ④ 뿌리털

해설

각종 녹병균의 녹포자와 하포자는 기공침입함

17 다음 중 병원균의 병원성 변이와 가장 관련이 없는 것은?

① 돌연변이 ② 교잡
③ 준유성 교환 ④ 항생

해설 **병원체의 변이 기작**

돌연변이, 교잡, 이핵, 준유성 교환 등

18 사과나무 겹무늬썩음병을 일으키는 병원체로 가장 옳은 것은?

① 곰팡이 ② 세균
③ 바이러스 ④ 파이토플라스마

해설 **사과나무 겹무늬썩음병의 병원체**

진균(자낭균)

19 다음 중 병원균이 이종기생균에 속하는 것으로 가장 옳은 것은?

① 오이 노균병 ② 고추 탄저병
③ 잣나무 털녹병 ④ 포도 새눈무늬병

해설 **잣나무 털녹병**

중간기주(송이풀, 까치밥나무)로 이동 후 반복전염을 일으킴

20 다음 중 병원체 크기가 가장 작은 것은?

① 세균 ② 진균
③ 파이토플라스마 ④ 바이로이드

해설 **병원체의 크기**

바이로이드<바이러스<세균<진균

02 농림해충학

21 빛에 모이는 곤충의 성질을 이용한 채집법은?

① 유아등 채집 ② 쓸어잡기 채집
③ 말레이즈 채집 ④ 떨어잡기 채집

해설 **유아등**

주광성의 해충을 광선을 이용하여 유인하는 장치

22 다음 중 벼 줄무늬잎마름병의 병원균을 매개하는 곤충으로 가장 옳은 것은?

① 애멸구 ② 벼멸구
③ 흰등멸구 ④ 번개매미충

해설 **벼 줄무늬잎마름병의 매개충**

애멸구

23 다음 중 외시류 곤충의 겹눈을 구성하는 낱눈 수의 변화에 대한 설명으로 가장 옳은 것은?

① 약충 발육기간 중에만 증가한다.
② 변태기에만 증가한다.
③ 아무런 수의 변화가 없다.
④ 탈피기와 변태기에 모두 증가한다.

해설

④ 외시류 곤충의 겹눈을 구성하는 낱눈 수는 탈피기와 변태기에 모두 증가함

정답 15 ③ 16 ③ 17 ④ 18 ① 19 ③ 20 ④ 21 ① 22 ① 23 ④

24 다음 중 표피를 이루는 단백질, 지질, 키틴 화합물 등을 합성 분비하는 세포로 가장 적절한 것은?

① 진피세포 ② 내원표피
③ 외원표피 ④ 외표피

해설 진피층(표피세포)
- 내원표피 아래에 위치하며 단층세포로 구성되어 있음
- 진피는 큐티클층을 구성하는 중요한 역할을 하며, 탈피 과정 내 내원표피를 재흡수하여 일부를 재사용하는 역할을 함

25 다음 중 탈피 후 표피층을 경화시키는 호르몬으로 가장 옳은 것은?

① Diuretic hormone
② Bursicon
③ Eclosion
④ Proctolin

해설
② 부루시콘(Bursicon) : 경화호르몬

26 솔수염하늘소의 성충이 최대로 출현하는 최성기로 가장 적절한 것은?

① 3~4월 ② 4~5월
③ 6~7월 ④ 9~10월

해설 솔수염하늘소 성충의 우화시기
5~7월(우화 최성기 : 6월)

27 다음 중 해충의 정의로 가장 적절한 것은?

① 식물을 가해하는 곤충
② 개체수가 많은 곤충
③ 인간과의 관계에서 경쟁적인 곤충
④ 다른 곤충을 포식하는 곤충

해설
③ 해충은 인간과 경쟁하는 곤충을 의미함

28 다음 중 이화명나방의 암수 구별방법으로 가장 거리가 먼 것은?

① 암컷의 빛깔은 옅다.
② 수컷은 암컷에 비해 크기가 크다.
③ 암컷의 날개 센털은 3개가 있다.
④ 수컷의 전연각(前緣角)은 넓다.

해설
② 이화명나방은 수컷이 암컷보다 작음

29 곤충의 중추신경계에 속하지 않는 구조는?

① 운동신경 ② 뇌
③ 가슴신경절 ④ 식도하신경절

해설 곤충의 중추신경계
뇌(전대뇌, 중대뇌, 후대뇌), 가슴신경절, 식도하신경절로 구성됨

30 다음 중 곤충 혈구의 기능으로 가장 적절하지 않은 것은?

① 식균작용 ② 상처치유
③ 해독작용 ④ 소리 감지

해설 곤충 혈구의 기능
식균작용, 상처치유, 해독작용

31 다음 중 내시류에 속하는 곤충으로 가장 옳은 것은?

① 물장군 ② 장수풍뎅이
③ 벼메뚜기 ④ 분홍날개대벌레

해설 곤충의 분류

무시아강(날개 없음)			톡토기, 낫발이, 좀붙이, 좀목
유시아강(날개 있음) -2차적으로 퇴화되어 없는 것도 있음	고시류		하루살이, 잠자리목
	신고시류	외시류(불완전변태)	집게벌레, 바퀴, 사마귀, 대벌레, 갈르와벌레, 메뚜기, 흰개미붙이, 강도래, 민벌레, 다듬이벌레, 털이, 이, 흰개미, 총채벌레, 노린재, 매미목
		내시류(완전변태)	벌, 딱정벌레, 부채벌레, 뱀잠자리, 풀잠자리, 약대벌레, 밑들이, 벼룩, 파리, 날도래, 나비목

정답 24 ① 25 ② 26 ③ 27 ③ 28 ② 29 ① 30 ④ 31 ②

32 나방류와 비슷하며 유충과 번데기 시기에 수서생활을 하는 것은?

① 강도래 ② 뿔잠자리
③ 날도래 ④ 매미

해설 날도래
유충은 기관아가미 호흡을 하며 유충과 번데기 시기에 수서생활을 함

33 곤충에 대한 환경요인 중 비생물적 요인으로 가장 적절하지 않은 것은?

① 기생 ② 기후
③ 일광 ④ 대기

해설 곤충환경 중 비생물적 요인
기후, 일광, 대기

34 다음 중 곤충의 표피층에 대한 설명으로 가장 적절하지 않은 것은?

① 외표피층(Epicuticle)은 수분의 증산을 억제해 주는 기능을 한다.
② 기저막(Basement membrane)은 일정한 모양이 없는 비세포성 연결조직이다.
③ 표피세포(Epidermis)는 표피를 이루는 단백질, 지질, Chitin 화합물 등을 합성 분비한다.
④ 외원표피층(Exocuticle)은 탈피 과정에서 모두 소화, 흡수되어 재활용된다.

해설 내원표피
탈피 시 대부분이 체내로 흡수되어 재활용됨

35 다음 중 버즘나무 방패벌레에 대한 설명으로 가장 적절하지 않은 것은?

① 버즘나무류의 잎뒷면에 모여 흡즙 가해한다.
② 풀잠자리목에 속한다.
③ 성충으로 월동한다.
④ 1995년에 국내에 보고되었다.

해설
② 버즘나무 방패벌레는 노린재목 방패벌레과에 속함

36 일반적으로 온대지방에서 1년에 1회 발생하는 해충은?

① 거세미나방 ② 벼룩잎벌레
③ 파총채벌레 ④ 땅강아지

해설 땅강아지
온대지방에서 1년에 1회 발생하며, 성충과 약충이 지표 밑에 작물 지하부를 가해함

37 다음 중 고자리파리의 월동충태로 가장 적절한 것은?

① 성충 ② 유충
③ 알 ④ 번데기

해설 고자리파리의 월동충태
땅속에서 번데기로 월동함

38 사과 과수원에 복숭아심식나방의 성충 발생 정도를 예찰하는 방법으로 가장 적절한 것은?

① 유아등 ② 성페로몬 트랩
③ 말레이즈 트랩 ④ 황색 수반 트랩

해설 성페로몬 트랩
같은 곤충 종 간에 대상 성의 개체를 유인하기 위해 몸 외부로부터 분비하는 일종의 화학물질을 이용한 것

39 다음 중 과변태하는 곤충으로 가장 적절한 것은?

① 하늘소 ② 흰나비
③ 매미 ④ 가뢰

해설 과변태
알 → 유충 → 의용 → 용 → 성충(딱정벌레목의 가뢰과)

40 일반적인 곤충의 몸 구조에 대한 설명으로 가장 적절하지 않은 것은?

① 다리는 4쌍이고 7마디로 구성된다.
② 겹눈과 홑눈이 있다.
③ 대개 가슴에는 날개 2쌍이 있다.
④ 머리, 가슴, 배의 3부로 구성되어 있다.

해설 곤충의 몸 구조
다리는 3쌍이고 보통 5마디로 구성됨

정답 32 ③ 33 ① 34 ④ 35 ② 36 ④ 37 ④ 38 ② 39 ④ 40 ①

03 농약학

41 농약의 잔류독성을 의미하지 않는 것은?

① 식품에 잔류한 농약의 독성
② 토양 속에 남아 있는 독성
③ 작물에 남아 있는 독성
④ 농약 포장지 내에 남아 있는 독성

해설 잔류성 농약
농약의 주성분이 농작물, 토양, 수질에 잔류되어 있는 농약

42 훈증제의 사용에 대한 설명 중 틀린 것은?

① 휘발성이 있어야 한다.
② 비인화성 이어야 한다.
③ 흡착성과 확산성이 있어야 한다.
④ 수분에 용입되어야 한다.

해설 훈증제의 구비조건
휘발성, 비인화성, 흡착성, 확산성, 화학적 변화를 일으키지 않아야 함

43 농약을 주성분의 조성에 따라 분류한 것은?

① 침투성 살충제 ② 훈증제
③ 유기인계 ④ 식물생장조절제

해설 유기농약
유기인계, 카바메이트계, 유기염소계, 유기황계, 유기비소계, 유기불소계

44 Carbamatc계 살충제가 아닌 것은?

① BPMC(Fenobcarb) ② Zeta－cypermethrin
③ Carbarl ④ Furathiocarb

해설 카바메이트(Carbamate)계 살충제의 종류
카바릴(Carbaryl, NAC), 페노뷰카브(Fenobucarb, BPMC, BP), 아이소프로카브(Isoprocarb, MIPC), 카보퓨란(Carbofuran), 티오디카브(Thiodicarb, UCC), 메소밀(Me-thomyl), 퓨라티오카브(Furatiocarb) 등

45 다음 구리제 농약 중 구리 함유량이 가장 큰 것은?

① Tribasic Copper Sulfate
② Copper Oxychloride
③ Copper Hydroxide
④ Oxine Copper

해설 구리제 중 구리 함량이 높은 것
코퍼하이드록사이드(Copper Hydroxide)

46 분제(粉劑)에 대한 설명으로 틀린 것은?

① 대부분 그대로 사용되는 제제이다.
② 유효성분 농도가 1～5% 정도이다.
③ 작물에 대한 고착성이 우수하다.
④ 잔효성이 유제에 비해 짧다.

해설 분제(粉劑)
농약 원제를 증량제와 물리성 개량제, 분해방지제 등을 혼합 후 분쇄하여 포장한 분말의 제형을 말함

47 해충에 저항성이 유발되기 쉬운 살충제의 살포방법은?

① 동일 그룹의 약제를 연용한다.
② 약제 살포 횟수를 줄인다.
③ 매년 다른 약제로 바꾸어 살포한다.
④ 작용기작이 다른 약제와 교호 살포한다.

해설 해충의 약제 저항성
해충 방제를 위해 같은 약제를 연용하면 저항력은 높이고 약효는 떨어져 결국 해충 방제가 어려운 경우를 의미함

48 농약의 독성을 나타내는 LD_{50}이 의미하는 것은?

① 반수치사약량
② 한계치사약량
③ 50%가 넘는 성분
④ 타 약품 대비 50%의 인체 독성을 갖는 농약

해설 반수치사약량(LD_{50})
독성실험 시 실험군의 50%가 사망하는 용량

정답 41 ④ 42 ④ 43 ③ 44 ② 45 ③ 46 ③ 47 ① 48 ①

49 농약제형의 형태에 따른 분류가 아닌 것은?

① 미탁제 ② 유탁제
③ 유화제 ④ 훈증제

해설 농약제형
고형 시용제, 액체 시용제, 종자처리제, 특수목적제로 분류함

50 살포한 농약이 식물체나 충체의 표면을 적시는 성질은 무엇인가?

① 부착성 ② 습윤성
③ 확전성 ④ 고착성

해설 습윤성
농약이 식물 또는 충의 표면을 잘 적시고 퍼지는 성질

51 작용기작이 식물호르몬 작용 교란 제초제가 아닌 것은?

① Dicamba ② MCPB
③ PCP ④ 2,4-D

해설 식물호르몬 작용 교란 제초제
다캄바(Dicamba), MCPB, MCPP, 2,4-D

52 제충국의 살충유효 성분이 아닌 것은?

① Pyrethrin Ⅰ ② Pyrethrin Ⅱ
③ Cinerin Ⅰ ④ Rotenone

해설 제충국의 살충유효 성분
피레트린Ⅰ, 피레트린Ⅱ, 시네린, 자모린

53 무기화합물이 주 성분인 농약은?

① Bordeaux mixture ② Triclopyr
③ Cartap ④ EPN

해설 무기농약
생석회, 소석회, 유황, 보르도혼합액, 결정석회황합제 등

54 유기인제 농약의 중독 증상과 비슷한 증상을 보이는 농약은?

① 항생제 농약 ② 유기염소제 농약
③ 유기비소제 농약 ④ 카바메이트제 농약

해설 신경기능 저해 농약
아세틸콜린에스테라아제(AChE)의 활성 저해 → 유기인계, 카바메이트(Catbamate)계

55 살충제 카보입제(5%) 분석 시 제품 1.8763g을 내부표준용액 25mL에 녹여 이 중 5μL를 HPLC에 주입하여 분석했을 때 면적비가 0.9561이었다. 또한 순도가 99.0%인 카보표준품 0.1005g을 내부표준용액 25mL에 녹여 5μL를 주입하여 분석했을 때 면적비가 0.9485였다면 이 제품의 주성분 함량은?

① 5.06% ② 5.20%
③ 5.34% ④ 5.42%

해설
$x \times 1.8763 : 0.9561$
$= 99 \times 0.1005 : 0.9485$
$= 5.34\%$

56 기계유 유제의 살충작용으로 가장 옳은 것은?

① 훈증으로 살충
② 식중독으로 살충
③ 신경기능 저해로 살충
④ 피복, 질식시켜 살충

해설 기계유 유제의 살충기작
약액이 해충의 체표에 피막 형성 후 기문을 막아 질식사시킴

57 농약의 사용목적에 따른 분류 중 보호살균제에 해당되지 않는 것은?

① Myclobutanil ② Bordeaux mixture
③ Mancozeb ④ Propineb

해설 보호살균제의 종류
보르도혼합액(Bordeaux mixture), 결정석회황합제, 구리분제, 만코제브(Mancozeb), 프로피네브(Propineb) 등

정답 49 ③ 50 ② 51 ③ 52 ④ 53 ① 54 ④ 55 ③ 56 ④ 57 ①

58 농약을 식별하기 위해 라벨의 바탕 색깔을 달리하는데 노란색 라벨은 어떤 유형의 농약을 의미하는가?

① 제초제 ② 살균제
③ 살충제 ④ 식물생장조절제

해설 농약 병뚜껑의 색깔 분류
- 살균제 : 분홍색
- 살충제 : 녹색
- 제초제 : 황색
- 생장조절제 : 청색

59 침투성 살충제의 일반적인 특성 중 옳지 않은 것은?

① 천적을 살해한다.
② 효력이 2~6주간 지속된다.
③ 식물체 내에 흡수, 이행되어 식물체 전체에 퍼진다.
④ 일반적으로 개체가 작은 흡즙 해충에 유효하다.

해설 침투성 살충제
식물 일부분에 약제 처리하면 전체로 퍼져 흡즙하는 해충을 방제하는 목적으로 활용됨

60 농약의 유효성분이 50%인 제재를 0.05%로 희석하여 10a당 5말로 살포하려고 할 때 약제 소요량(mL)은?(단, 1말은 18L, 약제의 비중은 1.0이다.)

① 80 ② 90
③ 100 ④ 120

해설

$$소요약량 = \frac{사용할\ 농도(\%) \times 10a당\ 살포량(L)}{원액농도(\%) \times 비중}$$

$$= \frac{0.05 \times 90}{50 \times 1} = 0.09L$$

∴ 90mL

04 잡초방제학

61 다음 중 출아가 가장 늦으며, 출아 기간이 가장 긴 다년생 잡초로 가장 옳은 것은?

① 올챙이고랭이 ② 올미
③ 너도방동사니 ④ 올방개

해설 올방개
휴면기간이 길어 오랜 기간 발생함

62 다음 중 논에서 종자로 번식하는 잡초로 가장 옳은 것은?

① 물달개비 ② 올미
③ 벗풀 ④ 올방개

해설 물달개비
일년생 광엽잡초로 개화는 7~9월, 10월에 종자로 번식함

63 다음 중 식물의 분류체계로 가장 적절한 것은?

① 문－과－강－목－종－속
② 문－강－목－과－속－종
③ 문－속－강－과－목－종
④ 강－문－목－과－속－종

해설 이명법 기준 식물의 분류체계
계－문－강－목－과－속－종

64 다음 중 제초제와 토양의 관계에서 흡착력에 가장 크게 관여하지 않는 요인은?

① 점토광물의 종류 ② 양이온 치환 용량
③ 토양 유기물 함량 ④ 토양의 수소이온 농도

해설 토양 입자에 대한 제초제의 흡착력
양이온치환용량이 클수록, 점토, 부식, 유기물 함량이 많을수록 흡착력이 좋음

65 식물 표면에서 제초제의 흡수 과정에 대한 설명으로 가장 옳지 않은 것은?

① 친유성(비극성) 제초제는 큐티클 납질층을 친수성보다 잘 통과한다.
② 친수성(극성) 제초제의 통과는 펙틴이 높고 다음이 큐틴이며 납질은 통과가 어렵다.
③ 계면활성제는 극성 제초제가 큐티클 납질층을 잘 통과하도록 도와준다.
④ 셀룰로오스층은 촘촘하여 비극성 및 극성 제초제 모두 투과가 어렵다.

정답 58 ① 59 ① 60 ② 61 ④ 62 ① 63 ② 64 ④ 65 ④

해설 셀룰로오스층

극성 제초제는 통과가 쉬우나 비극성 제초제는 어려움

66 작물과 잡초 간 경합의 주요인과 가장 거리가 먼 것은?

① 영양소 ② 빛
③ 수분 ④ 산소

해설 작물과 잡초 간 경합의 주요인

영양소, 빛, 수분

67 제초제 종류와 주요 작용기작의 연결이 가장 옳은 것은?

① Atrazine – 호흡 저해
② Thiobencarb – 분지형 아미노산 생합성 저해
③ Glyphosate – 방향족 아미노산 생합성 저해
④ Chlorsulfuron – 색소 형성 저해

해설 글리포세이트(Glyphosate)

유기인계 비선택성 제초제(단백질 합성 저해제)

68 다음 중 이년생(월년생) 잡초만으로 나열된 것은?

① 냉이, 메꽃
② 민들레, 코스모스
③ 질경이, 달맞이꽃
④ 망초, 냉이

해설 이년생(월년생) 잡초

둑새풀, 냉이, 망초, 별꽃 등

69 광발아 잡초들로만 나열된 것은?

① 바랭이, 쇠비름, 개비름
② 독말풀, 향부자, 별꽃
③ 별꽃, 왕바랭이, 소리쟁이
④ 바랭이, 냉이, 별꽃

해설 광발아 잡초

바랭이, 쇠비름, 개비름, 향부자, 강피, 참방동사니, 소리쟁이 등

70 제초제가 활성화되는 반응으로 가장 적절한 것은?

① MCPB β – Oxidation
② Diuron의 Demethylation
③ Atrazane의 Glutathione conjugation
④ Bentazone의 Hydroxylation

해설 페녹시계 제초제

식물체 내에서 MCPB는 β – 산화(Oxidation)되어 활성화됨

71 토양처리제로 식물체 내에서 이행되며 세포분열 및 단백질 합성을 저해하여 고사시키는 계통으로만 나열된 것은?

① 피라졸계와 요소계
② 설포닐우레아계와 트라이아진계
③ 카바메이트계와 디니트로아닐린계
④ 유기인계와 산아미드계

해설 경엽 및 토양처리 제초제

카바메이트계, 디니트로아닐린계

72 생장형에 따른 잡초의 분류로 가장 적절하지 않은 것은?

① 포복형 – 메꽃, 나도겨풀
② 직립형 – 가막사리, 사마귀풀
③ 총생형 – 억새, 둑새풀
④ 로제트형 – 민들레, 질경이

해설

② 직립형 – 명아주, 가막사리, 쑥부쟁이

73 영양번식을 좌우하는 환경요인에 대한 설명으로 가장 거리가 먼 것은?

① 단일조건은 매자기의 괴경 형성을 촉진하며, 장일은 억제하는 반면에 괴경당 중량을 크게 한다.
② 광도는 건물 생산과 생리대사에 영향을 미친다.
③ 무기성분 함량이 충분한 조건하에서 다년생 잡초의 경우 영양번식 속도가 억제된다.
④ 중점토보다 사질토에서 지하 영양기관의 생성이 촉진된다.

정답 66 ④ 67 ③ 68 ④ 69 ① 70 ① 71 ③ 72 ② 73 ③

해설 영양번식을 좌우하는 환경요인

토성, 일장, 광도, 무기성분 등

74 다음 중 외래잡초로 가장 옳은 것은?

① 단풍잎돼지풀 ② 바랭이
③ 여뀌 ④ 명아주

해설 외래잡초

미국개기장, 미국자리공, 달맞이꽃, 엉겅퀴, 단풍잎돼지풀, 털별꽃아재비, 큰도꼬마리, 미국까마중, 돌소리쟁이, 좀소리쟁이, 미국나팔꽃, 미국가막사리, 망초, 개망초, 서양민들레, 가는털비름, 비름, 소리쟁이, 흰명아주, 도깨비가지, 가지비름, 미국외풀 등

75 다음 중 다년생 잡초의 전파기관에서 가장 지하에 묻혀 있지 않는 것은?

① 인경 ② 근경
③ 포복경 ④ 괴경

해설 잡초의 영양번식 기관 중 지하에 묻혀 있는 것

인경, 근경, 괴경, 뿌리, 구경 등

76 다음의 벼 재배법에서 잡초와의 경합면에 가장 불리한 재배법은?

① 손이앙재배 ② 어린모재배
③ 중모재배 ④ 직파재배

해설 논잡초 발생 비율(높은 순)

건답직파 > 담수직파 > 어린모 기계이앙 > 중묘 기계이앙 > 손이앙

77 광합성을 억제하는 계통의 제초제로 가장 거리가 먼 것은?

① Triazine계 ② Acetamide계
③ Urea계 ④ Bipyridylium계

해설 광합성 저해 제초제

- 벤조티아디아졸계 : 벤타존
- 트리아진계 : 시마진, 아트라진
- 요소계 : 리누론, 메타벤즈티아주론
- 아마이드계 : 프로파닐
- 비피리딜리움계 : 파라콰트 디클로라이드

78 다음 중 초생재배방법에 대한 설명으로 가장 옳은 것은?

① 오리, 어패류를 이용하여 잡초 생육을 억제한다.
② 인접식물에 독성을 나타내는 물질을 분비하는 식물을 심어 잡초 발생을 경감시킨다.
③ 잡초에 특이적으로 기생하는 병원균을 이용하여 방제한다.
④ 과수원이나 나지 상태의 포장에 피복작물을 재배한다.

해설 초생재배방법

과수원이나 나지 상태의 포장에 피복하는 작물(목초작물, 녹비작물)을 재배함

79 논잡초 방제에 사용되는 카바메이트계 제초제로만 나열된 것은?

① 디페나미드, 벤설퓨론메틸
② 메토라클로르, 알코올
③ 티오벤카브, 몰리네이트
④ 나프로파마이드, 프레틸라클로르

해설 카바메이트계(전처리제) 제초제

- 화본과 및 방동사니과의 잎이 좁은 잡초를 선택적으로 방제
- 클로르프로팜(세포분열저해), 아슐람, 티오벤카브, 몰리네이트

80 제초제의 효과적이며 안전 사용을 위하여 유의해야 할 사항으로 가장 옳은 것은?

① 적량보다 적게 사용하는 것이 효과적이다.
② 적량보다 많이 사용하는 것이 효과적이며 안전하다.
③ 적기를 놓쳤을 때에는 적량보다 많은 양을 사용해야 한다.
④ 알맞은 제초제를 선택하여 적기에 적량을 살포해야 한다.

해설 제초제

1970년대의 산업화로 인해 농촌 노동력 감소와 잡초 방제를 위해 제초제의 사용이 증가하였으며, 잡초에 대해 알맞은 적량과 적기 살포가 중요함

정답 74 ① 75 ③ 76 ④ 77 ② 78 ④ 79 ③ 80 ④

2020년 산업기사 3회

01 식물병리학

01 병원체의 감염, 침입 등의 자극에 의하여 식물체가 파이토알렉신, PR Protein 등을 만들어 저항성을 나타내는 것은?

① 물리적 저항성　② 정적 화학적 저항성
③ 분주감수성　④ 유도저항성

해설 유도저항성(ISR)
식물이 자체적 저항성 반응을 통해 병에 대해 저항력을 유지하는 것

02 주변에 향나무가 많은 경우 배나무에 주로 발생하는 병은?

① 겹무늬병　② 흰가루병
③ 검은무늬병　④ 붉은별무늬병

해설 사과나무 · 배나무 붉은별무늬병(향나무 녹병)
향나무에서 겨울포자, 담자포자를 형성하여 배나무로 기주를 옮겨 병을 발생시킴

03 기주에서 기생생활을 원칙으로 하나 조건에 따라 죽은 기주에서 부생적으로 생활할 수 있는 것은?

① 임의기생체　② 순환물기생체
③ 임의부생체　④ 부생체

해설 임의부생체(조건부생체)
기생이 원칙이나 때로는 죽은 유기물에서도 영양 섭취

04 매개충의 알을 통하여 다음 대까지 바이러스가 옮겨지는 병은?

① 벼 오갈병　② 감자 잎말림병
③ 오이 모자이크병　④ 오이 녹반모자이크병

해설 벼 오갈병
매개충에 의한 경란전염(1차 전염)

05 사과나무 부란병을 일으키는 병원체는?

① 세균　② 진균
③ 바이러스　④ 파이토플라스마

해설 병원체의 구분

진균	자낭균	사과나무 갈색무늬병, 사과나무 부란병, 사과나무 검은별무늬병, 복숭아나무 잎오갈병, 포도나무 새눈무늬병
	담자균	사과나무 · 배나무 붉은무늬병
	불완전균	배나무 검은무늬병
세균		배나무 화상병(불마음병), 복숭아나무 세균성 구멍병

06 다음 중 비기생성 성질의 병은?

① 배추 무름병
② 사과나무 검은별무늬병
③ 토마토 배꼽썩음병
④ 담배 불마름병

해설 비전염성, 비기생성 병(칼슘 결핍)
토마토 배꼽썩음병, 셀러리 검은썩음병

07 다음 중 법적 방제법에 해당하는 것은?

① 포장위생　② 식물검역
③ 종묘소득　④ 비배관리

해설 식물검역(법적 방제)
수출입되는 식물과 식물성 산물에 병해충 부착 유무를 검사하는 방법

08 균류유사체에 속하는 병원균에 의해 산성 토양에서 많이 발생하는 병해는?

① 배추 무름병　② 토마토 풋마름병
③ 배추 무사마귀병　④ 대추나무 빗자루병

해설 배추 무사마귀병
비교적 토양이 다습하고, 산성 토양(pH 5.0 이하)에서 잘 번식함

정답 01 ④ 02 ④ 03 ③ 04 ① 05 ② 06 ③ 07 ② 08 ③

09 감염되면 식물체의 모든 부위에 병징이 나타나는 병은?

① 벼 깨씨무늬병 ② 사과 탄저병
③ 담배 모자이크병 ④ 인삼 점무늬병

해설 TMV(담배 모자이크병)

전신 감염성 병원

10 다음 중 병원체가 기주식물이 없어도 오랫동안 전염원으로서 생존이 가능하며 기주식물을 연작할 경우 그 피해가 증대해 방제하기가 가장 어려운 병해는?

① 종자 전염성 병해
② 공기 전염성
③ 토양 전염성 병해
④ 충매 전염성 병해

해설 토양 전염성 병해

토양 중에 생존하며 식물을 침해하는 병원체로 오랫동안 전염원으로 생존 가능함

11 병원체가 기주를 침해하여 병을 일으킬 수 있는 능력을 무엇이라 하는가?

① 기생성 ② 감수성
③ 병원성 ④ 저항성

해설 용어설명

감수성	식물이 병에 걸리기 쉬운 성질(이병성)
저항성	식물이 병원체의 작용을 억제하는 성질
면역성	식물이 전혀 어떤 병에도 걸리지 않는 성질
회피성	적극적, 소극적 병원체의 활동기를 피하여 병에 걸리지 않는 성질
내병성	감염되어도 실질적으로 피해를 적게 받는 성질

12 벚나무 빗자루병을 일으키는 병원체는 어디에 속하는가?

① 세균 ② 진균
③ 바이러스 ④ 파이토플라스마

해설

② 벚나무 빗자루병 병원체는 진균(자낭균류)에 속함

13 병 진단법에 대한 설명으로 틀린 것은?

① 바이로이드병의 진단에는 지표식물은 이용되지 못한다.
② 바이로이드병 진단에는 RNA 전기영동법이 이용된다.
③ 감자의 바이러스 감염은 괴경지표법으로 검정할 수 있다.
④ 사과나무 자주날개무늬병은 고구마를 심어 검정한다.

해설 바이로이드의 진단방법

지표식물검정법, PCR법

14 다음 중 병원체가 가지고 있는 플라스미드의 T-DNA 부분이 식물 세포로 이행하여 뿌리혹병을 일으키는 것은?

① *Agrobacterium tumefaciens*
② *Xathomonas campestris*
③ *Streptomyces scabies*
④ *Pseudomonas putida*

해설 아그로박테리움 투메파시엔스(*Argobacterium tumefaciens*)

유전공학 연구에 많이 쓰이는 식물병원 세균

15 다음 중 물에 의해 전파되는 병으로 가장 옳은 것은?

① 벼 흰잎마름병 ② 밀 줄기녹병
③ 밀 붉은녹병 ④ 보리 속깜부기병

해설 벼 흰잎마름병

태풍과 침수로 인한 상처에 물을 통해 운반된 세균이 침입하여 전파됨

16 다음 중 비전염성 병은?

① 선충에 의한 병 ② 영양결핍에 의한 병
③ 세균에 의한 병 ④ 바이러스에 의한 병

해설 비전염성 병

양수분의 결핍 및 과다, 온도, 광선, 대기오염, 불량한 환경 등에 의해 발생하는 병

17 식물에 병원균이 침해되어도 전혀 병 발생이 없는 것은?

① 저항성 ② 면역성
③ 감수성 ④ 내병성

해설

문제 11번 해설 참조

정답 09 ③ 10 ③ 11 ③ 12 ② 13 ① 14 ① 15 ① 16 ② 17 ②

18 **바이러스병의 진단법으로 가장 거리가 먼 것은?**

① 효소결합항체법 ② 봉입체 관찰
③ 지방산 분석 ④ 한천겔확산법

해설 바이러스병의 진단법

지표식물검정법, 즙액접종법, 괴경지표법, 항혈청검사법, 한천젤이중확산법, 형광항체법, ELISA법, PCR법, 전자현미경(봉입체)관찰법

19 **감자 잎말림병을 일으키는 병원체는?**

① 세균 ② 진균
③ 선충 ④ 바이러스

해설 병원균에 따른 분류(서류)

균류	난균		감자 역병
	진균	접합균	고구마 무름병
		자낭균	고구마 검은무늬병
세균			감자 더뎅이병, 감자 둘레썩음병
바이러스			감자 잎말림병

20 **발병에 영향을 주는 세 가지 요인의 상호관계를 병 삼각형이라고 하는데 다음 중 이 세 가지 요인에 속하지 않는 것은?**

① 병원체 ② 감수성 식물
③ 환경 ④ 시간

해설 병 삼각형 요인

병원체, 감수성 식물(기주식물), 환경

02 농림해충학

21 **곤충의 전장에 대한 설명으로 옳지 않은 것은?**

① 양분을 흡수한다.
② 외배엽에 의하여 생긴다.
③ 본문판으로 중장과 구분된다.
④ 먹은 것을 분쇄하는 장치를 가진 것이 없다.

해설

전장과 후장은 외배엽의 함물에 의해 발생하여 내면에 표피(큐티클)가 있으며, 탈피 시 새로운 표피로 대체됨

22 **생물적 방제를 위하여 해충의 천적을 이용하는 방법으로 옳지 않은 것은?**

① 외국으로부터 도입 이용
② 대량 증식 방사
③ 내충성 증대
④ 환경조건의 개선

해설 생물적 방제

외국산 유력 천적을 도입시켜 대량 증식 후 방사 및 정착시키는 방법을 활용하므로 천적이 살 수 있는 환경조건을 개선할 필요가 있음

23 **천공성 해충으로서 피해 구멍에 배설물을 실로 철하여 엮어 놓음으로써 혹같이 보이는 해충은?**

① 혹명나방 ② 솔나방
③ 독나방 ④ 박쥐나방

해설 박쥐나방

부화유충은 식물 줄기 속을 식해하며 똥을 배출하고 거미줄을 토해 식해 부위를 철(綴)해 놓아 쉽게 구분됨

24 **농생태계와 비교한 산림생태계의 특성에 대한 설명으로 가장 거리가 먼 것은?**

① 군집구조가 복잡하다.
② 안정된 생태계이다.
③ 생물종의 구성이 단순하다.
④ 자연적인 생태계이다.

해설 산림생태계

영속성이 있으며, 자연적이고 안정적인 생태계이며, 생물종의 구성 및 구조가 복잡한 특징이 있음

25 **벼 해충 중 대표적인 비래해충은?**

① 이화명나방 ② 벼멸구
③ 끝동매미충 ④ 번개매미충

해설 중국 비래해충

멸강나방, 혹명나방, 벼멸구, 애멸구, 흰등멸구, 꽃매미 등

정답 18 ③ 19 ④ 20 ④ 21 ① 22 ③ 23 ④ 24 ③ 25 ②

26 곤충에서 수컷 생식계의 3대 구성요소로 가장 거리가 먼 것은?

① 정소 ② 수란관
③ 수정관 ④ 사정관

해설 곤충 수컷(웅성) 생식계의 3대 구성요소

고환(정집, 정소), 수정관, 사정관

27 곤충의 발육단계에서 빛의 영향을 가장 받지 않는 것은?

① 수명 ② 교미
③ 휴면 ④ 산란의 시점

해설

① 수명은 빛의 영향과 관계가 없음

28 다음 ( ) 안에 가장 알맞은 내용은?

솔잎혹파리는 우리나라 소나무림에 가장 큰 피해를 준 해충이다. 이 해충은 (A)으로 지피물 밑에서 월동하고 산란최성기는 보통(B)이다. 이 해충은 (C)이 솔잎 기부에 벌레혹(충영)을 만든다.

① A : 유충, B : 6월 상순~중순, C : 유충
② A : 용(번데기), B : 5월, C : 성충
③ A : 유충, B : 7월 하순, C : 성충
④ A : 용(번데기), B : 8월 상순~중순, C : 유충

해설 솔잎혹파리

유충의 형태로 지피물 밑이나 땅속에서 월동하며, 산란기는 6월 상순~중순으로 유충이 솔잎 기부에 충영(벌레혹)을 만듦

29 메뚜기의 경우 앞날개가 뒷날개를 보호하고 비행 시 펼치기만 할 뿐 비행에 활용하지 않는다. 이런 날개를 무엇이라 하는가?

① 굳은 날개 ② 인편
③ 두텁날개 ④ 평균곤

해설 두텁날개

메뚜기목, 집게벌레목 등에 있으며, 앞날개가 뒷날개를 보호하지만 비행 시 펼치기만 할 뿐 활용하지 않는 날개

30 페로몬에 대한 설명으로 옳은 것은?

① 체내의 생리조절 물질이다.
② 같은 종 내 개체 간의 통신물질이다.
③ 다른 종 간의 통신물질이며 전달방법이 생산자에게 유리하다.
④ 다른 종 간의 통신물질이며 전달방법이 수신자에게 유리하다.

해설 페로몬(Pheromone)

개체 간에 특이한 반응이나 행동을 유발하는 물질

31 솔나방의 학명으로 옳은 것은?

① *Agelastica coerulea*
② *Thecodiplosis japonensis*
③ *Malacosoma neustria*
④ *Dendrolimus spectabilis*

해설

① 오리나무잎벌레
② 솔잎혹파리
③ 천막벌레나방
④ 솔나방

32 소나무 재선충을 매개하는 선충은?

① 솔잎혹파리 ② 솔수염하늘소
③ 미국흰불나방 ④ 버즘나무 방패벌레

해설 소나무 재선충병의 매개충

솔수염하늘소, 북방수염하늘소

33 다음 중 사과나무 재배 시 경제적으로 가장 큰 피해를 주는 해충은?

① 사과굴나방
② 사과무늬잎말이나방
③ 복숭아심식나방
④ 조팝나무진딧물

해설 복숭아심식나방

유충이 과실 내부를 뚫고 들어가 여러 곳을 가해하여 상품성을 떨어뜨림

정답 26 ② 27 ① 28 ① 29 ③ 30 ② 31 ④ 32 ② 33 ③

34 **곤충강에서 분화가 다양하고, 세계적으로 종수가 가장 많은 목은?**

① 벌목　② 나비목
③ 노린재목　④ 딱정벌레목

해설 딱정벌레목(완전변태류, 내시류)

종수가 많아 세계적으로 약 28만여 종이 분포되어 있음

35 **다음 중 하루살이가 속한 분류군은?**

① 고시류　② 외시류
③ 내시류　④ 무시류

해설 곤충의 분류

무시아강(날개 없음)			톡토기, 낫발이, 좀붙이, 좀목
유시아강 (날개 있음) -2차적으로 퇴화되어 없는 것도 있음	고시류		하루살이, 잠자리목
	신 고 시 류	외시류 (불완전변태)	집게벌레, 바퀴, 사마귀, 대벌레, 갈르와벌레, 메뚜기, 흰개미붙이, 강도래, 민벌레, 다듬이벌레, 털이, 이, 흰개미, 총채벌레, 노린재, 매미목
		내시류 (완전변태)	벌, 딱정벌레, 부채벌레, 뱀잠자리, 풀잠자리, 약대벌레, 밑들이, 벼룩, 파리, 날도래, 나비목

36 **곤충의 혈구 중 부정형 혈구, 편도혈구 및 판막혈구의 공통적인 기능은?**

① 산소운반　② 식균작용
③ 혈액응고　④ 단백질운반

해설

부정형 혈구, 편도혈구, 판막혈구는 모두 식균작용을 함

37 **수정낭에 대한 설명으로 옳은 것은?**

① 수컷에서 만들어진 정자를 임시로 보관하는 곳
② 교미 후 수컷에서 받은 정자를 보관하는 곳
③ 수컷의 생식기관으로 정충을 만드는 곳
④ 교미 후 정자와의 수정이 일어나는 곳

해설 수정낭

교미 후 수컷의 정자를 보관하는 곳

38 **곤충학의 발달과 직접적인 관련이 없는 것은?**

① 농업혁명　② 벌꿀의 채취
③ 살충제 발명　④ 환경호르몬

해설

④ 환경호르몬은 곤충학의 발달과 관련이 없음

39 **일부 지역만에만 한정되어 분포하는 종을 일컫는 용어는?**

① 멸종위기종　② 범존종
③ 고유종　④ 외래종

해설

- 고유종 : 일부 지역에서만 한정되어 분포하는 자생종
- 외래종 : 외국으로부터 유입되어 생존 · 번식하게 된 종

40 **벌목 곤충에 있어서 앞날개의 경화된 접힌 부위에 결합하는 뒷날개의 기관은?**

① 날개추부　② 날개가시
③ 날개갈고리　④ 평균곤

해설 날개갈고리

뒷날개의 앞쪽에 있으며 비행 시 앞뒤날개가 같이 동작함

03 농약학

41 **수화제 제형 제조에서 중요하게 관리해야 할 물리적 특성에 해당하는 것은?**

① 비중과 유화성
② 입자의 크기와 현수성
③ 안전성과 확전성
④ 입자의 크기와 수용성

해설 수화제의 물리적 성질

현수성, 수화성, 분말도, 고착성, 습전성 등

정답 34 ④ 35 ① 36 ② 37 ② 38 ④ 39 ③ 40 ③ 41 ②

42 **분제의 약효에 영향을 미치는 물리적 성질이 아닌 것은?**

① 토분성 ② 부착성
③ 분산성 ④ 습전성

해설 고형제의 물리적 성질

분말도, 입도, 용적비중(가비중), 응집력, 토분성, 분산성, 비산성, 부착성 및 고착성, 안정성, 경도, 수중붕괴성

43 **농약 살포 중 중독사고를 방지하기 위한 방법으로 틀린 것은?**

① 농약 살포 시 노출부가 적은 방제복을 사용한다.
② 마스크, 방호안경, 보호크림 등을 사용한다.
③ 살포 시에는 바람을 마주보며 살포한다.
④ 작업이 끝나면 몸을 깨끗이 씻고 휴식을 취한다.

해설

③ 농약 살포 시 바람을 마주하면 오히려 약이 몸에 닿기 때문에 위험함

44 **벼의 도복 경감을 위해 주로 사용되는 살균제는?**

① Daminozide ② Calcium carbonate
③ Hexaconazole ④ Ethephon

해설

③ 헥사코나졸(Hexaconazole)은 작물의 도복 경감을 위해 주로 사용됨

45 **다음 중 실험동물(Rat)에 경구독성이 가장 강한 것은?**

① EPN ② Diazinon
③ Dichlorvos ④ Fenitrothion

해설 파라티온(Parathion)계

경구독성이 가장 강한 제초제

46 **농약 합성 및 제제 시 사용하는 가성소다(NaOH)에 대한 설명으로 틀린 것은?**

① 불연성이다.
② 무색 또는 회색의 액체로 취기가 있다.
③ 수용액은 인화성이나 폭발성이 없다.
④ 피부에 접촉하면 침식시키고 눈에 들어가면 점막을 격렬히 자극하므로 세척해야 한다.

해설 가성소다(NaOH, 수산화나트륨)

- 불연성, 수용액은 인화성이나 폭발성이 없음
- 수산화나트륨은 녹는점이 600℃로 상온에서 고체
- 강알칼리성, 흰색의 고체
- 공기 중의 습기를 흡수하여 스스로 녹는 성질(조해성)이 강함
- 공기 중에 두면 습기와 이산화탄소를 흡수하여 탄산나트륨이 됨
- 강알칼리성이므로 피부에 닿거나 눈에 들어갈 경우 잘 세척해야 함

47 **포자의 침입 및 발아를 저지하고 균사의 생육을 저해하여 병반의 확대, 진전을 억제하는 효과가 있으므로 예방과 치료 효과를 동시에 발휘하는 생합성 저해제 농약은?**

① Polyoxin B ② Captan
③ Cypermethrin ④ Simazine

해설 폴리옥신 B(Polyoxin B)

병원의 키틴(세포벽)의 생합성을 저해함

48 **Methidathion 40% 유제를 0.08% 액으로 8말을 조제하여 해충을 방제하기 위해 살포하고자 한다. 이때 필요한 Methidathion 40% 유제의 소요량(mL)은?(단, 1말은 20L로 가정한다.)**

① 100 ② 160
③ 200 ④ 320

해설

$$\text{소요약량} = \frac{\text{사용할 농도(\%)} \times \text{살포량(L)}}{\text{원액 농도(\%)}}$$

$$= \frac{0.08 \times (20 \times 8)}{40} = 320\text{mL}$$

49 **살균제의 분류방법 중 살균기작에 의해 분류한 것은?**

① 보호살균제, 직접살균제
② 호흡저해제, 생합성저해제
③ 구리제, 유기비소제
④ 경엽살포제, 토양소독제

해설 살균제의 작용기작

- 호흡의 저해
- 단백질 생합성의 저해
- 세포막 형성 저해
- 세포벽 형성 저해
- 세포분열 저해
- 숙주식물의 병해저항성 유발

정답 42 ④ 43 ③ 44 ③ 45 ① 46 ② 47 ① 48 ④ 49 ②

50 농약관리법령상 고체 농약의 급성경구고독성에 해당하는 반수치사량(mg/kg)의 범위는?

① 20 미만　② 5 이상 50 미만
③ 10 이상 100 미만　④ 20 이상 200 미만

해설 농약 독성의 구분

구분	시험동물의 반수를 죽일 수 있는 양(mg/kg 체중)			
	급성경구		급성경피	
	고체	액체	고체	액체
1급 맹독성	5 미만	20 미만	10 미만	40 미만
2급 고독성	5 이상 50 미만	20 이상 200 미만	10 이상 100 미만	40 이상 400 미만
3급 보통독성	50 이상 500 미만	200 이상 2,000 미만	100 이상 1,000 미만	400 이상 4,000 미만
4급 저독성	500 이상	2,000 이상	1,000 이상	4,000 이상

51 Carbamate계 살충제가 아닌 것은?

① Carbaryl　② BPMC
③ MIPC　④ DDVP

해설 카바메이트(Carbamate)계 살충제의 종류

카바릴(Carbaryl, NAC), 페노뷰카브(Fenobucarb, BPMC, BP), 아이소프로카브(Isoprocarb, MIPC), 카보퓨란(Carbofuran), 티오디카브(Thiodicarb, UCC), 메소밀(Me-thomyl), 퓨라티오카브(Furatiocarb) 등

52 DEP제(Trichlorfon)가 분해하여 1차로 변하는 형태는?

① Parathion　② DDVP
③ Trithion　④ Dimethoate

해설

DEP제(Trichlorfon)가 분해되면 디클로르보스(Dichlorvos, DDVP) 형태가 됨

53 갯지렁이의 독소 물질인 Nereistoxin의 구조를 변형하여 만든 살충제는?

① Bensultap　② Edifenphos
③ Dicofol　④ Fenobucarb

해설 벤설탑(Bensultap)

갯지렁이에서 추출한 천연살충제 네레이톡신(Nereistoxin)의 유도체(벼, 과수 등의 해충 방제에 효과적)

54 농약의 독성 표시를 가장 바르게 나타낸 것은?

① ED_{96}(mg/kg)　② LD_{90}(mg/kg)
③ ED_{50}(mg/kg)　④ LD_{50}(mg/kg)

해설 반수치사약량(LD_{50})

독성실험 시 실험군의 50%가 사망하는 용량

55 합성 Pyrethroid계 살충제의 살충작용의 기전을 가장 바르게 설명한 것은?

① 중추신경계나 말초신경계에 대하여 낮은 농도에서 독성작용을 나타낸다.
② 콜린에스테라제의 활성 저해로 인한 아세틸콜린 축적으로 신경전달을 중단한다.
③ 세포분열 저해 및 단백질 합성 저해에 의하여 독작용을 나타낸다.
④ 곤충체 내의 SH기나 Nitro기 등과 결합하여 그 기능을 저해한다.

해설 피레트로이드(Pyrethroid)계 살충제

피레트린(천연살충제)의 단점을 보완한 것으로 낮은 농도에서 살충력이 크고 선택적이며 저독성임

56 40%(비중 = 1)의 어떤 유제가 있다. 이 유제를 1,000배로 희석하여 9L를 살포하고자 할 때, 유제의 소요량은(mL)?

① 7　② 8
③ 9　④ 10

해설

$$소요약량 = \frac{총\ 사용량}{희석배수} = \frac{9}{1,000} = 0.009L$$

∴ 9mL

57 농약의 작물잔류성에 미치는 요인으로 가장 거리가 먼 것은?

① 농약의 이화학적 특성　② 작물의 형태
③ 농약의 색상　④ 환경조건

정답 50 ② 51 ④ 52 ② 53 ① 54 ④ 55 ① 56 ③ 57 ③

해설 농약의 작물잔류성에 영향을 미치는 요인

농약의 제형, 농약의 물리화학적 성질, 농약의 살포방법, 대상작물의 종류 및 재배방법, 기상조건 등

58 입자의 크기가 가장 작은 농약의 제형은?

① 분제　② 수화제
③ 입제　④ 미립제

해설 농약 입자의 크기

입제 > 미립제 > 분제 > 수화제 > 미분제

59 농약의 분류 중 유효성분 조성에 따른 분류는?

① 기피제　② 침투성제
③ 유기염소계　④ 불임화제

해설

③ 농약은 유효성분에 따라 무기농약과 유기농약으로 구분됨

60 희석하지 않고 직접 살포하는 제형은?

① 유제　② 액상 수화제
③ 수용제　④ 미립제

해설 고형 시용제(직접살포제)의 종류

분제(DP), 미분제(GP), 저비산분제(DL), 입제(GR), 미립제(MG), 캡슐제(CG), 수면부상성입제(UG)

04 잡초방제학

61 밭잡초의 발생 특성에 해당되지 않는 것은?

① 발생초종이 다양하고 발생량이 많다.
② 우점잡초는 바랭이, 둑새풀, 명아주 등이다.
③ 수도작보다 밭작물에서 잡초의 피해가 적다.
④ 수생잡초보다는 습생 및 건생잡초가 많다.

해설

③ 수도작은 논에 물을 대서 벼를 재배하는 방식으로 밭작물에는 오히려 잡초의 피해를 더 크게 함

62 제초제 저항성 잡초의 출현을 감소시킬 수 있는 방법으로 가장 옳은 것은?

① 동일한 제초제를 매년 사용하며, 5년 주기로 변경하여 사용한다.
② 동일한 작물을 연작한다.
③ 약효가 좋은 동일계열 제초제를 매년 사용한다.
④ 작용기작이 다른 제초제를 번갈아 사용한다.

해설

④ 제초제 연용은 잡초의 저항성을 증대시키므로 제초제를 번갈아 사용해야 함

63 농경지에서 잡초를 방제하지 않을 때 나타나는 손실과 관계가 없는 것은?

① 작물의 수량 감소　② 농산물의 품질 저하
③ 병 · 해충의 발생 증가　④ 토질 개선

해설

④ 농경지의 토질 개선은 잡초의 유용성에 해당됨

64 영양번식의 환경요인에 대한 설명으로 틀린 것은?

① 중점토보다 사양토에서 지하 영양기관의 생성이 배가된다.
② 단일조건은 매자기의 괴경 형성을 촉진하며, 장일조건에서는 괴경당 중량을 크게 한다.
③ 광도는 건물 생산과 생리대사에 영향을 미친다.
④ 무기성분 함량이 충분한 조건하에서 다년생 잡초의 경우 영양번식 속도가 억제된다.

해설 영양번식 환경요인

일장, 광도, 토양(토성), 무기성분 등

65 다음 중 종피에 기인한 휴면과 가장 거리가 먼 것은?

① 배의 미숙
② 배의 생자에 대한 기계적 장해
③ 가스교환 방해
④ 투수성 방해

해설

① 배의 미숙은 종자의 휴면에 대한 원인에 해당함

정답 58 ② 59 ③ 60 ④ 61 ③ 62 ④ 63 ④ 64 ④ 65 ①

66 다음 중 화본과 잡초에는 있으나 광엽잡초에는 없는 주요 기관은?

① 줄기 ② 마디
③ 엽신 ④ 엽초

해설

④ 화본과 잡초에는 엽초가 있으나 광엽잡초에는 없음

67 다음 중 선택성 제초제는?

① Paraquat ② Glyphosate
③ 2,4-D ④ Glufosinate

해설 2,4-D(이사-디)

- 페녹시계 제초제
- 경엽 처리, 선택성, 호르몬형, 이행형, 논 제초제
- 식물호르몬 활성 저해를 통해 살초 효과 발생
- 우리나라에서 먼저 사용된 제초제(유기화합물 제초제)

68 논에 오리를 방사하여 잡초를 방제하는 방법은?

① 경종적 방제법 ② 생물적 방제법
③ 화학적 방제법 ④ 기계적 방제법

해설 생물적 방제법

천적을 활용하는 것으로 동물, 식물, 곤충 및 미생물 등을 이용함

69 다음 중 영양번식기관과 해당 잡초가 옳지 않게 연결된 것은?

① 지하경-가래, 수염가래꽃
② 인경-야생마늘, 자주괭이밥
③ 괴경-향부자, 매자기
④ 포복경-올미, 벗풀

해설 영양번식기관에 따른 잡초의 구분

포복경	버뮤다그래스, 아욱메풀, 딸기, 선피막이, 사상자, 미나리, 병풀
인경	야생마늘, 자주괭이밥
구경	반하, 올챙이고랭이
근경(지하경)	쇠털골, 가래, 너도겨풀, 띠, 수염가래꽃
괴경	올방개, 올미, 벗풀, 매자기, 향부자, 너도방동사니
뿌리	메꽃, 엉겅퀴류
절편	대부분의 다년생 뿌리, 일년생 쇠비름 줄기

70 우리나라 논에서 발생하는 주요 다년생 광엽잡초는?

① 여뀌, 마디꽃
② 사마귀풀, 논뚝외풀
③ 물달개비, 가래
④ 올미, 벗풀

해설 논잡초(다년생)

가래, 개구리밥, 네가래, 미나리, 벗풀, 올미, 좀개구리밥

71 발생지에 따른 분류와 해당 잡초종이 잘못 연결된 것은?

① 논잡초-강피, 올챙이고랭이
② 밭잡초-개비름, 깨풀
③ 과수원 잡초-쑥, 민들레
④ 잔디밭 잡초-쇠털골, 가래

해설

- 쇠털골 : 방동사니과 잡초, 논잡초, 다년생
- 가래 : 광엽잡초, 논잡초, 다년생

72 논에 발생하는 피류의 속명은?

① *Cyperus* ② *Echinochloa*
③ *Sorghum* ④ *Monochoria*

해설

- 돌피 : *Echinochloa crus-galli*
- 강피 : *Echinochloa oryzicola*

73 종자에 낙하산과 같은 깃털을 가지거나 솜털과 같은 것으로 덮여서 바람에 잘 날리는 잡초는?

① 민들레 ② 쇠비름
③ 물달개비 ④ 피

해설

- 솜털, 깃털 등으로 바람에 날리는 형태 : 민들레, 망초
- 꼬투리가 물에 부유하는 형태 : 소리쟁이, 벗풀
- 갈고리 모양의 돌기 등으로 인축에 부착하는 형태 : 도깨비바늘, 도꼬마리, 베리귀
- 결실하면 꼬투리가 흩어지는 형태 : 달개비

정답 66 ④ 67 ③ 68 ② 69 ④ 70 ④ 71 ④ 72 ② 73 ①

74 **다음 잡초 중 기주식물에서 기생하는 잡초는?**

① 피　② 물달개비
③ 명아주　④ 새삼

해설 기생
어떤 생물이 다른 생물에 의존하며 손해를 끼치는 관계로, 종류로는 새삼, 겨우살이가 있음

75 **밭잡초의 효과적 방제를 위한 다양한 특성을 고려해야 할 때에 대한 설명으로 틀린 것은?**

① 밭작물은 종류가 많고 재배시기가 다양하다.
② 재배지의 토성, 수분, 유기물 함량 등이 다양하다.
③ 중경 · 배토에 의해 효과적인 방제가 가능하다.
④ 밭잡초는 종류가 다양하나 발생이 균일하여 발생 예측이 가능하다.

해설
④ 밭잡초는 종류가 다양하고 발생 예측이 쉽지 않아 방제가 어려움

76 **제초제의 흡수에 대한 설명으로 옳지 않은 것은?**

① 종자 내 제초제의 침투는 집단류와 확산에 의해 일어난다.
② 식물의 뿌리는 토양으로부터 토양에 잔류하는 제초제를 흡수한다.
③ 제초제의 식물 뿌리 내 물관으로의 이동 중 원형질막을 통과하는 경로는 심플라스트 경로를 이용한다.
④ 비극성 제초제는 극성 제초제보다 잡초의 뿌리 흡수가 용이하다.

해설
④ 친유성(비극성) 제초제는 쉽게 큐티클납질을 통과하고, 갈수록 통과가 어려움

77 **다음 중 다년생 논잡초이며, 지하 번식체를 0~5cm의 표토에 주로 생성하는 것은?**

① 바랭이　② 개망초
③ 올미　④ 금방동사니

해설 올미
주로 덩이줄기로 번식하며, 일장의 영향을 받지 않아 중일성 식물로 휴면성은 없음

78 **잡초의 형태적 특성에 따른 분류로 옳은 것은?**

① 화본과 잡초, 광엽잡초, 사초과 잡초
② 일년생잡초, 이년생잡초, 다년생 잡초
③ 수생잡초, 습생잡초, 건생잡초
④ 지상식물, 반지중식물, 지중식물

해설 잡초의 형태적 특성에 따른 분류
화본과 잡초, 광엽잡초, 사초과(방동사니과) 잡초

79 **잡초 종자의 발아에 관여하는 환경요인과 가장 관계가 적은 것은?**

① 광　② 토성
③ 산소　④ 온도

해설 종자 발아의 환경 요인
수분, 온도, 광, 산소

80 **우리나라에서 발생하고 있는 대부분의 잡초 종자의 발아 최적온도 범위로 가장 옳은 것은?**

① 0~5℃　② 7~12℃
③ 15~30℃　④ 32~44℃

해설
③ 잡초 종자 발아에 필요한 최적온도 범위는 보통 15~30℃

정답 74 ④ 75 ④ 76 ④ 77 ③ 78 ① 79 ② 80 ③

2021년 기사 1회

01 식물병리학

01 과수의 자주날개무늬병균은 분류학적으로 어느 균류에 속하는가?

① 난균 ② 담자균
③ 자낭균 ④ 접합균

해설 자주날개무늬병균
진균(담자균)에 속하며 벼를 제외한 작물 및 다범성 병으로 과수나 수목(뽕나무)에 잘 발생함

02 호박의 흰가루병을 방제하기 위해서는 어느 부위에 약제를 처리하는 것이 가장 효과적인가?

① 뿌리 ② 잎과 줄기
③ 토양 ④ 종자

해설 흰가루병
흰색 분말과 같은 곰팡이(분생포자)가 잎과 줄기에 발생하며, 병이 진전되면 잎 전체가 흰색의 균체를 받아 고사하게 됨

03 종묘소독에 대한 설명으로 옳은 것은?

① 농약만을 사용하는 방법이다.
② 종자의 발아율을 좋게 하는 방법이다.
③ 종자에 이물질이 없도록 정선하는 방법이다.
④ 종자와 종묘 외에도 덩이뿌리 등 영양 번식체를 소독하는 방법이다.

해설 종자소독
종자와 종묘 외에 영양번식체를 소독하는 방법으로 물리적 방법(온탕침지법, 냉수온탕침지법, 태양열 이용법 등)과 화학적 방법(약액침지법, 분의법, 훈증법 등)이 있음

04 병원균의 분생포자각과 자낭각이 보이는 식물병은?

① 오이 잘록병 ② 옥수수 오갈병
③ 벼 이삭누룩병 ④ 밤나무 줄기마름병

해설 밤나무 줄기마름병
- 진균(자낭균류)에 의한 것으로 균사나 포자의 형태로 병환부에 월동 후 봄에 비바람에 의해 전반 매개충의 상처로 침입하는 특징이 있음
- 과거에는 미국의 밤나무가 전멸될 정도로 피해가 큰 식물병

05 식물 바이러스 입자를 구성하는 주요 고분자는?

① 피막과 핵 ② 세포벽과 세포질
③ 골지체와 RNA ④ 핵산과 단백질 껍질

해설 바이러스
- 병원체는 핵산과 단백질로 구성된 일종의 핵단백질로 세포벽이 없으며, 핵산의 대부분이 RNA(리보핵산)으로 구성되어 있음
- 모양은 공, 타원형, 막대기, 실모양으로 구분됨

06 시설재배에서 발생하는 토양 병해의 방제방법으로 가장 거리가 먼 것은?

① 습도 조절 ② 태양열 소독
③ 훈증제 사용 ④ 경엽처리제 사용

해설 토양전염(병해)에 의한 방제방법
훈증제, 태양열 소독, 윤작, 습도 조절, 배수 주의 등

07 사과나무 뿌리혹병의 주요 발생원인은?

① 세균 감염 ② 사상균 감염
③ 토양 선충 ④ 생리적 장애

해설 사과나무 뿌리혹병(근두암종병)
주요 발생원인은 *Agrobacterium tumefaciens*, 세균에 의한 것으로 혹(암조)을 형성하는 토양 서식 세균

정답 01 ② 02 ② 03 ④ 04 ④ 05 ④ 06 ④ 07 ①

08 균류에 의해 발생하는 수목병이 아닌 것은?

① 은행나무 잎마름병
② 벚나무 빗자루병
③ 뽕나무 오갈병
④ 낙엽송 잎떨림병

해설

① 은행나무 잎마름병 – 진균(불완전균류)
② 벚나무 빗자루병 – 진균(자낭균류)
③ 뽕나무 오갈병 – 파이토플라스마
④ 낙엽송 잎떨림병 – 진균(자낭균류)

09 뽕나무 오갈병의 병원체로 옳은 것은?

① 곰팡이 ② 바이러스
③ 바이로이드 ④ 파이토플라스마

해설 파이토플라스마에 의한 수병

대추나무 빗자루병, 오동나무 빗자루병, 뽕나무 오갈병

10 *Aspergillus flavus*가 생산하는 균독소는?

① *Aflatoxin* ② *Citrinin*
③ *Fumonisin* ④ *Zearalenone*

해설 아플라톡신(*Aflatoxin*)

아스페르길루스프라보스(*Aspergillus flavus*)가 생산하는 균독소(맹독성)로 곡물 저장 시 문제가 되는 병원균

11 일반적으로 세균의 플라스미드에 의해 지배되는 형질로 가장 거리가 먼 것은?

① Bactcriocin 생성
② 편모의 구조 결정
③ 항생제에 대한 내성
④ 기주에 대한 병원성

해설 플라스미드(Plasmid)

- 세균이 가지는 DNA 외의 작은 환형 유전물질로 세균과 세균 사이를 이동하며, 편모의 모양은 단백질 구조에 따라 결정됨
- 뿌리혹병균이 대표적임

12 박테리오파지의 기주특이성을 이용하여 진단할 수 있는 병으로 가장 적절한 것은?

① 밀 속깜부기병
② 벼 줄무늬잎마름병
③ 보리 겉깜부기병
④ 벼 흰잎마름병

해설 박테리오파지법

세균의 식물병 진단에 이용되며, 어떤 세균에 대해 특이성이 있는 박테리오파지를 이용하여 세균의 존재 유무 및 월동장소를 파악하는 방법으로 벼 흰잎마름병(세균)을 진단하는 데 활용됨

13 사과나무 붉은별무늬병균이 해당되는 분류군은?

① 난균 ② 담자균
③ 자낭균 ④ 불완전균

해설 사과나무 · 배나무 붉은별무늬병균

진균(담자균류)에 의해 발생하며 4가지(여름포자가 없음)의 포자 형태를 가진 식물병

14 인공 배지에서 배양이 가능한 식물 병원체는?

① 선충 ② 바이러스
③ 세균 ④ 파이토플라스마

해설 세균

가장 원시적인 형태의 단세포 미생물로 핵과 핵막이 없는 원핵생물이며 임의부생체로 인공배지에서 배양 또는 증식이 가능함

15 식물병원체가 생산하는 기주 특이적 독소는?

① Victorin ② Tentexin
③ Ophiobolins ④ Fumaric acid

해설 기주 특이적 독소

- 기주식물에만 독성 및 병원성이 있는 균주만이 분비하는 독소
- 종류 : 귀리 마름병균(*Helminthosporium victorias*)의 독소 빅토린(Victorin), 배나무검은무늬병균(*Alternaria kikuchiana*)의 AK 독소 중 알테닌(Altenine)

정답 08 ③ 09 ④ 10 ① 11 ② 12 ④ 13 ② 14 ③ 15 ①

16 국내에 발생하는 채소류의 균핵병에 대한 설명으로 옳지 않은 것은?

① 잎, 줄기, 열매 등에 발생한다.
② 자낭포자나 균핵에서 발아한 균사로 침입한다.
③ 발병 후기에는 발병 조직에 백색 균사가 나타난다.
④ 균핵이 땅속에 묻혀 있다가 25℃ 이상의 고온이 되면 발아한다.

해설 균핵병

- 시설재배 시 특유의 다범성 병으로 각종 채소류에 발생하는 균핵병은 잎, 줄기, 열매 등에 발생하며 균핵의 형태로 병근 식물 또는 토양에 월동 후 봄에 발아하여 자낭반과 자낭포자를 형성함
- 잎, 줄기 등에 흰색 곰팡이와 검은 균핵이 형성됨

17 식물병으로 인한 피해에 대한 설명으로 옳지 않은 것은?

① 20세기 스리랑카는 바나나 시들음병으로 인하여 관련 산업이 황폐화되었다.
② 19세기 아일랜드 지방에 감자 역병이 크게 발생하여 100만 명 이상이 굶어 죽었다.
③ 20세기 미국 동부지방 주요 수종인 밤나무는 밤나무 줄기마름병으로 큰 피해를 입었다.
④ 20세기 미국 전역에서 옥수수 깨씨무늬병이 크게 발생하여 관련 제품 생산에 큰 차질을 가져왔다.

해설 식물병의 역사적 피해 사례

병명	발생 연도	내용
감자 역병	1845~1860년	아일랜드에 대흉년으로 100만 명 사망 및 150만 명이 신대륙으로 이주
벼 깨씨무늬병	1942년	인도에서 벼의 흉년으로 200만 명 사망
커피 녹병	1869년	스리랑카의 커피 재배지가 녹병을 피해 남아메리카로 옮겨짐
바나나 시들음병	20세기	남아메리카 일대 농장이 초토화됨

18 다음 중 기생성 종자식물이 수목에 미치는 주요 피해로 가장 거리가 먼 것은?

① 국부적 이상 비대
② 기주로부터 양분과 수분 탈취
③ 저장물질의 변화 및 생장 둔화
④ 태양광선의 차단에 의한 생장 불량

해설 기생성 종자식물

국부 이상 비대, 기주로부터 영양·수분을 탈취, 저장물질의 변화 및 생장둔화가 일어남

예 겨우살이, 새삼

19 토마토 풋마름병에 대한 설명으로 옳은 것은?

① 토마토에만 감염된다.
② 담자균에 의한 병이다.
③ 병원균은 주로 병든 식물체에서 월동한다.
④ 병원균이 뿌리로 침입하면 뿌리가 흰색으로 변한다.

해설 토마토 풋마름병

- 식물체 물관에 침입한 세균이 물관을 막아 증식하여 수분 상승을 억제하여 유관속 폐색으로 시들게 됨
- 시든 줄기를 잘라 물에 담그면 절편에 희뿌연 세균 점액이 누출되는 특징이 있음
- 저항성 대목 및 유기물 시용으로 발생을 억제할 수 있음

20 병원체가 주로 각피를 통해 직접 침입하지 않는 것은?

① 벼 도열병균
② 장미 흰가루병균
③ 사과나무 탄저병균
④ 밤나무 줄기마름병균

해설

잎이나 줄기 등 식물체 표면의 각피나 뿌리 표피를 직접 뚫고 침입하는 식물병으로는 벼 도열병, 흰가루병균, 깜부기병균, 녹병균 등이 있으며 균류 중 진균이 가장 많음

02 농림해충학

21 해충의 발생 예찰방법이 아닌 것은?

① 통계적 예찰법
② 피해사정 예찰법
③ 시뮬레이션 예찰법
④ 야외조사 및 관찰 예찰법

해설 해충 발생 시 예찰하는 방법

야외조사, 통계적 방법, 다른 생물현상과의 연계성 활용, 실험적 예찰법, 개체군 동태학적 예찰법, 컴퓨터 이용 예찰법 등

정답 16 ④ 17 ① 18 ④ 19 ③ 20 ④ 21 ②

22 다음 중 곤충의 소화계에 대한 설명으로 옳은 것은?

① 소화흡수작용은 후장(後腸)에서만 일어난다.
② 전장(前腸)에는 많은 선세포(腺細胞)가 발달되어 있다.
③ 말피기관은 배설기관이다.
④ 중장(中腸)에서는 기계적 소화만 한다.

해설 말피기관(말피기씨관, 말피기소관)

곤충 체내에서 비틀림 운동을 하며 pH 또는 무기이온 농도를 조절하고 배설작용을 돕는 배설기관

23 윤작으로 방제 효과가 가장 미비한 해충은?

① 이동성이 적은 해충류
② 생활사가 짧은 해충류
③ 식성의 범위가 좁은 해충류
④ 토양곤충에 해당되는 해충류

해설 윤작 방제로 인한 방제 효과

- 윤작은 식이특이성이 있음
- 기주 범위가 매우 좁아 이동성이 적음
- 생활사가 긴 해충에게 효과적임
- 전작물에 대한 공통된 해충이 적은 작물을 후작물로 선택해야 함

24 곤충의 출생방식으로 알이 몸 안에서 부화되어 애벌레 상태로 밖으로 나오는 것은?

① 난생　② 태생
③ 배발생　④ 난태생

해설

- 난생 : 새끼를 낳지 않고 미성숙한 알을 낳는 것
- 난내생 : 모체 안에서 발생을 계속하여 부화된 후 모체로부터 나오는 현상
- 태생 : 알 없이 모체 안에서 발육하여 애벌레로 나오는 형태
- 배발생 : 수정된 알이 세포분열 시 배체가 생기기까지의 과정

25 부패물 또는 토양 속의 유기물에 자라는 미생물을 먹고 사는 곤충은?

① 진딧물　② 메뚜기
③ 톡토기　④ 깍지벌레

해설 톡토기목

- 날개가 없는 무시아강으로 저작형의 입틀이 있으며 외부생식기 및 말피기관이 없고, 변태를 하지 않음
- 토양 중의 곰팡이와 유기물에서 자라는 미생물을 먹고 자람

26 식물의 선천적 내충성과 관계가 없는 것은?

① 내성　② 회귀성
③ 항생성　④ 비선호성

해설 식물의 선천적 내충성

비선호성(항객성)	습성에 영향을 받아 덜 모이는 성질
항충성(항생성)	해충의 생장이나 생존에 불리한 영향을 미치는 성질
내성	같은 정도의 해충밀도하에서도 작물이 활력이나 수량에 영향을 받지 않는 성질

27 복숭아심식나방에 대한 설명으로 옳지 않은 것은?

① 유충이 과실 속에 있을 때에는 황백색이다.
② 월동 고치는 방추형이다.
③ 1년에 2회 발생하지만 일정하지는 않다.
④ 피해 과일에는 배설물이 배출되지 않는다.

해설 복숭아심식나방

- 유충이 과실 속을 뚫고 들어가 가해를 하며 배설물을 배출하지 않음
- 유충은 황백색으로 1년에 2회 발생
- 유충은 편원형과 방추형의 두 가지 고치를 만들며, 월동형 고치는 편원형이고 번데기가 될 때 방추형 고치가 됨

28 누에의 휴면호르몬이 합성되는 곳은?

① 앞가슴샘　② 알타라체
③ 카디아카체　④ 신경분비세포

해설 신경분비세포

누에의 휴면호르몬 분비 및 뇌신경 세포의 내분비 기관(호르몬 분비선)
① 앞가슴샘에서 탈피호르몬 엑디손과 허물벗기호르몬, 경화호르몬 분비
② 알라타체에서 성충으로 발육을 억제하는 유충호르몬(유약호르몬) 생성
③ 카디아카체는 심장박동의 조절에 관여, 신경분비세포에서 누에의 휴면호르몬 분비

정답 22 ③ 23 ② 24 ④ 25 ③ 26 ② 27 ② 28 ④

29 완전변태를 하지 않는 것은?

① 버들잎벌레
② 솔수염하늘소
③ 복숭아명나방
④ 진달래방패벌레

해설

- 버들잎벌레, 솔수염하늘소, 복숭아명나방 – 완전변태
- 진달래방패벌레 – 불완전변태

30 살충제의 효력을 충분히 발휘시킬 목적으로 사용하는 약제로 옳지 않은 것은?

① 주제 ② 용제
③ 유화제 ④ 전착제

해설 농약 보조제

전착제	• 농약의 주성분을 병해충이나 식물체에 잘 전착시키기 위한 약제 • 약제의 확전성, 현수성, 고착성을 도와줌
증량제	분제 주성분으로 농도를 낮춰 일정한 농도로 유지하기 위한 약제
용제	약제의 유효성분을 용해시키는 약제
유화제	• 물속에서 유제를 균일하게 분산시키는 약제 • 계면활성제
협력제	• 유효성분의 효력을 증진시키는 약제 • 효력증진제

31 일반적으로 곤충의 가운데가슴 마디에 있는 기문(Spiracle) 수는?

① 1쌍 ② 5쌍
③ 8쌍 ④ 12쌍

해설 기문

곤충의 기체의 출입이 이루어지는 호흡계로서 가운데가슴 1쌍, 뒷가슴 1쌍, 배 8쌍의 총 10쌍으로 이루어져 있음(종에 따라 다름)

32 오이잎벌레는 어느 목에 속하는가?

① 잠자리목 ② 벌목
③ 딱정벌레목 ④ 노린재목

해설 딱정벌레목(완전변태류, 내시류)

- 저작형 입틀
- 성충은 외골격 발달
- 앞날개는 변형되어 경화된 딱지날개(시초)
- 번데기의 부속지는 몸에 떨어져 있음
- 종수가 많아 세계적으로 약 28만여 종이 분포되어 있음
- 종류 : 딱정벌레, 풍뎅이, 나무좀, 바구미, 하늘소, 잎벌레, 무당벌레

33 정주성 내부기생선충으로 2령 유충만이 식물을 침입할 수 있는 감염기의 선충이 되는 것은?

① 침선충
② 잎선충
③ 뿌리혹선충
④ 뿌리썩이선충

해설 정주성

이동성이 없는 것을 뜻하며, 뿌리혹선충은 내부기생성 선충으로 2령 유충만이 식물에 침입함

34 진딧물이 교미 없이 암컷 혼자 번식하는 것은?

① 단위생식
② 다배발생
③ 기주전환
④ 완전변태

해설 산란 – 곤충의 생식방법

양성생식	암수가 교미하는 것으로 대부분의 곤충에 해당됨
단위생식	• 수정되지 않은 난자가 발육하여 성체가 되는 것 • 암컷만으로 생식(처녀생식, 단성생식) • 밤나무순혹벌, 민다듬이벌레, 벼물바구미, 수벌, 무화과깍지벌레, 여름철의 진딧물
다배생식	• 1개의 알에서 2개 이상의 곤충이 발생하는 것 • 난핵이 분열하여 다수의 개체가 됨 • 벼룩좀벌과 고치벌과
유생생식	• 유충은 성충한 난자를 갖고 있으며 난자는 단위생식에 의해 발생 • 일부 혹파리과
자웅동체	• 생식기의 외부에서 난자가 생기고 단위생식에 의해 발생 • 이세리아깍지벌레

정답 29 ④ 30 ① 31 ① 32 ③ 33 ③ 34 ①

35 고추의 열매를 뚫고 들어가 열매 속에서 식해하는 해충은?

① 거세미나방　② 검거세미밤나방
③ 끝검은밤나방　④ 담배나방

해설 담배나방

고추에 가장 많은 피해를 주는 해충으로 부화유충은 밤낮을 가리지 않고 새잎, 꽃봉오리, 어린 과실에 구멍을 내며, 유충이 성장하면 과실 속을 파고 들어가 가해함

36 유충에서 성충까지 입틀의 형태가 변하지 않는 것은?

① 꿀벌　② 말매미
③ 학질모기　④ 배추흰나비

해설 말매미

유충에서 성충까지 입틀의 형태가 변하지 않으며, 1세대의 기간이 6년으로 길

37 벼를 가해하여 오갈병을 매개하는 것은?

① 벼멸구　② 먹노린재
③ 흰등멸구　④ 끝동매미충

해설 끝동매미충

- 성충과 약충이 기주식물의 줄기와 이삭을 흡즙하여 임실률을 저하시키고 배설물을 통해 그을음병을 유발함
- 벼 오갈병 바이러스병의 매개충
- 경란전염을 함

38 배나무이의 분류학적 위치는?

① 나비목　② 노린재목
③ 사마귀목　④ 딱정벌레목

해설 배나무이

분류	노린재목 나무이과	
노린재목의 종류	진딧물아목	나무이과, 가루이과, 면충과, 진딧물과, 깍지벌레과 외
	매미아목	매미과, 뿔매미과, 매미충과, 멸구과 외
	노린재아목	노린재과, 방패벌레과, 빈대과, 물벌레과, 물장군과, 소금쟁이과

39 조팝나무 진딧물에 대한 설명으로 옳지 않은 것은?

① 조팝나무에서 성충으로 월동한다.
② 귤나무의 경우 새잎 뒷면에 기생한다.
③ 한국, 일본, 북아메리카 등에서 발생한다.
④ 주로 조팝나무, 사과나무, 귤나무에 서식한다.

해설 조팝나무 진딧물

기주	조팝나무, 사과나무, 배나무, 귤나무 등
특징	• 사과나무에 가장 많이 발생하는 진딧물 • 귤나무의 경우 새잎 뒷면에 기생 • 신초를 흡즙 • 감로로 인한 그을음병 발생 • 연 10회 정도 발생 • 가지나 겨울눈에 알로 월동

40 작물의 재배시기를 조절하여 해충의 피해를 줄이는 방법은?

① 화학적 방제법
② 경종적 방제법
③ 기계적 방제법
④ 물리적 방제법

해설 재배적 방제법

생태적 방제법과 경종적 방제법의 두 가지가 있으며, 이 중 경종적 방제법은 환경조건을 개선하고 재배법이나 시기를 조절하는 방제법에 해당함

03 재배원론

41 종자의 파종량에 대한 설명으로 가장 옳은 것은?

① 감자는 산간지에서 파종량을 늘린다.
② 파종시기가 늦어질수록 파종량을 늘린다.
③ 맥류는 산파보다 조파 시 파종량을 늘린다.
④ 콩은 맥후작보다 단작에서 파종량을 늘린다.

해설

② 기후가 추워 파종을 늦게 하는 곳은 따뜻한 곳보다 파종량을 늘려야 함

정답 35 ④ 36 ② 37 ④ 38 ② 39 ① 40 ② 41 ②

42 포도의 착색에 관여하는 안토시안의 생성을 가장 조장하는 것은?

① 적색광　② 황색광
③ 적외선　④ 자외선

해설 안토시아닌

파장이 짧은 자외선과 자색광의 파장은 사과, 포도의 착색(안토시아닌 생성)에 관여함

43 내건성이 강한 작물의 형태적 특성이 아닌 것은?

① 잎맥과 울타리 조직이 발달한다.
② 체적에 대한 표면적의 비가 작다.
③ 지상부에 비해 근군의 발달이 좋다.
④ 기동세포가 발달하지 못하여 표면적이 축소되어 있다.

해설 내건성

- 건조에 잘 견디는 성질로 잎맥과 울타리 조직이 잘 발달해 있으며 체적에 대한 표면적의 비가 적은 것이 특징
- 지상부에 비해 근군의 발달이 잘 되어 있음
- 왜소하고 잎이 작을수록 높음
- 기동세포가 발달할수록 높음
- 기공수가 적을수록 높음

44 다음 중 요수량이 가장 큰 것은?

① 옥수수　② 수수
③ 클로버　④ 기장

해설 작물의 종류에 따른 요수량

요수량의 크기	작물의 종류
작음	수수, 기장, 옥수수
큼	알팔파, 클로버
극히 큼	명아주

45 재배에 적합한 토성의 범위가 넓은 작물의 순서로 가장 바르게 나열된 것은?

① 담배 > 밀 > 콩　② 담배 > 콩 > 고구마
③ 수수 > 담배 > 팥　④ 콩 > 양파 > 담배

해설

작물명	토성의 종류
콩, 팥	사토, 사양토, 양토, 식양토, 식토
고구마	사토, 사양토, 양토, 식양토
양파	사토, 사양토
담배	사양토, 양토
밀	식양토, 식토

46 다음 중 침종에 대한 설명으로 가장 옳은 것은?

① 침종기간은 연수보다 경수에서 길어지는 경향이 있다.
② 낮은 수온에 오래 침종하면 양분의 소모가 적어 발아에 좋다.
③ 완두는 산소가 부족해도 발아에 지장이 없다.
④ 벼는 종자 무게의 5%의 수분을 흡수하면 발아가 개시된다.

해설 침종

파종 전에 일정한 기간 동안 종자를 물에 담가 수분을 흡수시키는 것으로 침종기간은 연수보다 경수에서 길어지는 경향이 있음

47 다음 중 생육기간의 적산온도가 가장 높은 작물은?

① 담배　② 메밀
③ 보리　④ 벼

해설 적산온도

작물이 일생을 마치는 데 소요되는 총온량을 의미함
① 담배 : 3,200~3,600℃
② 메밀 : 1,000~1,200℃
③ 보리 : 1,700~2,300℃
④ 벼 : 3,500~4,500℃

48 줄기 선단에 있는 분열조직에서 합성되어 아래로 이동하여 측아의 발달을 억제하는 정아우세 현상과 관련된 식물생장 조절물질은?

① 옥신　② 지베렐린
③ 사이토키닌　④ 에틸렌

해설 옥신(Auxin)

식물 생장촉진호르몬으로 식물의 세포 신장에 관여하며, 식물의 선단부에 생성되어 체내로 이동함

정답 42 ④ 43 ④ 44 ③ 45 ④ 46 ① 47 ④ 48 ①

49 인산질 비료에 대한 설명으로 가장 옳지 않은 것은?

① 유기질 인산 비료에는 쌀겨, 보리겨 등이 있다.
② 무기질 인산 비료의 중요한 원료는 인광석이다.
③ 과인산석회는 인산의 대부분이 수용성이고 속효성이다.
④ 용성인비는 구용성 인산을 함유하여 작물에 속히 흡수된다.

해설 인산비료의 특징 및 형태

무기태 인산	가용성 인산	수용성 인산	• 물에 잘 녹고, 속효성 • 중성토양에 효과적 • 알칼리성 비료와 섞으면 인산이 고정됨 • 성분 : 인산일칼슘($Ca(H_2PO_4)_2$) • 비료 종류 : 과인산석회, 중과인산석회, 인산암모늄, 용과린의 일부
		구용성 인산	• 물에 녹지 않고 2%의 시트르산 또는 시트르산 암모늄염에 녹음 • 식물의 뿌리에서 나오는 유기산에 의해 용해 흡수 • 산성 토양에 효과적 • 성분 : 인산이칼슘($CaHPO_4$) • 비료 종류 : 용성인비, 용과린의 일부, 소성인비
	불용성 인산		• 인광석이나 뼛가루 또는 유기물에 함유된 유기화합물이 속함 • 물과 묽은 시트르산에는 녹지 않으며 비효가 느림 • 성분 : 인산삼칼슘($Ca_3(PO_4)_2$) • 비료 종류 : 뼛가루, 인광석

50 〈보기〉에서 (가), (나)에 알맞은 내용은?

〈보기〉
• 작물이 햇볕을 받으면 온도가 (가)하여 증산이 촉진된다.
• 광합성으로 동화물질이 축적되면 공변세포의 삼투압이 (나)져서 수분 흡수가 활발해짐과 아울러 기공이 열려 증산이 촉진된다.

① (가) : 하강, (나) : 높아
② (가) : 상승, (나) : 높아
③ (가) : 하강, (나) : 낮아
④ (가) : 상승, (나) : 낮아

해설 증산작용

• 작물체 내의 수분이 기화하여 대기 중으로 배출되는 것으로 증산작용은 잎의 기공에서 일어남
• 햇볕을 받아 광도와 온도가 높아지면 식물체 내의 온도를 낮추기 위해 증산작용이 일어나게 됨
• 잎 뒷면 기공의 공변세포의 팽압 변화에 의해 세포의 팽창과 수축이 일어나게 됨

51 다음 중 식물세포 원형질의 팽만 상태에 해당하는 것은?

① 수분퍼텐셜=0bar ② 수분퍼텐셜=−10bar
③ 수분퍼텐셜=−15bar ④ 수분퍼텐셜=−30bar

해설 수분퍼텐셜

• 물 분자가 어느 한쪽에서 다른 한쪽으로 이동하여 평형을 이루는 힘으로 수분이동에너지라고 함
• 이때 식물세포 원형질의 팽만 상태일 경우 수분퍼텐셜 값은 0이 되고 수분 흡수가 정지됨

52 다음 중 배유종자로만 나열된 것은?

① 콩, 팥, 밤 ② 밀, 보리, 콩
③ 벼, 옥수수, 보리 ④ 팥, 옥수수, 콩

해설 배유종자

• 배와 배젖의 두 부분으로 구성되어 있으며 배유는 양분 저장, 배는 잎, 생장점, 줄기, 뿌리의 어린 조직을 구성하게 됨
• 벼, 옥수수, 보리, 밀 등 외떡잎식물이 해당됨

53 묘상에서 육묘한 모를 이식하기 전에 경화시키면 나타나는 이점에 대한 설명으로 가장 옳지 않은 것은?

① 착근이 빠르다.
② 흡수력이 좋아진다.
③ 체내의 즙액 농도가 감소한다.
④ 저온 등 자연환경에 대한 저항성이 증대한다.

해설 경화(모종 굳히기)

포장 정식 후 외부 환경에 견딜 수 있도록 모종을 트레이닝시키는 것으로 관수를 줄이고 온도를 낮춰 서서히 직사광선을 받게 하는 과정을 진행함

54 다음 중 작물의 생산성을 극대화하기 위한 3요소로 가장 옳은 것은?

① 유전성, 환경조건, 생산자본
② 유전성, 환경조건, 재배기술
③ 유전성, 지대, 생산자본
④ 환경조건, 재배기술, 토지자본

정답 49 ④ 50 ② 51 ① 52 ③ 53 ③ 54 ②

해설 작물 생산성의 극대화 조건

일정 면적에 대한 작물의 생산량을 극대화하기 위해서는 좋은 환경조건이 구성되어야 하며, 유전성이 우수한 작물을 선정해야 하고, 재배기술로 키워야 함

55 다음 중 수명이 가장 긴 장명종자는?

① 메밀 ② 가지
③ 양파 ④ 상추

해설 장명종자

4~6년 이상의 긴 수명을 가진 종자로, 종류로는 토마토, 녹두, 오이, 배추, 가지 등이 있음

56 작물의 생육 과정에서 화성을 유발케 하는 요인으로 가장 옳지 않은 것은?

① C/N율 ② N－Al율
③ 식물호르몬 ④ 일장 효과

해설 화성 유발 요인

탄질비 (C/N율)	• 유기물체의 탄소와 질소의 비율 • 질소(N)는 미생물의 영양원 • 탄소(C)는 미생물의 세포 구성과 에너지 공급원 • 식물의 생육, 화성, 결실을 지배하는 요소 • 높으면 화성 유도, 낮으면 영양생장
식물생장 호르몬	옥신과 지베렐린 등
일장 효과	광을 받으면 C/N율이 높아지고, 화성이 촉진됨

57 작물의 종류에 따른 시비법에 대한 설명으로 가장 옳지 않은 것은?

① 사탕무는 나트륨의 요구량이 많다.
② 귀리에서는 마그네슘의 효과가 크다.
③ 사탕무는 암모니아태질소의 효과가 크다.
④ 콩과 작물에서는 석회와 인산의 효과가 크다.

해설

콩과 식물	칼륨과 칼슘이 다량 소요됨
엽채류	칼륨과 칼슘이 다량 소요됨
맥류	• 마그네슘 결핍이 발생하기 쉬움 • 규소를 다량 요구함
벼	규소를 다량 요구함

58 다음 중 벼의 도열병 저항성과 가장 관련이 있는 것은?

① 출수생태 ② 조만성
③ 내비성 ④ 초형

해설 도열병

저항성은 병원체의 작용을 억제하려는 기주의 성질을 의미하며 도열병에는 질소질 비료 과잉시비 시 병이 악화될 수 있음

59 벼 작물의 도복대책으로 가장 적절하지 않은 것은?

① 키가 작고 줄기가 튼튼한 품종을 선택한다.
② 마지막 논김을 맬 때 배토를 한다.
③ 재식밀도를 높이고, 질소 비료를 증시한다.
④ 규산질 비료를 사용한다.

해설 도복대책

- 질소질 과용 금지 및 칼륨과 규산비료를 사용할 것
- 튼튼한 품종을 선택할 것
- 재식간격을 통해 통풍과 수광태세를 좋게 할 것

60 다음 중 작물의 내동성에 대한 설명으로 가장 옳지 않은 것은?

① 세포의 삼투압이 높아지면 내동성이 커진다.
② 원형질의 연도가 낮고 점도가 높은 것이 내동성이 크다.
③ 자유수의 함량이 적어지면 내동성이 커진다.
④ 지방 함량이 높은 것이 내동성이 강하다.

해설 내동성

내동성은 작물의 종류와 품종에 따라 차이가 있는데 원형질의 수분투과성이 클수록 원형질의 점도가 낮고 연도가 높을수록 내동성은 커지게 됨

04 농약학

61 농약잔류허용기준의 설정 시 결정요소가 아닌 것은?

① 토양 중 잔류특성(Supervised residue trial in soil)
② 안전계수(Safety factor)
③ 1일 섭취 허용량(ADI)
④ 최대무작용량(NOEL)

정답 55 ② 56 ② 57 ③ 58 ③ 59 ③ 60 ② 61 ①

해설 농약의 잔류허용기준 설정 시 결정요소

1일 섭취허용량, 최대무작용량, 안전계수

62 농약의 작용기작에 의한 분류 중 Parathion이 속하는 분류는?

① 에너지대사 저해　　② 호르몬 기능 교란

③ 생합성 저해　　④ 신경기능 저해

해설 파라티온(Parathion)

살충작용의 기작 중 파라티온(Parathion)은 신경기능 저해 기작을 가지고 있음

63 Parathion의 구조식으로 옳은 것은?

①
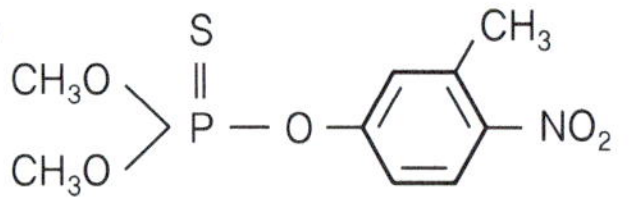

②
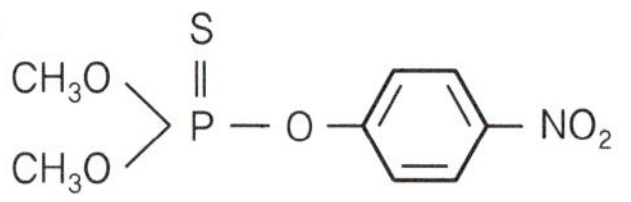

③
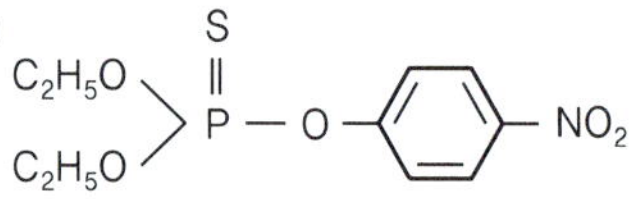

④
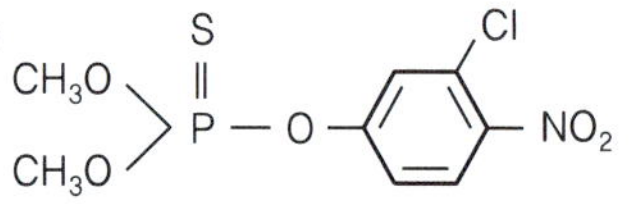

해설 파라티온(Parathion)의 구조식

인(P)을 중심으로 각 원자 또는 원자단으로 결합되어 있고 결합된 산소(O)와 황(S)의 위치가 수에 따라 3가지 형태로 구분됨

64 유제를 1,500배로 희석하여 액량 15L로 살포하려 할 때 필요한 원액약량(mL)은?

① 1　　② 10

③ 100　　④ 1,000

해설

$$\text{소요약량} = \frac{\text{총 사용량}}{\text{희석배수}} = \frac{\text{소요약량}+\text{물의 양}}{\text{희석배수}}$$

$$= \frac{15{,}000\text{mL}}{1{,}500} = 10\text{mL}$$

65 미탁제나 유탁제 등 신규제형이 각광받지 못한 이유로 가장 거리가 먼 것은?

① 고가로 인한 경제성 문제

② 환경문제에 대한 인식 부족

③ 보수적 농민의 선호도 부족

④ 인축 독성이 강한 유기용매의 함유

해설

- 유탁제(EW) : 유제에 사용되는 유기용매의 사용량을 줄이기 위해 사용하는 제품
- 미탁제(ME) : 농약 원제를 유탁제보다 더 적은 양의 용매에 녹인 액상 제형으로 용제의 독성과 폭발위험성을 개선한 제품

66 살선충제 농약은?

① Cadusafos　　② Chlorpyrifos

③ Diazinon　　④ Dichlorvos

해설 카두사포스(Cadusafos)

살선충제 농약으로 식물의 지하부와 뿌리에 기생하는 선충류를 방제하는 목적으로 활용됨

67 농약의 저항성 발달 정도를 표현하는 저항성 계수를 옳게 나타낸 것은?

① 저항성 LD_{50} / 감수성 LD_{50}

② 감수성 LD_{50} × 저항성 LD_{50}

③ 감수성 LD_{50} / 복잡저항성 LD_{50}

④ 감수성 LD_{50} × 복잡저항성 LD_{50}

해설 살충제 저항성

- 살충제의 연용 및 장기사용 시 약제에 대한 해충의 내성을 의미함
- 저항계수는 $\frac{\text{저항성 계통 } LD_{50}}{\text{감수성 계통 } LD_{50}}$로 계산됨
- 농약에 대한 해충의 저항성 발달 정도를 나타냄

68 다음 중 작물 잔류성이 가장 낮은 약제는?

① 침투성 약제

② 유용성(油溶性) 약제

③ 증발하기 쉬운 약제

④ 작물에 부착성이 큰 약제

정답 62 ④　63 ③　64 ②　65 ④　66 ①　67 ①　68 ③

해설

③ 잔류성이 낮은 약제는 증발이 쉬운 약제로 농약의 입자가 미세할수록 증발속도는 빨라짐

69 다음 중 희석하여 살포하는 제형이 아닌 것은?

① 유제(乳劑) ② 분제(粉劑)
③ 수용제(水溶劑) ④ 수화제(水和劑)

해설 분제

농약 원제를 탈크, 점토 등의 증량제와 물리성 개량제, 분해방지제 등과 혼합 후 분쇄한 분말의 형태로 희석하지 않고 직접 살포함

70 분제(입제 포함)의 물리적 성질로서 가장 거리가 먼 것은?

① 현수성(Suspensibility)
② 비산성(Floatabililty)
③ 부착성(Deposition)
④ 토분성(Dustibility)

해설 분제(입제)의 물리적 성질

분말도, 입도, 용적비중, 응집력, 토분성, 분산성, 비산성, 부착성, 고착성, 안정성, 경도, 수중붕괴성 등

① 현수성 : 수화제에 물을 가했을 때 고체 미립자가 침전하거나 떠오르지 않고 오래 균일한 분산상태를 유지하도록 하는 성질

71 Sulfonylurea계 제초제가 아닌 것은?

① Bensulfuron
② Prometryn
③ Cinosulfuron
④ Flazasulfuron

해설 대표적인 설포닐우레아(Sulfonylurea)계 제초제

벤설퓨론(Bensulfuron), 시노설퓨론(Cinosulfuron), 플라자설퓨론(Flazasulfuron)

72 50%의 Fenobucarb 유제(비중 : 1) 100mL를 0.05% 액으로 희석하는 데 소요되는 물의 양(L)은?

① 49.95 ② 99.9
③ 499.5 ④ 999.9

해설 희석에 소요되는 물의 양(L)

$$=\text{원액의 용량}\times\left(\frac{\text{원액의 농도}}{\text{희석할 농도}}-1\right)\times\text{원액의 비중}$$

$$=100\times\left(\frac{50}{0.05}-1\right)\times1=100\times999$$

$$=99,900\text{mL}=99.9\text{L}$$

73 주성분의 조성에 따른 농약의 분류에서 카바메이트계 농약에 대한 설명으로 옳은 것은?

① Carbamic acid과 Amine의 반응에 의하여 얻어지는 화합물이다.
② BHC와 같이 환상구조를 가지는 것과 Ethane의 유도체 구조를 가지는 화합물로 나누어진다.
③ 산소 및 황의 위치 및 수에 따라 품목이 분류된다.
④ 분자 구조 내에 질소를 3개 가지는 트리아진 골격을 함유하는 화합물이다.

해설 카바메이트(Carbamate)계 농약

아미노이드($-NH_2$)와 카르복시기($-COOH$)가 결합된 카바민산(Carbamic acid)과 아민(Amine)의 반응에 의하여 얻어지는 화합물

74 농약 원제를 물에 녹이고 동결 방지제를 가하여 제제화한 제형은?

① 유제(乳劑) ② 수화제(水和劑)
③ 액제(液劑) ④ 수용제(水溶劑)

해설 액제(液劑, SL)

수용성 원제를 물에 녹여서 동결 방지제(계면활성제, 에틸렌글리콜)를 가한 농약

75 식물생장조정제가 아닌 것은?

① 지베렐린계 ② 에틸렌계
③ 사이토키닌계 ④ 실록산계

해설 식물생장조정제(식물호르몬)

옥신류, 지베렐린, 사이토키닌, 에틸렌, ABA 등

정답 69 ② 70 ① 71 ② 72 ② 73 ① 74 ③ 75 ④

76 **농약 사용 후에 나타나는 약해의 원인이라고 볼 수 없는 것은?**

① 표류비산에 의한 약해
② 휘산에 의한 약해
③ 잔류농약에 의한 약해
④ 원제 부성분에 의한 약해

해설 농약 사용 후 약해의 원인

농약의 오용, 농약 자체의 물리성 및 불순물 혼합, 작물의 특성, 불리한 환경, 농약 희석용수 등

77 **경구중독에 대한 설명과 해독 및 구호조치로 가장 거리가 먼 것은?**

① 입을 통해서 소화기 내로 들어와 흡수 중독을 일으키는 것을 말한다.
② 인공호흡을 시키고 산소를 흡입시킨 다음 안정시킨 후 모포 등으로 싸서 보온시킨다.
③ 따뜻한 물이나 소금물로 위를 세척한다.
④ 약물이 장 내로 들어갈 염려가 있을 때는 황산마그네슘 용액에 규조토 등을 타서 먹여 배설시킨다.

해설

②는 흡입독성의 구호조치에 해당됨

78 **급성독성 강도의 순서로 옳게 나열된 것은?**

① 흡입독성 > 경피독성 > 경구독성
② 경구독성 > 흡입독성 > 경피독성
③ 흡입독성 > 경구독성 > 경피독성
④ 경피독성 > 경구독성 > 흡입독성

해설 급성독성

- 시험동물의 반수를 죽일 수 있는 양(mg/kg 체중)의 독성
- 강도는 흡입독성 > 경구독성 > 경피독성 순

79 **다음 중 사과나무 부란병 방제에 적합한 약제는?**

① Polyoxin A ② Polyoxin B
③ Polyoxin C ④ Polyoxin D

해설 폴리옥신 D(Polyoxin D)

- 농용항생제로 미생물이 생성하는 화합물로서 다른 미생물의 발육이나 대사작용을 억제하는 기능으로 이용됨
- 벼 잎집얼룩병과 사과나무 부란병에 효과적임

80 **미생물 농약에 대한 설명으로 틀린 것은?**

① 약효가 속효성이다.
② 적용병해충 범위가 제한적이다.
③ 화학농약에 비하여 약효가 저조하다.
④ 환경의 영향을 많이 받는다.

해설 미생물 농약

진균, 세균, 바이러스 등의 천적 미생물이나 기생 미생물 등을 이용하여 병해충에 활용되는 농약으로 약효가 느리게 나타나는 대신 효과는 오래 남는 특징이 있음

05 잡초방제학

81 **다음 중 화본과 잡초로 가장 옳은 것은?**

① 물달개비 ② 밭뚝외풀
③ 나도겨풀 ④ 올미

해설 화본과 잡초

논잡초	일년생	둑새풀, 피
	다년생	나도겨풀
밭잡초	일년생	강아지풀, 개기장, 둑새풀, 바랭이, 피

82 **종자가 바람에 의해 전파되기 쉬운 잡초로만 나열된 것은?**

① 망초, 방가지똥
② 어저귀, 명아주
③ 쇠비름, 방동사니
④ 박주가리, 환삼덩굴

해설 솜털, 깃털 등에 싸여 바람에 날리는 형태의 종자

민들레, 망초, 방가지똥 등

정답 76 ④ 77 ② 78 ③ 79 ④ 80 ① 81 ③ 82 ①

83 벼 재배에 주로 사용하지 않는 제초제는?

① 2,4-D 액제 ② 옥사디아존 유제
③ 뷰타클로르 입제 ④ 알라클로르 유제

해설 알라클로르(Alachlor) 유제

아마이드계 제초제로 일년생 밭잡초(콩, 옥수수, 감자)에 사용됨

84 제초제의 상승작용에 대한 설명으로 옳은 것은?

① 두 제초제를 단독으로 각각 처리하는 경우에 효과가 크다.
② 두 제초제를 혼합하여 처리하는 경우가 단독으로 처리하는 경우보다 효과가 크다.
③ 두 제초제를 혼합하여 처리하는 경우와 단독으로 처리하는 경우의 효과가 같다.
④ 두 제초제를 혼합하여 처리하는 경우 작물의 생리적 장애 현상이 발생한다.

해설 상승작용

각각의 제초제를 단용 처리했을 때보다 두 제초제를 혼용처리할 때 효과가 더 상승함

85 잡초 군락의 변이 및 천이를 유발하는 데 가장 크게 작용하는 요인은?

① 경운 ② 일모작 재배
③ 비료 사용 증가 ④ 유사 성질의 제초제 연용

해설 잡초 천이의 원인

재배작물의 변화, 경종조건의 변화, 제초방법의 변화, 동일 제초제의 연용 등

86 월년생 밭잡초로만 나열된 것으로 옳지 않은 것은?

① 냉이, 개꽃 ② 별꽃, 꽃다지
③ 개망초, 벼룩나물 ④ 명아주, 매자기

해설 월년생(동계 일년생) 잡초

- 가을, 초겨울에 발생, 월동 후 다음 해 여름을 지나 결실 및 고사하는 잡초
- 종류 : 둑새풀, 냉이, 별꽃, 벼룩나물, 갈퀴덩굴, 점도나물, 벼룩이자리, 개망초, 꽃다지, 개꽃, 속속이풀, 개미자리 등

④ 명아주 : 일년생 잡초, 매자기 : 다년생 잡초

87 트리아진계 제초제의 주요 이행 특성은?

① 조기 결실
② 비대 성장
③ 광합성 저해
④ 신초 생장 억제

해설 트리아진(Triazine)계 제초제

트리아진계는 녹색 조직의 황화 및 고사를 유발하는 광합성 저해제로 식물체 내의 엽록체가 작용점이 됨

88 논에 발생하는 일년생 잡초로 가장 옳은 것은?

① 띠 ② 물달개비
③ 개망초 ④ 쇠뜨기

해설 일년생 논잡초

둑새풀, 피, 바늘골, 바람하늘지기, 알방동사니, 참방동사니, 곡정초, 마디꽃, 물달개비, 물옥잠, 밭둑외풀, 사마귀풀, 생이가래, 여뀌, 여뀌바늘, 자귀풀, 중대가리

89 생물학적 잡초 방제법에 대한 설명으로 옳은 것은?

① 살초작용이 빠르다.
② 환경에 잔류문제가 없다.
③ 동시에 여러 초종의 방제가 쉽다.
④ 방제작업에 필요한 비용이 많이 든다.

해설 생물학적 방제법

- 곤충이나 미생물 또는 병원성을 이용하여 잡초의 세력을 경감시키는 방제법
- 방제비용이 적고, 환경 잔류가 없으며, 방제 효과가 영속적이라는 장점이 있으나 살초작용이 느려 방제 효과가 느리게 나타나는 단점이 있음

90 식물의 광합성 회로 특성에 대한 설명이 옳은 것은?

① 대부분의 작물은 C_4 식물이다.
② 모든 잡초는 C_4 광합성 회로를 갖는다.
③ 광합성 회로가 C_4인 식물은 C_3인 식물보다 광합성에 불리하다.
④ 돌피와 향부자와 같은 잡초는 C_4 식물이어서 생장이 빨라 경합에서 유리하다.

정답 83 ④ 84 ② 85 ④ 86 ④ 87 ③ 88 ② 89 ② 90 ④

해설 C_3 식물과 C_4 식물의 비교

C_3 식물	• C_4식물과 비교 시 고온, 고광도, 수분제한 조건 시 불리함 • 대부분의 식물은 C_3 식물 • 주요 작물은 C_3 식물이며 상대적으로 잡초가 생존에 우수함
C_4 식물	• 낮은 대기 CO_2 농도에서도 광합성 효율이 높음 • 가뭄이나 고온, 고광도 등의 환경 스트레스에 유리함 • 불리한 환경조건에서도 적응력이 강함 • 잡초는 대부분 광합성 효율이 높은 C_4 식물이 많음

91 비선택적으로 식물을 전멸시키는 제초제는?

① Mazosulfuron ② Simazine
③ Glyphosate ④ 2,4－D

해설 비선택성 제초제

모든 식물을 제거하는 것으로 글리포세이트(Glyphosate), 글루포시네이트(Glufosinate), 파라콰트 디클로라이드(Paraquat dichloride) 등이 해당됨

92 상호대립억제작용에 대한 설명으로 옳은 것은?

① 잡초가 다른 작물의 생육을 억제하는 것은 아니며 잡초 간에만 일어나는 현상이다.
② 다른 종의 생육을 억제하는 주된 기작은 주로 차광에 의해 일어난다.
③ 죽은 식물 조직에서 나오는 물질에 의해서도 일어날 수 있다.
④ 제초제를 오래 사용한 잡초에 대한 내성을 나타내는 것이다.

해설 상호대립억제작용

타감작용이라고도 하며 식물체 내 특정 물질의 분비로 인해 주변 식물의 발아, 생육이 억제되는 작용을 의미함

93 토양 내 제초제의 흡착에 대한 설명으로 옳지 않은 것은?

① 이온화가 가능한 제초제는 음이온 치환을 통해 흡착된다.
② 토양 내 점토물의 표면에 부착되거나 친화력을 갖는 것을 의미한다.
③ 대부분의 제초제는 반응기를 갖고 있어서 토양 유기물과 치환혼합이 가능하다.
④ 제초제는 대부분 하나 이상의 방향족 물질을 함유하고 있어 흡착에 중요한 역할을 한다.

해설 토양 내 제초제의 흡착

• 토양의 점토물 표면에 부착되거나 친화력을 갖는 것을 의미함
• 흡착 시 양이온 치환용량이 클수록, 점토 · 부식 · 유기물 함량이 많을수록 높음

94 천적을 이용한 생물학적 잡초 방제법에서 천적이 갖춰야 할 전제조건이 아닌 것은?

① 포식자로부터 자유로워야 한다.
② 지역환경에 쉽게 적응해야 한다.
③ 접종지역에서의 이동성이 낮아야 한다.
④ 숙주를 쉽게 찾을 수 있어야 한다.

해설

③ 접종지역의 이동성이 높아야 함

95 주로 종자로 번식하는 잡초는?

① 올미, 벗풀
② 가래, 쇠털골
③ 강피, 물달개비
④ 올방개, 너도방동사니

해설

• 종자번식 잡초 : 강피, 물달개비 등
• 괴경번식 잡초 : 올방개, 올미 벗풀, 매자기, 향부자, 너도방동사니 등
• 근경번식 잡초 : 쇠털골, 가래, 띠, 수염가래꽃, 나도겨풀 등

96 잡초의 유용성에 대한 설명으로 옳지 않은 것은?

① 유기물이나 중금속 등으로 오염된 물이나 토양을 정화하는 기능이 있다.
② 근연 관계에 있는 식물에 대한 유전자 은행 역할을 할 수 있다.
③ 논둑 및 경사지 등에서 지면을 덮어 토양 유실을 막아 준다.
④ 작물과 같이 자랄 경우 빈 공간을 채워 작물의 도복을 막아 준다.

해설 잡초의 유용성

잡초가 주는 좋은 기능을 의미하는데, 예를 들어 쑥은 식용 및 약제로, 부레옥잠은 수질 정화용으로, 별꽃은 한방약제로 활용됨

정답 91 ③ 92 ③ 93 ① 94 ③ 95 ③ 96 ④

97 **제초제가 작물에는 피해(약해)를 주지 않고 잡초만을 죽일 수 있는 특성은?**

① 제초제의 감수성　② 제초제의 선택성
③ 제초제의 내성　④ 제초제의 저항성

해설 **제초제의 선택성**

모든 식물에 독성을 가지고 있는 제초제가 작물, 환경, 동물에 피해를 주지 않고 잡초만을 선택적으로 살초하는 현상

98 **올방개 방제에 가장 효과적인 제초제는?**

① 뷰타클로르 액제
② 펜디메탈린 유제
③ 페녹슐람 액상 수화제
④ 피라조설퓨론에틸 수화제

해설 **올방개**

- 방동사니과 다년생 논잡초로 덩이줄기로 번식
- 가장 방제가 어려운 잡초
- 페녹슐람(Penoxsulam) 액상 수화제는 방동사니과 논잡초에 방제 효과가 높음

99 **땅콩 포장에 문제가 되는 잡초종으로만 나열된 것은?**

① 강아지풀, 깨풀　② 너도방동사니, 쇠비름
③ 마디꽃, 돌피　④ 강아지풀, 쇠털골

해설 **밭잡초**

강아지풀(화본과, 일년생 밭잡초), 깨풀(광엽, 일년생 밭잡초)

100 **다음 중 암조건에서 발아가 가장 잘 되는 잡초 종자는?**

① 강피　② 냉이
③ 바랭이　④ 쇠비름

해설 **암발아 종자**

별꽃, 냉이, 광대나물, 독말풀 등

정답 97 ②　98 ③　99 ①　100 ②

2021년 기사 2회

01 식물병리학

01 벼 흰잎마름병의 발생과 전파에 가장 좋은 환경조건은?

① 규산 과용　② 이상 건조
③ 태풍과 침수　④ 이상 저온

해설 벼 흰잎마름병
주로 소공이나 상처를 통해 침입한 세균이 물관(도관)에서 증식하여 관을 막아 전신병으로 진행되는 특징이 있음

02 병든 식물체 조직의 면적 또는 양의 비율을 나타내는 것으로 주로 식물체의 전체 면적당 발병 면적을 기준으로 하는 것은?

① 발병도(Severity)
② 발병률(Incidence)
③ 수량손실(Yield Loss)
④ 병진전 곡선(Disease－progress Curve)

해설 발병도
병의 발생 정도를 의미하며 주로 식물 잎의 전체 면적에 대한 발병 면적을 기준으로 측정함

03 사과나무 부란병에 대한 설명으로 옳지 않은 것은?

① 자낭포자와 병포자를 형성한다.
② 강한 전정작업을 하지 말아야 한다.
③ 사과나무의 가지에 감염되면 사마귀가 형성된다.
④ 병원균이 수피의 조직 내에 침입해 있어 방제가 어렵다.

해설 사과나무 부란병
진균(자낭균)에 의한 병으로 줄기나 가지 전정 시 상처를 통해 균이 침입하므로 주의해야 하며, 수피 조직 내에 침입하므로 방제가 어려운 특징이 있음

04 병원균이 기주식물에 침입을 하면 병원균에 저항하는 기주식물의 반응으로 항균물질 및 페놀성 물질 증가 등의 작용을 하는데, 이를 무엇이라 하는가?

① 침입저항성　② 감염저항성
③ 확대저항성　④ 수평저항성

해설 확대저항성
병원체의 감염 경로에 있어 확대저항성은 병원균이 침입을 하면 병원균에 저항하는 기주식물의 반응 및 항균물질, 페놀성 물질이 증가 작용하는 것을 의미함

05 도열병이 다발하는 조건으로 가장 적합한 것은?

① 여러 가지 벼 품종을 섞어서 심었을 때
② 가뭄이 계속되고 기온이 30℃ 이상일 때
③ 덧거름을 원래 일정보다 일찍 주었을 때
④ 비가 자주 오고 일조가 부족하며 다습할 때

해설 도열병
비가 자주 오면서 일조량이 부족(저온다습)하고, 토양온도가 낮고, 토양수분이 적으며, 질소질 비료의 과잉 시 다발함

06 오이 세균성 점무늬병균이 증식하기 가장 적합한 식물체 내 부위는?

① 각피층
② 형성층
③ 세포벽
④ 유조직의 세포간극

해설 오이 세균성 점무늬병
기공으로 침입한 세균이 인접 유조직 세포를 파괴하고 여러 모양의 점무늬를 나타냄

정답 01 ③ 02 ① 03 ③ 04 ③ 05 ④ 06 ④

07 배나무 검은별무늬병에 대한 설명으로 옳지 않은 것은?

① 잎에서 처음에 황백색의 병무늬가 나타난다.
② 배나무 인근에 향나무가 많은 경우 발병하기 쉽다.
③ 배나무의 잎, 잎자루, 열매, 열매자루, 햇가지 등에 발생한다.
④ 낙엽을 모아 태우거나 땅속에 묻어 발병을 예방할 수 있다.

해설 배나무 검은별무늬병

진균(자낭균)에 의한 수병으로 균사나 분생포자가 병든 잎에 월동 후 빗물에 의해 1차 전염이 되고 포자가 발아 후 각피를 통해 침입함

08 수목 뿌리에 주로 발생하는 자주날개무늬병이 속하는 진균류는?

① 난균　② 담자균
③ 병꼴균　④ 접합균

해설 진균(담자균)에 의한 수병

포플러 잎녹병, 아밀라리아 뿌리썩음병, 자줏빛날개무늬병, 소나무 잎녹병, 잣나무 털녹병 등

09 균류(菌類)의 영양 섭취방법이 아닌 것은?

① 기생　② 부생
③ 공생　④ 항생

해설 균류의 영양 섭취방법

- 기생 : 엽록소 없이 스스로 양분을 합성하지 못하므로 식물이나 동물의 양분에 기생하여 섭취하는 것
- 부생 : 죽은 조직이나 유기물에서 영향을 취하여 생활하는 것
- 공생 : 서로 긴밀하게 결합하여 양자 이익을 주는 것

10 다음 식물 병원체 중 크기가 가장 작은 것은?

① 세균
② 곰팡이
③ 바이러스
④ 바이로이드

해설 병원체의 크기

바이로이드 < 바이러스 < 세균 < 진균

11 균사나 분생포자의 세포가 비대해져서 생성되는 것은?

① 유주자　② 후벽포자
③ 휴면포자　④ 포자낭포자

해설 후벽포자(후막포자)

영양체 선단부나 중간 세포에 저장물질이 쌓여 비대해진 형태로 세포벽이 두꺼워져 세포벽의 대부분이 이중화되고 내구성을 가진 무성포자

12 그람음성세균에 해당하는 것은?

① 토마토 궤양병균　② 감자 더뎅이병균
③ 벼 흰잎마름병균　④ 감자 둘레썩음병균

해설 벼 흰잎마름병균(*Xanthomonasoryzae*)

그람반응	식물병원세균속
음성	• *Acidovorax*(악시도보락스) • *Agrobacterium*(아그로박테리움) • *Erwinia*(에르위니아) • *Pantoea*(판토에아) • *Pseudomonas*(슈도모나스) • *Xanthomonas*(크산토모나스)

13 식물바이러스의 분류 기준이 되는 특성이 아닌 것은?

① 세포벽의 구조
② 핵산의 종류
③ 매개체의 종류
④ 입자의 형태적 특성

해설

식물바이러스는 핵산 및 매개체의 종류, 입자의 형태적 특성으로 분류함

14 병든 보리, 밀을 먹는 사람과 돼지 등에 심한 중독을 일으키는 병해는?

① 깜부기병　② 흰가루병
③ 줄무늬병　④ 붉은곰팡이병

해설 붉은곰팡이병

곰팡이 독소인 제랄레논(Zearalenone)으로 인해 병든 보리나 밀을 사람이나 가축이 먹을 경우 중독증상이 발생함

정답 07 ② 08 ② 09 ④ 10 ④ 11 ② 12 ③ 13 ① 14 ④

15 식물체에 암종을 형성하며, 유전공학 연구에 많이 쓰이는 식물병원 세균은?

① *Erwinia amylovora*
② *Xanthomonas campestris*
③ *Clavibacter michiganensis*
④ *Agrobacterium tumefaciens*

해설 아그로박테리움 투메파시엔스(*Argobacterium tumefaciens*)
혹(암종)을 형성하는 토양서식 세균

16 중간기주인 향나무류를 제거하면 피해를 경감시킬 수 있는 식물병은?

① 배추 균핵병
② 사과나무 탄저병
③ 복숭아 검은무늬병
④ 사과나무 붉은별무늬병

해설 사과나무 · 배나무 · 모과나무 붉은별무늬병
녹포자가 바람에 날려 중간기주인 향나무의 잎과 가지를 침해한 후 향나무에서 겨울 포자퇴 상태로 월동함

17 식물병에 있어서 표징(標徵, Sign)이란?

① 식물의 외부적 변화
② 식물의 내부적 변화
③ 병에 대한 식물의 반응
④ 병환부에 나타난 병원체

해설 표징(Sign)
기생성 병의 병환부에 병원체 그 자체가 나타나서 병의 발생을 직접 표시하는 것으로 곰팡이, 균핵, 점질물, 이상 돌출물 등이 속함

18 벼 오갈병의 주요 매개충은?

① 애멸구 ② 진딧물
③ 딱정벌레 ④ 끝동매미충

해설 벼 오갈병
- 끝동매미충과 번개매미충에 의해 바이러스가 발생하며 보독충의 건강한 모를 흡즙함으로써 전염됨
- 매개충에 의한 경란전염(1차전염)을 일으키는 대표적 병

19 벼 줄무늬잎마름병의 병원(病原)은?

① 바이러스 ② 파이토플라스마
③ 세균 ④ 진균

해설 벼 줄무늬잎마름병
병원은 바이러스에 의한 것으로 매개충(애멸구) 체내에 경란전염을 함

20 벼 도열병균의 레이스(Race)를 구분할 때 사용하는 판별품종으로 가장 거리가 먼 것은?

① 인도계(T) 품종군
② 일본계(N) 품종군
③ 필리핀계(R) 품종군
④ 중국계(C) 품종군

해설 벼 도열병균의 판별품종
일본식 판별품종 12개는 인도계(T) 품종군 3개, 일본계(N) 품종군 6개, 중국계(C) 품종군 3개로 나뉨

02 농림해충학

21 다음 중 곤충이 휴면하는 데 가장 큰 영향을 주는 주요 요인은?

① 빛 ② 수분
③ 온도 ④ 바람

해설 곤충 휴면의 가장 큰 요인
일장, 온도, 먹이

22 4령충에 대한 설명으로 옳은 것은?

① 3회 탈피를 한 유충
② 4회 탈피를 한 유충
③ 부화한 지 3년째 되는 유충
④ 부화한 지 4년째 되는 유충

해설 영충
부화 → 1회 탈피 → 2회 탈피 → 3회 탈피 → 번데기
(1령충) (2령충) (3령충) (4령충)

정답 15 ④ 16 ④ 17 ④ 18 ④ 19 ① 20 ③ 21 ③ 22 ①

23 **분류학적으로 개미가 속하는 곤충목은?**

① 벌목　② 이목
③ 노린재목　④ 총채벌레목

해설 **벌목의 종류**

벌, 말벌, 개미, 잎벌, 밤나무순혹벌 등

24 **우리나라에 비래하지만 월동하지 않는 것은?**

① 벼멸구　② 애멸구
③ 번개매미충　④ 끝동매미충

해설

중국 비래해충 중 우리나라에서 월동을 하지 않는 해충으로는 혹명나방, 벼멸구, 흰등멸구가 있음

25 **유약호르몬이 분비되는 기관은?**

① 앞가슴샘　② 외기관지샘
③ 알라타체　④ 카디아카체

해설

알라타체에서 분비되는 알라타제는 성충으로의 발육 억제, 탈피 억제, 변태 조절 호르몬으로 '유충호르몬'이라고 하며 성충기에 가까워지면 호르몬 분비량이 감소함

26 **다음 중 호흡계의 기문 수가 가장 적은 곤충은?**

① 나방 유충　② 나비 유충
③ 모기붙이 유충　④ 딱정벌레 유충

해설

곤충의 기문은 몸 측면에 존재하며 10쌍(가운데가슴과 뒷가슴에 각각 1쌍, 배마디에 8쌍)이 대부분이지만 이보다 많거나 적은 것도 있음

③ 모기붙이 유충은 기문이 없음

27 **곤충이 탈피할 때 새로운 표피로 대체(代替)되지 않는 기관은?**

① 식도　② 맹장
③ 직장　④ 전소장

해설

탈피 시 기관 형성에 있어 전장과 후장은 외배엽의 함몰에 의해 발생하고, 중장은 내배엽에서 기원하여 발생하며 표피가 없음

28 **다음 중 포도나무 줄기를 가해하는 해충으로만 나열된 것은?**

① 포도유리나방, 박쥐나방
② 포도쌍점매미충, 포도호랑하늘소
③ 포도뿌리혹벌레, 포도금빛잎벌레
④ 으름나방, 무궁화밤나방

해설 **포도나무 줄기를 가해하는 해충**

포도유리나방, 박쥐나방으로 유리나방은 유충이 가지 줄기의 내부를 가해하고, 박쥐나방은 부화유충이 초본류의 줄기 속을 식해함

29 **총채벌레목에 대한 설명으로 옳지 않은 것은?**

① 단위생식도 한다.
② 입틀의 좌우가 같다.
③ 불완전변태군에 속한다.
④ 산란관이 잘 발달하여 식물의 조직 안에 알을 낳는다.

해설 **총채벌레**

왼쪽 큰턱이 한 개만 발달하여 입틀 좌우가 다름

30 **곤충 날개가 두 쌍인 경우 날개의 부착 위치는?**

① 앞가슴에 한 쌍, 가운데가슴에 한 쌍이 붙어 있다.
② 가운데가슴에 한 쌍, 뒷가슴에 한 쌍이 붙어 있다.
③ 앞가슴에 한 쌍, 뒷가슴에 한 쌍이 붙어 있다.
④ 가운데가슴에만 붙어 있다.

해설 **곤충의 날개 위치**

곤충의 날개는 2쌍이 있는데 앞날개는 가운데가슴에, 뒷날개는 뒷가슴에 있음

31 **곤충의 선천적 행동이 아닌 것은?**

① 반사　② 정위
③ 조건화　④ 고정행위양식

해설 **곤충의 선천적 행동**

- 주성, 본능, 반사(무조건 반사)
- 본능 : 먹이 수색, 선택, 섭취방법, 방어 및 도주, 교미, 산란, 유충의 고치짓기
- 정위 : 자극원에 대해서 위치나 자세를 바꾸는 것
- 고정행위양식 : 항상 정해져 있는 고정양식

정답 23 ① 24 ① 25 ③ 26 ③ 27 ② 28 ① 29 ② 30 ② 31 ③

32 곤충의 탈피와 변태를 조절하는 호르몬 분비에 관여하는 기관이 아닌 것은?

① 뇌 ② 전흉선
③ 말피기관 ④ 알라타체

해설 말피기씨관
- 곤충의 중장과 후장 사이에 위치
- pH나 무기이온농도 조절
- 비틀림 운동으로 배설작용을 함

33 거미와 비교한 곤충의 일반적인 특징이 아닌 것은?

① 배마디에는 3쌍의 다리와 2쌍의 날개가 있다.
② 곤충은 동물 중 가장 종류가 많으며, 곤충강에 속하는 절지동물을 말한다.
③ 곤충은 머리, 가슴, 배의 3부분으로 구성되어 있다.
④ 머리에는 입틀, 더듬이, 겹눈이 있다.

해설 곤충의 구조
- 머리, 가슴, 배로 구성
- 머리 : 입틀(구기), 1쌍의 겹눈, 1~3개의 홑눈, 1쌍의 촉각(더듬이)
- 가슴
  - 앞가슴, 가운데가슴, 뒷가슴의 3부분
  - 날개, 다리, 기문 등의 부속기

날개	가운데가슴, 뒷가슴에 1쌍씩 총 2쌍
다리	앞가슴, 가운데가슴, 뒷가슴에 1쌍씩 총 3쌍(보통 5마디)

- 배 : 보통 10개 내외의 마디, 기문, 항문, 생식기 등의 부속기관

34 생물적 방제에 대한 설명으로 옳지 않은 것은?

① 효과 발현까지는 시간이 걸린다.
② 인축, 야생동물, 천적 등에 위험성이 적다.
③ 생물상의 평형을 유지하여 해충밀도를 조절한다.
④ 거의 모든 해충에 유효하며, 특히 대발생을 속효적으로 억제하는 데 더욱 효과가 크다.

해설 생물학적 방제
활용되는 해충은 제한적이며, 특히 대발생에는 발현하는 데까지 시간과 비용이 많이 소요되므로 속효를 거두기 어려움

35 다음 중 충영을 형성하는 해충으로 가장 적절한 것은?

① 참나무겨울가지나방 ② 어스렝이나방
③ 독나방 ④ 솔잎혹파리

해설 솔잎혹파리
유충이 솔잎 밑부분에 벌레혹(충영)을 만들고 그 속에서 즙액을 흡즙하는 해충

36 고시류(Paleoptera) 곤충에 속하는 것은?

① 밀잠자리 ② 담배나방
③ 분홍날개대벌레 ④ 밤애기잎말이나방

해설 곤충의 분류

<table>
<tr><td colspan="3">무시아강(날개 없음)</td><td>톡토기, 낫발이, 좀붙이, 좀목</td></tr>
<tr><td rowspan="3">유시아강
(날개 있음)
-2차적으로
퇴화되어 없는
것도 있음</td><td colspan="2">고시류</td><td>하루살이, 잠자리목</td></tr>
<tr><td rowspan="2">신고시류</td><td>외시류
(불완전변태)</td><td>집게벌레, 바퀴, 사마귀, 대벌레, 갈르와벌레, 메뚜기, 흰개미붙이, 강도래, 민벌레, 다듬이벌레, 털이, 이, 흰개미, 총채벌레, 노린재, 매미목</td></tr>
<tr><td>내시류
(완전변태)</td><td>벌, 딱정벌레, 부채벌레, 뱀잠자리, 풀잠자리, 약대벌레, 밑들이, 벼룩, 파리, 날도래, 나비목</td></tr>
</table>

37 주둥이를 식물체에 찔러 넣어 즙액을 빨아 먹는 곤충에 속하지 않는 것은?

① 진딧물 ② 노린재
③ 집파리 ④ 애멸구

해설 자흡구형(찔러서 빨아 먹는 형태)의 입틀을 가진 해충
진딧물, 멸구, 매미충류, 깍지벌레류, 모기, 벼룩 등

38 곤충의 다리는 5마디로 구성된다. 몸통에서부터 순서가 올바르게 나열된 것은?

① 밑마디 – 도래마디 – 넓적마디 – 종아리마디 – 발마디
② 밑마디 – 넓적마디 – 발마디 – 종아리마디 – 도래마디
③ 밑마디 – 발마디 – 종아리마디 – 도래마디 – 넓적마디
④ 밑마디 – 종아리마디 – 발마디 – 넓적마디 – 도래마디

정답 32 ③ 33 ① 34 ④ 35 ④ 36 ① 37 ③ 38 ①

해설 곤충의 다리의 기본구조

- 앞가슴, 가운데가슴, 뒷가슴에 1쌍씩 총 3쌍 으로 구성
- 몸쪽에서부터 밑마디(기절) → 도래마디(전절) → 넓적다리(퇴절) → 종아리마디(경절) → 발목마디(발마디, 부절)

39 다음 중 곤충의 페로몬에 대한 설명으로 옳은 것은?

① 체내에서 소량으로 만들어져 체외로 방출되며 같은 종의 다른 개체에 정보전달 수단으로 이용된다.
② 체내에서 대량으로 만들어져 체외로 방출되며 같은 종의 다른 개체에 정보전달 수단으로 이용된다.
③ 체내에서 소량으로 만들어져 체외로 방출되며 다른 종과의 정보전달 수단으로 이용된다.
④ 카이로몬은 페로몬에 속한다.

해설 페로몬(Pheromone)

- 곤충의 체내에 소량으로 만들어지며, 대기 중 냄새로 방출되는 화학물질
- 개체 간에 특이한 반응이나 행동을 유발하며 자연발생적으로 무독하다는 특징이 있음

40 부화유충이 처음 과일 표면을 식해하다가 과일 내부로 뚫고 들어가 가해하는 해충은?

① 배나무이　② 사과굴나방
③ 포도유리나방　④ 복숭아심식나방

해설 복숭아심식나방

유충이 과실 속을 뚫고 들어가 가해하며 배설물을 배출하지 않는 특징이 있음

03 재배원론

41 다음 중 작물의 내염성 정도가 가장 큰 것은?

① 완두　② 가지
③ 순무　④ 고구마

해설 내염성에 따른 작물 종류

- 내염성이 강한 작물 : 순무, 양배추, 사탕무, 순무, 귀리, 보리, 아스파라거스 등
- 내염성이 약한 작물 : 감자, 고구마, 녹두, 완두, 양파, 당근 등

42 토양의 pH가 낮아질 때 가급도가 가장 감소되기 쉬운 영양분은?

① Fe　② P
③ Mn　④ Zn

해설 인산(P)

인산이온의 형태로 식물에 흡수되며 토양 중의 철이나 알루미늄과 결합하여 황화 현상이 발생하면 인산의 흡수가 저해됨

43 작물의 배수성 육종 시 염색체를 배가시키는 데 가장 효과적으로 이용되는 것은?

① Colchicine
② Auxin
③ Kinetin
④ Ethylene

해설 콜히친(Colchicine)

배수체를 늘릴 때 사용하는 약제로, 돌연변이를 유발시키는 방법으로 활용됨

44 발아에 광선이 필요하지 않은 작물은?

① 상추　② 금어초
③ 담배　④ 호박

해설 혐광성 종자

발아 시 광선이 필요한 종자로 호박, 토마토, 가지, 오이, 고추, 양파, 수세미, 백일홍 등이 해당됨

45 식물의 일장감응 중 SI형 식물은?

① 메밀
② 토마토
③ 도꼬마리
④ 코스모스

해설 식물의 일장감응형

화아 분화 전후의 시기에 따른 9가지 일장형 중 중일(SI)형에는 만생종벼, 도꼬마리 등이 해당됨

정답 39 ① 40 ④ 41 ③ 42 ② 43 ① 44 ④ 45 ③

46 식물체 내의 수분퍼텐셜에 대한 설명으로 틀린 것은?

① 세포의 부피와 압력퍼텐셜이 변화함에 따라 삼투퍼텐셜과 수분퍼텐셜이 변화한다.
② 압력퍼텐셜과 삼투퍼텐셜이 같으면 세포의 수분퍼텐셜이 0이 된다.
③ 수분퍼텐셜과 삼투퍼텐셜이 같으면 원형질 분리가 일어난다.
④ 수분퍼텐셜은 대기에서 가장 높고, 토양에서 가장 낮다.

해설 수분퍼텐셜

- 토양에서 가장 높고 대기에서 가장 낮으며 식물체 내에서는 중간의 값
- 토양 → 식물체 → 대기 순으로 수분이 이동함

47 다음 중 이년생 작물은?

① 아스파라거스 ② 사탕무
③ 호프 ④ 옥수수

해설 생활형에 따른 작물의 분류

일년생, 이년생, 다년생으로 구분되며, 이년생 작물에는 사탕무, 무, 귀리 등이 포함됨

48 작물의 내동성에 대한 설명으로 가장 옳은 것은?

① 세포액의 삼투압이 높으면 내동성이 증대한다.
② 원형질의 친수성 콜로이드가 적으면 내동성이 커진다.
③ 전분 함량이 많으면 내동성이 커진다.
④ 조직즙의 광에 대한 굴절률이 커지면 내동성이 저하된다.

해설 내동성이 강한 조건

- 식물 세포내의 자유수 함량이 적을수록
- 삼투압이 높아질수록
- 유지(지방) 함량이 높을수록
- 전분 함량은 낮을수록
- 원형질의 수분투과성이 클수록

49 다음 중 암술과 수술이 서로 다른 개체에서 생기는 것은?

① 자성불임 ② 웅성불임
③ 자웅이주 ④ 이형예현상

해설 자웅이주

암꽃과 수꽃이 다른 나무에 달리는 것으로, 종류에는 소철, 은행나무 등이 있음

50 종묘로 이용되는 영양기관을 분류할 때 땅속 줄기에 해당하는 것으로만 나열된 것은?

① 다알리아, 고구마 ② 마, 글라디올러스
③ 나리, 모시풀 ④ 생강, 박하

해설 영양기관 중 지하경(땅속을 기는 줄기)에 해당하는 식물

대나무, 박하, 생강 등

51 다음 중 굴광현상에 가장 유효한 광은?

① 자색광 ② 자외선
③ 녹색광 ④ 청색광

해설 굴광현상

- 식물이 광 방향으로 굴곡하는 현상으로 440~480nm의 청색광이 가장 유효함
- 광을 받는 쪽 옥신의 농도 낮고, 광을 받지 않는 쪽은 높음

52 다음 중 장명종자에 해당하는 것은?

① 베고니아 ② 나팔꽃
③ 팬지 ④ 일일초

해설 장명종자(4~6년 이상)

토마토, 수박, 녹두, 오이, 배추, 가지, 나팔꽃 등

53 질산환원효소의 구성성분이며, 질소대사에 작용하고, 콩과 작물 뿌리혹박테리아의 질소고정에 필요한 무기성분은?

① 몰리브덴 ② 아연
③ 마그네슘 ④ 망간

해설 몰리브덴(Mo)

콩과 작물에 다량 함유되어 있고, 산성 토양에서 용해도가 크게 줄어 결핍되기 쉬움

54 큰 강의 유역은 주기적으로 강이 범람해서 비옥해져 농사짓기에 유리하므로 원시농경의 발상지였을 것으로 추정한 사람은?

① Vavilov ② Dettweier
③ De Candolle ④ Liebig

정답 46 ④ 47 ② 48 ① 49 ③ 50 ④ 51 ④ 52 ② 53 ① 54 ③

해설 드캉돌(De Candolle)

먹고 버린 야생식물의 종자에서 식물이 자라는 파종의 관념을 배웠다고 주장했고, 큰 강 유역은 주기적으로 범람하여 비옥하므로 농사짓기에 유리하여 원시 농경지 발상지였음을 추정함

55 작물이 주로 이용하는 토양 수분은?

① 흡습수 ② 모관수
③ 지하수 ④ 결합수

해설 모관수

pF 2.5~4.5의 장력으로 보유하며, 대부분의 작물에게 이용될 수 있는 유효한 수분

56 혼파의 장점이 아닌 것은?

① 공간의 효율적 이용이 가능하다.
② 건초 제조 시에 유리하다.
③ 채종작업이 편리하다.
④ 재해에 대한 안정성이 증대된다.

해설 혼파의 단점

생육기가 비슷한 종자를 혼합하여 파종하는 것으로 채종작업이 불편한 단점이 있음

57 다음 중 내습성이 가장 강한 과수류는?

① 무화과 ② 복숭아
③ 밀감 ④ 포도

해설 내습성이 강한 과수

올리브 > 포도 > 감귤(밀감) > 감, 배 > 복숭아, 밤, 무화과

58 다음 중 산성 토양에 가장 강한 것은?

① 고구마 ② 콩
③ 팥 ④ 사탕무

해설 산성 토양에 가장 강한 작물

벼, 귀리이며, 다음으로 강한 작물로는 밀, 조, 옥수수, 메밀, 고구마, 감자, 토란, 수박 등이 있음

59 다음 영양성분 중 결핍되면 분열조직에 괴사를 일으키며, 사탕무의 속썩음병을 일으키는 것은?

① 망간 ② 철
③ 칼륨 ④ 붕소

해설 붕소(B)

결핍 시 사탕무의 근부썩음병, 담배의 끝마름병, 샐러리 줄기 쪼김병이 발생함

60 탈질현상을 경감시키는 데 가장 효과적인 시비법은?

① 질산태질소 비료를 논의 산화층에 시비
② 질산태질소 비료를 논의 환원층에 시비
③ 암모늄태질소 비료를 논의 산화층에 시비
④ 암모늄태질소 비료를 논의 환원층에 시비

해설

암모늄태질소를 논의 산화층에 시비하면 탈질현상에 의해 질산이 가스 상태로 휘산되므로, 논의 환원층에 심층시비 비료를 증진시켜야 함

04 농약학

61 우리나라 농약의 독성 구분 중 맞지 않는 것은?

① 무독성 ② 보통독성
③ 저독성 ④ 고독성

해설

우리나라는 농약의 독성을 맹독성, 고독성, 보통독성, 저독성으로 구분함

62 다음 중 유기인계 살충제는?

① EPN ② Endosulfan
③ 2,4-D ④ BPMC

해설 유기인계 살충제의 종류

파라디온에틸, EPN, 말라티온, 다이아지논, 페니트로디온, 펜토에이트, 펜티온, 트리클로르폰, 디클로르보스, 데메톤에스메틸, 터부포스, 클로르피리포스 등

정답 55 ② 56 ③ 57 ④ 58 ① 59 ④ 60 ④ 61 ① 62 ①

63 농약의 잔류에 대한 설명 중 옳지 않은 것은?

① 작물잔류성 농약이란 농약의 성분이 수확물 중에 잔류하여 농약잔류허용기준에 해당할 우려가 있는 농약을 말한다.
② 안전계수란 사람이 하루에 섭취할 수 있는 약량을 말한다.
③ 작물 체내의 잔류농약은 경시적으로 계속하여 감소한다.
④ 농약의 작물잔류는 사용횟수와 제제형태에 따라서 다르다.

해설 농약의 1일 섭취 허용량(ADI)

농약을 일생동안 매일 섭취하여도 시험동물에 아무런 영향을 주지 않는 농약의 최대 약량(최대무작용약량, NOEL)을 구한 후 이 값에 안전계수를 곱하여 산정함

64 계면활성제 중 가용화 작용이 큰 HLB(Hydrophile－Lipophile Balance) 값으로 가장 옳은 것은?

① 1～3　② 4～7
③ 9～12　④ 15～18

해설 HLB(Hydrophile－LipophileBalance) 수치

친유성이 큰 1부터 친수성이 큰 40까지로, 값이 커질수록 물에 대한 용해도는 증가하여 가용화(물에 기름 분산) 작용이 큼

65 농약의 혼용 시 주의할 점으로 가장 거리가 먼 것은?

① 표준 희석배수를 준수하고 고농도로 희석하지 않는다.
② 동시에 2가지 이상의 약제를 섞지 않도록 한다.
③ 농약을 혼용하여 사용할 경우 안정화를 위해 1일 정도 정치한 후 사용한다.
④ 유제와 수화제의 혼용은 가급적 피하되, 부득이한 경우 액제 · 수용제, 수화제 · 액상 수화제, 유제의 순서로 물에 희석한다.

해설 농약의 혼용

유제와 수화제는 가급적 혼용을 피하고, 액제 · 수용제 → 수화제 · 액상 수화제 → 유제 순으로 진행함

66 농약의 안전살포방법으로 가장 적절한 것은?

① 바람을 등지고 살포
② 바람을 안고 살포
③ 바람의 도움으로 살포
④ 바람 방향을 무시하고 살포

해설 고독성 농약의 살포방법

- 반드시 바람을 등지고 살포해야 함
- 방독마스크, 안경, 고무장갑 등의 안전보호장구를 착용해야 함

67 유제(乳劑)에 대한 설명으로 옳지 않은 것은?

① 유제란 주제의 성질이 수용성인 것을 말한다.
② 살포액의 조제가 편리하나, 포장 · 수송 및 보관에 각별한 주의가 필요하다.
③ 유제에서 주제가 유기용매에 25% 이상 용해되는 것이 원칙이다.
④ 유제에서 계면활성제를 가하는 농도는 5～15% 정도이다.

해설 유제

- 물에 녹지 않는 주제(불용성인 주제)를 유기용매에 녹여 유화제(계면활성제)를 첨가한 용액
- 수용성 주제는 액제로 동결 방지제를 첨가하여 사용함

68 농약에 사용되는 계면활성제의 친유성기를 갖는 원자단은?

① －OH　② －COOR
③ －COOH　④ －CN

해설 계면활성제

물에 녹기 쉬운 친수성과 기름에 녹기 쉬운 친유성으로 구분되는 물질

친수성 원자단 (친수기)	• OH(수산화기) • COOH(카르복시기) • CN(시안화기) • $CONH_2$(아세트아미드기)
친유성 원자단 (친유기)	• C_nH_{2n+1}(알킬기) • C_6H_5(페닐기) • $C_{10}H_7$(나프틸기) • COOR(에스테르기)

69 Fenobucarb 살충제의 계통은?

① 카바메이트계　② 유기인계
③ 유기염소계　④ 트리아진계

해설 카바메이트(Carbamate)계 살충제

- 일반적으로 살충작용이 선택적이며 체내에서 빨리 분해되어 인축에 대한 독성이 낮은 안정한 화합물로서 아세틸콜린에스테라아제(AChE)의 활성 저해제

정답 63 ② 64 ④ 65 ③ 66 ① 67 ① 68 ② 69 ①

• 종류 : 카바릴(Carbaryl, NAC), 페노뷰카브(Fenobucarb, BPMC, BP), 아이소프로카브(Isoprocarb, MIPC), 카보퓨란(Carbofuran), 티오디카브(Thiodicarb, UCC), 메소밀(Methomyl), 퓨라티오카브(Furatiocarb) 등

70 50% 벤타존 액제(비중 1.2) 100mL로 0.1% 살포액으로 만드는 데 소요되는 물의 양(L)은?

① 49.9 ② 59.9
③ 69.9 ④ 79.9

해설 희석에 소요되는 물의 양(L)

$=원제의\ 용량\times\left(\frac{원액의\ 농도}{희석할\ 농도}-1\right)\times 원액의\ 비중$

$=100\times\left(\frac{50}{0.1}-1\right)\times 1.2$

$=100\times 599=59,900mL=59.9L$

71 황산암모니아와 설탕 등과 같은 증량제를 투입한 농약의 제형은?

① 유탁제 ② 수용제
③ 과립수화제 ④ 분산성액제

해설 수용제

• 수용성 원제를 수용성 증량제로 희석하여 입상의 고형으로 제조한 농약
• 물에 용해시켜 살포액을 만들면 완전히 녹아 투명한 액체가 됨

72 주로 접촉제 및 소화중독제로서 작용하며 벼의 이화명나방에 적용되는 유기인제는?

① DDVP ② Ethoprophos
③ Fenitrothion ④ Imidacloprid

해설 페니트로티온(Fenitrothion)

유기인계 살충제로, 접촉제 및 소화중독제로 작용함

73 다음 중 훈증제가 아닌 농약은?

① Methyl bromide ② Ethyl formate
③ Difenoconazole ④ Phosphine

해설 훈증제의 종류

메틸 브로마이드(Methyl bromide), 에틸 포메이트(Ethyl formate), 포스핀(Phosphine), 클로로피크린(Chioropirin), 알루미늄포스파이드(Aluminium phosphide)

74 90% BPMC 원제 1kg을 2% 분제로 제조하는 데 필요한 증량제의 양(kg)은?

① 44.0 ② 44.5
③ 44.9 ④ 45.0

해설 증량제의 양(kg)

$=원제의\ 중량\times\left(\frac{원분제의\ 농도}{원하는\ 농도}-1\right)$

$=1\times\left(\frac{90}{2}-1\right)=1\times 44=44kg$

75 농약제제화의 목적으로 가장 거리가 먼 것은?

① 사용자에 대한 편의성을 위하여
② 최적의 약효 발현과 최소의 약해 발생을 위하여
③ 소량의 유효성분을 넓은 지역에 균일하게 살포하기 위하여
④ 유통기간을 단축하여 유효성분의 안정성을 향상시키기 위하여

해설 농약제제화의 목적

• 농약의 원제를 직접 사용할 수 없으므로 적당한 보조제 첨가
• 살포 시 물에 타기 쉬운 형태의 제품을 만들어 판매(제제화)
• 농약제제의 사용 편리성, 유효성분의 효력증강, 약해 및 주성분의 효력 저하
• 약해의 최대한 억제하여 사용자로 하여금 안전성 확보
• 작업성 개선의 효과

76 농약의 일일섭취허용량에 대한 설명으로 가장 옳은 것은?

① 농약을 함유한 음식을 하루 섭취하여도 장해가 없는 양을 말한다.
② 농약을 함유한 음식을 1년간 섭취하여도 장해를 받지 않는 1일당 최대의 양을 말한다.
③ 농약을 함유한 음식을 10년간 섭취하여도 장해를 받지 않는 1일당 최대의 양을 말한다.
④ 농약을 함유한 음식을 일생 동안 섭취하여도 장해를 받지 않는 1일당 최대의 양을 말한다.

정답 70 ② 71 ② 72 ③ 73 ③ 74 ① 75 ④ 76 ④

해설 농약의 1일 섭취허용량(ADi)

mg(약량)/kg(체중)으로 나타내며 체중에 따라 섭취허용량은 달라짐

77 유기인계 살충제의 작용 특성이 아닌 것은?

① 살충력이 강하고 적용 해충의 범위가 넓다.
② 식물 및 동물의 체내에서 분해가 빠르고, 체내에 축적작용이 없다.
③ 약제 살포 후 광선이나 기타 요인에 의하여 빨리 소실되는 편이다.
④ 고온일 때 살충 효과가 나쁘고, 온도가 낮아지면서 효과가 증대된다.

해설 유기인계 살충제

- 살충제 중 종류가 가장 다양하며, 살충력과 인축에 대한 독성은 높으나 체내에서 빠르게 분해됨
- 고온일 때 살충효과가 높고, 저온이면 효과가 낮아짐

78 농작물 또는 기타 저장물에 해충이 모이는 것을 막기 위해 쓰이는 기피제(Repellent)로 옳은 것은?

① Chlorobenzilate ② Dimethyl phthalate
③ Dimethomorph ④ Methyl bromide

해설 기피제

- 화학물질에 의한 자극을 통해 해충이 모이지 않게 하는 성질로 음성 주화성을 이용한 약품
- 종류에는 디메틸 프탈레이트(Dimethyl phthalate), 디에틸 톨루아미드(Diethyl toluamide), 벤질 벤조에이트(Benzyl benzoate) 등이 있음

79 제초제의 일반 특성에 대한 설명으로 틀린 것은?

① Phenoxy계 제초제는 옥신작용을 갖고 있다.
② Azole계는 무기화합물 제초제이다.
③ Phenoxy계 제초제는 인축 및 어패류에 대한 독성이 낮다.
④ Dicamba 등 Benzoic acid계 제초제는 작물 체내에서 안정성이 높은 편이다.

해설 무기제초제

탄소를 함유하고 있지 않으며 염소산염류, 술파민산염류, 시안산소다 등이 해당됨

80 Dialkylamine계 살균제는?

① Nabam
② Maneb
③ Ferbam
④ Mancozeb

해설 디알킬아민(Dialkylamine)계 살균제

유기황제 살균제로 종류로는 지람(Ziram), 페르밤(Ferbam), 티람(Thiram) 등

05 잡초방제학

81 작물과 잡초 간의 경합에 대한 설명으로 옳은 것은?

① 잡초경합 한계기간이란 파종 직후부터 성숙 말기까지의 시기를 말한다.
② 잡초경합 한계기간에는 잡초에 의한 피해가 거의 없다.
③ 잡초허용 한계밀도란 잡초가 전혀 없는 상태를 말한다.
④ 방제는 잡초경합 한계기간에 중점적으로 실시해야 한다.

해설 잡초경합 한계기간

- 생육 초기에 있어 가장 민감한 시기이며, 잡초와의 경합에 의해 작물의 생육 및 수량이 크게 영향을 받는 기간을 의미함
- 작물의 전 생육기간의 첫 1/3~1/2기간 또는 첫 1/4~1/3기간이며, 철저한 방제가 요구되는 시기

82 가을에 발생하여 월동 후에 결실하는 잡초로만 올바르게 나열된 것은?

① 쑥, 비름, 명아주
② 깨풀, 민들레, 강아지풀
③ 별꽃, 둑새풀, 벼룩나물
④ 별꽃, 바랭이, 애기메꽃

해설 동계 일년생 잡초(월년생)

가을 · 초가을에 발생, 월동 후 다음 해 여름까지 결실 및 고사하는 것으로 종류로는 둑새풀, 냉이, 망초, 별꽃, 벼룩나물, 속속이풀 등

정답 77 ④ 78 ② 79 ② 80 ③ 81 ④ 82 ③

83 피의 형태적 특징으로 옳은 것은?

① 엽설(葉舌 : 잎혀)은 없고, 엽이(葉耳 : 잎귀)는 있다.
② 엽설(葉舌 : 잎혀)은 있고, 엽이(葉耳 : 잎귀)는 없다.
③ 엽설(葉舌 : 잎혀)과 엽이(葉耳 : 잎귀) 모두 있다.
④ 엽설(葉舌 : 잎혀)과 엽이(葉耳 : 잎귀) 모두 없다.

해설 피

화본과 일년생 논잡초로 잎에 잎혀(엽설)와 잎귀(엽이)가 없어 벼와 구별됨

84 방동사니과 잡초가 아닌 것은?

① 올방개
② 올미
③ 올챙이고랭이
④ 바람하늘지기

해설 방동사니과 잡초

논잡초	일년생	바늘골, 바람하늘지기, 알방동사니, 참방동사니
	다년생	너도방동사니, 매자기, 쇠털골, 올방개, 올챙이고랭이, 파대가리
밭잡초	일년생	바람하늘지기, 참방동사니, 파대가리

85 다음 잡초 중 종자의 천립중이 가장 가벼운 것은?

① 별꽃 ② 명아주
③ 메귀리 ④ 강아지풀

해설 잡초 종자의 무게

명아주 < 냉이 < 바랭이 < 말냉이 < 강아지풀 < 선홍초 < 단풍잎돼지풀 < 메귀리 순으로 무거움

86 다음 다년생 논잡초 중 영양번식기관의 발생분포 심도가 표토로부터 가장 깊은 종은?

① 올미 ② 너도방동사니
③ 벗풀 ④ 올방개

해설

영양번식기관의 발생분포 심도가 가장 깊은 것은 올방개로 10~25cm 정도 됨

87 잡초에 대한 작물의 경합력을 높이는 방법은?

① 이식재배를 한다. ② 직파재배를 한다.
③ 만생종을 재배한다. ④ 재식밀도를 낮춘다.

해설

작물의 경합력을 높이기 위해서는 이식재배 및 손이앙이 효과적임

88 식물체 내에서 일어나는 주된 제초제 분해반응에 해당하지 않는 것은?

① 인산화 반응(Phosphorylation)
② 히드록시 반응(Hydroxylation)
③ 탈카르복시 반응(Decarboxylation)
④ 탈알킬 반응(Dealkylation)

해설 식물체 내에서 제초제의 주된 분해반응

산화, 환원, 가수분해, 결합 반응과 그 외에 탈카르복시 반응, 탈알킬 반응, 히드록시 반응, 탈염수 반응 등이 있음

89 잡초의 생장형에 따른 분류로 옳은 것은?

① 총생형 – 메꽃, 환삼덩굴
② 만경형 – 민들레, 질경이
③ 로제트형 – 억새, 둑새풀
④ 직립형 – 명아주, 가막사리

해설 생장형에 따른 잡초의 분류

직립형	명아주, 가막사리, 쑥부쟁이
포복형	메꽃, 쇠비름, 선피막이
총생형	억새, 둑새풀
분지형	광대나물, 애기땅빈대, 석류풀, 사마귀풀
로제트형	민들레, 질경이
만경형	거지덩굴, 환삼덩굴, 메꽃

90 제초제의 토양 중 지속성은 반감기(Half life)로 나타낸다. 이때 반감기란?(단, 전 기간을 통하여 동일한 기울기를 갖는 1차 반응식을 전제로 함)

① 처리한 제초제의 1/2이 소실되는 데 요하는 시간
② 처리한 제초제의 1/5이 소실되는 데 요하는 시간
③ 식물체의 1/2을 고사시키는 데 필요한 시간
④ 식물체의 1/5을 고사시키는 데 필요한 시간

정답 83 ④ 84 ② 85 ② 86 ④ 87 ① 88 ① 89 ④ 90 ①

해설 반감기

토양에 처리한 농약 중 절반이 분해되는 데 소요되는 시간, 즉 처리한 제초제의 1/2이 소실되는 데 요하는 시간을 의미함

91 논에서 잡초의 군락천이를 유발시키는 데 가장 큰 영향을 주는 것은?

① 장간종 품종 재배
② 동일 작물로만 재배
③ 동일한 제초제의 연속 사용
④ 지속적인 화학비료 사용

해설 잡초군락의 천이

- 재배작물의 변화
- 경종조건의 변화
- 제초방법의 변화
- 동일 제초제의 연용
- 제초시기 및 방법에 영향을 받음

92 암(暗)발아성 종자인 잡초는?

① 냉이 ② 바랭이
③ 소리쟁이 ④ 쇠비름

해설 암(暗)발아성 종자의 잡초(단일조건 발아)

별꽃, 냉이, 광대나물, 독말풀 등

93 작물이 잡초로부터 받는 피해경로를 직접적 또는 간접적 피해경로로 구분할 때 다음 중 간접적 피해경로에 해당하는 것은?

① 경합 ② 기생
③ 상호대립억제작용 ④ 병해충 매개

해설 직접적 피해경로

경합, 기생, 상호대립억제작용

94 잡초 종자에 돌기를 갖고 있어 사람이나 동물에 부착하여 운반되기 쉬운 것은?

① 여뀌 ② 민들레
③ 소리쟁이 ④ 도꼬마리

해설 갈고리 모양 돌기 등으로 인축에 부착하는 형태의 잡초

도깨비바늘, 도꼬마리, 메귀리 등

95 상호대립억제작용(Allelopathy)에 대한 설명으로 옳은 것은?

① 식물체 분비물질에 의한 상호작용
② 식물체 간의 빛에 대한 경합작용
③ 식물체 상호 간의 생육에 대한 상가작용
④ 영양소에 대한 식물체 상호 간의 경합작용

해설 상호대립억제작용(타감작용)

식물체 내의 특정 물질이 분비되어 주변 식물의 발아나 생육을 억제하는 작용

96 쌍자엽 잡초와 단자엽 잡초 간의 차이로 가장 옳은 것은?

① 쌍자엽은 엽맥이 평행맥이고 단자엽은 망상맥이다.
② 쌍자엽은 생장점이 식물체 위쪽에 위치하고 단자엽은 하단에 위치한다.
③ 쌍자엽은 배유가 있으나 단자엽은 배유가 없다.
④ 화본과 잡초는 쌍자엽 식물에 속하고 광엽잡초는 단자엽 식물에 속한다.

해설 쌍자엽 잡초와 단자엽 잡초의 특징

구분	쌍떡잎 식물	외떡잎 식물
자엽 수	2개	1개
줄기 유관속	개방 유관속	산재유관속의 관상줄기
잎맥	망상맥(그물맥)	평행맥(나란히맥)
뿌리	직근계	섬유근계의 관근
생장점 위치	식물체의 위쪽	줄기 하단의 절간 부위

97 전체 생육기간이 100일인 작물에서 이론적으로 작물이 잡초 경합에 의해 가장 심하게 피해를 받는 시기는?

① 파종 직후부터 5일 이내
② 파종 후 20~30일 사이
③ 파종 후 50~60일 사이
④ 파종 후 70일 이후

해설 잡초경합 한계기간

작물 전 생육기간의 첫 1/3~1/2 혹은 첫 1/4~1/3기간

정답 91 ③ 92 ① 93 ④ 94 ④ 95 ① 96 ② 97 ②

98 **잡초가 작물보다 경쟁에서 유리한 이유로 옳지 않은 것은?**

① 번식능력이 우수하다.

② 다량의 종자를 생산한다.

③ 휴면성이 결여되어 있다.

④ 불량한 환경조건에 적응력이 높다.

해설 휴면

- 식물이 일시적으로 생장을 멈추는 생리현상
- 불량한 환경 조건에서는 휴면을 통해 상황을 회피함

99 **뿌리가 토양에 고정되어 있지 않고 물 위에 떠다니는 부유성 잡초에 해당하는 것은?**

① 가래 ② 네가래

③ 생이가래 ④ 가는가래

해설 부유성 잡초의 종류

- 물에 뜨는 잡초로 수생잡초
- 생이가래, 개구리밥, 좀개구리밥, 부레옥잠 등

100 **잡초에 의한 피해로 가장 거리가 먼 것은?**

① 작업환경 악화

② 토양의 침식 발생

③ 병해충 서식처 제공

④ 작물과의 경합으로 인한 작물 생육 저하

해설

② 토양의 침식 발생은 잡초에 의한 피해와 관계가 없음

정답 98 ③ 99 ③ 100 ②

2021년 기사 4회

01 식물병리학

01 십자화과 작물에 발생하는 배추 · 무 사마귀병에 대한 설명으로 옳지 않은 것은?

① 알칼리성 토양에서 발병이 잘 된다.
② 배수가 불량한 토양에서 발생이 많다.
③ 순활물기생균으로 인공배양이 되지 않는다.
④ 유주자가 뿌리털 속을 침입하여 변형체가 된다.

해설 배추 · 무 사마귀병(뿌리혹병)

- 유사균(점균류)으로 뿌리에 크고 작은 혹이 생기면서 지상부가 말라 죽는 병
- 비교적 토양이 다습하고, 산성 토양(pH 5.0 이하)일 경우 잘 번식
- 혹으로 인해 양분과 수분의 흡수가 부족해지고 시드는 일이 반복되다 말라 죽음

02 벼 도열병에 대한 설명으로 옳지 않은 것은?

① 종자 소독으로는 방제 효과가 매우 적다.
② 담녹갈색의 짧은 다이아몬드형 병무늬를 형성한다.
③ 잎, 잎자루, 잎혀, 마디, 이삭목, 이삭가지, 볍씨 등에 발생한다.
④ 볍씨의 발아 직후부터 발생하여 출수 후 성숙기까지 계속 발생한다.

해설 벼 도열병의 방제법

- 병이 상습 발생 시 레이스 비특이적 저항성 품종을 사용
- 질소질 비료의 과용 제한
- 규소(규산질) 비료를 시비하여 종자 소독
- 병든 볏짚 제거

03 다음 설명에 해당하는 병은?

> • 오이 잎에 발생하는 병해로 수침상의 점무늬가 다각형의 담갈색 무늬로 발전한다.
> • 습기가 많으면 병든 부위의 뒷면에 서리 또는 가루 모양의 곰팡이가 생긴다.

① 오이 노균병　② 오이 흰가루병
③ 오이 덩굴마름병　④ 오이 잿빛곰팡이병

해설 오이 노균병

- 병원 : 유사균(난균류)
- 기주 : 오이, 참외, 호박, 수박 등의 박과 작물
- 병환 및 발생환경
  - 분생자병 위에 담갈색의 분생포자 생성
  - 발아할 때 유주자(유주포자) 형성
  - 분생포자가 발아하여 유주자로 기공 침입
  - 유주자는 빗물이나 관계수에 의해 이동(습한 장마철, 저온다습 환경)

04 파이토플라스마에 대한 설명으로 옳지 않은 것은?

① 세포벽이 없다.
② 인공배지에서 생장하지 않는다.
③ 매개충에 의하여 전파되지 않는다.
④ 테트라사이클린에 대하여 감수성이다.

해설 파이토플라스마

- 세포벽이 없으며 일정치 않은 여러 형태의 원형질막으로 싸여 있는 원핵생물로 인공배양은 안됨
- 식물의 체관부를 흡즙하는 곤충류에 의해 매개가 되며 방제가 많이 어려우나 (옥시)테트라사이클린계의 항생물질로 치료가 가능함

05 병원균이 기주교대를 하는 이종기생균은?

① 배나무 불마름병　② 사과나무 흰가루병
③ 배나무 붉은별무늬병　④ 사과나무 검은별무늬병

해설 배나무 붉은별무늬병

- 포자의 형태를 바꾸면서 기주교대를 하며, 중간기주는 향나무
- 겨울포자, 소생자, 녹병포자, 녹포자 형성(여름포자 없음)

06 다음 중 벼에서는 가장 잘 발생하지 않는 병은?

① 오갈병　② 녹병
③ 도열병　④ 잎집무늬마름병

정답 01 ① 02 ① 03 ① 04 ③ 05 ③ 06 ②

해설 **벼에 발생하는 병**

벼 도열병, 벼 잎집무늬마름병, 벼 흰잎마름병, 벼 줄무늬마름병, 벼 깨씨무늬병, 벼 키다리병, 벼 모썩음병, 벼 오갈병, 벼 검은 줄무늬오갈병, 벼 세균성 알마름병, 벼 이삭누룩병, 벼 모잘록병 등

07 식물병을 일으키는 곰팡이 중에서 균사에 격막이 없는 병원균으로만 올바르게 나열된 것은?

① 난균, 자낭균　② 난균, 접합균
③ 담자균, 자낭균　④ 담자균, 접합균

해설 **난균류**

- 균사가 잘 발달하여 분지가 많음
- 격막이 없고, 1개의 긴 세포 형성(그 속엔 다수의 핵이 존재함)

접합균류

- 하등 균류로 불림
- 격막이 없이 다핵 균사체가 발달

08 마름무늬매미충(모무늬매미충)에 의해 전반되지 않는 병은?

① 뽕나무 오갈병　② 벚나무 빗자루병
③ 붉나무 빗자루병　④ 대추나무 빗자루병

해설 **벚나무 빗자루병**

- 진균(자낭균류)에 의한 수병
- 병원균은 균사의 형태로 병든 가지에 월동 후 다음해 봄 포자를 형성하여 전염시킴

09 붕소가 부족하여 사과나무에서 발생하는 병은?

① 탄저병　② 축과병
③ 부란병　④ 점무늬낙엽병

해설 **붕소 결핍 시 발생하는 병**

무 · 배추 속썩음병, 사과나무 축과병, 갈색속썩음병

10 벼 줄무늬잎마름병을 방제하는 방법으로 가장 효과가 작은 것은?

① 살균제 살포　② 애멸구 제거
③ 저항성 품종 재배　④ 논두렁 잡초 제거

해설 **벼 줄무늬잎마름병의 방제법**

발병 후에는 치료방법이 없으므로 예방이 중요하며, 논두렁의 잡초 소각(월동 애멸구 구제), 애멸구 발생량에 따라 이앙 시기 조절, 저항성 품종 재배, 질소질 비료 과용 금지, 균형시비, 애멸구 발생 시 구제를 위한 살충제 사용(화학적 방제) 등을 진행함

11 병원균이 담자기와 담자 포자를 형성하는 것은?

① 감자 역병　② 벼 깨씨무늬병
③ 배추 무사마귀병　④ 보리 겉깜부기병

해설 **보리 겉깜부기병**

진균(담자균류)에 해당되며 원형의 후각포자가바람에 의해 보리 · 밀 꽃의 암술 머리에 닿아 발아하여 전균사 형성(꽃 침입) → 전균사가 씨방에 도달하여 균사로 월동(종자 월동, 종자 감염) → 감염종자를 심어 발아하면 깜부기병 발생

12 다음 중 곰팡이(Fungi)의 특징이 아닌 것은?

① 포자를 갖는다.　② 균사를 갖는다.
③ 핵을 갖는다.　④ 엽록소를 갖는다.

해설 **곰팡이(균류)**

- 진균, 유사균을 포함
- 엽록소가 없으므로 무기물을 합성할 수 없음

13 식물병원 세균 중 육즙한천배양기상에서 황색 균총을 형성하는 것은?

① *Pseudomonas*　② *Xanthomonas*
③ *Agrobacterium*　④ *Pectobacterium*

해설 **크산토모나스 오리재(*Xanthomonas oryzae*)**

단극모를 가진 그람음성세균(간균)으로 황색의 원형 콜로니 형성

14 하우스 재배하는 채소에서 과습과 저온에 많이 발생하는 병은?

① 고추 탄저병　② 오이 덩굴쪼김병
③ 토마토 풋마름병　④ 딸기 잿빛곰팡이병

해설 **딸기 잿빛곰팡이병(진균, 불완전균류)**

저온다습한 조건(15~20℃)에서 다발생하며 시설(시설재배지) 내에서는 연중 발생함

정답 07 ② 08 ② 09 ② 10 ① 11 ④ 12 ④ 13 ② 14 ④

15 다음 중 크기가 가장 작은 식물 병원체는?

① 진균　　② 세균
③ 바이러스　　④ 바이로이드

해설 식물 병원체의 크기
바이로이드 < 바이러스 < 세균 < 진균 순

16 병원균이 불완전세대로 *Pyicularia grisea*(*P. oryzae*)인 식물병은?

① 벼 도열병　　② 벼 흰잎마름병
③ 맥류 줄기녹병　　④ 맥류 흰가루병

해설 벼 도열병
- 병원은 *Pyicularia oryzae*로 진균(불완전균류)에 속함
- 짚이나 병든 볍씨에 균사나 분생포자 형태로 월동

17 1차 전염원에 대한 설명으로 가장 옳은 것은?

① 가벼운 증상을 일으키는 전염원
② 병반으로부터 가장 먼저 분리되는 전염원
③ 월동한 병원체로부터 새로운 생육기에 들어 가장 먼저 만들어진 전염원
④ 작물 재배를 시작한 첫 해에 나오는 전염원

해설 1차 전염원
- 제1차 감염을 일으킨 오염된 토양, 병든 식물의 잔재에서 월동
- 균핵, 난포자 형태로 식물의 조직 속에서 휴면 후 다음해 봄에 식물에 옮겨가며 감염시킴

18 오이류 덩굴쪼김병의 방제법으로 가장 효과가 낮은 것은?

① 종자를 소독한다.
② 저항성 품종을 재배한다.
③ 잎 표면에 약제를 집중적으로 살포한다.
④ 호박이나 박을 대목으로 접목하여 재배한다.

해설 오이류 덩굴쪼김병
줄기나 뿌리에 발생하며 발생 초기에는 낮에는 시들고 밤에 회복되다 지제부(땅가부분)이 말라죽으며 갈색으로 변해 전체적으로 시들어 고사함

19 벼 키다리병의 병징 형성 원인으로 병원균이 분비하는 주요 호르몬은?

① 옥신　　② 에틸렌
③ 지베렐린　　④ 사이토키닌

해설 벼 키다리병
병원균이 분비하는 지베렐린(*Gibberellin*)의 작용에 의해 키다리 증상(도장)이 나타남

20 다음 중 감자 Y 바이러스의 주요 매개충은?

① 복숭아 혹진딧물　　② 번개매미충
③ 끝동매미충　　④ 응애

해설 감자 잎마름병
복숭아혹진딧물과 감자수염진딧물에 의해 전염되며 즙액전염은 되지 않음

02 농림해충학

21 누에의 성장단계에서 어미가 생성하는 휴면호르몬이 직접적으로 관여하는 휴면단계는?

① 알 휴면　　② 유충 휴면
③ 성충 휴면　　④ 번데기 휴면

해설 누에 휴면 호르몬
내분비 기관(호르몬 분비선) 중 신경분비세포에 의해 누에의 휴면호르몬이 분비되는데 이는 알의 휴면 결정에 직접 관여함

22 앞날개가 경화되어 있는 곤충은?

① 벼메뚜기　　② 검정송장벌레
③ 땅강아지　　④ 썩덩나무노린재

해설 딱정벌레목
- 앞날개는 변형되어 경화된 딱지날개(시초)를 갖고 있음
- 종류로는 딱정벌레, 풍뎅이, 나무좀, 바구미, 하늘소, 잎벌레, 무당벌레, 검은송장벌레 등이 있음

정답 15 ④ 16 ① 17 ③ 18 ③ 19 ③ 20 ① 21 ① 22 ②

23 **윤작과 혼작을 통하여 방제 효과를 높일 수 있는 해충의 특성은?**

① 기주범위가 넓고 이동성이 높은 해충
② 기주범위가 넓고 이동성이 낮은 해충
③ 기주범위가 좁고 이동성이 낮은 해충
④ 기주범위가 좁고 이동성이 높은 해충

해설 **윤작과 혼작**

기주범위가 좁고 이동성이 낮은 해충은 윤작과 혼작을 통하여 방제 효과를 높일 수 있음

24 **곤충의 유충 발육 단계에서 다음 령기의 유충으로 탈피하는 경우는?**

구분	탈피호르몬	유약호르몬
㉠	고	고
㉡	고	저
㉢	저	고
㉣	저	저

① ㉠ ② ㉡
③ ㉢ ④ ㉣

해설 **유약호르몬(유충호르몬)**

번데기 촉진에 관여하는 탈피호르몬은 증가시키고, 탈피를 억제하는 기능을 하는 유약호르몬은 감소시켜야 유충으로 탈피를 진행하게 됨

25 **내충성의 범주에 포함되지 않는 것은?**

① 감수성 ② 항객성
③ 항생성 ④ 내성

해설 **내충성의 범주**

비선호성(항객성)	습성에 영향을 받아 덜 모이는 성질
항충성(항생성)	해충의 생장이나 생존에 불리한 영향을 미치는 성질
내성	같은 정도의 해충밀도하에서도 작물이 활력이나 수량에 영향을 받지 않는 성질

26 **살충제 처리 후 무처리구의 생충률이 90%이고, 처리구의 생충률이 22.5%일 경우 처리구의 보정 사충률은?**

① 75% ② 70%
③ 65% ④ 60%

해설 **처리구의 보정 사충률**

$$= \frac{\text{무처리구의 생충률} - \text{처리구의 생충률} \times 100}{\text{무처리구의 생충률}}$$

$$= \left(\frac{90 - 22.5}{90}\right) \times 100$$

$$= 75\%$$

27 **해충 방제에 사용되는 천적의 특성에 대한 설명으로 가장 거리가 먼 것은?**

① 포식범위가 넓은 것 ② 분산력이 강한 것
③ 포식성이 높은 것 ④ 번식력이 왕성한 것

해설 **천적의 구비조건**

- 포식범위가 좁을 것
- 분산력이 강할 것
- 포식성이 높을 것
- 번식력이 왕성할 것

28 **사과잎말이나방에 대한 설명으로 옳지 않은 것은?**

① 1년에 1회 발생한다.
② 유충으로 월동한다.
③ 유충의 머리는 녹색을 띤 황갈색이다.
④ 유충의 홑눈은 3개이다.

해설 **사과잎말이나방**

- 1년에 3회 발생함
- 어린 유충의 형태로 오래된 잎 또는 껍질에 월동

29 **다음 해충 중 기주 범위가 가장 좁은 것은?**

① 벼멸구 ② 흰등멸구
③ 애멸구 ④ 끝동매미충

해설 **벼멸구**

기주는 벼이며, 6~7월에 중국 남부지역에서 남서풍을 타고 분포하는 비래(돌발해충)해충의 한 종류

30 **다음 중 토양해충인 것은?**

① 솔장벌레 ② 바퀴
③ 땅노린재 ④ 땅강아지

해설 **땅강아지**

토양해충으로 앞다리가 짧고 튼튼하여 흙을 헤치며 다닐 수 있으며, 성충과 약충이 지표 밑 작물 지하부를 가해하는 특징이 있음

정답 23 ③ 24 ② 25 ① 26 ① 27 ① 28 ① 29 ① 30 ④

31 자연생태계와 비교할 때 농생태계의 특징은?

① 영양단계의 상호관계가 간단하다.
② 영양물질 순환이 폐쇄적이다.
③ 종의 다양성이 높다.
④ 유전자 다양성이 높다.

해설 농생태계
- 영속성이 없음
- 자연환경 및 병해충에 대한 식물의 저항성이 약함
- 영양단계의 상호관계가 자연생태계보다 간단함

32 곤충의 성비(Sex ratio)에 대한 공식으로 옳은 것은?

① 수컷의 수 / 암컷의 수
② 암컷의 수 / 수컷의 수
③ 암컷의 수 / (암컷의 수+수컷의 수)
④ 수컷의 수 / (암컷의 수+수컷의 수)

해설 곤충의 성비(Sex ratio)
전 개체수에 대한 암컷의 비율을 의미함

33 페로몬의 역할이 아닌 것은?

① 상대 성의 개체를 유인한다.
② 음식의 위치를 알려준다.
③ 다른 곤충 간의 통신으로 냄새나 독성을 이용하여 자신을 보호한다.
④ 사회생활을 하거나 집단을 이루는 곤충류에서 천적의 침입 등 위험을 알려준다.

해설 페로몬의 종류
- 성페로몬 : 같은 곤충종 간에 상대 성의 개체를 유인하기 위해 분비
- 집합페로몬 : 같은 종의 다른 개체를 불러 모으기 위해 분비
- 경보페로몬 : 곤충의 위험을 알리기 위해 분비(휘발성, 강하고 빠름)
- 길잡이페로몬 : 길 표시로 분비(지속적 효과)
- 분산페로몬 : 과밀현상을 막기 위해 분비(다리 감각기에 접촉 감지)
- 계급페로몬 : 사회성 곤충이 각 계급질서 유지를 위해 분비

34 곤충의 혈림프를 구성하는 혈구의 기능이 아닌 것은?

① 수분 보존　② 식균작용
③ 피낭 형성　④ 응고작용

해설 곤충의 혈액(혈구의 기능)
식균작용, 피낭 형성, 응고작용, 양분 저장 및 배포 등

35 특정 지역의 해충 밀도를 추정하고자 할 때 비교적 많은 표본 수가 요구되는 해당 해충의 분포양식은?

① 포아송분포　② 균일분포
③ 임의분포　④ 집중분포

해설 집중분포
개체 분포 유형은 균일분포, 임의분포, 집중분포로 나누어지며, 특정 지역의 밀도를 추정할 때는 집중분포가 기준이 됨

36 우리나라에서 발생하는 해충 중 외래종이 아닌 것은?

① 섬서구메뚜기　② 꽃매미
③ 갈색날개매미충　④ 열대거세미나방

해설 중국 비래해충
멸강나방, 혹명나방, 애멸구, 벼멸구, 흰등멸구, 꽃매미가 있으며 이 중 우리나라에서 월동을 하는 해충으로는 애멸구, 멸강나방, 꽃매미 등이 있음

37 살충제가 곤충의 체내로 침투하는 주요 경로가 아닌 것은?

① 경구　② 경피
③ 기문　④ 돌기

해설 살충제
- 작용점 : 곤충 조직 내 피부, 원형질, 호흡계, 신경계
- 침입경로 : 경피, 경구, 경기문

38 종합적 해충방제에서 방제를 실시해야 되는 해충의 밀도 수준은?

① 경제적 소득수준　② 경제적 피해허용수준
③ 물리적 피해수준　④ 해충 밀도수준

해설 경제적 피해 허용수준
종합적 해충방제에서 방제는 직접 방제수단을 써야 하는 밀도 수준인 경제적 피해허용수준에서 진행되어야 함

정답 31 ① 32 ③ 33 ③ 34 ① 35 ④ 36 ① 37 ④ 38 ②

39 **수입식물 검역 과정에서 금지병해충이 발견되었을 경우 취하는 조치로 맞는 것은?**

① 소독 ② 폐기 또는 반송 조치
③ 시료 분석 ④ 전문가 회의

해설 금지병해충
- 국내 유입될 경우 폐기 또는 반송 조치함
- 병해충이 붙어 있는 식물의 수입은 금지
- 병해충위험분석을 통해 결과가 위험하다고 인정되면 검역본부장이 정해 고시함

40 **복숭아심식나방의 발생예찰에 이용되는 페로몬은?**

① 성페로몬 ② 분산페로몬
③ 길잡이페로몬 ④ 경보페로몬

해설 성페로몬 트랩
같은 곤충종 간에 상대 성의 개체를 유인하기 위해 몸 외부로부터 분비하는 일종의 화학물질을 이용한 것으로, 해충의 방제 적기를 파악하는 데 매우 유용하게 활용됨

03 재배원론

41 **다음 중 작물 생육 필수원소에서 다량으로 소요되는 원소가 아닌 것은?**

① 칼슘 ② 칼륨
③ 질소 ④ 니켈

해설 다량원소(9종)
- 작물 생육기간 중 다량으로 필요한 원소
- 종류 : 탄소(C), 수소(H), 산소(O), 질소(N), 황(S), 칼륨(K), 인(P), 칼슘(Ca), 마그네슘(Mg)

42 **토양 구조에 대한 설명으로 옳지 않은 것은?**

① 단립(單粒)구조는 토양 통기와 투수성이 불량하다.
② 입단(粒團)구조는 유기물과 석회가 많은 표층토에서 많이 보인다.
③ 이상(泥狀)구조는 과습한 식질 토양에서 많이 보인다.
④ 단립(單粒)구조는 대공극이 많고 소공극이 적다.

해설 단립(單粒)구조
토양 입자가 하나하나 떨어져 있는 것으로 수분이나 비료의 보유력은 작지만, 통기성과 투수성은 높음

43 **다음 중 질소질 비료가 아닌 것은?**

① 요소 ② 유안
③ 질산암모늄 ④ 용성인비

해설 질소질 비료
요소, 질산암모늄(초안), 황산암모늄(유안)

44 **식물의 진화와 관련한 작물의 특징에 대한 설명으로 옳지 않은 것은?**

① 발아억제물질이 감소하거나 소실되는 방향으로 발달되었다.
② 분얼이나 분지가 일정 기간 내에 일시에 발생하는 방향으로 발달하였다.
③ 개화기는 일시에 집중하는 방향으로 발달하였다.
④ 탈립성이 큰 방향으로 발달하였다.

해설
④ 재배종(작물)은 탈립성은 작고, 크기가 커지는(대립종자) 쪽으로 진화함

45 **다음 논의 용수량(Q) 계산식에서 A에 해당하는 것은?**

Q=(엽면증산량+수면증발량+지하침투량)−A

① 강수량 ② 강우량
③ 유효우량 ④ 흡수량

해설 논에 관개할 물의 양
논의 용수량=(엽면증산량+수면증발량+지하침투량)−유효우량

46 **신품종이 기본적으로 구비해야 하는 특성으로 옳지 않은 것은?**

① 균일성 ② 변이성
③ 구별성 ④ 안정성

해설 신품종의 구비조건
균일성, 우수성(구별성), 영속성(안정성), 신규성

정답 39 ② 40 ① 41 ④ 42 ① 43 ④ 44 ④ 45 ③ 46 ②

47 강산성 토양에서 가급도가 감소하여 작물 생육에 부족하기 쉬운 원소가 아닌 것은?

① 마그네슘 ② 칼슘
③ 망간 ④ 인

해설 산성 토양
유효도가 낮아져 필수원소의 결핍을 가져오는데 인, 칼슘, 마그네슘, 몰리브덴, 붕소 등이 해당됨

48 벼 생육기간 중 냉해에 가장 약한 시기는?

① 감수분열기 ② 등숙기
③ 분얼기 ④ 유묘기

해설
생식세포 감수분열기에 냉온이 발생하면 화분이나 배낭 등 생식기관이 정상적으로 형성되지 못함

49 다음 중 연작의 피해가 가장 작은 작물로만 나열된 것은?

① 고추, 강낭콩, 수박 ② 고구마, 완두, 토마토
③ 수수, 감자, 가지 ④ 벼, 담배, 옥수수

해설 연작의 피해가 작은 작물
벼, 맥류, 옥수수, 조, 수수, 고구마, 삼, 담배, 무, 양파, 당근, 호박, 아스파라거스 등

50 순3포식 농법에 대한 설명으로 옳은 것은?

① 포장을 3등분하여 경지의 2/3는 춘파곡물이나 추파곡물을 재식하고 나머지 1/3은 휴한하는 방법이다.
② 포장을 3등분하여 2/3는 곡물을 재배하고 나머지 지역에는 콩과 녹비작물을 재배하는 방법이다.
③ 식량과 가축의 사료를 생산하면서 지력을 유지하고 중경효과까지 얻기 위하여 적합한 작물을 조합하는 방법이다.
④ 미국의 옥수수지대에서 실시하는 윤작방식으로 옥수수, 콩, 귀리, 클로버를 조합하여 경작하는 방법이다.

해설 윤작 중 순3포식
포장을 3등분하여 1/3은 여름작물, 1/3은 겨울작물을 재배하고, 나머지 1/3은 휴한하는 방법

51 다음 중 과수의 핵과류에 해당하지 않는 것은?

① 복숭아 ② 자두
③ 사과 ④ 살구

해설 핵과류
- 부드러운 과육 속에 단단한 핵으로 싸인 씨가 들어 있는 열매
- 종류 : 복숭아, 자두, 살구, 앵두, 양앵두

52 발아 최저온도가 가장 낮은 작물은?

① 콩 ② 옥수수
③ 귀리 ④ 호박

해설 저온에서 발아하는 종자
귀리, 호밀, 시금치, 상추, 셀러리, 부추 등

53 토양이나 수질오염을 통하여 인체에 중금속 중독을 초래하며 이타이이타이병의 원인이 되는 것은?

① 카드뮴 ② 규소
③ 망간 ④ 몰리브덴

해설 카드뮴
- 세계보건기구(WHO) 산하 국제암연구소에서 인체발암확인물질(그룹 1)로 분류되어 있음
- 체내로 흡수는 빠르나 쉽게 배설되지 않아 체내에 축척되어 병을 일으킴
- 중독되면 신장에 문제가 발생 뼈가 물러져 이타이이타이병이 나타남

54 다음 중 작물이 주로 이용하는 토양수분은?

① 모관수 ② 결합수
③ 중력수 ④ 흡착수

해설 모관수
- pF 2.5~4.5로 작물이 주로 이용하는 유효수분
- 물분자의 응집력에 의해 유지되는 수분
- 대부분 작물이 활용하는 유효한 수분

55 서로 도움이 되는 특성을 지닌 두 가지 작물을 같이 재배할 경우 이 두 작물을 일컫는 가장 적절한 용어는?

① 대파작물 ② 앞작물
③ 동반작물 ④ 구황작물

정답 47 ③ 48 ① 49 ④ 50 ① 51 ③ 52 ③ 53 ① 54 ① 55 ③

해설 동반작물

함께 재배하였을 때 생육을 촉진하거나 병해충 및 잡초의 피해를 경감하는 등 서로 도와주는 두 가지 작물

56 다음 중 벼의 수해를 크게 하는 조건으로 가장 알맞은 것은?

① 저수온, 청수, 유수
② 저수온, 탁수, 정체수
③ 고수온, 청수, 유수
④ 고수온, 탁수, 정체수

해설 관수해 피해가 심한 조건

- 흙탕물(탁수)은 맑은 물(청수)보다 피해가 심함
- 머물러 있는 물(정체수)은 흐르는 물(유수)보다 피해가 심함
- 수온이 높고 물속의 산소도가 적으면 피해가 심함

57 다음 중 요수량이 가장 적은 작물은?

① 호박 ② 알팔파
③ 옥수수 ④ 완두

해설 요수량이 적은 작물

- 건물 1g을 생산하는 데 소비된 수분량
- 종류 : 수수, 기장, 옥수수

58 침관수 피해에 대한 대책으로 옳지 않은 것은?

① 퇴수 후 새로운 물을 갈아 댄다.
② 김을 매어 지중 통기를 좋게 한다.
③ 침수 후에는 병충해의 발생이 줄어들기 때문에 방제가 필요 없다.
④ 피해가 심할 때에는 추파, 보식 등을 한다.

해설

③ 침수 후 병해충은 더욱 증가하므로 방제가 필요함

59 다음 중 작물 재배 시 부족하면 수정 · 결실이 나빠지는 미량원소는?

① Mg ② B
③ S ④ Ca

해설 붕소(B)

이동성이 낮으며 결핍 시 셀러리의 줄기쪼김병, 사탕무의 근부썩음병(속썩음병), 담배의 끝마름병 등의 증상이 나타남

60 다음 중 C_4 작물은?

① 벼 ② 옥수수
③ 밀 ④ 보리

해설 C_4 작물

- C_4 작물은 광합성에 의해 전분의 합성량이 많아 C_3 식물보다 잘 자람
- 대표적인 C_4 작물에는 옥수수, 사탕수수, 수수, 기장, 명아주 등이 있음

04 농약학

61 약효지속시간이 길어야 하는 보호살균제의 특성을 고려하였을 때, 보호살균제 살포액의 가장 중요한 물리적 특성은?

① 습윤성과 확전성
② 부착성과 고착성
③ 현수성과 유화성
④ 침투성과 입자의 크기

해설 보호살균제

- 병균의 포자가 엽경에 침입하기 전 예방차원에서 활용하는 약제
- 살균제로서 작물체 표면에 부착성과 고착성이 우수함

62 수화제(WP : Wettable Powder)에 주로 사용되는 증량제는?

① Toluene ② Sulfamate
③ Bentonite ④ Methanol

해설 벤토나이트(Bentonite)

- 비교적 무거운 점토형 광물로 물을 비롯해 액체 및 가스체를 흡착하는 기능이 있음
- 유화성, 점착성, 습윤성을 갖추고 있음
- 유류의 유화제 또는 수화제등의 증량제로 활용됨
- 흡유는 천연의 증량제 중 가장 높음

정답 56 ④ 57 ③ 58 ③ 59 ② 60 ② 61 ② 62 ③

63 **농약의 독성과 관련된 설명 중 옳지 않은 것은?**

① 농약은 유해한 생물에만 유효하고 그 밖의 생물에는 무독해야 한다.
② 병, 해충의 내성으로 인한 약효 저하로 고독성 농약 등록이 늘어가고 있다.
③ 독성이 약한 농약도 체내에 다량 섭취되면 독작용을 나타낸다.
④ 농약의 독성 강도에 따라 적절한 주의를 기울여 피해를 최소화해야 한다.

해설

② 농약의 잔류성 및 환경 생물에 끼치는 영향이 크므로 고독성 농약의 생산은 줄고 있음

64 **비교적 지효성이고 화학적인 안정성이 크며 약효기간이 긴 특성을 가지고 있는 유기인계 살충제는?**

① Phosphate형
② Thiphosphate형
③ Dithiophosphate형
④ Phosphonate형

해설 유기인계 살충제

- 인(P)을 중심으로 각종 원자 또는 원자단으로 결합되어 있으며 산소(O) 및 황(S)의 위치에 따라 3가지로 나눔
- Phosphate형 < Thiophosphate형 < Dithiophosphate형 순으로 지효성이 높음
- 황(S) 원자가 많을수록 지효성과 잔효성이 증가하므로 Phosphate형이 속효성임
- Dithiophosphate형은 화학적인 안정성이 크고 약효가 긴 편임

65 **농약의 약효를 최대로 발현시키기 위한 방법으로 가장 거리가 먼 것은?**

① 방제 적기에 농약 살포
② 적정 농도의 정량 살포
③ 병해충 및 잡초에 알맞은 농약의 선택
④ 효과가 좋은 농약 한 가지만을 계속 사용

해설

④ 작용 특성이 다른 농약을 교대로 사용하는 것이 저항성 유발 예방 및 방제 효과 증진에 도움이 됨

66 **농약에서 계면활성제의 작용으로 거리가 먼 것은?**

① 습윤작용(Wetting property)
② 응집작용(Coagulationg property)
③ 침투작용(Penetrating property)
④ 고착작용(Adhesive property)

해설 농약에서 계면활성제의 작용

습윤, 유화, 분산, 침투, 세정, 고착, 보호, 기포 등

67 **살충제를 작용기작에 따라 분류하였을 때 가장 거리가 먼 것은?**

① 성장저해제
② 신경전달저해제
③ 호흡저해제
④ 광합성저해제

해설 살충제의 작용기작

- 신경기능 저해
- 에너지 대사의 저해
- 키틴의 생합성 저해
- 호르몬 균형의 교란
- 미생물 살충제

68 **농용 항생제가 아닌 것은?**

① Chloropicrin
② Blasticidin−S
③ Kasugamycin
④ Streptomycin

해설 농용 항생제의 종류

- 가스가마이신(Kasugamycin)
- 발리다마이신 에이(Validamycine A)
- 스트렙토마이신(Streptomycin)
- 블라스티시딘 에스(Blasticidin−S)
- 폴리옥시 비.디(Pllyoxinn B.D)

69 **항생제 계통의 살균제인 Streptomycin에 대한 설명으로 옳은 것은?**

① 주로 벼의 도열병 방제용으로 살포된다.
② 저독성 약제로 세균성 병 방제에 사용된다.
③ 살균기작은 SH 효소에 의한 핵산 합성 저해이다.
④ 수화제로 사용할 경우 주로 Streptomycin 80%, 기타 증량제 20%로 희석하여 사용한다.

해설 농용 항생제 스트렙토마이신(Streptomycin)

저독성 약제로 감귤궤양병, 채소무름병 등의 세균성 병 방제에 활용하는 약제

정답 63 ② 64 ③ 65 ④ 66 ② 67 ④ 68 ① 69 ②

70 농약 독성의 발현속도(시기)에 따른 구분은?

① 고독성　② 급성독성
③ 잔류독성　④ 경구독성

해설 기준별 농약의 독성 구분

- 발현대상 : 포유동물, 환경생물
- 발현속도(시기) : 급성독성, 아급성독성, 만성독성
- 독성의 강도 : 맹독성, 고독성, 보통독성, 저독성
- 투여방법 : 경구독성, 경피독성, 흡입독성

71 농약의 분자구조 중 $H_2N-CO-NH_2$ 골격을 가진 농약 계열은?

① 트리아진(Triazine)계　② 아마이드(Amide)계
③ 다이아진(Diazine)계　④ 우레아(Urea)계

해설 우레아(Urea)계

- 잡초 발생 전 전처리 제초제
- 화본과 및 광엽잡초 방제에 활용
- 식물의 잎과 줄기보다 뿌리에서 더 잘 흡수됨
- 분자구조 중 $H_2N-CO-NH_2$ 골격을 가진 농약으로 종류에는 리누론(아파론), 디우론(DCMU), 멘타벤즈티아주론(Methabenzthiazuron) 등이 있음

72 농약관리법령상 농약과 농약의 포장지에 포함되어야 할 표시사항이 바르게 연결되지 않은 것은?

① 대기오염성 농약 – 경고표시와 안내문자
② 사람 및 가축에 위해한 농약 – 해독방법
③ 살충제 – 사용방법과 사용에 적합한 시기
④ 토양잔류성 농약 – 저장 · 보관 및 사용상 주의사항

해설 농약별 표시사항

- 수서생물에 대한 농약의 경우 별도 표시
- 맹독성, 고독성, 토양잔류성, 작물잔류성, 수질오염성 및 어독성 등을 평가 후 경고 및 주의사항 표시
- 사람 및 가축에 대한 약제일 경우 해독방법 및 주의사항 표시
- 인화성 및 폭발 등의 위험성이 있을 경우 특별 취급방법 등을 표시

73 유기인제에 중독되었을 때 주로 사용되는 해독제는?

① Balbitar　② PAM
③ Meticarbanol　④ Rhenitonine

해설 유기인계 해독제

팜(PAM), 황산아트로핀

74 해충의 신체 골격을 이루는 키틴(Chitin)의 생합성을 저해하는 살충제의 작용기작은?

① 신경 및 근육에서의 자극전달작용 저해
② 성장 및 발생 과정 저해
③ 호흡 과정 저해
④ 중장 파괴

해설 살충제의 작용기작

해충은 유약호르몬과 탈피호르몬 2종의 주요 호르몬이 균형을 이루며 조절되는데, 이에 속하는 살충제는 이러한 호르몬들의 유사체이거나 교란물질들이며 해충 골격의 주요 구성물질인 키틴(Chitin)의 생합성을 저해하는 물질들도 포함됨. 이 분류의 살충제들은 약효 발현에 보통 3～7일 정도의 지연시간이 필요함

75 60kg 농작물에 50% 유제를 사용하여 원제의 농도가 8mg/kg인 작물이 되도록 처리하려고 할 때 소요약량(mL)은?(단, 약제의 비중은 1.07이다.)

① 0.5　② 0.7
③ 0.9　④ 1.2

해설 소요약량(mL)

$$=\frac{\text{사용할 농도(ppm)}\times\text{피처리물(kg)}\times 100}{1{,}000{,}000\times\text{비중}\times\text{원액 농도(\%)}}$$

$$=\frac{8\times 60\times 100}{1{,}000{,}000\times 1.07\times 50}$$

$$=\frac{48{,}000}{53{,}500{,}000}=0.9\text{mL}$$

76 45% EPN 유제 200mL를 0.3%로 희석하는 데 소요되는 물의 양(mL)은?(단, 유제의 비중은 1.0이다.)

① 29,800　② 28,700
③ 27,600　④ 26,500

해설 희석할 물의 양(L)

$$=\text{원제의 용량}\times\left(\frac{\text{원액의 농도}}{\text{희석할 농도}}-1\right)\times\text{원액의 비중}$$

$$=200\times\left(\frac{45}{0.3}-1\right)\times 1$$

$$=200\times 149=29{,}800\text{mL}$$

정답 70 ② 71 ④ 72 ① 73 ② 74 ② 75 ③ 76 ①

77 **농약의 품질 불량의 원인이 되어 약해를 일으키는 경우와 가장 거리가 먼 것은?**

① 유해성분의 생성에 의한 약해
② 불순물의 혼합에 의한 약해
③ 원제 부성분에 의한 약해
④ 고농도에 의한 약해

해설
④ 고농도에 의한 약해는 기준약량 이상을 살포하는 경우에 해당됨

78 **농약의 일일섭취허용량(ADI)의 설정식으로 옳은 것은? (단, NOAEL은 No Observable Adverse Effect Level, MRL은 Maximum Residue Limit의 약어이다.)**

① NOAEL÷식품계수　② NOAEL÷체중
③ NOAEL÷안전계수　④ NOAEL÷MRL

해설
농약의 일일섭취허용량(ADI)=NOAEL÷안전계수

79 **유기인제 살충제의 특성에 대한 설명으로 옳은 것은?**

① 대부분 안정한 화합물이다.
② 알칼리에 대하여 분해되기 쉽다.
③ 동 · 식물체 내에서의 분해가 느리다.
④ 직사광선에 의하여 분해되지 않는다.

해설
② 유기인계 살충제는 알칼리에 의해 쉽게 가수분해(에스테르 결합)됨

80 **수면시용법(水面施用法)으로 살포하는 약제가 갖추어야 할 특성으로 틀린 것은?**

① 물에 잘 풀리고 널리 확산되어야 한다.
② 물이나 미생물 또는 토양성분 등에 의해 분해되지 않아야 한다.
③ 수중에서 장시간에 걸쳐 녹아 약액의 농도를 유지해야 한다.
④ 가급적 약제의 일부는 수중에 현수되도록 친수 및 발수성을 갖추어야 한다.

해설 수면시용법
수중에서 장시간에 걸쳐 녹아 약액의 농도를 유지하면 약해 및 환경에 좋지 않은 영향을 미치므로 사용을 금지해야 함

05 잡초방제학

81 **주로 논이나 습지에 발생하는 화본과 다년생 잡초는?**

① 향부자　② 망초
③ 씀바귀　④ 나도겨풀

해설 화본과 잡초

논잡초	일년생	둑새풀, 피
	다년생	나도겨풀
밭잡초	일년생	강아지풀, 개기장, 둑새풀, 바랭이, 피

82 **다음 중 잡초종합방제체계 수립을 위한 선형특성적 모형에서 시작부터 완성단계로의 순서가 올바르게 나열된 것은?**

① 모형의 평가 및 수정 → 문제유형의 검토 → 잡초군락의 예찰 → 제초방법의 선정 → 방제체계의 적용
② 문제유형의 검토 → 잡초군락의 예찰 → 제초방법의 선정 → 방제체계의 적용 → 모형의 평가 및 수정
③ 제초방법의 선정 → 잡초군락의 예찰 → 방제체계의 적용 → 문제유형의 검토 → 모형의 평가 및 수정
④ 잡초군락의 예찰 → 문제유형의 검토 → 방제체계의 적용 → 모형의 평가 및 수정 → 제초방법의 선정

해설 잡초종합방제체계 수립을 위한 고려사항
1. 제초 필요성의 검토　2. 잡초군락의조사 및 예찰
3. 제초방법의선정　4. 제초방법의 체계화
5. 방제체계의 적용

83 **제초제의 살초형태와 가장 거리가 먼 것은?**

① 숙기억제　② 황화
③ 고사　④ 괴사

해설 제초제의 살초형태
황화, 고사, 괴사, 갈변, 절간단축 등

정답 77 ④ 78 ③ 79 ② 80 ③ 81 ④ 82 ② 83 ①

84 잡초를 형태학적으로 분류할 때 관계없는 것은?

① 광엽 잡초 ② 로제트형 잡초
③ 화본과 잡초 ④ 방동사니과 잡초

해설 잡초의 형태학적 분류

광엽 잡초, 화본과 잡초, 방동사니과(사초과) 잡초

85 수용성이 아닌 원제를 아주 작은 입자로 미분화시킨 분말로 물에 분산시켜 사용하는 제초제의 제형은?

① 유제 ② 보조제
③ 수용제 ④ 수화제

해설 수화제

물에 잘 녹지 않는 농약 원제에 증량제와 계면활성제 등을 섞은 후 고운 가루로 만들어 물에 타서 쓸 수 있게 만든 농약 제제(현탁액)

86 광합성을 억제하는 계통의 제초제가 아닌 것은?

① Triazine계 ② Urea계
③ Acetamide계 ④ Bipyridylium계

해설 제초제의 광합성 저해제

우레아(Urea)계 제초제인 디유론(Diuron)이 최초로 실용화되었으며, 이후 트리아진(Triazines)계, 아실아닐리드(Acylanilides)계, 우라실(Uracils)계, 벤조니트릴(Benzonitriles)계, 이미다졸(Imidazoles)계, 벤지미다졸(Benzimidazoles)계, 트리아지논(Triazinones)계, 피리다지논(Pyridazinones)계 등이 사용됨

87 다음 중 일년생 잡초로만 나열된 것은?

① 여뀌, 물달개비 ② 벗풀, 띠
③ 보풀, 민들레 ④ 올방개, 토끼풀

해설 일년생 잡초

논잡초	둑새풀, 피, 바늘골, 바람하늘지기, 알방동사니, 참방동사니, 곡정초, 마디꽃, 물달개비, 물옥잠, 밭둑외풀, 사마귀풀, 생이가래, 여뀌, 여뀌바늘, 자귀풀, 중대가리
밭잡초	강아지풀, 개기장, 둑새풀, 바랭이, 피, 바람하늘지기, 참방동사니, 파대가리, 개비름, 까마중, 명아주, 쇠비름, 여뀌, 자귀풀, 환삼덩굴, 주름잎, 석류풀, 도꼬마리

88 제초제의 선택성에 영향을 미치는 요인 중 물리적 요인으로 가장 거리가 먼 것은?

① 처리방법 ② 제형
③ 처리 약량 ④ 광도

해설 제초제 선택 시 물리적 요인

제초제의 처리 약량, 처리 위치, 제형, 처리방법 등

89 다음 중 광엽잡초로만 나열된 것은?

① 여뀌, 명아주 ② 매자기, 쇠털골
③ 돌피, 띠 ④ 향부자, 바랭이

해설 광엽잡초

논잡초	일년생	곡정초, 마디꽃, 물달개비, 물옥잠, 밭둑외풀, 사마귀풀, 생이가래, 여뀌, 여뀌바늘, 자귀풀, 중대가리풀
	다년생	가래, 개구리밥, 네가래, 미나리, 벗풀, 올미, 좀개구리밥
밭잡초	일년생	개비름, 까마중, 깨풀, 명아주, 쇠비름, 여뀌, 자귀풀, 환삼덩굴, 주름잎, 석류풀, 도꼬마리
	월년생	망초, 중대가리, 황새냉이
	다년생	반하, 쇠뜨기, 쑥, 토끼풀, 메꽃

90 다음 중 잡초의 유용성으로 가장 거리가 먼 것은?

① 병해충의 서식처가 된다.
② 토양에 유기물을 공급해 준다.
③ 토양 유실을 방지해 준다.
④ 작물 개량을 위한 유전자 자원으로 활용될 수 있다.

해설

① 병해충의 서식처가 되는 것은 잡초 방제를 하는 이유에 해당됨

91 잡초 종자의 발아 습성으로 옳지 않은 것은?

① 발아의 준동시성 ② 발아의 계절성
③ 발아의 불연속성 ④ 발아의 주기성

해설 잡초 종자의 발아 습성

주기성, 계절성 및 기회성, 준동시성 및 연속성

정답 84 ② 85 ④ 86 ③ 87 ① 88 ④ 89 ① 90 ① 91 ③

92 식물영양소 중 작물과 잡초에 가장 많이 요구되는 영양소들로만 나열된 것은?

① 염소, 철, 게르마늄 ② 철, 몰리브덴, 셀렌
③ 칼륨, 질소, 인산 ④ 코발트, 나트륨, 붕소

해설 다량원소(9종)
탄소(C), 수소(H), 산소(O), 질소(N), 황(S), 칼륨(K), 인(P), 칼슘(Ca), 마그네슘(Mg)

93 다음 중 주로 괴경으로 번식하는 논잡초는?

① 올방개 ② 깨풀
③ 속속이풀 ④ 꽃다지

해설 올방개
방동사니과 다년생 논잡초에 해당되며 덩이줄기(괴경)로 번식함

94 잡초에 대한 작물의 경합력을 높이는 방법으로 가장 적절한 것은?

① 무비재배를 한다. ② 직파재배를 한다.
③ 이앙 · 이식재배를 한다. ④ 무경운재배를 한다.

해설
③ 작물이 경합력을 높이는 방법으로 손이앙 · 이식재배가 도움이 됨

95 다음 중 잡초경합 한계기간이 가장 긴 작물은?

① 녹두 ② 양파
③ 밭벼 ④ 콩

해설 작물별 잡초경합 한계기간
- 녹두 : 21~35일
- 벼 : 30~40일
- 콩 · 땅콩 : 42일
- 옥수수 : 49일
- 양파 : 56일

96 작물과 잡초 간의 경합에 관여하는 주요 요인으로 가장 거리가 먼 것은?

① 수분 ② 광
③ 영양분 ④ 제초제 내성

해설 경합에 관여하는 주요 인자
광, 수분, 영양분

97 다음 중 선택성 제초제는?

① 2,4-D ② Paraquat
③ Glufosinate ④ Glyphosate

해설 2,4-D 액제
선택성 제초제로, 화본과 작물에 독성이 있음

98 다음 중 암발아 잡초 종자에 해당하는 것은?

① 쇠비름 ② 바랭이
③ 광대나물 ④ 소리쟁이

해설 암발아 잡초 종자(단일조건 발아)
별꽃, 냉이, 광대나물, 독말풀

99 잡초의 번식에 대한 설명으로 옳지 않은 것은?

① 영양번식은 포복경, 지하경, 인경, 구경 등을 통해 이루어지는 것을 말한다.
② 돌피, 바랭이, 냉이는 유성번식을 한다.
③ 다년생 잡초는 영양번식과 유성번식을 겸한다.
④ 일년생 잡초는 자가수정에 의해서만 번식한다.

해설
④ 일년생 잡초도 자가수정과 타가수정 모두 번식법으로 활용함

100 다음 중 외래잡초로만 나열된 것은?

① 돼지풀, 올미 ② 너도방동사니, 흰명아주
③ 개망초, 어저귀 ④ 올방개, 광대나물

해설 외래잡초
미국개기장, 미국자리공, 달맞이꽃, 엉겅퀴, 단풍잎돼지풀, 털별꽃아재비, 큰도꼬마리, 미국까마중, 돌소리쟁이, 좀소리쟁이, 미국나팔꽃, 미국가막사리, 망초, 개망초, 서양민들레, 가는털비름, 비름, 소리쟁이, 흰명아주, 도깨비가지, 가지비름, 미국외풀, 어저귀 등

정답 92 ③ 93 ① 94 ③ 95 ② 96 ④ 97 ① 98 ③ 99 ④ 100 ③

2022년 기사 1회

01 식물병리학

01 소나무 잎마름병의 병징에 대한 설명으로 옳은 것은?

① 봄에 묵은 잎이 적갈색으로 변하면서 대량으로 떨어진다.
② 잎에 바늘구멍 크기의 적갈색 반점이 나타나고 동심원으로 커진다.
③ 수관 하부에 있는 잎에서 담갈색 반점이 생기면서 발생하여 상부로 점차 진전한다.
④ 잎에 띠 모양의 황색 반점이 생기다가 갈색으로 변하면서 반점들은 합쳐진다.

해설 소나무 잎마름병의 병징
- 봄에 띠 모양의 황색 반점이 생기다가 갈색으로 합쳐짐
- 균사의 형태로 병든 낙엽에서 월동하며 다음 해 분생포자가 형성된 후 침해받는 잎에 분생포자가 형성되면 반복 전염이 됨

02 다음 중 균류의 영양기관은?

① 왁스층 ② 포자낭
③ 분생포자 ④ 균사체

해설 균사체(영양체)
부착기를 형성한 후 특수한 모양의 균사 끝 흡기를 세포 안에 박아 영양분을 섭취함

03 식물병 발생에 필요한 3대 요인에 속하지 않는 것은?

① 기주 ② 병원체
③ 매개충 ④ 환경요인

해설 식물병 발생 3요소
병원체, 환경요인, 기주(식물)

04 다음 중 사과 겹무늬썩음병의 병원균은?

① 곰팡이 ② 바이러스
③ 세균 ④ 파이토플라스마

해설 사과 겹무늬썩음병
- 병원 : 진균(자낭균류)
- 균사나 분생포자의 형태로 병든 잎이나 가지에 월동
- 자낭포자는 강우가 없어도 전반됨
- 분생포자는 강우 시 전반됨

05 다음 중 오이류 덩굴쪼김병의 방제방법으로 가장 효과가 낮은 것은?

① 종자를 소독한다.
② 저항성 품종을 재배한다.
③ 잎 표면에 약제를 집중적으로 살포한다.
④ 호박이나 박을 대목으로 접목하여 재배한다.

해설 오이류 덩굴쪼김병의 방제법
- 저항성 품종 재배, 종자 소독
- 5년 이상의 윤작 및 토양 소독
- 이병식물 소각
- 저항성 대목으로 접목재배(호박을 대목으로 활용)

06 병원균이 불완전세대로 *Pyricularia grisea*(*P. oryzae*)인 식물병은?

① 보리 줄기녹병
② 벼 도열병
③ 감귤 잿빛곰팡이병
④ 오이 흰가루병

해설 벼 도열병의 병원균
- *Pyricularia grisea*(*P. oryzae*), 진균(불완전균류)
- 짚 또는 볍씨의 병든 부분에서 균사나 분생포자 상태로 월동하다 다음 해 1차 전염원이 됨

정답 01 ④ 02 ④ 03 ③ 04 ① 05 ③ 06 ②

07 자주날개무늬병이 속하는 진균류는?

① 담자균 ② 병꼴균
③ 난균 ④ 접합균

해설 균류의 분류

난균		모잘록병
진균	진균	참나무 시들음병
	자낭균	소나무 잎떨림병, 잣나무 잎떨림병, 벚나무 빗자루병, 호두나무 탄저병, 밤나무 줄기마름병, 흰가루병, 낙엽송 가지끝마름병, 그을음병
	담자균	소나무 잎녹병, 잣나무 털녹병, 포플러 잎녹병, 아밀라리아 뿌리썩음병, 자줏빛날개무늬병
	불완전균	모잘록병, 푸사리움 가지마름병, 소나무 잎마름병

08 다음 중 유주자낭을 형성하는 병원균은?

① 오이 흰가루병균
② 딸기 시들음병균
③ 고추 역병균
④ 토마토 잿빛곰팡이병균

해설 고추 역병 병원균

- 난포자로 토양에서 월동
- 다음 해 분생포자의 형태로 공기를 통해 퍼져 유주자로 기주에 침입

09 배나무 붉은별무늬병에 대한 설명으로 옳지 않은 것은?

① 잎에 병무늬가 많이 형성되면 조기 낙엽의 원인이 된다.
② 주요 발병 부위는 잎, 열매, 가지이다.
③ 병원균이 기주교대를 하지 않는다.
④ 병원균은 순활물기생균이다.

해설 배나무 붉은별무늬병의 생활사

기주/중간	포자 형태	생활사
배나무, 사과나무, 모과나무	녹병포자, 녹포자	• 녹포자가 바람에 날려 향나무의 잎과 가지 침해 • 향나무에서 겨울포자퇴 상태로 월동 • 늦봄에 겨울포자가 비로 인해 수분을 흡수하여 발아하고 담자포자(소생자) 형성 • 담자포자가 바람에 의해 배나무로 옮겨져 녹병포자, 녹포자 형성
향나무	겨울포자, 담자포자	

10 자낭균이며 표징이 잘 나타나지 않는 것은?

① 보리 겉깜부기병 ② 벼 잎집무늬마름병
③ 밀 줄기녹병 ④ 벼 깨씨무늬병

해설 벼 깨씨무늬병

진균(자낭균)으로 종자 표면 또는 종자 내부에서 전염하므로 표징이 잘 나타나지 않음

11 다음 중 매개충에 의해 경란전염하는 바이러스는?

① 보리 줄무늬모자이크병 ② 감자 X 바이러스병
③ 담배 모자이크병 ④ 벼 줄무늬잎마름병

해설 벼 줄무늬잎마름병

- 병원균 : *Rice stripe virus*, 바이러스
- 애멸구(보독충)라는 매개충에 의해 전염(경란전염)

12 감자 역병에 대한 설명으로 옳지 않은 것은?

① 아일랜드 대기근의 원인이다.
② 병원균은 자웅동형성이다.
③ 역사적으로 1845년경에 대발생하였다.
④ 무병 씨감자를 사용하여 방제할 수 있다.

해설 감자 역병

- 병원 : 진균(조균류, 유주자균류)
- 병원균은 균사 형태로 토양 내 병든 감자나 씨감자 등에서 월동 후 기온이 20℃ 내외로 다습하고 냉랭한 시기에 급속도로 번짐

13 식물병원균에 대한 길항균으로 많이 사용되는 것은?

① *Streptomyces scabies*
② *Trichoderma harzianum*
③ *Penicillium expansum*
④ *Rhizoctonia solani*

해설 생물적 방제제로 사용되는 길항미생물의 종류

세균	• *Agrobacterium*(아그로박테리움) • *Bacillus*(바실러스) • *Pseudomonas*(슈도모나스) • *Streptomyces*(스트렙토마이세스)
진균	• *Ampelomyces*(암펠로마이세스) • *Candida*(칸디다) • *Coniothyrium*(코니오티리움) • *Gliocladium*(글리오클라듐) • *Trichoderma*(트리코더마)

정답 07 ① 08 ③ 09 ③ 10 ④ 11 ④ 12 ② 13 ②

14 다음 중 크기가 가장 작은 것은?

① 세균　② 곰팡이
③ 바이러스　④ 바이로이드

해설 바이로이드

- 가장 작은 병원체(바이로이드 < 바이러스 < 세균 < 진균)
- 외부단백질이 없는 핵산(RNA)만의 형태
- 병원체 : 감자 갈쭉병

15 푸사리움(*Fusarium*)균에서 알려졌으며 하나의 세포 내에 유전적으로 다른 2개 이상의 반수체핵이 존재하는 현상은?

① 이질반핵현상
② 이질다핵현상
③ 동질반핵현상
④ 동질다핵현상

해설 이질다핵현상

- 하나의 세포 내에 유전적으로 다른 2개 이상의 반수체핵이 존재하는 현상으로, '헤테로카리온(Heterokaryon)'이라 함
- 푸사리움균, 녹병균 등에 나타남

16 감염된 식물체 중 가축이 먹으면 가장 해로운 병은?

① 담배 모자이크병
② 보리 붉은곰팡이병
③ 콩 자주무늬병
④ 벼 도열병

해설 보리 붉은곰팡이병

곰팡이 독소인 제랄레논(Zearalenone)으로 인해 병든 보리나 밀을 사람이나 가축이 먹을 경우 중독증상 발생

17 밤나무 줄기마름병의 병반 부위의 전형적인 병징은?

① 비대　② 천공
③ 위주　④ 궤양

해설 밤나무 줄기마름병

- 줄기마름병은 '동고병'이라고 함
- 줄기나 가지의 표피가 썩거나 궤양이 발생하여 나무 전체가 말라 시들어 죽게 됨
- 적황색 또는 등황색을 띤 분생포자각과 유성세대인 자낭각이 형성됨

18 노지에서 고추 역병이 가장 잘 발병하는 요인은?

① 사질토양　② 고온
③ 건조　④ 침수

해설 고추 역병

- 토양 전염성 병해
- 지온다습한 장마철에 발생
- 병원균이 주로 물에 의해 전염
- 매년 이어짓기(연작)하는 밭, 물 빠짐이 좋지 않은 밭에 발생
  → 모래땅은 적게 발생

19 식물병 진단방법 중 형광항체법을 이용하는 것은?

① 혈청학적 진단　② 생물학적 진단
③ 물리적 진단　④ 핵산 분석에 의한 진단

해설 식물병 진단방법

항혈청검사법 (면역학적 진단)	• 병원체에 대한 혈청을 만들어 진단하는 방법 • 항원－항체 반응을 이용하는 검정법 • 바이러스의 식물병 진단에 이용됨
종류	• 슬라이드법 • 한천겔면역확산법(한천젤이중확산법) • 형광항체법 • 효소결합항체법(ELISA법) • 직접조직 프린터 면역분석법 • 적혈구응집반응법

20 다음 중 진딧물에 의해 바이러스가 전염되어 발생하는 병은?

① 콩 불마름병　② 벼 도열병
③ 배추 모자이크병　④ 대추나무 빗자루병

해설 배추 모자이크병

충매 전염	비영속성 바이러스	• (병든 식물에서 획득한) 바이러스가 곤충의 체내에 들어가지 않고 구침에 머문 상태에서 전염(전염력이 일시적) • 주로 진딧물에 의한 전염 － 오이 · 배추 · 순무 모자이크바이러스
	영속성(지속성) 바이러스	• (매개충이 획득한) 바이러스가 일단 곤충의 체내에 들어가거나 체내에서 증식한 후에 전염(전염력이 지속적) • 주로 멸구나 매미충류에 의해 전염 － 감자 잎말이 바이러스 － 벼 오갈바이러스 : 끝동매미충

정답 14 ④ 15 ② 16 ② 17 ④ 18 ④ 19 ① 20 ③

02 농림해충학

21 곤충의 생식기관이 아닌 것은?

① 심문　② 저장낭
③ 부속샘　④ 송이체

해설 곤충의 생식기관

<table>
<tr><td rowspan="4">자웅 생식계</td><td colspan="2">• 암컷의 생식기관</td></tr>
<tr><td colspan="2">난소(알집), 수란관, 수정낭</td></tr>
<tr><td>난소</td><td>미수정란의 알 생산, 몸의 좌우에 1개씩</td></tr>
<tr><td>수정낭</td><td>수컷의 정자를 보관하는 곳</td></tr>
<tr><td rowspan="4">웅성 생식계</td><td colspan="2">• 수컷의 생식기관</td></tr>
<tr><td colspan="2">고환(정집), 수정관, 사정관</td></tr>
<tr><td>고환</td><td>정자 생산</td></tr>
<tr><td>저정낭</td><td>수정관의 일부가 커져 저장되는 곳</td></tr>
</table>

22 거미와 비교한 곤충의 특징으로 가장 거리가 먼 것은?

① 겹눈과 홑눈이 있다.
② 변태를 하는 종이 있다.
③ 4쌍의 다리를 가지고 있다.
④ 몸이 머리, 가슴, 배 3부분으로 되어 있다.

해설 거미와 비교한 곤충의 일반적 특징

- 곤충은 동물 중 가장 종류가 많으며, 곤충강에 속하는 절지동물을 의미함
- 곤충은 머리, 가슴, 배의 3부분으로 구성됨
- 머리에는 입틀, 더듬이, 겹눈이 있음

23 사과굴나방에 대한 설명으로 옳지 않은 것은?

① 알로 잎 속에서 월동한다.
② 피해 입은 잎이 뒷면으로 말린다.
③ 잎 뒷면에 성충이 우화하여 나간 구멍이 있다.
④ 사과나무, 배나무, 복숭아나무의 잎을 가해한다.

해설 사과굴나방에 따른 피해 양상

- 1년에 5~6회 발생
- 유충이 잎의 엽육 안으로 파먹으면서 엽육 속에 유충 존재
- 잎의 앞면과 뒷면 표피 사이에 공간이 생겨 회갈색으로 변함(가해 잎이 뒤로 말림)
- 번데기 형태로 피해 잎에 월동

24 담배나방에 대한 설명으로 틀린 것은?

① 고추의 주요 해충 중 하나이다.
② 땅속에서 번데기로 월동한다.
③ 1년에 1회 발생한다.
④ 담배에 피해를 준다.

해설 담배나방

분류	나비목 밤나방과
기주식물	고추, 담배, 토마토 등
형태적 특징	성충은 앞날개에 황색깔, 뒷날개에 담갈색 바탕에 두꺼운 검은 띠가 있음
피해 양상	• 고추에 가장 많은 피해를 주는 해충 • 부화유충은 밤낮을 가리지 않고 새잎, 꽃봉오리, 어린 과실에 구멍을 내며 가해 • 유충이 성장하면 과실 속으로 파고 들어가 가해 • 1년에 3회 발생, 땅속에서 번데기로 월동

25 벼의 해충 중 흡즙에 의한 직접적인 피해 외에도 줄무늬잎마름병과 검은줄오갈병의 바이러스병을 매개하여 간접적인 피해를 주는 해충은?

① 이화명나방　② 혹명나방
③ 벼멸구　④ 애멸구

해설 애멸구

<table>
<tr><td>분류</td><td colspan="2">매미목 멸구과</td></tr>
<tr><td rowspan="3">피해 양상</td><td colspan="2">• 약충과 성충이 모두 벼를 흡즙
• 흡즙에 의해 각종 바이러스 매개
• 벼멸구보다 기주 범위가 넓음</td></tr>
<tr><td>벼 줄무늬잎마름병</td><td>• 애멸구의 체내에 바이러스 증식
• 영속적인 경란전염</td></tr>
<tr><td>벼 검은줄오갈병</td><td>영속적이거나 경란전염은 거의 안 함</td></tr>
</table>

26 점박이응애에 대한 설명으로 옳지 않은 것은?

① 알은 투명하다.
② 기주범위가 넓다.
③ 부화 직후의 약충은 다리가 4쌍이다.
④ 여름형과 월동형 성충의 몸 색깔이 다르다.

해설 점박이응애의 특징

- 잎 뒤쪽에서 즙액과 엽록소를 흡즙
- 잎 표면에 불규칙한 백색 반점이 생김
- 잎 뒷면이 황갈색으로 변함

정답 21 ① 22 ③ 23 ① 24 ③ 25 ④ 26 ③

→ 위 세 가지 특징이 잎을 가해하는 잎응애류의 공통점
• 고온건조 시 심하게 발생

27 다음 중 가해하는 기주가 가장 다양한 해충은?

① 벼멸구 ② 솔잎혹파리
③ 사과혹진딧물 ④ 미국흰불나방

해설 미국흰불나방

분류	나비목 불나방과
기주식물	포플러, 버즘나무, 벚나무, 단풍나무 등
형태적 특징	• 성충은 암컷 14mm, 수컷 10mm • 유충은 색의 변화가 심함
피해 양상	• 북미 원산 • 활엽수 160여 종을 가해하는 잡식성 해충 • 유충이 잎을 식해 • 도로 주변의 가로수나 정원수에 특히 피해가 심함

28 외부의 자극에 반응하여 곤충이 행동하는 유형이 아닌 것은?

① 주굴성 ② 주광성
③ 주화성 ④ 주수성

해설 주성

주광성	• 빛에 유인되는 주성 → 양성 주광성 : 나비, 나방 → 음성 주광성 : 구더기, 바퀴류 • 유아등 : 나방의 주광성을 이용하여 해충 방제에 활용
주화성	• 화학물질에 유인되는 주성 → 호랑나비 : 귤나무나 탱자나무에 알을 낳음 → 배추흰나비 : 십자화과 채소에 알을 낳음
주촉성	• 다른 물건에 접촉하려는 주성 → 나방, 딱정벌레 중 나무의 싹이나 가지 틈에 서식

29 다음 중 복관(Collophore)을 갖고 있는 곤충은?

① 좀 ② 낫발이
③ 진딧물 ④ 톡토기

해설 톡토기목의 복관

점액질로 둘러싸여 있으며 수면 위에 부유할 때 몸을 지탱해 주고 수분 조절, 호흡 등의 역할을 함

30 식도하신경절에 의해 운동신경과 감각신경의 지배를 받지 않는 기관은?

① 큰턱 ② 작은턱
③ 더듬이 ④ 아랫입술

해설 곤충의 중추신경계 : 식도하신경절

• 큰턱, 작은턱, 아랫입술의 융합된 신경절로 구성되며, 곤충의 운동을 촉진 및 억제하는 작용을 함
• 곤충의 운동을 촉진시키거나 억제시키는 작용을 함

31 곤충의 생리에 대한 설명으로 가장 거리가 먼 것은?

① 기관 호흡을 한다.
② 연속되는 탈피를 통해 몸을 키운다.
③ 완전변태류의 경우 번데기 과정을 거친다.
④ 혈액 속 헤모글로빈에 의해 산소를 공급받는다.

해설

④ 곤충은 대부분 혈액 속에 헤모글로빈이 없음

32 간모를 통해 단위생식을 하는 것은?

① 배추순나방 ② 점박이응애
③ 가루깍지벌레 ④ 복숭아 혹진딧물

해설 복숭아 혹진딧물의 단위생식

간모는 여름 내내 단위생식 → 무시충으로 태생함

33 곤충의 전형적인 더듬이의 주요 부분 중 존스턴 기관을 가지고 있는 것은?

① 자루마디(Scape)
② 팔굽마디(Pedicel)
③ 채찍마디(Flagellum)
④ 관절점

해설 팔굽마디(Pedicel)의 존스턴 기관

• 청각기관
• 수컷이 암컷의 날개 소리를 듣도록 잘 발달되어 있음
• 비행 중 바람의 속도 측정
• 더듬이의 팔굽마디(흔들마디)에 존재
• 모기나 파리 등의 수컷에 발달

정답 27 ④ 28 ① 29 ④ 30 ③ 31 ④ 32 ④ 33 ②

34 마늘에 피해를 주는 고자리파리의 방제방법으로 가장 효과가 적은 것은?

① 천적인 고자리혹벌을 이용한다.
② 미숙 유기질 비료를 많이 시용한다.
③ 파종 또는 이식 전에 토양살충제를 살포한다.
④ 연작지에서 발생과 피해가 심하므로 윤작을 실시한다.

해설 고자리파리의 방제방법

- 1년에 3회 발생
- 번데기 형태로 땅속 월동
- 땅속 유충의 방제를 위해 토양살충제 처리
- 천적(고자리혹벌) 이용

35 외시류 곤충의 겹눈을 구성하는 낱눈의 수 변화에 대한 설명으로 옳은 것은?

① 약충 발육기간 중에만 증가한다.
② 변태기에만 증가한다.
③ 탈피기와 변태기에 모두 증가한다.
④ 아무런 수의 변화가 없다.

해설

③ 외시류 곤충의 겹눈을 구성하는 낱눈 수는 탈피기와 변태기에 모두 증가함

36 파리의 날개는 몸의 어느 부위에 부착되어 있는가?

① 등판 ② 앞가슴
③ 가운데가슴 ④ 뒷가슴

해설 곤충의 날개

- 대개 2씽으로 앞날개는 가운데 가슴에 뒷날개는 뒷가슴에 있음
- 파리목에 속하는 곤충은 날개가 가운데가슴에 부착되어 있음

37 곤충의 배설계에 대한 설명으로 옳지 않은 것은?

① 말피기관의 끝은 막혀 있다.
② 지상곤충은 주로 질소대사산물을 암모니아 형태로 배설한다.
③ 말피기관은 중장과 후장의 접속부분에서 후장에 연결되어 있다.
④ 말피기관 밑부와 직장은 물과 무기이온을 재흡수하여 조직 내의 삼투압을 조절한다.

해설 곤충의 배설계

주로 질소대사산물을 물에 녹지 않는 요산의 형태로 배출

38 아성충 단계가 있고, 유충은 기관아가미로 호흡하는 곤충류는?

① 모기 ② 파리
③ 총채벌레 ④ 하루살이

해설 하루살이

아성충 단계에 유충은 물가에 살며 기관아가미 호흡을 함

39 다음 설명에 해당하는 살충제는?

> • 접촉독, 식독작용 및 흡입독작용을 가진다.
> • 살충력이 극히 강하고 작용범위도 넓으나 포유류에 대한 독성이 매우 강하여 현재 국내에서는 사용이 금지된 농약이다.
> • 일부 외국에서는 사용되고 있어 식품 중 잔류허용기준에 고시된 농약이다.

① 니코틴 ② 비산석회
③ 파라티온 ④ 피레트린

해설 유기인계 살충제

- 특징
  - 살충제 중 종류가 가장 많음
  - 환경생물에 대한 영향도 가장 큰 농약
  - 아세틸콜린에스테라제(AChE)의 활성 저해제
  - 접촉독제, 침투성 약제로 사용 → 식물의 경엽에 침투 용이
  - 알칼리에 의해 쉽게 가수분해(에스테르 결합)
  - 생체 내 효소에 의해 분해되어 활성 저하
- 종류 : 파라티온에틸, EPN, 말라티온, 다이아지논, 패니트로티온, 디클로르보스, 펜토에이트

40 근육 부착을 위한 머리 내 골격 구조를 무엇이라 하는가?

① 봉합선(Suture) ② 합체절(Tagma)
③ 막상골(Tentorium) ④ 두개(Cranium)

해설 막상골

구기나 더듬이를 움직이는 근육이 부착된 뼈대(곤충에 따라 없을 수도 있고 다른 구조가 대체하는 경우도 있음)

정답 34 ② 35 ③ 36 ③ 37 ② 38 ④ 39 ③ 40 ③

03 재배원론

41 다음 중 굴광현상에 가장 유효한 광은?

① 청색광 ② 녹색광
③ 자색광 ④ 자외선

해설 굴광현상
- 식물이 광 방향으로 굴곡하는 현상
- 440~480nm의 청색광이 가장 유효
- 광을 받는 쪽 옥신의 농도가 낮음
- 광을 받지 않는 쪽 옥신의 농도가 높음

42 다음 중 작물의 주요 온도에서 생육이 가능한 범위 내 최고온도가 가장 높은 것은?

① 사탕무 ② 옥수수
③ 보리 ④ 밀

해설 최적온도가 높은 작물
- 멜론, 벼, 오이, 옥수수, 삼 등
- 옥수수(40~44℃), 사탕무(28~30℃), 보리·밀(저온작물)

43 다음 중 작물의 복토깊이가 가장 깊은 것은?

① 양파 ② 생강
③ 배추 ④ 시금치

해설 작물의 복토깊이

얕게	미립종자, 파, 양파, 당근, 상추, 배추
0.5~1cm	가지, 토마토, 오이, 고추
1.5~2cm	조, 기장, 수수, 무, 시금치
2.5~3cm	보리, 밀, 호밀, 귀리
5cm 정도	잠두, 생강, 강낭콩

44 작물 체내에서 전류 이동이 잘 이루어져 결핍될 경우 결핍증상이 오래된 잎에 먼저 나타나는 다량원소는?

① 아연 ② 철
③ 붕소 ④ 질소

해설 무기염류의 전류 이동성

체내 이동성이 낮은 원소	체내 이동성이 높은 원소
• 칼슘, 붕소, 철, 망간 • 결핍증상 : 어린잎	• 질소, 인산, 칼슘, 마그네슘 • 결핍증상 : 노엽

45 재배포장에서 파종된 종자의 발아상태를 조사할 때 "발아한 것이 처음 나타난 날"을 무엇이라 하는가?

① 발아 전 ② 발아의 양부
③ 발아기 ④ 발아시

해설

발아시	발아한 것이 처음 나타난 날
발아기	전체 종자수의 반 정도가 발아한 날
발아세	전체 종자수에 대한 일정한 기간 내에 대다수가 고르게 발아한 종자수의 비율

46 맥류의 도복을 적게 하는 방법으로 옳지 않은 것은?

① 칼륨 비료의 시용 ② 단간성 품종의 선택
③ 파종량의 증대 ④ 석회 시용

해설
③ 파종량을 증대할 경우 서로 경쟁하여 생산량을 떨어뜨릴 수 있음

47 다음 중 직근류에 해당하는 것으로만 나열된 것은?

① 감자, 보리 ② 당근, 우엉
③ 토란, 마 ④ 생강, 베치

해설 직근류 작물
무, 순무, 당근, 우엉 등

48 벼에서 염해가 우려되는 최소농도는?

① 0.04%, NaCl ② 0.1%, NaCl
③ 0.7%, NaCl ④ 0.9%, NaCl

해설 작물의 내염성
토양의 높은 염분 농도에 의한 작물의 저항성

내염성이 강한 작물	순무, 양배추, 사탕무, 귀리, 보리, 아스파라거스
내염성이 약한 작물	감자, 고구마, 녹두, 완두, 양파, 당근

② 벼는 0.1% 이상의 염분(NaCl) 농도에서는 염해가 일어남

정답 41 ① 42 ② 43 ② 44 ④ 45 ④ 46 ③ 47 ② 48 ②

49 다음 (　) 안에 알맞은 내용은?

> 옥수수, 수수 등을 재배하면 잡초가 크게 경감되므로 (　)이라고 한다.

① 동반작물　② 휴한작물
③ 중경작물　④ 환금작물

해설 중경작물

옥수수나 수수와 같이 반드시 중경을 해주는 작물로, 잡초가 많이 경감됨

50 다음 중 요수량이 가장 적은 작물은?

① 호박　② 완두
③ 옥수수　④ 클로버

해설 작물의 종류에 따른 요수량

요수량의 크기	작물의 종류
작음	수수, 기장, 옥수수
큼	알팔파, 클로버
극히 큼	명아주

51 작물의 내염성 정도가 강한 것으로 나열된 것은?

① 완두, 레몬　② 셀러리, 고구마
③ 양배추, 순무　④ 살구, 복숭아

해설

문제 48번 해설 참조

52 군락의 수광태세가 좋아지고 밀식적응성이 높은 콩의 초형으로 틀린 것은?

① 잎이 크고 두껍다.
② 잎자루가 짧고 일어선다.
③ 꼬투리가 원줄기에 많이 달린다.
④ 가지를 적게 치고 가지가 짧다.

해설 콩의 초형

- 키가 크면서 도복이 안 된 것
- 가지를 적게 치며 짧은 것
- 꼬투리가 주 줄기에 많이 착생하고 밑에까지 달린 것
- 잎이 작고 가는 것

53 작물의 내동성에 대한 설명으로 가장 옳은 것은?

① 세포액의 삼투압이 높으면 내동성이 증대한다.
② 원형질의 친수성 콜로이드가 적으면 내동성이 커진다.
③ 전분 함량이 많으면 내동성이 커진다.
④ 조직즙의 광에 대한 굴절률이 커지면 내동성이 저하된다.

해설 작물의 내동성이 강한 경우의 특징

- 세포 내 자유수 함량이 적을수록
- 삼투압이 높을수록
- 유지 함량이 높을수록
- 가용성 당 함량이 높을수록
- 전분 함량이 낮을수록
- 세포 내 칼슘과 마그네슘 성분은 세포 내 결빙을 억제
- 포복성 > 직립성
- 잎의 색이 진함 > 잎의 색이 연함
- 땅속 생장점의 위치가 깊음 > 땅속 생장점의 위치가 얕음

54 다음 중 휴작기간이 가장 긴 작물은?

① 미나리　② 당근
③ 아마　④ 토마토

해설 휴작기간에 따른 작물의 구분

연작의 해가 적은 작물	벼, 맥류, 옥수수, 조, 수수, 고구마, 삼, 담배, 무, 양파, 당근, 호박, 아스파라거스
1년간 휴작이 필요한 작물	시금치, 콩, 파, 생강
2~3년간 휴작이 필요한 작물	감자, 오이, 참외, 토란, 강낭콩
5~7년간 휴작이 필요한 작물	수박, 가지, 우엉, 고추, 토마토
10년 이상 휴작이 필요한 작물	인삼, 아마

55 다음 중 작물의 교잡률이 0.0~0.15%에 해당하는 것은?

① 아마　② 가지
③ 수수　④ 보리

해설 자식성 작물과 타식성 작물의 비교

- 자식성 작물(자가수정) : 자연교잡률 4% 이하
  예 보리, 콩, 완두, 벼, 밀 등
- 타식성 작물(타가수정) : 자식률 5% 정도
  예 옥수수, 호밀, 딸기, 양파, 마늘 등

정답 49 ③ 50 ③ 51 ③ 52 ① 53 ① 54 ③ 55 ④

56 다음 중 작물 재배 시 부족하면 수정 · 결실이 나빠지는 미량원소는?

① P　　② S
③ B　　④ Ca

해설 붕소(B)

- 광범위하게 결핍증상이 나타나는 미량원소
- 무, 배추 등의 십자화과 채소에 많이 발생
- 결핍 증상
  - 코르크화 등 전반적으로 조직이 거칠고 단단해짐
  - 작물 생육 시 수정, 결실이 나빠짐

57 질산 환원 효소의 구성 성분으로 콩과 작물의 질소고정에 필요한 무기성분은?

① 철　　② 염소
③ 몰리브덴　　④ 규소

해설 몰리브덴(Mo)

- 콩과 작물에 다량 함유
- 콩과 작물 뿌리혹박테리아의 질소 고정에 필요한 무기성분
- 산성 토양에서 용해도가 크게 줄어 결핍되기 쉬움

58 화곡류에서 규질화를 이루어 병에 대한 저항성을 높이고, 잎을 꼿꼿하게 세워 수광태세를 좋게 하는 것은?

① 철　　② 칼륨
③ 니켈　　④ 규산

해설 벼의 도복대책

- 질소질 과용 금지 및 칼륨과 규산비료를 사용함
- 키가 작고 줄기가 튼튼한 품종 선택
- 마지막 논을 맬 때 배토를 함
- 재식밀도를 조절하여 통풍 및 수광태세를 좋게 함

59 국화의 주년재배와 가장 관계가 있는 것은?

① 광처리　　② 온도처리
③ 영양처리　　④ 수분처리

해설 주년생산

- 국화
- 단일성 식물
- 단일처리하면 개화가 촉진됨
- 장일처리하면 개화가 억제

→ 광처리(일장처리)에 의해 개화시기를 조절하여 연중 재배하는 것

60 재배의 기원지가 중앙아시아에 해당하는 것은?

① 양배추　　② 대추
③ 양파　　④ 고추

해설 바빌로프 주요 작물의 재배기원 중심지

기원지	주요 작물
중국지구	피, 쌀보리, 메밀, 오이, 배추, 복숭아, 무 등
힌두스탄지구	벼, 목화 등
중앙아시아지구	밀, 양파, 당근, 완두, 강낭콩 등
근동지구	사과, 알팔파, 배 등
지중해연안지구	유채, 사탕무, 클로버, 순무 등
아비시니아지구	보리 등
중앙아메리카지구	옥수수, 고구마 등
남아메리카지구	토마토, 땅콩, 감자, 담배 등

04 농약학

61 유제의 유화성, 수화제의 현수성을 검정하는 데 사용하는 물의 경도는?

① 1.0　　② 3.0
③ 5.0　　④ 7.0

해설

② 현수성 검정 시 물의 경도는 3.0이 적당함

62 농약관리법령상 새로운 농약을 제조업자가 국내에서 제조하여 국내에서 판매하기 위해 등록한 품목등록의 유효기간은?

① 3년　　② 5년
③ 10년　　④ 15년

해설 농약관리법

- 제조업자가 농약을 국내에서 제조하여 국내에서 판매하려면 품목별로 농촌진흥청장에게 등록하애 함
- 품목등록의 유효기간은 10년

정답 56 ③ 57 ③ 58 ④ 59 ① 60 ③ 61 ② 62 ③

63 교차저항성(Cross resistance)에 대한 설명으로 가장 적절한 것은?

① 어떤 약제에 의해 저항성이 생긴 곤충이 다른 약제에 저항성을 보이는 것
② 동일 곤충에 어떤 약제를 반복 살포함으로써 생기는 저항성
③ 동일 곤충에 두 가지 약제를 교대로 처리함으로써 생기는 저항성
④ 어떤 약제에 대한 저항성을 가진 곤충이 다음 세대에 그 특성을 유전시키는 것

해설 교차저항성(Cross resistance)

- 살충작용기작이 같은 2종 이상의 약제에 대해 동시에 저항하는 성질
- 어떤 살충제에 대해 이미 저항성이 발달한 해충이 한 번도 사용한 적이 없지만 작용기구가 같은 살충제에 대해 저항하는 성질

64 환경친화적인 제형과 가장 거리가 먼 것은?

① 미탁제(ME : Micro Emulsion)
② 수면전개제(SO : Spreading Oil)
③ 유제(EC : Emulsifiable Concentrate)
④ 유탁제(EW : Emulsion, oil in Water)

해설 유제(EC : Emulsifiable Concentrate)

- 물에 녹지 않는 주제를 유기용매에 녹여 유화제(계면활성제)를 첨가한 용액
- 물에 희석하여 유탁액으로 사용할 수 있게 만든 액체 상태의 농약제제
- 제제는 투명하나 물을 가하면 유화되어 우유색을 띰

65 강력한 접촉형 비선택성 제초제로서 비농경지의 논두렁 및 과수원에서 작물을 파종하기 전 잡초를 방제하는 데 이용되었으나, 독성 등으로 인해 품목등록이 제한된 원제는?

① Paraquat dichloride ② Mefenacet
③ Alachlor ④ Propanil

해설 파라콰트 디클로라이드(Paraquat dichloride)

- 비피리딜리움(Bipyridylium)계
- 경엽처리(접촉형)제초제
- 비선택성 제초제
- 과수원 및 조림지의 일년생 및 다년생 잡초 방제
- 효과가 빠름
- 토양에서는 활성화가 안 됨

66 병의 예방을 목적으로 병원균이 식물체에 침투하는 것을 방지하기 위해 사용되며 약효시간이 긴 특징을 갖고 있는 약제는?

① 보호살균제 ② 직접살균제
③ 종자소독제 ④ 토양살균제

해설 보호살균제

병균 침입 전에 사용하여 예방적인 효과를 거두는 약제

67 Isoprothiolane 유제(50%, 비중 1.05) 100mL로 0.05% 살포액을 조제하는 데 필요한 물의 양(L)은?

① 20 ② 25
③ 105 ④ 204

해설 희석할 물의 양(L)

$= \text{원제의 용량} \times \left(\dfrac{\text{원액의 농도}}{\text{희석할 농도}} - 1 \right) \times \text{원액의 비중}$

$= 100 \times \left(\dfrac{50}{0.05} - 1 \right) \times 0.05$

$= 100 \times 999 \times 1.05 = 104.895\text{mL} = 105\text{L}$

68 DDVP 유제 50%를 500배로 희석하여 면적 10a당 72L를 살포하고자 할 때 소요약량(mL)은?

① 72 ② 144
③ 288 ④ 576

해설 소요약량

$= \dfrac{\text{총 사용량}}{\text{희석배수}}$

$= \dfrac{72}{500} = 0.144\text{L} = 144\text{mL}$

69 식물생장조절제(PGR : Plant Growth Regulator)에 대한 설명으로 틀린 것은?

① 식물의 다양한 생리현상에 영향을 미친다.
② 농작물의 생육을 촉진하거나 억제시킨다.
③ 지베렐린산은 딸기, 토마토의 숙기 억제에 관여한다.
④ 아브시스산은 목화 유과의 낙과 촉진에 관여한다.

해설 식물생장조절제(PGR : Plant Growth Regulator)

옥신, 사이토키닌, 지베렐린, 아브시스산, 에틸렌

③ 지베렐린은 발아, 촉진, 화성유도, 경엽신장, 생장촉진, 숙기촉진에 도움을 줌

정답 63 ① 64 ③ 65 ① 66 ① 67 ③ 68 ② 69 ③

70 분제의 제제에 있어 고려되어야 할 물리적 성질로서 가장 거리가 먼 것은?

① 입도 ② 유화성
③ 분말도 ④ 용적비중

해설 제제의 물리적 성질

액체 시용제	유화성, 습전성, 표면장력, 접촉각, 수화성, 현수성, 부착성, 고착성, 침투성 등 ※ 부착성, 고착성 : 살포한 약액이 식물체나 충제에 붙는 성질
고체 시용제	분말도, 입도, 용적비중(가비중), 응집력, 분산성, 비산성, 토분성, 부착성, 고착성, 안정성, 경도, 수중붕괴성

71 훈증제(GA : Gas)와 가장 관련이 없는 것은?

① 토양소독 ② 높은 휘발성
③ 재배 중인 농산물 ④ 압축가스 충전 용기

해설 훈증제(GA : Gas)

- 가스를 발생시켜 살충, 살균하는 농약
- 농약 원제의 증기압이 매우 높아 유효성분이 쉽게 휘발됨
- 밀폐공간에서 저장곡물소독이나 토양소독으로 활용
- 인축에 독성이 큼(사용 시 주의해야 함)

72 제형의 목적으로 적합하지 않은 것은?

① 최적의 약효 발현과 최소의 약해 발생을 위한 것이다.
② 농약 사용자에 대한 편이성을 위한 것이다.
③ 유효성분의 물리화학적 안전성을 향상시켜 유통기간을 연장하기 위한 것이다.
④ 다량의 유효성분을 넓은 지역에 균일하게 살포하기 위한 것이다.

해설 제형의 효과

부착량 증가, 식물 침투량 증가, 입자 크기에 따른 효력 증가

73 유기인계 농약의 일반적 특성으로 틀린 것은?

① 살충력이 강하고 적용해충의 범위가 넓다.
② 인축에 대한 독성은 일반적으로 약하다.
③ 알칼리에 대해서 분해되기 쉽다.
④ 동 · 식물체 내에서의 분해가 빠르다.

해설 유기인계 농약

- 살충제 중 종류가 가장 많음
- 환경생물에 대한 영향도가 가장 큰 농약
- 아세틸콜린에스테라제(AChE)의 활성 저해제
- 접촉독제, 침투성 약제로 사용 → 식물의 경엽에 침투 용이
- 알칼리에 의해 쉽게 가수분해(에스테르결합)됨
- 생체 내 효소에 의해 분해되어 활성 저하

74 피레트로이드(Pyrethroid)계 살충제의 특성에 대한 설명으로 틀린 것은?

① 간접접촉제로서 곤충의 기문이나 피부를 통하여 체내에 들어가 근육 마비를 일으킨다.
② 온혈동물, 인축에는 저독성이며 곤충에 따라 살충력이 강하다.
③ 중추신경계나 말초신경계에 대하여 매우 낮은 농도에서 독성작용을 일으키는 신경독성 화합물이다.
④ 고온보다 저온상태에서 약효 발현이 잘 된다.

해설 피레트로이드(Pyrethroid)계 살충제

- 낮은 농도에서 살충력이 높고 선택적이며 저독성임
- 포유류와 조류에 대한 독성이 낮음
- 절지동물에게도 해로운 강한 독성이 있음
- 씹는 곤충에게 효과적임

75 식품의약품안전처 고시상 농산물에 잔류한 농약에 대하여 별도로 잔류허용기준을 정하지 않는 경우에 적용하는 기준(mg/kg 이하)은?

① 0.05 ② 0.1
③ 0.5 ④ 0.01

해설 농산물의 잔류농약

- 식품의 기준 및 규격에 의거 개별 기준과 그룹 기준으로 우선 적용됨
- 별도로 잔류허용기준을 정하지 않는 경우 일률기준인 0.01mg/kg(ppm)을 적용함

76 농약 살포법 중 유기분사방식으로 살포액의 입자 크기를 35～100μm로 작게 하여 살포의 균일성을 향상시킨 살포법은?

① 분무법 ② 살분법
③ 연무법 ④ 미스트법

정답 70 ② 71 ③ 72 ④ 73 ② 74 ① 75 ④ 76 ④

해설 미스트법

- 약액 분사노즐에 압축공기를 같이 주입하는 유기분사방식으로 살포
- 살포액의 입자 크기를 35~100μm로 작게 하여 살포

77 선택적 침투이행 특성이 있는 제초제로 아래와 같은 분자 구조를 공통적으로 갖는 계통은?

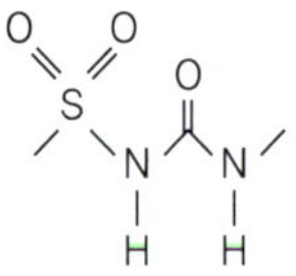

① Sulfonylurea계　② Dithiocarbamate계
③ Imidazole계　④ Triazine계

해설 설포닐우레아(Sulfonylurea)계

- 저약량으로도 높은 제초활성이 있어 환경에 부하가 적은 제초제
- 요소계 제초제의 기본구조에서 SO_2기가 치환된 것

78 Carbamate계 살충제가 아닌 것은?

①
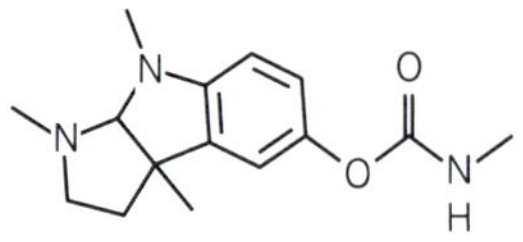

②
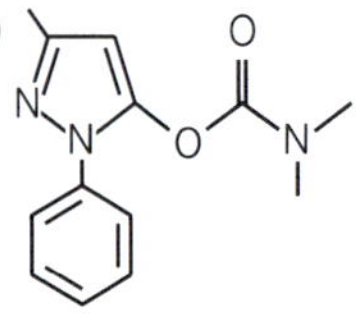

③
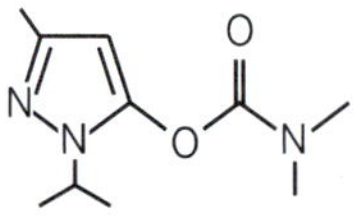

④
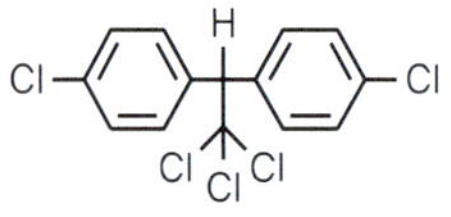

해설 카바메이트(Carbamate)계 살충제

- 아미노이드(−NH_2)와 카르복시기(−COOH)가 결합된 카바민산(Carbamic acid)과 아빈(Amine)의 반응에 의해 얻어진 화합물
- 유기염소계 분자구조 내에 염소(Cl)를 많이 함유한 살충제

79 유기인계 살충제와 강알칼리성 약제의 혼용을 피하는 가장 큰 이유는?

① 약해가 심하기 때문이다.
② 물리성이 나빠지기 때문이다.
③ 복합요인에 의한 작물의 생육 저해가 일어나기 때문이다.
④ 알칼리에 의해 가수분해가 일어나기 때문이다.

해설 유기인계 살충제

- 알칼리에 의해 쉽게 가수분해(에스테르결합)됨
- 생체 내 효소에 의해 분해되어 활성 저하
- 환경 잔류성이 짧음

80 농약관리법령상 농약 등의 안전사용기준에서 제한하는 항목이 아닌 것은?

① 저장량
② 사용량
③ 사용시기
④ 사용지역

해설 농약관리법상 안전기준

- 적용대상 농작물에만 사용해야 함
- 적용대상 병해충에만 사용해야 함
- 적용대상 농작물과 병해충별로 정해진 사용방법, 사용량으로 사용해야 함
- 적용대상 농작물의 사용시기, 사용가능횟수 등을 정한 대로 사용해야 함
- 사용지역이 제한된 농약은 사용제한지역에서 사용하지 말 것

05 잡초방제학

81 생장형에 따른 잡초의 분류로 옳은 것은?

① 직립형 – 가막사리, 명아주
② 로제트형 – 억새, 둑새풀
③ 만경형 – 민들레, 냉이
④ 총생형 – 메꽃, 환삼덩굴

해설 생장형에 따른 잡초의 분류

직립형	명아주, 가막사리, 쑥부쟁이
포복형	메꽃, 쇠비름, 선피막이
총생형	억새, 둑새풀
분지형	광대나물, 애기땅빈대, 석류풀, 사마귀풀
로제트형	민들레, 질경이
만경형	거지덩굴, 환삼덩굴, 메꽃

정답 77 ① 78 ④ 79 ④ 80 ① 81 ①

82 **잡초의 생물학적 방제용으로 도입되는 곤충이 구비하여야 할 조건으로 가장 거리가 먼 것은?**

① 영구적으로 소멸되지 않을 것
② 대상 잡초에만 피해를 줄 것
③ 대상 잡초의 발생지역에 잘 적응할 것
④ 인공적으로 배양 또는 증식이 용이할 것

해설 잡초 방제 중 생물이 갖춰야 할 조건(천적 구비 조건)

- 새로운 지역에서 적응성이 좋을 것
- 잡초보다 빠른 번식능력이 있을 것
- 잡초 이외의 유용 식물을 가해하지 말 것
- 비산 또는 분산능력이 클 것
- 잡초에 잘 이동할 것
- 인공적 배양 또는 증식이 잘 될 것
- 생식력(즉, 번식력)이 강할 것
- 환경에 잘 적응할 것

83 **다음 중 잡초 방제 한계기간이 가장 짧은 작물은?**

① 콩 ② 녹두
③ 벼 ④ 보리

해설 잡초 방제 한계기간

생육 초기에 있어 가장 민감한 시기(방제가 철저해야 하는 시기)

- 녹두 : 21~35일
- 벼 : 30~40일
- 콩 · 땅콩 : 42일
- 옥수수 : 49일
- 양파 : 56일

84 **방동사니과 잡초가 아닌 것은?**

① 나도겨풀 ② 쇠털골
③ 올챙이고랭이 ④ 매자기

해설 방동사니과 잡초

논잡초	일년생	바늘골, 바람하늘지기, 알방동사니, 참방동사니
	다년생	너도방동사니, 매자기, 쇠털골, 올방개, 올챙이고랭이, 파대가리
밭잡초	일년생	바람하늘지기, 참방동사니, 파대가리

85 **요소(Urea)계 제초제에 대한 설명으로 옳지 않은 것은?**

① 광합성 저해 및 세포막 파괴에 의하여 작용한다.
② 경엽 처리 효과가 없어 토양 처리형으로 사용한다.
③ 제초 활성을 나타내기 위해 광이 필요하다.
④ 고농도 처리수준에서는 비선택성이다.

해설 요소(Urea)계 제초제

- 잡초 발생 전 토양 및 경엽 처리
- 선택성 및 이행형 제초제
- 화본과 및 광엽잡초에 효과적
- 식물 뿌리로 더 잘 흡수(토양 처리에 효과적), 경엽 처리도 가능
- 광합성 저해 및 세포막 파괴
- 식물세포에만 작용
- 동물과 환경에 미치는 영향이 적어 전 세계적으로 많이 사용

86 **작물의 수량 감소가 가장 클 것으로 예상되는 조합은?**

① C_3 잡초와 C_4 작물
② C_3 잡초와 C_3 작물
③ C_4 잡초와 C_3 작물
④ C_4 잡초와 C_4 작물

해설 C_3 작물과 C_4 식물의 비교

C_3 작물	• C_4 식물과 비교 시 고온, 고광도, 수분제한 조건 시 불리함 • 대부분의 식물은 C_3 식물 • 주요 작물은 C_3 식물이며 상대적으로 잡초가 생존에 우수함
C_4 식물	• 낮은 대기 CO_2 농도에서도 광합성 효율이 높음 • 가뭄이나 고온, 고광도 등의 환경 스트레스에 유리 • 불리한 환경조건에서도 적응력이 강함 • 잡초는 대부분 광합성 효율이 높은 C_4 식물이 많음

87 **다음 중 트리아진계 제초제의 주요 이행 특성은?**

① 신초 생장 억제 ② 조기 결실
③ 비대 생장 ④ 광합성 저해

해설 광합성 저해제의 종류와 주요 작용기작

- 벤조티아디아졸계 : 벤타존
- 트리아진계 : 시마진, 아트라진
- 요소계 : 리누론, 메타벤즈티아주론
- 아마이드계 : 프로파닐
- 비피리딜리움계 : 파라콰트 디클로라이드

정답 82 ① 83 ② 84 ① 85 ② 86 ③ 87 ④

88 일장에 거의 영향을 받지 않고 발생 후 일정한 기간이 되면 지하경을 형성하는 다년생 논잡초는?

① 돌피 ② 벗풀
③ 바랭이 ④ 올미

해설 올미
- 논, 수로, 습지 등에 발생함
- 주로 덩이줄기로 번식
- 덩이줄기 형성에 일장의 영향을 받지 않아 중일성 식물로 휴면성이 없음
- 발아하는 데 토양수분이 필요함
- 보통 남부지역 담수논에 많이 발생하는 문제잡초

89 벼와 피의 형태에 대한 설명으로 옳은 것은?

① 피에는 잎귀와 잎혀가 있으나 벼에는 없다.
② 벼에는 잎귀와 잎혀가 있으나 피에는 없다.
③ 피에는 잎귀가 있으나 잎혀가 없다.
④ 벼에는 잎귀가 있으나 잎혀가 없다.

해설 피
- 화본과 일년생 논잡초
- 잎에 잎혀(엽설)와 잎귀(엽이)가 없어 벼와 구별됨
- 논, 밭 등에 발생
- 벼와 광경합이 가장 큰 잡초
- 변종 : 강피, 물피, 돌피

90 다음 설명에 해당하는 것은?

> 두 종류의 제초제를 혼합 처리할 때의 반응이 각각 제초제를 단독 처리할 때보다 효과가 감소되는 현상이다.

① 상가작용 ② 길항작용
③ 상승작용 ④ 독립작용

해설 길항작용
제초제를 혼합하여 처리했을 때의 방제 효과가 각각의 제초제를 단용으로 처리했을 때의 큰 쪽 효과보다 작은 경우

91 다음 중 잡초의 종별 수량이 가장 적은 것은?

① 방동사니과 ② 화본과
③ 국화과 ④ 십자화과

해설 문제잡초
- 우리나라 전체 잡초는 약 50여 종, 90개의 과로 분류됨
- 화본과, 국화과, 방동사니과

92 잡초 종자에 돌기를 갖고 있어 사람이나 동물에 부착하여 운반되기 쉬운 것은?

① 여뀌 ② 소리쟁이
③ 도꼬마리 ④ 민들레

해설 갈고리 모양의 돌기 등으로 인축에 부착하는 종자
도깨비바늘, 도꼬마리, 메귀리

93 다음 중 쌍자엽 잡초의 특징에 대한 설명으로 옳은 것은?

① 산재된 유관속의 관상경을 가지고 있다.
② 생장점이 줄기 하단의 절간 부위에 있다.
③ 뿌리는 직근계이다.
④ 잎은 평행맥이다.

해설 자엽에 따른 식물의 구분

구분	쌍떡잎 식물	외떡잎 식물
자엽 수	2개	1개
줄기 유관속	개방 유관속	산재유관속의 관상줄기
잎맥	망상맥(그물맥)	평행맥(나란히맥)
뿌리	직근계	섬유근계의 관근
생장점 위치	식물체의 위쪽	줄기 하단의 절간 부위

94 잡초가 제초제를 흡수하는 과정에 대한 설명으로 옳지 않은 것은?

① 토양에 잔류하는 제초제는 대부분 뿌리를 통하여 흡수된다.
② 뿌리와 잎에 의해서만 흡수된다.
③ 경엽처리제는 대부분 잎의 표면이나 기공을 통하여 흡수된다.
④ 습윤제는 잎 표면의 계면장력을 줄여 제초제의 흡수를 용이하게 한다.

해설
② 제초제의 종류에 따라 흡수되는 부위는 다양함

정답 88 ④ 89 ② 90 ② 91 ④ 92 ③ 93 ③ 94 ②

95 논에 주로 발생하는 잡초로만 나열된 것은?

① 명아주, 둑새풀 ② 피, 바랭이
③ 개비름, 물옥잠 ④ 올미, 여뀌바늘

해설
- 여뀌바늘 : 광엽, 논잡초, 일년생
- 올미 : 광엽, 논잡초, 다년생

96 잡초에 대한 설명으로 옳은 것은?

① 인간의 의도에 역행하는 식물이다.
② 생활주변 식물 중 순화된 식물이다.
③ 농경지나 생활주변에서 제자리를 지키는 식물이다.
④ 초본식물만을 대상으로 한 바람직하지 않은 식물이다.

해설
① 잡초란 자연적으로 나서 자라는 여러 종류의 풀로 농작물 등이 잘 자라지 못하도록 해를 주는 식물을 의미함

97 주로 종자로 번식하는 잡초로만 나열된 것은?

① 올미, 벗풀
② 가래, 쇠털골
③ 올방개, 너도방동사니
④ 강피, 물달개비

해설 일년생 잡초
- 1년 이내에 개화, 결실하여 종자를 형성함
- 바랭이, 피, 물달개비, 쇠비름, 명아주, 강아지풀 등 주로 종자번식

98 다음 중 외국에서 유입된 잡초로만 나열된 것은?

① 망초, 너도방동사니
② 서양민들레, 뚱딴지
③ 쇠뜨기, 올미
④ 올방개, 광대나물

해설 외래잡초
미국개기장, 미국자리공, 달맞이꽃, 엉겅퀴, 단풍잎돼지풀, 털별꽃아재비, 큰도꼬마리, 미국까마중, 돌소리쟁이, 좀소리쟁이, 미국나팔꽃, 미국가막사리, 망초, 개망초, 서양민들레, 가는털비름, 비름, 뚱단지, 소리쟁이, 흰명아주, 도깨비가지, 가지비름, 미국외풀 등

99 다음 중 이행형 제초제가 아닌 것은?

① Bentazon
② Glyphosate
③ 2,4-D
④ Difenconazole

해설 디페노코나졸(Difenoconazole)
- 식물체의 접촉부위의 세포에 직접 작용하여 살초 발휘
- 접촉형 제초제

※ ①~③ 외에도 MCPA가 이행형 제초제에 포함됨

100 다음 중 월년생 잡초로만 나열된 것은?

① 쇠비름, 명아주, 별꽃아재비
② 피, 토끼풀, 둑새풀
③ 냉이, 별꽃, 벼룩나물
④ 개비름, 쇠비름, 물피

해설 동계 일년생(월년생) 잡초
둑새풀, 냉이, 망초, 별꽃, 벼룩나물 등

정답 95 ④ 96 ① 97 ④ 98 ② 99 ④ 100 ③

2022년 기사 2회

01 식물병리학

01 기주식물이 병원균의 침입에 자극을 받아 방어를 목적으로 생성하는 물질은?

① 파이토톡신 ② 펙티나아제
③ 지베렐린 ④ 파이토알렉신

해설 병원성과 독소

독소(Toxin)는 병원균이 분비하여 기주식물에 병을 일으키는 길항대사물질로 기주와 기생체의 상호작용으로 기주 측에 만들어지는 항균성 물질(Phytoalexin, 파이토알렉신)도 독소에 포함됨

02 병원균의 침입방법으로 주로 수공감염하는 작물의 병은?

① 감자 더뎅이병 ② 보리 겉깜부기병
③ 고구마 무름병 ④ 벼 흰잎마름병

해설 벼 흰잎마름병

- 태풍과 침수로 인한 상처에 물을 통해 운반된 세균이 침입
- 주로 수공이나 상처를 통해서 침입한 세균은 물관(도관)에서 증식하여 전신병으로 발전함

03 배나무 붉은별무늬병균의 중간기주는?

① 매자나무 ② 향나무
③ 소나무 ④ 좀꿩의 다리

해설 배나무 붉은별무늬병균

<table>
<tr><td>병원</td><td colspan="3">진균(담자균류)</td></tr>
<tr><td rowspan="4">병환</td><td>구분</td><td>수종</td><td>포자 형태</td></tr>
<tr><td>기주</td><td>배나무, 사과나무, 모과나무</td><td>녹병포자, 녹포자</td></tr>
<tr><td>중간기주</td><td>향나무</td><td>겨울포자, 담자포자</td></tr>
<tr><td colspan="3">• 이 병원균은 여름포자는 형성하지 않음(4가지 포자)
• 향나무 녹병, 사과나무 붉은별무늬병, 모과나무 녹병 유발</td></tr>
</table>

04 병원균이 기생체 침입 시 균사가 밀집해서 감염욕을 만들어 침입하는 것은?

① 뽕나무 자주날개무늬병
② 벼 깨씨무늬병
③ 사과 탄저병
④ 오이 잿빛곰팡이병

해설 자줏빛날개무늬병(자주날개무늬병)

- 병원 : 진균(담자균)
- 기주
  - 볏과를 제외한 작물
  - 사과나무 등의 과수류 및 뽕나무 등의 수목(다범성 병)
- 뿌리 및 줄기에 자주색의 균사 다발(감염욕)이 발달하여 두꺼운 가죽처럼 보임
- 균사, 균핵, 균사층의 형태로 병든 뿌리(토양)에서 월동(전염원)

05 생물적 방제방법의 가장 큰 장점은?

① 친환경적이다.
② 비용이 많이 들지 않는다.
③ 속효성이다.
④ 잔효성이 길다.

해설 식물병의 생물적 방제

- 병원균에 의한 식물의 저항성을 유도하여 병해를 방제하는 방법
- 식물 약독바이러스, 길항미생물, 근권미생물

[장점]

- 환경보존
- 지속적 농업에 잘 부합
- 생태계의 균형 유지

[단점]

- 신속, 정확한 효과는 기대하기 어려움
- 넓은 지역에 광범위하게 활용하기 어려움
- 병 발생 후 치료 효과 낮음

정답 01 ④ 02 ④ 03 ② 04 ① 05 ①

06 담배 모자이크바이러스의 구성 성분 중 병원성을 갖는 것은?

① 핵산 ② 단백질
③ 탄수화물 ④ 지질

해설 TMV(담배 모자이크병)

병원	• 바이러스 • TMV는 리보핵산을 함유한 간상(막대기 모양)의 안정된 바이러스
발병환경	• 매개곤충에 의한 전염 없음 • 즙액의 기계적 접촉에 의해 전염 • 담배 피우던 손, 오염토양, 오염된 농기구에 의해 전염
방제법	• 포장 위생 철저히 • 식물을 만진 후 손 씻기 • 병든 모 제거 • 저항성 품종 선택(살충제 사용은 하지 않음)

07 도열병균의 특정 레이스를 어떤 벼 품종에 접종하였더니 병반 형성이 전혀 없거나 과민성 반응이 나타났다면 이 품종의 저항성으로 옳은 것은?

① 수평 저항성
② 수직 저항성
③ 포장 저항성
④ 레이스 비특이적 저항성

해설 수직저항성(진정저항성)

- 같은 종은 병원균의 특정 레이스에 침해되지만 다른 품종은 그 레이스에 침해되지 않는 것을 의미함
- 즉, 같은 기주의 품종 간에는병원균에 감수성이나, 다른 기주의 품종 간에는 저항성을 나타내는 것을 수직저항성이라 함
- 특정한 레이스의 병균에만 효과적인 저항성 → 다른 레이스에는 작용하지 않음

08 포도나무 노균병균이 월동하는 곳은?

① 곤충의 유충
② 병든 잎
③ 종자
④ 뿌리

해설 포도나무 노균병균의 월동처

병원균은 대개 죽은 잎의 병반이나 가지에서 난포자로 월동함

09 향나무에 감염된 배나무 붉은별무늬병균의 포자 이름은?

① 여름포자 ② 겨울포자
③ 녹포자 ④ 분생포자

해설 배나무 붉은별무늬병균의 포자

- 이 병원균은 여름포자는 형성하지 않음 – 4가지 포자
- 배나무 녹병포자 → 배나무 녹포자 → 향나무 동포자(겨울포자) → 향나무 담자포자 → 배나무 침입

10 식물병원 바이러스와 바이로이드의 차이점은?

① 입자 내 핵산의 존재 유무
② 핵산의 종류
③ 단백질 외피의 존재 유무
④ 입자 내 지질의 존재 유무

해설

- 바이로이드 : 외부단백질이 없는 핵산(RNA)으로만 이루어진 형태
- 바이러스
  - 핵산과 단백질로 구성된 일종의 핵단백질
  - 세포벽이 없으며, 핵산의 대부분이 RNA(리보핵산)

11 저장 곡물에 Aflatoxin이라는 독소를 생성하는 균은?

① *Aspegillus flavus*
② *Achlya oryzae*
③ *Ascochyta pisi*
④ *Alternaria mali*

해설 아플라톡신(Aflatoxin)

- 곰팡이인 아스페르길루스프라부스(*Aspergillus flavus*)가 생성되는 맹독성 균독소
- 주로 땅콩, 보리, 밀, 옥수수, 쌀 등에서 검출
- 동물에 간암을 유발

12 토양 전반에 의해 발생하는 토양 전염병은?

① 벼 도열병 ② 팥 흰가루병
③ 오이 모잘록병 ④ 배나무 갈색무늬병

해설 토양 전염병

근두암종병균(뿌리혹병균), 묘목의 잘록병균(모잘록병균), 자줏빛날개무늬병균

정답 06 ① 07 ② 08 ② 09 ② 10 ③ 11 ① 12 ③

13 담자균류에 의한 깜부기병에 대한 설명으로 옳지 않은 것은?

① 보리 겉깜부기병은 화기감염으로 발병한다.
② 보리 속깜부기병은 유묘감염으로 발병한다.
③ 옥수수 깜부기병은 성묘감염으로 발병한다.
④ 밀 비린깜부기병은 화기감염으로 발병한다.

해설 특수기관을 통한 병원체의 침입

꽃감염	• 사과 꽃썩음병균, 배 · 사과 화상병균(직접감염) • 밀, 보리 겉깜부기병균(간접감염)
모감염	보리 속깜부기병균, 밀 비린깜부기병균
뿌리감염	무배추 무사마귀병, 토마토 풋마름병균
눈감염	감자 암종병균, 벚나무 빗자루병균

14 진균의 특징으로 옳지 않은 것은?

① 세포 내 핵이 있다.
② 영양체는 주로 균사이다.
③ 번식체는 주로 포자이다.
④ 세포벽은 키틴을 갖지 않는다.

해설 진균(곰팡이균 = 사상균 + 효모, 버섯)

- 균사(菌絲) : 균류의 몸을 이루는 가는 실모양의 다세포 섬유로, 균사의 덩어리는 균사체(菌絲體)라고 함. 균사는 격막이 있는 것(유격균사)과 없는 것(무격균사)이 있고, 대부분 세포벽으로 둘러싸여 있으며 주 성분은 키틴(Kitin)으로 되어 있지만 섬유소(Cellulose)로 된 것도 있음
- 균사체 : 개체 유지를 위한 영양체(균사)와 종족 보존을 위한 번식체(포자)로 구분됨

15 식물 바이러스병을 진단하는 방법으로 옳지 않은 것은?

① 지표식물검정법 ② 효소항체검정법
③ 그람염색법 ④ PCR법

해설 식물바이러스 진단방법

혈청학적 진단	병원바이러스의 항혈청을 만들고, 진단하려는 병든 식물의 즙액, 분리된 병원체를 반응시켜 검정하는 방법
지표식물에 의한 진단	특정 병원체에 대해 고도의 감수성이거나 특이한 병징을 나타내는 지표식물을 병의 진단에 활용하는 방법
중합효소연쇄반응(PCR법)	바이러스의 핵산을 증폭시켜 반응을 통해 병을 진단하는 것

16 식물 검역에 대한 설명으로 옳은 것은?

① 식물에 면역작용이 생기게 하여 병을 방제하는 것
② 농약 등을 사용하여 화학적으로 방제하는 것
③ 열처리 등에 의해 병원균을 박멸하는 것
④ 병원균의 유입을 차단하고자 사전에 검사하여 병을 예방하는 것

해설 식물검역(법적 방제)

- 식물에 해를 주는 병해충이 국경을 넘어 전파되는 것을 방지하기 위한 목적
- 수출입되는 식물과 식물성 산물에 대해 병해충 부착 유무를 검사
- 유해 병해충이 발견되면 검역조치함

17 수박 덩굴쪼김병균이 월동하는 곳은?

① 매개곤충의 알 ② 토양
③ 저장고 ④ 중간기주

해설 수박 덩굴쪼김병균의 월동처

병원균은 균사나 후막포자의 형태로 땅속에서 월동

18 벼 오갈병을 매개하는 곤충은?

① 벼멸구
② 끝동매미충
③ 마름무늬매미충
④ 복숭아 혹진딧물

해설 벼 오갈병의 매개충

끝동매미충과 번개매미충에 의해 바이러스 발생(기계적 전염, 종자전염, 토양전염 안 됨)

19 사과나무 겹무늬썩음병을 일으키는 병원체는?

① 세균
② 곰팡이
③ 바이러스
④ 파이토플라스마

해설 과수류 중 진균에 의한 병해

사과나무 겹무늬썩음병, 사과나무 갈색무늬병, 사과나무 부란병, 사과나무 검은별무늬병, 복숭아나무 잎오갈병, 포도나무 새눈무늬병 등

정답 13 ④ 14 ④ 15 ③ 16 ④ 17 ② 18 ② 19 ②

20 감자 둘레썩음병균이 월동하는 곳은?

① 잎　② 덩이줄기
③ 토양　④ 열매

해설 **감자둘레썩음병균**

- 세균병으로 감염된 씨감자(덩이줄기)에서 월동
- 주로 씨감자나 농기구를 통해 전염
- 상처나 곤충의 흡즙에 의해서도 전염됨

02 농림해충학

21 톱밥 같은 배설물을 밖으로 내보내지 않고 수피 속의 갱도에 쌓아 놓아 피해를 발견하기가 어려운 해충은?

① 미끈이하늘소　② 알락하늘소
③ 향나무하늘소　④ 털두꺼비하늘소

해설 **향나무하늘소**

유충이 줄기와 가지 수피 밑의 형성층을 불규칙하고 평평하게 갉아먹고, 갱도에 배설물을 채워 외부에서 피해를 발견하기 쉽지 않음

22 다음 중 호흡계의 기문 수가 가장 적은 곤충은?

① 나비 유충　② 나방 유충
③ 모기붙이 유충　④ 딱정벌레 유충

해설 **곤충의 기문**

- 기문은 기체가 출입하는 곳으로 보통 가슴에 2쌍, 배에 8쌍 모두 10쌍이 존재함
- 곤충의 종에 따라 다를 수 있음
- 일반적으로 곤충의 약측면(옆판)에 존재함

③ 모기붙이 유충은 기문이 없음

23 내배엽에서 만들어진 곤충의 소화기관은?

① 중장　② 소낭
③ 전위　④ 후장

해설 **곤충의 소화기관(소화계)**

- 전장과 후장은 외배엽의 함입에 의해 발생
- 내면에 표피(큐티클)가 있으며, 탈피 시 새로운 표피로 대체
- 중장은 내배엽에서 기원하여 발생하여 표피가 없음

24 감자나방의 피해에 대한 설명으로 가장 거리가 먼 것은?

① 감자에 배설물이 나와 있다.
② 어린 감자의 생장점을 파고 들어간다.
③ 감자 잎의 표피를 뚫고 들어가 앞뒤 표피만 남긴다.
④ 담배의 뿌리를 가해하고, 밖으로 배설물을 배출한다.

해설 **감자나방 피해양상**

- 감자의 생장점에 잠입, 잎의 표피를 파고들어 엽육을 식해
- 성충이 주로 감자의 눈 주위에 산란
- 부화유충은 괴경을 파먹음(그을음 같은 변 배출)

25 진딧물의 생식방법에 대한 설명으로 옳은 것은?

① 다른 곤충과는 달리 태생에 의해서만 번식한다.
② 양성생식과 단위생식을 함께하며 태생도 한다.
③ 단위생식과 난생에 의해서만 번식한다.
④ 난생과 태생을 번갈아 한다.

해설 **생식의 구분**

양성생식	암수가 교미하는 것으로 대부분의 곤충에 해당
단위생식	• 수정되지 않은 난자가 발육하여 성체가 되는 것 • 암컷만으로 생식(처녀생식, 단성생식) • 밤나무순혹벌, 민다듬이벌레, 벼물바구미, 수벌, 무화과깍지벌레, 여름철의 진딧물

26 온실 재배 토마토에 바이러스병을 매개하는 해충으로 가장 피해를 많이 주는 것은?

① 외줄면충　② 갈색여치
③ 담배가루이　④ 목화진딧물

해설 **베고모바이러스(Begomovirus)**

담배가루이에 의해 전염되어 발생하는 곤충병원성 바이러스로, 토마토 생산에 큰 피해를 끼침

27 누에의 휴면호르몬이 합성되는 곳은?

① 신경분비세포　② 카디아카체
③ 알레로파시　④ 알라타체

해설 **신경분비세포**

누에의 휴면, 즉 산란 번데기의 식도하신경절의 신경분비세포로부터 분배된 호르몬으로 알(씨눈)의 휴면성을 지배함

정답 20 ② 21 ③ 22 ③ 23 ① 24 ④ 25 ② 26 ③ 27 ①

28 다음 중 완전변태를 하지 않는 것은?

① 버들잎벌레　② 진달래방패벌레
③ 복숭아명나방　④ 솔수염하늘소

해설 곤충의 분류

무시아강(날개 없음)			톡토기, 낫발이, 좀붙이, 좀목
유시아강(날개 있음) -2차적으로 퇴화되어 없는 것도 있음	고시류		하루살이, 잠자리목
	신고시류	외시류(불완전변태)	집게벌레, 바퀴, 사마귀, 대벌레, 갈르와벌레, 메뚜기, 흰개미불이, 강도래, 민벌레, 다름이벌레, 털이, 이, 흰개미, 총채벌레, 노린재, 매미목
		내시류(완전변태)	벌, 딱정벌레, 부채벌레, 뱀잠자리, 풀잠자리, 약대벌레, 밑들이, 벼룩, 파리, 날도래, 나비목

29 배추좀나방에 대한 설명으로 옳지 않은 것은?

① 겨울철에도 월평균기온이 영상 이상이면 발육과 성장이 가능하다.
② 일부 지역에서는 낙하산 벌레라고도 한다.
③ 십자화과 채소류를 주로 가해한다.
④ 세대기간이 길어 번식속도가 느리다.

해설 배추좀나방

분류	나비목 좀나방과
기주식물	무, 배추, 양배추 등 십자화과 채소
형태적 특징	• 성충은 날개가 긴 장시형과 날개가 짧은 단시형이 있음 • 앞날개는 담갈색, 뒷날개는 투명 • 약충은 성충과 비슷한 모양의 작고 짧은 날개가 있음
피해 양상	유충은 실을 토하면서 낙하함(낙하산 벌레)
발생경과	• 성충, 유충, 번데기 형태로 월동(0℃ 이상 되는 남부지방에서 월동) • 6~7월에 중국 남부지역에서 남서풍을 타고 비래(돌발해충)

30 다음 중 유시류에 속하는 것은?

① 낫발이　② 하루살이
③ 좀붙이　④ 톡톡히

해설

문제 28번 해설 참조

31 솔나방에 대한 설명으로 옳지 않은 것은?

① 새로 난 잎을 식해하는 것이 보통이나 밀도가 높으면 묵은 잎도 식해한다.
② 유충이 소나무의 잎을 식해하며 심한 피해를 받은 나무는 고사하기도 한다.
③ 연 1회 발생하고 제5령 충으로 월동한다.
④ 주로 월동 후의 유충기에 식해한다.

해설 솔나방

분류	나비목, 솔나방과
기주식물	소나무, 해송, 리기다소나무
형태적 특징	• 성충은 암컷 40mm, 수컷 30mm • 어린 유충은 담회황색, 등에 검은 털이 많음 • 번데기는 방추형, 갈색 • 고치는 긴 타원형, 황갈색
피해 양상	• 솔나방의 유충 → 송충이 • 유충이 잎을 갉아먹음(피해가 심하면 고사함) → 식엽성 • 유충은 당년 가을과 다음 해 봄 두 차례 가해 • 전년도 10월경의 유충 밀도가 금년도 봄의 발생밀도 결정

32 다음 중 성충이 과실을 직접 가해하는 해충은?

① 복숭아명나방　② 배명나방
③ 으름밤나방　④ 포도유리나방

해설 으름밤나방의 피해 양상

• 성충이 직접 사과, 배, 복숭아 등의 과실 가해
• 과실 표면에 직접 구기를 찔러 흡즙

33 미각과 관계가 없는 곤충의 기관은?

① 큰턱　② 작은턱수염
③ 윗입술　④ 아랫입술수염

해설 곤충의 미각 기관

• 아랫입술과 윗입술, 후각 부족기관
• 아랫입술수염과 윗입술수염으로 추가 구성됨
• 곤충의 큰턱은 기주식물을 자르고 부수는 역할을 함

34 벼 줄기 속을 가해하여 새로 나온 잎이나 이삭이 말라 죽도록 하는 해충은?

① 진딧물　② 혹명나방
③ 이화명나방　④ 끝동매미충

정답 28 ② 29 ④ 30 ② 31 ① 32 ③ 33 ① 34 ③

해설 이화명나방

- 유충은 줄기 속으로 파고들어 가해함
- 1화기에는 엽초를 가해 후 줄기를 가해하며 황색의 심고경이 됨
- 2화기에는 이삭이 패기 전에 줄기가 고사하고 출수 후 백수 현상이 나타남

35 다음 중 유충에서 성충까지 입틀의 형태가 변하지 않는 것은?

① 꿀벌 ② 말매미
③ 학질모기 ④ 배추흰나비

해설 말매미

- 유충에서 성충까지 입틀의 형태가 변하지 않음
- 성충이 과수 및 활엽수의 이년생 가지에 알을 낳아 식물이 고사
- 알로 월동 후 이듬해 5～7월에 부화하여 땅속으로 들어가 6년 정도 약충 생활
- 1세대의 기간이 6년으로 김

36 다음 중 곤충 표피의 가장 바깥쪽에 있는 것은?

① 원표피 ② 왁스층
③ 기저막 ④ 시멘트층

해설 곤충의 표피

- 시멘트층은 표피의 최외각층으로 곤충의 수분조절에 관여함
- 곤충의 표피는 가장 바깥쪽부터 표피층－진피층－기저막으로 이루어짐

37 총채벌레목에 대한 설명으로 옳지 않은 것은?

① 단위생식도 한다.
② 산란관이 잘 발달하여 식물의 조직 안에 알을 낳는다.
③ 불완전변태군에 속한다.
④ 입틀의 좌우가 같다.

해설 총채벌레목의 특징

- 미소곤충
- 왼쪽 큰턱이 한 개만 발달 → 입틀의 좌우가 같지 않음
- 즙액을 빨아먹음
- 날개는 가늘고 길며 날개맥이 없음
- 가장자리에 긴 털이 규칙적으로 있음
- 식물에 기생(해충)
- 포식성도 있음(진딧물, 응애)

38 한여름 휴한기에 비닐하우스를 밀폐하고 토양온도를 높인 땅속 해충 방제법은?

① 화학적 방제법
② 환경적 방제법
③ 행동적 방제법
④ 물리적 방제법

해설 물리적(기계적) 방제법

- 간단한 기계나 기구 또는 손으로 해충을 잡는 방제법
- 많은 노동력이 필요함
- 해충의 발견이 쉬운 조건에서 사용 가능

39 분류학적으로 개미가 속하는 곤충목은?

① 딱정벌레목 ② 총채벌레목
③ 노린재목 ④ 벌목

해설 벌목의 종류(완전변태류, 내시류)

벌, 말벌, 개미, 잎벌

40 다음 중 유약호르몬이 분비되는 기관은?

① 더듬이샘
② 앞가슴샘
③ 알라타체
④ 카디아카체

해설 알라타체

- 알라타체에서 분비하는 호르몬으로 성충으로의 발육 억제, 탈피 억제, 변태 조절에 관여함
- 유충 호르몬(유약 호르몬, 변태 조절 호르몬)
- 성충기에 가까워지면 호르몬 분비량 감소

03 재배원론

41 다음 중 휴작의 필요기간이 가장 긴 작물은?

① 벼 ② 고구마
③ 토란 ④ 수수

정답 35 ② 36 ④ 37 ④ 38 ④ 39 ④ 40 ③ 41 ③

해설 휴작기간에 따른 작물의 구분

연작의 해가 적은 작물	벼, 맥류, 옥수수, 조, 수수, 고구마, 삼, 담배, 무, 양파, 당근, 호박, 아스파라거스
1년간 휴작이 필요한 작물	시금치, 콩, 파, 생강
2~3년간 휴작이 필요한 작물	감자, 오이, 참외, 토란, 강낭콩
5~7년간 휴작이 필요한 작물	수박, 가지, 우엉, 고추, 토마토
10년 이상 휴작이 필요한 작물	인삼, 아마

42 다음 중 자연교잡률이 가장 낮은 것은?

① 수수 ② 밀
③ 아마 ④ 보리

해설 자연교잡률

- 자식성 작물 : 4% 이하(벼, 보리, 콩, 완두, 밀)
- 타식성 작물 : 5% 정도
- 자식과 타식을 겸하는 작물 : 자연교잡률이 높음

43 답압을 진행하면 안 되는 경우는?

① 분얼이 황성해질 경우
② 유수가 생긴 이후일 경우
③ 월동 전 생육이 왕성할 경우
④ 월동 중 서릿발이 설 경우

해설 답압을 하는 이유

- 답압 : 식물의 씨를 파종한 후 밟아 주는 작업
- 매우 작은 식물이나 토양이 건조할 때 실시
- 봄철 건조한 토양을 밟아 주면 토양의 비산을 줄이고 수분을 지녀 건조해를 줄임

44 식물체에서 기관의 탈락을 촉진하는 식물생장조절제는?

① 옥신 ② 지베렐린
③ 사이토키닌 ④ ABA

해설 ABA의 재배적 활용

- 잎의 노화 및 낙엽 촉진
- 스트레스 호르몬
- 휴면아 형성 및 휴면 유도 호르몬
- 발아 억제

45 화성 유도 시 저온 · 장일이 필요한 식물의 저온이나 장일을 대신하는 가장 효과적인 식물호르몬은?

① 지베렐린 ② CCC
③ MH ④ ABA

해설 지베렐린의 지배적 활용

- 휴면타파 및 발아 촉진
- 경엽 신장 촉진 및 수량 증대
- 화성 유도 및 개화 촉진
- 성분 변화 : 지베렐린 처리 후 뽕나무에 단백질 증가

46 눈이 트려고 할 때 필요하지 않은 눈을 손끝으로 따주는 것을 무엇이라 하는가?

① 적아
② 환상박피
③ 절상
④ 휘기

해설

- 적아 : 눈이 트려고 할 때 필요하지 않는 눈을 손끝으로 따주는 것
- 적엽 : 과도하게 무성한 잎을 일부 제거해 주는 것

47 작물의 내동성에 대한 설명으로 옳은 것은?

① 포복성인 작물이 직립성보다 약하다.
② 세포 내의 당 함량이 높으면 내동성이 감소된다.
③ 원형질의 수분투과성이 크면 내동성이 증대된다.
④ 작물의 종류와 품종에 따른 차이는 경미하다.

해설 작물의 내동성 정도

작물의 종류와 품종에 따라 내동성의 차이가 있으며, 내동성이 강한 작물의 조건은 다음과 같음

- 세포 내의 자유수 함량이 적을수록
- 세포액의 삼투압이 높을수록
- 유지 함량이 높을수록
- 가용성 당 함량이 높을수록
- 전분 함량이 낮을수록
- 세포 내 칼슘과 마그네슘 성분은 세포 내 결빙을 억제
- 포복성 > 직립성
- 잎의 색이 진함 > 잎의 색이 연함
- 생장점의 위치가 땅속 깊음 > 생장점의 위치가 땅속 얕음

정답 42 ④ 43 ② 44 ④ 45 ① 46 ① 47 ③

48 다음 중 중일성 식물은?

① 코스모스　② 토마토
③ 나팔꽃　④ 국화

해설 일장에 의한 식물의 구분

단일성 식물	일조량 12시간 이하 예 국화, 코스모스, 포인세티아, 맨드라미, 게발선인장, 시네라리아 등
중일성 식물	일조량에 영향을 받지 않음 예 장미, 튤립, 팬지, 다알리아, 수산화, 토마토 등
장일성 식물	일조량 12시간 이상 예 피튜니아, 과꽃, 데이지, 금어초, 금잔화, 카네이션, 백합 등

49 풍해를 받았을 경우 작물체에 나타나는 생리적 장해로 가장 거리가 먼 것은?

① 광합성의 감퇴　② 호흡의 증대
③ 작물체온의 증가　④ 작물체의 건조

해설 풍해로 인한 직접적인 생리 장해

- 호흡 증대
- 광합성의 감퇴
- 작물체의 건조
- 작물체온의 저하
- 염풍의 피해

50 다음 중 작물의 적산온도가 가장 낮은 것은?

① 담배　② 벼
③ 메밀　④ 아마

해설 작물의 유효온도(적산온도)

벼	3,500~4,500℃(가장 높음)
추파맥류	1,700~2,300℃
콩	2,500~3,000℃
감자	1,300~3,000℃
메밀	1,000~1,200℃(가장 낮음)

51 다음 중 수중에서 발아가 가장 어려운 작물은?

① 벼　② 상추
③ 당근　④ 콩

해설

수중발아 가능 종자	벼, 상추, 당근, 셀러리, 피튜니아 등
수중발아 불가능 종자	콩, 밀, 수수, 귀리, 메밀, 무, 양배추, 고추, 가지, 호박, 파 등

52 녹체춘화형 식물로만 나열된 것은?

① 추파맥류, 봄무　② 사리풀, 양배추
③ 봄무, 잠두　④ 완두, 잠두

해설 녹체춘화형 식물

- 일정한 크기에 달한 녹체기에 저온에 감응
- 양배추, 사리풀 등이 해당됨

53 다음 중 작물의 복토 깊이가 가장 깊은 것은?

① 오이　② 당근
③ 생강　④ 파

해설 작물의 복토 깊이

얕게	미립종자, 파, 양파, 당근, 상추, 배추
0.5~1cm	가지, 토마토, 오이, 고추
1.5~2cm	조, 기장, 수수, 무, 시금치
2.5~3cm	보리, 밀, 호밀, 귀리
5cm 정도	잠두, 강낭콩, 생강

54 다음 중 CO_2 보상점이 가장 낮은 식물은?

① 밀　② 보리
③ 벼　④ 옥수수

해설 보상점

- 광합성에 의해 줄어드는 CO_2의 양과 호흡에 의해 방출되는 CO_2의 양이 같은 때의 빛의 세기
- 옥수수 등 C_4 식물의 경우 C_3 식물보다 광포화점은 높고 CO_2 보상점은 낮음

55 다음 중 뿌림골을 만들고 그곳에 줄지어 종자를 뿌리는 방법으로 옳은 것은?

① 적파　② 점파
③ 산파　④ 조파

정답 48 ② 49 ③ 50 ③ 51 ④ 52 ② 53 ③ 54 ④ 55 ④

해설

① 적파 : 점파를 할 때 한 곳에 여러 개의 종자를 파종하는 경우(목초, 맥류)
② 점파 : 일정한 간격으로 줄을 지어 파종하는 방법(균일한 생육 조건이 만들어짐)
③ 산파 : 흩어 뿌리기

56 벼의 침관수 피해가 가장 크게 나타나는 조건은?

① 고수온, 유수, 청수
② 고수온, 정체수, 탁수
③ 저수온, 정체수, 탁수
④ 저수온, 유수, 청수

해설 침관수 피해 조건

- 고온수 : 온도가 높은 물
- 정체수 : 머물러 있는(흐르지 않는) 물
- 탁수 : 탁한 물

57 다음 중 동상해 대책으로 틀린 것은?

① 방풍시설 설치 ② 파종량 경감
③ 토질 개선 ④ 품종 선정

해설 동상해 대책

- 방풍시설 설치, 토질 개선을 통해 서릿발의 발생 억제
- 작물 품종의 선택 시 내동성이 강한 품종 선택
- 재배적인 대책으로는 보온재배, 이랑을 세워 뿌림골을 깊게 함, 칼리질 비료 증시, 적기 파종, 한지에서 파종량을 늘림, 과도하게 자랄 경우 서릿발이 설 때 답압(踏壓)을 함

58 다음 중 식물학상 과실로 과실이 나출된 식물은?

① 쌀보리 ② 겉보리
③ 귀리 ④ 벼

해설 식물학상 과실로 과실이 나출된 식물

쌀보리, 밀, 옥수수, 제충국, 메밀, 삼, 차조기, 우엉, 쑥갓, 근대, 시금치 등

59 다음 중 땅속줄기로 번식하는 작물은?

① 베고니아 ② 마
③ 생강 ④ 고사리

해설 근경(뿌리줄기)

연, 생강, 박하, 홉

60 다음 중 인과류로만 나열되어 있는 것은?

① 사과, 배 ② 복숭아, 자두
③ 무화과, 밤 ④ 감, 딸기

해설 인과류

- 씨가 굳은 껍데기로 되어 있는 과실
- 배, 사과, 비파

04 농약학

61 Fenthion 30% 유제를 500배로 희석해서 10a당 144L를 살포하여 해충을 방제하고자 할 때 Fenthion 30% 유제의 소요량(mL)은?

① 144 ② 188
③ 244 ④ 228

해설 소요약량

$$= \frac{\text{총 사용량}}{\text{희석배수}}$$

$$= \frac{114}{500} = 0.228\text{L} = 228\text{mL}$$

62 소나무에서 발생하는 솔나방을 방제하는 데 주로 사용할 수 있는 유기인계 약제는?

① Trifluralin
② Fenitrothion
③ Chlorothalonil
④ Glufosinate ammonium

해설

① 트리플루라린(Trifluralin) : 접촉형 디니트로아닐린계 제초제
② 페니트로티온(Fenitrothion) : 유기인계 살충제
③ 클로로탈로닐(Chlorothalonil) : 유기염소계 살균제
④ 글루포시네이트 암모늄(Glufosinate ammonium) : 포스포노 아미노산계 제초제

정답 56 ② 57 ② 58 ① 59 ③ 60 ① 61 ④ 62 ②

63 살초작용에 따른 제초제의 구분에서 식물체의 뿌리로부터 위쪽으로만 약 성분이 전달되는 제초제는?

① 호르몬형 ② 비호르몬형
③ 접촉형 ④ 이행형

해설 제초제 이행
- 단거리 이행 : 세포와 세포의 이행
- 장거리 이행 : 뿌리에서 잎으로의 물관부 이행 및 잎에서 뿌리로의 채관부 이행

64 전착제에 대한 설명으로 적절하지 못한 것은?

① 우리나라에서는 농약의 범주에 속한다.
② 유효성분의 측정은 표면장력으로 확인한다.
③ 농약의 밀도를 높여 균일 살포를 돕는다.
④ 농약의 주성분을 식물체에 잘 확전, 부착시키기 위한 보조제이다.

해설 전착제
- 농약의 주성분을 병해충이나 식물체에 잘 전착시키기 위한 약제
- 약제의 확전성, 현수성, 고착성을 도와줌

65 과실의 착색 · 숙기 촉진을 위하여 주로 사용되는 약제는?

① Butralin ② Indoxacarb
③ Calcium carbonate ④ Ethephon

해설 에테폰(Ethephon)
- 액상의 물질로 식물에 살포하면 분해되어 에틸렌을 발생시키는 약제
- pH 7 이상의 알칼리에서 에틸렌이 발생
- 과실의 착색 촉진
- 배, 포도 등의 숙기 촉진용으로 활용

66 Kasugamycin 및 Streptomycin과 같은 살균제의 작용기작은?

① 호흡 저해 ② 단백질 합성 저해
③ 세포벽 형성 저해 ④ 세포막 형성 저해

해설 농용 항생제 : 단백질 합성 저해
- 가스가마이신(Kasugamycin) : 살균제
- 스트렙토마이신(Streptomycin) : 방선균 일종(항생물질)

67 농약관리법령상 농약의 방제 대상이 아닌 것은?

① 곤충 ② 응애
③ 선충 ④ 천적

해설 농약의 정의

「농약관리법상」 농약은 농작물(수목, 농 · 임산물)을 포함하여 균, 곤충, 응애, 선충, 바이러스, 잡초, 기타 달팽이, 조류 또는 야생동물과 이끼류 또는 잡목의 방제에 사용하는 살균제, 살충제, 제초제, 기타 기피제, 유인제, 전착제와 농작물의 생리기능을 증진하거나 억제하는데 사용하는 약제를 의미함

68 식물생장조절제(PGR : Plant Growth Tegulator)로 사용되지 않은 농약은?

① Gibberellic acid ② 1-Naphthylacetamide
③ Mepiquat chloride ④ Monocrotophos

해설 모노크로토포스(Monocrotophos)

유기인계 살충제(조류, 꿀벌에 대한 독성)

69 저장 곡류(穀類)에 주로 사용되는 훈증제(Fumigant)는?

① Triclopyr-TEA ② Procymidone
③ Methyl bromide ④ Alpha-cypermethrin

해설

③ 메틸브로마이드(Methyl bromide) : 유기합성제로 현미나 밀에 활용되는 훈증제

70 침투성 제초제로 아래와 같은 구조를 갖는 성분은?

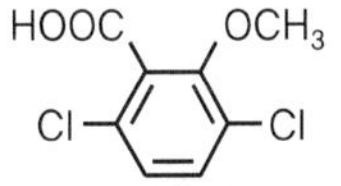

① IAA ② 2,4-D
③ Dicamba ④ Fluroxypyr

해설 디캄바(Dicamba)
- 호르몬 작용 교환형 벤조산계 제초제
- 수산기(-OH)와 염소(Cl) 등으로 구성
- 곡류, 아스파라거스, 사탕수수 등 잎이 넓은 한해살이 풀과 여러해살이 식물에 쓰이는 제초제
- 선택적 침투성 제초제

정답 63 ④ 64 ③ 65 ④ 66 ② 67 ④ 68 ④ 69 ③ 70 ③

71 **농약 등록을 위한 농약안전성 평가항목 중 환경생물독성에 해당되는 것은?**

① 급성독성
② 어독성
③ 아급성독성
④ 신경독성

해설 농약 등록 시 농약안전성 평가항목

일반독성	급성독성, 아급성독성, 아만성독성, 만성독성, 변이원성, 신경독성, 자극성, 특수독성
환경독성	어독성, 조류독성, 기타 환경생물
잔류성	작물잔류, 환경잔류

72 **비침투성 살균제인 Mancozeb에 대한 설명으로 옳은 것은?**

① 유기유황계 농약이다.
② 무기유황계 농약이다.
③ 구리화합물이다.
④ 유기수은제 농약이다.

해설 만코제브(Mancozeb) : 유기유황계 농약

- 디티오카바메이트(Dithiocarbamate)계의 유기유황계 보호살균제
- 작물의 탄저병을 비롯한 광범위한 병해에 사용
- 고온다습 조건에서 불안정

73 **Pyrethrin 살충제의 주요 살충기작은?**

① 원형질독 ② 호흡독
③ 근육독 ④ 신경독

해설 피레트린(Pyrethrin)

- 제충국의 유효성분
- 곤충의 신경계통에 작용하여 마비(살충 효과) 속효성
- 파리, 모기 등 위생해충 구제 → 혼혈동물에는 독성 없음

74 **약해의 원인으로 가장 거리가 먼 것은?**

① 농약제제에 불순물의 혼입
② 표준 사용량보다 적게 사용
③ 원제 부성분에 의한 이상 발생
④ 동시사용으로 인한 약해

해설 농약에 의한 약해

- 기준약량 이상 살포에 의한 약해
- 척박한 논에 제초제 사용으로 인한 약해
- 농약의 중복 및 근접 살포로 인한 약해
- 표류비산에 의한 약해
- 휘산에 의한 약해
- 잔류농약에 의한 약해
- 작물의 특성에 따른 약해
- 환경조건에 따른 약해
- 농약 희석용수의 불량에 따른 약해

75 **Captan(Orthocide)의 구조식은?**

①
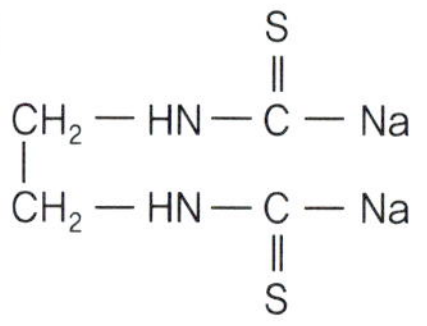

②
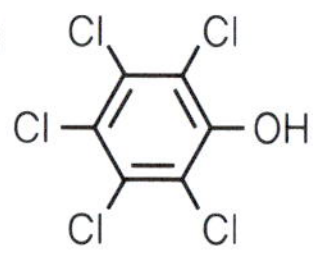

③
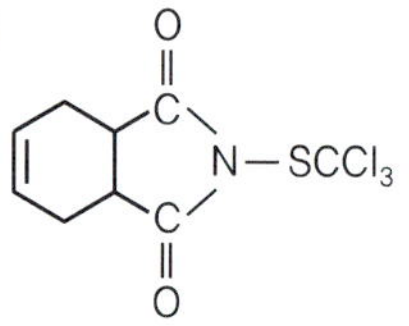

④
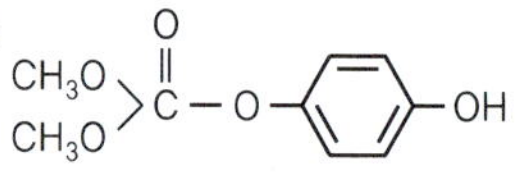

해설 캡탄 오소사이드[Captan(Orthocide)]

- 생체 내에서 산화·환원에 관여하는 효소 중 SH기를 가진 효소의 활성을 저해하는 SH 저해제
- $NSCl_3$기에 의한 살균작용
- 살균제(과수, 채소에 널리 활용됨)
- 인삼 탄저병, 배나무 검은별무늬병, 맥류 줄무늬마름병, 뽕나무 눈마름병에 사용

76 **벼 재배용 농약의 사용량을 고려한 어독성 구분을 위한 아래 식에 대한 설명 중 틀린 것은?**

$$Z = \frac{Y}{X}$$

① 계산결과 $Z>5$일 경우 I급으로 구분한다.
② 계산결과 $Z<0.1$일 경우 Ⅲ급으로 구분한다.
③ X는 농약 등의 어류 LD_{50}(mg/L)이다.
④ Y는 농약 등의 논물 중 기대농도치(mg/L, 수심 5cm)이다.

정답 71 ② 72 ① 73 ④ 74 ② 75 ③ 76 ③

해설 농약 위험도 평가

- 위험도(Z)는 농약의 논물 중 기대농도치(Y)를 농약제제의 어류 $LC_{50}(X)$로 나누어 평가함
- 5 이상이면 1급, 0.1 이하면 3급, 그 사이면 2급으로 평가함

77 농약관리법령상 고독성 농약에 해당하는 농약의 급성 경구독성(LF_{50})은?(단, 농약은 고체이며, 단위는 mg/kg 체중이다.)

① 5 미만
② 5 이상, 50 미만
③ 50 이상, 500 미만
④ 500 이상

해설

구분	시험동물의 반수를 죽일 수 있는 양(mg/kg 체중)			
	급성경구		급성경피	
	고체	액체	고체	액체
1급 맹독성	5 미만	20 미만	10 미만	40 미만
2급 고독성	5 이상 50 미만	20 이상 200 미만	10 이상 100 미만	40 이상 400 미만
3급 보통독성	50 이상 500 미만	200 이상 2,000 미만	100 이상 1,000 미만	400 이상 4,000 미만
4급 저독성	500 이상	2,000 이상	1,000 이상	4,000 이상

78 농약 보조제가 아닌 것은?

① 용제　② 계면활성제
③ 증량제　④ 도포제

해설 농약 보조제

살충제의 효력을 높이기 위해 첨가하는 보조 물질
- 용제 : 약제의 용해를 통해 잘 녹게 함
- 유화제 : 계면활성제로 물속에 약제가 균일하게 분산
- 전착제 : 약제의 확전성, 현수성, 고착성을 높임
- 증량제 : 약제의 주성분의 농도를 낮춤
- 협력제 : 유효성분의 효력을 증진하여 시너지스트 효과를 발휘

79 농약관리법령상 대립제(GC)의 검사항목은?

① 확산성　② 수화성
③ 분말도　④ 가비중

해설 대립제(GC)

- 논둑이나 논 안에 던져 넣거나, 무인헬기를 이용하는 항공방제가 가능한 제형
- 농약관리법령상 대립제의 검사항목 : 확산성
- 제형의 농약 약효보증기간을 설정하기 위한 시험 : 확산성 시험, 저온안전성 시험, 내열내한성 시험

80 다음 중 입자(粒子)의 크기가 가장 큰 제형은?

① 입제　② 분제
③ 수화제　④ 정제

해설 정제(TB : Tablet)

- 의약품에서의 알약 같은 정제와 유사한 기술을 이용하여 젖은 슬러리나 건조분말 또는 단단한 형태로 생산되나 물에 투하 시 쉽게 풀어짐
- 저장 농산물 중 해충 방제용으로 사용됨
- 입상물 형태를 압축하여 제제화된 것

05 잡초방제학

81 다음 중 벼와 광경합이 가장 크게 일어나는 잡초는?

① 논둑외풀　② 올미
③ 쇠털골　④ 강피

해설 피

- 화본과 일년생 논잡초
- 잎에 잎혀(엽설)와 잎귀(엽이)가 없어 벼와 구별됨
- 논, 밭 등에 발생
- 벼와 광경합이 가장 큰 잡초
- 변종 : 강피, 물피, 돌피

82 다음 중 사초과 잡초가 아닌 것은?

① 둑새풀　② 향부자
③ 올방개　④ 너도방동사니

해설 방동사니과(사초과) 잡초

너도방동사니, 올챙이고랭이, 올방개, 향부자, 매자기, 파대가리, 바람지기 등

정답 77 ② 78 ④ 79 ① 80 ④ 81 ④ 82 ①

83 상호대립억제작용에 대한 설명으로 옳은 것은?

① 쌍자엽식물에는 있으나 단자엽식물에는 없다.
② 작물과 작물 간에는 일어나지 않는다.
③ 타감작용이라고 하기도 한다.
④ 작물은 발아 시에만 피해를 받는다.

해설 상호대립억제작용(타감작용)

식물체 내의 특정 물질이 분비되어 주변 식물의 발아나 생육을 억제하는 작용

84 잡초 종자의 산포방법으로 틀린 것은?

① 가막사리 : 바람에 잘 날려서 이동함
② 소리쟁이 : 물에 잘 떠서 운반됨
③ 바랭이 : 성숙하면서 흩어짐
④ 메귀리 : 사람이나 동물 몸에 잘 부착함

해설 종자의 이동형태

- 솜털, 깃털 등에 싸여 바람에 날리는 형태 : 민들레, 망초 등
- 꼬투리가 물에 부유하는 형태 : 소리쟁이, 벗풀 등
- 갈고리 모양 돌기 등으로 인축에 부착하는 형태 : 도깨비바늘, 도꼬마리, 메귀리, 가막사리 등
- 결실하면 꼬투리가 흩어지는 형태 : 달개비 등

85 이년생 잡초에 대한 설명으로 틀린 것은?

① 망초, 냉이, 방가지똥 등이 있다.
② 2년 동안에 생활환을 완전히 끝낸다.
③ 월동기간에 화아가 분화하며 주로 온대지역에서 볼 수 있는 잡초이다.
④ 주로 봄과 여름에 발생하여 같은 해 여름과 가을까지 결실하고 고사한다.

해설 동계 일년생(월년생, 이년생)

- 초가을에 발생, 월동 후 다음 해 여름까지 결실 및 고사
- 종류 : 둑새풀, 냉이, 망초, 별꽃, 벼룩나물, 갈퀴덩굴, 속속이풀, 개미자리 등

86 잡초의 유용성에 대한 설명으로 틀린 것은?

① 토양의 침식을 방지한다.
② 병해충 전파를 막아준다.
③ 토양에 유기물을 공급한다.
④ 상황에 따라 작물로써 활용할 수 있다.

해설 잡초의 유용성

- 토양에 유기물과 퇴비 공급
- 야생동물의 먹이와 서식처 제공
- 토양침식 및 토양유실 방지
- 자연경관을 아름답게 하거나, 환경보전에 효과적
- 작물 개량을 위한 유전자 자원으로 활용
- 오염된 물이나 토양 정화

87 다음 중 지하경으로 번식이 가능한 잡초로 가장 거리가 먼 것은?

① 향부자　② 올방개
③ 올미　④ 돌피

해설 괴경(지하경)으로 번식하는 잡초의 종류

올방개, 올미, 벗풀, 매자기, 향부자, 너도방동사니 등

88 발아의 계절성에 대한 설명으로 옳은 것은?

① 습도에 반응하여 발아하는 특성이다.
② 광도에 반응하여 발아하는 특성이다.
③ 온도에 반응하여 발아하는 특성이다.
④ 일장에 반응하여 발아하는 특성이다.

해설 발아의 계절성

발생 계절의 일장에 반응하여 휴면이 타파되고 발아함

89 방동사니과 잡초가 아닌 것은?

① 참새피　② 매자기
③ 올방개　④ 올챙이고랭이

해설

문제 82번 해설 참조

90 다음 중 잡초의 초형이 가장 작은 것은?

① 가막사리　② 쇠털골
③ 올방개　④ 피

해설 잡초의 초형

- 극대형 : 갈대, 피, 너도방동사니 등
- 극소형 : 올미, 쇠털골, 마디꽃, 선피막이 등

정답 83 ③　84 ①　85 ④　86 ②　87 ④　88 ④　89 ①　90 ②

91 밭잡초로만 나열되지 않은 것은?

① 개비름, 닭의장풀
② 깨풀, 좀바랭이
③ 가래, 여뀌바늘
④ 메귀리, 속속이풀

해설 잡초의 구분

일년생	논잡초	둑새풀, 피, 바늘골, 바람하늘지기, 알방동사니, 참방동사니, 곡정초, 마디꽃, 물달개비, 물옥잠, 밭둑외풀, 사마귀풀, 생이가래, 여뀌, 여뀌바늘, 자귀풀, 중대가리, 닭의장풀
	밭잡초	강아지풀, 개기장, 둑새풀, 바랭이, 피, 바람하늘지기, 참방동사니, 파대가리, 개비름, 까마중, 명아주, 쇠비름, 여뀌, 자귀풀, 환삼덩굴, 주름잎, 석류풀, 도꼬마리, 깨풀, 속속이풀
다년생	논잡초	나도겨풀, 너도방동사니, 매자기, 쇠털골, 올방개, 올챙이고랭이, 파대가리, 가래, 개구리밥, 네가래, 미나리, 벗풀, 올미, 좀개구리밥
	밭잡초	반하, 쇠뜨기, 쑥, 토끼풀, 메꽃
월년생	밭잡초	망초, 중대가리풀, 황새냉이, 메귀리

92 벼와 피를 구분할 때 주요한 형태적 차이점은?

① 잎초와 떡잎의 유무
② 잎선와 엽초의 유무
③ 엽신과 잎선의 유무
④ 잎혀와 엽이의 유무

해설 피

- 화본과 일년생 논잡초
- 잎에 잎혀(엽설)와 잎귀(엽이)가 없어 벼와 구별됨
- 논, 밭 등에 발생함
- 벼와 광경합이 가장 큰 잡초
- 변종 : 강피, 물피, 돌피

93 잡초의 밀도가 증가되면 작물의 수량이 감소한다. 이에 따라 어느 밀도 이상으로 잡초가 존재하면 작물의 수량이 현저히 감소되는 수준까지의 밀도를 무엇이라 하는가?

① 경제적 허용밀도
② 잡초허용 한계밀도
③ 잡초허용 최대밀도
④ 잡초피해 한계밀도

해설 잡초허용 한계밀도

- 잡초의 밀도가 증가하면 작물의 수량이 감소하게 되는데, 어느 밀도 이상으로 잡초가 존재하면 작물의 수량이 현저하게 감소하는 잡초의 밀도
- 잡초의 박멸이 아닌 피해양상에 따른 방제, 억제, 예방을 통해 발생 밀도를 감소시킴

94 잡초의 생육 특성에 대한 설명으로 틀린 것은?

① 바랭이, 여뀌는 건조에 대한 내성이 크다.
② 향부자, 별꽃은 토양의 산소 농도가 낮아도 잘 발생한다.
③ 잡초 종자가 무거울수록 출아심도가 깊다.
④ 갈퀴덩굴, 둑새풀은 주로 비옥한 땅에서 발생하는 습성이 있다.

해설 산소요구도가 높은 호기성 잡초

너도방동사니, 바랭이, 향부자 등

95 다음 중 잔디밭에 가장 많이 발생하는 잡초로만 나열된 것은?

① 민들레, 명아주
② 여뀌, 물피
③ 한련초, 개비름
④ 토끼풀, 꽃다지

해설 잔디밭 잡초

클로버(토끼풀), 민들레, 망초, 꽃다지, 명아주, 쇠뜨기 등

96 잡초의 생장형에 따른 분류로 틀린 것은?

① 총생형 : 둑새풀
② 분지형 : 광대나물
③ 포복형 : 가막사리
④ 직립형 : 명아주

해설 생장형에 따른 잡초의 분류

직립형	명아주, 가막사리, 쑥부쟁이
포복형	메꽃, 쇠비름, 선피막이
총생형	억새, 둑새풀
분지형	광대나물, 애기땅빈대, 석류풀, 사마귀풀
로제트형	민들레, 질경이
만경형	거지덩굴, 환삼덩굴, 메꽃

97 다음 중 포자로 번식하는 것은?

① 가래
② 개구리밥
③ 생이가래
④ 방동사니

해설 생이가래(부유성 광엽 일년생 논잡초)

- 잎이 3개씩 돌려 나지만 2개는 마주보며 물에 뜨고 하나는 물속에서 뿌리 역할을 함
- 포자로 번식하며 물속에 들어 있는 잎의 밑부분에 포자낭과(胞子囊果) 형성

정답 91 ③ 92 ④ 93 ② 94 ② 95 ④ 96 ③ 97 ③

98 잡초 종자가 휴면하는 원인으로 거리가 가장 먼 것은?

① 배의 미숙
② 생장조절물질의 불균형
③ 물의 투수성 방해
④ 탄산가스의 결핍

해설 잡초 종자의 휴면 원인

- 경실
- 종피의 기계적 저항
- 발아 억제물질의 존재
- 종피의 산소 흡수 저해
- 배의 미숙

99 잡초 종자의 모양이 올바르게 연결된 것은?

① 포크 모양 : 바랭이, 어저귀
② 낙하산 역할의 솜털 : 망초, 민들레
③ 비늘 모양의 가시 : 명아주, 도깨비바늘
④ 낚싯바늘 모양의 돌기 : 도꼬마리, 달개비

해설

문제 84번 해설 참조

100 다음 중 발아 적온이 가장 높은 것은?

① 매귀리 ② 올챙이고랭이
③ 향부자 ④ 둑새풀

해설 발아 적온

- 잡초 종자는 보통 발아 적온이 일정하지 않지만 보통 15~30℃, 최저온도 0~15℃, 최고온도 25~45℃ 정도
- 매귀리, 둑새풀 : 20℃
- 향부자 : 20~30℃
- 올챙이고랭이 : 30~35℃

정답 98 ④ 99 ② 100 ②

PART 07

CBT 실전모의고사

Plant Protection

CBT 실전모의고사 기사 1회

01 식물병리학

01 사과나무 겹무늬썩음병의 방제방법으로 부적당한 것은?

① 토양 소독 ② 저항성 품종 재배
③ 약제의 주기적 살포 ④ 병든 과실이나 가지 제거

02 형광항체법을 이용하는 식물병 진단방법은?

① 해산분석에 의한 진단 ② 이화학적 진단
③ 혈청학적 진단 ④ 생물학적 진단

03 과수 탄저병이나 사과나무 부란병 등은 병든 가지나 줄기에서 월동한 병원체가 다음 해 전염원이 되는데, 이들 전염원을 제거하는 방제법은?

① 토양소독 ② 기계적 방제
③ 포장위생 ④ 윤작

04 아밀라리아(Armillaria) 뿌리썩음병균에 의해 나타나는 증상이 아닌 것은?

① 균핵
② 자실체 버섯
③ 근상균사속(뿌리 모양의 균사다발)
④ 부채꼴 모양의 흰색 균사다발

05 병든 식물체에 살포하거나 주입하면 병장이 감소하며, 때때로 바이러스 입자가 사라지는 경우도 있는 항바이러스성 물질로 알려진 것은?

① Cycloheximide ② Ribavirin
③ Tetracycline ④ Benomyl

06 무성포자에 해당하는 것은?

① 난포자 ② 분생포자
③ 자낭포자 ④ 담자포자

07 표징(Sign)은 관찰되지만, 배양이 어려운 병원체에 의해 발생하는 병만 나열된 것은?

① 포도나무 피어스병 · 노균병
② 뽕나무 오갈병 · 녹병
③ 대추나무 빗자루병 · 역병
④ 참외 흰가루병 · 노균병

08 식물바이러스의 분류 기준이 되는 특성이 아닌 것은?

① 세포벽의 구조
② 핵산의 종류
③ 매개체의 종류
④ 입자의 형태적 특성

09 파이토플라스마(Phytoplasma)의 특성으로 옳은 것은?

① 테트라사이클린(Tetracycline)계 항생물질에 내성을 나타낸다.
② 부생체(Saprophyte)이다.
③ 세포벽이 없다.
④ 세포는 막대 모양(Rod－shaped)이다.

10 아일랜드에 큰 기근으로 인하여 100만 명을 굶어 죽게 하였던 식물병은?

① 밀녹 ② 옥수수 깨씨무늬병
③ 감자 바이러스병 ④ 감자 역병

11 **Bacteriophage란?**

① 세균에 기생하는 바이러스
② 식물에 기생하는 세균
③ 식물에 기생하는 곰팡이
④ 곰팡이에 기생하는 바이러스

12 **식물체에 암종(Gbabaotall)을 형성하며, 유전공학 연구에 많이 쓰이는 식물병원 세균은?**

① *Xanthomonas campestris*
② *Clavibacter michiganensis*
③ *Erwinia amylovora*
④ *Agrobaoterjum tumefaciens*

13 **보리에 발생하는 병해 중 바이러스에 의한 것은?**

① 흰가루병 ② 줄무늬병
③ 붉은곰팡이병 ④ 줄무늬모자이크병

14 **다음 설명 중 병의 표징은?**

잎은 시들고 흑색으로 변해 말라 죽었으며, 병환부에서 황색 점액이 누출된다.

① 말라 죽음 ② 황색 점액
③ 잎의 시들음 ④ 흑색으로 변함

15 **도열병에 대한 설명으로 틀린 것은?**

① 병원균의 학명은 *Magnaporthe oryzae*이다.
② 잎에 처음에는 암녹갈색 같은 작은무늬가 생기고 나중에 장방추형이 된다.
③ 병원균의 분생포자는 곤봉형이며 3개의 격막을 가지고 있다.
④ 관개하거나 강수량이 많은 곳에서 재배하며, 다량의 질소 비료를 사용하는 곳에서는 가장 중요한 병이다.

16 **벼 도열병균의 레이스(Race)를 구분할 때 사용하는 판별품종이 아닌 것은?**

① 인도계(T) 품종군
② 일본계(N) 품종군
③ 필리핀계(R) 품종군
④ 중국계(C) 품종군

17 **글루티노사 담배(Nicotiana glutinosa)에 TMV를 접종했을 때 가장 잘 나타나는 현상은?**

① 잠복감염(Latent infection)
② 국부병징(Local lesion)
③ 전신감염(Systemic infection)
④ 병징 은폐(Masking)

18 **소나무재선충(Pine Wood Nematode)에 의한 소나무 시들음병(*Pine Wilt Disease*)의 방제법으로 사용할 수 없는 것은?**

① 매개충 방제
② 중간기주 제거
③ 감염목 제거 및 훈증
④ 내병성 품종 육성

19 **병원의 종류가 나머지 셋과 다른 점은?**

① 채소류 무름병
② 가지과 풋마름병
③ 화곡류 녹병
④ 사과나무 불마름명

20 **동물 유전자에 의해 코딩되지만 식물체 내에서 식물에 의해 생성되는 항체는?**

① Plantibody ② Microbody
③ X－body ④ Chromobody

02 농림해충학

21 유충이 주로 사과나무, 복숭아나무 등과 과실수의 잎을 가해하며, 1년에 6회 발생하지만 최근에는 발생이 드문 해충은?

① 솔나방 ② 흑명나방
③ 은무늬굴나방 ④ 미국흰불나방

22 솔잎혹파리의 생태적 특징으로 옳지 않은 것은?

① 성충의 수명이 1~2개월로 긴 편이다.
② 유충 상태로 땅속이나 벌레혹 속에서 월동한다.
③ 부화한 유충이 새로 자라는 솔잎 아랫부분에 벌레혹을 만든다.
④ 암컷 성충은 소나무류의 잎에 알을 6개 정도씩 무더기로 낳는다.

23 해충의 발생 및 피해에 대한 설명으로 옳지 않은 것은?

① 해충번식력은 번식능력과 환경저항의 관계에 따라 증감한다.
② 피해사정식이란 해충의 가해와 감수량의 관계를 표시한 것이다.
③ 환경저항에는 기상 등의 물리적 요인과 천적 등의 생물적 요인이 포함된다.
④ 번식능력을 산정할 때 성비란 (수컷의 수)÷(암컷과 수컷의 수)에 의한 값을 말한다.

24 종실을 가해하는 해충이 아닌 것은?

① 밤바구미 ② 복숭아명나방
③ 이화명나방 ④ 도토리거위벌레

25 곤충의 체색 중 흑색이나 갈색으로 표피 내 진피세포 내 또는 혈액 속에 존재하는 색소화합물은?

① Carotinoid ② Pterin
③ Blue Bile ④ Melanin

26 종 내 개체 간 통신용 소리의 목적이 아닌 것은?

① 교미 ② 구애
③ 경보 ④ 자기방어

27 일반적으로 온대지방에서 1년에 1회 발생하는 해충은?

① 땅강아지 ② 벼룩잎벌레
③ 파총채벌레 ④ 거세미나방

28 벼룩잎벌레에 대한 설명으로 옳은 것은?

① 번데기로 월동한다.
② 성충이 뿌리를 가해한다.
③ 고추의 가장 대표적인 해충이다.
④ 일반적으로 작물의 어린 시기에 피해가 많다.

29 겨울을 나기 위하여 유형으로 동면하는 것은?

① 벼애나방 ② 벼메뚜기
③ 보리굴파리 ④ 이화명나방

30 부화유충이 처음 과일 표면을 식해하다가 과일 내부로 뚫고 들어가 가해하는 해충은?

① 배나무이
② 사과굴나방
③ 포도유리나방
④ 복숭아심식나방

31 곤충의 청각 감각기가 아닌 것은?

① 종상감각기(Campaniform sensilla)
② 존스턴 기관(Johnston's organ)
③ 고막기관(Tympanic organ)
④ 협하기관(Subgenual organ)

32 벼의 해충 중 흡즙에 의한 직접적인 피해 외에도 줄무늬잎마름병과 검은줄오갈병의 바이러스병을 매개하여 간접적인 피해를 주는 해충은?

① 이화명나방 ② 혹명나방
③ 벼멸구 ④ 애멸구

33 일반적으로 곤충이 가장 강한 주광성을 나타내는 파장 범위는?

① 230~300nm ② 330~400nm
③ 430~500nm ④ 530~650nm

34 곤충의 외부 기관 중 가슴(흉부)의 부속기관과 가장 거리가 먼 것은?

① 날개 ② 생식기
③ 기문 ④ 다리

35 일반적인 곤충의 소화계에서 전장에 속하는 것은?

① 모이주머니(Crop)
② 위(Ventriculus)
③ 말피기관
④ 위맹낭(Gastric caecum)

36 1세대를 경과하는 데 가장 긴 시간을 필요로 하는 곤충은?

① 장수풍뎅이 ② 뽕나무하늘소
③ 말매미 ④ 소나무좀

37 곤충의 순환계에 대한 설명으로 틀린 것은?

① 개방계이다.
② 심장은 등 쪽에 있다.
③ 산소를 세포에 운반한다.
④ 혈액은 혈장과 혈구세포로 이루어진다.

38 한여름 휴한기에 비닐하우스를 밀폐하면 토중 온도가 높아져서 땅속의 해충을 죽이는 방제법은?

① 생물적 방제법 ② 물리적 방제법
③ 화학적 방제법 ④ 법적 방제법

39 방사선 불임법을 이용하는 방제법에 대한 설명으로 옳지 않은 것은?

① 효과가 다음 세대 후에 나타난다.
② 해충의 대발생 시에도 효과적이다.
③ 저항성이 생긴 해충에도 유효하다.
④ 평생 1회만 교미하는 해충에만 적용된다.

40 근육 부착을 위한 머리 내골격 구조를 무엇이라 하는가?

① 봉합선(Suture)
② 합체절(Tagng)
③ 막상골(Tentorium)
④ 두개골(Cranium)

03 재배원론

41 공기 중 습도가 높으면 어떤 현상이 일어나는가?

① 광합성이 더욱 왕성히 이루어진다.
② 숨구멍이 폐쇄되어 광합성이 크게 감퇴된다.
③ 뿌리의 수분, 양분의 흡수력이 왕성해진다.
④ 증산작용이 왕성해진다.

42 벼가 담수재배에 적응하고 침수 저항성이 큰 이유는?

① 기원지가 습지이다.
② 통기계(Air passage system)가 있다.
③ 지상부에 비해 뿌리의 건물중이 무겁다.
④ 요수량이 적다.

43 다음 중 적산온도가 가장 낮은 것은?

① 벼 ② 감자
③ 콩 ④ 수수

44 광량이 많고 산소분압이 높은 상태에서 나타나는 C_3 식물의 생리작용은?

① 착색이 촉진된다.
② 광호흡이 증대한다.
③ 엽록소 형성이 촉진된다.
④ C/N율이 높아진다.

45 작물의 생태적 분류에 대한 내용으로 틀린 것은?

① 맥류와 감자는 옥수수나 수수보다 상대적으로 저온을 좋아한다.
② 겨울작물은 겨울에 주로 파종하고 여름작물은 여름에 주로 파종한다.
③ 포복형 작물은 직립형 작물보다 도복에 강한 특성을 보인다.
④ 세계의 주곡으로 이용되는 3대 주요 작물은 모두 일년생 작물이다.

46 다음 중 중금속을 불용화 상태로 만드는 방법이 아닌 것은?

① 석회질 비료 시용
② 환원물질 시용
③ 건조재배
④ 제올라이트 등의 점토광물 시용

47 우리나라 논토양의 적정 유기물 함량(g/kg)은?

① 5~10 ② 25~30
③ 40~50 ④ 45~60

48 다음 중 연작의 해가 가장 적은 작물은?

① 옥수수 ② 수박
③ 토마토 ④ 인삼

49 콩과 작물에 대한 간이 종자발아력 검사방법으로 사용되는 테트라졸륨법의 TTC 용액의 농도로 가장 적합한 것은?

① 0.1% ② 1.0%
③ 1.5% ④ 10%

50 식물의 일장감응 중 SI형 식물은?

① 메밀 ② 토마토
③ 도꼬마리 ④ 코스모스

51 용도에 따른 작물의 분류법에서 식용작물, 공예작물, 사료작물에 모두 속하는 화본과 작물은?

① 벼 ② 콩
③ 감자 ④ 옥수수

52 종자가 식물학상 과실로 분류되며, 과실이 나출되어 있는 작물에 해당하는 것은?

① 상추 ② 귀리
③ 벼 ④ 복숭아

53 다음 설명의 (   ) 안에 알맞은 내용은?

> (   )은 재래종 집단에서 우량한 유전자형을 선발할 수 없을 때 인공교배로 새로운 유전변이를 만들어 신품종을 육성하는 육종 방법이다.

① 교배육종 ② 분리육종
③ 단순순환선발 ④ 상호순환선발

54 지온 상승에 효과가 있는 멀칭필름은?

① 투명필름　② 흑색필름
③ 녹색필름　④ 황색필름

55 중경(中耕)의 이점으로 틀린 것은?

① 모세관이 절단되어 토양수분의 증발이 증대한다.
② 피막을 부숴주어 발아가 조장된다.
③ 토양 통기 조장으로 생장이 왕성해진다.
④ 중경으로 비료가 환원층으로 섞여 비효가 증대된다.

56 완전히 자가수정을 하는 동형접합체의 1개체로부터 불어난 자손의 총칭은?

① 계통　② 순계
③ 종　④ 품종

57 다음 설명의 (　) 안에 알맞은 내용은?

> 장해형 냉해는 (　)부터 (　)까지, 특히 생식세포의 감수분열기에 냉온으로 벼의 정상적인 생식기관이 형성되지 못하거나 또는 화분 방출 · 수정 등에 장해를 일으켜 불임현상이 나타나는 형의 냉해이다.

① 유수형성기, 개화기　② 유수형성기, 출수기
③ 생육 초기, 고숙기　④ 생육 초기, 출수기

58 과수의 결과(結果) 습성에서 일년생 가지에 결실하는 과수는?

① 사과　② 복숭아
③ 포도　④ 양앵두

59 농업경영적 효과 측면에서 작부체계에 대한 설명으로 옳은 것은?

① 병충해 발생 증가　② 잡초 발생 증가
③ 지력 감소 효과　④ 경지 이용도 제고 효과

60 용질이 첨가될수록 감소하며, 항상 음의 값을 가지는 퍼텐셜은?

① 삼투퍼텐셜　② 압력퍼텐셜
③ 매트릭퍼텐셜　④ 중력퍼텐셜

04 농약학

61 50%의 페노뷰카브 유제(비중 : 1) 100mL를 0.05% 액으로 희석하는 데 소요되는 물의 양은 약 몇 L인가?

① 49.95L　② 99.9L
③ 499.5L　④ 999.9L

62 농약잔류허용기준을 설정하는 과정에서 고려할 사항으로 가장 거리가 먼 것은?

① 최대무작용량(NOEL)
② 1일 섭취허용량(ADI)
③ 안전계수
④ 식이섭취위험도

63 살포장비에 의한 약해 중 가장 우려되는 원인은?

① 살포장비의 미세척　② 살포장비의 종류
③ 살포장비의 구조　④ 살포장비의 조작방법

64 다음 중 과수의 탄저병에 적용하는 약제는?

① 이프로벤포스 유제　② 프로베나졸 입제
③ 다조멧 입제　④ 베노밀 수화제

65 다음 중 농약의 증량제로 보기 어려운 것은?

① 벤토나이트(Bentonite)　② 제올라이트(Zeolite)
③ 활석(Talc)　④ 덱스트린(Dextrin)

66 발암성이 문제가 되어 국내에서 등록이 취소된 약제는?

① Difenoconazole 수화제
② Benomyl 수화제
③ Capatafol 수화제
④ Lufenuron 유제

67 MAFA제(Neoasozin)는 어느 계통의 농약에 속하는가?

① 유기비소제 ② 유기인제
③ 유기주석제 ④ 유기염소제

68 농약의 사용목적에 따른 분류에 해당하는 것은?

① 유기인계 ② 호흡저해제
③ 살응애제 ④ 과립수화제

69 침투성 살충제의 작용특성에 대한 설명으로 가장 옳은 것은?

① 우수한 살충 효과를 얻기 위해서는 작물체 표면에 균일하게 살포되어야 한다.
② 작물체의 즙액을 빨아먹는 흡즙해충에 특히 우수한 살충력을 나타낸다.
③ 주로 섭식성 해충의 피부에 접촉, 흡수되어 살충력을 나타낸다.
④ 살포 즉시 강력한 살충력을 나타내며 잔효성이 매우 짧은 편이다.

70 토마토, 참외와 같은 장기재배형 작물에 적합하며 각종 선충에 전문적으로 적용할 수 있는 유기인계통의 농약은?

① 카보설판
② 포스티아제이트
③ 피리프로시펜
④ 티아클로프리드

71 파라티온은 인체의 조직과 혈액 중의 콜린에스테라제와 결합해서 어느 것이 축적되어 중독증상을 일으키는가?

① 콜린(Choline)
② 초산(Acetic acid)
③ 아세틸콜린(Acetyl choline)
④ 인산(Phosphoric acid)

72 입제(粒制) 제조 시 사용되는 붕괴촉진제(無物促進劑)가 아닌 것은?

① 벤토나이트 ② 계면활성제
③ 전분 ④ 아교

73 유제를 1,500배로 희석하여 액량 15L를 살포하려 한다. 이때 원액 약량은 몇 mL가 필요한가?

① 1 ② 10
③ 100 ④ 1,000

74 다음 농약의 약해 증상 중 만성적 약해에 해당하는 것은?

① 얼룩반점 ② 착색 불량
③ 개화 지연 ④ 발근 저해

75 다음 제충국의 유효성분 중 집파리에 대한 독성이 가장 큰 것은?

① 피레트린 I ② 피레트린 II
③ 시네린 I ④ 시네린 II

76 다음 급성독성 중 그 강도의 순서가 옳게 나열된 것은?

① 흡입독성>경피독성>경구독성
② 경구독성>흡입독성>경피독성
③ 흡입독성>경구독성>경피독성
④ 경피독성>경구독성>흡입독성

77 **카바메이트(Cabamate)계 농약을 잘못 사용하여 중독되었을 때 사용해야 하는 해독제는?**

① 항히스타민제
② SH계 해독제(BAL, 글루타티온)
③ 팜(PAM)
④ 항경련제, 진정제(발비탈)

78 **조제 직후 보르도액의 구리의 용해도가 0에 가까울 때의 pH는?**

① pH 12.4　② pH 11.3
③ pH 10.4　④ pH 9.3

79 **농약 보조제의 작용으로 전착제가 갖추어야 할 조건으로 가장 거리가 먼 것은?**

① 확전성　② 부착성
③ 고착성　④ 침윤성

80 **농약의 제형 중 유제(乳劑)의 구비조건이 아닌 것은?**

① 농약을 물에 넣었을 때 수화되면서 현수성이 좋아야 한다.
② 물에 희석하였을 때 유효성분이 석출되지 않고 유탁액을 만들어야 한다.
③ 유효성분이 보존 중 또는 사용 중에 분해 및 변화되지 않아야 한다.
④ 살포 후에 작물이나 해충의 표면에 고르게 퍼지며 부착되어야 한다.

05 잡초방제학

81 **영양번식기관에 의하여 주로 번식하는 잡초의 종류로 나열된 것은?**

① 가래, 벗풀, 여뀌
② 강아지풀, 여뀌, 물옥잠
③ 피, 물달개비, 마디꽃
④ 올미, 가래, 너도방동사니

82 **다음 다년생 잡초 중 영양번식기관의 발생분포 심도가 표토로부터 가장 깊은 종은?**

① 올미　② 너도방동사니
③ 벗풀　④ 올방개

83 **생물학적 잡초 방제에 가장 많이 이용되는 식물병원균은?**

① 균류　② 선충
③ 세균　④ 바이러스

84 **열처리나 침수처리 등의 잡초 방제방법을 무슨 방제법이라고 하는가?**

① 물리적 방제법　② 예방적 방제법
③ 생태적 방제법　④ 경종적 방제법

85 **종자에 낙하산 모양의 깃털이나 솜털이 부착되어 있어서 바람에 의하여 전파가 되는 잡초로 나열된 것은?**

① 명아주, 방동사니　② 민들레, 망초
③ 어저귀, 쇠비름　④ 박주가리, 환삼덩굴

86 **다음 중 가을에 발생하여 월동 후에 결실하는 잡초로만 나열된 것은?**

① 쑥, 명아주, 비름　② 별꽃, 둑새풀, 벼룩나물
③ 깨풀, 강아지풀, 민들레　④ 애기메꽃, 바랭이, 별꽃

87 **잡초군락을 평가하는 기준이 아닌 것은?**

① 생장곡선　② 중요값
③ 우점도지수　④ 유사성계수

88 광엽잡초에 대한 설명으로 옳은 것은?

① 잎이 가늘고 줄기가 삼각기둥 모양으로 생장하는 것이 특징이다.
② 잎이 가늘고 잎맥이 평행한 것이 특징이다.
③ 잎이 넓고 크며 잎맥이 그물처럼 된 것이 특징이다.
④ 생장점이 지하부에 있는 잡초를 의미한다.

89 영양번식기관과 이에 해당하는 잡초종이 옳게 짝지어진 것은?

① 인경－올미 ② 구경－가래
③ 지하경－띠 ④ 포복경－올방개

90 다음 중 제초제의 휘산과 광분해를 억제하는 데 가장 효과적인 처리방법은?

① 제초제를 경엽에 처리한다.
② 제초제를 토양 표면에 처리한다.
③ 제초제 처리 후 분양에 혼화시킨다.
④ 비가 오기 직전에 제초제를 처리한다.

91 생물적 잡초 방제법의 장점은?

① 살초작용이 빠르다.
② 일정한 지역에 처리가 가능하다.
③ 환경에 잔류문제가 없다.
④ 동시에 여러 초종의 방제가 불가능하다.

92 작물과 잡초의 양분경합에 있어서 경합이 가장 큰 것은?

① 칼륨(K) ② 인산(P)
③ 칼슘(Ca) ④ 질소(N)

93 암(暗)발아성 종자인 잡초는?

① 냉이 ② 바랭이
③ 소리쟁이 ④ 쇠비름

94 잡초의 특성 연결이 틀린 것은?

① 강피－논잡초－화본과 잡초
② 올방개－밭잡초－광엽잡초
③ 물달개비－논잡초－광엽잡초
④ 바랭이－밭잡초－화본과 잡초

95 친환경 잡초 방제법으로 가장 거리가 먼 것은?

① 오리 농법 ② 쌀겨 농법
③ 춘경(春耕) 농법 ④ 왕우렁이 농법

96 잡초의 전파방법 중 사람이나 동물에 부착하여 운반되기 쉬운 잡초는?

① 민들레 ② 소리쟁이
③ 도꼬마리 ④ 여뀌

97 작물과 잡초 간의 주요 경합 대상이 아닌 것은?

① 광 ② 산소
③ 양분 ④ 수분

98 다음 중 이행형 제초제가 아닌 것은?

① 2,4－D ② Difenoconazole
③ Glyphosate ④ Bentazon

99 단자엽식물과 쌍자엽식물 간의 차이처럼 식물의 생장형이 달라서 나타나는 선택성은?

① 형태적 선택성 ② 생태적 선택성
③ 생리적 선택성 ④ 생화학적 선택성

100 잡초 방제법을 물리적 · 화학적 · 예방적 방제법으로 구분할 때, 다음 중 예방적 방제법이 아닌 것은?

① 짚이나 비닐멀칭 피복 ② 농기계나 기구의 청소
③ 작물 종자의 정선 ④ 관개수로의 관리

CBT 실전모의고사 기사 2회

01 식물병리학

01 ***Aspergillus flavus*가 생산하는 균독소는?**

① Aflatoxin ② Citrinin
③ Fumonisin ④ Zeuralenone

02 토양 내에서 생존하는 부생성 선충에는 없으나 수목의 뿌리를 가해하는 식물기생성 선충에는 있는 특징적인 구조는?

① 입 ② 근육
③ 구침 ④ 식도관공

03 식물병원균에 대한 길항균으로 많이 사용되는 것은?

① *Rhizoctonia solani* ② *Streptomyces scabies*
③ *Penicillium expansum* ④ *Trichoderma harzianum*

04 세포벽이 없어 다형성 세포(Pleomorphic cell)이며, 액체 배지에서는 나선형을 나타내나, 고체 배지에서는 'Fried egg' 형태의 균총을 형성하며, 테트라사이클린계 항생제에는 감수성인 균은?

① Phytoplasma ② Spiroplasma
③ Ureaplasma ④ Mycoplasma

05 가지과 풋마름병에 대한 설명으로 옳지 않은 것은?

① 여름철 평균기온이 20℃ 이상인 경우 잘 발병한다.
② 비닐하우스 재배 시 비료를 기준량보다 더 주어 방제한다.
③ 피해가 심한 지역에서는 논으로 1년 정도 벼 재배를 실시한다.
④ 일반적으로 토양에서 월동한 병원균이 뿌리의 상처로 침입하여 감염된다.

06 향나무 녹병의 방제법으로 효과적이지 않은 것은?

① 10월에 병든 가지를 쳐낸다.
② 향나무 부근에 사과나무를 심지 않는다.
③ 중간기주식물에 4~6월까지 방제 약제를 살포한다.
④ 향나무와 중간기주를 2km 이상 떨어져 심는다.

07 저항성 품종을 이용한 방제방법의 가장 큰 문제점은?

① 비경제성 ② 비효과성
③ 약해 및 잔류독성 ④ 저항성 품종의 이병화 현상

08 주로 감염된 애멸구에 의해 발병하며, 피해를 입은 작물의 잎이 황백색으로 되어 뒤틀리거나 말리고, 결국 고사하게 되는 병은?

① 벼 오갈병 ② 감자 잎말림병
③ 오이 모자이크병 ④ 벼 줄무늬잎마름병

09 식물병의 전반은 여러 방법으로 나타나는데, 다음 중 주로 토양에서 전반되는 병은?

① 보리 흰가루병 ② 오이 덩굴쪼김병
③ 사과나무 부란병 ④ 벼 줄무늬잎마름병

10 다음 설명에 해당하는 것은?

- 감염된 식물체의 지상부는 푸른 상태로 시들고, 진전되면 식물체 전체가 변색되어 말라죽는다.
- 시든 줄기를 칼로 잘라 깨끗한 물에 담갔을 때 절편에서 희뿌연 물질이 흘러나온다.

① 고추 역병 ② 오이 흰가루병
③ 토마토 풋마름병 ④ 사과 흰날개무늬병

11 **균류에 의해 발생하는 수목병이 아닌 것은?**

① 뽕나무 오갈병 ② 벚나무 빗자루병
③ 낙엽송 잎떨림병 ④ 은행나무 잎마름병

12 **바람에 의한 병원균의 유효 전반거리가 1.5km 정도이고 향나무가 가까이 있을수록 감염률이 높은 병은?**

① 소나무 혹병 ② 포플러 잎녹병
③ 밤나무 줄기마름병 ④ 배나무 붉은별무늬병

13 **곤충에 의해 주로 전염되는 병은?**

① 벼 키다리병 ② 맥류 오갈병
③ 뽕나무 오갈병 ④ 배나무 붉은별무늬병

14 **잎녹병이 발생하는 기주와 중간기주의 연결이 올바른 것은?**

① 곰솔－잔대 ② 소나무－작약
③ 전나무－황벽나무 ④ 잣나무－뱀고사리

15 **다음 중 사질토양의 논에서 가장 많이 발생하는 병은?**

① 모썩음병 ② 키다리병
③ 깨씨무늬병 ④ 흰잎마름병

16 **벼 도열병 방제에 가장 효과적인 비료는?**

① 질소질 비료 ② 규산질 비료
③ 인산질 비료 ④ 칼륨질 비료

17 **십자화과 작물에 발생하는 배추 · 무 사마귀병에 대한 설명으로 옳지 않은 것은?**

① 배수가 불량한 토양에서 발생이 많다.
② 병원균은 *Plasmodiophora brassicae*이다.
③ 토양산도 pH 6.5～7.0에서 발병이 잘된다.
④ 유주자가 뿌리털 속을 침입하여 변형체가 된다.

18 **병원균의 병원성 분화형을 결정하기 위하여 사용하는 일군의 기주 품종을 무엇이라 하는가?**

① 생태 품종 ② 판별 품종
③ 생리적 품종 ④ 저항성 품종

19 **오이 모자이크병의 방제에 가장 효과적인 것은?**

① 윤작 ② 종자 소독
③ 매개곤충 방제 ④ 합리적인 비배관리

20 **용어 중 나머지 셋과 의미가 다른 하나는?**

① 포장 저항성 ② 수평 저항성
③ 진정 저항성 ④ 레이스 비특이적 저항성

02 농림해충학

21 **다음 설명에 해당하는 살충제는?**

- 접촉독, 식독작용 및 흡입독작용을 가진다.
- 살충력이 극히 강하고 작용범위도 넓으나 포유류에 대한 독성이 매우 강하여 현재 국내에서는 사용이 금지된 농약이다.
- 일부 외국에서는 사용되고 있어 식품 중 잔류허용기준이 고시된 농약이다.

① 니코틴 ② 비산석회
③ 파라티온 ④ 피레트린

22 **벼 오갈병을 매개하는 해충명은?**

① 벼멸구 ② 애멸구
③ 흰등멸구 ④ 끝동매미충

23 **마늘 수확 후에도 피해를 주는 해충은?**

① 파굴파리 ② 뿌리응애
③ 고자리파리 ④ 벼룩잎벌레

24 **작용기작에 따른 살충제 분류에서 신경정보전달 교란에 의한 저해제에 속하는 것은?**

① 호흡 저해 살충제
② 교미 교란 살충제
③ 키틴생합성 저해 살충제
④ 아세틸콜린에스테라제 저해 살충제

25 **사과굴나방에 대한 설명으로 틀린 것은?**

① 알로 잎 속에서 월동한다.
② 가해 잎이 뒷면으로 말린다.
③ 잎 뒷면에 성충이 우화하여 나간 구멍이 있다.
④ 사과나무, 배나무, 복숭아나무의 잎을 가해한다.

26 **귀뚜라미의 청각기관이 위치하는 곳은?**

① 가슴 ② 앞다리
③ 뒷다리 ④ 가운데다리

27 **곤충의 성페로몬의 특징이 아닌 것은?**

① 작물, 인간, 천적, 환경에 무해하다.
② 성페로몬 성분의 배합에 의한 반응 차이는 없다.
③ 대상 곤충에만 선택적으로 작용한다.
④ 저항성이 없다.

28 **온실 내에서 재배되는 토마토의 화분 매개 곤충으로 화분 매개능력이 가장 뛰어난 것은?**

① 서양뒤영벌 ② 꿀벌
③ 꽃등애 ④ 머리뿔가위벌

29 **가해양식이 나머지 셋과 다른 해충은?**

① 조록나무혹진딧물 ② 솔껍질깍지벌레
③ 버즘나무방패벌레 ④ 미국흰불나방

30 **곤충의 특징을 바르게 설명한 것은?**

① 몸은 머리가슴 배의 2부분으로 구분되고 다리는 4쌍이며 7마디로 구성되어 있다.
② 몸은 머리 · 가슴 · 배의 3부분으로 구분되고 다리는 4쌍이며 7마디로 구성되어 있다.
③ 몸은 머리 · 가슴 · 배의 2부분으로 구분되고 다리는 3쌍이며 5마디로 구성되어 있다.
④ 몸은 머리 · 가슴 · 배의 3부분으로 구분되고 다리는 3쌍이며 5마디로 구성되어 있다.

31 **곤충이 갖는 살충제 저항성 기작의 원인이 아닌 것은?**

① 농약으로부터 기피하는 행동
② 해독효소 활성 감소
③ 빠른 배설 생리기작
④ 표피층 두께 증가

32 **쥐똥밀깍지벌레의 암컷 성충의 형태는?**

① 깍지는 1.0mm 정도이며 원형으로 황갈색 또는 적갈색이다.
② 깍지는 2.0~2.5mm이며 원추형이고 자갈색이다.
③ 성충은 3.0~40mm이며 타원형이고 몸에 흰 가루로 두껍게 덮여 있다.
④ 깍지는 3.0~3.8mm로서 원형이며 백색 내지 회백색이다.

33 **참나무류에 치명적인 피해를 주는 참나무 시들음병을 매개하는 곤충은?**

① 북방수염하늘소 ② 솔수염하늘소
③ 광릉긴나무좀 ④ 털두꺼비하늘소

34 **나비목 곤충의 중장세포를 공격하는 약제는?**

① Bt제 ② DDT계 약제
③ 유기인제 약제 ④ 피레트로이드 약제

35 광식성(Polyphagous)의 해충은?

① 솔잎혹파리 ② 벼멸구
③ 사과혹진딧물 ④ 미국흰불나방

36 기주와 해충 간의 연결로 틀린 것은?

① 소나무 – 솔잎혹파리
② 참나무 – 광릉긴나무좀
③ 벚나무 – 미국흰불나방
④ 은행나무 – 천막벌레나방

37 잠자리 유충의 호흡방식은?

① 주기적으로 수면으로 부상하여 호흡
② 공기주머니를 통한 수중호흡방식이다.
③ 기관아가미를 통한 수중호흡방식이다.
④ 몸 표면 전체의 얇은 막을 통한 가스교환방식이다.

38 다음 설명에 해당하는 것은?

곤충의 제2촉각절에 있는 방사상의 감각기 집합체로 제2절과 편절 사이의 막질부에 생기는 변동을 감각하며, 곤충의 종류에 따라 발달 정도에 차이가 있다. 모기의 수컷에 잘 발달되어 청각 기능을 한다.

① Johnston's organ ② Tympanal organ
③ Chordotonal organ ④ Ommatidium

39 5~6월경 각종 묘목과 작물의 뿌리를 가해하고, 또한 지표 가까이 있는 줄기와 잎을 식해하는 특성을 지닌 해충은?

① 혹명나방 ② 거세미나방
③ 흰띠명나방 ④ 갓노랑비단벌레

40 성충과 유충이 모두 잎을 가해하는 해충은?

① 오리나무잎벌레 ② 미국흰불나방
③ 솔잎혹파리 ④ 박쥐나방

03 재배원론

41 작물이 주로 이용하는 토양 수분은?

① 흡습수 ② 모관수
③ 지하수 ④ 결합수

42 작물의 형질 중 연속변이와 불연속변이의 예가 올바르게 연결된 것은?

① 연속변이 – 초장, 엽장
불연속변이 – 건물중, 숙기
② 연속변이 – 엽색, 엽장
불연속변이 – 분지수, 엽중
③ 연속변이 – 초장, 수장
불연속변이 – 화색, 까락 유무
④ 연속변이 – 출수기, 종피색
불연속변이 – 건물중, 숙기

43 동사온도(凍死溫度)가 가장 낮은 것은?

① 수목의 휴면아 ② 겨울철의 보리
③ 겨울철의 유채 ④ 포도의 맹아기

44 2년 휴작이 필요한 작물은?

① 토란, 무 ② 잠두, 오이
③ 참외, 시탕무 ④ 강낭콩, 토당귀

45 다음 중 용어에 대한 설명으로 틀린 것은?

① C/N율 : 식물체의 탄수화물과 질소의 비율이다.
② G–D 균형 : 식물의 생육이나 성숙은 문화와 균형에 의하여 지배된다는 것이다.
③ T/R율 : 신장 생장에 대한 비대생장의 비율이다.
④ S/R율 : 작물의 지하부 생장량에 대한 지상부 생장량의 비율이다.

46 곡물 건조 시 제거대상이 되는 주된 수분은?

① 자유수　② 결합수
③ 모관수　④ 흡습수

47 산성 토양에서 용해도가 낮아져 작물 생육에 부족하기 쉬운 원소는?

① 철　② 망간
③ 마그네슘　④ 아연

48 비닐하우스에서는 흔히 고온장해가 유발되는데 내열성이 가장 큰 식물체 부위는?

① 눈(嫩)　② 미성엽(未成葉)
③ 완성엽(完成葉)　④ 중심주(中心柱)

49 기계이앙 벼 재배용 상자육묘에서 상토의 최적 pH는?

① 3.5~4.5　② 4.5~5.5
③ 5.5~6.5　④ 7.5~8.5

50 메벼의 무망종을 선종할 때 알맞은 비중은?

① 1.08　② 1.10
③ 1.13　④ 1.22

51 춘화처리(Vernalization)에 대한 설명으로 옳은 것은?

① 일정기간 인위적인 저온을 주어 화성을 유도하는 것
② 봄에 꽃이 피도록 고온 처리하는 것
③ 월동작물을 겨울에 일장 처리하는 것
④ 식물이 잘 자랄 수 있도록 온도와 일장을 처리하는 것

52 식물체 내의 수분퍼텐셜을 좌우하는 것은?

① 삼투압퍼텐셜, 압력퍼텐셜
② 압력퍼텐셜, 매트릭퍼텐셜
③ 삼투압퍼텐셜, 매트릭퍼텐셜
④ 매트릭퍼텐셜, 중력퍼텐셜

53 침관수해(侵冠水害)에 가장 크게 피해를 받기 쉬운 조건은?

① 청수와 정체수(停滯水)
② 탁수와 정체수
③ 탁수와 유수(流水)
④ 청수와 유수

54 화곡류 작물에 흡수되어 표피 조직을 강하게 하여 병충해 저항을 크게 하는 것은?

① 칼슘(Ca)　② 칼륨(K)
③ 철(Fe)　④ 규소(Si)

55 토양 멀칭(Soil Mulching)에 대해 옳은 것은?

① 폴리에틸렌 등의 플라스틱 필름을 피복하는 것
② 포장의 표토를 곱게 중경하면 하층과 표면의 모세관이 단절되고 표면에 건조한 토층이 생기는 것
③ 앞 작물의 그루터기를 그대로 남겨서 풍식과 수식을 경감시키는 것
④ 포장토양의 표면을 짚 · 퇴비 등 여러 가지 재료로 피복하는 것

56 맥류의 기계화 재배를 위한 품종이 갖추어야 할 조건에 대한 설명으로 틀린 것은?

① 내도복성이 극히 강해야 한다.
② 한랭지에서는 특히 내한성이 강한 품종을 선택한다.
③ 초장은 70cm 정도의 크기가 알맞다.
④ 초형이 직립형보다 수평형이 알맞다.

57 다음 중 광포화점이 가장 낮은 작물은?

① 옥수수　② 밀
③ 벼　④ 콩

58 **이식재배의 장점으로 적절하지 않은 것은?**

① 생육기간의 연장에 따른 증수
② 근채류의 근부 발육 촉진
③ 토지이용률의 증대
④ 생육 촉진 및 숙기 단축

59 **열해(熱害)의 원인으로 가장 거리가 먼 것은?**

① 증산 과다　② 철분의 침전
③ 암모니아 축적　④ 유기물의 과잉집적

60 **작물의 내건성에 대한 설명으로 옳은 것은?**

① 내건성이 큰 작물은 뿌리가 지상부에 많이 분포한다.
② 내건성이 큰 작물은 왜소하고 잎이 작다.
③ 내건성이 큰 작물은 세포액의 삼투압이 낮다.
④ 내진성이 큰 작물은 세포가 크다.

04 농약학

61 **다음 제제 중 농약의 살포 시 비산(飛散)이 가장 적은 것은?**

① 분제　② 수화제
③ 유제　④ 입제

62 **수화제의 특징에 대한 설명으로 틀린 것은?**

① 원료면에서 경제적이다.
② 제제가 고체이기 때문에 뒤처리가 용이하다.
③ 액상제제보다 희석농도가 적다.
④ 유제보다 안전성이 떨어지므로 조제 후 신속히 사용하여야 한다.

63 **황산아트로핀은 어느 농약의 중독 치료에 사용하는가?**

① 유기인계 살충제
② 디티오카바메이트계 살균제
③ 유기염소계 살충제
④ 유기비소계 살균제

64 **기계유 유제에 대한 설명으로 옳지 않은 것은?**

① 무기합성 살충제이다.
② 값이 싸고 독성이 거의 없다.
③ 95% 이상의 고농도 제품이 나오고 있다.
④ 직접접촉제로 작용한다.

65 **10% MIPC 분제 10kg을 2.0% 분제로 만들려고 할 때 필요한 증량제의 양은 몇 kg인가?**

① 0.4kg　② 4kg
③ 0.8kg　④ 8kg

66 **다음 중 잔류독성의 문제를 일으킬 위험요인이 가장 큰 계통의 농약은?**

① 유기황계　② 유기인계
③ 유기염소계　④ 카바메이트계

67 **제초제, 생장조정제, 살충제, 살균제 등으로 분류하는 농약의 기준은?**

① 사용목적에 의한 분류
② 주성분 조성에 의한 분류
③ 농약의 형태에 의한 분류
④ 작용기작에 의한 분류

68 **약해의 종류 중 급성약해의 발현시기로 옳은 것은?**

① 즉시　② 일주일 이내
③ 11～15일 이내　④ 15일 이후

69 미탁제나 유탁제 등 신규 제형이 각광받지 못하는 이유로서 가장 거리가 먼 것은?

① 고가로 인한 경제성 문제
② 환경문제에 대한 인식 부족
③ 보수적 농민의 선호도 부족
④ 인축 독성이 강한 유기용매의 함유

70 농약은 종류별로 병뚜껑의 색깔을 달리하여 농민이 농약을 쉽게 식별할 수 있도록 하고 있는데 다음 중 살균제의 병뚜껑 색은?

① 분홍색 ② 초록색
③ 노란색 ④ 파란색

71 이프로벤포스 유제 48% 100mL를 0.5%의 희석액으로 만드는 데 소요되는 물의 양은 몇 mL인가?(단, 이프로벤포스 유제의 비중은 1.005임)

① 9,247.5 ② 9,347.5
③ 9,447.5 ④ 9,547.5

72 분제의 물리적 성질로서 가장 거리가 먼 것은?

① 토분성(Dustability)
② 부착성(Adhesiveness)
③ 고착성(Sessility)
④ 현수성(Suspensibility)

73 살충제 파라티온(Parathion)의 성상 및 특성에 대한 설명으로 옳지 않은 것은?

① 해충 방제효과는 좋으나 인축에는 독성이 강하여 제한을 받는다.
② 대부분의 유기용매에 불용성이며 알칼리에는 안정하다.
③ 비침투성 약제이다.
④ 접촉, 가스 및 소화중독의 세 가지 작용을 함께 가지고 있다.

74 농약의 저항성 발달 정도를 표현하는 저항성계수를 옳게 나타낸 것은?

① 저항성 LD_{50}/감수성 LD_{50}
② 감수성 LD_{50}×저항성 LD_{50}
③ 감수성 LD_{50}/복합저항성 LD_{50}
④ 감수성 LD_{50}×복합저항성 LD_{50}

75 농약 사용법에 의한 약해가 아닌 것은?

① 섞어 쓰기 때문에 일어나는 약해
② 동시 사용으로 인한 약해
③ 불순물 혼합에 의한 약해
④ 근접살포에 의한 약해

76 농약의 물리성을 나타내는 것으로 옳지 않은 것은?

① 습윤성 ② 현수성
③ 유화성 ④ 맹독성

77 주성분에 의한 농약의 분류에 해당되지 않는 것은?

① 유기인계 ② 훈증제
③ 카바메이트제 ④ 유기염소계

78 마늘, 백합의 뿌리응애 방제에 주로 사용되는 유기인계 약제는?

① 이피엔(EPN)
② 레피멕틴(Lepimectin)
③ 디메토에이트(Dimethoate)
④ 데메톤-S-메틸(Demeton-S-metyl)

79 45% 유제를 600배로 희석하여 10a당 120L를 살포하여 해충을 방제하려고 할 때 유제의 소요량은?

① 100mL ② 200mL
③ 300ml ④ 400mL

80 구리(銅)제에 대한 설명으로 틀린 것은?

① 포도의 노균병에 보르도액의 유효함이 알려져 구리제가 사용되게 되었다.
② 유기구리는 구리가 산소원자 및 질소원자와 킬레이트 결합을 하고 있는 것을 말한다.
③ 이산화탄소나 유기산 등에 의하여 천천히 구리이온이 방출되어 작물을 보호한다.
④ 석회유황합제나 기계유 유제 등과 혼용하면 약효의 증진을 가져온다.

05 잡초방제학

81 농경지에서 발생하는 잡초의 발생초종 구성이 변화하는 천이에 가장 크게 영향을 미치는 요인은?

① 시비법 ② 작부체계
③ 물 관리법 ④ 제초제 사용

82 종자 자체의 조성이나 구조에 기인하여 발아하지 못하는 경우의 휴면을 무엇이라 하는가?

① 강제휴면 ② 타발휴면
③ 2차 휴면 ④ 생득휴면

83 잡초의 이용면을 잘못 연결한 것은?

① 부레옥잠－수질 정화용 ② 피－가축 사료용
③ 어저귀－가축 사료용 ④ 별꽃－민간 한방용

84 제초제 계통의 일반적 주요 작용기작이 잘못 연결된 것은?

① Triazine계－광합성 저해제
② Sulfonylurea－세포분열 억제
③ Urea－광합성 저해
④ Diphenylether계－세포막 파괴

85 두 제초제를 혼합 시 나타내는 길항적 반응(Antagonism)이란?

① 혼합의 효과가 활성이 높은 물질의 단독효과보다 작은 것을 의미
② 혼합 시의 효과가 단독처리 시의 효과보다 큰 것을 의미
③ 혼합 시의 효과가 단독처리 시의 효과와 같은 것을 의미
④ 혼합 시의 효과가 단독처리 시의 효과보다 크지도, 작지도 않은 것을 의미

86 무처리 잡초건물중이 250g이고, A처리 잡초건물중이 50g일 때 A처리의 잡초 방제가는?

① 50% ② 65%
③ 80% ④ 95%

87 땅콩 포장에 문제가 되는 잡초종으로만 나열된 것은?

① 강아지풀, 깨풀
② 너도방동사니, 쇠비름
③ 마디꽃, 돌피
④ 강아지풀, 쇠털골

88 천적을 이용한 생물학적 잡초 방제법에서 천적이 갖추어야 할 전제조건이 아닌 것은?

① 포식자로부터 자유로워야 한다.
② 지역환경에 쉽게 적응하여야 한다.
③ 접종지역에서의 이동성이 낮아야 한다.
④ 숙주를 쉽게 찾을 수 있어야 한다.

89 작물 생육기간이 100일이면 일반적인 잡초경합 한계기간으로 가장 적합한 것은?

① 파종 및 이식 후부터 10~20일 내
② 파종 및 이식 후부터 20~30일 내
③ 파종 및 이식 후부터 50~60일 내
④ 파종 및 이식 후부터 60~70일 내

90 피의 형태적 특징으로 옳은 것은?

① 엽설(葉舌, 잎혀)은 없고, 엽이(葉耳, 잎귀)는 있다.
② 엽설(葉舌, 잎혀)은 있고, 엽이(葉耳, 잎귀)는 없다.
③ 엽설(葉舌, 잎혀)과 엽이(葉耳, 잎귀) 모두 있다.
④ 엽설(葉舌, 잎혀)과 엽이(葉耳, 잎귀) 모두 없다.

91 다음 중 논에 주로 발생하는 잡초가 아닌 것은?

① 벗풀, 매자기
② 개구리밥, 가래
③ 바랭이, 닭의장풀
④ 나도겨풀, 올방개

92 잡초가 발생하기 전에 시행하는 예방적 방제법에 대한 설명으로 옳지 않은 것은?

① 논물 유입로에는 거름망을 설치한다.
② 외래잡초의 유입을 막는 제도를 마련한다.
③ 가축 퇴비를 농경지에 사용하기 전에 충분히 부숙시킨다.
④ 잡초 번식기관인 종자와 영양체 중에서 종자의 유입을 사전에 방지하는 것이다.

93 화학적 잡초 방제법의 장점은?

① 환경에 잔류 가능성이 없음
② 약해가 없음
③ 살초작용이 빠름
④ 생물에 안전함

94 주성분 함량이 2.5%인 입제를 주성분 1kg/ha 수준으로 1ha에 처리할 경우 필요한 제품의 양은?

① 10kg ② 20kg
③ 30kg ④ 40kg

95 페녹시카르복실계 제초제의 일반적 특성으로 틀린 것은?

① 이 계열의 제초제는 식물의 분열조직(생장섬)에 집적된다.
② 광합성 산물이나 증산류와 함께 이용하는 이행형 호르몬형 제초제이다.
③ 토양 표면을 뚫고 나오는 신초나 뿌리에 의해 흡수되고 토양 잔효성이 1~3개월이다.
④ 일년생 및 다년생 광엽잡초가 감수성을 띠며, 잡초 발생 후에 처리하는 제초제이다.

96 논에 제초제를 사용할 경우 발생하는 약해의 요인으로 옳지 않은 것은?

① 경운시기 ② 기상조건
③ 이앙심도 ④ 물 관리조건

97 다음 중 잡초 종자의 휴면을 유도하는 식물생장조절제는?

① GA ② BA
③ ABA ④ IAA

98 어떤 논에서 제초제 저항성 잡초로 물달개비가 발견되었다. 이 논의 잡초들은 어떤 계통의 제초제에 대하여 저항성을 나타내는가?

① 페녹시계 ② 벤조산계
③ 트리아진계 ④ 설포닐우레아계

99 식물의 여러 기관에서 특정 물질이 분비되어 주변 식물의 발아나 생육에 영향을 주는 현상은?

① 상호대립 억제작용 ② 상호대립 길항작용
③ 상호대립 분비작용 ④ 식물생장 조절작용

100 논에 발생하는 다년생 사초과 잡초가 아닌 것은?

① 올방개 ② 미나리
③ 쇠털골 ④ 너도방동사니

CBT 실전모의고사 기사 3회

01 식물병리학

01 무사마귀병 방제를 위해 알칼리성 토양을 조성했을 때 기대할 수 있는 추가적인 효과는?

① 질소 비료의 흡수 증가
② 인산의 용해도 증가
③ 병원균 유주자의 활발한 운동 억제
④ 작물의 뿌리 생장 억제

02 벼 키다리병이 발병했을 때, 병원균의 종자 감염을 줄이기 위한 최적의 방법은?

① 뜨거운 물 소독　② 병 저항성 품종 재배
③ 물 관수량 증가　④ 질소 비료 과다 시비

03 윤작에 의한 방제가 어려운 병은?

① 균핵병　② 벼 도열병
③ 무사마귀병　④ 바이러스병

04 감자역병의 방제를 위해 가장 효과적인 환경 조건은?

① 낮은 습도와 온도　② 높은 습도와 저온
③ 낮은 습도와 고온　④ 높은 습도와 고온

05 밤나무 줄기마름병의 확산을 최소화하기 위한 가장 효과적인 조치는?

① 줄기 표면에 구리계 살균제 도포
② 광릉긴나무좀 제거
③ 병든 가지의 간벌 후 소각
④ 토양 훈증 소독

06 무사마귀병과 같은 토양 전염병의 종자 감염을 막기 위한 가장 효과적인 방제법은?

① 비선택적 살균제 살포
② 접목 재배
③ 윤작
④ 종자 소독

07 벼 도열병 발생 조건이 형성될 때 질소 비료 과다 사용이 미치는 영향은?

① 병 발생 억제
② 병 발생 촉진
③ 병원균 활동 감소
④ 병의 초기 발병 속도 감소

08 균핵병을 방제하기 위해 저온다습 환경을 피해야 하는 이유는?

① 균핵 형성을 억제하기 위해
② 병원균 포자의 발아를 방지하기 위해
③ 병원균의 접촉 감염을 차단하기 위해
④ 병원균의 토양 생존을 줄이기 위해

09 바이러스병 방제를 위해 반드시 필요한 조치는?

① 병원균 제거　② 매개충 관리
③ 종자 소독　④ 토양 배수 개선

10 배나무 붉은별무늬병 방제를 위해 고려해야 할 중간 기주는?

① 향나무　② 소나무
③ 포플러　④ 매발톱나무

11 담배 모자이크병의 진단을 위해 가장 적합한 방법은?

① 전자 현미경　② 항체 반응
③ 그람염색　④ PCR 진단

12 균핵병 방제를 위해 멀칭을 사용하면 발병률이 감소하는 주요 원리는?

① 병원균 포자의 산소 접근 차단
② 광합성 차단
③ 병원균 포자의 이동 억제
④ 병원균의 내생 활동 억제

13 병원균이 숙주의 기공을 통해 침입하는 경우, 기공 침입을 억제하기 위한 방법은?

① 토양의 pH 조절
② 병 저항성 품종 재배
③ 생물학적 방제 활용
④ 작물의 수분 스트레스 최소화

14 잎에서 병반이 형성되며 병원균의 전형적 표징이 나타나는 병은?

① 균핵병
② 잿빛곰팡이병
③ 흰가루병
④ 벼 깨씨무늬병

15 병원균이 작물에 침입한 이후 저항성을 강화하기 위해 작물이 생성하는 물질은?

① 플라보노이드
② 페놀류
③ 아스코르브산
④ 클로로필

16 식물병 진단에서 효소면역법(ELISA)을 사용하는 주요 목적은?

① 병원균의 육안 확인
② 병원균 항원 검출
③ 병원균의 유전적 특징 분석
④ 병원균의 배양 가능성 평가

17 파이토플라스마병 방제를 위해 항생제를 사용할 때 주의해야 할 사항은?

① 항생제의 잔류 허용 기준
② 환경에 미치는 영향
③ 병원균의 내성 유발 가능성
④ 모두 해당

18 담배 모자이크병 바이러스(TMV)의 전파를 억제하기 위해 효과적인 방법은?

① 매개충 방제
② 작물의 기계적 접촉 방지
③ 병원균 저항성 품종 재배
④ 모두 해당

19 잿빛곰팡이병 방제를 위한 멀칭 재료로 가장 적합한 것은?

① 검정색 비닐
② 투명 비닐
③ 자연 목재칩
④ 질소 함량이 높은 두꺼운 퇴비

20 파이토플라스마에 의한 빗자루병 발생을 줄이기 위한 최적의 관리 방법은?

① 병원 매개충 방제
② 종자 살균
③ 수확 후 토양 소독
④ 병원균 제거

02 농림해충학

21 다음 중 성충의 입틀 모양이 다른 곤충은?

① 모기, 매미 ② 나방, 딱정벌레
③ 메뚜기, 풀무치 ④ 노린재, 진딧물

22 곤충에서 유충이 번데기로 변태하는 과정에서 작용하는 호르몬은?

① 유충 호르몬 ② 에크디손
③ 성장 호르몬 ④ 신경 호르몬

23 벼멸구 방제를 위한 통합적 해충 관리(IPM) 전략으로 옳지 않은 것은?

① 병 저항성 품종 도입
② 생물학적 방제와 화학 방제 병행
③ 비선택적 농약 사용
④ 작물 재배 환경 개선

24 곤충의 탈피를 방해하는 농약의 주요 작용 기작은?

① 신경 전달 차단 ② 키틴 합성 억제
③ 호르몬 분비 촉진 ④ 효소 작용 억제

25 천적 곤충의 도입이 성공하기 위해 필요한 조건은?

① 천적의 빠른 번식
② 농약 사용 제한
③ 천적의 단일 기주 선호
④ 천적의 지역 적응성

26 곤충의 발육과 관련된 유효적산온도 모델에서 제외할 수 없는 요소는?

① 발육 영점 온도 ② 발육 상한 온도
③ 곤충의 크기 ④ 작물 생장률

27 가루응애와 같은 해충의 저항성을 줄이기 위한 가장 효과적인 방법은?

① 동일 농약 반복 사용
② 살포 간격 조정
③ 약제의 교차 사용
④ 저농도 농약 사용

28 벼멸구와 애멸구의 주요 차이점은?

① 벼멸구는 병을 매개하지 않는다.
② 벼멸구는 국내에서 월동하지 않는다.
③ 애멸구는 흡즙 피해가 없다.
④ 애멸구는 성충으로 월동하지 않는다.

29 이화명나방 방제에서 생물학적 방제가 권장되는 이유는?

① 성충 활동 억제 ② 환경 친화적
③ 발육 속도 증가 ④ 약제 효과 증가

30 살충제의 경구독성이 가장 중요한 해충은?

① 흡즙성 해충 ② 잎갉이 해충
③ 줄기 속 해충 ④ 뿌리 해충

31 복숭아혹진딧물의 단위생식이 번식 속도에 미치는 주요 효과는?

① 성적 번식과 동일하다.
② 번식 속도를 느리게 한다.
③ 빠른 개체군 증가를 유발한다.
④ 천적에 대한 저항성을 높인다.

32 곤충에서 외골격의 주요 구성 물질은?

① 키틴 ② 셀룰로오스
③ 리그닌 ④ 단백질

33 끝동매미충이 매개하는 벼 오갈병은 어떤 병원체에 의해 발생하는가?

① 바이러스 ② 세균
③ 곰팡이 ④ 파이토플라스마

34 곤충의 발육을 저해하기 위해 사용하는 살충제의 주요 작용 기작은?

① 신경계 파괴 ② 소화계 교란
③ 생장 호르몬 억제 ④ 외골격 분해

35 고추밭에서 진딧물 밀도를 줄이기 위한 생물학적 방제 방법은?

① 토양 방제 ② 기생성 벌 활용
③ 약제 교체 ④ 해충 저항성 품종 도입

36 곤충의 성숙한 성충 시기가 아니라 유충 시기에 방제가 더 효과적인 이유는?

① 유충은 이동성이 크기 때문이다.
② 유충은 먹이 섭취량이 많기 때문이다.
③ 유충은 방제 후 재생 가능성이 낮기 때문이다.
④ 성충보다 약제 저항성이 크기 때문이다.

37 이화명나방 피해가 심한 포장에서 예상되는 증상은?

① 벼의 줄기가 부러짐 ② 벼 이삭의 백수 현상
③ 벼 잎이 말라 죽음 ④ 벼 뿌리가 부패

38 곤충의 발육과 직접 관련된 유효적산온도의 정의는?

① 곤충이 생존 가능한 최소 온도
② 곤충이 발육을 시작하는 기준 온도
③ 곤충 발육에 필요한 누적 온도
④ 곤충의 최대 생육 온도

39 농업에서 사용되는 곤충 병원성 미생물로 옳지 않은 것은?

① 바실러스 투링기엔시스
② 메타리지움
③ 바실러스 서브틸리스
④ 노모라에아

40 해충의 세대수가 연간 3세대 이상인 경우, 발생 밀도를 효율적으로 줄이기 위한 방제 시점은?

① 성충 발생 초기
② 알에서 유충으로 부화하는 시기
③ 유충이 2령에서 3령으로 발달하는 시기
④ 월동기 이후 초기

03 재배원론

41 파종된 종자의 약 40%가 발아한 날은 무엇을 의미하는가?

① 발아시 ② 발아진
③ 발아기 ④ 발아세

42 중앙아시아가 기원지인 작물은?

① 대추 ② 양배추
③ 양파 ④ 고추

43 3년 휴작이 필요한 작물은?

① 수수 ② 고구마
③ 담배 ④ 토란

44 작물의 N : P : K 흡수 비율이 5 : 1 : 1.5인 작물은?

① 옥수수 ② 콩
③ 고구마 ④ 감자

45 작물 생육 온도에서 최적 온도가 높은 작물은?

① 밀　② 벼
③ 감자　④ 양파

46 식물의 무성 생식을 위한 취목법은?

① 줄기를 절단하여 심는 방법
② 가지를 흙에 묻어 발근시키는 방법
③ 종자를 심어 발아시키는 방법
④ 뿌리를 분리하여 심는 방법

47 뿌리혹병 발생을 억제하기 위해 권장되는 토양 환경은?

① 알칼리성 토양　② 산성 토양
③ 중성 토양　④ 저온건조 토양

48 멜론, 오이와 같은 작물의 접목 목적은?

① 과일 크기 증가　② 병 저항성 향상
③ 꽃가루 수정 촉진　④ 수확 시기 단축

49 식물의 생육 기간 동안 이산화탄소를 고정하는 CAM 식물의 특징은?

① 낮에 기공 개방
② 밤에 기공 개방
③ 낮에 탄수화물 축적
④ 밤에 물 흡수

50 광합성 저해제는 주로 어떤 방제에 사용되는가?

① 병 방제　② 해충 방제
③ 잡초 방제　④ 토양 개선

51 중경(토양 이랑을 갈아주는 작업)의 주요 효과 중 옳지 않은 것은?

① 토양의 통기성을 개선한다.
② 잡초의 생육을 억제한다.
③ 토양의 산성화를 촉진한다.
④ 토양의 수분 증발을 줄인다.

52 C4 작물에서 광합성 효율이 C3 작물보다 높은 이유는?

① C4 작물은 더 많은 광합성 효소를 가진다.
② C4 작물은 낮은 이산화탄소 농도에서도 광합성이 가능하다.
③ C4 작물은 탄수화물의 축적이 빠르다.
④ C4 작물은 CAM 작물보다 물 이용 효율이 높다.

53 포장용수량의 개념과 관련된 토양 물리적 특징은?

① 토양 공극 비율
② 토양의 침투 속도
③ 토양 내 중력수의 양
④ 토양 내 모세관수의 양

54 작물의 성장 속도를 가속화하기 위한 주요 온도 관리 방법은?

① 낮과 밤의 온도 차를 크게 한다.
② 낮은 온도를 일정하게 유지한다.
③ 고온다습한 환경을 조성한다.
④ 낮 동안 고온을 유지하고 밤에는 서늘하게 한다.

55 장일식물이 개화하지 않는 원인은 무엇인가?

① 단일 환경에서 재배
② 높은 온도에서 재배
③ 낮은 CO_2 농도
④ 비옥한 토양에서 재배

56 감자의 수확량을 최대화하기 위한 적절한 생육 환경은?

① 낮은 질소 비료, 고온
② 중간 질소 비료, 고온다습
③ 적정 질소 비료, 냉량
④ 과도한 질소 비료, 저온

57 작물 재배 시 질소 비료 과다 사용이 초래할 수 있는 문제는?

① 뿌리혹병 발생
② 광합성 효율 증가
③ 줄기 도복
④ 잡초의 생육 억제

58 단일 조건에서 개화를 촉진하는 단일식물의 대표적인 예는?

① 양파 ② 시금치
③ 상추 ④ 고추

59 뿌리혹병 방지를 위한 윤작 주기의 최소 기간은?

① 1년 ② 2년
③ 3년 ④ 5년

60 광량이 많고 산소분압이 높은 상태에서 나타나는 C3 식물의 생리작용은?

① 착색이 촉진된다.
② 광호흡이 증대한다.
③ 엽록소 형성이 촉진된다.
④ C/N율이 높아진다.

04 농약학

61 농약의 잔류 허용 기준(MRL, Maximum Residue Limit)이 가장 중요하게 고려되는 이유는?

① 작물의 생육 촉진
② 소비자 안전 보장
③ 농약 제조 비용 감소
④ 농업 생산성 증대

62 침투성 살충제가 접촉성 살충제보다 효과적인 이유는?

① 작물 표면에 장시간 남아 있다.
② 식물 조직 내부로 침투하여 작물 전체를 보호한다.
③ 해충의 성충에만 작용한다.
④ 농약의 휘발성이 높다.

63 농약 중 비선택성 제초제를 사용해야 하는 적절한 시기는?

① 작물 파종 후 ② 작물 수확 후 휴경기
③ 작물의 생육 초기 ④ 작물의 수확 직전

64 살충제의 작용 기작 중 곤충의 신경 전달을 방해하지 않는 것은?

① 유기인계 살충제
② 카바메이트계 살충제
③ 피레스로이드계 살충제
④ 메톡시펜지드(Methoxyfenozide)계 살충제

65 살균제의 예방적 살포가 치료적 살포보다 효과적인 주요 이유는?

① 병원균의 발생을 완전히 차단하기 때문이다.
② 이미 발병한 조직에 영향을 미치지 않기 때문이다.
③ 살균제가 병원균의 생활사를 차단하기 때문이다.
④ 살균제의 농도를 낮게 사용할 수 있기 때문이다.

66 글리포세이트의 주요 작용 기작은?

① 아미노산 합성 억제　② 세포막 분해
③ 광합성 억제　④ 호르몬 대사 교란

67 농약의 환경 독성 평가에서 LD50 값이 의미하는 것은?

① 독성 물질의 반감기
② 50%의 생물체가 죽는 농도
③ 약제의 최대 안정 농도
④ 환경에서 분해되는 속도

68 약제 저항성이 잘 발생하는 해충의 특징은?

① 서식지가 제한적이다.
② 생식력이 낮다.
③ 세대 교체가 빠르다.
④ 환경 변화에 민감하다.

69 농약 비산을 최소화하기 위해 가장 효과적인 살포 조건은?

① 바람이 강한 날　② 잔잔한 바람이 있는 날
③ 기온이 높은 날　④ 비가 오는 날

70 살충제 사용 후 특정 곤충이 급격히 증가하는 이유로 가장 적절한 것은?

① 천적 감소
② 곤충의 산란 속도 증가
③ 살충제의 휘발성
④ 생물 농축

71 유기인계 살충제가 곤충의 체내에서 주로 억제하는 효소는?

① ATPase　② 콜린에스터레이스
③ 포스포릴레이스　④ 아밀레이스

72 농약의 휘발성을 줄이고 작물 표면에 고르게 살포하기 위해 사용되는 보조제는?

① 전착제　② 유화제
③ 살포제　④ 점착제

73 특정 병원균만을 대상으로 선택적으로 작용하는 살균제는?

① 광범위 살균제　② 접촉 살균제
③ 선택성 살균제　④ 전신 살균제

74 농약 살포 후 강우가 예상될 경우, 농약의 효과를 보존하기 위해 취해야 할 적절한 조치는?

① 살포 농도를 줄인다.
② 친수성 농약을 사용한다.
③ 방수성 농약을 사용하거나 전착제를 추가한다.
④ 살포를 중단한다.

75 농약의 잔류를 줄이는 가장 효과적인 방법은?

① 잔류 허용 기준 이상 농도로 살포
② 살포 후 충분한 물로 작물을 세척
③ 동일 농약을 반복적으로 사용
④ 고온 환경에서 살포

76 Fenthion 30% 유제를 500배로 희석해서 10a당 144L를 살포하여 해충을 방제하고자 할 때 Fenthion 30% 유제의 소요량(mL)은?

① 144　② 188
③ 244　④ 228

77 살충제 내성을 극복하기 위해 필요한 전략은?

① 저농도로 살충제를 자주 사용
② 동일 계열 약제를 반복 사용
③ 작용 기작이 다른 약제를 교차 사용
④ 살충제 사용을 중단

78 농약의 자체검사 및 신청검사의 기준에 대한 설명으로 틀린 것은?

① 분제 및 입제의 최대 모집단 수량은 50톤이다.
② 모집단의 소포장 수량 5,000개 이하에 대한 발취개체 수량은 50개이다.
③ 자체검사필증의 부착 및 표시 상태는 뽑아낸 시료 전량에 대하여 외관검사를 한다.
④ 신청검사를 하여 합격된 농약은 농약의 품질관리를 위하여 반드시 직권검사를 하여야 한다.

79 가스크로마토그래피에 의해 분석하고자 할 때 전자포획검출기(ECD)로 분석을 가장 용이하게 할 수 있는 농약은?

① Chlorothalonil ② Dichlorvos
③ Parathion ④ EPN

80 해충의 콜린에스테라아제 효소 활성을 저해시키는 약제는?

① 다이아지논 유제 ② 사이헥사틴수화제
③ 네오아소진 액제 ④ 디코폴수화제

05 잡초방제학

81 잡초의 발아를 유도한 후 제거하는 방법을 무엇이라고 하는가?

① 조파법 ② 미리 발아 유도법
③ 역행적 발아 억제법 ④ 무작위 경작법

82 제초제의 휘발성을 최소화하기 위해 가장 적합한 살포 조건은?

① 기온이 높은 오후
② 바람이 강한 아침
③ 이슬이 마른 후 오전
④ 강수 직전

83 잡초 방제에서 토양 피복재의 주요 효과는?

① 병원균의 밀도 증가 ② 잡초의 발아 억제
③ 수분 증발 촉진 ④ 작물 성장 감소

84 잡초 방제 시 작물과 잡초의 생장 경쟁을 줄이기 위한 가장 효과적인 방법은?

① 조기 수확 ② 초기 물 관리
③ 초기 비료 집중 투입 ④ 초기 재식 밀도 증가

85 논 잡초 중 수생 잡초를 효과적으로 방제하기 위한 적합한 기술은?

① 작물 밀식 ② 생물적 방제
③ 물의 깊이 조절 ④ 윤작

86 잡초의 종자 발아를 결정하는 주요 요인은?

① 이산화탄소 농도 ② 토양 수분
③ 작물의 생장 속도 ④ 비료 성분

87 광분해가 빠른 제초제를 사용하는 것이 적합한 상황은?

① 장기 휴경지 관리 ② 단기 작물 재배지
③ 논 재배지 ④ 과수원

88 잡초의 재생을 방지하기 위한 가장 적합한 시기는?

① 종자가 성숙하기 전 ② 개화 후
③ 종자 형성 후 ④ 발아 직후

89 2,4-D 제초제에 해당하는 것은?

① 페녹시계 ② 산아미드계
③ 카바마이트계 ④ 디페닐에테르계

90 잡초의 내성을 유발하지 않는 주요 방제 기술은?

① 생물적 방제
② 동일 기작의 약제 사용
③ 고농도 약제 사용
④ 비효율적 기계적 방제

91 제초제의 선택성을 높이는 데 중요한 작물 특성은?

① 작물의 잎 두께 ② 작물의 잎 표면 왁스층
③ 작물의 뿌리 길이 ④ 작물의 개화 시기

92 잡초 관리에서 토양소독이 효과적인 이유는?

① 토양의 산도 증가 ② 잡초 종자의 싹 억제
③ 잡초의 내성 유발 ④ 작물 생장 감소

93 일년생 잡초와 비교한 다년생 잡초에 대한 설명으로 옳지 않은 것은?

① 방제하기 어렵다.
② 영양 번식을 한다.
③ 생육 기간이 길다.
④ 대부분 종자로 번식한다.

94 잡초의 영양 생장을 억제하는 주된 기법은?

① 물 관리 ② 비료 시비 감소
③ 줄기 절단 ④ 잎 제거

95 작물의 생육 초기 잡초의 성장을 억제하기 위한 가장 효과적인 전략은?

① 비선택성 제초제 살포
② 작물의 생장 촉진
③ 윤작
④ 멀칭

96 저장성, 도정률, 식미 등을 고려할 때 미곡 저장 시 가장 알맞은 수분 함량은?

① 5~8% ② 9~11%
③ 15~16% ④ 20~23%

97 잡초 방제에서 간이 화염 처리의 주요 효과는?

① 잡초 종자 발아 촉진
② 잡초의 단백질 응고
③ 병원균 밀도 감소
④ 토양 유기물 증가

98 잡초의 발아를 억제하기 위한 최적의 토양 상태는?

① 산소 농도가 높은 상태
② 산소 농도가 낮은 상태
③ 토양 수분이 풍부한 상태
④ 토양 온도가 높은 상태

99 잡초 방제의 생물학적 방제법에 해당하는 것은?

① 경운기 사용
② 기계적 잡초 제거
③ 곤충을 활용한 잡초 방제
④ 토양 첨가제 사용

100 수확 전 낙과 방지법으로 가장 적절하지 않은 것은?

① ABA 처리 ② 과습 방지
③ 방풍시설 설치 ④ 칼슘이온 처리

CBT 실전모의고사 산업기사 1회

01 식물병리학

01 다른 설명에 해당하는 병은?

병원균이 균사 또는 분생포자 형태로 월동하고 다음 해에 1차 전염원이 된다. 1차 전염에 의하여 잎에 병무늬가 생기고 거기에 분생포자가 형성되면 그것이 바람에 날려 2차 전염을 계속한다.

① 벼 도열병 ② 오이 역병
③ 배추 뿌리혹병 ④ 오이 모잘록병

02 벚나무 빗자루병의 방제법으로 가장 적당한 것은?

① 여름철에 살균제를 뿌려 준다.
② 옥시테트라사이클린계 항생제를 나무에 주사한다.
③ 매개충을 구제하기 위해 살충제를 지면에 뿌려 준다.
④ 병든 가지는 아래쪽의 부풀은 부분을 포함하여 겨울철에 잘라낸다.

03 TMV에 의해 발병하며 주로 토양에 의하여 전염되는 병은?

① 고추 모자이크병 ② 마늘 모자이크병
③ 배추 모자이크병 ④ 오이 모자이크병

04 비생물학적 병원에 의해 발생하는 생리병해에 대한 설명으로 옳은 것은?

① 병징만 나타난다.
② 표징만 나타난다.
③ 병징과 표징이 모두 나타난다.
④ 환경적인 영향에 의해 보상이 나타날 수 있다.

05 Pseudomonas의 특성으로 옳은 것은?

① 그람음성의 간균으로 대부분 호기성 균이다.
② 그람음성의 간균으로 대부분 혐기성 균이다.
③ 그람양성의 간균으로 대부분 호기성 균이다.
④ 그람양성의 간균으로 대부분 혐기성 균이다.

06 식물병 방제를 위하여 Millardet가 개발한 것으로, 당시 유행한 포도 노균병을 방제하기 위해 구리가 가진 독성을 이용한 것으로 현재에도 많이 사용되는 살균제는?

① BT제 ② PCNB
③ 유황합제 ④ 보르도액

07 벼 이삭누룩병균은 분류학상 어느 균류에 속하는가?

① 난균 ② 담자균
③ 자낭균 ④ 불완전균

08 식물의 면역학적 진단방법을 의미하는 용어는?

① SSCP ② RACE
③ ELISA ④ RAPD

09 벼 잎집무늬마름병에 대한 설명으로 옳지 않은 것은?

① 고온다습한 환경에서 잘 발병한다.
② 밀식하여 재배할 경우 잘 발병한다.
③ 칼륨 비료 시비량을 줄여 방제할 수 있다.
④ 병원균은 논이나 토양에서 월동하며, 봄철에 벼 잎집에 부착된 균사가 벼를 침해한다.

10 **오이 덩굴쪼김병의 설명으로 옳은 것은?**

① 산성 토양에서는 잘 발생하지 않는다.
② 연작하는 포장에서 피해가 큰 병이다.
③ 주로 18℃ 이하의 온도에서 잘 발생한다.
④ 종자전염보다는 주로 매개충에 의해 전염된다.

11 **고구마 무름병의 특징적인 표징은?**

① 균핵 ② 포자낭
③ 자낭각 ④ 포자퇴

12 **세포벽이 없는 원핵생물로 인공배지에 배양이 되지 않으며, 곤충에 매개되는 특성이 있고, 세균과 바이러스의 중간 형태로 알려진 식물병원 미생물은?**

① 아메바 ② 원생동굴
③ 프라이온 ④ 파이토플라스마

13 **호박 흰가루병을 방제하기 위해 어느 부위에 약제 처리하는 것이 가장 효과적인가?**

① 잎 ② 뿌리
③ 열매 ④ 종자

14 **무 사마귀병에 대한 설명으로 옳은 것은?**

① 벼에도 잘 발생한다.
② 세균에 의해 발생한다.
③ 산성토양에서 잘 발생한다.
④ 온도가 20℃ 이하로 서늘할 때 잘 발생한다.

15 **식물 중에 특정 병원체 침입에 대하여 민감하게 반응하거나 특징적인 병징을 이용한 것으로, 주로 바이러스의 진단에 널리 쓰이며 세균이나 일부 균류에 의한 병의 진단에도 활용하는 방법은?**

① 파지에 의한 병의 진단
② 지표식물에 의한 병의 진단
③ 즙액 접종에 의한 병의 진단
④ 괴경지표법에 의한 병의 진단

16 **병원균에 대한 기주 저항성 중 품종 고유의 소수 주동유전자에 의해 발현되기 때문에 재배환경에 영향을 적게 받으나 레이스의 변이에 의하여 감수성으로 되기 쉬운 것은?**

① 수평 저항성 ② 침입 저항성
③ 수직 저항성 ④ 감염 저항성

17 **벼 도열병의 전형적인 병징은?**

① 모무늬 ② 얼룩무늬
③ 겹둥근 모양 ④ 실꾸리 모양

18 **논에서 벼 도열병균 분생포자의 주된 전염방법은?**

① 물 ② 토양
③ 바람 ④ 곤충

19 **Nepovirus를 매개하여 식물병을 감염시키는 것은?**

① 선충 ② 멸구
③ 매미충 ④ 진딧물

20 **모래땅이나 유기질이 적은 논에서 발생하기 쉬운 병은?**

① 벼 도열병 ② 벼 키다리병
③ 벼 흰잎마름병 ④ 벼 깨씨무늬병

02 농림해충학

21 **가루깍지벌레의 연 발생횟수는?**

① 1년에 1회 발생 ② 1년에 3회 발생
③ 1년에 5회 발생 ④ 2년에 1회 발생

22 담배나방에 대한 설명으로 틀린 것은?

① 고추의 주요 해충 중 하나이다.
② 땅속에서 번데기로 월동한다.
③ 1년에 1회 발생한다.
④ 담배에 피해를 준다.

23 고구마나 당근 등에 주로 발생하는 뿌리혹선충의 방제방법으로 옳지 않은 것은?

① 상토를 소독한다.
② 토양의 pH가 높아지지 않도록 관리한다.
③ 경작지가 논일 경우 3년마다 한 번씩 벼를 재배한다.
④ 토양의 유기물 함량이 낮아지지 않도록 비배관리를 한다.

24 뒷날개가 평균기(Halter)로 변형되어 비행 중 몸의 균형을 유지하는 곤충은?

① 쉬파리 ② 벼메뚜기
③ 호랑나비 ④ 솔수염하늘소

25 우리나라에서 월동하지 못하고 매년 외국에서 날아와 피해를 주는 해충은?

① 이화명나방 ② 벼메뚜기
③ 벼밤나방 ④ 멸강나방

26 곤충의 생활사에서 용화란 무엇인가?

① 유충이 번데기가 되는 것
② 알껍질을 깨고 배자가 나오는 것
③ 번데기가 탈피하여 성충이 되는 것
④ 유충의 몸이 자라 묵은 표피를 벗는 것

27 딱정벌레목에 속하지 않는 곤충은?

① 무당벌레스 ② 각시물자라
③ 뽕나무하늘소 ④ 넓적사슴벌레

28 다음 중 내충성 품종을 이용하여 방제할 경우 가장 효과적인 해충은?

① 점박이응애 ② 알락하늘소
③ 밤나무혹벌 ④ 복숭아혹진딧물

29 등애는 어느 목에 속하는 곤충인가?

① 나비목 ② 파리목
③ 매미목 ④ 날도래목

30 다음 해충 중 완전변태를 하지 않는 것은?

① 벼물바구미 ② 배추순나방
③ 끝동매미충 ④ 노랑쐐기나방

31 사과나무의 뿌리를 가해할 수 있는 종은?

① 포도뿌리혹벌레 ② 사과혹진딧물
③ 사과면충 ④ 조팝나무진딧물

32 이화명나방의 월동에 대한 설명으로 옳은 것은?

① 잡초에서 성충으로 월동한다.
② 볏짚이나 잡초에서 알로 월동한다.
③ 볏짚이나 그루터기 속에서 번데기로 월동한다.
④ 볏짚이나 그루터기 속에서 유충으로 월동한다.

33 기생성 천적곤충으로 이용가치가 높은 곤충목은?

① 벌목 ② 매미목
③ 나비목 ④ 사마귀목

34 곤충의 신경호르몬 중에서 침분비, 배설촉잔 체벽의 신축성 등에 관여하는 것은?

① 프로톡린 ② 멜라토닌
③ 류코키닌 ④ 세로토닌

35 다음 중 암컷만으로 번식하는 단위생식을 하는 해충은?

① 밤바구미 ② 사과굴나방
③ 밤나무혹벌 ④ 버즘나무방패벌레

36 벼멸구의 분류학적 위치는 다음 중 어디에 속하는가?

① 메뚜기목 ② 노린재목
③ 총채벌레목 ④ 풀잠자리목

37 곤충의 휴면에 대한 설명으로 틀린 것은?

① 곤충의 휴면은 생활하기에 불리한 환경조건하에서 일어난다.
② 휴면이 일어나는 충태는 종에 따라 다르다.
③ 곤충의 휴면은 저온 조건하에서만 일어난다.
④ 곤충의 종에 따라서 일정조건이 휴면에 관여하기도 한다.

38 다음 중 세계에서 가장 많은 종이 기록되어 있어 많은 해충과 약충이 포함되어 있는 것은?

① 사마귀목 ② 강도래목
③ 딱정벌레목 ④ 흰개미붙이목

39 줄무늬잎마름병을 매개하는 애멸구에 대한 설명으로 틀린 것은?

① 보독은 흡즙으로 하게 된다.
② 보독충의 알에도 바이러스 병원균이 있을 수 있다.
③ 제2화 애멸구 성충이 묘판이나 본답으로 이동하여 줄무늬잎마름병을 매개한다.
④ 바이러스는 애멸구 체내에서는 증식이 안 된다.

40 외국에서 유입되어 국내에 정착한 침입해충이 아닌 것은?

① 감자나방 ② 사과면충
③ 루비깍지벌레 ④ 복숭아심식나방

03 농약학

41 제초제의 토양 중에서의 변화를 바르게 설명한 것은?

① 살포된 약제의 분해는 공기나 광선과는 무관하다.
② 토양 미생물의 작용은 제초제의 변화에 영향을 주지 않는다.
③ 분해 생성물은 단일 성분으로 존재하며 전혀 새로운 화합물로 되지 않는다.
④ 제초제의 변화는 환경문제에 큰 영향을 준다.

42 농약의 물리적 성질 중 습전성을 가장 잘 설명한 것은?

① 살포한 약액이 작물이나 해충의 표면을 잘 적시고 퍼지는 성질을 말한다.
② 약제와 물의 친화도를 나타내는 성질을 말한다.
③ 약제를 물에 가했을 때 입자가 균일하게 부유, 분산하는 성질을 말한다.
④ 부착한 약제가 이슬이나 빗물에 씻겨 내려가지 않고 식물체의 표면에 붙어 있는 성질을 말한다.

43 농약 살포 시 지켜야 할 사항으로 옳지 않은 것은?

① 제4종 복합비료와의 혼용은 약해를 일으키지 않는다.
② 농약 안전사용기준과 취급제한기준을 지켜야 한다.
③ 다른 농약과 혼용할 때에는 혼용 가능 여부를 확인 후 사용한다.
④ 비선택성 제초제는 작물 근처에 뿌리지 않는다.

44 수불용성인 농약 원제로 제품을 만들려고 할 때 적당한 제조형태가 아닌 것은?

① 유제 ② 수화제
③ 액제 ④ 입제

45 다양한 제제형태로 조제되어 적용범위가 넓고 특히 소나무의 솔잎혹파리 방제용으로 주로 적용되는 농약은?

① 오메톤 ② 에톡사졸
③ 에토프 ④ 이미다클로프리드

46 **분제의 특징에 대한 설명으로 옳지 않은 것은?**

① 살충, 살균제에 많이 사용된다.
② 고착성이 우수하여 잔효성이 요구되는 과수 방제용으로 적당하다.
③ 수도 병해충 방제에 널리 사용되고 있다.
④ 표류비산에 의한 살포구역 이외의 환경오염이 클 수 있다.

47 **다음 중 살충제 농약으로 분류되는 것은?**

① 벤타존 ② 티오파네이트메틸
③ 페노뷰카브(BPMC) ④ 트리사이클라졸

48 **각종 과실의 저장성을 향상시키기 위하여 주로 사용하는 약제는?**

① 6-BA ② 2,4-D
③ 클로르프로팜 ④ 1-메틸사이클로프로펜

49 **과실의 숙기를 촉진시켜 주는 농약으로 주로 사용되는 약제는?**

① 6-BA 액제 ② 나드 분제
③ 이사-디 액제 ④ 에테폰 액제

50 **팜(PAM)은 주로 어느 농약의 중독치료제로 사용되는가?**

① 수은제 ② 유기인제
③ 동제 ④ 비소제

51 **침투성 살충제의 일반적인 특성 중 옳지 않은 것은?**

① 천적을 살해한다.
② 효력이 2~6주간 지속된다.
③ 식물체 내에 흡수, 이행되어 식물체 전체에 퍼진다.
④ 일반적으로 개체가 작은 흡즙 해충에 유효하다.

52 **접촉독, 소화중독으로 효과를 나타내는 유기인계 살충제로서 야생조류에 피해를 줄 수 있고, 특히 꿀벌에 잔류독성이 강하여 사용 시 주의하여야 하는 농약은?**

① 페노뷰카브 ② 에토펜프록스
③ 클로르피리포스 ④ 아이소프로티올레인

53 **어떤 살충제에 대하여 저항성이 발달한 해충이 한 번도 사용한 실적은 없지만 작용기구가 같은 살충제에 저항성을 나타내는 현상은?**

① 교차저항성 ② 복합저항성
③ 살충제저항성 ④ 저항성계수

54 **농약의 독성에 대한 설명 중 틀린 것은?**

① 현재 등록된 농약은 대부분 저독성 농약이다.
② 고독성 농약은 취급제한기준을 설정하여 별도로 관리한다.
③ 독성의 정도에 따라서 급성독성, 만성독성으로 구분한다.
④ 농약의 투여방법에 따라서 경구 · 경피 · 흡입독성으로 구분한다.

55 **20% PAP 유제 100mL를 0.05%의 살포액으로 만드는데 소요되는 물의 양은 약 얼마인가?(단, 원액의 비중은 1이다.)**

① 40L ② 50L
③ 60L ④ 70L

56 **유기인계 농약의 특징에 대한 설명으로 가장 거리가 먼 것은?**

① 잔류성이 길다.
② 알칼리에 분해되기 쉽다.
③ 인축에 대한 독성이 강한 약제가 많다.
④ 살충력이 강하고 적용해충 범위가 넓다.

57 논에 물을 대면서 물꼬에서 약제를 처리하도록 개발된 제형은?

① 수면전개제 ② 입상수화제
③ 미탁제 ④ 액상수화제

58 농약 살포액 조제 시 사용되는 적당한 물은?

① 뜨거운 물
② 알칼리성 물
③ 효소를 넣어 발효시킨 물
④ 물의 온도가 높지 않은 일반적인 물

59 분제는 물리적 성질이 약효에 크게 영향을 미친다. 다음 중 분제가 가지는 물리적 성질이 아닌 것은?

① 토분성 ② 부착성
③ 분산성 ④ 습전성

60 다음 중 침투성 살충제는?

① 카보퓨란 입제 ② 다이아지논 유제
③ 페니트로티온 수화제 ④ 클로르피리포스 수화제

04 잡초방제학

61 주로 지하경에 의해 번식하지 않는 잡초는?

① 벗풀 ② 올미
③ 올방개 ④ 물달개비

62 작물의 수량 감소 정도는 작물과 잡초의 경합에 의하여 결정되는데 이에 관여하는 요소로 가장 거리가 먼 것은?

① 잡초의 발생시기 ② 잡초의 발생밀도
③ 잡초의 발생기간 ④ 잡초의 종자생산량

63 잡초의 종합방제(Integrated Control)의 의미로 가장 정확한 것은?

① 환경친화적인 제초수단을 이용하는 것이다.
② 가장 효율적인 잡초방제법을 적용하는 것이다.
③ 여러 가지 제초제를 혼합하여 잡초를 방제하는 것이다.
④ 생태적, 물리적, 화학적 방제 등의 여러 방제수단을 이용하는 것이다.

64 예방적 방제수단에 해당하지 않는 것은?

① 농기계 청소 ② 비산종자 관리
③ 작물종자 정선 ④ 경엽처리제 살포

65 다음 중 광엽잡초로만 나열된 것은?

① 돌피, 여뀌, 쇠털골 ② 별꽃, 명아주, 바랭이
③ 물달개비, 망초, 강아지풀 ④ 물옥잠, 사마귀풀, 쇠비름

66 다음 중 수면에 떠다니는 부유성 잡초에 해당하는 것은?

① 가래 ② 등에풀
③ 생이가래 ④ 물달개비

67 잡초경합 한계기간에 대한 설명으로 옳지 않은 것은?

① 철저한 잡초 방제가 요구되는 시기이다.
② 작물 생육기의 초기 1/4~1/3 정도의 기간이다.
③ 잡초와 작물이 경합하지만 작물의 피해는 없는 한계기간이다.
④ 한계기간 이후에는 잡초 방제를 더 하여도 작물 피해는 큰 변화가 없다.

68 잡초종자의 휴면에 대한 설명으로 옳지 않은 것은?

① 배의 미숙에 의하여 휴면하기도 한다.
② 발아환경이 부적당하면 2차 휴면을 한다.
③ 종자뿐만 아니라 괴경 및 지하경에서도 볼 수 있다.
④ 외적 요건이 발아에 부적당하여 발아하지 못하는 경우 자발휴면이라고 한다.

69 다음 중 논잡초 방제용으로 주로 사용되는 제초제로 일년생 잡초 발생 전 토양에 처리하는 것은?

① 시마진 수화제
② 리누론 수화제
③ 뷰타클로르 입제
④ 알라클로르 유제

70 우리나라 농경지 잡초 발생의 특징으로 옳은 것은?

① 남방형 잡초가 북방형 잡초보다 많다.
② 광엽잡초보다 화본과 잡초의 종류가 더 많다.
③ 평지의 과수원에서는 다년생 잡초가 우점한다.
④ 제초제 사용이 증가하면서 논에서는 다년생 잡초보다 일년생 잡초가 많아지고 있다.

71 작물과 잡초의 경합요인으로 가장 거리가 먼 것은?

① 빛
② 산소
③ 수분
④ 영양분

72 논에서 둑새풀이 벼의 수량에 미치는 영향이 적은 이유로 적합한 것은?

① 키가 벼보다 작기 때문에
② 발생시기가 다르기 때문에
③ 벼와 동일한 화본과 식물이기 때문에
④ 양분 흡수에 대한 경합력이 낮기 때문에

73 잡초의 상호대립 억제작용(Allelopathy)을 이용한 잡초 방제법은?

① 생물적 방제
② 생태적 방제
③ 물리적 방제
④ 종합적 방제

74 다음 중 다년생 잡초로만 나열된 것은?

① 여뀌, 명아주, 메꽃
② 망초, 돌피, 물달개비
③ 냉이, 속속이풀, 둑새풀
④ 올챙이고랭이, 올방개, 매자기

75 잡초종자에 갈고리 모양의 돌기 또는 바늘 모양의 가시를 가져서 인축에 부착되어 전파되는 것은?

① 민들레
② 진득찰
③ 소리쟁이
④ 가막사리

76 비선택성 제초제가 아닌 것은?

① 퀴노클라민 입제
② 글루포시네이트암모늄 액제
③ 글리포세이트 · 옥시플루오르펜 액상수화제
④ 벤타존소듐 · 글리포세이트이소프로필아민 액제

77 다음 중 발생심도가 가장 깊은 잡초는?

① 올미
② 벗풀
③ 올방개
④ 너도방동사니

78 잡초종자의 발아습성에 대한 설명으로 옳지 않은 것은?

① 발아주기성이란 같은 조건에서 일정한 간격으로 발아하는 것이다.
② 준동시성 발아형이란 일정기간 이내에 집중적으로 발아하는 것이다.
③ 발아계절성이란 발생 계절의 일장보다 대기온도에 반응하여 발아하는 것이다.
④ 연속성 발아형이란 발아에 적합한 조건을 주어도 오랜 기간에 걸쳐 지속적으로 발아하는 것이다.

79 페녹시계 호르몬형 제초제로 이행성이 있는 것은?

① 이사-디 액제
② 클레토딤 유제
③ 메톨라클로르 유제
④ 프레틸라클로르 유제

80 주로 논이나 습지에 발생하고 화본과에 속하는 다년생 잡초는?

① 사마귀풀
② 나도겨풀
③ 물고랭이
④ 가막사리

CBT 실전모의고사 산업기사 2회

01 식물병리학

01 그을음병이 식물에 미치는 영향으로 옳은 것은?

① 세포조직을 분해하여 연부를 일으킨다.
② 통도 조직을 막음으로써 시들음병을 유발한다.
③ 기주 표면을 덮음으로써 광합성에 지장을 준다.
④ 조직분화가 비정상적으로 유도되어 기형이 된다.

02 곰팡이의 유성생식 결과 만들어지는 기관이 아닌 것은?

① 난포자 ② 후막포자
③ 자낭포자 ④ 접합포자

03 토양 전염성 병이 해마다 많이 발생하는 이유로 가장 가능성이 높은 것은?

① 윤작 ② 연작
③ 사질토양 ④ 유기물 과다

04 보르도액에 대한 설명으로 옳지 않은 것은?

① 보호살균제이다.
② 꿀벌에게 유해하다.
③ 석회유에 황산구리 수용액을 넣어 만든다.
④ 제조한 후 시간이 경과함에 따라 약효가 감소한다.

05 순활물기생체에 속하는 것은?

① 감자 역병균 ② 보리 깜부기병균
③ 고구마 무름병균 ④ 무 · 배추 사마귀병균

06 식물병의 진단방법 중 면역학적 진단방법에 속하지 않는 것은?

① ELISA법 ② 면역확산법
③ 현미경관찰법 ④ 응집과 침강반응

07 잣나무 털녹병의 방제방법으로 옳지 않은 것은?

① 중간기주인 송이풀을 제거한다.
② 중간기주인 까치밥나무를 제거한다.
③ 담자포자가 비산하는 초봄에는 살균제를 뿌린다.
④ 병든 나무는 녹포자가 비산하기 전에 비닐로 감싸준다.

08 사과나무 탄저병에 대한 설명으로 옳지 않은 것은?

① 가지나 잎에도 발병한다.
② 병든 과실은 쓴 맛이 난다.
③ 성숙한 과실은 상처를 통해서만 감염된다.
④ 과실에서는 주로 성숙기 가까이에 발병한다.

09 식물병을 일으키는 바이러스의 진단에 대한 설명으로 옳지 않은 것은?

① 전자현미경으로 볼 수 있다.
② 핵단백질로 구성된 거대분자이다.
③ 인공배지에서 배양하여 확인한다.
④ 막대형, 구형 등 여러 가지 모양이다.

10 대추나무 빗자루병의 방제법으로 가장 효과적인 방법은?

① 여름철에 살균제를 뿌려 준다.
② 옥시테트라사이클린 수화제를 나무에 주사한다.
③ 매개충을 구제하기 위하여 살충제를 지면에 뿌려 준다.
④ 병든 가지는 건전한 부분을 포함하여 겨울철에 잘라낸다.

11 세균에 의해 발생하는 병이 아닌 것은?

① 감귤 궤양병 ② 포플러 잎녹병
③ 배나무 불마름병 ④ 사과나무 뿌리혹병

12 호박의 흰가루병을 방제하기 위해서는 어느 부위에 약제 처리하는 것이 가장 효과적인가?

① 잎 ② 뿌리
③ 열매 ④ 종자

13 사과나무에 발생되는 병으로 주로 죽은 조직을 통해 감염되고 병든 부위의 껍질을 벗겨 보면 알코올과 같은 냄새가 나는 병은?

① 역병 ② 부란병
③ 겹무늬썩음병 ④ 검은별무늬병

14 병원체를 접종하여도 기주식물이 전혀 병에 걸리지 않는 경우에 해당하는 용어는?

① 면역성 ② 저항성
③ 회피성 ④ 내병성

15 모래땅이나 유기질이 적은 논에서 발생하기 쉬운 병은?

① 벼 도열병
② 벼 키다리병
③ 벼 흰잎마름병
④ 벼 깨씨무늬병

16 기주범위가 좁고 기주가 없으면 오래 생존하지 못하고 쉽게 사멸하는 병원균의 방제방법으로 효과적인 것은?

① 윤작 ② 접목
③ 멀칭 ④ 연작

17 식물병과 중간기주를 바르게 연결한 것은?

① 소나무 혹병 – 쑥부쟁이
② 잣나무 털녹병 – 송이풀
③ 포플러 잎녹병 – 향나무
④ 사과나무 붉은별무늬병 – 포플러류

18 병원균에 대한 기주 저항성 중 품종 고유의 소수 주동유전자에 의해 발현되기 때문에 재배환경에 영향을 적게 받으나 레이스의 변이에 의하여 감수성으로 되기 쉬운 것은?

① 수평 저항성
② 침입 저항성
③ 수직 저항성
④ 감염 저항성

19 감자 Y바이러스의 특징이 아닌 것은?

① 진딧물에 의해 매개된다.
② 풍차형 봉입체를 형성한다.
③ 감염된 식물의 세포질 내에 흩어져 존재한다.
④ 최근에는 조직배양에 의한 씨감자의 생산 · 보급이 확대되어 발병이 많이 감소하였다.

20 벼 도열병의 전형적인 병징은?

① 모무늬 ② 얼룩무늬
③ 겹둥근 모양 ④ 실꾸리 모양

02 농림해충학

21 중배엽으로부터 유래된 기관은?

① 중장 ② 심장
③ 전장 ④ 신경

22 고구마나 당근 등에 주로 발생하는 뿌리혹선충의 방제방법으로 옳지 않은 것은?

① 상토를 소독한다.
② 토양의 pH가 높아지지 않도록 관리한다.
③ 경작지가 논일 경우 3년마다 한 번씩 벼를 재배한다.
④ 토양의 유기물 함량이 낮아지지 않도록 비배관리를 한다.

23 곤충 더듬이의 기본구조에서 냄새를 맡는 감각기들이 집중되어 있는 마디는?

① 자루마디 ② 채찍마디
③ 팔굽마디 ④ 솜털마디

24 소화와 흡수가 주로 이루어지는 기관은?

① 결장 ② 중장
③ 전장 ④ 모이주머니

25 말피기소관에 대한 설명으로 옳지 않은 것은?

① 진딧물은 말피기소관이 없다.
② 후장의 시작 부분에 붙어 있다.
③ 끝이 막혀 있는 큰 원통형이다.
④ 몸에서 발생한 함질소 노폐물 등을 체액으로부터 걸러 준다.

26 알의 양쪽에 공기주머니가 붙어 있는 해충은?

① 솔나방 ② 무당벌레
③ 학질모기 ④ 이화명나방

27 이화명나방의 월동에 대한 설명으로 옳은 것은?

① 잡초에서 성충으로 월동한다.
② 볏짚이나 잡초에서 알로 월동한다.
③ 볏짚이나 그루터기 속에서 번데기로 월동한다.
④ 볏짚이나 그루터기 속에서 유충으로 월동한다.

28 날개가 1쌍인 해충은?

① 하늘소 ② 나방파리
③ 호랑나비 ④ 나나니벌

29 다음 중 암컷만으로 번식하여 단위생식을 하는 해충은?

① 밤바구미 ② 사과굴나방
③ 밤나무혹벌 ④ 버즘나무방패벌레

30 뽕나무하늘소에 대한 설명으로 옳지 않은 것은?

① 사과나무, 배나무에도 피해를 준다.
② 성충이 과실을 물어뜯고 즙액을 빨아먹는다.
③ 다 자란 유충은 나뭇잎 뒷면에서 번데기가 된다.
④ 유충이 나무줄기 속으로 구멍을 뚫고 들어간다.

31 식물체의 뿌리, 줄기 또는 잎을 통하여 약제가 식물 전체에 들어감으로써 식물의 즙액을 흡즙하는 해충을 죽게 하는 살충제를 무엇이라고 하는가?

① 유인제 ② 훈증제
③ 소화중독제 ④ 침투성 살충제

32 유충의 입틀이 씹는 형태인 것은?

① 솔잎혹파리 ② 소나무왕진딧물
③ 솔껍질깍지벌레 ④ 오리나무잎벌레

33 다음 중 세계에서 가장 많은 종이 기록되어 있어 많은 해충과 익충이 포함되어 있는 것은?

① 사마귀목 ② 강도래목
③ 딱정벌레목 ④ 흰개미붙이목

34 해충을 유아등에 모이게 하여 방제하는 방법은 해충의 어떤 습성을 이용한 것인가?

① 주화성 ② 주지성
③ 주식성 ④ 주광성

35 **곤충의 특징으로 옳지 않은 것은?**

① 생식문은 배 끝에 있다.
② 호흡기관과 허파는 배 아래쪽에 있다.
③ 머리에는 입틀, 더듬이, 겹눈 등이 있다.
④ 대체로 다리는 3쌍이고, 5마디로 구성되어 있다.

36 **경제적 피해수준에 대한 설명으로 옳은 것은?**

① 해충에 의한 피해액이 방제비용과 같은 수준의 밀도를 의미한다.
② 해충에 의한 피해액이 방제비용과 무관한 수준의 밀도를 의미한다.
③ 해충에 의한 피해액이 방제비용보다 높은 수준의 밀도를 의미한다.
④ 해충에 의한 피해액이 방제비용보다 낮은 수준의 밀도를 의미한다.

37 **생물적 방제법에 이용되지 않는 것은?**

① 기생자　　② 포식자
③ 병원균　　④ 생장조절제

38 **벼멸구의 방제방법으로 옳지 않은 것은?**

① 내충성 품종을 심는다.
② 질소질 비료를 많이 준다.
③ 천적으로는 산충채벌, 논거미 등이 있다.
④ 약제로는 뷰프로페진 · 에토펜프록스 수화제가 있다.

39 **유충이 가해한 부위는 적갈색의 굵은 배설물과 함께 수액이 흘러나와 겉으로 쉽게 눈에 띄며, 성충은 나무껍질에 한 개씩 알을 낳는 해충은?**

① 솔잎혹파리　　② 벼룩잎벌레
③ 향나무하늘소　　④ 복숭아유리나방

40 **거세미나방의 월동 충태는?**

① 알　　② 성충
③ 유충　　④ 번데기

03 농약학

41 **수화제에 물을 가하여 조제한 현탁액에 있어서 고체 입자가 균일하게 부유하는 성질과 그 안정성을 의미하는 것은?**

① 현수성　　② 유화성
③ 가용성　　④ 비산성

42 **유분의 작은 입자나 물에 녹지 않은 용제에 주제를 녹인 액체 입자를 물에 균일하게 분산시킨 것을 무엇이라 하는가?**

① 현탁액　　② 용액
③ 유화액　　④ 유용액

43 **네오아소진(Neoasozin)에 대한 설명으로 옳은 것은?**

① 유기주석제 농약이다.
② 직접 살균력이 아주 강하다.
③ 주로 분제와 입제로 사용된다.
④ 사과나무의 부란병에 적용할 수 있다.

44 **광엽 및 경엽의 구별 없이 식물을 고사시키는 작용을 하는 제초제는?**

① 비선택성 제초제　　② 비호르몬형 제초제
③ 호르몬형 제초제　　④ 토양처리 제초제

45 **각종 과실의 저장성을 향상시키기 위하여 주로 사용하는 약제는?**

① 6－BA　　② 2,4－D
③ 클로르프로팜　　④ 1－메틸사이클로프로펜

46 광역잡초 생육기 경엽처리용 제초제로서 잡초가 발생한 시기에 사용할 수 있어 사용폭이 넓고 화본과 잡초를 제외한 일년생 및 다년생 광역잡초와 사초과 잡초에 효과가 있는 약제는?

① MCPB ② Butachlor
③ Bentazone ④ Benthiocarb

47 살응애제 농약의 작용기작이 아닌 것은?

① 단백질 합성 저해
② 신경계에 작용하여 신경기능 저해
③ 생체아민(Biogenic Amine) 대사를 저해
④ 미토콘드리아에 작용하여 에너지대사 저해

48 계면활성제가 갖고 있는 원자단 중 친유기는?

① $-CN$ ② $-COOH$
③ $-OH$ ④ $-C_6H_5$

49 독성을 표시할 때 중앙 치사량 LD_{50}이란?

① 실험동물에 약을 처리하였을 때 20%를 죽이는 농약의 분량
② 실험동물에 약을 처리하였을 때 30%를 죽이는 농약의 분량
③ 실험동물에 약을 처리하였을 때 40%를 죽이는 농약의 분량
④ 실험동물에 약을 처리하였을 때 50%를 죽이는 농약의 분량

50 곤충의 먹이가 되는 부분에 약제를 뿌려 줄기나 잎을 갉아먹는 해충으로 하여금 먹이와 함께 소화기에 독상을 흡수시켜 살충력을 나타내는 약제를 무엇이라고 하는가?

① 독제 ② 접촉제
③ 침투성 살충제 ④ 훈증제

51 팜(PAM)은 주로 어느 농약의 중독치료제로 사용되는가?

① 수은제 ② 유기인제
③ 동제 ④ 비소제

52 농약의 환경 중으로의 확산 요인과 가장 거리가 먼 것은?

① 온도 ② 휘산
③ 표류비산 ④ 토양 및 수질의 잔류

53 우리나라의 농약 독성 구분에 대한 설명으로 틀린 것은?

① 농약의 독성 구분은 원제 독성을 기준으로 한다.
② 세계보건기구 분류기준과 거의 동일하다.
③ 전체 등록농약 중 고독성은 아주 적으며, 대부분 보통 및 저독성 농약이다.
④ 술의 원료인 주정의 독성치보다 낮은 농약도 많다.

54 유제 농약이 물에 잘 섞이는가를 검사하고자 할 때 가장 중요한 성질은?

① 유화성 ② 부착성
③ 고착성 ④ 붕괴성

55 어떤 살충제에 대하여 저항성이 발달한 해충이 한 번도 사용한 적은 없지만 작용기구가 같은 살충제에 저항성을 나타내는 현상은?

① 교차저항성 ② 복합저항성
③ 살충제저항성 ④ 저항성계수

56 농약 보관 시 주의하여야 할 사항 중 틀린 것은?

① 고형제는 흡습되면 분해가 촉진되므로 건조한 곳에 보관한다.
② 농약 설명서의 약효보증기간은 최악의 조건에서 산정하여 정한 기간이다.
③ 대부분의 농약은 고온 및 자외선 접촉 시 분해가 되므로 냉암소에 저장한다.
④ 유제는 인화의 위험성이 있으므로 화기를 피하여 보관한다.

57 클로버 등 광역잡초에는 특이한 살초효과가 있으나 피 등과 같은 화본과 잡초에는 효과가 없는 호르몬형 이행성 제초제는?

① Dicamba ② Dymuron
③ Glyphosate ④ Molinate

58 다음 농약 중 각종 응애류(Mites)의 방제에 가장 적합한 것은?

① 페나자퀸(Fenazaquin)
② 펜티온(Fenthion)
③ 클로르피리포스(Chlorpyrifos)
④ 비티쿠르스타키(Bacillusthuringiensis ver. kurstaki)

59 우리나라는 농약의 독성을 구분할 때 어디에 기준을 두고 분류하는가?

① 원제 ② 제품
③ 희석된 제품 ④ 농약잔류량

60 식물생장조절제인 옥신(Auxin)의 범주에 해당되지 않는 것은?

① Indole계 화합물
② Benzoic계 화합물
③ Phenoxy계 화합물
④ Carbamate계 화합물

04 잡초방제학

61 식물이 분비하거나 생체 혹은 수확 후 잔여물 및 종자 등에서 독성물질이 분비되어 다른 식물종의 생장을 저해하는 현상은?

① Allelopathy ② Competition
③ Fertilization ④ Contamination

62 주로 논이나 습지에 발생하고 화본과에 속하는 다년생 잡초는?

① 사마귀풀 ② 나도겨풀
③ 물고랭이 ④ 가막사리

63 잡초경합 한계기간에 대한 설명으로 옳지 않은 것은?

① 철저한 잡초 방제가 요구되는 시기이다.
② 작물 생육기의 초기 1/4~1/3 정도의 기간이다.
③ 잡초와 작물이 경합하지만 작물의 피해는 없는 한계기간이다.
④ 한계기간 이후에는 잡초 방제를 더 하여도 작물 피해는 큰 변화가 없다.

64 제초제 제형 중 수화제를 나타내는 것은?

① G ② WP
③ EC ④ Sol

65 밭에 주로 발생하는 잡초는?

① 마디꽃 ② 쇠털골
③ 명아주 ④ 사마귀풀

66 농경지에 발생하는 잡초군락의 구성 변화에 관여하는 가장 중요한 요인은?

① 제초제 사용
② 경운 정지의 변화
③ 재배법 등 경지 이용형태의 변화
④ 토지기반 정비에 의한 입지조건의 변화

67 주로 밭에 발생하는 다년생 잡초가 아닌 것은?

① 별꽃 ② 메꽃
③ 쇠뜨기 ④ 소리쟁이

68 선택성 제초제가 아닌 것은?

① 2,4-D 액제 ② 디캄바 액제
③ 뷰타클로르 유제 ④ 글리포세이트암모늄 액제

69 잡초 종자가 일장에 감응하여, 휴면이나 휴면타파를 하는 형태는?

① 2차성 휴면형 ② 기회적 휴면형
③ 계절적 휴면형 ④ 자발성 휴면형

70 설포닐우레아(Sulfonylurea)계 제초제의 작용기작은 무엇인가?

① 지방산 억제 ② 호흡작용 억제
③ 세포분열 억제 ④ ALS 효소 저해

71 포자로 번식하는 잡초는?

① 가래 ② 생이가래
③ 개구리밥 ④ 방동사니

72 논에서 사초과인 올방개를 방제하기 위하여 사용하는 후기 경엽처리 제초제는?

① 벤타존 액제 ② 옥사디아존 유제
③ 디티오피르 유제 ④ 알라클로르 입제

73 잡초 종자가 공간적으로 산포하기 위한 특징으로 옳지 않은 것은?

① 산포에 유리한 형태적 특성
② 발아에 불리한 환경조건에서의 휴면성
③ 바람, 물 및 인축의 동태와 관련된 이동성
④ 동물이 섭취하여도 잘 소화되지 않는 특성

74 작물의 수량 감소 정도는 작물과 잡초의 경합에 의하여 결정되는데 이에 관여하는 요소로 가장 거리가 먼 것은?

① 잡초의 발생시기 ② 잡초의 발생밀도
③ 잡초의 발생기간 ④ 잡초의 종자생산량

75 벼의 유효분얼이 끝날 때부터 유수형성기 이전까지 살포하는 제초제는?

① 이사-디(2,4-D) 액제
② 티오벤카브 유제
③ 뷰타클로르 유제
④ 사이할로포프뷰틸 · 프로파닐 유제

76 제초제의 선택성에 관여하는 요인으로 가장 거리가 먼 것은?

① 식물체 생장점의 위치 ② 식물체 생육기의 차이
③ 식물체 건조 무게 차이 ④ 식물체 뿌리의 분포상태

77 잡초방제법 중 물리적 방제법에 해당하지 않는 것은?

① 잡초 소각 ② 제초제 살포
③ 토양 표면 피복 ④ 경작지 담수 및 배수

78 벼 재배방법 중 잡초 종류와 발생량이 가장 적은 것은?

① 담수직파 ② 건답직파
③ 중묘 기계이앙 ④ 어린모 기계이앙

79 잡초로 인한 농경지의 피해가 아닌 것은?

① 병해충의 매개 ② 토양침식의 가속화
③ 농작업 환경의 악화 ④ 경합에 의한 작물수량 감소

80 잡초로 인해 예상되는 피해 및 손실에 해당하지 않는 것은?

① 토양침식을 유발한다.
② 작물의 품질이 저하된다.
③ 작물에게 병해충을 매개한다.
④ 농가의 경제적 부담이 가중된다.

CBT 실전모의고사 기사 1회 정답 및 해설

정답

01	02	03	04	05	06	07	08	09	10
①	③	③	①	②	②	④	①	③	④
11	12	13	14	15	16	17	18	19	20
①	④	④	②	③	③	②	②	③	①
21	22	23	24	25	26	27	28	29	30
③	①	④	③	④	④	①	④	④	④
31	32	33	34	35	36	37	38	39	40
①	④	②	③	①	③	③	②	②	③
41	42	43	44	45	46	47	48	49	50
②	②	②	②	②	③	②	①	②	③
51	52	53	54	55	56	57	58	59	60
④	①	①	①	①	②	①	③	④	①
61	62	63	64	65	66	67	68	69	70
②	④	①	④	④	③	①	③	②	②
71	72	73	74	75	76	77	78	79	80
③	④	③	②	①	③	①	①	④	①
81	82	83	84	85	86	87	88	89	90
④	④	①	①	②	②	①	③	③	③
91	92	93	94	95	96	97	98	99	100
③	④	①	②	③	③	②	②	①	①

해설

01 사과나무 겹무늬썩음병의 방제방법

- 병든 과실 및 가지 제거
- 과수원 주변 아카시아나무 제거
- 사과 봉지 씌우기
- 6~9월까지 10일 간격으로 전문약제로 방제

02 혈청학적 진단방법의 종류

슬라이드법, 한천겔 확산법(AGID), 직접조직프린트면역분석법(DTBIA), 적혈구응집반응법, 효소결합항체법(ELISA)

03

포장 위생을 위해서는 전염원(병든 부위) 또는 중간기주를 제거함

04 아밀라리아(Armillaria) 뿌리썩음병

- 병원 : 진균(담자균)
- 기주 : 침엽수 및 활엽수
- 발생환경 : 산성토양에서 다 발생
- 특징 : 자낭균에서 균핵이 형성됨

05

② 리바비린(Ribavirin)은 항바이러스제에 해당됨

06 무성포자

형성방식	• 무성생식(불완전세대) • 제2차 전염원	
특징	• 수많은 개체를 되풀이하여 형성 • 식물병이 급번짐	
포자 종류	• 분생포자 • (녹)병포자	• 유주포자 • 후막포자

07

흰가루병, 노균병은 대표적인 곰팡이병(순활물기생체)으로 표징이 관찰됨

08 바이러스

- 핵산과 단백질로 이루어진 병원체
- 전자현미경으로 관찰 가능(봉입체는 광학현미경으로 관찰됨)
- 인공배양이 불가능함
- 식물체 내 대사계와 유전자 정보만 가짐
- 벼 줄무늬 잎마름병 : 애멸구 매개
- 벼 오갈병 : 번개매미충, 끝동매미충 매개

09 파이토플라스마(Phytoplasma)

- 세포벽이 없으며 일종의 원형질로 둘러싸여 있음
- 대추나무 빗자루병, 오동나무 빗자루병, 뽕나무 오갈병
- 인공배지에 병원균의 배양이 어려움
- (옥시)테트라사이클린 항생물을 이용하여 방제 가능

10 감자 역병

- 1845~1860년에 대발생
- 아일랜드 인구의 100만 명 사망, 150만 명 신대륙 이주
- 식물병리학의 시초가 된 사건

11 박테리오파지(Bacteriophage)
박테리아를 감염시키는 바이러스, 즉 박테리아를 숙주세포로 하는 바이러스

12 아그로박테리움 투메파시엔스(*Agrobaoterium tumefaciens*)
- 대표적으로 식물체에 암종을 형성하는 세균
- 정상조직보다 IAA와 사이토키닌이 다량 함유되어 있음

13 줄무늬모자이크병
종자 전염, 꽃 전염, 즙액 전염이 가능함

14

병징	병원체의 감염 후 식물체 외부 또는 생육, 빛깔에 이상이 나타나는 반응
표징	기생성 병의 병환부에 병의 발생을 직접적으로 표시하는 것 예 곰팡이, 점질물, 균핵, 돌출물

15
③ 분생포자는 곤봉형으로 격막이 8~12개 있음

16 벼 도열병균의 레이스 판별 품종
인도계(T), 일본계(N), 중국계(C)

17 담배 모자이크바이러스(TMV)
글루티노사(Glutinosa)종 담배에 접종하면 접종된 부위만 국부반점이 나타남

18 소나무 시들음병(*Pine wilt disease*)
- 매개충 : 소나무재선충(Pine wood nematode)
- 소나무의 AIDS
- 고목은 메탐소듐(Metam-Sodium) 액제를 뿌린 후 훈증 및 제거
- 전문약제 항공살포
- 내병성 품종 육성

19
① 무름병 : 세균
② 풋마름병 : 세균
③ 녹병 : 담자균류
④ 불마름병 : 세균

20 식물항체(Plantibody)
- 동물항체와 달리 감염 위험이 없음
- 대량생산이 가능함
- 식물 경작 또는 배양을 통해 생산 가능

21 은무늬굴나방
- 발생 : 연 6회
- 월동 : 번데기로 월동
- 특징 : 유충이 과실수의 잎을 가해

22
① 솔잎혹파리는 1~2일 정도 생존함

23 번식능력 산정
수컷에 대한 암컷의 비율(암컷/수컷)

24
③ 이화명나방 : 줄기 가해 해충

25 곤충의 색소
- 멜라닌(Melanin) 색소 : 검은색, 갈색
- 카로티노이드(Carotinoid) 색소 : 노란색, 빨간색, 주황색, 초록색
- 프테린(Pterin) 색소 : 흰색, 빨간색, 주황색

26 곤충의 통신용 소리의 목적
- 종 내 다른 개체 간의 통신 목적(교미, 구애, 경고)
- 종 간의 통신음을 통한 자기방어의 목적

27
① 땅강아지 : 연 1회 발생
② 벼룩잎벌레 : 연 3~5회 발생
③ 파총채벌레 : 연 10회 이상 발생
④ 거세미나방 : 연 2~3회 발생

28 벼룩잎벌레
- 월동 : 성충으로 잡초나 얕은 땅속에서 월동
- 특징 : 유충은 기주의 뿌리를, 성충은 기주의 잎을 가해함

29 월동충태
① 벼애나방 : 번데기로 월동
② 벼메뚜기 : 알로 땅속 월동
③ 보리굴파리 : 번데기로 월동
④ 이화명나방 : 유충으로 월동

30 복숭아심식나방
- 과실을 뚫고 직접 가해하는 해충
- 기주 : 사과, 복숭아, 배, 살구, 자두 등

31
- 곤충의 청각 감각기 : 존스턴 기관, 고막기관, 협하기관
- 종상감각기 : 피부가 수축하는 것을 감지하는 기관

32 애멸구
줄무늬잎마름병, 검은줄오갈병 등의 바이러스 매개충

33 곤충의 주광성
- 곤충은 자외선 영역의 350~400nm에서 광의 감수성이 있음
- 곤충은 빛의 자극에 의해 유인되는 경향이 있는데 곤충의 종류에 따라 감수성은 다름

34
② 생식기 : 배의 부속기관

35 전장
식도, 소낭(모이주머니), 전위 등으로 구성됨

36 말매미
1세대 경과가 약 5~6년 정도 소요됨

37 곤충의 순환계
- 개방순환계
- 혈액 : 산소를 운반하지 않아 헤모글로빈이 없어 투명색
  - 혈림프 : 혈액과 림프의 두 가지 작용
  - 혈구 : 식균작용, 상처 치유, 해독작용
- 심장 : 등쪽에 위치하며 심실과 심문이 존재함

38 물리적 방제법
- 포살 : 손으로 알, 유충, 번데기, 성충을 죽이는 방법
- 등화유살 : 주화성을 이용하는 방법
- 온도처리 : 가열법, 태양열법, 온탕침법, 증기열법, 화열법, 냉각법
- 기타 : 초음파법, 감입법, 침수법, 고주파법

39 방사선 불임법
방사선을 조사하여 수컷 해충의 생식기능을 잃게 한 후 야외로 방사하고 방사된 수컷이 암컷과 교미 후 무정란을 낳게 함으로써 해충의 밀도를 낮추는 방제방법

40 곤충의 내골격
- 머리 : 막상골(Tentorium)
- 가슴 : 내흉골(Endothorax)

41
공중 습도가 높으면 증산작용이 억제되고 광합성이 감퇴됨

42
벼는 통기계, 목화, 부정근과 같은 침수 저항성을 갖는 기관이 있음

43 작물별 적산온도
- 벼 : 2,000℃
- 콩 : 2,000℃
- 보리 : 1,600℃
- 감자 : 1,000℃
- 수수 : 2,500℃

44 광호흡
강한 광 조건에서 CO_2 농도가 낮고 O_2 농도가 높을 때 일어남

45 작물의 파종시기
- 겨울작물 : 가을에 주로 파종
- 여름작물 : 봄에 주로 파종

46 중금속을 불용화 상태로 만드는 방법
- 석회 시용을 통해 pH를 높임(토양의 pH가 낮을수록)
- 독성은 산화, 환원 조건에 따라 용해도가 다르게 나타남
- 산화 조건에서 불용화 : Fe, Mn
- 환원 조건에서 불용화 : Cu, Zn, Cr, Cd
- 점토광물과 토양이 결합하여 불용성의 화합물을 만들어 냄

47 논토양의 적정 유기물 함량
25~30g/kg

48 연작 피해가 적은 작물
옥수수, 수수, 조, 맥류, 벼, 담배, 당근, 양파, 호박, 무, 연근, 순무, 미나리 등

49 테트라졸륨(Tetrazolium)법
- 종자의 발아력을 검사하는 방법
- 종자를 8~18시간 물에 침지 후 배를 분리하고 1% TTC 용액을 첨가해 40℃에서 2시간 동안 반응
- 발아력이 강한 종자는 배, 유아가 전면 적색을 띰

50 일장에 따른 식물의 분류

단일성 식물	도꼬마리, 코스모스, 벼, 목화, 콩, 담배, 들깨, 나팔꽃, 국화, 대마 등
중성 식물	고추, 강낭콩, 샐러리, 토마토, 조생종 벼 등
장일성 식물	시금치, 상추, 양파, 맥류, 사탕무, 무, 완두, 티머시, 감자 등

51 작물의 용도에 따른 분류

- 가장 보편적으로 이용되는 작물의 일반적 분류법
- 식용작물, 공예작물, 사료작물, 녹비작물
- 원예작물(과수, 채소, 화훼 및 관상식물)

52

① 상추(국화과 채소) : 과피가 붙어 있는 종자이므로 과실이 됨

53 교배육종

- 같은 품종 또는 계통 간 인공교배를 통해 순계를 선발함
- 유용하고 우수한 유전자의 재조합, 유전자 상호작용을 통해 우수 품종 육성방법

54 투명필름

지온 상승, 토양 유실 방지, 건조 방지, 비료 유실 방지, 토양수분 유지, 근계발달 촉진, 조기수확, 증수기대

55 중경의 장점

잡초 방제, 유입가스 방출, 토양 중 산소 투입, 비료효과 증대

56 순계

동형 접합자를 자가수정하면 유자형이 같은 것만 나옴

57 장해형 냉해

벼의 생장 과정 중 생식세포의 감수분열기에 냉해를 통해 생식기관에 장해를 받게 되면 화분 방출, 수정 등의 장애로 인해 불임현상이 나타남

58 결과(結果) 습성

- 1년생 가지 : 감, 밤, 감귤, 포도
- 2년생 가지 : 복숭아, 자두, 양앵두
- 3년생 가지 : 사과, 배

59

④ 농업경영적 효과 측면에서 보면 경지 이용도 제고 효과가 높음

60 삼투퍼텐셜

첨가된 용질에 따라 발생하며 용질 농도가 높으면 삼투퍼텐셜은 감소함

61 희석할 물의 양(L)

$$= \text{원제의 용량} \times \left(\frac{\text{원액의 농도}}{\text{희석할 농도}} - 1\right) \times \text{원액의 비중}$$

$$= 100 \times \left(\frac{50}{0.05} - 1\right) \times 1 = 99.9\text{L}$$

62 최대잔류허용량

$$= \frac{\text{1일 섭취허용량(ADI, mg/kg)} \times \text{국민평균체중(kg)}}{\text{해당 농약이 사용되는 식품의 1일 섭취량(식품계수, kg)}}$$

63

① 살포장비의 미세척은 약통 및 호수에 남아 있는 약제로 인해 약해가 발생할 수 있음

64 베노밀(Benomyl) 수화제

- 벤지미다졸(Benzimidazole)계
- 사과 탄저병, 배 흰가루병, 검은별무늬병, 겹무늬썩음병 등에 활용되는 약제

65 농약의 증량제

벤토나이트(Bentonite), 제올라이트(Zeolite), 활석(Talc)

④ 덱스트린(Dextrin) : 녹말 및 글로코겐이 가수분해된 다당류의 종류

66

③ Capatafol 수화제 : 발암성이 추정된(그룹 2A)

67

① 네오아소진(Neoasozin) MAFA제는 유기비소제 농약에 속함

68 농약의 분류

사용목적	제제형태	유효성분
• 살균제 • 살충제 • 살선충제 • 살비제 • 제초제 • 식물생장조정제 • 보조제	• 액체시용제 • 고형시용제 • 종자처리제 • 특수목적제	• 무기농약 • 유기농약

69 침투성 살충제의 작용기작

- 흡즙성 해충에게 살충 효과가 있음
- 식물체나 해충의 내부에 약제가 스며들어 작용하는 특성

70

② 포스티아제이트(Fosthiazate) : 유기인계 살선충제

71 아세틸콜린에스테라아제(AChE)의 활성 저해

- 유기인계, 카바메이트계 살충제
- 후막에 아세틸콜린에스테라아제(AChE)가 축적되어 신경자극을 차단시켜 죽게 함

72 붕괴촉진제(無物促進劑)

- 물과 접촉 시 붕괴를 촉진시키기 위한 첨가물질로 보통 정제나 입제에 쓰임
- 크로카멜로오스(Croscarmellose), 알긴산(Alginic acid), 용성 녹말(Sodium starch) 등

73 소요약량

$$= \frac{\text{총 사용량}}{\text{희석배수}} = \frac{15(L) \times 1{,}000(mL)}{1{,}500}$$

$$= \frac{150{,}000}{1{,}500} = 100(mL)$$

74 만성약해

약해가 서서히 진행되어 발육 또는 생장에 저해를 받는 것으로 증상이 지속되면 생육 억제, 수량 감소, 품질 저하 등으로 나타나게 됨

75

① 집파리에 독성이 강한 것 : 피레트린 I

피레트린

- 제충국의 유효성분
- 곤충의 신경계통에 작용하여 마비(살충효과)
- 파리 · 모기 등 위생해충 구제

76 투여방법에 따른 독성 구분

흡입독성	• 독성이 가장 강함 • 호흡기 • 호흡기로 체내에 침투되는 독성
경구독성	입으로 체내에 침투되는 독성
경피독성	피부로 체내에 침투되는 독성

77

① 카바메이트계, 피레트로이드계 해독제 : 황산아드로핀(항히스타민제)

78

① 구리의 용해도가 0에 가까울수록 pH는 12.4가 됨

79

- 전착제 : 농약의 주성분을 병해충이나 식물체에 잘 전착시키기 위한 약제
- 전착제(계면활성제)의 구비 조건 : 약제의 확전성, 현수성, 고착성을 도와야 함

80 유제

- 물에 녹지 않는 주제를 유기용매에 녹여 유화제(계면활성제)를 첨가한 용액
- 물리적 성질 : 유화성, 안전성, 확전성, 고착성 등

① 현수성은 수화제에 해당됨

81 영양번식기관에 의하여 번식하는 잡초

올방개, 미나리, 가래, 올미, 너도방동사니 등

82 올방개

- 근경이 옆으로 길게 뻗어 그 끝에는 괴경이 달림
- 괴경은 15~25cm 깊이에서 형성됨

83 생물적 방제법의 종류

오리, 어패류, 곤충 및 병원미생물, 천연제초제, 생물제초제 등

84 물리적 방제

경운, 예취, 침수처리, 열처리 등

85 종자의 이동 형태

- 솜털, 깃털 등에 싸여 바람에 날리는 형태 : 민들레, 망초
- 꼬투리가 물에 부유하는 형태 : 소리쟁이, 벗풀
- 갈고리 모양의 돌기 등으로 인축에 부착하는 형태 : 도깨비바늘, 도꼬마리, 메귀리
- 결실하면 꼬투리가 흩어지는 형태 : 달개비

86 겨울잡초(동계잡초)

냉이, 벼룩나물, 벼룩이자리, 둑새풀, 별꽃, 점나도나물, 개양개비 등

87 잡초군락의 평가기준

잡초 군집의 중요값을 통해 우점도 지수와 유사성 계수를 계산함

88 광엽잡초

- 잎이 둥글고 크며, 잎맥은 그물처럼 얽혀 있는 망상맥
- 종류 : 명아주, 질경이, 가래, 물달개비, 발뚝외풀, 쇠비름 등

89 영양번식기관 중 근경(지하경)으로 번식하는 잡초

나도겨풀, 띠, 쇠털골, 가래, 수염가래꽃, 택사 등

90

③ 제초제 처리 후 토양과 혼화(섞음)하면 토양 입자에 농약이 퍼져 휘산과 광분해를 억제할 수 있음

91 생물적 잡초 방제법

정의	• 곤충이나 미생물 또는 병원성을 이용하여 잡초의 세력을 경감시키는 방제법 • 근래 친환경 · 유기농법에 많이 사용됨 • 기생성 · 식해성, 병원성인 생물을 이용하여 잡초의 밀도를 감소시킴
목적	• 잡초의 완전제거는 어려움 • 경제적으로 무시될 정도의 잡초만 생존하도록 밀도 조절
장단점	• 방제 비용이 적게 듦 • 환경에 잔류가 없음(환경친화적 방제) • 방제효과가 영속적 • 단점 : 살초작용이 느려 방제효과가 늦게 나타남

92

④ 질소(N) : 잡초와 작물에 필수영양성분

93 암발아종자

냉이, 별꽃, 광대나물, 독말풀 등

94

② 올방개 – 논잡초 – 사초과(방동사니과)

95 친환경(생물적) 방제법

오리, 우렁이 및 기생성, 식해성, 병원성 미생물을 잡초 방제법에 활용하는 방법

96 종자의 이동 형태

- 솜털, 깃털 등에 싸여 바람에 날리는 형태 : 민들레, 망초 등
- 꼬투리가 물에 부유하는 형태 : 소리쟁이, 벗풀 등
- 갈고리 모양의 돌기 등으로 인축에 부착하는 형태 : 도깨비바늘, 도꼬마리, 메귀리 등
- 결실하면 꼬투리가 흩어지는 형태 : 달개비 등

97 경합의 주요 인자

주된 요인

- 광
- 양분
- 수분
- 공간
- 이산화탄소(CO_2)

산소, 온도는 제외

98 이행형 제초제

식물체 내에 이행되어 식물의 생리를 저해하는 제초제로 2,4–D, MCP, CAT, CMV, ATA 등이 있음

99 형태적 선택성

식물의 생장형(단자엽식물과 쌍자엽식물처럼)이 달라서 나타나는 선택성을 의미함

100

① 짚이나 비닐멀칭 피복은 물리적 방제법

CBT 실전모의고사 기사 2회 정답 및 해설

정답

01	02	03	04	05	06	07	08	09	10
①	③	④	②	②	①	④	④	②	③
11	12	13	14	15	16	17	18	19	20
①	④	③	①	③	②	③	②	③	③
21	22	23	24	25	26	27	28	29	30
③	④	②	④	①	②	②	①	④	④
31	32	33	34	35	36	37	38	39	40
②	①	③	①	④	④	③	①	②	①
41	42	43	44	45	46	47	48	49	50
②	③	②	②	③	①	③	③	②	③
51	52	53	54	55	56	57	58	59	60
①	①	②	④	②	④	④	②	④	②
61	62	63	64	65	66	67	68	69	70
④	③	①	①	②	③	①	②	④	①
71	72	73	74	75	76	77	78	79	80
④	④	②	①	③	④	②	③	②	④
81	82	83	84	85	86	87	88	89	90
④	④	③	②	①	③	①	③	②	④
91	92	93	94	95	96	97	98	99	100
③	④	③	④	③	①	③	④	①	②

해설

01 ***Aspergillus flavus***

아플라톡신(Aflatoxin) 균독소(Mycotoxin)를 생성하는 균

02 식물기생성 선충

구침으로 식물체의 즙액을 흡즙함

03 길항미생물의 이용

- 세균 : *Agrobacterium, Bacillus, Pseuodmonas, Streptomyces*
- 진균 : *Ampelomyces, Candida, Coniothyrium, Glicoladium, Trichoderma*
- 뿌리혹병 방제 : *Agrobacterium radiobacter K84*

04 스피로플라스마(Spiroplasma)

- 나선형의 미생물
- 세포벽이 없음

05 가지과 풋마름병

비료를 많이 주면 식물체가 도장을 하게 되고 병해 저항성이 감소함

06 향나무 녹병

동포자에서 발아한 담자포자가 중간기주에 감염을 일으킴

07 저항성 품종 이용 방제방법

- 장점 : 경비 절약, 농약의 잔류 문제가 없음
- 단점 : 이병화 현상, 새로운 저항성 품종의 육성 연구가 지속되어야 함

08 벼 줄무늬잎마름병

매개충인 애멸구에 의한 바이러스병

09 오이 덩굴쪼김병

- 균사 또는 후막포자 형태로 토양에서 월동(토양에 의해 전반)
- 사질토양에서 피해가 심함

10 토마토 풋마름병

- 세균성 병
- 식물 내에 흘러나오는 점액을 보고 세균병임을 간이 판단함

11 뽕나무 오갈병

매개충은 마름무늬매미충이며 파이토플라스마에 의한 수병

12 식물병에 따른 중간기주

잣나무 털녹병	송이풀, 까치밥나무
소나무 혹병	참나무
소나무류 잎녹병	황벽나무, 참취, 잔대
배나무 붉은별무늬병	향나무

13 뽕나무 오갈병, 대추나무 빗자루병

- 매개충 : 마름무늬매미충
- 파이토플라스마 수병

14 소나무류 잎녹병

- 기주 : 소나무, 해송, 곰솔
- 중간기주 : 잔대, 황벽나무, 국화과 식물, 애기도라지, 쑥부쟁이 등

15 벼 깨씨무늬병의 발생 환경

- 조기 조식재배와 재식 본수가 많을 경우 다발생
- 양분 유실이 쉬운 사질토, 유기물 부족 논, 질소, 인산, 가리, 마그네슘, 망간, 철 등이 용탈한 노후화답, 산성토양에 심하게 발생
- 벼의 전생육기를 통해 발생하지만, 특히 유수형성기 이후에 갑자기 발병이 늘어나 출수기 이후 피해가 커짐
- 추락의 원인이 되기도 함
- 7월 하순~8월 상순에 고온다습할 때 발생 심화

16 규산질 비료

- 식물체를 규질화시켜 단단하게 해줌
- 일반적으로 벼에 대한 저항성을 증대시킴

17 배추 · 무 사마귀병

- 병원 : 점균(끈적균)
- 월동 형태와 생활환경 : 휴면포자로 토양에서 월동, 저온다습, 산성토양에 다발생

18 판별 품종

기주식물 중 고정된 형질과 형질에 뚜렷한 차이가 있으며, 판별에 맞는 여러 개의 품종을 골라 병원균의 생리적 분화현상을 알아내는 데 활용되는 품종

19 오이 모자이크병

- 매개충 : 진딧물
- 바이러스병을 일으킴(치료약이 없으며, 매개충 방제가 중요함)

20 진정저항성(True resistance)

식물에서 한 개 또는 여러 개의 저항성 유전자를 가지며, 유전적으로 조절되는 병 저항성

21 파라티온(Parathion)

- 유기인계 살충제
- 주로 급성독성을 일으킴(동물에게는 비교적 빨리 분해되어 무독화 됨)

22

④ 벼 오갈병의 매개충 : 끝동매미충

23 뿌리응애

- 발생 : 연 10회
- 월동 : 약충 또는 성충이 구근 속 또는 토양에서 월동
- 특징 : 성충과 약충이 기주의 뿌리와 지하부 가해
- 환경 : 고온다습, 유기물이 풍부한 산성토양에서 다발생

24 아세틸콜린에스테라제(AChE)의 활성 저해제

- 후막에 AChE가 지속적으로 축적되면서 신경자극을 통한 전달을 차단해 죽게 함
- 유기인계, 카바메이트계 살충제가 속함

25 사과굴나방

- 기주 : 벚나무, 배나무, 복숭아나무, 사과나무, 자두나무 등
- 발생 : 연 5~6회 발생
- 월동 : 번데기 형태로 월동
- 특징 : 유충은 잎의 엽육 안으로 먹어 들어가면서 가해, 잎 앞뒷면에 공간이 생겨 회갈색으로 변함

26

② 귀뚜라미의 청각기관은 앞다리에 위치하며, 종아리 마디에 고막이 있음

27 곤충의 성페로몬

- 화학적 성분으로 구성됨
- 인위적인 합성을 통해 이용됨

28 서양뒤영벌

시설하우스 내 화분 매개 곤충으로 많이 활용하고 있으며 착과율이 97% 정도됨

29

- 흡즙성 해충 : 솔껍질깍지벌레, 조록나무혹진딧물, 버즘나무방패벌레
- 식엽성(저작) 해충 : 미국흰불나방

30 곤충의 구조적 특성

- 머리 : 입틀, 1쌍의 겹눈, 1~3쌍의 홑눈, 1쌍의 촉각
- 가슴
  - 날개(가운데가슴, 뒷가슴에 1쌍씩 총 2쌍)
  - 다리 : 앞가슴, 가운데가슴, 뒷가슴에 1쌍씩 총 3쌍(보통 5마디)
- 배 : 보통 10개 내외의 마디, 기문, 항문, 생식기로 구성됨

31 살충력 저항성 기작의 원인

해독효소의 활성이 증가하면 살충제에 대한 저항성을 가지게 됨

32 쥐똥밀깍지벌레의 암컷 성충

• 깍지는 1mm 정도의 넓은 타원형
• 색은 황갈색, 적갈색의 광택이 있음
• 등에 작은 검은 무늬가 있음

33

③ 참나무 시들음병의 매개충 : 광릉긴나무좀

34 Bt제

나비목 곤충의 중장세포를 공격하는 약제(내독소 단백질을 활성화시킴)

35 광식성

광범위하게 다양한 먹이를 먹는 것(미국흰불나방)

36

④ 천막벌레나방 : 벚나무와 가로수에 피해를 줌

37

알에서 깨어난 잠자리 유충은 물속에서 아가미를 이용하여 숨을 쉬는데 이때 물잠자리 또는 실잠자리류 유충은 기관아가미를 사용하여 호흡하고 왕잠자리나 잠자리류는 배에 있는 부속기로 호흡한다.

38 존스턴 기관(Johnston's organ)

흔들마디에 있음(소리, 비행, 바람의 속도 측정)

39 거세미나방

• 연 2회 발생, 유충으로 토양에서 월동
• 기주가 다양하며 유충이 어린모를 지표면 가까이에서 자르고 일부는 땅속으로 끌고 들어가 식해함

40 오리나무잎벌레

성충, 유충 모두 잎을 가해함

41 모관수

• 모세관수
• 모관력에 의해 유지되는 수분
• 작은 공극(모세관) 사이의 포장용수량과 흡습계수 사이의 표면장력에 의해 보유
• pF 2.5~4.5의 장력으로 보유
• 대부분의 작물에게 이용될 수 있는 유효한 수분

42 작물의 형질

• 연속변이(양적형질) : 초장, 엽장 등의 눈으로 통계 처리가 가능한 것
• 불연속변이(질적형질) : 화색 등

43

② 겨울철의 보리는 가장 동사온도가 낮고, 월동 후 나오면 휴면아의 경우 저온에 약함

44 작물의 휴작

1년	콩, 파, 생강, 시금치, 쪽파 등
2년	마, 감자, 오이, 땅콩, 잠두 등
3년	토란, 참외, 강낭콩, 쑥갓 등
5~7년	수박, 가지, 고추, 완두, 우엉, 토마토 등
10년 이상	인삼, 아마 등

45 T/R율

• 작물의 지하부 생장량에 대한 지상부 생장량의 비율
• 생장량(생체, 건물 중량)을 통해 생육상태 변동의 지표가 됨

46

① 자유수 : 액체 상태의 물로 유리수라고 함

47 산성 토양에서 용해도가 증가하는 원소

Fe(철), Cu(구리), Mn(망간), Zn(아연)

48 완성엽(完成葉, 생육이 완성된 잎)

기공을 통한 증산작용이 활발하여 내열성이 높음

49

② 벼 재배 시 상토의 pH : 4.5~5.5

50 무망종 선종 시 비중

• 메벼 : 1.13
• 통일형 품종 : 1.03
• 찰벼 : 1.04

51 춘화처리(Vernalization)

• 일정기간 인위적으로 저온을 주어 화성을 유도하는 것
• 추파맥류 및 월동작물은 춘화처리가 필요함

52

① 수분퍼텐셜의 좌우 조건 : 삼투압퍼텐셜, 압력퍼텐셜

53 침관수해(侵冠水害)의 피해가 쉬운 조건

높은 수온, 탁수, 정체된 물

54 규소(Si)

화본과 작물의 규질화를 통해 병에 대한 저항성 효과가 있음

55 토양 멀칭

포장의 표토를 곱게 중경하여 흙을 곱게 만들어 주는 작업

56

④ 직립형 수형일 경우 기계적 수확 작업이 용이함

57

- 광포화점이 낮은 작물 : 콩, 목초, 딸기, 당근 등
- 광포화점이 높은 작물 : 벼, 목화, 기장, 조, 옥수수, 밀 등

58

② 이식재배 시 근채류의 뿌리를 건드려 오히려 장애 및 손상을 입을 수 있음

59 고온장해의 생리 현상

- 광합성의 증대로 유기물의 과잉소모(광합성 감퇴, 호흡 증대)
- 단백질 합성이 저해되고 암모니아 축적으로 질소대사의 이상이 발생함
- 황백화 현상이 나타남
- 위조가 일어남

60 내건성이 강한 작물의 특징

- 표면적/체적의 비가 작을수록
- 왜소하고 잎이 작을수록
- 지상부에 비해 근군의 발달이 좋을수록
- 잎맥과 울타리조직이 발달할수록
- 기공이 작거나 적을수록
- 기동세포가 발달할수록
- 세포가 작을수록
- 세포의 수분보유력이 강할수록
- 원형질의 점도가 높을수록
- 세포액의 삼투압이 높을수록
- 원형질의 응고가 덜할수록
- 원형질막의 투과성이 클수록

61

- 비산(飛散) : 바람에 날리기 쉬운 성질
- 입제 : 굵은 입자로 되어 있어 다른 제형에 비해 바람에 날리지 않음

62 수화제

- 물에 녹지 않는 주제를 증량제인 벤토나이트, 규조토, 고령토 등으로 희석한 후 계면활성제로 혼합하여 만든 제제
- 물에 희석하면 현탁액이 됨

63

① 카바메이트계, 유기인계 농약의 중독 치료에는 황산아트로핀이 이용됨

64 기계유 유제의 특징

- 석유류 유제
- 가격이 저렴함
- 과수의 깍지벌레 방제에 활용됨
- 현재 고농도의 제품이 판매되고 있음(95% 이상)
- 약액이 해충의 체표에 피막 형성 후 기문을 막아 질식사시킴

65 증량제의 양

$=$원제 무게(kg)$\times\left(\dfrac{\text{원분제의 농도}}{\text{원하는 농도}}-1\right)$

$=10\text{kg}\times\left(\dfrac{10}{2}-1\right)$

$=4\text{kg}$

66 유기염소계 살충제

- 살충력이 매우 강함
- 적용범위 넓음
- 인축에 급성독성이 낮음
- 생태계 내의 잔류성 및 생물 농축성이 높음
- 체내에 들어가면 분해, 배설되지 않고 체내 지방조직에 축적
- 종류
  - DDT, BHC, 알드린(Aldrin)제
  - 엔도설판(Endosulfan, Thlollx)
  - 디엘드린(Dieldrin)
  - 엔드린(Endrin)
  - 헵타클로르(Heptachlor)

67 사용목적에 의한 농약의 분류

살균제, 살충제, 생장조정제, 제초제, 살응애제, 살비제 등

68 급성약해

- 육안으로 식별이 가능함
- 농약 살포 후 1주일 이내에 식물이 시들고 반점, 낙엽, 낙과, 발아 불량 등이 나타나는 현상

69 미탁제

- 물에 희석하면 미세하게 유화되는 약제로 액상 및 점질액상으로 되어 있음
- 유제에 사용되는 유기용매의 사용을 줄이기 위해 개발된 제형

70 살충제 농약의 병뚜껑 색

살균제	살충제	제초제	생장조절제
분홍색	녹색	황색	청색

71 희석할 물의 양(mL)

$$=\text{원제의 용량}\times\left(\frac{\text{원액의 농도}}{\text{희석할 농도}}-1\right)\times\text{원액의 비중}$$

$$=100\text{mL}\times\left(\frac{48\%}{0.5\%}-1\right)\times1.005=9547.5\text{mL}$$

72 현수성(Suspensibility)

약이 물에 고르게 퍼지게 하는 성질로 수화제의 특성

73 파라티온 살충제

- 유기인계 살충제
- 유기용매에 잘 녹음

74

저항성 계수 = 저항성 LD_{50}/감수성 LD_{50}

75 농약 사용법에 의한 약해의 원인

- 농약 주제(원제)의 화학적 성질에 의한 약해
- 약제의 사용 농도 및 사용량의 미준수에 의한 약해
- 보조제 및 용매에 의한 약해
- 2종 이상의 약제를 혼용 시 이화학적 반응에 의한 약해
- 근접살포에 의한 약해

76 농약의 물리성

습윤성, 현수성, 유화성, 고착성, 습전성 등

77 농약의 주성분

설포닐우레아계, 유기인계, 카바메이트계, 유기염소계

78 디메토에이트(Dimethoate)

- 유기인계 약제
- 방제 해충 : 뿌리응애, 깍지벌레, 진딧물 등의 방제제로 활용

79 소요약량

$$=\frac{\text{총 사용량}}{\text{희석배수}}$$

$$=\frac{120\text{L}\times1{,}000\text{mL}}{600}=200\text{mL}$$

80 구리(銅)제

- 강력한 살균력이 있는 구리이온을 이용하여 살균제로 활용함(황산구리)
- 종류 : 무기동제(보르도혼합액, 동수화제), 유기동제(코퍼옥시클로라이드, 코퍼하이드록사이드)

81 군락천이

군락	환경에 적응하여 생존하는 식물종의 집합체
잡초군락의 천이 원인	• 재배작물의 변화 • 경종조건의 변화 • 제초방법의 변화 → 동일 제초제의 연용 등 제초시기 및 방법에 큰 영향

82

④ 생득휴면 : 종자 자체의 조성이나 구조에 기인하여 발아하지 못하는 휴면

83 잡초의 유용성

어저귀 줄기는 로프와 마대를 만드는 데 쓰이고, 씨는 한약재로 활용됨

84

② Sulfonylurea – 아미노산 생합성 저해

85 제초제의 길항적 작용

상승작용	각각의 제초제를 단용으로 처리했을 때 방제효과를 합친 것보다 두 제초제의 혼합처리 효과가 더 큰 경우
상가작용	각각의 제초제를 단용으로 처리했을 때 방제효과를 합친 것이 두 제초제의 혼합처리 효과와 같은 경우
길항작용	제초제를 혼합하여 처리했을 때 방제효과가 각각의 제초제를 단용으로 처리했을 때의 큰 쪽의 효과보다 작은 경우

86

잡초의 방제가 = (250g – 50g)/250g × 100 = 80%

87 밭잡초
강아지풀(화본과, 일년생 밭잡초), 깨풀(광엽, 일년생 밭잡초)

88 생물적 방제방법 중 천적의 구비조건
- 새로운 지역에서 적응성이 좋을 것
- 잡초보다 빠른 번식능력이 있을 것
- 잡초 이외의 유용 식물을 가해하지 말 것
- 비산 또는 분산능력이 클 것
- 잡초에 잘 이동할 것
- 인공적 배양 또는 증식이 잘 될 것
- 생식력(즉, 번식력)이 강할 것
- 환경에 잘 적응할 것

89 잡초경합 한계기간
- 생육초기에 있어 가장 민감한 시기(방제가 철저해야 하는 시기)
- 잡초와 경합에 의해 작물의 생육 및 수량이 크게 영향을 받는 기간
- 작물이 초관을 형성한 이후부터 생식생장으로 전환하기 이전의 시기
  → 작물 전 생육기간의 첫 1/3~1/2 혹은 첫 1/4~1/3기간

90 피의 형태적 특성
엽이(葉耳, 잎귀)와 엽설(葉舌, 잎혀)이 없음

91

일년생	논잡초	둑새풀, 피, 바늘골, 바람하늘지기, 알방동사니, 참방동사니, 곡정초, 마디꽃, 물달개비, 물옥잠, 밭둑외풀, 사마귀풀, 생이가래, 여뀌, 여뀌바늘, 자귀풀, 중대가리, 닭의장풀
	밭잡초	강아지풀, 개기장, 둑새풀, 바랭이, 피, 바람하늘지기, 참방동사니, 파대가리, 개비름, 까마중, 명아주, 쇠비름, 여뀌, 자귀풀, 환삼덩굴, 주름잎, 석류풀, 도꼬마리, 깨풀
다년생	논잡초	나도겨풀, 너도방동사니, 매자기, 쇠털골, 올방개, 올챙이고랭이, 파대가리, 가래, 개구리밥, 네가래, 미나리, 벗풀, 올미, 좀개구리밥
	밭잡초	반하, 쇠뜨기, 쑥, 토끼풀, 메꽃
월년생	밭잡초	망초, 중대가리풀, 황새냉이

92 예방적 방제법
- 잡초의 발생을 미연에 방지하기 위한 모든 수단(잡초 위생, 법적 장치) 적용
- 잡초문제의 근원(종자와 영양체)이 외부에서 경작지로 유입되지 않도록 예방

93 화학적 잡초 방제법의 장점
살초효과가 빠르게 나타남

94
40kg×2.5%=1kg

95 페녹시계 제초제
- 잡초 발생 후 일년생 및 다년생 광엽잡초의 선택성 제초제(경엽처리용)
- 광엽식물의 뿌리와 경엽에 흡수
- 식물의 분열조직에 집적되어 활성 → 생장점에 집적(이행형)
- 인축 및 어패류에 대한 독성은 낮음
- 세계적으로 가장 먼저 개발된 호르몬형 유기제초제
- 종류 : 2,4-D, 메코프로프(MCPP), MCP, MCPA
- 작용기작
  - 생체 내 옥신 교란(과도한 옥신 작용)
  - 분열조직의 활성화
  - 이상 분열
  - 엽록소 형성 저해
  - 세포막의 삼투압 증대

96 제초제에 의한 약해의 발생 원인
제초제 사용량, 제초제 오용, 이앙심도, 물 관리, 기상조건 등

97 ABA(Abscisic acid)
- 생장억제물질(식물체 건조 및 양분 부족, 스트레스 상태에서 발생 증가)
- 잎의 노화 방지, 휴면 유도, 발아 억제, 내한성 증진 및 화성 촉진, 길항작용

98 설포닐우레아계 저항성 잡초의 종류
물달개비, 물옥잠, 옥챙이고랭이, 알방동사니, 마디꽃, 올챙이자리, 올미, 쇠털골 등

99 상호대립 억제작용(Alleopathy, 타감작용)
- 식물체 내의 특정 물질이 분비되어 주변 식물의 발아나 생육을 억제하는 작용
- 식물체 분비물에 의한 상호작용
- 잡초의 여러 기관에서 작물의 발아나 생육을 억제하는 특정 물질을 분비함으로써 피해를 일으키는 작용

100 사초과(방동사니과) 잡초

논잡초	일년생	바늘골, 바람하늘지기, 알방동사니, 참방동사니
	다년생	너도방동사니, 매자기, 쇠털골, 올방개, 올챙이고랭이, 파대가리

CBT 실전모의고사 기사 3회 정답 및 해설

정답

01	02	03	04	05	06	07	08	09	10
③	①	④	①	③	④	②	②	②	①
11	12	13	14	15	16	17	18	19	20
④	③	②	④	②	②	④	④	①	①
21	22	23	24	25	26	27	28	29	30
②	②	③	②	④	①	③	②	②	②
31	32	33	34	35	36	37	38	39	40
③	①	①	③	②	②	②	③	③	②
41	42	43	44	45	46	47	48	49	50
③	③	④	②	②	②	①	②	②	③
51	52	53	54	55	56	57	58	59	60
③	②	④	④	①	③	③	③	④	②
61	62	63	64	65	66	67	68	69	70
②	②	②	④	③	①	②	③	②	①
71	72	73	74	75	76	77	78	79	80
②	①	③	③	②	④	③	④	①	①
81	82	83	84	85	86	87	88	89	90
②	③	②	④	③	②	②	①	①	①
91	92	93	94	95	96	97	98	99	100
②	②	④	④	④	③	②	②	③	①

해설

01

무사마귀병은 산성 토양에서 발병이 증가하며, 알칼리성 토양은 유주자의 활동을 억제함

02

뜨거운 물 소독은 종자에 부착된 병원균을 제거하는 데 효과적임

03

바이러스병은 주로 매개충에 의해 전파되므로 윤작으로는 방제가 어려움

04

감자역병은 저온다습한 환경에서 발병률이 증가하므로 건조하고 온난한 환경이 방제에 적합함

05

병든 가지를 제거하고 소각하면 병원균의 확산을 효과적으로 차단할 수 있음

06

종자 소독은 종자를 통해 토양으로 병원균이 유입되는 것을 막는 데 효과적임

07

질소 비료 과다는 벼 도열병의 발병률을 증가시킴

08

저온다습 환경은 균핵 포자의 발아를 촉진하므로 이를 방지해야 함

09

바이러스병은 주로 매개충에 의해 전파되므로 매개충 관리가 중요함

10

향나무는 배나무 붉은별무늬병의 주요 중간 기주임

11

PCR 진단은 바이러스 유전자 검출에 적합한 방법임

12

멀칭은 병원균 포자의 토양 표면 이동과 접촉을 차단함

13

병 저항성 품종은 기공을 통한 병원균 침입을 효과적으로 억제함

14

벼 깨씨무늬병은 잎에 병반과 병원균의 표징이 함께 나타남

15

페놀류는 병원균 침입 이후 작물의 저항성을 강화하는 주요 물질임

16

ELISA는 병원균 항원을 검출하여 식물병을 진단하는 데 사용됨

17

항생제 사용 시 잔류, 환경 영향, 내성 유발 등을 모두 고려해야 함

18

TMV는 기계적 접촉으로 쉽게 전파되므로 기계적 접촉 방지와 병 저항성 품종 사용이 중요함

19

검정색 비닐은 빛을 차단해 곰팡이의 광합성을 억제함

20

파이토플라스마는 주로 매개충에 의해 전파되므로 매개충 방제가 중요함

21

나방은 흡관구형, 딱정벌레는 저작구형 입틀을 가지므로 서로 다름

22

에크디손은 곤충의 탈피와 변태를 촉진하는 주요 호르몬임

23

비선택적 농약 사용은 천적에 영향을 주므로 IPM에 적합하지 않음

24

탈피 억제 농약은 키틴 합성을 방해하여 곤충의 성장과 발달을 저해함

25

천적이 지역 환경에 적응해야 성공적으로 정착할 수 있음

26

유효적산온도는 발육 영점 온도를 기준으로 계산됨

27

약제를 교차 사용하면 저항성 해충의 발생을 줄일 수 있음

28

벼멸구는 비래 해충으로 국내에서 월동하지 않음

29

생물학적 방제는 환경 친화적이며 장기적으로 지속 가능성을 제공함

30

잎을 갉아먹는 해충은 경구독성 농약의 영향을 가장 많이 받음

31

단위생식은 수정 없이 번식하여 개체군 증가 속도를 높임

32

곤충의 외골격은 주로 키틴으로 구성되어 있음

33

끝동매미충은 벼 오갈병 바이러스를 매개함

34

생장 호르몬 억제는 곤충 발육을 저해하는 주요 기작

35

기생성 벌은 진딧물 밀도를 효과적으로 억제할 수 있음

36

유충은 먹이 섭취량이 많아 약제 노출 가능성이 높음

37

이화명나방은 벼 이삭을 가해하여 백수 현상을 유발함

38

유효적산온도는 곤충이 발육을 완료하는 데 필요한 누적 온도를 의미함

39

바실러스 서브틸리스는 주로 병원균 방제에 사용되며, 곤충 병원성 미생물은 아님

40

알에서 유충으로 부화하는 시기에 해충의 방제 효과가 가장 높음

41

발아기는 전체 종자 수의 약 40%가 발아한 날을 의미함

42 양파의 기원 및 확산

- 기원지 : 중앙아시아
  - 양파는 초기 중앙아시아의 건조하고 냉온 지역에서 자생하던 야생종으로부터 유래됨
  - 강한 적응력을 가진 양파는 척박한 환경에서도 생육이 가능해 고대 문명에서 중요한 작물임
- 확산 경로
  - 양파는 중앙아시아에서 서쪽으로는 유럽, 동쪽으로는 인도와 동아시아로 전파됨
  - 고대 이집트와 메소포타미아에서도 양파는 중요한 식량 작물로 사용되었으며, 피라미드 건설 시 노동자들의 주요 식량 중 하나임

43 토란(Taro, Colocasia esculenta)

뿌리줄기를 이용하는 대표적인 구근류 작물로, 연작(같은 작물을 같은 밭에서 연속적으로 재배하는 것)에 매우 민감하여, 병충해와 토양 전염성 병원균의 발생을 막기 위해 3년 이상의 휴작(윤작)이 필요함

44

콩의 주요 흡수 비율은 N : P : K=5 : 1 : 1.5

- 옥수수(①) : 옥수수는 질소와 칼륨 요구량이 높으며, 일반적으로 N : P : K=3 : 1 : 2
- 고구마(③) : 고구마는 칼륨 요구량이 특히 높아 N : P : K=1 : 0.5 : 4
- 감자(④) : 감자는 질소와 칼륨 요구량이 높으며 N : P : K=1 : 0.5 : 2~3

45

벼는 최적 생육 온도가 높은 작물에 속함

46

취목법은 가지를 흙에 묻어 발근시킨 후 분리하여 번식하는 방법임

47

알칼리성 토양은 뿌리혹병 발생을 억제하는 데 효과적임

48

접목은 병 저항성을 향상시키기 위한 주요 방법임

49

CAM 식물은 밤에 기공을 개방하여 이산화탄소를 흡수함

50

광합성 저해제는 잡초 방제를 위해 사용됨

51

중경은 산성화를 촉진하지 않으며, 주로 통기성 개선과 잡초 억제에 효과적임

52

C4 작물은 낮은 이산화탄소 농도에서도 광합성을 효율적으로 수행하는 크란츠 구조를 가지고 있음

53

포장용수량은 모세관수로 채워진 토양 수분 상태를 나타냄

54

낮 동안 고온을 유지하고 밤에 서늘하게 유지하면 생장 속도가 증가함

① 낮과 밤의 온도 차를 조절하면 생장 속도에 영향을 줄 수 있지만, 너무 큰 차이는 식물에 스트레스를 유발할 수 있음

② 광합성을 위해 필요한 효소들은 온도가 낮으면 활성화되지 않으므로 작물의 생장 속도가 감소할 수 있음

③ 고온다습한 환경은 병해충 발생과 과도한 증산작용으로 인해 작물 생장에 부정적인 영향을 미침

④ 낮 동안 고온(25~30℃)은 광합성 효율을 극대화하여 에너지 생산을 촉진함

55

장일식물은 단일 환경에서 개화가 억제됨

① 장일식물은 낮 시간이 짧은 단일 조건에서는 개화하지 않음. 이는 개화를 위해 필요한 광주기 신호가 부족하기 때문

② 높은 온도는 생육에는 영향을 미칠 수 있지만, 개화는 광주기에 의해 주로 조절되므로 직접적인 원인이 되지 않음

③ CO_2 농도는 광합성 효율에 영향을 주지만, 개화와는 직접적으로 관련이 없음

④ 비옥한 토양은 식물의 생육에 유리한 조건을 제공하지만, 개화의 주요 요인인 광주기에는 영향을 미치지 않음

56

감자는 냉량한 환경과 적절한 질소 비료에서 수확량이 극대화됨

57

과도한 질소 비료는 줄기의 도복을 초래할 수 있음

① 뿌리혹병은 특정 병원균(Plasmodiophora brassicae)에 의해 발생하며, 질소 비료와는 직접적인 연관이 없음

② 질소는 잎의 성장과 엽록소 형성에 중요한 역할을 하지만, 과도한 사용은 광합성 효율을 떨어뜨림
③ 질소 과잉은 줄기 생장을 촉진하면서 강도를 약화시켜 도복을 초래하는 대표적인 문제가 됨
④ 오히려 질소 과잉은 잡초의 생육을 촉진하여 경합력을 높임

58

상추는 단일 환경에서 개화를 촉진하는 단일식물임

단일식물

- 낮의 길이가 짧아지는 가을철과 같은 환경에서 개화가 촉진되는 식물
- 12~14시간 이하의 낮 길이에서 개화가 촉진되며, 이러한 환경은 가을과 초봄에 주로 나타남

59

뿌리혹병의 병원균은 장기간 생존할 수 있어 5년 이상의 윤작을 권장함
① 병원균이 5년 이상 생존하기 때문에 1년 윤작으로는 효과가 없음
② 2년 또한 병원균이 생존할 가능성이 매우 높음
③ 3년 윤작도 병원 예방 효과가 부족함
④ 병원균의 생존 주기를 끊기 위해 권장되는 최소 기간임

60 C3 식물

광합성 과정에서 처음 생성되는 화합물이 3탄당(3-Phosphoglycerate)이기 때문에 붙여진 이름임. 이들은 대부분의 온대 작물과 나무를 포함하며, 광량과 산소 분압이 높아지면 광호흡(Photosrespiration)이 증대하는 특징이 있음

61 농약 잔류 허용 기준(MRL)의 목적

- 소비자 건강 보호
  - 농약이 인체에 해로운 수준으로 축적되지 않도록 규제하며, 특히 면역력이 약한 어린이, 노인, 임산부 등을 보호함
  - 농약의 과다 섭취는 장기적으로 암, 호르몬 교란, 신경계 손상 등 심각한 건강 문제를 초래함
- 식품 안전 확보
  - 농산물의 안전성을 보장하여 신뢰할 수 있는 식품 공급망을 유지함
  - 안전 기준을 준수하지 않으면 수출입 제한이나 소비자 신뢰도 하락과 같은 문제가 발생함
- 환경 및 생태계 보호
  잔류 농약이 토양, 물, 생태계에 축적되지 않도록 관리하여 지속 가능한 농업을 지원함

62 접촉성 살충제와 침투성 살충제의 비교

- 접촉성 살충제
  - 작물 표면에만 작용하며, 해충이 직접 접촉하거나 살충제가 묻은 먹이를 섭취해야 효과를 발휘함
  - 바람, 비, 관수 등으로 쉽게 씻겨 나갈 수 있어 효과 지속 시간이 짧음
- 침투성 살충제
  - 작물 내부로 흡수되기 때문에, 접촉성 살충제로 방제가 어려운 내부 해충까지 방제 가능함
  - 한 번 살포로 작물 전체를 보호할 수 있어 효율적임

63 비선택성 제초제(Non-selective herbicide)

- 작물과 잡초를 구분하지 않고 모두 제거하는 강력한 제초제로, 특정 식물만 선택적으로 방제하는 선택성 제초제와는 다름. 비선택성 제초제는 잡초뿐만 아니라 작물에도 피해를 줄 수 있으므로, 사용 시기를 신중히 고려해야 함
- 비선택성 제초제는 작물과 잡초를 모두 제거하므로 휴경기에 사용하는 것이 적합함

64

유기인계, 카바메이트계, 피레스로이드계 살충제는 모두 신경 전달을 방해하여 곤충을 마비시키는 기작임
① 유기인계 살충제(Organophosphates)
- 작용 기작
  - 유기인계 살충제는 아세틸콜린에스터레이스(AChE)를 비가역적으로 억제
  - AChE는 신경 전달물질인 아세틸콜린(Acetylcholine)을 분해하는 효소
  - 억제되면 아세틸콜린이 신경 시냅스에 과도하게 축적되어, 신경 자극이 지속되고 곤충이 마비되고 사망함
- 예 말라티온(Malathion), 클로르피리포스(Chlorpyrifos)

② 카바메이트계 살충제(Carbamates)
- 작용 기작
  - 카바메이트계 살충제는 유기인계 살충제와 비슷하게 아세틸콜린에스터레이스(AChE)를 억제함
  - 곤충은 일시적으로 마비되지만, 일정 시간이 지나면 효소가 회복될 수 있음
- 예 카바릴(Carbaryl), 메톡시카브(Methomyl)

③ 피레스로이드계 살충제(Pyrethroids)
- 작용 기작
  - 피레스로이드계 살충제는 신경 세포막의 나트륨(Na^+) 통로를 비정상적으로 활성화시켜 신경 자극을 지속시킴
  - 나트륨 통로가 과활성화되면 신경 세포가 끊임없이 신호를 보내며, 곤충이 과흥분 상태에 빠져 결국 마비되고 사망함
- 예 델타메트린(Deltamethrin), 퍼메트린(Permethrin)

65

예방적 살포는 병원균의 초기 침입과 발병을 차단하는 데 효과적임

구분	예방적 살포	치료적 살포
사용 시기	병원균 침입 전 또는 초기	병원균 침입 후 증상이 발현된 이후
목적	병원균의 생활사 차단 및 병 발생 억제	병 발생 억제 및 증상 완화
효과성	효과가 강력하며 발병 전 방제 가능	이미 손상된 조직에서는 효과 제한적
예시	예방적 살균제 예 구리 화합물	치료적 살균제 예 트리어졸계 살균제

66

글리포세이트는 식물의 필수 아미노산 합성을 억제하여 잡초를 사멸시킴

67

LD50 값은 시험 생물체의 50%가 사망하는 농도를 의미하며 독성의 척도임

68

세대 교체가 빠른 해충은 저항성이 쉽게 발생함

69

잔잔한 바람이 있는 날은 약제의 비산을 최소화할 수 있음

70 해충의 대발생

- 살충제 사용 후 특정 곤충의 개체수가 급격히 증가하는 현상
- 이는 살충제로 인해 천적 감소와 같은 생태계 균형이 깨진 결과로 발생하며, 방제 과정에서 비표적 곤충(천적)이 제거되면서 특정 해충의 개체수가 통제되지 않고 급증하는 현상

71

유기인계 살충제는 콜린에스터레이스를 억제해 신경 전달을 차단함

① ATPase
- 세포 내에서 ATP(아데노신삼인산)를 분해하여 에너지를 방출하는 효소
- 세포의 에너지 대사에 관여하지만, 유기인계 살충제의 직접적인 기작은 아님

② 콜린에스터레이스
- 신경전달물질인 아세틸콜린(Acetylcholine)을 분해하여 신경 신호를 종료하는 데 관여함
- 유기인계 살충제는 이 효소를 비가역적으로 억제하여, 아세틸콜린이 신경 시냅스에 축적되게 만듦
- 결과적으로 신경 자극이 계속 유지되어 과흥분 상태에 빠지며, 곤충은 마비되고 사망함

③ 포스포릴레이스
포도당 대사 과정에서 작용하여 글리코겐을 분해하고 포도당을 방출하는 효소

④ 아밀레이스
전분을 포도당으로 분해하는 소화 효소

72

① 전착제(Spreader－Sticker)의 역할
- 농약이 작물 표면에 고르게 분포되도록 돕고, 약액의 침투성과 접촉성을 개선함
- 약제가 표면에서 쉽게 흘러내리거나 증발하지 않도록 방지함
- 농약의 흡수와 작물 잎 표면의 부착성을 강화함

② 유화제(Emulsifier)의 역할
- 물과 섞이지 않는 농약(예 유제형 농약)을 물에 용해할 수 있도록 도와줌
- 약제가 균일하게 혼합되도록 하여 살포 효과를 극대화

③ 살포제(Spray Extender)의 역할
- 농약 입자를 미세하게 분산시키고, 살포 시 균일한 입자를 형성함
- 넓은 지역에 고르게 분포하도록 돕는 보조제

④ 점착제(Sticker)의 역할
- 농약이 작물 표면에 강하게 부착되어 쉽게 씻겨 내려가지 않도록 함
- 비나 바람 같은 환경 요인으로 인한 약제 손실을 방지

73

③ 선택성 살균제(Selective fungicide)
- 특징
  - 특정 병원균의 생리적 또는 생화학적 경로를 차단하여 방제 효과를 발휘
  - 다른 병원균이나 작물에는 거의 영향을 미치지 않음
- 트리아졸계 살균제(예 프로피코나졸), SDHI계 살균제(예 플루오피람)

74

방수성 농약이나 전착제를 사용하면 농약의 효과를 보존할 수 있음

75

작물 표면을 물로 세척하면 잔류 농약을 효과적으로 제거할 수 있음

76

소요약량

$$= \frac{\text{총 사용량}}{\text{희석배수}}$$

$$= \frac{114}{500} = 0.228\text{L} = 228\text{mL}$$

77

작용 기작이 다른 약제를 교차 사용하면 살충제 내성을 효과적으로 관리할 수 있음

78

④ 신청검사하여 합격된 농약은 직권검사의 생략이 가능함

79

① 전자포획검출기(ECD)는 미량성분 분석에 용이함

80

콜린에스테라아제 효소 활성을 저해하는 것에는 유기인계, 카바메이트계살충제로서 다이아지논 유제가 속함

81

① 작물을 일정한 간격으로 심는 방법으로, 잡초 발아와는 관련이 없음
② 잡초 종자의 발아를 유도한 뒤 제거하여 작물의 초기 경쟁을 줄이는 방법
④ 임의로 토양을 경작하는 방법으로, 잡초 발아 유도와는 무관함

82

이슬이 마른 후 오전에 살포하면 약제의 휘발성과 비산을 줄이고 살포 효과를 극대화할 수 있음

83

토양 피복재는 잡초가 광합성을 할 수 없도록 차단하여 발아와 생장을 억제함

84

초기 재식 밀도를 증가시키면 작물이 잡초보다 우위를 점해 경쟁력을 높일 수 있음

85

물의 깊이를 조절하면 수생 잡초의 생육을 효과적으로 억제할 수 있음. 논에서 발생하는 수생 잡초(Aquatic weeds)는 논의 수분 환경을 이용하여 자라는 잡초로, 벼 재배에 심각한 영향을 미칠 수 있음. 이 잡초는 물을 매개로 빠르게 번식하거나, 물속에서 생육하는 특성을 가지기 때문에 논의 물 관리, 특히 물의 깊이 조절이 주요 방제 기술로 사용됨

86

토양의 수분은 잡초의 종자 발아에 중요한 역할을 하며, 발아를 촉진하거나 억제할 수 있음

① 이산화탄소 농도
- 이산화탄소는 잡초 종자의 발아에 직접적인 영향을 미치지 않음
- 높은 이산화탄소 농도는 발아 후 생장 속도에 간접적인 영향을 줄 수 있음

② 토양 수분
- 종자가 발아하기 위해 가장 중요한 요인으로, 토양 수분 상태가 적절해야 발아가 촉진됨
- 토양 수분이 부족하거나 과도할 경우 발아가 억제됨

③ 작물의 생장 속도
- 작물의 생장 속도는 잡초 종자 발아에 직접적인 영향을 미치지 않음
- 발아 이후의 경쟁 관계에 영향을 줄 수 있음

④ 비료 성분
- 비료 성분은 잡초 종자의 발아보다는 발아 후 생장에 영향을 미침
- 특히 질소는 발아 후 초기 생장에 중요하지만, 발아 자체를 직접적으로 유도하지는 않음

87

광분해가 빠른 제초제는 단기 작물 재배지에서 잔류를 최소화하고 빠르게 효과를 발휘하는 데 적합함

88 광분해가 빠른 제초제(Photodegradable herbicides)

햇빛(UV 광선)에 의해 분해되는 특성을 가진 제초제로, 환경에 오래 남지 않고 빠르게 분해됨. 이러한 제초제는 단기 작물 재배지에서 사용하면 작물 수확 시 잔류 농약 문제를 최소화하고, 재배 주기에 적합한 효과를 발휘할 수 있어 유용함

89 2,4-D(2,4-디클로로페녹시아세트산)

페녹시(Phenoxy)계 제초제에 속하는 물질로, 페녹시계 제초제는 광엽 잎을 가진 잡초를 제거할 경우에 효과적인 제초제임

90

생물적 방제는 내성을 유발하지 않으며, 생태계 균형을 유지하면서 잡초를 방제할 수 있음

91

잎 표면의 왁스층은 제초제가 침투하지 못하도록 막아 선택성을 높이는 데 중요한 역할을 함

92

토양소독은 잡초 종자의 발아를 억제하고 초기 생장을 차단함

93 다년생 잡초

일생을 마치는 데 2년 이상이 경과하는 것으로, 종자 또는 지하기관의 번식으로 방제가 어렵고, 주로 영양번식을 함

94

잎 제거는 잡초의 광합성을 제한하여 영양 생장을 억제함

95

멀칭은 잡초의 광합성을 차단하여 성장을 억제함

96

벼는 맑은 날이나 건조한 날 수확하는 것이 좋고, 수분 함량은 15~16% 이하가 적당함

97

화염 처리는 열을 가해 잡초의 세포 단백질을 응고시켜 생장을 억제함

98

산소 농도가 낮은 상태는 잡초 종자의 발아를 억제함

99

생물학적 방제는 잡초를 방제하기 위해 곤충, 미생물 등을 활용하는 방법임

100

① 낙과 방지를 위해 생장조절제를 살포하는 데 NAA, 2,4-D 등이 활용됨

CBT 실전모의고사 산업기사 1회 정답 및 해설

01	02	03	04	05	06	07	08	09	10
①	④	①	①	①	④	③	③	③	②
11	12	13	14	15	16	17	18	19	20
②	④	①	③	②	③	④	③	①	④
21	22	23	24	25	26	27	28	29	30
②	③	②	①	④	①	②	③	②	③
31	32	33	34	35	36	37	38	39	40
③	④	①	④	③	②	③	③	④	④
41	42	43	44	45	46	47	48	49	50
④	①	①	③	④	②	③	④	④	②
51	52	53	54	55	56	57	58	59	60
①	③	①	③	①	①	①	④	④	①
61	62	63	64	65	66	67	68	69	70
④	④	④	④	④	③	③	④	③	①
71	72	73	74	75	76	77	78	79	80
②	②	①	④	④	①	③	③	①	②

해설

01 벼 도열병(*Pyricularia oryzae*)

- 병원균(진균, 불완전균류)
- 매개(전파) : 바람 및 종자
- 월동 및 발생환경
  - 균사 또는 분생포자 형태로 볏짚 또는 병든 종자에 월동
  - 저온다습한 환경, 질소질 비료 과다 시비 시 발생

02 벚나무 빗자루병

- 병원 : 진균(자낭균류)
- 기주 : 벚나무류
- 피해 : 잔가지가 뭉쳐 나오고 잎도 작고 빽빽하게 빗자루 형태로 자람
- 방제
  - 겨울~이른 봄 병든 가지의 부푼 부위를 잘라 태운 후 도포제로 처리함
  - 보르도액을 2~3회 살포(※ 옥시테트라사이클린계 항생제 사용 안 함)

03 TMV(담배 모자이크병)

- 고추 모자이크병
- 리보핵산을 함유한 간상(막대기 모양)의 안정된 바이러스
- 매개곤충에 의해 전염되지 않음
- 즙액의 기계적 접촉에 의해 전염
- 담배피우던 손, 오염토양, 오염된 농기구

04 비생물학적 병원

비전염성 병 및 바이러스, 바이로이드, 파이토플라스마는 병징만 나타나고 표징은 나타나지 않음

05 슈도모나스(*Pseudomonas*)

- 그람음성의 무포자 간균
- 운동성(극모가 있음)
- 호기성 균(산소가 있어야 살 수 있는 세균)

06 보르도액(보호살균제)

- 프랑스의 P. Millardet 교수가 개발
- 포도의 도난 방지를 위해 황산구리와 석회의 혼합액을 뿌린 후 노균병에 효과적이라는 것을 알게 됨
- 병원균 침입 전 예방을 목적으로 사용함

07 벼 이삭누룩병

- 병원 : 진균(자낭균)
- 특징 : 벼알에만 발생
- 피해 증상 : 벼알에 황록색의 돌출물(후막포자 형성 후 검은색으로 변함) 발생

08 효소결합항체법(ELISA)

- 효소에 항체를 결합시켜 바이러스와의 반응을 판독하여 진단
- 노란색의 정도에 따라 바이러스 감염 여부 확인
- 대량의 시료를 빠른 시간에 효과적으로 동정할 수 있으며, 비용이 저렴함

09 벼 잎집무늬마름병

- 병원 : 진균(담자균류)
- 전파 : 물로 전반
- 발생환경 : 질소질 비료 과잉, 조기재배 및 여름철 고온, 밀식재배 시 발생

- 피해 증상 : 주로 잎집에 발생(잎과 이삭목에도 발생됨)
- 방제방법
  - 질소질 비료를 적게 줌
  - 칼륨 비료로 충분 시비

10 오이 덩굴쪼김병

- 병원 : *Fusarium oxysporum*(세균)
- 발생환경
  - 전 생육기에 발생
  - 연작 시 피해가 큼(대표적인 토양전염병)
  - 유묘기에 주로 잘록 증상으로 발생하다 생육기에 전체적으로 시듦

11 고구마 무름병의 표징

병 말기에 흑색의 포자낭이 형성된 것을 볼 수 있고, 덩이뿌리가 딱딱하게 마름

12 파이토플라스마(Phytoplasma)

- 세포벽이 없으며 일종의 원형질로 둘러싸여 있음
- 대추나무 빗자루병, 오동나무 빗자루병, 뽕나무 오갈병
- 인공배지에 병원균의 배양이 어려움
- (옥시)테트라사이클린 항생물을 이용하여 방제 가능

13 호박 흰가루병의 병징

- 잎, 줄기 등의 표면에 흰색 분말가루와 같은 곰팡이(균사와 분생포자)가 생김
- 미세한 흑색의 자낭구 밀생
- 병이 진전되면 잎 전체가 흰색 균체의 피해를 받아 고사

14 배추 · 무 사마귀병

- 병원 : 유사균(점균류)
- 발생환경
  - 다습한 토양 및 산성토양(pH 5.0 이하)에서 잘 번식
  - 준고랭지(표고 400m)의 일찍 심은 배추밭에서 다발생
- 병징 : 잔뿌리가 없고 혹으로 인해 양분과 수분의 흡수가 부족해지고 시드는 일이 반복되다 말라죽음 → 전신병
- 방제방법 : 저항성 품종
  - 토양 산도 조절을 통해 pH를 높임(석회 시용)
  - 이병식물은 뽑아 뿌리혹 소각
  - 토양에서 6~7년 생존하므로 발생토양에서 5년 이상 십자화과 작물을 재배하지 말 것

15 식물바이러스 진단법 중 지표식물 진단법

특정 병원체에 대해 고도의 감수성이거나 특이한 병징을 나타내는 지표식물을 병의 진단에 활용하는 방법

16 수직 저항성

- 기주의 품종 간에는 병원균에 감수성이나, 다른 기주의 품종 간에는 저항성을 나타내는 것
- 외부환경 요인에 영향을 받지 않음
- 새로운 레이스에 저항성이 무너지는 것이 단점

17 벼 도열병의 병징

수침상(물이 스민 것 같은 모양)으로 2~3일이 지나면 병반 주위가 갈색으로 변하다 나중에 실꾸리 모양(방추형)으로 진행됨

18 벼 도열병균의 전염방법

- 볏짚 또는 볍씨의 병든 부분에서 균사나 분생포자 상태로 월동 후 1차 전염원이 됨
- 잎집 표면에 생긴 병무늬에서 분생포자가 형성되어 바람에 의해 2차 전염이 됨(풍매전반)

19 네포바이러스(Nepovirus)

대표적인 선충에 의해 매개되는 바이러스의 일종

20 벼 깨씨무늬병

- 사질논, 유기물 부족 논, 노후화답, 산성 토양에 심하게 발생
- 추락의 원인이 되기도 함

21 가루깍지벌레의 발생 횟수

알로 월동 후 연 3회 발생함

22 담배나방

- 고추에 가장 큰 피해를 줌
- 연 3회 발생(6~8월경이 가장 피해가 심함)
- 번데기 형태로 땅속 월동
- 부화유충이 과실 속, 꽃봉오리, 어린 잎 등을 가해하고, 특히 어린 과실에 구멍을 내 속을 파먹어 상품성을 떨어뜨림

23 뿌리혹선충 발생환경 및 방제법

- 발생환경
  - 사질토양에서 많이 발생
  - 알 또는 유충으로 알주머니(난낭)에서 월동
- 방제법 : 토양소독 및 토양살충제 살포

24 파리목

가운데가슴에 한 쌍의 날개가 있으며, 뒷날개는 평균곤으로 퇴화됨

25 비래해충
흰등멸구, 벼멸구, 혹명나방, 멸강나방

26 용화
유충에서 껍질을 벗고 번데기가 되는 현상

27
② 각시물자라 : 노린재목 물장군과

28 밤나무혹벌
- 피해양상
  - 밤나무 잎눈에 기생하여 벌레혹을 형성함(충영성)
  - 개화 · 결실이 되지 않음
- 방제법
  - 내충성 품종 식재
  - 쇠약한 가지 겨울 전정(월동 유충 제거)
  - 천적 활용 : 중국긴꼬리좀벌

29 파리목
파리, 모기, 등에 등

30
③ 끝동매미충은 불완전변태를 함

31 사과면충
- 기생 흡즙성 해충으로 흡즙 부위에 혹이 생성됨
- 작은 가지, 줄기의 틈, 뿌리 등에 집단으로 기생

32 이화명나방의 월동
유충으로 볏짚이나 벼 그루터기의 줄기 속에서 월동함

33 기생성 천적
- 기생벌류, 기생파리류의 암컷을 이용하여 숙주에 알을 낳아 해충을 방제하는 방법
- 맵시벌과, 고치벌과가 있음

34 세로토닌(Serotonin)
곤충의 침 분비, 체벽의 신축성, 배설 촉진 및 생체리듬 등에 영향을 줌

35 단위생식
- 수정되지 않은 난자가 발육하여 성체가 되는 것
- 암컷만으로 생식(처녀생식, 단성생식)
- 종류 : 밤나무순혹벌, 민다듬이벌레, 벼물바구미, 무화과깍지벌레, 여름철의 진딧물 등

36 벼멸구
- 분류 : 노린재목, 매미아목, 멸구과
- 대표적인 비래해충
- 피해양상 : 약충과 성충 모두 벼 포기의 아랫부분(주로 수면 위 10cm 부위)에서 서식, 흡즙
- 발생경과 : 국내 월동 불가능
- 6~7월에 중국 남부지역에서 남서풍을 타고 비래(돌발해충)

37
③ 생육이 불리한 환경에서 곤충은 휴면을 하여 불량환경을 극복함

38 딱정벌레목(완전변태류, 내시류)
- 저작형 입틀
- 성충은 외골격 발달
- 앞날개는 변형되어 경화된 딱지날개(시초)
- 번데기의 부속지는 몸에 떨어져 있음
- 세계적으로 약 28만여 종으로 많음
- 종류 : 딱정벌레, 풍뎅이, 나무좀, 바구미, 하늘소, 잎벌레, 무당벌레 등

39 줄무늬잎마름병
- 매개충 : 애멸구
- 경란전염 : 애멸구 체내에 감염된 바이러스가 증식된 후 애멸구의 알로 전염되어 다음 세대에 계속 전염되고 증식됨

40 외래해충(침입해충)
감자나방, 감자뿔나방, 알팔파바구미, 루비깍지벌레, 이세리아깍지벌레, 뿌리응애, 솔잎혹파리, 미국흰불나방, 온실가루이, 벼물바구미, 소나무재선충, 꽃노랑총채벌레, 아메리카잎굴파리, 버즘나무방패벌레, 뒷흰날개밤나방, 담배가루이, 바나나좀나방 외 다수

41 제초제를 사용함으로써 나타나는 변화
- 내성 잡초의 증가
- 생물체 잔류 독성 유발 등의 환경적 영향이 큼

42 습전성
사용 약제가 해충의 표면을 잘 적시고 퍼지는 성질

43 농약 살포 시 주의사항

- 사용 설명서에서 혼용 가능 여부 꼭 확인
- 혼용기부표에 없는 농약의 혼용 시에는 전문기관 및 제조사에 문의 후 사용
- 표준희석배수를 반드시 준수
- 고농도 희석은 하지 말아야 함
- 표준량을 살포함
- 다양한 약제의 혼용보다는 2종 혼용을 권고
- 한 약제를 먼저 물에 완전히 녹이고 잘 섞은 후 다른 약제를 추가 희석
- 미량요소가 함유된 제4종 복합비료(영양제)와 혼용을 피함
- 혼용 시 침전물이 생긴 농약은 사용 금지
- 농약 혼용 시 제조한 살포액은 당일에 꼭 살포

44 액제

- 주제가 수용성인 것
- 가수분해의 우려가 없는 경우에 주제를 물에 녹이고 동결방지제(계면활성제, 에틸렌글리콜)를 가하여 만든 것

45 이미다클로프리드(Imidacloprid)

- 침투 이행성이 우수
- 접촉독 및 소화중독을 통해 살충작용을 함
- 솔잎혹파리, 진달래방패벌레 등에 사용되는 약제

46 분제의 특징

- 취급이 편리
- 벼 병충해 방제제로 활용
- 유효성분 농도가 1~5% 정도
- 작물에 대한 고착성이 떨어지고, 잔효성이 없음
- 비산이 심해 잔효성이 필요한 과수의 병해충에는 부적당

47

① 벤타존 : 제초제
② 티오파네이트메틸 : 살선충제
③ 페노뷰카브(BPMC) : 살충제(벼 흰등멸구)
④ 트리사이클라졸 : 살균제(도열병 방제제)

48

④ 1－메틸사이클로프로펜 : 에틸렌 수용체와 결합하여 에틸렌 활성을 막아 수확한 과일, 채소의 숙성을 지연시켜 저장성을 높임

49 에틸렌

과실 성숙 유도, 기체, 에세폰(에테폰)

50

유기인계	팜(PAM), 황산아트로핀
카바메이트계	황산아트로핀
피레트로이드계	황산아트로핀
칼탑, 티오사이클람계	발(BAL) 클루타치온 등 SH계 해독제
디티오카바메이트계	스테로이드제

51 침투성 살충제

- 식물체 내로 흡수 이행되어 식물의 대사를 변화시킴
- 침투성 물질 자체는 살균력이 없음
- 기생식물과 기생균 간의 생화학적 상호관계가 작용을 함

52

① 페노뷰카브 : 살충제(벼 흰등멸구 등)
② 에토펜프록스 : 살충제(노린재, 나방 등)
③ 클로르피리포스 : 살충제(꿀벌 잔류독성이 강해 꽃이 완전히 질 때까지 사용을 피함)
④ 아이소프로티올레인 : 살균제(감귤, 배, 복숭아 등)

53 교차저항성

살충 작용기작이 같은 2종 이상의 약제에 대해 동시에 저항하는 성질

54 농약의 독성 강도

맹독성(별도 취급), 고독성, 보통독성(＝저독성 농약), 특수독성(생식독성 외)

55 희석할 물의 양(L)

$$=\text{원제의 용량}\times\left(\frac{\text{원액의 농도}}{\text{희석할 농도}}-1\right)\times\text{원액의 비중}$$

$$=100\text{mL}\times\left(\frac{20}{0.05}-1\right)\times 1=39{,}900\text{mL}$$

56 유기인계 살충제의 특징

- 살충제 중 종류가 가장 많음
- 환경생물에 대한 영향도 가장 큰 농약
- 아세틸콜린에스테라제(AChE)의 활성 저해제
- 접촉독제, 침투성 약제로 사용 → 식물의 경엽에 침투 용이
- 알칼리에 의해 쉽게 가수분해(에스테르 결합)
- 생체 내 효소에 의해 분해되어 활성 저하

57 수면전개제

기름이 물에 퍼지는 성질을 이용한 제제

58 **농약 살포액 제조 시 용수**

실온(온도가 높지 않은)의 깨끗한 일반물 사용

59 **고형 시용제의 물리적 성질**

분말도, 입도, 용적비중(가비중), 응집력, 토분성, 분산성, 비산성, 부착성 및 고착성, 안정성, 경도, 수중붕괴성

60 **카보퓨란(Carbofuran) 입제**

카바메이트계, 침투성 살충제

61 **괴경(지하경)으로 번식하는 잡초의 종류**

올방개, 올미, 벗풀, 매자기, 향부자, 너도방동사니 등

62 **경합의 결정 요인**

잡초의 종류, 발생시기, 크기, 밀도 등에 따라 다름

63 **잡초의 종합방제(Integrated control)체계**

- 협의 : 여러 가지 잡초 방제법 중 두 가지 이상의 방제법을 활용하는 것
- 광의 : 잡초 방제를 포함한 병해충 등의 방제를 하기 위해 두 가지 이상의 방제법을 활용하는 것

64 **예방적 방제법의 종류**

- 새로운 종자 및 영양체를 생성할 수 없도록 청결상태 유지
- 재배관리의 합리화
- 작물종자의 정선
- 농기계 · 기구의 청소
- 가축 및 포장 주변 관리
- 상토 및 운반토양 소독
- 비산형 종자의 관리
- 완숙퇴비 사용

65 **광엽잡초**

물옥잠, 사마귀풀, 쇠비름, 물달개비, 벗풀 외 다수

66 **부유성 잡초**

생이가래, 개구리밥, 좀개구리밥, 부레옥잠

67 **잡초경합 한계기간**

- 생육 초기에 있어 가장 민감한 시기
- 잡초와 경합에 의해 작물의 생육 및 수량이 크게 영향을 받는 기간
- 작물이 초관을 형성한 이후부터 생식생장으로 전환하기 이전의 시기
  → 작물 전생육기간의 첫 1/3~1/2 혹은 첫 1/4~1/3기간

68 **자발휴면(생득휴면)**

외적 조건이 생육에 부적당하지 않을 때에도 내적 원인에 의해 유발되는 진정한 휴면

④ 외적 요건이 발아에 부적당하여 발아하지 못하는 경우를 타발휴면이라고 함

69

① 시마진 수화제 : 살충제
② 리누론 수화제 : 토양처리 제초제로 겨울작물(마늘) 재배지에 활용
③ 뷰타클로르 입제 : 토양처리 제초제로 일년생 잡초에 활용
④ 알라클로르 유제 : 양처리 제초제로 겨울작물(양파) 재배지에 활용

70 **우리나라 농경지 잡초의 특징**

- 북방형 잡초보다 남방형 잡초가 생태적으로 많이 분포되어 있음
- 비가 온 후 고온다습한 환경에서 다발생함
- 월동맥류에서는 둑새풀이 우생잡초임
- 춘경답이 추경답보다 잡초가 많음
- 7~8월의 하작물에 피해가 큼
- 여름 밭작물에서는 바랭이가 우생잡초
- 화본과 잡초보다 광엽잡초가 많음

71 **작물과 잡초의 경합요인**

토양 내 수분, 이산화탄소(CO_2), 빛(광), 영양분, 공간 등

72 **둑새풀**

겨울에 발생하므로 논 벼의 생육에 영향을 미치지 않음

73 **상호대립 억제작용(타감작용)**

- 식물체 내의 특정 물질이 분비되어 주변 식물의 발아나 생육을 억제하는 작용
- 생물적 방제에 활용함

74 **다년생 잡초**

논잡초	나도겨풀, 너도방동사니, 매자기, 쇠털골, 올방개, 올챙이고랭이, 파대가리, 가래, 개구리밥, 네가래, 미나리, 벗풀, 올미, 좀개구리밥
밭잡초	반하, 쇠뜨기, 쑥, 토끼풀, 메꽃

75 **잡초 종자의 형태적 특징**

인축에 부착되어 전파(갈고리 모양, 돌기, 바늘 모양)되는 잡초에는 가막사리, 도꼬마리, 진득찰, 도깨비바늘이 해당됨

76

① 퀴노클라민(Quinoclamine) 입제 : 조류(논이끼) 및 잡초 제초제

77 토양 발생심도

- 냉이류 · 별꽃 : 2cm
- 올미 : 0~5cm
- 명아주 : 5cm
- 너도방동사니 : 3~5cm
- 벗풀 : 5~10cm
- 가래 : 15~20cm
- 올방개 : 10~25cm
- 메귀리 : 최대심도 17.5cm

78 발아계절성

발생 계절의 일장에 반응하여 휴면이 타파된 후 발아하는 것을 의미함

79 페녹시계 제초제(2,4-D)

- 처리선택성 이행형 호르몬형 논제초제
- 우리나라에서 가장 먼저 사용된 제초제(최초의 제초제)
- 유기합성제(호르몬형 제초제 : 옥신의 한 종류)
- 식물호르몬 활성(옥신교란)을 통한 살초효과
- 적은 양으로도 약효는 큼
- 분열조직 활성화로 생리적인 불균형 초래, 고사

80 화본과 잡초

논잡초	일년생	둑새풀, 피
	다년생	나도겨풀
밭잡초	일년생	강아지풀, 개기장, 둑새풀, 바랭이, 피

CBT 실전모의고사 산업기사 2회 정답 및 해설

01	02	03	04	05	06	07	08	09	10
③	②	②	②	④	③	③	③	③	②
11	**12**	**13**	**14**	**15**	**16**	**17**	**18**	**19**	**20**
②	①	②	①	④	①	②	③	④	④
21	**22**	**23**	**24**	**25**	**26**	**27**	**28**	**29**	**30**
②	②	②	②	③	③	④	②	③	③
31	**32**	**33**	**34**	**35**	**36**	**37**	**38**	**39**	**40**
④	④	③	④	②	①	④	②	④	③
41	**42**	**43**	**44**	**45**	**46**	**47**	**48**	**49**	**50**
①	①	④	①	④	③	①	④	④	①
51	**52**	**53**	**54**	**55**	**56**	**57**	**58**	**59**	**60**
②	①	①	①	①	②	①	①	②	④
61	**62**	**63**	**64**	**65**	**66**	**67**	**68**	**69**	**70**
①	②	③	②	③	①	①	④	③	④
71	**72**	**73**	**74**	**75**	**76**	**77**	**78**	**79**	**80**
②	①	②	④	①	③	②	③	②	①

해설

01 그을음병
진딧물 및 깍지벌레 등의 흡즙성 해충이 수액을 빨아먹으면서 생긴 분비물에 의해 잎 앞면에 그을음을 덮어 쓴 것 같은 병징을 가지고 있으며, 잎의 광합성을 방해하여 생육에 영향을 주는 병

02
유성생식은 완전세대로서 수정을 통해 유성포자가 만들어지는데 종류에는 난포자, 자낭포자, 담자포자, 접합포자 등이 있음

03 연작
같은 포장에서 같은 종류의 작물을 계속 재배하는 것으로 인위적으로 지력을 높여 주지 않을 경우 작물이 잘 자라지 못하게 되며, 특히 토양 전염성 병이 계속 남아 있어 해마다 발생하는 특징이 있음

04 보르도액
보호살균제 농약으로서 황산구리와 석회의 혼합물이 포도 노균병에 효과가 있음이 알려지면서 과수 및 화훼작물에 사용하게 되었음

05 순활물기생체(절대기생체)
살아 있는 조직에서만 생활이 가능한데 녹병균, 흰가루병균, 노균병균, 무 · 배추 사마귀병균, 배나무 붉은별무늬병균 등이 속함

06 면역학적 진단방법(항혈청검사법)
병원체에 대한 혈청을 만들어 바이러스로 인한 식물병 등을 진단하는 방법으로 슬라이드법, 한천겔면역확산법, 형광항체법, 효소결합항체법(ELISA법), 적혈구응집반응법 등이 있음

07 잣나무 털녹병
- 진균(담자균류)에 의한 것으로 균사로 잣나무 수피조직에서 월동 후 4~5월경 수피가 터지면서 황색 가루의 녹포자가 중간기주(송이풀, 까치밥나무)로 이동함
- 녹포자는 중간기주의 잎 뒷면에 여름포자를 형성하고 반복 전염을 하다 겨울포자를 형성한 후 소생자를 생성하는데 이것이 바람에 날려 잣나무 잎의 기공으로 침입하여 병을 일으킴

08
고추, 사과나무 탄저병은 자낭균류에 의한 병으로 빗물이나 바람(비바람)에 의해 옮겨진 점액질의 분생포자가 직접 각피를 뚫고 침입하여 2차 감염을 일으키며 주로 과실에 많이 발생함(상처를 통해 전염되지 않음)

09 바이러스
- 바이러스는 특이적인 이상 구조를 형성하는 경우가 많으며 봉입체의 형태를 이용하여 바이러스를 동정함
- 바이러스 검정 시 전자현미경을 활용하며 핵단백질로 구성되어 있으며, 형태는 구형, 마대기형, 실모양, 공모양 등이 있음

10 대추나무 빗자루병
파이토플라스마에 의한 병으로 방제가 어려우나 (옥시)테트라사이클린계의 항생물질로 치료가 가능함

11 세균에 의한 병
감자더뎅이병, 감자둘레썩음병, 감귤 궤양병, 배나무 불마름병, 사과나무 뿌리혹병 등

12 흰가루병
잎, 줄기 등의 포면에 흰색 분말과 같은 곰팡이(균사와 분생포자)가 생기는데 병이 진전되면 잎 전체가 흰색 균체의 피해를 받아 고사하게 됨

13 부란병

- 자낭균류에 의한 것으로 병포자나 자낭포자가 병든 가지나 줄기에서 월동 후 주로 빗물에 의해 전파되며 상처를 통해 침입됨
- 감염된 부위의 껍질을 제거하면 알코올 냄새가 남
- 수피 조직 내에 침입되어 있어 방제가 어려움

14

- 감수성 : 병에 걸리기 쉬운 성질(이병성)
- 저항성 : 병원체의 작용을 억제하는 성질
- 면역성 : 전혀 어떤 병에도 걸리지 않는 성질
- 회피성 : 적극적 · 소극적 병원체의 활동기를 피하여 병에 걸리지 않는 성질
- 내병성 : 감염되어도 피해를 적게 받는 성질

15 벼 깨씨무늬병

사질논, 유기물이 부족한 논, 노후화답, 산성 토양에 심하게 발생함

16 윤작

작물을 일정한 기간과 순서에 따라 주기적으로 돌려가며 짓는 재배법으로, 병원균이 좋아하는 기주가 바뀜으로써 병이 사멸하는 경우가 많으므로 이것을 방제로 활용함

17

수병	기주식물	중간기주
	녹병포자, 녹포자	여름포자, 겨울포자
소나무 잎녹병	소나무	황벽나무, 참취, 잔대
잣나무 잎녹병	잣나무	등골나무
소나무 혹병	소나무	졸참나무, 신갈나무
잣나무 털녹병	잣나무	송이풀, 까치밥나무
배나무, 사과나무 붉은별무늬병(향나무 녹병)	배나무, 사과나무	향나무(여름포자를 만들지 않음)
포플러 잎녹병	낙엽송, 현호색(중간기주)	포플러
맥류 줄기녹병	매자나무	맥류
밀 붉은 녹병	좀꿩의 다리	밀

18 수직 저항성(진정 저항성)

같은 종 병원균의 특정 레이스에 침해되지만 다른 품종은 그 레이스에 침해되지 않는 것을 의미함

19

④ 감자 Y바이러스는 주요 매개충이 진딧물에 의한 것으로 조직배양을 통한 발병이 감소되지는 않음

20 벼 도열병

잎집 표면에 생긴 병무늬에서 분생포자가 형성되어 바람에 날려 전반되는 것으로, 짧은 다이아몬드 또는 실을 꼬아 놓은 긴 실타래 모양이 생김

21

② 중배엽에 유래된 기관으로 심장이 있고, 외배엽은 신경, 내배엽은 중장이 있음

22 뿌리혹선충

사질토양에서 많이 발생하므로 토양소독 및 토양살충제를 살포함

23 곤충의 더듬이 구조

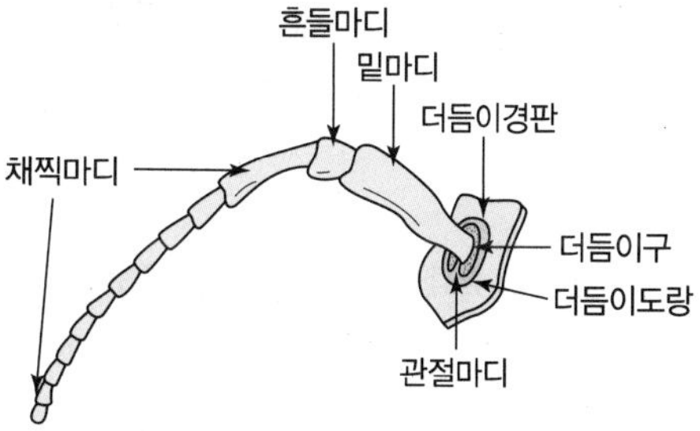

② 채찍마디에는 냄새를 맡을 수 있는 감각기들이 모여 있음

24 중장

내배엽성 기원의 세포로서 소화효소 분비 및 소화된 영양분의 흡수를 담당하는 기관

25 말피기(씨)관

- 곤충의 중장과 후장 사이에 위치한 소화계
- pH나 무기이온 농도 조절 및 비틀림 운동을 발생시켜 배설작용을 함
- 말피기관의 끝은 막혀 있음
- 말피기관의 말부와 직장은 물과 무기이온을 재흡수함(삼투압 조절)
- 진딧물과 같이 말피기관이 없는 곤충도 있음

26 학질모기

세계적으로 말라리아(Malaria, 학질)를 옮기는 모기로 알은 난형으로 표면에 많은 무늬가 있으며 좌우에 부낭(Float, 공기주머니)이 있음

27

④ 이화명나방은 노숙 유충태로 볏짚이나 벼 그루터기에서 월동함

28 나방파리

파리목 나방파리과에 속하는 것으로 화장실, 보일러실 등 구석지고 습한 곳에서 많이 볼 수 있는 나방이며, 한 쌍의 큰 날개가 있음

29 밤나무혹벌

1년에 1회 발생으로 유충으로 잎눈의 조직 내 충영을 만들어 월동하며 암컷만으로 번식하는 단위생식을 함

30

③ 뽕나무하늘소 유충은 줄기 속에서 번데기가 됨

31

① 유인제 : 곤충을 유인하는 작용을 하는 물질
② 훈증제 : 해충 및 병원균을 방제하기 위해 활용되는 휘발성 농약
③ 소화중독제 : 해충이 섭식 또는 흡즙하는 내용물을 입을 통해 소화관 내로 보내 중독을 일으켜 치사시키는 작용을 함

32

솔잎혹파리, 소나무왕진딧물, 솔껍질깍지벌레 모두 흡즙형의 입을 가짐

33

③ 딱정벌레목은 현재 약 30만 종이 알려져 있으며, 한국은 약 8,000여 종이 분포함

34

- 주화성 : 화학물질의 농도차에 의해 일어나는 주성
- 주지성 : 중력이 자극이 되어 일어나는 주성

35

② 곤충의 호흡기관은 가슴과 배 표면의 숨구멍에 의해 외부로 통함

36 경제적 피해수준

경제적 피해가 나타나는 최저밀도로, 해충의 피해액과 방제비용이 같은 수준의 밀도를 의미함

37 생장조절제

식물의 생장과 발육을 조절하는 물질인 식물호르몬의 약제를 의미함

38

② 질소질 비료의 과다는 오히려 식물 생육을 빠르게 촉진시켜 조직을 엉성하게 하므로 병 저항성이 떨어뜨림

39

④ 복숭아유리나방의 유충이 줄기나 가지의 수피 밑의 형성층 부위를 식해하여 적색의 굵은 배설물과 함께 수액이 흘러나옴

40

③ 거세미나방의 월동 충태 : 유충

41 현수성

약제의 내용물이 고루 퍼지도록 하는 성질

42 현탁액

진흙물처럼 알갱이들이 녹지 않고 액체 속에 퍼져 있는 혼합물

43 네오아소진(Neoasozin)

살균제로서 살균력이 강하며 특히 사과나무 부란병의 예방과 치료에 뛰어난 약제

44 비선택성 제초제

어떤 과에 속하는 풀이든 모두 사멸시키는 것을 의미함

45 1－메틸사이클로프로펜

과일을 숙성시키는 식물 호르몬 '에틸렌'의 작용을 차단하여 과일을 오래 저장할 수 있도록 하는 물질

46 벤타존(Bentazone)

경엽처리 제초제로서 잡초 발생 후 처리하는 것으로 곡류와 채소 작물의 일부 잡초 방제를 위해 사용되는 선택적 접촉 제초제

47 살응애제

거미류에 해당하는 응애를 죽이는 목적으로 사용되는 농약으로 신경계 작용기작을 통해 신경기능을 저해함

48 계면활성제

- 물에 녹기 쉬운 친수성과 기름에 녹기 쉬운 친유성으로 구분되는 성질
- 물과 기름의 계면에서 표면장력을 감소시켜 살포액의 습윤성, 환전성, 고착성, 부착성을 높여 약효를 증진시키는 효력증진제
- 계면활성제 작용 : 습윤, 유화, 분산, 침투, 세정, 고착, 보호, 기포 등
- 친수성 원자단(친수기) : $-OH$(수산화기), $-COOH$(카르복시기), $-CN$(시안화기), $-CONH_2$(아세트아미드기)
- 친유성 원자단(친유기) : $-C_nH_{2n-1}$(알킬기), $-C_6H_5$(페닐기), $-C_{10}H_7$(나프틸기), $-COOR$(에스테르기)

49 반수치사약량(LD_{50})

- 독성실험 시 실험군의 50%가 사망하는 화학물질의 양(mg/kg 체중)
- 중위치사약량, 중앙치사약량이라고도 함

50 소화중독제(독제)

곤충이 섭식 또는 흡즙하는 먹이를 통해 입으로부터 소화관 내로 들어가 독력을 나타내 중독사를 일으키는 살충제

51 유기인제에 중독되었을 때 사용되는 해독제

구분	해독제
유기인계	팜(PAM), 황산아트로핀
카바메이트계	황산아트로핀
피레트로이드계	황산아트로핀
칼탑, 티오사이클람계	발(BAL), 글루타치온 등 SH계 해독제
디티오카바메이트계	스테로이드제

52

농약의 주제가 병해충의 식물체 표면에 잘 확산 및 부착되기 위해 필요한 요건으로는 휘산, 표류비산, 토양 및 수질의 잔류 등이 해당됨

53 농약의 독성 구분

농업인의 안전을 위해 필요한 것을 제품 농약의 독성으로 구분한 것을 의미함

54 계면활성제

- 유화성 : 유제를 물에 희석하였을 때 입자가 물속에 균일하게 분산되어 유탁액을 형성하는 성질
- 부착성 : 약제가 식물체에 잘 부착되는 성질
- 고착성 : 부착된 약제가 비나 이슬에 씻겨 내리지 않고 오래도록 식물체에 붙어 있도록 하는 성질
- 붕괴성 : 입제가 토양이나 수면에 처리되었을 때 입상이 붕괴되어 유효성분을 쉽게 방출하는 성질

55 교차저항성

어떤 살충제에 대해 이미 저항성이 발달한 해충이 한 번도 사용한 적이 없지만 작용기구가 같은 살충제에 대해 저항하는 성질

56 약효보증기간

판매되고 있는 농약의 품질이 그 용기 또는 포장에 표시되어 있는 것과 같다고 하는 것을 보증하는 최종연월

57 디캄바(Dicamba)

곡류, 아스파라거스, 사탕수수 등 잎 넓은 한해살이 식물과 여러해살이 식물에 쓰이는 선택적 침투성 제초제

58 페나자퀸(Fenazaquin)

진드기, 응애(거미), 곰팡이, 해충을 처리하는 살응애제(살비제)

59 농약의 분류

우리나라는 제품농약에 대한 반수치사량으로 구분함

60 옥신(Auxin)

IAA(인돌계 화합물), 페녹시(Phenoxy)계 화합물, 벤조산(Benzoic acid)계 화합물 등이 있음

61 알렐로파시(Allelopathy) 상호대립 억제작용

식물체 내의 분비물질에 의해 주변의 식물의 발아나 생육을 억제하는 작용(타감작용)

62 화본과 잡초

논잡초	일년생	둑새풀, 피 등
	다년생	나도벼풀 등
밭잡초	일년생	강아지풀, 개기장, 둑새풀, 바랭이, 피 등

63 잡초경합 한계기간

- 생육 초기에 있어 가장 만감한 시기로 잡초와 경합하여 작물의 생육 및 수량이 크게 영향을 받는 기간
- 작물 전 생육기간의 첫 1/3~1/2 혹은 첫 1/4~1/3기간

64 액체시용제

유제(EC), 액제(SL), 수용제(SP), 수화제(WP), 액상수화제(SC), 입상수화제(WG), 유탁제(EW), 미탁제(ME), 캡슐현탁제(CS), 분산성 액제(DC), 수면전개제(SO)

65 잡초의 구분

일년생	논잡초	둑새풀, 피, 바늘골, 바람하늘지기, 알방동사니, 참방동사니, 곡정초, 마디꽃, 물달개비, 물옥잠, 밭둑외풀, 사마귀풀, 생이가래, 여뀌, 여뀌바늘, 자귀풀, 중대가리
	밭잡초	강아지풀, 개기장, 둑새풀, 바랭이, 피, 바람하늘지기, 참방동사니, 파대가리, 개비름, 까마중, 명아주, 쇠비름, 여뀌, 자귀풀, 환삼덩굴, 주름잎, 석류풀, 도꼬마리
다년생	논잡초	나도겨풀, 너도방동사니, 매자기, 쇠털골, 올방개, 올챙이고랭이, 파대가리, 가래, 개구리밥, 네가래, 미나리, 벗풀, 올미, 좀개구리밥
	밭잡초	반하, 쇠뜨기, 쑥, 토끼풀, 메꽃
월년생	밭잡초	망초, 중대가리풀, 황새냉이

66 잡초군락의 천이 원인

재배작물의 변화, 경종조건의 변화, 제초방법의 변화로서 가장 큰 천이의 이유는 동일 제초제의 연용으로 제초시기 및 방법에 큰 영향을 주었기 때문임

67

문제 65번 해설 참조

68 글리포세이트(Glyphosate)

비선택성 이행성 제초제로 과수원잡초 방제에 사용됨

69

③ 일장효과는 개화성과 연관이 있고, 휴면타파에도 영향을 미침

70

④ 설포닐우레아(Sulfonylurea)계 제초제는 아미노산 생합성을 저해하는 살초기작이 있음

71 생이가래

- 잎이 3개씩 돌려 나지만 2개는 마주보며 물에 뜨고 하나는 물속에서 뿌리 역할을 함
- 포자로 번식하며 물속에 있는 잎의 밑부분에 포자낭과(胞子囊果) 형성

72 벤타존(Bentazone) 액제

- 벤조티아디아졸계 경엽처리 제초제로 선택성 이행형 제초제
- 이앙한 논이나 보리밭에 사용되어 너도방동사니, 무달개비, 올챙이고랭이 등을 살초

73

② 잡초 종사의 휴면성을 통해서는 산포가 일어나기 힘듦

74 잡초에 대한 작물의 경합력을 높이기 위한 방법

- 밀식재배를 함
- 춘파작물과 추파작물을 윤작
- 분지 수가 많고 엽면적 지수가 큰 품종 재배
- 경합이 우수한 품종 선택
- 초관 형성이 빠른 조숙종(조식종) 선택
- 철저한 제초작업 실시
- 이식재배 및 손이앙 실시

75 이사-디(2,4-D) 액제

벼 품종과 재배양식에 따라 유효분얼이 끝날 때부터 유수형성기에 사용함

76 제초제의 선택성

- 생태적 선택성 : 생육시기가 다르기 때문에 나타나는 제초제의 감수성 차이
- 형태적 선택성 : 생장점 노출 여부에 따른 선택성 차이
- 생리적 선택성 : 제초제가 식물체 내에 흡수, 이행되는 차이
- 생화학적 선택성 : 식물의 종류에 따른 감수성의 차이

77 물리적 방제법

기계 이용, 소각, 햇빛 차단, 땅에 매몰, 담수와 배수 등

78 논잡초 발생 비율

건답직파 > 담수직파 > 어린모 기계이앙 > 중묘 기계이앙 > 손이앙

79

② 잡초 발생이 많으면 토양침식은 느려짐

80 잡초의 유용성

- 토양에 유기물과 퇴비 공급
- 야생동물의 먹이와 서식처 제공
- 토양침식 및 토양유실 방지
- 자연경관을 아름답게 하거나 환경보전에 효과적
- 작물 개량을 위한 유전자 자원으로 활용
- 오염된 물이나 토양 정화

PART 08

실기(필답형) 기출복원문제

Plant Protection

2023년 1회 식물보호산업기사 실기(필답형) 기출복원문제

01 윤작에 의해 나타나는 이점 5가지를 적으시오.

정답 ① 지력 유지 및 증강
- 콩과 작물을 통해 공중 질소를 고정함
- 다비작물을 재배함으로써 잔비량을 늘림
- 토양의 입단 형성 및 토양 구조를 개선함
- 녹비작물, 콩과 작물을 재배함으로써 토양유기물이 증대됨
- 사료작물을 재배하면 구비 생산이 증대됨

② 기지현상 회피 : 윤작을 통해 기지현상 회피
③ 토양보호 : 피복작물을 통해 토양침식을 줄임
④ 잡초 및 병해충 경감 : 볏과 목초는 토양선충을 줄임
⑤ 토지이용도 증가 : 여름작물과 겨울작물, 곡실작물과 청예작물 등을 통해 경지이용률을 높임
⑥ 노동력 분배의 합리화
⑦ 농업경영의 안정성 증대
⑧ 수량 및 생산성 증대

02 농약 분류에서 살충제의 종류 5가지를 적으시오.

정답 접촉제, 침투성 살충제, 소화중독제(독제), 훈증제, 유인제, 기피제, 점착제, 불임제 등
※ 미립제는 입제보다 입자의 크기를 작게 한 것으로 농약의 제형에 따른 분류에 속함

03 냉해의 종류 3가지를 적으시오.

정답 지연형 냉해, 장해형 냉해, 병해형 냉해, 혼합형 냉해

해설 냉해의 종류
① 지연형 냉해
- 생육 초기~출수기까지 여러 냉온을 만나게 되면 출수가 지연되고, 등숙도 지연됨
- 특히 생육 후기에 저온은 등숙 불량 등의 냉해 피해를 줌

예 벼 : 유수형성기에 냉온을 만나면 출수가 가장 지연됨

② 장해형 냉해
- 유수형성기~개화기까지, 특히 생식세포가 활발히 진행되는 감수분열기의 냉해는 벼의 생식기관의 형성에 문제가 되어 화분 방출, 수정 장해 등의 불임현상을 초래함
- 또한 융단조직이 비대해지고 화분아 불충실로 인한 꽃밥 형성 불량 등으로 불임을 초래함

※ 낮 기온이 높으면 밤 기온이 조금 낮아져도 냉해 피해를 줄일 수 있음

③ 병해형 냉해
- 벼의 증산이 감퇴되고 규산의 흡수가 불량하여 조직의 규질화가 충분하지 못해 도열병의 병원 침입이 쉬워짐
- 냉온의 경우 작물 생육이 부진하게 되면 벼의 질소대사 이상으로 유리아미노산이나 암모니아가 축적되어 병의 발생이 증가함

④ 혼합형 냉해

지연형 냉해＋장해형 냉해＋병해형 냉해가 복합적으로 발생하여 수량의 감소를 초래하는 냉해

04 토양 수분조절 중에서 드라이파밍에 대해 설명하시오.

정답 드라이파밍은 건조에 강한 농법으로, 물 부족 지역에서 수분을 최소화하여 농작물을 재배하는 방법임. 휴작기에는 땅을 갈아 빗물을 지하에 저장하고, 작기에는 토양을 진압하여 지하수의 모관 상승을 낮춤. 또한, 깊은 경작과 멀칭을 통해 수분을 보존하며, 물 부족에 강한 작물을 선택함. 최소 경작을 통해 수분 증발을 줄이고, 비가림과 작물 밀식을 통해 수분 효율적인 재배를 할 수 있도록 함. 이 방법은 건조한 지역에서 농업 생산성을 유지하는 데 사용됨

05 대기환경에서 이산화탄소의 농도에 관여하는 요인 3가지를 적으시오.

정답 화석연료 사용 증가, 산림 파괴, 산업활동 등

해설 **이산화탄소(CO_2) 농도를 증가시키는 주요 요인**
- 화석 연료 연소 : 전력 생산, 교통, 산업에서의 연료 사용
- 산림 파괴 : 나무를 베거나 불태우는 활동
- 산업 활동 : 화학, 철강, 시멘트 등의 제조 과정
- 농업 활동 : 비료 사용 및 토지 변화
- 일상 활동 : 주택 난방, 에어컨 사용, 차량 운전 등

06 풍해로 인하여 발생되는 작물의 생리적 장애 3가지를 적으시오.

정답 • 호흡 증대
• 광합성의 감퇴
• 작물체의 건조
• 작물체온의 저하
• 염풍의 피해

07 토양의 입단형성 방법 3가지를 적으시오.

정답 • 점토, 유기물, 석회 등 입단구조를 형성하는 인자를 첨가
• 콩과 녹비작물의 재배
• 토양피복, 윤작 등
• 인공토양개량제 첨가
• 칼슘이온(석회) 첨가

08 아래의 단어의 정의를 적으시오.

1) 병징

2) 표징

정답 1) 병징(炳徵, Symptom)은 식물이 어떤 원인에 의해 병에 걸리면 세포, 조직, 기관에 이상이 생기게 되며 이로 인해 외부형태에 변화를 나타내는 현상을 의미함
2) 표징(Sign)은 병원체가 병든 식물의 병환부(병변부)에 나타나 병원체의 존재 여부를 눈으로 확인할 수 있는 경우를 의미함

09 광 관리에서 최적엽면적의 정의를 적으시오.

정답 최적엽면적은 건물 생산이 최대로 되는 단위 면적당의 군락엽면적을 말함

해설 최대엽면적
① 군락의 건물 생산을 최대로 할 수 있는 엽면적이 최적엽면적일 때의 엽면적지수(LAI)를 '최적엽면적지수'라 함
② 작물의 건물 생산은 진정광합성량과 호흡량의 차이, 즉 외견상광합성이 관여함
③ 작물의 건물 생산량은 군락의 엽면적이 커짐에 따라 증가는 하나, 그 이상 엽면적이 증가한 경우 오히려 감소함
④ 엽면적지수는 군락의 엽면적을 토지면적에 대한 배수치(倍數値)로 표시한 것
⑤ 군락의 건물 생산력을 크게 하여 수량을 증가시키는 경우 최적엽면적지수는 높아짐

10 아래의 식물 중에서 내한성 식물을 모두 고르시오.

자작나무, 소나무, 배롱나무, 자목련

정답 소나무, 자작나무

해설
- 자작나무 : 매우 추운 지역에서 자생하는 나무로, 강한 내한성을 가지고 있으며 북유럽과 아시아 북부에서 자생함
- 소나무 : 한랭 지역에서 잘 자라며 내한성이 강한 나무로, 한국을 포함한 동아시아 지역에서 자생함

11 다음 중 농약 클로르피리포스가 속하는 종류를 고르시오.

살충제, 살균제, 제초제

정답 살충제

해설 클로르피리포스(Chlorpyrifos)
접촉독과 소화중독에 효과적인 유기인계 살충제

12 적산온도의 정의를 적으시오.

정답 적산온도는 작물이 발아해서 성숙하기까지의 생육기간 중 0℃ 이상의 일평균기온을 합산한 온도를 말함

13 다음 단어의 정의를 적으시오.
1) 포식성 천적
2) 기생성 천적

정답 1) 포식성 천적 : 살아 있는 곤충을 잡아 먹는 천적
2) 기생성 천적 : 다른 곤충에 기생생활을 하는 천적

포식성 천적	풀잠자리류	• 부화유충은 육식성	• 진딧물, 깍지벌레류, 응애류 포식
	노린재류	• 무당벌레과는 유충과 성충이 모두 포식성	• 진딧물, 깍지벌레 포식
	딱정벌레류	침노린재, 장님노린재 일부가 포식성	
기생성 천적	• 기생벌, 기생파리류의 암컷을 활용 • 숙주의 체내에 알을 낳음		
	맵시벌과	• 몸집이 큼 • 대부분 나비, 나방류	• 완전변태 해충에 기생
	고치벌과	• 몸집이 작음	• 나비목, 딱정벌레목, 파리목에 기생

14 식물병 진단법 중에서 생물학적 진단법 2가지를 적으시오.

정답 지표식물법, 최아법, 즙액접종법, 박테리오파지법

해설 ① 지표식물진단법

병원체 중에 고도의 감수성이거나 특이한 병징을 나타내는 식물병을 진단할 때 이용되는 것으로 이때 활용되는 식물을 지표식물(Indicator plant)이라고 함

바이러스병 진단 시 바이러스에 특이한 병징을 나타내는 지표식물을 활용하여 바이러스의 종류를 판별하는데 식물 바이러스병에는 담배, 명아주, 나팔꽃, 천일홍, 순무, 완두, 잠두, 오이, 호박, 강낭콩 등이 있으며, 바이로이드 및 뿌리혹 선충의 유무도 지표식물진단법을 활용함

② 최아법(괴경단위 식재법 또는 괴경지표법)

감자의 싹을 띄워 병징을 발현시킨 후 감자의 눈(嫩 : 어릴 눈)을 통해 바이러스병의 유무를 진단할 때 활용함

③ 즙액접종법

바이러스 즙액을 이용하여 여러 지표식물에 즙액접종을 한 후 특이적인 병징을 발견함으로써 바이러스의 감염 여부를 진단. 이 방법은 오이 노균병과 세균성 점무늬병 등의 진단에 활용됨

④ 박테리오파지(Bacteriophage)법

기주에 대한 특이성이 매우 높은 세균을 기주로 하는 바이러스를 말하며, 이러한 기주 특이성을 이용하여 특정 세균의 유무 및 월동장소를 알아보는 진단방법으로 벼 흰잎마름병균의 진단에 활용됨

⑤ 유전자에 의한 진단

병원균이 가지고 있는 균의 유전적 차이를 이용하는 방법

15 습해를 방지하기 위한 대책 3가지를 적으시오.

정답 배수, 정지, 토양개량, 내습성 있는 작물 및 품종의 선택, 시비, 과산화석회의 사용

해설 습해를 방지하기 위한 대책

① 배수

과습으로 인한 습해를 근본적으로 조절할 수 있는 방법

② 정지

- 고휴(이랑을 높임)재배를 하면 과습을 막을 수 있음
- 밭에는 휴립휴파(畦立畦播), 습답은 휴립(畦立)재배함

③ 토양개량

객토, 부식, 석회 및 토양개량제를 시용하면 토양의 입단구조를 좋게 하여 공극량이 극대화되므로 습해를 경감할 수 있음

④ 작물 및 품종의 선택

- 작물의 내습성 : 골풀 · 미나리 · 택사 · 연 · 벼 > 밭벼 · 옥수수 · 율무 · 토란 · 고구마 > 보리 · 밀 > 감자 · 고추 > 토마토 · 메밀 > 파 · 양파 · 당근 · 자운영 순

• 채소의 내습성 : 양상추 · 양배추 · 토마토 · 가지 · 오이 > 시금치 · 우엉 · 무 > 당근 · 꽃양배추 · 멜론 · 피망 순
• 과실의 내습성 : 올리브 > 포도 > 밀감 > 배 > 밤 · 무화과 순

⑤ 시비
습해 피해를 줄이기 위해서는 미숙유기물(퇴비) 및 황산근비료는 시용을 피하고 뿌리가 지상 가까이 생성되도록 표층시비함

⑥ 과산화석회의 시용
과산화석회(CaO_2)는 토양에서 산소를 상당부분 방출하므로 일부 습한 토양에서 발아와 생육을 촉진시켜 줌

16 농약의 잔류성에 관여하는 요인 3가지를 적으시오.

정답
• 작물 표면의 형태
• 작물의 성장속도
• 농약의 잔류 부위

17 아래의 사진 및 내용을 참고하여 식물병을 고르시오.

※ 저작권 문제로 문제만 기재합니다.

18 아래 사진 및 내용을 참고하여 해충을 고르시오.

※ 저작권 문제로 문제만 기재합니다.

19 식물병을 일으키는 병원균의 종류 3가지를 적으시오.

정답 진균, 세균, 선충, 바이러스, 파이토플라스마, 바이로이드

2023년 2회 식물보호산업기사 실기(필답형) 기출복원문제

01 **광포화점과 광보상점의 정의를 적으시오.**

정답 1) 광포화점
광도를 더 증가시켜도 어느 한계에 이르면 더 이상 광합성량이 증가하지 않는 상태
2) 광보상점
진정광합성속도와 호흡속도가 일치하는 시점, 즉 외견상광합성 속도가 0이 되는 조사광량을 '보상점'이라고 하며, 암흑상태에서 광도를 점차 높여 이산화탄소 방출속도와 호흡속도가 같게 되었을 때의 광도를 '광보상점'이라고 함

02 **내습성에 관여하는 요인 3가지를 적으시오.**

정답 ① 뿌리조직의 목질화
조직이 목질화한 것은 환원성 유해물질의 침입을 막아 내습성이 강함
② 뿌리 발달의 습성
새 뿌리(부정근)의 발생이 용이하고 근계가 얕게 발달하여 내습성이 강함
③ 잎에서 뿌리로 산소를 공급하는 능력
벼는 잎, 줄기, 뿌리에 통기조직이 잘 발달되어 있어 지상에서 뿌리로 산소를 공급할 수 있으며, 담수조건에서도 잘 생육함

03 **점적관개, 압입법의 정의를 적으시오.**

정답 1) 점적관개는 물을 공급하는 속도를 느리게 하여 토양 전체를 적시지 않고 시물 근권에 적정량의 물을 공급하는 관개방법으로 일반 농사에서 많이 활용되는 관개법
2) 압입법은 지하관개 방법 중 하나로, 물을 주입하거나 기계적으로 압입하는 방법

04 **윤작, 개량 3포식 농법의 정의를 적으시오.**

정답 1) 윤작이란 몇 가지 작물을 돌려짓기 하는 재배방법으로 윤작법에는 순삼포식 농법, 개량 3포식 농법, 노포크식이 있음
2) 개량 3포식 농법은 농경지 중 1/3은 휴한 대신 클로버, 알팔파, 헤어리베치 등의 콩과 녹비작물 재배함으로써 지력을 높이는 경작방법

05 풍해의 재배적 대책 3가지를 적으시오.

정답 ① 방풍림 설치
② 방풍울타리 설치
③ 내풍성 작물 선택(목초, 고구마 등 바람에 강한 작물 선택)
④ 작기 이동
⑤ 담수(논물을 깊이 대면 도복과 건조 피해가 예방됨)
⑥ 배토 및 지주(도복을 방지함)
⑦ 생육의 건실화(칼리질 비료 시비 및 질소질 비료 과잉은 피함)
⑧ 낙과방지제의 살포(사과 수확 25~30일 전에 낙과방지제를 뿌림)

06 열해 대책 3가지를 적으시오.

정답 ① 내열성 작물 선택
② 재배 시기의 조절을 통해 열해를 피함
③ 그늘을 만들어 줌
④ 관개수로 온도를 낮춤
⑤ 피복에 의한 온도 상승 억제
⑥ 밀식, 질소 과용을 피함

07 물 20L에 유제 13mL일 때 물 500mL에 필요한 농약량은 얼마인가?(단, 소수점 셋째 자리에서 반올림한다.)

정답 0.33mL

해설 $\frac{500 \times 13}{20,000} = 0.325\text{mL}$

08 수간주사 주입법의 종류를 적으시오.

정답 중력식 주간주입법, 압력식 미량수간주입법, 유입식 수간주입법, 삽입식 수간주사법

해설 ① 중력식 주간주입법
저농도의 약액을 나무에 다량으로 주입할 때 활용
② 압력식 미량수간주입법
보편적인 수간주입 방법으로 소나무에 송진 유통이 활발한 시기(3~11월)에 유입식 수간주입방법은 활용하기가 어려워 연중 수간주입이 가능한 압력식 미량수간주입법을 활용

③ 유입식 수간주입법

중력이나 압력이 아닌 약액이 유입되도록 하는 방법으로 용기를 이용한 약액 주입법과 용기 없이 구멍을 내어 주입하는 방법 등이 있음. 활엽수는 대부분 사용이 가능하지만 송진 유동이 활발하지 않은 겨울철(12~2월)에만 수간주입이 가능.(3~11월은 송진에 막혀 수간주입이 안됨)

④ 삽입식 수간주사법

액체 약보다는 가루약의 주입에 활용되며 살충제, 살균제, 영양제 등을 주입할 때 가장 많이 활용하는 방법

09 사이퍼메트린 유제의 약제 종류를 선택하시오.

살충제, 살균제, 제초제

정답 살충제

10 다릅나무의 식물병은 무엇인지 적으시오.

정답 회색무늬병(학명 : *Stagonospora maackiae*)

해설

기주식물	식물병명
다릅나무	회색무늬병
리기다소나무	푸사리움가지마름병, 가지끝마름병, 리지나뿌리썩음병
소나무	피목가지마름병, 소나무재선충병(솔수염하늘소), 혹병(신갈), 라지나뿌리썩음병, 잎떨림병, 잎녹병, 아밀라리아뿌리썩음병
잣나무	털녹병(송이풀, 까치밥 : 중간기주), 아밀라리아뿌리썩음병(뽕나무버섯)잎떨림병, 피목가지마름병, 잎녹병, 가지끝마름병, 디플로디아잎마름병
전나무	잎녹병, 빗자루병
향나무	향나무 녹병, 잎마름병
은행나무	잎마름병, 줄기마름병, 그을음잎마름병
가중나무	갈색무늬병, 흰가루병

11 나비목 해충을 선택하시오.

정답 ※ 실제 문제에는 보기가 있습니다.
호랑나비(학명 : *Papilio xuthus*)

해설

나비목(완)	나방(수목)	감꼭지, 노랑쐐기, 미국흰불, 박쥐, 복숭아심식, 매미(짚시), 복숭아유리, 소나무순, 솔, 천막벌레(텐트), 포도유리, 사과굴, 향나무독, 남방차주머니, 독, 어스렝이, 복숭아순, 차독, 으름, 은무늬굴, 붉은매미, 사과먹, 참나무재주, 솔박각시, 밤, 새누에, 장수쐐기
	나방(농작물)	고구마뿔, 도둑, 배추좀, 감자뿔, 담배(고추), 담배거세미, 파밤, 거세미, 멸강, 파좀, 검거세미, 배추순, 콩, 벼애, 과실흡수, 보리, 고구마애
	잎말이나방	잎말이나방, 갈색, 과불애기
	명나방	들깨잎말이, 목화바둑, 조, 이화, 배, 회양목, 복숭아, 솔알락, 점노랑들, 혹, 한점쌀, 검쌀, 다색알락, 제주집
	나비	호랑, 배추흰, 물결부전

12 내동성 관련 용어 2가지를 적으시오.

정답 경화(하드닝), 경화상실(디하드닝)

해설 ① 기온에 따른 내동성
기온이 내려감으로써 점차 증대되고 다시 기온이 높아지면 점차 감소함

② 경화(Hardening)
- 월동작물이 기온이 5℃ 이하의 저온에 계속 처하게 되면 내동성이 증가하는 현상을 의미함
- 내열성, 내건성이 증대됨

③ 경화상실(Dehardening)
경화된 월동작물이라도 다시 높은 온도에 처하면 내동성이 약해지는 것을 내동성상실, 즉 '경화상실'이라고 함

④ 휴면
휴면아는 내동성이 극히 강해 수목, 과수, 채소 등의 눈에 휴면아로 월동하기 때문에 추위에 견딤. 가을철 저온, 단일 조건은 휴면을 유도하고, 겨울철 저온은 휴면을 타파함

⑤ 추파성
- 맥류의 추파성은 생식생장을 억제하는 성질로 저온 처리를 해서 추파성을 제거하면 생식생장이 빨리 유도되어 내동성이 약해짐
- 추파성이 약한 작물은 조파해도 겨울에 위험

13 식물병 진단방법 2가지를 적으시오.

정답 ① 병원체 직접 진단(육안적 진단)

- 육안으로 병징과 표징을 직접 진단하는 방법으로 가장 보편적인 방법. 광학현미경을 이용하여 직접 검경하여 병원체를 확인
- 균사 및 세균에 의한 병은 도관을 절단하여 현미경으로 관찰 후 세균의 유무를 파악

② 해부학적(현미경적) 진단

기주식물의 병환부를 해부하여 병원체의 침입 및 기주식물의 세포 내 감염과 기관의 변화 등을 관찰하여 병원체의 존재 여부를 현미경을 통해 확인. 또한 병원체와 기주식물의 상호반응을 보며 세포 내에 형성되는 물질의 특성을 관찰하여 식물병을 진단하는 방법을 해부학적 진단이라고 함

③ 이화학적 진단

기주식물의 병환부를 물리적 또는 화학적인 방법으로 검사하여 진단하는 방법으로 병원체나 병원체와 기주 사이의 반응을 조사하는 간접적인 진단방법

14 나무의 정지 중 배상형의 정의를 적으시오.

정답 나무의 정지란 수관을 구성하는 가지의 골격을 계획적으로 구성 유지하기 위하여 유인, 절단하는 것을 의미하며 가지를 가지 시작 부분부터 잘라서 가지를 솎아 내는 것

개심형(開心形), 즉 배상형은 나무에서 중심이 비도록 만든 방법으로 원줄기를 짧게 놔두고 짧은 원줄기 위에 수 개의 원가지를 사방으로 고르게 배치하여 겉모습을 마치 술잔 모양으로 만드는 정지형태를 말함

15 내부기생성 천적, 외부기생성 천적의 정의를 적으시오.

정답 1) 내부포식기생(내부기생성 천적) : 기주의 체내에서 영양을 섭취하며 생육하는 것 – 먹좀벌류, 진디벌류

2) 외부포식기생(외부기생성 천적) : 기주의 체외에서 영양을 섭취하며 생육하는 것 – 개미침벌, 가시고치벌

17 해충방제 중 물리적 방법 3가지를 적으시오.

정답 광선, 물, 고온 및 저온, 고압전기, 음파, 감압, 방사선 등의 물리적 환경이나 조건을 이용하여 해충을 직접 죽이거나 유인 또는 기피함

해설 p.213 표 6－4 참조

18 비기생성 식물병 중 환경스트레스 종류 3가지를 적으시오.

정답 비생물성(비기생성, 비전염성) 병원에는 부적절한 토양과 기상조건, 양 · 수분의 과잉 또는 결핍, 화학물질에 의한 오염 및 농작업과 영양장해 등

해설 **비생물성(비전염성, 비기생성) 병원의 종류**

구분	특징	
부적절한 토양환경	• 토양 내 수분 부족 및 과습 등 • 토양 보수력, 보비력, 통기성 등의 물리적 구조의 문제	
부적절한 기상환경	저온다습, 고온건조, 비바람, 일조량 부족 등	
화학물질에 의한 오염	연기, 가스 등의 오염물질 등	
양 · 수분 결핍 또는 과잉의 불균형	칼륨 결핍	벼 적고병, 보리 흰무늬병
	칼슘 결핍	토마토 배꼽썩음병, 셀러리 검은썩음병
	마그네슘 결핍	감귤 대황병, 보리 흰깁병
	망간 과잉	사과나무 조피병(적진병)
	망간 결핍	감귤류 위황병
	붕소 결핍	무 · 배추 속썩음병, 갈색속썩음병, 사과 축과병
농작업에 의한 오염	농약의 약해 및 농작업의 상해 등	
저장 · 운송에 의한 오염	운송 및 저장 시에 발생하는 유해물질 등	

19 재배관리 중 토양침식의 정의를 적으시오.

정답 토양침식은 토양의 표면이 물 또는 바람, 파도 등에 의해 깎여 소실되는 현상을 의미하며 크게 수식과 풍식으로 나뉨. 강우가 원인이 되는 수식과 바람이 원인이 되는 풍식으로 구별되며, 수식은 다시 빗방울이 표토를 때려서 흩어지게 하는 우적침식과 빗물이 표토를 씻어 내리는 소류침식으로 구별됨

20 최저온도, 최적온도, 최고온도에 따른 작물을 선택하시오.

호밀, 귀리, 벼

정답
1) 최저온도 : 호밀
2) 최적온도 : 귀리
3) 최고온도 : 벼

해설 주요온도
- 유효온도 : 작물의 생육이 가능한 범위의 온도
- 최고온도 : 작물생육이 가능한 가장 높은 온도
- 최적온도 : 생육이 가장 왕성한 온도
- 최저온도 : 작물생육이 가능한 가장 낮은 온도

2023년 3회 식물보호기사 실기(필답형) 기출복원문제

01 대전법, 답전윤환의 정의를 적으시오.

정답 1) 대전법(代田法)

밭농사에서 한 해는 휴경(休耕)하고 다음 해에는 경작하는 방법으로, 땅을 휴경하여 지력을 회복하고 잡초를 제거하며 병충해를 예방하여 생산성을 높이는 효과를 기대할 수 있음. 이 방법은 작물이 자라지 않는 해에 땅을 갈아엎거나 잡초를 제거하여 토양을 관리하며, 과거 주로 옥수수, 콩, 밀 등의 재배에 활용되었고, 대전법의 주요 장점으로는 토양의 지력을 회복시키고 병충해와 잡초 발생을 억제하는 효과가 있음

2) 답전윤환(畓田輪換)

논과 밭을 번갈아 가며 경작하는 재배 방법으로, 작물과 토양의 특성을 고려해 지력을 보존하고 병충해를 방지하는 데 목적이 있음. 논과 밭 작물을 교대 경작함으로써 토양 특성과 물 관리가 다른 환경에 적응할 수 있으며, 이러한 방식은 토양 구조와 물리적 성질을 개선하는 효과가 있음. 또한 벼농사 후 밭작물(콩, 감자 등)을 재배하면 질소 고정 효과가 증가하고 병해충 발생 밀도를 감소시키는 장점이 있음

02 곤충병원성 곰팡이 이름과 요구되는 습도(%)를 설명하시오.

정답 1) 백강균, 녹강균

2) 90% 이상의 높은 습도

해설 ① 백강균(Beauveria bassiana)

- 설명 : 자연에서 발견되는 세균으로, 주로 곤충에 병원성을 가지고 있음. 이 세균은 특정 단백질을 생산하여 곤충의 소화계에서 독성을 발휘하며 주로 나비와 비틀기과 곤충에 효과적. 이를 활용한 생물학적 농약으로 널리 사용함
- 효과 : 이 곰팡이에 감염된 곤충은 식욕 감소와 영양 섭취 장애를 겪고, 결국 사멸하게 됨
- 요구되는 습도 : 상대 습도 70% 이상에서 잘 자생함

② 녹강균(Metarhizium anisopliae)

- 설명 : 다양한 해충에 감염되어 병을 유발하는 곰팡이로 주로 곤충의 외부에서 포자를 형성하여 감염을 유도하며, 곤충의 체내에서 빠르게 성장하여 사멸시키는 방식으로 작용함
- 효과 : 특히 비행해충(예 나방, 진딧물 등)에게 효과적이며, 곤충의 외부에 접촉하여 감염을 유도함
- 요구되는 습도 : 상대 습도 80% 이상에서 활발함

03 아래 사진을 보고 해충의 이름을 적으시오.

• 학명 : *Gastrolina depressa(baly)*

※ 저작권 문제로 문제만 기재합니다.

정답 호두나무 잎벌레

해설 **호두나무 잎벌레**

호두나무를 먹이로 삼는 해충으로 이 해충은 호두나무의 잎을 갉아먹어 나무의 성장과 수확에 심각한 영향을 줌

① 특징

- 성충(성체) : 몸 길이는 약 10~15mm 정도이며, 몸은 검은색이나 금속성 광택이 도는 파란색이나 녹색을 띰
- 유충 : 유충은 회색 또는 갈색을 띠며, 몸에는 돌기가 나 있음. 유충은 성충보다 더 많이 잎을 먹고 피해를 줌

② 피해

호두나무 잎벌레는 나뭇잎을 먹는 것이 특징으로, 잎을 갉아먹으면 광합성 작용이 방해되어 나무의 성장이 저해됨. 특히 유충 단계에서 더 많은 잎을 갉아먹기 때문에 피해가 심각해짐. 이런 피해는 나무의 생리적 스트레스를 증가시키고, 장기적으로는 열매의 수확량에도 영향을 미침

③ 방제 방법

- 물리적 방제 : 성충이나 유충을 손으로 잡아 제거하거나 트랩을 설치해 포획
- 화학적 방제 : 인축에 무해한 저독성 살충제를 사용해 성충과 유충을 동시에 방제
- 생물학적 방제 : 천적인 곤충을 활용하거나 자연적인 방식으로 해충의 개체 수를 줄일 수 있음

04 수간주사 방법과 주의사항을 적으시오.

정답 1) 수간주사 방법

나무의 줄기에 약제나 영양제를 직접 주입하여 원하는 효과를 얻는 방법

① 준비물

- 주사기 또는 주입기 준비
- 주입할 약제나 영양제 준비
- 소독용 알코올과 면봉으로 도구 소독

② 주사 방법

- 준비 : 주사기 또는 주입기의 바늘 소독
- 선택 : 줄기의 중간 부위나 하부에서 약제 주입 위치를 선택. 줄기가 건강하고 병이 없는 부위를 선택하는 것이 중요함

2) 주사 시 주의사항

- 정확한 약제 사용 : 사용하려는 약제의 농도와 권장 사용량을 반드시 확인함
- 소독 : 사용 전후에는 항상 도구와 주입 부위를 소독하여 감염 위험을 줄어듬
- 나무 상태 확인 : 주사하기 전에 나무의 건강 상태를 점검하여 병해가 발생한 부위를 확인함
- 시기 : 주사 시기는 식물의 생장 주기에 따라 달라질 수 있으므로, 최적의 시기를 고려하고 일반적으로 성장기 초반이 좋음
- 과다 주입 주의 : 너무 많은 약제를 주입하면 나무에 손상을 줄 수 있으므로, 적절한 양을 주입함

05 식물방역법의 목적은 무엇인지 적으시오.

정답 식물방역법은 수출입 식물 등과 국내 식물을 검역하고 식물에 해를 끼치는 병해충을 방제하기 위해 필요한 사항을 규정함으로써 농림업 생산의 안전과 증진에 이바지하고 자연환경을 보호하는 것이 목적임

06 물 20L에 30mL 유제가 있을 때, 물 5mL에 들어갈 약량은?

정답 $농도 = \frac{30mL}{20,000mL} = 0.0015mL/mL$

필요 유제 양 = 농도 × 물의 양 = 0.0015mL/mL × 5mL

필요 유제 양 = 0.0075mL

07 식물의 색소(굴절광)에 대해 적으시오.

정답 굴절광(Reflected Light)은 빛이 물체의 표면에 부딪힌 후 방향이 바뀌어 반사되는 빛을 말함

해설 식물의 색소

- 청색광 : 400~500nm(카로티노이드계)
- 적색광 : 600~700nm(안토시아닌 : 청색광 또는 적생광에서 촉진됨)
- 카로티노이드(Carotenoids) : 청색광 등의 색소. 클로로필이 흡수하지 못하는 파장의 빛(주로 파란색과 초록색)을 흡수하여 광합성을 보조하며 산화 방지제로 작용하여 식물을 보호함
- 안토시아닌(Anthocyanin) : 적색광 등의 색소. 주로 꽃과 과일에 존재하며, 식물의 보호 기작과 관련이 있음. 이 색소는 해충이나 초식동물로부터 식물을 보호하는 역할을 할 수 있으며, 가시광선 외의 빛(예 자외선)으로부터도 보호함
- 굴절광(Refraction of Light) : 빛이 한 매질에서 다른 매질로 이동할 때 경로가 꺾이는 현상

08 C3와 C4 식물 중 광합성 전류속도가 큰 식물은 무엇인지 적으시오.

정답 C4 식물

해설 최대광합성 능력은 C4 식물 > C3 식물 > CAM 식물

① C3 식물

- 광합성 과정에서 C3 경로를 사용하며, 대기 중의 이산화탄소(CO_2)를 직접적으로 고정
- 주로 온도와 습도가 높은 환경에서 효율적이며, 높은 온도에서 산소의 경쟁적 억제에 영향을 받음

예 벼, 밀, 콩 등의 작물

② C4 식물

- C4 경로를 사용하여 CO_2를 먼저 4탄소 화합물로 고정한 후, 이를 다시 C3 경로로 전환하여 당을 생성함
- 이 과정 덕분에 C4 식물은 높은 온도와 강한 빛에서도 효율적으로 광합성을 진행
- CO_2를 보다 효과적으로 고정할 수 있어, 광합성 전류 속도가 C3 식물보다 더 큼

예 옥수수, 수수, 기장 등의 작물

09 토양이 강산성일 때 감소하는 무기성분을 적으시오.

정답 인(P), 칼슘(Ca), 마그네슘(Mg), 붕소(B), 몰리브덴(Mo) 등

해설 pH와 양분 가급도의 관계

① 강산성(pH 4~5)

- 인(P), 칼슘(Ca), 마그네슘(Mg), 붕소(B), 몰리브덴(Mo) 등의 가급도가 감소
- 철(Fe), 망간(Mn) 등의 미량 영양소는 강산성 환경에서 더 잘 용해됨

② 중성에서 약산성(pH 6~7)

- 대부분의 주요 영양소[질소(N), 인(P), 칼륨(K), 칼슘(Ca), 마그네슘(Mg)]는 이 구간에서 가장 잘 가용됨
- 철(Fe), 망간(Mn) 등의 미량 영양소도 이 구간에서 적절한 용해도를 보임

③ 약알칼리성(pH 7~8)

- 인(P), 철(Fe), 붕소(B), 망간(Mn)의 용해도가 감소하여 식물의 흡수가 제한됨
- 칼슘(Ca)과 마그네슘(Mg) 등의 영양소는 이 구간에서 잘 가용됨

④ 강알칼리성(pH 9~10)

- 대부분의 미량 영양소[철(Fe), 망간(Mn), 붕소(B)]의 용해도가 크게 감소하여 식물 흡수가 어려움
- 토양의 강한 알칼리성으로 인해 작물 생육에 악영향을 미칠 수 있음

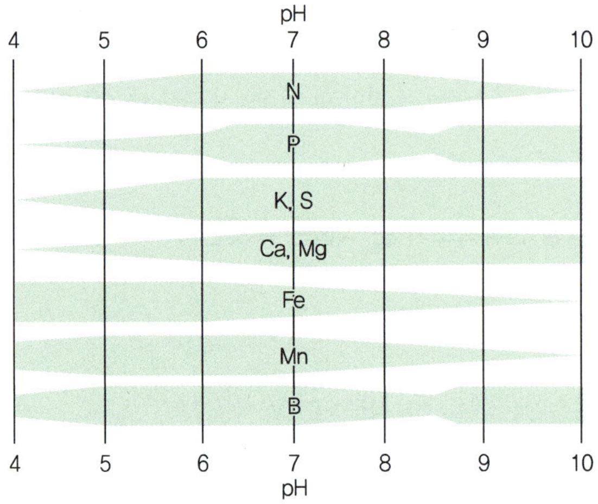

식물양분의 가급도와 pH와의 관계

10 토양구조 중 판상구조와 각주상구조의 정의를 적으시오.

정답
1) 판상구조 : 수평적으로 얇은 판 모양으로 배열된 구조. 주로 논토양 또는 배수 불량 지역에서 나타나며, 통기성과 배수성이 매우 나쁨. 물과 공기의 이동이 제한되어 작물의 뿌리 발달에 부정적인 영향을 미침
2) 각주상구조 : 주로 건조한 지역의 심층토에서 나타나며, 기둥 형태를 이룸. 수분 침투는 양호하지만, 배수와 통기성은 제한적일 수 있음. 이 구조는 습윤지역에서 점토 함량이 높은 토양에서도 발견됨

해설 토양구조

① 구상구조(입상구조) : 작은 입자들이 모여 구상체를 형성한 구조. 주로 유기물 함량이 높은 표토에서 발견되며, 통기성과 배수성이 매우 좋음. 뿌리 성장이 원활하게 이루어지며, 농경지에 이상적인 구조
② 괴상구조 : 각괴상과 아각괴상으로 나뉘며, 주로 심층토에서 발견됨. 불규칙한 육면체 모양으로, 통기성과 배수성은 중간 정도. 괴상구조는 경작지보다는 자연 상태에서 더 흔하게 나타남
③ 원주상구조 : 기둥 모양의 구조로, Na 함량이 높은 토양에서 주로 발견됨. 각주상구조와 비슷하나 더 둥근 모양을 함
④ 모형구조 : 모래와 점토가 결합된 특수한 형태의 구조로, 토양의 특정 조건에서 나타남. 배수성 및 통기성은 구조에 따라 다름

구상 (입상, 분상)	공극이 많아 보수성, 통기성 양호. 입단이 발달한 표토에 많음	 입상 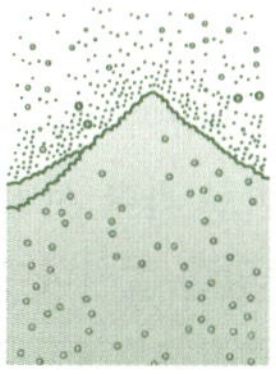 분상	
괴상 (각괴상, 아각괴상)	심토에서 발견. 점토가 집적되어 나타남	 각괴상  아각괴상	 

주상 (각주상, 원주상)	세로 길이가 가로보다 김. 점토가 집적되어 나타남	 원주상	
		 각주상	
판상	점토반층에서 많이 나타나며, 수분 하향이동, 뿌리 뻗음에 불리 논토양 쟁기바닥층	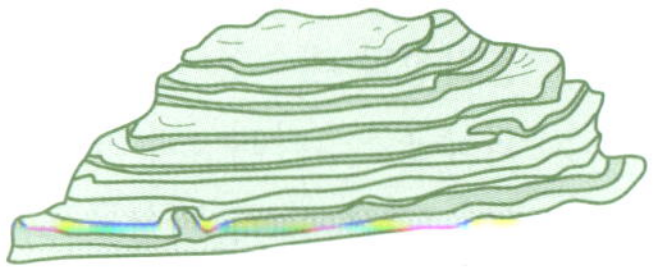 	

11 풍해의 대책에 대해 설명하시오.

정답 ① 풍해를 예방하기 위한 대책

- 작물의 품종 선택이 중요하며, 내풍성이 강한 품종이나 도복에 강한 벼 품종과 같이 키가 낮은 작물을 재배함
- 이랑의 높이를 조절하여 바람에 대한 저항력을 감소시키고, 작물의 밀도를 낮춰 바람이 통과할 수 있는 공간을 확보하며, 질소비료 과다 시비를 피하여 도복 위험을 감소
- 방풍림이나 방풍망을 설치하여 바람의 세기를 줄이고, 장기적인 대책으로 효과적인 방풍림 조성을 하는 것도 중요함
- 과수, 장미, 토마토 같은 작물은 지주로 고정하고, 포도와 같은 작물은 철재 구조물에 고정하여 쓰러짐을 방지해야 함
- 비닐하우스 골조를 강화하고 비닐을 견고하게 고정하며, 방풍망과 중간지지대를 추가하여 바람 충격을 흡수하는 것이 효과적

② 풍해가 발생한 후의 대책

- 피해 작물을 가능한 한 빠르게 회복 관리해야 함. 쓰러진 작물은 지주로 고정하고, 손상된 잎이나 줄기를 정리해 병원균 침입을 방지해야 함
- 바람에 의해 손상된 작물은 병해충에 취약하므로 적절한 약제를 사용하고, 상처 부위에 유효한 살균제를 살포해 병원균 침입을 억제해야 함
- 시설물 복구가 빠르게 이루어져야 하며, 파손된 비닐하우스는 복구하고 내부의 온습도 관리를 철저히 해야 함
- 뿌리가 노출되었거나 손상된 경우 흙을 덮어주고 비료를 추가로 시비하여 토양을 복구하며, 적절한 관수를 통해 작물의 스트레스를 완화시켜야 함

12 다음의 농약이 속하는 분류를 살충제, 살균제 또는 제초제 중에서 고르시오.

사이퍼메트린

정답 살충제

해설 사이퍼메트린(Cypermethrin)

합성 피레스로이드 계열의 살충제로, 농업, 공중 보건, 가정용 방제에 널리 사용됨. 자연 피레트린(국화에서 추출된 천연 살충 성분)을 화학적으로 모방하여 개발되었으며, 곤충의 신경계를 공격하여 나트륨 이온 채널을 지속적으로 활성화함으로써 곤충을 빠르게 마비시키고 사망에 이르게 함. 나방, 파리, 모기, 진딧물, 총채벌레 등 다양한 해충에 효과적이며, 접촉독성과 식독성을 모두 가지므로 곤충이 살충제에 접촉하거나 섭취했을 때 효과를 발휘함

13 내동성 콜로이드 증가, 세포 내 자유수 증가 시 작물의 내동성에 대해 설명하시오.

정답 내동성 콜로이드와 세포 내 자유수의 증가는 서로 긴밀하게 연결되어 있으며, 이는 작물의 내동성을 향상시키는 데 중요한 역할을 함. 이러한 변화는 식물이 극한 환경에서 생존할 수 있는 가능성을 높여줌

해설 ① 내동성 콜로이드 증가(내동성이 커짐)

내동성 콜로이드는 식물 세포 내에서 수분을 유지하고 세포의 구조를 안정화하는 역할을 함. 콜로이드 입자는 물과 결합하여 수분을 포집하고, 이를 통해 세포가 수분을 잃지 않도록 도움. 콜로이드가 증가하면 세포 내 결합수와 자유수가 증가하여 세포의 탈수를 방지하고, 이로 인해 식물의 내동성이 높아짐

② 세포 내 자유수 증가(내동성이 낮아짐)

자유수는 식물 세포 내에서 물 분자가 자유롭게 이동할 수 있는 형태. 세포 내 자유수가 증가하면 세포의 세포압이 상승하여 세포벽이 팽창하고, 식물의 조직이 더 탄력 있게 됨. 이는 세포의 대사 활동을 활발하게 하여 스트레스에 대한 저항력을 증가시키고, 저온에서도 세포가 쉽게 손상되지 않음

14 축차조사와 표본조사의 개념에 대해 설명하시오.

정답 1) 축차조사

- 정의 : 축차조사는 모니터링 및 조사에서 표본을 여러 번에 걸쳐 수집하는 방법으로, 각 단계에서 수집한 데이터를 바탕으로 다음 단계를 결정하는 방식. 이 방법은 자원과 시간의 효율성을 높이는 데 유리함
- 단계적 접근 : 초기 샘플링 후, 결과에 따라 추가 샘플링 여부를 결정함. 이를 통해 불필요한 샘플링을 줄일 수 있음
- 비용 효율성 : 필요할 때만 추가 샘플을 수집하여 비용과 시간을 절약할 수 있음
- 적시 대응 가능 : 해충 발생 상황이나 질병의 전파를 조기에 감지하여 신속하게 대응할 수 있음

2) 표본조사

- 정의 : 표본조사는 전체 모집단에서 일부 샘플을 선정하여 조사를 실시하는 방법. 이 방법은 모집단에 대한 정보를 얻기 위해 사용되며, 전체를 조사하는 것보다 시간과 비용이 덜 소요됨
- 대표성 : 선택된 표본이 모집단을 잘 대표해야 결과가 신뢰성이 높음
- 통계적 분석 : 표본에서 수집한 데이터를 통해 모집단의 특성을 추론하고 통계적 분석을 수행
- 간편성 : 전체 조사보다 간편하며, 빠르게 결과를 도출할 수 있음

해설 직접조사

전수조사	모든 개체를 조사하여 가장 정확안 데이터를 얻지만, 많은 시간과 인력이 소모됨
표본조사	표본을 통해 전체 해충 발생 상황을 추정. 시간과 인력을 절약할 수 있음
축차조사	같은 지역을 주기적으로 조사하여 해충의 발생 추이를 파악
원격탐사	드론이나 위성을 통해 넓은 지역의 해충 발생을 빠르게 감지하고 분석

- 축차조사와 표본조사는 각각의 장단점이 있으며, 해충 발생 예찰과 같은 분야에서 효율적으로 활용
- 축차조사는 필요에 따라 조사할 수 있는 유연성을 제공하고, 표본조사는 비용과 시간을 절약할 수 있는 효과적인 방법

15 다음 사진의 식물병 이름을 적으시오.

- 학명 : *Elsinoe ampelina*

※ 저작권 문제로 문제만 기재합니다.

정답 새눈무늬병

해설 새눈무늬병

- 잎, 열매, 줄기 덩굴손에 발생
- 열매는 적고 둥근 무늬가 생기며 병반이 약간 움푹 들어감
- 잎은 작은 반점이 흑색 반점으로 확대

16 동상해 사후대책에 대해 설명하시오.

정답 동상해는 식물이 극한의 저온에 노출되어 발생하는 피해를 말하며, 이로 인해 생육이 저하되고 수확량이 감소함

① 피해 부위 제거

- 동상해를 입은 식물의 피해 부위를 신속하게 제거하여 건강한 부위로의 영양소 이동을 촉진
- 감염된 가지, 잎, 꽃 등을 잘라 내어 식물의 생장과 회복을 도움

② 수분 관리

- 식물의 뿌리가 충분한 수분을 흡수할 수 있도록 관리
- 토양의 습도를 적절히 유지하여 수분 스트레스를 줄임

③ 비료 사용
- 피해 회복을 위한 비료를 사용하여 영양소를 보충
- 특히, 질소 비료를 사용하여 새 잎과 줄기의 생장을 촉진

④ 온도 조절
- 온도 상승을 위한 덮개를 사용하거나 따뜻한 환경에서 식물을 보호
- 겨울철 저온으로부터 보호하기 위해 비닐하우스나 온실을 이용

⑤ 질병 및 해충 방제
동상해로 인해 약해진 식물은 병해충에 더욱 취약해지므로, 정기적으로 관찰하고 필요한 경우 방제

⑥ 재생 촉진
- 수분과 영양이 충분한 상태에서 식물의 생장을 도와 재생을 촉진
- 적절한 햇빛과 통풍을 제공하여 건강한 환경을 조성함

17 상편생장, 퇴색에 대해 설명하시오.

정답 1) 상편생장(上偏生長)
- 식물이 일정한 방향으로 비대칭적으로 생장하는 현상으로, 위쪽으로 치우친 생장을 하는 것을 의미함
- 굴광성 : 식물이 빛을 향해 생장하는 현상으로, 빛이 한쪽에서만 들어오면 그 방향으로 식물의 줄기가 더 길게 자람. 이는 빛을 잘 받기 위해 식물이 생장 호르몬(옥신)의 분포를 조절하면서 나타나는 상편생장의 일종임
- 굴중성 : 식물이 중력에 반응하여 자라는 현상으로, 뿌리는 중력 방향으로 자라지만 줄기나 잎은 중력과 반대 방향으로 자라려고 함. 이 경우도 상편생장의 한 형태로 볼 수 있음

2) 퇴색
- 정의
  - 퇴색은 색상이 감소하거나 변하는 현상을 의미
  - 주로 식물의 생장 및 발달 과정에서 관찰되며, 특히 잎이나 줄기의 색깔이 변화하는 현상을 설명할 때 사용
- 원인
  - 영양 결핍 : 특정 영양소의 결핍으로 인해 색상이 퇴색될 수 있음
    예 질소 결핍은 잎의 색깔을 연한 초록색으로 변화시킬 수 있음
  - 병해 : 곰팡이 또는 세균 감염으로 인해 식물의 일부가 퇴색할 수 있음
  - 환경 요인 : 과도한 햇빛이나 극단적인 온도 변화가 식물의 색상 변화를 유발

18 도포제처리 방법에 대해 설명하시오.

정답 도포제는 주로 농작물에 적용되는 농약 또는 기타 물질로, 특정 병해충을 방제하거나 작물의 성장을 촉진하는 등의 용도로 사용

① 준비 작업
- 작물의 종류 및 상태 확인 : 도포제를 사용할 작물의 종류와 현재 상태(병해, 해충 피해 여부)를 확인
- 도포제 선택 : 해당 작물에 적합한 도포제를 선택. 농약의 성분, 농도, 사용 방법 등을 충분히 익힘

② 혼합 및 희석

- 도포제가 액체형인 경우, 제조사의 지침에 따라 적절한 비율로 희석. 일반적으로 물과 혼합하여 사용할 수 있음
- 고형제의 경우, 필요에 따라 물에 잘 녹이거나 분산시킴

③ 도포기기 준비

- 스프레이, 분무기 또는 붓을 준비하고, 작동 상태를 점검함
- 기기의 노즐 및 필터가 막히지 않았는지 확인하고, 청결한 상태로 유지함

④ 처리 방법

- 균일한 도포 : 작물의 잎, 줄기, 뿌리 등 모든 부분에 균일하게 도포제를 분사. 특히, 잎의 아랫면에도 도포가 이루어지도록 함
- 적절한 기상 조건 : 바람이 적고 온도, 습도가 적절한 날에 도포를 실시하여 도포제가 효과적으로 작물에 흡수될 수 있도록 함
- 피해 방지 : 주변 식물이나 환경에 피해를 주지 않도록 주의함

⑤ 사후 관리

- 도포 후 작물의 반응을 모니터링하여, 부작용이나 효과를 확인함
- 필요시 추가 도포를 고려하며, 일정 기간 후 효과를 검토

⑥ 주의사항

- 안전 장비 착용 : 도포 시 개인 보호 장비(장갑, 마스크, 고글 등)를 착용하여 건강을 보호
- 지침 준수 : 농약의 사용 지침을 철저히 준수하여 오용을 방지
- 저장 및 폐기 : 사용 후 남은 도포제는 안전하게 저장하고, 폐기 시 환경에 미치는 영향을 고려

19 이산화탄소 포화점에 대해 설명하시오.

정답 이산화탄소 포화점(CO_2 saturation point)은 식물이 광합성을 수행하는 과정에서 이산화탄소가 최대로 흡수될 수 있는 농도를 의미함. 이 농도에 도달하면, 추가적인 이산화탄소의 농도가 증가하더라도 광합성 속도가 더 이상 증가하지 않고, 안정적인 상태를 유지하게 됨

해설 ① 포화점의 중요성

- 광합성 효율성 : 이산화탄소 포화점은 식물의 광합성 효율성을 평가하는 중요한 지표. 포화점에 도달한 상태에서는 식물이 CO_2를 최대한 활용하여 광합성을 진행할 수 있음
- 환경 요인 : 포화점은 온도, 조도(빛의 세기), 수분, 영양 상태 등 다양한 환경 요인에 따라 달라질 수 있음. 이상적인 조건에서는 포화점이 높아지며, 이로 인해 식물의 생장과 생산성이 향상됨

② 포화점 도달의 영향

- 식물의 성장 : 이산화탄소 농도가 포화점에 도달하면, 식물의 성장과 생장 속도가 최적화. 이는 농작물의 생산성 향상에 기여함
- 온실가스 배출 : 농업에서 이산화탄소 포화점을 고려하면, 효과적인 온실가스 관리 및 탄소 배출 감소 전략을 수립하는 데 도움이 됨

20 고랑관개, 다공관관개에 대해 설명하시오.

정답 1) 고랑관개(Furrow irrigation)

- 정의 : 경작지에 고랑을 만들고, 이 고랑에 물을 흐르게 하여 작물의 뿌리 부분에 물을 공급하는 관개 방법
- 특징
  - 효율적인 물 사용 : 물이 고랑을 따라 흐르면서 작물의 뿌리에 직접 공급되기 때문에 물 사용 효율이 높음
  - 노동력 절약 : 기계화가 가능하여 대규모 농업에서 노동력을 절약할 수 있음
  - 토양 침식 위험 : 과도한 물 사용 시 고랑의 형태로 인해 토양이 침식될 위험이 있음
  - 적절한 배수 : 고랑의 깊이나 간격을 조정하여 과도한 물빠짐을 방지

2) 다공관관개(Perforated pipe irrigation)

- 정의 : 일정한 간격으로 구멍이 뚫린 파이프를 땅에 묻고, 이 파이프를 통해 물을 공급하여 작물의 뿌리 부분에 수분을 전달하는 방법
- 특징
  - 균일한 물 공급 : 구멍을 통해 물이 천천히 방출되어 토양의 수분이 고르게 분포
  - 토양 보호 : 물이 깊은 뿌리층까지 전달되므로 표면의 물 증발을 최소화하고, 토양의 물리적 구조 보호
  - 연속적인 수분 공급 : 작물의 성장 기간 동안 지속적으로 수분을 공급하여 뿌리의 생장에 도움
  - 설치 비용 : 초기 설치 비용이 상대적으로 높지만, 장기적으로는 물 사용 효율과 수확량 증가로 인한 이익이 높음

2024년 1회 식물보호기사 실기(필답형) 기출복원문제

01 농약관리법상 수입업의 정의를 적으시오.

정답 농약관리법상 수입업의 정의는 외국에서 제조된 농약을 국내로 들여와 판매하거나 사용하는 활동. 구체적으로, 농약을 수입하여 국내에서 유통, 판매, 사용하기 위한 목적으로 허가를 받은 자가 진행하는 사업을 지칭함

해설 ① 수입 조건

수입업자는 농약의 안전성과 효과를 보장할 수 있는 조건을 충족해야 하며, 해당 농약은 국내 법에 따라 적절한 허가 절차를 거쳐야 함

② 허가 필수

농약을 수입하려면 농약관리법에 의거하여 적법한 절차를 통해 수입 허가를 받아야 하며, 이는 환경 보호와 국민 건강을 지키기 위한 규제임

③ 유통 관리

- 수입된 농약은 국내에서 판매되기 전에 등록된 농약인지 확인되며, 농약의 안전성과 유효성에 대한 검증 절차가 필요함
- 이와 같은 규제는 농약의 안전한 사용과 환경 보호, 그리고 농산물의 안전성을 확보하기 위한 중요한 제도임

[유사문제]

농약관리법의 정의를 적으시오.

정답 농약의 제조, 수입, 판매, 사용에 관한 사항을 규정함으로써 농약의 품질향상, 유통질서의 확립 및 안전사용을 도모하고 농업생산과 생활환경보전에 이바지함을 목적으로 함

해설 영업의 등록(제3조)

① 제조업 · 원제업 또는 수입업을 하려는 자는 농림축산식품부령으로 정하는 바에 따라 농촌진흥청장에게 등록하여야 한다.

② 판매업을 하려는 자는 농림축산식품부령으로 정하는 바에 따라 업소마다 판매관리인을 지정하여 그 소재지를 관할하는 시장 · 군수 또는 자치구의 구청장에게 등록하여야 한다.

③ 제조업 또는 수입업을 하려는 자 중 농약 등을 판매하려는 자는 농림축산식품부령으로 정하는 기준에 맞는 판매관리인을 지정하여 등록하여야 한다.

④ 판매관리인을 지정하지 아니하고 제조업 또는 수입업의 등록을 한 자 중 농약 등을 판매하려는 자는 판매관리인을 지정하여 변경등록을 하여야 한다.

⑤ 제조업 · 원제업 또는 수입업이나 판매업에 따른 등록을 하려는 자는 농림축산식품부령으로 정하는 기준에 맞는 인력 · 시설 · 장비 등을 갖추어야 한다.

02 광 관리에서 포장동화능력의 정의와 수식을 적으시오.

정답 포장동화능력은 식물이 빛을 통해 이산화탄소를 고정하고 탄수화물(유기물)을 합성하는 능력을 말함. 이를 통해 작물이 얼마나 효율적으로 자랄 수 있는지 판단할 수 있음

해설 포장동화능력

포장동화능력＝총엽면적×수광능률×평균동화능력

- 총동화량(광합성량) : 식물이 광합성 과정을 통해 이산화탄소를 흡수하고 생성한 총 유기물의 양
- 호흡량 : 식물이 생명을 유지하기 위해 소비한 에너지로 인해 발생하는 이산화탄소 방출량

$P = AfP_0$

여기서, P : 포장동화능력

A : 총 엽면적

f : 수광능률

P_0 : 평균동화능력

[유사문제]

광합성 과정에 대해 설명하시오.

정답 식물이 빛에너지를 이용해 이산화탄소(CO_2)와 물(H_2O)로부터 유기 화합물(주로 포도당)과 산소(O_2)를 생성하는 과정을 말함

$6CO_2 + 6H_2O + 빛 \rightarrow C_6H_{12}O_6 + 6O_2$

해설 광합성 과정

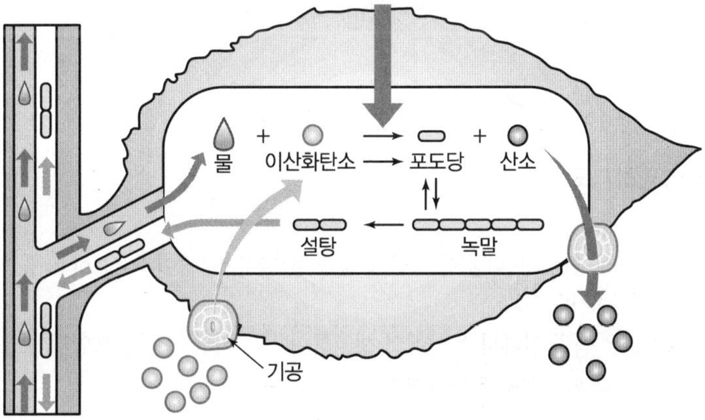

명반응(빛 의존적 반응)	암반응(빛 비의존적 반응 또는 캘빈회로)
• 빛이 있을 때만 일어남 • 식물의 엽록체 안에 있는 엽록소가 태양광을 흡수하여 에너지를 얻음 • 빛에너지는 물(H_2O)을 분해하여 산소(O_2)를 방출하고, 에너지원인 ATP와 NADPH 생성 • 이 에너지원들은 다음 단계인 암반응에서 사용됨. 이 과정의 부산물로 산소가 방출	• 빛이 없어도 일어날 수 있지만, 명반응에서 생성된 ATP와 NADPH가 필요함 • 이산화탄소(CO_2)가 흡수되어 엽록체 내에서 ATP와 NADPH를 사용하여 포도당($C_6H_{12}O_6$)과 같은 유기화합물로 전환 • 이러한 유기화합물로 식물이 성장하고 에너지는 저장됨

※ NADPH : 생화학 반응에서 에너지 전달자 및 환원제 역할을 하며, 특히 광합성, 지방산 합성, 항산화 작용

03 오동나무 탄저병에 대해 설명하시오.

정답 오동나무 탄저병(Paulownia anthracnose)은 Colletotrichum(콜레토트리쿰) 속에 속하는 병원성 곰팡이에 의해 발생하는 식물 병해로, 오동나무의 잎, 가지, 열매 등에 갈색 병반을 일으키는 것이 특징이며 탄저병은 특히 온도와 습도가 높은 조건에서 잘 발생함. 피해가 심할 경우 나무의 생장과 건강에 큰 영향을 미칠 수 있음

해설 오동나무 탄저병

- 병반 : 잎과 가지에 나타나는 갈색 병반이 주요 증상. 병반은 처음에는 작고 둥글지만, 점차 확산되어 큰 갈색 반점이 됨
- 조기 낙엽 : 탄저병에 걸린 잎은 빠르게 시들어 떨어지기 때문에 나무의 광합성 능력이 크게 저하되고, 이는 나무의 성장을 방해할 수 있음
- 줄기 및 가지 손상 : 심한 경우 줄기와 가지에도 병반이 나타나며, 심각한 손상은 나무 전체의 생존을 위협할 수 있음
- 전파 경로 : 바람과 물방울을 통해 병원균 포자가 전파됨. 병원균은 식물 조직 내로 침투하여 증식하면서 병징을 일으킴
- 비 오는 날씨나 습도가 높은 환경에서 전파 속도가 빠름

[유사문제]

탄저병에 대해 설명하시오.

정답

- Colletotrichum(콜레토트리쿰)은 식물에 병을 일으키는 곰팡이 속(Genus) 중 하나로, 특히 탄저병(Anthracnose)을 유발하는 주요 병원균
- 콜레토트리쿰은 식물 잔해나 토양에서 생존하며, 물, 바람, 곤충, 오염된 도구나 종자를 통해 쉽게 전파됨
- 특히 고온다습한 환경에서 활발하게 번식하고 전파

해설 탄저병의 병징(잎)

- 초기 증상은 작고 물에 젖은 듯한 반점이 생김
- 시간이 지나면 반점이 갈색 또는 검은색으로 변하면서 함몰됨

- 심각한 경우 잎 전체가 변색되거나 건조되어 조기 낙엽 현상이 생김
- 방제 방법 : 병든 잎과 가지 제거 : 감염된 잎과 가지를 초기에 제거함으로써 병이 확산되는 것을 막음
- 농약 사용 : 탄저병에 효과적인 살균제를 적절한 시기에 살포하여 병원균의 확산을 막음
- 재배 환경 관리 : 병원균은 습한 환경에서 잘 자라므로, 배수 관리와 같은 환경 조절을 통해 탄저병 발생을 줄임
- 저항성 품종 선택 : 병에 강한 품종을 선택하여 재배하는 것도 효과적인 방법

04 일류관개와 보더관개에 대해 설명하시오.

정답 일류관개(Contour irrigation)와 보더관개(Border irrigation)는 모두 토양에 수분을 공급하여 작물의 생장을 돕기 위한 방법이지만, 적용 방식과 구조에 차이가 있음

1) 일류관개
   - 설명 : 경사진 지형에서 주로 사용되며, 등고선을 따라 수로를 내고 물을 공급하는 방식. 이 방법은 경사면의 유수에 따라 물이 천천히 흐르도록 하여 작물에 균일하게 수분을 공급함
   - 장점 : 물이 경사면을 따라 흘러 내려가는 특성을 이용해 자연적인 배수가 이루어지며, 물의 분포가 균일해 작물이 균등하게 수분을 받을 수 있음
   - 적용 대상 : 경사진 논밭이나 산지에서 많이 사용됨
2) 보더관개
   - 설명 : 평지에서 일정한 경계(보더)를 만들어 구획을 나눈 후, 그 안에 물을 채우는 방식. 경계선으로 나뉜 구획 안에 물을 일정량만 채워 균등하게 공급함
   - 장점 : 간단한 구조로 물을 관리할 수 있으며, 큰 물 낭비 없이 효율적으로 물을 공급할 수 있음. 특히 구획이 명확하게 나누어져 있으므로, 각 구역에 물을 균등하게 제공할 수 있음
   - 적용 대상 : 주로 평평한 농지에서 사용되며, 대규모 농장에서 많이 활용됨
   - 차이점
     - 지형 : 일류관개는 경사진 지형에서 주로 사용되는 반면, 보더관개는 평지에서 더 많이 활용함
     - 구조 : 일류관개는 물이 자연적으로 흐르도록 하는 방식이지만, 보더관개는 물을 채울 구역을 인위적으로 나눔

05 해충발생 조사법 중 전수조사와 원격탐사조사에 대해 설명하시오.

정답 1) 전수조사(Complete enumeration survey)
   - 설명 : 해충 발생 지역 전체를 대상으로 모든 개체를 조사하는 방법. 이 방식은 정확한 데이터를 확보할 수 있지만 노동과 시간이 많이 소요되는 단점이 있으며, 특히 해충이 넓은 지역에 분포한 경우 전수조사는 비효율적일 수 있음
   - 장점 : 매우 정확한 데이터를 얻을 수 있고, 해충의 밀도를 세부적으로 파악할 수 있음
   - 단점 : 넓은 지역에서의 조사 시 비용과 인력이 많이 소요되며, 시간이 오래 걸릴 수 있음
   - 소규모 농지에서 해충의 발생 밀도를 파악할 때 사용됨

2) 원격탐사조사(Remote sensing survey)

- 설명 : 항공사진, 위성영상, 드론 등의 기술을 활용해 해충 발생 지역을 탐사하는 방법. 넓은 지역을 짧은 시간 안에 조사할 수 있으며, 지리적으로 접근하기 어려운 지역에서도 활용 가능
- 장점 : 넓은 지역을 신속하게 조사할 수 있으며, 고정밀 영상과 데이터를 통해 해충 발생의 공간적 분포를 정확하게 파악할 수 있고, 시간과 인력을 크게 절감할 수 있음
- 단점 : 고가의 장비가 필요하며, 해충의 미세한 밀도 변화까지는 탐지하기 어려워 소규모 농지에는 적합하지 않을 수 있음
- 대규모 농지나 산림에서 해충의 확산을 추적하는 데 주로 사용됨

06 토양의 산화, 환원 형태에 대해 설명하시오.

정답 1) 토양의 산화(Soil oxidation)

- 정의 : 토양 내에서 산소가 풍부한 조건에서 유기물이나 무기물이 산소와 결합하는 화학 반응을 말함. 이 과정에서 토양 내에 존재하는 철(Fe^{2+}), 망간(Mn^{2+}), 황(S^{2-}) 등의 성분이 산소와 결합해 산화된 형태로 변환됨
- 결과 : 산화가 일어나는 토양은 보통 산화철이나 산화망간 등이 형성되어 토양색이 붉거나 노란색을 띠게 됨. 또한, 산화 과정은 유기물을 분해하여 식물이 사용할 수 있는 영양분을 방출하는 역할을 함
- 영향 : 산화 환경에서 영양분이 쉽게 용해되어 식물에 흡수되기 쉬운 상태가 됨. 산소가 충분한 토양에서는 미생물의 활동이 활발하여 유기물의 분해가 촉진됨

2) 토양의 환원(Soil reduction)

- 정의 : 토양 내에서 산소가 부족하거나 없는 조건에서 일어나는 화학 반응으로, 산화물에서 산소가 제거되는 과정을 말함. 토양이 물에 잠겨 있는 경우나 배수가 잘 되지 않는 환경에서 발생하며, 이때 철(Fe^{3+})이나 망간(Mn^{4+}) 같은 산화물이 환원됨
- 결과 : 환원 상태의 토양은 보통 회색 또는 푸른색을 띠며, 환원된 철이나 망간이 토양에서 이동하면서 특유의 색을 형성함. 또한, 황(S^{2-})이 환원되어 황화수소(H_2S)와 같은 독성 물질이 생성되기도 함
- 영향 : 환원 환경에서는 유기물 분해가 느려지며, 산소가 부족해지면 식물 뿌리의 호흡이 어려워져 뿌리 부패 등의 문제가 발생할 수 있음

07 물 20L에 농약을 12.7mL 넣는다면 500mL에 들어갈 농약량을 계산하시오.(단, 소수 셋째 자리에서 반올림)

정답 1L＝1,000mL이므로, 20L＝20,000mL

$$\frac{12.7\text{mL}}{20{,}000\text{mL}} = \frac{x}{500\text{mL}}$$

$$x = \frac{12.7\text{mL} \times 500\text{mL}}{20{,}000\text{mL}} = 0.3175\text{mL} = 0.32\text{mL}$$

08 제초제의 작용기작 순서를 나열하시오.

정답 접촉 → 침투 → 작용점으로의 이행 → 작용점으로의 작용

해설 제초제의 작용기작 순서는 제초제가 작물 또는 잡초에 흡수되어 작용하는 일련의 과정임. 일반적으로 제초제는 잡초에 흡수된 후, 여러 단계를 거쳐 잡초를 죽이거나 성장을 억제하는 방식으로 작용함

09 대기오염 물질 중 식물에게 영향을 주는 물질에 대해 설명하시오.

정답 ① 오존(O_3)

- 설명 : 주로 광화학 스모그에서 형성되며, 대기 중의 질소산화물(NOx)과 휘발성 유기화합물(VOCs)이 태양광과 반응하여 발생함
- 영향 : 식물의 잎 표면에 손상을 주고 광합성 능력을 저하시킴. 특히 잎의 기공을 통해 침투하여 세포에 직접적인 손상을 가하며, 식물의 생장 속도와 수확량을 감소시킴. 오존에 민감한 식물은 잎에 반점이나 변색이 나타날 수 있음

② 이산화황(SO_2)

- 설명 : 주로 석탄, 석유와 같은 화석 연료의 연소에서 발생하며, 공기 중에서 산화되어 산성비를 형성함
- 영향 : 식물의 잎 조직에 손상을 주어 잎의 변색이나 조기 낙엽을 유발함. 또한 SO_2는 식물의 광합성을 방해하고, 장기적으로는 성장을 억제하며, 민감한 식물에 심각한 피해를 줄 수 있음

③ 산성비(Acid Rain)

- 설명 : 산성비는 주로 대기 중의 이산화황(SO_2)과 이산화질소(NO_2)가 물과 반응해 황산과 질산으로 변하면서 생성됨
- 영향 : 토양의 산성화를 초래하여 식물이 필요로 하는 영양분을 흡수하기 어렵게 만들고, 토양 내 미생물 활동에도 영향을 미침. 이로 인해 식물의 뿌리와 영양 상태에 큰 악영향을 미칠 수 있으며, 식물 잎을 직접적으로 손상시켜 잎의 황변, 위축, 변색 등을 일으킴

④ 암모니아(NH_3)

농업 활동, 특히 비료 사용 및 축산업에서 발생하며 대기 중에 방출되어 식물의 잎에 손상을 줄 수 있음. 암모니아에 장기간 노출된 식물은 성장 부진과 영양 불균형을 겪을 수 있음

⑤ 입자상 물질(PM)

미세먼지(PM10, PM2.5)는 공업, 교통, 농업 활동에서 발생하며, 식물 표면에 쌓여 광합성을 방해하고, 세포 구조를 손상시킴. 미세먼지가 많을 경우 식물의 호흡이 어려워지며, 생장이 저해됨

10 다음 해충의 이름을 적으시오.

느티나무를 포함한 다양한 수목에 피해를 주는 해충으로, 주로 잎에 구멍을 뚫고 섭식하는 바구미과(Weevil) 곤충이다.

정답 느티나무 벼룩바구미

해설 느티나무 벼룩바구미

① 주요 특징

- 크기 : 성충의 크기는 약 2~3mm 정도로 작고, 주로 잎을 갉아먹는 활동을 함
- 형태 : 몸은 작은 타원형으로, 성충은 검은색에서 갈색을 띠며, 다리는 뛰기 좋은 구조를 가지고 있어 벼룩처럼 뛸 수 있음. 이러한 이유로 "벼룩바구미"라는 이름이 생김

② 생태 및 발생 시기

- 월동 : 성충으로 나무의 껍질이나 낙엽 속에서 월동
- 발생 시기 : 봄철 기온이 올라가면 성충이 활동을 시작하며, 5월에서 6월 사이에 산란. 성충은 잎에 구멍을 뚫어 그 안에 알을 낳고, 유충은 잎 속에서 자라며 피해를 줌
- 번식 주기 : 1년에 한 세대를 형성하는 경우가 많음
- 피해 증상
  - 잎에 구멍 : 성충은 주로 잎을 갉아먹으며, 이로 인해 느티나무의 잎에는 작은 구멍이 생김. 피해가 심해지면 잎이 고르게 구멍이 나 있거나 심할 경우 잎 전체가 말라 죽을 수 있음
  - 잎의 낙엽화 : 유충은 잎 속에서 자라며 내부를 파먹어 잎을 마르게 하거나 조기 낙엽을 유발함
  - 성장 저하 : 피해가 누적되면 나무의 광합성 능력이 저하되어 성장이 늦어지거나 약해짐

③ 방제 방법

- 성충 방제 : 성충이 활동을 시작하는 봄철에 살충제를 살포하여 성충의 개체 수를 줄이는 것이 중요함
- 유충 방제 : 유충이 잎 내부에서 자라는 동안에는 방제가 어려울 수 있으므로, 성충을 방제하여 산란을 막는 것이 효과적
- 환경적 관리 : 낙엽 속에 성충이 월동할 수 있으므로, 낙엽을 제거하여 다음 해 발생을 줄일 수 있음
- 피해 모니터링 : 해충의 발생 시기와 피해 정도를 모니터링하여 적절한 시기에 방제하는 것이 필요함

11 다음 농약은 살균제, 살충제, 제초제 중 무엇에 해당하는지 구분하시오.

이프로디온(Iprodione)

정답 살균제

해설 이프로디온

① 주요 특징

- 화학적 성분 : N－히드록시이미드계 화합물로, 주로 접촉성 살균제로 작용하여 병원균의 세포 분열을 억제함
- 작용 방식 : 병원균이 식물에 침입하는 것을 방지하며, 세포 분열을 억제함으로써 병원균의 성장을 막음. 곰팡이의 포자 발아를 방해하고 균사 성장을 억제하여 병의 확산을 차단함

② 방제 대상 병해

곰팡이성 병원균을 방제하는 데 사용되며, 특히 다음과 같은 병해에 효과적

- 회색곰팡이병(Botrytis cinerea) : 주로 딸기, 포도, 토마토 등에서 발생하는 곰팡이병으로, 이프로디온이 효과적으로 방제할 수 있음
- 시들음병(Fusarium wilt) : 식물의 뿌리와 줄기를 공격해 시들게 하는 병원균에 대해 효과가 있음
- 균핵병(Sclerotinia sclerotiorum) : 다양한 작물에서 발생하며, 특히 잎과 줄기에 흰 균핵을 형성하여 식물 조직을 손상시키는 병해를 억제하는 데 사용됨

③ 사용 방법

- 살포 방식 : 수화제 또는 분제 형태로 작물에 직접 살포되며, 접촉성으로 작용하기 때문에 병이 발생하기 전에 예방적으로 사용하는 것이 효과적
- 적용 시기 : 주로 작물의 생장 초기나 병원균 발생 초기에 살포하여, 병원균이 퍼지기 전에 차단함

④ 장점

- 광범위한 적용성 : 다양한 작물과 병해에 적용 가능하며, 특히 곰팡이성 병해에 강력한 방제 효과를 발휘함
- 내성 억제 : 병원균의 내성 발현을 억제하는 특성을 가지고 있어, 장기적으로 사용해도 효과를 유지할 수 있음

⑤ 주의사항

- 연속 사용 제한 : 이프로디온을 장기간 계속해서 사용할 경우, 특정 병원균이 내성을 가질 가능성이 있으므로 다른 종류의 살균제와 교차 사용하는 것을 권장함
- 환경 영향 : 수생 생물에 독성이 있을 수 있으므로, 사용 시 주변의 수질 오염을 방지하기 위한 주의가 필요함

12 산소(O_2) 농도 21%에서 광호흡을 피하는 방법에 대해 설명하시오.

정답 ① CO_2를 인위적으로 공급(기공을 통해 CO_2 농도를 높일 수 있는 환경을 조성함)

② 차광 처리

- 설명 : 광량이 너무 높을 때 광호흡이 증가할 수 있으므로, 차광막을 설치하여 광량을 적절히 조절하면 광호흡을 억제할 수 있음
- 효과 : 차광 처리로 과도한 광합성 작용을 억제하고, 광호흡이 증가하지 않도록 조절할 수 있음

③ 온도 조절

- 설명 : 광호흡은 주로 고온 조건에서 발생함. 온도를 적절하게 관리하여 광호흡 발생을 억제할 수 있음
- 방법 : 시설재배의 경우, 냉각 시스템이나 환기를 통해 온도를 낮추어 광호흡을 억제할 수 있음

해설 광호흡은 식물의 광합성 효율을 저하시킬 수 있으므로, 이를 줄이기 위해 C_4 식물이나 CAM 식물을 활용하거나, 온도와 광량을 조절하는 등의 방법을 사용할 수 있음

13 작물의 내동성 증가와 관련된 항목에 빈칸을 채우시오.

- (①)이 많으면 당분함량은 낮아지고 내동성은 저하됨
- (②)이 많으면 세포의 삼투압이 높아지고 원형질단백의 변성을 받아서 내동성이 커짐

정답 ① 전분함량, ② 당분함량

해설 내동성 증가

① 정의 : 내동성(Cold tolerance)은 식물이 추운 환경에 적응하여 저온 또는 서리와 같은 악조건에서도 생존할 수 있는 능력

② 작물의 종류와 품종에 따라 내동성의 차이가 있으며, 내동성이 강한 작물의 조건은 다음과 같음

- 세포 내의 자유수(자유롭게 이동하는 물) 함량이 적을수록
- 세포액의 삼투압이 높을수록
- 유지 함량이 높을수록
- 가용성 당 함량이 높을수록
- 전분 함량이 낮을수록
- 세포 내 칼슘과 마그네슘 성분은 세포 내 결빙을 억제
- 포복성 > 직립성
- 잎의 색이 진함 > 잎의 색이 연함
- 생장점의 위치가 땅속 깊음 > 생장점의 위치가 땅속 얕음

14 병징의 종류에서 생육장애에 대해 설명하시오.

정답 생육장애란 식물의 생장이 정상적으로 이루어지지 않는 상태를 말하며, 이는 다양한 환경적, 생리적 또는 병해충에 의한 원인으로 발생할 수 있음. 병징이란 식물에 병이 발생했을 때 나타나는 증상을 말하며, 생육장애는 이러한 병징 중 하나로 식물의 성장이 억제되거나 비정상적으로 진행되는 상태를 말함

해설 ① 생육장애의 주요 원인

- 영양분 결핍 : 식물에 필요한 주요 영양소(질소, 인, 칼륨 등)가 부족하면 성장이 저하되거나 멈출 수 있음
  예 질소 결핍은 잎이 노랗게 변하면서 생장이 저해되고, 칼륨 결핍은 잎 가장자리가 갈색으로 변함

② 환경적 스트레스

- 온도 : 너무 낮거나 높은 온도는 생육장애를 일으킬 수 있음
  예 냉해나 고온으로 인해 식물의 성장이 저해됨
- 수분 부족 : 과도한 수분 부족은 뿌리에서 물을 흡수하지 못하게 해 생장이 멈추거나 식물 전체가 시들 수 있음
- 광량 부족 : 빛이 부족하면 광합성이 제대로 이루어지지 않아 생장이 저해됨

③ 병해충

병원균(곰팡이, 바이러스, 박테리아)이나 해충에 의한 감염으로 생육이 억제될 수 있음

예 곰팡이에 감염된 경우 잎의 일부가 시들거나 말라가는 증상이 나타나고, 해충은 잎이나 줄기를 갉아먹어 생육에 장애를 줄 수 있음

④ 독성 물질

대기 오염이나 농약 과다 사용으로 인해 식물에 독성이 쌓이면 생육에 문제가 생기는데 특히, 토양에 축적된 염류가 식물의 뿌리에 영향을 미쳐 영양분 흡수를 방해할 수 있음

⑤ 물리적 손상

식물이 바람, 비, 충격 등에 의해 물리적으로 손상되면 정상적인 성장을 하지 못하고 생육장애가 나타날 수 있음

15 곤충병원성 미생물에 해당하는 곰팡이의 이름을 적으시오.

정답 백강균(Beauveria bassiana), 녹강균(Metarhizium anisopliae)

해설 곤충병원성 미생물

백강균(Beauveria bassiana), 녹강균(Metarhizium anisopliae)은 곤충 방제를 위해 자주 사용되는 생물적 방제제이며 이들 곰팡이는 다양한 해충에 감염되어 해충을 죽임으로써 친환경적인 곤충 방제에 매우 유용함

① 백강균

- 설명
  - 흰색의 균사를 형성하며 곤충에 감염되어 해충을 죽이는 병원성 곰팡이
  - 자연계에 널리 분포되어 있으며, 다양한 해충에 기생할 수 있음
- 작용 기작
  - 백강균의 포자가 곤충의 외골격에 부착한 후, 곤충의 체표를 뚫고 들어가 내부에서 균사를 발달시킴
  - 체내에서 자라면서 곤충의 영양분을 흡수하여 곤충을 사망에 이르게 함
  - 곤충이 죽은 후에도 백강균은 숙주의 몸에 남아 포자를 형성하여 다른 곤충에 감염될 수 있음
- 주요 방제 대상 : 진딧물, 흰가루벌레, 나방 유충 등 다양한 곤충 해충에 효과적임
- 특징
  - 곤충 표면에 부착하는 능력이 뛰어나며, 곤충 방제제로서 널리 사용됨
  - 특히 실내외 농업에서 해충의 밀도를 줄이는 데 효과적

② 녹강균

- 설명 : 녹강균은 녹색을 띠는 곰팡이로, 토양에 서식하며 다양한 해충에 감염되어 사망하게 만드는 병원성 곰팡이. 곤충에 대한 병원성이 강하며, 생물적 방제로 널리 활용됨
- 작용 기작 : 녹강균의 포자가 곤충의 외골격에 부착하면, 곤충의 키틴층을 뚫고 내부로 침투하여 곤충의 체액을 흡수하며 자람. 녹강균은 곤충의 몸 안에서 증식하며 곤충의 신진대사를 방해해 결국 죽게 만듦
- 주요 방제 대상 : 메뚜기, 딱정벌레, 흰개미 등 다양한 토양 서식 곤충들에 효과적임
- 특징 : 녹강균은 특히 토양 해충을 방제하는 데 효과적이며, 토양에 살포하여 곤충을 감염시킴으로써 농작물 피해를 줄일 수 있음

16 풍수의 재배적 대책 3가지를 적으시오.

정답 풍수(태풍 및 강풍)에 대한 재배적 대책은 작물이 강풍이나 태풍에 의해 손상되는 것을 방지하거나 피해를 최소화하기 위해 취하는 농업적 조치이며 이러한 재배적 대책은 작물의 특성과 재배 환경을 고려하여 적용됨

① 내풍성 작물 선택

풍수에 강한 작물을 선택하여 재배하는 것이 기본적인 대책이며, 내풍성 작물은 바람에 의해 쉽게 쓰러지지 않고, 강풍에도 비교적 피해가 적은 특성을 가짐

예 옥수수, 사탕수수 등의 작물은 내풍성이 강한 품종이 있으며, 바람 피해를 최소화할 수 있음

② 지주 및 결속(버팀대 설치)

키가 큰 작물이나 가지가 넓게 퍼지는 작물의 경우, 지주대를 설치하거나 작물을 끈으로 고정하여 바람에 의한 쓰러짐을 방지할 수 있음

예 과수나 키가 큰 작물에 지주대를 세워 바람에 잘 쓰러지지 않도록 고정시킴

③ 방풍림 조성

- 방풍림을 조성하여 강풍을 차단함으로써 작물에 대한 직접적인 바람의 영향을 줄일 수 있음
- 방풍림은 풍속을 감소시켜 작물의 손상을 줄이는 중요한 역할을 함

예 농지 주변에 나무나 덩굴식물로 방풍림을 조성하여 바람을 막음

④ 배토(흙 덮기) 및 멀칭

작물의 뿌리 부분에 흙을 덮어 고정시키거나, 멀칭(비닐, 볏짚 등으로 덮는 것)을 사용하여 작물이 강풍에 뿌리째 뽑히는 것을 방지할 수 있음

예 흙을 덮어 작물 뿌리의 고정력을 강화하고, 비닐 멀칭을 통해 뿌리와 지면 사이의 결속을 강화함

⑤ 작물 간격 조정

작물의 밀집도를 조정하여 바람이 통과할 수 있는 공간을 확보해 바람에 의한 피해를 줄일 수 있음

예 밀식을 피하고 적절한 간격을 유지해 바람이 잘 통과하도록 하여 작물의 쓰러짐을 방지

⑥ 생육 건전화

풍해를 줄이기 위해 작물의 생육 상태를 튼튼하게 유지하는 것이 중요함. 특히 칼륨 비료를 충분히 공급하여 줄기와 뿌리를 강화시키면 바람에 대한 저항력을 높일 수 있음

예 칼륨 비료를 추가하여 작물의 줄기와 뿌리를 강하게 만들고, 질소 비료의 과다 사용을 피해야 함

17 토양의 질산화 작용 순서를 적으시오.

정답 토양의 질산화 작용은 토양에서 질소가 변화하여 식물에 흡수 가능한 형태로 변환되는 과정을 의미함. 이 과정은 주로 미생물의 작용에 의해 이루어지며, 암모늄이온(NH_4^+, 암모니아태질소)이 질산이온(NO_3^-, 아질산태질소)으로 변환되는 과정을 거침

질산화작용의 순서

① 암모니아(NH_3)의 산화

- 토양에서 암모늄이온(NH_4^+)이 생성
- 암모니아 산화 세균(예 Nitrosomonas)이 암모늄이온을 아질산이온(NO_2)으로 산화

② 아질산(NO_3^-)의 산화

- 아질산이온(NO_2^-)이 질산이온(NO_3^-)으로 산화
- 아질산 산화 세균(예 Nitrobacter)에 의해 이루어짐

③ 질산이온(NO_3^-)의 흡수 및 활용

식물은 생성된 질산이온(NO_3^-)을 흡수하여 단백질, 핵산 등의 합성에 활용

해설 **논토양과 밭토양의 차이**

밭토양	• 표면이 항상 대기와 접속하고 있어 산화상태
논토양	• 벼를 재배하는 동안 담수 상태, 산소공급이 매우 적고 유기물이 분해되는 미생물이 산소를 많이 소모하여 환원상태 • 담수 후 2~3주일 후면 표면의 산화층과 그 밑의 환원층으로 토층이 분리됨

	밭토양	논토양
양분의 존재 형태	호기성균의 산화작용	혐기성균의 환원작용
토양색깔	황갈색이나 적갈색(Fe_3^+)	청회색이나 회색(Fe_2^+)
양분의 유실	양분의 유실이 많음	양분의 천연공급이 많음

18 재배기술 중 평휴법과 휴립구파법에 대해 설명하시오.

정답 1) 평휴법(Flat bed planting method)

- 설명 : 평휴법은 토양을 평평하게 고르고 나서 그 위에 작물을 파종하거나 이식하는 방식. 토양을 평평하게 다듬어 수분과 영양분이 고르게 분포되도록 하는 것이 목적이며 이 방식은 주로 물 빠짐이 좋은 토양에서 사용되며, 작물에 균일한 환경을 제공하는 데 효과적
- 장점
  - 토양 표면이 고르기 때문에 수분과 영양분이 작물에 고르게 공급됨
  - 관리가 용이하고, 기계적인 농작업에 적합함
- 단점 : 배수 성능이 좋지 않은 토양에서는 물이 고여 작물의 뿌리 썩음 등의 문제가 발생할 수 있음

2) 휴립구파법(Ridge and Furrow planting method)

- 설명 : 휴립구파법은 토양을 둔덕(이랑)과 고랑으로 구분하여 이랑 위에 작물을 심고 고랑은 배수로로 사용하는 방법. 이 방식은 배수가 잘 안 되는 지역에서 물 빠짐을 좋게 하고, 토양을 부드럽게 유지하는 데 유리함
- 장점
  - 배수가 잘 되어 습해를 방지할 수 있음
  - 고랑에 물을 저장하여 작물의 수분을 공급하는 데 유리함
- 단점
  - 토양을 이랑과 고랑으로 나누는 과정이 노동집약적이며, 관리가 복잡할 수 있음
  - 평휴법에 비해 기계 작업이 어려움

해설 평휴법과 휴립구파법의 차이점

- 배수 : 평휴법은 평평한 토양에서 주로 사용되며 배수 문제가 없지만, 휴립구파법은 배수가 중요한 토양에서 사용되어 물 빠짐을 개선
- 토양 준비 : 평휴법은 토양을 평평하게 고르고, 휴립구파법은 이랑과 고랑을 형성하는 방식으로 더 많은 토양 작업이 필요

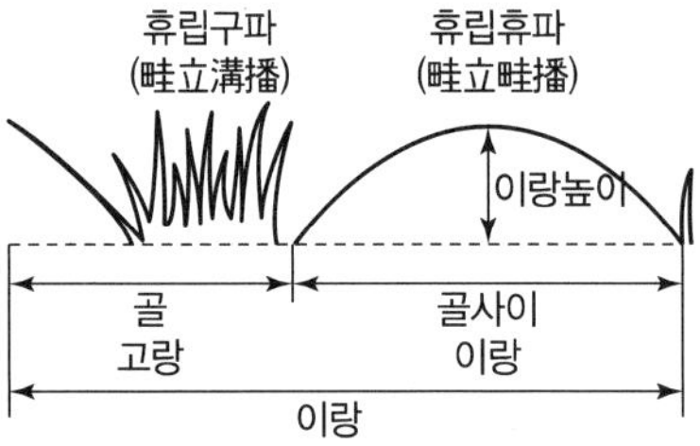

- 두둑을 평평하게 만드는 것(두둑 높이＝골 낮이)＝평휴법
- 크고 넓게 두둑을 만듦＝성휴법
- 두둑을 세우고, 골에 씨를 뿌리는 것＝휴립구파법
- 두둑을 세우고, 두둑에 씨를 뿌리는 것＝휴립휴파법
- 휴(畦) : 밭두둑/립(立) : 세운다/구(溝) : 도랑이나 고랑/파(播) : 씨를 뿌리는 행위
- 휴(畦) : 밭두둑/립(立) : 세운다/휴(畦) : 밭두둑/파(播) : 씨를 뿌리다

19 가지치기에 대한 설명을 보고 빈칸을 채우시오.

나무가 (　①　)인 겨울철 (　②　)에 가지치기를 하면 나무에 주는 스트레스를 최소화할 수 있다. 봄이나 여름에는 나무의 생장이 왕성하기 때문에, 이 시기에는 가지치기를 하면 상처 회복이 빠르지만, 나무의 성장을 과도하게 자극할 수 있다.

정답 ① 휴면기, ② 낙엽이 진 후부터 새싹이 돋기 전

해설 ① 가지치기

- 수목 가지치기는 나무의 건강과 모양을 유지하고, 병충해 예방 및 생장을 촉진하기 위해 실시하는 중요한 작업
- 적절한 가지치기는 나무의 구조적 강도를 향상시키고, 햇빛과 공기 순환을 개선하며, 과도한 성장을 제한하여 나무를 건강하게 유지함

② 나쁜 가지 제거

- 병든 가지 : 곰팡이나 병에 걸린 가지는 즉시 제거하여 건강한 가지로 병이 옮겨가는 것을 방지함
- 겹친 가지 : 다른 가지와 교차하여 자라거나, 서로 마찰을 일으키는 가지는 제거해 공기 순환과 햇빛이 잘 통하도록 함
- 마른 가지 : 말라 죽은 가지는 더 이상 나무에 필요하지 않으며, 나무에 병충해가 생길 수 있는 통로가 되므로 제거하는 것이 좋음

• 하늘을 향해 자라는 가지 : 수직으로 자라는 가지는 나무의 모양을 망치고, 약해져 쉽게 부러질 수 있으므로 제거하는 것이 좋음

③ 가지치기의 양 조절

가지를 너무 많이 치면 나무가 스트레스를 받을 수 있음. 전체 가지의 20~30% 이상을 한 번에 제거하지 않도록 주의해야 함. 너무 많은 가지를 제거하면 나무의 영양 공급이 줄어들고, 병충해에 대한 저항력이 약해질 수 있음. 가지기부 절단 시 지융부 손상을 피해 지맥선 밖에서 시행해야 함

※ 지융부 손상 : 식물의 뿌리와 줄기가 만나는 부분인 지융부(根頸部, Collar region)가 손상되는 현상

20 작물의 동상해 응급대책 3가지를 적으시오.

정답
① 관개법 : 물을 대어 토양과 식물의 온도를 일정하게 유지하는 방법
② 발연법 : 연기를 발생시켜 열을 보존하고 서리 피해를 막는 방법
③ 송풍법 : 공기를 순환시켜 찬 공기의 정체를 방지하는 방법
④ 피복법 : 비닐이나 부직포로 덮어 식물을 보호하는 방법
⑤ 연소법 : 연료를 태워 열을 발생시켜 동상해를 방지하는 방법
⑥ 살수빙결법 : 물을 뿌려 얼리는 과정에서 방출되는 열로 식물을 보호하는 방법

해설 **동상해 응급대책**

① 관개법(Irrigation method)
- 설명
  - 동상해 예방을 위해 관개(물 대기)를 사용하여 토양과 작물의 온도를 일정하게 유지하는 방법
  - 물은 온도를 일정하게 유지하는 특성이 있어, 식물의 뿌리 부분이 차가워지는 것을 막고 온도 변화를 완화할 수 있음
- 원리 : 물이 응결되면서 열을 방출하는 비열 효과를 이용하여, 기온이 떨어져도 식물이 얼지 않도록 보호함
- 적용 : 과수원이나 채소밭에서 많이 사용됨

② 발연법(Smoke method)
- 설명 : 연기를 피워서 온도를 유지하고, 서리가 직접 작물에 내려앉는 것을 막는 방법. 연기를 내뿜는 과정에서 서리 피해를 줄일 수 있으며, 주로 새벽에 기온이 크게 내려갈 때 적용
- 원리 : 연기는 공기 중에 수증기와 함께 부유하여 열의 발산을 감소시키고, 작물 표면의 기온을 높여서 서리 피해를 줄여줌
- 적용 : 농작물 재배지에 짚, 나무 등을 태워 연기를 발생시킴

③ 송풍법(Wind machine method)
- 설명
  - 송풍기나 풍력기를 이용해 공기를 순환시켜, 찬 공기가 식물 주변에 정체되지 않도록 하는 방법
  - 찬 공기가 정체되면 서리가 형성되기 쉬우므로, 공기를 인위적으로 순환시켜 서리 피해를 방지함
- 원리 : 찬 공기를 공중으로 흩뜨리고 따뜻한 공기를 식물 표면으로 유도하여 서리 발생을 억제함
- 적용 : 과수나 키 큰 작물의 재배지에서 사용되며, 전동식 송풍기나 대형 팬이 이용됨

④ 피복법(Mulching or Covering method)

- 설명
  - 비닐, 부직포, 짚 등을 사용해 작물을 덮어 외부의 추위로부터 보호하는 방법
  - 피복을 통해 토양이나 식물의 열 손실을 막고, 서리가 작물에 직접 닿는 것을 차단함
- 원리 : 피복재가 작물을 감싸서 찬 공기와 직접 접촉하는 것을 막고, 작물의 지온을 일정하게 유지하여 동상해를 방지함
- 적용 : 비닐 멀칭, 부직포 피복 등이 일반적으로 사용됨

⑤ 연소법(Burning method)

- 설명 : 농작물 재배지에서 연료를 태워 열을 발생시켜, 기온이 떨어지는 것을 방지하는 방법. 이를 통해 국지적으로 온도를 상승시켜 동상해를 방지할 수 있음
- 원리 : 연료(석탄, 석유, 나무 등)를 태워 열을 방출시켜 작물 주위의 기온을 상승시키는 방식. 발열체를 주변에 두어 국부적으로 온도를 높임
- 적용 : 과수원이나 대규모 농장에서 추운 날씨에 난로나 연소 장치를 설치

⑥ 살수빙결법(Sprinkler ice formation method)

- 설명 : 식물에 물을 뿌려 얼리면서 동상해를 방지하는 방법. 물이 얼 때 잠열(Latent heat)이 방출되며, 식물 표면의 온도를 유지하여 온도가 내려가는 것을 막는 방법
- 원리 : 물이 얼 때 열을 방출하는 과정에서 식물의 세포를 보호하여, 식물이 극한 추위에 노출되지 않도록 함
- 적용 : 주로 과수나 잔디에서 동상해 방지에 효과적이며, 정원 스프링클러 시스템을 통해 살수를 시행함

2024년 2회 식물보호기사 실기(필답형) 기출복원문제

01 농약 살포법에 대해 2가지 적으시오.

정답 ① 미스트법(Mist spraying)

- 정의 : 미세한 물방울 형태로 농약을 작물에 고르게 분사하는 방식
- 특징
  - 입자 크기 : 미세한 입자로 살포되어 농약이 작물 표면에 고르게 분포
  - 장점 : 농약의 부착력이 좋으며 물 사용량이 적음. 바람이 불지 않는 날씨에 사용하기 적합함
  - 적용 : 야외에서 넓은 면적에 효과적으로 사용할 수 있음

② 연무법(Fogging)

- 정의 : 농약을 매우 작은 입자로 공기 중에 부유시켜 작물에 고르게 확산시키는 방법
- 특징
  - 입자 크기 : 미스트법보다 훨씬 작은 입자로 농약을 공중에 부유시켜 살포
  - 장점 : 밀폐된 공간에서 농약이 빠르게 확산되며, 온실이나 창고 등 실내에서 효과적
  - 단점 : 야외에서 사용할 경우 바람에 의해 농약이 쉽게 날아가므로 주의가 필요함
  - 적용 : 주로 온실이나 창고에서 사용, 밀폐된 공간에서 해충 방제에 적합함

③ 액체살포법(Liquid spraying)

- 정의 : 농약을 물에 희석하여 작물에 직접 분사하는 방식
- 특징
  - 장점 : 간단하고 효과적인 방법으로 널리 사용됨. 물을 통해 농약이 작물 전체에 잘 퍼짐
  - 단점 : 물 사용량이 많아, 물 공급이 어려운 지역에서는 사용에 제약이 있을 수 있음
  - 적용 : 일반적인 농작물에 널리 사용되며, 대규모 농장에 특히 유용함

④ 초저량 살포법(Ultra low volume spraying)

- 정의 : 물을 거의 사용하지 않고 농약 원액을 작은 입자로 만들어 작물에 살포하는 방식
- 특징
  - 입자 크기 : 농약의 입자가 매우 작아 공기 중에 오래 부유하며 넓은 범위에 확산됨
  - 장점 : 적은 양의 농약으로도 넓은 면적을 커버할 수 있으며, 물 사용을 최소화할 수 있음
  - 단점 : 고농도의 농약이 사용되기 때문에, 정확한 농약 사용량과 살포 조건 관리가 필요함
  - 적용 : 물이 부족한 지역에서 유용하며, 대규모 농장에서도 효과적

⑤ 분무법(Spraying)

- 정의 : 물에 농약을 희석하여 분무기를 사용해 작물 전체에 뿌리는 전통적인 방법
- 특징
  - 장점 : 사용이 간편하며, 다양한 농작물에 적용 가능
  - 단점 : 분무 압력이 부족할 경우 농약이 고르게 분사되지 않거나, 농약이 낭비될 수 있음
  - 적용 : 모든 농작물에 폭넓게 사용 가능하며, 특히 소규모 농가에서 많이 사용됨

⑥ 동력 살포법(Power spraying)
- 정의 : 동력기계(트랙터 등)를 이용해 농약을 고압으로 분사하는 방식
- 특징
  - 장점 : 넓은 면적을 짧은 시간 안에 커버할 수 있어 대규모 농장에서 효율적
  - 단점 : 동력 기계가 필요하여 초기 장비 설치 비용이 높을 수 있음
  - 적용 : 대규모 농장 또는 산림 병충해 방제에 유용함

⑦ 드론 살포법(Drone spraying)
- 정의 : 드론을 이용해 공중에서 농약을 살포하는 방식
- 특징
  - 장점 : 접근이 어려운 지형에도 쉽게 농약을 살포할 수 있으며, 농작물 손상을 최소화함. 인력 절감 효과도 큼
  - 단점 : 드론 기술과 기계 비용이 비교적 높음
  - 적용 : 험지, 산간지역, 대규모 농장에서 유용하며, 신속하고 정밀한 농약 살포가 가능함

⑧ 스프링클러 살포법(Sprinkler spraying)
- 정의 : 스프링클러 시스템을 이용해 농약을 작물에 자동으로 살포하는 방식
- 특징
  - 장점 : 농약을 일정한 양으로 고르게 살포할 수 있으며, 노동력 절감에 기여
  - 단점 : 스프링클러 설치와 유지 비용이 발생할 수 있음
  - 적용 : 대규모 농장이나 상업용 농작물 재배지에 적합

02 물 20L에 유제 30mL가 들어 있는 농약의 희석액이 500mL일 때 농약량을 구하시오.

정답 1L = 1,000mL
$20,000 : 30 = 500 : x$
$20,000x = 15,000$
$x = 0.75\text{mL}$

03 플루톨라닐 유제는 농약의 구분 중 무엇에 속하는지 적으시오.

정답 살균제

해설 플루톨라닐(Flutolanil) 유제는 주로 농업에서 사용되는 살균제. 특히, 작물의 곰팡이성 병해를 방제하는 데 매우 효과적. 주로 벼, 감자, 고구마와 같은 작물의 뿌리 및 구근 부위에 발생하는 병해를 예방하고 치료하는 데 사용됨
- 작용 기전 : 플루톨라닐은 곰팡이의 세포막을 파괴하거나 그 성장을 억제하여 곰팡이성 병을 예방. 주로 뿌리 부분에서 작용하여 작물의 뿌리를 보호함
- 적용 대상 병해
  - 벼의 흰잎마름병
  - 감자의 더뎅이병

－고구마의 썩음병 이외에도 다양한 곰팡이성 병해를 방제하는 데 사용

- 사용 방법 : 보통 플루톨라닐은 유제 형태로 제공되며, 물에 희석하여 토양이나 작물에 살포. 토양 처리를 통해 병원균의 발병을 막고, 작물의 뿌리 부위를 보호하는 방식으로 많이 사용됨
- 안전성 : 비교적 인체와 환경에 대한 안전성이 높다고 평가되며, 수확 전 사용 제한이 적어 여러 작물에 널리 사용. 그러나 농약 사용 시 반드시 적정량을 사용하고, 사용 지침을 따르는 것이 중요함

04 호랑나비가 해충인 이유를 적으시오.

정답 호랑나비(Limenitis populi)가 해충으로 간주되는 이유는 주로 애벌레 단계에서 발생하는 피해 때문인데, 호랑나비는 성충 단계에서는 해를 주지 않지만, 애벌레는 여러 식물의 잎을 갉아먹으며 생장을 저해하고 작물 생산성을 낮춤

해설 **호랑나비가 해충인 이유**

- 잎을 갉아먹음 : 호랑나비 애벌레는 특히 잎사귀를 섭취하며 성장하는데, 이 과정에서 잎의 광합성 능력이 떨어지게 되어 식물의 전반적인 성장이 저하됨. 피해를 받는 식물은 종종 잎사귀에 큰 구멍이 나거나 심각한 경우 잎이 전부 떨어질 수 있음
- 작물 생산성 저하 : 과수나 채소류에서 애벌레가 잎을 갉아먹으면 수확량이 감소. 특히, 호랑나비 애벌레는 감자, 당근, 콩류와 같은 중요한 농작물에서 피해를 유발함
- 병원균 전염 가능성 : 해충이 식물의 조직을 손상시키면, 그 부위는 병원균이 침입할 수 있는 경로가 됨. 따라서 호랑나비 애벌레가 잎사귀를 갉아먹는 과정에서 식물병의 발병 가능성이 증가함

05 아밀라리아 뿌리썩음병에 대해 설명하시오.

정답 식물의 뿌리에 곰팡이가 감염되어 발생하는 병으로, 주로 Armillaria(아밀라리아) 속의 곰팡이에 의해 발생함. 이 병은 특히 수목과 목본식물에서 흔히 발생하며, 다양한 작물과 나무에 치명적인 영향을 미침

① 주요 특징

- 원인 : 아밀라리아 뿌리썩음병은 Armillaria mellea와 같은 종에 의해 유발되며 이 병원성 곰팡이는 나무의 뿌리와 줄기를 공격하여 뿌리 썩음을 일으킴. 주로 약해진 나무나 스트레스를 받은 식물에서 더 잘 발생하지만, 건강한 나무도 감염될 수 있음
- 증상
  - 뿌리 썩음 : 나무의 뿌리가 곰팡이에 감염되면 썩기 시작하고, 수분과 영양소를 제대로 흡수하지 못함
  - 잎의 시들음 : 뿌리 손상이 심해지면 나무 전체로 수분과 영양소 공급이 원활하지 않아 잎이 시들거나 누렇게 변함
  - 버섯 모양의 균류 : 감염된 나무의 뿌리나 줄기 근처에는 버섯이 자주 나타나며, 대표적인 증상
  - 흰 균사체 : 감염된 뿌리 주변에는 흰색의 균사체가 형성되며, 이는 나무의 조직을 분해하고 영양분을 흡수함

② 방제 방법

- 물리적 제거 : 감염된 나무와 뿌리를 제거하여 병원성 곰팡이의 확산을 방지함
- 토양 개선 : 감염된 토양을 교체하거나 소독하여 병원균의 생존을 줄임

- 수분 관리 : 과도한 수분 공급을 피하고 배수를 개선하여 나무의 건강을 유지함
- 저항성 품종 선택 : 일부 식물은 이 병에 더 강한 저항성을 가질 수 있으므로, 저항성 품종을 선택하여 심는 것이 효과적임

06 (   ) 안에 알맞은 답을 적으시오.

벼 뿌리가 황화수소에 대하여 저항성이 큰 이유는 내습성이 (   ) 때문이다.

정답 강하기

해설 ① 침수 환경에서 황화수소 발생 : 침수된 토양에서는 공기 중의 산소가 부족해지고, 혐기성 조건이 형성되면서 유기물이 분해되며 황화수소 같은 독성 물질이 생성됨. 이러한 황화수소는 식물의 뿌리에 손상을 입히고, 뿌리의 호흡과 기능을 방해함

② 황화수소의 독성 : 황화수소는 뿌리의 세포에 침투하여 세포 호흡을 저해하고, 뿌리 조직을 손상시킴. 하지만 내습성이 강한 식물은 이러한 황화수소의 독성에도 견디는 능력을 가지고 있음. 이는 뿌리 구조가 더 튼튼하거나, 산소를 공급할 수 있는 특수 조직(예 통기조직)이 발달해 있어 산소 부족 상태에서도 뿌리 호흡을 유지할 수 있기 때문

③ 내습성 식물의 적응 기작 : 내습성이 강한 식물은 저산소 상태에 적응한 부정근 또는 통기조직을 형성하여, 침수된 환경에서도 산소를 공급 받음. 이러한 구조는 황화수소의 영향을 덜 받게 하고, 침수 환경에서도 생존할 수 있는 능력을 강화함. 따라서 뿌리가 황화수소에 저항성이 크면, 이러한 독성 물질이 존재하는 침수 환경에서도 뿌리가 기능을 유지할 수 있기 때문에 내습성이 강함

07 동상해에 대한 대책을 적으시오.

정답 ① 발연법(연기 사용법)
- 설명 : 서리나 저온이 발생할 때, 연기를 만들어 대기를 따뜻하게 하고 서리가 내리는 것을 방지하는 방법. 주로 짚이나 습한 재료를 태워 많은 수증기를 포함한 연기를 발생시켜, 대기의 열을 증가시키고 서리의 형성을 억제
- 효과 : 발연법은 국소적으로 대기의 온도를 높여, 식물이 서리로부터 피해를 덜 받게 함

② 피복법(멀칭)
- 설명 : 비닐, 볏짚, 풀 등을 이용해 작물의 뿌리와 지표면을 덮어 토양 온도를 유지하고 급격한 온도 변화를 막는 방법. 이를 통해 땅속 온도가 갑자기 떨어지는 것을 방지해 뿌리와 지상부 조직의 피해를 줄임
- 효과 : 피복재는 토양의 열을 유지하면서, 식물의 뿌리와 지상부를 보호함

③ 관개법
- 설명 : 물을 작물에 뿌려 얼음이 형성될 때 발생하는 열(결빙열)을 이용해 식물을 보호하는 방법. 얼음이 형성되면서 발생하는 열이 식물을 보호하여 서리나 저온으로부터 식물이 손상되는 것을 막음
- 효과 : 주로 과수나무에서 사용되며, 물이 얼면서 발생하는 열을 이용해 식물의 생장점을 보호할 수 있음

④ 송풍법

- 설명 : 대형 팬이나 바람 발생 장치를 사용하여 차가운 공기층과 따뜻한 공기층을 혼합해 대기의 온도를 상승시키는 방법. 주로 대규모 농업에서 사용되며, 기온이 급격히 떨어질 때 효과적으로 활용
- 효과 : 대기의 온도를 인위적으로 높여 서리 형성을 방지함

⑤ 내한성 품종 재배

- 설명 : 저온에 강한 내한성(耐寒性) 품종을 선택하여 재배하는 것도 중요한 대책. 내한성이 높은 작물은 저온에서 생리적으로 적응 능력이 뛰어나므로, 동상해 피해를 줄일 수 있음
- 효과 : 기온 변화가 큰 지역에서 내한성 품종을 사용하면 작물 손실을 줄일 수 있음

⑥ 기타 대책

- 재배 시기 조정 : 동상해 위험이 있는 시기를 피해서 작물 재배 시기를 앞당기거나 늦추는 방법이 있음
- 지주 및 결속 : 바람이 강한 지역에서는 지주를 사용해 작물을 고정하고, 쓰러짐을 방지하여 동상해를 줄일 수 있음

해설 **동상해(凍霜害)**

식물이 저온이나 서리로 인해 조직이 손상되거나 죽는 현상. 이는 주로 겨울철 또는 급격한 기온 강하로 인해 발생하며, 농작물에 큰 피해를 줄 수 있음. 동상해는 특히 식물의 세포 내 수분이 얼어 세포벽과 세포막에 손상을 주면서 나타남

08 토양의 용기량에 대해 설명하시오.

정답 토양의 물리적 특성을 나타내는 중요한 지표로, 토양 내에 포함된 공기의 양을 의미함. 이는 토양이 배수된 후에도 남아 있는 비모관공극(주로 큰 공극)에 의해 결정됨. 토양 용기량은 작물의 뿌리가 산소를 공급받는 데 중요한 역할을 하며, 식물의 건강과 성장을 좌우하는 중요한 요소임

해설 **토양 용기량의 구성 요소**

① 모관공극과 비모관공극

- 모관공극 : 작은 공극으로, 물이 모세관 현상에 의해 유지. 이 부분은 물이 차 있어 공기가 거의 없기 때문에 식물의 산소 공급에 큰 영향을 미치지 않음
- 비모관공극 : 큰 공극으로, 배수 후 공기로 채워지는 공간. 이 부분이 바로 식물 뿌리에 산소를 공급하는 공간으로, 토양 용기량에 중요한 역할을 함

② 토양 용기량의 측정

일반적으로 토양이 물에 완전히 포화된 후 배수를 시켜 남은 공기의 양을 측정. 이 용기량은 배수 후 토양 내에 남아 있는 공기의 양을 의미하며, 식물이 사용할 수 있는 산소의 양과 직접적인 관계가 있음

③ 토양 용기량이 중요한 이유

- 뿌리 호흡 : 식물의 뿌리는 산소를 흡수해 호흡작용을 하는데, 토양 내 산소가 부족하면 뿌리의 호흡이 원활하지 않아 식물의 성장이 저하됨
- 토양 배수 : 용기량이 낮으면 토양에 물이 지나치게 오래 머물게 되어 배수 불량이 발생하고, 이는 침수와 뿌리 부패의 원인이 됨

- 토양 통기성 : 토양의 공기 흐름이 원활하지 않으면 병원균이 번식할 가능성이 높아지며, 이는 식물에 부정적인 영향을 미칠 수 있음

④ 토양 용기량이 높은 토양[사질토(모래)]

비모관공극이 커서 배수가 잘되며, 용기량이 상대적으로 큽니다. 그러나 수분 보유력이 낮아 관리가 필요함

⑤ 토양 용기량이 낮은 토양[점질토(점토)]

모관공극이 많고, 비모관공극이 적어 용기량이 작음. 물이 오래 머물러 뿌리 호흡에 장애를 초래할 수 있음

09 (　　) 안에 알맞은 답을 적으시오.

- 빛의 자극을 받아 굴곡하는 성질을 (　　①　　)이라고 한다.
- 빛을 비춰주면 빛을 받는 쪽의 옥신의 생산량은 (　　②　　).

정답 ① 굴광성, ② 감소한다

해설 ① 굴광성

- 식물이 빛의 자극을 받아 특정 방향으로 굽어 자라는 성질로 이는 주로 햇빛과 같은 외부 빛 자극에 반응하여 발생하며, 양성 굴광성과 음성 굴광성으로 나뉨
- 양성 굴광성 : 빛을 향해 자라는 성질로, 일반적으로 줄기에서 나타남
- 음성 굴광성 : 빛과 반대 방향으로 자라는 성질로, 뿌리에서 주로 나타남

② 빛을 비춰주면 빛을 받는 쪽의 옥신 생산량이 감소하는 이유

옥신(Auxin)은 식물 호르몬 중 하나로, 주로 세포 신장을 촉진하여 식물이 자라는 속도에 영향을 미침. 옥신은 줄기의 굴광성을 조절하는 중요한 역할을 하며, 빛을 받은 부분과 받지 않은 부분에서 옥신의 농도가 다르게 나타남

- 빛과 옥신 분포 : 빛을 식물에 비추면, 빛을 받은 쪽의 옥신(Auxin) 농도가 감소하고, 반대쪽에서는 옥신의 농도가 증가함. 이로 인해 빛을 받지 않은 반대쪽의 세포가 더 많이 신장하게 되고, 식물은 빛 쪽으로 굽어짐
- 옥신의 이동 : 옥신은 빛에 의해 활성화되는 PIN 단백질의 작용으로 식물의 어두운 쪽으로 이동함

10 요수량과 증산능률에 대해 정의를 적으시오.

정답 1) 요수량 : 작물이 성장하는 동안 소비하는 물의 양으로, 수분 이용 효율을 나타내는 지표

2) 증산능률 : 요수량의 역수로, 일정량의 수분으로 얼마나 많은 건물을 형성하는지 평가하는 기준

해설 ① 요수량

- 작물이 건물 1g을 생산하는 데 필요한 수분의 양(g)을 나타냄. 이는 작물의 수분 요구량을 나타내는 지표로, 작물이 성장하면서 소비하는 수분의 효율성을 평가하는 데 중요한 역할을 함
- 작물은 물을 통해 광합성을 하며 건물을 형성함. 그러나 대부분의 물은 증산작용을 통해 대기 중으로 배출되고, 일부만이 실제로 건물 형성에 사용됨. 요수량이 크다는 것은, 그만큼 많은 수분을 소비하여 상대적으로 적은 건물량을 형성한다는 의미로, 즉 수분 이용 효율성이 낮다고 할 수 있음. 반대로 요수량이 작으면, 적은 수분으로 많은 건물을 형성하므로 수분 이용 효율성이 높다는 뜻임

② 증산능률(Transpiration Efficiency)

- 증산능률은 일정량의 수분을 증산하여 생성된 건물량을 의미하며, 요수량과 밀접한 관련이 있음. 증산능률은 1/요수량 또는 1/증산계수로 계산됨. 즉, 요수량이 클수록 증산능률은 낮아지고, 요수량이 작을수록 증산능률은 높아짐
- 작물이 성장하면서 증산작용을 통해 잎을 통해 수분을 대기로 배출. 증산능률이 높다는 것은 상대적으로 적은 양의 수분을 소비하고도 많은 양의 건물을 형성한다는 것을 의미하며, 이는 수분 이용 효율이 높다는 뜻이므로 물이 부족한 환경에서는 증산능률이 높은 작물이 더 유리함

11 중성식물과 정일성식물에 대해 설명하고 차이점을 정리하시오.

정답 1) 중성식물은 일장의 영향을 받지 않으며, 적절한 생육 조건이 갖춰지면 언제든지 개화

2) 정일성식물은 특정한 일장 조건에서만 개화(단일성식물과 장일성식물로 나뉨)하며, 이는 식물의 생존과 번식에 중요한 역할을 함. 계절에 맞추어 꽃을 피우기 때문에 자연 환경에 적응한 생존 전략을 가지고 있음

해설 ① 중성식물(Day－neutral plants)

- 일정한 일장(하루 중 빛을 받는 시간)에 관계없이, 매우 넓은 범위의 일장에서 꽃이 피는(화성 유도) 식물. 즉, 빛의 길이와 상관없이 일정한 생육 조건(온도, 물, 영양)이 갖추어지면 꽃을 피울 수 있는 식물
- 특징 : 중성식물은 일장이 짧거나 길더라도, 생육 조건만 적절하다면 언제든지 꽃을 피울 수 있음

예 옥수수, 토마토, 오이, 쌀과 같은 작물이 이에 해당

② 정일성식물(Photoperiodic plants)

특정한 일장 조건에서만 꽃이 피는 식물. 이들은 두 개의 뚜렷한 한계 일장을 가지고 있어, 그 일장 내에서만 꽃이 피는 반응을 보임

- 단일성식물 : 하루 중 짧은 일장(짧은 빛 시간)을 요구하는 식물로, 짧은 날에만 꽃을 피움
  예 국화나 담배는 단일성식물로, 낮이 짧고 밤이 길어지면 꽃을 피움
- 장일성식물 : 하루 중 긴 일장(긴 빛 시간)을 요구하는 식물로, 긴 날에만 꽃을 피움
  예 시금치나 보리는 장일성식물에 속하며, 낮이 길어지는 봄과 여름에 개화

12 대기 중 질소와 산소의 비율에 대해 설명하시오.

정답 1) 질소(N_2) : 대기 중 약 78~79%를 차지하며, 안정적인 기체로서 대기와 지구의 생태계에 필수적

2) 산소(O_2) : 대기 중 약 21%를 차지하며, 모든 호기성 생명체의 생존에 중요한 역할을 함

해설 ① 질소(N_2)

- 지구 대기에서 가장 많은 비율을 차지하는 기체로, 대기 중 질소의 비율은 약 78~79%로 일정하며, 다른 환경(예 특정 공업지역, 실험 조건 등)에서는 그 비율이 달라질 수 있음
- 역할 : 질소는 대기 중에서 안정적인 기체로, 식물의 질소 고정과 같은 자연적 순환 과정에 필수적

② 산소(O_2)

- 대기 중 두 번째로 많은 비율을 차지하며, 약 21%를 구성함. 식물의 광합성에서 생성되는 산소는 지구의 생명체가 호흡하는 데 필수적
- 역할 : 산소는 생명체의 호흡, 연소, 산화 반응 등에 중요한 기체

13 풍해의 재배적 대책 2가지를 적으시오.

정답 ① 내풍성 작물 선택

- 내풍성 작물은 강풍에도 잘 견디며, 특히 줄기가 굵고 뿌리가 튼튼한 작물이 내풍성이 강함
- 바람에 강한 품종을 선택하거나 뿌리 발달이 좋은 작물을 선택하는 것이 유리함

② 내도복성 품종 선택

- 내도복성 품종은 도복(작물이 쓰러지는 현상)에 강한 품종을 말함. 이러한 품종은 줄기가 튼튼하거나 키가 작아 강한 바람에도 쉽게 쓰러지지 않음
- 벼와 같은 작물에서 내도복성 품종을 선택하면 수확량을 안정적으로 유지할 수 있음

③ 작기의 조정

- 재배 시기를 조정하여 태풍이나 강풍이 많이 발생하는 시기를 피하는 것이 중요한 대책. 예를 들어, 태풍이 자주 발생하는 8월 말에서 9월 초를 피해 조기 재배를 하여 풍해를 방지함
- 작물의 수확 시기를 앞당기거나 늦춰 바람 피해가 발생하기 전에 수확하는 것이 좋음

④ 담수 및 배토

- 논 작물이나 밭작물에 담수(물을 채워 습기를 유지하는 것)를 시키거나 배토(흙을 덮는 것)를 통해 작물의 뿌리가 견고하게 자리를 잡도록 도와줌. 특히 벼와 같은 작물은 물을 채워 뿌리가 고정되게 하여 바람에 잘 견딜 수 있도록 함
- 벼와 같은 논 작물에서는 바람이 불 때 담수를 유지하여 뿌리의 안정성을 높이는 것이 효과적

⑤ 지주 설치 및 결속

- 나무나 덩굴성 작물처럼 쉽게 흔들리거나 쓰러질 수 있는 식물은 지주를 설치하여 바람에 의한 쓰러짐을 방지. 지주를 설치한 후 가지를 결속하여 강풍에 의한 부러짐이나 쓰러짐을 예방
- 과수나무나 포도, 참외 등 덩굴성 작물에는 지주대를 세워주고 가지를 고정하는 것이 좋음

⑥ 생육의 건실화

- 칼륨 비료를 적절히 시비하여 식물의 조직을 강화하고, 질소 비료의 과다 사용을 피하여 조직이 연약해지지 않도록 해야 함. 또한 밀식을 피하여 각 작물이 바람에 더 잘 저항할 수 있도록 함
- 칼륨이 풍부한 비료를 사용하면 식물의 줄기와 잎이 튼튼해져 강한 바람에도 견딜 수 있음

⑦ 낙과 방지제 사용

- 과일을 재배할 때는 낙과 방지제를 사용하여 바람에 의해 열매가 떨어지는 것을 방지할 수 있음
- 사과나 배와 같은 과일 재배 시 낙과 방지제를 살포하여 열매가 나무에 더 단단히 붙어 있게 함

14 적산온도와 유효온도에 대해 설명하시오.

정답 1) 적산온도(Accumulated temperature or Growing degree days, GDD)

작물이 발아하여 성숙에 이르기까지 생육에 필요한 0℃ 이상의 일평균 기온을 합산한 값을 의미. 이는 작물의 생육을 예측하는 중요한 지표로, 각 작물이 필요한 온도 합계에 도달해야만 정상적으로 성장하고 성숙할 수 있음

2) 유효온도(Effective temperature)

유효온도는 작물이 생육할 수 있는 온도의 범위를 의미함. 즉, 작물이 정상적으로 자랄 수 있는 최저 온도와 최고 온도 사이의 범위

해설 ① 적산온도의 계산 방법

- 일평균 기온 계산 : 매일의 최고기온과 최저기온의 평균을 계산하여 일평균 기온을 구함
- 0℃ 이상 온도만 합산 : 0℃ 이상인 날의 일평균 기온을 매일 합산. 적산온도는 작물의 종류에 따라 다르며, 벼, 옥수수, 밀 등의 작물은 각각 성장하는 데 필요한 적산온도가 다름

② 적산온도가 중요한 이유

- 생육시기 예측 : 적산온도는 작물의 생육을 예측하는 데 중요한 역할을 하며, 파종 시기, 수확 시기, 재배 일정 등을 계획하는 데 사용됨
- 지역과 기후 차이 반영 : 같은 작물이라도 지역마다 적산온도가 달라질 수 있으므로, 지역별 기후 차이에 따라 재배 계획을 세울 수 있음

③ 유효온도의 특징

- 최저 유효온도 : 작물이 최소한으로 생육할 수 있는 온도를 의미(보통 5℃에서 10℃ 사이). 이 온도보다 낮으면 작물의 성장이 멈추거나 느려짐
- 최고 유효온도 : 작물이 성장을 유지할 수 있는 최대 온도를 의미(보통 30℃에서 35℃ 사이). 이 온도 이상에서는 작물이 스트레스를 받고 성장 속도가 감소함

④ 유효온도의 중요성

- 생육 환경 조절 : 유효온도를 이해하면 작물 재배 시 적절한 생육 환경을 조절할 수 있으며, 작물이 성장하기에 최적의 온도 범위를 유지하는 것이 가능
- 생육 관리 : 유효온도를 초과하거나 미치지 못하는 환경에서는 생장에 부정적인 영향을 미치므로, 농업에서 이를 조절해 작물의 성장을 관리하는 것이 매우 중요

15 해충의 기계적 방제법에 대해 설명하시오.

정답 해충의 기계적 방제법은 해충을 제거하기 위해 물리적 또는 기계적 수단을 사용하는 방법으로, 화학적 농약을 사용하지 않으므로 환경 친화적이며, 특히 생태계를 보호하고, 인간의 건강에 대한 영향을 줄일 수 있는 방법으로 많이 사용됨

해설 ① 포살법

- 작은 정원이나 소규모 농장에서, 해충의 밀도가 낮을 때 주로 사용됨
- 나무의 잎이나 줄기에 붙어 있는 해충의 알이나 유충을 일일이 손으로 제거하거나 기구를 이용해 물리적으로 제거하는 방식

② 차단법

- 해충이 작물에 접근하지 못하도록 물리적인 장벽을 설치하는 방법
- 과수원에서 과수에 봉지를 씌우거나, 덩굴 식물의 경우 망을 씌워 곤충이 접근하지 못하게 함

③ 유살법

- 해충을 유인하여 물리적으로 제거하는 방법
- 페로몬 트랩을 설치해 특정 해충을 유인하거나, 빛을 이용해 곤충을 모은 후 물리적으로 제거하는 방법

④ 흡충기 사용

- 흡충기는 공기 흡입력을 이용해 작은 해충을 빨아들이는 기계적 장치로, 주로 잎에 서식하는 작은 해충들을 제거하는 데 유용함
- 해충이 밀집된 나무나 식물에 흡충기를 사용해 곤충을 물리적으로 제거

⑤ 물리적 방제 장치

- 농작물 주변에 해충을 물리적으로 차단하거나 퇴치할 수 있는 장치를 설치하는 방법
- 초음파 해충 퇴치기와 같은 기계를 설치하여 해충이 작물에 접근하는 것을 방해하거나 쫓아냄

⑥ 잠복장소 유살법

- 해충이 월동하거나 번식하는 장소를 유인하여 제거하는 방법
- 나방의 유충이 서식하는 장소에 유인목을 설치한 후 해충을 제거하는 방식

16 해충의 생물적 방제법에 대해 설명하시오.

정답 해충의 생물적 방제법은 해충을 통제하기 위해 자연계에 존재하는 천적, 병원성 미생물, 기생성 생물 등을 활용하는 친환경적인 방제 방법. 이 방법은 농약 사용을 최소화하거나 대체할 수 있는 방법으로, 해충의 밀도를 자연적으로 조절함으로써 환경 보호와 농업의 지속 가능성을 높이는 데 기여함

해설 **생물적 방제법의 주요 방법들**

① 천적을 이용한 방제

- 해충을 잡아먹는 포식성 천적이나, 해충에 기생하여 그 성장을 억제하는 기생성 천적을 이용해 해충을 자연적으로 억제하는 방법
- 포식성 천적
  - 해충을 잡아먹는 곤충이나 동물을 활용함
  - 무당벌레는 진딧물을 먹는 대표적인 천적으로 무당벌레는 진딧물의 개체 수를 억제하여 작물 피해를 줄임
- 기생성 천적
  - 해충의 몸에 기생하여 해충을 죽이거나 그 성장을 억제하는 생물들을 활용함
  - 기생성 말벌은 나비나 나방의 애벌레에 알을 낳아 그 애벌레가 성장하는 동안 기생하며 애벌레를 죽임

② 병원성 미생물 이용

- 특정 병원성 미생물을 활용하여 해충을 감염시키고 죽이는 방법. 이는 곤충에게 질병을 유발하여 개체 수를 줄임
- 곰팡이 : 백강균(Beauveria bassiana)은 곤충의 체내에 침입해 죽이는 곰팡이로, 다양한 해충을 방제하는 데 사용됨
- 세균 : BT(Bacillus thuringiensis)는 애벌레 같은 곤충에 독성을 가지는 세균으로, 식물에 살포하면 해충이 섭취한 후 죽게 됨

• 바이러스 : 특정 바이러스를 통해 해충을 감염시키는 방법도 있으며, 이는 매우 선택적이고 해충에게만 영향을 미치는 경우가 많음

③ 생물적 제재제 사용

• 병원균, 곰팡이, 세균 등 미생물이나 천적 생물을 기반으로 한 제재(제품)를 이용해 해충을 방제하는 방법

• BT 제재는 잎에 살포하면 해충이 섭취할 때 독성을 발휘하여 해충을 죽임. 이러한 제재는 농약 대신 사용할 수 있는 친환경적 해결책

④ 기생성 생물 이용

• 기생성 생물은 해충의 몸속에 기생하여 해충의 성장을 억제하거나 죽이는 생물. 예를 들어, 기생성 선충은 곤충의 몸속에 침입해 성장하면서 해충을 죽임

• 기생성 말벌, 기생성 선충 등이 이러한 기생성 생물로, 해충 방제에 효과적

⑤ 유지식물 이용

• 해충의 천적이 살기 좋은 환경을 조성하기 위해 유지식물(뱅커 플랜트)을 심어 천적의 서식지로 활용하는 방법

• 천적들이 서식할 수 있는 꽃이나 풀을 심어 농장의 해충 밀도를 자연스럽게 조절

생물적 방제법의 장점

• 환경 친화적 : 화학 농약을 사용하지 않으므로, 생태계에 부정적인 영향을 최소화함
• 해충 저항성 문제 방지 : 해충이 농약에 대한 내성을 갖는 문제를 방지할 수 있음
• 장기적 효과 : 천적이나 병원성 미생물이 생태계에서 자리를 잡으면 지속적으로 해충을 방제하는 효과를 얻을 수 있음

생물적 방제법의 단점

• 효과 발현이 느림 : 농약과 달리 천적이나 미생물이 해충을 억제하는 데 시간이 걸릴 수 있음
• 특정 해충에만 적용 : 특정 해충에 효과적인 천적이나 미생물이 한정될 수 있으며, 다양한 해충에 동시에 효과를 보기 어려울 수 있음

17 식물병 수간주사의 특징을 적으시오.

정답 수간주사는 나무의 줄기에 직접 약물을 주입하는 방식으로 병해충 방제 및 나무 건강 유지에 사용되는 기술. 이 방법은 나무의 뿌리나 잎에 약물을 살포하는 대신, 줄기에 주사기를 이용해 약물을 주입하여 빠르고 효율적인 방제를 목표. 수간주사는 주로 수목병의 방제와 영양 공급에 활용되며, 특히 대형 수목이나 고목에서 많이 사용됨

해설 ① 방법

• 직접 주입 : 나무의 줄기에 구멍을 뚫어 약물을 주사기로 주입함. 약물이 나무의 물관을 통해 전체로 퍼지며, 해충 방제나 영양 공급을 효과적으로 진행

• 전신 효과 : 수간주사로 주입된 약물은 나무의 뿌리부터 잎까지 고르게 전달되므로, 방제 범위가 넓음

② 적용 분야

• 병해충 방제 : 수목에 기생하는 해충, 특히 주목나무의 솔잎혹파리나 느티나무의 매미나방과 같은 해충 방제에 효과적. 또한, 나무 내부에 침투한 곰팡이나 바이러스를 방제할 때도 유용

• 영양 공급 : 영양분을 나무 줄기로 직접 공급하여, 성장 촉진 및 나무의 생리적 스트레스 완화를 도모함

③ 장점

- 높은 효율성 : 약물이 나무 내부로 직접 주입되므로, 약물의 손실이 적고 빠른 방제 효과
- 오염 감소 : 수간주사는 외부로 약물이 노출되지 않으므로, 환경 오염이나 주변 식물, 동물에 대한 피해가 적음
- 장기적 효과 : 수간주사로 주입된 약물은 오랜 기간 동안 효과를 발휘하여, 한 번 주사로도 지속적인 방제가 가능

④ 단점

- 나무 손상 : 주사기를 사용해 줄기에 구멍을 뚫는 과정에서 나무에 물리적 손상이 발생할 수 있음. 이로 인해 일부 나무에서는 상처가 치유되지 않거나 추가적인 문제가 발생할 수 있음
- 전문 기술 필요 : 정확한 위치와 양을 주입해야 하므로 전문가의 기술이 요구되며, 잘못된 주입은 나무에 부정적인 영향을 미칠 수 있음

18 (　　) 안에 알맞은 답을 적으시오.

수목의 전염성 병균에 의해 발생하는 과정은 일정한 절차가 있는데 이것을 (　　①　　)이라고 하고 병원균이 기주식물에 접촉하는 것을 (　　②　　)이라고 한다.

정답 ① 전염, ② 감염

해설 ① 전염(Transmission)

병원균이 기주식물에 접촉하여 감염이 일어나기까지는 몇 가지 절차가 있음

② 병원균의 접촉과 감염

- 병원균이 기주식물에 접촉하는 과정은 전염의 첫 단계. 이는 병원균이 공기, 물, 곤충, 도구 등을 통해 식물의 잎, 줄기, 뿌리와 같은 감염 부위에 도달하는 것을 의미함
- 병원균이 접촉한 후, 식물에 상처나 기공(작은 구멍) 등을 통해 병원균이 침입. 이는 병원균이 식물 내로 들어가면서 감염을 일으키는 두 번째 단계

19 (　　) 안에 알맞은 답을 적으시오.

식물병이 수목의 지피에 부분적으로 발생하는 병징을 (　　①　　)이라고 하고, 바이러스, 파이토플라스마에 의한 것을 (　　②　　)이라고 한다.

정답 ① 부분병징, ② 전신병징

해설 ① 부분 병징(Partial symptoms)

- 식물병이 수목의 지피(바깥 표면)에 국소적으로 발생하는 현상. 이때 병이 특정 부위에서만 발생하고, 나무 전체에 퍼지지 않고 부분적으로만 병해가 나타남
- 잎의 일부 변색이나 일부 가지의 시듦 등과 같은 증상이 부분 병징의 예로 이는 병원균이 특정 부위에서만 영향을 미치고, 병해가 진행되지 않았거나 제한된 범위에서 발생하는 경우를 의미함

② 전신병징(Systemic symptoms)

- 식물이 병원균, 해충, 환경 스트레스 등의 영향을 받아 식물 전체 또는 넓은 부위에 걸쳐 나타나는 병징
- 전신병징을 유발하는 주요 원인으로는 바이러스병, 파이토플라즈마, 토양병원균, 영양소 결핍, 환경 스트레스, 독성물질에 대한 것에 의해서 발생함

20 ( ) 안에 알맞은 답을 적으시오.

(①) 나방류유충의 월동기에 잠복장소를 설치 유인하여 제거하며, (②) 쇠양목 목질부에 산란하는 습성을 이용하여 유인목을 설치한 후 박피하고 태워서 방제한다.

정답 ① 잠복장소 유살법, ② 번식장소 유살법(박피법)

해설 ① 잠복장소 유살법 : 나방류 유충이 겨울철에 잠복하는 장소를 미리 설정하고, 그곳에 해충을 유인한 후 제거하는 방식

예 나무 껍질 아래나 땅 속에 숨어서 월동하는 나방류 유충을 유인하는 장소를 설치한 후, 해당 유충을 포집하여 제거함

② 번식장소 유살법(박피법) : 쇠양목과 같은 나무에 산란하는 해충의 습성을 이용해 나무의 목질부에 유인목을 설치한 후, 박피(껍질을 벗겨내는 것)한 다음 이를 태워서 해충을 방제하는 방법. 이 방식은 주로 나무 속에서 번식하는 해충에 효과적이며, 번식 시기를 파악해 산란을 방해하거나 유충을 제거할 수 있음

서윤경

공주대학교 원예학과 농학박사
서울시립대학교 과학기술대학원 이학석사
前 연암대학교 겸임교수
前 나사렛대학교 외래교수
前 한국산업인력관리공단 NCS표준 및 학습 모듈 집필위원

現 농업회사법인 ㈜쉐어그린 대표
現 백석문화대학교 외래교수

논문 '잎들깨에서 차먼지응애의 발생 특성과 방제' 외 다수

식물보호기사 · 산업기사

필기 + 실기

발행일 | 2024. 1. 10. 초판 발행
2024. 2. 10. 초판 2쇄
2025. 2. 10. 개정1판1쇄
2025. 4. 10. 개정1판2쇄

저 자 | 서윤경
발행인 | 정용수
발행처 | 예문사

주 소 | 경기도 파주시 직지길 460(출판도시) 도서출판 예문사
TEL | 031) 955-0550
FAX | 031) 955-0660
등록번호 | 11-76호

정가 : 37,000원

ISBN 978-89-274-5737-4 13520